Nr. 4
S. 909—1204

1956
25. Januar

Chemisches Zentralblatt

Vollständiges Repertorium für alle Zweige der reinen und angewandten Chemie

1830 gegründet. 1897—1945 von der Deutschen Chemischen Gesellschaft fortgeführt.
Im Auftrage der Deutschen Akademie der Wissenschaften zu Berlin, der Chemischen Gesellschaft in der Deutschen Demokratischen Republik, der Akademie der Wissenschaften zu Göttingen und der Gesellschaft Deutscher Chemiker

herausgegeben von Prof. Dr. **Maximilian Pflücke**

127. Jahrgang

1956

Chefredakteure: Dr. Eugen Klever und Prof. Dr. Maximilian Pflücke

Akademie-Verlag GmbH., Berlin — Verlag Chemie, GmbH., Weinheim/Bergstr.

Inhalt

Fortsetzung s. umstehend

1949	Ergänzungsband 1	DM 60,—
	Ergänzungsband 2	DM 54,—
	Ergänzungsband 3	DM 52,—
	Ergänzungsband 4	DM 60,—
	Ergänzungsband 5	i. Druck
1950	I. Halbjahr 1/2 bis 25/26) einschl. Autoren- und Patentregister	DM 125,—
	II. Halbjahr (Heft 1 bis 26) einschl. Autoren und Patentregister	DM 125,—
	Autoren- und Patentregister I. Halbjahr (einzeln)	DM 12,—
	Autoren- und Patentregister II. Halbjahr (einzeln)	DM 16,—
	Sach- und Formelregister	DM 80,—
1951	I. Halbjahr (Heft 1 bis 25) Autoren- und Patentregister vergr.	DM 125,—
1951	II. Halbjahr (Heft 1 bis 25) Autoren- und Patentregister vergr.	DM 125,—
	Sach- und Formelregister	DM 80,—
1952	Jahresbezugspreis einschl. Autoren- und Patentregister für die Ausgabe auf holzfreiem Papier	DM 320,—
	Sach- und Formelregister	DM 96,—
1953	Jahresbezugspreis einschl. Autoren- und Patentregister für die Ausgabe auf holzfreiem Papier	DM 320,—
	Sach- und Formelregister	DM 96,—
1954	Jahresbezugspreis einschl. Autoren- und Patentregister für die Ausgabe auf holzfreiem Papier	DM 370,—
1955	Jahresbezugspreis einschl. Autoren- und Patentregister für die Ausgabe auf holzfreiem Papier	DM 370,—
	Generalregister IX (1935 bis 1939)	
	Teil IV: Sachregister, 1. Lieferung	DM 59,—
	2. Lieferung	DM 56,—
	3. Lieferung	DM 52,—
	4. Lieferung	DM 55,—
	5. Lieferung	i. Druck
	Generalregister X (1940 bis 1944)	
	Teil I: Autorenregister, 1.—3. Lieferung . . je	DM 57,—
	4.—7. Lieferung . . je	DM 50,—
	Teil II: Patentregister	DM 33,—
	Teil III: Formelregister	vorgesehen
	Teil IV: Sachregister	vorgesehen
	Generalregister XI (1945 bis 1949)	vorgesehen
	Generalregister XII (1950 bis 1954)	
	Teil I: Autorenregister	i. Bearbeit.
	Teil II: Patentregister	DM 33,—
	Teil III und IV	vorgesehen
	Trivialnamenregister (alphabetisches Verzeichnis der Trivialnamen der organischen Verbindungen mit den dazugehörigen Bruttoformeln)	i. Bearbeit.
	Periodica Chimica (Verzeichnis der im Chemischen Zentralblatt referierten Zeitschriften mit den genormten Titelabkürzungen)	DM 35,—

Lieferungsmöglichkeit vorbehalten

AKADEMIE-VERLAG · BERLIN

VERLAG CHEMIE · GMBH · WEINHEIM/BERGSTRASSE

Namenregister

Chemisches Zentralblatt

1956 Nr. 4 25. Januar

A. Allgemeine, physikalische und anorganische Chemie.

R. D. Brown and **T. A. O'Donnell**, Manual of elementary practical chemistry. New York: Cambridge U. Pr. 1955. (194 S., Diagr.) O. $ 4,75.

J. A. Campbell and **L. E. Steiner**, Laboratory experiments in general chemistry. New York: Macmillan. 1955. (224 S. m. Abb., Diagr.) Q. $ 3,—.

Walter Bernard King, Semimicro experiments in general chemistry. 2nd ed. New York: Prentice-Hall. 1955. (189 S., Diagr.) O. $ 3,50.

Conway Pierce and **R. Nelson Smith**, General chemistry workbook. San Francisco: W. H. Freeman. 1955. (255 S., Diagr.) D. $ 1,65.

Robert Schwarz und **Peter Wolfgang Schenk**, Chemisches Praktikum für Mediziner und Studierende sonstiger an Chemie interessierter Wissenschaften. 8. überarb. Aufl. Leipzig: J. A. Barth. 1955. (117 S. m. Abb.) 8°. DM 4,20.

—, Lehrbuch der allgemeinen Chemie. Bukarest: Technischer Verl. 1954. (325 S. m. Abb.). DM 16,65.

A_1. Kernphysik und Kernchemie.

A. A. Borgardt, *Über die Gravitationseigenenergie von Teilchen in der klassischen Feldtheorie.* Für die Gravitationseigenenergie des Elektrons wird eine Beziehung zur gesamten Eigenenergie abgeleitet. (Журнал Экспериментальной и Теоретической Физики [J. exp. theoret. Physik] **28**. 377. 1955. Dnepropetrowsk, Univ.) M. WIEDEMANN. 80

E. Remy und **A. Sittkus**, *Der Tagesgang der kosmischen Ultrastrahlung.* 1. Mitt. Auf 48° N, 8° O u. 1200 m Höhe wurden über 1 Jahr mittels eines Teleskops mit kreisförmigen Zählflächen von 3000 cm² im Abstand von 10 cm Zweifachkoinzidenzen registriert. Die Gesamtintensität betrug 200000 Koinzidenzen/Std., die statist. Genauigkeit somit 0,23%. Die Amplitude des Tagesganges liegt bei 0,4%. Die Lage der Phase der 1. Harmonischen weicht stark vom Jahresmittelwert um 10 Uhr ab. Das Maximum liegt in keinem Fall zwischen 16 u. 21 Uhr. Die Variationen der Phase zeigen eine Periode von 27 Tagen. Der Zusammenhang mit der erdmagnet. Aktivität wurde geprüft. (Z. Naturforsch. **10a**. 172—73. Febr. 1955. Freiburg/Br., Univ., Physikal. Inst.) M. WIEDEMANN. 85

J. Becker, **P. Chanson**, **E. Nageotte** und **P. Treille**, *Impulsspektrum und positiver Überschuß der Höhenstrahlteilchen auf 3650 m Höhe unter 15 cm Blei.* Mittels einer Zählrohr-gesteuerten Nebelkammer von 56×15×6 cm in einem Magnetfeld von 2000 Gauß wurden auf 3650 m Höhe insgesamt 2300 Höhenstrahlteilchen registriert, bei 22 wurde neben dem Impuls mit einem Proportionalzähler auch die Ionisation gemessen. Bei niedrigen Impulsen wurde der Ost-West-Effekt berücksichtigt. Zwischen 2—30 GeV/c gehorcht unter 15 cm Pb das Impulsspektr. der positiven Teilchen der Formel $(p)^{-1,9}$, das der negativen $(p)^{-1,8}$. Das Verhältnis N^+/N^- erreicht bei 1 GeV/c ein Maximum von 1,64±0,04 u. fällt bei 10 GeV/c auf 1,15±0,09 ab. Zwischen 0,4 u. 0,8 GeV/c beträgt der Anteil der Protonen 11±1%. (J. Physique Radium **16**. 191—99 März 1955. Chamonix, Aiguille du Midi, Labor. du Centre Nat. de la Rech. Sci.) M. WIEDEMANN. 85

P. R. Barker, **D. M. Binnie**, **B. D. Hyams** und **R. J. Rout**, *Untersuchung geladener schwerer instabiler Höhenstrahlteilchen.* Mittels einer zählergesteuerten Nebelkammer von 35×28×35 cm, die 6 Pb-Platten von je 1 cm Dicke enthielt, wurden Teilchen mit einer Geschwindigkeit unter einem krit. u. einer Reichweite über einem krit. Wert ausgewählt, ihre M. war über 300 m_e. Die App. wurde auf 2850 m Höhe 2000 Std. unter 14,5 cm Pb betrieben, sie ist zur Registrierung instabiler schwerer Teilchen 3mal wirksamer als die bisherigen Anordnungen. Es wurden je Tag u. g $1,4 \cdot 10^{-6}$ schwere Mesonen erfaßt, von $3 \cdot 10^{-3}$ im ganzen. Acht wohldefinierte instabile Teilchen wurden beobachtet, die als K_μ gedeutet werden können. Auf 1 solches Teilchen kommen 300 Protonen. (Philos. Mag. [7] **46**. 300—06. März 1955. Manchester, Univ., Phys. Labor.) M. WIEDEMANN. 85

P. R. Barker, **D. M. Binnie**, **B. D. Hyams**, **R. J. Rout** und **J. Shepherd**, *Messungen der Lebensdauer geladener schwerer instabiler Teilchen.* (Vgl. vorst. Ref.) Die Lebensdauern der 8 l. c. beschriebenen Teilchen wurden bestimmt, dazu die von 5 nicht ganz sicher identifizierten Teilchen. Der Mittelwert ergab sich zu $11,0(+4,1, -2,4) \cdot 10^{-9}$ sec. Ein Teilchen (S-Ereignis) mit $>40 \cdot 10^{-9}$ sec wurde nicht gefunden. (Philos. Mag. [7] **46**. 307—10. März 1955.) M. WIEDEMANN. 85

K. Gottstein, *Gemeinsame Erzeugung eines τ-Mesons und eines geladenen Hyperons.* In einem Stapel aus 40 ILFORD G 5-Emulsionen von je 600 μ Dicke, der 7 Std. auf ∼27 km Höhe exponiert war, wurde ein Stern vom Typ 28 + 29p beobachtet, bei dem ein τ-Meson u. ein Hyperon emittiert wurden. Das τ^+ zerfällt nach einer Bahnlänge von 23 mm in 3 Pionen, eines davon zeigt den typ. $\pi \rightarrow \mu \rightarrow$ e-Zerfall. Die M. des τ^+ ergibt sich zu 963 ± 0,5 m_e, es wird mit einer kinet. Energie von 63 MeV emittiert, die Flugzeit beträgt $2 \cdot 10^{-10}$ sec. Das Hyperon zerfällt nach 1,6 mm u. einer Flugzeit von $1,5 \cdot 10^{-11}$ sec, es wurde mit einer kinet. Energie von 87 ± 10 MeV emittiert, seine M. ergibt sich zu 2374 (+29, −37) m_e. Vf. hält einen Zerfall nach $Y^\pm \rightarrow \pi^\pm + n + 135$ MeV für wahrscheinlich. (Nuovo Cimento [10] **1.** 284—90. 1/2. 1955. Göttingen, MPI für Phys.) M. WIEDEMANN. 85

M. I. Daion, *Über stabile Teilchen mit einer größeren Masse als die des Protons in der Höhenstrahlung 3250 m über Seehöhe.* Auf 3250 m Höhe wurde das Massenspektr. der Höhenstrahlung mittels eines magnet. Spektrometers untersucht. Die Reichweite wurde in einer WILSON-Kammer von 620 × 260 × 180 mm, die mehrere Platten enthielt, ermittelt. Es wurden 248 Protonen u. 19 Deuteronen mit Impulsen > $3,5 \cdot 10^8$ eV/c oder Reichweiten zwischen 15 < R < 35 mm Messing gezählt. Daneben wurden 101 nichtionisierende Teilchen, vermutlich schnelle Protonen, registriert, die Sterne in den Platten auslösten, u. 3—4 schwach ionisierende, die in den Platten steckenblieben. Das Impulsspektr. im Bereich von $4,5$—$25 \cdot 10^8$ eV/c ist ebenfalls wiedergegeben. (Доклады Академии Наук СССР [Ber. Akad. Wiss. UdSSR] **101.** 821—23. 11/4. 1955. Physikal. Lebedew-Inst. der Akad. der Wiss. der UdSSR.) M. WIEDEMANN. 85

C. Cernigoi und **G. Poiani,** *Über das Spektrum der Photonenkomponente in der unteren Atmosphäre.* (Vgl. C. **1955.** 733.) Im Diagramm mit der Dicke der Absorptionsschicht als Abszisse u. der Zahl der Impulse je Std. als Ordinate nehmen die letzteren linear ab; die bei einer Seehöhe von 2050 m aufgenommenen Werte liegen fast parallel (Winkelerhöhung um 5%) oberhalb der bei einer Höhe von 90 m aufgenommenen. Mit der Höhe nimmt der Anteil der Prozesse des Zerfalls neutraler Mesonen zu. (Nuovo Cimento [9] **12.** 957—58. 1/12. 1954. Trieste, Univ., Ist. di Fis. u. Ist. Naz. di Fis. Nucl., Sez. Padova.) R. K. MÜLLER. 85

B. P. Gregory und **J. H. Tinlot,** *Die Bildung energiereicher Photonen bei Kernwechselwirkungen von Höhenstrahlen.* (Sitzungsbericht.) Von 78 Schauern, die durch Kernwechselwirkungen in *Pb*- u. *Al*-Platten einer Nebelkammer gebildet wurden, waren weniger als 20% bei Ereignissen in Al durch Elektronen ausgelöst u. weniger als 30% bei Ereignissen in Pb. (Physic. Rev. [2] **79.** 205. 1/7. 1950. MIT.) H. LIEPACK. 85

M. Cervasi, G. Fidecaro und **L. Mezzetti,** *Durchdringende Schauer aus Wasserstoff und anderen Elementen.* Auf 3500 m Höhe wurde mittels dünner Folien aus Paraffin, Graphit, Fe u. Pb als Schauererzeuger die Erzeugung durchdringender Schauer durch die schnellen Nucleonen der Höhenstrahlung mit großflächigen Schauerdetektoren u. einem Hodoskop aus GEIGER-Zählern untersucht. Das Verhältnis der prim. Protonen zu den Neutronen P/N ergab sich im Mittel zu ∼1,5. Die Wirkungsquerschnitte in den einzelnen Elementen entsprechen den geometr., die Abhängigkeit von $A^{2/3}$ ist erfüllt. In H ergibt sich ein etwas geringerer Wert als der geometrische. (Nuovo Cimento [10] **1.** 300—13. 1/2. 1955. Roma, Univ., Ist. di Fis., Ist. Naz. di Fis. Nucl.) M. WIEDEMANN. 85

G. Bernardini, G. Cortini und **A. Manfredini,** *Über Kernverdampfung in Höhenstrahlen und die Absorption der Nucleonenkomponente.* 2. Mitt. (1. vgl. Physic. Rev. [2] **76.** [1949.] 1792.) Die Unterss. wurden in 3500 m Höhe mit ILFORD C 2- u. KODAK NT 4-Platten durchgeführt. Die Häufigkeit der Sterne in Abhängigkeit von der Zahl der Zacken änderte sich nicht stark beim Übergang zwischen Luft u. kondensiertem Material. Ein kleiner Übergangseffekt in Pb ist auf die ersten cm konz. u. auf kleine Sterne beschränkt. Für größere Dicken ist der Unterschied zwischen Pb u. Paraffin vernachlässigbar. Die Berkeley- u. die Höhenstrahlsterne unterscheiden sich hauptsächlich hinsichtlich der großen Sterne. Die Erzeugung des größten Teils der Höhenstrahlsterne wird auf sek. Nucleonen, die nicht einige 100 MeV überschreiten, zurückgeführt. Große Sterne zeigen eine isotrope Verteilung der starken, aber nicht der grauen Zacken, im Mittel ist jede graue Zacke von 3,5 schwarzen begleitet. Auf Grund einer Statistik von 4000 Sternen wird ein Energiespektr. schwarzer Protonen- u. α-Zacken aufgestellt. Die mit jeder schwarzen Zacke verbundene mittlere Anregungsenergie beträgt ∼3,5 MeV, die mittlere Kernanregung, entsprechend der Emission der schwarzen Zacken, ∼150 MeV. Das experimentelle Protonenspektr. stimmt mit der WEISSKOPF-BAGGE-Theorie überein, wenn eine GAMOW-Schwelle von ∼5 MeV angenommen wird. (Physic. Rev. [2] **79.** 952—63. 15/9. 1950. Roma, Univ., Ist. di Fis., Centro di Fis. Nucl.) H. LIEPACK. 85

R. Berg und **L. Wilets,** *Über die Gültigkeit des Weizsäckers Korrekturterms der Inhomogenität.* Vff. untersuchen die WEIZSÄCKER-Korrektur an der statist. THOMAS-

FERMI-Behandlung des Mehrkörperproblems. Für den isotropen harmon. Oscillator u. das Stufenpotential in ebener Symmetrie werden numer. Lösungen der WEIZSÄCKER-Gleichung erhalten. (Proc. physic. Soc., Sect. A **68.** 229—38. 1/3. 1955. Kopenhagen, Univ., Inst. for Theoret. Phys.) GERHARD SCHMIDT. 90

I. Pomerantschuk, *Verallgemeinerung des Wardschen Theorems für den Fall endlicher Lichtwellenlängen bei Teilchen mit dem Spin 0.* Das Theorem von WARD wird verallgemeinert u. eine Beziehung zwischen der GREENschen Funktion der zugehörigen Ladung u. dem Anteil, der der Wechselwrkg. mit einem Feld von Lichtquanten beliebiger Wellenlänge entspricht, für den Fall geladener Teilchen mit dem Spin Null aufgestellt. (Доклады Академии Наук СССР [Ber. Akad. Wiss. UdSSR] **100.** 41—42. 1/1. 1955.) M. WIEDEMANN. 90

R. L. Mills, *Integralgleichungen des Meson–Nucleon-Systems.* (Sitzungsbericht.) (Physic. Rev. [2] **98.** 1156. 15/5. 1955. Brookhaven Nat. Labor.) GERHARD SCHMIDT. 90

Charles J. Goebel, *Pion–Nucleon-S-Wellen-Phasenverschiebung aus ps–ps mit Abschneidprozeß.* (Sitzungsbericht.) (Physic. Rev. [2] **98.** 273. 1/4. 1955. Berkeley, Calif., Univ. of California.) GERHARD SCHMIDT. 90

A. Ss. Martynow, *Streuung von Mesonen an Nucleonen in der Theorie der Strahlungslöschung.* Für die Theorie der Strahlungslöschung in kovarianter Form wählt Vf. ein pseudoskalares Mesonenfeld u. eine lineare Kombination pseudoskalarer u. pseudovektorieller Kopplung des Mesonenfelds mit dem Nucleon. Die Strahlungslöschung bringt eine Verbesserung bei der Behandlung der Streuung von Mesonen an Nucleonen gemäß a) $\pi^+ + p \rightarrow \pi^+ + p$, b) $\pi^- + p \rightarrow \pi^- + p$ u. c) $\pi^- + p \rightarrow \pi^0 + n$ bzgl. der Maxima bei der Energieabhängigkeit der Wirkungsquerschnitte, jedoch keine quantitative Übereinstimmung mit den Experimenten bei Mesonenenergien von 42 u. 112 MeV hinsichtlich der Verhältnisse der Wirkungsquerschnitte. (Журнал Экспериментальной и Теоретической Физики [J. exp. theoret. Physik] **28.** 287—90. 1955. Physikal. Lebedew-Inst. der Akad. der Wiss. der UdSSR.) M. WIEDEMANN. 90

Bruce H. McCormick und **Abraham Klein,** *Mesonenpaartheorie.* (Sitzungsbericht.) (Physic. Rev. [2] **98.** 1155. 15/5. 1955. Harvard Univ.) GERHARD SCHMIDT. 90

J. Bernstein und **Abraham Klein,** *Austauschstromeffekte im Zwei-Nucleon-System.* (Vgl. vorst. Ref.) (Sitzungsbericht.) (Physic. Rev. [2] **98.** 1155. 15/5. 1955.) GERHARD SCHMIDT. 90

M. A. Markow, *Hyperonen als angeregte Zustände von Nucleonen. Möglicher Mechanismus der Mehrfacherzeugung der Teilchen.* Im Zusammenhang mit der Theorie des deformierbaren Formfaktors betrachtet Vf. Λ^0 u. Λ^+ als die ersten angeregten Zustände der Nucleonen. Für die Konstante a, die den energet. Abstand zwischen zwei angeregten Nucleonen charakterisiert, erhält Vf. 180 MeV, für r_0, die charakterist. Dimension des Oscillators, aus der Lebensdauer des Λ^0 10^{-20} cm. Die Seltenheit der Entstehung der Λ^0 bei Stößen von Pionen auf Nucleonen wird erwähnt. Weiterhin diskutiert Vf. die mögliche paarweise Bldg. von Hyperonen, die Zerfallsmechanismen $\Theta^0 \rightarrow 2\pi$ u. $\tau^- \rightarrow 3\pi$ u. die Entstehung eines Pionenschauers. (Доклады Академии Наук СССР [Ber. Akad. Wiss. UdSSR] **101.** 449—52. 21/3. 1955. Physikal. Lebedew-Inst. der Akad. der Wiss. der UdSSR.) M. WIEDEMANN. 90

Gaurang B. Yodh, *Erzeugung geladener Pionen bei Neutron–Proton-Zusammenstößen.* (Sitzungsbericht.) (Physic. Rev. [2] **98.** 268. 1/4. 1955. Univ. of Chicago.) GERHARD SCHMIDT. 90

Myron W. Knapp und **Wilson M. Powell,** *Negative Pionen aus dem Neutronenbeschuß von Deuteronen.* (Sitzungsbericht.) (Physic. Rev. [2] **98.** 1188. 15/5. 1955. Berkeley, Calif., Univ. of California.) GERHARD SCHMIDT. 90

D. C. Peaslee, *Photoerzeugungsverhältnisse von Pionen.* (Sitzungsbericht.) (Physic. Rev. [2] **98.** 239. 1/4. 1955. Purdue Univ.) GERHARD SCHMIDT. 90

R. M. Worlock und **W. R. Smythe,** *π^0-Photoerzeugung aus Protonen und Deuterium-Nucleonen.* 1. Mitt. (Sitzungsbericht.) (Physic. Rev. [2] **98.** 269. 1/4. 1955. California Inst. of Technol.) GERHARD SCHMIDT. 90

W. R. Smythe und **R. M. Worlock,** *π^0-Photoerzeugung aus Protonen und Deuterium-Nucleonen.* 2. Mitt. (1. vgl. vorst. Ref.) (Sitzungsbericht.) (Physic. Rev. [2] **98.** 269. 1/4. 1955.) GERHARD SCHMIDT. 90

Gordon W. Repp, Mark J. Jakobson und **R. Stephen White,** *Erzeugung von π^+-Photomesonen bei 180°.* 1. Mitt. *Experimentelle Anordnung.* (Sitzungsbericht.) (Physic. Rev. [2] **98.** 268—69. 1/4. 1955. Berkeley, Calif., Univ. of California.) GERHARD SCHMIDT. 90

R. Stephen White, Mark J. Jakobson und **Gordon W. Repp,** *Erzeugung von π^+-Photomesonen bei 180°. 2. Mitt. Experimentelle Ergebnisse.* (1. vgl. vorst. Ref.) (Sitzungsbericht.) (Physic. Rev. [2] **98.** 269. 1/4. 1955.) GERHARD SCHMIDT. 90

L. J. Koester, *Photoerzeugung von π^0-Mesonen in Wasserstoff.* (Sitzungsbericht.) (Physic. Rev. [2] **98.** 239. 1/4. 1955. Univ. of Illinois.) GERHARD SCHMIDT. 90

E. L. Goldwasser, L. J. Koester und **F. E. Mills,** *Elastische Photoerzeugung von π^0-Mesonen für Helium.* (Vgl. vorst. Ref. u. C. **1955.** 6443.) (Sitzungsbericht.) (Physic. Rev. [2] **98.** 239. 1/4. 1955.) GERHARD SCHMIDT. 90

K. C. Bandtel, W. J. Frank, L. Higgins und **B. J. Moyer,** *Eine Untersuchung der Reaktion $^1H(^2H\,^3He)\pi^0$ bei 340 MeV-Protonenenergie.* (Vgl. C. **1955.** 3549.) (Sitzungsbericht.) (Physic. Rev. [2] **98.** 269—70. 1/4. 1955. Berkeley, Calif., Univ. of California.) GERHARD SCHMIDT. 90

T. B. Taylor und **G. F. Chew,** *Energie- und Winkelverteilung der durch 350 MeV-Protonen erzeugten π-Mesonen.* (Sitzungsbericht.) Die Energie- und Winkelverteilung der durch 350 MeV-Protonen erzeugten π-Mesonen wurden unter der Annahme, daß das Matrixelement für den Prozeß konstant ist, berechnet. Für Energien, bei denen die COULOMB-Effekte zu vernachlässigen sind, wurde bei *C* u. *P* hinsichtlich Energieverteilung u. Wirkungsquerschnitt Übereinstimmung mit dem Experiment erzielt. (Physic. Rev. [2] **78.** 86. 1/4. 1950. Berkeley, Calif., Univ. of California.) M. WIEDEMANN. 90

K. M. Crowe, R. M. Friedman und **H. Motz,** *π^--Zählung durch verzögerte Koinzidenz.* (Sitzungsbericht.) (Physic. Rev. [2] **98.** 268. 1/4. 1955. Stanford Univ.) GERHARD SCHMIDT. 90

H. Motz, K. M. Crowe und **R. M. Friedman,** *π^-/π^+-Verhältnisse in asymmetrischen Kernen.* (Vgl. vorst. Ref.) (Sitzungsbericht.) (Physic. Rev. [2] **98.** 268. 1/4. 1955. Stanford, Calif., High-Energy Phys. Labor.) GERHARD SCHMIDT. 90

Leonard S. Kisslinger, *Die Streuung von π-Mesonen an Kernen.* (Sitzungsbericht.) (Physic. Rev. [2] **98.** 239. 1/4. 1955.) GERHARD SCHMIDT. 90

W. D. Walker und **J. Crussard,** *Wechselwirkungen von 1,5 GeV-π^--Mesonen.* (Sitzungsbericht.) (Physic. Rev. [2] **98.** 240. 1/4. 1955. Univ. of Rochester.) GERHARD SCHMIDT. 90

M. Glicksman und **H. L. Anderson,** *Streuung von 165 MeV-Pionen an Protonen.* (Sitzungsbericht.) (Physic. Rev. [2] **98.** 239. 1/4. 1955. Univ. of Chicago.) GERHARD SCHMIDT. 90

F. Feiner, J. Ashkin, J. P. Blaser und **M. O. Stern,** *Differentielle Querschnitte für Pion–Proton-Streuung bei 150 und 170 MeV.* (Sitzungsbericht.) (Physic. Rev. [2] **98.** 239. 1/4. 1955. Carnegie Inst. of Technol.) GERHARD SCHMIDT. 90

U. Kruse, H. L. Anderson, W. C. Davidon und **M. Glicksman,** *Positive Pionenstreuung an Wasserstoff bei 189 MeV.* (Sitzungsbericht.) (Physic. Rev. [2] **98.** 1188. 15/5. 1955. Univ. of Chicago.) GERHARD SCHMIDT. 90

D. Bodansky und **A. M. Sachs,** *Wechselwirkung von 46 MeV-π^+-Mesonen in Deuterium.* (Sitzungsbericht.) (Physic. Rev. [2] **98.** 240. 1/4. 1955. Columbia Univ.) GERHARD SCHMIDT. 90

W. Skolnik, *Streuung von 195 MeV-Pionen an Deuterium.* (Sitzungsbericht.) (Physic. Rev. [2] **98.** 240. 1/4. 1955. Univ. of Chicago.) GERHARD SCHMIDT. 90

W. Chinowsky und **J. Steinberger,** *Absorption negativer Pionen in Deuterium: Parität des Pions.* (Vgl. C. **1955.** 3547.) Im 390 MeV-Cyclotron wurden negative Pionen erzeugt u. mittels Magnet u. Zählern ein Strahl ausgeblendet, der auf fl. D_2 fiel. Ein Absorber wurde so gewählt, daß die Zahl der im D abgebremsten Mesonen ein Maximum erreichte. Zum Nachw. der Rk. $\pi^- + d \rightarrow 2n$ wurden Koinzidenzen zwischen den beiden Neutronen u. den langsamen Pionen mittels Scintillationszählern gemessen. Das Verhältnis nichtstrahlender zum Strahlungseinfang ($\pi^- + d \rightarrow 2n + \gamma$) ergab sich zu $1{,}5 \pm 0{,}8$. Die Abhängigkeit der Neutronenkoinzidenzen vom Winkel zwischen ihnen zeigte ein Maximum bei 180°. Da das Pion den Spin 0 besitzt, muß es pseudoskalar sein. (Physic. Rev. [2] **95.** 1561—64. 15/9. 1954. New York, N. Y., Columbia Univ.) M. WIEDEMANN. 90

P. Ammiraju, M. Rinehart, K. C. Rogers und **L. M. Lederman,** *Absorption von Pionen in Kohlenstoff und Stickstoff.* (Sitzungsbericht.) (Physic. Rev. [2] **98.** 1188—89. 15/5. 1955. Columbia Univ.) GERHARD SCHMIDT. 90

R. A. Grandey und **A. F. Clark,** *Elastische Streuung von 160 MeV-Pionen in Emulsionen.* (Sitzungsbericht.) Kernemulsionen wurden 160 MeV-π^+- u. π^--Bündeln ausgesetzt. Aus 28 elast. Streuungen von π^- ergab sich für die Nichtaustauschstreuung ein Wirkungsquerschnitt von $\sigma = 12{,}5 \pm 3{,}5$ mbarn u. aus 1000 Sternen eine mittlere freie Weglänge für Sternbldg. von $l = 28{,}4 \pm 1{,}7$ cm. Aus 32 elast. Streuungen der π^+ u. 41 Literaturdaten ergab sich $\sigma = 142 \pm 25$ mbarn u. $l = 31{,}7 \pm 2{,}0$ cm aus 241 Ster-

nen. Ferner wurde für π^+ $d\sigma/d\Omega = 6{,}5 - 4{,}2 \cos\beta + 14{,}5 \cos^2\beta$ in mbarn/Raumwinkel gefunden. (Physic. Rev. [2] **94.** 766. 1/5. 1954. Carnegie Inst. of Technol.)
M. WIEDEMANN. 90

G. Saphir, *Streuung und Absorption von 50 MeV-π^+-Mesonen in Blei.* (Sitzungsbericht.) (Physic. Rev. [2] **98.** 269. 1/4. 1955. Berkeley, Calif., Univ. of California.)
GERHARD SCHMIDT. 90

M. Suffczyński, *Über den Grundzustand des Mesonatoms.* Die Energieniveaus des μ-Mesonatoms, u. zwar vor allem der Grundzustand, werden durch die Verteilung der Protonenladungen in den schweren Kernen beeinflußt. Mit einer exponentiellen Ladungsverteilung $\varrho(r) = (Ze/2a^3) \exp(-r/a)$ ergibt sich für *Pb* mit a = COMPTON-Wellenlänge des Mesons 1865 der Grundzustand zu $-10{,}260 < E' < -10{,}255$ MeV u. mit a = 1696 $-10{,}757 < E' < 10{,}750$ MeV. Die Übergangsenergie für $2p_{3/2} \rightarrow 1s_{1/2}$ würde demnach 5,6 bzw. 6,1 MeV betragen, der experimentell gefundene Wert liegt bei 6,02 MeV. (Nuovo Cimento [9] **12.** 455—56. 1/9. 1954. Warsaw, Inst. of Theoret. Phys.)
M. WIEDEMANN. 90

George Rawitscher, *Wirkung der ausgedehnten Größe des Kerns auf die Photoerzeugung von μ-Mesonenpaaren.* (Sitzungsbericht.) (Physic. Rev. [2] **98.** 272—73. 1/4. 1955. Stanford Univ.)
GERHARD SCHMIDT. 90

P. E. Argan, A. Gigli und **S. Sciuti,** *Über die Wechselwirkung von μ-Mesonen mit Materie bei hohen Energien.* Mittels eines Zählerhodoskops wurde die Zahl der in 5 cm Pb erzeugten Schauer, die 15 cm Pb zu durchdringen vermögen, unter 50 bzw. 200 m Wasseräquivalent, entsprechend Mesonenenergien von 1,14 bzw. $4{,}40 \cdot 10^{10}$ eV, zu $8{,}40 \pm 1 \cdot 10^{-5}$ bzw. $25{,}60 \pm 5 \cdot 10^{-5}$ je einfallendes μ-Meson bestimmt. Es wird angenommen, daß bei 50 m Wasseräquivalent ein beträchtlicher Teil n. Elektronen–Photonen-Schauer sind. Vff. nehmen Kernwechselwrkg. der einfallenden Mesonen an. Die virtuellen Photonen, die das elektromagnet. Feld des Mesons darstellen, reagieren mit den Nucleonen. Die experimentellen Befunde können unter der Annahme wiedergegeben werden, daß der gesamte photonucleare Wirkungsquerschnitt auch bei hohen Energien unverändert $3 \cdot 10^{-28}$ cm²/Nucleon bleibt. (Nuovo Cimento [9] **11.** 530—38. 1/5. 1954. Roma, Univ., Ist. di Fis., Ist. Naz. di Fis. Nucl.)
M. WIEDEMANN. 90

J. P. Davidson, *Die Streuung von μ-Mesonen über anomal große Winkel.* Die Streuung von μ-Mesonen über anomal große Winkel mit einem Wirkungsquerschnitt in der Größenordnung von 10^{-28} cm²/Nucleon kann durch die Wechselwrkg. des COULOMB-Feldes des Mesons mit dem gesamten Targetkern erklärt werden. Das COULOMB-Feld des rasch bewegten Mesons wird durch das äquivalente Photonenspektr. ersetzt. Durch die virtuellen Photonen kann die „Riesen"-Resonanz der Kerne bei 15—20 MeV angeregt werden. Der Wirkungsquerschnitt ergibt sich nahezu proportional zu A. (Nuovo Cimento [9] **11.** 205—06. 1/2. 1954. Rio de Janeiro, Centro Brasil. de Pesqu. Fis.)
M. WIEDEMANN. 90

I. B. McDiarmid, *Die Streuung von μ-Mesonen in Eisen um große Winkel.* (Vgl. C. **1955.** **6443.**) Vf. mißt die Winkelverteilung mit Hilfe einer Nebelkammer. Die Ergebnisse für Energien zwischen mehreren 100 u. ~4000 MeV widersprechen den Theorien über COULOMB-Streuung an einem ausgedehnten Kern. (Philos. Mag. [7] **46.** 177—89. Febr. 1955. Manchester, Univ., Phys. Labor.)
D. GEISSLER. 90

E. D. Palmatier, J. T. Meers und **C. M. Askey,** *Dichteeffekt für Ionisationsenergieverluste in Gasen.* (Sitzungsbericht.) Die Energieverluste durch Ionisation relativist. μ-Mesonen wurden in Ar mit einem Proportionalzähler bei Drucken bis zu 40 at untersucht. Es zeigt sich, daß der Effekt größer ist als nach der Theorie erwartet wird. (Physic. Rev. [2] **94.** 766. 1/5. 1954. Univ. of North Carolina.)
M. WIEDEMANN. 90

W. A. Ljubimow, G. P. Jelissejew, W. K. Kossmatschewski und **A. W. Kowda,** *Wahrscheinliche Ionisation durch μ-Mesonen in Gasen bei Impulsen von $2 \cdot 10^8$–$1{,}2 \cdot 10^{11}$ eV/c.* Vff. leiten eine Formel für den wahrscheinlichsten Energieverlust durch Ionisation unter der Annahme einer beliebigen Verteilungsfunktion der Schwankungen ab. Sie bestimmen mittels eines Proportionalzählers, gefüllt mit 85 mm Hg Ar + 365 mm Hg Propan, den wahrscheinlichen Ionisationsverlust von μ im Gas in Abhängigkeit vom Impuls. Im Bereich von $2 \cdot 10^9$—$1{,}5 \cdot 10^{10}$ eV/c werden nur negative Teilchen verwendet. Im Bereich von $4 \cdot 10^8$—$2 \cdot 10^{10}$ eV/c steigt das Ionisationsvermögen logarithm. an. Bei Impulsen über $3 \cdot 10^{10}$ eV/c wird ein Plateau erreicht. Die Ergebnisse stimmen mit der Theorie von FERMI über den Ionisationsverlust relativist. μ überein. (Доклады Академии Наук СССР [Ber. Akad. Wiss. UdSSR] **100.** 883—86. 11/2. 1955.)
M. WIEDEMANN. 90

H. J. Bramson, *Elektronenspektrum aus dem Muon (μ-Meson)-Zerfall.* (Sitzungsbericht.) (Physic. Rev. [2] **98.** 1187. 15/5. 1955. Hughes Aircraft Corp.)
GERHARD SCHMIDT. 90

André Lagarrigue und **Charles Peyrou**, *Experimentelle Bestimmung des Energiespektrums des Zerfallselektrons des μ-Mesons.* Aus Messungen an 150 Zerfallselektronen von μ-Mesonen in der WILSON-Kammer ergab sich für die Mesonenmasse 217(+12, −8) m_e. Für die getrennten Spektren der positiven u. negativen Elektronen wird der in der Spektralformel auftretende Parameter ϱ berechnet, der von der Wechselwrkg. zwischen Meson, Elektron u. 2 Neutrinos abhängt. (C. R. hebd. Séances Acad. Sci. 233. 478—80. 6/8. 1951.) M. WIEDEMANN. 90

André Lagarrigue, *Experimentelle Untersuchung des Energiespektrums des Zerfallselektrons des μ-Mesons.* (Vgl. vorst. Ref.) Das Spektr. der Zerfallselektronen der μ-Mesonen ist mit dem theoret., das sich aus der Hypothese des Zerfalls in ein Elektron u. zwei Neutrinos ergibt, identisch. (C. R. hebd. Séances Acad. Sci. 234. 2060—61. 19/5. 1952.) M. WIEDEMANN. 90

G. G. Harris, *Durch 2,2 und 3 GeV-Protonen erzeugte K-Mesonen.* (Sitzungsbericht.) (Physic. Rev. [2] 98. 1202. 15/5. 1955. Columbia Univ.) GERHARD SCHMIDT. 90

R. D. Hill, **E. O. Salant** und **M. Widgoff**, *Durch 3 GeV-Protonen erzeugtes χ-Meson.* (Sitzungsbericht.) (Physic. Rev. [2] 98. 247. 1/4. 1955. Univ. of Illinois; Brookhaven Nat. Labor.) GERHARD SCHMIDT. 90

J. R. Burwell, **R. W. Huggett** und **R. W. Thompson**, *Neuer Beweis für die spezifische Identität der Θ^0-Zerfallsfragmente und die Statistik des Θ^0-Teilchens.* (Sitzungsbericht.) (Physic. Rev. [2] 98. 247—48. 1/4. 1955. Indiana Univ.) GERHARD SCHMIDT. 90

R. W. Huggett, **J. R. Burwell** und **R. W. Thompson**, *Neue Beispiele für anomale V^0-Teilchen.* (Vgl. vorst. Ref.) (Sitzungsbericht.) (Physic. Rev. [2] 98. 248. 1/4. 1955.) GERHARD SCHMIDT. 90

Y. B. Kim, **J. R. Burwell**, **R. W. Huggett** und **R. W. Thompson**, *Beweis für Ladungssymmetrie der $V^{\pm}$-Teilchen.* (Vgl. vorst. Reff.) (Sitzungsbericht.) (Physic. Rev. [2] 98. 248. 1/4. 1955.) GERHARD SCHMIDT. 90

M. M. Block, **E. M. Harth**, **W. B. Fowler**, **R. P. Shutt**, **A. M. Thorndike** und **W. L. Whittemore**, *Erzeugung geladener V-Teilchen bei einem Proton–Proton-Stoß.* (Sitzungsbericht.) (Physic. Rev. [2] 98. 248. 1/4. 1955. Naval Res. Labor.; Brookhaven Nat. Labor.) GERHARD SCHMIDT. 90

W. H. Arnold und **J. Ballam**, *Analyse geladener V-Ereignisse.* (Sitzungsbericht.) (Physic. Rev. [2] 98. 1204. 15/5. 1955. Princeton Univ.) GERHARD SCHMIDT. 90

Bernard d'Espagnat, *Über die mittlere Lebensdauer des V_1^0-Teilchens.* Vf. zeigt, daß die Lebensdauern von V_1^0 u. π mittels einer einzigen Kopplungskonstanten erklärt werden können, wenn pseudovektorielle statt pseudoskalare Kopplung angenommen wird. Für $M_V = 2200\ m_e$ u. $Q = 45$ MeV ergibt sich $\tau_V/\tau_\pi = 0{,}05$. (C. R. hebd. Séances Acad. Sci. 235. 1610—12. 22/12. 1952.) M. WIEDEMANN. 90

P. Ss. Issajew, *Energetisches „Gleichgewichts"-Spektrum von Schauerphotonen.* Das Energiespektr. der Photonen, die in elektromagnet. Kaskadenprozessen entstehen, wird unter Berücksichtigung von Strahlungsbremsung, Paarerzeugung, Ionisationsverlust u. COMPTON-Effekt in *C*, *Al*, *Fe*, *Cu* u. *Pb* ermittelt. (Журнал Экспериментальной и Теоретической Физики [J. exp. theoret. Physik] 28. 374—76. 1955. Physikal. Lebedew-Inst. der Akad. der Wiss. der UdSSR.) M. WIEDEMANN. 90

Luis W. Alvarez, **Frank S. Crawford jr.** und **M. Lynn Stevenson**, *Elastische Streuung von 1,6 MeV-γ-Strahlen aus Kohlenstoff.* (Sitzungsbericht.) (Physic. Rev. [2] 98. 280. 1/4. 1955. Berkeley, Calif., Univ. of California.) GERHARD SCHMIDT. 90

A. K. Mann, *Elastische Streuung von 0,41 und 0,66 MeV-γ-Strahlen an Zinn und Blei.* (Sitzungsbericht.) (Physic. Rev. [2] 98. 234. 1/4. 1955. Univ. of Pennsylvania.) GERHARD SCHMIDT. 90

Nadine Marty, *Photoelektrische Absorption der γ-Strahlen in der L-Schale der Atome.* Mittels eines magnet. Spektrometers mit halbkreisförmiger Fokussierung wurde für γ-Strahlung von 411 u. 140 keV das Verhältnis τ_K/τ_L bestimmt, $\tau = \sigma \cdot N_0$ mit N_0 = Zahl der Atome je cm^3 u. σ = Wirkungsquerschnitt der photoelektr. Absorption. Von der Richtung erwies sich der Quotient unabhängig. Gefunden wurden für *Ag* 14%, *Pb* u. *Au* 25—27% u. für *U* 31%, anscheinend unabhängig von der γ-Energie. Das Verhältnis zeigt die theoret. zu erwartende Abhängigkeit von Z. Um die richtigen Werte zu erhalten, müssen die relativist. Formeln benutzt werden. (J. Physique Radium 13. 401—04. Juli/Sept. 1952. Paris, Coll. de France, Labor. de Chim. nucl.) M. WIEDEMANN. 90

Dwight R. Dixon und **Kenneth C. Bandtel**, *Photozertrümmerung von Deuteronen durch energiereiche γ-Strahlen.* (Sitzungsbericht.) (Physic. Rev. [2] 98. 259. 1/4. 1955. Berkeley, Calif., Univ. of California.) GERHARD SCHMIDT. 90

W. M. Gibson, T. Grotdal, J. J. Orlin und **B. Trumpy,** *Die Photozertrümmerung des Deuterons und die Messung von γ-Energien mittels photographischer Emulsionen, die Schweres Wasser enthalten.* (Vgl. C. **1952.** 1442.) Durch Beschuß von CaF_2 mit 1,4 MeV-Protonen wurden γ-Strahlen von 6,1 u. 7 MeV erzeugt, die dann auf die Emulsionen fielen. Aus den Reichweiten der ausgelösten Protonen R können γ-Energien zwischen 4 u. 12 MeV berechnet werden, für 6 MeV beträgt die Genauigkeit ~4 keV, zwei Linien mit einer Energiedifferenz von 0,4 MeV lassen sich noch trennen. (Philos. Mag. [7] **43.** 457—66. April 1952. Bergen, Univ., Fys. Inst.; Bristol, Univ., H. H. Wills Phys. Labor.) M. WIEDEMANN. 90

Arne Lundby, *Wie beeinflussen γ-Strahlen die Reaktivität eines D_2O-Reaktors?* Vf. berechnet den Einfl. einer starken γ-Strahlung auf die Reaktivität des Reaktors (JEEP) durch Vergrößerung der Neutronendichte infolge der Rk. D(γ, n). Die γ-Quelle wird entweder innerhalb des Reaktors selbst, vornehmlich in den Spaltprodd., oder in einer zur Bestrahlung eingeführten Substanz angenommen. Unverzögerte γ-Strahlen aus dem Reaktor können die Reaktivität um höchstens 0,1%, die verzögerten γ-Strahlen der Spaltprodd. um höchstens 0,12% verändern. Bei der Bestrahlung von 190 g Na_2CO_3 ändert sich die Reaktivität bei 40 W um $+10^{-4}$, bei 400 W $<10^{-5}$ u. bei 4 kW um -10^{-5}. (Nucleonics **12.** Nr. 8. 25—27. Aug. 1954. Kjeller, Joint Establ. for Nucl. Engng. Res.) G. HERRMANN. 90

B. Dshelepow, *Über die natürliche Breite der Spektrallinien von Rückstoßelektronen.* Vf. ermittelt für einen beliebigen Stoß eines γ-Quants auf ein Elektron die Breite der Spektrallinie. Für Z = 7 u. eine Geschwindigkeit des Elektrons entsprechend β = 0,039 ergibt sich eine Verbreiterung von +2,66 u. —2,54% u. eine Energie des Rückstoßelektrons von 20 keV. Anschließend wird für eine Streuung des Rückstoßelektrons im γ-Spektrometer nach vorwärts die Form der Spektrallinien ermittelt. (Доклады Академии Наук СССР [Ber. Akad. Wiss. UdSSR] **101.** 825—28. 11/4. 1955. Strahlungsinst. der Akad. der Wiss. der UdSSR.) M. WIEDEMANN. 90

D. J. Besdin und **Joseph H. Robinson III,** *Das magnetische Moment freier Elektronen.* (Sitzungsbericht.) (Physic. Rev. [2] **98.** 272. 1/4. 1955. Texas Technol. Coll.) GERHARD SCHMIDT. 90

Richard Lepsius, *Prinzipielle Betrachtungen im Periodischen System der Elemente.* 3. Mitt. (1. vgl. C. **1953.** 3346.) Vgl. der Besetzungszahlen in Elektronen- u. in Nucleonenschalen. (Naturwissenschaften **38.** 472—73. Okt. 1951. Stockholm.) G. KIRSCHSTEIN. 95

Richard Lepsius und **S. K. Asunmaa,** *Prinzipielle Betrachtungen im Periodischen System der Elemente.* 5. Mitt. (3. vgl. vorst. Ref.) Graph. Darst. der die Stabilität der Atomkerne charakterisierenden Kurven. (Naturwissenschaften **39.** 477—78. Okt. 1952.) G. KIRSCHSTEIN. 95

Richard Lepsius und **S. K. Asunmaa,** *Prinzipielle Betrachtungen im Periodischen System der Elemente.* 6. Mitt. (5. vgl. vorst. Ref.) Darst. u. Erläuterung eines Diagramms, aus dem eine Beziehung zwischen den Periodizitäten der Elektronenhüllen u. der Kernstruktur ersichtlich wird. (Naturwissenschaften **39.** 490—91. Nov. 1952.) G. KIRSCHSTEIN. 95

Richard Lepsius und **S. K. Asunmaa,** *Prinzipielle Betrachtungen im Periodischen System der Elemente.* 7. Mitt. (6. vgl. vorst. Ref.) Es wird darauf hingewiesen, daß man auch die Elemente der 2. Hauptgruppe als Perioden abschließende Elemente betrachten könnte; man würde damit der Sonderstellung der s-Elektronen Rechnung tragen. Für die Seltenen Erden würde sich dann eine Verschiebung ergeben, insofern als in *La* das erste 4f-Elektron u. in *Cp* das erste 5d-Elektron auftreten würde. (Naturwissenschaften **39.** 491. Nov. 1952.) G. KIRSCHSTEIN. 95

Richard Lepsius und **S. K. Asunmaa,** *Prinzipielle Betrachtungen im Periodischen System der Elemente.* 8. Mitt. *Beziehungen zwischen Atomkern und Atomhülle.* (7. vgl. vorst. Ref.) In 9 Figuren werden vor allem die Zusammenhänge zwischen den Nebenquantenzahlen u. dem Neutronenüberschuß der Isotope dargestellt. Dabei tritt ein gewisser Zusammenhang zwischen den Periodizitäten im Schalenaufbau der Kerne u. den Elektronenhüllen in Erscheinung. (Naturwissenschaften **41.** 221—27. Mai 1954.) G. KIRSCHSTEIN. 95

Enos E. Witmer, *Offensichtliche Bedeutung von $(7/2)^6$ bei der Darstellung von Kernmassen als Vielfache der Elektronenmasse.* (Sitzungsbericht.) (Physic. Rev. [2] **98.** 1174. 15/5. 1955. Univ. of Pennsylvania.) GERHARD SCHMIDT. 95

H. Goto, *Einige Bemerkungen über das Massenspektrum und nichtlokale Wechselwirkung.* Die von YUKAWA vorgeschlagene Theorie des Massenspektr. der Elementar teilchen wird im Hinblick auf einige aufgetretene Schwierigkeiten formaler Natur modifiziert. (Progr. theoret. Physics [Kyoto] **10.** 698—700. Dez. 1953. Gifu Univ., Fac. of Engng. [Orig.: engl.]) R. CONRAD. 95

F. I. Kligman, *Statistische Theorie schwerer Kerne und die Kernkräfte.* Die statist. Theorie der Kerne wird entwickelt, die sowohl den Fall der Sättigung als auch den der fehlenden Sättigung der Spins u. der Ladungen zu behandeln gestattet. Es werden verschied. ladungssymm. Wechselwirkungsfunktionen zwischen den Nucleonen angenommen mit einer Abhängigkeit vom Abstand nach $-g^2e^{-kr}/r$. Es werden Gleichungen für die Dichteverteilung der Nucleonen u. für die Sonderfälle der Ladungs- u. Spindichte erhalten, ferner Ausdrücke für das Isotopen- u. Dipolglied in der Energie der Kerne. (Журнал Экспериментальной и Теоретической Физики [J. exp. theoret. Physik] **28.** 297—308. 1955. Kiew, Technol. Inst. der Leichtind.) M. WIEDEMANN. 95

R. W. King, *Supermultiplettstruktur und spinabhängige Kräfte.* (Sitzungsbericht.) (Physic. Rev. [2] **98.** 235. 1/4. 1955. Nat. Res. Counc.) GERHARD SCHMIDT. 95

David Finkelstein, *Spinmodelle.* (Sitzungsbericht.) (Physic. Rev. [2] **98.** 1175—76. 15/5. 1955. Stevens Inst. of Technol. and New York Univ.) GERHARD SCHMIDT. 95

W. M. MacDonald, *Isotopenspinunreinheit in leichten Kernen.* (Sitzungsbericht.) (Physic. Rev. [2] **98.** 234—35. 1/4. 1955. Berkeley, Calif., Univ. of California.) GERHARD SCHMIDT. 95

Andrew M. Lockett, *Die magnetischen Dreikörperaustauschmomente von ^3H und ^3He.* (Sitzungsbericht.) (Physic. Rev. [2] **98.** 1204. 15/5. 1955. MIT.) GERHARD SCHMIDT. 95

Virginia Royden, *Messung des Spins und des gyromagnetischen Verhältnisses von ^{13}C durch den Zusammenbruch der Spin-Spin-Aufspaltung.* Vf. mißt mit Hilfe einer kernmagnet. Resonanzmeth. an einer mit 51% ^{13}C angereicherten Probe von CH_3J den Spin von ^{13}C zu 1/2 u. das Verhältnis der Resonanzfrequenz von ^{13}C zu der von ^1H in diesem Mol. zu $0{,}2514431 \pm 0{,}0000005$ in Übereinstimmung mit Messungen anderer Autoren. (Physic. Rev. [2] **96.** 543—44. 15/10. 1954. Palo Alto, Calif., Varian Associates.) D. GEISSLER. 95

S. L. Segel und **B. C. Lutz,** *Verunreinigungseffekte auf das Kernquadrupolspektrum von ^{35}Cl.* (Sitzungsbericht.) (Physic. Rev. [2] **98.** 1183. 15/5. 1955. Univ. of Delaware.) GERHARD SCHMIDT. 95

W. Zobel und **R. M. Steffen,** *Magnetisches Moment des mit 0,247 MeV angeregten Zustandes von ^{111}Cd.* (Sitzungsbericht.) (Physic. Rev. [2] **98.** 1186. 15/5. 1955. Purdue Univ.) GERHARD SCHMIDT. 95

Tohru Kamei, *Quadrupolmomente von ^{181}Ta und ^{175}Cp (^{175}Lu).* Mittels eines Hohlkathodenentladungsrohres u. eines FABRY-PÉROT-Interferometers untersucht Vf. die Hyperfeinstruktur des Spektr. von Ta I, um das Quadrupolmoment von ^{181}Ta zu bestimmen. Die Berechnung wird für die Quadrupolkopplungskonstanten der Niveaus $^4F_{3/2}$, $^4P_{3/2}$, $^4F_{5/2}$, $^4F_{7/2}$ u. $^4F_{9/2}$ der Konfiguration $5d^3 6s^2$, in welcher die drei 5d-Elektronen über eine Zwischenkopplung verbunden sind, durchgeführt. Die Messungen ergeben für Q (^{181}Ta) den Wert $(+4{,}3 \pm 0{,}4) \cdot 10^{-24}$ cm², wobei die Polarisationskorrektur berücksichtigt ist. Der Wert von Q (^{175}Cp) wird aus den Literaturdaten berechnet, er ergibt sich zu $(+5{,}7 \pm 0{,}3) \cdot 10^{-24}$ cm². (Physic. Rev. [2] **99.** 789—91. 1/8. 1955. Tokyo, Meguro-ku, Komaba-machi, Inst. of Sci. and Technol.) GERHARD SCHMIDT. 95

Je. P. Masetz und **L. I. Russinow,** *Über die Lebensdauer isomerer Kerne.* Die Daten über die isomeren Kerne, ihre Lebensdauer τ_γ gegenüber γ-Zerfall, die Zerfallsenergie E_γ u. die Art der Multipolstrahlung werden mit den theoret. Kurven des Einteilchenmodells, bei dem angenommen wird, daß die Strahlung durch die Änderung des Zustands eines Nucleons bedingt ist, verglichen. Aus der Abhängigkeit von τ_{exp}/τ_{theor} von der Zahl der Protonen u. der Nucleonen folgt, daß das Modell am besten in der Nähe der mag. Zahlen zutrifft. (Доклады Академии Наук СССР [Ber. Akad. Wiss. UdSSR] **101.** 253—56. 11/3. 1955. Leningrad, Physikal.-techn. Inst. der Akad. der Wiss. der UdSSR.) M. WIEDEMANN. 103

P. H. Stelson und **F. K. McGowan,** *Winkelverteilung der γ-Strahlen aus der Coulomb-Anregung.* (Sitzungsbericht.) (Physic. Rev. [2] **98.** 249. 1/4. 1955. Oak Ridge, Tenn., ORNL.) GERHARD SCHMIDT. 103

W. George, W. Barber und **D. Reagan,** *Absoluter Querschnitt für die Reaktion $^{12}C(\gamma, n)^{11}C$.* (Sitzungsbericht.) (Physic. Rev. [2] **98.** 276. 1/4. 1955. Stanford, High-Energy Phys. Labor.) GERHARD SCHMIDT. 103

E. L. Fireman und **F. S. Rowland,** *Tritium- und Neutronenerzeugung durch 2,2 GeV-Protonen in Stickstoff und Sauerstoff.* Die Wirkungsquerschnitte für die Erzeugung von T beim Beschuß von N u. O mit 2,2 GeV-Protonen werden zu 28 ± 4 bzw. 33 ± 4 mbarn gemessen, die entsprechenden Querschnitte für die Neutronenerzeugung betragen 1000 ± 400 bzw. 650 ± 250 mbarn. Die Ergebnisse deuten darauf hin, daß durch die Primärkomponente der Höhenstrahlen ~0,05 Tritonen pro cm^2/sec u. 1—2 Neutronen pro cm^2/sec bei der ersten Wechselwrkg. mit der Atmosphäre gebildet werden. (Physic. Rev. [2] **97.** 780—82. 1/2. 1955. Upton, N. Y., BNL.) F. WEIGEL. 103

J. W. Butler, *γ-Schwellenwerte bei der Reaktion $^{19}F(d, n\gamma)^{20}Ne$.* (Sitzungsbericht.) (Physic. Rev. [2] **98.** 241. 1/4. 1955. Naval Res. Labor.) GERHARD SCHMIDT. 103

N. Starfelt und **N. L. Svantesson,** *Innere und äußere Bremsstrahlung in Verbindung mit dem β-Zerfall von ^{35}S.* Die Unters. der beim β-Zerfall von ^{35}S auftretenden inneren Bremsstrahlung mit Hilfe eines NaJ-Scintillationsspektrometers zeigt, daß weder die Gestalt des Spektr. noch die absol. Ausbeute mit der Theorie übereinstimmt. Bei 50 keV ist die experimentelle Ausbeute an Photonen um 65%, bei 100 keV um 180% größer als der theoret. Erwartungswert. Die Gesamtphotonenausbeute pro β-Zerfall beträgt $2{,}23 \cdot 10^{-5}$ mc^2 u. ist damit um 35% größer als der berechnete Wert. Die äußere Bremsstrahlung, die bei Bremsung der ^{35}S-β-Teilchen in Materie auftritt, wird in der gleichen Anordnung untersucht. Elemente mit niedrigem Z als Bremssubstanzen liefern mit der Theorie übereinstimmende Werte. Bei Elementen mit höherem Z treten jedoch erhebliche Abweichungen auf. Für *Pb* ist der experimentelle Wert bei 50 keV um 60%, bei 100 keV um 170% größer als der theoret. Wert. (Physic. Rev. [2] **97.** 708—14. 1/2. 1955. Lund, Univ., Radiat. Phys. Dep. and Dep. of Phys.) F. WEIGEL. 103

Harry E. Handler und **J. Reginald,** *γ-γ-Richtungskorrelation beim Zerfall $^{34}Cl \rightarrow {}^{34}S$.* (Sitzungsbericht.) (Physic. Rev. [2] **98.** 281. 1/4. 1955. Los Angeles, Calif., Univ. of California.) GERHARD SCHMIDT. 103

Joseph R. Wilkinson und **Raymond K. Sheline,** *Neues Manganisotop ^{53}Mn.* Vff. erzeugen ^{53}Mn durch die Rk. ^{53}*Cr*(p, n) beim Beschuß von angereichertem ^{53}Cr über 8 Std. mit 9,5 MeV-Protonen. GEIGER-Zählermessungen des Zerfalls u. der Absorption zeigen an, daß dieser Kern eine Bahnelektroneneinfangaktivität ohne γ-Strahlen oder Positronen darstellt. Unter der Annahme, daß die Wirkungsquerschnitte für die Rkk. ^{53}Cr(p, n)^{53}Mn u. ^{54}Cr(p, n)^{54}Mn gleich sind, läßt sich eine angenäherte Halbwertszeit von 140 Jahren für den ^{53}Mn-Kern berechnen. Diese Daten zusammen mit denen aus vorläufigen Messungen über die Energieniveaus von ^{53}Cr zeigen an, daß ^{53}Mn wahrscheinlich aus einem $F_{7/2}$-Grundzustand zu einem $p_{3/2}$-Grundzustand von ^{53}Cr bei einem *l*-verbotenen Übergang mit einem relativ hohen log *ft*-Wert zerfällt. (Physic. Rev. [2] **99.** 752—54. 1/8. 1955. Tallahassee, Fla., Florida State Univ., Dep. of Chem.) GERHARD SCHMIDT. 103

Herbert L. Volchok und **J. Laurence Kulp,** *Halbwertszeit von Yttrium-90.* Eine Revision der Halbwertszeit von ^{90}Y wird beschrieben u. als Mittelwert $T_{1/2}$ = 64,24 ± 0,30 Std. gefunden. Das für die Unters. benötigte ^{90}Y wird wie folgt aus einem geeichten ^{90}Sr–^{90}Y-Standardpräp. des NBS abgetrennt: Eine gut gerührte, heiße Lsg. des Standards wird mit Y-Träger u. einem Überschuß an PO_4^{3-}-Ion versetzt u. auf p_H < 1,5 eingestellt. YPO_4 fällt aus, während Sr in Lsg. bleibt u. erst bei p_H > 2,2 ausflockt. An Stelle der YPO_4-Fällung kann eine $Y(OH)_3$-Fällung mit NH_3 bei p_H 9 treten. Der nach einer dieser beiden Methoden erhaltene Y-Nd. wird abfiltriert, in verd. HCl gelöst u. aus der Lsg. Y als Oxalat gefällt. Das Oxalat filtriert man ab, trocknet mittels Durchsaugens von Luft durch das Filter, wägt u. zählt. (Physic. Rev. [2] **97.** 102. 1/1. 1955. Palisades, N. Y., Columbia Univ., Lamont Geolog. Obs.) F. WEIGEL. 103

A. van der Wiel und **A. H. W. Aten jr.,** *Ruthenium 94.* Beim Beschuß von Mo mit 52 MeV-α-Teilchen wurde Ru erzeugt, das durch Dest. von H_2SO_4 mit $KMnO_4$ u. Fällung mit Alkali u. A. vom Mo abgetrennt wurde. Beim Zerfall dieser Ru-Aktivität bildet sich u. a. ein Tc-Isotop, das nach seiner Halbwertszeit als wahrscheinlich ^{94}*Tc* identifiziert werden konnte. ^{94}Ru, das aus ^{92}Mo durch (α, 2n)-Rk. entstanden sein dürfte, hat eine Halbwertszeit von ~57 Minuten. Seine Strahlung konnte wegen der störenden Ggw. von ^{94}Tc u. ^{95}Ru nicht untersucht werden. (Physica **18.** 356. Mai 1952. Amsterdam, Inst. Kernphys. Onderz.) G. KIRSCHSTEIN. 103

Donald R. Wiles und **Charles D. Coryell,** *Feinstruktur der Spaltausbeute im Massenbereich 99—106.* Für die Spalt-Rkk. ^{235}*U*(n, f), ^{238}U(γ, f), ^{235}U(d, f) u. ^{238}U(d, f) wurde die Ausbeute an ^{99}*Mo*, ^{101}Mo, ^{102}Mo, ^{103}*Ru*, ^{105}Ru u. ^{106}Ru gemessen. Beim Auftragen der Ausbeute gegen die Massenzahl ergaben sich bei allen Rkk. die mit geschlossenen Kernschalen verbundenen Feinstrukturen mit Maxima bei den Massenzahlen 101 u. 105. Das wird durch die Annahme erklärt, daß die prim. Spaltprodd. mit 82 Neutronen oder 50 Protonen u. ihre komplementären Kerne eine erhöhte Ausbeute als Folge einer Selektivität des Spaltprozesses besitzen. Für den ^{233}U(n, f)- u. den spontanen ^{242}*Cm*-Prozeß wurden frühere Messungen bestätigt, für 7 weitere Spalt-Rkk. eine Feinstruktur vorhergesagt. (Physic. Rev. [2] 96. 696—702. 1/11. 1954. Cambridge, Mass., MIT, Dep. of Chem. and Labor. for Nucl. Sci.) G. HEINSOHN. 103

G. B. Baró, W. Seelmann-Eggebert und **I. E. Zabala,** *Ein neues Rhodiumisotop 106 mit einer Halbwertszeit von 117 Minuten.* Vff. beschießen metall. *Pd* mit schnellen Neutronen bzw. Deuteronen u. trennen die gebildeten Rh-Aktivitäten auf folgende Weise ab: Pd wird in HNO_3 gelöst u. nach Zugabe von Rh-, Ru- u. Ag-Salz als Träger die Hauptmenge der Ag-Aktivitäten abgeschieden. Das Filtrat der Ag-Fällung wird mit KOH fast neutralisiert, Rh als $K_3[Rh(NO_2)_6]$ u. auf einem Membranfilter abfiltriert. $K_3[Rh(NO_2)_6]$ wird in heißer, konz. HCl gelöst, Ru u. Pd als Zurückhalteträger zugegeben u. das Rh nochmals als $K_3[Rh(NO_2)_6]$ gefällt. Der Nd. wird wiederum in HCl gelöst, die Lsg. verd. u. so lange AgCl gefällt, bis der AgCl-Nd. inakt. ist. Im Filtrat wird Rh-Metall mit $TiCl_3$ ausgefällt. Die an so gewonnenen Rh-Metallpräpp. aufgenommenen β^-- u. γ-Zerfallskurven zeigen Halbwertszeiten von 23 Min. (I), 117 Min. (II) u. 36 Std. (III). I wird dem ^{107}Rh zugeschrieben, das gemäß ^{110}Pd(n,α)^{107}Ru(β^-)^{107}Rh bzw. ^{108}Pd(n,pn)^{107}Rh entstanden sein muß. III tritt nur in schwacher Intensität auf, II ist dagegen ziemlich stark u. besitzt ein $E_{\beta_{max}}$ 0,7 MeV; möglicherweise treten auch einige wenige Teilchen mit E_{β^-} 0,95 MeV auf. Vorläufige Verss. mit der 117 Min.-Aktivität lassen vermuten, daß es sich um ein Isomer von ^{106}Rh handelt. (Z. Naturforsch. **10a**. 80. Jan. 1955. Buenos Aires, Com. Nac. de la Energia Atom., Labors. de Radioquim.) F. WEIGEL. 103

G. B. Baró, P. Rey und **W. Seelmann-Eggebert,** *Eine neue Isobarenreihe 108 (110).* (Vgl. vorst. Ref.) Vff. beschießen Uranoxyd mit schnellen u. langsamen Neutronen bzw. mit 28 MeV-Deuteronen u. trennen die bei der U-Spaltung auftretenden *Ru*-Aktivitäten u. ihre *Rh*-Folgeprodd. wie folgt ab: Uranoxyd wird in HNO_3 gelöst, 10 mg Ru als Träger zugefügt u. zum Sieden erhitzt. Durch Zugabe von Persulfat, Bromat oder Bismutat wird Ru zu RuO_4 oxydiert u. abdestilliert. RuO_4 wird in konz. HCl aufgefangen, durch kurzes Sieden red. u. nach Zugabe von Br^-- oder J^--Ionen Ru als Ru-Sulfid gefällt. Um dieses zu reinigen, wird es mit dem Filter in eine Destillationsapp. gegeben, nochmals aus 25%ig. $H_2SO_4 + BrO^{3-}$ als RuO_4 abdest. u. gefällt. Sollen die als Folgeprodd. der Ru-Aktivitäten auftretenden Rh-Isotope gefaßt werden, so wird das salzsaure Destillat mit KOH fast neutralisiert, 20 mg Rh als Träger zugegeben u. mit KNO_2 in der Siedehitze $K_3[Rh(NO_2)_6]$ gefällt. Zur Reinigung wird der Nitritokomplex in HCl gelöst, Ru u. Pd als Zurückhalteträger zugegeben u. nochmals $K_3[Rh(NO_2)_6]$ gefällt. Die Zerfallskurve der Rh-Fraktion mit β- u. γ-Zählern zeigt Aktivitäten mit $T_{1/2} = 23$ Min. (stark) (I) u. $T_{1/2} = 36$ Std. (schwach) (II). $E_{\beta_{max}}$ (I) 1,15 MeV, daneben treten schwache β-Strahlen mit $E_{\beta_{max}} < \sim 2$ MeV auf. Das γ-Spektr. zeigt nach vorläufigen Messungen Linien bei 315, 400, 580 u. 680 keV. Die Ru-Fraktion zeigt in ihrem Zerfall 5 Halbwertszeiten von 4 Min. (III), 23 Min. (IV), 4,6 Std. (V), 36 Std. (VI) u. langlebig (VII). Die Aktivitäten III u. IV entstehen auch bei der Rk. ^{110}*Pd*(n, α)^{107}Ru(β^-)^{107}Rh u. lassen sich somit dem ^{107}Ru (III) u. ^{107}Rh (IV) zuordnen. Aus der Ru-Fraktion wird weiterhin ein kurzlebiges Rh-Isotop (VIII) mit $T_{1/2} = 18 \pm 1$ Sek. u. $E_{\beta^-{max}} \sim 4-5$ MeV abgetrennt, das ein kompliziertes γ-Spektr. emittiert. Es läßt sich zeigen, daß die Muttersubstanzen von I u. VIII beide mit $T_{1/2} = 4$ Min. abklingen. Da der genet. Zusammenhang III $\rightarrow$ IV u. seine Zuordnung zu M = 107 gesichert scheint, muß VIII einer anderen Kette angehören, die Isobare der Massen 108 oder 110 enthält, es ist wahrscheinlich ^{108}Rh oder ^{110}Rh. (Z. Naturforsch. **10a**. 81—82. Jan. 1955.) F. WEIGEL. 103

M. D. Petroff, S. W. Mead und **W. O. Doggett,** *Radioaktivität von* ^{109}*Sn.* (Sitzungsbericht.) (Physic. Rev. [2] 98. 279. 1/4. 1955. Berkeley, Calif., Univ. of California.) GERHARD SCHMIDT. 103

S. J. Nassiff und **W. Seelmann-Eggebert,** *Die Maximalenergie des* ^{138}*Xe und des* ^{137}*Xe.* Vff. stellen durch Spaltung von U mit Neutronen oder Deuteronen von 30 MeV die Isotope ^{138}Xe u. ^{137}Xe her u. messen deren Absorptionskurven. Die β-Maximalenergie von ^{138}Xe ist 2,4 MeV; wahrscheinlich ist das β-Spektr. komplex. Es wird auch eine Emission von γ-Strahlen von durchschnittlich $\sim$ 1,3 MeV pro β-Strahl festgestellt, jedoch wird deren Spektr. nicht vermessen. Für ^{137}Xe ergibt sich eine β-Maximalenergie von 3,5 MeV, was einer Reichweite von 1790 mg/cm^2 Al entspricht. Auch bei ^{137}Xe wird eine γ-Strahlung beobachtet. (Z. Naturforsch. **10a**. 83. Jan. 1955. Buenos Aires, Com. Nac. de la Energ. Atom., Labor. de Radioquim.) MAX SCHMIDT. 103

M. G. Stewart, R. P. Scharenberg und **M. L. Wiedenbeck,** *Winkelkorrelation der* γ*-Strahlen von* ^{134}*Ba.* Aus der Neubest. der γ-Strahlen von ^{134}Ba, die dem β-Zerfall des 2,3 Jahre-Isomers von ^{134}*Cs* folgen, geht hervor, daß die 797 keV–605 keV-Kaskade in Übereinstimmung mit einer Spinzuordnung 4 (Quadrupol) 2 (Quadrupol) 0 ist u. die 1368 keV–605 keV-Kaskade am besten durch eine 4 (Q) 2 (Q) 0-Zuordnung wiedergegeben wird. Die 1–3-Korrelation erfordert eine Mischung von 94% Quadrupol- u.

6% Dipolstrahlung für den 570 keV-Übergang. Unter bestimmten Bedingungen für das Verzweigungsverhältnis stimmen die theoret. Korrelationswerte mit den beobachteten Werten überein. (Physic. Rev. [2] **99.** 691—94. 1/8. 1955. Ann Arbor, Mich., Univ. of Michigan, Dep. of Phys.) GERHARD SCHMIDT. 103

E. Ambler und **R. P. Hudson,** *Anisotrope γ-Strahlung aus gestreckten ^{147}Nd-Kernen.* (Sitzungsbericht.) (Physic. Rev. [2] **98.** 230—31. 1/4. 1955. Nat. Bur. of Stand.; Carnegie Inst. of Washington, Dep. of Terrist. Magnetism.) GERHARD SCHMIDT. 103

H. Paul und **R. M. Steffen,** *Außernucleare Wirkungen auf die Richtungskorrelation der ^{181}Ta-γ-Strahlen.* (Sitzungsbericht.) (Physic. Rev. [2] **98.** 231. 1/4. 1955. Purdue Univ.) GERHARD SCHMIDT. 103

H. de Waard, *Lebensdauer des angeregten 279 keV-Zustandes von ^{203}Tl.* Mit einer automat. registrierenden Koinzidenzanordnung bestimmt Vt. für das 279 keV-Niveau von ^{203}Tl eine Halbwertszeit von $(1{,}2 \pm 0{,}3) \cdot 10^{-10}$ sec aus Messungen unverzögerter Koinzidenzen zwischen β-Strahlen, die dieses Niveau anzeigen, u. γ-Strahlen aus der Abklingung dieses Niveaus. Für die Messungen werden ^{203}Hg-Proben auf Al-Unterlagen in Sandwichanordnung zwischen 2 Stilbenkristalle gleicher Dicke (0,5 cm) u. Fläche (1,5 cm²), die je mit einem 1 P 21-Photomultiplier verbunden sind, gebracht. Der Kristall auf der Absorberseite weist die γ-Strahlen in Koinzidenz mit den β-Strahlen, die von dem anderen Kristall aufgenommen werden, nach. Für *^{141}Pr*, *^{198}Hg* u. *^{203}Tl* werden die Ergebnisse der Lebensdauermessungen nach den Methoden der Resonanzfluorescenz u. der verzögerten Koinzidenzen verglichen. Für die bei den Vergleichswerten auftretenden Diskrepanzen wird eine theoret. Erklärung angestrebt. (Physic. Rev. [2] **99.** 1045—46. 1/8. 1955. Uppsala, Univ., Inst. of Phys.) GERHARD SCHMIDT. 103

Sol Raboy und **Victor E. Krohn,** *γ-γ-Korrelation von ^{204m}Pb.* (Sitzungsbericht.) (Physic. Rev. [2] **98.** 231—32. 1/4. 1955. Argonne Nat. Labor.) GERHARD SCHMIDT. 103

D. E. Alburger und **A. W. Sunyar,** *Zerfall von ^{207}Bi.* Unterss. mit dem Linsenspektrometer haben ergeben, daß der Zerfall von ^{207}Bi durch Elektroneneinfang von γ-Strahlen mit Energien von $0{,}569 \pm 0{,}0015$, $0{,}894 \pm 0{,}007$, 1,0639, $1{,}43 \pm 0{,}01$ u. 1,771 $\pm 0{,}005$ MeV begleitet ist, die Übergangsintensitäten von 100 : 0,16 : 87 : 0,16 : 8% pro Zerfall besitzen. Die K-Konversionselektronenintensitäten sind 1,7, 0,0039, 8,2, 0,0009 bzw. 0,022 Elektronen für 100 Zerfälle. Die 0,894, 1,43 u. 1,771 MeV-Übergänge besitzen K-Konversionskoeffizienten von $(2{,}4 \pm 1) \cdot 10^{-2}$, $(5 \pm 2) \cdot 10^{-3}$ bzw. $(2{,}5 \pm 0{,}5) \cdot 10^{-3}$. Der erste dieser Übergänge stimmt mit einer M 1-Strahlung, die beiden letzteren mit E 2- oder E 2 + M 1-Strahlung überein. Die Elektroneneinfangverzweigungen sind 87% zum $i_{13/2}$-Zustand bei 1,663 MeV, 5 ± 2% zum ersten angeregten Zustand (0,57 MeV) u. 8 ± 2% zu einem Niveau bei 2,35 MeV. Die Zerfallsenergie zum 2,35 MeV-Niveau liegt zwischen 15 u. 19 keV, die gesamte Zerfallsenergie von ^{207}Bi ist $2{,}40 \pm 0{,}04$ MeV. γ-γ- u. e-γ-Korrelationsmessungen bestätigen die 1,06-0,57 MeV-Kaskade als $13/2 \rightarrow 5/2 \rightarrow 1/2$, während die 1,78-0,57 MeV-γ-γ-Korrelation innerhalb 5% isotrop ist. Mit Hilfe von Koinzidenzverff. wird gezeigt, daß das 0,57 MeV-Niveau eine Lebensdauer von $< 4 \cdot 10^{-10}$ sec besitzt. (Physic. Rev. [2] **99.** 695—702. 1/8.; Sitzungsbericht: **98.** 276—78. 1/4. 1955. Upton, N. Y., BNL.) GERHARD SCHMIDT. 103

Marie Ader, *Beitrag zur Untersuchung der Poloniumquellen.* Im Anschluß an l. c. werden verschied. Verff. zur Feststellung der Natur u. des Ursprungs von P_o-Strahlen großer Reichweite diskutiert. (J. Physique Radium **15.** 191—92. März 1954. Paris, Coll. de France, Labor. des Phys. atom.) J. VOITLÄNDER. 103

I. Perlman, F. Stephens und **F. Asaro,** *γ-Strahlen von ^{225}Ra und ^{209}Tl.* (Sitzungsbericht.) (Physic. Rev. [2] **98.** 262. 1/4. 1955. Berkeley, Calif., Univ. of California.) GERHARD SCHMIDT. 103

E. Huster, *β-Zerfall und Bindungsenergie der Elektronenhülle: Das primäre β-Spektrum des RaD.* Inhaltlich ident. mit der C. **1954.** 4317 referierten Arbeit. Vgl. auch C. **1955.** 8305. (S.-B. Ges. Beförd. ges. Naturwiss. Marburg **75.** Nr. 2. 13—17. 1953. Marburg, Univ., Physikal. Inst.) G. HERRMANN. 103

T. B. Novey, *α-γ-Richtungskorrelation in ^{228}Th.* (Sitzungsbericht.) (Physic. Rev. [2] **98.** 232. 1/4. 1955. Argonne Nat. Labor.) GERHARD SCHMIDT. 103

C. G. Campbell, W. J. Henderson und **J. Kyles,** *Energiereiche Komponenten des β-Spektrums von $MsTh_2$.* Durch Verdampfung der Nitrate von Ce u. $MsTh_2$ wurde auf einer Al-Folie von 0,2 mg/cm² eine $MsTh_2$-Quelle von ~ 1 mC mit nur 0,015 mg Ce-Träger hergestellt. Im Spektrometer betrug der Emissionswinkel 45°. Es wurden Scintillationszähler mit Anthracen benutzt. Eine Extrapolation des Spektr. nach FERMI ergab ein Maximum von $2{,}16 \pm 0{,}03$ MeV, weiterhin scheinen Teilspektren mit Endpunkten bei $1{,}6 \pm 0{,}1$ u. $1{,}85 \pm 0{,}1$ MeV vorzuliegen. (Philos. Mag. [7] **43.** 126—27. Jan. 1952. Edinburgh, Univ., Dep. of Natur. Philos.) M. WIEDEMANN. 103

M. H. Studier, J. E. Gindler und **C. M. Stevens,** *Langlebiges Isomer von ^{236}Np.* 100 mg U_3O_8 mit einem $^{235}U/^{238}U$-Verhältnis von 1:3190 werden 2700 μA·Std. mit 21,6 MeV-Deutronen beschossen u. nach 15 Monaten Np abgetrennt. Eine massenspektrometr. Analyse von Np zeigt die Massen 236 u. 237 mit 236/237 = 0,062 ± 0,001. Die β^--Halbwertszeit von ^{236}Np wird aus der Ausbeute auf ≥ 5000 Jahre, der Querschnitt der Rk. ^{238}U(d, 4n)$^{236,\ 236m}$Np auf 35 mbarn geschätzt. Der Spaltquerschnitt von ^{236}Np für langsame Neutronen beträgt 2800 barn. (Physic. Rev. [2] **97.** 88. 1/1. 1955. Lemont, Ill., ANL.) G. HERRMANN. 103

J. O. Rasmussen und **H. Slätis,** *Zerfallsschema von ^{238}Np.* (Sitzungsbericht.) (Physic. Rev. [2] **98.** 261. 1/4. 1955. Berkeley, Calif., Univ. of California; Stockholm, Nobel Inst. of Phys.) GERHARD SCHMIDT. 103

H. Jaffe, T. O. Passell, C. I. Browne und **I. Perlman,** *γ- und Röntgenstrahlung beim Zerfall von ^{241}Am.* Vff. diskutieren das Zerfallsschema von ^{241}Am auf Grund neuer Messungen über Konversionselektronen, γ -u. L-Röntgenstrahlen, die seinen α-Zerfall begleiten. Die Photonen werden mit einem Scintillationsspektrometer u. einem Beugungskristallspektrometer gemessen, das Konversionselektronenspektr. mit einem doppeltfokussierenden β-Spektrometer bestimmt. Die einzelnen Übergänge der angeregten Zustände von ^{237}Np sowie die gleichzeitig eintretenden Spinänderungen werden angeführt. (Physic. Rev. [2] **97.** 142—50. 1/1. 1955. Berkeley, Calif., Univ. of California, Radiat. Labor. and Dep. of Chem.) J. ROESMER. 103

Harry R. Bowman und **Lloyd G. Mann,** *Die die spontane Spaltung von ^{252}Cf begleitenden γ-Strahlen.* (Sitzungsbericht.) (Physic. Rev. [2] **98.** 277. 1/4. 1955. Livermore, Calif., Univ. of California.) GERHARD SCHMIDT. 103

A. Ghiorso, S. G. Thompson, G. H. Higgins, G. T. Seaborg, M. H. Studier, P. R. Fields, S. M. Fried, H. Diamond, J. F. Mech, G. L. Pyle, J. R. Huizenga, A. Hirsch, W. M. Manning, C. I. Browne, H. L. Smith und **R. W. Spence,** *Neue Elemente Einsteinium und Fermium, Kernladungszahlen 99 und 100.* Gemeinschaftsbericht der 3 Labors UCRL, ANL u. LASL über die Entdeckung der Elemente 99 u. 100. Beschreibung der chem. Trennungsverff. (Kationenaustauscher Dowex 50 u. Eluierung bei 87° mit Ammoniumcitratlsg.) für Isotope der Transcalifornium-Elemente aus U, das bei einer thermonuclearen Explosion (November 1952) einem sehr starken plötzlichen Neutronenstrom ausgesetzt wurde. Die beobachtete 6,6 MeV-α-Aktivität wird dem Element 99 mit der Massenzahl 253, entsprechend der Zerfallsfolge $^{253}\text{Cf} \xrightarrow[\sim 20\,\text{Tage}]{} {}^{253}99$ ($\sim$20 Tage), die 7,1 MeV-α-Aktivität dem Element 100 mit der Massenzahl 255, entsprechend der Zerfallsfolge $^{255}99 \xrightarrow[\sim 30\,\text{Tage}]{} {}^{255}100$ ($\sim$16 Std.) zugeschrieben. (Physic. Rev. [2] **99.** 1048—49. 1/8. 1955. Berkeley, Calif., Univ. of California, Radiat. Labor. and Dep. of Chem.; Lemont, Ill., Argonne Nat. Labor.; Los Alamos, N. Mex., Los Alamos Sci. Labor.)
GERHARD SCHMIDT. 103

R. Giles, *Ein Proportionalzählrohr-Spektrometer für Neutronen.* Der Zähler besteht aus einem Al-Rohr von 7,5 cm Durchmesser u. 60 cm Länge. Um die zentrale Anode liegen 12 Drähte als Anode, die einen Zylinder von 1 cm Durchmesser bilden. Zwischen diesen Drähten u. der Wand des Rohres befinden sich weitere 6 Zähldrähte. Das Rohr wird mit der Stirnseite gegen das Neutronenbündel gerichtet u. Impulse nur dann registriert, wenn der zentrale Teil anspricht. Auf diese Weise geben monoenerget. Neutronen eine Impulsverteilung mit gut definierter Spitze, z. B. für die Rk. ^{2}H(d, n)^{3}He mit 4% Halbwertsbreite u. $4 \cdot 10^{-4}$ Nachweiswahrscheinlichkeit bei 1 at CH_4 als Füllung. (Rev. sci. Instruments **24.** 986—87. Okt. 1953. Glasgow, Univ., Dep. of Natur. Philos.)
G. HERRMANN. 112

B. N. Brockhouse, *Spektrometrie langsamer Neutronen. Ein neues Gerät zur Untersuchung von Energieniveaus in kondensierten Systemen.* (Sitzungsbericht.) (Physic. Rev. [2] **98.** 1171. 15/5. 1955. Chalk River Labors.) GERHARD SCHMIDT. 112

Robert Katz und **Milford R. Lee,** *Ein β-Spektrometer-Spektrograph mit veränderlichem Feld.* Beschreibung eines Fokussierungsgerätes nach der Halbkreismeth. mit homogenem Magnetfeld, welches wahlweise mit Plattenregistrierung u. konstantem Magnetfeld als Spektrograph oder mit Zählrohrregistrierung u. veränderlichem Magnetfeld als Spektrometer verwendet werden kann. Bei Verwendung als Spektrometer erreicht das Gerät ein Auflösungsvermögen von 1% bei einer Transmission von $0{,}41 \cdot 10^{-3}$ u. Präparatabmessungen von 1,15 × 41,3 mm. Der Radius des Halbkreises beträgt dabei 150 mm. (Rev. sci. Instruments **25.** 58—62. Jan. 1954. Manhattan, Kans., Kansas State Coll.) F. LENZ. 112

O. B. Nielsen und **O. Kofoed-Hansen,** *Ein Sechsspalt-β-Spektrometer.* Das von Kofoed-Hansen u. Mitarbeitern (C. **1950. II.** 2523) theoret. behandelte Prinzip, daß zur wirksameren Ausnutzung einer β-Quelle mehrere der üblichen β-Spektrometer mit der gleichen β-Quelle u. auf eine gemeinsame Brennlinie arbeiten, wird durch eine Anordnung verwirklicht, bei der die einzelnen Spektrometer aus einer Anzahl von Luftspalten im gleichen Elektromagneten bestehen. Das β-Spektrometer enthält 6 Luftspalte; β-Quelle u. Fokus liegen im feldfreien Raum. Die Transmission beträgt 9% von 4π bei einer Auflösung von 1,6%. Das Instrument eignet sich bes. für Koinzidenzunterss. mit Scintillationszählern. (Kgl. danske Vidensk. Selsk., mat.-fysiske Medd. **29.** Nr. 6. 1—19. 1955. Kopenhagen, Univ., Inst. för Theoret. Phys.) R. Conrad. 112

G. R. Grove und **L. N. Russell,** *Ein Dünnlinsen-β-Spektrometer.* (Sitzungsbericht.) Beschreibung der aus Al hergestellten Vakuumkammer (innerer Durchmesser 8 in., axiale Länge ∼1 m) u. des aus 4 konzentr. Unterspulen bestehenden Fokussierungssystems. (Physic. Rev. [2] **93.** 361. 15/1. 1954. Mound Labor.) Gerhard Schmidt. 112

G. Bertolini, A. Bisi und **L. Zappa,** *β- und γ-Spektrometer mit Proportionalzähler.* Das Spektrometer besteht aus einem in ein Messingrohr eingepreßten Al-Rohr mit zentralem Stahldraht. Das Gas kann während der Messung kontinuierlich gereinigt werden. Das Auflösungsvermögen ist mindestens bis 50 keV nur durch Schwankungen in der Zahl der durch das ionisierende Teilchen im Gas erzeugten prim. Ionenpaare u. im Verstärkungsprozeß begrenzt. Für die Fluorescenzausbeute der K-Schale von Ar wird der Wert $\omega_K = 0{,}0850 \pm 0{,}0027$ gefunden. (Nuovo Cimento [9] **10.** 1424—33. 1/10. 1953. Milano, Politecn., Ist. di Fis. speriment.) R. K. Müller. 112

R. L. Stearns, J. W. Robson und **E. C. Gregg,** *Eine Bestimmung des durch 18 MeV-Elektronen erzeugten Bremsstrahlungsspektrums.* (Sitzungsbericht.) (Physic. Rev. [2] **98.** 232—33. 1/4. 1955. Case Inst. of Technol.) Gerhard Schmidt. 112

C. E. Swartz und **J. W. DeWire,** *Vorläufige Untersuchungen mit einem Spektrometer für Photonen hoher Energie.* (Sitzungsbericht.) (Physic. Rev. [2] **98.** 1164. 15/5. 1955. Brookhaven Nat. Labor.) Gerhard Schmidt. 112

Bhaskar Gangadhar Gokhale, *Über einen Spektrographen mit gekrümmtem Kristall von großem Auflösungsvermögen.* Vf. bestimmte die Breiten der $K\alpha_1$- u. $K\alpha_2$-Linien der Elemente zwischen Rb u. Sn mittels eines Kristallspektrographen, bei dem Glimmer von ca. 0,2 mm Dicke verwendet wurde. Er war zylindr. gekrümmt mit einem Radius von 1 m. Benutzt wurde die Reflexion erster Ordnung an den Ebenen (3 3 1), deren Gitterabstand 1,498 Å u. deren Strukturfaktor 65 je Mol. der Elementarzelle beträgt. Das Auflösungsvermögen ist größer als das eines Spektrographen mit Calcitdoppelkristall von 11400, die Werte beziehen sich auf $MoK\alpha_1$. (C. R. hebd. Séances Acad. Sci. **232.** 1086—88. 12/3. 1951.) M. Wiedemann. 112

W. V. Cummings jr., D. C. Kaulitz und **M. J. Sanderson,** *Doppeltbeugendes Röntgenspektrometer zur Untersuchung bestrahlter Substanzen.* Vff. beschreiben ein speziell zur Unters. stark radioakt. Proben entwickeltes Zweikristallröntgenspektrometer. Die Bedienung erfolgt ferngesteuert. Der Untergrund kann ohne schwerwiegende Verluste an Röntgenstrahlung gering gehalten werden. (Rev. sci. Instruments **26.** 5—13. Jan. 1955. Richland, Wash., General Electr. Co., Engng. Dep.) G. Herrmann. 112

Sylvan Rubin und **D. C. Sachs,** *Hochauflösendes magnetisches Spektrometer.* (Sitzungsbericht.) (Physic. Rev. [2] **98.** 284. 1/4. 1955. Stanford Res. Inst.) H. Liepack. 112

S. A. Bludman und **D. L. Judd,** *Aberration und Randeffekte in einem modifizierten magnetischen Spektrometer vom Siegbahn-Typ.* (Sitzungsbericht.) (Physic. Rev. [2] **98.** 283—84. 1/4. 1955. Berkeley, Calif., Univ. of California.) H. Liepack. 112

René Vauthier, *Ein Massenspektrometer mit Korrekturlinse.* Eine elektrostat. Linse (vom zweidimensionalen, monopotentialen Typ) entwirft von der Ionenquelle ein Bild in der Form einer Klinge mit parallelen Flächen, das als virtuelles Objekt für ein gleichförmiges Magnetfeld dient; das Magnetfeld liefert schließlich ein reelles Bild der Ionenquelle. Eine Korrektur der Aberration 2. Ordnung ist auf diese Weise möglich u. eine einfache Spannungsregelung der elektr. Linse erfüllt die geometr. Fokussierungsbedingungen. Bei dem Instrument beträgt das konstante Verhältnis Linsen- zu Anodenspannung 0,28. Bei einem halben Öffnungswinkel des Ionenbündels von 3,5° wird eine maximale Auflösung von 120 erreicht. (Ind. chim. belge **19.** 941—45. Sept. 1954. Poitiers, Fac. des Sci.) R. Conrad. 112

J. H. Reynolds, *Ein hochempfindliches Massenspektrometer.* (Sitzungsbericht.) (Physic. Rev. [2] **98.** 283. 1/4. 1955. Berkeley, Calif., Univ. of California.) H. Liepack. 112

J. Lipson und **J. H. Reynolds**, *Leistungsdaten für ein hochempfindliches Massenspektrometer*. (Vgl. vorst. Ref.) (Sitzungsbericht.) (Physic. Rev. [2] **98**. 283. 1/4. 1955.)
H. Liepack. 112

D. J. Littler and **J. F. Raffle**, An introduction to reactor physics. London: Pergamon Pr. 1955. (VIII + 196 S. m. Abb., Diagr.) 25 s.

Leonard Isaac Schiff, Quantum mechanics. 2nd ed. New York: McGraw-Hill. 1955. (429 S., Diagr.) $ 6,50.

A_2. Optisches Verhalten der Materie.

W. A. Krat, *Über die Kontur der Chromosphärenlinie H_α*. Mittels eines großen Diffraktionsspektrographen (70 × 80 cm, 600 Striche/mm) werden im Gebiet der H_α-Linie der Chromosphäre 7 Spektrogramme (Dispersion 1,00 Å/mm, Exposition 5 Sek.) aufgenommen u. mit dem Zentrum der Sonnenscheibe verglichen. Die red. Kontur der H_α-Linie wird aus der beobachteten Kontur berechnet. Sie hat mit der „Dopplerschen Kontur" nichts gemein. Charakterist. ist für sie eine Erhöhung im Abstand ±0,6 Å vom Linienzentrum u. das Vorhandensein der Fraunhofer-Linie Co 6563,42 mit einer Äquivalenzbreite von 0,03 Å. In den red. Konturen ist der zentrale Doppler-Kern mit breiten Flügeln sehr ausgeprägt. Für das Verhältnis der Helligkeiten von Chromosphäre u. Scheibe B/B_0 bei den verschied., einer Verschiebung x_0 des Filterbandenzentrums vom H_α-Zentrum entsprechenden Tempp. wird gefunden: x_0 (Å) 0,0, B/B_0 0,74; ±0,4:0,59; ±0,8:0,33. (Доклады Академии Наук СССР [Ber. Akad. Wiss. UdSSR] [N. S.] **97**. 45—47. 1 Tafel. 1/7. 1954. Astronom. Hauptobserv. der Akad. der Wiss. der UdSSR.)
R. K. Müller. 113

E. R. Musstel, *Über den Leuchtmechanismus der Sonnenprotuberanzen*. Bei der Frage nach der Natur der Sonnenfackeln u. der unmittelbar darüber befindlichen Bereiche der Chromosphäre wird von den Unterschieden der Spektroheliogramme ausgegangen, die mit den Linien verschied. Elemente aufgenommen wurden. Der Leuchtmechanismus der ungestörten Chromosphäre u. der Fackeln in den Linien H u. K des *Ca^+* beruht auf der Anregung der Niveaus $4^2P_{1/2}$ u. $4^2P_{3/2}$ durch Elektronenstoß; der der Chromosphäre im zentralen Bereich der Balmer-Serie, von gewissen Bezirken der Sonne abgesehen, auf Rekombinationsprozessen. (Доклады Академии Наук СССР [Ber. Akad. Wiss. UdSSR] [N. S.] **97**. 625—28. 1/8. 1954. Krim, Akad. der Wiss. UdSSR, Astrophysikal. Obs.)
M. Wiedemann. 113

T. Tietz, *Über die physikalisch brauchbaren Randbedingungen der Schrödinger-Gleichung*. Theoret. Betrachtungen. (Ann. Physik **6**. 15. 79—81. 1954. Thorn, Nicolaus-Copernicus-Univ.)
G. Heinsohn. 114

J. S. Plaskett, *Über die Besonderheit der Elektronendichte nahe einer Verunreinigung in einem Metall und ihr Einfluß auf die Röntgenspektren*. (Sitzungsbericht.) Alle bisherigen Methoden zum Auffinden von Wellenfunktionen in einem Metall, in dem ein Verunreinigungsatom vorhanden ist, lassen sich auf das Problem zurückführen, eine Schrödinger-Gleichung zu lösen, in der das Potential V (r) unterhalb eines gewissen Abstandes a ∼1 Å von der Verunreinigung konstant ist u. bei einem Abstand von ∼10^8 Å unendlich wird. Für $r < a$ kann das äußere Potential z. B. das eines Verunreinigungsatoms oder der Unterschied zwischen dem Potential des gelösten u. der Lösungsatome oder auch eine Konstante sein. Die self-consistent-Lsg. des Problems schließt die Berechnung der Elektronendichte in dem Potential V (r) für eine Anzahl verschied. V (r) ein. Wenn die Potentialschwelle V (r) so vertieft wird, daß sie einen gebundenen Zustand enthält, dann müßte die Elektronendichte plötzlich größer werden. In diesem Sinn durchgeführte Berechnungen sprechen jedoch gegen diese Annahme. Die Berechnungen wurden mit Hilfe der Gamowschen komplexen Eigenwerte durchgeführt. Hierbei ergab sich, daß diese Eigenwerte einen wichtigen Einfl. auf die Feinstruktur der Röntgenspektren eines Metalls haben. (Physic. Rev. [2] **94**. 1420. 1/6. 1954. Univ. of Virginia.)
C. Gottfried. 116

Lennart Huldt und **Evert Knäll**, *Über Selbstabsorption und Linienform im Bandenspektrum von OH in Flammen*. Es wurde die Maximalabsorption einzelner Linien des OH-Spektr. in einer Luft–Acetylen-Flamme mit Hilfe eines 6,5 m-Konkavgitters, eines Sekundärelektronenvervielfachers u. einer die OH-Banden emittierenden Hohlkathodenentladung gemessen. Es ergibt sich, daß die Selbstabsorption die Linearität zwischen log $k_0 l/i$ u. der Wellenzahl wenig beeinflußt u. daß die scheinbare Temperaturerhöhung mäßige Werte annimmt. (Naturwissenschaften **41**. 421. Sept. 1954. Stockholm, Univ., Phys. Inst.)
G. Heinsohn. 118

Charles E. Treanor, *Isotopieverschiebung in neutralem Sauerstoff*. Die Isotopieverschiebungen für die ersten u. zweiten angeregten O-Konfigurationen wurde mit

HARTREE-Ein-Elektron-Wellenfunktionen für $1s^22s^22p^33s$ u. $1s^22s^22p^33p$ berechnet. Die Unterschiede zwischen berechneter u. beobachteter Verschiebung für ^{18}O u. ^{16}O liegen zwischen $-0{,}09$ u. $+0{,}09\ cm^{-1}$. (Physic. Rev. [2] **95**. 1472—73. 15/9. 1954. Buffalo, N. Y., Univ., Dep. of Phys.) G. HEINSOHN. 118

James P. Nicklas, *Isotopieverschiebung in neutralem Kohlenstoff.* Vf. berechnet mit HARTREE-Einwellenfunktionen ohne Austausch die Verschiebung im Übergang $2p^{2\,1}S$–$2p3s^1P$ (= 2478,5 Å) von C. Die Übereinstimmung mit dem experimentellen Wert ist vergleichbar mit der für andere Elemente nach dem gleichen Verf. erhaltenen. Ein Vgl. der Verschiebungen für die ^3P- u. ^1S-Terme der $2p^2$-Konfiguration mit HARTREE-Funktionen mit u. ohne Austausch u. analyt. Funktionen des MORSE-, YOUNG- u. HAURWITZ-Typs zeigt für die Behandlung mit Austausch einen Wechsel der Verschiebungen, der auf die Möglichkeit einer Prüfung der Übereinstimmung zwischen berechneten u. beobachteten Verschiebungen hinweist. (Physic. Rev. [2] **95**. 1469—71. 15/9. 1954. Buffalo, N. Y., Univ., Dep. of Phys.) G. HEINSOHN. 118

Gerhard Nöldeke und **Andreas Steudel**, *Über die Isotopieverschiebung im NdII-Spektrum.* (Vgl. C. **1955**. 4516.) Das NdII-Spektr. wurde mit einem PEROT-FABRY-Interferometer aufgenommen u. die Isotopieverschiebung (I.V.) mehrerer Linien gemessen. Aus der I.V. der Linien, die zwischen tiefliegenden geraden Termen der Konfigurationen $4f^46s$ u. $4f^45d$ u. ungeraden, zum Teil zu $4f^46p$ gehörenden Termen kombinieren, wird auf eine starke Störung der $4f^46p$-Konfiguration durch $4f^35d6s$-Terme geschlossen. Das Vorzeichen der I.V. entspricht dem beim Kernvolumeneffekt zu erwartenden. Aus der I.V. der Linie 4012,250 Å ergeben sich folgende Werte für die experimentelle I.V.-Konstante $C_{exp.}$ (in $10^{-3}\ cm^{-1}$) u. das Verhältnis $C_{exp.}/C_{theor.}$ des Nd in Abhängigkeit von der Massenzahl: (142—144) 186; 1,45; (144—146) 168; 1,32; (146 bis 148) 197; 1,56; (148—150) 279; 2,23. Innerhalb der Fehlergrenzen stimmen die zu gleichen Elektronenzahlen gehörenden Werte von $C_{exp.}/C_{theor.}$ mit denen von Sm überein. (Naturwissenschaften **41**. 332. Juli 1954. Heidelberg, Univ., Phys. Inst.) G. HEINSOHN. 118

J. A. Collinson, *Isotopieverschiebung in Hf I.* Die Hyperfeinstruktur in 74 Hf I-Linien wurde untersucht u. gefunden, daß sie zum Teil aus einer Linie u. zum Teil aus einem gut auflösbaren Dublett besteht. Den Dubletts wurden die Isotope 178 u. 180 zugeordnet. Die Dublettverschiebung beträgt ca. 0,035 K. Die Anordnung der Verschiebungen zeigt, daß die Konfiguration $5d^26s^2$ für 7 Niveaus niedriger Energie verantwortlich ist. Die Struktur der Isotope 176, 177 u. 179 ist nicht gut aufgelöst. (Physic. Rev. [2] **96**. 949—51. 15/11. 1954. New Haven, Conn., Yale Univ., Sloane Phys. Labor.) G. HEINSOHN. 118

K. W. Schalimowa, *Absorptionsspektren von ultradünnen Metallfilmen.* Bei der Adsorption von Metallatomen an der Oberfläche von krist. *Quarz* ist eine rasche deformierende Wrkg. der Adsorptionskräfte auf die Elektronenhülle des adsorbierten Atoms anzunehmen. Dies wird mit *Ag*-, *Cu*- u. *Zn*-Filmen nachgeprüft, die im Vakuum von der Größenordnung 10^{-6} mm Hg auf Quarzplättchen aufgedampft sind. Ein Ag-Film von 2,3 Å zeigt im Absorptionsspektr. 3 Maxima bei 2240, 3600 u. 4900 Å, von denen das bei 3600 bei dickeren Schichten verschwindet, das bei 4900 sich verstärkt. Ein dünner Cu-Film weist außer dem Maximum der koll. Teilchen bei 6000—7000 Å noch 2 Maxima bei 2300 u. 3550 Å auf, die in dickeren Schichten schwächer werden. Auch Zn hat ein sehr ausgeprägtes Maximum der koll. Teilchen bei 4000—5000 Å u. 2 Maxima bei 2350 u. 3250 Å. Die Absorptionsbanden der 3 Metalle im Gebiet 2000—4000 Å sind der Absorption der adsorbierten Metallatome mit deformierten Elektronenhüllen zuzuschreiben, also bei Ag u. Cu den Niveaus $1s^2S_{1/2}$–$3p^2P_{3/2,\,1/2}$ u. $1s^2S_{1/2}$–$2p^2P_{3/2,\,1/2}$. Der Zustand der adsorbierten Atome ist analog dem energet. Zustand der in Sublimatphosphoren als Aktivatoren wirkenden überschüssigen Metallatome. In einer Tabelle wird gezeigt, daß die Strukturen in beiden Fällen dieselben sind. (Доклады Академии Наук СССР [Ber. Akad. Wiss. UdSSR] [N. S.] **97**. 69—72. 1/7. 1954. Moskau, Ing.-physik. Inst.) R. K. MÜLLER. 118

Je. F. Gross, **B. P. Sachartschenja** und **N. M. Reinow**, *Stark- und Zeemaneffekt bei den Excitonen von Kupfer(I)-oxydkristallen.* (Vgl. C. **1954**. 3162. 5935.) Bei -196^0 werden die höheren Glieder der gelben Linienreihe des Excitons von Cu_2O (Quantenzahlen k = 1, 2, 3, 4, 5) durch ein elektr. Feld beeinflußt. Schon bei schwachem Feld (5 kV/cm) wird die Linie mit k = 5 aufgespalten, die Linien mit k = 4 u. 3 bei 6 bzw. 8 kV/cm; bei weiterer Zunahme des Feldes wird die Intensität der Linien u. Satelliten schwächer u. sie verschwinden in der Reihenfolge k = 5 → 4 → 3 (bei 11, 14, 21 kV/cm). Es werden auch Komponenten beobachtet, die parallel zum Feld (π) u. senkrecht zum Feld (σ) polarisiert sind. Der in Magnetfeldern bis 28000 Oe beobachtete ZEEMAN-

Effekt ist wesentlich schwächer als der STARK-Effekt; er ist nur beim ersten Glied der gelben Reihe (k = 1) in einer deutlichen Verbreiterung erkennbar. (Доклады Академии Наук СССР [Ber. Akad. Wiss. UdSSR] [N. S.] **97.** 57—60. 1 Tafel. 1/7. 1954. Leningrad, Physikal.-techn. Inst. der Akad. der Wiss. der UdSSR.) R. K. MÜLLER. 118

Je. F. Gross, B. P. Sachartschenja und **N. M. Reinow,** *Starkeffekt in einem inhomogenen elektrischen Feld bei den Excitonen von Kupfer(I)-oxydkristallen.* (Vgl. vorst. Ref.) In einem inhomogenen elektr. Feld, das durch Ausbldg. der einen Elektrode als senkrecht auf die Probe gerichtete Spitze erzeugt wird, wird ein starker STARK-Effekt bei Cu_2O-Kristallen beobachtet. Dabei wird das 1. u. das 2. Glied der Excitonserie beeinflußt; die Linie k = 2 verliert in starken Feldern an Intensität, verbreitert sich etwas u. wird nach dem roten Teil des Spektr. verschoben, ohne aufgespalten zu werden; die Linie k = 1 wird weder verschoben noch aufgespalten, jedoch wird am unteren Rand des Spektr., nahe der Spitze, eine starke Zunahme der Intensität festgestellt. Bei Feldern >10 kV/cm liegt offenbar lineare Abhängigkeit der Größe der Linienverschiebung von der Feldstärke vor; allerdings ist die Feldstärke hier schwer zu bestimmen. (Доклады Академии Наук СССР [Ber. Akad. Wiss. UdSSR] [N. S.] **97.** 221—23. 1 Tafel. 11/7. 1954.) R. K. MÜLLER. 118

Je. F. Gross, B. P. Sachartschenja und **N. M. Reinow,** *Feinstruktur der Excitonserienlinien in Kupfer(I)-oxydkristallen.* (Vgl. vorst. Reff.) Das 2., 3. u. 4. Glied der gelben Excitonserie im Absorptionsspektr. von Cu_2O-Kristallen zerfällt bei 1,3° K in 3 Komponenten, das 5. Glied in 2 Komponenten. Der Abstand zwischen den Komponenten beträgt zwischen 1,8 u. 10,5 cm^{-1} u. ist umgekehrt proportional den Quantenzahlen k^2. Da mit tieferer Temp. die Linienbreite geringer wird, u. die Intensität des kontinuierlichen Spektr. abnimmt, können die Linien der gelben Excitonserie bis zum 9. Glied beobachtet werden. Die Frequenzen der Linienschwerpunkte befriedigen bis auf das 1. Glied gut die Serienformel für das wasserstoffähnliche Atom $\nu_k = 17525{,}5 - 770{,}8/k^2$, $k = 1 \cdots 9$. Bei 4,2° K gilt für die gelbe Serie $\nu_k = 17523{,}3 - 780{,}7\ k^2$, $k = 1 \cdots 6$ u. für die grüne Serie $\nu_k = 18587 - 1200/k^2$, $k = 1 \cdots 5$, wobei wieder die 1. Glieder die Formel schlecht erfüllen. Ferner werden zwischen den Gliedern k-4 u. k-5 u. zwischen k-5 u. k-6 der gelben Serie eine Reihe neuer verbotener Linien gefunden, die nach Annahme der Vff. durch Verletzung der Auswahlregel $\Delta l = \pm 1$ zu erklären sind. (Доклады Академии Наук СССР [Ber. Akad. Wiss. UdSSR] [N. S.] **99.** 231—34. 11/11. 1954. Leningrad, Inst. für techn. Phys. der Akad. der Wiss. der UdSSR.) J. GEIGER. 118

Je. F. Gross, B. P. Sachartschenja und **N. M. Reinow,** *Zeeman-Effekt im Excitonenspektrum von Kupfer(I)-oxydkristallen.* (Vgl. vorst. Ref.) Bei der σ-Komponente des ersten Gliedes der gelben Excitonserie von Cu_2O wird im Magnetfeld eine Aufspaltung in ein Dublett beobachtet. Die Komponenten liegen symm. zur Anfangslage u. haben den Abstand $\Delta\lambda = 1{,}1$ Å (H = 32000 Oe) bzw. $\Delta\lambda = 0{,}9$ Å (H = 26000 Oe). Die aus der Aufspaltung berechnete effektive M. von Elektron u. Defektelektron in Cu_2O beträgt $m_1 = 0{,}84$ m, $m_2 = 0{,}95$ m. Bei der π-Komponente sowie ohne Polarisation findet eine Verbreiterung der Linie statt, eine Struktur ist nicht festzustellen. Alle Verss. wurden bei 77,3° K durchgeführt. (Доклады Академии Наук СССР [Ber. Akad. Wiss. UdSSR] [N. S.] **99.** 527—28. 1/12. 1954. Leningrad, Inst. für techn. Phys. der Akad. der Wiss. der UdSSR.) J. GEIGER. 118

H. W. Etzel und **F. E. Geiger jr.,** *K-Bande in additiv verfärbtem KCl.* Die Absorption von getemperten u. abgeschreckten, additiv verfärbten KCl-Einkristallen wurde ohne u. mit zeitlich zunehmender Bestrahlung mit Licht der Wellenlängen >5000 Å bei Zimmertemp. u. —160° zwischen 4000 u. 12000 Å gemessen u. die Absorption der F- u. K-Bande miteinander verglichen. Es ergab sich, daß das Verhältnis der Absorption der beiden Banden nicht konstant ist, so daß die bisherige Deutung, die für beide Banden Übergänge vom gleichen Grundzustand in verschied. höhere Zustände vorsah, negiert werden muß. Für den Ursprung der K-Bande wird wie früher die Kombination eines Elektrons mit einer negativen Ionenfehlstelle, jedoch in einer von dem F-Zentrum verschied. Art, als wahrscheinlich angenommen. (Physic. Rev. [2] **96.** 225—26. 1/10. 1954. Washington, D. C., United States Naval Res. Labor.) G. HEINSOHN. 119

Je. A. Nessterowskaja, *Infrarotgrenze der Entfärbung der Feinstruktur im Spektrum photochemisch gefärbter Silberhalogenide.* (Vgl. C. **1954.** 3163.) Wird als Mechanismus für die Zerstörung der Zentren, die mit der Feinstruktur zusammenhängen, die Abtrennung eines Elektrons von einem Ag-Teilchen u. sein Austritt in das Leitungsband des Kristalls zugrunde gelegt, kann man in Analogie zum HERSCHEL-Effekt erwarten, daß der Entfärbungsprozeß der Feinstruktur ebenfalls eine Grenze auf der langwelligen Seite des Spektr. hat, nämlich dort, wo die Energie, die von einem Teilchen absorbiert wird, nicht mehr für die Abtrennung eines Elektrons ausreicht. Feinkörnige *AgCl-* u. *AgBr*-Emulsionen werden mit Hg-Licht 60, 45, 30, 15 oder 5 Min. belichtet u. danach nochmals 15—30 Std. Rotfilterlicht (650—3000 mμ) ausgesetzt. Nach der 1. u. 2. Belichtung werden Absorptionsspektren aufgenommen u. aus der Differenz die spektrale Entfärbungskurve ermittelt. Bei den verschied. Messungen liegt die Infrarotgrenze der Entfärbung im Bereich 970—1030 mμ, in Übereinstimmung mit der Infrarotgrenze des HERSCHEL-Effektes für reine AgCl- u. AgBr-Emulsionen (1000 mμ). (Доклады Академии Наук СССР [Ber. Akad. Wiss. UdSSR] [N. S.] **98.** 997—99. 21/10. 1954. Odessa, Metschnikow-Univ., Wiss. Forschungsinst. für Physik.) J. GEIGER. 119

Llewellyn H. Jones, *Polarisiertes Ultrarotspektrum von $KAu(CN)_2$: Revision und Verbesserung.* (Vgl. C. **1954.** 7585.) Neue quantitative Polarisationsmessungen an Einkristallen von $KAu(CN)_2$ senkrecht u. parallel zur C-Achse ergaben, daß die N–C–Au–C–N-Gruppen mit der C-Achse einen Winkel von ~28° bilden. (J. chem. Physics **22.** 1135. Juni 1954. Los Alamos, N. Mex., Los Alamos Sci. Labor.) H.-J. BECHER. 120

R. F. Barrow, *Über ein vermutetes Raman-Spektrum von gasförmigem Brom.* Die von STAMMREICH durch Anregung mit der He-Linie 5875,6 Å beobachteten RAMAN-Linien in Br_2-Dampf werden als Linien einer Resonanz–Fluorescenz-Serie gedeutet. (J. chem. Physics **22.** 1775. Okt. 1954. Oxford, Univ., Phys. Chem. Labor.) H.-J. BECHER. 120

P. B. Checkland und **H. W. Thompson,** *Schwingungsrotationsbanden von Deuteriumcyanid.* Mit einem Gitterspektrometer hohen Auflösungsvermögens wurde die Rotationsfeinstruktur einer Anzahl von Schwingungsabsorptionsbanden von DCN gemessen. Analysen wurden durchgeführt für die 3 fundamentalen Banden ν_1, ν_2 u. ν_3, für den Oberton $2\nu_2$ sowie für den „heißen" Übergang ($\nu_3 + \nu_2 - \nu_2$). Die Fundamentalbande ν_3 enthält einen Übergang $\Sigma^+ \rightarrow \Sigma^+$ u. besteht aus P- u. Q-Zweigen. Die Lagen der Linien sind tabellar. angegeben; ν_0 ist 2630,29 cm⁻¹. α_3 ist $+0{,}0104 \pm 0{,}0001$ cm⁻¹. Die Bande ν_1 enthält die andere Dehnungsfundamentalschwingung, welche sehr viel weniger stark absorbiert wird als ν_3. Der Übergang ist wieder $\Sigma^+ \rightarrow \Sigma^+$; $\nu_0 =$ 1925,25 cm⁻¹ u. $\alpha_1 = +0{,}00660 \pm 0{,}00006$ cm⁻¹. Die Bande $2\nu_2$ enthält Absorption des Obertons der Biegungsschwingung u. liegt bei ca. 9 μ. Das obere Niveau ist $\Sigma^+ + \Delta$, der akt. Übergang ist aber $\Sigma^+ \rightarrow \Sigma^+$; $\nu_0 = 1130{,}08$ cm⁻¹. Die Bande ν_2 entspricht der fundamentalen Biegungsschwingung u. enthält einen Übergang Σ^+ (0, 0⁰, 0) → Π (0, 1′, 0); die J-Niveaus in dem oberen Zustand sind *l*-Dubletts, $\nu_0 = 569{,}13$ cm⁻¹, $\alpha_2 = -0{,}00415$. Die „heiße" Bande ($\nu_3 + \nu_2 - \nu_2$) enthält einen Übergang $\Pi \rightarrow \Pi$, $\nu_0 = 2614{,}65$ cm⁻¹ u. $\alpha = 0{,}01$ cm⁻¹. Die schwache Kombinationsbande $\nu_1 + \nu_2$ hat einen intensiven Q-Zweig bei ca. 2497,2 cm⁻¹; zwei schwächere Q-Zweige liegen bei 2499,6 u. 2491,3 cm⁻¹. Aus den α_1-, α_2- u. α_3-Werten erhält man $B_e = 1{,}2121$ cm⁻¹. Die *l*-Verdoppelungskoeffizienten sind $q_{010} = 0{,}0062$ u. $q_{011} = 0{,}0078$. (Trans. Faraday Soc. **51.** 1—8. Jan. 1955. Oxford, Phys. Chem. Labor.) C. GOTTFRIED. 120

B. Rosenblum und **A. H. Nethercot jr.,** *Mikrowellenspektrum von Tritiumjodid und Tritiumbromid.* Bei der Unters. der Mikrowellenspektren von TJ u. TBr wurden die Rotationsübergänge $J = 1 \leftarrow 0$ von $T^{127}J$, $T^{79}Br$ u. $T^{81}Br$ beobachtet. Die Frequenzen sind tabellar. zusammengestellt. Die ν_0-Werte in obiger Reihenfolge sind $131\,501{,}75 \pm 0{,}40$ MHz; $172499{,}10 \pm 0{,}40$ MHz u. $172\,343{,}07 \pm 0{,}40$ MHz u. die eqQ-Werte $-1822{,}6 \pm 3{,}0$; $527{,}6 \pm 2{,}0$ u. $442{,}1 \pm 2{,}0$. Berechnet wurden die Gleichgewichtsrotationskonstanten B_e aus diesen ν_0-Werten, den bekannten B_0-Werten für DJ u. DBr u. den ebenfalls bekannten Infrarotwerten α u. D. Die scheinbaren Massenverhältnisse T:D ergeben sich hiermit für das Jodid zu $1{,}497467 \pm 12 \cdot 10^{-6}$ u. $1{,}497469 \pm 10 \cdot 10^{-6}$ für das Bromid. (Physic. Rev. [2] **97.** 84—85. 1/1. 1955. New York, N. Y., Columbia Univ.) C. GOTTFRIED. 121

Kazuo Torizuka, *Reine Chlorquadrupolspektren in einigen festen Verbindungen.* Es wurden die reinen Quadrupolresonanzspektren von *Chloralmethylat* (I) u. *-äthylat* (II), *1-Chlor-2.4-dinitrobenzol* (III) u. *$Ba(ClO_3)_2 \cdot H_2O$* (IV) bei 90° K, 210° K u. 285° K untersucht. Vergleicht man die Spektren von I u. II mit dem von ALLEN (vgl. C. **1954.** 8041) erhaltenen Cl-Quadrupolspektr. des Chloralhydrats (V), so läßt sich zunächst feststellen, daß in I u. II die Abstände der 3 Cl-Linien (<600 kHz) klein sind gegenüber denen des V; Cl-Bindungen, ähnlich den inter- u. intramol. H-Bindungen in V, treten in den Alkoholaten also nicht auf. Die Temperaturabhängigkeit in I u. II ist größer als in V, in I größer als in II. III zeigt nur eine Cl-Linie, die Cl-Lagen in dem Mol.-Kristall können daher in allen Moll. nicht sehr verschieden sein. Die Resonanzfrequenz von IV liegt zwischen der von $KClO_3$ u. $NaClO_3$, u. zwar ziemlich nahe der des $NaClO_3$. Der Verlauf der Frequenzen Na: 30,01; Ba: 29,38 u. K: 28,20 MHz ist derselbe wie der der Elektronegativität Na: 0,9; Ba: 0,9 u. K: 0,8. (J. physic. Soc. Japan **9.** 645—46. Juli/Aug. 1954. Tokyo, Tokyo Gakugei Univ. [Orig.: engl.]) C. GOTTFRIED. 121

A. Jabłoński, *Löschung der Photoluminescenz von Lösungen.* Vf. entwickelt eine Theorie für den Vorgang des Löschens der Photoluminescenz in Lsgg., die auf folgender Vorstellung beruht: Ein Leuchtzentrum in einer Lsg. besteht aus einem angeregten Leuchtmol., das umgeben ist von Schalen, die aus monomol. Schichten des Lösungsm. bestehen. In diesen Schichten können „Löschmoll." eingebaut sein. Verschied. Zentren in der gleichen Lsg. unterscheiden sich durch verschied. Besetzung der Schalen mit Löschmolekülen. Bei festen Lsgg. bleiben die Löschmoll. unverändert in der ursprünglichen Schale. In fl. Lsgg. besteht eine bestimmte, zeitproportionale Wahrscheinlichkeit eines Platzwechsels von einer Schale zu einer anderen in Abhängigkeit von der Viscosität u. der Temp. der Lösung. Für den Vorgang der Löschung besteht ebenfalls eine zeitproportionale Wahrscheinlichkeit. Das Verh. eines Syst. von Leuchtzentren mit Löschmoll. wird mit Hilfe von Differentialgleichungen, in die sowohl das Abklingen der gesamten, nach allen Richtungen ausgestrahlten Leuchtintensität als auch die Quantenausbeute der Photoluminescenz in Abhängigkeit von der Konz. der Löschmoll. u. anderer Faktoren eingehen. Die innere Löschung („inner quenching") u. die Löschung durch Stoß („initial shock") werden ebenfalls berücksichtigt. Für feste Lsgg. kann das Problem der Löschung auf diese Weise gelöst werden, da die Gleichgewichtslagen der Löschzentren in ihnen stets gleich bleiben. Für den komplizierteren Fall der fl. Lsgg. können dagegen nur angenäherte Resultate erhalten werden. (Acta physica polon. **13.** 175—86. 1954. Thorn, Nikolaus-Kopernikus-Univ., Phys. Dep.)
J. Schleede-Glassner. 125

A_3. Elektrizität. Magnetismus. Elektrochemie.

W. M. Conn, *Untersuchungen des Mechanismus von elektrisch „explodierten" Drähten.* Bei der Vakuumentladung eines Kondensators durch einen sehr dünnen Draht treten bei Annäherung des Drahtes an die zu bedampfende Fläche außer der gleichförmigen Bedeckung Ablagerungen von Querschnitten durch einen Metalldampfzylinder auf, der den Draht umgibt. Dieser Zylinder ist hohl, an beiden Enden geschlossen u. zeigt Schichtungen entsprechend der Bldg. von „Bäuchen" im Draht nach dem Schmelzen. Für einen 0,16 mm Ag-Draht von 60 mm Länge hat der umgebende Zylinder bei 5 mm Funkenlänge u. 25 mm Hg Druck einen Innen- bzw. Außendurchmesser von 8,2 bzw. 23,8 mm, eine Länge über die volle Fläche innerhalb der Schale von 55 mm u. eine Gesamtlänge von 65 mm. Die heftige Explosion des Drahtes findet nach Bldg. der gleichförmigen Ablagerung u. der Metalldampfschale statt. Es wird angenommen, daß von dem Draht eine Stoßwelle ausgeht, deren an der Innenwand der Schale reflektierter Anteil als zylindr. Druckwelle sehr beträchtliche Drucke u. Tempp. entlang der Schalenachse hervorruft. (Naturwissenschaften **42.** 65—66. Febr. 1955. Kansas City, Mo.)
H. Liepack. 131

Roger Warren, *Messungen des elektrischen Feldes in einer Glimmentladung nach einem verbesserten Elektronenbündelverfahren.* (Sitzungsbericht.) (Physic. Rev. [2] **98.** 263. 1/4. 1955. Berkeley, Calif., Univ. of California.) H. Liepack. 131

S. R. Mohanty, *„Schwellenpotential" der elektrodenlosen Wechselstromentladung.* (Vgl. C. **1955.** **7841.**) Der Übergang in die selbständige Entladung aus einem schmalen nichtselbständigen Bereich unterhalb der Schwelle, in dem die maximalen Feldstärken bereits zur Elektronenstoßionisation ausreichen, wird bei Vorhandensein von nur dielektr. Oberflächen im Gas auf äußere Einw. (Höhen- oder radioakt. Strahlung) zurückgeführt. Durch diese wird eine Lawine zu der momentanen Anode ausgelöst. Durch unvollständige Neutralisation übriggebliebene, lose gebundene Elektronen an der in der folgenden Halbperiode kathod. Elektrode bewirken den Übergang zur selbständigen Entladung. (J. chem. Physics **22.** 2095—96. Dez. 1954. Banaras, Hindu Univ., Phys.-Chem. Labors.)
H. Liepack. 131

E. M. Reichrudel, A. W. Kusstowa und **A. G. Simelew,** *Über Elementarprozesse bei der Formierung einer Hochspannungsimpulsentladung bei niederen Drucken.* Es wurden oscillograph. Unterss. bei Spannungen von 50—110 kV, Drucken 10^{-4}—10^{-1} mm Hg in *He, Ar, Luft* u. *Hg*-Dampf durchgeführt. Der Abstand zwischen den Elektroden wurde von 5—17 cm verändert. Es ergeben sich zwei für den untersuchten Entladungstyp spezif. Besonderheiten: 1. Die Entstehung einer entlang der Röhre ungleichmäßigen Dichte der positiven Raumladung mit einem Maximum bei der Kathode in der ersten Phase der Entladung, die zur Bldg. von Kathodenbereichen schon in der ersten Phase ihrer Entw. führt; 2. die Hauptrolle bei der Formierung der Entladung mit großer Stromdichte spielt sowohl in der 1. als auch in der 2. Phase die Kompensation der negativen Raumladung durch positive Ionen im ganzen Entladungsraum. (Журнал Технической Физики [J. techn. Physik] **24.** 1179—86. Juli 1954.) A. Kunze. 131

I. Je. Balygin, *Über die Verzögerungszeit bei der Formierung von Entladungen in Luft.* Bei atmosphär. Druck u. Funkenlängen von 100, 50 u. 10 mm ist die Bldg. der Lawine, der Kanäle u. der Hauptentladung im wesentlichen nach 3,5, 2,5 u. $1,7 \cdot 10^{-7}$ Sek. beendet. Bei 600—500 mm Hg verlängert sich das Anfangsstadium (Lawine) der Entladung, aber der Mechanismus der Entladung bleibt fortgesetzt kanalartig, selbst beim Fehlen besonderer Überspannung im Entladungsraum. Bei 400—50 mm Hg unterscheidet sich der Mechanismus der Entladung sowohl von der reinen TOWNSEND- als auch von der Kanalform. Der n. Verlauf der Entladungsbldg. hängt vom Druck u. der Höhe der Spannung ab. Bei ca. 50 mm Hg erstreckt sich die Formierung auf ca. 10 μ Sekunden. (Журнал Технической Физики [J. techn. Physik] **24.** 1187—93. Juli 1954.)
A. KUNZE. 131

Robert Cochet und **René Reffay,** *Potentialmessungen in einem unipolar ionisierten elektrischen Feld (Beweglichkeiten von Ionen in Luft).* Vff. behandeln die Potentialmessungen mit der Glühsonde in einem zylindr. ionisierten Feld. Die Messungen gestatten die Best. der Ionenbeweglichkeiten in Luft u. anderen Gasen. Die Beweglichkeit negativer Ionen in Luft in einem Zylinder von 40 cm Durchmesser bei 760 mm Hg, 20° u. einer relativen Feuchtigkeit von 40% wird zu $1,86 \pm 0,03$ bestimmt, die positiver Ionen unter denselben Bedingungen zu $1,61 \pm 0,06$. Die Lebensdauer dieser Ionen liegt zwischen 10^{-3} u. 10^{-2} Sekunden. (C. R. hebd. Séances Acad. Sci. **240.** 1516—18. 4/4. 1955.)
H. LIEPACK. 131

H. W. Bandel, *Messung des Stromes während der Überschlagsverzögerung in Luft.* (Vgl. C. **1955.** 6456.) (Sitzungsbericht.) (Physic. Rev. [2] **98.** 560—61. 15/4. 1955. Berkeley, Calif., Univ. of California.) H. LIEPACK. 131

W. M. Hickam und **R. E. Fox,** *Bildung negativer Ionen durch monoenergetische Elektronen.* (Sitzungsbericht.) (Physic. Rev. [2] **98.** 557. 15/4. 1955. Westinghouse Res. Labors.) H. LIEPACK. 131

Elsa L. Huber, *Durchbruchprozesse in Stickstoff, Sauerstoff und Gemischen.* Für koaxiale zylindr. Elektroden, Mittelelektrode positiv, wird der Entladungsmechanismus untersucht, der durch einzelne, parallel zu den Elektrodenachsen fliegende α-Teilchen ausgelöst wird. In reinem N_2 von 25—600 mm Hg ist der überwiegende Mechanismus die Sekundärelektronenemission aus der Kathode infolge Ionenbeschuß mit γ_i von $1,4—0,6 \cdot 10^{-3}$. Die Berücksichtigung der Rückdiffusion ergibt $\gamma_i = 2—3 \cdot 10^{-2}$. Hierbei handelt es sich um das N_4^+-Ion mit der red. Beweglichkeit $2,53 \pm 0,08$ cm²/V·sec bei 760 mm Hg u. 20°. Hinzufügen von ca. 1% O_2 erniedrigt γ_i um einen Faktor $^1/_5$ u. verursacht ein schwaches photoelektr. γ_p an der Ni-Kathode. Im Gas selbst tritt Photoionisation auf. Bei 5% O_2 werden Impulse wie bei GEIGER-Zählern beobachtet, die sich über den Draht ausbreiten. Mit α-Teilchenbahnen parallel u. senkrecht zu den Achsen wurde die Geschwindigkeit der Ausbreitung der Entladung längs des Drahtes für Luft verschied. Druckes u. bei konstantem Druck u. Potential in Abhängigkeit von der O_2-Konz. (5—20%) gemessen. Die Geschwindigkeiten liegen zwischen 10^8 u. 10^7 cm/sec u. nehmen ab mit zunehmender O_2-Konzentration. In reinem O_2 oberhalb 200 mm Hg führt die starke Absorption der photoionisierenden Strahlung zu einer nach außen gerichteten Ausbreitung der Entladung in Form radialer Fäden an Stelle des Sprühens entlang des Drahtes. Aus der Impulsdauer folgt eine Beweglichkeit von $2,2 \pm 0,1$ cm²/V·sec bei 760 mm Hg u. 20°, die auf O_2^+ schließen läßt. (Physic. Rev. [2] **97.** 267—74. 15/1. 1955. Berkeley, Calif., Univ. of California, Dep. of Phys.) H. LIEPACK. 131

Goro Fujioka, Isao Kita und **Osamu Minakawa,** *Zur Untersuchung des Löschkreises langsamer Zähler.* Der untersuchte Zähler bestand aus einem Messingzylinder, 4,5 cm Durchmesser, mit einem feinen W-Draht als Mittelelektrode. Die Röhre war mit H_2 von 80 mm Hg sowie einer geringen Menge *Wasserdampf* gefüllt. Es wurden die Eigg. des JOHNSON-Kreises untersucht (JOHNSON, Rev. sci. Instruments **9.** [1938,] 218). Im Gegensatz zu schnellen Zählern fielen die Charakteristiken am Ende des Zählbereichs ab. Der Löschkreis ist äquivalent einem hohen Widerstand μR, wobei μ der Verstärkungsfaktor des Kreises u. R der Ableitungswiderstand ist. (J. physic. Soc. Japan **6.** 95—98. März/April 1951. Meteorological Res. Inst. [Orig.: engl.]) H. LIEPACK. 131

Isao Kita, *Zum Entladungsmechanismus langsamer Zähler.* (Vgl. vorst. Ref.) Bei den theoret. Betrachtungen wird der JOHNSON-Kreis durch einen hohen Widerstand μR ersetzt. Der Impuls des langsamen Zählers besteht aus einem ansteigenden Ast, einem horizontalen Bereich u. einem exponentiell abfallenden Teil. Der mittlere Teil ist bes. stark am Ende des Zählbereichs ausgeprägt. Im Gegensatz zum schnellen Zähler entwickeln sich die im ersten Teil gebildeten Ionen zu einer Wolke, die beim Erreichen der Wand einen Knick in der Kurve hervorruft. Bis zum horizontalen Teil erfolgen weitere Lawinenprozesse. Die Länge des stationären Bereichs nimmt mit wachsender Kapazität des Zählerkreises zu. Der anschließende exponentielle Abfall hat die Zeitkonstante μCR. Die Impulshöhe ist angenähert proportional $V_0 - V_A$, wobei V_0 die Zählerspannung u. V_A die Schwellenspannung ist. Der Ableitwiderstand R beeinflußt nicht die Anstiegzeit; je größer R, desto kleiner wird der horizontale Bereich. (J. physic. Soc. Japan 6. 99—103. März/April 1951. [Orig.: engl.]) H. LIEPACK. 131

A. Bracci und **E. L. Zimmer**, *Driftgeschwindigkeit der Elektronen in BF_3*. Vff. führten neue Messungen nach der Meth. von ALLEN-ROSSI durch. Es wurde verschieden hergestelltes BF_3 benutzt. Die Messungen wurden bei 25 cm Hg durchgeführt, ferner bei Werten von E/P zwischen 1—5 V·cm^{-1}·(mm^{-1} Hg), die Meßgenauigkeit betrug ±15%. Es wurden Ergebnisse gefunden, die unter sich u. mit denen von BISTLINE übereinstimmten. Die Driftgeschwindigkeit wird nicht von kleinen, im BF_3 vorhandenen Verunreinigungen beeinflußt. (Nuovo Cimento [9] **10**. 103—04. 1/1. 1953. Mailand, CISE, Labor.) J. v. HARLEM. 131

P. W. Bickel und **L. V. Holroyd**, *Massenspektrometrische Untersuchung der Verdampfungsprodukte von Strontiumoxyd auf Platin.* Mit der von ALDRICH (C. **1953**. 4326) beschriebenen Anordnung werden die Verdampfungsprodd. von SrO, das in der Ionenquelle auf einem Pt-Band auf Tempp. von 1600 u. 1800° K erhitzt wird, massenspektrometr. untersucht. Graph. Darst. von log Sr^+ gegen 1/T ergibt nach Einstellung stationärer Verhältnisse eine aus 2 geraden Stücken zusammengesetzte Kurve mit einer Neigung von 60 kcal/Mol bei der höheren u. 138 kcal/Mol bei der niedrigeren Temperatur. Das Appearance-Potential von Sr^+ beträgt ca. 5 V, das Häufigkeitsverhältnis Sr^+ zu SrO^+ liegt zwischen 10 u. 100, woraus auf therm. Dissoziation von SrO geschlossen wird. Das Syst. SrO–Pt wird mit dem Syst. BaO–Pt verglichen, bei dem keine therm. Dissoziation stattfindet. (J. chem. Physics **22**. 1793—95. Nov. 1954. Columbia, Mo., Univ. of Missouri, Dep. of Phys.) R. CONRAD. 131

W. R. Cook jr. und **Hans Jaffe**, *Ferroelektrizität in Oxyden mit flächenzentrierter kubischer Struktur. $Cd_2Nb_2O_7$* u. *$Pb_2Nb_2O_7$* haben flächenzentrierte kub. Struktur vom Pyrochlortyp, der sich vom Fluorittyp durch regelmäßigen Wechsel von Kationen in den Kationenstellungen u. regelmäßiges Auslassen eines O-Atoms unterscheidet. Vff. finden dementsprechend an einem Bleiniobat die Zus. *$Pb_{1,5}Nb_2O_{6,5}$*. Die DK. betrug bei 20° 200, bei —196° ca. 500. DK. u. CURIE-Punkt in $Cd_2Nb_2O_7$ sind von Stelle zu Stelle im Kristall verschieden, der höchste CURIE-Punkt liegt bei —103°, die höchste ferroelektr. Ladungsdichte beträgt 3,2 μCoul/cm². (Physic. Rev. [2] **89**. 1297—98. 15/3. 1953. Cleveland, O., Brush Developm. Comp.) D. HAHN. 132

P. E. Wagner, *Kontaktaufladung zwischen monokristallinen Nichtleitern und Metallen.* (Sitzungsbericht.) (Physic. Rev. [2] **98**. 264. 1/4. 1955. Univ. of California.) H. LIEPACK. 132

G. A. Smolenski und **A. I. Agranowskaja**, *Entstehung einer spontanen Polarisation in Bleistannat und Bleitantalat.* (Vgl. C. **1952**. 3773; **1954**. 2334.) Wie bei $PbSn(OH)_6$ ist das Auftreten spontaner Polarisation auch bei anderen Pb^{2+} enthaltenden Kristallen zu erwarten, bei denen die Zentralionen nicht die Elektronenstruktur eines Edelgases haben u. nicht aus Atomen mit nichtaufgefüllter vorletzter Schale entstehen, wie Ce^{4+}, Al^{3+} usw. Die Erscheinung seignetteelektr. Eigg. wird, wie schon früher bei $PbNb_2O_6$ (Übergangspunkt 570°), auch bei dem aus Ta_2O_5 u. PbO oder $PbSO_4$ zuerst 1 Std. bei 1250° in PbO-Atmosphäre, dann nach vorsichtiger Mahlung in gewöhnlicher Atmosphäre bei 1460° (1 Std.) erhaltenen $PbTa_2O_6$ mit höchstens 2,5% offenen Poren beobachtet. In schwachem Feld bei Frequenz 10^6 Hz wird ein Maximum der dielektr. Durchlässigkeit bei ~260° gefunden; dem entspricht auch das Minimum von tg δ (δ = Verlustwinkel). (Доклады Академии Наук СССР [Ber. Akad. Wiss. UdSSR] [N. S.] **97**. 237—38. 11/7. 1954. Inst. für Silicatchem. der Akad. der Wiss. der UdSSR.) R. K. MÜLLER. 132

I. N. Prileshajewa, W. W. Liwschitz und **G. W. Spiwak**, *Über die elektronenoptische Untersuchung der nichtstationären Emission der Oxydkathode im Vakuum und im Gas.* Emissionsmkr. Kathodenunters. im Impulsbetrieb (5 kV, rechteckige Impulse von 25 μsec Dauer u. $^1/_{50}$ sec zeitlichem Abstand). Im Fall hoher Emissionsströme wurden Emissionsobjekte mit drei oder vier Elektroden verwandt, deren Abmessungen u. gegenseitige Anordnung so gewählt wurden, daß bei möglichst hoher Feldstärke vor der Kathode eine möglichst hohe Vergrößerung erzielt wurde. Das Dreielektrodenobjektiv liefert eine höhere Vergrößerung, aber eine geringere Feldstärke vor der Kathode als das Vierelektrodenobjektiv. Unters. der mit Gasabgabe verbundenen Bogenentladungen auf der Kathode u. ihres Einfl. auf das Oxydrelief u. das Emissionsbild sowie der Kathodenvergiftung u. -regeneration. Der Einfl. der Ggw. von Edelgasen auf die Emission (Ar u.

Ne bei verschied. Drucken zwischen $5 \cdot 10^{-6}$ u. 1 Torr) wurde emissionsmkr. u. durch oscillograph. Beobachtung des Emissionsstroms untersucht. (Журнал Технической Физики [J. techn. Physik] 25. 97—107. Jan. 1955.) F. LENZ. 134

W. C. Walker, N. Wainfan und **G. L. Weissler,** *Weitere Ergebnisse über die photoelektrische Ausbeute von Metallen im Vakuumultraviolett.* (Vgl. C. 1955. 19. 5723.) (Sitzungsbericht.) (Physic. Rev. [2] **98.** 562. 15/4. 1955. Univ. of Southern California.) H. LIEPACK. 134

C. H. Hayn und **Vincent P. Jacobsmeyer,** *Photoleitfähigkeit pyrolytischer Borschichten.* (Sitzungsbericht.) (Physic. Rev. [2] **98.** 237. 1/4. 1955. St. Louis, Univ.) R. LEVI. 134

David B. Medved, *Photoleitfähigkeit und Photodesorption in Zinkoxyd.* (Sitzungsbericht.) (Physic. Rev. [2] **98.** 237. 1/4. 1955. Univ. of Pennsylvania.) R. LEVI. 134

Werner Känzig und **Masayasu Ueta,** *Erzeugung von Elektronenhaftstellen durch plastisches Fließen.* (Sitzungsbericht.) (Physic. Rev. [2] **98.** 236. 1/4. 1955. Univ. of Illinois.) R. STEIN. 135

I. A. Mjassnikow und **Ss. Ja. Pscheshetzki,** *Untersuchung der Beziehung zwischen den katalytischen und Halbleitereigenschaften von Zinkoxyd.* Parallel werden die elektr. Leitfähigkeit von ZnO u. seine katalyt. Aktivität bei der Bldg. von Aceton aus Isopropylalkohol in N_2- bzw. H_2-Atmosphäre zwischen 250 u. 390° gemessen. Setzt man dem N_2 oder H_2 eine kleine Menge O_2 (0,4—3%) zu, so nimmt die Leitfähigkeit u. die katalyt. Aktivität des ZnO gleichzeitig ab. Mit steigender Temp. wirkt sich dieser depressive Einfl. des O_2 immer stärker aus, bei 300° ist z. B. die Reaktionsgeschwindigkeit in N_2 + 0,4% O_2 nur halb so groß wie in reinem N_2. Wegen des gleichzeitigen Einfl. des O_2 auf Leitfähigkeit u. katalyt. Aktivität kann man annehmen, daß den beschriebenen Erscheinungen ein u. dieselbe Ursache zugrunde liegt, vermutlich eine Konzentrationsänderung der Elektronen im Leitungsband oder der Zn-Ionen auf Zwischengitterplätzen. (Доклады Академии Наук СССР [Ber. Akad. Wiss. UdSSR] [N. S.] **99.** 277—79. 11/11. 1954. Karpow-Inst. für physikal. Chem.) J. GEIGER. 135

R. J. Collins, F. W. Reynolds und **G. R. Stilwell,** *Elektrische und optische Eigenschaften dünner GaSb-Schichten.* (Sitzungsbericht.) (Physic. Rev. [2] **98.** 227. 1/4. 1955. Bell Telephone Labors.) R. STEIN. 135

R. K. Willardson, T. C. Harman, P. F. Choquard und **A. C. Beer,** *Normal große Magnetowiderstandseffekte in InSb unter speziellen Grenzschichtbedingungen.* (Sitzungsbericht.) (Physic. Rev. [2] **98.** 227—28. 1/4. 1955. Battelle Mem. Inst.) R. STEIN. 135

Ralph Bray, *Extraktion der in der Minderheit befindlichen Ladungsträger in Germanium.* (Sitzungsbericht.) (Physic. Rev. [2] **98.** 229. 1/4. 1955. Purdue Univ.) R. STEIN. 135

E. G. Grimsal, *Der Hall-Koeffizient in anisotropen Medien.* (Sitzungsbericht.) (Physic. Rev. [2] **98.** 229. 1/4. 1955. Louisiana State Univ.) R. STEIN. 136

Ss. I. Drakin, *Transport und Verteilung der Komponenten metallischer Legierungen im elektrischen Feld.* Bei kurzem Durchgang von Gleichstrom durch eine metall. Phase (vor merklicher Rückdiffusion) ist die „Transportzahl“ $n = m\,F/I\,t = D\,c\,(\nu' - \nu'') \cdot F^2\,\varrho/R\,T$, wobei F = FARADAY-Zahl, m = in Zeit t durch Strom I transportierte Menge in g-Atom, D = Diffusionskoeff., c = Konz., ϱ = Widerstand, ν', ν'' = durchschnittliche Ladung von Lösungsm. u. Gelöstem (Ionen) = freie Elektronen/Zahl der Atome der Komponenten. Nach der Literatur ist $\nu' - \nu''$ für Hg–Na 0,0286, Hg–Ca —0,0070, Hg–Li —0,0041, Hg–K 0,036, Hg–Au —0,0069, Hg–Cd —0,0158, Hg–Ag —0,0154, Pd–H —0,42, Fe–C —0,37. Im stetigen Zustand müßten die Konzz. c_A u. c_K an Anode u. Kathode der Gleichung $\ln (c_A/c_K) = E\,T$ folgen, wobei E = Potentialdifferenz, T = absol. Temperatur. (Журнал Физической Химии [J. physik. Chem.] **27.** 1586—91. Okt. 1953. Moskau, Chem.-technol. Mendelejew-Inst.) R. K. MÜLLER. 136

L. G. Schulz, *Die effektive Masse der Leitungselektronen in Ag, Au und Cu.* (Sitzungsbericht.) Mittels opt. Methoden wurde die effektive M. m* der Leitungselektronen in Ag, Au u. Cu bestimmt, u. zwar wurden in dem Wellenlängenbereich von 1—2 μ die opt. Konstanten n u. k aus Messungen des Reflexionsvermögens u. der Durchlässigkeit dünner Filme erhalten, die durch Aufdampfen im Vakuum erhalten worden waren. Die erhaltenen Werte von n u. k stimmten mit den Werten überein, die aus der DRUDEschen Theorie der freien Elektronen zu erwarten waren. Um diese Übereinstimmung zu erhalten, wurde das Verhältnis m*/m für Ag u. Au gleich 1 u. das für Cu gleich 1,45 gesetzt. Bei den Berechnungen wurde angenommen, daß die Dichte der Leitungselektronen gleich der Atomdichte ist. Die Messungen des Reflexionsvermögens führten zu niedrigeren Werten von k als die Messungen der Durchlässigkeit; dies läßt sich als eine Folge des anomalen Skineffektes erklären. (Physic. Rev. [2] **94.** 1422. 1/6. 1954. Univ. of Chicago.) C. GOTTFRIED. 136

James L. Wyatt, *Der elektrische Widerstand von Titan.* Der elektr. Widerstand von Ti in Abhängigkeit von seiner Reinheit u. der Tempp. wurde für die Tempp. von −325 bis +2800° F (−198 bis +1530° C) an Ti handelsüblicher Reinheit u. an aus TiJ_4 dargestelltem Ti gemessen. Die Kurve zeigt bis 1625° F (880° C) ein stetiges Ansteigen des Widerstandes, ohne daß in diesem Bereich ein Minimum auftritt. Über dieser Temp. sinkt der Widerstand mit steigender Temp. — dieser Temperaturbereich ist um so kleiner, je reiner das Ti ist —, um dann ganz langsam wieder anzusteigen. Das Gebiet des sinkenden Widerstandes ist gek. durch die gleichzeitige Ggw. von α- u. β-Ti. Über ca. 100° F (38° C) wird der Widerstand durch Zusätze von O_2 oder N_2 herabgesetzt. Ti verhält sich ebenso wie Ge in dieser Hinsicht wie ein Halbleiter. Bei 2200° F (ca. 1200° C) wurde ein leichter Knick in der Kurve beobachtet. Der verhältnismäßig hohe Reinheitsgrad von Jodid-Ti wird durch die Umwandlungscharakteristiken bestätigt. (J. Metals **5.** 903—05. Juli 1953. MIT.) F. VIER. 136

A. Sosin und **J. S. Koehler,** *Der elektrische Widerstand von kalt bearbeiteten Einkristallen von Aluminium.* (Sitzungsbericht.) 99,99%ig. Al-Einkristalle wurden in fl. N_2 u. He durch Zug deformiert. Gemessen wurden der elektr. Widerstand nach der Deformation in Abhängigkeit von der Richtung u. die Zug–Spannungs-Kurven nach Anlassen. Gefunden wurde, daß sich der Widerstand bei der Temp. des fl. He isotrop ändert; für eine 15%ig. Dehnung betrug die Zunahme des Widerstandes ca. $8 \cdot 10^{-9}$ Ohm·cm. Nach Anlassen in fl. N_2 über Nacht wurde eine 10%ig. isotrope Erholung des Widerstandes gemessen; nach Anlassen bei Zimmertemp. trat eine weitere 65%ig. Erholung ein, während 25% „permanenter" Widerstand erhalten blieben. Die Zug–Spannungs-Kurve einer in fl. He gedehnten Probe verlief in dem untersuchten Temperaturbereich linear. Beim Anlassen auf Zimmertemp. trat keine Erweichung ein, u. es entwickelte sich eine obere Streckgrenze. Der Widerstand bleibt dann konstant, bis plast. Fließen einsetzt, u. steigt dann scharf an. (Physic. Rev. [2] **94.** 1422. 1/6. 1954. Univ. of Illinois.) C. GOTTFRIED. 136

D. B. Bowen und **H. Hori,** *Die Änderung des Widerstandes von Kupfer mit der elastischen Spannung.* (Sitzungsbericht.) Die bei Cu bei elast. Spannung auftretende reversible Änderung im elektr. Widerstand wurde zwischen 4,2° K u. Zimmertemp. gemessen. Der bei Zimmertemp. gemessene Wert von d ln ϱ/ln l von angenähert 3 stimmt mit Werten von anderer Seite überein. Dagegen waren die unterhalb Zimmertemp. gemessenen Werte bis zu zweimal so groß. Diese großen Werte bei den tiefen Tempp. deuten darauf hin, daß der Haupteinfl. der Spannung eher auf der Anzahl der Träger als auf dem Spektr. der Gitterschwingungen beruht. Gitterfehler lösen in dem Gitter Spannungen aus, die in den Widerstandsänderungen ihren Ausdruck finden. Aus den vorläufigen Ergebnissen läßt sich erkennen, daß die Spannungen mit steigender Temp. größer werden. Dies kann einer Anisotropie der Wärmeausdehnung um die Fehlstelle zugeschrieben werden. (Physic. Rev. [2] **94.** 1422. 1/6. 1954.) C. GOTTFRIED. 136

Clarence Zener, *Eine klassische Theorie der Temperaturabhängigkeit der magnetischen Kristallenergie.* (Sitzungsbericht.) (Physic. Rev. [2] **98.** 225. 1/4. 1955. Westinghouse Res. Labors.) R. STEIN. 137

C. P. Bean und **D. S. Rodbell,** *Die Kinetik der Magnetisierung einiger Magnetbleche mit rechteckiger Magnetisierungskurve.* Bei *Fe–Ni*-Legierungen mit 65% Ni u. Magnetfeldabkühlung u. bei Fe–Ni-Legierungen mit 50% Ni u. Würfeltextur wird die Ummagnetisierungsgeschwindigkeit bei verschied. Amplituden des Wechselfeldes gemessen. Auf der anderen Seite wird die Ummagnetisierungsgeschwindigkeit aus der Geschwindigkeit der BLOCH-Wandbewegung u. der Bldg. von Ummagnetisierungskeimen berechnet. Für die 65%ig. Fe–Ni-Legierung mit Magnetfeldabkühlung stimmen Theorie u. Experiment gut überein. Bei der 50%ig. Fe–Ni-Legierung erfolgt der Keimbildungsmechanismus offenbar etwas komplizierter. (J. appl. Physics **26.** 124—25. Jan. 1955. Schenectady, N. Y., Gen. Electric Res. Labor.) H. FAHLENBRACH. 137

Ja. Ss. Schur, T. D. Sotow und **I. A. Tschebotarew,** *Über die Abhängigkeit der Koerzitivkraft von den Teilchendimensionen von weichen magnetischen Pulvermaterialien.* An Pulvern aus *Alsifer* (9,4% Si, 5,3% Al, Rest Fe), die teils vor, teils nach einem 1std. Glühprozeß untersucht wurden, wurde gefunden, daß die Koerzitivkraft H_c bei mittleren Durchmessern $> 50\ \mu$ linear ansteigt bzw. fast konstant bleibt; bei weiterer Verminderung des Durchmessers nimmt sie sehr stark zu. Wie aus der Temperaturabhängigkeit von H_c hervorgeht, sind für diese Zunahme die magnet. Anisotropie, die Magnetostriktion u. die inneren Spannungen nicht maßgebend. Der noch unbekannte Grund dürfte auch die hohen H_c-Werte bei Ausscheidungslegierungen verursachen. (Доклады Академии Наук

CCCP [Ber. Akad. Wiss. UdSSR] [N. S.] **81.** 387—89. 21/11. 1951. Ural-Filiale der Akad. der Wiss. der UdSSR, Inst. für Metallphys.) G. KIRSCHSTEIN. 137

Nahonori Miyata und **Zenya Funatogawa,** *Magnetothermoelektrische Kräfte von Einkristallen von Nickel.* Vff. maßen die Änderung der thermoelektr. Kraft infolge Magnetisierung ferromagnet. Substanzen (E_m) von Ni-Einkristallen u. ihre Temperaturabhängigkeit. Die Verss. wurden an Ni-Einkristallstäben mit den Stabachsen [1 1 1], [1 1 0], [1 0 0], [5 1 1] u. [2 1 0] durchgeführt. Auf Grund der experimentellen Daten wurden die Werte $(E_m)_{[1\,0\,0]}$ u. $(E_m)_{[1\,1\,1]}$ zu 0,57 bzw. 0,69 μV/° C berechnet. E_m ist von der Orientierung der Kristalle abhängig u. stets positiv mit Ausnahme in der Nachbarschaft des CURIE-Punktes, wo E_m negativ wird infolge additiver Magnetisierungen, welche proportional den äußeren magnet. Feldern sind. Die E_m-Werte zeigen maximale Werte in der Nähe der Zimmertemp. u. nehmen gegen Null ab bei T → 0° K u. dem CURIE-Punkt. (J. physic. Soc. Japan **9.** 967—73. Nov./Dez. 1954. Yokohama, Nat. Univ. [Orig.: engl.]) C. GOTTFRIED. 137

G. Chiarotti und **L. Giulotto,** *Abhängigkeit der Kernsignale vom Hochfrequenzfeld und paramagnetischen Katalysator.* Es wird eine App. zur Messung der Kernsignalamplitude beschrieben. Hiermit wurden die Amplituden der Absorptionssignale der Protonen in wss. Lsg. von $Fe(NO_3)_2 \cdot 9\,H_2O$ bei verschied. Konzz. u. verschied. Werten des Hochfrequenzfeldes gemessen. Es wird eine Näherungstheorie der kernmagnet. Resonanz entwickelt, wobei angenommen wird, daß der Überschuß von Spins in den niedrigeren Zuständen gleichmäßig über ein gewisses Frequenzband verteilt ist. Eine allg. Formel gibt die absorbierte Energie während eines Durchgangs wieder. Die Versuchsergebnisse stimmen hinreichend mit dieser Theorie überein. Der Vgl. der Versuchsergebnisse mit der Theorie ermöglicht die Best. der Relaxationszeiten in einem gewissen Konzentrationsbereich. (Nuovo Cimento [9] **10.** 54—71. 1/1. 1953. Pavia, Univ., Phys. Inst.) J. v. HARLEM. 137

Filippo Accascina und **Silvia Schiavo,** *Untersuchungen über Gemische starker Elektrolyte in Lösung.* 1. Mitt. *Löslichkeit in Wasser und Aktivitätskoeffizienten des Cadmiumoxalats in Gegenwart verschiedener Elektrolyte (bei 25°).* Im Anschluß an PESCE u. LAGO (Gazz. chim. ital. **74.** [1944.] 145) wird die Löslichkeit von CdC_2O_4 (I) in W. u. in wss. Lsgg. von K_2SO_4 (**II**), $NaNO_3$ (**III**), KNO_3 (**IV**), KCl (**V**) u. NaCl (**VI**) bestimmt u. der Einfl. der Fremdsalze auf den Aktivitätskoeff. γ des **I** untersucht. Dabei werden schon bei geringen Konzz. von **V** u. **VI** sehr niedrige γ-Werte erhalten. Für die Lsg. von **I** in W. gilt $-\log \gamma_0 = 0{,}07214$. Nach dem 2. Gesetz von DEBYE u. HÜCKEL werden die Ionendurchmesser (a Å) aus der Beziehung $-\log \gamma = 2{,}018\sqrt{\mu}/(1 + 0{,}330 \cdot a\sqrt{\mu})$ (μ = Ionenstärke) errechnet. Wenn die Löslichkeit S in Ggw. von Fremdsalz u. S_0 in W. zu μ in Beziehung gesetzt wird, zeigt sich, daß die Kurven $\log S/S_0$ (Ordinate) — $\sqrt{\mu}$ (Abszisse) bei $\sqrt{\mu} \to 0$ in Ggw. von **IV**, **V**, **VI** u. Na_2SO_4 dem Grenzwert der Gleichung von DEBYE-HÜCKEL zustreben, während bei **II** u. **III** die Kurven positive Abweichungen hiervon aufweisen, ohne dem Grenzwert zuzustreben. (Ann. Chimica **43.** 873—82. Dez. 1953. Roma, Univ., Ist. di Chim. fis.) R. K. MÜLLER. 139

Filippo Accascina, Silvia Schiavo und **Adriana Sorrentino,** *Untersuchungen über Gemische starker Elektrolyte in Lösung.* 2. Mitt. *Löslichkeit in Wasser und Aktivitätskoeffizienten des Manganoxalats in Lösungen verschiedener Elektrolyte (bei 25°).* (1. vgl. vorst. Ref.) Die Löslichkeit von $MnC_2O_4 \cdot 2H_2O$ (**I**) wird in W. u. wss. Lsgg. von K_2SO_4 (**II**), Na_2SO_4 (**III**), KCl (**IV**) u. NaCl (**V**) bestimmt. Während bei CdC_2O_4 die Löslichkeit in 1 mol. **IV**-Lsg. 70mal größer ist als in W., beträgt sie bei **I** nur das 3fache, noch größer wird der Unterschied bei höheren Konzz. (2mol.: 270 gegen 3,5); ähnlich liegen die Verhältnisse in **V**-Lösung. Bei Ggw. von **II** u. **III** ist die Löslichkeitszunahme in beiden Fällen von gleicher Größenordnung. Für den Aktivitätskoeff. γ ergibt sich $-\log \gamma_0$ (in W.) = 0,1879. Die Gleichung von DEBYE-HÜCKEL (vgl. vorst. Ref.) gilt (bei Verwendung der Ionendurchmesser a: **II** 5,38, **III** 5,27, **IV** 7,10, **V** 7,26) nur in sehr grober Annäherung. Es wird die Möglichkeit erörtert, daß das verschied. Verh. von **I** u. CdC_2O_4 mit der Bldg. von Komplexionen im letzteren Falle zusammenhängen könnte. (Ann. Chimica **43.** 883—89. Dez. 1953.) R. K. MÜLLER. 139

N. W. Nikolajewa und **A. A. Grossman,** *Elektroreduktion des $S_2O_8^{2-}$-Anions an der Platinelektrode.* Es wurden bisher Polarisationskurven von $S_2O_8^{2-}$ an ebenen, sich drehenden Pt-Elektroden in N_2 angegeben. In der vorliegenden Arbeit werden Kathodenpolarisationskurven gezeigt, die an der Pt-Elektrode in Lsgg. von 10^{-3}n$K_2S_2O_8$ aufgenommen wurden. Die Änderung des Stromes bei Zufügung indifferenter Elektrolyte [10^{-1} bis 10^{-3}nNa_2SO_4; 10^{-4}n$Th(NO_3)_4$; 10^{-3}n$La_2(SO_4)_3$; 10^{-2}nKCl; 10^{-2}nKBr] wird erörtert u. die Abhängigkeit der Polarisation vom p_H-Wert der Lsg. (3, 7, 11) aufgezeigt.

Das beobachtete Minimum des Stromes verschwindet vollständig bei bestimmten Bearbeitungsbedingungen der Pt-Oberfläche, wodurch sich die Möglichkeit ergibt, über die Beschaffenheit der Pt-Oberfläche Aussagen aus der Messung des Polarisationsstromes in verd. Lsgg. zu machen. (Доклады Академии Наук СССР [Ber. Akad. Wiss. UdSSR] [N. S.] **95.** 1013—15. 11/4. 1954. Moskau, Staatl. Lomonossow-Univ.) A. Kunze. 141

Ss. I. Kritschmar, *Der Einfluß der Steilheit des Oberflächenmikroprofils auf das elektrochemische Polieren von Metallen.* (Vgl. C. **1955.** 10368.) Wenn die Unebenheiten einer Metalloberfläche in Form einer gezackten Linie mit einer Höhe H der Zacken (Mikroerhebungen gegenüber Mikrovertiefungen) u. a = deren Grundlinie dargestellt werden, läßt sich für die zur Beseitigung dieser Unebenheiten um 99% erforderliche Zeit ableiten: $t_{99\%} = (\varrho^2 R T n F/64 \gamma M^2 i) \beta H^2$, wobei ϱ die D., γ die Oberflächenspannung, M das Mol.-Gew. des Metalls, i die Stromdichte (A/cm^2), β ein (nach einer angegebenen Gleichung) nur von a/H abhängiger Faktor ist. Man kann annehmen, daß die γ-Werte für feste Metalle von derselben Größenordnung sind wie im fl. Zustand nahe dem F.; dann ist z. B. für *Cu* $\gamma_{fl} \approx 1{,}8 \cdot 10^3$ Dyn/cm^2, M = 64, ϱ = 8,5, u. es ergibt sich für die Potentialdifferenz zwischen Erhebung u. Vertiefung $\Delta \varphi = 7{,}2 \cdot 10^{-8} \beta' H^{-1}$ V u. $t_{99\%} \approx 1{,}2 \cdot 10^7 (\beta/i) H^2$ Min. (H = cm). Tabellar. mitgeteilte Ergebnisse einer Unters. an Cu mit 10mol. H_3PO_4 (i = 0,025) zeigen, daß meßbare u. mit der Berechnung gut übereinstimmende Werte für $t_{99\%}$ erst bei H < 1 μ erhalten werden. (Доклады Академии Наук СССР [Ber. Akad. Wiss. UdSSR] **101.** 297—300. 11/3. 1955. Dnjeprodsershinsk, Stickstoffdüngerfabrik.) R. K. Müller. 141

D. W. Ernst, R. F. Amlie und **M. L. Holt,** *Elektroabscheidung von Molybdänlegierungen aus wässerigen Lösungen.* Es wurden *Ni–Mo-*, *Co–Mo-*, *Fe–Mo-*Legierungen aus wss. Lsgg., die *Na-Molybdat*, das *Sulfat* des anderen Metalls, *Na-Citrat* u. *NH_4OH* enthielten, ausgefällt. Aus 0,3 Mol/Liter des betreffenden Metallsulfats 0,3 Mol/Liter Na-Citrat u. wechselnden Mengen an Na-Molybdat u. NH_4OH bei ca. p_H 10,5 wurden typ. Bäder hergestellt. Das mengenmäßige Maximum der elektrolyt. abgeschiedenen Legierungen hängt von dem legierten Metall ab. Bei Verwendung typ. Bäder enthalten Ni-Legierungen bis zu 20% Mo, Co-Legierungen bis zu 40% Mo u. Fe-Legierungen bis zu 50% Mo. Der effektive Kathodenstrom erstreckt sich in den übrigen Fällen für das Ni–Mo-Bad von 75—85%, für das Co–Mo-Bad von 50—60% u. für das Fe–Mo-Bad von 10—20%. Die Wrkg. des p_H-Wertes, der Konzentration, der Temp. u. der Kathodenstromdichte auf den effektiven Kathodenstrom u. die Legierungsbildung wurde untersucht. Die elektrolyt. abgeschiedenen Mo-Legierungen waren metall. u. entweder glänzend oder hellgrau im Aussehen, mit einer großen Anzahl von Rissen u. Sprüngen in den glänzenden Abscheidungen. Die Ablagerungen können im allg. in Pulver- oder Plättchenform abgebürstet werden. (J. electrochem. Soc. **102.** 461—69. Aug. 1955. Madison, Wis., Univ. of Wisconsin, Chem. Dep.) A.-F. Bogenschütz. 141

J. C. P. Mignolet, *Über die Rolle der Spiegelbildkräfte auf die induzierte Polarisation von auf Metallen adsorbierten Filmen.* (Bull. Soc. roy. Sci. Liège **19.** 401—03. Aug./Okt. 1950. — **1954.** 480.) E. Klever. 142

Osamu Tukizi, *Die elektrische Susceptibilität eines Wassertropfens infolge Ionenpolarisation.* Eine theoret. Unters. der elektr. Susceptibilität eines Wassertropfens unter Annahme von Ionenpolarisation innerhalb des Tropfens führte zu dem Ergebnis, daß die Susceptibilität größer ist, als sie sich nach der Formel von Mie u. Stratton berechnet (vgl. Mie, Ann. Physik [4] **25.** [1908.] 377 u. Stratton Proc. I. R. E. **18.** [1930.] 1064). Eine numer. Abschätzung ergab, daß die Ionenpolarisation von atmosphär. Wasserteilchen befriedigend die troposphär. Reflexion von Radiowellen erklärt. (J. physic. Soc. Japan **6.** 51—55. Jan./Febr. 1951. Electrical Communications Labor. [Orig.: engl.]) C. Gottfried. 142

J. Heyrovský und **A. Trifonov,** *Polarographische Maxima bei der anodischen Quecksilberauflösung in alkalischem Medium.* In 0,1 mol. Alkalihydroxyd entstehen anod. Maxima, welche infolge von Passivierung der tropfenden Elektrode durch eine Haut von Hg-Oxyden oder- Hydroxyden gebildet werden. Auf den oscillograph. *i–t*-Kurven wächst der Strom binnen 1/25 Sek. mehrmals an und wird wieder unterbrochen. Diese Erscheinung wird durch das Zerreißen des Filmes erklärt. (Chem. Listy **49.** 763. Mai; Collect. czechoslov. chem. Commun. **20.** 717—18. 1955. Praha, Československ. akad. věd, Polarograf. ústav. [Orig.: tschech.]) P. Zuman/Prag. 142

W. W. Lossew und **B. N. Kabanow,** *Elektrochemisches Verhalten von Eisen in heißen konzentrierten Alkalihydroxydlösungen.* 1. Mitt. Die Verss. wurden unter sauerstofffreien Bedingungen durchgeführt, die Fe-Elektrode wurde vor Beginn kathod. polarisiert. Nach der anod. Passivierung entsteht neben O_2 FeO_4^{2-}. Wird der Strom nach der

Passivierung auf $5 \cdot 10^{-4}$ A/cm² erniedrigt, so entsteht 3-wertiges Eisen, dies wird als der 3. Anodenvorgang bezeichnet. Die gelöste Fe-Menge zeigt, daß, solange das Fe akt. ist, Fe^{2+} in Lsg. geht. Aus der anod. Strom–Spannungs-Kurve u. der kathod. der H_2-Entw. wurde das Ruhepotential zu $-0{,}12$ V bei $1{,}3 \cdot 10^{-3}$ Mol 2wertigem Eisen/Liter bestimmt. Der 2. anod. Vorgang besteht in der Rk.: $2\,FeO_2^{2-} \rightarrow Fe_2O_4^{2-} + 2\,e$. Die Messung des dazugehörigen Redoxpotentials ergab: $E = 0{,}02\ V + 0{,}035 \log [Fe_2O_4^{2-}]/[FeO_2^{2-}]^2$. Die Kapazität der Elektrode fällt während des 1. Anodenvorganges u. durchläuft während des zweiten ein Maximum. Zusatz an Eisenionen erhöht das Ruhepotential u. das Potential des 1. Anodenvorganges, das auch rührabhängig ist. Dieser Einfl. wird auf Änderung des Oberflächenzustandes zurückgeführt. Ohne Rührung tritt auch die Passivierung eher ein. Aus den Messungen wird gefolgert, daß die Deckschicht eine noch geringere Löslichkeit als das unlöslichste der Eisenoxvde, Fe_3O_4, besitzt. (Журнал Физической Химии [J. physik. Chem.] 28. 824—36. Mai 1954. Moskau, Akad. der Wiss. der UdSSR, Inst. für Phys. Chem.) R. LANDSBERG. 142

W. W. Lossew und **B. N. Kabanow,** *Elektrochemisches Verhalten von Eisen in heißen konzentrierten Alkalihydroxydlösungen.* 2. Mitt. (1. vgl. vorst. Ref.) Es wurde experimentell bestätigt, daß während des 3. Anodenvorganges Eisen dreiwertig in Lsg. geht. Bei langer Dauer des 3. Vorganges wird die Elektrode allmählich schwarz, u. Elektronenbeugung zeigt, daß wahrscheinlich γ-Fe_2O_3 gebildet wird, das Potential wird positiver. Aus Kapazitätsmessungen wird geschlossen, daß während des 3. Vorganges eine gut leitende Schicht entsteht, die bei positiveren Potentialen u. im Laufe der Zeit schlechter leitend wird. Durch O_2-Entw. auf der Elektrode vermindert sich die Löslichkeit der Passivschicht. Der Potentialverlauf bei der Aktivierung hängt davon ab, bis zu welchem Potential die Anode vorher passiviert worden war. Es wird schließlich über Wasserstoffüberspannungsmessungen am passivierten Eisen u. den Einfl. von Temperaturänderungen berichtet. Deutungsmöglichkeiten werden diskutiert. (Журнал Физической Химии [J. physik. Chem.] 28. 914—25. Mai 1954.)
R. LANDSBERG. 142

Manuel Serra und **Sebastián Feliú,** *Über die Kinetik der anodischen Passivierung des Eisens in Sulfation enthaltenden Elektrolyten.* Als Elektrolyte werden verwendet: 0,5—8,5nH_2SO_4, 0,5—2nNa_2SO_4, 0,5nH_2SO_4 + 0,5n$FeSO_4$, 4nH_2SO_4 + gesätt. $FeSO_4$ u. gesätt. $FeSO_4$ allein. Die Unterss. zeigen, daß die Diffusion bei der Passivierung eine sehr wesentliche Rolle spielt, während die SO_4^{2-}-Konz. u. die Acidität des Bades von untergeordneter Bedeutung sind. Die Ergebnisse der Unters. lassen sich am besten erklären, wenn man annimmt, daß zu Beginn der Passivierung ein hoher Grad der Übersättigung an Metallsalz in der unmittelbaren Umgebung der Anode sich einstellt. Wenn i_1, i_2 die zur Zeit t_1 bzw. Δt_2 bis zum passiven Zustand erreichten Stromdichten sind, t_{1p}, t_{2p} die bei Erreichen des passiven Zustandes verzögerten Zeiten, C die nach einer Zeit t in unmittelbarer Umgebung der Anode erreichte Konz., dann ist $i_1^2 \cdot t_{1p} = i_2^2 \cdot t_{2p} = C^2 = i_2^2\,(t_2 + \Delta t_2) = i_2^2 \cdot t_2 + i_2^2 \cdot \Delta t_2 = i_1^2 \cdot t_1 + i_2^2 \cdot \Delta t_2$, daraus folgt $\Delta t_2 = (C^2/i_1^2) - (i_1^2/i_2^2) \cdot t_1$. Die danach errechneten Werte stimmen mit den experimentellen gut überein. (An. Real Soc. españ. Física Quím., Ser. B 50. 937—48. Dez. 1954.)
R. K. MÜLLER. 143

L. M. Jelina, T. I. Borissowa und **Z. I. Salkind,** *Der Prozeß der elektrochemischen Abscheidung von Sauerstoff an Nickel.* Die reinste NaOH-Lauge wurde vorher mit einer Pt-Elektrode unter H_2 gereinigt. Die Ni-Elektrode wurde vor der Messung einem anod. Stromfluß von 100 mA/cm² 2 Std. lang unterworfen. Die Überspannung wurde von $6 \cdot 10^{-6}$ bis 0,1 A/cm² gemessen. Sie war reproduzierbar. Bis $3 \cdot 10^{-3}$ A/cm² in 1nNaOH war die Neigung der erhaltenen TAFELschen Geraden 35—40 mV pro Zunahme der Stromstärke um eine Zehnerpotenz; bei größeren Stromdichten betrug die Neigung 95—105 mV. Die Überspannung war von der Laugekonzentration unabhängig. Die große Kapazität der Elektrode, die vor dem Erreichen eines stationären Potentials bei der O_2-Entw. beobachtet wurde, wird als O_2-Adsorption gedeutet. Bei anschließender kathod. Polarisation wird bei 1,39 V ein Haltepunkt beobachtet, der um so länger ist, je länger anod. polarisiert wurde, u. der der Ni_2O_3-Bldg. entspricht. Auf der anod. Kurve wird dieser Haltepunkt nicht beobachtet. Wahrscheinlich findet O_2-Anlagerung u. O_2-Entw. bei Entstehung einer unstabilen sauerstoffreichen Verb., die in Ni_2O_3 zerfällt, gleichzeitig statt. Die Dicke der Schicht wird auf 5 Mol Ni_2O_3 geschätzt. Aus dem Abfall der Überspannung nach Stromunterbrechung wird die Kapazität der Elektrode berechnet, deren Größe auf den Zerfall einer elektromotor. wirksamen Substanz zurückgeführt wird. Aus der Messung des Widerstandes u. der Kapazität mit steigendem Potential kann man schließen, daß die Leitfähigkeit des Oxydes durch ein Minimum geht. Es ergab sich ein Rauhigkeitsfaktor von 3—3,5. Nur bei hohen Stromdichten erscheinen Oxydation der Elektronenoberfläche u. O_2-Entw. getrennt auf dem Oscillogramm, bei letzterer ist dann die OH^--Entladung geschwindigkeitsbestimmend, während dies bei niedrigeren Stromdichten der Zerfall des sauerstoffreichen Zwischenprod. ist. Die für die Vorgänge angegebenen Gleichungen weisen noch einige Unstimmigkeiten auf. (Журнал Физической Химии [J. physik. Chem.] **28.** 785—96. Mai 1954. Moskau, Physikal.-chem. Karpow-Inst.) R. LANDSBERG. 143

D. A. Wright, Semi-conductors. 2nd edn. London: Methuen. 1955. (144 S., Diagr.) 8°. 7 s. 6 d.

A_4. Thermodynamik. Thermochemie.

A. Gamba, *Thermodynamik und Quantenmechanik.* In die VON NEUMANN-Theorie wird als quantitatives Maß der Begriff der Information eingeführt, die eine negative Entropie (Negentropie) darstellt. Die Informationstheorie kann sowohl in das Schema der Quantenmechanik als auch in das der klass. Physik eingefügt werden. (Nuovo Cimento [10] **1.** 358—60. 1/2. 1955. Torino, Univ., Ist. di Fis.) M. WIEDEMANN. 146

J. J. Hermans, *Wechselwirkung zwischen Polymeren in Lösung.* Auf Grund der veröffentlichten Arbeiten über die Wechselwrkg. zwischen Polymeren in Lsg. kommt Vf. zu der Ansicht, daß eine Interpretation der ermittelten thermodynam. Eigg. nur mit Vorbehalt erfolgen darf, sofern man überhaupt feststellen kann, welche Interpretation die richtige ist. Für grundlegende Unterss. sind Gemische niedrigmol. Stoffe zweifellos besser geeignet. — 16 Literaturangaben. (Nederl. Tijdschr. Natuurkunde **19.** 278—82. Nov. 1953.) W. WESLY. 146

I. Prigogine, *Intermolekulare Kräfte und thermodynamische Eigenschaften.* Die Dispersionskräfte bewirken für nichtpolare Moll. des gleichen (eines verschied.) Feldes, aber verschied. (gleicher) Dimension: Dilatation (Kontraktion), für Lsgg., in denen das größte Mol. das größte (kleinste) Feld aufweist: Dilatation (Kontraktion). (Nederl. Tijdschr. Natuurkunde **19.** 301—07. Nov. 1953.) W. WESLY. 146

Rolf Haase, *Zur Thermodynamik der irreversiblen Prozesse.* 3. Mitt. (2. vgl. C. **1953.** 7730.) Vf. diskutiert die Problematik, die in der Formulierung des 1. Hauptsatzes bei offenen Systemen liegt. Vf. zeigt, daß der Begriff „Wärmestrom" nur durch Definition eingeführt werden kann. Die Vorteile bei der Benutzung des sogenannten „reduzierten Wärmestromes" werden dargelegt. Vf. diskutiert die Wärmeleitfähigkeit bei chem. reagierenden Zweistoffgemischen, bes. hinsichtlich einer einfachen u. übersichtlichen Ableitung der Beziehungen u. hinsichtlich einer von NERNST angegebenen Formel für die Wärmeleitfähigkeit eines dissoziierenden idealen Gases. Die Gültigkeitsgrenzen des Prinzips der minimalen Entropieerzeugung für stationäre Zustände werden untersucht. (Z. Naturforsch. **8a.** 729—40. Nov. 1953. Aachen, Rheinisch-Westfälische TH, Inst. für Theoret. Hüttenkunde u. Physikal. Chem.) H. FREIWALD. 146

T. H. Schofield und **A. E. Bacon,** *Der Schmelzpunkt von Titan.* Der F. von aus seinem Jodid hergestelltem Ti wurde nach einem Verf. bestimmt, das die Möglichkeit einer Verunreinigung mit den feuerfesten Stoffen der App. weitgehend ausschaltet. Er wurde bei 1660 ± 10^0 gefunden. Nach demselben Verf. wurden die FF. von *Ni*, *Fe* u. *Pt* bestimmt. Die Ergebnisse stimmen mit den bisherigen gut überein. Es kann daher angenommen werden, daß das für Ti gefundene Resultat ohne großen Fehler ist. (J. Inst. Metals **82.** 167—69. Dez. 1953. Teddington, Middlesex, Nat. Phys. Labors.) F. VIER. 148

Kurt Kohler, *Der Einfluß von Dehydratation und Polymorphie auf die thermisch bedingte Dilatation.* Vf. behandelt zuerst die Theorie der therm. bedingten Dilatationen u. die Methoden zur quantitativen Best. des Ausdehnungskoeffizienten. Störfaktoren können am Einkristall durch polymorphe Umwandlungen u. Dehydratisierung bedingt sein. Das Verhalten von kristallwasserhaltigen Verbb., z. B. *Gips* u. *Kupfervitriol*, unter dem Einfl. von Wärme in bezug auf die Dilatometerkurve wird untersucht. Dilatations- u. Kontraktionserscheinungen werden beschrieben u. aus dem Gitteraufbau zu erklären versucht. (Neues Jb. Mineralog., Mh. **1955.** 54—71. März 1955. München, TH, Mineralog.-Geol. Inst.) J.-E. HILLER. 148

Ernest Ikenberry, *Über die Verteilungsfunktion im Phasenraum mit Anwendung für den stationären Zustand eines idealen Gases.* (Vgl. C. **1952.** 4098.) Als Folge des GIBBSschen Prinzips der Erhaltung der Phasendichte wird eine unbegrenzte Schar von partiellen Differentialgleichungen erhalten, die durch die Koeffizienten der BURNSschen Reihenentw. für die Verteilungsfunktion befriedigt werden können. Mit Hilfe dieser Gleichungen werden Ausdrücke für die Temperatur- u. Dichtegradienten eines idealen Gases erhalten, die für die Fälle von isothermer, isochorer u. adiabat. Temperaturverteilung für meteorolog. Berechnungen brauchbar sind. (J. chem. Physics **20.** 568—70. April 1952. Auburn, Ala., Polytechn. Inst.) G. KLAFFKE. 149

F. Cramer, *Neue Zustandsdiagramme von Kohlendioxyd bis zu 12000 at.* Vf. hat aus der Literatur über CO_2 Zustandsdiagramme aufgestellt, die bis 200° einen Druckbereich bis 12000 at einschließlich des Schmelzgebietes u. im Temperaturgebiet bis 1000° einen Druckbereich bis 220 at umfassen. Im einzelnen werden in Tabellen- u. Diagrammform die spezif. Wärmen, die Schmelzkurve, die Schmelzwärme u. -entropie, die Dampfdruckkurve u. Verdampfungswärme sowie die Temperaturabhängigkeit der Entropie behandelt. — 44 Literaturangaben. (Chemie-Ing.-Techn. **27.** 484—97. Aug./Sept. 1955.) I. KARUTZ. 150

L. A. Motschalowa und **M. Ch. Kischinewski,** *Zur Kinetik der Absorption beim Durchleiten von Gasen durch Flüssigkeiten.* (Vgl. C. **1954.** 10193; **1955.** 5498.) Für die Absorption von CO_2 durch Sodalsg. (I) gilt $d\omega/d\tau = HP\ (KC + 1)/\varrho$, für die Absorption von CO_2 durch NaOH oder Äthanolaminlsg. $d\omega/d\tau = [(C_0/m)\ (1 - e^{-KHP_i}) + HP]/(\varrho + H/\beta)$, für die Absorption von SO_2 durch I $d\omega/d\tau = (C_0 + C_{vollst})/(\varrho + H/\beta)$. Dabei ist $d\omega/d\tau$ die Absorptionsgeschwindigkeit, H der Löslichkeitskoeff., P der Partialdruck (P_i an der Phasengrenzfläche), $K = \omega \cdot \tau$, C_0 die Konz. des akt. Teils des Absorbens (C_{vollst} bei vollständiger Lsg.), ϱ der Widerstand der fl. Phase, H/β der Widerstand der Gasphase, β die Gasphasenkonstante, m die Zahl der Moll. des Absorbens, die sich mit einem Gasmol. verbinden. (Журнал Прикладной Химии [J. angew. Chem.] **28.** 30—39. Jan. 1955. Kischinew, Univ., Labor. für physik. Chemie.) R. K. MÜLLER. 150

I. N. Kusminych und **Sh. A. Kowal,** *Massenübertragung durch die flüssige Phase beim Durchleiten von Gasen auf einem Siebboden.* Die Geschwindigkeitsänderung des Gases in einer Kolonne wirkt sich auf die Massenübertragungskoeffizienten in Gas- u. fl. Phase k_g bzw. k_{fl} verschieden aus. Zunahme der Gasgeschwindigkeit führt zunächst zu Schaumbldg., dann setzt bei $>$ 1 m/Sek. Gasstrom u. Spritzen ein. Bei 0,6—0,8 m/Sek. zeigt k_{fl} ein Maximum, nimmt dann ab u. bleibt bei 2—4 m/Sek. konstant. Im Schaumgebiet ist k_{fl} proportional $B^{0,16}$ (B = Berieselung), darüber hinaus proportional $B^{0,23}$. Der Einfl. der Viscosität η der Fl. wirkt sich auf k_{fl} aus im Sinne $k_{fl} \sim \eta^{0,85}$. Bei Luftgeschwindigkeit $<$ 2 m/Sek. ist k_{fl} proportional $D^{0,7}$ (D = Diffusionskoeff. der absorbierten Substanz, bei $>$ 2,5 m/Sek. proportional $D^{0,5}$. Bei der Massenübertragung auf dem Siebboden spielt die mol. Diffusion die größte Rolle. (Журнал Прикладной Химии [J. angew. Chem.] **28.** 21—29. Jan. 1955. Moskau, Chem.-technol. Mendelejew-Inst.) R. K. MÜLLER. 150

Włodzimierz Dahlig, *Molekulardestillation.* Überblick über die theoret. Grundlagen, die Theorie der Eliminationskurven, App. u. Anwendung. (Wiadomości chem. **5.** 239—56. Juni 1951.) R. K. MÜLLER. 150

A. G. Natradse, *Untersuchung des Prozesses der Filmrektifikation von binären Systemen.* Die tabellar. mitgeteilten Unterss. an den bin. Systemen *Methylalkohol–W.*, *Aceton–W.*, *Dichloräthan–* u. *W.–Essigsäure* u. *Bzl.–Chlorbenzol* zeigen, daß der Koeff. K der Masseübertragung bei der Filmrektifikation nicht nur von den REYNOLDS- u. PRANDTL-Zahlen, dem Phlegmaüberschußkoeff. u. dem Verhältnis der geometr. Dimensionen der Rektifizierkolonnen l/d, sondern weitgehend auch vom Koeff. der Trennung des Gemisches, also von der Zahl der Einheiten der Masseübertragung S abhängt. Aus den abgeleiteten Gleichungen läßt sich K für Ein- u. Zweifilmkolonnen in Abhängigkeit von deren Dimensionen, den hydrodynam. u. Rektifizierbedingungen u. den physikal.-chem. Eigg. der zu trennenden Flüssigkeitsgemische errechnen. Mit Zweifilmkolonnen gelingt es, den Raumnutzungskoeff. zu erhöhen, die Dimensionen der App. zu verringern u. die Höhe, die einem theoret. Rektifizierboden u. der Einheit der Masseübertragung entspricht, herabzusetzen sowie höhere lineare Dampfgeschwindigkeiten u. eine stärkere Zunahme von K mit steigender Dampfgeschwindigkeit zu erzielen. (Журнал Прикладной Химии [J. angew. Chem.] **27.** 600—12. Juni 1954. Allunions Wiss. Chem.-Pharmaz. Ordshonikidse-Forschungsinst.) R. K. MÜLLER. 150

I. N. Godnew und **M. Ss. Ssawogina,** *Zur Theorie der spezifischen Wärme einer nichtassoziierten mehratomigen Flüssigkeit.* (Vgl. C. **1951.** II. 1262.) Wenn man die bei n-atomigen nichtlinearen Moll. $(3n-6)N_0$ Freiheitsgraden entsprechende, auf die Schwingungsenergie zurückzuführende Komponente C_s der mol. spezif. Wärme C_v für sich behandelt u. $C_v = (\partial u/\partial T)_v = (\partial E/\partial T) + C_s$ setzt, läßt sich für Fll. bei p = 1 at die spezif. Wärme annähernd aus $C_v \approx 6\,R + C_s$ berechnen; diese Gleichung gibt etwas zu hohe Werte, der untere Grenzwert ist $4{,}5\,R + C_s$. Bei Chlf., Chlorbenzol u. Toluol wird befriedigende Übereinstimmung der berechneten Werte mit Literaturdaten gefunden. Die größte Abweichung ($\sim$ 15%) wird bei CCl_4 beobachtet. In allen Fällen liegt C_v zwischen den mit 6R u. 4,5R errechneten Werten. (Доклады Академии Наук СССР [Ber. Akad. Wiss. UdSSR] [N. S.] **98.** 983—84. 21/10. 1954. Iwanowo, Chem.-technol. Inst.) R. K. MÜLLER. 151

Joseph S. Ziomek, Edward A. Piotrowski und **Edward N. Walsh,** *Normalkoordinatenbehandlung und berechnete thermodynamische Eigenschaften von Phosphorylchlorid, Phosphorylfluorid, Thiophosphorylchlorid und Thiophosphorylfluorid.* (Sitzungsbericht.) (Physic. Rev. [2] 98. 243—44. 1/4. 1955. De Paul Univ.) R. LEVI. 155

Herbert P. Broida und **Harold J. Morowitz,** *Flammen.* Überblick über die Entw. der Unterss. über die Natur u. die Eigg. der Flammen. (Sci. Monthly 80. 3—9. Jan. 1955. Nat. Bur. of Standards.) H.-U. WOELK. 157

J. W. Linnett, *Die Struktur der Flammen.* Zusammenfassende, allg. verständliche Darst. der Probleme bei Flammen unter Berücksichtigung der Untersuchungsergebnisse in den letzten 20 Jahren. (Sci. Progr. 42. 419—34. Juli 1954. Oxford, Univ., Inorg. Chem. Labor.) E. ROEDER. 157

C. G. James und **T. M. Sugden,** *Verwendung des Stickoxyd–Sauerstoff-Kontinuums zur Bestimmung der relativen Konzentrationen von Sauerstoffatomen in Flammengasen.* Die Beobachtung, daß bei NO-Zugabe zu einer Flamme ein grünes Kontinuum entsteht, das der Bldg. von NO_2 nach $NO + O \rightarrow NO_2 + h\nu$ zugeschrieben wird, wurde quantitativ verfolgt, indem die Intensität des Kontinuums an verschied. Stellen einer NO-haltigen H_2-Luftflamme mit einem HILGER-Quarzspektrograph gemessen u. in Beziehung zu den aus der Temp. errechneten O-Atomkonzentrationen gebracht wurde. (Nature [London] 175. 252—53. 5/2. 1955. Cambridge, Univ., Dep. of Phys. Chem.) W. LUCHSINGER. 157

A. P. Kaschuritschew und **S. F. Tschuchanow,** *Über den Einfluß der Erhitzung von Brennstoffteilchen auf den Prozeß ihrer thermischen Zersetzung.* Aus den theoret. Überlegungen geht hervor, daß beim Vorliegen einer chem. Rk. die Herabsetzung der Erwärmungsgeschwindigkeit den Abschluß der Zers. des Brennstoffes nach niedrigeren Tempp. verschiebt. Bei einer Zers. des Brennstoffes nach zwei parallelen Rkk. mit verschied. Aktivierungsenergie verändert sich bei gegebener Erwärmungsgeschwindigkeit das Verhältnis der Ausbeuten der beiden Reaktionsprodd. in Abhängigkeit von der Temperatur. Eine Änderung der Erwärmungsgeschwindigkeit führt zu einer starken Änderung dieses Verhältnisses. Die experimentelle Unters. der therm. *Kohle*-Zers. bei einer Erwärmungsgeschwindigkeit von 2,0—2,5°/Min. zeigt, daß während der Erhitzung (nichtstationärer Zustand) die Hauptmasse der Gase ausgeschieden wird. Die im nichtstationären Zeitraum abgeschiedene Gasmenge nimmt mit steigender Endtemp. der Zers. zu. Bei gleichmäßigem Erwärmen kann man durch Erhöhung der Erwärmungsgeschwindigkeit den größten Teil des Brennstoffes bei erhöhter Temp. zers. u. damit Intensität des Prozesses u. Qualität der Prodd. verändern. Eine geringe Änderung der Erwärmungsgeschwindigkeit (unterhalb 30—60°/Min.) ist prakt. von geringem Einfl. auf die Menge der bei der Brennstoffzers. erhaltbaren Produkte. Bei rascher Entfernung der gas- u. dampfförmigen Prodd. u. relativ geringer Erwärmungsgeschwindigkeit ist eine Änderung der Endtemp. des Prozesses prakt. ohne Einfl. auf die Qualität der gebildeten Produkte. (Доклады Академии Наук СССР [Ber. Akad. Wiss. UdSSR] 101. 115—18. 1/3. 1955.) O. LEBTAG. 157

A_5. Kolloidchemie. Grenzschichtforschung.

Nikola Kolarow, *Ein neuer verbesserter Apparat zur Gewinnung von Metallhydrosolen nach der Methode von Bredig.* Zwecks Darst. von Metallhydrosolen nach BREDIG (1898) wird ein elektromagnet. Vibrationsrührer in den Stromkreis eingeführt, daran wird die eine Elektrode befestigt; sie pendelt an der anderen vorbei, u. der Lichtbogen reißt nicht ab. (Доклады Болгарской Академии Наук [C. R. Acad. bulgare Sci.] 6. Nr. 2. 21—24. April/Juni 1953. Sofia, Polytechnikum, Lehrstuhl für anorgan. Chemie.) A. v. WILPERT. 161

E. L. Mackor, *London-van der Waalssche-Kräfte in der Kolloidchemie.* Übersicht über die Entw. der Theorie der Anziehungskräfte auf große Entfernung u. ihre Anwendung in der Kolloidchemie. — 8 Literaturangaben. (Nederl. Tijdschr. Natuurkunde 19. 273—77. Nov. 1953.) W. WESLY. 162

S. Levine, *Die freie Energie der Doppelschicht eines kolloiden Teilchens.* Vf. betrachtet ein einzelnes koll. Teilchen in einem großen, endlichen Elektrolytvol. u. ermittelt, ausgehend von der Gleichung von POISSON-BOLTZMANN, Beziehungen für die freie Energie. Unter Vernachlässigung des durch die COULOMBsche Wechselwrkg. der Ionen im Innern des Dispersionsmediums bedingten Anteils zur freien Energie ergeben sich Ausdrücke für U in Abhängigkeit von der elektrostat. Energie der Doppelschicht u. dem überschüssigen osmot. Druck in der diffusen Schicht. Dabei wird der scheinbare Prozeß der Aufladung der Überschußionen in der Doppelschicht betrachtet u. die Oberflächendichte der Ionen als beliebige Funktion des Aufladungsgrades angesehen. (Proc. physic. Soc., Sect. A **64.** 781—90. 1/9. 1951. Manchester, Univ., Dep. of Math.) H.-U. WOELK. 162

J. W. Breitenbach und **H. Edelhauser,** *Über Oberflächenspannung und Grenzflächenüberschuß in binären flüssigen Mischungen.* Vff. geben Auswertungen von Oberflächenspannungsmessungen an bin. fl. Systemen wieder, bei denen die thermodynam. Berechnungen nach GIBBS über den ganzen Mischungsbereich der beiden Fll. ausgedehnt werden. Ausgeführt werden die Verss. mit 7 Mischungen, bei denen die 1. Komponente W. u. die 2. folgende Fll. sind: *Methanol* (**I**), *A.* (**II**), *n-Propanol* (**III**), *n-Butanol* (**IV**), *Aceton* (**V**), *Dioxan* (**VI**) u. *Triäthylamin* (**VII**). Die Berechnungen der Grenzflächenüberschüsse ergeben, daß bei **I** u. **II** genügend Platz für alle adsorbierten Moll. an der Grenzfläche vorhanden ist, bei **III** wird die Fläche schon recht knapp, bei **IV** läßt sich infolge der auftretenden Mischungslücke nichts bestimmen, bei **V**—**VII** ist stets in der Grenzfläche zu wenig Platz, um alle adsorbierten Moll. aufzunehmen, das heißt, die Annahme einer monomol. Grenzflächenschicht bei der Adsorption ist nicht richtig. (Mh. Chem. **84.** 384—91. 1953. Wien, Univ., I. Chem. Labor.) E. JÄGER. 166

R. J. Williams, J. N. Phillips und **K. J. Mysels,** *Die kritische Micellenkonzentration von Natriumlaurylsulfat bei 25°.* Im Rahmen einer generellen Unters. der physikal.-chem. Eigg. von *Na-Laurylsulfat* (**I**) bestimmten Vff. die krit. Micellenkonz. (KMK.) in *W.* u. *NaCl*-Lsgg. mit Hilfe von drei voneinander unabhängigen Methoden. Nach einer Beschreibung der Reindarst. von **I**, die für die Genauigkeit der Messungen von größter Bedeutung ist, u. einer kurzen Definition der KMK. werden die drei Methoden beschrieben: 1. Die Leitfähigkeitsmeth., die auf einer geringeren spezif. Leitfähigkeit bei der Bldg. von Micellen basiert. 2. Die Farbstofflöslichkeitsmeth., die darauf beruht, daß bestimmte Farbstoffe, hier *Orange OT*, unterhalb der KMK. prakt. unlösl. in W. u. Seifenlsgg. sind, aber erheblich durch Micellen gelöst werden. 3. Die Lichtstreuungsmeth., deren Anwendbarkeit durch die Tatsache gegeben ist, daß die Lichtzerstreuung durch einfache Ionen im Vgl. zu denselben Ionen in Micellenform vernachlässigbar klein ist. Die Ergebnisse, die innerhalb der Fehlergrenzen der einzelnen Methoden übereinstimmen, werden graph. u. in Tabellenform angegeben. Wie bereits früher festgestellt, konnte fernerhin bestätigt werden, daß bei Erhöhung der Konz. von Gegenionen durch Zugabe von Salz die KMK. red. wird, so daß bei logarithm. Auftragung der KMK. gegen die Gesamtgegenionenkonz. eine gerade Linie entsteht. (Trans. Faraday Soc. **51.** 728—37. Mai 1955. Los Angeles, Calif., Univ. of Southern California, Dep. of Chem.) G. WILLE. 166

Ernest F. Johnson, *Molekulare Transporteigenschaften von Flüssigkeiten.* (Vgl. C. **1955.** 4047.) Jahresübersicht über Arbeiten, die allg. Grundlagen, Wärmeleitfähigkeit, Diffusion u. Thermodiffusion behandeln. — 91 Literaturzitate. (Ind. Engng. Chem. **47.** 599—604. März 1955. Princeton, N. J., Univ.) L. FISCHER. 171

A. B. Pakschwer und **I. W. Bykowa,** *Die Diffusion verschiedener Stoffe durch Hydratcellulosefilme.* Unters. der Diffusionsgeschwindigkeit von *NaOH*, *Glycerin* u. *Methylalkohol* durch 48—52 μ dickes Cellophan unter stationären u. nichtstationären Bedingungen ergab, daß im ersten Fall der Diffusionskoeff. durch den Grad der Quellung des Filmes u. durch das Mol.-Gew. des diffundierenden Stoffes bedingt wird. Unter nichtstationären Bedingungen verläuft die Diffusion bedeutend langsamer, u. die Diffusionskoeffizienten entsprechen Werten, die man im Falle stationärer Bedingungen bei Stoffen erhält, die eine Quellung der Hydratcellulosefolie hervorrufen. Rühren der diffundierenden Lsg. ist nur in einigen Fällen, so bei stark quellend wirkenden Stoffen von Einfl. auf die Diffusionsgeschwindigkeit. (Коллоидный Журнал [Kolloid-J.] **16.** 381—86. Sept./Okt. 1954. Iwanow, Chem.-Technol. Inst., Labor. für Kunstfasern.) M. ULMANN. 171

C. Edwards und **E. J. Harris,** *Können Tracer den Fluß messen?* Vff. zeigen, daß die Transportgeschwindigkeit eines Tracers durch eine Membran in keiner direkten Beziehung zum absol. Fluß durch die Membran steht. Dieses wird durch die Annahme der Bldg. von Molekülanhäufungen (Reihen) in engen Poren der Membran gedeutet, etwa **xxx** oder **x'xx** u. andere. Eine direkte Proportionalität zwischen Tracerbewegung u. realem Fluß besteht demnach nur, wenn die Moll. sich frei bewegen können oder die Membran so dünn ist, daß keine Anhäufung erfolgen kann. (Nature [London] **175.** 262. 5/2. 1955. London, Univ. Coll., Dep. of Biophys.) H.-U. WOELK. 171

E. G. Richardson, *Das Fließen von Emulsionen.* 2. Mitt. (1. vgl. C. **1951.** I. 1568.) Mit Hilfe eines Kugelfallviscosimeters wird die (scheinbare) Viscosität wss., annähernd homodisperser Mineralölemulsionen bestimmt. Ferner wird der Fließvorgang beim Durchschlüpfen großer Tropfen durch enge Öffnungen u. Düsen kinematograph. aufgenommen. Auf Grund dieser Unters. lassen sich folgende Schlüsse ziehen: 1. die scheinbare Viscosität von Emulsionen gleicher Konz. u. gleicher Tropfengrößenverteilung um einen mittleren Durchmesser ist zu diesem letzteren umgekehrt proportional. 2. Die beobachteten Viscositätsänderungen einer konz. Emulsion in Abhängigkeit von der Konz. u. Schubspannung lassen sich durch die mechan. Arbeit erklären, die bei der Verdrillung der Tröpfchen u. ihrem Aneinandervorbeischlüpfen aufgewandt wird. (J. Colloid Sci. **8.** 367–73. Juni 1953. Newcastle-on-Tyne, King's Coll.) W. HENTSCHEL. 173

P. Y. Cheng und **H. K. Schachman,** *Der Druckeinfluß bei der Sedimentation und Kompressibilitätsmessungen in der Ultrazentrifuge.* Bei den meisten Unterss. mit der Ultrazentrifuge verursacht der hohe Druck, der auf dem Boden der Zentrifugenzellen entsteht u. der bis zu mehreren hundert at ansteigen kann, so geringe Änderungen der physikal. Eigg. des gelösten Stoffes oder des Lösungsm., daß der Einfl. des Druckes bei Ultrazentrifugenanalysen vernachlässigt werden kann. Hat jedoch das Lösungsm. etwa die gleiche D. wie die zu sedimentierenden Teilchen, so kann die Änderung der D. des Lösungsm. innerhalb der Zelle erhebliche Änderungen der effektiven Zentrifugalkraft auf die Teilchen in den verschied. Regionen der Zelle hervorrufen. Vff. beobachten bei Ultrazentrifugenverss. mit *Polystyrollatex* (I)-Teilchen in einem Lösungsm. mit fast der gleichen D., daß die Änderung der D. des Lösungsm. innerhalb der Zelle genügend groß ist, um ein Schwimmen der Teilchen, die sich im hohen Druckbereich der Zelle befinden, zu verursachen, während die Teilchen im oberen Bereich der Zelle sedimentiert wurden. Die Grenzen des Sedimentations- u. des Schwimmbereichs konnten bei einem Einzelvers. bestimmt werden, außerdem wurde die Geschwindigkeit der Bewegung der einzelnen Grenzen gemessen. Die Flotationsgeschwindigkeit der I-Teilchen in einem D_2O–H_2O-Gemisch war jedoch kleiner, als aus Betrachtungen der Größe u. D. der Teilchen u. aus der Kompressibilität des Lösungsm. zu erwarten war. Aus der Differenz der beobachteten u. der erwarteten Flotationsgeschwindigkeit wurde der Kompressibilitätskoeff. der I-Teilchen berechnet. Die Übereinstimmung mit anderen Kompressibilitätsdaten (von festem Polystyrol) war gut. Zur Vervollständigung der Unterss. wurden auch andere Systeme herangezogen. Abschließend wird die Anwendung der Ultrazentrifuge für die Messung der Kompressibilität von festen Stoffen beschrieben. (J. Amer. chem. Soc. **77.** 1498–1501. 20/3. 1955. Berkeley, Calif., Univ. of California, Virus Labor.)
G. WILLE. 174

Georgi G. Kandilarow, *Sedimentvolumina von polydispersen Kaolinsuspensionen in Ammoniaklösungen.* 2,5 g gewaschenes *Kaolin* (I)-Pulver wurde ca. 6 Std. bei 140 bis 150° getrocknet u. in 10 ml NH_3-Lsg. verschied. Geh. (15 Konzz. von 0,1–18000 mMol/Liter) suspendiert; Sedimentationsdauer 24 Std. bei 25°. Das gemessene Sedimentationsvol. (SV) stieg auf der Kurve log Konz./SV zunächst langsam an, bildete sodann ein flaches Maximum bei 50–5000 m Mol u. fiel endlich steil ab. Die Abweichung des Kurvenverlaufs gegenüber jenem bei der Sedimentation mit NaOH u. $Ca(OH)_2$ erklärt sich aus der Schwäche der NH_3-Lauge sowie der Adsorption ganzer Moll. NH_3 u. NH_4OH. (Доклады Болгарской Академии Наук [C. R. Acad. bulgare Sci.] **6.** Nr. 2. 25–28. April/Juni 1953. Plovdiv, Landw. Kolarow-Hochschule, Lehrstuhl für anorgan. Chemie.)
A. V. WILPERT. 174

Georgi G. Kandilarow, *Sedimentvolumina von polydispersen Kaolinsuspensionen in Schwefelsäurelösungen.* (Vgl. vorst. Ref.) 2,500 g gewaschenes (dest. W.) *Kaolin* (I)-Pulver wurde 9 Std. bei 120–160° getrocknet u. in 10 ml H_2SO_4 (16 verschied. Konzz. von 0,01–10000 m Mol/Liter u. konz. H_2SO_4) suspendiert. Die Lsgg. waren zum Teil so dickfl., daß 5 ml H_2SO_4-Lsg. zugegeben werden mußte. Bei Verwendung von 1,250 g I u. 10 ml H_2SO_4-Lsg. konnte der „hypsometr. Effekt" eingeschränkt werden, u. das Suspendieren erforderte nicht mehr wie anfangs 3 Tage. — Der Kurvenverlauf log C/SV entspricht im allg. jenem bei der Sedimentation mit HCl, H_3PO_3, $AlCl_3$ u. CH_3COOH, jedoch treten bei H_2SO_4 im Bereich 1–500 mMol 2 Maxima auf statt eines (außer dem abschließenden Maximum bei konz. H_2SO_4). Die Wrkg. der H-Ionen wird augenscheinlich bei geringen Konzz. durch andere Ionen u. ganze Moll. überlagert. Sedimentationsdauer (nach Beendigung der Suspendierung) 24 Std. bei 24–25°. (Доклады Болгарской Академии Наук [C. R. Acad. bulgare Sci.] **6.** Nr. 2. 29–32. April/Juni 1953.)
A. V. WILPERT. 174

Georgi G. Kandilarow, *Sedimentvolumina von polydispersen Kaolinsuspensionen in Salpetersäurelösungen.* (Vgl. vorst. Reff.) 1,250 g gewaschenes Kaolin wurden bei 170–180° 7 Std. getrocknet u. in 10 ml HNO_3 (16 Konzz. 0,1–15730 m Mol/Liter) suspendiert; Sedimentationsdauer 24 Std. bei 25–26°. Der Verlauf der C–SV-Kurve ist jenem bei den anderen Säuren ähnlich: 2 breite flache Maxima mit geringem Minimum dazwischen u. nachfolgendem spitzem Minimum sowie abschließendem Hochmaximum (bei hoher HNO_3-Konz.). Die Ablesung des Vol. war nur bei höheren Konzz. klar.

(Доклады Болгарской Академии Наук [C. R. Acad. bulgare Sci.] **6.** Nr. 2. 33—35. April/Juni 1953.) A. v. WILPERT. 174

William V. Loebenstein und **Victor R. Deitz**, *Chemisorption von Sauerstoff an Kohleadsorbentien.* Vff. geben eine Beschreibung ihrer eingehenden Unters. der Chemisorption von O_2 bei 200° (bzw. 100 u. 150°) an einer neuen Knochenkohle, einer für die Raffination von Rohrzucker benutzten Knochenkohle, einer Cocosnußschalenkohle u. einem *Ruß*. Nach vorherigem 24std. Erhitzen der Probe in einem N_2-Strom bei der Maximaltemp. (400°) wird die Kohle in einem geschlossenen Syst. mit einer gemessenen Menge O_2 in Berührung gebracht u. auf die Versuchstemp. erhitzt. Die dabei gebildeten Gase H_2O, CO_2 u. CO, die die Bldg. eines O-Komplexes begleiten — hier von Vff. als „Verbrennungsprodd." zur Unterscheidung von den bei der späteren Zers. des chemisorbierten O_2 entstehenden gleichen Gasen bezeichnet —, werden aus dem Syst. nicht entfernt; nur ein Teil wird analysiert. Anschließend wird auf 400° erhitzt; dabei wird der zugefügte O_2 quantitativ wiedergewonnen, das heißt, daß der bei 200° gebildete O-Komplex bei 400° wieder vollständig zers. wird. Für jede untersuchte Kohle entsteht eine charakterist. Chemisorptionskurve. Die Kurven sind jedoch untereinander ähnlich. Die Kohlen unterscheiden sich lediglich in der relativen Größe der Chemisorption u. der Verbrennung. Eine Vorbehandlung der Proben mit H_2 bei 200 u. 400° beeinflußte die folgende Sorption von O_2 durch Knochenkohle bei 200°. Abschließend werden noch die drei folgenden Faktoren von Vff. diskutiert: die Prozentzahl des insgesamt verbrauchten O_2, der in Verbrennungsprodd. u. als Desorptionsprod. erscheint, die Verteilung des desorbierten O_2 zwischen CO_2 u. CO u. das Verhältnis von C zu H, die beide an der Rk. mit O_2 teilnehmen. (J. physic. Chem. **59.** 481—87. Juni 1955. Washington, D. C., Nat. Bur. of Standards.) G. WILLE. 176

S. J. Teichner und **J. A. Morrison**, *Die Adsorption von Gasen an Nickeloxyden.* Die Adsorption von *Kr*, *Ar*, N_2, *CO* u. O_2 an stöchiometr. u. nichtstöchiometr. (Überschuß von O_2) Nickeloxyden wurde mit Hilfe einer gravimetr. Meth. untersucht, die im einzelnen beschrieben ist. Die Nickeloxyde, die großes Interesse als Oxydations–Reduktions-Katalysatoren gefunden haben, wurden durch therm. Zers. von *Nickelhydroxyd* hergestellt. Bes. eingehend untersuchten Vff. die Chemisorption von CO u. O_2 u. die Wechselwrkg. dieser Gase mit den Oberflächen der Oxyde bei Zimmertemperatur. Im Gegensatz zu den Ergebnissen von DELL u. STONE (C. **1954.** 9236), die Nickeloxyd- u. Nickelfilme untersuchten, fanden Vff., daß CO in viel größeren Mengen adsorbiert wird als O_2. Das bei Wechselwrkg. der Gase mit der Oberfläche entstehende Reaktionsprod. ist bei Zimmertemp. stabil, zers. sich aber bei 200° vollständig. (Trans. Faraday Soc. **51.** 961—66. Juli 1955. Ottawa, Can., Nat. Res. Labors., Div. of Pure Chem.) G. WILLE. 176

I. N. Plakssin und **Ss. P. Saitzewa**, *Der Einfluß von Sauerstoff, Stickstoff und Wasserstoff auf die Adsorption von Äthylxanthogenat durch Gold, Silber, Kupfer und ihre Legierungen.* Zur Unters. der Flotation mit *K-Äthylxanthogenat* (I) werden Verss. über die Einw. von O_2, N_2 u. mol. H_2 auf das Adsorptionsvermögen der Metalle, wie Au, Ag, Cu u. deren bin. u. tern. Legierungen in Form blanker Plättchen durchgeführt. Zur mengenmäßigen Best. des adsorbierten Flotationsmittels wurde akt. ^{35}S verwendet. In einer Versuchsreihe wird die gleichzeitige Einw. von Gas u. Sammler untersucht u. der Einfl. der Menge des im wss. Medium gelösten O_2 (2, 9 u. 45 mg/Liter) geprüft. In der zweiten Serie werden zunächst die Plättchen für eine jeweils von 10 zu 10 bis zu 120 Min. ansteigende Dauer in dest. W. den Gasen 15 Min. lang ausgesetzt u. darauf in eine wss. Lsg. von I (0,5 g/Liter) getaucht. Die Dichte der Adsorptionsschicht wird nach der Vorstellung über die Bldg. gleichmäßiger monomol. Häutchen berechnet u. die wahre Oberfläche der Plättchen durch den Rauhigkeitskoeff. ermittelt. Die zu einem Diagramm zusammengestellten Befunde über die vom O_2 beeinflußte Wechselbeziehung zwischen Zeit u. Schichtdicke zeigen einen für die einzelnen Metalle bzw. Legierungen charakterist. Kurvenverlauf. Anomalien desjenigen für Cu u. Ag deuten auf Bldg. von Oxydhäutchen auf diesen Metallen. Während N_2 u. H_2 bei gewissen Tempp. keinerlei Einfl. auf die Adsorptionserscheinungen ausüben, erweist sich O_2 als wirksames Regulierungsmittel in der Flotationstechnik. (Доклады Академии Наук СССР [Ber. Akad. Wiss. UdSSR] **101.** 727—30. 1/4. 1955. Bergbau-Inst. der Akad. der Wiss. der UdSSR.) M. NOETZEL. 176

H. Deuel und **K. Hutschneker**, *Über den Aufbau und die Wirkungsweise von Ionenaustauschern.* Vff. besprechen zusammenfassend eine ganze Reihe von Vorgängen u. Erscheinungen, die den Ionenaustausch betreffen. Allg. sind Ionenaustauscher unlösl. Elektrolyte, bei denen am Netzwerk viele dissoziationsfähige Gruppen fixiert u. von einem Schwarm leicht beweglicher Gegenionen umspült sind. Bei den anorgan. Ionenaustauschern handelt es sich vor allem um Silicate mit Kationenaustauschvermögen. Jedoch können diese Materialien unter bestimmten Bedingungen auch Anionen austauschen. Neben den natürlichen organ. Ionenaustauschern (z. B. Eiweiß u. Polysaccharide) kennt man noch hochpolymere Naturstoffe, die durch spezielle chem. Behandlungen (Sulfonierung, Vernetzung usw.) in Substanzen mit Ionenaustauschcharakter verwandelt werden können. Die synthet. Ionenaustauscherharze sind unlösl., vernetzte Polyelektrolyte. Die Herst. von Kationenaustauscherharzen bietet viele Variationsmöglichkeiten. Als Gerüstsubstanz finden, neben Phenol, dessen Derivv. oder auch Vertreter der Naphthalinreihe, Polystyrol usw. Verwendung. Als Vernetzungsmittel kommen neben Formaldehyd Acetaldehyd, Polyoxymethylene, Divinylbenzol u. a. in Frage. Die Art der akt. Gruppen (—COOH, —SO_3H usw.) bestimmt die Acidität des Harzes. Die Anionenaustauscher unterscheiden sich von den Kationenaustauschern im Prinzip nur dadurch, daß sie Träger von positiven Ladungen sind. Dazu findet hauptsächlich der Stickstoff Verwendung. Neuerdings werden auch Harze hergestellt, bei denen diese Rolle der Schwefel übernimmt. Von den Harzen, die ganz spezielle Eigg. aufweisen, werden Ampholytharze, Austauscher mit hoher Selektivität für bestimmte Ionen, Entfärbungsharze u. Elektronenaustauscher besprochen. (Chimia [Zürich] 9. 49—72. 15/3. 1955. Zürich, ETH, Agrikulturchem. Inst.) E. BLASIUS. 177

N. Krishnaswamy, *Chloridaufnahme durch Ionenaustauschermembranen in verschiedenen Chloridlösungen.* Bei den Kationenaustauschermembranen *Permionic CR 51* u. *Disc 63* (Kondensationsprod. aus Phenolsulfonsäure u. Formaldehyd) wird der Einfl. von Ionenladung, -größe u. -wertigkeit auf die DONNAN-Diffusion mit *NaCl-*, *HCl-* u. *$BaCl_2$*-Lsgg. verschied. Konz. untersucht. Dabei wird festgestellt, daß die Cl^--Aufnahme beider Membranen in $BaCl_2$ größer ist als in NaCl u. HCl. Das Verhältnis der Cl^--Konz. in der Membran zu der Cl^--Konz. in der Außenlsg. fällt bei kleinen Außenkonzz. nur in NaCl- u. HCl-Lsgg. stark ab. (J. physic. Chem. 59. 187. Febr. 1955. Poona, India, Nat. Chem. Labor. of India, Div. of Plastics and Polymers.) E. BLASIUS. 177

C. W. Keenan und **W. J. McDowell,** *Verhalten eines Ionenaustauscherharzes in flüssigem Ammoniak.* Der Kationenaustauscher *Dowex 50* in NH_4-Form wird mit dem Reaktionsprod. aus K u. $BF_3 \cdot NH_3$, gelöst in fl. NH_3, beschickt, wobei K^+ quantitativ zurückgehalten wird, während der Rückstand des Eluats aus $BF_3 \cdot NH_2$ besteht. Die 12fache Menge NH_4^+ eluiert nur 3,5% des vom Harz festgehaltenen K^+. (J. Amer. chem. Soc. 75. 6348. 20/12. 1953. Knoxville, Tenn., Univ. of Tennessee, Dep. of Chem.) GÜNTER LANGE. 177

N. A. Ismailow und **Ss. Ch. Muschinskaja,** *Besonderheiten des Ionenaustausches großer organischer Ionen an synthetischen Ionenaustauscherharzen.* Bei konstantem Verhältnis von Einwaage (20 g lufttrockener Adsorbent) u. Lösungsm. (1 Liter) wurde bei 25° u. der Ionenstärke 0,1 die Abhängigkeit der Adsorption von der Konz. für *Morphin* (**I**), *Codein* (**II**), *Scopolamin* (**III**), *Anilin* (**IV**) u. *Tetraäthylammonium* (**V**) an der H-Form von *Espatit* (**VI**), von **I** u. **IV** an der Na-Form von **VI**, **I** u. *Brucin* (**VII**) an der NH_4-Form von **VI**, von **I** u. **V** an Ca-**VI** u. von **I** an der H-Form von **VI** u. am Ionenaustauscher KU–2 untersucht. Es zeigte sich, daß die auf dem Massenwirkungsgesetz beruhenden Gleichungen für den Ionenaustausch für die großen organ. Ionen nicht gelten. Statt der linearen Beziehung zwischen dem Konzentrationsverhältnis der Ionen im Austauscher u. in der Lsg. wurden Isothermen analog der mol. Adsorption erhalten. Im Gegensatz zu den anorgan. Ionen wurden die aus den Gleichungen ermittelte Austauschkonstante (AK) bei den organ. Ionen mit fortschreitender Ausnutzung der Adsorbentenkapazität kleiner. Die Änderung der AK war um so größer, je größer das Mol.-Gew. war. So wurde sie bei **IV** bei 10—80%ig. Ausnutzung der Kapazität nur 3mal geringer, bei **I** dagegen 25mal. Eine Änderung der AK trat auch dann ein, wenn ein mol. Zustand der Substanz ausgeschlossen war, so bei **V** an H- u. Ca-**VI**. Die AK wurde sowohl an **VI** (Ggw. von SO_3H- u. OH-Gruppen) als auch an den H- u. Na-Formen von KU–2 (enthält nur SO_3H-Gruppen) beobachtet. Die Adsorption von **I**, **II**, **III** u. **VII** hat demnach nur Ionencharakter. Die Ergebnisse werden theoret. gedeutet. (Доклады Академии Наук СССР [Ber. Akad. Wiss. UdSSR] 100. 101—04. 1/1. 1955. Charkow, Chem.-Pharm. Wiss. Forschungsinst.) O. LEBTAG. 177

A₆. Strukturforschung.

P. A. Stojanow, *Einfluß von Abweichungen der geometrischen Form eines Objektivpolschuhs von der Rotationssymmetrie auf das Auflösungsvermögen des Elektronenmikroskops.* Zur Unters. des Einfl. der verschied. Typen von Abweichungen von der Rotationssymmetrie (Elliptizität der Bohrungsquerschnitte, Versetzungen u. Verkantungen der oberen u. unteren Spaltfläche gegeneinander) auf das elektronenopt. Auflösungsvermögen eines elektromagnet. Elektronenmikroskops wurden relativ große derartige Abweichungen willkürlich erzeugt u. das zugehörige Auflösungsvermögen im Elektronenbild beobachtet. Die kleinen Abweichungen der Polschuhbohrung von der idealen Kreiszylinderform u. die Größe der Parallelversetzung der oberen u. unteren Polschuhbohrung gegeneinander wurden hierbei mit pneumat. Längenmessern gemessen. Fordert man ein Auflösungsvermögen von 20 Å, so sind die Toleranzen für die Bohrungselliptizität weitaus am schärfsten. Man muß fordern, daß der Bohrungsdurchmesser um weniger als 0,5 μ schwankt, während für die Versetzungen u. Verkantungen Toleranzen von 10—20 μ ausreichen. (Журнал Технической Физики [J. techn. Physik] **25.** 625—35. April 1955.) F. LENZ. 181

C. J. Calbick, *Anorganische Abdrucke in der Elektronenmikroskopie.* Kontrast u. Auflösungsvermögen dünner Abdruckfilme in elektronenmkr. Aufnahmen hängen einerseits davon ab, unter welchem Winkel der zur Vakuumverdampfung verwandte Atomstrahl auf das abzubildende Oberflächenelement trifft, andererseits davon, unter welchem Winkel der abbildende Elektronenstrahl später bei der Beobachtung im Elektronenmikroskop den diesem Flächenelement entsprechenden Teil des Abdrucks durchsetzt. Jedes zur Verdampfung im Vakuum geeignete Material kann zur Herst. von Abdruckfilmen verwandt werden. Metallatome bleiben meist nah ($\leq$ 100 Å) beim Ort ihres Auftreffens sitzen u. bilden dort kleine Kristallite. SiO_2 u. SiO sowie Ge bilden dagegen amorphe Filme, u. ein Teil des aufgedampften Materials (bei SiO_2 ca. 50%) wandert relativ weite Strecken (5000 Å u. mehr), bevor er endgültig kondensiert. Unter der Annahme, daß für 50 kV-Elektronen ein Massendickenunterschied von 0,7 $\mu g/cm^2$ gerade noch beobachtbaren Kontrast liefert, ergibt sich eine optimale Massendicke von 10 $\mu g/cm^2$ für Abdruckfilme. Das Auflösungsvermögen des Abdruckfilms ist seiner linearen Dicke direkt u. damit seiner Dichte indirekt proportional. Elektronenmkr. Aufnahmen von SiO_2-, Cr-, Au-, Mn-, Al-, Al–Pt–Cr-, Ge-Abdrucken werden wiedergegeben. Die Bedeutung von Stereoaufnahmen für die Bilddeutung wird diskutiert. (Bell System techn. J. **30.** 798—824. Okt. 1951. Bell Telephone Labors.) F. LENZ. 181

Tadatosi Hibi, *Elektronenbeugungsbilder von Glimmer verschiedener Dicke.* Vf. machte Elektronenbeugungsaufnahmen von Glimmerfolien von 400 Å Dicke bis zur größten noch durchstrahlbaren Dicke, die aus elektronenmkr. Beobachtung entnommen wurde, sowie LAUE- u. KIKUCHI-Diagramme an guten sowie an verbogenen oder verdrehten Glimmerfolien. Aufnahmen mit wachsender Kristalldicke deuten auf eine Periodizität der Beugungsbilder bei zunehmender Dicke hin, die vermutlich in einer period. Wachstumsstruktur (Schraube) ihre Ursache hat. (Nature [London] **175.** 475—76. 12/3. 1955. Sendai, Tohoku Univ., Res. Inst. for Sci. Measurements.) H. C. WOLF. 181

Kazuo Kimoto, *Untersuchung der Intensitätsanomalie in Pulveraufnahmen mit Elektronenstrahlen von sehr kleinen Silber-Kristalliten.* Elektronen-DEBYE-SCHERRER-Aufnahmen sehr feinkristalliner Ag-Schichten (Dicke ca. 3 Å, Größe der Kristallite ca. 15 Å) zeigen eine schon von GERMER u. WHITE an Cu beobachtete Intensitätsanomalie: bes. das Intensitätsverhältnis (2 0 0)/(1 1 1) ist sehr verschoben zugunsten von (1 1 1); der (2 0 0)-Reflex ist verbreitert. Es wird versucht, dies Verh. nach WILSON (Proc. Roy. Soc. [London], Ser. A **180.** [1942.] 277) mit Baufehlern parallel (1 1 1) zu erklären. Die mit dieser Annahme errechneten Linienprofile können mit den beobachteten in Übereinstimmung gebracht werden bei bestimmten, hier wohl erfüllten Annahmen über die Zahl u. Verteilung der Fehler im Kristall u. über dessen Dimensionen. (J. physic. Soc. Japan **8.** 762—68. Nov./Dez. 1953. Nagoya, Univ., Fac. of Sci. [Orig.: engl.]) H. C. WOLF. 181

R. J. Weiss, J. J. DeMarco, G. Weremchuk, J. Hastings und **L. Corliss,** *Anisotroper Debye-Waller-Faktor in kubischen Kristallen.* (Sitzungsbericht.) Neutronen- u. Röntgenbeugungsunterss. an einem 70/30 *α-Messing* ergaben, daß die integralen Intensitäten durch einen DEBYE-WALLER-Temperaturfaktor, $\exp[-2B(\sin\vartheta/\lambda)^2]$, red. werden, wo, im Gegensatz zu den heutigen Theorien, B nicht nur eine Funktion der charakterist. Temp. ϑ u. der absol. Temp. T ist, sondern auch eine Funktion der Kristallrichtung. Der Effekt ist bes. stark ausgeprägt bei dem Vgl. der (2 2 2)- u. (4 0 0)-Maxima, u. zwar sowohl in bezug auf ihre relativen Intensitäten als auch in ihrer Änderung in der Intensität mit der Temp. von der Temp. des fl. N_2 bis zu Zimmertemperatur. Wenn man künstlich in dem DEBYE-WALLERschen Ausdruck eine von der Kristallrichtung abhängige charakterist. Temp. einsetzt, dann muß man für die [1 1 1]-Richtung einen Wert von 380 für ϑ u. für die [1 0 0]-Richtung einen solchen von 215 einsetzen im Vgl. zu einem Wert von 310, der auf Grund der spezif. Wärme u. der elast. Konstanten zu erwarten wäre. Die Red. des ϑ-Wertes von 310 auf 215 in der [1 0 0]-Richtung red. die Intensität des (4 0 0)-Maximums um 40%. Eine theoret. Erklärung kann bis jetzt noch nicht gegeben werden. (Physic. Rev. [2] **94.** 1420. 1/6. 1954. Ordnance Materials Res. Office and Brookhaven Nat. Labor.) C. GOTTFRIED. 181

C. B. Van den Berg und **H. Brinkman,** *Spektrometrie hoher Lichtstärke im Gebiet weicher Röntgenstrahlen.* 1. Mitt. *Das Zylinderspektrometer.* Es wird ein neuer Typ eines fokussierenden Röntgenspektrometers beschrieben, das sich durch erheblich größere Lichtstärke von den bisher bekannten Apparaten hervorhebt. Der Kristall ist zylindr. gebogen, die Spektrallinien werden als stigmat. Bilder der Brennlinie der linienförmigen Röntgenquelle längs der Zylinderachse beobachtet. Die Anordnung hat fast konstante Dispersion, hohes Auflösungsvermögen in einem großen Wellenlängenbereich. Berechnung der Spektrometerdaten. Beschreibung eines ausgeführten, evakuierbaren Gerätes für den Wellenlängenbereich von 9—19 Å mit opt. reinem Glimmer als Spektrometerkristall, Krümmungsradius 200 mm, reflektierende Oberfläche 14·4 cm^2, Wellenlängendispersion 16 X/mm; in einer Aufnahme kann ein Wellenlängenbereich von ca. 500 X erfaßt werden. Das Gerät kann auch als Monochromator mit stigmat. Punktfokussierung verwendet werden. (Physica **21.** 85—102. Febr. 1955. Groningen, Rijks Univ., Natuurkunding Labor.) H. C. Wolf. 181

Giorgio Peyronel, *Neuere Beiträge der röntgenographischen Strukturforschung zur Untersuchung der chemischen Bindung.* Fortschrittsbericht. — 16 Literaturhinweise. (Chim. e Ind. [Milano] **36.** 441—48. Juni 1954. Milano, Univ., Ist. di Chim. gen.) C. Gottfried. 182

E. H. Wiebenga, *Molekülverbindungen.* Übersicht über Struktur u. Beständigkeit von Mol.-Verbindungen. — 9 Literaturangaben. (Nederl. Tijdschr. Natuurkunde **19.** 289—300. Nov. 1953.) W. Wesly. 182

Réné Gouarné, *Trennbare lineare Systeme.* Vf. erläutert die Anwendung von linearen trennbaren Systemen bei Berechnungen nach der MO-Methode. Durch Anwendung dieses Rechenverf. ist es möglich, die Ordnung der Ausgangsgleichungen zu erniedrigen. (C. R. hebd. Séances Acad. Sci. **238.** 95—97. 4/1. 1954.) K. Frenkler. 182

André Bassompierre, *Entwicklung der Integrale für die Elektronenstruktur des HCN.* Vf. entwickelt die Integrale, die zur Berechnung der Elektronenwellenfunktionen des HCN nach der Meth. des „self-consistent"-Feldes notwendig sind. Die erhaltenen Werte sind auch für andere Moll. zu verwenden, die die Gruppierung C—H oder C—N enthalten. Nach Diskussion der Voraussetzungen werden die Werte für die Überlappungsintegrale, die Integrale der kinet. Energie u. der Kernpotentiale, sowie die Coulomb-, Hybrid- u. Austauschintegrale tabelliert. (J. Chim. physique Physico-Chim. biol. **51.** 614—18. Okt. 1954.) K. Frenkler. 182

Brigitte Krause, *Elektrische Aufladungserscheinungen bei Kristallisation und Lösung von Pentaerythrit.* (Vgl. C. **1954.** 7136.) Bei der Unters. der Bldg. u. des Wachstums von Kristallen von Pentaerythrit (I) auf der Oberfläche einer durch Temperaturrückgang übersätt. wss. Lsg. wurde beobachtet, daß Bldg. u. Wachstum in einer gesetzmäßigen geometr. Anordnung erfolgen. Für eine vorgegebene Lsg. ließ sich der Abstand zwischen 2 benachbarten Kristallen durch eine einfache Funktion beider Kristallgrößen wiedergeben. Kristalle einheitlicher Größe bilden ein zweidimensionales hexagonales oder rhomb. c-flächenzentriertes Gitter. Welcher von beiden Fällen eintritt, wird durch das Verhältnis zwischen kürzester Gittertranslation u. Kristallkantenlänge bestimmt. Bewirkt werden die stabilen Gleichgewichtsabstände durch die zwischen den Kristallen wirkenden anziehenden Capillarkräfte sowie durch die abstoßenden elektrostat. Kräfte. Diese letzteren Kräfte kommen durch die Aufladung der Kristalle während des Wachstums zustande. (S.-B. Ges. Beförd. ges. Naturwiss. Marburg **77.** Nr. 1. 5—32. **1954.**) C. Gottfried. 190

Robert G. Pohl, *Neuverteilung der gelösten Komponente durch Rekristallisation.* Vf. behandelt zuerst die Verteilung von Verunreinigungen in einem unreinen Metall oder einer Legierung, die durch die Verfestigung eines Kristalls aus der Schmelze verändert wird. Das Verhältnis der Gleichgewichtskonz. der Verunreinigungen oder der gelösten Komponente in dem festen Körper zu der Konz. in der Fl. unmittelbar nach der Verfestigung ist für jede einzelne gelöste Komponente in jedem Lösungsm. gesondert bei einer gegebenen Temp. konstant u. wird als Absonderungskonstante definiert. Vf. entwickelt die zeitabhängige Diffusionsgleichung u. gibt eine Lsg. an, um die Konz. der gelösten Komponente in einem Lösungsm. zu bestimmen, wenn die sich absondernde Grenzfläche fl.-fest durch die Substanz vordringt. Die Ergebnisse der Berechnungen werden graph. u. tabellar. wiedergegeben. (J. appl. Physics **25.** 1170—78. Sept. 1954. Chicago, Ill., Rauland Corp., Res. Dep.) C. Gottfried. 190

B. Honigmann und **H. Heyer,** *Messung der Wachstumsgeschwindigkeit einzelner Flächen an Hexamethylentetramin-Kristallen.* Vff. messen die Wachstumsgeschwindigkeit (WG) von (0 1 1)-Flächen an Hexamethylentetramin-Einkristallen aus der Dampfphase in Abhängigkeit von der Übersättigung. Während einiger Std., in denen der Kristall gleichmäßig um einige mm wuchs, wurde er in regelmäßigen Zeitabständen photographiert. Es wurden immer mehrere (0 1 1)-Flächen am gleichen Kristall gemessen.

Ergebnis: An fehlerfreien Kristallen wachsen gleich indizierte Flächen eines Kristalls mit veränderlicher, jedoch über längere Zeit konstanter WG; die Änderungen der WG erfolgen im allg. unstetig ohne erkennbare äußere Ursache. Ein stetiger Anstieg der WG einer Fläche auf einen vielfachen Wert ist immer mit der Ausbldg. von sichtbaren Störungen verbunden. Die übrigen Flächen wachsen so lange n. weiter, bis die Störungen auf sie übergreifen. Einige Schlußfolgerungen werden über den Wachstumsmechanismus realer Kristalle gezogen. (Z. Kristallogr., Kristallgeometrie, Kristallphysik, Kristallchem. **106**. 199—212. April 1955. Berlin-Dahlem, Max-Planck-Ges., Fritz-Haber-Inst.) H. C. WOLF. 190

Ryoitiro Sato, *Orientierte Aufwachsung von primärem Oxyd auf α-Eisen.* Auf eine oxydierte *Zinkblende*-Schicht, mit (1 0 3) ZnO || (1 1 0) ZnS u. [0 1 0] ZnO || [1 $\bar{1}$ 0] ZnS wurde eine 500—1000 Å dicke Schicht von α-Eisen im Vakuum aufgedampft. Elektronenbeugungsunters. ergibt als Orientierung (1 1 2) Fe || (1 0 3) ZnO u. [$\bar{1}$ $\bar{1}$ 1] Fe sowie [1 1 $\bar{1}$] Fe || [0 1 0] ZnO. Bei schlechtem Vakuum aufgedampfte Fe-Filme waren oxydiert. Nach den Elektronenbeugungsaufnahmen handelt es sich dabei um γ-Fe_2O_3 oder um Fe_3O_4. Die Kristallite des Oxyds sind kleiner als die des α-Eisens; ihre Orientierung ist {1 0 0} Oxyd || {1 0 0} Fe u. ⟨1 1 0⟩ Oxyd || ⟨1 0 0⟩ Fe. Die beiden Oxyde können nicht eindeutig unterschieden werden. (J. physic. Soc. Japan **8**. 758—61. Nov./Dez. 1953. Omiya City, Mitsubishi Mining and Metall. Labor. [Orig.: engl.]) H. C. WOLF. 190

M. G. Harwood und **Nora Fry,** *Wachstum der Bariumorthosilicatzwischenschicht in Oxydkathoden.* Zwischen der Si–Ni-Legierung (weniger als 0,2% Si) des Trägers u. der aufgelegten Erdalkalioxydschicht (in Form von BaSr-Carbonat) von Oxydkathoden bildet sich nach ROOKSBY (C. **1948**. I. 11) eine graue Schicht von Bariumorthosilicat. Hier wird das Wachstum dieser Schicht mit der Heizdauer untersucht; Messung der Schichtdicke mit einer DEBYE-SCHERRER-Methode. Bei geringem Si-Geh. der Unterlage geht das Wachstum offenbar so lange weiter, bis alles Si verbraucht ist. Bei größerem Si-Geh. liegen die Verhältnisse weniger einfach. Außerdem wurde auch eine Schicht von fast reinem *SrO* gefunden. (Brit. J. appl. Physics **6**. 62—64. Febr. 1955. Mitcham Junction, Surrey, Philips Electrical Ltd.) H. C. WOLF. 190

G. Menzer, *Über Kristallzwillingsgesetze.* Es wird eine Systematik der Zwillingsgesetze gegeben, die von der Beobachtung ebener, die Lage von dichtbesetzten Netzebenen einnehmender Verwachsungsgrenzen ausgeht. Im triklinen Syst. sind nur Drehungs-, Spiegelungs- u. Inversionszwillinge möglich. In symmetriereicheren Systemen gibt es auch Achsenzwillinge mit rationaler, zu keiner Netzebene senkrechter Zwillingsachse. Einige Bemerkungen über die Verwachsungsebene u. über Parallelverwachsungen. (Z. Kristallogr., Kristallgeometrie, Kristallphysik, Kristallchem. **106**. 193—98. April 1955. München, Univ., Inst. für Kristallogr. u. Mineralog.) H. C. WOLF. 190

Carl Berger und **Charles M. Saffer jr.,** *Die Existenz von „Beta"-Eis.* Vff. nehmen Bezug auf Unterss. von SSELJAKOW (vgl. C. R. [Doklady] Acad. Sci. URSS **14**. [1937.] 181 u. früher), nach denen eine Tieftemperaturmodifikation von gewöhnlichem Eis vorkommt, die rein rhomboedr. Symmetrie besitzt u. die von SSELJAKOW als β-Eis bezeichnet wurde. Auf Grund eigener Unterss. sowie Beobachtungen von anderen Seiten kommen Vff. zu dem Ergebnis, daß das Vork. von β-Eis als nicht gesichert anzusehen ist. (Science [Washington] **118**. 521—22. 30/10. 1953. Dayton, O., Commonwealth Engng. Co. of Ohio.) C. GOTTFRIED. 195

Ola Aksnes und **Olav Foss,** *Die Kristallstruktur von Selendiselenocyanat.* In Erweiterung der vorläufigen Mitt. (vgl. C. **1955**. 8800) über die röntgenograph. Unters. von Selendiselenocyanat wird in der vorliegenden Arbeit über die vollständige Strukturbest. der Verb. berichtet. Aus PATTERSON- u. FOURIER-Projektionen ergeben sich die folgenden Parameter: $Se_{(1)}$: (x =) 0,540; (y =) 0,250; (z =) 0,492; $Se_{(2)}$: 0,442; 0,115; 0,249; C: 0,295; 0,112; 0,488; N: 0,203; 0,095; 0,586. In dem Gitter bildet das Mol. eine unverzweigte u. nicht ebene Kette mit den 3 zweiwertigen Se-Atomen in der Mitte u. den CN-Gruppen an den Enden. Die Entfernungen innerhalb der Kette sind Se—Se 2,33 Å; Se—C 1,83 Å; C—N 1,05 Å; die Valenzwinkel sind Se—Se—Se 101°; Se—Se—C 95° u. Se—C—N 164°. Das Mol. besitzt eine Spiegelebene, welche durch das mittlere Se-Atom geht. Die CN-Gruppen sind aus der Ebene der Se-Atome nach der gleichen Seite der Ebene herausgedreht, so daß das Mol. in einer cis-Form in den Kristallen auftritt. Die kürzesten intermol. Abstände betragen 3,04 Å u. 3,24 Å u. befinden sich zwischen $Se_{(2)}$ u. den N-Atomen. (Acta chem. scand. **8**. 1787—95. 1954. Blindern-Oslo, Univ., Kjemisk Inst.) C. GOTTFRIED. 195

L. M. Schamowski, L. M. Rodionowa, G. A. Ssidorenko und **Ju. N. Shwanko,** *Röntgenographische Untersuchung von NaCl- und KCl-Einkristallphosphoren, aktiviert mit*

Silberchlorid. Alkalihalogenid-Einkristalle KCl(Ag^+) mit einer Aktivatorkonz. 0,01 bis 0,64 Mol-% u. NaCl(Ag^+) mit einer Konz. 0,01—1,28 Mol-% in der Schmelze werden gezüchtet, dünne Plättchen abgespalten u. diese einer 18std. Temperung 10—15° unterhalb des F. unterworfen. In den LAUE-Diagrammen ändert sich die Form der Reflexe in Abhängigkeit von der Aktivatorkonz., u. zwar spalten sich die einzelnen Reflexe mit zunehmendem Geh. an Ag^+ auf. Man kann annehmen, daß durch den Aktivator der Zusammenhang innerhalb des beugenden Kristallindividuums zerstört wird u. eine Aufteilung in ungefähr gleich orientierte Blöckchen erfolgt. Bei hohem Geh. an Ag^+ bleibt die Symmetrie der Reflexe nicht mehr erhalten. Da bei weiterer Temperung dicht unterhalb des F. die Mosaikstruktur u. die Reflexaufspaltung nicht verschwinden, können diese Phosphore ihrer Struktur nach keine festen Lsgg. darstellen. Vielmehr dürfte ein Teil des Aktivators auf den Oberflächen der Blöckchen verteilt sein u. verhindert die Umwandlung des Phosphors bei der Temperung in die vollkommene Form gleichmäßiger Verteilung des Aktivators. Eine Absonderung auf der Oberfläche der Blöckchen kann auch bei KCl–$CdCl_2$-Kristallen (0,1 % Cd^{2+} in der Schmelze) beobachtet werden. (Доклады Академии Наук СССР [Ber. Akad. Wiss. UdSSR] [N. S.] **99.** 235—38. **11/11.** 1954. Allunions-Forschungsinst. für minerale Rohstoffe.) J. GEIGER. 195

Francesco Emiliani und **Renato Pellizzer,** *Elementarzelle und Raumgruppe des Simonellits.* 1. Mitt. (Vgl. C. **1953.** 6212.) Für ein dem natürlichen krist. KW-stoff Simonellit entsprechendes künstliches Präp. ergibt die Aufnahme der LAUE-, DEBYE- u. POLANYI-Spektrogramme folgende Dimensionen der Elementarzelle (in Å): a = 9,12, b = 9,27, c = 35,80 (der Wert für a wird am natürlichen Mineral bestätigt). Aus dem Vol. der Elementarzelle 3026,6 $Å^3$, dem Mol.-Gew. 200 u. der D. 1,08 wird errechnet, daß in der Elementarzelle 10 Moll. vorliegen. (Atti Accad. naz. Lincei, Rend., Cl. Sci. fisiche mat. natur. [8] **14.** 652—57. Mai 1953. Bologna, Univ., Ist. di Mineral. e Petrogr.) R. K. MÜLLER. 195

R. M. Treco, *Die Wirkung kleiner Zusätze von Sauerstoff auf die Gitterkonstanten und die Härte von Zirkonium.* Durch röntgenopt. Unterss. wurde festgestellt, daß Zusätze von O_2 zu hochreinem Zr eine meßbare Ausdehnung des hexagonalen Gitters mit wachsendem O_2-Geh. ergeben. Die für O_2-freies Zr extrapolierten Parameterwerte betragen für a = 3,2258 kX u. für c = 5,1373 kX u. für die D. 6,507 g/cm². O_2-Zusätze sind härtesteigernd. (J. Metals **5.** Nr. 2. Sect. 2. Trans. AIME **197.** 344—48. Febr. 1953. Bridgeport, Conn., Bridgeport Brass Co.) F. VIER. 197

R. F. Domagala und **D. J. McPherson,** *Das System Zirkonium–Sauerstoff.* Durch metallograph. Analyse von gegossenen u. geglühten Proben der im Lichtbogen geschmolzenen Legierungen wurde ein bin. Teil-Zustands-Diagramm Zr–O aufgestellt. Hieraus zeigt sich u. a., daß die feste β-Lsg. sich durch eine peritekt. Rk. fl. Phase (1,25 Gew.-% O) + α- (3,75% O) → β-feste Lsg. (2% O) bei 1940 ± 20° bildet. O stabilisiert α-Zr, indem es die Umwandlungstemp. erhöht u. einen sehr hohen F. für die feste α-Lsg. bewirkt. Der höchste F. liegt bei 1975 ± 25° u. 5,5% O. Die maximale Löslichkeit von O in β-Zr ist 2% bei der Temp. der peritekt. Rk., die auf 0 bei der Umwandlungstemp. von 862° zurückgeht. Die α-Modifikation von Zr kann bis zu 6,75% O auflösen u. die α/α + ZrO_2-Löslichkeitsgrenze ist bei dieser Zus. eine senkrechte Linie. Ein Eutektikum tritt bei 1900 ± 20° u. 11% O auf. Die Zwischenphase ZrO_2, welche bei 2700° schm., hat ein Homogenitätsgebiet auf der Zr-Seite von der stöchiometr. Zus. 25,97% O, das sich von 23% O bei der eutekt. Temp. von 1900° bis zu 25% O bei 700° ändert. Zwischen Zr u. ZrO_2 treten keine zusätzlichen Einzelphasen auf. (J. Metals **6.** Nr. 2. Sect. 2. Trans. AIME **200.** 238—46. Febr. 1954. Chicago, Ill., Illinois Inst. of Technol.) H. HOCHSTEIN. 197

R. K. McGeary und **B. Lustman,** *Kinetik der thermischen Reorientierung in kaltgewalztem Zirkonium.* Die Orientierungsverhältnisse u. die Abhängigkeit von der Glühbehandlung bei kaltgewalztem Zr wurden röntgenopt., metallograph. u. durch Härtemessungen untersucht. Die {1 0 1 0} -Polfiguren wurden nach Verformung durch Kaltwalzen um 79% u. voll ausgeglüht bestimmt, ebenso die Reorientierungsgeschwindigkeit der Proben nach Erhitzen auf 98—600°. Während der Glühbehandlung treten folgende Prozesse auf: Nach der 1. Glühbehandlungsstufe ist, wie auch nach dem Kaltwalzen, Polygonisation festzustellen, die nicht von einer Reorientierung (I) begleitet ist. Rekristallisation wurde nach Glühbehandlung bei verhältnismäßig niedrigen Tempp. zugleich mit Reorientierung beobachtet. Weiteres Glühen bewirkt vollständige Reorientierung entsprechend Drehungen von 20—40° um die {0 0 0 1} -Pole. Dieser Prozeß geht in 2 Stufen vor sich, 1. bei konstanter Größe der betreffenden Bereiche, 2. bei Wachstum der Bereiche. Da der Reorientierung ein einfacher Mechanismus nicht zugrunde liegt, kann sie durch eine einzige Größe der Aktivierungsenergie nicht beschrieben werden. (J. Metals 5. Nr. 2. Sect. 2. Trans. AIME **197.** 284—91. Febr. 1953. Pittsburgh, Pa., Westinghouse Electric Corp.) F. VIER. 197

F. D. Rosi, C. A. Dube und **B. H. Alexander,** *Mechanismus des plastischen Fließens im Titan. Bestimmung der Gleit- und Zwillingsbildungselemente.* Röntgenopt. durch Rückstrahl-LAUE-Aufnahmen wurden die Gleit- u. Zwillingsbildungselemente in verformten groben Kristallen von 99,77%ig. lichtbogengeschmolzenem Ti bestimmt. Es ergab sich, daß mindestens 2 Typen von Gleiten u. 3 Zwillingstypen bei der plast. Verformung dieser Kristalle vorkommen. Die Gleitebenen sind vom Typ $\{10\bar{1}0\}$ bzw. $\{10\bar{1}1\}$, während die Zwillingsebenen $\{10\bar{1}2\}$, $\{11\bar{2}1\}$ u. $\{11\bar{2}\bar{2}\}$ sind. In keinem Fall wurde Gleiten auf der Basisfläche (0 0 0 1) nachgewiesen. In dem Fall, in dem $\{10\bar{1}0\}$-Gleiten vorherrschend war, wurde die Gleitrichtung durch Beobachten der Bewegung der Achse der Probe mittels Best. der Kristallorientierung bei verschied. Dehnungsstufen verfolgt. In allen Fällen war eine Diagonalachse mit den Kennziffern $\langle 11\bar{2}0\rangle$ die wirkliche Gleitrichtung. 2 verschied. Zwillingsformen wurden mkr. beobachtet. $\{10\bar{1}2\}$-Zwillinge waren dick u. linsenförmig, die $\{11\bar{2}1\}$ waren dünne Lamellen, ähnlich den NEUMANN-Bändern im Eisen. (J. Metals 5. Nr. 2. Trans. AIME **197.** 257—65. Febr. 1953. Quebec City, Canada, Laval Univ.) F. VIER. 197

Lee S. Busch, *Die Umwandlungscharakteristiken der Titanlegierung mit 3% Aluminium und 5% Chrom.* Die Umwandlung der Ti-Legierung mit 3% Al u. 5% Cr bei Tempp. von 725—825° u. unter 725° wurde mikrograph. untersucht. Beim Abschrecken mit W. zeigte sich die typ. Struktur von Ti-Martensit. Die Nadeln reichen über die ganze Fläche der β-Kristalle, Korngrenzen sind nicht erkennbar. Eine ähnliche Struktur wird erhalten beim Abschrecken in einem Pb-Bad von 825° während 4 Sekunden. Beim weiteren Halten auf 825° beginnen sich Plättchen der α-Phase abzuscheiden. Mit sinkender Temp. scheiden sich diese Plättchen in kürzerer Zeit aus. Bei Tempp. unter 725° verändert sich die Mikrostruktur vollständig. Von 1000° auf 715—725° im Pb-Bad abgeschreckte Proben zeigen keine Ausscheidung von α-Plättchen. Die Grundmasse der früheren β-Kristalle besteht aus kurzen, dünnen Nadeln in WIDMANNSTÄTTENscher Anordnung, die sich rasch bilden u. bei 720° nach 6 Sek. voll entwickelt sind. Zwischen 670 u. 750° liegt das Gebiet der 3 Phasen $\alpha + \beta + TiCr_2$. Aus den Umwandlungsdiagrammen nach der Zeit u. Temp. ergibt sich, wie verwickelt die Umwandlungscharakteristiken der Ti-Legierungen des α–β-Typus sind. Die Ergebnisse von Zugproben zeigen reproduzierbare Eigg. nach Wärmebehandlung bei gleicher Temperatur. Der Einfl. dieser Wärmebehandlung auf die Bearbeitbarkeit u. Schweißbarkeit der Legierung wurde untersucht. (J. Metals 5. Nr. 2. Sect. 1. 146—49. Febr. 1953. Indianapolis, Ind., Mallory-Sharon Titanium Corp.) F. VIER. 197

R. E. Cech und **J. H. Hollomon,** *Die Bildungsgeschwindigkeit von isothermischem Martensit in einer Eisen–Nickel–Mangan-Legierung.* In einer induktiv geschmolzenen Legierung mit 73,3(%) Fe, 23 Ni u. 3,7 Mn, die unter Ar-Schutzgas vergossen wurde, wurde die Austenit–Martensit-Umwandlung untersucht. Die isotherm. Bldg. von Martensit tritt im Temperaturgebiet von —79 bis —196° auf. Die Bildungsgeschwindigkeit nimmt mit abnehmender Temp. bis zu einem Maximum bei —128° zu u. nimmt dann mit weiterer Temperatursenkung ab. Die Martensitbldg. kann in der Legierung durch schroffe Abschreckung auf eine Temp. unterhalb der Raumtemp. unterdrückt werden. Eine teilweise Stabilisierung kann durch eine Alterung bei Raumtemp. entweder vor der Tiefkühlung oder nach einiger isotherm. Umwandlung erreicht werden. Die isotherm. Umwandlung geht mit einer verzögerten Bldg. von Martensitkeimen, der ein schnelles Wachstum bis zur vollen Größe der Martensitnadeln folgt, vor sich. — 10 Schrifttumsangaben. Diskussion. (J. Metals 5. Nr. 5. Sect. 2. Trans. AIME **197.** 685—89. Mai 1953. **6.** Nr. 5. Sect. 2. Trans. AIME **200.** 682—84. Mai 1954. Schenectady, N. Y., Gen. Electric Co.) H. HOCHSTEIN. 197

K. P. Bunin und **E. N. Pogrebnoi,** *Über den Einfluß der Härtung auf die Graphitisierung von Eisen–Kohlenstoff-Legierungen.* Durch Verss. wird festgestellt, daß der Einfl. einer Abschreckung von Stählen mit 0,88—0,93% C auf die Graphitisierung der Proben in der Hauptsache mit einer Martensitumwandlung des Austenits verbunden ist. Diese Erscheinung tritt beim Fehlen von Zementit in dem gleichen Maße auf wie auch bei seiner Ggw. im Gefüge des gehärteten Stahles. Die Bldg. von Graphit beginnt in den Härtungsrissen. Außer den Härterissen spielt auch noch der Umstand für ein beschleunigtes Wachsen der Graphiteinschlüsse eine entscheidende Rolle, daß die bei der Abschreckung auftretende martensit. Umwandlung des Austenits die Konz. der Leerstellen u. anderer Störungen des Gitters erhöht, was zu einer Beschleunigung der Selbst-

diffusion im Austenit führt. (Доклады Академии Наук СССР [Ber. Akad. Wiss. UdSSR] **100.** 61—63. 1/1. 1955. Dnepropetrowsk, Stalininst. für Metallurgie.)
H. HOCHSTEIN. 197

I. Ss. Gajew, *Toledoklinge. Über die Eigenschaften von bei niedrigen Temperaturen angelassenem Stahl.* Die chem. Unters. eines Museumsstückes, einer alten Klinge aus Toledostahl, ergibt: ca. 1% C, 0,98% Mn, 0,021% S, Si u. P (spektroskop. bestimmt), wie in reinem techn. Fe üblich. Im Zerreißvers. am Flachstahl (l = 10d) werden ermittelt: σ_s = 167 kg/mm²; σ_b = 194 kg/mm²; δ = 5%. Als Wärmebehandlung wird auf Grund von Verss. Wasserhärtung mit Anlassen auf ca. 320° angenommen. Die Ergebnisse eines analog behandelten Federstahles mit 0,82% C der laufenden Fertigung lassen keinerlei Überlegenheit hinsichtlich der mechan. Eigg. des Toledostahles gegenüber einem solchen erkennen. Es wird darauf hingewiesen, daß im Zerreißvers. an Flachstäben für einen, bei Tempp. unterhalb 300° angelassenen, Stahl solcher Zus. in der Regel durch Sprödbruch niedrigere Festigkeitswerte gefunden werden, als der Härte entspricht, infolge nicht zu vermeidender Verfransung des Probestabes. (Известия Академии Наук СССР, Отделение Технических Наук [Nachr. Akad. Wiss. UdSSR, Abt. techn. Wiss.] **1954.** Nr. 12. 97—101. Dez.)
V. EHMCKE. 197

Alan B. Kuper und **Carl T. Tomizuka,** *Diffusion von Kupfer und Zink in geordnetem und ungeordnetem CuZn.* (Sitzungsbericht.) (Physic. Rev. [2] **98.** 244. 1/4. 1955. Univ. of Illinois.)
R. LEVI. 197

M. I. Sacharowa, *Einfluß des Druckes auf den eutektoiden Zerfall in Kupferlegierungen mit Aluminium.* Bei der Unters. des eutektoiden Zerfalls in Cu-Legierungen mit 12,5% Al bei Härtung unter Druck u. einem Anlassen unter Druck wurde festgestellt, daß bei den Untersuchungstempp. von 350, 400 u. 440° auf dem Röntgenogramm nur Linien der metastabilen β'-Phase auftreten. Nach dem Anlassen erscheinen im Verlaufe von 15 Min. bei 460° außer den β'-Linien auch die Linien der α- u. δ-Phasen. Die Unters. läßt erkennen, daß der Druck, der auf die Legierung während der Erwärmung bei Tempp. oberhalb der eutektoiden ausgeübt wird, nicht in besonderem Maße den Vorgang des eutektoiden Zerfalls während des Anlassens beeinflußt. Die Druckanwendung während des Anlassens nach dem Härten erhöht die Temp. sowohl des Anfanges als auch des Endes des eutektoiden Zerfalls. (Доклады Академии Наук СССР [Ber. Akad. Wiss. UdSSR] [N. S.] **91.** 287—89. 11/7. 1953. Moskau, Lomonossow-Univ.)
H. HOCHSTEIN. 197

E. P. Warekois, *Röntgenstrahlenmessungen an kaltbearbeitetem α-Messing.* (Sitzungsbericht.) Als kaltbearbeitete Proben wurden in Briketts gepreßte Feilspäne von Messing der Zus. 90—10; 80—20; 70—30 u. 65—35 benutzt. Nach Messungen der Maximaformen u. Maximaverschiebungen mit einem Spektrometer wurden die FOURIER-Koeffizienten bestimmt u. die instrumentelle Linienverbreiterung nach der Meth. von STOKES korrigiert. Zur Trennung der durch die Teilchengröße u. die Gitterstörungen bedingten Linienverbreiterung wurden logarithm. graph. Darstellungen der Koeffizienten benutzt. Die beobachteten mittleren Teilchengrößen waren L_{111} 260; 175; 160 u. 145 Å sowie L_{100} 150; 100; 95 u. 75 Å mit zunehmendem Zn-Gehalt. Aus den Maximaverschiebungen berechnete Packungsfehlerwahrscheinlichkeiten für die (1 1 1)-Ebenen ergaben 1 Fehler pro 200 Lagen in dem 90—10-Messing u. 1 Fehler pro 57; 40 u. 25 Lagen in den anderen Proben. Aus den Ergebnissen folgt, daß in dem kaltbearbeiteten Messing Linienverbreiterung sowohl durch die Teilchengröße als auch durch Gitterstörungen bedingt ist; der größere Teil der Teilchengrößenverbreiterung ist jedoch auf Gitterfehler zurückzuführen. Die Susceptibilität infolge Fehlerbldg. scheint zuzunehmen, wenn die Zus. sich der Phasengrenze der α-Phase nähert. (Physic. Rev. [2] **94.** 1421. 1/6. 1954. MIT.)
C. GOTTFRIED. 197

David D. Van Horn und **William J. Cooley,** *Deutung der Dimensionsänderung bei der Entzinkung von α-Messing.* (Sitzungsbericht.) (Physic. Rev. [2] **98.** 245. 1/4. 1955. Knolls Atomic Power Labor.)
R. LEVI. 197

M. G. Losinski und **Ss. G. Fedotow,** *Besonderheiten der Verformung von ein- und polykristallinem Kupfer bei Hochtemperaturerhitzung im Vakuum.* Vff. führten an Proben aus ein- u. polykristallinem Cu Härtebestimmungen durch, vermittels Eindrückens einer Diamantspitze im Vakuum bei Tempp. von 20—900°. Die Härtekurve des Einkristalls verläuft bis 500° unter, bei höheren Tempp. zunächst oberhalb der polykristallinen Probe, um ab 800° mit letzterer zusammenzufallen. An Hand von Mikroaufnahmen an den Eindruckstellen wird nachgewiesen, daß im Einkristall die Verformung bei Tempp. bis 700° durch Schub an Gleitebenen, im polykristallinen Zustand ab 500° im wesentlichen durch Fließen an den Korngrenzen verläuft. Die Gleitvorgänge im Einkristall führen ab ca. 700° zu einer Fragmentierung in kleinere Blöcke,

wodurch der Verformungsprozeß beschleunigt wird, so daß bei 800° eine Angleichung an das Verh. der polykristallinen Probe erreicht ist. Der metallograph. Befund wird durch Beobachtung der Verformungsvorgänge im Einkristall beim Reckvers. sowie durch Röntgenunters. bestätigt. (Известия Академии Наук СССР, Отделение Технических Наук [Nachr. Akad. Wiss. UdSSR, Abt. techn. Wiss.] **1954.** Nr. 12. 92—96. Dez.)
V. Ehmcke. 197

John R. Neighbours und **Charles S. Smith,** *Die elastischen Konstanten von Kupferlegierungen.* (Sitzungsbericht.) Mittels Ultraschallmethoden werden die elast. Konstanten von Einkristallen verd. Legg. von *Al, Si, Zn, Ga* u. *Ge* in Cu bestimmt. Die Legierungbldg. verursacht eine Abnahme der Fundamentalkonstanten C_{44}, $(C_{11}-C_{12})/2$ u. $(C_{11}+2C_{12})/3$, wobei die relative Abnahme von $(C_{11}-C_{12})/2$ am größten war. Die Änderungen in den Scherkonstanten C_{44} u. $(C_{11}-C_{12})/2$ wurde durch die bekannten elektrostat. u. Ionenbeiträge dieser Konstanten für Cu gedeutet. Die starke Abnahme von $(C_{11}-C_{12})/2$ wird der Änderung in den Ionen–Ionen-Wechselwirkungen bei der Legierungsbldg. zugeschrieben. Die elektrostat. Scherhärte einer Legierung ist nahezu dem elektrostat. Glied für Cu mal dem Quadrat des Verhältnisses Elektron/Atom gleich. (Physic. Rev. [2] **94.** 1421. 1/6. 1954. Case Inst. of Technology.) C. Gottfried. 200

Georg Masing und **Helmut Weik,** *Orientierungsabhängigkeit der plastischen Verformung von Aluminium-Einkristallen bei geringen Dehnungen.* An Reinstaluminium-Einkristalldrähten von 1,8 mm Durchmesser u. mit vorgegebener Orientierung der Drahtachse werden durch schrittweise, geringe Belastungssteigerung der Kristalle bis zu einer Gesamtdehnung von 0,2% Fließkurven erzeugt u. durch Addition der Dehnungsbeträge aller Fließkurven die Verfestigungskurven gewonnen. Die Orientierungsabhängigkeit der Verfestigung kann durch die Annahme einer Störung des regulären Gleitsyst. durch konkurrierende Nachbargleitsysteme erklärt werden. Die Analyse der Fließkurven bestätigt die am ⟨1 0 0⟩-Kristall von Haasen u. Leibfried beobachteten parabol. u. logarithm. Fließgesetze, wenn auch nicht immer in der von ihnen gefundenen zeitlichen Reihenfolge. Bei stärkerer Verfestigung treten für die jeweilige Orientierung kennzeichnende Wellen u. sonstige Besonderheiten in den Fließkurven auf. (Z. Metallkunde **45.** 417—28. Juli 1954. Göttingen, Univ.) H. Hochstein. 200

A. C. Damask und **A. S. Nowick,** *Mit der Ausfällung in einer Al–Ag-Legierung zusammenhängende innere Reibung.* (Sitzungsbericht.) Es wurde an Drähten einer Al–Ag-Legierung mit 20% Ag in verschied. Stadien des Ausfällungsprozesses die innere Reibung u. der elast. Nacheffekt gemessen. Eine aus dem Gebiet der festen Lsg. abgeschreckte u. bei 155° gealterte Probe zeigte für eine Schwingungsfrequenz von 0,25 Hz ein Maximum der inneren Reibung bei 140°, wobei das Dekrement des Maximums 0,02 ist. Dieses Maximum wird durch kurzes Anlassen bei allmählich ansteigenden Tempp. bis zu 170° nicht beeinflußt. Bei weiterem Anlassen über dieser Temp. wandert das Maximum nach höheren Tempp. u. nimmt gleichzeitig an Höhe zu, wandert dann nach tieferen Tempp. u. nimmt an Höhe ab. Während dieser Wanderung ist das Maximum nicht vollkommen reversibel in bezug auf Erhitzung u. Abkühlung. Bei einem weiteren Anlassen, welches zu fast vollständiger Ausfällung führt, wird das Maximum wieder bei 148° stabil. Die mit diesem Maximum der inneren Reibung in Verbindung stehende Aktivierungsenergie beträgt 25,0 ± 0,5 kcal/Mol. (Physic. Rev. [2] **94.** 1421. 1/6. 1954. Frankford Arsenal.)
C. Gottfried. 200

D. Tabor, *Mohssche Härteskala — eine physikalische Deutung.* Um eine möglicherweise physikal. Deutung der empir. aufgestellten Mohsschen Härteskala nachzuweisen, bei der bekanntlich das in der Härtenummer höherstehende Mineral das unter ihm stehende Mineral ritzt, untersuchte Vf. an einer Reihe von Metallen die Beziehungen zwischen Ritzhärte u. Eindruckhärte. Er ging hierbei von der Vorstellung aus, daß auch bei brüchigen Substanzen bei genügend hohem hydrostat. Druck nicht Bruch, sondern plast. Deformation eintritt. Aus den Verss. an den verschied. Metallen ergab sich, daß eine punktförmige Ritzquelle zum Ritzen einer ebenen Oberfläche mit der Vickers-Härte H_s eine eigene Härte H_p haben muß, welche ca. 20% größer sein muß als H_s. Wenn man annimmt, daß Ritzen erfolgt, wenn $H_p > 1{,}2\,H_s$ ist, dann kann man eine Ritzhärteskala aufstellen, in der jede Probe wenigstens 1,2mal so hart ist wie die vorhergehende. Ist dieses Verhältnis genau 1,2, dann würde man eine Skala erhalten, in der zwischen der Ritzhärtenzahl M u. der Eindruckhärte H die Beziehung $H = k_1\,(1{,}2)$ exp. M oder $\log H = M \log(1{,}2) + k_2$ bestände. Mit Ausschluß von Diamant läßt sich diese Beziehung auf die Mohssche Härteskala anwenden; in der Skala ist dann jedes Mineral ca. 60% härter als das in der Reihe vorhergehende. (Proc. physic. Soc., Sect. B **67.** 249—57. 1/3. 1954. Cambridge, Univ., Dep. of Phys. Chem., Res. Group on the Phys. and Chem. of Surfaces.)
C. Gottfried. 200

Rudolf Kohlhaas u. **Helmut Otto**, Scientia chimica. Bd. 7. Röntgenstrukturanalyse von Kristallen. Berlin: Akademie-Verlag. 1955.

Heinz Krebs, Die Struktur und die Eigenschaften der Halbmetalle. Die Bestimmung der Atomverteilung in amorphen Substanzen. Die chemische Bindung in anorganischen Festkörpern und das Entstehen metallischer Eigenschaften. Köln u. Opladen: Westdt. Verl. 1955. (109 S. m. 36 Abb.) 4°. = Forschungsberichte des Wirtschafts- und Verkehrsministeriums Nordrhein/Westfalen. Nr. 121. DM. 22,90.

A_7. Gleichgewichte. Kinetik.

Håkon Flood, *Anwendung des Massenwirkungsgesetzes auf chemische Gleichgewichte in Salzschmelzen.* Zusammenfassender Vortrag mit zahlreichen Beispielen aus der neueren Literatur. — 22 Literaturzitate. (Kem. Maanedsbl. nord. Handelsbl. kem. Ind. **35.** 65—72. 1954. Trondheim, Norges TH, Inst. för silikatforskn.) R. K. Müller. 221

Alfred W. Francis, *Isopyknische und „Twin Density"-Linien. Systeme mit zwei flüssigen Phasen.* Darst. über Bedeutung u. Eigg. der isopykn. Linien, der isoopt. Linien (Linien gleicher Brechungsindices) sowie der „Twin Density"- u. „Twin Index"-Linien bei bin. u. tern. Systemen an Hand der in der Literatur beschriebenen Systeme sowie eigener Untersuchungsergebnisse. (Ind. Engng. Chem. **45.** 2789—92. Dez. 1953. Paulsboro, N. J., Socony-Vacuum Oil Co., Res. and Development Dep.) T. Oppermann. 221

Fritz Kröhnke und **Isolde Vogt,** *Bathochromie durch Salzbildung.* 2. Mitt. *Tieffarbige Oktacyanomolybdate mit organischem Kation.* (1. vgl. C. **1951.** I. 3337.) Tieffarbige Cyclammoniumsalze, die den „tieffarbigen Ferrocyaniden (‚Feoc.')" in Aussehen u. Eigg. analog sind, liefert $K_4Mo^{IV}(CN)_8 + 2\,H_2O$, das wie $K_4Fe(CN)_6$ im Anion ein leicht oxydables Zentralatom mit beim Übergang in die höhere Wertigkeitsstufe unveränderter Koordinationszahl hat. Das entspricht den Vorstellungen über Bathochromie der Salze durch Redoxmesomerie zwischen den Ionen. Die *Oktacyanomolybdate* (I) sind tieffarbig, wenn sie gut kristallisieren, was nicht oft der Fall ist u. bei der Darst. nur gelingt, wenn das verwendete K-I alkalifrei ist. So fällt das *[3.4-Dichlorbenzyl]-chinoliniumsalz* als violettes Harz u. ist kr'st. blau wie das Feoc.; weitere Beispiele vgl. Versuchsteil. Das *Bis-pyridiniumsalz aus p-Diacetylbenzol* — tiefbraun — ist bathochromer als sonst Bis-pyridiniumsalze; ein gelbrotes *gemischtes Salz* mit organ. („*Am*") u. anorgan. Kationenresten $(Am^{II})_3K_2[Mo(CN)_8]_2 + 6\,H_2O$ wird — hier erstmals isoliert — erhalten, wenn man das Bis-pyridiniumbromid zu überschüssiger K-I-Lsg. gibt. — Die Pyridinium-I enthalten gleich viel oder mehr Kristallwasser als die Feoc., die Isochinolinium- u. Chinoliniumsalze weniger. Die Salze lösen sich wie alle infolge Redoxmesomerie bathochromen Salze in Mitteln mit hoher DK. farblos oder mit der Farbe der Ionen, lösen sich nicht in A., aber in Methanol u. lassen sich im Gegensatz zu den leichter oxydablen Feoc. aus W. umkristallisieren. Es werden auch *saure Salze* $Am_2H_2Mo(CN)_8$ krist. erhalten, die tieffarbiger sind als die entsprechenden Feoc. — Wie bei den Feoc. werden Pseudomorphosen („Psdm.") mit Schwermetallsalzen, bes. glatt mit Cu(II)-Sulfat, auch mit Zn-, weniger gut mit Ni-u. Co-Sulfat, beobachtet.

V e r s u c h e : Die Salze werden durch Fällen der wss. Lsg. ihrer Bromide mit ca. 10%ig. $K_4Mo(CN)_8$ („K-I")-Lsg. (vor der Verwendung durch Neutralisieren mit n HBr alkalifrei gemacht) hergestellt; sie fallen gelegentlich harzig aus u. krist. erst nach Verreiben mit CH_3OH. — *[2.6-Dichlorbenzyl]-pyridiniumoktacyanomolybdat* $[C_{12}H_{10}NCl_2]_4 \cdot Mo(CN)_8 + 10\,H_2O$, F. 206—207° (Zers.), bichromatfarbene Blätter, gibt im Vakuum bei 20—60° 6 H_2O ab, wird englischrot. Psdm. mit Cu- u. mit Zn-Sulfat; $FeCl_3$-Lsg. zerstört die Kristallform. — *Saures Salz,* $[C_{12}H_{10}NCl_2]_2H_2Mo(CN)_8 + 8\,H_2O$, aus den Komponenten in n HCl, sattgelbe Tafeln, am Licht schmutziggrün, zum Teil verwitternd, verliert bei 50—100° 8 H_2O, wird schwarzgrün. Keine Psdm. Gibt mit $NaHCO_3$-Lsg. neutrales Salz (unrein). — Weitere O k t a c y a n o m o l y b d a t e : *ω.ω'-Bis-pyridinium- aus dem p-Diacetylbenzol,* $[C_{20}H_{18}O_2N_2]_2Mo(CN)_8 + 6\,H_2O$, zers. oberhalb 300°, braune bronzeglänzende Blättchen aus dem entsprechenden Bis-pyridiniumbromid u. berechneter Menge K-I; Psdm. mit $AgNO_3$-, Cu- u. Zn-Sulfat-Lsgg. — *Gemischtes Salz,* $[K_2(C_{20}H_{18}O_2N_2)_3] \cdot [Mo(CN)_8]_2 + 6\,H_2O$, aus dem Bis-pyridiniumbromid u. überschüssiger K-I, gelbrote Tafeln; geht beim Umkristallisieren aus W. wieder in das rein organ. bronzefarbene Salz über. Psdm. mit Cu(II)-, Ag- oder Zn-Salz. — *[3.4-Dichlorbenzyl]-chinolinium-,* $[C_{16}H_{12} \cdot NCl_2]_4Mo(CN)_8 + 6\,H_2O$, F. 161—163°, blaue Kristalle (nach Verreiben mit CH_3OH). — *Phenacylchinolinium-,* $[C_{17}H_{14}ON]_4Mo(CN)_8 + 3\,H_2O$, F. 165—166°, tiefblaue Prismen, unlösl. A., lösl. CH_3OH (violettrote Lsg.), Psdm. mit $CuSO_4$ u. $AgNO_3$, $CoSO_4$-Lsg. zerstört die Kristalle. — *[2.6-Dichlorbenzyl]-isochinolinium-,* $[C_{16}H_{12}NCl_2]_4Mo(CN)_8 + 6\,H_2O$, F. 212 bis 214°, violette rhomb. Blättchen (in W. hellgelbe Lsg.!), beim Trocknen (Verlust 8,1%) Grünfärbung. Psdm. mit Cu-, Ag- u. Zn-Sulfat. — *ω.ω'-Dibrom-p-diacetylbenzol,* $C_{10}H_8 \cdot O_2Br_2$, F. 177—178°, aus Diacetylbenzol u. Br_2 in Eisessig (Rk. durch erhitzte Probe des Gemisches einleiten, dann 2 Std. stehenlassen). — *Bis-pyridiniumbromid aus ω.ω'-Di-*

brom-p-diacetylbenzol, $C_{20}H_{18}O_2N_2Br_2 + H_2O$, F. ab 275° (Zers.), mit Pyridin u. Eisessig erst bei 100°, dann erkalten. „Pikrylchlorid-Rk." violett bis rot, mit Nitroprussid-Na + NaOH tiefrote Farbe. „*Enolbetain*" orangerot. Schwer lösl.: *Bis-nitrat* (Prismen), *Bis-fluoborat* (Blättchen), *Bis-jodid*, gelbe Blättchen, *Bis-pikrat*, F. 235—236° (Zers.). *Bis-pyridinium-ferrocyanid*, $[C_{20}H_{18}O_2N_2]_2Fe(CN)_6 + 10\ H_2O$ aus dem Bis-bromid mit $K_4Fe(CN)_6$ in W., schwarzbraune Rhomboeder. Psdm. mit Co- u. Cu-Sulfat, langsam mit $ZnSO_4$ u. Co-Acetat. (Chem. Ber. **86**. 1132—37. 1953. Säckingen/Baden, Dr. A. Wander A.G., Forschungsinst.) G. v. DECHEND. 223

Harry Burrell, *Löslichkeitsparameter*. 1. Mitt. *Theorie und Berechnungen*. Vf. stellt zusammen, welche Erklärungen bisher für Löslichkeitsphänomene herangezogen wurden. Einen Löslichkeitsparameter, mit dem prakt. Rechnungen durchzuführen sind, hat HILDEBRAND abgeleitet. Nach SCATCHARD ist er die Wurzel aus der Kohäsionsenergiedichte. Die Gleichung für die freie Energie in ihrer einfachsten Form $\Delta F = \Delta H - T\Delta S$ wird vom Vf. in jedem Glied auf die Energieverhältnisse beim Mischen eines polymeren Stoffes mit einem Lösungsm. angewendet. Da der Entropiefaktor ziemlich unveränderlich groß ist, ist die Größe ΔH entscheidend, wenn Temperaturkonstanz angenommen wird. Die Größe ΔH, die Mischungswärme pro cm³, ist nach HILDEBRAND bei einer bestimmten Konz. gleich der Differenz der Löslichkeitsparameter δ der beiden Komponenten. Vf. zeigt, wie δ berechnet werden kann aus dem krit. Druck, der VAN DER WAALSschen Gaskonstante, der Beziehung zwischen Druck u. Temp., aus Thermalkoeffizienten, aus der Verdampfungswärme, aus der Strukturformel u. aus der Oberflächenspannung. Die Temperaturabhängigkeit von δ sowie δmix von gemischten Lösungsmitteln wird diskutiert. Die Löslichkeitsparameter von 89 Lösungsmitteln sowie von 35 Polymeren werden angegeben. (Interchem. Rev. **14**. 3—16. 1955. New York.) S. v. SCHIESZL. 224

Masao Nakajima, *Untersuchungen über Aussalzeffekte*. 1. Mitt. *Eine neue Theorie über Aussalzeffekte*. Zugabe eines Nichtelektrolyten zu der wss. Lsg. eines starken Elektrolyten veranlaßt ersteren, sich, ähnlich wie vorher das W., aber in verschied. Grade, auf die ⊕- u. ⊖-Ionen u. die undissoziierten Moll. zu verteilen. Die Löslichkeit (S) dieses Nichtelektrolyten in der Elektrolytlsg. kann größer oder kleiner sein als seine Löslichkeit in reinem Wasser. Aus der abgeleiteten Gleichung $S = S_0 - \mu C(1 - \nu\sqrt{C})/(1 + \varkappa\sqrt{C})$ wird geschlossen, daß bei $\mu > 0$ Aussalzen, bei $\mu < 0$ „Ein"-Salzen erfolgt. Die Aus- (bzw. Ein-)salzkurven werden nach 5 allg. Typen gruppiert. (J. electrochem. Soc. Japan **21**. 166—68. April 1953. [Orig.: japan., Auszug: engl.]) L. SCHULER. 224

F. Halla, *Die „reaktionslose Pause" in der Simultankinetik*. Auf Grund seiner Durchrechnung der SKRABALschen Reaktionsfolge (Mh. Chem. **74**. [1943.] 293) $A \underset{k_2}{\overset{k_1}{\rightleftarrows}} Z$; $Z \underset{k_4}{\overset{k_3}{\rightleftarrows}} B$ mit den von SKRABAL angegebenen Werten für die Konstanten k_1, k_2, k_3 u. k_4 kommt Vf. zu dem Ergebnis, daß der von SKRABAL in die Simultankinetik eingeführte Begriff der „reaktionslosen Pause" besser vermieden würde, da sich für ihn kein rechner. Kriterium angeben läßt u. seine Abgrenzung gegen den benachbarten „Reaktionsakt" nicht möglich ist. (S.-B. österr. Akad. Wiss., math.-naturwiss. Kl., Abt. IIb. **161**. 1448 bis 1452. 1952. Bruxelles, Associat. pour les Études texturales.) MARIA SCHENK. 225

J. Ibarz Aznárez und **J. Virgili Vinadé**, *Kinetische Untersuchung der Zersetzung der unterchlorigen Säure*. 4. Mitt. *Kinetik der Reaktion bei 30 und 40°*. (3. vgl. C. **1954**. 5252.) Unter den in den früheren Verss. bei 25° angewandten Bedingungen wird die Zers. der HClO bei 30 u. 40° untersucht. Die tabellar. u. graph. mitgeteilten Ergebnisse werden zur Berechnung der Geschwindigkeitskonstanten ausgewertet. Für die Aktivierungsenergie ergibt sich zwischen 25 u. 30° ein Mittelwert 20450 cal/Mol. (An. Real Soc. españ. Fisica Quim., Ser. B **50**. 715—20. Sept./Okt. 1954. Barcelona, Inst. A. de G. Rocasolano.) R. K. MÜLLER. 225

Andrew Dravnieks, *Kinetik von Nickel-Schwefel- und Stahl-Schwefel-Reaktionen*. Es wurde gefunden, daß die Rk. von Ni mit geschmolzenem S zwischen 205 u. 445° dem parabol. Gesetz gehorcht. Bis 260° war die Milleritform von NiS das einzige Sulfid in der Skala. Bei 340° u. höher fand man nur die Hochtemperaturform B 8 von NiS. Die ARRHENIUSsche Aktivierungsenergie unter ca. 300° ist über 50 kcal, über dieser Temp. ist sie ca. 20 kcal. Das läßt sich mit einer Aktivierungsenergie von 41 kcal für die Fe–S-Rk. über den gesamten Temperaturbereich vergleichen, wo nur die FeS-Form bekannt ist. Es wurde gefunden, daß Ni_3S_2, Ni_6S_5, zwei Formen von *NiS* u. NiS_2, aber nicht Ni_7S_6 u. Ni_3S_4 sich bei einer erschöpfenden Rk. der entsprechenden Mischungen von Ni u. S bilden. Die Bldg. von NiS_2 war einige tausendmal langsamer als die Blfdg. von NiS. NiS bildet sich stetig. Bei der Bldg. von FeS wurde der klare Beweis für Fehler u. Ausbesserungen der Skala gefunden. Eine formale Beschreibung eines solchen Skalenwachstumsgesetzes wird angegeben u. ein „mikrokataklysm.“ Term eingeführt, der diese Form der Kinetik beschreiben soll. (J. electrochem. Soc. **102.** 435—39. Aug. 1955. Whiting, Ind., Standard Oil Comp. [Indiana],Engng. Res. Dep.) A.-F. BOGENSCHÜTZ. 225

Ss. S. Roginski, *Kinetik des Isotopenaustausches. Isotopenaustausch unter dynamischen Bedingungen.* In der vorliegenden Arbeit werden die Gesetzmäßigkeiten der Kinetik des nichtkomplizierten Isotopenaustausches unter dynam. Bedingungen erörtert u. eine detailisierte theoret. Analyse der Kinetik des Isotopenaustausches angeführt. (Доклады Академии Наук СССР [Ber. Akad. Wiss. UdSSR] **100.** 939—42. 11/2. 1955. Inst. für Physikal. Chemie der Akad. der Wiss. der UdSSR.) E. RUDAT. 225

Ja. A. Fialkow und **Ju. P. Nasarenko,** *Sulfationenaustausch in Lösungen des grünen Chromsulfats.* Aus einer mit etwas $Na_2{}^{35}SO_4$ versetzten Lsg. des grünen Cr-Sulfats (aus CrO_3 u. SO_2) wird nach bestimmten Verweilzeiten im Thermostaten zuerst das in der äußeren Sphäre gebundene SO_4^{2-} mit Benzidinchlorid, dann, nach Filtration, der Rest mit $BaCl_2$ gefällt u. aus der Aktivität der Ndd. die Austauschgeschwindigkeit ermittelt. Bei 30° beträgt die Dauer des Austausches von 50% 270 Min., bei 20° 1200 Min., daraus ergeben sich die Geschwindigkeitskonstanten 0,0026 bzw. 0,00058 min^{-1} u. die Aktivierungsenergie 26300 ± 3500 cal/Mol. Die Geschwindigkeit des Austausches zwischen innerer u. äußerer Sphäre ist von gleicher Größenordnung wie die des Austausches von Wassermoll. zwischen Lösungsm. u. innerer Sphäre. Da der Prozeß der Umwandlung der grünen in die violette Modifikation wesentlich langsamer verläuft, kann der Austausch von SO_4^{2-} der inneren Sphäre gegen H_2O nicht der Faktor sein, der die Bldg. der violetten aus der grünen Modifikation bestimmt; eher ist als maßgebend die Umwandlung von fest an Cr gebundenen OH-Gruppen in Wassermoll. anzunehmen. (Доклады Академии Наук СССР [Ber. Akad. Wiss. UdSSR] **100.** 719—22. 1/2. 1955. Inst. für allg. u. anorgan. Chem. der Akad. der Wiss. der UdSSR.) R. K. MÜLLER. 225

A. N. Hambly, *Strahlung und Materie.* Übersicht über die chem. Änderungen durch Strahlungen verschied. Frequenz mit Beispielen. (J. Oil Colour Chemists' Assoc. **38.** 121—28. März 1955. Melbourne, Univ., Chem. Dep.) GERHARD SCHMIDT. 226

Piffault, Lachapèle, Blanquet und **Babin,** *Experimentelle Ergebnisse zur Wirkung von Strahlen auf zweifach destilliertes Wasser.* Zweifach dest. W. wurde in Pyrexgläsern in Mengen von 250 ml verschied. Bestrahlungen ausgesetzt, u. zwar 1. einer UV-Lampe, 2. einer Röntgentherapieanlage von 200 kV, 10 mA u. 3. einer 750 mg Ra-Einheit. Die bestrahlten Proben wurden danach auf ihren Geh. an H_2O_2 untersucht: 1. Nach 2 Std. werden 1—2 μMol/Liter nachgewiesen. 2. Der Geh. wächst mit der Bestrahlungsdauer, nach 1 Std. werden 9, nach 2 Std. 17, nach 3 Std. 25 u. nach 4 Std. 31 μMol gefunden. 3. Nach 15 Std. beträgt der Geh. des W. an H_2O_2 9—10 μMol/Liter. (J. Radiol. Électrol. Arch. Électr. méd. **34.** 824—25. 1953. Labor. de la Fondation Bergonié.) W. REUSSE. 226

S. N. Sanyal, *Wirkung von diffusem Licht auf die Geschwindigkeit der Reaktion von Mangandioxyd mit Wasserstoffperoxyd.* Die Geschwindigkeit der Zers. von H_2O_2 in Ggw. von MnO_2 (Pyrolusit) wird durch diffuses Licht stark beeinflußt. Vf. berichtet über Verss. mit Hilfe der bereits von ihm früher mitgeteilten Blasenbildungsmeth., wobei im diffusen Licht zu verschied. Tageszeiten die Reaktionsgeschwindigkeit gemessen wurde. (Calcutta med. J. **50.** 207—12. Juni 1953. Calcutta, Bacteriol. Inst.) R. KÖNIG. 227

G. A. Bogdanow, *Über den Einfluß der H^+-Ionenkonzentration auf die Katalysegeschwindigkeit.* Bei der Zers. von H_2O_2 (I) in Ggw. von $Na_2MoO_4 + K_2Cr_2O_7$ (II) wird ein Einfl. der Ionen H^+ u. OH^- auf Zus. u. Menge der Zwischenprodd., die Geschwindigkeit ihrer Entstehung u. die Gleichgewichtskonstanten ihrer Bldg. u. ihres Zerfalls festgestellt. Wenn man die H_2SO_4-Konz. von 0,0005 auf 0,001 mol. erhöht, nimmt die Reaktionsgeschwindigkeit auf $^1/_6$ ab. Die Ergebnisse der kinet. Unters. sprechen dafür, daß II in saurem Medium durch I in eine inakt. Cr^{3+} enthaltende Zustandsform übergeht. (Журнал Физической Химии [J. physik. Chem.] **26.** 766—69. Mai 1952. Moskau.) R. K. MÜLLER. 227

Ss. L. Kiperman, N. A. Rybakowa und **M. I. Temkin,** *Reduktion des Katalysators durch atomaren Wasserstoff.* Ein durch Red. von WO_3 (I) bei hoher Temp. hergestellter Katalysator ist wenig aktiv. Dies beruht vermutlich auf einem Verlust an akt. Oberfläche. Um diesen zu vermeiden, wird versucht, I mit atomarem H aus einer 5000 V-Entladung zuerst bei gewöhnlicher Temp. (90 Std.), dann bei 300° (82 Std.) zu reduzieren. Der so erhaltene Katalysator (II) ist bei der NH_3-Synth. bei gewöhnlicher Temp. aktiver, jedoch nicht so wirksam wie die handelsüblichen Katalysatoren. Ähnliche Ergebnisse werden auch erzielt, wenn bei Tempp. gearbeitet wird, die 220—230° unter denen liegen, die zum

Erreichen eines bestimmten NH_3-Geh. erforderlich sind. Schon Spuren von O_2 vergiften den Katalysator rasch. (Журнал Физической Химии [J. physik. Chem.] **26.** 621—23. Mai 1952. Moskau, Physik.-chem. Karpow-Inst.) R. K. MÜLLER. 227

W. I. Schechobalowa, I. W. Krylowa und **N. I. Kobosew,** *Aktive Zentren und Oxydationsmechanismus von gasförmigem Schwefeldioxyd.* Vff. versuchen die Struktur des akt. Zentrums bei der Oxydation von SO_2 an Pt u. Pd auf Trägern verschied. Natur u. Oberflächenstruktur aufzuklären. Als Träger wird SiO_2- u. Al_2O_3-Gel verwendet. Die Reaktionsgeschwindigkeit wird im strömenden Syst. bei 300—450° ermittelt. Die Ergebnisse sprechen für die Annahme, daß Pt u. O_2 ein Peroxyd PtO_2 bilden, das mit SO_2 unter Bldg. von PtO u. SO_3 reagiert, worauf PtO wieder mit SO_2 zu Pt u. SO_3 reagiert. Ein spezif. Einfl. der Träger scheint, bes. bei niedriger Metallkonz., vorzuliegen. (Журнал Физической Химии [J. physik. Chem.] **26.** 703—18. Mai 1952. Moskau, Lomonossow-Univ.) R. K. MÜLLER. 227

K. P. Lawrowski und **Ju. A. Kolbanowski,** *Mechanismus der heterogenen Katalyse an Oxydkatalysatoren.* Bei oxyd. (u. sulfid.) Katalysatoren kann man an der Oberfläche Ionenkristalle annehmen, die z. B. aus M^{2+} u. R^{2-} bestehen. Der Übergang eines Elektrons zu einem Ion M^{2+} ergibt ein neues Teilchen $\dot{M}^+$, das gleichzeitig Ion u. Radikal ist u. mit einem elektroneutralen Mol. vom Typ A=B, z. B. Äthylen, eine Zwischenverb. bildet, z. B. $\dot{M}^+ + CH_2 = CH_2 \rightarrow M{-}\overset{+}{C}H_2{-}\dot{C}H_2$, die ebenfalls Ion u. Radikal zugleich ist. Wenn die C-Kette nicht zu lang ist, müssen die Ioneneigg. dieser Zwischenverb. genügend ausgeprägt sein, daß man die für Ionenkatalyse charakterist. Rkk. erwarten kann, wie Isomerisierung, Alkylierung, Polymerisation usw. Beispiel: n-Butan → Isobutan an WS_2 oder Dekalin → 2.8-Dimethylbicyclooctan an MoS_2. Bei der Synth. von KW-stoffen aus CO u. H_2 muß die Menge der verzweigten Prodd. bei Anwendung oxyd. Katalysatoren größer sein als bei Anwendung metall. Katalysatoren, wie auch Vergleichsverss. bestätigen, in denen mit *Co* auf *Kieselgur* (+ *ThO_2* + *MgO*) im Mittel 12,5%, mit *Fe_2O_3* + *Al_2O_3* +*K_2O* ~50%, mit ThO_2 + Al_2O_3 100% verzweigte KW-stoffe erhalten werden. (Доклады Академии Наук СССР [Ber. Akad. Wiss. UdSSR] **101.** 687—88. 1/4. 1955. Erdölinst. der Akad. der Wiss. der UdSSR.) R. K. MÜLLER. 227

N. S. Kotelkow, *Einfluß der „Aufkohlung" von Nichrom und platiniertem Nichrom auf die Dehydrierung und die Dehydratisierung von Isopropyl- und n-Butylalkohol.* Nicht anoxydiertes *Nichrom* (I) ist katalyt. wenig wirksam; die Drahtspiralen werden zur Aktivierung 10—12 Std. mit Luft auf 550—600° erhitzt. Dann folgt bei platiniertem I (Pt-I) eine Vorbehandlung mit H_2 (1,2 Liter/Std.). Bei Ggw. von CO_2 scheidet sich auf I bei 250 bis 300° dendrit. Kohle ab, wodurch der Katalysator überwiegend dehydratisierend wird: Dehydratationsgrad bei *Isopropylalkohol* (II) 81,9%, bei *n-Butylalkohol* (III) 68,44%. Pt-I wirkt vorwiegend dehydrierend, noch stärker nach Aufkohlung; Dehydrierungsgrad bei 300° bei II 84,81%, bei III 81,63%. (Журнал Прикладной Химии [J. angew. Chem.] **27.** 1019—24. Sept. 1954. Saratow, Landwirtsch. Inst., Lehrstuhl für analyt., physik. u. Kolloidchem.) R. K. MÜLLER. 227

N. S. Kotelkow, *Über die Dendrithypothese der Kohleablagerung bei der Katalyse auf metallischen Katalysatoren.* (Vgl. vorst. Ref.) Bei der Zers. von A. bei 450° u. höherer Temp. an Metallkatalysatoren (Drähte aus *Nichrom, Nickelin, Konstantan*) scheidet sich an diesen Kohle in Form von Dendriten ab, am raschesten an Konstantan. Die Abscheidung u. das Wachstum dieser Dendrite erfolgt an den Kristallgrenzflächen; dabei tritt Dehnung u. Lockerung ein, die zur Vermehrung der akt. Zentren u. zur Erhöhung der Aktivität des Katalysators für die Dehydrierung führt. (Журнал Прикладной Химии [J. angew. Chem.] **27.** 1221—27. Nov. 1954.) R. K. MÜLLER. 227

N. S. Kotelkow, *Röntgen- und elektronenmikroskopische Analyse der Katalysatoren Nichrom, platiniertes Nichrom und Ton.* (Vgl. vorst. Reff.) An der Oberfläche von Nichrom, mit u. ohne Platinierung, wird nach oxydierender Behandlung die Ausbldg. von Kristallgrenzflächen bzw. Kornvergröberung beobachtet; beide Vorgänge führen zu einer Erhöhung der Aktivität u. der Lebensdauer bei der Verwendung als Katalysator bei der therm. Zers. von Isopropylalkohol bei 250—400°. Feuerfester Ton weist bei dieser Rk. akt. Zentren auf, die sich in ihrer Natur von denen des Al_2O_3 unterscheiden u. mit der Ggw. Fe-freier Si-Verbb. (wahrscheinlich Montmorillonit) in Zusammenhang gebracht werden. (Журнал Прикладной Химии [J. angew. Chem.] **27.** 1231—35. Nov. 1954.) R. K. MÜLLER. 227

L. Ch. Freidlin und **K. G. Rudnewa,** *Kinetik der Desaktivierung des Nickelskelettkatalysators und relative Geschwindigkeit der Wasserstoffaktivierung.* (Vgl. C. **1951.** II. 3138. **1952.** 987.) Bei der Hydrierung von *p-Benzochinon* (I) in Dioxanlsg. in fl. Phase mit gasförmigem H_2 in Ggw. eines zuvor mit H_2 gesätt. Ni-Skelettkatalysators kommt die H_2-Aufnahme aus dem Gas zum Stillstand, wenn 58,3% des zur vollständigen Red. des I zu *Hydrochinon* (II) erforderlichen H_2 aufgenommen sind. Trotzdem ist die Red. zu II vollständig. Der Rest des aufgenommenen H_2 entstammt also dem im Katalysator gelösten H_2 u. ist in diesem nicht wieder aus dem Gas ersetzt. Wenn die Schüttelgeschwindigkeit von 400 auf 800/Min. erhöht wird, ändert sich der Verbrauch von H_2 aus dem Gas nicht; die Rk. wird also nicht durch Diffusion bestimmt. Wird die Katalysatormenge auf das 3fache erhöht, dann nimmt die aus dem Gas aufgenommene H_2-Menge um 22%, bei 5facher Katalysatormenge um 44% zu u. die aus dem Katalysator aufgenommene H_2-Menge um 39 bzw. 84% ab. Ähnlich liegen die Verhältnisse, wenn I unter Rühren tropfenweise eingeführt wird. Dagegen bewirkt Erhöhung der I-Menge bei gleicher Menge Katalysator eine Verminderung der H_2-Aufnahme aus dem Gas. Bei Verss. ohne H_2-Gas werden in 1 Min. 66, in 2 Min. 78, in 3 Min. 86% der für die Red. zu II benötigten H_2-. Menge aus dem im Ni gelösten H_2 geliefert, die restlichen 14% nur sehr langsam. Die Kurven der H_2-Abgabe aus dem Katalysator fallen bei 18 u. 60° zusammen; die H_2-Abgabe ist also von der Temp. unabhängig. (Доклады Академии Наук СССР [Ber. Akad. Wiss. UdSSR] [N. S.] **81.** 59–62. 1/11. 1951. Zelinsky-Inst. für organ. Chem. der Akad. der Wiss. der UdSSR.) R. K. MÜLLER. 227

L. Ch. Freidlin und **K. G. Rudnewa,** *Die Stabilität des Nickelskelettkatalysators bei erhöhter Temperatur.* (Vgl. vorst. Ref. u. **1954.** 8302.) Der Einfl. des Erhitzens im N_2-Strom u. im Vakuum auf die katalyt. Wrkg. von *Raney-Ni* (I) bei der Hydrierung von Vinylphenyläther in A. bei 20° wird vergleichend untersucht. Im N_2-Strom behält I seine Aktivität bei Abwesenheit organ. Stoffe noch bei 2std. Erhitzen auf 300° unverändert. Erst von 400° an verliert I, mit steigender Temp. zunehmend, an Aktivität u. H-Gehalt. Beim Erhitzen im Vakuum geht die Aktivität rascher zurück als im N_2-Strom. Die Hauptursache der Erschöpfung des Katalysators unter den üblichen Hydrierbedingungen ist demnach offenbar nicht eine Rekristallisation, sondern die Zerstörung der akt. Oberfläche durch chem. Entzug von H u. durch Oberflächenblockierung. (Известия Академии Наук СССР, Отделение Химических Наук [Nachr. Akad. Wiss. UdSSR, Abt. chem. Wiss.] **1953.** 1111–15. Nov./Dez.) R. K. MÜLLER. 227

L. Ch. Freidlin und **K. G. Rudnewa,** *Umsetzung der Komponenten des Skelettnickels mit mineralischen Oxydationsmitteln.* (Vgl. vorst. Reff.) Wenn eine Suspension von *Raney-Ni* in W. bei gewöhnlicher Temp. mit $KMnO_4$-Lsg. behandelt wird, wird $KMnO_4$ sofort entfärbt, es reagiert dabei gleichzeitig mit dem Ni u. dem adsorbierten H_2; dagegen reagiert $NaJO_3$ zuerst nur mit H_2, dann erst mit Ni. O_2 reagiert 5–6mal langsamer als Benzochinon oder $NaJO_3$; ca. $^2/_3$ des O_2 werden durch H_2, $^1/_3$ durch Ni verbraucht. (Известия Академии Наук СССР, Отделение Химических Наук [Nachr. Akad. Wiss. UdSSR, Abt. chem. Wiss.] **1954.** 1082–88. Nov./Dez.) R. K. MÜLLER. 227

A_8. Präparative anorganische Chemie. Komplex- und Molekülverbindungen. Metallorganische Verbindungen.

H. C. Mattraw, C. F. Pachucki und **N. J. Hawkins,** *Gleichgewichtskonstante, Ultrarotspektrum und thermodynamische Eigenschaften von Bromchlorid.* In Quarzgefäßen wurden abgemessene Mengen Cl_2 u. Br_2 durch Bestrahlung mit einer Hg-Lampe zur Rk. gebracht. Die quantitative Zus. des Reaktionsgemisches aus Cl_2, Br_2 u. BrCl wurde massenspektroskop. ermittelt u. die Gleichgewichtskonstante für das gasförmige Syst. $2\,BrCl = Br_2 + Cl_2$ mit K = 0,15 bestimmt. Im Ultrarotspektr. des BrCl wurde die Grundschwingung bei 439,5 cm^{-1} gefunden. Vff. berechnen die thermodynam. Größen $-(F-E_0^0)$, S u. Cp von 100–1000° K bei 1 at Druck. Für die Existenz von $BrCl_3$ ergaben sich keine Hinweise. (J. chem. Physics **22.** 1117–19. Juni 1954. Schenectady, N. Y., General Electric Company, Knolls Atomic Power Labor.) H.-J. BECHER. 245

A. A. Sprysskow, *Über die Umsetzung der Perchlorsäure mit Schwefelsäureanhydrid.* Wir untersuchten die Umsetzung von SO_3 mit $HClO_4$, um die Möglichkeit der äquimol. Umsetzung der Komponenten unter Bldg. der Verb. $[HSO_3]^+[ClO_4]^-$ zu erproben. Eine solche Verb. würde die Existenz des Ions SO_3H^+ beweisen. Zu diesem Zweck wurde wasserfreie $HClO_4$ einer äquimol. Menge SO_3 zugesetzt. Anfangs wurden die Komponenten in trockenem Chlf. gelöst u. die chloroformierten Komponenten dann vereinigt. Beim Mischen der Lsgg. trat wesentliche Erwärmung auf, wobei ein Teil des Chlf. heftig verdampfte. Die Lsg. teilte sich darauf in zwei untereinander nicht mischbare Schichten. In einem anderen Vers. wurden 1,530 g frisch dest., noch fl. SO_3 ohne Lösungsm. aus einer Mikrobürette im Verlaufe von 2–3 Min. 1,09 ml $HClO_4$ zugesetzt, was äquimol. Mengen entspricht. Die Mischung erwärmte sich bis auf 70° u. teilte sich in zwei Schichten. Die obere Schicht war farblos, die untere Schicht schwachbraun gefärbt u. durchsichtig. Beide Schichten wurden analysiert u. zeigten, daß die obere Schicht aus $HClO_4$ besteht, welche eine geringe Menge der unteren Schicht gelöst oder emulgiert enthält. Die untere Schicht enthält eine Verb. von 2 Mol SO_3 mit 1 Mol $HClO_4$. Diese Verb. kann man als ein Prod. intramol. Umsetzung der $HClO_4$ mit dem Anhydrid der Pyroschwefelsäure auffassen. Da die Pyroschwefelsäure stärker ist als die $HClO_4$, erscheint bei ihrer gegenseitigen Umsetzung letztere als Protonacceptor. Deshalb kommt der erhaltenen Verb. höchstwahrscheinlich die Formel $[ClO_3]^+[HS_2O_7]^-$ zu. Die Verb. ist unlösl. in $HClO_4$. (Доклады Академии Наук СССР [Ber. Akad. Wiss. UdSSR] **100.** 937—38. 11/2. 1955. Iwanowo, Chem.-Technol. Inst.) E. RUDAT. 253

John E. Ricci und **Bernard Selikson,** *Einige wässerige Systeme mit Sulfamaten.* Durch die Unters. der tern. Systeme $NaSO_3NH_2$—NaCl—H_2O; $NH_4SO_3NH_2$—NH_4Cl—H_2O; KSO_3NH_2—KCl—H_2O u. KSO_3NH_2—KJ—H_2O bei 25° zeigen Vff., daß in diesen wss. Systemen mit einem Sulfamat u. einem Halogenid mit gleichem Kation einfache Verhältnisse mit den reinen Salzen als Bodenkörper vorliegen. Auch die Systeme $NH_4 \cdot SO_3NH_2$—$(NH_4)_2SO_4$—H_2O u. KSO_3NH_2—K_2SO_4—H_2O ergeben solche einfachen Verhältnisse ohne Mischkristallbildung. Beim Syst. $NH_4SO_3NH_2$—KSO_3NH_2—H_2O, bei dem Isothermen bei 9, 25 u. 45° bestimmt wurden, liegt dagegen Mischkristallbldg. mit Mischungslücke vor. Durch graph. Darst. des Molenbruchs von $NH_4SO_3NH_2$ in der Lsg. gegen den im Bodenkörper zeigen Vff., daß das Syst. als V-Typ der Einteilung nach ROOZEBOOM anzusehen ist. Ferner untersuchen Vff. die Isotherme bei 25° im quaternären Syst. $NH_4SO_3NH_2$—K_2SO_4—H_2O. Es ergab sich die Existenz von 3 festen Phasen: lückenlose Mischkristalle von K_2SO_4—$(NH_4)_2SO_4$ u. die beiden Mischkristallreihen der Sulfamate. Die an allen 3 festen Phasen gesätt. isotherm invariante Lsg. ist inkongruent gesätt. in Beziehung auf den KSO_3NH_2-reicheren Mischkristall der Sulfamate. (J. Amer. chem. Soc. **74.** 1956—62. 20/4. 1952. New York, N. Y., Univ., Dep. of Chem.) J. SIEWERT. 253

André Boullé und **Robert Jary,** *Über die Siliciumphosphate.* Vff. geben einen chem. Beweis für die Konst. der *Siliciumphosphate* (I) (Darst. vgl. C. **1954.** 1431). In einer $AgNO_3$-Schmelze (F. 208°) werden sie in die entsprechenden Silberphosphate übergeführt. Die Brauchbarkeit der Meth. wurde an Na_3PO_4 u. $Na_4P_2O_7$ geprüft. Das entstehende $Ag_3 \cdot PO_4$ bzw. $Ag_4P_2O_7$ wurde röntgenograph. u. analyt. identifiziert. Die Vollständigkeit des Umsatzes hängt von der Darstellungstemp. der I ab. Bei der Rk. entsteht SiO_2 neben Ag-Phosphat. Durch Best. des Gesamt-SiO_2 im Reaktionsprod. kann das nicht umgesetzte I aus dem Analysenergebnis rechner. eliminiert werden. Die Verb. der Zus. 3 $SiO_2 \cdot 2\ P_2O_5$ ist ein neutrales *Si-Orthophosphat* (Bldg. von Ag_3PO_4), $SiO_2 \cdot P_2O_5$ ein neutrales *Si-Pyrophosphat* (Bldg. von $Ag_4P_2O_7$). Die unterhalb 180° beständige Tieftemperaturmodifikation von $SiO_2 \cdot P_2O_5$ konnte wegen des höheren F. von $AgNO_3$ nicht untersucht werden. (C. R. hebd. Séances Acad. Sci. **237.** 328—30. 27/7. 1953.) K. SCHILLER. 264

Jack Schubert, *Komplexe der Erdalkalikationen einschließlich des Radiums mit Aminosäuren und verwandten Verbindungen.* In Ergänzung früherer Messungen (C. **1953.** 3377) berichtet Vf. über Messungen der Wechselwrkg. der Erdalkalien *Ca, Sr, Ba* u. *Ra* mit folgenden Aminosäuren u. verwandten Verbb. bei p_H 7,2—7,3 u. einer Ionenstärke von $\mu = 0{,}16$ (wenn nicht anders vermerkt) u. 25° (Komplexbildungsgleichgewichtskonstante K_f, angegeben log K_f), *Adenylsäure-3'-phosphat* (Sr 1,4), *Asparagin* (Ca 0, Sr—0,43), *Catechindisulfonsäure* (Ca 1,8), *Cholin* (Ca —0,8, Sr 0,8), *Citronensäure* (I) (Ba 2,54, Ra 2,36), I ($\mu = 0{,}078$) (Ba 2,84), *Kreatin* (Ca 0, Sr 0), *Kreatinin* (Ca 0, Sr 0), *Cytidylsäure-3'-phosphat* (Sr 1,6), *Glutaminsäure* (II) (Ca 0,78, Sr 0,69), II (p_H 8,1) (Sr 0,85), II (p_H 9,1) (Sr 1,06), II (p_H 10,4) (Sr 1,12), *Glutamin* (Ca 0,18), *Glutathion* (Ca 0), *Oxyprolin* (Ca 0,48, Sr 0,04), *Imidazol* (Ca 0,08), *Äpfelsäure* (III) (Ba 1,36, Ra 0,95), III ($\mu = 0{,}078$) (Ba 1,48), *Methionin* (Ca —0,66), *Salicylsäure* (Ca 0,15), *Serin* (Ca ~0,5, Sr ~0,4), *Bernsteinsäure* (Ba 1,21), *Weinsäure* (IV) (Ba 1,67, Ra 1,24) u. IV ($\mu = 0{,}078$) (Ba 1,76). Die Ergebnisse werden diskutiert, bes. in Hinblick auf die chromatograph. Trennung von Ra, Ba u. Sr. (J. Amer. chem. Soc. **76.** 3442—44. 5/7. 1954. Lemont, Ill., Argonne Nat. Labor., Div. of Biolog. and Med. Res.) W. NIEMITZ. 280

Louis Andrès, Jean Iragne und **Yves Berquin,** *Über den Einfluß gewisser Mineralsalze auf die Fällung des Calciumphosphates.* Vff. untersuchten den Einfl. verschied. Faktoren auf die Auflösungsgeschwindigkeit von gefälltem Calciumphosphat, wobei festgestellt wird, daß durch Zufügen gewisser Mineralsalze unerwartete Löslichkeitserscheinungen auftreten. Schließt man ein natürliches Phosphat mit HNO_3 auf u. fügt $^1/_{10}$ des Gewichtes des natürlichen Phosphates an $MgSO_4 \cdot 7\ H_2O$ zu, so wird das ausgefällte Ca-Phosphat vollkommen in NH_4-Citratlsg. löslich. Diese Löslichkeit bleibt erhalten bis zu einem p_H von ungefähr 9,5. Die Verss. zeigen, daß diese Löslichkeit annähernd parallel mit dem p_H-Wert verläuft. Weiterhin wird festgestellt, daß das Anion des Mg einen geringen Einfl. auf dieses Lösungsphänomen hat. Doch zeigt das Sulfation den stärksten Lösungseffekt. (C. R. hebd. Séances Acad. Sci. **234.** 2285—87. 4/6. 1952.)

A. KRAJEWSKI. 283

Richard Weber, *Eine Bildung von Entwässerungsprodukten der Millonschen Base.* Vf. untersucht die bei längerer Einw. von abwechselnd gasförmigem u. fl. *Ammoniak* auf *Quecksilber* unter hohen Drucken (2,5—10 ata) sich bildenden hochexplosiven Substanzen (**I**). Es zeigte sich, daß für die Bldg. von **I** die Ggw. von *Luft* u. *W.* (in geringen Mengen im gasförmigen NH_3 als Verunreinigung) erforderlich ist. Vgll. der DEBYE-SCHERRER-Aufnahmen von **I** u. synthet. hergestellter MILLONscher Base $Hg_2NOH \cdot 2\,H_2O$ sowie deren beiden Entwässerungsprodd. ergaben für **I** die Interferenzen der MILLONschen Base sowie daneben wenige Linien des $Hg_2NOH \cdot H_2O$. Vf. nimmt an, daß in **I** das W. der MILLONschen Base teilweise durch NH_3 ersetzt ist. Damit ließe sich die aus der Röntgenaufnahme hervorgehende Struktur u. möglicherweise auch die starke Explosivität von **I** erklären. Eine Bldg. explosiver Prodd. bei der Einw. von NH_3 auf Hg kann nach Vf. durch Verwendung von *Zinkamalgam* statt des Hg verhindert werden. (Z. Naturforsch. **8 b.** 377—80. Juli 1953. Wiesbaden-Dotzheim, Ges. für Linde's Eismaschinen, Prüfstand.)

I. KARUTZ. 290

Tran-Huu-The und **Marcel Prettre,** *Über den thermischen Verlauf der Dehydratationsreaktionen von Hydrargillit.* Vff. zeigen, daß die Entwässerung von *Hydrargillit* (**I**) unter dem Einfl. steigender Temp. in 2 Stufen vor sich geht: $Al_2O_3 \cdot 3\,H_2O \rightarrow Al_2O_3 \cdot x\,H_2O + (3-x)\,H_2O$ u. $Al_2O_3 \cdot x\,H_2O = Al_2O_3 + x\,H_2O$, wobei x ungefähr dem Wert 0,5 entspricht. Die Phase, die sich bei der therm. Behandlung des **I** zuerst bildet, ist der *Böhmit* (**II**), u. weiter bildet sich in der zweiten Stufe das γ-Al_2O_3. Wenn diese Dissoziation thermograph. bei äußerst langsamer Steigerung der Temp. verfolgt wird, so sind diese beiden Reaktionsstufen durch ein Temperaturintervall von 100° unterschieden, u. in diesem Intervall ist der **II** stabil. Dagegen erhält man bei rascherem Temperaturanstieg kein Auftreten einer anderen Modifikation. Vff. haben zur Verfolgung dieser Hydratationsvorgänge eine thermograph. u. eine therm. Differentialanalyse angewandt. Hierbei wird gefunden, daß die erste Stufe der Rk. endotherm verläuft, u. daß die Zers. des unbeständigen **II** einen exothermen Prozeß darstellt. (C. R. hebd. Séances Acad. Sci. **234.** 1366—68. 24/3. 1952.)

A. KRAJEWSKI. 294

Eckhard Bonitz, *Zur Kenntnis aluminiumorganischer Verbindungen.* Die zur Ausarbeitung einer Bestimmungsmeth. von Al-Trialkylen (AlR_3), Dialkyl-Al-Hydriden ($HAlR_2$) u. Dialkyl-Al-Halogeniden ($XAlR_2$) mit Isochinolin (**I**) als Komplexbildner unternommenen spektrochem. Unterss. zeigen im Falle des $Al(C_2H_5)_3$- (**II**)-Komplexes eine Veränderung des an der langwelligen Seite scharf strukturierten Absorptionsspektr. von **I** u. ein um ca. 1000—1150 cm^{-1} nach Rot verschobenes Maximum, das für die Komplexbldg. im Mol-Verhältnis 1:1 charakterist. ist. Die AlR_3-Komplexe sind gelb gefärbt (Absorption über 400 mμ), während Komplexe mit $AlHR_2$ bzw. $XAlR_2$ im Mol-Verhältnis 1:1 farblos sind. $HAlR_2$ einschließlich $HAl(CH_3)_2$ bilden außer den 1:1-Komplexen tiefrote 1:2-Verbb., in deren Spektr. eine große Rotverschiebung (ca. um 9800 cm^{-1}) gegenüber **I** auftritt. Die bei AlR_3 in Ggw. von $HAlR_2$ auftretende reversible Rotfärbung mit **I** ist ein spezif. Nachw. für die Al—H- neben der Al—C-Bindung. — Die 1:1-Komplexe werden als Donator-Acceptor-Verbb. formuliert, während bei den 1:2-Verbb. vermutlich Radikalbldg. analog den Semichinonen vorliegt. Die Mischungsenthalpien von AlR_3 mit Äthern u. Stickstoffbasen, die als relative Bildungsenthalpien der 1:1-Komplexverb. angesehen werden, liegen bei aliphat. Ätheraten (mit *Ae., Di-n-propyl-, -n-butyl, Methyl-n-butyläther, Dioxan*) von **II** bei ca. 11 [kcal/Mol], bei *Tetrahydrofuran* bei **14**, bei aromat. (*Diphenyläther, Anisol*) bei 2—3, bei den N-Verbb. (*Dimethylanilin, Dimethylcyclohexylamin, Pyridin, Chinolin, Isochinolin*) zwischen 11 u. 20, bei *Thiophen* u. *Diphenylenoxyd* bei 0. Die Verbb. AlR_3, $HAlR_2$ u. $XAlR_2$ sind teils mit Äthern, teils mit Pyridin oder mit beiden konduktometr. oder potentiometr. titrierbar. Vf. beobachtet Leitfähigkeitszunahmen bei AlR_3 u. $XAlR_2$ bis zum Mol-Verhältnis 1:1 u. bei $HAlR_2$ von 1:1 bis 1:2 u. dann allg. Leitfähigkeitsabnahmen; bei Zugabe bis zum Mol-Verhältnis 1:1 bleibt bei $HAlR_2$ die Leitfähigkeit konstant. Danach ist eine elektrolyt. Dissoziation der Verbb. anzunehmen. (Chem. Ber. **88.** 742—63. 1955. Mülheim/Ruhr, Max-Planck-Inst. für Kohlenforsch.)

B. WITT. 294

Loren G. Hepler, Z. Z. Hugus jr. und **Wendell M. Latimer,** *Die Stabilität niedrigerer Oxydationsstufen von Indium in wässeriger Lösung.* Vff. beschreiben eine App. zur Messung von Gleichgewichten zwischen Metallen u. wss. Lsgg. ihrer Salze u. berichten über eine Unters. des Gleichgewichtes zwischen metall. In u. In^{3+} (aq), aus der sich die Gleichgewichtskonstanten für die Rkk.: $2\,In(metall.) + In^{3+}(aq) = 3\,In^{+}(aq)$ u. $In(metall.) + 2\,In^{3+}(aq = 3\,In^{2+}(aq)$ zu $2,4 \cdot 10^{-11}$ bzw. $1,9 \cdot 10^{-8}$ ergeben. Die daraus berechneten Standardpotentiale betragen: $In(metall.) = In^{+}(aq) + e^{-}$, $E^0 = 0,14$,

$In^+(aq) = In^{2+}(aq) + e^-$, $E^0 = 0{,}40$ u. $In^{2+}(aq) = In^{3+} + e^-$, $E^0 = 0{,}49$. (J. Amer. chem. Soc. **75.** 5652—54. 20/11. 1953. Berkeley, Calif., Univ., Dep. of Chem. and Chem. Engng. and Radiation Labor.) W. NIEMITZ. 296

G. Brunisholz, *Über die Trennung der Seltenen Erden mit Hilfe von Äthylendiamintetraessigsäure.* (Vorl. Mitt.) Vf. berichtet über Verss. zur Trennung Seltener Erden (E_s) mit Hilfe ihrer mit Äthylendiamintetraessigsäure (H_4Y, $Y = C_{10}H_{12}N_2O_8$) gebildeten Komplexe. Als Trennverf. kommen zur Anwendung: 1. Trennung durch fraktionierte Fällung von $H[E_sY]$, 2. Trennung durch fraktionierte Kristallisation der Komplexsalze $Na[E_sY]$ in Ggw. nicht komplex gebundener E_s^{3+}-Ionen u. 3. Trennung durch fraktionierte Kristallisation der Komplexsalze $NH_4[E_sY]$. Prakt. Beispiele unter Verwendung von La, Pr, Nd u. Sm enthaltenden Mischungen werden gegeben. Die Verss. zeigen, daß eine Trennung oder zumindestens eine beträchtliche Anreicherung der Ceriterden auf diesem Wege möglich ist. Welches der Erdmetalle hauptsächlich angereichert wird, hängt von dem gewählten Trennverf. ab. (Helv. chim. Acta **38.** 455—59. 15/3. 1955. Lausanne, Univ. de Lausanne, Labor. de Chim. minérale et analyt.)
H. GEDSCHOLD. 303

R. C. Vickery, *Komplexe der Lanthaniden mit Hydrazin-N.N-diessigsäure.* Vf. untersuchen die Komplexbldg. der Lanthaniden (Ln = I) mit $NH_2{-}N(CH_2COOH)_2$ (AH_2). Stabil sind nur die Komplexe vom 1 : 3-Typ. Für AH_2 erhielt Vf. die pK-Werte pK_1 2,54 u. pK_2 9,30 u. stellte fest, daß AH_2 gegenüber I als einbas. Säure fungiert. Die Komplexe haben demnach die Zus. $[Ln(AH)_3]$ (II) u. enthalten drei fünfgliedrige Chelatringe. Da II stufenweise gebildet wird, diskutiert Vf. die intermediäre Existenz kation. Mono- u. Di-Säure-Komplexe. Durch Austauscher- u. spektrophotometr. Unterss. wurde ferner im Falle des Nd die Existenz anion. Komplexe wahrscheinlich gemacht. Die Stabilitätskonstanten (logK) von II betragen in der Reihenfolge *La, Sm, Y, Yb*: 6,6; 7,1; 7,3; 7,7. Auf Grund der stufenweisen Bldg. sind die ersten beiden Liganden in II fester als der dritte gebunden. Unterhalb p_H 6 bilden sich 1 : 3-Kombinationen der Zus. $[Ln(AH_2)_3]$ (III). III-Lsgg. zeigen die charakteristische Absorption des Ln^{3+}, die bei anwachsendem p_H in die des II übergeht. Die 576 mμ Absorptionsbande des $Nd(AH)_3$ zeigt die gleiche Aufspaltung infolge des inneren STARK-Effektes, wie die Absorptionsbanden anderer komplexer Nd-Ionen. Aus Nd-Chlorid- u. NH_4-Hydrazindiessigsäurelsg. bildet sich beim Ansäuern unlösl. $Nd[NH_2N(CH_2CO_2]_2H)_3 \cdot 7\,H_2O$. Zur Abtrennung der I ist die untersuchte Komplexbildg. nicht geeignet. (J. chem. Soc. [London] **1954.** 385—88. Jan. Melbourne, C. S. I. R. O., Div. of Ind. Chem.) H.-G. PLUST. 303

J. E. Anderson, J. Halpern und **C. S. Samis,** *Kinetik der Oxydation von Bleiglanz in Natriumhydroxydlösungen unter Sauerstoffdruck.* In Ggw. von O_2 wird Bleiglanz oxydiert in wss. Medium, das NaOH enthält, gemäß der Gleichung: $PbS + 2\,O_2 + 3\,OH' \rightarrow HPbO_2' + SO_4'' + H_2O$. Es wurde ein neues Verf. zur Beobachtung dieser Rk. entwickelt, die in einem Autoklaven unter O_2-Druck durchgeführt wird. Das Verf. beruht auf Messung der Konz. von $HPbO_2'$ in der Lsg. mittels eines Kathodenstrahlpolarographen unter Verwendung von Pt-Elektroden. Mit Hilfe einer solchen Anordnung wurde die Wrkg. einer Anzahl von Variablen wie Temp., O_2-Druck, NaOH-Konz. u. Durchmischung auf den Ablauf der Rk. untersucht. Die Rk. geht in folgenden Stufen vor sich: 1. $2\,O_{2(gasförmig)} \rightleftharpoons 2\,O_{2(gelöst)}$; 2. $PbS_{(fest)} + {}^1/_2\,O_{2(gelöst)} \rightleftharpoons Pb\overset{O}{\triangle}S_{(fest)}$; 3. $Pb\overset{O}{\triangle}S_{(fest)} + H_2O \rightarrow \overset{OH}{Pb}-\overset{OH}{S}{}_{(fest)}$; 4. $\overset{OH}{Pb}-\overset{OH}{S}{}_{(fest)} + 1^1/_2\,O_{2(gelöst)} + 3\,OH'_{(gelöst)} \rightarrow SO_4''{}_{(gelöst)} + 2\,H_2O + HPbO_2'{}_{(gelöst)}$. Die 3. Rk. verläuft langsam, während die anderen Rkk. mit großer Geschwindigkeit verlaufen. Die Aktivierungsenergie beträgt 3600 cal/Mol. (J. Metals **5.** 554—58. April. 1556—58. Nov. 1953. Vancouver, B. C., Can., Univ. of British Columbia.) F. VIER. 328

John P. Baur, Donald W. Bridges und **W. Martin Fassell jr.,** *Hochdruckoxydation von Metallen. Oxydation von Metallen unter Bedingungen eines linearen Temperaturanstiegs.* Das Oxydationsverh. von Metallen wurde untersucht, indem Metallproben einem linearen Temperaturanstieg bei konstantem O_2-Druck unterworfen wurden. Die Vorteile dieser Methode gegenüber früheren isothermen sind: 1. eine rasche Prüfung des Oxydationsverh. eines Metalls oder einer Legierung über einen gewünschten Druck- u. Temperaturbereich, 2. die Gegend der Druckabhängigkeit kann im allg. in einem Vers. gefunden werden, 3. die Anzahl der verwendeten Proben ist sehr gering u. 4. die Meth. dient als Wegweiser für isotherme Messungen bei konstantem Druck. Die lineare Temperaturanstiegmeth. wurde auf *Ta, Mo, Nb, Cu, Zr, Mg, Ti* u. *W* angewendet. Die Ergebnisse stimmen gut mit den früher gefundenen überein. Theoret. Betrach-

tungen zeigen, daß die Ergebnisse bei einem linearen Temperaturanstieg durch einen allg. Typ einer Geschwindigkeitsgleichung erklärt werden können. (J. electrochem. Soc. **102.** 490—96. Aug. 1955. Salt Lake City, Ut., Univ. of Utah, Dep. of Metall.)
A.-F. BOGENSCHÜTZ. 337

Siegfried Skorka, *Eine Methode zur Herstellung von Uranoxydschichten auf Aluminium.* Zur Aufbringung von 0,1—10 mg U_3O_8/cm² auf Al in beliebiger Ausdehnung wird die geschmirgelte Al-Fläche einfach in eine Uranylnitratlsg. gehängt. Dabei scheidet sich U_3O_8 in einer schwarzen, mattglänzenden, festhaftenden Schicht ab. Das Al darf nicht chem. vorbehandelt sein, Lösungstemp. mindestens 75°, günstigste Konz. 10 g $UO_2(NO_3)_2 \cdot 6\,H_2O$/Liter. Solche Schichten auf Al sind erforderlich zur Unters. des U selbst u. für den Bau von Neutronenzählern nach dem Prinzip der neutroneninduzierten U-Spaltungen. (Naturwissenschaften **40.** 605. Dez. 1953. Hamburg, Physikal. Staatsinst.)
H. C. WOLF. 339

T. Rosenqvist und **P. H. Hynne,** *Über die Reaktion zwischen Eisensulfid und Schwefeldioxyd.* Die Rk. $3\,FeS + 2\,SO_2 = Fe_3O_4 + 2{,}5\,S_2$, die einen Weg zur Gewinnung von S u. dem zur Weiterverarbeitung auf Roheisen geeigneten Fe_3O_4 aufzeigt, wird thermodynam. verfolgt. Diagramme der Röntgenstrahlenbeugung des Reaktionsgemisches u. das Schmelzdiagramm des tern. Syst. Fe–FeS–Fe_3O_4 werden entwickelt. (Tidsskr. Kjemi, Bergves. Metallurgi **13.** 196—200. Nov. 1953. Trondheim, Norge, TH., Dep. of Metallurgy.)
W. WESLY. 354

S. Z. Lewin und **Roselin Seider Wagner,** *Die Natur des Eisen(III)-Aluocyanats in Lösungen.* Vff. diskutieren die bisher vorliegenden Unterss. (Absorptions-, Leitfähigkeits-, Ionenwanderungs-, Extraktions- u. Dialysemessungen) an dem Syst. Fe^{3+}–SCN^-–H_2O bzw. organ. Lösungsmitteln. — 26 Literaturstellen. (J. chem. Educat. **30.** 445—50. Sept. 1953. New York, N. Y., Univ.)
H.-G. MOSLÉ. 354

Nev A. Gokcen und **John Chipman,** *Aluminium-Sauerstoff-Gleichgewicht in flüssigem Eisen.* Unterss. über das Gleichgewicht von Al- u. O_2-haltigem Eisen mit einem H_2–Wasserdampf-Gasgemisch u. mit Tiegeln aus reiner Tonerde wurden bei 1695, 1760 u. 1866° durchgeführt. Sie zeigen, daß Al stark den Aktivitätskoeff. von O_2 u. ähnlich auch O_2 den von Al verringert. Die Werte des Prod. $[\%\ Al]^2 \cdot [\%\ O]^3$ sind viel kleiner, als sie in früheren Unterss. ermittelt wurden. (J. Metals **5.** Nr. 2 Sect. 1, Trans. AIME **197.** 173—78. Febr. 1953. Houghton, Michigan Coll. of Mining and Technol. u. Cambridge, Mass., MIT.)
H. HOCHSTEIN. 354

Helmut Behrens und **Freimuth Lohöfer,** *Über Nickelcarbonylwasserstoff* $[NiH(CO)_3]_2$ *— ein neuer Typ eines Carbonylhydrids.* Die Fortsetzung früherer Unterss. (C. **1953.** 5998) ergab, daß auch $Ni(CO)_4$ in fl. NH_3 durch Na zu einem Nickelcarbonylwasserstoff gemäß $2\,Ni(CO)_4 + 2\,Na + 2\,NH_3 \rightarrow [NiH(CO)_3]_2\,(I) + 2\,CO + 2\,NaNH_2$ red. wird. Die Hälfte des entstehenden CO setzt sich mit Na zu *NaCO* um. Da dieses ebenso wie das $NaNH_2$ in fl. NH_3 unlösl. ist, erhält man nach der Filtration eine tiefrote Lsg. von reinem I, aus der durch Abdunsten des Lösungsm. das zinnoberrote Ammoniakat $[NiH(CO)_3]_2 \cdot 4\,NH_3$, welches sich bei höherer Temp. unter stetiger NH_3-Abgabe zers., erhalten wird. I enthält Wasserstoff, der keine Säurefunktion erfüllt. Das Ni besitzt die Oxydationszahl —1, was durch die Rk. $2\,[NiH(CO)_3]_2 + 2\,H^+ \rightarrow 3\,Ni(CO)_4 + 3\,H_2$ bewiesen wurde. Mol.-Gew.-Best. ergab die dimere Struktur, die zu erwarten war, da die Gruppen $Co(CO)_4$ u. $NiH(CO)_3$ isoelektron. sind. (Z. Naturforsch. **8b.** 691—92. Nov. 1953. München, TH., Anorg.-chem. Labor.)
H.-G. PLUST. 356

A. Wogrinz, *Zur Herstellung von Gold(I)-cyanid.* (Vgl. C. **1954.** 270.) Die Herst. von AuCN durch Zers. von $Na[Au(CN)_4]$ mit HCl ist nicht möglich, da hierbei AuCN, durchsetzt mit metall. Au, entsteht, das entstehende Prod. ist dunkelorangerot gefärbt. Zur Herst. von reinem AuCN arbeitet man nach der Umsatzgleichung $Na[Au(CN)_2] + HCl \rightarrow AuCN + NaCl + HCN$. (Metalloberfläche, Ausg. B **6.** 162. Nov. 1954. Wien, TH, Elektrochem. Inst.)
F. MARKHOFF. 360

—, Silicium, Schwefel, Phosphate, Colloquium d. Sektion f. Anorganische Chemie d. Internat. Union f. Reine u. Angewandte Chemie, Münster (Westf.) 2.—6. Sept. 1954. Text der Vorträge u. Diskussionen. Weinheim, Bergstr.: Verl. Chemie. 1955. (XI + 292 S. m. 138 Abb. u. zahlr. Tab.) 8°. DM 24,—.

A₉. Mineralogische und geologische Chemie.

L. A. Wardanjanz, *Theorie der „optischen Kurven" von Je. Ss. Fedorow und Rotationsvariante der stereokonoskopischen Methode.* Die Konstruktion der Stereofiguren nach der Meth. der „opt. Kurven" von FEDOROW ist schon schwierig, wenn eine Projektion der Hauptelemente eines Kristalls für einen bestimmten Querschnitt (bes. einen schiefen) vorliegt; fehlt diese, dann liefert die Meth. entweder kein Ergebnis oder ein unzuverlässiges Ergebnis. Nach der n. Variante der stereokonoskop. Meth. ist eine richtige Konstruktion der ersten Stereofigur schon aus einigen Punkten möglich. Vf. erörtert die Konstruktion der Stereofiguren ein- u. zweiachsiger Kristalle auf Grund schiefer Schnitte u. solcher, die parallel oder senkrecht zur opt. Achse liegen. (Известия Академии Наук Армянской ССР, Серия Физико-Математических, Естественных и Технических Наук [Nachr. Akad. Wiss. ArmenSSR, Ser. physik.-math., naturwiss. techn. Wiss.] **7.** Nr. 6. 73—97. Nov./Dez. 1954. Inst. für geol. Wiss. der Akad. der Wiss. der ArmenSSR.) R. K. MÜLLER. 372

D. Němec, *Die Brechungsindices zonarer Turmaline von Dobrá Voda in Westmähren. Ein Beispiel topometrisch-optischer Messung der Kristalle.* Vf. dehnt den Begriff „topometr. Kristallmessungen" auch auf die Best. der physikal. Eigg. in verschied. Bereichen der Kristalle aus. Er beschreibt eine Meßmeth. zur Best. der Brechungsindices in den verschied. Zonen zonar gebauter Turmaline. Es werden untersucht: Bergkristall (als Testmineral), *Rubellit, Verdelith* u. *Mohrenköpfe.* Die Ergebnisse werden in Diagrammen dargestellt. (Neues Jb. Mineralog., Mh. 25—32. Febr. 1955. Brno, ČSR, Masaryk-Univ., Mineralog. Petrograph. Inst.) J.-E. HILLER. 372

F. E. Senftle und **J. T. Bracken,** *Der theoretische Einfluß der Diffusion auf das Isotopenhäufigkeitsverhältnis in Gesteinen und verbundenen Fluiden.* (Vgl. C. **1955.** 3580.) Die Diffusion wird als ein möglicher Vorgang für die Isotopenfraktionierung angesehen, wenn er durch geolog. Zeiten andauert. Dabei ist Diffusion sowohl im festen als auch im fl. Zustand möglich, wobei der letztere der wichtigere ist. Es wird gezeigt, daß bedeutende Fraktionierung in festen Kristallen nur dann eintreten kann, wenn es sich um Elemente geringer Konz. handelt. Ähnliches gilt für die Diffusion entlang Korngrenzen u. in Flüssigkeiten. (Geochim. cosmochim. Acta [London] **7.** 61—76. Febr. 1955. Washington, D. C., US Geol. Survey.) J.-E. HILLER. 378

G. J. Wasserburg und **R. J. Hayden,** *^{40}Ar-^{40}K-Zeitangaben.* (Vgl. C. **1955.** 4029.) An *Kalifeldspäten* u. *Uranpecherzen* der gleichen Paragenese wird das Alter nach der ^{40}Ar- u. ^{40}K-Verhältnismeth. u. nach der Pb-U-Meth. bestimmt. Bei der Anwendung des Verhältnisses $\lambda_e/\lambda_\beta = 0{,}085$ u. einer Zerfallskonstante von $\lambda = 0{,}55 \cdot 10^{-9}$/Jahr waren die Ergebnisse in Übereinstimmung u. lagen bei den verschied. Proben zwischen 260 u. 1860 Millionen Jahren. Ein Verlust von Ar durch Diffusion aus den Kalifeldspäten wurde nicht beobachtet. (Geochim. cosmochim. Acta [London] **7.** 51—60. Febr. 1955. Chicago, Ill., Univ., Dep. of Physics, Inst for Nuclear Studies, Dep. of Geol.; Lemont, Ill., Argonne Nat. Labor.) J.-E. HILLER. 378

G. J. Wasserburg und **R. J. Hayden,** *Alter von Meteoriten nach der ^{40}Ar-^{40}K-Methode.* (Vgl. vorst. Ref.) Mit der C. **1955.** 4029 beschriebenen Isotopenverdünnungsmeth. werden Ar-Bestimmungen in zwei Steinmeteoriten durchgeführt. Zur Entfernung der beim Schmelzen mit NaOH frei werdenden großen H_2-Mengen wird CuO bei 500° benutzt. Die ^{40}K-Best. wird durch Isotopenverdünnungsanalyse mit ^{41}K durchgeführt. Als Meßinstrument dient ein Massenspektrometer. Mit der Zerfallskonstanten $\lambda = 0{,}55 \cdot 10^{-9}$/Jahr u. dem Verzweigungsverhältnis $\lambda_e/\lambda_\beta = 0{,}085$ ergibt sich ein Alter von $4{,}82 \pm 0{,}20$ bzw. $4{,}50 \pm 0{,}20$ (Beardsley I u. II) u. $4{,}67 \pm 0{,}20 \cdot 10^9$ Jahren (Forest City). Eine Erzeugung von Ar durch Höhenstrahlung scheint ausgeschlossen, dagegen wird ein geringer Ar-Verlust durch Diffusion als möglich erachtet, so daß die Werte als untere Grenze für das Alter des Universums anzusehen sind. (Physic. Rev. [2] **97.** 86—88. 1/1. 1955.) G. HERRMANN. 378

E. K. Gerling und **K. G. Rik,** *Altersbestimmung von Steinmeteoriten mittels der Argonmethode.* An 18 Meteoriten wurde der K-Geh. in der Größenordnung von 0,1% u. der Geh. an Ar von $\sim 10^{-8}$ g/g bestimmt. Das aus dem Ar/^{40}K-Verhältnis berechnete Alter liegt für die kristallisierten *Chondrodite* bei $650—4500 \cdot 10^6$ Jahren, bei den unveränderten Chondroditen bei $3200—4300 \cdot 10^6$ Jahren. Vff. nehmen an, daß bei den veränderten Meteoriten nicht das wahre Alter, sondern die Zeit seit der letzten Umwandlung bestimmt wird. Maximal lag die Meteoritensubstanz seit $4—4{,}5 \cdot 10^9$ Jahren im festen Zustand vor, das ganze Sonnensyst. muß also unbedingt so alt sein. (Доклады Академии Наук СССР [Ber. Akad. Wiss. UdSSR] **101.** 433—35. 21/3. 1955. Labor. für Geologie der Akad. der Wiss. der UdSSR.) M. WIEDEMANN. 378

Hiroshi Onishi und **E. B. Sandell,** *Geochemie des Arsens.* Der Durchschnittsgeh. von As wird bestimmt (p. p. m.): *Chondrite* 2, darin Metallphase 12, *Troilit* 10, *Silicatphase* 0,5; *Granit* 1,5, *mittelsaure Gesteine* 2,4, *Basalt* u. *Diabas* 2,0, *Gabbro* 1,4; *saure Vulkanite* 3,5, *Serpentine* 3—5, *ultrabas. Gesteine* 1; Durchschnitt der Lithosphäre 2. Es findet sich in *Quarz, Feldspat* u. a. Alumosilicaten sowie in Eisenerzen. Der Feldspat nimmt in den magmat. Gesteinen mindestens die Hälfte des Gesamtgehaltes auf. As er-

setzt in den Kristallstrukturen Si, Al u. Fe. Mit der Häufigkeit eines Hauptelementes kann es nicht in Zusammenhang gebracht werden. In Tonschiefern ist der As-Geh. 5—15 p.p.m., wobei die carbonat- oder sulfidhaltigen die höheren Werte zeigen. *Sandsteine* u. *Kalke* haben geringere Gehh., die ungefähr denen der magmat. Gesteine entsprechen. Tiefseesedimente enthalten ca. 10 p.p.m. Demnach muß As auf dem Wege über Thermalquellen oder vulkan. Exhalationen den Gesteinen verlorengegangen sein. Sein Verh. ist in dieser Beziehung mit S vergleichbar. Ebenso geht As verloren bei der Metamorphose von *Tonschiefern* u. *Grauwacken* in kristalline *Schiefer* u. *Gneise*. (Geochim. cosmochim. Acta [London] **7.** 1—33. Febr. 1955. Minneapolis, Minn., Univ. of Minnesota.)
J.-E. HILLER. 378

Teresio Micheletti, *Kurze geo-mineralogische Untersuchung über die metallführenden Lagerstätten unter den Raiblschen Schichten in der Provinz Bergamo.* Die im untersuchten Gebiet vorliegenden Mineralisierungen mit Zn (als Sulfid u. Silicat), Pb (als Sulfid u. Carbonat), Flußspat, Schwerspat u. Gips haben alle gemeinsamen Ursprung. Die Beziehungen zu magmat. Erscheinungen werden erörtert, u. es wird versucht, das gemeinsame Zentrum des Vork. festzustellen. (Ind. mineraria **4.** 505—10. Dez. 1953.)
R. K. MÜLLER. 378

Atsushi Matsubara, *Die Differentiation der Erzmagmen in den Tsuchikura- und Besshi-Gruben.* Die Magmen bestanden aus 3 fl. Phasen mit beschränkter Mischbarkeit im Magmenreservoir u. einem niedrigen Wassergehalt. Die Intrusion der Erze erfolgte in Tsuchikura in 3 Stufen, in Besshi in einer unter Abscheidung kupferhaltiger Pyrite. (J. geol. Soc. Japan **59.** 79—86. März 1953. Kyōtō, Univ. [Orig.: engl.])
F. ENSSLIN. 378

Claudio D'Amico, *Untersuchungen über die Kristalle von Cima d'Asta.* 4. Mitt. *Chemismus der Intrusivgesteine von Val Lozen.* Auf Grund der chem. Analyse der untersuchten Gesteine (Granite, Diorite usw.) wird ihre Einordnung in die Klassifizierung der magmat. Gesteine nach NIGGLI erörtert. (Atti Accad. naz. Lincei, Rend., Cl. Sci. fisiche, mat. natur. [8] **16.** 741—45. Juni 1954.) R. K. MÜLLER. 380

Rossana Pirani, *Die Mineralien der Ortlergruppe.* 5. Mitt. *Anthophyllit von Alpe di Brez.* (4. vgl. C. **1955.** 9983.) Das untersuchte Mineral zeigt unter dem Mikroskop gelblichweiße Färbung mit schwachem Pleochroismus, mittlere positive Brechung mit $\gamma = 1{,}639 \pm 0{,}002$, $2V = 77^0 +$ (Mittelwert), pyknometr. D. 3,22. Die Analyse entspricht einer Zus. $(Ca, Na, K)_{0,33}(Fe^{III}, Mg, Fe^{II}, Ti)_{6,86}(Si, Al)_{8,00}{}^{(OH)}(OH)_{2,06}O_{22,00}$. (Atti Accad. naz. Lincei, Rend., Cl. Sci. fisiche, mat. natur. [8] **13.** 170—172. Sept./Okt. 1952. Bologna, Univ., Ist. di Mineral. e Petrogr.) R. K. MÜLLER. 380

Francesco Emiliani, *Die Mineralien der Ortlergruppe.* 6. Mitt. *Biotit von Val die Bresimo und seine Löslichkeit.* (5. vgl. vorst. Ref.) Der untersuchte Biotit zeigt starken Pleochroismus mit α (hellgrau, fast farblos) $= 1{,}573 \pm 0{,}002$, β (hellbraun) $= 1{,}596 \pm 0{,}002$, γ (hellbraun) $= 1{,}598 \pm 0{,}002$, also Doppelbrechung $\gamma - \alpha = 0{,}025$. Die Analyse entspricht der Zus. $(Ca, Na, K)_{0,78}(Mg, Fe^{II}, Fe^{III}, Mn, Ti)_{2,84}(OH, F)_{1,50}Al_{1,00}(Si,Al)_{3,00}O_{10}$. Na_2O wird von W. zu 44,21% ausgewaschen, K_2O zu 5,44, CaO zu 4,04. Nach der Alkalibest. in dem bei 110° getrockneten Waschrückstand u. dem Waschwasser beträgt der Gesamtgeh. an K_2O 6,73, an Na_2O 0,98% bzw. auf das von hygroskop. W. befreite Mineral bezogen 6,92 u. 1,01%. (Atti Accad. naz. Lincei, Rend., Cl. Sci. fisiche, mat. natur. [8] **13.** 173—76. Sept./Okt. 1952.) R. K. MÜLLER. 380

Antonio Cavinato, *Die Bauxitlagerstätte von S. Giovanni Rotondo.* Die Bauxitvorkk., deren Lage u. Entstehung erörtert wird, stammen aus hydroxyd. Ablagerungen, die später entkieselt wurden. (Ind. mineraria **4.** 497—503. Dez. 1953. Torino, Politecn., Scuola Miniere.) R. K. MÜLLER. 380

M. Karšulin und **A. Lahodny,** *Die Bestimmung von in Bauxiten vorliegendem Hydrargillit.* Es wird festgestellt, daß durch Aufnahme der therm. Dehydratationskurven eine quantitative Best. des Hydrargillits (**I**) in Bauxiten (**II**) nicht möglich ist. Diese erfolgt durch das Verf. der selektiven Auflösung in NaOH verschied. Konzentration. Der **II** von Drniš enthält danach (in %) 25,12 **I**, 42,22 Böhmit, 28,32 Limonit, 2,75 TiO_2. (Гласник Хемиског Друштва Београд [Ber. chem. Ges. Belgrad] **18.** 341—48. 1953. Zagreb, Inst. für physik. Chem. der Techn. Fakultät u. Zentralstelle für Bauxit- u. Aluminiumforsch.) O. LEBTAG. 380

Roberto Lupino, *Über Bentonit der Insel Ponzo.* Nach einer Unters. über die genet. Entstehung der Bentonitlagerstätte der Insel Ponza, bei der es sich um einen Ca^{2+}-Bentonit handelt, bespricht Vf. die techn. Aufbereitung u. Verwendbarkeit des Tons. Bei der techn. Aufarbeitung handelt es sich hauptsächlich um die mechan. Trennung der tonigen u. nichttonigen Bestandteile sowie um eine Umwandlung des Ca^{2+}-

Bentonits in den aktiven Na^+-Bentonit. (Ricerca sci. **24.** 2326—39. Nov. 1954. Roma, Centro di studio sue materiali naturali litoidi da costruzione.) C. GOTTFRIED. 380

J. H. Bernard und **K. Paděra**, *Bravoit aus dem Kladno-Rakonitzer Steinkohlenbecken.* Die Pelosiderite aus den Kohlenflözen der Kladnoer Umgebung enthalten infolge Schrumpfung in ihren inneren Partien leere Räume. Sie sind mit Kristallen von *Ankerit* u. jüngeren Sulfiden, wie *Kupferkies, Zinkblende, Pyrit, Millerit* sowie *Eisenspat, Schwerspat* u. *Nakrit*, erfüllt. Daneben treten als seltenere Minerale *Bleiglanz, Siegenit, Chalcedon, Opal, Calcit, Dolomit, Whewellit* auf. In dieser Mineralvergesellschaftung wurde auch *Bravoit* (I), $(Fe, Ni)S_2$, als für diesen Lagerstättentyp neues Mineral gefunden. Die frei in den Raum gewachsenen Kristalle zeigen (h k 0), die im Ankerit eingewachsenen (1 0 0). I ist jünger als Ankerit, etwa gleichaltrig wie Kupferkies u. älter als Pyrit. In I wurde spektroskop. untergeordnet As, Ba, Ca, Co, Mg, Pb, in Spuren Ag, Al, Cu, Mn, Si gefunden. Die Elemente, aus denen sich I zusammensetzt, stammen am wahrscheinlichsten aus der Kohle selbst. (Geologie **3.** 155—69. April 1954. Prag, Karluniv., Katheder der Geochem., Mineralog. u. Kristallographie.) K. LÖFFLER. 380

W. H. Reeve und **T. Deans**, *Ein Vorkommen von Carbonatit im Isoka-Distrikt von Nordrhodesien.* (Vorl. Mitt.) 15 Meilen östlich Isoka, in der Nordostecke von Nordrhodesien, wurde der Kalkstein von Nkumbwa-Hill als dolomit., teilweise silifizierter Carbonatit mit *Ankerit* oder *Siderit* u. hohen Gehh. von *Apatit* u. a. Phosphaten, *Phlogopit, Forsterit, Mg-Amphibolen* u. *Pyroxenen* sowie verschied. Accessorien, wie *Pyrochlor* (0,01—0,36%), nicht radioakt. ThO_2-armen *Monazit* u. *Sellait*, MgF_2, festgestellt. Analyse des Pyrochlors: CaO 14,56%; $(Ce, La)_2O_3 + ThO_2$ 2,04; Fe_2O_3 0,60; TiO_2 1,22; $(Nb, Ta)_2O_3$ 73,46. Bei der Best. der Radioaktivität des Pyrochlors ergab sich ein Geh. von 0,1% ThO_2. Auf Grund spektrograph. u. chem. Unters. ist der Wert für $(Nb, Ta)_2O_3$ fast ausschließlich Nb_2O_3 zuzuschreiben. (Colonial Geol. Mineral Resourc. **4.** 271—81. 1953/54. Northern Rodesia, Geolog. Survey & Mineral Resurces Div. Colon. Geolog. Surveys.) K. LÖFFLER. 380

Erwin Slanski, *β-Kerolith aus Křemže (Tschechoslowakei).* Bei der Unters. der Hydrosilicate von Ni bei Křemže wurde *β-Kerolith* (I), $Mg_3(Si_4O_{10})(OH)_2 \cdot 0,4\ Mg(OH)_2$, gefunden, der in Adern u. Nestern geringer Mächtigkeit in der Lateritverwitterungsrinde von Serpentinen vorkommt. Härte 2—3, D. 2,3, $n_{Na} = 1,549 \pm 0,003$; Ni-Geh. 0,22%. Wegen der zu geringen Materialmenge konnte eine genaue chem. Unters. nicht vorgenommen werden. Spektralanalyt. wurde festgestellt, daß I viel Mg u. Si enthält, wenig Ni u. Ti, sehr wenig oder Spuren von Mn, Fe, Ca, Al, Cr, Na, Cu. Die therm. Kurve von I weist je einen endothermen Haltepunkt bei 130 u. 835° auf, außerdem einen geringen Haltepunkt bei 600°. Danach ist das vorgefundene Mineral mit großer Wahrscheinlichkeit als I anzusprechen. (Записки Всесоюзного Минералогического Общества [Schr. Allunions mineralog. Ges.] [2] **84.** 43—46. 1955. Prag, Karls-Univ., Lehrstuhl für Geochem., Mineralogie u. Kristallographie.) O. LEHTAG. 380

Ljudevit Barić, *Zur Identität des Lehnerits und des Ludlamits.* Die bereits röntgenograph. festgestellte Identität von Lehnerit u. Ludlamit wird durch kristallograph. morpholog. Unterss. u. opt. Messungen bestätigt. (Neues Jb. Mineralog., Mh. **1955.** 49 bis 53. März 1955. Zagreb, Kroat. Nationalmuseum, Mineralog. Petrograph. Abt.) J.-E. HILLER. 380

A. G. MacGregor, *Xenolithischer Monchiquit.* Aufzählung der schott. Vorkk. von Monchiquit mit umgewandelten *Peridotit*-Einschlüssen. (Geol. Mag. **92.** 82—83. Jan./Febr. 1955. Edinburgh, Geol. Surv. Office.) W. BAUR. 380

E. Wm. Heinrich und **A. A. Levinson**, *Untersuchungen in der Glimmergruppe. Röntgendaten von Roscoelith und Barium—Muskovit.* Mehrere Glimmer, die ursprünglich zur Muskovitgruppe gerechnet wurden, wurden röntgenograph. untersucht, wobei sich zeigte, daß der Roscoelith u. der Bariumglimmer von Franklin (N. J.) eine 1-Schicht monokline Struktur haben u. deshalb nicht als Varietäten von Muskovit betrachtet werden dürfen, der eine 2-Schicht monokline Struktur hat. (Amer. J. Sci. **253.** 39—43. Jan. 1955. Ann Arbor, Mich., Univ., Dep. of Mineral.; Columbus, O., Univ., Dep. of Mineral.) J.-E. HILLER. 380

I. Th. Rosenqvist, *Physikalisch-chemisch-mineralogische Untersuchungen über norwegische Tonbodenarten.* Die norweg. Böden stellen Mehrphasensysteme dar, bei denen neben den chem. Bindungen der Mineralien die H-Bindungen u. die VAN DER WAALSschen Kräfte eine Rolle spielen, die zwischen wss. Phase u. Mineraloberfläche bzw. zwischen adsorbierten Kationen der Mineralien u. den Gittern der Tonmineralien wirken. Durch Verwitterung K-haltiger Mineralien ausgelöste Austausch-Rkk. zwischen Na^+ u. K^+ erhöhen die Scherfestigkeit u. die Sprödigkeit der Böden. Die Scherfestigkeit der Tone ist eine Funktion des angewandten Druckes u. der Anziehungs- u. Abstoßungskräfte

zwischen den Tonmineralien, die von Zahl u. Polarisierbarkeit der adsorbierten Kationen abhängen. (Tekn. Ukebl. **101.** 887–98. 11/11. 1954. Norges Geotekn. Inst.)
R. K. MÜLLER. 380

Dušan Stangačilović, *Die Tone Serbiens.* Übersicht über Vork., mineralog. u. chem. Zus. der verschied. feuerfesten u. Kaolintone Serbiens sowie der Bentonite unter besonderer Berücksichtigung der Vorkommen von Arandjelovac. (Гласник Хемиског Друштва Београд [Ber. chem. Ges. Belgrad] **18.** 365–77. 1953. Belgrad, Inst. für geolog. u. geophysikal. Erforschung der Volksrepublik Serbien.) O. LEBTAG. 380

Alexander Lecco und **Alexander Grizo,** *Tonlager von Lazina bei Arandjelovac (Serbien).* Die Tonvork. von Lazina enthalten in der oberen Schicht weißen (I), in der mittleren Schicht blauen (II) u. in der untersten Schicht roten Ton (III). I, II u. III sind sek. Miozänablagerungen von Kaolinit mit mechan. Beimengungen von Quarz, Orthoklas, Mikroklin, Plagioklas, Muskovit, Chlorit, Hämatit, Limonit, Zirkon, Turmalin, Apatit, Granat u. Beryll. Die chem. Zus. von I, II u. III ist folgende (in % der geglühten Substanz): 58,3; 60,1; 58,2 SiO_2; 37,5; 33,5; 37,9 Al_2O_3; 3,0; 3,85; 2,8 Fe_2O_3; 1,1; 0,6; 0,9 CaO. Der Glühverlust beträgt 12,6; 11,2; 17,4%. Aus der chem. Zus. der 4 Fraktionen von I, II u. III geht hervor, daß in der letzten u. vorletzten Fraktion der SiO_2-Geh. stark abnimmt. (Гласник Хемиског Друштва Београд [Ber. chem. Ges. Belgrad] **18.** 395–401. 1953. Belgrad, Technol. Fakultät, Chem.-Techn. Inst.)
O. LEBTAG. 380

L. W. Firssow, *Besonderheiten der Struktur von Chalcedon–Quarzin–Quarz-Mandeln aus Effusiven.* Ausführliche chem. u. mineralog. Beschreibung einer typ. Chalcedon-Quarzin–Quarz-Mandel aus den Effusivgesteinen der oberen Kreide u. des Paläogens in Südmagadan. Vf. hält es für erwiesen, daß die beschriebene Geode aus koll. Lsgg. der Kieselsäure entstanden sein muß. Bemerkenswert ist die völlige äußere u. Mikrostrukturähnlichkeit zwischen dem Quarz im Geodenkern u. dem Quarz der Au-Lagerstätten. Zudem enthält der Quarz der Geode ca. 0,001–0,01 % Au. Der Aderquarz der Au-Lagerstätten zeigt häufig Relikte einer kollomorphen Struktur u. erinnert häufig an Achatgeoden. (Записки Всесоюзного Минералогического Общества [Schr. Allunions mineralog. Ges.] [2] **84.** 85–90. 1955.) O. LEBTAG. 382

W. J. Phillips, *Die mit dem Criffell-Dalbeattie-Granodiorit vergesellschafteten metasomatischen Gesteine.* Quarzdioritische Körper am Rande des Granodiorits werden erklärt als durch Na- u. K-haltige Lsgg. metasomat. veränderte *Grauwacken* u. *Tonschieferhornfelse.* Die Metasomatose soll dem Aufsteigen des Granodioritmagmas vorausgegangen sein. (Geol. Mag. **92.** 1–20. Jan./Febr. 1955. Aberystwyth, Univ. Coll. of Wales, Dep. of Geol.) W. BAUR. 385

J. B. Mawdsley, *Radioaktive, ausgesprochen differenzierte Pegmatitintrusion, Lac Le Ronge Distrikt, nördliches Saskatchewan.* Vf. untersuchte eine ca. 40 Fuß dicke Pegmatitintrusion, die in die in dem obigen Gebiet anstehenden metamorphen Sedimente, bei denen es sich in der Hauptsache um einen Plagioklasamphibolit handelt, intrudiert ist. Durch Differentiation haben sich in dem Pegmatit 3 deutlich unterscheidbare Zonen gebildet: eine mittel- bis grobkörnige Randzone, die hauptsächlich aus einem bas. Oligoklas u. Quarz mit etwas Biotit besteht, eine intermediäre Zone, welche Mikroklin u. Oligoklas, graphit. verwachsen mit Quarz, enthält, u. eine zentrale Zone, welche aus großen Kristallen von Mikroklin besteht, perthit. Stäbchen von Plagioklas in dem Mikroklin enthält, während die Zwischenräume mit glasigem Quarz angefüllt sind. In der intermediären Zone tritt häufig *Monazit,* in der Randzone, zum Teil in gut ausgebildeten großen Kristallen, *Uraninit* auf. In dem Sediment, nahe dem Kontakt, sind Biotite mit pleochroit. Höfen zahlreich anzutreffen. 3 radioakt. Fundstellen wurden bisher untersucht. Nach Messungen mit dem Szintillometer sind noch weitere Vorkk. zu erwarten. Die Genese des Uraninits wird besprochen. (Econ. Geol. **49.** 616–24. Sept./Okt. 1954. Saskatoon, Univ. of Saskatchewan, Dep. of Geology.)
C. GOTTFRIED. 385

Howard A. Powers, *Zusammensetzung und Ursprung der basaltischen Magmen auf den Hawaii-Inseln.* Kieselsäure-gesätt. basalt. Magma ist das Material der großen Lavaströme, die häufig u. schnell während des schildbildenden Stadiums der Aktivität gefördert werden. In diesem Magma sind Schübe, die sich von Fall zu Fall sowohl am gleichen als auch bei verschied. Vulkanen im Kieselsäuregeh. unterscheiden. Differentiationen durch Fraktionierung von Olivin kommt hierbei nicht vor. Das Material der weniger häufigen porphyr. Lavaströme ist kieselsäurearmes Magma, das reich an Alkali ist. Diese Ströme treten relativ untergeordnet im Altersstadium der Aktivität auf. Hier ist Differentiation durch Fraktionierung von *Olivin, Plagioklas* u. *Augit* vorhanden. Aber diese ist nicht ausreichend zur Erklärung des Kieselsäureunterschusses u. des Alkaligehaltes. Zur Erklärung wird die Hypothese herangezogen, daß einzelne Magmenschübe durch rückläufige Prozesse aus kristallinem Peridotit aufgeschmolzen sind, wobei vorwiegend der Plagioklas u. *Pyroxen*, nicht jedoch der Olivin, aufgeschmolzen wurden. (Geochim. cosmochim. Acta [London] **7.** 77—107. Febr. 1955. Denver, Col., US Geolog. Survey.) J.-E. Hiller. 386

Tomas Tryggvason und **Donald E. White,** *Rhyolithtuffe in untertertiären Plateaubasalten von Ost-Island.* An 3 Stellen in Ost-Island finden sich in den dicken Schichten der Plateaubasalte Rhyolithtuffe. Meistens sind sie durch Glutwolkeneruption gebildet, manchmal auch durch Lavaströme aufgearbeitet. Die Bldg. der Rhyolithe wird mit saurem Magmatismus in Verbindung gebracht, dessen Aktivität wahrscheinlich gleichzeitig mit der Extrusion der Plateaubasalte anzunehmen ist. (Amer. J. Sci. **253.** 26—38. Jan. 1955. Reykjavik, Island, Univ., Res. Inst.; Menlo Park, Calif., US Geol. Survey.) J.-E. Hiller. 386

Mitsuru Harada, *Untersuchungen über die Verwitterung von vulkanischen Gesteinen. 13. Mitt. Über die Verwitterung von Quarztrachyt.* 2 Mitt. In den Verwitterungsprodd. von *Quarztrachyt* (I) von Tottori u. Sayo liegen 79—98% des in HCl lösl. Eisenoxyds (II) als freies II vor, wobei das Verhältnis des limonit./gesamten II vom niederen Horizont aus nach oben zunimmt. Durch die Verwitterung von I wird der Komplex A_2 gebildet (vorwiegend *Halloysit*) sowie B [*Montmorillonit* (III) + *Kaolinit* (IV) oder nur IV, in Tottori] u. sehr wenig A_1, lösl. in schwachsaurem Oxalat. Bei abwechselnder Trockenheit u. Nässe in gut entwässernden Gebieten ist III instabil. IV-Bldg. beginnt im frühen Stadium der Verwitterung, die entstandenen Böden sind sauer. (J. agric. chem. Soc. Japan [Nippon Nôgeikagaku Kaishi] **27.** 448—52. 1953. Tottori Univ. [Orig.: japan., Auszug: engl.]) L. Schuher. 386

Mitsuru Harada, *Untersuchungen über die Verwitterung von vulkanischen Gesteinen.* 14. Mitt. *Über die Verwitterung von Andesit.* 1. Mitt. (13. vgl. vorst. Ref.) Bei der Verwitterung von *Pyroxenandesit* von Tomari-Mura, Tohakugun u. Kando-Mura u. Kedaka-Gun (Präfektur Tottori) mit mittlerer Jahrestemp. von 13—14,3° u. jährlichem Regenfall von 18300 mm bilden sich folgende (tonigen) Böden über dem Gestein: dünnes hellgrau verwittertes Gestein, dünner gelber Horizont, grauer Horizont, brauner Mutterboden u. rötlichbrauner Oberboden. Der SiO_2-Geh. nimmt von unten bis zum grauen Horizont ab u. in den Böden wieder zu. Der Al_2O_3-Geh. nimmt deutlich im grauen Horizont u. den Böden zu. Der Fe_2O_3-Geh. nimmt mit der Verwitterung zu, der gelbe Horizont im Kandoprofil ist daran am reichsten. Alle Böden sind basenarm. Die Bldg. der durch HCl zersetzbaren Anteile beginnt früh, die der durch H_2SO_4 zersetzbaren später. (J. agric. chem. Soc. Japan [Nippon Nôgeikagaku Kaishi] **27.** 452—56. 1953. Tottori Univ. [Orig.: japan., Auszug: engl.]) L. Schuler. 386

Violet C. Shore und **Morris Katz,** *Aerosolverunreinigungen. Messung und Identifizierung mit mikroskopischen und Röntgenstrahlverfahren.* In der Umgebung von Greater Windsor, Detroit, wurde die Verunreinigung der *Luft* mit Hilfe des opt. Elektronenmikroskops, der Röntgenstrahl- u. Spektralanalyse durchgeführt u. folgende Stoffe gefunden: *$CaCO_3$, SiO_2, Al, Gips, NH_4Cl, Magnetit, Hämatit, Nickelfluorid, Graphit, Kohlenstoff, Messing* u. *Cadmiumcarbonat.* (Amer. ind. Hyg. Assoc. Quart. **15.** 297—303. Dez. 1954. Ottawa, Defense Res. Chem. Labor.) W. Luchsinger. 396

B. Allgemeine und theoretische organische Chemie.

Jean-Léon Masse, *Untersuchung der Spektren der Methylpyrene mit der Methode der Linearkombinationen der Molekülzustände.* Vf. zeigt den Einfl. der Methylierung auf das Spektr. eines konjugierten KW-stoffes am Beispiel des *Pyrens* u. berechnet die dem 1. Absorptionsmaximum entsprechenden λ-Werte mit der LCAO-Methode. Für CH_3 in den Stellungen 3-, 3.10-, 3.8- u. 3.8.10- findet Vf. übereinstimmend mit den experimentellen Befunden strenge Additivität der λ-Änderungen, für CH_3 in Stellung 4 ist die λ-Änderung gleich Null; die angewandte Meth. versagt hier. — Vgl. der berechneten u. gefundenen λ-Werte in Å: *Pyren* berechnet 3720; *3-Methylpyren* berechnet 3760; *1-Methyl-* berechnet 3748, beobachtet 3746; *4-Methyl-* 3740, 3720; *3.8-Dimethyl-* 3800, 3800; *3.10-Dimethyl-* 3800, 3800; *3.8.10-Trimethyl-* 3840, 3840; *3.4-Dimethyl-* 3780, 3764. (C. R. hebd. Séances Acad. Sci. **238.** 1226—29. 15/3. 1954.) K. Frenkler. B 114

P. Grammaticakis, *Beitrag zur Kenntnis der Spektren stickstoffhaltiger Derivate einiger aromatischer Aldehyde und Ketone.* 9. Mitt. *Benzolsulfonylhydrazone und Guanylhydrazone von Aldehyden.* (8. vgl. C. **1955.** 10225.) Untersucht wurden die Absorptionsspektren folgender Verbb. im UV sowie im sichtbaren Gebiet: *Benzolsulfonylhydrazin,* die *Benzolsulfonylhydrazone* von *Aceton, Benz-, Zimt-, Salicyl-, o-, m-* u. *p-Methoxybenz-,* *p-Oxybenz-*, *o-*, *m-* u. *p-Nitrobenzaldehyd* u. *Furfurol*, die *Semicarbazone* von *m-* u. *p-Oxybenzaldehyd*, die *Benzoylhydrazone* von *m-* u. *p-Oxybenzaldehyd*, *Guanylhydrazin*, die *Guanylhydrazone* von *Aceton*, *Benz-*, *Zimt-*, *o-*, *m-* u. *p-Methoxybenz-*, *o-* u. *p-Oxybenz-* u. *o-*, *m-* u. *p-Nitrobenzaldehyd*, *Guanylhydrazinnitrat*, die *Nitrate* der *Guanylhydrazone* von *Aceton*, *Croton-*, *Benz-*, *Zimt-*, *Acetaldehyd*, *Furfurol*, *Acetonylaceton*, *Cyclohexanon*, *o-*, *m-* u. *p-Oxybenzaldehyd*, *Guanylhydrazinhydrochlorid*, die *Hydrochloride* der *Guanylhydrazone* von *o-*, *m-* u. *p-Nitrobenzaldehyd* sowie das *Diacetylderiv.* des *Benzaldehydguanylhydrazons*. Die erhaltenen Absorptionsspektren sind graph. wiedergegeben. Ganz allg. wurde beobachtet, daß die Absorptionen der Benzolsulfonylhydrazone der Aldehyde denen der entsprechenden Acetylhydrazone oder Semicarbazone sehr ähnlich sind. Die Absorptionskurven der Guanylhydrazone liegen mehr nach dem sichtbaren Gebiet hin als die entsprechenden Semicarbazone oder Thiosemicarbazone. Die Absorptionskurven der Salze der Guanylhydrazone sowie ihrer Acetylderivv. sind den Kurven der entsprechenden Benzolsulfonylhydrazone oder Semicarbazone sehr ähnlich. (Bull. Soc. chim. France, Mém. [5] **19.** 446—53. Mai/Juni 1952. Paris, Sorbonne, Labor. de Chim. Organ.)

C. Gottfried. B 118

N. H. E. Ahlers und **S. P. Ligthelm,** *Die Infrarotspektren von Ximeninsäuremethylester und Ximeninylalkohol.* Die Spektren wurden jeweils von einem Flüssigkeitsfilm im Bereich 2,5—15 μ bestimmt. Für den Ester ergaben sich folgende Banden: 3,48; 6,90 u. 7,28 μ (CH-Schwingungen); 5,74 μ (CO-Gruppe); 4,50 μ (Acetylenbindung); 8,54 u. 9,88 μ (Methylestergruppe); 10,47 μ (Olefinbindung) u. 13,86 μ (Deformationsschwingung der langen aliphat. Kette). — Mit Ausnahme der fehlenden Carbomethoxybanden u. der zusätzlichen OH-Banden (3,04 u. 9,48 μ) sind die Infrarotspektren identisch. — Die Spektren sind denen n. langkettiger Fettsäureester bzw. Fettalkohole analog. Aus der Lage der Olefinbande (10,47 μ) schließen Vff. auf eine trans-Konfiguration (n. Lage 10,33 μ). Die Rotverschiebung führen Vff. auf die Konjugation von Olefin- u. Acetylenbindung zurück. (J. chem. Soc. [London] **1952.** 5039. Dez. Teddington, Paint Res. Stat., u. Pretoria, South Africa, Council Sci. and Ind. Res., Nat. Chem. Res. Labor.)

H. Röpke. B 120

G. D. Craine und **H. W. Thompson,** *Rotationsschwingungsbanden und Rotationskonstanten von Dicyan und Diacetylen.* Die Rotationsfeinstruktur der Schwingungsbande von *Dicyan* (I) bei 4,63 μ wurde aufgelöst u. zeigt P- u. R-Zweige mit alternierenden Intensitäten; der zentrale Q-Zweig fehlt, woraus zu schließen ist, daß I eine lineare, symm. Struktur mit einem Kernspin der ident. Stickstoffkerne besitzt. Die Rotationsanalyse, welche trotz Überlappung durch wenigstens einen „heißen" Übergang durchgeführt wurde, ergab die Rotationskonstanten $B'' = 0{,}1588\ cm^{-1}$ u. $\alpha_3 = (B'' - B') = 5{,}3_2 \cdot 10^{-4}\ cm^{-1}$, der Wert für D'' ist unsicher u. dürfte kleiner als $10^{-7}\ cm^{-1}$ sein, die Linien der Bande können durch die Gleichung $\nu = 2157{,}22 + 0{,}3172\ m - 0{,}00053_2\ m^2 - 4{,}4 \cdot 10^{-7}\ m^3$ wiedergegeben werden. Mit dem Atomabstand CN = 1,157 Å wird der C—C-Abstand $1{,}36_8$ Å für I gefunden, dieser Wert ist in guter Übereinstimmung mit Elektronenbeugungsdaten. Die beiden Banden von I bei 3,90 u. 3,76 μ wurden ebenfalls ausgemessen, waren aber von komplexer Struktur, was im einzelnen noch nicht erklärt werden kann. — Vff. untersuchten ferner die Rotationsfeinstruktur der Bande bei 4,94 μ von *Diacetylen* (II) u. berechneten die Rotationskonstanten $B'' = 0{,}1464\ cm^{-1}$, u. $\alpha_5 = 0{,}000398\ cm^{-1}$, die Linien der P- u. R-Zweige erfüllen die Gleichung $\nu = 2022{,}28 + 0{,}2923_6\ m - 0{,}00023_8\ m^2$. Wegen des Fehlens eines Q-Zweiges ist für II die gleiche Struktur wie für I anzunehmen. Der für α_5 gefundene Wert weicht von dem von Jones (J. chem. Physics **20.** [1952.] 860) aus Messungen im photograph. Infrarot berechneten Wert ab. Zur Erklärung nehmen Vff. Wechselwrkg. zwischen höheren Energieniveaus an. Für den C—C-Abstand in II wird 1,38 Å berechnet. (Trans. Faraday Soc. **49.** 1273—80. Nov. 1953. Oxford, Phys. Chem. Labor.)

B. Gnauck. B 120

M. A. Kowner, *Berechnung und Deutung der Spektren der nichtebenen Schwingungen von Benzol, Deuterobenzolen und Toluol.* (Vgl. C. **1954.** 4812; **1955.** 9283.) Unter Verwendung von 12 Normalkoordinaten (6 vom Typ ϱ, 6 vom Typ $\varkappa$, davon 3 zusätzliche Zuordnungen) werden die Bandenlagen der nichtebenen Schwingungen von Bzl., C_6H_5D, $C_6H_4D_2$, $C_6H_3D_3$, $C_6H_2D_4$, C_6D_6 u. Toluol (I) berechnet. Der Vgl. mit den neuesten experimentellen Werten der Literatur ergibt gute Übereinstimmung. Es werden ferner die Kraftkonstanten für die Symmetrieklassen A_{2u}, B_{2g}, E_g^- u. E_u^+ gegeben u. die beobachteten u. berechneten Frequenzen der antisymm. Schwingungen des I verglichen. Bei Konstanz des Kraftfeldes u. auch bei geringen Frequenzänderungen kann die Form der Schwingungen beim Übergang von Bzl. zu I sich erheblich ändern. (Доклады Академии Наук СССР [Ber. Akad. Wiss. UdSSR] [N. S.] **97.** 65—68. 1/7. 1954. Saratow, Tschernyschewski-Univ.)

R. K. Müller. B 120

M. A. Kowner, *Berechnung und Deutung der Schwingungsspektren von p-Xylol.* (Vgl. vorst. Ref.) Die Grundschwingungsfrequenzen des *p-Xylols* (I) werden auf Grund der Systeme der Kraftkonstanten des Benzolringes u. der CH_3-Gruppe berechnet u. mit den entsprechenden Frequenzen von Bzl. u. $C_6H_4D_2$ für symm. u. asymm. Schwingungen verglichen (Tabelle). Die Übereinstimmung der berechneten mit den beobachteten Frequenzen wird für alle 46 Frequenzen (31 symm., 15 asymm.) im einzelnen erörtert. Das Auftreten derselben Frequenzen im RAMAN- u. im Ultrarotspektr. läßt auf Störungen des alternativen Verbots schließen, die sich durch das Vorhandensein einer bestimmten Konz. an Moll. mit Symmetrie C_{2v}, durch intermol. Kräfte u. durch Ggw. von ^{13}C erklären lassen. (Доклады Академии Наук СССР [Ber. Akad. Wiss. UdSSR] [N. S.] **97.** 229—31. 1 Tafel. 11/7. 1954.) R. K. MÜLLER. B 120

R. R. Randle und **D. H. Whiffen,** *Die charakteristischen Infrarotfrequenzen von aromatischen Trifluormethylverbindungen.* Vff. untersuchten die C—F-Valenzschwingungen von *Trifluormethylbenzol, m-* u. *p-Fluortrifluormethylbenzol, p-Bis-[trifluormethyl]-benzol, 2.5-Difluortrifluormethylbenzol, o-, m-* u. *p-Nitrotrifluormethylbenzol, o-, m-* u. *p-Trifluormethylacetanilid, 2-Nitro-3-, 4-Nitro-3-* u. *4-Nitro-2-trifluormethylanilin, 2-Nitro-3-, 4-Nitro-3-* u. *4-Nitro-2-trifluormethylacetanilid, 4-, 4'-* u. *2'-Nitro-3-trifluormethylbiphenyl, 4-Amino-3-* u. *4-Acetamido-3-trifluormethylbiphenyl, 4.4'-Dinitro-3-trifluormethylbiphenyl, 4.4'-Dinitro-3.3'-bis-[trifluormethyl]-biphenyl, 4.4'-Diacetamido-3-trifluormethylbiphenyl* u. *2.4'-Diamino-4.2'-bis-[trifluormethyl]-biphenyl.* Die Ultrarotspektren aller dieser Verbb. zeigen die sehr starke Bande der symm. Schwingung bei 1321 cm^{-1} (mittlere Abweichung $\pm 9\ cm^{-1}$). Die beiden bei Ggw. des Benzolringes im Mol. zu erwartenden antisymm. Schwingungen liegen bei 1179 (± 7) cm^{-1} u. wahrscheinlich bei 1140 (± 9) cm^{-1}. Die Charakterisierung der letzteren Bande wird durch die Überlappung durch die C—H-Deformationsschwingungen fraglich. (J. chem. Soc. [London] **1955.** 1311—13. April. Birmingham, Univ., Chem. Dep.) E. FORCHE. B 120

Je. W. Perschina und **Sch. Sch. Rasskin,** *Über die Raman-Spektren der Systeme Schwefelsäure–Phenol und Schwefelsäure–p-Kresol.* Vff. untersuchten die RAMAN-Spektren von H_2SO_4–Phenol-Mol.-Verbb. der Zus. $H_2SO_4 \cdot 2\ C_6H_5OH$ (F. 15,5°), von H_2SO_4–p-Kresol-Mol.-Verbb. der Zus. $H_2SO_4 \cdot 2\ C_7H_7OH$ (F. 11°) u. $2\ H_2SO_4 \cdot C_7H_7OH$ (F. 93,5°). In zwei Tabellen werden die Bandenfrequenzen von H_2SO_4, Phenol, p-Kresol u. den Mol.-Verbb. gegeben. Vff. finden, daß sich die Spektren frisch hergestellter Mol.-Verbb. wenig von denen ihrer Komponenten unterscheiden. Beim Altern der Mol.-Verbb. treten Intensitätsänderungen, Bandenverschiebungen u. neue Banden auf, während einige Banden der Komponenten verschwinden. Die Bandenverschiebungen werden durch Wechselwrkg. zwischen den Komponenten der Mol.-Verbb. erklärt, die neuen Banden den Komplexschwingungen zugeschrieben. (Доклады Академии Наук СССР [Ber. Akad. Wiss. UdSSR] **100.** 123—25. 1/1. 1955. Leningrad, Shdanow-Univ.) K. HÖRIG. B 120

D. R. Lide jr., *Mikrowellenspektrum von Methylenfluorid.* (Sitzungsbericht.) Inhaltlich ident. mit der C. **1953.** 2252 referierten Arbeit. (Physic. Rev. [2] **87.** 227. 1/7. 1952. Harvard Univ.) C. GOTTFRIED. B 121

Harlan C. Meal, *Beziehung der ^{35}Cl-Kernquadrupolkopplungsfrequenzen zu Hammetts σ-Werten.* Von einigen Derivv. des *Chlorbenzols* (I) wurden die Kernquadrupolresonanzfrequenzen für ^{35}Cl bei 196 u. 77° K zum Teil selbst gemessen, zum Teil von DEAN u. POUND übernommen, auf 0° K extrapoliert u. mit den bekannten bzw. selbst errechneten σ-Werten der Substituenten in Beziehung gesetzt: Untersucht wurden folgende I-Derivv.: *o-NO_2-*, [^{35}Cl-Frequenz bei 0° K] 37,47 MHz; *o-CF_3-*, 35,633 MHz (bei 196° K); *o-Cl-*, 35,75—35,97 MHz (0° K), *m-NO_2-*, 35,60 MHz (0° K); *m-COOH-*, 35,26 MHz (0° K); *m-CF_3-*, 35,23 MHz (0° K); *m-Cl-*, 34,96—35,20 MHz (0° K); *p-OH-*, 34,82—35,19 MHz (0° K); *m-N:C:O-*, 34,653 MHz (196° K); *p-OCH_3-*, 34,94 MHz (0° K); *o-N:C:O-*, 34,415 MHz (196° K); *p-Cl-*, 34,88 MHz (0° K), *p-COOH-*, 34,78 MHz (0° K); *p-$COCH_3$-* 34,73 MHz (0° K); *p-CHO-*, 34,67°—34,68 MHz (0° K); *p-CH_2Cl-*, 34,24—34,69 MHz (0° K); *p-OC_2H_5-*, 34,44 MHz; *p-NH_2-*, 34,20 MHz (0° K); *p-CH=CHCOOH-Verb.*, 34,40 MHz (0° K); I, 34,90 MHz (0° K); *Benzylchlorid*, 34,14 MHz (0° K). Im allg. besteht zwischen den Frequenzen u. den σ-Werten eine lineare Beziehung, Ausnahmen werden diskutiert. Die ^{35}Cl-Quadrupolfrequenz in *p-Deuterochlorbenzol* ist im Rahmen der Fehlergrenzen ident. mit der von I. (J. Amer. chem. Soc. **74.** 6121—22. 5/12. 1952. Cambridge, Mass., Harvard Univ., Mallinckrodt Chem. Labor.) L. FISCHER. B 121

O. Bastiansen, O. Hassel und **E. Hadler Vihovde,** *Struktur einiger 1.2.3.4-Tetrahalogencyclohexane.* Vff. bestimmten die Dipolmomente von *Tetrabromcyclohexan* mit F. 142° (I), 90° (II), 156° (III), *Dichlordibromcyclohexan* mit F. 128° (IV) u. *Tetrachlorcyclohexan* mit F. 112° (V) zu (in obiger Reihenfolge) 2,89; 2,82; 3,66; 3,81 u. 2,95 D. Für

I fand LUND (vgl. C. 1951. II. 1564) als Konfiguration e. e. e. e. Unter der Annahme eines elektr. Moments von 2,1 D für die C—Cl- u. C—Br-Bindungen u. der weiteren Annahme, daß alle Valenzwinkel tetraedr. sind, wurden für die Konfigurationen e. e. e. e; e. e. e. a; e. a. e. e; e. e. a. a; e. a. a. e; a. e. e. a u. a. e. a. e die folgenden Dipolmomente errechnet: 3,4; 4,9; 3,4; 3,4; 0; 3,4 u. 6,8. Es kann angenommen werden, daß alle Substanzen mit einem gemessenen Dipolmoment von ca. 2,9 D zu der Gruppe mit den theoret. Werten 3,4 D gehören. Eine Bestätigung hierfür ist, daß I die Konfiguration e. e. e. e besitzt. Es ist dann zu erwarten, daß III u. IV mit den Dipolmomenten 3,7—3,8 D die Konfiguration e. e. e. a besitzen; die Konfiguration a. e. a. e erscheint unwahrscheinlich. Nach röntgenograph. Unterss. sind III u. IV isomorph. Auf Grund von Elektronenbeugungsaufnahmen an III u. IV konnten die Konfigurationen a. a. e. e, e. a. a. e u. a. e. e. a für diese Verbb. ausgeschlossen werden. — Zur Feststellung, ob der erste Reaktionsschritt der Halogenaddition an Cyclohexadien-(1.3) eine THIELE-Addition ist oder nicht, ist eine vollkommene Strukturanalyse von IV notwendig. (Acta chem. scand. **8.** 1951—52. 1954. Blindern-Oslo, Univ., Kjemiske Inst.) C. GOTTFRIED. B 123

Paul Bender, Dervin L. Flowers und **H. L. Goering,** *Dipolmomentuntersuchungen von 1.1- und 1.2-Dihalogencyclohexanen.* Vff. messen die Dipolmomente verschied. 1.1- u. cis- u. trans-1.2-Dihalogencyclohexane bei 25° in Benzol- u. CCl_4-Lösung. Die beobachteten Momente bestätigen die strukturellen Zuordnungen u. geben einen Einblick in konfigurative Gleichgewichte (1a.2a ⇌ 1e.2e) der trans-1.2-Dihalogencyclohexane. — Einzelergebnisse: Gemessene Dipolmomente $\mu \cdot 10^{18}$ nachst. Verbb. bei 25° in Bzl.: *Cyclohexylchlorid,* 2,24; *trans-1.2-Dichlorcyclohexan,* 2,67, f_e 0,75 (Molenbruch der Moll. mit 1e.2e-Konfiguration), ΔE 650 cal/Mol (Energiedifferenz zwischen 1a.2a- u. 1e.2e-Formen); *trans-1-Brom-2-chlorcyclohexan,* 2,49, f_e 0,65, ΔE 370; *1.1-Dichlorcyclohexan,* 2,49; *1-Brom-1-chlorcyclohexan,* 2,46; *1.1-Dibromcyclohexan,* 2,44. — *cis-1.2-Dichlorcyclohexan,* in CCl_4 3,13. — *cis-1-Brom-2-chlorcyclohexan,* in Bzl. 3,15, in CCl_4 3,16. — *cis-1.2-Dibromcyclohexan,* in Bzl. 3,12, in CCl_4 3,06. — *trans-1.2-Dibromcyclohexan,* in Bzl. 2,11, f_e 0,47, ΔE —70, in CCl_4 1,74, f_e 0,32, ΔE —400. (J. Amer. chem. Soc. **77.** 3463—65. 5/7. 1955. Madison, Wis., Univ., Dep. of Chem.) G. WINKLER. B 132

Max T. Rogers und **Tod W. Campbell,** *Die Dipolmomente einiger Thiophen- und Furanderivate.* Unter der Annahme eines C—H-Bindungsmomentes von 0,4 D berechneten Vff. für Thiophen ein Dipolmoment μ 0,52, wenn Bindungswinkel aus Elektronenbeugungsmessungen zugrunde gelegt wurden; μ stimmt mit den experimentell gefundenen Werten überein. Das C—S-Bindungsmoment ist angenähert 0. Eine analoge Berechnung für Furan ergibt ein C—O-Bindungsmoment von 0,25 D. Für die substituierten Derivv. wurde das Dipolmoment unter Verwendung von Gruppenmomenten berechnet; bei nichtaxialen Gruppen wurden die Winkel zwischen Gruppenmoment u. Bindungsrichtung aus den Momenten von Benzolderivv. abgeleitet. Die berechneten u. beobachteten Werte zeigen bei 2-Halogenthiophenen, *2-tert.-Butylthiophen* (I) u. *Furancarbonsäure-(2)* (II) merkliche Differenzen. Die C—Br- u. C—J-Gruppenmomente betragen in 2-Halogenthiophen 0,80 bzw. 0,50 gegen 1,1 u. 0,9 in Benzolderivv.; es wird angenommen, daß die folgende Struktur stark am Grundzustand beteiligt ist. Das Moment der Methylgruppe in *2-Methylfuran* u. der tert.-Butylgruppe in I ist etwas größer als in

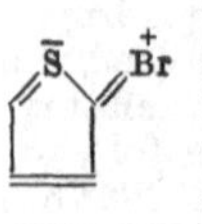

Toluol bzw. tert.-Butylbenzol. Das kann durch Beseitigung von Strukturen analog obiger infolge der Hyperkonjugation erklärt werden, es ist aber auch möglich, daß die Ring-C-Atome elektronegativer sind als in Benzol. Das Moment der Carboxylgruppe ist in II um 0,35 D größer als in Benzoesäure. Es wird die Beteiligung polarer Grenzformen mit positiviertem O am Grundzustand angenommen. Das gemessene Dipolmoment von *3-Mercaptothiophen* stimmt mit dem, unter folgender Annahme berechneten überein: C—S = 0,80; H—S = 0,84; $\angle$ CSH = 100°.

Versuche: *2-Bromthiophen,* $Kp._{38}$ 63°, n_D^{25} 1,5840, $D.^{25}_4$ 1,7030; ε = 2,2720, μ [beobachtet] = 1,39, [berechnet] 1,67. — *2-Jodthiophen,* $Kp._{29}$ 88°, n_D^{25} 1,6487, $D.^{25}_4$ 2,0595; ε = 2,2710, μ = 1,13, 1,48. — *2-Methylfuran,* $Kp._{760}$ 62,9°, n_D^{25} 1,4302, $D.^{25}_4$ 0,9093; ε = 2,2717, μ = 0,79, 0,71. — *3-Mercaptothiophen,* $Kp._{21}$ 70°, n_D^{25} 1,6188, $D.^{25}_4$ 1,2510; ε = 2,2721, μ = 1,07, 1,08. — *2-tert.-Butylthiophen* (I), $Kp._{751}$ 163°, n_D^{25} 1,4932, $D.^{25}_4$ 0,9491; ε = 2,2716, μ = 0,93, 0,60. — *2.5-Bis-[tert.-butyl]-thiophen,* $Kp._{745}$ 212°, n_D^{25} 1,4908, $D.^{25}_4$ 0,9137; ε = 2,2732, μ = 0,55, 0,35. — *Furancarbonsäure-(2)* (II), F. 134°; ε = 2,2085; μ = 2,29, 1,96 in Dioxan. — *Furancarbonsäure-(2)-amid,* F. 142°; ε = 2,2100, μ = 3,64, 3,55 in Dioxan. (J. Amer. chem. Soc. **77.** 4527—28. 5/9. 1955. East Lansing, Mich., Univ., Kedzie Chem. Labor.) H. BERTSCH. B 132

J. E. B. Randles und **J. M. Tedder,** *Die Aciditätsfunktion H_0 für Lösungen von Trifluoressigsäure und Trichloressigsäure in Wasser.* Vff. bestimmten die Aciditäts-

funktion H_0 von *Trifluoressigsäure* (I) u. *Trichloressigsäure* (II) in wss. Lsgg. verschied. Konzentration. In sehr verd. Lsgg. unterscheiden sich I u. II kaum von den starken Mineralsäuren; aber in stärker konz. Lsgg. sind sie beträchtlich assoziiert. In Konzz. oberhalb 25% scheint die Abnahme der DK. einen Einfl. auf die gemessenen H_0-Werte zu haben, der bei II ausgeprägter ist als bei I. Demnach sind I u. II nicht so starke Säuren. wie häufig angenommen worden ist. (J. chem. Soc. [London] **1955.** 1218—23. April, Birmingham, Univ., Dep. of Chem., u. Edinburgh, Univ., Dep. of Chem.)
E. FORCHE. B 139

Leon D. Freedman und **H. H. Jaffé**, *Der elektrische Effekt der Diäthoxyphosphinylgruppe*. Vff. berechnen aus den Dissoziationskonstanten von *m*- (I) u. *p-Carboxybenzolphosphonsäurediäthylester* (II), *m*- (III) u. *p-Aminobenzolphosphonsäurediäthylester* (IV) u. *m*- (V) u. *p-Oxybenzolphosphonsäurediäthylester* (VI) die HAMMETT-Substituentenkonstanten für die Diäthoxyphosphinylgruppe ($\sigma_m = 0{,}55$; $\sigma_p = 0{,}60$; $\sigma^*_p = 0{,}78$). In Analogie zu den Carbonsäuren wird angenommen, daß sich die Konstanten für die freie u. die veresterte Säuregruppe nur wenig unterscheiden. Die Dissoziationskonstanten wurden in 0,04mol wss. Lsg. bei 23° bestimmt, die pK-Werte für die Aminoverbb. gelten für das Ammoniumion: I pK_a 3,65, III 3,09, V 8,66; die m-Diäthoxyphosphinylgruppe ist also weniger elektroaffin als NO_2, CN u. SO_2CH_3, aber mehr als $COCH_3$ u. COOH. II pK_a 3,60, σ 0,60; IV 2,22, 0,84; VI 8,28, 0,73; die p-Diäthoxyphosphinylgruppe gehört daher zu der Gruppe elektronenabziehender Substituenten, die für die Rk. von Anilin u. Phenol größere (σ^*)-Werte verlangen als für die Rkk. anderer Benzolderivv. u. ist also in Konjugation mit dem Ring. Der σ-Wert für das Phenol ist kleiner als für das Anilin; das wurde bisher nur für die p-CH_3—SO_2-Gruppe gefunden. In beiden Fällen handelt es sich um Substituenten die den —E-Effekt nur unter Erweiterung ihrer Valenzelektronenschale ausüben können.

Versuche: *m-Carbäthoxybenzolphosphonsäurediäthylester* (VII), $Kp._{0,3}$ 137 bis 149°, aus m-Carboxybenzolphosphonsäure u. PCl_5 durch Erwärmen unter Feuchtigkeitsausschluß u. Rk. des entstehenden Säurechlorids ohne Isolierung mit absol. A. in CCl_4; 79% (Ausbeute). — *p-Carbäthoxybenzolphosphonsäurediäthylester* (VIII), $Kp._{0,3}$ 143—147°, analog VII; 80%. — *m-Nitrobenzolphosphonsäurediäthylester* (IX), Kp. 133—137°, analog VII; 79%. — *p-Nitrobenzolphosphonsäurediäthylester* (X) $Kp._{0,3}$ 139—144°, analog; 88%. — *m-Carboxybenzolphosphonsäurediäthylester* (I), F. 85 bis 86°, aus VII durch partielle Verseifung mit alkoh. NaOH, 24 Std. bei Raumtemp.; 92%. — *p-Carboxybenzolphosphonsäurediäthylester* (II), F. 105—107°, analog I aus VIII; 93%. — *m-Aminobenzolphosphonsäurediäthylester* (III), F. 47—50°, aus IX durch Hydrierung in A. in Ggw. von RANEY-Ni; 95%. — *p-Aminobenzolphosphonsäurediäthylester* (IV), F. 115—119°, aus X analog III; 76%. — *m-Oxybenzolphosphonsäurediäthytester* (V), F. 67—69°, aus III durch Diazotierung mit Äthylnitrit u. Verkochen; 15%. — *p-Oxybenzolphosphonsäurediäthylester* (VI), F. 93—94°, aus IV analog V; 47%. (J. Amer. chem. Soc. **77.** 920—21. 20/2. 1955. Chapel Hill, N. C., Univ. of North Carolina, School of Publ. Health.)
H. BERTSCH. B 139

G. J. Rotariu, D. W. Fraga und **J. H. Hildebrand**, *Die Dichten von n-Octan und 2.2.3.3-Tetramethylbutan bei tiefen Temperaturen.* Die Dichten von festem *n-Octan* (I) u. *2.2.3.3-Tetramethylbutan* (II) werden durch Wägung bekannter Massen in verschied. Fll. u. bei verschied. Tempp. bestimmt. Das Wägeverf. ist kurz beschrieben. Folgende Durchschnittswerte wurden erhalten u. mit Werten anderer Autoren zur Berechnung der Molvoll. zwischen 0 u. 400° K herangezogen (Diagramm). I in fl. N_2 bei —195,8°, D. 0,915; I in Methanol bei —75,0°, D. 0,857; II in fl. H_2 bei —252,8°, D. 0,932 (nach HEUSE, Z. physik. Chem., Abt. A **147.** [1930.] 266); II in fl. N_2 bei —195,8°, D. 0,901; II in Methanol bei —73,8°, D. 0,847. (J. physic. Chem. **59.** 187—88. Febr. 1955. Berkeley, Calif., Univ. of California, Dep. of Chem. and Chem. Engng.) H. HOFMANN. B 148

J. G. Aston und **Frank L. Gittler**, *Energieschwellen für das Auftreten innerer Rotation in Methylamin.* Es wird an Hand entsprechender Berechnungen gezeigt, daß kürzlich von Vff. durchgeführte (C. **1956.** 64) Entropiemessungen an *Methylamin* Entropiewerte liefern, die im Gegensatz zu früher aus anderen Entropiewerten abgeleiteten niedrigeren (bei 1500 cal·Mol^{-1} liegenden) Energieschwellenwerten für das Auftreten der inneren Rotation in guter Übereinstimmung mit neueren Daten stehen. Die Schwelle liegt danach in der Nähe von 1900 cal·Mol^{-1}. (J. chem. Physics **23.** 211—12. Jan. **1955.** State College, Pa., Pennsylvania State Univ., Coll. of Chem. and Phys.)
W. NIEMITZ. B 154

P. G. Masslow, *Zur Thermodynamik individueller Kohlenwasserstoffe.* Zur Charakteristik der Wechselwirkungen im Mol. in erster Näherung nimmt Vf. eine Zerlegung thermodynam. Funktionen nach einzelnen Arten der Wechselwrkg. im Mol. vor, das heißt, nach Wirkungskoeffizienten k_{ij} u. nach kinemat. Koeffizienten a_{ij} (im weiteren als Parameter bezeichnet). Diese Zerlegungen erweisen sich als bes. wertvoll bei Festlegung u. Erklärung der thermodynam. Gesetzmäßigkeiten von KW-stoffen. Das Prinzip der Additivität der Energie eines Mol. aus den Teilbeträgen für die einzelnen Bindungen kann gewahrt bleiben, wenn auch die Wechselwirkungen berücksichtigt werden. — Die Zerlegung wird für die thermodynam. Schwingungsfunktionen, Energie, Wärmekapazität, Entropie, Enthalpie u. freie Energie im Standardzustand für die i-te Normalschwingung des Mol. durchgeführt. In den bekannten thermodynam. Formeln für die i-te Normalschwingung des Mol. wird die Zerlegung der Frequenzen nach den Parametern eingeführt. So werden für *Äthan* die Anteile der einzelnen Valenzbindungen, der Winkel zwischen ihnen u. der einzelnen Wechselwirkungen an den Werten gefunden. Die wahre Nullpunktsschwingungsenergie für C—C u. C—H wurde zu 1737 bzw. 4328 cal/Mol berechnet. Aus der experimentellen, auf Standardbedingungen red. Wärmekapazität u. ihrem Schwingungsanteil wurde die Wellenzahl der Kreisschwingung der Gruppe CH_3 um die Bindung C—C zu 243 cm^{-1} berechnet. Weiterhin wurden die Nullpunktsschwingungsenergie mit u. ohne Berücksichtigung der Kreisschwingungen u. die gesamte Schwingungsenergie bei T = 298,16° K für beliebige KW-stoffe C_nH_{2n+2} als Summen der Anteile für die verschied. Arten von Wechselwrkg. bestimmt. Es ergibt sich gute Übereinstimmung mit experimentellen Werten. (Доклады Академии Наук СССР [Ber. Akad. Wiss. UdSSR] [N. S.] **84.** 993—96. 11/6. 1952. Leningrad, Militär.-Mechan. Inst.)

U. Worffel. B 182

N. W. Chromow-Borissow, *Stereoisomerie der Oxime und Hydrazone.* Bei den Hydrazonen (Phenylhydrazonen) asymm. Ketone werden zum Unterschied von den entsprechenden Oximen syn- u. anti-Formen nicht gefunden, woraus bei den Hydrazonen auf freie Drehbarkeit um die C=N-Doppelbindung zu schließen ist. Der verschied. Einfl. der OH- u. NH_2-Gruppe auf die C=N-Doppelbindung wird vom Vf. damit begründet, daß die Elektronenverschiebungen R′(R″)C=N—$\overline{O}$H bzw. R′(R″)C=N—$\overline{N}H_2$ bei den Hydrazonen leichter erfolgen, da die nichtanteiligen Elektronen des N weniger fest gebunden sind als die des O; im Effekt nimmt die Doppelbindung der Hydrazone den Charakter einer einfachen Bindung an. Da bei 2.4-Dinitro- u. 2.4.6-Trinitrophenylhydrazonen syn- u. anti-Formen festgestellt sind, so wird hier Elektronenverschiebung in entgegengesetzter Richtung, gleichbedeutend mit Stabilisierung der Doppelbindung, angenommen, z. B. zur NO_2-Gruppe in 4-Stellung. Bei Acetessigester (I) u. Benzoylessigester (II) wird untersucht, ob u. mit welcher Leichtigkeit ihre Phenyl (Mono- u. Polynitrophenyl)-hydrazone den Ringschluß zu den Pyrazolonen erfahren. Es zeigt sich, daß allg. die C_6H_5-Gruppe den Ringschluß erleichtert, die CH_3-Gruppe erschwert; z. B. kann I-2.4-Dinitrophenylhydrazon durch Erhitzen nicht cyclisiert werden, während II-2.4-Dinitrophenylhydrazon schon bei der Bldg. den Ring schließt; hieraus folgt syn-Stellung von CH_3 u. $C_6H_3(NO_2)_2NH$ im 1. Fall u. anti-Stellung von C_6H_5 u. $C_6H_3(NO_2)_2NH$ im 2. Fall. Beim Behandeln mit konz. HCl erfolgte bei den aus I u. II synthetisierten Pyrazolonderivv. Ringöffnung u. Abspaltung von CO_2 unter Bldg. der entsprechenden Phenylhydrazone von Aceton u. Acetophenon. Aus dieser Bildungsweise würde für das aus 1-[2′.4′-Dinitrophenyl]-3-phenylpyrazolon-(5) entstehende 2.4-Dinitrophenylhydrazon von Acetophenon folgen, daß sich die C_6H_5-Gruppe in anti-Stellung zur $C_6H_3(NO_2)_2NH$-Gruppe befindet. Es gelingt, aus Acetophenon u. 2.4-Dinitrophenylhydrazin das 2. Isomere, demnach die syn-Form, neben der anti-Form zu erhalten. Eine Bestätigung für das Vorliegen geometr. Isomerer wird darin gesehen, daß sich die UV-Absorptionsspektren beider in der Form fast nicht voneinander unterscheiden u. nur die Maxima an verschied. Stellen liegen.

Versuche: Alle F.-Angaben korrigiert. *4-Nitrophenylhydrazon* von I, F. 117,5 bis 118,5°; aus I u. $4\text{-}NO_2C_6H_4NHNH_2$ auf dem sd. Wasserbad; 74% (Ausbeute). Die Angabe von Altschul (Ber. dtsch. chem. Ges. **25.** [1892.] 1853), daß schon auf dem Wasserbad Umwandlung in nachst. Pyrazolonderiv. erfolgt, wird nicht bestätigt. — *1-[4′-Nitrophenyl]-3-methylpyrazolon-(5)*, F. 217—218°; aus vorst. Verb. bei 175—180°, bei Einw. von konz. H_2SO_4 (20—25°) oder durch Kochen mit wenig konz. HCl enthaltendem Alkohol. — *2.4-Dinitrophenylhydrazon* von I, F. 91,5—92,5°; aus I u. $2.4\text{-}(NO_2)_2C_6H_3\cdot NHNH_2$ in mit HCl angesäuertem sd. A.; 74%. — *1-[2′.4′-Dinitrophenyl]-3-methylpyrazolon-(5)*, $C_{10}H_8O_5N_4$, F. 144—144,5° (A.); aus vorst. Verb. u. konz. H_2SO_4 bei 55—60°; 0,4 g aus 1 g. — *2.4.6-Trinitrophenylhydrazon* von I, F. 113—115°; 35%. — *1-[2′.4′.6′-Trinitrophenyl]-3-methylpyrazolon-(5)*, $C_{10}H_7O_7N_5$, F. 211—212° (Eisessig); aus vorst. Verb. in konz. H_2SO_4 bei 100°; hellgelb; 92%. — *1.3-Diphenylpyrazolon-(5)*, F. 137—137,5°; aus II u. $C_6H_5NHNH_2$ in sd. Eisessig; 30%. — *1-[3′-Nitrophenyl]-pyrazolon-(5)*, F. 174°; aus II u. $3\text{-}NO_2C_6H_4NHNH_2$ nach Michaelis u. Willert (Liebigs Ann. Chem. **358.** [1908.] 177). — *1-[4′-Nitrophenyl]-3-phenylpyrazolon-(5)*, $C_{15}H_{11}O_3N_3$,

isoliert. Da die Aktivität der Lsgg. von I von der enthaltenen Menge Benzoesäure (II) abhängig ist, wurde jeweils mit Acetophenon (III) selbst als Standard verglichen. Die Rk. von III ist weder 1. noch 2. Ordnung, bei 29,9° gilt die empir. Gleichung $k = (1{,}51 \pm 0{,}03) \cdot 10^{-6} + (0{,}52 \pm 0{,}02) \cdot 10^{-5}$ (Keton). Die Geschwindigkeitskonstanten gelten etwa für die ersten 20% der Umsetzung. An substituierten Acetophenonen wurden *p-Methoxy-* (IV), *p-Methyl-* (V), *m-Methoxy-* (VI), *p-Chlor-* (VII), *p-Acetoxy-* (VIII), *p-* (IX) u. *m-Brom-* (X), *p-* (XI) u. *m-Nitroacetophenon* (XII) untersucht. Bei IV, V, VI bedingt der Substituent eine Rk. 2. Ordnung u. Empfindlichkeit gegen Säurekatalyse; VII—XII folgen einer Rk. 1. Ordnung (k_1) u. zeigen nur schwache Abhängigkeit von Säurekatalyse; VIII zeigt keine katalyt. Beeinflussung durch II. Elektrondonatorwrkg. von R gegenüber der Carbonylgruppe erhöht die Reaktionsgeschwindigkeit, bezogen auf III, -acceptorwrkg. vermindert sie. Analog zur Semicarbazonbldg. reihen sich die Substituenten nach der Reaktionsgeschwindigkeit: $p\text{-}OCH_3 > p\text{-}CH_3 > m\text{-}OCH_3 > H > p\text{-}Cl > p\text{-}OCOCH_3 > p\text{-}Br > m\text{-}Br$. $m\text{-}OCH_3$ erhöht trotz positiven σ-Wertes gegenüber H. Beachtenswert ist die Wrkg. von $p\text{-}OCOCH_3$, denn p-OH zeigt Rk. 2. Ordnung, wird aber durch I oxydiert, ohne daß Ester gebildet wird. II beschleunigt Rk. 2. Ordnung stark, II oder Essigsäure zeigen bei Rk. 1. Ordnung wenig Erhöhung der Reaktionsgeschwindigkeit. Ein Ansteigen der Polarität des Lösungsm. erhöht die Reaktionsgeschwindigkeit, ausgeprägter bei Rkk. 1. Ordnung. Die Aktivierungsenergien E_A [kcal/Mol], -enthalpien ΔH^{+} [kcal/Mol] u. -entropien ΔS^{+} [cal/Grad·Mol] für IV, V, VI, VII, VIII u. X sind: 11,4, 10,8, —42; 11,4, 10,8, —44; 14,9, 14,3, —33; 15,0, 14,4, —37; 14,0, 13,4, —40 u. 13,9, 13,3, —40. Die Aktivierungentropien sind alle negativ u. ungewöhnlich groß (—33 bis —44). E_A u. ΔH^{+} für Derivv. mit Elektronendonatorsubstituenten in p-Stellung sind wesentlich niedriger als bei den übrigen Derivaten. Folgender Reaktionsmechanismus wird vorgeschlagen: Das Keton lagert Persäure, O oder $\overline{O}|H^+$ an u. zerfällt in Ester u. II bzw. Ester u. H^+. Ist die Bildungskonstante k'_1 von $\overline{O}H^+$ oder O groß gegen k'_2 der Anlagerung von I an Keton oder k'_{-2} des Rückschritts groß gegen die Zerfallskonstante der Anlagerungsverb., so erhält man die Gleichung einer Rk. 1. Ordnung, ist $k'_1 \ll k'_2$ u. k'_{-2} klein, die Gleichung einer Rk. 2. Ordnung. — *Phenylacetat*, $Kp._{22}$ 93—93,5°, aus III u. I bei Raumtemp. in Chlf.; 63% (Ausbeute). — *Hydrochinondiacetat*, F. 124—125°, analog vorst. Verb. aus VIII; 80%. — *p-Acetylamino-*, F. 149,5—151°; 80%. — *p-Methoxy-*, F. 30—41°(?); 66%. — *p-Methyl-*, F. 44—45°; 73%. — *m-Methoxy-*, F. 101—102°; 52%. — *p-Chlorphenylacetat*, F. 92—93°; 57%. (J. Amer. chem. Soc. 73. 3968—72. Aug. 1951. Rochester, N. Y., u. Bethesda, Md., Univ. of Rochester, Dep. of Chem.) B. WITT. B 225

S. L. Friess und Rex Pinson jr., *Reaktionen von Persäuren.* 6. Mitt. *Die Reaktion von Acetylcyclanen mit Benzoepersäure.* (5. vgl. vorst. Ref.) Vff. untersuchten die Rk. von *Benzoepersäure* mit *Cyclopropyl-* (I), *-butyl-* (II), *-pentyl-* (III), *-hexyl-* (IV), *-heptyl-* (V) u. *Isopropylmethylketon* (VI) bei Raumtemperatur. II—VI reagieren leicht unter Bldg. der entsprechenden Acetate mit 58—72% Ausbeute. I gibt keinen Ester. Isomere Methylester entstehen in keinem Fall. Die Rk. von II—VI in Chlf. ist 2. Ordnung u. wird durch Benzoesäure oder Essigsäure beschleunigt; ebenso wirkt eine Erhöhung der Polarität des Lösungsmittels. Die Aktivierungsenergien, -enthalpien u. -entropien betragen: II 10,1 [kal/Mol], 9,5 [kcal/Mol], —43 [cal/Grad·Mol]; III 11,5, 10,9, —40; IV 11,0, 10,4, —41; V, 10,5 9,9, —43. Die Entropien sind von derselben Größe bei der analogen Rk. substituierter Acetophenone (l. c.). Die niedrige Reaktivität von I wird auf die elektron. Wechselwrkg. zwischen dem Cyclopropanring u. der Carbonylgruppe zurückgeführt, die eine Addition an die Carbonylgruppe hemmt u. auch eine schwache Verschiebung der Infrarotcarbonylfrequenz bedingt ($\lambda = 5{,}90\,\mu$ gegen 5,87 bei allen übrigen Derivv.). II reagiert wesentlich, IV etwas schneller als III, V u. VI, bei denen die Addition ster. etwas gehemmt ist.

V e r s u c h e : *Cycloheptylmethylketon* (V), $C_9H_{16}O$, $Kp._{16}$ 86—87°, aus Cycloheptyl-Mg-Halogenid u. Acetanhydrid bei —70°; n_D^{20} 1,4622. *2.4-Dinitrophenylhydrazon*, F. 117—118° (orangegelbe Nadeln aus A.). *Semicarbazon*, F. 175—176° (wss. A.). — *Cyclobutylacetat*, $C_6H_{10}O_2$, $Kp._{70}$ 60—62°, aus II u. Benzoepersäure; n_D^{21} 1,4200; 58% (Ausbeute). Analog: *Cyclopentylacetat*, $Kp._{13}$ 52—53°; n_D^{25} 1,4358; 61%. — *Cyclohexylacetat*, $Kp._{13}$ 63—64°; n_D^{23} 1,4430; 72%. — *Cycloheptylacetat*, $Kp._{14}$ 84—86°; n_D^{20} 1,4430; 69%. — *Isopropylacetat*, Kp. 87—89°; 63%. — *Cyclobutanolphenylurethan*, F. 130—131°. — *Cyclopentanolphenylurethan*, F. 131—132°. — *Cyclohexanolphenylurethan*, F. 80—82°. — *Cycloheptanolphenylurethan*, F. 83—85°. — *Isopropyl-3.5-dinitrobenzoat*, F. 118—120°. (J. Amer. chem. Soc. 74. 1302—05. 5/3. 1952.) B. WITT. B 225

S. L. Friess, A. H. Soloway, B. K. Morse und W. C. Ingersoll, *Reaktionen von Persäuren.* 7. Mitt. *Kernoxydation aromatischer Äther durch Benzoepersäure.* (6. vgl.

vorst. Ref.) Vff. untersuchen die Rk. von *Anisol* (I), *1.2-* (II), *1.3-* (III) u. *1.4-Dimethoxy-* (IV) *1.2.3-* (V) u. *1.3.5-Trimethoxybenzol* (VI) mit überschüssiger *Benzoepersäure* (VII) in Chlf. bei Raumtemperatur. Die Reaktivität steigt in der Reihenfolge I < II = IV < V < III < VI. Eine Zunahme der Zahl der Methoxygruppen am Benzolring, die als Elektronendonatoren wirken, scheint die Empfindlichkeit gegen Persäuren zu erhöhen. Die große Reaktivität von III wird auf eine Erleichterung des elektrophilen Angriffs von VII durch die hohe Elektrondichte am C-Atom zwischen den Substituenten zurückgeführt; dasselbe gilt in verstärktem Maß für VI. I u. II reagieren wohl in Chlf., nicht aber in Benzol. III, IV, V u. VI geben als Hauptprod. (5—38%) p-Chinonderivv., V u. VI unter Verlust einer Methoxygruppe, III unter Verlust einer Methoxygruppe u. Einführung einer neuen OH-Gruppe. V u. VI bilden daneben geringe Mengen Oxalsäurederivate. II liefert *Muconsäuredimethylester*, I gibt keine stabilen Produkte. Die Kinetik der Oxydation von VI bei $-12,4^0$ wurde untersucht. Unter der Annahme eines langsamen, bimol. (VI u. VII) Schrittes u. eines folgenden schnellen Schrittes unter Verbrauch eines zweiten Moles VII wurden die Reaktionsgeschwindigkeitskonstanten 2. Ordnung berechnet. Als 1. Schritt wird die Bldg. von 2.4.6-Trimethoxyphenol (VIII) angenommen. Im 2. Schritt bildet sich 2.6-Dimethoxy-1.4-benzochinon unter Ablösung von Methanol u. eines Protons von einem Zwischenprod., das aus VIII durch Addition einer OH-Gruppe in 4-Stellung entsteht.

Versuche: *2.5-Dimethoxy-1.4-benzochinon*, F. 220° (sublimiert) aus IV u. VII in Chlf.; gelbe Kristalle aus Ae.; 16%; auch aus p-Benzochinon, Methanol u. $ZnCl_2$, 20 Min. am Rückfluß. — *2-Oxy-5-methoxy-1.4-benzochinon*, F. 177—179°, aus III u. VII; orangefarbene Platten aus Ae.-Chlf.; 17%. — *1-Methoxy-2.4.5-triacetoxybenzol*, F. 138 bis 140° (wss. Methanol), aus vorst. Verb. mit Zn u. Acetanhydrid in Ggw. von Triäthylamin beim Erwärmen; auch aus 2-Methoxy-1.4-benzochinon u. Acetanhydrid in Ggw. von H_2SO_4 am Wasserbad. — *2.6-Dimethoxy-1.4-benzochinon*, aus V u. VII, gelbe Kristalle; 5%, auch aus VI u. VII; 28%. — *2.6-Dimethoxyhydrochinon*, F. 154—156° (aus W.), aus vorst. Verb. durch Red. mit wss. $Na_2S_2O_4$. *Diacetoxyderiv.*, F. 126—127° (aus wss. Essigsäure). — *cis.cis-Muconsäuredimethylester*, $C_8H_{10}O_4$, F. 72—73° (W.-Methanol), aus II u. VII beim destillativen Aufarbeiten; $Kp._{16}$ 87—95°; 1%; Infrarotbanden. — *trans.trans-Muconsäuredimethylester*, F. 157—158° (Methanol), aus II u. VII, beim Aufarbeiten durch fraktionierte Kristallisation; 1%. (J. Amer. chem. Soc. **74**. 1305—09. 5/3. 1952.) B. Witt. B 225

S. L. Friess und **Rex Pinson jr.**, *Eine Umlagerung bei der Nenitzescu-Reaktion von Cyclohepten mit Acetylchlorid und Aluminiumchlorid.* Vff. erhalten bei der Umsetzung von Cyclohepten (I) mit Acetylchlorid (II)/$AlCl_3$ in Cyclohexan nach Nenitzescu u. Cioranescu [1936] an Stelle des erwarteten Methylcycloheptylketons durch Umlagerung ein Gemisch von *3-* u. *4-Methylcyclohexylmethylketon*. Die Konst. der gebildeten Prodd. wird durch Rkk. u. durch Best. des C-Methylgeh. sichergestellt.

Versuche: *Gemisch von 3- u. 4-Methylcyclohexylmethylketon*, $Kp._7$ 65—66°, aus I mit II/$AlCl_3$ in Cyclohexan, n_D^{18} 1,4518; 40% (Ausbeute); *Semicarbazon*, F. 169—170° (verd. A.); *2.4-Dinitrophenylhydrazon*, F. 118—120°; gibt bei Rk. mit Perbenzoesäure in $CHCl_3$, Verseifung des Esters u. Oxydation des Alkohols mit $K_2Cr_2O_7/H_2SO_4$ wenig *3-Methylcyclohexanon* (*2.4-Dinitrophenylhydrazon*, F. 153—155°); gibt bei 18std. Kochen mit Schwefelpulver bei 190—200° *p-Methylacetophenon* (*2.4-Dinitrophenylhydrazon*, F. 253—255°). — *Methylcycloheptylketon*, aus Cycloheptylbromid nach Newman u. Booth jr. (C. **1946**. II. 526); 38%; *Semicarbazon*, $C_{10}H_{19}ON_3$, F. 175—176°; *2.4-Dinitrophenylhydrazon*, $C_{15}H_{20}O_4N_4$, F. 117—118°. (J. Amer. chem. Soc. **73**. 3512—14. Juli 1951. Rochester, N. Y., Univ., Dep. of Chem.) G. Winkler. B 225

Melvin S. Newman und **Peter M. Hay**, *Wanderungsfähigkeit bei der Stieglitz-Umlagerung.* Eine Anzahl Verbb. des Typs $(C_6H_5)_2C(NHOH)C_6H_4-X(p)$ [X = OCH_3 (I), Cl (II) u. NO_2 (III)] werden aus den entsprechenden Tritylchloriden mit $NH_2OH \cdot HCl$ in Ggw. von $NaOC_2H_5$ dargestellt u. mit PCl_5 (90 Min. Stehen, 1 Std. Kochen in Bzl.) umgelagert. Es entstehen Verbb. vom Typ $(C_6H_5)_2C{=}NC_6H_4X(p)$ (**A**) u. $(C_6H_5)(C_6H_4X) \cdot C{=}NC_6H_5$ (**B**), die mit Säuren zu Gemischen von Ketonen u. Aminen hydrolysiert werden; aus **A** entstehen dabei Benzophenon u. p-substituierte Amine, aus **B** Anilin u. p-substituierte Benzophenone. Die Analysen der Hydrolysate erfolgt bei p-Chlorderivv. quantitativ durch Bromierung u. Titration des Br-Verbrauchs, bei p-Methoxyderivv. aus der Analyse der Infrarotspektren der Ketone u. bei den p-Nitroderivv. durch Best. der Keton- u. Aminfraktion. Die Größe der Wanderungsfähigkeit wird als Quotient aus 2 (% substituiertes Anilin)/% Anilin bzw. 2 (% Benzophenon)/% substituiertes Benzophenon gemessen u. ergab für I 9,1, für II 0,55 u. für III 0,18—0,38. Diese Ergebnisse zeigen, daß der Einfl. der Substituenten auf die Umlagerung analog dem bei anderen Umlagerungen ist.

Versuche: *p-Chlorphenyldiphenylcarbinylchlorid* (**IV**), aus dem Carbinol durch Erhitzen mit Acetylchlorid in Bzl.; 61% (Ausbeute). — *p-Methoxyphenyldiphenylcarbinylchlorid*, analog; 86%. — *p-Nitrophenyldiphenylcarbinylchlorid*, F. 92 bis 94° (PAe.), aus p-Nitrophenylphenyldichlormethan u. Bzl. in Ggw. von $AlCl_3$ u. Erhitzen mit Acetylchlorid; 46%. — *p-Chlorphenyldiphenylcarbinylhydroxylamin* (**II**), F. 88—108° (Zers.; Ae.-PAe.), durch Zufügen von **IV** in Ae. zu $NH_2OH \cdot HCl + NaO \cdot C_2H_5$ in absol. A. bei 0°, 1std. Stehen, Reinigung über das Hydrochlorid; 78%; instabil. — Analog: *p-Methoxyphenyldiphenylcarbinylhydroxylamin* (**I**), $C_{20}H_{19}O_2N$, F. 100—111° (Zers.); 83%. — *p-Nitrophenyldiphenylcarbinylhydroxylamin* (**III**), $C_{19}H_{16}O_3N_2$, F. 147 bis 161° (Zers.); 51%. (J. Amer. chem. Soc. **75**. 2322—24. 20/5. 1953. Columbus, O., State Univ., McPhersons Chem. Labor.) H. LEHWALD. B 225

Rolf Huisgen und **Herbert Rist,** *Über Umlagerungen bei nucleophilen Substitutionen in der aromatischen Reihe und ihre Deutung.* Nach Einw. eines Überschusses *Phenyl-Li* (**I**) auf *1-Fluornaphthalin* (**II**) u. anschließender Carboxylierung wird neben der bei n. Austausch zu erwartenden 1-Phenylnaphthoesäure-(2) (**III**) die doppelte Menge 2-Phenylnaphthoesäure-(1) (**IV**) isoliert. *2-Fluornaphthalin* (**V**) wird nebeneinander in 1- u. 3-Stellung metalliert. Aus der 3-Li-Verb. entsteht 2-Phenylnaphthoesäure-(3), aus 1-Li-**V** dagegen wieder **III** u. **IV** im Verhältnis 1:2. Demnach muß rasche Gleichgewichtseinstellung zwischen 1-Li-2-Fluor- u. 2-Li-1-Fluornaphthalin erfolgen bzw. eine bzgl. der Stellungen **I** u. 2 symm. Zwischenstufe durchlaufen werden. Ähnliche Beobachtungen wurden bei der Rk. zwischen **I** u. *o-* bzw. *m-Fluoranisol* gemacht, hierbei wird bevorzugt die 3-Methoxydiphenylcarbonsäure-(2) gebildet. Zur Deutung der Ergebnisse werden Übergangszustände mit Dreifachbindung im aromat. Kern angenommen, die aus den isomeren metallierten Fluorverbb. durch Austritt von LiF entstehen u. hinsichtlich der o-Stellungen symm. sind. Es werden verschied. Formulierungsmöglichkeiten für das „*In*"-Syst. vorgeschlagen, wobei offengelassen wird, ob es wirklich frei auftritt oder einen nichtrealisierbaren Grenzzustand darstellt. (Naturwissenschaften **41**. 358—59. 1. Aug.-H. 1954. München, Univ., Inst. für organ. Chem.) G. LOHAUS. B 225

Owen H. Wheeler, *Spannungseffekte bei der Umlagerung von Naturprodukten.* Im Gegensatz zu offenkettigen Allylalkoholen, bei denen ein echtes säurekatalysiertes Gleichgewicht zwischen den beiden möglichen Isomeren besteht, sollten aus Spannungsgründen bei Cyclopentanderivv. die Struktur des 2-Methylencyclopentanols vor der des Cyclopentenyl-(1)-methanols, bei Cyclohexanderivv. die des Cycloxenyl-(1)-methanols (**I**) gegenüber der des 2-Methylencyclohexanols weitaus begünstigt sein. Vf. prüft diese Hypothese an Literaturangaben über das Verh. von Terpenen. Bei den 6-Ringverbb. wird die Theorie bestätigt durch die Säurestabilität von *β-Cyclogeraniol, Perillaalkohol* u. *Phellandrol*, die sich alle von der Struktur **I** ableiten, während z. B. *Pulegol* mit einer exocycl. Doppelbindung leicht dehydratisiert wird. Die gegenüber *1-Chlormethylcyclohexen* bevorzugte Bldg. von *Chlor-2-methylencyclohexan* aus **I** mit $SOCl_2$, die im Widerspruch zu der Regel steht, dürfte vermutlich auf dem Wege über ein cycl. Zwischenprod. verlaufen, so daß die Bedingungen für die Einstellung eines Gleichgewichts nicht gegeben sind. Zur Bestätigung der Regel bei den 5-Ringsystemen wird das Verh. von *Sabinol* (keine Umlagerung, sondern Öffnung des Cyclopropanringes durch starke Säuren) u. des *Isosantenylchlorids* (säurestabil) zitiert. Auch aus der Reihe der *Sterine* u. *Sesquiterpene* können Beispiele angeführt werden, obwohl hier die Spannung der ankondensierten Ringe möglicherweise die Stabilität der Struktur mit endocycl. Doppelbindung überdecken kann. (Chem. and Ind. **1954**. 900—01. 17/7. Lafayette, Ind., Purdue Univ., Dep. of Chem.) G. LOHAUS. B 225

C. F. Cullis und **J. W. Ladbury,** *Kinetische Untersuchung der Oxydation aromatischer Verbindungen durch Kaliumpermanganat.* 1. Mitt. *Toluol.* Vff. untersuchten kinet. die Oxydation des *Toluols* durch $KMnO_4$ in Essigsäure bei 50°. Unter den Versuchsbedingungen erfolgt der Angriff in erster Linie an der Methylgruppe, der in stufenweiser Oxydation zu *Benzoesäure* führt. Gleichzeitig findet eine Aufspaltung des aromat. Ringes statt, welche aber nicht im Anfangsstadium der Oxydation zu erfolgen scheint, sondern nur mit der weiteren Oxydation gebildeter Zwischenprodd. verbunden ist. Die Rk. verläuft sowohl in bezug auf $KMnO_4$ als auch auf Toluol nach der 1. Ordnung. Die Anfangsgeschwindigkeit ist weitgehend vom p_H-Wert abhängig. Unterss. des Einfl. von komplexbildenden Agentien u. Salzzusätzen zeigen, daß die Oxydation zum größeren Teil durch Mn^{3+} oder assoziierte Ionen vollzogen wird u. nicht in wesentlichem Maße durch direkte Oxydation durch das MnO_4^--Ion. (J. chem. Soc. [London] **1955**. 555—60. Febr. London, Imp. Coll., Inorgan. and Phys. Chem. Dep.) J. KNAUL. B 225

C. F. Cullis und **J. W. Ladbury,** *Kinetische Untersuchung der Oxydation von aromatischen Verbindungen durch Kaliumpermanganat.* 2. Mitt. *Substituierte Toluole.*

(1. vgl. vorst. Ref.) Vff. untersuchten kinet. die Oxydation von folgenden Toluolderivv. durch $KMnO_4$ in 52,4%ig. wss. Essigsäure: *o-, m-, p-Xylol, o-, m-, p-Toluylsäure, o-, m-, p-Nitrotoluol, o-, m-* u. *p-Chlortoluol*; ferner von *o-Nitrobenzoesäure, o-Chlorbenzoesäure, Phthalsäure* u. *Benzoesäure*. Die Oxydation beschränkt sich im allg. hauptsächlich auf die Methylgruppe; bei Xylolen u. Toluylsäuren tritt jedoch auch in beträchtlichem Maße Aufspaltung des aromat. Ringes ein. Im allg. erleichtert die Einführung von +I-Substituenten die Oxydation, während die Anwesenheit von —I-Gruppen sie erschwert. Die Veränderung der Oxydationsgeschwindigkeit v mit der Zeit sowie der Einfl. der Konzz. der Reaktionsteilnehmer auf v ist bei einigen der untersuchten Verbb. unterschiedlich von Toluol. Mögliche Erklärungen des beobachteten Verh. werden diskutiert. (J. chem. Soc. [London] **1955.** 1407—12. Mai.) J. KNAUL. B 225

W. Davey und **J. R. Gwilt,** *Der Mechanismus der Mohler-Reaktion zur Bestimmung von Benzoesäure.* Die 6 isomeren Dinitrobenzoesäuren (DNB) wurden unter den Bedingungen der MOHLERschen Rk. in wss. NH_4OH mit $NH_2OH \cdot HCl$ red., die Absorptionsspektren der Lsgg. gemessen u. mit denen der durch Nitrierung u. gleichartige Red. von Benzoesäure (I) u. den 3 Mononitrobenzoesäuren (MNB) gewonnenen Lsgg. verglichen. Sorgfältig gereinigte 2.4-, 3.5- u. 2.6-DNB entwickeln unter diesen Bedingungen keine Farbe, 2.3- u. 3.4-DNB geben purpurne u. nur 2.5-DNB die für die MOHLERsche Rk. typ. rote Lösung. Bei der Best. von I sowie 2- u. 3-MNB nach der modifizierten Meth. wurden im Spektr. keine blauen Komponenten entdeckt, womit die Bldg. von 2.3- u. 3.4-DNB ausscheidet u. da keine Anzeichen für weitergehende Nitrierung vorhanden sind, ist offenbar 2.5-DNB, im Falle von 4-MNB dagegen 3.4-DNB für die Farbe verantwortlich. Die Abhängigkeit der Absorption von der Konz. der DNB wird angegeben. Da nur die DNB, bei denen die beiden Nitrogruppen in o- oder p-Stellung zueinander stehen, einen Farbtest geben u. unter den Bedingungen der Red. in absol. A. N_2 entwickeln (ca. 1 Mol), wird angenommen, daß die Farbe der Bldg. chinoider Strukturen zuzuschreiben ist, wie sie MEISENHEIMER u. PATZIG [1906] für die Red. des p-Dinitrobenzols vorgeschlagen haben. Von den MNB sowie verschied. untersuchten Halogen- u. Oxybenzoesäuren gab unter den gleichen Verhältnissen nur 4-MNB Gasentw. in wss. Lsg., ein definiertes Reduktionsprod. konnte jedoch nicht isoliert werden. Das Ausbleiben einer Färbung nach der Red. unter den Bedingungen der MOHLERschen Rk. wird als sehr empfindlicher Test für die Reinheit der MNB vorgeschlagen. (J. appl. Chem. **4.** 413—18. Aug. 1954. London, Acton Techn. Coll.) G. LOHAUS. B 225

William A. Bonner und **Clair J. Collins,** *Ein Isotopeneffekt bei der Oxydation eines sekundären Carbinols.* Bei der Oxydation von 2-Phenyl-$^{14}C_{(1)}$-acenaphthenol-(1) (I) mit ungenügender Menge $KMnO_4$ zu *8-Benzoyl-$^{14}C_{(COOH)}$-naphthoesäure-(1)* (II) wird eine relative Abnahme der Radioaktivität bei II u. eine relative Zunahme der des restlichen I gegenüber der des Ausgangs-I festgestellt. Dieser Isotopeneffekt erfolgt während der Oxydation von I zum intermediären Zwischenprod. *2-Phenyl-$^{14}C_{(1)}$-acenaphthenon-(1)* (III), da bei der Oxydation von III zu II kein Isotopeneffekt zu verzeichnen ist. Bei einem Vers. bestand bei der Oxydation I → II das nichtoxydierte Material nicht aus I, sondern aus *2.1'-Diphenyl-1-oxy-2'-keto-bis-acenaphthenyl-(1.1')* (IV), das in kleineren Mengen auch bei den übrigen Verss. vorhanden sein dürfte u. auch bei der Darst. von II aus Phenyl-$^{14}C_{(CO)}$-α-naphthylacetylchlorid mit $AlCl_3$, sowie bei der $LiAlH_4$-Red. von III zu I auftritt. — Vff. weisen darauf hin, daß bei den vorliegenden Unterss. zum ersten Mal ein Isotopeneffekt zum Nachw. eines Zwischenprod. u. bei der Auswahl zwischen möglichen Reaktionswegen benutzt wird.

V e r s u c h e : *Phenyl-α-naphthylcarbinol*, F. 88—89° (Bzl. + Ligroin), aus Benzoylnaphthalin u. $LiAlH_4$ in Ae.; 96% (Ausbeute). — *Phenyl-$^{14}C_{(COOH)}$-α-naphthylessigsäure*, F. 138,5—139,2° (CH_3OH–Bzl.), aus vorst. Verb. u. $SOCl_2$ (1½ Std. Kochen), Erhitzen der benzol. Lsg. mit $Cu^{14}CN$ (2 Std. bei 200°) u. Hydrolyse des gebildeten *Phenyl-$^{14}C_{(CN)}$-α-naphthylacetonitrils* mit 50%ig. H_2SO_4; 81%. — *2-Phenyl-$^{14}C_{(1)}$-acenaphthenon-(1)* (III), F. 115—116,5° (Aceton–Ligroin), aus vorst. Verb. u. $SOCl_2$ (2 Std. Kochen) u. Zutropfen in Bzl. zu einer sd. Suspension von $AlCl_3$ in Bzl. (1 Std. Kochen); 31%. — *Aldol* von III [*2.1'-Diphenyl-1-oxy-2'-keto-bis-acenaphthenyl-(1.1')*; IV], $C_{36}H_{24}O_2$, F. 239 bis 241° (Aceton), aus der Mutterlauge bei vorst. Rk.; u. aus 0,15 g III + $NaOC_2H_5$ in absol. A.; 0,2 g. — *2-Phenyl-$^{14}C_{(1)}$-acenaphthenol-(1)* (I), $C_{18}H_{14}O$, F. 167,2—167,7° (Aceton–Ligroin), aus 16 g III u. $LiAlH_4$ in Ae. (20 Min. Kochen); 9,5 g; daneben IV. — *8-Benzoyl-$^{14}C_{(COOH)}$-naphthoesäure-(1)* (II), $C_{18}H_{12}O_3$, F. 130,5° (Ae.–Ligroin), a) aus I in Aceton u. $KMnO_4$ in W. (3½ Std. Stehen); 76%; b) aus II wie vorst.; c) aus 0,1 g IV wie vorst. in 3 Tagen; 0,02 g. — *1-Benzoylnaphthalin*, F. 75,6° (CH_3OH), aus 0,15 g II u. Cu-Chromit (25 Min. Kochen unter He); 0,02 g. (J. Amer. chem. Soc. **75.** 2308—11. 20/5. 1953. Oak Ridge, Tenn., Nat. Labor., Chem. Div.) H. LEHWALD. B 225

Herbert C. Brown und **Arthur B. Ash,** *Dirigierende Einflüsse bei aliphatischen Substitutionen.* 2. Mitt. *Die Isomerenverteilung bei der Chlorierung der 1-Chlorbutane und verwandter Verbindungen mit Sulfurylchlorid. Der Induktionseffekt bei Substitutionen durch freie Radikale.* Vff. untersuchen die Chlorierungs-Rkk. von *1-Chlorbutan* (**I**), *1.1-Dichlorbutan* (**II**), *1.1.1-Trichlorbutan* (**III**) sowie *n-Butyrylchlorid* (**IV**), *n-Propylacetat* (**V**) u. *n-Propylbenzol* (**VI**) mit SO_2Cl_2 in Ggw. von *Benzoylperoxyd* als Katalysator u. bestimmen die Mengenverhältnisse der jeweils erhaltenen Isomeren. Eine Reihe der hierbei erhaltenen Verbb. wurde auch auf anderem Wege dargestellt u. ihre physikal. Daten verglichen. Vorst. Chlorierungs-Rk. gibt bei **I** 7% **II**, 23% *1.2-* (**VII**), 46% *1.3-* (**VIII**) u. 24% *1.4-Dichlorbutan* (**IX**), bei **II** 2% **III**, 13% *1.1.2-* (**X**), 48% *1.1.3-* (**XI**) u. 37% *1.1.4-Trichlorbutan* (**XXIII**), bei **III** 8% *1.1.1.2-* (**XII**), 42% *1.1.1.3-* (**XIII**) u. 50% *1.1.1.4-Tetrachlorbutan* (**XIV**). Bei der Chlorierung von **IV** entstehen 3% α- (**XV**), 49% β- (**XVI**) u. 48% *γ-Chlor-n-butyrylchlorid* (**XVII**), von **V** 25% *1-* (**XVIII**), 46% *2-* (**XIX**) u. 29% *3-Chlorpropylacetat* (**XX**). Eine Chlorierung der Acetatgruppe wird nicht beobachtet. Die photochem. Chlorierung von **V** ergibt nahezu die gleiche Isomerenverteilung (23, 42 u. 35%). Die Chlorierung von **VI** liefert 50% *α-Chlor-n-propylbenzol.* Allg. zeigt sich, daß die Substitution bevorzugt in den Positionen stattfindet, die von den bereits vorhandenen Substituenten entfernter sind. Die Resultate lassen erkennen, daß die COCl- u. die CCl_3-Gruppe sich in ihrem Einfl. auf die Lenkung einer weiteren Substitution in der aliphat. Kette sehr ähneln. Das gleiche gilt auch für die substitutionslenkende Wrkg. der CH_3COO- u. $ClCH_2$-Gruppe. Für die substitutionslenkende Wrkg. bei einer Chlorierung einer aliphat. Kette stellen Vff. folgende Reihe auf: $C_6H_5- > CH_3- > H- > ClCH_2- > CH_3COO- > Cl_2CH- > Cl_3Si- > HOOC- > Cl_3C- > ClOC- > Cl_2{=} > Cl_3{\equiv} > F_3C- > F_3{\equiv}$. Danach besitzt der induktive Effekt den stärksten Einfl. auf die Richtung bei aliphat. Substitutionen.

V e r s u c h e: *1.1.3-Trichlorbutan* (**XI**), $Kp._{750}$ 153,2—153,8°, aus Crotonaldehyd u. HCl bei 10—25°, 2 Std. (→ *β-Chlorbutyraldehyd*) u. Rk. mit PCl_5 bei 40°, n_D^{25} 1,4593, $D.^{25}$ 1,2514; 47,7% (Ausbeute). — *α-Chlorbutyraldehyd* (**XXI**), $Kp._{740}$ 106—107°, aus n-Butyraldehyd u. SO_2Cl_2 in Methylenchlorid bei 15—25°, n_D^{25} 1,441; 79%. — *1.1.2-Trichlorbutan* (**X**), $Kp._{756}$ 156,3—156,8°, aus **XXI** u. PCl_5 in Methylenchlorid bei 10—20°, n_D^{25} 1,4667, $D.^{25}$ 1,2787; 58%. *1.1-Dichlorbuten-(1)* (**XXII**), aus **X** durch Einw. von 20%ig. wss. NaOH; 79%. — *1.1.1-Trichlorbutan* (**III**), $Kp._{750}$ 133,1—133,3°, aus **XXII** durch Einw. von HCl in Ggw. von $AlCl_3$ in Methylenchlorid bei —20 bis —35°; n_D^{25} 1,4483, $D.^{25}$ 1,2242; 82%. — *1.1.1.2-Tetrachlorbutan* (**XII**), $Kp._{20,0}$ 69,1—69,4°, aus **XXII** u. Cl_2 unter Lichtausschluß bei 0°, n_D^{25} 1,4812, $D.^{25}$ 1,3952; 55%. — *1-Chlorpropylacetat* (**XVIII**), $Kp._{20,0}$ 48,6—48,8°, aus Propionaldehyd u. Acetylchlorid, n_D^{25} 1,4143; 56%. — Physikal. Eigg. der untersuchten Verbb. (alle Kpp. ohne Stern korr.): **I**, $Kp._{745}$ 77,5—78,5°, n_D^{25} 1,3995. — **II**, $Kp._{752}$ 114,8—115,1°, n_D^{25} 1,4305, $D.^{25}$ 1,0797. — **VII**, $Kp._{743}$ 122,9—123,3°, n_D^{25} 1,4425, $D.^{25}$ 1,1118. — **VIII**, $Kp._{744}$ 133,0—133,2°, n_D^{25} 1,4414, $D.^{25}$ 1,1083. — **IX**, $Kp._{749}$ 154,1—154,2°, n_D^{25} 1,4522, $D.^{25}$ 1,1324. — **XXIII**, $Kp._{754}$ 183,6 bis 183,8°, n_D^{25} 1,4753, $D.^{25}$ 1,2967. — **XIII**, $Kp._{20,0}$ 69,5—69,8°, n_D^{25} 1,4772, $D.^{25}$ 1,3747. — **XIV**, $Kp._{20,0}$ 86,8—87,1°, n_D^{25} 1,4858, $D.^{25}$ 1,4001. — **XXII**, $Kp._{747}$ 103,3—103,5°, n_D^{25} 1,4465. — **XXI**, $Kp._{740}$* 106—108°, n_D^{25} 1,441. — **IV**, $Kp._{745}$* 101—101,5°, n_D^{25} 1,4098. — **XV**, $Kp._{40,0}$ 51,5—51,7°, n_D^{25} 1,4410. — **XVI**, $Kp._{20,0}$ 53,0—53,3°, n_D^{25} 1,4477. — **XVII**, $Kp._{20,0}$ 71,0—71,2°, n_D^{25} 1,4597. — *α-Chlorbuttersäureäthylester*, $Kp._{20,0}$* 64,2 bis 64,4°, n_D^{25} 1,4202. — *β-Chlorbuttersäureäthylester*, $Kp._{20,0}$* 69,9—70,1°, n_D^{25} 1,4222. — **V**, $Kp._{745}$ 101—102°, n_D^{25} 1,3823. — **XIX**, $Kp._{20,0}$ 57,1—57,6°, n_D^{25} 1,4205. — **XX**, $Kp._{10,0}$ 58,4—58,8°, n_D^{25} 1,4275. — *Chloressigsäure-n-propylester*, $Kp._{10,0}$ 52,6—52,8°, n_D^{25} 1,4233. (J. Amer. chem. Soc. **77**. 4019—24. 5/8. 1955. Lafayette, Ind., Purdue Univ., u. Wayne Univ., Dep. of Chem.) K. FRENKLER. B 225

P. Madhavan Nair und **Edward S. Amis,** *Die Säurehydrolyse von Dichloressigsäureäthylester im Solvens Aceton–Wasser.* Vff. untersuchen die saure u. neutrale Hydrolyse von Dichloressigsäureäthylester in Aceton–W.-Gemischen bei 25—45°. — E i n z e l e r g e b n i s s e: Saure Hydrolyse, 50%ig. Aceton, log PZ 8,59, E 13200 cal; 60%ig., 8,68, 13500; 70%ig., 8,71, 13800; 80%ig. 9,68, 15300. Neutrale Hydrolyse, 50%ig., 7,53, 14500; 60%ig., 7,91, 15600; 70%ig., 8,49, 17100; 80%ig., 4,10 (?), 11500 (?). (J. Amer. chem. Soc. **77**. 3452—53. 5/7. 1955. Fayetteville, Ark., Univ., Chem. Dep.) G. WINKLER. B 225

Teiji Tsuruta, Ken-Ichi Sasaki und **Junji Furukawa,** *Kinetik der durch Jod katalysierten aromatischen Bromierung.* 1. Mitt. *Ein neuer Geschwindigkeitsausdruck.* Die experimentellen Daten über die durch Jod katalysierte Bromierung von *Bzl.* von BRUNER (Z. physik. Chem. **41**. [1902.] 514) wurden neu ausgewertet. Dabei wird angenommen, daß der die Geschwindigkeit bestimmende Schritt der Rk. $C_6H_6Br_2 + m\,BrJ \xrightarrow{k} C_6H_5Br$

+ mBrJ + HBr ist. Die Reaktionsgeschwindigkeit wurde daher mit $v = k \cdot [C_6H_6 \cdot Br_2] \cdot [BrJ]^m$ angesetzt. Die daraus abgeleiteten komplizierten Gleichungen gestatten eine Prüfung der experimentellen Werte, die für m = 3 befriedigende Übereinstimmung ergab. Auch die beobachtete optimale Reaktionsgeschwindigkeit bei steigenden Jodmengen ist so erklärlich. (J. Amer. chem. Soc. **74**. 5995—98. 5/12. 1952. Takatsuki, Osaka-Fu, Japan, Kyoto Univ., Inst. for Chem. Res.) L. FISCHER. B 225

Teiji Tsuruta, Ken-ichi Sasaki und **Junji Furukawa,** *Kinetik der durch Jod katalysierten aromatischen Bromierung.* 2. Mitt. *Bromierung von Toluol.* (1. vgl. vorst. Ref.) Vff. untersuchten die Kinetik der durch Jod katalysierten Bromierung von *Toluol* (I) in CCl_4 bei 25,0 ± 0,5° im Dunkeln. Auch hier ist der geschwindigkeitsbestimmende Schritt die Abspaltung von HBr aus dem 1:1-Komplex $I \cdot Br_2$. Die Reaktionsgeschwindigkeit wird am besten durch $v = k \cdot [I \cdot Br_2] \cdot [BrJ]^3$ beschrieben. Es wurde jedoch eine Induktionsperiode bei der Rk. von Br_2 mit I beobachtet, deren Natur noch ungeklärt ist. (J. Amer. chem. Soc. **76**. 994—98. 20/2. 1954.) L. FISCHER. B 225

George S. Hammond und **Lawrence R. Parks,** *Der Ersatz von Halogen in 1-X-2.4-Dinitrobenzol.* Vff. untersuchten die Rk. von *N-Methylanilin* (I, $Kp._{14}$ 81—82°) mit *1-Fluor-* (II, F. 25—26°), *1-Chlor-* (III, F. 51—52°) u. *1-Brom-2.4-dinitrobenzol* (IV, F. 71 bis 72°) in absol. A. u. in Nitrobenzol (Nb.). In beiden Medien nimmt die Reaktionsfähigkeit in der Reihenfolge Br → Cl → F ab. Durch Verwendung eines wenig reaktionsfähigen nucleophilen Agens (I) u. eines wenig elektrophil solvatisierenden Lösungsm. wurde eine Vergrößerung des Einfl. des Bindungsbruches im geschwindigkeitsbestimmenden Schritt bewirkt. Änderungen der Aktivierungsentropie haben starken Einfl. auf die relativen Reaktionsfähigkeiten. Die Rkk. in Nb. wurden durch Titration des überschüssigen I mit $HClO_4$ verfolgt, die Rk. von III u. IV in A. durch VOLHARD-Titration u. die Rk. von II in A. durch Bromierung des Überschusses an I. II in Nb. k_{120} 182 [$\cdot 10^{-7}$ $Mol^{-1} sec^{-1}$]; $\Delta H^{\neq}$ 10 [kcal/Mol), $\Delta S^{\neq}$ −56; in A. k_{77} 12,4, $\Delta H^{\neq}$ 7, $\Delta S^{\neq}$ −68. III in Nb. k_{120} 2750, $\Delta H^{\neq}$ 12, $\Delta S^{\neq}$ −48; in A. k_{50} 6,22, $\Delta H^{\neq}$ 7, $\Delta S^{\neq}$ −62. IV in Nb. k_{120} 8450, $\Delta H^{\neq}$ 11, $\Delta S^{\neq}$ −44; in A. k_{50} 13,7, $\Delta H^{\neq}$ 12, $\Delta S^{\neq}$ −50. Die Rkk. sind 2. Ordnung.

Versuche: *1-Chlor-2.4-dinitrobenzol* (III), F. 51—52° (wss. A.), aus Chlorbenzol durch Nitrierung. (J. Amer. chem. Soc. **77**. 340—43. 20/1. 1955. Ames, Io., Iowa State Coll., Chem. Labor.) H. BERTSCH. B 225

Emanuel Pfeil, *Theorie und Praxis der Sandmeyerschen Reaktion.* Vf. gibt einen Überblick über die heutigen Erkenntnisse hinsichtlich der SANDMEYER-Reaktion. Danach ist das freie CuCl der eigentliche Katalysator, der durch Cl-Ionen unter Bldg. von $CuCl_3^{2-}$ unwirksam wird. CuCl bildet mit dem Ion RN_2^+ einen Komplex, der unter Zerfall Arylhalogenid ergibt. Verlauf der Rk. über andere denkbare Komplexe konnte prakt. ausgeschlossen werden. Der Komplex $RN_2^+ \cdot CuCl$ (I) zerfällt unter N_2-Abspaltung in [R· + Cu(II)Cl⁺], wobei allerdings das Radikal R· nicht frei wird. Die Folge-Rkk. sind dann [R· + Cu(II)Cl⁺] → RCl + Cu(I)⁺ u. Cu(I)⁺ + Cl′ → CuCl. Cl′-Ionen vermindern die Reaktionsgeschwindigkeit, da sie einen Teil des Katalysators unwirksam machen; jedoch darf die [Cl′] nicht zu niedrig gehalten werden, da bei hoher [CuCl] die Neben-Rkk. der SANDMEYER-Rk. (Bldg. von Azobenzolen u. Diphenylen) zur Haupt-Rk. werden. Den gleichen Einfl. wie eine zu geringe [Cl′] hat W., da es eine Dissoziation des Komplexes $(CuCl_3)^{2+}$ bewirkt. In beiden Fällen wird die Konz. von I so groß, daß zwei solche Komplexe miteinander reagieren: Bei negativierend substituierten Diazoverbb. unter Bldg. von Diphenylen, bei positivierend substituierten Verbb. unter Bldg. von Azoverbindungen. Entsprechend der Reaktionsfreudigkeit der Diazo–CuCl-Komplexe muß unter Berücksichtigung der Neben-Rkk. jeweils die günstigste [Cl′], $[H_2O]$, p_H u. die Reaktionstemp. ausgewählt werden. — Bei den Nitrilsynthesen ist mit folgenden Neben-Rkk. zu rechnen: Bldg. von (1) Azoverbb. u. Diphenylen, (2) nicht mehr reagierenden Diazotaten, (3) Diazocyaniden, (4) Diazoaminoverbb. u. (5) Phenolspaltung. Hier kann mit Vorteil ein Cu(II)·Cu(I)·CN-Komplex verwendet werden. (Angew. Chem. **65**. 155—58. 21/3. 1953. Marburg, Univ., Chem. Inst.) J. KLEINWÄCHTER. B 225

Ernst Berliner, Bernice Newman und **Tatiana M. Riaboff,** *Nucleophiler Austausch in der Biphenylreihe.* Die Geschwindigkeitskonstanten der Rk. von *o-Nitrobrombenzol* (I, F. 40,9—41,3° [korr.]), *4-Brom-3-nitrobiphenyl* (II) u. *4-Brom-3.4′-dinitrobiphenyl* (III) mit Piperidin in Dioxan bei 25° wurden bestimmt (k_1 1,30; 2,87; 35,2$\cdot 10^{-5}$ sec^{-1}). III reagiert also 27mal schneller als I u. 12,3mal schneller als II. Der elektronenabziehende Phenylrest in II erhöht die Reaktionsfähigkeit auf das Doppelte im Vgl. zu I. Der Substituenteneinfl. wird also durch das Biphenylsyst. übertragen, aber nicht so stark wie in Bzl., wo eine p-Nitrogruppe die Reaktivität 10fach verstärkt. Es läßt sich nicht entscheiden, ob eine induktive Übertragung der Konjugation anzunehmen ist. Der Einfl. von Phenyl- ist hier etwas stärker als in den Rkk. der Biphenylcarbonsäurederivate. Die angenäherten σ-Werte für 4-Phenyl- u. 4-[p-Nitrophenyl]- betragen +0,07 bzw. +0,29. — Die Biphenylderivv. wurden aus den entsprechenden Aminen durch SANDMEYER-Rk. dargestellt.

Versuche: *4-Acetylamino-3-nitrobiphenyl*, F. 130—132° (gelbe Nadeln aus A.), aus 4-Acetylaminobiphenyl in Acetanhydrid durch Zutropfen von konz. HNO_3 in Acetanhydrid bei 0—5°; 74% (Ausbeute). — *4-Amino-3-nitrobiphenyl*, F. 167—169° (rote Nadeln), durch Hydrolyse vorst. Verb.; 98%. — *4-Brom-3-nitrobiphenyl* (II), F. 43,2 bis 43,7° (korr., pfirsichfarbene Nadeln aus Methanol), aus vorst. Verb.; 52,1%. — *4-Brom-3.4'-dinitrobiphenyl* (III), F. 202,5—205,3° (korr., gelbe Nadeln aus Bzl. oder Aceton), aus 3.4'-Dinitro-4-aminobiphenyl; 42%. (J. Amer. chem. Soc. **77.** 478—80. 20/1. 1955. Bryn Mawr, Pa., Coll., Dep. of Chem.) H. BERTSCH. B 225

John H. Wotiz, C. A. Hollingsworth und **Raymond Dessy**, *Die Reaktion von 1-Alkinen mit Organometallverbindungen.* 1. Mitt. *Reaktion von Hexin-(1) mit einigen Alkyl- und Alkenylmagnesiumhaliden. Hexin-(1)* wurde jeweils mit folgenden GRIGNARD-Verbb. umgesetzt: *CH_3MgJ* (6), *CH_3MgBr* (6), *CH_3MgCl* (16), *n-Propyl-MgBr* (59), *C_2H_5MgJ* (71), *C_2H_5MgBr* (100), *C_2H_5MgCl* (155), *Isopropyl-MgBr* (210), *Allyl-MgBr* (435) u. die Zeit bis zur Entw. der Hälfte der theoret. Gasmenge bestimmt. Die so ermittelten Halbwertszeiten entsprachen den in Klammern hinter den GRIGNARD-Verbb. stehenden Relativgeschwindigkeiten. Es besteht eine einfache Beziehung zwischen der Reaktionsfähigkeit u. der Zahl der β-H-Atome in den Alkylresten der Mg-Halide. (J. Amer. chem. Soc. **77.** 103—05. 5/1. 1955. Pittsburgh, Pa., Univ., Dep. of Chem.) K. NEZEL. B 225

E. Abel, *Bemerkung zum Mechanismus der Diazotierung.* (Kurze Mitt.) Durch Best. des Verhältnisses φ zwischen der Geschwindigkeit des Zerfalls von HNO_2 u. der der Diazotierung eines Amins kann möglicherweise eine experimentelle Entscheidung zwischen zwei gegenwärtig diskutierten Mechanismen der Diazotierungs-Rk. (Diazotierung durch N_2O_3 oder durch NO_2 im Primärschritt, dem Rk. mit NO folgt, vgl. C. **1953.** 5157) gefunden werden. Nur in einem der beiden Fälle kann nämlich parallel mit der Diazotierung der Zerfall der HNO_2 verlaufen, also NO entwickelt werden. Es wird eine Zusammenstellung einiger experimentell etwa brauchbarer Kombinationen der Komponenten mit den errechneten φ-Werten gegeben. (Mh. Chem. **85.** 1169—71. 1954. London, Hamilton Terrace.) G. LOHAUS. B 225

S. J. Leach und **H. Lindley**, *Die Kinetik der Hydrolyse der Amidgruppe in Proteinen und Peptiden.* 1. Mitt. *Die saure Hydrolyse von L-Asparagin und L-Asparaginylglycin.* Vff. verfolgten titrimetr. die Kinetik der Hydrolyse von *L-Asparagin* (I, 96,6 bzw. 98,7% rein) durch 0,2—1,0n HCl zwischen 70 u. ca. 100° sowie papierchromatograph. (in Kollidin-W.) von *L-Asparaginylglycin* (II, über 95% rein) durch 0,1—1,0n HCl zwischen 70 u. 90° bei der Ionenstärke 1,0 (KCl). Beide Rkk. verlaufen nach der 1. Ordnung bzgl. I bzw. II u. bzgl. der H^+-Aktivität. Die Aktivierungsenergien (kcal/Mol), Stoßzahlen (Liter/Mol·Sek.), Aktivierungsenthalpien ΔH^* (kcal/Mol), Aktivierungsentropien ΔS^* (cal/Grad·Mol) u. freien Energien ΔG^* (kcal/Mol) betrugen: für I 20,55; $9{,}3 \cdot 10^8$; 19,8; −19,5 u. 26,7; für II 19,22; $2{,}0 \cdot 10^8$; 18,5; −22,5 u. 26,5. Bei der chromatograph. Analyse wurde festgestellt, daß bis zu 50%ig. Umsatz bei II noch keine freien Aminosäuren auftreten, sondern nur NH_3. Vff. stellten fest, daß I u. II in der undissoziierten u. in der COO^--Form mit gleicher Geschwindigkeit hydrolysieren. Die relativen R-Werte (Glycin = 1,00) betrugen für I 0,70, II 0,58, α-Asparagylglycin 0,86 u. Asparaginsäure 0,97. (Trans. Faraday Soc. **49.** 915—20. Aug. 1953. Melbourne, Australien, Wool Textile Res. Labor, C. S. I. R. O., Biochem. Unit.) B. GNAUCK. B 225

S. J. Leach und **H. Lindley**, *Die Kinetik der Hydrolyse der Amidgruppe in Proteinen und Peptiden.* 2. Mitt. *Saure Hydrolyse von Glycyl- und L-Leucyl-L-asparagin.* (1. vgl. vorst. Ref.) Es wurde titrimetr. die Kinetik der Hydrolyse von *Glycyl-* (I, 97,3—100% rein) u. *L-Leucyl-L-asparagin* (II, 86% rein, vermutlich kristallwasserhaltig) zwischen p_H 1,21 u. 3,50 u. 70—100° verfolgt, wobei bis zu 50%ig. Umsatz die Peptidbindung nicht angegriffen wird. In beiden Fällen ist nur bei kleiner $[H^+]$ der k-Wert proportional $[H^+]$, bei großer $[H^+]$ ist die Reaktionsgeschwindigkeit vom p_H unabhängig. Die ΔH^*, ΔS^* u. ΔG^*-Werte betrugen für I 24,0; −9,4 bzw. 27,4; für II 22,2; −14,1 bzw. 27,2. Vff. nehmen an, daß nur die Ionen $NH_3^+CHRCH(CH_2CONH_2)\cdot COOH$ an der Rk. teilnehmen u. die Hydrolyse durch intramol. Protonenübergang von der COOH- oder NH_3^+-Gruppe eingeleitet wird, wobei die Teilnahme der COOH-Gruppe wahrscheinlicher ist, da nebenst. Struktur in Lsg. anzunehmen ist.

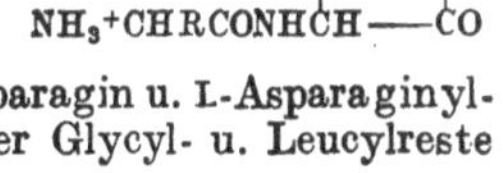

Die Veränderung des Mechanismus im Vgl. zu der Rk. von L-Asparagin u. L-Asparaginylglycin (l. c.) wird auf den elektronenabstoßenden Charakter der Glycyl- u. Leucylreste zurückgeführt. Der stärker negative ΔS^*-Wert von II wird mit „unvollständiger" H-Bindung infolge ster. Hinderung in Zusammenhang gebracht, wonach für die Bldg. des Übergangszustandes ein höherer Grad an Umgruppierung notwendig ist. — R_F-Werte sind angegeben für *Asparaginsäure* 0,19, *Glycylasparaginsäure* 0,21, *Asparagin* 0,49, I 0,52, *Leucylasparaginsäure* 0,60 u. II 0,85 (WHATMAN Nr. 1-Papier, 16 Std. in Phenol + W. + NH_3). (Trans. Faraday Soc. **49.** 921—25. Aug. 1953.) B. GNAUCK. B 225

Nobue Hagihara, *Über die Cyclopolymerisation von Acetylen.* 1. Mitt. *Verschiedene Bildungsbedingungen für die Synthese von Cyclooctatetraen.* Die besten Ergebnisse bzgl. der Bldg. von *Cyclooctatetraen* (I) aus Acetylen (II) wurden mit komplexem Ni-Bis-acetoacetat — aus $[CH_3(CO^-)=CH\cdot COOC_2H_5]_2\cdot Ni^{2+}\cdot 2\,H_2O$ durch Entwässern bei 80—100° — mit Bzl. oder Tetrahydrofuran als Lösungsm. unter peinlichem Ausschluß von W. (mittels Carbid) bei 30 at Anfangsdruck u. ca. 70° erhalten. Neben 50—80% I bilden sich etwas *Bzl.* u. *Cupren*, sowie ein gelber *KW-stoff*, $C_{10}H_{10}$, $Kp._{20}$ 84—85°, $D.^{20}{}_4$ 0,938, n_D^{20} 1,5770; Mol.-Gew. (Bzl.) 125. (J. chem. Soc. Japan, pure Chem. Sect. [Nippon Kagaku Zassi] **73.** 237—40. April 1952. Osaka, Univ. [Orig.: japan.]) L. SCHULER. B 225

Nobue Hagihara, *Über die Cyclopolymerisation von Acetylen.* 2. Mitt. *Mechanismus der Cyclopolymerisation.* (1. vgl. vorst. Ref.) Die Wrkg. des komplexen Ni-Kontakts wird durch Bldg. einer polaren Koordinationsverb. (I) aus 2 Mol Acetylen bzw. dessen ersten Polymerisationsprod. erklärt, aus der sich der 8-Ring zwanglos bildet. Als wirksam wurden permanent magnet. angeregte tetraedr. Ni-Komplexe erkannt. Die Bldg. des auch von REPPE als Nebenprod. erhaltenen orangegelben KW-stoffs $C_{10}H_{10}$ erklärt sich aus der Addition von I (aus Vinylacetylen) an II. (J. chem. Soc. Japan, pure Chem. Sect. [Nippon Kagaku Zassi] **73.** 323—27. Mai 1952. [Orig.: japan.]) L. SCHULER. B 225

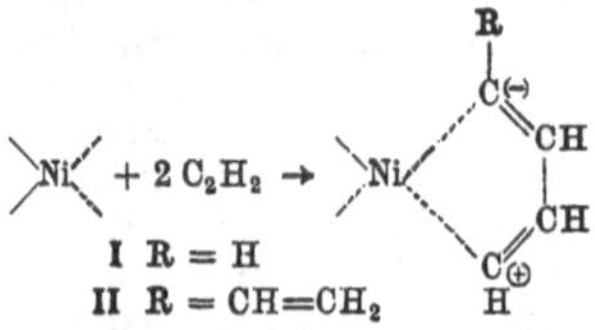

I R = H
II R = CH=CH₂

Philip S. Skell und **Robert C. Woodworth,** *Die Stereochemie der Radikal-Olefin-Additionsreaktion. Reaktion von cis- und trans-Buten-(2) mit Bromtrichlormethan.* Vff. untersuchten die durch Licht gestartete Radikal-Ketten-Rk. von *cis-* (I) u. *trans-Buten-(2)* (II) mit *Bromtrichlormethan* (III). Durch Rk. von I oder II mit III erhält man eine Mischung der 2 diastereomeren 1 : 1-Additionsprodd. gleicher Zusammensetzung. Daher wird angenommen, daß die Addition eines Trichlormethylradikals an I oder II dieselbe Mischung von diastereomeren 3-Trichlormethylbutyl-(2)-radikale (IV) ergibt. Die Addition eines Trichlormethylradikals an I oder II verläuft mit ähnlicher Geschwindigkeit; die Geschwindigkeitskonstanten k_{cis} u. k_{trans} verhalten sich wie 2,4 : 1. Die Umwandlungsgeschwindigkeit der diastereomeren Radikale IV durch Rotation um die $C_{(2)}$—$C_{(3)}$-Achse muß größer sein als die Geschwindigkeit der Rk. mit III, diese wiederum größer als die Zerfallskonstante von IV in $\cdot CCl_3$ u. I oder II. Es wurden keine Anhaltspunkte für eine Dreiringstruktur des Radikals IV gefunden; es scheint eher, daß alle aliphat. freien Radikale offenkettig sind. Für den nur dreifach gebundenen Kohlenstoff im Radikal IV wird eine pyramidale Struktur angenommen, da aus der Abschätzung der VAN DER WAALSschen Abstoßung hervorgeht, daß eine derartige Struktur um 3—10 kcal/Mol stabiler ist als ein ebenes Radikal; die Energieschwelle für die Rotation um die $C_{(2)}$—$C_{(3)}$-Achse liegt zwischen 3 u. 6 kcal/Mol u. ebenfalls höher als für das ebene Modell. Die Addition von $\cdot CCl_3$-Radikalen an I oder II ist mit 10 u. 20 kcal/Mol exothermisch. (J. Amer. chem. Soc. **77.** 4638—42. 5/9. 1955. University Park, Pa., Univ., Dep. of Chem.) H. BERTSCH. B 225

A. F. Plate und **M. Je. Wolpin,** *Bildungsmechanismus von Acetonitril aus Olefinen und Ammoniak.* (Vgl. C. **1954.** **3000.**) Die bei 400—600° unter Bldg. von *Acetonitril* verlaufende Rk. von Propylen mit NH_3 an dem Katalysator aus 15% MoO_3 u. 85% Al_2O_3 läßt sich durch das Schema $CH_3CH=CH_2 + NH_3 \rightleftarrows CH_3CH(NH_2)CH_3$ (1); $CH_3CH\cdot(NH_2)CH_3 \rightarrow CH_3C(=NH)CH_3 + H_2 \rightarrow CH_3CN + CH_4$ (2) wiedergeben. Zwar ist schon bei 300° das Gleichgewicht von (1) so stark nach links verschoben, daß sich in dem Gemisch nur ca. 0,5% des Amins befinden, doch wird dieses > 300° nach (2) zers. u. verbraucht, während (1) neues Amin nachliefert. Zur Bestätigung dieses Mechanismus werden Parallelverss. mit Isopropylamin + NH_3 u. Propylen + NH_3 durchgeführt. In beiden Fällen steigt die Ausbeute an Acetonitril mit Erhöhung der Temp. von ca. 400° an schnell an, erreicht bei 485—490° ein Maximum u. fällt bis 600° schnell ab; hierbei ist sie aus Isopropylamin 1½ mal so hoch wie aus Propylen (bei ersterem maximal 50%). Auch das nach (2) entstehende Zwischenprod. *Dimethylketimin* läßt sich nachweisen, wenn die Temp. niedrig (400°) gehalten wird. Unter den gasförmigen Prodd. nimmt H_2 mengenmäßig die 1. Stelle ein; weiter sind CH_4, CO, HCN u. C_3H_8 vorhanden. Analog verlaufen offenbar die Rkk. anderer Olefine mit NH_3. Ein anderer Mechanismus, bei dem sich zunächst NH_3 entgegen der MARKOWNIKOWschen Regel an Propylen unter Bldg. von Propylamin anlagert, kommt als Haupt-Rk. nicht in Betracht; ein solcher liegt dem von STEVENSON (C. **1951.** I. 3418) gegebenen Schema zugrunde. Entsprechende Verss. mit Propylamin + NH_3 geben andere Reaktionsprodukte. (Доклады Академии Наук СССР [Ber. Akad. Wiss. UdSSR] [N. S.] **89.** 491—94. 21/3. 1953. Moskau, Lomonossow-Univ., Zelinsky-Labor. für Organ. Chem.) R. KNOBLOCH. B 225

Stefan Goldschmidt und **Karl Dachs,** *Elektrolyse organischer Säuren und Zerfall von Peroxyden. 4. Mitt. Die thermische Zersetzung symmetrischer und asymmetrischer Peroxyde von Dicarbonsäuren.* (3. vgl. C. **1955.** 4310.) Das *Bis-[β-carbomethoxypropionyl]-peroxyd* (**I**) sowie eine homologe Reihe asymm. Peroxyde $C_6H_5CO \cdot OO \cdot CO(CH_2)_nCOOR$ (**II**) (n = 2, 3, 4, 6) wurden dargestellt u. ihre therm. Zers. ohne (bei 100°) u. mit Lösungsm. (Eisessig, Dimethylanilin) untersucht. Als einziges gasförmiges Prod. wurde CO_2 erhalten, seine Menge hing stark von den Zersetzungsbedingungen ab. Die übrigen Reaktionsprodd. bildeten komplizierte, in der Hauptsache aus Estern bestehende Gemische. — Z. B. entstanden aus **I** in Essigsäure: *Bernsteinsäuremonomethylester* (**VIII**, 10 [Mol-%]), *Propionsäuremethylester* (32), *β-Acetoxypropionsäuremethylester* (11), *Bernsteinsäuremethylester-[β-carbomethoxyäthyl]-ester* (21), *Adipinsäuredimethylester* (25). Die Zers. der Peroxyde **II** ohne Lösungsm. kann mit guten Ausbeuten (79—85%) zur Darst. von ω-Benzoyloxyfettsäureestern angewandt werden, da sich die beiden in nächster Nähe entstehenden Primärradikale infolge des Käfigeffektes bevorzugt miteinander vereinigen. Als Nebenprodd. werden dabei geringe Mengen Vinylfettsäureester, Dicarbonsäureester u. *Diphenylcarbonsäure-(4)*, letztere durch Sekundär-Rkk. des Benzoxyradikals, erhalten. Bei der Zers. des *Benzoyl-[δ-carbäthoxyvaleryl]-peroxyds* (**VI**) in Dimethylanilin tritt die Dehydrierung des Lösungsm. völlig in den Vordergrund, was sich durch die Zus. der Reaktionsprodd. zu erkennen gibt: CO_2 (29 Mol-%), *Valeriansäureäthylester* (12), *Adipinsäuremonoäthylester* (46), *Benzoesäure* (60), *δ-Benzoyloxyvaleriansäureäthylester* (30) *N.N.N'.N'-Tetramethylbenzidin* (50). — Vier Reaktionsschemata, die die Bldg. aller beobachteten Zersetzungsprodd. erklären, werden angegeben; die App., in der die Zerss. durchgeführt wurden, wird beschrieben.

Versuche: *Bis-[β-carbomethoxypropionyl]-peroxyd* (**I**), $C_{10}H_{14}O_8$, Zersetzungstemp. 77°, durch gleichzeitiges langsames Zutropfen von 150 g Bernsteinsäuremethylesterchlorid (**III**) u. einer Lsg. von 40 g NaOH in 250 cm³ W. bei —5 bis 0° u. p_H 8 zu 220 cm³ 15% H_2O_2 unter Rühren. Fällt als weißes Pulver aus. — *Benzoyl-[β-carbäthoxypropionyl]-peroxyd* (**IV**), $C_{13}H_{14}O_6$, ölige Fl., Zers. 69—70°, durch 10 Min. Schütteln von 4 cm³ **III** mit äquivalenter Menge wss. Na-Perbenzoatlsg. u. 70 cm³ bei 15° gesätt. $NaHCO_3$-Lsg. bei 0° u. Ausäthern. — Analog: *Benzoyl-[γ-carbäthoxybutyryl]-peroxyd* (**V**), ölige Fl., Zers. 76—78°; 92% (Ausbeute), *Benzoyl-[δ-carbäthoxyvaleryl]-peroxyd* (**VI**), Fl., Zers. 83°, 98%, *Benzoyl-[ε-carbäthoxycaproyl]-peroxyd* (**VII**), viscose Fl., Zers. 91°. — Durch Zers. von **I** (50,5 g) in Eisessig: *Propionsäuremethylester*, $C_4H_8O_2$, Kp. 79,5° (6 g), *β-Acetoxypropionsäuremethylester*, $C_6H_{10}O_4$, Kp.$_{19}$ 96—98° (3,5 g), *Adipinsäuredimethylester*, $C_8H_{14}O_4$, Kp.$_{19}$ 123—124° (9,5 g), *Bernsteinsäuremethylester-[β-carbomethoxyäthyl]-ester*, $C_9H_{14}O_6$, Kp.$_{1,5}$ 149—150° (10,0 g, auch aus β-Chlorpropionsäuremethylester u. dem Ag-Salz von **VIII** durch 12std. Kochen), *Bernsteinsäuremonomethylester* (**VIII**), $C_5H_8O_4$, F. 56°, Kp.$_{12}$ 135° (3 g). — Durch Zers. von **IV** (24,2 g): *Acrylsäureäthylester*, $C_5H_8O_2$, Kp. 83—84° (0,3 g), *Adipinsäurediäthylester*, $C_{10}H_{18}O_4$, Kp.$_{30}$ 141° (0,1 g), *β-Benzoxypropionsäureäthylester*, $C_{12}H_{14}O_4$, Kp.$_1$ 97—101° (17,0 g). — Durch Zers. von **V** (26,0 g): *Vinylessigsäureäthylester*, $C_6H_{10}O_2$, Kp. 118°, *Korksäurediäthylester*, $C_{12}H_{22}O_4$, Kp.$_{12}$ 141° (0,3 g), *γ-Benzoxybuttersäureäthylester*, $C_{13}H_{16}O_4$, Kp.$_1$ 103—106° (17,3 g); daraus durch alkal. Verseifung *γ-Butyrolacton*, $C_4H_6O_2$, Kp.$_{30}$ 102°. — Durch Zers. von **VI** (29,5 g): *β-Vinylpropionsäureäthylester*, $C_7H_{12}O_2$, Kp. 142—144° (0,4 g), *Sebacinsäurediäthylester*, $C_{14}H_{26}O_4$, Kp.$_{12}$ 166° (0,3 g), *δ-Benzoxyvaleriansäureäthylester*, $C_{14}H_{18}O_4$ (19,7 g). — Durch Zers. von **VII** (31,0 g): *δ-Vinylvaleriansäureäthylester*, $C_9H_{16}O_2$, Kp.$_{30}$ 68° (0,5 g), *Dodekamethylendicarbonsäurediäthylester*, $C_{18}H_{34}O_4$, Kp.$_{0,8}$ 50° (150°? der Referent) (0,5 g), *ω-Benzoxyönanthsäureäthylester*, $C_{16}H_{22}O_4$ (22,4 g), daraus durch alkal. Verseifung u. saure Extraktion mit Ae. *ω-Oxyönanthsäure*, $C_7H_{14}O_3$, Sirup. — Durch Zers. von **VI** (26,7 g) in Dimethylanilin: *Valeriansäureäthylester*, $C_7H_{14}O_2$, Kp. 144°, *Benzoesäuremethylester*, $C_7H_8O_2$, Kp.$_{12}$ 90° (7,9 g), *Adipinsäuremethylesteräthylester*, $C_9H_{16}O_4$, Kp.$_{12}$ 123° (8,1 g) (die beiden letzteren Ester nach Methylierung der sauren Fraktion mit CH_2N_2), *δ-Valerolacton*, $C_5H_8O_2$, Kp.$_{14}$ 113° (3,2 g), *N.N.N'.N'-Tetramethylbenzidin*, F. 195° (11 g). (Chem. Ber. **88.** 583—95. 1955. München, TH, Organ.-Chem. Inst.) G. LOHAUS. B 225

Lathrop E. Roberts, Robert Lashbrook, Mary J. Treat und **William Yates,** *Die thermische Zersetzung von Äthylchlorcarbonat.* Die therm. Zers. von *Äthylchlorcarbonat* (**I,** Kp.$_{700}$ 90,1—90,2°) bei 300—330° bei konstanten Vol., die durch Messung der Druckänderung des Syst. verfolgt wurde, lieferte in einer oberflächenabhängigen Rk. C_2H_5Cl (II), C_2H_4, HCl u. CO_2. Es traten keine systemat. Abweichungen des Druckverhältnisses End- zu Anfangszustand von der Temp. auf. Wahrscheinlich laufen die beiden Rkk. I → II + CO_2 u. I → C_2H_4 + HCl + CO_2 gleichzeitig, sowie die Rk. 2 I → 2 CO_2 + HCl + II + C_2H_4 ab, denn die Summe der Mengen von II u. C_2H_4 bzw. HCl war gleich der von CO_2. (J. Amer. chem. Soc. **74**. 5787—88. 20/11. 1952. Tucson, Ariz., Univ., Dep. of Chem.)

L. Fischer. B 225

Glen A. Russell und **Herbert C. Brown**, *Dirigierende Einflüsse bei aliphatischen Substitutionen.* 3. Mitt. *Die Photobromierung von verzweigtkettigen Kohlenwasserstoffen; die Dunkelreaktion von Brom mit tertiären Alkylbromiden.* (2. vgl. C. **1956**. 975.) Vff. untersuchen die photochem. Bromierung von *Cumol* (I, Kp.$_{740}$ 151,4—151,5°, n_D^{20} 1,4915), *2-Methylpentan* (II), *2.2.3-Trimethylbutan* (*Triptan*, III, Kp.$_{745}$ 80,3°, n_D^{20} 1,3895) u. *2.3-Dimethylbutan* (IV) sowie die Rk. von Brom mit *tert.-Butylbromid* (V), *tert.-Amylbromid* (VI) u. *2-Brom-2.3.3-trimethylbutan* (F. 149—150°) (VII). Die photochem. Bromierung (mit 25 Mol-% Br_2) von III bei 80° liefert nahezu quantitativ VII, von I bei 0° 94% *2-Brom-2-phenylpropan* (bei 0° mit 2 Mol Br_2 entstand 74% *1.2-Dibrom-2-phenylpropan*, Kp.$_{16}$ 120—120,5°), von IV bei 55° 89% *2.3-Dibrom-2.3-dimethylbutan* (IX, F. 169 bis 171°) neben *2-Brom-2.3-dimethylbutan*, von II 76% *2-Brom-2-methylpentan*, 17,5% *2.3-Dibrom-2-methylpentan* (VIII) u. 6,5% sek. Bromide. Verss., die bei 25° mit 5 Mol-% Br_2 durchgeführt wurden, ergaben bei den untersuchten Verbb. oft fast quantitative Ausbeuten an tert. Bromiden. Vff. verweisen darauf, daß sich das Verf. bei KW-stoffen, die neben dem tert. H-Atom nur noch prim. H enthalten, ausgezeichnet zur Darst. tert. Bromide eignet. Bei Ggw. von sek. H oder einem weiteren tert. H in benachbarter Stellung entstehen beträchtliche Mengen Dibromid, deren Menge jedoch bei tieferer Temp. u. Einw. von weniger als 5 Mol-% Br_2 abnimmt. Unter den Versuchsbedingungen wird prim. H nicht angegriffen. Unter Ausschluß von Licht reagierten VI u. VII mit Br_2 in CCl_4 unter Bldg. von Dibromiden u. Tribromiden (Verhältnis ca. 4 : 1) nach dem Reaktionsgesetz 3. Ordnung. Aus VII entstand so 63% *1.2-Dibrom-2.3.3-trimethylbutan* (Kp.$_{10}$ 88,5—89,5°) u. 14% *Tribromid* (Kp.$_3$ 107—110°); aus VI 59% *2.3-Dibrom-2-methylbutan* (Kp.$_{30}$ 72,5 bis 73°, n_D^{20} 1,5095) u. 11% *Tribromid* (Kp.$_{15}$ 110—114°); aus 10,2 g 2.3-Dimethylbutanol-(2) (Kp.$_{100}$ 65,5°, n_D^{20} 1,4182) in CCl_4, 60 Std. ohne Belichtung, 18,2 g IX u. 1 g *Tribromid* (Kp.$_{25}$ 140—150°). Nach Vff. verläuft die Bldg. von Dibromiden bei der photochem. Bromierung von verzweigten KW-stoffen nicht über eine freie Radikalreaktion. Anzeichen dafür, daß ein Dissoziationsgleichgewicht des tert. Bromides in Olefin u. HBr vorliegen könnte, wurden experimentell nicht gefunden. Die Versuchsergebnisse u. theoret. Betrachtungen führen Vff. zu folgendem Reaktionsschema: Das durch die photochem. Rk. mit Br_2 gebildete tert. Bromid dissoziiert in ein Ionenpaar, das einen stabilen σ-Komplex des Carboniumions enthält. Dieses steht mit dem energiereicheren π-Komplex im Gleichgewicht; Br_2 reagiert mit diesem π-Komplex unter Bldg. eines Bromoniumions, das dann weiterreagiert unter Bldg. des Dibromides. (J. Amer. chem. Soc. **77**. 4025—30. 5/8. 1955. Lafayette, Ind., Purdue Univ., Dep. of Chem.)

K. Frenkler. B 226

Glen A. Russell und **Herbert C. Brown**, *Dirigierende Einflüsse bei aliphatischen Substitutionen.* 4. Mitt. *Die Chlorierung von verzweigten Kohlenwasserstoffen in flüssiger Phase durch photochemische Reaktion und durch Sulfurylchlorid. Der Struktureinfluß auf die relativen Reaktionsfähigkeiten des tertiären Wasserstoffs bei der freie-Radikal-Chlorierung.* (3. vgl. vorst. Ref.) Vff. untersuchen die photochem. Chlorierung von *Cumol* (I), *Isobutan* (II), *2.3-Dimethylbutan* (III), *2.2.3-Trimethylbutan* (*Triptan*; IV) u. *2.3.4-Trimethylpentan* (V). Um die Bldg. von Dichloriden auszuschalten, wird die Rk. bei einem Umsatz von ca. 5% abgebrochen. Als prim. gebundenes Chlorid wird die Differenz zwischen dem analyt. gefundenen Gesamtchlorid u. dem gefundenen tert. Chlorid (bestimmt durch Solvolyse mit 50—80%ig. A.) angenommen. Zum Vgl. wird bei einigen Verbb. auch die Chlorierung mit SO_2Cl_2 durchgeführt. Als relative Reaktionsfähigkeiten des tert. H gegenüber dem prim. H werden gefunden für V bei 25° 3,4 ± 0,2, für II bei —15° 4,5 ± 0,2, für IV bei —15° 4,5 ± 0,2, bei 0° 3,7 ± 0,2, bei 25° 3,4 ± 0,2, bei 80° 3,2 ± 0,2, SO_2Cl_2-Chlorierung 7,33, für III bei 25° 3,5 ± 0,2, SO_2Cl_2-Chlorierung bei 55° 6,3 u. für I bei 25° 18,0 ± 0,6, bei 80° 12,8, Chlorierung mit SO_2Cl_2 liefert 50fache Werte. Die Ergebnisse zeigen, daß das relative Verhältnis der Cl-Einw. auf das tert. H-Atom zum prim. H-Atom in den Paraffin-KW-stoffen fast konstant ist u. den Wert 3,4 : 1 besitzt, wenn vorausgesetzt wird, daß auch das prim. H-Atom eine konstante Reaktionsfähigkeit besitzt. Eine Anhäufung von Alkylgruppen am tert. C-Atom scheint die Reaktionsfähigkeit kaum zu beeinflussen. Für die photochem. u. die SO_2Cl_2-Chlorierung ergeben sich für III u. IV verschied. Reaktionsfähigkeiten, die wahrscheinlich auf die Unterschiede der H abspaltenden Reaktionsteilnehmer zurückzuführen sind. Vff. diskutieren das Reaktionsschema der SO_2Cl_2-Chlorierung sowie die geometr. Struktur der bei beiden Rkk. als Zwischenprodd. anzunehmenden freien Alkylradikale u. Carboniumionen. (J. Amer. chem. Soc. **77.** 4031—35. 5/8. 1955. Lafayette, Ind., Purdue Univ., Dep. of Chem.) K. FRENKLER. B 226

Robert E. Buckles, *Belichtung von cis- und trans-Stilben in verdünnten Lösungen.* Stark verd. Lsgg. von *cis-Stilben* (I) (ca. $5 \cdot 10^{-5}$ mol.) wurden bei Raumtemp. mit dem Licht einer Hg-Dampflampe belichtet u. die Bldg. von *Phenanthren* (II) spektrophotometr. (250 mμ) verfolgt. In Cyclohexan wurden durch 10 Min. Belichten 95% I in II umgewandelt, in 95%ig. A. oder in Acetonitril durch 1std. Belichtung 70%. Bei längerer Belichtung wird II photochem. weiter zersetzt. In CCl_4 verläuft die Zers. fast ebenso rasch wie die Bildung. Auch *trans-Stilben* (III) gibt in Cyclohexan, Acetonitril oder 95%ig. A. II. Dibenzyllsgg. in allen genannten Lösungsmitteln zeigten nach Belichten keine Absorption die auf II schließen ließe. Bei 20tägigem Belichten 0,02mol. Lsgg. von I oder III in 95%ig. A. konnte II in Substanz isoliert werden. Das Dimere der Stilbene, 1.2.3.4-Tetraphenylcyclobutan konnte nicht isoliert werden, da vermutlich die Lsgg. zu verd. waren. (J. Amer. chem. Soc. **77.** 1040—41. 20/2. 1955. Iowa City, Io., Univ., Dep. of Chem.) H. BERTSCH. B 226

Ss. D. Mechtijew, *Untersuchung der Isomerisierung von Äthylcyclohexan und tert.-Butylcyclohexan unter der Einwirkung von Aluminiumchlorid.* (Vgl. C. **1955.** 1016.) Die früher beim Isopropylcyclohexan festgestellte Isomerisierung in Ggw. von $AlCl_3$ mit Wechsel von Fünf- u. Sechsringbldg. wird auch an Äthylcyclohexan (I) u. tert.-Butylcyclohexan (II) bestätigt (Verss. bei 85°, 5 Std.): I → 1-Äthyl-3-methylcyclopentan → 1.3-Dimethylcyclohexan → Trimethylcyclopentane; II → 1-tert.-Butyl-3-methylcyclopentan → 1-Isopropyl-3-methylcyclohexan → Polymethylcyclopentane u. -cyclohexane. Die spektralanalyt. Unters. der Prodd. bestätigt die Ggw. der nach dem Schema zu erwartenden Derivv., womit der angenommene Mechanismus als bewiesen angesehen wird. (Доклады Академии Наук СССР [Ber. Akad. Wiss. UdSSR] [N. S.] **99.** 999—1002. 21/12. 1954. Erdölinst. der Akad. der Wiss. der AserbaidshanSSR.) R. K. MÜLLER. B 227

C. Präparative organische Chemie. Naturstoffe.

Vinka Karas, *Systematisierung der Aminosäuren nach zunehmender Zahl der C-Atome in der aliphatischen Grundkette.* Übersicht mit tabellar. Aufzählung von ca. 50 biochem. wichtigen Aminosäuren, ihrer Trivialnamen, systemat. Bezeichnungen, Strukturformeln, Entdecker, der wichtigsten Proteine, in denen sie enthalten sind, u. einiger ihrer Eigenschaften. (Farmac. Glasnik **10.** 138—53. März 1954. Zagreb.) W. SCHICKE. 450

F. G. Bordwell und **W. H. McKellin,** *Die Reduktion von Sulfonen zu Sulfiden.* Benzothiophendioxyd-(1) (I) wird bei 35° durch überschüssiges $LiAlH_4$ in Ae. in ½ Std. zu 33%, in 18 Std. zu 79% zu *2.3-Dihydrobenzothiophen* (II) red.; 2.3-Dihydrobenzothiophendioxyd-(1) (III) in ½ Std. zu 92% zu II. Demgegenüber wird Benzothiophen in 18 Std. nicht nennenswert red.; die Red. von I zu II verläuft also über III. Unterss. an anderen Sulfonen ergeben erhebliche Unterschiede in der Reduzierbarkeit: Phenyläthylsulfon u. Diäthylsulfon werden in 12 Std. nicht merklich red., 2.3-Dihydrobenzothiapyrandioxyd-(1) ergibt nach 5std. Red. erst 9% Sulfid, Thiacyclopentandioxyd-(1) u. das 2-Methylderiv. werden in ½ Std. zu 100% red., Thiacyclohexandioxyd-(1) wird in 12 Std. kaum angegriffen. Leicht red. wird auch Thiacyclobutandioxyd-(1). Eine Anzahl Redd. werden auch bei 92° durch Verwendung von Äthylbutyläther als Lösungsm. durchgeführt. Die Ergebnisse lassen erkennen, daß 5gliedrige cycl. Sulfone leichter red. werden als 6gliedrige oder aliphat. Sulfone.

Versuche: Benzothiophen, F. 30—31°, Kp.$_{30}$ 111—112°, aus I in Essigsäure u. Zn + HCl durch 5std. Kochen, Dampfdest., Alkalisieren, Ausäthern u. Dest.; 46% (Ausbeute). — *Di-tert.-butylsulfon,* $C_8H_{18}O_2S$ F. 130—130,5°, durch 1std. Kochen von tert.-Butylsulfid in Eisessig mit Perhydrol, Neutralisieren u. Ausäthern; 77%. — *Thiachroman-1-dioxyd* [*2.3-Dihydrobenzothiapyrandioxyd-(1)*], F. 88—89° (W.), durch WOLFF-KISHNER-Red. von Thiachromanon u. Oxydation mit Perhydrol in Essigsäure; 76%. — *Phenylvinylsulfon,* $C_8H_8O_2S$, F. 67—68° (Hexan), aus β-Chloräthylphenylsulfid in Essigsäure u. Perhydrol, kurzes Kochen, Verdünnen mit W. u. Bzl., Neutralisieren mit Bicarbonat, Einengen der Benzolschicht, Behandeln mit Triäthylamin, Filtrieren u. Eindampfen; 80%. — Die Red. der Sulfone erfolgt in Ae. bzw. bei den 6gliedrigen Verbb. in Äthylbutyläther mit $LiAlH_4$, Zufügen von W. nach Beendigung der Rk., Auflösen des Nd. in verd. HCl, Wasserdampfdest. u. Fällen der flüchtigen Sulfide mit $HgCl_2$ bzw. Isolieren der nichtflüchtigen mit Äther. Nachst. Ausbeuten an Sulfiden durch Red. der Sulfone wurden erhalten: I ($LiAlH_4$: Sulfon = 9 : 1), 35°, in ½ Std. 33% II; in

18 Std. 79% II. — III (9 : 1) bei 35° in ½ Std. 92% II. — Phenyläthylsulfon (3 : 1) bei 92° in 2 Std. 14%, in 8 Std. 90%. — 2.3-Dihydrobenzothiapyrandioxyd-(1) (3 : 1) bei 35° in 5 Std. 9%; (3 : 1) bei 92° in 24 Std. 67%. — Thiacyclohexandioxyd-(1) (3 : 1) in 4 Std. bei 92° 41%. — Dibenzothiophendioxyd-(5) (1,1 : 1) bei 35° in 1 Std. 74%. — Thiacyclopentandioxyd-(1) (9 : 1) bei 35° in ½ Std. 75%. — 2-Methylthiacyclopentandioxyd-(1) (3 : 1) 35°, 1 Std. 79%. — Thiacyclobutandioxyd-(1) (10 : 1) 35°, ½ Std. 61%. — Dimethyl- u. Diäthylsulfon: keine Reduktion. — D butylsulfon (3 : 1) bei 92° in 2½ Std. 26%, in 18 Std. 73%. — Di-tert.-butylsulfon: keine Reduktion. — Diphenylsulfon (3 : 1) bei 92° in 2 Std. 71%. — Aus Phenylvinylsulfon (3 : 1) bei 92° in 2½ Std. 12%, in 18 Std. 14% *Phenyläthylsulfid*. — Thiacyclopenten-(3)-dioxyd-(1) polymerisiert. (J. Amer. chem. Soc. **73**. 2251—53. Mai 1951. Evanston, Ill., Northwestern Univ., Dep. of Chem.) H. LEHWALD. 460

B. Gauthier und **J. Maillard**, *Beitrag zur Bestimmung organischer Schwefelverbindungen*. Ausführliche Wiedergabe der C. **1954**. 1083 u. 3081 referierten Arbeiten. Ergänzend wird die Darst. der untersuchten Verbb. beschrieben: *3.3-Bis-[carboxymethylmercapto]-7.12-diketocholansäure*, $C_{28}H_{40}O_8S_2$, F. 213—214° (60%ig. A.); $[\alpha]_D^{22}$ +49,20° (c = 0,1476 in 60%ig. A.), durch Versetzen von Dehydrocholsäure, 75%ig. Thioglykolsäure (I) u. Eisessig mit HCl (D. 1,17) u. 1std. Kochen; 89% (Ausbeute). *Hemihydrat*, $C_{28}H_{40}O_8S_2 \cdot 0{,}5\,H_2O$, F. 202—203°. *Methylester*, $C_{29}H_{42}O_8S_2$, F. 207—208°. — Analog: *3.3-Bis-[carboxymethylmercapto]-12-ketocholansäure*, $C_{28}H_{42}O_7S_2$, F. 225—226°; 91%. — *1.1-Bis-[carboxymethylmercapto]-1.2.3.4-tetrahydronaphthalin*, $C_{14}H_{16}O_4S_2$, F. 167—168°; 58%. — *1.1-Bis-[carboxymethylmercapto]-1-phenyläthan*, $C_{12}H_{14}O_4S_2$, F. 137°; 89%. — *Bis-[carboxymetylmercapto]-α-naphthylmethan*, $C_{15}H_{14}O_4S_2$, F. 111—112°; 62,5%. — *Glucosedibenzylmercaptal*, $C_{20}H_{26}O_5S_2$, F. 138,5—139° (95%ig. A.); $[\alpha]_D^{19}$ —118,7°; *Hydrat*, $C_{20}H_{26}O_5S_2 \cdot H_2O$, F. 137—137,5°; Glucose wird in HCl (D. 1,19) in Ggw. von $ZnCl_2$ gelöst; die auf —13° abgekühlte Lsg. wird mit Benzylmercaptan (Kp.$_{15}$ 127°) 2 Std. gerührt; 55%. — *Lactosedibenzylmercaptal*, $C_{26}H_{36}O_{10}S_2$, F. 126—127°; $[\alpha]_D$ —68,5°. — Nach bekannten Methoden wurden erhalten: *S-Äthylen-bis-mercaptoessigsäure*, $C_6H_{10}O_4S_2$, F. 104—105°. — *S-Octylmercaptoessigsäure*, $C_{10}H_{20}O_2S$, F. 35°. — *S-[Diphenylmethyl]-mercaptoessigsäure*, $C_{15}H_{14}O_2S$, F. 127° (60%ig. A.), aus Bromdiphenylmethan (Kp.$_{7,5}$ 150—155°) u. 75%ig. I (zunächst Eiskühlung, dann 1 Std. Raumtemp.); 82%. — *S-[Carboxymethyl]-thiosalicylsäure*, $C_9H_8O_4S$, F. 213°. — *S-[β-Oxyäthyl]-thiosalicylsäure*, $C_9H_{10}O_3S$ F. 126° (95%ig. A.); in eine Lsg. von Thiosalicylsäure in wss. NaOH (unter N_2) wird Äthylenchlorhydrin tropfenweise eingetragen, dann wird 1 Std. auf dem Wasserbad erwärmt. — *S-Benzylmercaptoessigsäure*, $C_9H_{10}O_2S$, F. 61—62°. — *S-Benzylthioäpfelsäure* (II), $C_{11}H_{12}O_4S$, F. 185—186°. — *S-Benzoylmercaptoessigsäure*, $C_9H_8O_3S$. F. 105,5 bis 106°, analog nachst. Verbindung. — *S-[β-Naphthoyl]-mercaptoessigsäure*, $C_{13}H_{10}O_3S$, F. 149,5—150° (Ae.-PAe.); eine Lsg. von β-Naphthoylchlorid in 75%ig. I wird mit Eis gekühlt, langsam mit 2nNaOH versetzt u. nach einigen Min. mit Eiswasser verd. u. mit HCl angesäuert; 80,7%. — *5-Nitrothiophen-2-carbonsäure, Methylester*, $C_6H_5O_4NS$, F. 66—67° (95%ig. A. u. CH_3OH), durch Nitrierung von Thiophen-2-carbonsäuremethylester (Kp.$_{0,24}$ 97—98°; n_D^{22} 1,5384) in Acetanhydrid mit HNO_3 (D. 1,49)-Eisessig (15 : 50) (Zutropfen des Nitrierungsgemisches innerhalb 2 Std. bei +3°); 53%. *Äthylester*, $C_7H_7O_4NS$, F. 54—55°. — *3-Carboxymethyl-4-ketoisothiochroman*, $C_{11}H_{10}O_3S$, F. 144,5—145° (A.), durch Behandlung von II-Anhydrid (durch 2std. Kochen von II mit CH_3COCl; Öl) mit $AlCl_3$ in Nitrobenzol (3 Tage bei Raumtemp., dann 10 Min. auf dem Wasserbad); 73%. (Ann. pharmac. franç. 11. 509—22. Juli/Aug. 1953. Montrouge [Seine], Nouvelle d'Applications Thérapeut. „Theraplix", Serv. de Rech.) K. F. MÜLLER. 460

Harold Shechter und **Lawrence Zeldin**, *Die Kondensation von 1.1-Dinitroäthan mit elektronegativ substituierten ungesättigten Verbindungen. Die Synthese von 3.3-Dinitrobuten-(1)*. Vff. erhalten bei der basenkatalysierten Kondensation von 1.1-Dinitroäthan (I) mit elektronegativ substituierten ungesätt. Verbb. die entsprechenden substituierten *gem.-Dinitroverbindungen*. Aus den entsprechenden α.β-ungesätt. Verbb. werden dargestellt: *4.4-Dinitropentansäuremethylester* (II), *5.5-Dinitrohexanon-(2)*, *2.2.4-Trinitropentan*, *4.4-Dinitropentanal-(1)* u. *Methyl-3.3-dinitro-n-butylsulfon*. Die Addition erfolgt rasch bei oder unterhalb Zimmertemp., bei höheren Tempp. erfolgt rückläufige Reaktion. Die Stabilität der sek. gem.-Dinitroalkanstruktur wird untersucht. — Ferner wird von Vff. die Synth. von *3.3-Dinitrobuten-(1)* aus II beschrieben.

Versuche: *1.1-Dinitroäthan* (I), Kp.$_4$ 55—57°, aus 1-Chlor-1-nitroäthan, KNO_2 u. KOH; n_D^{20} 1,4345; 41% (Ausbeute). — *4.4-Dinitropentansäuremethylester* (II), $C_6H_{10}O_6N_2$, Kp.$_{0,6-0,7}$ 94—97°, durch Zugabe (2 Std.) von Methylacrylat (III) zu der wss. Suspension von K-I u. 4std. Rühren, teilweise Neutralisation mit Eisessig, erneute

Zugabe von III u. 11std. Rühren; $D.^{20}_{20}$ 1,3078; n_D^{20} 1,4556; 72%; gibt bei 3std. Kochen mit wss. HCl die *freie Säure* (IV), $C_5H_8O_6N_2$, F. 97,4—99,2° (W.); 98%. — *3.3-Dinitro-1-brombutan*, $C_4H_7O_4N_2Br$, $Kp._{2,4}$ 92—93°, durch Dispergieren des Ag-Salzes von IV in CCl_4 u. langsame Zugabe von Br_2 bei Zimmertemp., nach beendeter Addition Erwärmen auf 60° u. 1std. Kochen; $D.^{20}_{20}$ 1,6803; n_D^{20} 1,4962; 80,5%. — *3.3-Dinitrobuten-(1)*, $C_4H_6O_4N_2$, $Kp._{4,5}$ 59—59,5°, durch langsame Zugabe von methanol. $NaOCH_3$ unter Rühren zu vorst. Verb. bei Zimmertemp. u. 1½std. Rühren; $D.^{20}_{20}$ 1,2480; n_D^{20} 1,4535; 60,3%. — *2-Nitropropen*, $Kp._{80}$ 52—54°, aus 2-Nitropropanol-(1) nach BUCKLEY u. SCAIFE (C. **1949**. I. 488); 48%. — *2.2.4-Trinitropentan*, $C_5H_9O_6N_3$, $Kp._{0,8}$ 107—108°, durch Zugabe vorst. Verb. (1 Std.) zu einer Lsg. von I in Dioxan unter Rühren bei 5—10° in Ggw. katalyt. Mengen Benzyltrimethylammoniumhydroxyd (Triton B) u. 90std. Rühren; $D.^{20}_{20}$ 1,3715; n_D^{20} 1,4699; 93,2%. — *5.5-Dinitrohexanon-(2)*, $C_6H_{10}O_5N_2$, $Kp._{1,3}$ 109—110°, aus Methylvinylketon u. I wie vorst. bei 10° u. 65std. Rühren; $D.^{20}_{20}$ 1,2638; n_D^{20} 1,4607; 95%; *Semicarbazon*, $C_7H_{13}O_5N_5$, F. 192,5—193°; *p-Nitrophenylhydrazon*, $C_{12}H_{15}O_6N_5$, F. 146—147°. — *4.4-Dinitropentanal-(1)*, $C_5H_8O_5N_2$, $Kp._{0,8}$ 97 bis 97,5°, aus Acrolein u. I in Ae. wie vorst. bei Zimmertemp. u. 3std. Rühren; $D.^{20}_{20}$ 1,3284; n_D^{20} 1,4650; 74,3%; gibt mit alkal. $KMnO_4$ 95% IV; *Semicarbazon*, $C_6H_{11}O_5N_5$, F. 154,5—155,5°; *p-Nitrophenylhydrazon*, $C_{11}H_{13}O_6N_5$, F. 141—142°. — *Methyl-3.3-dinitro-n-butylsulfon*, $C_5H_{10}O_6N_2S$, F. 76—78° (Bzl.), aus Methylvinylsulfon u. I in Dioxan wie vorst. u. 65std. Rühren; 19,7%. (J. Amer. chem. Soc. **73**. 1276—78. März 1951. Columbus, O., State Univ., Dep. of Chem.) G. WINKLER. 470

Melvin S. Newman und **F. James Evans jr.**, *Die Reformatski-Reaktion: Einfluß von Alkylgruppen in Alkyl-α-brompropionaten.* Vff. untersuchten die Rk. von *Methyl-* (I), *Äthyl-* (II), *Propyl-* (III), *Isopropyl-* (IV), *Isobutyl-* (V), *tert.-Butyl-* (VI) u. *Neopentyl-α-brompropionat* (VII) mit Zn in Bzl.–Ae., allein u. in Ggw. von Benzophenon. II reagiert in Bzl.–Ae. mit Zn vollständiger als in Bzl. allein. Ein mol. Überschuß an Zn erwies sich als günstig. Die Konz. des Bromesters hat wenig Einfluß. I gibt durch Rk. mit Zn 25,8% *red. Ester* u. 16,4% *β-Ketoester*; II 19,5 bzw. 37,7%; III 16,8 bzw. 39,8%; IV, VI u. VII reagieren nicht, V gibt 11,8% red. Ester. II geht mit Zn u. Benzophenon mit 86,8%ig. Umsatz REFORMATSKI-Rk. ein, V mit 87,2%ig. Umsatz, während IV, VI u. VII auch mit Zn u. Benzophenon nicht reagieren. Wenn II bei einer REFORMATSKI-Rk. infolge Neben-Rkk. schlechte Ausbeuten gibt, wird die Verwendung von V empfohlen.

Versuche: *Methyl-α-brompropionat* (I), $Kp._{10}$ 37°, aus α-Brompropionsäure u. Methanol durch Kochen in Bzl. unter Abdest. des entstehenden W.; n_D^{31} 1,4468; 70% (Ausbeute). — *Propyl-α-brompropionat* (III), $Kp._{10}$ 61—61,5°, aus α-Brompropionylchlorid ($Kp._{20-30}$ 35—45°) u. Propanol in der Kälte u. 4 Std. Erwärmen; n_D^{31} 1,4424; 56%. — *Isopropyl-α-brompropionat* (IV), $Kp._{10}$ 50—50,5°, analog I; n_D^{30} 1,4361; 83%. — *Isobutyl-α-brompropionat* (V), $Kp._{10}$ 67—69°, a) analog II; n_D^{31} 1,4405; 58%; b) analog I; n_D^{25} 1,4428; 84%. — *tert.-Butyl-α-brompropionat* (VI), $Kp._{10}$ 51—52°, durch Zutropfen von α-Brompropionylchlorid zu einer Lsg. von Triäthylamin u. Butanol in Ae. bei 0—5° innerhalb 90 Min. u. 20std. Rühren bei 20—25°; n_D^{27} 1,4326; 48%. — *Neopentyl-α-brompropionat* (VII), $Kp._{10}$ 73—74°, analog I; n_D^{30} 1,4398; 87%. (J. Amer. chem. Soc. **77**. 946—47. 20/2. 1955. Columbus, O., Univ., McPherson Chem. Labor.)
H. BERTSCH. 470

Pete D. Gardner, *Phosphorsäuren in organischen Systemen.* 2. Mitt. *Polyphosphorsäure als Katalysator bei der Friesschen Verschiebung.* (1. vgl. C. **1955**. **4802**.) Phenylacetat (II) liefert bei Behandlung mit Polyphosphorsäure (I) in 35—50%ig. Ausbeute *Oxyacetophenon*. Die Bldg. des 2-Isomeren konnte weder bei niedriger Temp., bei der die Ausbeute sehr gering wird, noch >100° beobachtet werden. Im letzteren Falle nahm die Harzbldg. erheblich zu. Die intermediäre Bldg. des 2-Isomeren ist unwahrscheinlich, da 2-Oxyacetophenon bei verschied. Tempp. u. Reaktionszeiten nur äther. unlösl. Harze lieferte. Phenylbenzoat (III) liefert ein Gemisch von *4-Oxybenzophenon* u. seinem *Benzoat*, Resorcindiacetat (IV) gibt *4.6-Diacetylresorcin*. Aus II, Benzoesäure (V) u. I entsteht neben wenig *4-Benzoylphenylacetat 4-Acetylphenylbenzoat*, das auch in mäßiger Ausbeute durch Acetylierung von III erhalten wird. Die Acetylierung von Phenol (VI) oder II liefert *4-Acetylphenylacetat*.

Versuche: *4-Oxyacetophenon*, F. u. Misch-F. 107—109°, $Kp._{20}$ 170—194°, aus II ($Kp._{20}$ 97—100°) nach SNYDER u. ELSTON (J. Amer. chem. Soc. **77**. [1955.] 364) u. I, Zers. mit Eis Ausäthern u. Dest.; 50% (Ausbeute). — *4-Acetylphenylacetat*, F. 52—54° (Äthylacetat–PAe.), $Kp._{19}$ 165—170°, a) durch 1½std. Rühren von VI mit Acetanhydrid u. I bei 75°; 51%, daneben II; b) analog aus II u. Essigsäure; 50%. — *4-Oxybenzophenon*, F. 132—134°, aus III u. I in 2½ Std. bei 80°; 25%. Daneben 13% *4-Benzoylphenylbenzoat*, F. 111—130° (CH_3OH–W.). — *4.6-Diacetylresorcin*, F. 181—182° (Äthylacetat–Cyclohexan), aus **IV** u. **I** in 2 Std. bei 70°; 19,1%. — *4-Acetylphenylbenzoat*, F. 135—136° (Äthylacetat-PAe. u. CH_3OH-W.), a) aus **III**, Essigsäure u. **I** in 1 Std. bei 90°; 21%; b) aus **II**, **V** u. **I** in 1 Std. bei 85—90°; 21%. Daneben 3% *4-Benzoylphenylacetat*, F. 79 bis 80°. (J. Amer. chem. Soc. **77**. 4674—75. 5/9. 1955. Austin, Tex., Univ., Dep. of Chem.)

R. Pasedag. 470

Rudolf Criegee (unter Mitarbeit von **Gertrud Blust, Gerhard Lohaus, Paulus de Bruyn** und **Michael Lederer**), *Über den Verlauf der Ozonspaltung*. 3. Mitt. (2. vgl. C. **1956**. 697.) Die Darst. der stabilen, destillierbaren, krist. monomeren (daneben immer größere Mengen polymerer Ozonide) *Ozonide* von Cyclopenten, Cyclohexen u. deren 1-Methylderivv. durch Ozonisierung (Oz.) in Hexan wird beschrieben. Auf diese Weise konnte auch ein unreines fl. *1.2-Dimethylcyclohexenozonid* in geringer Ausbeute erhalten werden. — Die Oz. von Tetramethyläthylen, Bis-cyclohexyliden, Bis-cyclopentyliden u. Dibiphenylenäthen führt in inerten Lösungsmitteln unter völliger Spaltung der C=C-Bindungen zu je 1 Mol *Keton* u. di- oder polymerem *Ketoperoxyd*. In Methanol bildet sich dagegen aus den ersten 3 Verbb. neben 1 Mol Keton 1 Mol des entsprechenden *Methoxyhydroperoxyds*. In Übereinstimmung mit den am $\Delta^{9,10}$-Oktalin (vgl. Criegee u. Wenner, C. **1950**. II. 1114) gemachten Beobachtungen wird auch für diese Rkk. ein über Zwitterionen verlaufender Reaktionsablauf angenommen. Danach bilden sich monomere *Ketozonide* (die bei der Spaltung ein Keton liefern) nur beim ster. bes. begünstigten Fünfring, in geringerem Maße auch beim Sechsring, wo sich die intermediär gebildete Keto- u. die zwitterion. Gruppe intramol. zum Ozonid stabilisieren können. — Die Oz. von Dimethylbutadiensulfon in trockenem oder feuchtem CCl_4 liefert entgegen der Auffassung von Backer u. Mitarbeitern (Recueil Trav. chim. Pays-Bas **60**. [1942.] 381 u. früher), die das Prod. als monomeres Ketoperoxyd formulierten, ein echtes *Ozonid*, das sich glatt zu *Diacetonylsulfon* reduzieren läßt, im UV-Spektr. keine CO-Bande besitzt u. gegen Alkohole u. W. beständig ist. Bei der Oz. in homogener wasserhaltiger Lsg. in Aceton oder Methanol entsteht das *Oxyhydroperoxyd des Diacetonylsulfons* bzw. dessen *Methoxyderiv.*, die eine ausgeprägte CO-Bande bei 290 mμ besitzen. Für das Methoxyderiv. wird auf Grund des UV-Spektr. ein Gleichgewicht zwischen der offenen u. ringförmigen Struktur **Ia** bzw. **Ib** angenommen. Wegen der verschied. Prodd. bei der Oz. in inerten Lösungsmitteln bzw. in wss. homogener Lsg., die nicht ineinander überführbar sind, wird auch hier ein Verlauf über ein Zwitterion angenommen.

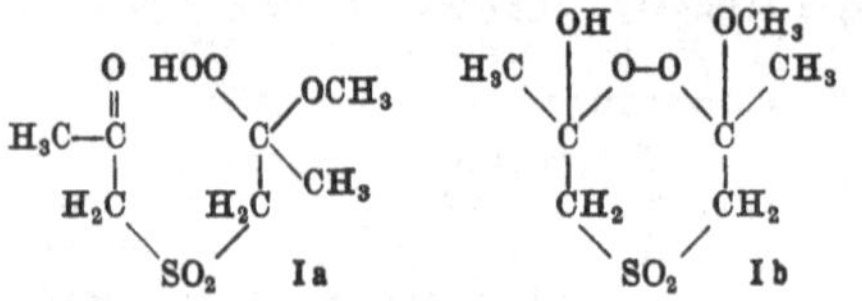

Ia Ib

Analog werden auch aus 1.2.3.4.5.6.7.8.10.13 Dekahydro-9-thiafluoren-9.9-dioxyd, tert.-Butylbutadiensulfon u. 2-Phenylbutadiensulfon die entsprechenden wahren *Ozonide* erhalten. — Bei der Unters. des von Frank u. Mitarbeitern (J. Amer. chem. Soc. **66**. [1944.] 1) beschriebenen „Ozonids" des 2-Phenyl-3-äthylindenons (**II**) fanden Vff., daß dieses kein Ozonid, sondern das *gemischte Anhydrid der o-Propionylbenzoesäure u. Benzoesäure* ist u. nach dem Infrarotspektr. in der Form des *Pseudoanhydrids* (*Phthalid*; **III**) vorliegt. Das krist. *Ozonid* von **II** läßt sich aber erhalten, wenn man bei 0° Oz. u. schnell u. schonend aufarbeitet. Es wird mit NaJ/Eisessig zu *o-Propionylbenzil* red. u. zers. sich bei 2tägigem Stehen zu **III**. Ähnlich liefert *2-Methyl-3-phenylindenon* ein (etwas stabileres) krist. *Ozonid*, das sich bei längerem Stehen (offenbar durch Disproportionierung des prim. gebildeten *gemischten Anhydrids*) zu *Acetanhydrid* u. *o-Benzoylbenzoesäureanhydrid* zersetzt. Behandelt man das Ozonid in frischem Zustand mit Acetanhydrid/H_2SO_4, so bildet sich *3-Acetoxy-3-phenylphthalid*, das auch direkt bei der Oz. in Acetanhydrid/H_2SO_4 neben *Benzil-o-carbonsäurephenylester* entsteht. Es bildet ferner ein stabiles *Oxim*, das sich mit PCl_5 zu *o-Cyanbenzoesäurephenylester* umlagert. Auch das *Ozonid des 2.3-Diphenylindenons* zers. sich beim Stehen zum *gemischten Anhydrid der Benzoesäure* u. *o-Benzoylbenzoesäure*. Die bei den Indenonozoniden gegenüber den einfachen substituierten Cyclopentenozoniden verringerte Stabilität erklärt sich aus der Wrkg. der benachbarten CO-Gruppe. Die Umlagerung zu den entsprechenden gemischten Anhydriden bzw. Benzilcarbonsäurederivv. verläuft wahrscheinlich über die beiden möglichen zwitterion. Zerfallsprodd. des Ozonids. Analog gebaute α.β-ungesätt. Ketone mit nichtcycl. Charakter, wie Benzaldesoxybenzoin, können keine Ozonide bilden. Es entsteht hier bei der Oz. *Benzil* neben *Benzoesäure* u. *Benzaldehydperoxyden*. — Bei der Oz. der Acetylenbindung wird angenommen, daß sich über ein instabiles Primärozonid ein instabiles Zwitterion mit kation. O bildet, das durch Elektronenverschiebung in das Zwitterion RCO·C⊕(OO⊖)R übergeht. Dieses liefert entweder durch Polymerisation polymere *Ketoperoxyde* oder durch Umlagerung *Säureanhydride* oder mit z. B. Essigsäure *RCO·C(R)(OOH)OCOCH₃* oder durch Red. *α-Diketone*. So gibt Butin-(2)-diol-(1.4)-dibenzoat in CCl_4 mit O_3 je nach der Reaktionstemp.

eine klebrige oder amorphe M., die leicht verpufft u. vielleicht aus polymeren *α-Ketoperoxyden* besteht. In Eisessig/CCl_4 bildet sich bei der Oz. *1.4-Dibenzoxy-2-hydroperoxy-2-acetoxybutanon-(3)* (**IV**). Gegen diese Formulierung spricht allerdings das Ausbleiben der Rk. mit Pb-Tetraacetat, doch bleibt diese auch bei dem analog gebauten 2.4.5-Triphenyl-2-hydroperoxy-2.3-dihydrofuranon-(3) u. 1.1.2-Triphenyl-2-hydroperoxy-2-benzoyläthan aus (vielleicht infolge Ausbildung einer stabilen H-Brücke zwischen der HOO- u. der CO-Gruppe). Durch Hydrierung bzw. Red. mit NaJ/Eisessig wird **IV** in *1.4-Dibenzoxybutandion-(2.3)* (**V**), durch Umlagerung in Ggw. von Pyridin in *Benzoylglykolsäure* verwandelt. Die Umlagerung verläuft wahrscheinlich über die Stufe des *Benzoylglykolsäureanhydrids*, das auch direkt aus **IV** durch therm. Zers. entsteht. Zur Gewinnung der α-Diketone ist es zweckmäßiger, dem CCl_4 an Stelle von Eisessig Methanol zuzusetzen; dabei gelang zwar die Isolierung von methoxylhaltigen Zwischenprodd. nicht, doch erfolgt offenbar die Umlagerung zum Anhydrid langsamer. Aus 1.4-Diacetoxybutin-(2) entsteht so *1.4-Diacetoxybutandion-(2.3)*, aus Tolan (Diphenylacetylen) *Benzil*, aus Dibutylacetylen *Decandion-(5.6)* u. aus 1.1.4.4-Tetraphenylbutin-(2) *1.1.4.4-Tetraphenylbutandion-(2.3)*.

Versuche: *Cyclopentenozonid*, $C_5H_8O_3$, F. 76°, Kp.$_{11}$ 60°, aus Cyclopenten in n-Hexan u. 2,5%ig. O_3 bei 10—12°; aus n-Hexan verzweigte Nadeln von äußerst stechendem Geruch; verpufft schwach in der Flamme; 7% (Ausbeute). — *Cyclohexenozonid*, $C_6H_{10}O_3$, F. 41° (Hexan), Kp.$_{14}$ 62—65°, aus Cyclohexen analog vorst. Verb.; in der Flamme nur leichte Verpuffung; 6%. — *1-Methylcyclopentenozonid*, $C_6H_{10}O_3$, F. —4°, Kp.$_{16}$ 67,6°, aus *1-Methylcyclopenten* (Kp. 75°, aus 1-Methylcyclopentanol durch Wasserabspaltung mit HCOOH) in CH_3Cl bei —78°; in fl. Zustand schwachgelb; 50%. — *1-Methylcyclohexenozonid*, $C_7H_{12}O_3$, Kp.$_{15}$ 59—61°, aus 1-Methylcyclohexen in n-Hexan bei 10°; 5% (unrein). — *Aceton*, durch Oz. von 7 g Tetramethyläthylen in C_2H_5Cl bei —60°; 58%; daneben 15% *dimeres Acetonperoxyd* (F. 131—132°); 1,2 g (roh) *trimeres Acetonperoxyd* (F. 90—93°, rhomboedr. Kristalle) u. 4 g *polymere Acetonperoxyde* (hochbrisantes Öl). — *2-Methoxy-2-hydroperoxypropan*, $C_4H_{10}O_3$, Kp.$_{18}$ 61—63°, analog vorst. Oz., aber in Methanol; gibt mit NaJ/Eisessig *Aceton*; 6,8 g (roh). — *Cyclopentanon*, Kp. 126°, aus Bis-cyclopentyliden in CH_3Cl durch Oz. bei —80°; n_D^{20} 1,4370 (*Semicarbazon*, F. 208—210°); daneben *dimeres Cyclopentanonperoxyd*, $C_{10}H_{16}O_4$, F. 95 bis 98° (nach Sublimation bei 60—70°/0,001 mm). — *Cyclohexanon*, *p-Nitrophenylhydrazon*, F. 145°, aus 1 g Bis-cyclohexyliden (F. 55°) in PAe. durch Oz. bei 0°; 52%; daneben 65 mg *dimeres Cyclohexanonperoxyd*, F. 130°, u. 585 mg *peroxyd. Sirup.* — *1-Methoxy-1-hydroperoxycyclohexan*, $C_7H_{14}O_3$, Kp.$_{0,02}$ 54,5—55°, aus 3,5 g Bis-cyclohexyliden durch Oz. in Methanol/CCl_4 bei —30°; 2,13 g (roh). — *Fluorenon*, aus 1 g Dibiphenylenäthen in CCl_4 durch Oz. bei —8°; 710 mg; daneben 300 mg *dimeres Fluorenonperoxyd*, $C_{26}H_{16}O_4$, F. 201—203° (Zers.), blaßgelb, u. 30 mg *Verb.* $C_{26}H_{18}O_2$. — *Ozonid des 2.3-Dimethylbutadiensulfons*, $C_6H_{10}O_5S$, F. 155° (Zers.), a) aus Dimethylbutadiensulfon (3.4-Dimethyl-2.5-dihydrothiophen-1.1-dioxyd, F. 135°) in trockenem CCl_4 durch Oz. bei 0°; vierseitige Prismen aus Chlf.; 91%; b) wie unter a), aber in mit W. überschichtetem CCl_4; 59%. Wird durch 2std. Erhitzen mit n-H_2SO_4 nicht verändert, explodiert erst beim Erhitzen auf 130°, ist gegen Pb-Tetraacetat stabil u. liefert mit NaJ/H_2SO_4 *Diacetonylsulfon*, F. 42° (CH_3OH–Ae. [*p-Nitrophenylhydrazon*, F. 225°]). — *Oxyhydroxyperoxyd des Diacetonylsulfons*, $C_6H_{12}O_6S$, F. ca. 90° (unscharf), analog vorst. Verb., aber in Aceton/W. bei —40°; reagiert stürm. mit Pb-Tetraacetat. — *Verb.* **Ib**, $C_7H_{14}O_6S$, F. ca. 87—92°, analog vorst. Verb., aber in Methanol. — *Ozonid des 1.2.3.4.5.6.7.8.10.13-Dekahydro-9-thiafluoren-9.9-dioxyds*, $C_{12}H_{18}O_5S$, Zers. >200°, nach BACKER u. Mitarbeitern (l. c.); glänzende Balken aus Essigester. — *Ozonid des tert.-Butylbutadiensulfons*, $C_8H_{14}O_5S$, F. 148—149° (Zers.; Chlf.), a) aus tert.-Butylbutadiensulfon (3-tert.-Butyl-2.5-dihydrothiophen-1.1-dioxyd) in CCl_4 durch Oz. bei —20°; 85%; b) analog, aber in mit W. überschichtetem CCl_4 bei 0°; 67%; daneben aus der wss. Schicht *Ozonid* $C_{16}H_{30}O_{10}S_2$, F. 133° (Zers.; Aceton–PAe.); c) analog, aber in Methanol bei —30°. Gibt mit kalter NaOH *2-Keto-3.3-dimethylbutylcarboxymethylsulfon*, $C_8H_{14}O_5S$, F. 87° (Bzl.–Cyclohexan); mit NaJ/Eisessig den entsprechenden *Ketoaldehyd* (*p-Nitrophenylhydrazon*, $C_{14}H_{19}O_5N_3S$, F. 156°, aus CH_3OH Nadeln). — *Ozonid des 2-Phenylbutadiensulfons*, $C_{10}H_{10}O_5S$, F. 127—143° (je nach der Art des Erhitzens), durch Oz. in CCl_4, CH_3Cl/W. oder Methanol; Prismen aus Chlf.; 45—47,5%. — *3-Benzoyloxy-3-äthylphthalid* (**III**; *2-Propionylbenzoesäurepseudobenzoesäureanhydrid*), F. 92—93° (CH_3OH oder CH_2Cl_2–PAe.), a) aus **II** durch Oz. nach FRANK (l. c.) in CCl_4 bei 0°; b) aus Benzoesäureanhydrid u. Propiophenon-o-carbonsäure beim Erhitzen auf 80° im Vakuum; c) aus dem Ag-Salz der Propiophenon-o-carbonsäure u. Benzoylchlorid in Dioxan. Liefert mit methanol. KOH in der Kälte *Benzoesäure*, F. 121°, u. *Propiophenon-o-carbonsäure*, F. 91° (aus W.; gibt mit Hydrazin *1-Äthylphthalazon*, F. 168°) → *Methylester*, $C_{11}H_{12}O_3$, F. 46°, Kp.$_{0,03}$ 95 bis 96°. — *Ozonid des 2-Phenyl-3-äthylindenons*, F. 50° (Zers.), analog **III** (a); glänzende

Prismen aus Methanol; verpufft lebhaft in der Flamme; zers. sich nach 2tägigem Stehen im Eisschrank zu **III** u. liefert mit NaJ/Eisessig *o-Propionylbenzil*, $C_{17}H_{14}O_3$, F. 92° (korr.; Methanol). — *Ozonid des 2-Methyl-3-phenylindenons*, $C_{16}H_{12}O_4$, F. 90° (Zers.), F. 108° (Kofler), aus 2-Methyl-3-phenylindenon durch Oz. in CCl_4, Methanol oder Eisessig; zers. sich bei 3monatigem Aufbewahren unter Luftabschluß zu *o-Benzoylbenzoesäureanhydrid*, F. 140—141°, u. *Acetanhydrid*. *Oxim*, $C_{16}H_{13}O_4N$, F. 140—141° (Chlf. oder PAe.). — *o-Cyanbenzoesäurephenylester*, $C_{14}H_9O_2N$, F. 93°, aus vorst. Oxim in Bzl. u. PCl_5. — *3-Acetoxy-3-phenylphthalid* (*2-Benzoylbenzoesäurepseudoessigsäureanhydrid*), $C_{16}H_{12}O_4$, F. 114° (korr.), a) aus vorvorst. Verb. u. Acetanhydrid in Ggw. von H_2SO_4 unter Kühlung, glänzende Täfelchen aus Chlf./PAe. oder Methanol; b) analog nächst. Verb., aber in Acetanhydrid/H_2SO_4, neben *Benzil-o-carbonsäurephenylester* ($C_{21}H_{14}O_4$, F. 115° [korr.]), aus A. gelbe Prismen → *freie Säure*, F. 144°, blaßgelbe Nadelbüschel aus Chlf.–PAe.). Gibt mit NaJ/Eisessig *3.3'-Diphenyldiphthalidyl-(3.3')*. — *Ozonid des 2.3-Diphenylindenons*, $C_{21}H_{14}O_4$, F. 105° (Kofler), durch Oz. in CCl_4, Cyclohexan oder Methanol bei 0°; glänzende Nadeln aus warmem Methanol; verpufft lebhaft in der Flamme; liefert mit NaJ/Eisessig *o-Benzoylbenzil*, F. 94°; hellgelbe Prismen aus Ae.; zers. sich bei 8tägigem Stehen bei Zimmertemp. zu dem *gemischten Anhydrid aus Benzoesäure u. o-Benzoylbenzoesäure* (oder dem isomeren *3-Benzoyloxy-3-phenylphthalid*), $C_{21}H_{14}O_4$, F. 88° (Kofler), aus CH_3OH–W. Prismen. — *Benzil*, F. 94,5° (CH_3OH), a) aus Benzaldesoxybenzoin durch Oz. in CCl_4 bei 0°; gelbe Kristalle aus Methanol, daneben *Benzoesäure* u. *Benzaldehydperoxyde* (→ *Benzaldehyd-p-nitrophenylhydrazon*, F. 192°); b) aus Tolan durch Oz. in CCl_4–CH_3OH bei —30° u. anschließende Red. mit NaJ; 51%; daneben 32% Benzoesäure. — *1.4-Dibenzoxybutin-(2)*, F. 75—76° (Methanol), aus Butindiol durch Benzoylierung. — *1.4-Dibenzoxybutandion-(2.3)* (**V**), $C_{18}H_{14}O_6$, F. 168 bis 172°, a) aus 1,5 g vorst. Verb. durch Oz. in CCl_4/Eisessig bei —25° u. sofort anschließende Red. mit NaJ/Eisessig; gelbgrüne Nadeln aus Eisessig; 58%; daneben 236 mg nachst. Verb.; b) aus **IV** durch katalyt. Hydrierung; 97%. Gibt mit o-Phenylendiamin in Eisessig *2.3-Dioxymethylchinoxalindibenzoat*, $C_{24}H_{18}O_4N_2$, F. 137° (A.). — *Benzoylglykolsäure*, F. 112° (PAe.), analog vorst. Verb., aber statt der Red. 2 Tage Stehen; 73%. — *1.4-Dibenzoxy-2-hydroperoxy-2-acetoxybutanon-(3)* (**IV**), $C_{20}H_{18}O_9$, F. 80° (Zers.), analog vorst. Verb., aber nach sofortiger Behandlung mit PAe.; prismat. Nadeln aus Bzl./PAe.; 83%; liefert mit Pyridin unter Erwärmung *Benzoylglykolsäure*, F. 106—108°; 84%; gibt beim Erwärmen auf 80° *Benzoylglykolsäureanhydrid*, F. 123°. **V**-*Phenylhydrazon*, $C_{24}H_{20}O_5N_2$, F. 122—124°, aus **IV**; Nadeln aus Essigester. **V**-*Phenylosazon*, $C_{30}H_{26}O_4N_4$, F. 140—142°, aus **IV**; gelbe Blättchen aus Essigester. — *Acetylglykolsäure*, F. 63—66°, aus 1.4-Diacetoxybutin-(2) (F. 29°) durch Oz. in CCl_4/Eisessig bei —23° u. anschließende Behandlung mit W.; 60%. *p-Phenylphenacylester*, $C_{18}H_{16}O_5$, F. 103—104°, aus CH_3OH rhomb. Blättchen. — *1.4-Diacetoxybutandion-(2.3)*, $C_8H_{10}O_6$, F. 96—98°, analog vorst. Verb., aber in CH_3OH bei —30° u. anschließende Hydrierung über 6%ig. Pd/$CaCO_3$; gelbe Nadeln aus Essigester; 35%. *p-Nitrophenylhydrazon*, $C_{14}H_{15}O_7N_3$, F. 132—134° (Zers.), flache gelbe Nadeln aus Methanol. — *1.1.4.4-Tetraphenylbutandion-(2.3)*, $C_{28}H_{22}O_2$, F. 132—133°, aus 1.1.4.4-Tetraphenylbutin-(2) durch Oz. in CCl_4/Eisessig bei —20° u. anschließende Red. mit NaJ/Eisessig; gelbe prismat. Nadeln aus Methanol; 29%; daneben *Glyoxal* u. *Diphenylessigsäure* (F. 144—146°, entsteht auch aus dem Diketon mit Peressigsäure). *Monoxim*, $C_{28}H_{23}O_2N$, F. 187—189°, Nadeln aus Methanol. — *1.1.4.4-Tetraphenylbutandiol-(2.3)*, $C_{28}H_{26}O_2$, F. 191—192°, aus vorst. Diketon u. $LiAlH_4$ in Äther. — *Decandion-(5.6)*, F. 6,5°, aus Decin-(5) durch Oz. a) in CH_3OH bei —25° u. Red.; 39%; b) in CCl_4/Eisessig bei —20° u. anschließende Red. mit NaJ/Eisessig; n_D^{20} 1,4278; 7,5%, neben 35% *Valeriansäureanhydrid* (→ *Methylester*, $Kp._{48}$ 51°). *Phenylosazon*, F. 127°. *Dioxim*, F. 181°. *p-Nitrophenylosazon*, $C_{22}H_{28}O_4N_6$, F. 287° (Zers.), orangefarbene Nadeln aus Pyridin. (Liebigs Ann. Chem. **583**. 1—36. 1953. Karlsruhe, TH, Inst. für organ. Chem.) G. Mohr. 470

Friedrich Weygand, Hans Grisebach, Karl-Dieter Kirchner und **Manfred Haselhorst**, *Untersuchungen an Osazonen mit markierten Phenylhydrazinen.* Bei der Transosazonierung von *D-Glucose-* (**I**), *D-Xylose-* (**II**) u. *5.6-Dimethyl-D-glucose-p-bromphenylosazon* (**III**) mit ^{82}Br-p-Bromphenylhydrazin (^{82}Br-**IV**) u. von *D-Glucosephenylosazon* mit ^{14}C-Phenylhydrazin (^{14}*C*-**VI**) findet der Austausch in Dioxan–W. auf dem sd. Wasserbad am $C_{(1)}$ schneller als am $C_{(2)}$ statt. Dies wird bewiesen durch Überführung des Osazons mit Perjodat in das 1-Phenyl-4-phenylazopyrazolon-(5) bzw. dessen Bromderiv. u. dessen Red. mit $SnCl_2$ + HCl in Dioxan, hierbei spaltet der Arylhydrazinrest am $C_{(2)}$ als Arylamin ab. — Ebenso spaltet bei der Osotriazol-Rk. nach Haskins u. Mitarbeiter (C. **1948**. I. 1012) hauptsächlich der Arylaminrest vom $C_{(1)}$ ab. Aus dem verschieden schnellen Austausch schließen Vff. auf eine unterschiedliche Bindung der beiden Arylhydrazinreste im Osazon u. nehmen eine Ringstruktur mit N-glykosid. Bindung am $C_{(1)}$ u. Hydrazonstruktur am $C_{(2)}$ an. Bei Verbb. mit Dihydrazonstruktur, wie *Methylglyoxal-1-phenyl-2-([^{14}C]-phenyl)-osazon*, erfolgt die Abspaltung des Arylamins bei der Osotriazol-Rk. statistisch. Verss., den Mechanismus der Osazonbldg. am Beispiel *^{82}Br-D-Mannose-p-bromphenylhydrazon* + **IV** zu klären, schlugen fehl, da das gebundene p-Bromphenylhydrazin (**IV**) mit dem freien schon vor der Osazonbldg. austauscht. Bei *Fructosonphenylhydrazon* muß das **VI** am $C_{(1)}$ gebunden sein, daß das mit ^{14}C-**VI** gebildete Osazon in ein radioakt. Osotriazol übergeht.

Versuche: *^{82}Brom*, aus Äthylenbromid, das mit therm. Neutronen bestrahlt war, unter Zusatz von 4 Vol.-% Anilin durch Ausschütteln mit W., Einengen der wss. Lsg. u. Oxydation mit Braunstein + konz. H_2SO_4 bei 100°. — *^{82}Br-p-Bromphenylhydrazin* (^{82}*Br*-**IV**), F. 104° (W.), aus 20 g Phenylhydrazin (**VI**) u. $^{82}Br_2$; 7,2 g. — *^{82}Br-D-Glucose-p-bromphenylosazon* (^{82}Br-**I**), aus ^{82}Br-**IV** u. p-Tolyl-D-isoglucosamin (**V**) in wss. A.-Essigsäure. — *1-[p-Bromphenyl]-4-[p-bromphenylazo]-pyrazolon-(5)*, $C_{15}H_{10}ON_4Br_2$, orangerote Nadeln aus 80%ig. Dioxan, F. 232°, aus **I** in A. mit $NaJO_4$ u. H_2SO_4, 10 Min. auf dem Wasserbad; 63% (Ausbeute). — *5.6-Dimethylglucose*, aus 20 g 1.2-Aceton-3-benzyl-5.6-diacetylglucose durch Verseifung, Rk. mit Dimethylsulfat u. NaOH bei 60°, Ausschütteln mit Chlf., Wiederholung der Methylierung mit dem Chloroformextrakt u. Spaltung der 11,5 g Acetonverbindung. — *5.6-Dimethyl-D-glucose-p-bromphenylosazon* (**III**), $C_{20}H_{24}O_4N_4Br_2$, F. 155° (A.), aus vorst. Verb. u. **IV** in wss. Essigsäure (p_H 4), 2 Std. auf dem Wasserbad. — *Glycerose-p-bromphenylosotriazol*, $C_9H_8ON_3Br$, F. 100° (W.), aus DL-Glycerinaldehyd-p-bromphenylosazon in Isopropanol mit $CuSO_4$ u. verd. H_2SO_4, 1 Std. am Rückfluß; 3,5%. — *D-Glucose-p-bromphenylosotriazol*, $C_{12}H_{14}O_4N_3Br$, aus **I** wie vorst.; 45%. — *D-Xylose-p-bromphenylosotriazol*, $C_{11}H_{12}O_3N_3Br$, F. 127—128°, aus **II** wie vorst.; 17%. — *Dibenzylglyoxal-p-bromphenylosazon*, $C_{28}H_{24}N_4Br_2$, citronengelbe Prismen aus Dioxan + W., F. 121°, aus Diphenylacetoin u. **IV** in Essigsäure, 30 Min. auf dem Wasserbad. — *^{14}C-Phenylhydrazinhydrochlorid* (^{14}C-**VI**-HCl), aus ^{14}C-Bzl. über ^{14}C-Nitrobenzol, ^{14}C-Anilin u. Rk. nach BRINTZINGER [1943]. — *D-Glucose-^{14}C-phenylosazon*, F. 202°, aus ^{14}C-**VI**-HCl, **V** u. Na-Acetat in A., 30 Min. am Rückfluß; 85%. — *Methylglyoxal-1-phenyl-2-p-tolylosazon*, $C_{16}H_{18}N_4$, F. 178—179° (70%ig. A.), aus Methylglyoxal-1-phenylhydrazon u. p-Tolylhydrazin in A. + Essigsäure; 50%. — *Methylglyoxal-1-p-tolyl-2-phenylosazon*, $C_{16}H_{18}N_4$, F. 157° (70%ig. A.), aus Methylglyoxal-1-p-tolylhydrazon u. **VI**; 52%. — *Methylglyoxal-1-phenyl-2-(^{14}C-phenyl)-osazon*, F. 148° (Isopropanol), aus Methylglyoxal-1-phenylhydrazon u. ^{14}C-**VI** in A. + Essigsäure; 59%. *D-Glucose-1-phenyl-2-^{14}C-phenylosazon*, aus Fructosonphenylhydrazon, ^{14}C-**VI** u. Na-Acetat. — *N-Benzoyl-p-bromanilin*, F. 202° (A.). — *1-Phenyl-4-phenylazo-pyrazolon-(5)*, F. 146° (A.). — *Glucosephenylosotriazol*, F. 193°. (Chem. Ber. **88**. 487—98. 1955. Heidelberg u. Tübingen, Univv., Chem. Institute.) K. BECKER. 480

James Ashmore und **Albert E. Renold**, *Osazonbildung aus Gemischen von Glucose und Fructose*. An ^{14}C-Glucose/Fructose-Gemischen wird die *Osazon*-Bldg. mit Methylphenylhydrazin untersucht. Fructose reagiert 3,5—4mal so schnell wie Glucose. Nach 120 Min. erreicht die Osazonausbeute ein Maximum, nämlich 97% für Fructose u. 48% für Glucose. (J. Amer. chem. Soc. **76**. 6189—91. 5/12. **1954**. Boston, Mass., Harvard Univ., Dep. of Biol. Chem.) K. GENEST. 480

H. Goldwhite und **B. C. Saunders**, *Phosphorhaltige Ester*. 12. Mitt. *Ester der Fluorphosphorsäure*. (11. vgl. C. **1955**. **1714**.) Die als Vorstufe für die Darst. von Diestern der Fluorphosphorsäure dienenden Diester der Chlorphosphorsäure können durch Chlorierung der Diester der phosphorigen Säure mit N-Chlorsuccinimid (I) gewonnen werden. Für die nachfolgende Fluorierung braucht die Cl-Verb. nicht isoliert zu werden. Da bei diesem Verf. keine sauren Reaktionsprodd. entstehen, kann es auch zur Darst. von säureempfindlichen Estern angewandt werden.

Versuche: *Chlorphosphorsäurediisopropylester*, $Kp._{14}$ 94—95°; durch Zugabe von 0,1 Mol I in Portionen von je 0,5 g zu einer Lsg. von 0,1 Mol Phosphorigsäurediisopropylester in CCl_4, Abkühlen auf —5°, Abfiltrieren des ausgefallenen Succinimids, Abdampfen des CCl_4 unter vermindertem Druck u. Fraktionierung des Rückstands; 82% (Ausbeute). *Dimethylester*, $Kp._2$ 54,5°; 85%. *Diäthylester*, $Kp._{18}$ 93°; 87,5%. *Diallylester*, $Kp._{0,9}$ 89—90°; 38%. *Bis-[α-carbäthoxyäthylester]*, $Kp._1$ 158—160°; 75%. — Darst. der *Fluorphosphorsäurediester* $(RO)_2POF$: In eine Lsg. von 0,3 Mol des Alkohols in 30 cm³ CCl_4 rührt man langsam eine Lsg. von 0,1 Mol PCl_3 in 20 cm³ CCl_4 ein, vertreibt HCl durch 1 std. Kochen am Rückflußkühler u. 2 std. Durchleiten von Luft unter vermindertem Druck, gibt 0,1 Mol I in Portionen von je 0,2 g zu, kühlt ab, filtriert das Succinimid ab, kocht das Filtrat 3 Std. mit 0,5 Mol NaF, filtriert u. fraktioniert das über Na_2SO_4 getrocknete Filtrat in N_2-Atmosphäre. *Dimethylester*, $Kp._{760}$ 149—150°; 35% (Ausbeute, bezogen auf eingesetztes PCl_3). *Diäthylester*, $Kp._{20}$ 74,5—75,5°; 42%. *Bis-*

[β-fluoräthylester], Kp.$_{0,8}$ 101—102°; 70%. *Bis-[β-chloräthylester]*, Kp.$_{23}$ 159—160°; 82%. *Diisopropylester*, Kp.$_{22}$ 83°; 76%. *Diallylester*, Kp.$_{23}$ 99—100°; 37%. *Bis-[α-carbäthoxyäthylester]*, Kp.$_{1,0}$ 128—130°; 47%. *Bis-[α-methylisoamylester]*, Kp.$_{1,0}$ 105—106°; 54,5%. *Dicyclohexylester*, $C_{12}H_{22}O_3FP$, Kp.$_{0,6}$ 125—128°; durch Zugabe von 13,75 g PCl_3 in 20 cm³ CCl_4 zu 30 g Cyclohexanol unter Durchleiten eines Luftstromes, 1½std. Kochen, Eindampfen auf dem Wasserbad bei 100° (0,5 mm), Lösen des Phosphorigsäureesters in 50 cm³ Bzl., Chlorieren mit 13,35 g I, 4std. Erhitzen des Filtrats mit 18 g NH_4F auf 60—70°, Schütteln mit 100 cm³ W. u. 50 cm³ 10%ig. NaOH, Abdampfen des Bzl. unter vermindertem Druck u. Fraktionieren des Rückstands in N_2-Atmosphäre; 52%. (J. chem. Soc. [London] **1955**. 2040—41. Juni. Cambridge, Univ., Chem. Labor.) E. FORCHE. 590

M. I. Farberow und **W. A. Speranskaja,** *Konzentrierung von verdünnten Formaldehydlösungen unter Druck.* Im Syst. Formaldehyd (I)–W. werden die Kurven der Zus. von Dampf u. Fl. bei Drucken bis zu 5 atü ermittelt. Mit steigendem Druck nimmt die Abweichung der Kurven von der Diagonalen zu, das heißt die Konzentrierung verläuft leichter; dies ist bes. deutlich beim Übergang von 2 zu 4 atü; das Azeotrop enthält bei höherem Druck mehr I: bei 2 atü ~21%, bei 3 atü ~29%, bei 4 atü ~37%, extrapoliert bei 13,3 atü 100%. Die Bldg. von Ameisensäure (II) u. Methanol nach der Rk. von CANNIZZARO-TISCHTSCHENKO führt zu Verlusten an I, die bei Ggw. von Glas, Cu u. Stahl EJa–1 T prakt. gleich sind (nach 180 Min. 7,75%), höher bei Ggw. von Al (12,70%) u. bes. hoch bei Ggw. von Stahl–3. Gegen verd. II sind Cu u. Al genügend beständig. (Журнал Прикладной Химии [J. angew. Chem.] **28**. 222—26. Febr. 1955. Jaroslawl, Technol. Inst. u. Versuchsfabrik.) R. K. MÜLLER. 670

A. Schönberg, R. Moubasher und **M. Z. Barakat,** *Einwirkung von N-Bromsuccinimid und N-Bromphthalimid auf α-Aminosäuren.* N-Bromsuccinimid reagiert mit einer wss. Lsg. von Alanin, Leucin bzw. α-Phenylglycin unter Bldg. von *Acetaldehyd, Isovaleraldehyd* bzw. *Benzaldehyd.* Ausbeute ca. 50%. Mit Sarkosin entsteht unter gleichen Bedingungen *Formaldehyd.* (J. chem. Soc. [London] **1951**. 2504—05. Sept. Cairo, Fouad I Univ., Fac. of Sci.) H. LEHWALD. 670

R. E. Dunbar und **Floyd C. Garven,** *Acetylierung von Monocarbonsäuren mit Keten.* Durch Rk. von Keten mit aliphat. u. aromat. Monocarbonsäuren in inerten Lösungsmitteln (Ae.) bei n. Temp. erhielten Vff. folgende gemischte Essigsäureanhydride: *Propionsäure-*, Kp.$_5$ 31—32°, n_D^{20} 1,3963, D^{20}_4 1,013. — *Buttersäure-*, Kp.$_5$ 41 bis 43°, n_D^{20} 1,405, D^{20}_4 1,00. — *Isobuttersäure-*, Kp.$_5$ 35,7—37°, n_D^{20} 1,400, D^{20}_4 0,994. — *Valeriansäure-*, Kp.$_6$ 55—57°, n_D^{20} 1,4100, D^{20}_4 0,988. — *Isovaleriansäure-*, Kp.$_6$ 48 bis 60°, n_D^{20} 1,4053, D^{20}_4 0,982. — *Capronsäure-*, Kp.$_{10}$ 56—72°, n_D^{20} 1,401, D^{20}_4 0,955. — *Benzoesäure-*, n_D^{20} 1,4955, D^{20}_4 1,501. — *Stearinsäure-*, F. 54° (Ligroin), n_D^{70} 1,427, D^{70}_4 0,885. — *Ameisensäure-*, Kp.$_{10}$ 27—28°, n_D^{20} 1,388, D^{20}_4 1,120. — *Önanthsäure-*, n_D^{20} 1,414, D^{20}_4 0,943. — *Caprylsäure-*, n_D^{20} 1,421, D^{20}_4 0,940. — *Pelargonsäure-*, n_D^{20} 1,422, D^{20}_4 0,935. — *Caprinsäure-*, n_D^{20} 1,428, D^{20}_4 0,932. — *Laurinsäure-*, n_D^{20} 1,433, D^{20}_4 0,914. — *Myristinsäure-*, F. 46—47° (Ligroin), n_D^{35} 1,432, D^{35}_4 0,899. — *Palmitinsäure-*, F. 49—51° (Ligroin), n_D^{60} 1,432, D^{60}_4 0,869. — *Crotonsäure-*, n_D^{20} 1,438, D^{20}_4 1,003. — *Undecen-(10)-säure-*, n_D^{20} 1,436, D^{27}_4 0,933. — *Phenylessigsäure-*, n_D^{25} 1,496, D^{26}_4 1,090. — *Diphenylessigsäure-*, n_D^{20} 1,524, D^{20}_4 1,10. — *Cyclohexylessigsäure-*, n_D^{26} 1,444, D^{20}_4 1,019. — *3-Cyclohexylpropionsäure-*, n_D^{22} 1,449, D^{22}_4 1,01. — *4-Cyclohexylbuttersäure-*, n_D^{22} 1,450, D^{22}_4 0,994. — *6-Cyclohexylcapronsäure-*, n_D^{20} 1,454, D^{20}_4 0,976. — *Zimtsäure-*, F. 120—125° (Ligroin). — *α-Naphthoesäure-*, n_D^{20} 1,568, D^{20}_4 1,151. — *o-Toluylsäure-*, n_D^{20} 1,513, D^{20}_4 1,125. — *m-Toluylsäure-*, n_D^{20} 1,504, D^{20}_4 1,102. — *p-Toluylsäure-*, n_D^{20} 1,516, D^{20}_4 1,118. — *2.3-Dichlorphenoxyessigsäure-*, n_D^{20} 1,513, D^{20}_4 1,308. (J. Amer. chem. Soc. **77**. 4161—62. 5/8. 1955. Fargo, N. D., State Coll., School of Chem. Technol.) J. ROTHE. 810

R. E. Dunbar und **A. N. Bolstad,** *Die Acetylierung von Mercaptanen mit Keten.* Vff. stellten durch Rk. von Methyl- (I), Äthyl- (II), 2-Methylpropyl-(2)- (III), Propyl- (**IV**), Isopropyl- (**V**) u. Butyl-(2)-mercaptan (**VI**) mit Keten (**VII**) bei —68 bis —72° bzw. in CCl_4 bei Raumtemp. in Ggw. von H_2SO_4 die entsprechenden *Thiolessigsäureester* dar. tert.-Butyl- (?; vgl. **III**), Amyl- u. Dodecylmercaptan reagierten bei Zimmertemp. nicht. Die Ausbeuten waren teilweise schlecht, da eine Reihe von Neben-Rkk. eintritt.

Versuche: Thiolessigsäureester: *-methyl-*, Kp.$_9$ 97,5—98,8°, aus I (Kp. 5—7°) u. **VII** bei —68 bis —72° in Ggw. von H_2SO_4; n_D^{25} 1,4972, D^{25}_4 1,013; 22,5% (Ausbeute). — *-äthyl-*, Kp. 113—114,5°, analog aus **II** (Kp. 34—36°) u. **VII**; n_D^{30} 1,4473, D^{30}_4 0,971; 23,4%. — *-2-methylpropyl-(2)-*, $C_6H_{12}OS$, Kp. 130—133°, aus **III** (Kp. 62—64°) u. **VII**; n_D^{30} 1,4435, D^{30}_4 0,918; 17,5%. — *-propyl-*, Kp. 137—139,5°, aus **IV** (Kp. 67—69°) in CCl_4 in Ggw. von H_2SO_4 u. **VII** bei Raumtemp.; n_D^{30} 1,4533,

$D.^{30}_4$ 0,955; 46%. — *-isopropyl-*, Kp. 124—125°, aus **V** (Kp. 52—54°) u. **VII** analog vorst. Verb.; n_D^{30} 1,4445, $D.^{30}_4$ 0,952; 22,5%. — *-butyl-(2)-*, $C_6H_{12}OS$, Kp. 148—151,5°, aus **VI** u. **VII** analog; n_D^{30} 1,4528, $D.^{30}_4$ 0,933; 59%. (J. Amer. chem. Soc. **77**. 4672. 5/9. 1955. Fargo, N. D.) H. BERTSCH. 810

James English jr. und **Donald L. Heywood,** *Die Dehydratisierung einiger α.β-Dioxyester.* Vff. stellten eine Reihe von *α.β-Dioxyestern* durch Oxydation u. Verestern ungesätt. Säuren dar. *erythro-α.β-Dioxycapronsäureäthylester* (**I**) wurde auch durch DARZEN-Kondensation von Butyraldehyd u. Chloressigsäureäthylester über das Epoxyd dargestellt. Unter der Annahme, daß bei der Öffnung des Epoxydringes mit Alkali Inversion eintritt, ist dem Hauptprod. der obigen Kondensation trans-Konfiguration zuzuordnen. Die Dehydratisierung von **I**, *erythro-α.β-Dioxypelargonsäureäthylester* (**II**) u. *-Dioxybuttersäuremethylester* (**III**) mit $KHSO_4$ bei 110—115° verläuft ähnlich. In allen Fällen wurden W. u. Äthanol bzw. Methanol entwickelt, u. es wurde eine nichttrennbare neutrale Fraktion isoliert, die Bromlsg. entfärbt u. mit $FeCl_3$ Färbungen ergibt. Das Infrarotspektr. deutet auf *β*-Ketoester hin. Es handelt sich wahrscheinlich um Verbb., die durch Veresterung von 1 Mol *β*-Ketosäure mit 1 Mol Dioxyester entstanden sind. Die Abwesenheit von *α*-Ketosäuren zeigt, daß vorwiegend die *α*-Hydroxylgruppe eliminiert wird. **I** u. dessen threo-Isomeres verhielten sich gegen $KHSO_4$ bei 115° gleich. Die threo-Form wurde von konz. H_2SO_4 kaum angegriffen, es trat nur geringe Verseifung ein. **I** bildete unter denselben Bedingungen 19% *Sorbinsäureäthylester* (**IV**) u. 3% *Sorbinsäure*; es wurde kein **I** zurückgewonnen. Die Bldg. von **IV** wird auf eine Allylumlagerung eines Zwischenprod., etwa Hexen-(3)-ol-(2)-säureäthylester zurückgeführt. Phenylglycerinsäureester u. dessen m-Nitroderiv. ließen sich mit $KHSO_4$ nicht dehydratisieren, es trat Zers. ein. *threo-β-[m-Nitrophenyl]-glycerinsäuremethylester* (**IX**) gab bei der Rk. mit konz. H_2SO_4 ein Gemisch von *m-Nitrophenylbrenztraubensäure* (42%) u. deren Methylester (2%). Die Bldg. von *α*-Ketosäuren, die bei den rein aliphat. Derivv. nicht eintrat, wird durch Resonanzstabilisierung eines *β*-Carboniumions erklärt.

Versuche: *erythro-α.β-Dioxypelargonsäure* (**VI**), F. 118°, aus der entsprechenden trans-*α.β*-ungesätt. Säure durch Oxydation mit Perameisensäure (**V**). — *erythro-α.β-Dioxycapronsäure* (**VII**), F. 98°, a) analog **VI**; b) aus *α.β*-Epoxycapronsäureäthylester durch Zutropfen von wss. KOH unter Rühren u. Kühlen, Stehen über Nacht u. 2tägiges Erhitzen auf 60—80°. — *threo-α.β-Dioxycapronsäure* (**VIII**), F. 108°, analog **VI** durch Oxydation mit $KMnO_4$. — *erythro-α.β-Dioxybuttersäure*, F. 82°, aus Crotonsäuremethylester mit **V** u. Verseifung. — *erythro-α.β-Dioxypelargonsäureäthylester* (**II**), $Kp._2$ 135°, aus **VI**, n_D^{25} 1,4474. — *erythro-α.β-Dioxycapronsäureäthylester* (**I**), $Kp._{0,8}$ 99°, $Kp._{0,4}$ 90 bis 91°, a) aus **VII**; b) aus 14,5 g *α.β*-Epoxycapronsäureäthylester durch Zutropfen von wss. KOH unter Rühren u. Kühlen, Stehen über Nacht u. 2tägiges Erwärmen auf 60 bis 80°, Ansäuern mit HCl, Abdestillieren des W. mit Bzl. u. 2tägiges Erhitzen mit A. in Ggw. von H_2SO_4; n_D^{25} 1,445; 60% (Ausbeute). — *threo-α.β-Dioxycapronsäureäthylester*, $Kp._{0,4}$ 95°, aus **VIII**; n_D^{25} 1,4418. — *erythro-α.β-Dioxybuttersäuremethylester* (**III**), $Kp._{12}$ 112°, aus Crotonsäuremethylester u. **V**; n_D^{25} 1,4394. — *α.β-Epoxycapronsäureäthylester*, $C_8H_{14}O_3$, $Kp._{12}$ 91—92°, durch DARZENS-Kondensation von Butyraldehyd u. Chloressigsäureäthylester; n_D^{25} 1,4322; 17%. — *threo-β-[m-Nitrophenyl]-glycerinsäure*, $C_9H_9O_6N$, F. 189—190° (Nadeln aus W.), aus m-Nitrozimtsäure in wss. KOH durch Zutropfen von wss. $KMnO_4$-Lsg. innerhalb 5 Std. bei —10° u. Stehen über Nacht bei Raumtemp.; 23%. *Methylester* (**IX**), $C_{10}H_{11}O_6N$, F. 129—130°, durch Veresterung mit Methanol in Ggw. von p-Toluolsulfonsäure; 92%. *Äthylester*, $C_{11}H_{13}O_6N$, F. 90—91°. — *Verb.* $C_{20}H_{34}O_5$, $Kp._{1,1}$ 188—192°, aus 7,8 g **II** beim Erhitzen mit $KHSO_4$ auf 110—115°/15—20 Torr; n_D^{25} 1,4618; VZ. 174; grünviolette Färbung mit $FeCl_3$, entfärbt Br_2 in CCl_4; gibt beim Verseifen mit KOH in wss. A. teilweise **VI**; 2,3 g. — *Verb.* $C_{14}H_{22}O_5$, $Kp._{0,01}$ 85—90 (Badtemp.), analog vorst. Verb. aus 17,2 g **I**; grünviolette Färbung mit $FeCl_3$, entfärbt Br_2-Lsg.; VZ. 129; 2,4 g. — *Sorbinsäureäthylester* (**IV**), aus **I** beim Erhitzen mit H_2SO_4; 19%; daneben *Sorbinsäure*, F. 128—131°; 3%. — *m-Nitrophenylbrenztraubensäure*, $C_9H_7O_5N$, F. 158—159° (nach Sublimation, sintert ab 152°), aus 1 g **IX** beim Erhitzen mit konz. H_2SO_4; gibt mit $FeCl_3$ Grünfärbung; durch Erhitzen mit H_2SO_4 entsteht *m-Nitrophenylessigsäure* [F. 116—117° (W.)]; 422 mg; daneben wenig Methylester. — *Phenylbrenztraubensäure*, F. 156—157° (Zers. in Bzl.), aus threo-*β*-Phenylglycerinsäuremethylester beim Erhitzen mit konz. H_2SO_4; $Kp._{0,02}$ 120°; 15%. — Aus den Prodd. der Dehydratisierung von **III** wurden nach Verseifung außer der freien Säure lediglich Aceton, W., CH_3OH u. eine nichtidentifizierte *Carbonylverb.* (*2.4-Dinitrophenylhydrazon*, F. 147—148°) isoliert. (J. Amer. chem. Soc. **77**. 4661—64. 5/9. 1955. New Haven, Conn., Yale Univ., Sterling Chem. Labor.) H. BERTSCH. 850

T. L. Cairns, V. A. Engelhardt und **W. O. Forshey jr.,** *Synthese und Reaktionen des 3-Äthoxypentadien-(2.4)-säureäthylesters.* Durch Rk. von Vinylacetylen mit Diäthylcarbonat in Ggw. von C_2H_5ONa entstanden *3-Äthoxypentadien-(2.4)-säureäthylester* (I) u. *3.5-Diäthoxypenten-(2)-säureäthylester* (II). Die Konst. von I folgt aus der Bldg. eines Addukts mit Maleinsäureanhydrid u. aus der Säurehydrolyse, die einen β-Ketoester lieferte. A.-Abspaltung aus II gab I, Hydrolyse u. Decarboxylierung von II *β-Äthoxyäthylmethylketon*, Hydrierung u. Verseifung eine Diäthoxycarbonsäure, vermutlich *3.5-Diäthoxypentansäure*. I polymerisierte sich spontan bei n. Temp., es konnte auch leicht mit Azo-, Peroxyd- oder Redoxkatalysatoren in Lsg. oder in Emulsion polymerisiert werden; Hydrolyse der Polymerisate gab Poly-β-ketoester. Die UV- u. Infrarotspektren von I u. II sind angegeben.

Versuche: *3.5-Diäthoxypenten-(2)-säureäthylester* (II), $C_{11}H_{20}O_4$, Kp.$_{0,2}$ 73—76°, aus 51 g Vinylacetylen, Diäthylcarbonat u. C_2H_5ONa (8 Std. bei 70—80°); 29,6 g (Ausbeute), daneben ein Vorlauf (Kp.$_3$ 92—116°), der durch Erhitzen mit $NaHSO_4$ u. Toluol bei Ggw. von Hydrochinon (III) übergeführt wurde in *3-Äthoxypentadien-(2.4)-säureäthylester* (I), $C_9H_{14}O_3$, Kp.$_{2,8}$ 79—80,5°; n_D^{25} 1,4819; 26,2 g. Reines II gab mit $NaHSO_4$ u. Toluol analog 62% I. Die Polymerisation von I kann verhindert werden durch Zusatz von III oder durch Aufbewahren in Trockeneis. — I-*Maleinsäureanhydrid-Addukt*, $C_{13}H_{16}O_6$, F. 74,6—75,5°, Nadeln (Toluol–Ae.), Kp.$_{0,7}$ 170—190°, durch 22std. Kochen der Komponenten in Chlorbenzol bei Ggw. von III u. von α.α-Diphenyl-β-pikrylhydrazyl; 34%. — *3-Oxopenten-(4)-säureäthylester* (IV), $C_7H_{10}O_3$, Kp.$_{3,5}$ 42—45°, aus I in sd. W.-Dioxan–HCl (2 Min., Ggw. von III); n_D^{25} 1,4848; 20%; polymerisiert sich beim Stehen bei n. Temp., auch in Ggw. von etwas III. — *5-Äthoxy-3-oxopentansäureäthylester*, $C_9H_{16}O_4$, Kp.$_{3,5}$ 95,5—96,5°, wie vorst. mit wss.-äthanol. HCl; n_D^{25} 1,4305; 50%. *Cu-Chelatverb.*, $C_{18}H_{30}O_8Cu$, F. 113—114° (Bzl.–PAe.), blaßgrün. — *3-Äthoxypentadien-(2.4)-säure*, $C_7H_{10}O_3$, F. 121—122° (PAe.), aus 15 g I u. sd. wss. NaOH (3 Std., Ggw. von III); 5 g roh. — *β-Äthoxyäthylmethylketon*, $C_6H_{12}O_2$, Kp.$_{27}$ 57°, aus 15,1 g II u. wss.-äthanol. HCl (91 Std. bei n. Temp., dann 30 Min. Kochen) oder durch Verseifung u. nachfolgende Hydrolyse von II mit verd. H_2SO_4; n_D^{25} 1,4060; 4,6 g roh. *p-Nitrophenylhydrazon*, F. 92—95°, goldfarbene Nadeln (wss. CH_3OH). — *3.5-Diäthoxypentansäureäthylester* (?), $C_{11}H_{22}O_4$, Kp.$_{0,6}$ 73—74°, durch Hydrierung von II in A. (Raney-Ni, 4 Std. bei 80° u. 1500—2000 lbs./sq.in.); n_D^{25} 1,4208; 96%. *Freie Säure* (?), $C_9H_{18}O_4$, Kp.$_{0,2}$ 99°, aus 4,8 g Ester u. sd. 25%ig. wss. NaOH (3 Std.); n_D^{25} 1,4349; 2,7 g. — *Polymerer* I, F. 90 bis 125°, durch 10std. Erhitzen von I mit W., $K_2S_2O_8$, $NaHSO_4$, Na-Laurylsulfat u. Na_2HPO_4 auf 50°; relative Viscosität 1,185; 90%. — *Polymerer* IV, *Cu-Chelatverb.*, $(C_{14}H_{18}O_6Cu)_x$, schm. nicht bis 205°, aus vorst. Polymerisat u. sd. wss.-methanol. HCl (5 Min.). — *5-Dimethylamino-3-äthoxypenten-(2)-säureäthylester*, $C_{11}H_{21}O_3N$, Kp.$_1$ 85,5 bis 86°, aus I, $(CH_3)_2NH$ u. K_2CO_3 (17 Std. im Schüttelbad); n_D^{25} 1,4609; Infrarotspektr.; 74%. (J. Amer. chem. Soc. **77**. 4669—71. 5/9. 1955. Wilmington, Del., E. I. du Pont de Nemours & Co., Chem. Dep.) J. Rothe. 850

David T. Mowry, *Mucochlorsäure*. 2. Mitt. *Reaktionen der Aldehydgruppe*. (1. vgl. C. **1952**. **5073**.) Die Ausbeuten bei der Kondensation von Mucochlorsäure (I) mit Verbb. mit aktivierten CH_2-Gruppen in alkal. Medium zu *5-substituierten 3.4-Dichlor-5H-furanonen-(2)* sind nur gering, da wahrscheinlich gleichzeitig ein Abbau zu *α.β-Dichloracrylsäure* erfolgt. Aceton kondensiert sich mit zwei Mol I. Verss., die Kondensationen unter schwächer alkal. oder unter sauren Bedingungen durchzuführen, blieben erfolglos. Bei der Red. von I mit Al-Isopropylat entsteht *3.4-Dichlor-5H-furanon-(2)*. I bildet ein *Semicarbazon* u. ein *Phenylhydrazon*, die beim Erhitzen in Essigsäure *4.5-Dichlorpyridazon-(3)* bzw. *4.5-Dichlor-2-phenylpyridazon-(3)* geben. Die von Hill u. Dunlap [1897] ausgeführte Kondensation von I u. Bzl. in Ggw. von $AlCl_3$ zu α.β-Dichlor-γ.γ-diphenylcrotonsäure ergab bei Verwendung von H_2SO_4 oder Benzolsulfonsäure als Kondensationsmittel nur das *Anhydrid* von I. Der von Sawyer [1893—1894] beschriebene Austausch des α-Cl-Atoms gegen die Phenoxygruppe bei der Rk. von I mit Phenol u. NaOH wurde auch mit Hydrochinonmonomethyläther, p-Chlorphenol u. β-Naphthol durchgeführt.

Versuche (FF. korr.): *3.4-Dichlor-5H-furanon-(2)*, Kp.$_{13}$ 107—135°, F. 51—52° (verd. A.), aus I u. Al-Isopropylat in Isopropanol unter Abdestillieren des gebildeten Acetons; 52% (Ausbeute). — 3.4-Dichlor-5H-furanone-(2): *5-Phenacyl-*, $C_{12}H_8O_3Cl_2$, F. 118°, aus I u. Acetophenon in wss. CH_3OH u. NaOH bei 0°; aus verd. A. Platten; 45%. — *5-Nitromethyl-*, $C_5H_3O_4NCl_2$, F. 102° (Zers.); 38%. — *5-[α-Nitroäthyl]-*, $C_6H_5O_4NCl_2$, F. 124°; 10%. — *5-[2-Nitropropyl-(2)]-*, $C_7H_7O_4NCl_2$, F. 93°; 17%. — *5-[Carbamylcyanmethyl]-*, $C_7H_4O_3N_2Cl_2$, F. 163°; 17%. — *5-[α-Cyanbenzyl]-*, $C_{12}H_7O_2NCl_2$, F. 150°; 16%. — *1.3-Bis-[3.4-dichlor-2-keto-2.5-dihydrofuryl-(5)]-propanon-(2)*, $C_{11}H_6O_5Cl_4$, F. 194° (Zers.); 2%. — *4.5-Dichlorpyridazon-(3)*, $C_4H_2ON_2Cl_2$, F. 202°, aus I-*Semicarbazon* [$C_5H_5O_3N_3Cl_2$, F. 183° (Zers.); 89%] durch Erhitzen in Eisessig auf 100—110°

(CO_2-Entw.); 69%. — *4.5-Dichlor-2-phenylpyridazon-(3)*, $C_{10}H_6ON_2Cl_2$, F. 163—164°, aus *1-Phenylhydrazon* [$C_{10}H_8O_2N_2Cl_2$, F. 124—125° (Zers.), gelbe M. aus verd. A.] durch Kochen in Eisessig; glänzende Prismen aus A.; 90%. — β-Chlor-β-formyl-acrylsäuren: *α-[p-Methoxyphenoxy]-*, $C_{11}H_9O_5Cl$, F. 105° (Bzl.–Hexan), aus Hydrochinonmonomethyläther, I u. KOH bei 5°; 62%. *α-[p-Chlorphenoxy]-*, $C_{10}H_6O_4Cl_2 \cdot H_2O$, F. 55°, aus I u. p-Chlorphenol; 69%. *α-[β-Naphthoxy]-*, $C_{14}H_9O_4Cl$, F. 156—157°, aus I u. β-Naphthol; 44%. (J. Amer. chem. Soc. **75**. 1909—10. 20/4. 1953. Dayton, O., Monsanto Chem. Co., Res. Labor.) H. LEHWALD. 860

Clayton W. Yoho und **Robert Levine,** *Darstellung von δ-Ketosäuren und δ-Ketonitrilen aus monocyanäthylierten β-Ketoestern.* In Fortführung ihrer Unterss. (vgl. C. **1952**. 3965) kondensieren Vff. die Natriumverbb. von $RCOCH_2CO_2C_2H_5$ mit Acrylonitril u. erhalten $RCOCH(CH_2CH_2CN)COOC_2H_5$, aus denen bei der Hydrolyse mit Na_2CO_3 die *δ-Ketonitrile*, $RCO(CH_2)_3CN$, bei der Hydrolyse mit NaOH oder Säuren die *δ-Ketosäuren*, $RCO(CH_2)_3COOH$, entstehen.

Versuche: Die monocyanäthylierten *β-Ketoester* entstehen aus den entsprechenden β-Ketoestern u. Acrylonitril in Na-Äthylatlsg. bei 40—45°, Vakuumabdampfen, Neutralisieren mit Eisessig, Aufnehmen in Ae., Abdampfen u. Vakuumdestillation. Die Hydrolyse mit Na_2CO_3 erfolgt durch 14std. Kochen in wss. Lsg., Aussalzen, Ausäthern u. Dest.; die Hydrolyse mit NaOH in ca. 20%ig. Lsg. durch Kochen bis zur Beendigung der NH_3-Entw., Ausäthern, Ansäuern der wss. Lsg. u. Ausäthern; die Hydrolyse mit konz. H_2SO_4 + Eisessig (3:1) erfolgt durch Kochen bis zur Beendigung der CO_2-Entwicklung. — $RCOCHR'CH_2CH_2R''$: $R = CH_3$, $R' = CO_2C_2H_5$, $R'' = CN$, Kp.$_3$ 126 bis 127°; 40% (Ausbeute). — $R = CH_3$, $R' = H$, $R'' = CN$, Kp.$_2$ 72—73°, aus vorst. Verb. mit Na_2CO_3; 60%. — $R = CH_3$, $R' = H$, $R'' = COOH$, Kp.$_5$ 137—138°, aus vorst. Verb. + NaOH; 35,7%. *Semicarbazon*, F. 167—168 bzw. 173—174° (je nach Erhitzungsgeschwindigkeit). — $R = n\text{-}C_3H_7$, $R' = CO_2C_2H_5$, $R'' = CN$, $C_{11}H_{17}O_3N$, Kp.$_{2,5}$ 136 bis 138°; 52%. — $R = n\text{-}C_3H_7$, $R' = H$, $R'' = COOH$, Kp.$_5$ 146—148°, aus vorst. Verb. mit NaOH; 54%. *Semicarbazon*, F. 186°. — $R = iso\text{-}C_3H_7$, $R' = CO_2C_2H_5$, $R'' = CN$, $C_{11}H_{17}O_3N$, Kp.$_3$ 134—137°; 53%. — $R = iso\text{-}C_3H_7$, $R' = H$, $R'' = COOH$, $C_8H_{14}O_3$, Kp.$_5$ 138—140°; 58%. *Semicarbazon*, $C_9H_{17}O_3N_3$, F. 177—178°. — $R = iso\text{-}C_4H_9$, $R' = CO_2C_2H_5$, $R'' = CN$, $C_{12}H_{19}O_3N$, Kp.$_2$ 132—133°; 46,4%. — *Isovalerylbuttersäure*, $C_9H_{16}O_3$, Kp.$_{3,5}$ 132—133°, aus vorst. Verb. + Säuren; 55%. *Semicarbazon*, $C_{10}H_{19}O_3N_3$, F. 162—163°. — $R = n\text{-}C_5H_{11}$, $R' = CO_2C_2H_5$, $R'' = CN$, $C_{13}H_{21}O_3N$, Kp.$_2$ 145—146°; 38,5%. — $R = n\text{-}C_5H_{11}$, $R' = H$, $R'' = COOH$, $C_{10}H_{18}O_3$, Kp.$_2$ 152—153°, aus vorst. Verb. mit NaOH; 45,7%. *Semicarbazon*, $C_{11}H_{21}O_3N_3$, F. 103—104°. — $R = n\text{-}C_6H_{13}$, $R' = CO_2C_2H_5$, $R'' = CN$, $C_{14}H_{23}O_3N$, Kp.$_{1,3}$ 154—156°; 34,6%. — *4-Heptoylbuttersäure*, $C_{11}H_{20}O_3$, F. 56—57° (Ae.), aus vorst. Verb. mit NaOH; 72%. *Semicarbazon*, $C_{12}H_{23}O_3N_3$, F. 126—127°. — $R = C_6H_5$, $R' = CO_2C_2H_5$, $R'' = CN$, Kp.$_2$ 173—174°; 43,2%. — *γ-Benzoylbutyronitril*, F. 40—41°, aus vorst. Verb. mit Na_2CO_3; 47%. — *4-Benzoylbuttersäure*, $C_{11}H_{12}O_3$, F. 126—127° (W.), aus vorst. Verb. mit NaOH; 99%. — *Semicarbazon*, $C_{12}H_{15}O_3N_3$, F. 196—197°. — $R = Furyl\text{-}(2)$, $R' = CO_2C_2H_5$, $R'' = CN$, $C_{12}H_{13}O_4N$, Kp.$_{2,5}$ 180—180,5°; 37,1%. — $R = Furyl\text{-}(2)$, $R' = H$, $R'' = COOH$, $C_9H_{10}O_4$, F. 124—125°; 50,5%. *Semicarbazon*, $C_{10}H_{13}O_4N_3$, F. 191—191,5°. — *γ-Cyan-α-[thenoyl-(2)]-buttersäureäthylester*, $C_{12}H_{13}O_3NS$, Kp.$_1$ 175—176°; 64%. — $R = Thienyl\text{-}(2)$ $R = H$, $R'' = COOH$, $C_9H_{10}O_3S$, F. 92—93°; 44%. *Semicarbazon*, $C_{10}H_{13}O_3N_3S$, F. 192 bis 193°. (J. Amer. chem. Soc. **74**. 5597—99. 20/11. 1952. Pittsburgh, Pa., Univ., Dep. of Chem.) H. LEHWALD. 870

Friedrich Boberg und **Georg Richard Schultze,** *Über die Umsetzungen von Carbaminsäurechlorid mit sauerstoffhaltigen Ringverbindungen.* 1. Mitt. Vff. untersuchten die Umsetzungen von *Äthylenoxyd* (**I**), *Cyclohexenoxyd* (**II**), *Epichlorhydrin* (**III**), *Trimethylenoxyd* (**IV**), *Tetrahydrofuran* (**V**) u. *Tetrahydropyran* (**VI**) mit *Carbaminsäurechlorid* (**VII**). Bei Anwendung äquimol. Mengen entstehen aus den Epoxyden **I**—**III** sowie aus **IV** in äther. Lsg. die erwarteten *Carbaminsäureester* nur in geringer Menge, vielmehr werden *Cyansäure* (**VIII**) u. das entsprechende *Chlorhydrin* erhalten, u. zwar wird der Ring von **III** unter Bldg. von *1.3-Dichlor-2-oxypropan* geöffnet, **II** liefert analog *trans-2-Chlorcyclohexanol.* Während die Chlorhydrine unter den angewandten Bedingungen mit **VIII** nicht weiterreagieren, setzen sie sich mit überschüssigem **VII** bzw. bei Einleiten von HCl oder Zugabe von etwas $AlCl_3$ zum äquimol. Reaktionsgemisch zum entsprechenden *Urethan* um, das bedeutend langsamer zum *Allophansäureester* des entsprechenden Chlorhydrins weiterreagiert. Dieser kann außerdem aus dem Epoxyd u. Allophansäurechlorid (**IX**) erhalten werden. **V** reagiert nicht in Ae. mit **VII**; beim Stehen einer Lsg. von **VII** in **V** wird jedoch *4-Chlor-n-butylallophanat* gebildet, dessen Ausbeute sich durch Zugabe katalyt. Mengen $ZnCl_2$ erhöhen läßt. Hierbei konnten Vff. nicht entscheiden, ob die Rk. über **IX** oder über das Urethan des 4-Chlor-n-butanols läuft,. Die Aufspaltung von **VI** mit **VII** gelang nicht. Ebenso scheiterten alle Verss., die genannten Verbb. mit dem Bromid der Cyansäure aufzuspalten.

Versuche: *Chlorhydrine*: a) aus **I—IV** u. **VII** (Molverhältnis 1:1) in absol. Ae. unter Eiskühlung, ½ std. Stehen, Schütteln mit Eiswasser, dann mit 5%ig. Sodalsg. bis zur alkal. Rk. u. Vakuumdestillation. — *Urethane*: b) Wie unter a) unter Zugabe von etwas wasserfreiem $AlCl_3$ oder Einleiten von trockenem HCl; nach 1 wöchigem Stehen bei n. Temp. Aufarbeitung wie unter a); nach Abdestillieren des Lösungsm. fällt ein bald kristallisierendes Öl an. — c) Aus **I—IV** u. **VII** (Molverhältnis 1:2) in Ae., ½ std. Kochen, Schütteln mit Eiswasser, Abfiltrieren von Allophanat u. Aufarbeitung des äther. Filtrates wie unter b). — *Allophanate*: d) Umsetzung wie unter c); als Nd. nach 14tägigem Stehen bei n. Temperatur. — e) Als Nd. aus **IX**, dargestellt durch Erhitzen von 0,3 Mol **VII** auf 30° unter Feuchtigkeitsausschluß bis zur Gewichtsabnahme von 5,5 g, u. **I—IV** in Ae. durch 1 std. Erhitzen. — *2-Chloräthanol*, $Kp._{12}$ 56°, $Kp._{760}$ 128—129°, aus **I** nach a); 50% (Ausbeute). *Urethan*, $C_3H_6O_2NCl$, F. 72—73° (Bzl.), nach a) aus dem Destillationsrückstand vorst. Verb.; 8%; nach b) mit $AlCl_3$ 60%; nach c) 77%; nach d) 24%. *Allophanat*, $C_4H_7O_3N_2Cl$, F. 183° (W., dann CH_3OH, nach a) aus dem Destillationsrückstand 2%; nach c) 0,5%; nach d) 47%; nach e) 39%. — *trans-2-Chlorcyclohexanol*, $Kp._{10}$ 73 bis 74°, F. 29° (Bzl./Bzn.), aus **II** nach a); 79%; n_D^{35} 1,4831. *Urethan*, $C_7H_{12}O_2NCl$, F. 147° (Bzl.), jeweils als Nd.; nach b) mit $AlCl_3$, 99%; nach c) 87%, nach d) durch 7tägiges Stehen 23%. *Allophanat*, $C_8H_{13}O_3N_2Cl$, F. 189°, (CH_3OH), nach a) aus dem Destillationsrückstand durch Auskochen mit Cyclohexan; 3%; nach d) 29%; nach e) 47%. — *1.3-Dichlor-2-oxypropan*, $Kp._{11}$ 66°, aus **III** nach a) 79%; n_D^{20} 1,4830, n_D^{34} 1,4768. *Urethan*, $C_4H_7O_2NCl_2$, $Kp._3$ 110—112°, F. 82° (Bzl.), nach a) wie vorst. Allophanat; 3%; nach b) mit HCl 93%; nach c) 96%; nach d) 60%. *Allophanat*, $C_5H_8O_3N_2Cl_2$, F. 189°, (CH_3OH), nach a) aus dem in Cyclohexan unlösl. Rückstand; 0,2%; nach c) 0,3%; nach d) 38%; nach e) 72%. — *3-Chlorpropanol*, $Kp._{14}$ 63—64°, aus **IV** nach a) 45%; n_D^{20} 1,4440. *Urethan*, $C_4H_8O_2NCl$, F. 62° (Bzl.), nach a) 13%; nach b) mit $AlCl_3$ 90%; nach c) 95%; nach d) 25%. *Allophanat*, $C_5H_9O_3N_2Cl$, F. 166°, (CH_3OH), nach d) 51%; nach e) 53%. — *Urethan des 4-Chlor-n-butanols*, F. 75° (wss. CH_3OH), aus 4-Chlor-n-butanol u. **VII** in Ae. durch 1 std. Kochen; 86%. — *4-Chlor-n-butylallophanat*, $C_6H_{11}O_3N_2Cl$, F. 162°, (CH_3OH), aus vorst. Verb. u. **VII** in **V** durch 3tägiges Stehen u. Zugabe von W.; 77%; oder aus **V** u. **VII** durch Zugabe von etwas Zn-Staub u. Kühlung; nach 24 std. Stehen mit Eiswasser versetzen; 81% (ohne Katalysator 72%). (Chem. Ber. **88**. 275—80. 1955. Hannover, Inst. für Erdölforschung.) J. Richter. 880

Eugen Müller und **Wolfgang Rundel**, *Untersuchungen an Diazomethanen*. 4. Mitt. *Umsetzung von Diazomethan mit ^{14}C-Methyllithium*. (3. vgl. C. **1955**. 4567.) Die l. c. beschriebene Umsetzung von Methyllithium (I) mit Diazomethan (II) zu *Diazomethyllithium* u. CH_4 steht im Gegensatz zu den von Staudinger (Helv. chim. Acta **5**. [1922.] 75) u. Gilman (J. org. Chemistry **3**. [1939.] 99) untersuchten Rkk. von **II** mit Grignard-Verbb., die zu substituierten Hydrazinderivv. führen. Durch Verss. mit ^{14}C-I wird nachgewiesen, daß das gesamte I als CH_4 erscheint u. die zu Hydrazinderivv. führenden Rkk. nicht eintreten. Die Rk. ist demnach eine reine Ummetallierung. (Chem. Ber. **88**. 917—20. 1/7. 1955. Tübingen, Univ., Inst. für angew. Chem.) F. Schauder. 910

Eugen Müller und **Dieter Ludsteck**, *Untersuchungen an Diazomethanen*. 5. Mitt. *Reaktives Verhalten von Diazomethyllithium*. (4. vgl. vorst. Ref.) Möglicherweise verläuft die Umsetzung von Methyllithium mit Diazomethan zu *Diazomethyllithium* (I) über das in geringer Menge vorhandene tautomere Isodiazomethan ($H-C\equiv\overset{\oplus}{N}-\overset{\ominus}{\underline{N}}-H$). Zur Klärung dieser Rk., u. um Aufschlüsse über das Verh. von N-Li-Verbb. zu erhalten, untersuchten Vff. die Rk. von I mit Benzoylbromid (**II**), Benzoesäureäthylester (**III**), Benzophenon (**IV**), Fluorenon (**V**) u. Benzonitril (**VI**). — Aus I oder Diazomethylnatrium u. **II** bzw. **III** entsteht unter merklicher Wärmetönung *2-Phenyl-1.3.4-oxdiazol* (**VII**), das auch aus N-Formyl-N'-benzoylhydrazin u. P_2O_5 erhältlich ist, u. dessen Infrarot (IR)-Spektr. mit dem von 2.5-Diphenyl-1.3.4-oxdiazol gesichert wird, liefert mit überschüssigem **II** bei 50—60° neben wenig **VII** *N.N'-Dibenzoylhydrazin*, das offenbar neben Ameisensäure u. HBr aus **VII** u. **II** entstanden ist. **I** u. **IV** geben *Benzophenonimid* u. *Cyansäure*, die wohl durch Zerfall des hier nicht stabilisierbaren, intermediär gebildeten Oxdiazolinanions entstanden sind. Wird bei dieser Rk. die bei der Herst. von **I** anfallende Mutterlauge mitverwendet, so erhält man ein *Nebenprod.* $C_{27}H_{22}O_2N_2$, das die Schiffsche Base aus **IV** u. Benzilsäurehydrazid sein dürfte. Seine Konst. wird wahrscheinlich gemacht durch Vgl. seines IR-Spektr. mit dem der Schiffschen Base aus Acetophenon u. Benzilsäurehydrazid. Es wird weder aus der Mutterlauge noch aus **I** allein gebildet.—

I reagiert mit **V** analog **IV**. Aus der Mutterlauge von **I** entsteht mit **V** ein nicht näher untersuchter N-haltiger Körper, der in W. unter geringer Gasentw. in LiOH u. **V** zerfällt. — **I** u. **VI** geben *3-Phenyl-1.2.4-triazol*, bei Mitverwendung der Mutterlauge von **I** daneben noch *4-Phenyl-1.2.3-triazol*. — Die Mechanismen der einzelnen Rkk. werden eingehend diskutiert; offenbar lagert sich bevorzugt die Azeniatform des Diazomethylanions $H-\overset{\ominus}{\underline{C}}=\overset{\oplus}{N}=\overset{\ominus}{\underline{N}}|$ in Oktettlücken ein.

Versuche (unter N_2): *2-Phenyl-1.3.4-oxdiazol* (**VII**), $C_8H_6ON_2$, F. 36—37°, Kp. 64—66° (Hochvakuum), a) aus **I** u. **II** in Ae. unter Eiskühlung (2 Tage Schütteln); 35% (Ausbeute); b) aus N-Formyl-N'-benzoylhydrazin u. P_2O_5, anschließend Hochvakuumdest.; c) aus **I** u. **III** (5 Std. im Rohr bei 50—60°); 19,6%. — *N.N'-Dibenzoylhydrazin*, $C_{14}H_{12}O_2N_2$, F. 240—241°, a) analog **VII**, a), aber einige Std. bei 50—60°, daneben **VII**; verfilzte Nadeln aus Eisessig; b) **VII** u. **II** (1 Std. bei 70°); 85%. — *Benzophenonimid*, wird im Gemisch mit **IV** aus **I** u. **IV** in Ae. (—20°) bei mehrstd. Stehen bei 50—60° u. Zers. bei —20° erhalten; 49,4% (aus dem N-Geh. berechnet), in der wss.-alkal. Lsg. wird *LiOCN* nachgewiesen. Aus **IV** u. **I** (einschließlich der bei dessen Darst. überstehenden äther. Lsg.) werden analog als Nebenprod. 5% *Verb.* $C_{27}H_{22}O_2N_2$, F. 187 bis 188,5° (Essigester) erhalten. — *Fluorenonimid*, $C_{13}H_9N$, F. 123—125°, aus **V** analog **VII** c); aus PAe. hellgelbe Nadeln; 41,2%; daneben LiOCN. Aus **V** u. der Mutterlauge von **I** wird eine *N-haltige Verb.* erhalten, die an der Luft schnell an Gewicht verliert u. durch W. unter Gasentw. (N_2 ?) u. Bldg. von **V** u. LiOH zers. wird. — *3-Phenyl-1.2.4-triazol*, $C_8H_7N_3$, F. 119—120°, aus **VI** analog **VII**; c) aus Bzl. verfilzte Nadeln; bei Verwendung von **I** + Mutterlauge daneben 6,5% *4-Phenyl-1.2.3-triazol*, $C_8H_7N_3$, F. 144 bis 145°, aus Bzl. Blättchen. (Chem. Ber. **88**. 921—33. 1/7. 1955.) F. SCHAUDER. 910

Arthur P. Phillips, *Einige N.N'-Bis-tertiäraminoacetyl-α.ω-polymethylendiamine und ihre quaternären Ammoniumsalze als Curareersatzmittel*. 5. Mitt. (4. vgl. C. **1954**. 2601.) Durch Überführung geeigneter Alkylendiamine in ihre *Bis-chloracetylderivv.* u. Umesterung derselben mit den entsprechenden sek. Aminen werden in über 90%ig. Ausbeute *N.N'-Bis-dialkylaminoacetyl-α.ω-alkylendiamine* (**A**) sowie deren *quaternäre Salze* (**B**) dargestellt. **A** u. **B** haben selbst keine curareähnliche Wrkg., verlängern jedoch bei Gaben von 0,1 mg/kg die neuromuskuläre Blockierung durch Succinylcholin um 100% bei anästhesierten Katzen u. Hunden. Diese Wrkg. ist bei **B** stärker als bei **A**, am stärksten jedoch bei **A** mit Piperidino- u. Pyrrolidinoendgruppen. Die DL_{50} (intravenös) bei Mäusen beträgt 150—200 mg/kg. Die Verbb. haben eine dem Prostigmin u. Tensilon ähnliche hemmende Wrkg. für d-Tubocurarinchlorid, einige wirken als Atmungsstimulantien.

Versuche (FF. aus Äthylacetat, Hexan oder deren Gemischen): *N.N'-Bis-chloracetylhexamethylendiamin*, $C_{10}H_{18}O_2N_2Cl_2$, F. 131—132°; 50—55% (Ausbeute). — N.N'-Bis-[dialkylaminoacetyl]-äthylendiamine: *-dimethylamino-*, *Dimethochlorid*, $C_{12}H_{28}O_2N_4Cl_2$, F. 270—271°. — *-diäthylamino-*, $C_{14}H_{30}O_2N_4$, F. 85—86°. *Dimethojodid*, $C_{16}H_{36}O_2N_4J_2$, F. 210—211°. — *-pyrrolidino-*, $C_{14}H_{26}O_2N_4$, F. 115—116°. *Dimethojodid*, $C_{16}H_{32}O_2N_4J_2$, F. 227—228°. — *-piperidino-*, $C_{16}H_{30}O_2N_4$, F. 138—139°. — *-morpholino-*, $C_{14}H_{26}O_4N_4$, F. 191—192°. — N.N'-Bis-[dialkylaminoacetyl]-trimethylendiamine: *-dimethylamino-*, *Dimethochlorid*, $C_{13}H_{30}O_2N_4Cl_2$, F. 238—239°. — *-diäthylamino-*, *Dihydrochlorid*, $C_{15}H_{34}O_2N_4Cl_2$, F. 155—156°. *Dimethojodid*, $C_{17}H_{38}O_2N_4J_2$, F. 151—152°. — *-piperidino-*, $C_{17}H_{32}O_2N_4$, F. 83—84°. *Dimethojodid*, $C_{19}H_{38}O_2N_4J_2$, F. 203—204°. — *-morpholino-*, $C_{15}H_{28}O_4N_4$, F. 153—154°. *Dimethojodid*, $C_{17}H_{34}O_4N_4J_2$, F. 182—183°. — N.N'-Bis-[dialkylaminoacetyl]-hexamethylendiamine: *-dimethylamino-*, *Dimethochlorid*, $C_{16}H_{36}O_2N_4Cl_2$, F. 232—233°. — *-diäthylamino-*, $C_{18}H_{38}O_2N_4$, F. 61—62°. *Dimethojodid*, $C_{20}H_{44}O_2N_4J_2$, F. 116—118°. — *-pyrrolidino-*, $C_{18}H_{34}O_2N_4$, F. 82—83°. *Dimethojodid*, $C_{20}H_{40}O_2N_4J_2$, F. 137—138°. — *-piperidino-*, $C_{20}H_{38}O_2N_4$, F. 108—109°. *Dimethojodid*, $C_{22}H_{44}O_2N_4J_2$, F. 175—176°. — *-morpholino-*, $C_{18}H_{34}O_4N_4$, F. 85—86°. *Dimethojodid*, $C_{20}H_{40}O_4N_4J_2$, F. 175—176°. — *1.4-Bis-[dimethylaminoacetyl]-piperazin*, *Dimethochlorid*, $C_{14}H_{30}O_2N_4Cl_2 \cdot H_2O$, F. 290° (Zers.; Sintern ab 245°). — *N.N'-Bis-[dimethylaminoacetyl]-p-phenylendiamin*, *Dimethochlorid*, $C_{16}H_{28}O_2N_4Cl_2$, F. 296—298° (Zers.) (J. Amer. chem. Soc. **77**. 2400—02. 5/5. 1955. Tuckahoe, N. Y., Wellcome Res. Labors.) W. ULRICHS. 910

William S. Fones, *Einige neue N-Acylderivate von Alanin und Phenylalanin*. Die Synthesen einiger *N-substituierter Derivv.* des DL-Alanins (**I**) u. DL-Phenylalanins (**II**) werden beschrieben.

Versuche (FF. korr.): DL-Alanine: *N-[p-Chlorbenzoyl]-*, $C_{10}H_{10}O_3NCl$, F. 180—182°, aus **I** in 2nNaOH u. p-Chlorbenzoylchlorid, bis zur Lsg. schütteln, dann über Nacht im Kühlschrank (Meth. **a**); 35% (Ausbeute). — *N-[p-Fluorbenzoyl]-*, $C_{10}H_{10}\cdot$

O_3NF, F. 160—162°, a; 40%. — *N-[p-Brombenzoyl]-*, $C_{10}H_{10}O_3NBr$, F. 185—187°, a; 55%. — *N-[p-Jodbenzoyl]-*, $C_{10}H_{10}O_3NJ$, F. 198—200°, a; 60%. — *N-[p-Anisoyl]-*, $C_{11}H_{13}O_4N$, F. 178—180°, a; 22%. — *N-[m-Anisoyl]-*, $C_{11}H_{13}O_4N$, F. 156—158°, a; 75%. — *N-[2.4-Dichlorbenzoyl]-*, $C_{10}H_9O_3NCl_2$, F. 137—139°, a; 30%. — *N-Dichloracetyl-*, $C_5H_7O_3NCl_2$, F. 169—171°, analog a, aber mit 1 Mol NaOH u. mit Dichloracetylchlorid in Ae. (Meth. b); 45%. — *N-Trichloracetyl-*, $C_5H_6O_3NCl_3$, F. 161,5—162,5°, analog b, aber ohne Ae.; 13%. — *N-Fluoracetyl-*, $C_5H_8O_3NF$, F. 109—111°, aus I-Äthylester u. Fluoressigsäureäthylester (2 Std. kochen) u. Verseifung des gebildeten *Äthylesters* mit wss.-alkoh. NaOH (über Nacht stehen; Meth. c); 17%. — *N-Methylmercaptoacetyl-*, $C_6H_{11}O_3NS$, F. 110,5—112° (Äthylacetat–PAe.), aus N-Chloracetyl-DL-alaninäthylester, CH_3SH u. $NaOC_2H_5$ in A. (Meth. d); 68%. — *N-Oxyacetyl-*, *Ba-Salz*, $(C_5H_8O_4N)_2Ba \cdot H_2O$, aus nachst. Methylester u. CH_3COOAg in Essigsäure (2 Std. kochen) u. anschließende alkal. Verseifung; 9%. — *N-Bromacetyl-*, $C_5H_8O_3NBr$, F. 112—114°, b; 15% (*Methylester*, $C_6H_{10}O_3NBr$, F. 62—64°, aus Äthylacetat–PAe.). — DL-Phenylalanine: *N-Fluoracetyl-*, $C_{11}H_{12}O_3NF$, F. 144—146°, c; 92% (aus dem *Äthylester*, $C_{13}H_{16}O_3NF$, F. 73—75°; 28%). — *N-Methylmercaptoacethyl-*, $C_{12}H_{15}O_3NS$, F. 109—111°, d; 73%. — *N-Chloracetyl-*, *Äthylester*, $C_{13}H_{16}O_3NCl$, F. 71—72°. — *N-Trifluoracetyl-*, $C_{11}H_{10}O_3NF_3$, F. 127—128° (Bzl.), aus II u. Trifluoressigsäureanhydrid (Meth. e); 51%. — *N-Trifluoracetyl-DL-prolin*, $C_7H_8O_3NF_3$, F. 81—83°, e; 27%. — *N-Trifluoracetyl-D-alanin*, $C_5H_6O_3NF_3$, F. 66—68°, e; $[\alpha]_D^{25}$ +60,6° (2% in W.); 13%. — *N-Trifluoracetyl-L-alanin*, F. 66—68°, $[\alpha]_D^{25}$ —60,9° (2% in W.). *N-[O-Acetoxyacetyl]-*, *Methylester*, $C_{14}H_{17}O_5N$, Kp.$_1$ 200—205°. (J. org. Chemistry 17. 1661—65. Dez. 1952. Bethesda, Md., Nat. Inst. of Health, Nat. Cancer Inst.) G. Mohr. 950

F. Kögl und **J. de Flines** (unter Mitarbeit von **D. H. W. den Boer**), *Synthese einiger optisch-aktiver α.α'-Iminosäuren. Untersuchungen in Beziehung zu Eiweißproblemen.* 1. Mitt. Durch Kondensation der entsprechenden opt.-akt. Formen von α-Brompropionsäure (I) u. Asparaginsäure (II) oder Glutaminsäure (III) werden die 4 Stereoisomeren von *α.α'-Iminopropionsäurebernsteinsäure* (**IV**) u. *α.α'-Iminopropionsäureglutarsäure* (**V**) synthetisiert u. durch Chromatographie an Amberlit IR-100 (H^+) gereinigt. Bei der Synth. bleibt die Konfiguration am asymm. C von **II** u. **III** bestehen, während **I** eine Waldensche Umkehrung erleidet. Zum Beweis wird eine Zers. von **IV** durch Kochen der wss. Lsg. vorgenommen, die bei dem aus D-I gebildeten **IV** zu *L-Alanin* u. bei aus L-I entstandenem **IV** zu *D-Alanin* führt. Bei analoger Behandlung von **V** findet statt dessen die Bldg. eines *Lactams* **VI** statt, das mit HCl wieder zum Teil zu **V** hydrolysiert wird. Der Konfigurationsbeweis für **V** wird durch Vgl. mit dem aus L-Alaninäthylester u. DL-α-Bromglutarsäuredimethylester synthetisierten Gemisch der L-α-L-α'- u. L-α-D-α'-Formen von **V** erbracht. Ferner wird die Synth. eines mit ^{14}C, ^{15}N u. D markiertem L-α-L-α'-**V** beschrieben. Ausgehend von $^{14}C_{(1,2)}$-α-Ketoglutarsäure wird durch Deuterierung an Pd in Ggw. von $^{15}NH_3$ die als *Hydrochlorid* isolierte $^{14}C_{(1,2)}$-$D_{(2,3)}$-^{15}N-*DL-Glutaminsäure* (DL-**VII**) erhalten. Durch Zugabe von analog erhaltener $D_{(2,3)}$-L-**III** u. Umkristallisation aus der berechneten Menge 20%ig. HCl wird die im Überschuß vorhandene *L-Form* von **VII** opt. rein gewonnen u. mit D-I umgesetzt.

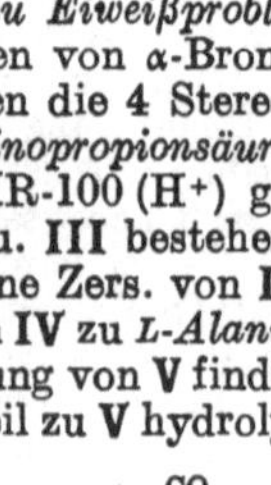

VI

Versuche (opt. Drehungen in 10%ig. HCl): *L-α-L-α'-Iminopropionsäurebernsteinsäure* (L-α-L-α'-**IV**), $C_7H_{11}O_6N$, F. 190—191° (Zers.; aus W. bei 0° mit Aceton gefällt), durch 6tägige Einw. von D-I auf L-II in verd. NaOH bei 37°; $[\alpha]_D^{20}$ +24,8° (c = 4,99); Rk. mit Ninhydrin negativ; 29% (Ausbeute, bezogen auf **II**); D-α-D-α'-**IV**, F. 189,5 bis 190,5°, aus L-I u. D-II, $[\alpha]_D^{20}$ —24,6° (c = 4,99); 49%. L-α-D-α'-**IV**, F. 197—198° (W.), aus D-I u. D-II, $[\alpha]_D^{20}$ —12,0° (c = 5,00); 51%. D-α-L-α'-**IV**, F. 196—197° (W.), aus L-I u. L-II, $[\alpha]_D^{20}$ +11,6° (c = 5,00); 66%. — *L-α-L-α'-Iminopropionsäureglutarsäure* (L-α-L-α'-**V**), $4\,C_8H_{13}O_6N \cdot H_2O$ F. 139—141° (Zers.; aus W. mit Aceton), analog **IV** aus D-I u. L-III, $[\alpha]_D^{20}$ +21,9° (c = 4,97); 51%. Aus den entsprechenden Säuren: D-α-D-α'-**V**, $4C_8H_{13}O_6N \cdot H_2O$, F. 139—141° (Zers.), $[\alpha]_D^{20}$ —21,9° (c = 4,97); 64%. L-α-L-α'-**V**, $C_8H_{13}O_6N \cdot C_3H_6O$, F. ca. 65° (starke Zers.), $[\alpha]_D^{20}$ —12,0° (c = 4,93); 44%. D-α-L-α'-**V**, $C_8H_{13}O_6N \cdot C_3H_6O$, Zers. ab 65°, $[\alpha]_D^{20}$ +11,6° (c = 5,01); 47%. — *Lactam von* D-α-D-α'-**V** (**VI**), *Bis-[p-phenylphenacyl]-ester*, $C_{36}H_{31}O_7N$, F. 174—176° (Aceton–A.), durch 2std. Kochen von 337 mg p-Phenylphenacylbromid in A. bei p_H 5 mit dem aus 294 mg D-α-D-α'-**V** nach 24std. Kochen in W. erhaltenen **VI**; $[\alpha]_D^{20}$ +65,0° (c = 5,12 in Dioxan); 79 mg. — ^{15}N-*L-α-L-α'-Iminopropionsäure*-$^{14}C_{(1,2)}$-$D_{(2,3)}$-*glutarsäure*, F. 140 bis 142° (Zers.), aus L-**VII**, ($[\alpha]_D^{20}$ +31,7°) u. D-I; $[\alpha]_D^{20}$ +22,0° (c = 5,00); 67%. Die R_F-Werte der einzelnen **IV** u. **V** sind angegeben. (Recueil Trav. chim. Pays-Bas 72. 1009—19. Nov. 1953. Utrecht, Rijksuniv., Organ.-chem. Labor.) H. Winter. 950

Patrick A. McCusker und **Louis J. Glunz,** *Organoborverbindungen.* 1. Mitt. *Darstellung und Eigenschaften einiger Alkyldifluorborane.* Die Umsetzung von Alkylborsäuren oder Alkylboroxyden mit BF_3 ist ein allg. anwendbares Verf. zur Darst. von *Alkyldifluorboranen.* Auf diese Weise wurden *n-Butyl-, n-Amyl-, n-Hexyl-, Cyclohexyl-, 2-sek.-Amyl-* u. *tert.-Amyldifluorboran* dargestellt. Diese Verbb. sind bei Ausschluß von Luft u. Feuchtigkeit völlig beständig u. zeigen keine Neigung zurDisproportionierung zu Trialkylboran u. BF_3. Ihre Ätherate lassen sich durch Dest. in Alkyldifluorboran u. Ae. zerlegen. Die sek. u. tert. Alkyldifluorborane entzünden sich an der Luft, aber nicht die n. Verbindungen. — Bei der Umsetzung von GRIGNARD-Verbb. mit überschüssigem BF_3-Ätherat entstehen nicht Alkyldifluorborane, sondern Trialkylborane. — Die Umsetzung von Alkylboroxyden mit $AlCl_3$ verläuft ähnlich wie mit den Borhalogeniden, liefert aber eine Reihe von Nebenprodukten. Aus n-Butylboroxyd entsteht ein leicht entflammbares Gemisch, in dem BCl_3 u. Butylchlorborane nachgewiesen werden konnten. Mit HCl, $SOCl_2$, PCl_3, $SiCl_4$ u. $SiBr_4$ reagieren die Alkylboroxyde nicht.

Versuche: *n-Hexyldifluorboran,* $C_6H_{13}F_2B$, Kp.$_{744}$ 91,9—92,0°; D.^{25} 0,8591; durch Einleiten von BF_3 in rohe feuchte Hexylborsäure, zuletzt unter Erwärmen im Ölbad auf 100—200° u. Abdest. der oberen Schicht des geschmolzenen Reaktionsgemisches; 47,5% (Ausbeute). — *n-Butyldifluorboran,* $C_4H_9F_2B$, Kp.$_{742}$ 36,3—36,5°; D.^{25} 0,8510. — *n-Amyldifluorboran,* $C_5H_{11}F_2B$, Kp.$_{743}$ 64,5—64,6°; D.^{25} 0,8550; n_D^{25} 1,3409. — *2-sek.-Amyldifluorboran,* $C_5H_{11}F_2B$, Kp.$_{742}$ 57,9—58,0°; D.^{25} 0,8409. — *tert.-Amyldifluorboran,* $C_5H_{11}F_2B$, Kp.$_{748}$ 47,7—47,9°; D.^{25} 0,8448. — *Cyclohexyldifluorboran,* $C_6H_{11}F_2B$, Kp.$_{743}$ 95,7—96,0°; D.^{25} 0,9734. — *Trihexylboran,* Kp.$_{0,02}$ 97°; durch Zugabe einer Lsg. von 0,5 Mol n-Hexyl-MgBr in 300 cm³ Ae. im Laufe von 4 Std. zu einer auf Trockeneistemp. abgekühlten Lsg. von 196 g BF_3 in 300 cm³ Ae., weiteres 4std. Rühren, Anwärmen auf Raumtemp. u. Dest. der oberen Schicht; 20 g. (J. Amer. chem. Soc. **77.** 4253—55. 20/8. 1955. Notre Dame, Ind., Univ. of Notre Dame, Chem. Labors.) E. FORCHE. 980

Grant Urry, James Kerrigan, Theran D. Parsons und **H. I. Schlesinger,** *Dibortetrachlorid, B_2Cl_4, als Reagens zur Synthese von Organoborverbindungen.* 1. Mitt. *Die Reaktion von Dibortetrachlorid mit Äthylen.* B_2Cl_4 setzt sich mit C_2H_4 bei —80° langsam unter Aufsprengung der B—B-Bindung mit fast 100% Ausbeute zu $Cl_2BCH_2CH_2BCl_2$ (I) um, einer bei Raumtemp. stabilen, an der Luft rauchenden, aber nicht selbstentzündlichen Fl. (F. —28,5°; Kp. [extrapoliert] 142°; Dampfdruckkurve log p = 8,230 — [2220/T]; Verdampfungswärme 10140 cal/Mol; TROUTONsche Konstante 24,4). Mit NaOH entwickelt I kein H_2; B_2H_6 bzw. $LiBH_4$ reagieren mit I zu instabilen, nicht näher definierten Produkten. I wird durch Methanol mit theoret. Ausbeute in $(CH_3O)_2BCH_2 \cdot CH_2B(OCH_3)_2$ (F. —21,4±0,6°; Kp. [extrapoliert] 164°; Dampfdruckkurve log p = 8,933 — [2647/T]; Verdampfungswärme 12000 cal/Mol; TROUTONsche Konstante 27,6), durch $Zn(CH_3)_2$ in n-Pentan oder $B(CH_3)_3$ als Lösungsm. bei —45 bis —23° mit 90% Ausbeute in $(CH_3)_2BCH_2CH_2B(CH_3)_2$ (II) (F. —115°; Kp. [extrapoliert] 98°; Dampfdruckkurve log p = 7,916 — [1869/T]; Verdampfungswärme 8540 cal/Mol; TROUTONsche Konstante 23,0) übergeführt. II zers. sich langsam bei Raumtemp. unter $B(CH_3)_3$-Abspaltung, schneller bei 100° oder unter der katalyt. Wrkg. von Verunreinigungen unter weiterer Bldg. flüchtiger Verbb. der vermuteten Zus. **III** bzw. **IV** sowie nicht-

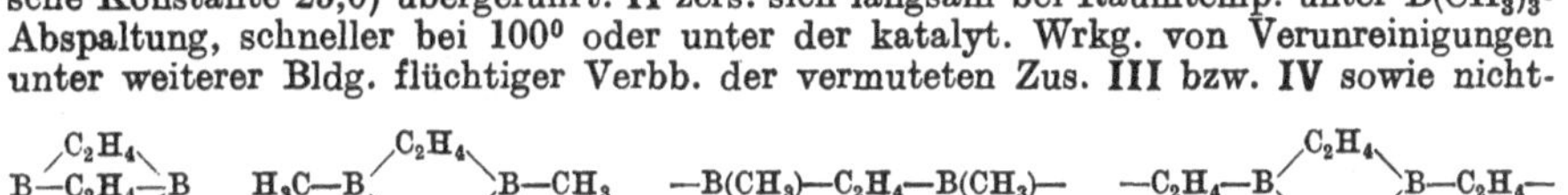

III IV V VI

flüchtiger Verbb. der Zus. **V** bzw. **VI.** Mit $N(CH_3)_3$ bildet **II** bei Raumtemp. ein weißes, krist., wenig flüchtiges Prod., in dem nahezu 2 Mol $N(CH_3)_3$ an 1 Mol **II** gebunden sind. — B_2Cl_4 reagiert auch mit C_2H_2 u. mit Cyclopropan im Verhältnis 1 : 1, die Reaktionsprodd. wurden noch nicht näher untersucht. (J. Amer. chem. Soc. **76.** 5299—5301. 5/11. 1954. Chicago, Ill., Univ., George Herbert Jones Labor.) U. WANNAGAT. 980

A. D. Petrow und **T. I. Tschernyschewa,** *Synthese von Tetraisobutyl-, Tetraisopropyl-, Tetracyclohexyl- und Tetra-α-naphthylsilanen.* Während bei der Rk. von Chlor- oder Bromsilanen mit Alkyl-(Aryl-)magnesiumhalogeniden nur Di- oder Trialkyl-(aryl-)silane erhalten werden, lassen sich Fluorsilane mit Li-Alkyl- oder -Arylverbb. zu *Tetraalkyl-(aryl-)silanen* umsetzen. So werden durch Einw. von α-Naphthyl-Li auf Di-α-naphthyldifluorsilan (I) *Tetra-α-naphthylsilan* u. durch Einw. von Isopropyl- bzw. Isobutyl-Li auf Triisopropyl-(isobutyl-)silan *Tetraisopropyl-* bzw. *Tetraisobutylsilan* dargestellt. *Tetracyclohexylsilan* wird aus SiF_4 u. Cyclohexyl-Li oder mit besserer Ausbeute aus Dicyclohexyldifluorsilan (II) u. Cyclohexyl-Li gewonnen.

Versuche: *Tetra-α-naphthylsilan*, $C_{40}H_{28}Si$, F. 279,6—280,1° (PAe.-Chlf.-Gemisch); man gibt zu α-Naphthyl-Li (30 g α-Bromnaphthalin, 3 g Li, 50 ml Ae.) tropfenweise 7 g I in Ae., erwärmt 2 Std. auf dem Wasserbad, gibt 70 ml Petroleum (Kp. 230 bis 250°) zu, dest. den Ae. ab, erhitzt 25 Std. auf dem Ölbad, setzt Ae. hinzu, zers., extrahiert die durch Eindampfen der äther. Schicht erhaltenen Kristalle mit Bzl. u. chromatographiert den Rückstand aus PAe.-Chlf. (3 : 2) an Al_2O_3; 2,9 g (Ausbeute). Aus dem benzol. Extrakt *Tri-α-naphthylfluorsilan*, F. 224°; 0,3 g. — *Tetraisopropylsilan*, $C_{12}H_{28}Si$, Kp. 222—224°; aus Triisopropylfluorsilan u. Isopropyl-Li in Ae., 26 Std. auf dem Wasserbad; $D.^{20}{}_4$ 0,8006; n_D^{20} 1,4472; 23,8%. — *Tetraisobutylsilan*, $C_{16}H_{36}Si$, Kp. 248—250°; $D.^{20}{}_4$ 0,7910; n_D^{20} 1,4431; 63,2%. — *Tetracyclohexylsilan*, $C_{24}H_{44}Si$, F. 196—198°; a) man erwärmt Cyclohexyl-Li u. II 10 Std. auf dem Wasserbad u. nach Zugabe von Petroleum (Kp. 190—200°) 11 Std. auf dem Ölbad; 11,3%; b) man leitet bei 60° während 4 Std. SiF_4 durch Cyclohexyl-Li in PAe. u. erhitzt 6 Std. auf dem sd. Wasserbad; 7,95%. — *Tricyclohexyl-n-butylsilan*, F. 133—135°, Kp. 365—370°; aus n-Butyl-Li u. Tricyclohexylfluorsilan in Ae., 16 Std. auf dem Wasserbad, Zugabe von Petroleum u. 5 Std. auf dem Ölbad; 21,9%. (Журнал Общей Химии [J. allg. Chem.] 24 (86). 1189—92. Juli 1954. Moskau, Chem.-technolog. Mendelejew-Inst.)

O. Pollak v. Emhofen. 980

W. D. English und **L. H. Sommer,** *Tetrakis-[trimethylsiloxy]-titan*. 45. Mitt. *über Organosiliciumchemie*. (44. vgl. Sommer u. Baum; C. **1955.** 5751.) Vff. stellten *Trimethylsilyltitanat* (*Tetrakis-[trimethylsiloxy]-titan*) aus Trimethylsilanol u. $TiCl_4$ in Ggw. von NH_3 dar. Es ähnelt sehr den Alkyltitanaten, hydrolysiert aber nicht so heftig. Die Fl. ergibt in der Hitze einen farblosen, glatten u. anscheinend geschlossenen Film, der sich auch bei Rotglut nicht weiter verändert. — Darst.: Gasförmiges NH_3 wird durch eine Benzollsg. von Trimethylsilanol geleitet u. $TiCl_4$ in Bzl. zugetropft, im NH_3-Strom 1 Std. am Rückfluß; $C_{12}H_{36}O_4Si_4Ti$, Kp.$_7$ 106°; n_D^{20} 1,4278; $D.^{20}$ 0,9078; 18% (Ausbeute, bezogen auf Ti). (J. Amer. chem. Soc. **77.** 170. 5/1. 1955. State College, Pa., Pennsylvania State Coll., School of Chem. and Phys.) B. Gnauck. 980

L. P. Salukajew, *Gewinnung von Phenylnitromethan aus Phenylessigsäure*. Aus Phenylessigsäure (I) wird über *Benzylidenphthalid* u. *2-Phenylindandion-(1.3)* *2-Nitro-2-phenylindandion-(1.3)* (II) gewonnen, das beim Behandeln mit wss. NH_3 unter Bldg. von *Phenylnitromethan* (III) gespalten wird. III wird ferner (in geringerer Reinheit u. Ausbeute) erhalten, wenn man *α-Nitro-α-phenylacetophenon-o-carbonsäure* (IV) in Toluol-Pyridin löst oder auf IV-Di-Na-Salz, das aus II beim Behandeln mit NaOH entsteht, H_2SO_4 einwirken läßt.

Versuche: *Benzylidenphthalid*, F. 99—100°; 220 g Phthalsäureanhydrid u. 200 g I werden in Ggw. von 5 g K-Acetat 5½—6 Std. unter Abdest. des gebildeten W. zum Sieden erhitzt; man läßt auf 100—110° abkühlen u. gießt in 350 ml A.; 300 g (Ausbeute). — *2-Phenylindandion-(1.3)*, F. 145—146° (Eisessig); man löst vorst. Verb. unter Erwärmen in einem geringen Überschuß von 3%ig. CH_3ONa in CH_3OH, verd. mit W. u. säuert mit verd. H_2SO_4 an; 90%. — *2-Nitro-2-phenylindandion-(1.3)* (II), F. 121—122° (Essigsäure); man erwärmt 81 g vorst. Verb. mit 300 ml 98%ig. Essigsäure auf 30—40° u. gibt unter Kühlung 150 ml HNO_3 (D. 1,39) hinzu; 84%. — *α-Nitro-α-phenylacetophenon-o-carbonsäure* (IV), F. 128—129° (Chlf. oder Toluol) aus II durch Lösen in verd. NaOH, Filtrieren u. Ansäuern; 66%. *Di-Na-Salz-Trihydrat*, $C_{15}H_9O_5NNa_2 \cdot 3\,H_2O$, aus II durch Lösen in verd. NaOH, Filtrieren, Verdünnen mit A. u. Stehenlassen. — *Phenylnitromethan* (III), $C_7H_7O_2N$, Kp.$_{12}$ 114—115°; a) man kocht 23 g II mit 200 ml NH_4OH (1 : 1) ½ Std., läßt abkühlen, extrahiert mit Ae., dampft den Ae. ab u. dest. den Rückstand mit Wasserdampf; 62,7%; b) man dest. das Gemisch aus 34 g IV-Di-Na-Salz u. 6 ml konz. H_2SO_4 in 120 ml W. mit Wasserdampf; 76%; c) man löst IV in Toluol u. Pyridin (10 : 1), läßt 24 Std. stehen, behandelt mit verd. HCl u. arbeitet die Toluolschicht auf; 60%. (Известия Академии Наук Латвийской ССР [Nachr. Akad. Wiss. LettSSR] **1954.** Nr. 3. 101—06. Chem. Inst. der Akad. der Wiss. der LettSSR.)

O. Pollak v. Emhofen. 1010

J. N. Smith, *Einige Schwefelsäureester von Nitrohydrochinon und 4-Nitrobrenzcatechin*. Durch Oxydation von Nitrophenolen mit $K_2S_2O_8$ werden die *K-Salze* des *Hydrochinon-* u. *Brenzcatechinmonoschwefelsäureesters* dargestellt. Diese werden durch 0,2n HCl in der Hitze gespalten u. durch Fe^{2+} zu den entsprechenden Aminoverbb. reduziert. Ihre Spektren werden gemessen u. von Vff. diskutiert. *2-Oxy-5-nitrophenylhydrogensulfat* ist als Substrat für Arylsulfatase geeignet.

Versuche: *K-2-Oxy-5-nitrophenylsulfat*, $C_6H_4O_7NSK$, braune Platten, Zers. bei 245—280°; durch 48std. Rk. von 30 g 5-Nitrobrenzcatechin, 70 g KOH u. 70 g $K_2S_2O_8$ bei Zimmertemp., Ansäuern auf p_H 4, Ausäthern, Neutralisieren mit Soda, Eindampfen im Vakuum u. Extraktion mit Aceton + W. (2 : 1); 6 g (Ausbeute); λ_{max}

315 mμ (ε·[10⁻³] = 8,6; 0,1n HCl); λ_{max} 407 mμ (ε = 18,3; 0,1n NaOH); $FeCl_3$-Rk. rot; gibt durch Hydrolyse mit 2n H_2SO_4 *4-Nitrobrenzcatechin*, F. 176°; 100% (Ausbeute). — *K-4-Oxy-3-nitrophenylsulfat*, dunkelgelbe Prismen, Zers. bei 256—257°; analog vorst. Verb.; λ_{max} 273 u. 360 mμ (ε = 5,9 u. 2,9; 0,1n HCl); λ_{max} 225, 279 u. 423 mμ (ε = 16,8, 3,9 u. 4,8; 0,1n NaOH); 12 g aus 30 g; gibt durch Hydrolyse *Nitrohydrochinon* (I), F. 132°; 100%. — *K-4-Oxy-2-nitrophenylsulfat, Hydrat*, $C_6H_4O_7NSK \cdot H_2O$, gelbe Prismen ohne bestimmten Zersetzungspunkt; λ_{max} 265 u. 335 mμ (ε = 2,6 u. 1,8; 0,1n HCl); λ_{max} 235 u. 380 mμ (ε = 17,1 u. 1,4; 0,1n NaOH); 12 g aus 30 g; $FeCl_3$-Rk. weinrot; liefert durch Hydrolyse I. — *K-5-Amino-2-oxyphenylsulfat, Hydrat*, $C_6H_6O_5NSK \cdot H_2O$, Nadeln, Zers. bei 205—210°, aus 1,5 g der entsprechenden Verb. durch 40 Min. Erwärmen mit $FeSO_4$ + Pottasche in W., Filtrieren, Abdampfen u. Extrahieren mit wss. Aceton; λ_{max} 274 mμ (ε = 2,0; 0,1n HCl); λ_{max} 230 u. 298 mμ (ε = 6,7 u. 2,3 in W.); 0,7 g; $FeCl_3$-Rk. weinrot. — *K-2-Amino-4-oxyphenylsulfat*, $C_6H_6O_5NSK$, Prismen, die beim Stehen dunkel werden; analog vorst. Verb.; λ_{max} 276 mμ (ε = 2,0; 0,1n HCl); λ_{max} 222 u. 285 mμ (ε = 7,4 u. 2,7 in W.); 1,5 g aus 2 g; wird durch Diazotierung gelb u. kuppelt dann mit α-Naphthyldimethylamin rot, mit Dichlorchinonchlorimid in $NaHCO_3$ blau. (J. chem. Soc. [London] **1951**. 2861—63. Nov. London, St. Mary's Hosp., Med. School, Dep. of Biochem.) H. LEHWALD. 1060

Dieter Klamann, *Reduktive Spaltung von Sulfamiden durch $LiAlH_4$ und Grignard-Verbindungen.* Zu der früher (C. **1954**. 4824) geäußerten Ansicht, daß eine Red. der Sulfonylgruppe in Arylsulfamiden durch die üblichen Reduktionsmittel unmöglich ist, sondern prim. stets reduktive Spaltung in die betreffende Sulfinsäure u. das Amin stattfindet, findet Vf., daß N-Äthyl-p-toluolsulfanilid (I) durch $LiAlH_4$ (oder GRIGNARD-Verb.) reduktiv zu *N-Äthylanilin* (II), *p-Thiokresol* (III) u. in geringen Mengen zu H_2S u. *p-Toluolsulfinsäure* (IV) gespalten wird. Das Vork. letzterer Verb. in geringer Menge läßt vermuten, daß der Angriff der Reduktionsmittel unter Aufsprengung der SO_2—N-Bindung der Sulfamide erfolgt, da die Red. der hierbei gebildeten Sulfinsäure zu Thiokresol leichter verläuft als diese Sulfamidspaltung.

V e r s u c h e : Spaltung von 11 g I durch $LiAlH_4$ in Di-n-butyläther 4 Std. bei 110—120° + A. ergibt 52% I zurück; 41% (der Theorie) *N-Äthylanilin* (II, *p-Toluolsulfonylderiv.*, F. 88°), 16% *p-Thiokresol* (III), F. 42°, 0,05 g *p-Toluolsulfinsäure* (IV, isoliert als *Benzylthiuroniumsalz*, $C_{15}H_{18}O_2N_2S$) u. H_2S. — Spaltung von I durch C_2H_5-MgBr in Xylol 4 Std. bei 130—135° ergibt 21% II, 32½ III u. IV (qualitativ nachgewiesen mit Anisol–H_2SO_4, rotviolette Färbung). (Mh. Chem. **84**. 651—54. 15/6. 1953. Wien, TH, Inst. für organ.-chem. Technol.) H. FECHTER. 1090

I. N. Nasarow, N. W. Kusnetzow und **A. W. Ssemenowski,** *Darstellung von aromatischen Carbonsäuren durch Oxydation der Seitenketten aromatischer Verbindungen mit Salpetersäure.* Es wird untersucht, unter welchen Bedingungen aromat. Verbb. mit Seitenketten durch Oxydation mit verd. HNO_3 sich am besten in die entsprechenden Carbonsäuren überführen lassen. Toluol wird durch die äquivalente Menge 5%ig. HNO_3 in 75%ig. Ausbeute zu *Benzoesäure* oxydiert. Mit 10%ig. HNO_3 ist die Ausbeute an Benzoesäure zwar größer, doch ist das Prod. durch Nitrobenzoesäuren verunreinigt. Mit 20%ig. HNO_3 werden aus Toluol hauptsächlich Nitroderivv. erhalten, desgleichen aus Äthylbenzol, Xylol u. Xylylchloriden. Die Bldg. von Nitroderivv. läßt sich unterdrücken, wenn die Oxydation so durchgeführt wird, daß die HNO_3 mit der zu oxydierenden Verb. langsam dem Reaktionsgemisch zugeführt wird, so daß die Konz. der HNO_3 im Reaktionsgemisch gering bleibt. Als Beispiele sind angeführt: *Oxydation eines Xylolgemisches*: 2,7 g Xylolgemisch u. 50 ml 20%ig. HNO_3 werden im Schüttelautoklaven bei 25 at N_2-Druck 2 Std. auf 200° erhitzt, dann gibt man zu dem Reaktionsgemisch im Abstand von 1 Std. unter Beibehaltung des Drucks je 10 g Xylolgemisch + 50 ml 50%ig. HNO_3 u. erhitzt auf 200°: *Phthalsäure* 5 g (Ausbeute); *Isophthalsäure* 24 g; *Terephthalsäure* 8 g. — *Oxydation von Cumol*: Man erhitzt 4 g Cumol mit 60 ml 20%ig. HNO_3 im Autoklaven 1½ Std. auf 200°: 3,2 g *Benzoesäure*. — *Oxydation eines Gemisches von m- u. p-Diisopropylbenzol*: 4 g Isomerengemisch werden mit 100 ml 20%ig. HNO_3 ohne N_2-Druck oder bei 40 at N_2-Druck 1½ Std. auf 200° erhitzt: *Phthalsäuren* 63 bzw. 64%. — Es werden ferner oxydiert: Toluol zu *Benzoesäure* 78%, o-Xylol zu *Phthalsäure* 81%, m-Xylol zu *Isophthalsäure* 66%, p-Xylol zu *Terephthalsäure* 70%, Äthylbenzol zu *Benzoesäure* 80%, Gemisch von m- u. p-Diäthylbenzol bzw. m- u. p-Diisopropylbenzol zu *Iso-* u. *Terephthalsäuregemisch* 65 bzw. 63%, Hemellitol zu *Hemimellitsäure* 60%, Pseudocumol zu *Trimellitsäure* 62%, Mesitylen zu *Trimesinsäure* 77%, 1.2.4-Triisopropylbenzol zu *Trimellitsäure* 50%, o-Cymol zu *Phthalsäure* 76%, p-Cymol zu *Terephthalsäure* 70%, β-Methylnaphthalin zu *β-Naphthoesäure* 52%, o-Toluylsäure zu *Phthalsäure* 80%, m-Toluylsäure zu *Isophthalsäure* 75%, 3-Methylphthalsäure zu *Hemimellitsäure* 62%, 4-Methylisophthalsäure zu *Trimellitsäure* 53%, 5-Methylisophthalsäure zu *Trimesin-*

säure 60%, p-Methylacetophenon zu *Terephthalsäure* 82%, Gemisch von Xylylendichloriden zu Gemisch von *Phthal-*, *Isophthal-* u. *Terephthalsäure* 87%, Gemisch von ω-Chlormethylphenylessigsäureäthylestern zu Gemisch von *Phthal-*, *Isophthal-* u. *Terephthalsäure* 90%. (Доклады Академии Наук СССР [Ber. Akad. Wiss. UdSSR] [N. S.] **99.** 1003—06. 21/12. 1954. Zelinsky-Inst. für organ. Chem. der Akad. der Wiss. der UdSSR.) G. FROELICH. 1200

Irwin A. Pearl und **Donald L. Beyer,** *Reaktionen von Vanillin und seinen Derivaten.* 13. Mitt. *Eine neue Synthese für Vanillinsäureester.* (12. vgl. C. **1952.** 206.) Die auf n. Wege nicht mögliche Veresterung von Vanillinsäure (**II**) mit langkettigen Alkoholen wurde durch Veresterung von Vanillonitril (**I**) mit den Alkoholen u. HCl zu *Vanilliniminoalkylätherhydrochloriden* u. Hydrolyse erreicht. Die als Testvers. auf diesem Wege durchgeführte Veresterung von **I** mit A. ergab 96% *Vanillinsäureäthylester.* Analog entstanden aus **I** u. Octyl-, Decyl-, Dodecyl-, Tetradecyl-, Hexadecyl- u. Octadecylalkohol die entsprechenden *Iminoalkylätherhydrochloride,* die durch 2std. Kochen in die entsprechenden *Vanillinsäurealkylester* verwandelt wurden. Zu langes Kochen bewirkte Hydrolyse zu **II**. Als Nebenprodd. traten stets in geringer Menge die Ausgangsverbb. auf. In ihren UV-Spektren sind die verschied. Vanillinsäureester einander sehr ähnlich u. unterscheiden sich lediglich durch ihre Extinktion. — *Decylvanillat* u. *Octylvanillat* hemmen in Konzz. von 0,009 bzw. 0,003% das Wachstum von *Bacillus mycoides,* das von *Aerobacter aerogenes, Aspergillus niger* u. *Penicillium expansum* wird nicht behindert.

Versuche: *Vanillonitril* (**I**), aus Vanillinoxim durch Acetylieren, Dehydratisieren u. Abspalten der Acetylgruppe. — *Vanilliniminoäthylätherhydrochlorid,* $C_{10}H_{14}O_3$·NCl, F. 166—167° (CH_3OH), aus **I** in Ae. + absol. A. durch Sättigen mit HCl unter Kühlung u. 5tägiges Stehen unter H_2O-Ausschluß; 93% (Ausbeute). — Analog entstanden nachst. *Vanilliniminoalkylätherhydrochloride* (Rekristallisation aus Chlf. durch Zufügen von Ae.): *Octyl-*, $C_{16}H_{26}O_3NCl$, F. 149°; 71%. — *Decyl-*, $C_{18}H_{30}O_3NCl$, F. 149 bis 150°, 94%. — *Dodecyl-*, $C_{20}H_{34}O_3NCl$, F. 144°; 87%. — *Tetradecyl-*, $C_{22}H_{38}$·O_3NCl, F. 147—148°; 87%. — *Hexadecyl-*, $C_{24}H_{42}O_3NCl$, F. 142—143°; 67%. — *Octadecyl-*, $C_{26}H_{46}O_3NCl$, F. 139—140°; 79%. — Hieraus durch 2std. Kochen mit W. nachst. *Vanillinsäurealkylester* (die spezif. Extinktionswerte ε beziehen sich auf λ_{max} 2930 bzw. 2630 Å): *Octyl-*, $C_{16}H_{24}O_4$, F. 15—17°, Kp.$_1$ 172—173°; ε = 24,8 bzw. 44,0; 81%. — *Decyl-*, $C_{18}H_{28}O_4$, F. 22—26°, Kp.$_1$ 185—187°; ε = 22,2 bzw. 39,4; 76%. — *Dodecyl-*, $C_{20}H_{32}O_4$, F. 30—32°, Kp.$_1$ 198—202°; ε = 20,1 bzw. 36,0; 65%. — *Tetradecyl-*, C_{22}·$H_{36}O_4$, F. 40—41°, Kp.$_1$ 205—215°; ε = 18,3 bzw. 32,7; 75%. — *Hexadecyl-*, $C_{24}H_{40}O_4$, F. 48—49° (PAe.), Kp.$_1$ 210—215°; ε = 17,2 bzw. 30,8; 90%. — *Octadecyl-*, $C_{26}H_{44}O_4$, F. 57° (PAe.), Kp.$_1$ 242—247°; ε = 16,1 bzw. 28,5; 76%. — *Äthyl-*, F. 43—44°, Platten aus PAe.; 96%. (J. Amer. chem. Soc. **73.** 4091—93. Sept. 1951. Appleton, Wis., Inst. of Paper Chem.) H. LEHWALD. 1250

Irwin A. Pearl und **John S. Barton,** *Reaktionen von Vanillin und seinen Derivaten.* 14. Mitt. *2.4-Furandicarbonsäure aus Vanillin.* (13. vgl. vorst. Ref.) Die Oxydation von Vanillin (76 g) mit $NaClO_2$ in Ggw. von Essigsäure bei p_H 3 u. 45° in 8 Std. unter Rühren ergab nach Ae.-Extraktion u. Ausschütteln des Extraktes mit Bisulfit-$NaHCO_3$- u. NaOH-Lsg. aus der Bisulfitfraktion (10 g) 1 g *Furandicarbonsäure-(2.4)*, $C_6H_4O_5$, F. 264° (aus Methanol-Chlf. 1 : 5, im FISCHER-JOHNS-Block). *Dimethylester,* F. 107° (Methanol). (J. Amer. chem. Soc. **74.** 1357. 5/3. 1952.) G. DRECHSLER. 1250

A. Emr, *β-[4-Methoxyphenyl]-propionitril.* Es wurde gefunden, daß das β-[4-Methoxyphenyl]-propionitril (**I**) sich durch Anlagerung von Acrylonitril (**II**) an Anisol (**III**) in Ggw. von $AlCl_3$ in einer einzigen Operation darstellen läßt. Um seine Konst. zu bestätigen, wurde dieses zur *β-[4-Methoxyphenyl]-propionsäure* (**IV**) verseift u. diese zur *β-[4-Oxyphenyl]-propionsäure* (*Phloretinsäure*) demethyliert.

Versuche: *β-[4-Methoxyphenyl]-propionitril* (**I**), $C_{10}H_{11}ON$, Kp.$_8$ 150—155°, durch Zugabe von **II** zur Lsg. von $AlCl_3$ in **III** unter Rühren u. Erhitzen unter Rückfluß auf 90°; bei dieser Temp. kam es zu HCl-Entw., wobei die Temp. auf 120° stieg; es wurde noch 30 Min. auf 100° erhitzt, mit Eis versetzt u. verarbeitet; 31,1% (Ausbeute). — *β-[4-Methoxyphenyl]-propionsäure* (**IV**), $C_{10}H_{12}O_3$, F. 104—105° (50%ig. A.), durch 4std. Kochen von **I** mit wss. NaOH u. Ansäuern mit HCl; 94,8% roh. — *β-[4-Oxyphenyl]-propionsäure* (*Phloretinsäure*), $C_9H_{10}O_3$, F. 128—129° (W.), aus **IV** durch 24std. Kochen mit 48%ig. HBr in Eisessig; 90,1% roh. (Chem. Listy **48.** 279—80. Febr. 1954. Praha, Výzkum. Úst. pro farm. a biochem. [Orig.: tschech.]) K. HEJNO/Prag. 1250

B. M. Lynch und **K. H. Pausacker,** *Die Oxydation von Phenylhydrazonen.* 3. Mitt. (2. vgl. C. **1955.** 4560.) Bei der Red. von *Benzylazoxybenzol,* welches durch Oxydation von Benzaldehydphenylhydrazon mit Benzopersäure erhalten werden kann, mit Al-

Amalgam entsteht ein Prod. (I) vom F. 155°, für das Vff. auf Grund der Elementaranalyse die Formel $C_{13}H_{12}N_2$ aufstellen, während WITKOP u. KISSMAN (J. Amer. chem. Soc. **75**. [1953.] 1975) $C_{14}H_{14}N_2$ gefunden hatten. Die Substanz I ist isomer, aber nicht ident. mit Benzaldehydphenylhydrazon (II; F. 158°); der Misch-F. liegt 20° tiefer. Bei 15 Min. Erhitzen geht I in II über. Es wird angenommen, daß II die *trans*- u. I die *cis Form* des *Benzaldehydphenylhydrazons* ist. Vgl. dazu das Benzaldehydphenylhydrazonisomere vom F. 154° von BODFORSS [1926]. Die Red. von p-Methoxybenzylazoxybenzol, p-Benzylazoxychlorbenzol u. p-Benzylazoxytoluol mit Al-Amalgam liefert die n. substituierten Benzaldehydphenylhydrazone. (J. chem. Soc. [London] **1954**. 1650. Mai. Melbourne, Victoria Univ.) R. MATTNER. 1310

B. M. Lynch und **K. H. Pausacker,** *Die Oxydation von Phenylhydrazonen.* 4. Mitt. (3. vgl. vorst. Ref.) Im Gegensatz zu den Angaben von BERGMANN, ULPTS u. WITTE [1923] stellen Vff. fest, daß *Benzylazoxybenzol* (I) durch 10n HCl oder H_2SO_4 in *Benzaldehyd* (IV; 40%) u. *Benzoylazobenzol* (II; 45%) umgewandelt wird. Vff. nehmen an, daß ein Teil des I zunächst in *N-Benzoyl-N'-phenylhydrazin* (V) umgelagert wird, u. daß dieses danach durch noch nicht umgelagertes I oxydiert wird, wobei II u. *Benzaldehydphenylhydrazon* (III) entstehen. III hydrolysiert dann unter Bldg. von IV. II entsteht auch in guter Ausbeute aus I u. V. Vff. versuchten, I aus N-Benzylhydroxylamin u. Nitrosobenzol (VII) herzustellen. Nach BAMBERGER u. RENAULD [1887] sollte dabei „Bisazoxybenzyl" entstehen. Vff. erhielten ein Prod. vom gleichen F. wie die genannten Vff. u. erkennen diese Verb. als *ω-Azoxytoluol.* Es wird die Reaktionsgleichung $2\,C_6H_5CH_2-NH-OH + 2\,C_6H_5-N{=}O \rightarrow C_6H_5-CH_2-N(O){=}N-CH_2C_6H_5 + C_6H_5N(O){=}NC_6H_5$ angenommen. — Bei der Oxydation verschied. O-substituierter Benzaldehydphenylhydrazone u. von Thiophen-2-aldehydphenylhydrazon mit Perphthalsäure (VI) entstehen in ausgezeichneten Ausbeuten die entsprechenden Azoxyverbindungen. Furfuraldehydphenylhydrazon gibt eine gute Ausbeute an der entsprechenden Azoxyverb., während aus p-Dimethylaminobenzaldehydphenylhydrazon kein einwandfrei isolierbares Prod. gewonnen werden konnte; offenbar greift die Persäure auch das tert.-N-Atom unter Bldg. von N-Oxyd an. Bei der Oxydation von Benzaldehyd-N-methylphenylhydrazon mit VI wurde in geringer Ausbeute VII isoliert. Aus Acetophenon-N-methylphenylhydrazon wurde nur etwas *Acetophenon* erhalten.

Versuche (FF. korr.): *N-Benzoyl-N'-phenylhydrazin* (V), F. 168°, aus 3 g I durch 15 Min. Kochen in 25 ml Eisessig; 1,8 g (Ausbeute). — *Benzaldehyd-2.4-dinitrophenylhydrazon,* F. 234—236° (Zers.), aus I u. 10 ml HCl (oder H_2SO_4) durch 6 Std. Kochen, Dest. u. Zugabe zu 2.4-Dinitrophenylhydrazin in HCl. — *Benzoylazobenzol* (II), F. 32—33°, a) aus dem Rückstand vorst. Operation, b) aus 1 g I u. 1 g V durch 1 Std. Kochen mit 2n HCl in A., 0,9 g, rote Platten. — V, F. 168°, aus II durch Red. mit Zn-Staub. — Durch Oxydation mit VI in Ae. (vgl. 1. Mitt.) wurden folgende Aldehydphenylhydrazone in die entsprechenden Azoxyverbb. übergeführt: o-Tolualdehyd (F. der entsprechenden Azoverb.) 188° (Ausbeute 80%); o-Chlorbenzaldehyd, 188°; 87%; Salicylaldehyd, 114,5°; 76%; Furfurol, 110—130°; 35%; Thiophenyl-(2)-aldehyd, 148,5°; 70%. — *ω-Azoxytoluol,* $C_{14}H_{14}ON_2$, F. 209° Zers., a) aus 2,8 g ω-Azotoluol, durch Zugabe zu 5,5 g VI in 200 ml Ae., 3 Tage Stehen im Eisschrank; 1,0 g; b) analog aus Benzaldehydbenzylhydrazon, 14%. — *trans-Azoxybenzol,* F. 36°, u. *ω-Azoxytoluol,* $C_{14}H_{14}ON_2$, F. 209° (Zers.), aus N-Benzylhydroxylaminhydrochlorid, VII u. NaOH in A. durch Erwärmen auf 40°. (J. chem. Soc. [London] **1954**. 3340—42. Okt. Melbourne, Univ.) R. MATTNER. 1310

H. Irving und **C. F. Bell,** *Untersuchungen mit Dithizon.* 6. Mitt. *S-Alkyldithizone.* (5. vgl. C. **1955**. 8828.) Die Darst. von *3-Methyl-* (I) u. *3-Äthylmercapto-1.5-diphenylformazan* wird beschrieben. I gibt in Chlf. mit wss. Lsgg. von Cu-, Ag-, Hg-, Zn- oder Cd-Salzen unter Bedingungen, unter denen Dithizon (II) Metalldithizonate bildet, keine Komplexe. Mit Hg(II)-Acetat in aceton. Lsg. wird eine lockere *Additionsverb.* erhalten. Das Verhältnis Metall:Ligand beträgt 0,6:1. Auch die mit Cu u. Pd gebildeten *Additionsverbb.* entsprechen keiner stöchiometr. Formel. I löst sich nicht mehr in wss. Alkalien. Die sauren Eigg. von II müssen danach also der Sulfhydrylform zugeschrieben u. die sogenannten „Keto"-Dithizonatkomplexe der Metalle als Sulfhydrylderivv. formuliert werden.

Versuche: *3-Methylmercapto-1.5-diphenylformazan* (I), $C_{14}H_{14}N_4S$, F. 119—120°, a) aus 3-Chlor-1.5-diphenylformazan u. Na-Methylmercaptid, b) aus II u. Dimethylsulfat in alkal. Lsg.; c) aus Ag-Dithizonat u. Methyljodid; nach Chromatographie schwarzes Pulver mit Bronzeglanz. *Hg-Komplex,* F. 144°, aus I in Aceton u. Hg(II)-Acetat in wss. A.; rote Kristalle. — *3-Äthylmercapto-1.5-diphenylformazan,* $C_{15}H_{16}N_4S$, F. 70°, aus Na-Äthylmercaptid analog I (a); nach Chromatographie schwarze Masse. —

Die UV-Absorptionsspektren der Verbb. sind angegeben. (J. chem. Soc. [London] **1954**. 4253—56. Dez. Oxford, Inorgan. Chem. Labor.) K. Frenkler. 1310

C. v. d. Stelt, B. G. Suurmond und **W. Th. Nauta,** *Die Chlorierung von 4-Amino-2-oxybenzoesäure.* Beim Vers. der Darst. von *4-Amino-3.5-dichlor-2-oxybenzoesäure* (I) durch direkte Chlorierung von 4-Amino-2-oxybenzoesäure (II; PAS) wurde nur *2.4.4.6.6-Pentachlorcyclohexen-(1)-dion-(3.5)* (III), daneben *2.2.4.4.5.6.6-Heptachlorcyclohexandion-(1.3)* erhalten, die beide zu *2.4.6-Trichlor-1.3-dioxybenzol* red. werden. III kann auch durch Chlorierung von 2.4-Dioxybenzoesäure (IV) dargestellt werden. Dabei entsteht als Nebenprod. *3.5-Dichlor-2.4-dioxybenzoesäure* (V), die zu III weiterchloriert wird. Die nach Stelt u. Mitarbeitern (Arzneimittel-Forsch. **4.** [1954.] 544) durch Chlorierung u. anschließende Hydrolyse des N-Acetylderiv. von II dargestellte I wird zum Konstitutionsbeweis über das *Diazoniumsalz* in *3.5-Dichlor-2-oxybenzoesäure* bzw. V verwandelt, die beim starken Erhitzen zu *2.4-Dichlor-1.3-dioxybenzol* decarboxyliert wird.

V e r s u c h e: *2.4.4.6.6-Pentachlorcyclohexen-(1)-dion-(3.5)* (III), $C_6HO_2Cl_5$, F. 94 bis 96° (Ligroin); durch Chlorierung von a) II in Eisessig/konz. HCl; 39% (Ausbeute), daneben 10% nachst. Verb.; b) IV in CCl_4; 29% neben 55% V; c) in Eisessig; 45%. — *2.2.4.4.5.6.6-Heptachlorcyclohexandion-(1.3)*, $C_6HO_2Cl_7$, F. 56,5—58,5°. — *2.4.6-Trichlor-1.3-dioxybenzol,* F. 82,0—83,5° (W.), aus vorst. Verb. (bzw. III) u. $SnCl_2$ in Eisessig; 83%. — *1.3-Dimethoxy-2.4.6-trichlorbenzol,* $C_8H_7O_2Cl_3$, F. 74,5—75,5° (Ligroin), aus vorst. Verb. u. CH_2N_2 in Ae.; 89%. — *3.5-Dichlor-2-oxybenzoesäure,* F. 216—217° (nach Sublimation im Hochvakuum), aus I durch Diazotierung u. Verkochen mit A.; 7,5%. — *3.5-Dichlor-2.4-dioxybenzoesäure* (V), F. 220° (Zers.; W.), aus I durch Diazotierung in verd. HCl, dann 10 Min. bei 80°; 62%. — *2.4-Dichlor-1.3-dioxybenzol,* F. 82,5—84,0°, *Monohydrat,* F. 63—65°, analog V, aber nach längerem Erhitzen. (Recueil Trav. chim. Pays-Bas **73.** 1022—27. Nov. 1954. Amsterdam, N. V. Koninkl. Pharmac. Fabrieken v/h Brocades-Stheeman & Pharmacia, Res. Dep., u. Vrije Univ., Chem. Labor.) H. Gnichtel. 1350

Marcel Chaigneau, *Über die Decarboxylierung von Na-p-Aminosalicylat in wässeriger Lösung.* Die Decarboxylierung 3%ig. wss. Lsgg. von *Na-p-Aminosalicylat* (I), die unter Luftausschluß gehalten wurden, wurde bei verschied. Tempp. untersucht. Bei 18 ± 2° gibt die 3%ig. wss. I-Lsg. innerhalb von 14 Tagen kein CO_2 ab; auch bis 60° ist I beständig. Erst ab 70° wird CO_2 abgespalten. Bei 70 u. 100° ist die Decarboxylierung eine geradlinige Funktion der Zeit. Zusatz von 0,1%ig. Na-Sulfit- oder Na-Ascorbinatlsg. verlangsamt die Decarboxylierung, während Zusatz von 0,1%ig. Ascorbinsäurelsg. diese beschleunigt. — Die colorimetr. Best. des gebildeten m-Aminophenols nach Pesez (C. **1950.** II. 2096) ergibt ähnliche Ergebnisse bzgl. der Decarboxylierung wie die angewandte gasometr. Methode. — Bemerkenswerterweise bleiben die 2 Std. auf 100° unter Luftausschluß erhitzten I-Lsgg. farblos. Die Färbung von wss., der Luft ausgesetzten I-Lsgg. ist deshalb vermutlich auf Sauerstoffeinw. zurückzuführen. (Ann. pharmac. franç. **11.** 522—25. Juli/Aug. 1953.) K. F. Müller. 1350

Paul A. J. Janssen, Dusan Zivkovic und **Paul Demoen,** *Dehydratation von Aminosäureamiden der Amidonreihe.* Im Hinblick auf das Verh. von Säurenitrilen u. Aminosäuren der Amidonreihe, die bei der Behandlung mit $SOCl_2$ bei 60° *2-Iminopyrrolidine, 2-Iminopiperidine* bzw. *Pyrrolidone-(2)* geben, wurde versucht, mit Amidon verwandte Aminosäureamide mit $SOCl_2$ zu cyclisieren. Es bildeten sich jedoch nur die *Säurenitrile* zurück. Die UV-Spektren der dargestellten *Säureamide* u. *Nitrile* sind angegeben, ebenso die parasympatholyt. Aktivitäten im Vgl. zu Atropinsulfat.

V e r s u c h e: Durch Kondensation von Phenylacetonitril mit den entsprechenden N-substituierten β-Aminoäthylchloriden unter Einw. von Na- oder Li-Amid wurden nachst. n-B u t y r o n i t r i l e erhalten: *α-Phenyl-γ-diäthylamino-, Oxalat,* $C_{16}H_{22}O_4N_2$, F. 174°; 85% (Ausbeute). — *α-Phenyl-γ-piperidino-, Hydrochlorid,* $C_{15}H_{21}N_2Cl$, F. 178°; 79%. — *α.α-Diphenyl-γ-dimethylamino-, Oxalat,* $C_{20}H_{22}O_4N_2$, F. 163°; 81%. — *α.α-Diphenyl-γ-pyrrolidino-, Oxalat,* $C_{22}H_{24}O_4N_2$, F. 200—201°; 83%. — *α.α-Diphenyl-γ-piperidino-, Oxalat,* $C_{23}H_{26}O_4N_2$, F. 250°; 87%. — *α.α-Diphenyl-γ-morpholino-,* $C_{20}H_{22}ON_2$, F. 81—83°; 78%. — *α-Phenyl-α-[2-piperidinoäthyl]-γ-piperidino-, Dihydrochlorid,* $C_{22}H_{35}$·N_3Cl_2, F. 230—232°; 67%. — Vorst. Nitrile gaben bei der Säurehydrolyse mit 90%ig. H_2SO_4 folgende B u t t e r s ä u r e a m i d e: *α-Phenyl-γ-diäthylamino-,* $C_{14}H_{22}ON_2$, F. 82°; 82%. — *α-Phenyl-γ-piperidino-,* $C_{15}H_{22}ON_2$, F. 99°; 80%. — *α.α-Diphenyl-γ-dimethylamino-,* $C_{18}H_{22}ON_2$, F. 140°; 78%. — *α.α-Diphenyl-γ-pyrrolidino-,* $C_{20}H_{24}ON_2$, F. 146—147°; 83%. — *α.α-Diphenyl-γ-piperidino-,* $C_{21}H_{26}ON_2$, F. 188°; 81%. — *α.α-Diphenyl-γ-morpholino-,* $C_{20}H_{24}O_2N_2$, F. 184°; 80%. — *α-Phenyl-α-[2-piperidinoäthyl]-γ-piperidino-,* $C_{22}H_{35}ON_3$, F. 117° (Zers.); 69%. — Behandeln vorst. Amide mit $SOCl_2$ unter Eiskühlung gab keine Rk., nach 1—3std. Erhitzen auf dem Dampfbad, Alkalisieren mit NaOH u. Extraktion mit Ae. wurden die *Nitrile* zurückgewonnen. (J. Amer. chem. Soc. **77.** 4423—25. 20/8. 1955. Turnhout, Belgien, Pharmaceut. Labors. Euphama, Res. Dep.) W. GEHRMANN. 1350

Gilm Kamai, S. L. Chissamowa und **N. A. Tschadajewa,** *Über Verfahren zur Gewinnung von Alkyl- und Glykolestern der arsenigen und arylarsenigen Säure. Cycl. Arylarsenigsäureglykolester* werden aus Aryldichlorarsinen u. den entsprechenden Glykolen in Ggw. von Pyridin (Meth. **A**) oder durch Erhitzen von Arylarsinoxyd mit Glykolen ohne Anwendung wasserentziehender Mittel (Meth. **B**) dargestellt. Im zweiten Fall sind die Ausbeuten höher u. die Prodd. reiner. *Äthylenglykol-1.2-bis-[äthylenglykolarsenit]*,

$$\begin{matrix} CH_2-O \\ | \\ CH_2-O \end{matrix}\!>\!As-OCH_2CH_2O-As\!<\!\begin{matrix} O-CH_2 \\ | \\ O-CH_2 \end{matrix}$$

, wird aus As_2O_3 u. Äthylenglykol in guter Ausbeute erhalten.

V e r s u c h e : P h e n y l a r s e n i g s ä u r e g l y k o l e s t e r. *Äthylenglykolester*, Kp.$_9$ 122—122,5°, nach Meth. **B** aus Phenylarsinoxyd; D.$^{20}_0$ 1,5279; n_D^{20} 1,5961; 64,5% (Ausbeute); nach Meth. **A** aus Phenyldichlorarsin; 56,6%. — *3-Äthoxypropylenglykol-(1.2)-ester*, Kp.$_{11}$ 158—159°, D.$^{20}_0$ 1,3757, n_D^{20} 1,5512; 74,3% (65,3%). — *Trimethylenglykolester*, Kp.$_{10}$ 133°, D.$^{20}_0$ 1,4642, n_D^{20} 1,5990; 69% (62,1%). — *Diäthylenglykolester*, Kp.$_2$ 155°, D.$^{20}_0$ 1,4594, n_D^{20} 1,5895; 59,8% (50,3%). — *Brenzcatechinester*, F. 85—86°, Kp.$_9$ 178—179°; 86% (20,1%). — *p-Tolylarsenigsäureäthylenglykolester*, F. 134—135°, Kp.$_9$ 137—138°; 66,4% (45,6%). — *Äthylenglykol-1.2-bis-[äthylenglykolarsenit]*, Kp.$_2$ 160 bis 161°, man erhitzt 60 g As_2O_3 u. 86,4 g Äthylenglykol 15—20 Min. auf 150° u. fraktioniert im Vakuum; 92,4%. (Доклады Академии Наук СССР [Ber. Akad. Wiss. UdSSR] [N. S.] **89.** 1015—16. 21/4. 1953.) O. POLLAK v. EMHOFEN. 1380

Alfred R. Bader, *Ungesättigte Phenole.* 2. Mitt. *Versuch der Synthese von o-Vinylphenol.* (1. vgl. C. **1954.** 7634.) Nach dem von SMITH u. NIEDERL (J. Amer. chem. Soc. **53.** [1931.] 806) beschriebenen Verf. der Umsetzung von Phenol mit Äthylenoxyd in H_2SO_4 konnte kein o-Vinylphenol (**I**) erhalten werden; die Behandlung von β-Phenoxyäthanol mit H_2SO_4 lieferte das Ausgangsprod. zurück. Auch die Rk. von Phenol mit Vinylacetat ergab kein **I**. In der Decarboxylierung von o-Oxyzimtsäure wird eine bequeme Meth. zur Darst. von **I** erwartet (vgl. KUNZ-KRAUSE u. MANICKE, Arch. Pharmaz. Ber. dtsch. pharmaz. Ges. **566.** [1929.] 555). (J. Amer. chem. Soc. **77.** 4155. 5/8. 1955. Milwaukee, Wis., Aldrich Chem. Co. Inc.) H. GOLD. 1460

John D. Roberts, G. Bruce Kline und **Howard E. Simmons jr.,** *Kleinringverbindungen.* 11. Mitt. *Einige neue Cyclobutan-, Cyclobuten- und Cyclobutanonderivate aus dem Addukt von Phenylacetylen und 1.1-Difluor-2.2-dichloräthylen.* (10. vgl. C. **1954.** 10198.) Phenylacetylen u. 1.1-Difluor-2.2-dichloräthylen (**I**) geben das Addukt *1.1-Difluor-2.2-dichlor-3-phenylcyclobuten* (**II**), das zu *1.1-Difluor-3-phenylcyclobutan* hydriert wird u. mit konz. H_2SO_4 *2.2-Dichlor-3-phenylcyclobutenon* (**III**) liefert. **III** läßt sich zu *4.4-Dichlor-3-phenylbuten-(2)-säure* verseifen, zu *3-Phenylcyclobutanon* reduzieren u. gibt bei der Ozonisierung *ω.ω-Dichloracetophenon*. **II** lagert sich durch Erhitzen mit Triäthylamin zu *1.1-Difluor-2.4-dichlor-3-phenylcyclobuten* um, das mit konz. H_2SO_4 *2.4-Dichlor-3-phenylcyclobutenon* (**IV**) liefert. **IV** wird zu *2.4-Dichlor-3-phenylbuten-(3)-säure* gespalten, durch Ozonisierung in *ω-Chloracetophenon* übergeführt, zu *Phenylcyclobutan* red. u. bleibt unter Bedingungen, unter denen andere Ketone durch Isopropenylacetat u. p-Toluolsulfonsäure in Enolacetate umgewandelt werden, unverändert.

V e r s u c h e : *1.1-Difluor-2.2-dichlor-3-phenylcyclobuten* (**II**), $C_{10}H_6Cl_2F_2$, Kp.$_5$ 109 bis 111°, aus Phenylacetylen, **I** u. etwas Hydrochinon (2 Std. im Rohr bei 130°); n_D^{25} 1,5435; 71% (Ausbeute). — *1.1-Difluor-3-phenylcyclobutan*, $C_{10}H_{10}F_2$, Kp.$_{20}$ 88,1—88,3°, aus **II** in CH_3OH u. H_2 über 7%ig. Pd-Kohle; n_D^{25} 1,4828; 22%. Gibt mit konz. H_2SO_4 (15 Min. bei 100°) 18% *Benzalacetophenon* (*2.4-Dinitrophenylhydrazon*, F. 223—225°). — *2.2-Dichlor-3-phenylcyclobutenon* (**III**), $C_{10}H_6OCl_2$, F. 79,5—80,5°, aus **II** u. konz. H_2SO_4 (11 Min. auf dem Dampfbad); aus A. Nadeln; 82% (roh). *2.4-Dinitrophenylhydrazon*, $C_{16}H_{10}O_4N_4Cl_2$, F. 232—234° (Zers.), aus Essigester gelbe Nadeln. **III** gibt mit wss. alkal. $KMnO_4$ (20 Min. kochen) 12% *Benzoesäure*. — *4.4-Dichlor-3-phenylbuten-(2)-säure*, $C_{10}H_8O_2Cl_2$, F. 124,5—125° (Hexan), aus **III** u. 1,5nNaOH auf dem Dampfbad; 80% (roh). *Methylester*, $C_{11}H_{10}O_2Cl_2$, F. 51—52° (verd. CH_3COOH). Gibt durch Ozonisierung in Äthylacetat bei 0° u. anschließendes Kochen mit 35%ig. H_2O_2/Essigsäure *ω.ω-Dichloracetophenon* (daraus *Phenylglyoxal-bis-2.4-dinitrophenylhydrazon*, F. 296° [Zers.], rot) u. *DL-Mandelsäure*, F. 118—120°); gibt in CH_3OH mit H_2 über 7%ig. Pd-Kohle *β-Phenylbuttersäure* (*Amid*, F. 105,5—107° [W.]). — *3-Phenylcyclobutanon*, Kp.$_{1,5}$ 93—95°, a) aus **III** in CH_3OH, W. u. Na_2CO_3 durch Hydrierung über Pd-Kohle; n_D^{25} 1,5423; 59% (roh), Reinigung über das *Semicarbazon* ($C_{11}H_{13}ON_3$, F. 210,5—212° [wss. A.]); b) aus **III**, amalgamiertem Zn, W. u. konz. HCl; 40%; c) aus 10 g **IV** wie unter a); 1,7 g. *2.4-Dinitro-*

phenylhydrazon, $C_{16}H_{14}O_4N_4$, F. 148,5—150° (Essigester). Gibt bei der Oxydation mit $NaMnO_4$ *Phenylbernsteinsäure*. — *1.1-Difluor-2.4-dichlor-3-phenylcyclobuten*, $C_{10}H_6Cl_2F_2$, Kp.$_{0,4}$ 88—90°, aus II, $(C_2H_5)_3N$ u. etwas Hydrochinon (24 Std. bei 145°); n_D^{25} 1,5499; fast 100%. — *2.4-Dichlor-3-phenylcyclobutenon* (IV), $C_{10}H_6OCl_2$, F. 78—80° (A.), aus vorst. Verb. analog III; 86% (roh). *2.4-Dinitrophenylhydrazon*, $C_{16}H_{10}O_4N_4Cl_2$, F. 234,5 bis 235° (Zers.; Essigester), orangefarben. — *2.4-Dichlor-3-phenylbuten-(3)-säure*, $C_{10}H_8 \cdot O_2Cl_2$, F. 112—113° (Chlf.-Hexan), aus IV u. 1,5nNaOH auf dem Dampfbad; 56%. Gibt bei der Ozonisierung *Phenacylchlorid* (*2.4-Dinitrophenylhydrazon*, F. 213—214° [Zers.]); bei der Hydrierung *β-Phenylbuttersäure* (*Amid*, F. 104—106°). — *Phenylcyclobutan*, Kp.$_1$ 45°, aus 4 g IV durch Red. nach Clemmensen; n_D^{25} 1,5281; 0,45 g (unrein). (J. Amer. chem. Soc. **75**. 4765—68. 5/10. 1953. Cambridge, Mass., Inst. of Technol., Dep. of Chem.)

K. Lehmstedt. 1800

G. B. Barlow, M. Stacey und **J. C. Tatlow**, *Die Reaktionen von hochfluorierten organischen Verbindungen*. 9. Mitt. *1H-Dekafluor-4-trifluormethylcyclohexan, Nonafluor-4-trifluormethylcyclohexen-(1) und Perfluor-[3-methyladipinsäure]*. (8. vgl. Evans u. Tatlow, C. **1955**. 8606.) Das durch Fluorierung von p-Cymol mit CoF_3 erhältliche *Perfluor-[1-methyl-4-isopropylcyclohexan]* (I) setzt sich mit Br_2, Cl_2 u. Toluol in der Gasphase bei 500—550° unter Abspaltung der Perfluorisopropylgruppe um. Die Rk. mit Br_2 führt zu *1-Bromdekafluor-4-trifluormethylcyclohexan* u. *2-Bromheptafluorpropan*. Mit Cl_2 entsteht *1-Chlordekafluor-4-trifluormethylcyclohexan* (II). Mit Toluol bilden sich *1H-Dekafluor-4-trifluormethylcyclohexan* (IV), *2H-Heptafluorpropan* u. *Dibenzyl*. Bei der Pyrolyse von Perfluordicyclohexyl, Perfluor-[isopropylcyclohexan] u. I allein oder in Ggw. von N_2 oder Perfluor-[methylcyclohexan] (III) tritt weitgehende Zers. ein, ohne daß sich definierte Prodd. isolieren lassen. — II, das sich auch durch Fluorierung von p-Chlortoluol oder p-Chlorbenzotrifluorid mit CoF_3 darstellen läßt, setzt sich mit $LiAlH_4$ in Ae. unter Austausch des Cl gegen H zu IV um. Aus IV erhält man durch HF-Abspaltung mit konz. wss. KOH *Nonafluor-4-trifluormethylcyclohexen-(1)* (V), welches Dichlor- u. Dibromadditionsverbb. auf übliche Weise gibt u. von wss. $KMnO_4$ zu *Heptafluor-3-trifluormethyladipinsäure* (VI) oxydiert wird. Das Di-K-Salz von VI läßt sich zu *1H.4H-Heptafluor-2-trifluormethylbutan* decarboxylieren. — Die in der 2. Mitt. (C. **1953**. 2908) genannten Reaktionstempp. sind um 100° zu hoch angegeben.

Versuche: *Perfluor-[1-methyl-4-isopropylcyclohexan]* (I), Kp. 144—146°, n_D^{16} 1,3006, durch Fluorierung von 43,8 g p-Cymol mit CoF_3 bei 260—280°; 66 g (Ausbeute). — *1-Chlordekafluor-4-trifluormethylcyclohexan* (*4-Chlortridekafluor-[methylcyclohexan]*) (II), C_7ClF_{13}, Kp. 102—103°, n_D^{17} 1,314, aus 248,4 g p-Chlortoluol u. CoF_3 bei 290—310°; 107,1 g neben 90 g *Perfluor-[methylcyclohexan]* (III), Kp. 75,5—75,8°, n_D^{17} 1,285, oder aus 359 g p-Chlorbenzotrifluorid u. CoF_3 bei 290—310°; 168,4 g neben 155 g III; oder durch Durchleiten von 38,2 g I u. Cl_2 durch ein auf 540—555° erhitztes, mit Ringen gefülltes Pyrexglasrohr; 11,4 g. — *1H-Dekafluor-4-trifluormethylcyclohexan* (*4H-Tridekafluor-[methylcyclohexan]*; IV), C_7HF_{13}, Kp. 85,1—86,3°, durch Durchleiten von 52,9 g I (10 cm³/Std.) u. 140 cm³ Toluol (50 cm³/Std.) durch ein mit Pyrexringen gefülltes Pyrexglasrohr bei 540—555°; 7,9 g neben ca. 7 cm³ vermutlichem *2H-Heptafluorpropan* u. 7,2 g *Dibenzyl* (F. 52°); oder durch Zugabe von 186 g II in 100 cm³ Ae. im Laufe von 90 Min. zu einer Suspension von 12,5 g $LiAlH_4$ in 200 cm³ Ae. u. 3std. Kochen; 73 g. — *1-Bromdekafluor-4-trifluormethylcyclohexan* (*4-Bromtridekafluor-[methylcyclohexan]*), C_7BrF_{13}, K. 115,2—116,1°, auf analoge Weise aus 54,9 g I u. Br_2 bei 510°; 8,8 g neben 10,1 g *2-Bromheptafluorpropan*, Kp. 15—16°. — *Nonafluor-4-trifluormethylcyclohexen-(1)* (V), C_7H_{12}, Kp. 75,4—75,9°, n_D^{20} 1,293, durch 5std. Kochen von 24 g IV mit 20 g KOH in 25 cm³ W.; 12 g. — *1.2-Dibromnonafluor-4-trifluormethylcyclohexan*, $C_7Br_2F_{12}$, Kp. 156—159°, durch 16std. UV-Belichtung von 1,53 g V u. 0,25 cm³ Br_2 im Pyrexglasrohr; 1,32 g. — *1.2-Dichlornonafluor-4-trifluormethylcyclohexan*, $C_7Cl_2F_{12}$, Kp. 129—131°, aus V u. Cl_2; 50%. — *Heptafluor-3-trifluormethyladipinsäure* (VI), $C_7H_2O_4F_{10}$, F. 60—61° (Bzl.), durch 16std. Erhitzen von 30 g V, 120 g $KMnO_4$ u. 300 cm³ W. im Schüttelautoklaven auf 115°; 22,1 g. *Diäthylester*, $C_{11}H_{10}O_4F_{10}$, Kp.$_{14}$ 112°, n_D^{12} 1,361. *Diamid*, $C_7H_4O_2N_2F_{10}$, F. 168—169° (W.). *Bis-[S-benzylthiuronium]-salz*, $C_{23}H_{22}O_4N_4F_{10}S_2$, F. 208° (W.). — *1H.4H-Heptafluor-2-trifluormethylbutan*, $C_5H_2F_{10}$, Kp. 63—65°, durch 4std. Kochen von 5,3 g des K-Salzes von VI in 8 cm³ Äthylenglykol; 1,7 g. (J. chem. Soc. [London] **1955**. 1749—52. Juni. Birmingham, Univ., Chem. Dep.)

E. Forche. 1810

E. J. P. Fear und **J. Thrower**, *Organische Fluorverbindungen*. 1. Mitt. *Fluorierung von Benzol mit Mangantrifluorid zu einigen Polyfluorcyclohexenen*. Die Fluorierung von Bzl. in der Dampfphase über MnF_3 liefert im Gegensatz zu der entsprechenden Umsetzung mit CoF_3 unvollständig fluorierte, ungesätt. Verbindungen. Unterhalb 200° beträgt die Fluorierung nur 2—4%; zwischen 200 u. 350° erhält man gelbe, zum Teil augenreizende Fll., die sich durch Fraktionierung sehr schwierig trennen lassen u. *Heptafluorcyclohexen* (I; $C_6H_3F_7$, Kp. 105—106°), *Oktafluorcyclohexene* (II; $C_6H_2F_8$, Kp. 81 bis 88°), *dimeres Pentafluorcyclohexadien* (III; $C_{12}H_6F_{10}$, Kp. 214—224°), *dimeres Hexafluorcyclohexadien* (IV; $C_{12}H_4F_{12}$, Kp. 200—206°), *Perfluorcyclohexan* (azeotrop mit Bzl., Kp. 47—47,5°) u. möglicherweise *Perfluordicyclohexyl* ($C_{12}F_{22}$, Kp. 182°, F. 72—74°) enthalten. In den zwischen 200 u. 300° gewonnenen Fluorierungsprodd. sind auch *Monofluorbenzol* u. nicht umgesetztes Bzl. vorhanden, die sich durch Nitrierung mit HNO_3-H_2SO_4 zu *1-Fluor-2.4-dinitrobenzol* (Kp. 298—299°, F. 23—23,5°, n_D^{25} 1,567) bzw. *m-Dinitrobenzol* isolieren lassen. Bei Fluorierungstempp. zwischen 300 u. 350° entstehen keine aromat. Verbindungen. — Die Oxydation eines bei 87—88° sd. II mit wss. $KMnO_4$ bei 100° lieferte eine *3H-Heptafluoradipinsäure*, F. 131—132° (Bzl.); *Dianiliniumsalz*, $C_{18}H_{17}O_4N_2F_7$, F. 198—200° (Aceton-Chlf.); *Bis-[o-methylanilinium]-salz*, $C_{20}H_{21}O_4N_2F_7$, F. 215—217° (Zers.). Demnach muß dieses II ein *1H.4H-* oder *2H.4H-Oktafluorcyclohexen-(1)* oder ein Gemisch aus beiden sein. Die Bromierung von II im UV-Licht ergab *Dibromoktafluorcyclohexan*, $C_6H_2Br_2F_8$, Kp. 156—157°, D.^{20} 2,176, n_D^{20} 1,408. Die Br_2-Anlagerung an I lieferte *Dibromheptafluorcyclohexan*, $C_6H_3Br_2F_7$, Kp. 180—182°, D.^{20} 2,112, n_D^{20} 1,422. Die Behandlung von I mit wss. KOH führte zu einem *Hexafluorcyclohexadien*-Gemisch ($C_6H_2F_6$, Kp. 82—87°, n_D^{20} 1,345), welches sich mit $KMnO_4$ zu *Tetrafluorbernsteinsäure* (*Dianiliniumsalz*, $C_{16}H_{16}O_4N_2F_4$, F. 223—225°) u. *Difluormalonsäure* (*Dianiliniumsalz*, F. 162—164°) oxydieren ließ. I muß *3.3.4.5.5.6.6-Heptafluorcyclohexen-(1)* sein. Tetrafluorbernsteinsäure entsteht auch bei der $KMnO_4$-Oxydation von III u. von IV. (J. appl. Chem. **5**. 353—58. 5/8. 1955. Farnborough, Hants., Royal Aircraft Establishment.) E. FORCHE. 1810

Nobue Hagihara, *Über die Cyclopolymerisation von Acetylen.* 3. Mitt. *Struktur des orangefarbenen Kohlenwasserstoffs $C_{10}H_{10}$.* (2. vgl. C. **1956**. 978.) Zwecks Aufklärung der Konst. des ungesätt. orangefarbenen *KW-stoffs $C_{10}H_{10}$* (I; vgl. 1. Mitt., C. **1956**. 978) wurde dieser zu $C_{10}H_{18}$ u. $C_{10}H_{20}$ hydriert, die als *1-Äthylcycloocten-(1)* (II) bzw. *Äthylcyclooctan* (III) erkannt wurden. Die cycl. Struktur von $C_{10}H_{10}$ ist sehr wahrscheinlich, aber nicht unbedingt erwiesen.

Versuche: *1-Äthylcycloocten-(1)* (II), $C_{10}H_{18}$, Kp.$_{31}$ 88—89°, aus 5,528 g I durch Hydrierung in Eisessig mit 0,30 g PtO_2, wobei nach Aufnahme von 4 H_2 (2 Std.) die Hydriergeschwindigkeit auf $^1/_6$ fällt; D.$^{20}_4$ 0,8462, n_D^{20} 1,4741; 4,6 g (Ausbeute). 1,5 g in 30 cm³ Chlf. geben bei Behandlung mit 3—5%ig. O_3 in 3 Std. nach Entfernung des Chlf. ein dicköliges *Ozonid.* Dieses liefert mit 1 g CrO_3 in 40 cm³ Eisessig neben 0,07 g *Korksäure* (IV; F. 138—139°) 0,11 g *η-Oxocaprinsäure* (V; F. 63—64°). IV wurde außerdem durch HNO_3-Oxydation von II bei 70—80° in 24 Std. erhalten. Aus dem Korksäuremonoäthylester wurde über dessen *Chlorid* durch Kondensation mit C_2H_5ZnJ u. Verseifung des *V-Esters* V erhalten. — *Äthylcyclooctan* (III), $C_{10}H_{20}$, Kp.$_{28}$ 81—82°, aus 5 g I in 30 cm³ CH_3OH u. 2 g RANEY-Ni bei 100 at H_2 (bei 20° Aufnahme von 4 H_2, bei 150° 5 H_2); D.$^{20}_4$ 0,8381; n_D^{20} 1,4610; 4 g. Die Oxydation mit 9 g CrO_3 (für 3 g III) in 25 cm³ W. + 5 g H_2SO_4 in 7 Std. bei 100° ergibt 0,3 g IV. — Synth. von III: 10 g Cyclooctatetraen geben mit HBr bei 0° in 24 Std. 12 g *Bromcyclooctan* (Kp.$_{25}$ 108—110°). Hieraus mit 8 g Na + 19 g C_2H_5J in 12 Std. 3 g rohes III, welches mit mehr Na in 6 Std. Br-frei wird. (J. chem. Soc. Japan, pure Chem. Sect. [Nippon Kagaku Zassi] **73**. 373—76. Juni 1952. Osaka, Univ. [Orig.: japan.]) L. SCHULER. 1810

I. W. Matschinskaja, *Reaktion von Aldehyden und Ketonen mit Acetanhydrid.* 2. Mitt. *Gewinnung von Enolacetaten und Diacetaten aus 4-Methyl- und 4-tert.-Butylcyclohexanon.* (1. vgl. C. **1954**. 8336.) 4-Methylcyclohexanon (I) reagiert mit $(CH_3CO)_2O$ in Ggw. von H_2SO_4 unter Bldg. von *4-Methyl-Δ¹-cyclohexenylacetat*, bei kürzerer Reaktionsdauer entsteht außerdem *4-Methylcyclohexylidendiacetat.* Analog werden bei der Einw. von $(CH_3CO)_2O$ auf 4-tert.-Butylcyclohexanon (II) *4-tert.-Butyl-Δ¹-cyclohexenylacetat* u. *4-tert.-Butylcyclohexylidendiacetat* erhalten. Wie bereits früher (l. c.) berichtet wurde, sind die Cyclohexylidendiacetate als Zwischenprodd. u. die Δ¹-Cyclohexenylacetate als Endprodd. aufzufassen.

Versuche: *4-Methyl-Δ¹-cyclohexenylacetat*, $C_9H_{14}O_2$, Kp.$_3$ 53—56°, man läßt ein Gemisch von 44,4 g I, 124 g $(CH_3CO)_2O$ u. 0,32 g konz. H_2SO_4 9 Std. bei Zimmertemp. stehen, zers. überschüssiges $(CH_3CO)_2O$ mit Eis u. W. u. äthert aus; D.$^{20}_4$ 0,9797; n_D^{20} 1,4520; 5 g (Ausbeute). Daneben wenig *4-Methylcyclohexylidendiacetat*, $C_{11}H_{18}O_4$, Kp.$_3$ 90—90,5°, D.$^{20}_4$ 1,05179; n_D^{20} 1,4443. — *4-tert.-Butylcyclohexenylacetat*, $C_{12}H_{20}O_2$, Kp.$_3$ 87°, aus II mit $(CH_3CO)_2O/H_2SO_4$, 9 Tage Stehen bei Zimmertemp.; D.$^{20}_4$ 0,9593; n_D^{20} 1,4641. Daneben *4-tert.-Butylcyclohexylidendiacetct*, $C_{14}H_{24}O_4$, F. 49—51° (A.), Kp.$_3$ 113—115°. (Журнал Общей Химии [J. allg. Chem.] **23** (**85**). 569—72. April 1953. Moskau, Chem.-Technol. Mendelejew-Inst.) O. POLLAK V. EMHOFEN. 1860

I. W. Matschinskaja, W. A. Barchasch und **W. I. Moltschanow,** *Reaktion von Aldehyden und Ketonen mit Acetanhydrid.* 3. Mitt. *Reaktion von Cyclopentanon, Aceton und Methylpropylketon mit Acetanhydrid.* (2. vgl. vorst. Ref.) Bei der Rk. von Cyclopentanon (I) mit $(CH_3CO)_2O$ in Ggw. von H_2SO_4 bei Zimmertemp. entsteht Δ^1-Cyclopentenylacetat (II), dessen Isolierung jedoch nicht gelingt, da es bei der Dest. unter Bldg. von *Cyclopentylidendiacetat* u. I gespalten wird. Aceton gibt unter analogen Bedingungen mit $(CH_3CO)_2O$ *Acetondiacetat,* wogegen aus Methylpropylketon *2-Acetoxypenten-(1)* oder -(*2*) erhalten wird. Acetophenon u. Benzophenon reagieren nicht mit $(CH_3CO)_2O$.

Versuche: *Cyclopentylidendiacetat,* $C_9H_{14}O_4$, F. 37—39° (verd. A.), ein Gemisch aus 28 g I, 102 g $(CH_3CO)_2O$ u. 0,26 ml konz. H_2SO_4 wird 5 Tage bei Zimmertemp. stehengelassen, $(CH_3CO)_2O$ mit Eiswasser zers., das Reaktionsgemisch ausgeäthert u. fraktioniert dest.; aus der Fraktion $Kp._4$ 72—74° Kristalle. Bei 21—30 tägigem Stehen des Gemisches wird eine Fraktion, $Kp._4$ 23—26°, erhalten, die II nach Brom- u. Verseifungszahl nahekommt u. bei der $KMnO_4$-Oxydation *Glutarsäure* gibt. — *Acetondiacetat,* $C_7H_{12}O_4$, $Kp._7$ 49,5—50°, analog Vorst. aus Aceton u. $(CH_3CO)_2O/H_2SO_4$, 13 Tage Stehen. — *2-Acetoxypenten-(2)* oder -(*1*), $C_7H_{12}O_2$, $Kp._4$ 22,5—23,5°, aus Methylpropylketon, 13 Tage Stehen; $D.^{20}_4$ 0,9043; n_D^{20} 1,4178. (Журнал Общей Химии [J. allg. Chem.] 23 (85). 756—59. Mai 1953.) O. POLLAK V. EMHOFEN. 1860

L. N. Owen und **A. G. Peto,** *Alicyclische Glykole.* 13. Mitt. *1.2-Bis-[oxymethyl]-cyclopentane.* (12. vgl. C. **1955.** 9084.) *cis-* (I) u. *trans-1.2-Bis-[oxymethyl]-cyclopentan* (II) wurden durch Red. der *Cyclopentandicarbonsäure-(1.2)* (**XX** bzw. **XVIII**) *-Dimethylester* mit $LiAlH_4$ dargestellt. I wurde mit verd. H_2SO_4 in *cis-3-Oxabicyclo-[3.3.0]-octan* (III) übergeführt. III konnte auch durch Hydrolyse des *Bis-[methansulfonates] von* I (V) dargestellt werden, wobei aber ein durch eine ungesätt. Verb. [*2-Methylencyclopentylmethanol?*) verunreinigtes Prod. entstand. Bei der Darst. von V durch langsame Zugabe von Methansulfonylchlorid zu I in Pyridin bildet sich als Nebenprod. ebenfalls III. Obwohl bei der Dehydratisierung von II kein cycl. Oxyd erhalten wurde, gab die alkal. Hydrolyse des *Bis-[methansulfonates] von* II (VI) 67% *trans-3-Oxabicyclo-[3.3.0]-octan* (IV). Das *Bis-[p-toluolsulfonat] von* II (VII) reagierte mit K-Thiolacetat (XIII) glatt zu *trans-1.2-Bis-[acetylmercaptomethyl]-cyclopentan* (**XIV**). Die Hydrolyse zum Dithiol mit wss. NaOH u. direkte Behandlung der Reaktionslsg. mit RANEY-Ni gab *trans-3-Thiabicyclo-[3.3.0]-octan* (**IX**), das auch aus VII u. Na_2S dargestellt wurde. Analog wurde aus dem *cis-Bis-[p-toluolsulfonat] von* I (VIII) das *cis-Isomere von* **IX** (**X**) erhalten. Durch Oxydation von **IX** u. **X** mit H_2O_2 entstanden die entsprechenden *Sulfone.* Die Sprengung des Tetrahydrofuranringes in IV mit Acetylbromid gab *trans-2-[Brommethyl]-cyclopentylmethylacetat* (**XI**), aus dem *trans-1.2-Bis-[acetoxymethyl]-cyclopentan* u. weiter II dargestellt wurde. Die Rk. von **XI** mit **XIII** führte zu *trans-2-[Acetylmercaptomethyl]-cyclopentylmethylacetat* (**XII**), aus dem durch Desulfurierung u. Hydrolyse *trans-2-Methylcyclopentylmethanol* (**XV**) erhalten wurde. Durch eine analoge Reaktionsfolge wurde aus III das *cis-Isomere von* **XV** dargestellt. Beide Alkohole sind fl., die physikal. Eigg. sind in Übereinstimmung mit der AUWERS-SKITA-Regel.

Versuche: *Cyclopentanoncyanhydrin* (**XVI**), $Kp._{21}$ 122°, aus dem Keton u. fl. HCN in Ggw. von 60%ig. KOH (14 Std. bei 0°); n_D^{20} 1,4562; 91% (Ausbeute). — *1-Oxycyclopentancarbonsäureäthylester* (**XVII**), $Kp._{15}$ 88°, aus **XVI** durch Hydrolyse u. Veresterung der Säure mit A. u. H_2SO_4 in Bzl. unter azeotroper Abdest. des entstehenden W.; n_D^{16} 1,4510; 80%. — *1-Cyancyclopenten,* $Kp._{39}$ 76—78°, aus **XVI** durch Dehydratisierung mit $SOCl_2$; n_D^{17} 1,4730; 84%. — *Cyclopenten-(1)-carbonsäureäthylester* (**XIX**) $Kp._{20}$ 81—83°, a) aus vorst. Verb. mit A. u. H_2SO_4; n_D^{20} 1,4598; b) aus **XVII** u. PCl_5; weniger rein. — *trans-Cyclopentandicarbonsäure-(1.2)* (**XVIII**), F. 161°, durch gleichzeitiges Zufügen einer Lsg. von **XIX** in A. u. KCN in W. während 1 Std. zu einer sd. gerührten Lsg. von KCN in W., 7 std. Kochen, Zusatz von KOH u. 6 std. Kochen u. Ansäuern mit konz. HCl; 61%. *Dimethylester,* $Kp._{12}$ 115°, mit Methanol–H_2SO_4; n_D^{20} 1,4491; 77%. *Diäthylester,* $Kp._{770}$ 248°, $Kp._{17}$ 133°, mit A. u. p-Toluolsulfonsäure unter azeotroper Abdest. des W. mit CCl_4; n_D^{15} 1,4451; 86%. — *cis-Cyclopentandicarbonsäure-(1.2)* (**XX**)-*Dimethylester,* $C_9H_{14}O_4$, $Kp._{20}$ 129°, durch 3 std. Kochen von 22 g **XVIII** in Acetanhydrid, alkal. Hydrolyse der entstandenen 11,8 g **XX**-*Anhydrid* [F. 72° (Platten aus PAe.), $Kp._{1,5}$ 100—102°] zu **XX** (F. 134—135°) u. Veresterung mit Diazomethan in Ae.; n_D^{21} 1,4528; 96%. — *cis-1.2-Bis-[oxymethyl]-cyclopentan* (I), $C_7H_{14}O_2$, $Kp._{0,15}$ 103°, durch langsames Zufügen einer Lsg. von **XX**-Dimethylester in absol. Ae. zu einer gerührten Lsg. von $LiAlH_4$ in absol. Ae. u. 1 std. Rühren bei 0°; n_D^{21} 1,4840; 95%; oder aus dem Diacetat durch Verseifung mit methanol. Na-Methylatlösung. *Bis-[p-toluolsulfonat]* (**VIII**), $C_{21}H_{26}O_6S_2$, F. 82° (CH_3OH), mit Tosylchlorid in Pyridin bei 0°. *Bis-[methansulfonat]* (**V**),

$C_9H_{18}O_6S_2$, F. 59° (wss. CH_3OH), durch Zugabe einer Lsg. von **I** in Pyridin zu Methansulfonylchlorid. *Bis-[α-naphthylurethan]*, $C_{29}H_{28}O_4N_2$, F. 149° (wss. A.), aus **I** u. α-Naphthylisocyanat (1 Std. bei 100°). — *trans-1.2-Bis-[oxymethyl]-cyclopentan* (**II**), $Kp._{11}$ 147°, $Kp._{0,02}$ 100°, aus dem Dimethyl- oder Diäthylester von **XVIII** analog **I**; n_D^{22} 1,4760; oder aus dem Diacetat mit methanol. Na-Methylatlösung. *Bis-[p-toluolsulfonat]* (**VII**), F. 64° (Nadeln aus CH_3OH), analog **VIII**; 87%. *Bis-[methansulfonat]* (**VI**), F. 60° (Nadeln aus CH_3OH); 85%. *Bis-[α-naphthylurethan]*, F. 155° (Bzl.-PAe.); 40%. — *trans-1.2-Bis-[acetylmercaptomethyl]-cyclopentan* (**XIV**), $C_{11}H_{18}O_2S_2$, $Kp._{0,05}$ 116—118°, aus **VII**, **XIII** u. Thiolessigsäure in A. (4 Std. kochen); n_D^{21} 1,5297; 86%. — *cis-3-Oxabicyclo-[3.3.0]-octan* (**III**), $C_7H_{12}O$, Kp. 149°, a) aus **I** u. 18%ig. H_2SO_4 (20 Min. kochen); n_D^{20} 1,4590; 76%; b) aus **I** in Pyridin bei langsamem Zufügen von Methansulfonylchlorid bei 0° u. Stehen über Nacht, daneben **V**; c) aus **V** u. 15%ig. KOH bei 2std. Kochen u. Abdest.; daneben *2-Methylencyclopentylmethanol* (?; gibt durch Ozonolyse in Äthylacetat HCHO). — *trans-3-Oxabicyclo-[3.3.0]-octan* (**IV**), Kp. 158°, aus **VI** durch Kochen mit 18%ig. KOH (1½ Std.); n_D^{23} 1,4631. — *cis-3-Thiabicyclo-[3.3.0]-octan* (**X**), $C_7H_{12}S$, Kp. 180 bis 184°, durch Zufügen einer wss. Lsg. von Na_2S zu einer Lsg. von 1,95 g **VIII** in heißem A. u. 30 Min. kochen; n_D^{31} 1,5218; 0,25 g. *$HgCl_2$-Addukt*, $C_7H_{12}S \cdot HgCl_2$, F. 163—164° (Nadeln aus A.). *Sulfon*, $C_7H_{12}O_2S$, F. 70° (Nadeln aus W.), aus **X** in Eisessig durch Oxydation mit 30%ig. H_2O_2. — *trans-3-Thiabicyclo-[3.3.0]-octan* (**IX**), F. 29° (Nadeln), Kp. 190—195°, a) aus 1,8 g **VII** u. Na_2S analog **X**; n_D^{31} 1,5233; 0,3 g; b) aus **XIV** durch 4std. Rühren mit wss. NaOH bei 75° unter N_2, 4std. Kochen u. Zufügen von RANEY-Ni in 5 Std. bei 75°. *$HgCl_2$-Addukt*, F. 181—182° (Nadeln aus A.). *Sulfon*, F. 120° (Nadeln aus W.). — *cis-2-[Brommethyl]-cyclopentylmethylacetat* (**XXI**), $C_9H_{15}O_2Br$, $Kp._1$ 96°, durch 25 Min. Erhitzen von **III** mit Acetylbromid; n_D^{20} 1,4899; 88%. — *trans-2-[Brommethyl]-cyclopentylmethylacetat* (**XI**), $Kp._{1,5}$ 98°, aus **IV** analog **XXI**; n_D^{18} 1,4861; 65%. — *trans-1.2-Bis-[acetoxymethyl]-cyclopentan*, $C_{11}H_{18}O_4$, $Kp._1$ 104°, aus 1,1 g **XI** u. K-Acetat durch 18std. Kochen in absol. A. u. 3std. Kochen mit Ag-Acetat in Essigsäure; n_D^{24} 1,4522; 0,35 g. — *cis-1.2-Bis-[acetoxymethyl]-cyclopentan*, $Kp._2$ 107—111°, analog vorst. Verb.; n_D^{20} 1,4525. — *cis-2-[Acetylmercaptomethyl]-cyclopentylmethylacetat* (**XXII**), $C_{11} \cdot H_{18}O_3S$, $Kp._{0,0003}$ 92—94°, aus 12,5 g **XXI**, **XIII** u. Thiolessigsäure durch 2½std. Kochen in A. unter N_2; n_D^{18} 1,5012; 10,2 g. — *trans-2-[Acetylmercaptomethyl]-cyclopentylmethylacetat* (**XII**), $Kp._1$ 129°, aus **XI**, **XIII** u. Thiolessigsäure durch 1½std. Kochen in A.; n_D^{22} 1,4902; 85%. — *cis-2-Methylcyclopentylmethanol*, $C_7H_{14}O$, $Kp._{78}$ 114°, durch Zufügen von RANEY-Ni zu einer sd. Lsg. von 7,4 g **XXII** in A. in 5 Std. u. 2std. Kochen nach Zugabe von NaOH; n_D^{17} 1,4632; 2,2 g. *3.5-Dinitrobenzoat*, $C_{14}H_{16}O_6N_2$, F. 66—67° (CH_3OH). *Phenylurethan*, $C_{14}H_{19}O_2N$, F. 64° (PAe.). *α-Naphthylurethan*, $C_{18}H_{21}O_2N$, F. 92° (Nadeln aus PAe.). — *trans-2-Methylcyclopentylmethanol* (**XV**), $Kp._{81}$ 110—111°, aus 3,6 g **XII** analog vorst. Verb.; n_D^{18} 1,4531; 0,85 g. *3.5-Dinitrobenzoat*, F. 56° (PAe.). *Phenylurethan*, F. 47—48° (PAe.). *α-Naphthylurethan*, F. 98° (Nadeln aus PAe.). (J. chem. Soc. [London] **1955**. 2383—90. Juli. London, Imp. Coll. of Sci. and Technol., Dep. of Chem.) H. BERTSCH. 1870

Hans-Werner Wanzlick und **Gottfried Gollmer**, *2-Chlorcyclopenten-(1)-on-(3), ein Chlorierungsprodukt des Cyclopentanons.* Vff. zeigen, daß ein bei der Chlorierung des Cyclopentanons (**I**) entstehendes Nebenprod. ident. ist mit dem aus Cyclopenten-(1)-on-(3) (**II**) u. Chlor entstehenden *2-Chlorcyclopenten-(1)-on-(3)* (**III**); daß nicht 1-Chlorcyclopenten-(1)-on-(3) vorliegt, wurde auf chem. Wege u. durch Best. des Dipolmomentes bestätigt. Im Gegensatz zu Chlorcyclopentanon reagiert **III** nicht mit K-Acetat in Eisessig, was von der 1-Chlorverb. als vinylogem Säurechlorid erwartet werden müßte. — Die Darst. von *3-Chlorcyclohexanon* (ein anderes β-Halogenketon, das unbeständig sein müßte) nach KÖTZ u. GRETHE [1909] durch Addition von HCl an Cyclohexen-(1)-on-(3) konnte trotz verschied. Versuchsbedingungen nicht reproduziert werden.

V e r s u c h e: *2-Chlorcyclopentanon-(1)*, $Kp._{10}$ 72—73°, durch 3std. Einleiten von Cl_2 in **I** + verd. HCl bei zunächst 50°, dann 30°; 53% (Ausbeute). — *2-Chlorcyclopenten-(1)-on-(3)* (**III**), C_5H_5OCl, $Kp._{10}$ 88°, als Nebenprod.; 26%; auch aus **II** u. Cl_2 in CCl_4 unter Kühlung; $D.^{20}_4$ 1,263; n_D^{20} 1,5135; μ 3,98 ± 0,05 D (Bzl.; berechnet μ 4,19 D). *2.4-Dinitrophenylhydrazon*, $C_{11}H_9O_4N_4Cl$, Zers. ab 170°, ohne zu schm., rote Prismen aus Eisessig. — *4-Benzal-2-chlorcyclopenten-(1)-on-(3)*, $C_{12}H_9OCl$, F. 112°, aus **III** u. Benzaldehyd in Eisessig u. Ggw. von konz. HCl durch ca. 3tägiges Stehen; Prismen aus CH_3OH. — Der oxydative Abbau von **III** mit wss. $KMnO_4$ liefert *Bernsteinsäure*, F. 183°; 40%. (Chem. Ber. **88**. 281—83. 1955. Berlin-Charlottenburg, TU, Organ.-Chem. Inst.) J. RICHTER. 1960

Wesley Cocker und **John T. Edward**, *Einige Reaktionen von 1.3.3.4.4-Pentamethyl-2-acetylcyclopentanol-(1).* Wegen der leichten Bldg. des entsprechenden *Lactons* (**I**) statt der sonst zu erwartenden Aminosäure bei der Hydrolyse wird für das nach KOLO-

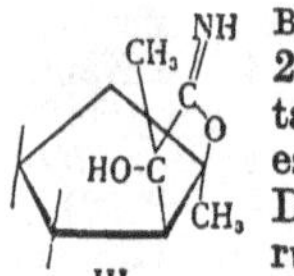

III

BIELSKI u. WIEMANN (C. **1955.** 5054) aus trans-1.3.3.4.4-Pentamethyl-2-acetylcyclopentanol-(1) (trans-II) mit HCN angeblich gebildete Lactam (α-Oxy-α-methyl-α-[1.3.3.4.4-pentamethyl-1-aminocyclopentyl-(2)]-essigsäurelactam) die Struktur eines bicycl. *Iminoäthers* (III) angenommen. Der neue Reaktionsmechanismus, der ebenfalls zunächst eine Epimerisierung an $C_{(2)}$ von trans-II einschließt, wird diskutiert. I wird durch $LiAlH_4$-Red. u. anschließende Oxydation mit HJO_4 in cis-II verwandelt, das kein $C_{(1)}$-, sondern ein $C_{(2)}$-Epimeres von trans-II ist. (Chem. and Ind. **1954.** 760—61. 26/6. Dublin, Trinity Coll., Univ., Chem. Labor.) R. BORCHARDT. 1980

J. C. Westfahl und **T. L. Gresham,** *Vinylidencyanid.* 6. Mitt. *Die aluminiumchloridkatalysierte Reaktion mit tert.-Alkanen.* (5. vgl. C. **1954.** 8085.) *Vinylidendicyanid* (I) reagiert mit Methylcyclohexan u. 2 Mol $AlCl_3$ in symm.-Tetrachloräthan unter Bldg. von [*1-Methylcyclohexyl-(1)*]-[*methyl*]-*malonsäuredinitril* (II). II wird durch sd. wss.-alkoh. KOH in [*1-Methylcyclohexyl-(1)*]-[*methyl*]-*malonsäurediamid* u. [*1-Methylcyclohexyl-(1)*]-[*methyl*]-*cyanessigsäure* (III), durch sd. wss. NaOH oder konz. H_2SO_4 in [*1-Methylcyclohexyl-(1)*]-[*methyl*]-*cyanacetamid* übergeführt. III wird bei 215° zu α-[*1-Methylcyclohexyl-(1)*]-*propionitril* (IV) decarboxyliert, das beim Behandeln mit konz. H_2SO_4 bei 100° das *Säureamid* (V) liefert. V wurde auf anderem Wege durch Diensynth. aus Butadien-(1.3) u. Methylisopropenylketon, Hydrierung des gebildeten *4-Acetyl-4-methylcyclohexens*, Cyanhydrinsynth. der entsprechenden *Cyclohexanverb.* zu *α-Oxy-α-[1-methylcyclohexyl-(1)]-propionitril*, Acetylierung, Essigsäureabspaltung zum *α-[1-Methylcyclohexyl-(1)]-acrylonitril*, Hydrierung zu IV u. Behandeln mit konz. H_2SO_4 dargestellt. Mit Isopentan reagiert I analog zum [*tert.-Amyl*]-[*methyl*]-*malonsäuredinitril* (VI), dessen Geruch von dem des Camphers nicht zu unterscheiden ist, was Vff. auf die strukturelle Ähnlichkeit beider Verbb. zurückführen. Die Infrarotspektren von VI, II, [*Benzyl*]-[*methyl*]- u. [*Naphthyl-(2)-methyl*]-[*methyl*]-*malonsäuredinitril* zeigen eine Gruppe von Absorptionsbanden zwischen 8,5 u. 9,0 μ, die auf das tert. C-Atom zurückzuführen sein dürfte, u. ein wahrscheinlich für die Gruppierung $CH_3C(CN)_2C<$ charakterist. Maximum bei 20,9 μ. Sättigen der $AlCl_3$-Suspension mit HCl vor der Zugabe von I u. dem tert. Alkan erhöht die Ausbeuten nicht wesentlich.

V e r s u c h e: [*1-Methylcyclohexyl-(1)*]-[*methyl*]-*malonsäuredinitril* (II), $C_{11}H_{16}N_2$, $Kp._1$ 99—99,5°, $D.^{25}_4$ 0,977, n_D^{25} 1,4751, durch Zutropfen von 49,1 g Methylcyclohexan u. 39,0 g I in symm.-Tetrachloräthan zu der gerührten Suspension von 133,3 g $AlCl_3$ im gleichen Lösungsm., die vorher mit HCl gesätt. worden war, bei 35—40° während 30 Min.; 70 Min. ohne Kühlung rühren, Hydrolysieren mit kalter, sehr verd. HCl, Absaugen, Abtrennen der organ. Phase u. Extraktion der wss. Phase mit Chlf.; Reinigung des Destillats durch Erhitzen mit P_2O_5 auf 130°; 42,8% (Ausbeute). — [*1-Methylcyclohexyl-(1)*]-[*methyl*]-*cyanacetamid*, $C_{11}H_{18}ON_2$, F. 154,3—155° (Bzl.-Hexan), aus II u. konz. H_2SO_4 (10 Min. bei 90°); 44%; oder aus 6,2 g II u. NaOH durch $41^1/_2$std. Kochen u. Absaugen; 5 g; der Nd. enthält daneben etwas Diamid; aus dem bas. Filtrat werden 1,2 g III isoliert. — [*1-Methylcyclohexyl-(1)*]-[*methyl*]-*malonsäurediamid*, $C_{11}H_{20}O_2N_2$ F. 239° (A.), durch 263 Std. Kochen von II u. KOH in wss. A. im Stahlgefäß, Zugabe von W., Abdest. des A., Dampfdest., Ansäuern, Ausäthern u. Absaugen; 8,9%. — [*1-Methylcyclohexyl-(1)*]-[*methyl*]-*cyanessigsäure* (III), $C_{11}H_{17}O_2N$, F. 103,5—104,5° (Hexan-Bzl., dann CCl_4.), durch Extrahieren des Filtrats von vorst. Verb. mit Ae., Ausziehen mit $NaHCO_3$-Lsg. u. Ansäuern; 62,2%. — *α-[1-Methylcyclohexyl-(1)]-propionitril* (IV), Kp. 220—227°, n_D^{25} 1,4631, durch 1std. Erhitzen von III auf 215°; 78%. — *α-[1-Methylcyclohexyl-(1)]-propionamid* (V), $C_{10}H_{19}ON$, F. 108—108,5° (Bzl.-Hexan), aus 0,26 g IV durch 15 Min. Behandeln mit konz. H_2SO_4 bei 100°; 25 mg. — *4-Acetyl-4-methylcyclohexen*, aus 270 g Butadien-(1.3), 126,3 g Methylisopropenylketon u. 6 g Hydrochinon durch 4std. Erhitzen im Stahlautoklaven auf 120° u. Abdest. des überschüssigen Butadiens; Dest. des Rückstands ($Kp._5$ 67—70,5°) gibt neben etwas *2.6-Dimethylocten-(1)-dion-(3.7)* die unreine Verb. (76,6%). *Semicarbazon*, $C_{10}H_{17}ON_3$, F. 162,5 bis 163,5° (A.-W.). — *1-Acetyl-1-methylcyclohexan*, aus der unreinen vorst. Verb. in A. durch Hydrieren mit PtO_2 bei Zimmertemp. u. 40 lbs./sq.in.; Dest. ($Kp._5$ 57—59°) gibt neben *2.6-Dimethyloctandion-(3.7)* die unreine Verb. (90,4%). *Semicarbazon*, $C_{10}H_{19}ON_3$, F. 186—186,8° (A.-W.). — *α-Oxy-α-[1-methylcyclohexyl-(1)]-propionitril*, durch Eintropfen von 35 g der unreinen vorst. Verb. in 35 cm³ wasserfreie HCN + 0,33 g KCN bei 0°, Erwärmen auf Zimmertemp., Zugeben von 0,3 cm³ konz. H_2SO_4 u. Abtreiben der HCN; 44,7 g (roh). — *α-Acetoxy-α-[1-methylcyclohexyl-(1)]-propionitril*, $C_{12}H_{19}O_2N$, $Kp._1$ 115 bis 116°, $D.^{25}_4$ 1,026, n_D^{25} 1,4670, durch Eintropfen von 41,7 g vorst. Verb. in Acetanhydrid bei 70—80°, Verdünnen mit W. u. Aufnehmen in Ae.; 46,59 g. — *α-[1-Methylcyclohexyl-(1)]-acrylonitril*, $Kp._{10}$ 89,5—95°, $D.^{25}_4$ 0,994, n_D^{25} 1,4736, durch Pyrolyse vorst. Verb. bei 550° in einer CO_2-Atmosphäre u. Kühlen auf 0°; 91,4%. Das Infrarotspektr. zeigt Banden bei 6,2 u. 11,2 μ (Vinylgruppe) sowie 4,4 μ (Nitrilgruppe). Hydrierung von 8,11 g in A. mit PtO_2 bei 40 lbs./sq.in. liefert 6,59 g unreines **IV**, das noch etwas Acrylonitrilderiv. enthält. — *[tert.-Amyl]-[methyl]-malonsäuredinitril* (**VI**), $C_9H_{14}N_2$, Kp.$_2$ 70—71°, F. 44,4° (Kühlen des Destillats in Eis, Umkristallisation aus Methanol bei —78°, Vakuumtrocknung, Sublimation bei 35°/0,2 mm), durch Eintropfen von 36,1 g Isopentan u. 41,5 g **I** in symm.-Tetrachloräthan während 47 Min. in die Suspension von 133,3 g $AlCl_3$ im gleichen Lösungsm. bei 40° u. weitere Aufarbeitung wie bei **II**; 29,7%. — *[tert.-Amyl]-[methyl]-cyanacetamid*, $C_9H_{16}ON_2$, F. 123—124° (Bzl.–Hexan), aus vorst. Verb. mit konz. H_2SO_4. — *[Benzyl]-[methyl]-malonsäuredinitril*, $C_{11}H_{10}N_2$, F. 94,5 bis 95,5° (A., dann A.–W.), aus Na-Benzylmalonsäuredinitril u. CH_3J. Daneben entsteht Iminoäther. — *[Naphthyl-(2)-methyl]-[methyl]-malonsäuredinitril*, $C_{15}H_{12}N_2$, F. 129,2 bis 130° (A.), analog aus [Naphthyl-(2)-methyl]-malonsäuredinitril, $NaOC_2H_5$ u. CH_3J neben dem Iminoäther; 73,8%. (J. Amer. chem. Soc. **77**. 936—39. 20/2. 1955. Bredesville, O., B. F. Goodrich Res. Center.) W. Ruske. 2020

James H. Brewster und **Clarke H. Kucera**, *Überführung des trans-2-Oxycyclohexanessigsäurelactons in das cis-Isomere.* trans-2-Oxycyclohexanessigsäure ließ sich durch Tosylchlorid (**I**) in Pyridin oder NaOH nicht in das p-Toluolsulfonat überführen. Neben Ausgangsmaterial wurde *trans-2-Oxycyclohexanessigsäurelacton* (**II**) isoliert. *trans-2-Oxycyclohexanacetamid* (**III**) wurde aus **II** u. NH_4OH dargestellt. Die Behandlung mit **I** in Pyridin ergab eine *Verb.* $C_{15}H_{19}O_3NS$ (**IV**; *2-p-Toluolsulfonyliminohexahydrocumaran?*), die sich durch Verseifung u. Rk. mit HCl in *cis-2-Oxycyclohexanessigsäurelacton* (**V**) überführen ließ. **V** ist gegen Ringöffnung stabiler als **II**; aus **V** konnte keine Oxysäure erhalten werden. **V** u. **II** zeigten für γ-Lactone typ. Infrarotabsorption. Es wird angenommen, daß sich aus **III** mit **I** über das Sulfonat durch Abspaltung von p-Toluolsulfonsäure u. Ringschluß ein Pseudolactam bildet, das sofort am N tosyliert wird u. **IV** ergibt.

Versuche: *trans-2-Oxycyclohexanessigsäurelacton* (**II**), Kp.$_8$ 126°, aus Cyclohexenoxyd u. Na-Malonester; n_D^{20} 1,4768, $D.^{20}_4$ 1,0868; 64% (Ausbeute). — *trans-2-Oxycyclohexanessigsäure*, F. 104—105°, aus **II** nach Neuman u. Vanderwarf (J. Amer. chem. Soc. **67**. [1945.] 233); 90%. — *trans-2-Oxycyclohexanacetamid* (**III**), F. 149,5 bis 150,5° (Aceton), beim Zufügen von NH_4OH zu **II** in A. unter Rühren, u. Kochen über Nacht; 72%. — *Verb.* $C_{15}H_{19}O_3NS$ (**IV**), F. 84,5—85,5° (A.), aus **III** in Pyridin durch langsames Zufügen von **I** unter Rühren bei Raumtemp., Zers. mit Eiswasser nach 12 Std. u. Neutralisieren mit HCl nach Kühlen; 62%. — *cis-2-Oxycyclohexanessigsäurelacton* (**V**), $C_8H_{12}O_2$, Kp.$_3$ 108—112°, aus **IV** in A. durch Zufügen von wss. NaOH u. Kochen unter Rühren über Nacht, Ansäuern mit HCl in der Kälte u. Extraktion mit Ae.; n_D^{20} 1,4788; $D.^{20}_4$ 1,0869; 75,5%. — *cis-2-Oxycyclohexanacetamid*, $C_8H_{15}O_2N$, F. 120—121° (A.), aus **V** u. fl. NH_3 bei 3tägigem Erhitzen auf 80—100°/17 at; 60%. — *cis-N-Benzyl-2-oxycyclohexanacetamid*, F. 97—98°, aus **V** nach Dermer u. King (J. org. Chemistry **8**. [1943.] 168). — *trans-N-Benzyl-2-oxycyclohexanacetamid*, $C_{15}H_{21}O_2N$, F. 141—142°, analog vorst. Verb. aus **II**. (J. Amer. chem. Soc. **77**. 4564—66. 5/9. 1955. Lafayette, Ind., Purdue Univ., Dep. of Chem.) H. Bertsch. 2050

W. C. Wildman, R. B. Wildman, W. T. Norton und **J. B. Fine**, *Die Diensynthese mit unsymmetrischen Butadienen und β-Nitrostyrol.* β-Nitrostyrol (**I**) u. 2-Äthoxybutadien geben bei der Diensynth. *1-Äthoxy-4-nitro-5-phenylcyclohexen*, dessen Struktur durch Säurehydrolyse u. Umwandlung des gebildeten *4-Nitro-3-phenylcyclohexanons* nach Nef (vgl. Wildman u. Wildman, J. org. Chemistry **17**. [1952.] 581) in *2-Phenylcyclohexandion-(1.4)* sichergestellt wird. Bei der Kondensation von **I** u. 4-Methoxy-β-nitrostyrol (**II**) mit Isopren entstehen Gemische aus *1-* u. *2-Methyl-4-nitro-5-phenylcyclohexen* bzw. *1-* (**III**) u. *2-Methyl-4-nitro-5-[4-methoxyphenyl]-cyclohexen* (**IV**), von denen nur das letztere in die reinen Komponenten aufgetrennt werden konnte. Der Anteil der Isomeren im ersteren konnte ungefähr aus den Umwandlungsprodd. der Nef-Rk. ermittelt werden, bei der mehr *4-Methyl-* als *3-Methyl-6-phenylcyclohexen-(3)-on* gebildet wird, von denen das erstere bei der Dehydrierung *4-Methyl-2-phenylphenol* liefert u. durch Säure nicht isomerisiert werden kann. Die Nef-Rk. mit **IV** ergibt ein Gemisch aus *3-Methyl-6-[4-methoxyphenyl]-cyclohexen-(3)-on* u. *-cyclohexen-(2)-on*, von denen ersteres nicht rein erhalten werden kann, da es sich bei der Rekristallisation isomerisiert, jedoch kann aus beiden ein reines *2.4-Dinitrophenylhydrazon* dargestellt werden. Zur Sicherung der Struktur wird *3.4-Dimethyl-6-[4-methoxyphenyl]-cyclohexen-(2)-on* dargestellt, u. die UV-Spektren werden verglichen. Demgegenüber läßt sich das aus **III** durch Nef-Rk. entstandene *4-Methyl-6-[4-methoxyphenyl]-cyclohexen-(3)-on* nicht isomerisieren. Die Rk. von **I** mit Piperylen führt zu einem Gemisch aus 2 isomeren *3-Methyl-* u. einem *6-Methyl-4-nitro-5-phenylcyclohexen* (**V**). Nach Nef-Rk. u. Isomerisierung mit Säure entsteht aus den beiden ersten das gleiche Keton, *2-Methyl-6-phenylcyclohexen-(2)-on*, analog aus V *5-Methyl-6-phenylcyclohexen-(2)-on*. Die unterschiedliche Isomerisierungsbereitschaft wird auf die verschied. Hyperkonjugation der einzelnen Verbb. zurückgeführt.

Versuche (FF. korr.): *1-Äthoxy-4-nitro-5-phenylcyclohexen*, $C_{14}H_{17}O_3N$, F. 96,5 bis 97° (CH_3OH), durch 3std. Kochen von I mit 2-Äthoxybutadien; 66% (Ausbeute). — *4-Nitro-3-phenylcyclohexanon*, $C_{12}H_{13}O_3N$, F. 105,5—106,5° (Bzl.-PAe.), aus vorst. Verb. durch Stehen in wss. alkoh. HCl; 99%. *2.4-Dinitrophenylhydrazon*, $C_{18}H_{17}O_6N_5$, F. 213,5 bis 214° (Zers.). — *2-Phenylcyclohexandion-(1.4)*, $C_{12}H_{12}O_2$, F. 91—92° (PAe.), aus vorst. Verb. durch Nef-Rk.; 43%. — *Phenylbenzochinon*, F. 113,5—114° (A.), aus vorst. Verb. durch Bromieren in Chlf. bei 0°, Stehen bei Raumtemp. (HBr-Entw.) u. anschließende Oxydation mit $Na_2Cr_2O_7$. — *1*(u. *2*)*-Methyl-4-nitro-5-phenylcyclohexen* $C_{13}H_{15}O_2N$, F. 53,5 bis 55,5° (A.), aus I u. Isopren; 86%; nicht trennbar. — *4-Methyl-6-phenylcyclohexen-(3)-on-(1)*, $C_{13}H_{14}O$, F. 46°, Kp.$_{0,1}$ 104—106°, aus 10,85 g vorst. Gemisches durch Nef-Rk.; Platten aus PAe.; n_D^{20} 1,5544; 65% (*2.4-Dinitrophenylhydrazon*, $C_{19}H_{18}O_4N_4$, F. 146,5 bis 147,5° bzw. F. 132—133°, polymorph), daneben 0,266 g *3-Methyl-6-phenylcyclohexen-(3)-on*, $C_{13}H_{14}O$, F. 60—61,4°, Kp.$_{0,1}$ 121—123°, n_D^{20} 1,5643, aus PAe.-Äthylacetat Prismen (*Semicarbazon*, $C_{14}H_{17}ON_3$, F. 202,5—204° [Zers.]). — *4-Methyl-2-phenylphenol*, F. 67,8—68,5°, aus vorst. Verb. a) durch Dehydrierung über 30%ig. Pd-Kohle bei 270° (1½ Std.); Platten aus PAe.; 96%; b) durch Bromierung zu *4.5-Dibrom-4-methyl-2-phenylcyclohexanon* u. Dehydrobromierung mit alkoh. KOH; 10%. *Benzoat*, F. 94—94,5°. — *4-Methoxy-3-phenylbenzoesäure*, F. 215—217°, aus vorst. Verb. nach Anchel u. Blatt (J. Amer. chem. Soc. **63**. [1941.] 1948). — *5-[4-Methoxyphenyl]-1-methyl-4-nitrocyclohexen* (III), $C_{14}H_{17}O_3N$, F. 97,5—98,5° (CH_3OH), aus II u. Isopren u. fraktionierte Kristallisation aus CH_3OH; 63%; daneben *4-[4-Methoxyphenyl]-1-methyl-5-nitrocyclohexen* (IV), $C_{14}H_{17}O_3N$, F. 74—75° (PAe.); 12%. — *6-[4-Methoxyphenyl]-4-methylcyclohexen-(3)-on*, $C_{14}H_{16}O_2$, Kp.$_{0,6}$ 133—135°, aus III durch Nef-Rk.; n_D^{20} 1,5357; 69%. *2.4-Dinitrophenylhydrazon*, $C_{20}H_{20}O_5N_4$, F. 160,5—161,5°, aus A. orangefarbene Nadeln. — *6-[4-Methoxyphenyl]-3-methylcyclohexen-(2)-on*, $C_{14}H_{16}O_2$, F. 92,5—93,5°, aus 2,5 g IV durch Nef-Rk. u. anschließendes Kochen des orangefarbenen öligen Gemisches mit alkoh. HCl; Nadeln aus A.; 90%. *2.4-Dinitrophenylhydrazon*, $C_{20}H_{20}O_5N_4$, F. 191,5—192,5°, aus A. rote Nadeln. — *6-[4-Methoxyphenyl]-3-methylcyclohexen-(3)-on-2.4-dinitrophenylhydrazon*, $C_{20}H_{20}O_5N_4$, F. 162—163°, aus vorst. öligem Gemisch als schwerer lösl. Komponente; aus A. orangegelbe Nadeln. — *1.2-Dimethyl-5-[4-methoxyphenyl]-4-nitrocyclohexen*, $C_{15}H_{19}O_3N$, F. 103,5—104°, aus II u. 2.3-Dimethylbutadien; Nadeln; 92%. — *3.4-Dimethyl-6-[4-methoxyphenyl]-cyclohexen-(3)-on*, F. 42—43°, durch Nef-Rk. vorst. Verb.; aus A. Nadeln. *2.4-Dinitrophenylhydrazon*, $C_{21}H_{22}O_5N_4$, F. 137 bis 137,5°. — *3.4-Dimethyl-6-[4-methoxyphenyl]-cyclohexen-(2)-on*, $C_{15}H_{18}O_2$, F. 77—77,5° (PAe.), durch Säureisomerisierung vorst. Verb. u. fraktionierte Kristallisation aus Petroläther. *2.4-Dinitrophenylhydrazon*, $C_{21}H_{22}O_5N_4$, F. 167,5—168° (A.). — *3-Methyl-4-nitro-5-phenylcyclohexen*, $C_{13}H_{15}O_2N$, F. 94—95° (PAe.), aus 5,81 g I u. 5,81 g Piperylen u. Chromatographie von 4 g des Gemisches an Al_2O_3; 0,96 g, daneben ein *Isomeres vom F. 85 bis 85,5°*. — *3-Methyl-5-nitro-4-phenylcyclohexen* (V), $C_{13}H_{15}O_2N$, F. 98—99° (PAe.), aus dem Filtrat vorst. Diensynth.; 250 mg. — *2-Methyl-6-phenylcyclohexen-(2)-on*, $C_{13}H_{14}O$, F. 37 bis 38°, aus vorvorst. Verb. durch 11std. Stehen mit $NaOC_2H_5$ in A. unter N_2, Zufügen zu wss. aceton. HCl bei 0°, Erwärmen auf 50° (1 Std.), 4std. Kochen mit konz. HCl u. Chromatographie; 35%, entsteht auch aus dem Isomeren vom F. 85—85,5°; 42%. *2.4-Dinitrophenylhydrazon*, $C_{19}H_{18}O_4N_4$, F. 184,5—185,5°, aus A.-Äthylacetat rote Prismen. — *5-Methyl-6-phenylcyclohexen-(2)-on*, $C_{13}H_{14}O$, F. 64,5—65°, aus V durch Nef-Rk.; aus A. Nadeln. *2.4-Dinitrophenylhydrazon*, $C_{19}H_{18}O_4N_4$, F. 143—144°. (J. Amer. chem. Soc. **75**. 1912—15. 20/4. 1953. Princeton, N. J., Univ., Fricks Chem. Labor.) H. Lehwald. 2200

Thomas F. McGrath und **Robert Levine,** *Die Umsetzungen von Perfluorpropionsäure und Tetrafluoräthylen mit Phenyllithium in siedendem Äther.* (Vgl. McGrath u. Levine; C. **1955**. 11368. 11369.) Bei der Rk. von Perfluorpropionsäure (I) mit 3 Äquivalenten Phenyl-Li (II) in sd. Ae. entstehen 52% *Benzophenon*, 37% *symm.-Diphenyldifluoräthylen* (III) u. 6% *Triphenylfluoräthylen* (IV). Vermutlich wird das zunächst gebildete Li-Perfluorpropionat decarboxyliert, das CO_2 reagiert mit II zu Benzophenon u. C_2F_5Li, letzteres zerfällt in LiF u. $CF_2{=}CF_2$, u. das $CF_2{=}CF_2$ setzt sich mit 2 bzw. 3 Mol II zu III u. IV um. Tatsächlich erhält man beim Durchleiten von $CF_2{=}CF_2$ durch 3 Äquivalente II 55% III u. 13% IV. IV läßt sich mit $CF_2{=}CF_2$ nicht weiter zur Rk. bringen. Die Oxydation von III mit $KMnO_4$ liefert Benzoesäure.

Versuche: Beim Einleiten von $CF_2{=}CF_2$ (erhalten durch Erhitzen von 0,3 Mol Na-Perfluorpropionat auf 250—290°) in 0,9 Mol II u. ½std. Kochen bilden sich 35,2 g (55% Ausbeute) *symm.-Diphenyldifluoräthylen* (III), $C_{14}H_{10}F_2$, Kp.$_2$ 120—123°, F. 73,7 bis 74,2° (PAe.), u. 10,2 g (13%) *Triphenylfluoräthylen* (IV), $C_{20}H_{15}F$, Kp.$_2$ 150—155°, F. 103—104,2° (PAe.). — Wenn man zu einer Lsg. von 0,9 Mol II in 900 cm³ Ae. eine Lsg. von 0,3 Mol I in 150 cm³ Ae. zutropft, das Gemisch 2 Std. kocht, nach Erkalten in Eis-HCl eingießt u. die Ätherschicht dest., erhält man 24,2 g (37%) III, 28,7 g (52%) *Benzophenon* (Kp.$_2$ 125—127°, F. 48,2—48,8°; *2.4-Dinitrophenylhydrazon*, F. 237—239°) u. 2,3 g (6%) IV. (J. Amer. chem. Soc. 77. 4168—69. 5/8. 1955. Pittsburgh, Pa., Univ. of Pittsburgh, Dep. of Chem.) E. FORCHE. 2210

A. Kaluszyner, S. Reuter und **Ernst D. Bergmann**, *Synthese und biologische Eigenschaften von Diaryl-[trifluormethyl]-carbinolen.* Im Gegensatz zu Trichloressigsäureäthylester (vgl. KALUSZYNER u. REUTER, J. chem. Soc. [London] 75. [1953.] 5126) setzt sich Trifluoressigsäureäthylester (I) mit Aryl–MgBr zu *Diaryl-[trifluormethyl]-carbinolen* $Ar_2 \cdot C(OH)\text{-}CF_3$ um. *Trifluormethyl-bis-[p-chlorphenyl]-carbinol* (III) erhält man aus I u. p-Chlorphenyl–MgBr in Toluol in 53%ig. Ausbeute, in Ae. nur in 9—25%ig. Ausbeute. Bei der Umsetzung von p-Chlor-ω-trifluoracetophenon mit p-Chlorphenyl–MgBr entsteht III nur in 15%ig. Ausbeute. — In den Ultrarotspektren der Diaryl-[trifluormethyl]-carbinole tritt die antisymm. u. symm. Schwingung der CF_3-Gruppe bei 1280 u. 1180 cm^{-1} auf. Das UV-Spektr. von *Diphenyl-[trifluormethyl]-carbinol* (II) zeigt vier Maxima zwischen 2400 u. 2700 Å, die auch bei der Di-p-fluorverb. auftreten u. bei der Di-p-tolylverb. nach Rot verschoben sind. Die Dichlor- u. Dibromverb. weisen keine Feinstruktur auf, sondern haben eine breite Bande mit einem Maximum bei 2507 Å bzw. 2600 Å. — Die p-substituierten Carbinole geben mit konz. H_2SO_4 intensive Farb-Rkk. (Rot bis Violett). Die Nitrierung von II in Chlf. bei —10° liefert *Bis-[p-nitrophenyl]-trifluormethylcarbinol.* Die Hydroxylgruppe der Diaryl-[trifluormethyl]-carbinole ist sehr reaktionsträge. Sie läßt sich weder mit PCl_3 noch mit PCl_5 gegen Cl austauschen. Die Red. erfordert mehrtägiges Kochen mit P u. HJ. Die Acetylierung gelingt mit Essigsäureanhydrid in Ggw. von konz. H_2SO_4. — Von den dargestellten Carbinolen hat nur III eine insekticide Wrkg., aber schwächer als DDT oder γ-Benzolhexachlorid. In seiner Wirksamkeit gegen Larven ist III dem γ-Benzolhexachlorid unterlegen, dem Bis-[p-chlorphenyl]-methylcarbinol aber überlegen. Die Diaryl-[trifluormethyl]-carbinole sind ausgezeichnete Synergetica für DDT. — Ferner wurde die Umsetzung von Pentafluorpropionsäureäthylester (V) u. Heptafluorbuttersäureäthylester (VI) mit aromat. GRIGNARD-Verbb. untersucht. Aus V wurde *Pentafluoräthyldiphenylcarbinol* (IV) u. *Pentafluoräthyl-bis-[p-chlorphenyl]-carbinol*, aus VI *Heptafluorpropyl-bis-[p-chlorphenyl]-carbinol* dargestellt. Die Red. von IV mit P u. HJ ergab *Pentafluoräthyldiphenylmethan.*

Versuche: *Trifluoressigsäureäthylester* (I); durch ½std. Kochen von 114 g Trifluoressigsäure mit 120 cm³ 95%ig. A. u. 120 cm³ konz. H_2SO_4; 87% (Ausbeute), oder mit 86 cm³ wasserfreiem A. u. 50 cm³ H_2SO_4; 92%. — *Trifluoressigsäureisoamylester*, Kp. 118 bis 120°; aus 68,4 g Trifluoressigsäure, 88 g Isoamylalkohol u. 50 cm³ konz. H_2SO_4; 78,5%. — Allg. Verf. zur Darst. der *Trifluormethyldiarylcarbinole*: Zu der GRIGNARD-Lsg. aus 2,5—3 Mol des Arylhalogenids u. Mg gibt man eine Lsg. von 1 Mol I in Ae., kocht 1½ Std. am Rückflußkühler, läßt 12 Std. bei Zimmertemp. stehen u. zers. mit Eis u. verd. H_2SO_4. *Diphenyl-[trifluormethyl]-carbinol* (II), $C_{14}H_{11}OF_3$, Kp.$_3$ 117—119°, F. 74,5—75° (PAe.); bis 70%. *Propionylderiv.*, $C_{17}H_{15}O_2F_3$, Kp.$_3$ 136—138°, n_D^{15} 1,5104; aus 2 g II in 12,5 g Propionsäureanhydrid u. 3 Tropfen konz. H_2SO_4 in 12 Std. bei Raumtemp. u. 2std. Kochen; 77%. *Acetylderiv.*, $C_{16}H_{13}O_2F_3$, Kp.$_3$ 141°, F. 96° (A., PAe.); 60%. — *Bis-[p-methoxyphenyl]-trifluormethylcarbinol*, $C_{16}H_{15}O_3F_3$, F. 75,5—76,5° (A.); 45%. — *Bis-[p-äthoxyphenyl]-trifluormethylcarbinol*, $C_{18}H_{19}O_3F_3$, F. 46—48°, n_D^{15} 1,5360; 47%. — *Bis-[p-fluorphenyl]-trifluormethylcarbinol*, $C_{14}H_9OF_5$, Kp.$_3$ 111—114°, n_D^{15} 1,5104; 24%. — *Bis-[p-bromphenyl]-trifluormethylcarbinol*, $C_{14}H_9OBr_2F_3$, Kp.$_5$ 186—190°, n_D^{30} 1,5750, $D.^{30}_4$ 1,7600; 46%. *Acetylderiv.*, $C_{16}H_{11}O_2Br_2F_3$, Kp.$_{5,5}$ 185—200°, F. 74,5—75,0° (Methanol, PAe.); 75%. — *Bis-[p-chlorphenyl]-trifluormethylcarbinol* (III), $C_{14}H_9OCl_2F_3$, Kp.$_{2,5}$ 150 bis 160°, $D.^{30}_4$ 1,4360, n_D^{30} 1,5510; durch Abdest. des Ae. aus einer GRIGNARD-Lsg. von 24,3 g Mg-Spänen u. 191,5 g p-Chlorbrombenzol, Zugabe einer Lsg. von 49,7 g I in 100 cm³ wasserfreiem Toluol u. 1½std. Erwärmen auf 100°; 53%. *Acetylderiv.*, $C_{16}H_{11}O_2Cl_2F_3$, F. 69,5—70° (A., Essigsäure); 74%. — *Bis-[p-tolyl]-trifluormethylcarbinol*, $C_{16}H_{15}OF_3$, Kp.$_2$ 130—135°, F. 61—62° (Ligroin); 61%. *Acetylderiv.*, $C_{18}H_{17}O_2F_3$, Kp.$_{1,5}$ 150—152°, F. 59—60° (PAe.). — *Bis-[p-nitrophenyl]-trifluormethylcarbinol*, $C_{14}H_9O_5N_2F_3$, F. 116° (Essigsäure); durch Einrühren eines Gemisches aus 20 cm³ HNO_3 (D. 1,5) u. 5 cm³ konz. H_2SO_4 bei —10 bis 0° in eine Lsg. von 5 g II in 15 cm³ Chlf. u. 4std. Nachrühren bei Raumtemp.; 7 g. *Acetylderiv.*, $C_{16}H_{11}O_6N_2F_3$, F. 148—150° (A.); durch Erhitzen des Carbinols mit Essigsäureanhydrid u. H_2SO_4. — *1.1-Diphenyl-2.2.2-trifluoräthan*, $C_{14}H_{11}F_3$, Kp.$_8$ 115, F. 19—20° (Ligroin), n_D^{20} 1,5230; durch 200—250std. Kochen von 10 g II, 4 g rotem P, 1,5 g J_2, 25 cm³ Eisessig u. 0,5 cm³ W.; 50%. — *Bis-[p-chlorphenyl]-trifluormethylmethan*, $C_{14}H_9Cl_2F_3$, Kp.$_{10}$ 166°, F. 44,5—45,5° (Ligroin, Methanol); ebenso aus III; 82%, oder durch Zugabe von 4,2 g p-Chlorphenyltrifluormethylcarbinol bei -5^0 zu einer Suspension von 4,5 g Chlorbenzol in einem Gemisch aus 10 cm^3 96%ig. H_2SO_4 u. 3 cm^3 20%ig. Oleum; 80%. — *Bis-[p-tolyl]-trifluormethylmethan*, $C_{16}H_{15}F_3$, $Kp._5$ 143—148°, F. 37,5 bis 38,0° (PAe.). — *Bis-[p-methoxyphenyl]-trifluormethylmethan*, $C_{16}H_{15}O_2F_3$, $Kp._2$ 165—175°, F. 48—48,5° (verd. A.). — *Bis-[p-äthoxyphenyl]-trifluormethylmethan*, $C_{18}H_{19}O_2F_3$, $Kp._6$ 195—200°, n_D^{15} 1,5272. — *Bis-[p-bromphenyl]-trifluormethylmethan*, $C_{14}H_9Br_2F_3$, $Kp._{10}$ 175—185°, F. 53—54° (Methanol, Ligroin); 75%. — *p-Chlor-ω-trifluoracetophenon*, $Kp._{760}$ 180—183°, F. 26° (PAe.); durch langsames Erhitzen eines Gemisches aus 188 g Benzoylchlorid u. 114 g Trifluoressigsäure von -20^0 auf 50 → 150° unter Abdest. des Trifluoracetylchlorids in ein auf 0° gekühltes Gemisch aus 124 g Chlorbenzol, 100 cm^3 CS_2 u. 146,5 g $AlCl_3$ u. Zers. des Reaktionsgemisches mit Eis u. HCl in N_2-Atmosphäre; 19%. *2.4-Dinitrophenylhydrazon*, $C_{14}H_8O_4N_4ClF_3$, aus verd. A. gelbe Kristalle, F. 111°. — *p-Chlorphenyl-[trifluormethyl]-carbinol*, $C_8H_6OClF_3$, $Kp._{25}$ 117—118°, $D._{19}^{19}$ 1,410, n_D^{19} 1,4827; durch Red. der vorst. Verb. mit Al-Isopropylat in Isopropanol; 76%. — *Pentafluorpropionsäureäthylester* (V), Kp. 76—77°, n_D^{13} 1,3046; durch 2std. Erhitzen von 60 g Perfluorpropionsäure, 50 cm^3 Ä. u. 20 cm^3 konz. H_2SO_4 auf 100°; 73%. — *Heptafluorbuttersäureäthylester* (VI), Kp. 95—96°; aus Perfluorbuttersäure, A. u. H_2SO_4; 92%. — *Diphenylpentafluoräthylcarbinol* (IV), $C_{15}H_{11}OF_5$, $Kp._{1-2}$ 114°, F. 83° (PAe.); aus 0,1 Mol V u. 0,26 Mol Phenyl-MgBr in Ae., 2 Std. bei 0°, 12 Std. bei Zimmertemp. u. 1 Std. Kochen; 46%. — *Pentafluoräthyldiphenylmethan*, $C_{15}H_{11}F_5$, $D._{20}^{20}$ 1,29, n_D^{20} 1,5057; durch Red. von IV; 53%. — *Bis-[p-chlorphenyl]-pentafluoräthylcarbinol*, $C_{15}H_9OCl_2F_5$, $Kp._4$ 165—175°, $D._4^{25}$ 1,4700, n_D^{25} 1,5270; aus V u. der Grignard-Verb. von p-Chlorbrombenzol; 54%. — *Bis-[p-chlorphenyl]-heptafluorpropylcarbinol*, $C_{16}H_9OCl_2F_7$, $Kp._{5-6}$ 165—175°, $D._{22}^{22}$ 1,51, n_D^{22} 1,5072; analog aus VI; 55%. (J. Amer. chem. Soc. **77.** 4164—68. 5/8. 1955. Tel-Aviv, Israel, Israel Ministry of Defense, Israel Defense Forces, Med. Corps, Res. Labors. and Sci. Dep.) E. Forche. 2270

William Bradley und **Leonard James Watkinson**, *Die Reaktion von 4-Methylnaphthol-(1) mit Azobenzol und ihre Beziehung zur Chemie der Azinfarbstoffe.* 4-Methylnaphthol-(1) (I) gibt beim Erhitzen mit Azobenzol das *Stilbenchinonderiv.* (II). Beim Erhitzen mit verd. HNO_3 geht II in das entsprechende *Dioxychinon* über, das auch aus 4-Methyl-1.2-naphthochinon u. Azobenzol zugänglich ist. Vff. nehmen an, daß demzufolge die Bldg. von II aus I über *4-Methyl-1.2-naphthochinon-2-anil* (III) verläuft, indem prim. eine Anlagerung von Azobenzol an I in 2-Stellung stattfindet, unter nachfolgender Abspaltung von *Anilin*, das bei der Rk. nachgewiesen wurde. Die intermediäre Bldg. von III ist bedeutungsvoll für den Verlauf der Synth. von Azinfarbstoffen; auch hier wird eine Anlagerung der Azokomponente an das Amin angenommen, die nach Abspaltung von Amin zum Indamin führt, das dann zum Phenazinderiv. weiterreagiert. (Chem. and Ind. **1954.** 1482. 27/11. Leeds, Univ., Clothworkers' Res. Labor.) H.-D. Belitz. 2700

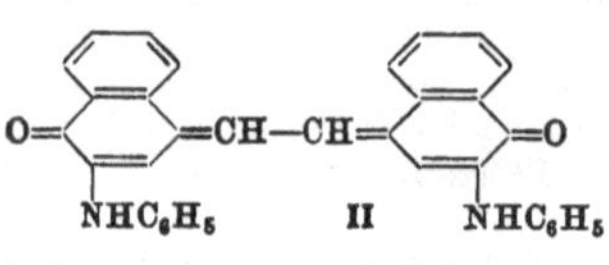

II

Helmut R. Gutmann und **Stuart W. Fenton**, *Darstellung von 3-Amino-2-acetylaminofluoren und 2-Amino-7-benzoylaminofluoren. 3-Amino-2-acetylaminofluoren* (I) u. *2-Amino-7-benzoylaminofluoren* (II) werden aus den entsprechenden Nitroverbb. dargestellt. Vf. stellen fest, daß das von Hayashi u. Nakayama (J. Soc. Chem. Ind., Japan suppl. Binding [Kōgyō Kwagaku Zasshi] **36.** [1933.] 127 B) durch Red. mit $SnCl_2$ dargestellte I (F. 194,5—195,5°) unrein war, da das durch katalyt. Hydrierung erhaltene Prod. erst bei 225—227° (Zers.) schmilzt. Das Infrarotspektr. von I ist angegeben. Das durch Diazotierung von II nur schlecht erhältliche *2-Oxy-7-benzoylaminofluoren* wird in guter Ausbeute durch Benzoylierung von 2-Oxy-7-aminofluorenhydrochlorid erhalten.

Versuche: *3-Amino-2-acetylaminofluoren* (I), $C_{15}H_{14}ON_2$, F. 225—227° (Zers.; Bzl. bzw. 95%ig. A.), aus 2,7 g 3-Nitro-2-acetylaminofluoren (F. 201—202°) durch Hydrierung in Ggw. von PtO_2 in Eisessig bei 27°/2,7 at in 10 Min., Filtrieren u. Alkalisieren unter Eiskühlung; lange Nadeln; 0,73 g (Ausbeute). — *1-N-Acetyl-9H-fluoreno-[3.2]-triazol*, $C_{15}H_{11}ON_3$, F. 219—220° (Benzylalkohol bzw. Eisessig), durch tropfenweises Zugeben von wss. $NaNO_2$-Lsg. zu 0,78 g I in 1,6 mol. H_2SO_4 unter Kühlung u. Rühren in 30 Min., 15 Min. Weiterrühren, Zugeben von Harnstoff u. 30 Min. Rühren; lange Nadeln; 0,47 g. — *2-Nitro-7-benzoylaminofluoren*, $C_{20}H_{14}O_3N_2$, F. 282—286° (Eisessig), durch Zutropfen von Benzoylchlorid in Bzl. zu 2-Amino-7-nitrofluoren (F. 229—232°) in Pyridin/Bzl. unter Erhitzen u. Rühren, 4 Std. Weitererhitzen u. Rühren, Stehen über Nacht bei 4°; gelbe leichte M.; 90%. — *2-Amino-7-benzoylaminofluoren* (II), $C_{20}H_{16}ON_2$, F. 232 bis 234° (Zers.; A.), durch 9std. Erhitzen vorst. Verb. mit Zn-Staub in 95%ig. A. unter Rühren u. Zusatz von wss. $CaCl_2$ u. etwas $CuSO_4 \cdot 5\,H_2O$ u. Heißfiltration in einen Wasserüberschuß; 86%. — *2-Oxy-7-benzoylaminofluoren*, $C_{20}H_{15}ON$, F. 254—256° (Zers.; Eisessig), a) durch Eintropfen von wss. $NaNO_2$ in die Lsg. von 1,04 g II in sd. Eisessig unter Zusatz von H_2SO_4 bei 10° in 15 Min. unter Rühren, Eintropfen der dunkelbraunen Reaktionslsg. in einen Überschuß von 0,2 mol. H_2SO_4 in 1 Std. unter Rühren u. Kochen; 0,05 g; b) aus 2-Oxy-7-aminofluorenhydrochlorid u. Benzoylchlorid in Pyridin unter Rühren u. Kochen in 5 Min., Zers. mit W. u. konz. HCl in der Kälte u. Stehen über Nacht bei 4°; 86%. (J. Amer. chem. Soc. **77**. 4422—23. 20/8. 1955. Minneapolis, Minn., Univ., Dep. of Physiol. Chem. and of Chem.; u. Veterans Administrat. Hospital, Radioisotope Unit.) W. GEHRMANN. 2750

Alfred Löffler und **David Ginsburg,** *Analoge des Morphins mit offener Kette.* Durch Mono- u. Dimethylierung von *1-Phenyl-1-[β-aminoäthyl]-cyclohexan* (I, R = NH_2) u. von *4a-[β-Aminoäthyl]-1.2.3.4.4a.9.10.10a-oktahydrophenanthren* (II, R = NH_2) wurden Verbb. erhalten, welche auf analget. Wirksamkeit getestet wurden. I, *R* = *$NHCH_3$* zeigte ED_{50} 62,9 mg/kg u. eine bzgl. Beginn u. Dauer ähnliche Wrkg. wie Morphin, I, R = $N(CH_3)_2$ ED_{50} 24,7 mg/kg u. eine weniger intensive Wrkg. als Morphin. II, *R* = *NH_2* zeigte keinen analget. Effekt u. bei 80 mg/kg Hyperaktivität, II, *R* = *$NHCH_3$* keinen analget. Effekt u. bei 10—80 mg/kg konvulsive Wrkg. u. II, *R* = *$N(CH_3)_2$* zeigte ED_{50} 36,2 mg/kg u. eine weniger intensive Wrkg. als Morphin. Die Phenylcyclohexane erwiesen sich als wirksamer als die Phenanthrene; in beiden Gruppen zeigten die Dialkylamine den besten analget. Effekt.

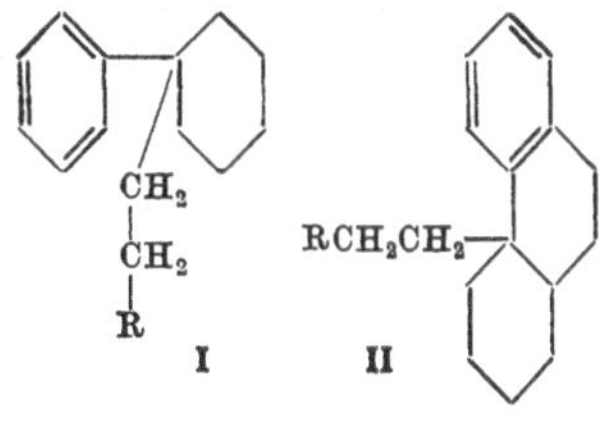

I II

V e r s u c h e: *1-Phenyl-1-[β-methylaminoäthyl]-cyclohexan* (I, R = $NHCH_3$), aus I, *R* = *NH_2* u. Methylformiat in Ggw. von $LiAlH_4$ in Äther. Kristalle (aus Aceton). *Hydrochlorid*, $C_{15}H_{24}NCl$, F. 161—162°, kleine Nadeln (aus Aceton). — *1-Phenyl-1-[β-dimethylaminoäthyl]-cyclohexan* (I, R = $N(CH_3)_2$), aus I, *R* = *NH_2*, 90%ig. Ameisensäure u. 30% Formalin, 12 Std. bei 90—100°, Kristalle (aus Aceton). *Hydrochlorid*, $C_{16}H_{26}NCl$, F. 178 bis 180° (aus Aceton). — *4a-[β-Methylaminoäthyl]-1.2.3.4.4a.9.10.10a-oktahydrophenanthren* (II, R = $NHCH_3$). *Hydrochlorid*, $C_{17}H_{26}NCl$, F. 212°, analog I, R = $NHCH_3$, kleine Nadeln (aus Aceton). *Pikrat*, $C_{23}H_{28}O_7N_4$, F. 162—164° (aus A.). — *4a-[β-Dimethylaminoäthyl-1.2.3.4.4a.9.10.10a-oktahydrophenanthren* (II, R = $N(CH_3)_2$. *Hydrochlorid*, $C_{18}H_{28}$·NCl, analog aus dem entsprechenden prim. Amin. *Pikrat*, F. 187—188° (aus A.). (J. Amer. chem. Soc. **76**. 3731—32. 20/7. 1954. Rehovot, Israel, Daniel Sieff Res. Inst., Weizmann Inst. of Sci.) WALTER SIMON. 2850

B. M. Michailow und **T. K. Kosminskaja,** *Lithiumorganische Verbindungen von 1.2-Benzanthracen und ihre Umwandlungen.* Während lithiumorgan. Verbb. des 1.2-Benzanthracens (I) durch Rk. von Halogenderivv. des I mit Li nicht oder nur in geringer Ausbeute erhalten werden, lassen sich Halogenderivv. von I mit n-Butyl- oder Phenyl–Li in guter Ausbeute zu den entsprechenden lithiumorgan. Verbb. umsetzen. So entsteht aus 10-Brom-1.2-benzanthracen u. n-Butyl–Li glatt 1.2-Benzanthryl-(10)–Li (II), das mit CO_2 zu *1.2-Benzanthracen-10-carbonsäure*, mit Chlorkohlensäureäthylester zu *1.2-Benzanthracen-10-carbonsäureäthylester*, mit Äthylenoxyd zu *10-[β-Oxyäthyl]-1.2-benzanthracen* u. mit Alkylhalogeniden zu *10-Alkyl-1.2-benzanthracenen* reagiert. Bei der Rk. von II mit Acetophenon kommt es nur zur Bldg. von I. Analog II wird 9-Methyl-1.2-benzanthryl-(10)-Li (aus 10-Brom-9-methyl-1.2-benzanthracen u. n-Butyl–Li) in *9-Methyl-1.2-benzanthracen-10-carbonsäure*, *9.10-Dimethyl-1.2-benzanthracen* u. *9-Methyl-10-[β-oxyäthyl]-anthracen* übergeführt.

V e r s u c h e: *1.2-Benzanthracen-10-carbonsäure*, F. 219—220°, a) eine Lsg. von n-Butyl–Li (0,5 g n-Butylchlorid, 0,1 g Li, 15 ml Ae.) wird 10 Min. mit 1 g 10-Brom-1.2-benzanthracen in 15 ml Bzl. geschüttelt u. das Reaktionsgemisch carboxyliert; aus verd. Essigsäure hellgelbe Nadeln; 82,3% (Ausbeute). Daneben I, F. 159—160°; 4%. b) Aus n-Butyl–Li u. 10-Brom-1.2-benzanthracen in benzol.-äther. Lsg., 5 Std. bei 40° im Rohr u. Carboxylierung; 52,8%. Daneben *10-n-Butyl-1.2-benzanthracen*, F. 96—97,5°; 10,7%. — *10-Methyl-1.2-benzanthracen*, F. 140—141° (Bzl.–A.-Gemisch), durch Zugabe von 4,2 g CH_3J in 15 ml Ae. zu einer eisgekühlten Lsg. von II (1,5 g n-Butylchlorid, 3 g 10-Brom-1.2-benzanthracen), 2 Std. Stehen, Zugabe von W. u. Eindampfen der organ. Schicht; 1,89 g. — *10-Äthyl-1.2-benzanthracen*, $C_{20}H_{16}$, F. 110—112° (A.), analog Vorst. aus II u. C_2H_5J, 3 Std. bei 50° im Rohr u. Reinigung über das Pikrat; 47,5%. Bei Verwendung von Phenyl–Li an Stelle n-Butyl–Li 69,6%. — *10-n-Propyl-1.2-benzanthracen*, $C_{21}H_{18}$, F. 108,8 bis 109,3°, aus Phenyl-Li, 10-Brom-1.2-benzanthracen u. n-Propyljodid, 3 Std. bei 40° im Rohr; aus A. gelbliche Nadeln; 70,4%. — *10-n-Butyl-1.2-benzanthracen*, $C_{22}H_{20}$, F. 96,5 bis 97,4° (PAe. u. A.) analog Vorst. mit Phenyl–Li; 64,4%. Mit n-Butyl–Li 34,6%. — *10-Isoamyl-1.2-benzanthracen*, $C_{23}H_{22}$, F. 86,5—88°, mit Phenyl–Li; 47,2%. Daneben ~10% I. — *1.2-Benzanthracen-10-carbonsäureäthylester*, $C_{21}H_{16}O_2$, F. 132—133,5°, aus II (mit n-Butyl–Li) in äther.-benzol. Lsg. u. Chlorkohlensäureäthylester; aus Bzl.–PAe. Gemisch hellgelbe Prismen; 57%. — *10-[β-Oxyäthyl]-1.2-benzanthracen*, $C_{20}H_{16}O$, F. 186,7 bis 187,5°, durch Einleiten von Äthylenoxyd in eine Lsg. von **II** u. Zugabe von W.; aus A. Nadeln; 85,2%. — *9-Methyl-1.2-benzanthracen-10-carbonsäure*, $C_{20}H_{14}O_2$, F. 224,5—228° (Zers.), aus 9-Methyl-1.2-benzanthryl-(10)–Li (mit n-Butyl–Li) durch Carboxylierung; aus A. hellgelbe Nadeln; 38,2%. — *9.10-Dimethyl-1.2-benzanthracen*, aus 9-Methyl-1.2-benzanthryl-(10)–Li mit CH_3J; 62,5%. — *9-Methyl-10-[β-oxyäthyl]-1.2-benzanthracen*, $C_{21}H_{18}O$, F. 138—140° (A. u. Aceton). (Журнал Общей Химии [J. allg. Chem.] 21 (83). 1276—83. Juli 1951. Inst. für normale u. patholog. Morphologie der Akad. der Med. Wiss. der UdSSR.) G. Froelich. 2950

Neil Campbell und **Angus Marks**, *Synthese von 2.3-Benzofluoranthen.* Die Kondensation von *Fluorenon* (**I**) mit o-Chlorphenyl–MgBr liefert *9-[o-Chlorphenyl]-fluorenol-(9)*, das mit amalgiertem Zn u. HCl in *9-[o-Chlorphenyl]-fluoren* (**II**) übergeht. Durch Ersatz des Cl gegen CN u. anschließende Verseifung entsteht *o-[Fluorenyl-(9)]-benzoesäure* (**III**), die bei der Cyclisiserung nach Fieser u. Hershberg (J. Amer. chem. Soc. 59. [1937.] 1028) in *1.9-Phenylanthranylacetat* übergeht u. dessen Hydrolyse mit Zn u. NaOH vermutlich **IV** liefert; die Dehydrierung von **IV** führt zu *2.3-Benzofluoranthen* (**V**). Beim Ringschluß von **III** mit $SnCl_4$ entstand *1.9-Phenylenanthron-(10)*. Die Pyrolyse von 1-Benzoylfluoren, das in guter Ausbeute nur aus Fluoren-1-carbonsäurechlorid u. Diphenylcadmium erhalten werden kann, ergab ebenfalls geringe Mengen **V** neben einem *Äther* $C_{40}H_{24}O$, der zwei Benzofluoranthenreste enthält. Dem *Maleinsäureanhydridaddukt* von **V** kann die Konst. **VI** zugeschrieben werden. — Ergebnislos verliefen Verss. zur Synth. von **V** aus 1.2-Benzacenaphthenchinon-(7.8) über *7.8-Dimethyl-1.2-benzacenaphthendiol-(7.8)* u. Maleinsäureanhydrid, desgleichen aus Anthron u. o-Chlorphenyl–MgBr sowie aus trans-7.8-Dimethylacenaphthendiol-(7.8), Citraconsäureanhydrid u. β-Benzoylacrylsäure (**VII**); im letzgenannten Fall bildet sich durch Selbstkondensation von **VII** nur der „Pechmannsche Farbstoff".

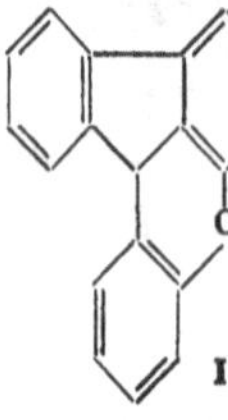

IV

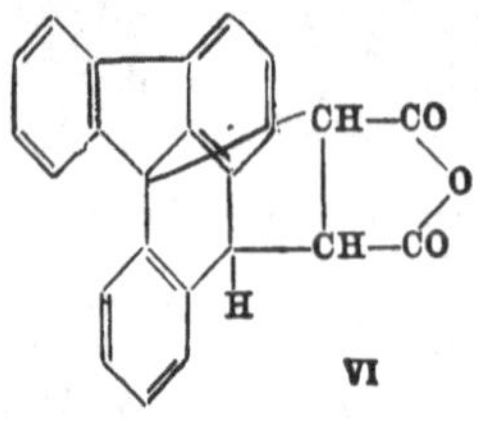

VI

Versuche: *9-[o-Chlorphenyl]-fluorenol-(9)*, $C_{19}H_{13}OCl$ F. 140—141° (Methanol), aus **I** u. o-Chlorphenyl–MgBr in Bzl. + Ae.; 75—82%. Die alkoh. Lsg. fluoresciert; in konz. H_2SO_4 mit weinroter Farbe löslich. *Acetylverb.*, $C_{21}H_{15}O_2Cl$, F. 145° (A. + Essigsäure), Prismen. — *9-[o-Chlorphenyl]-fluoren* (**II**), $C_{19}H_{13}Cl$, F. 76—77° (Methanol), aus Vorst. u. amalgiertem Zn-Staub, granuliertem Zn u. konz. HCl in sd. Eisessig (3 Std.); nach dem Filtrieren u. Einengen Prismen; 85%. — *o-[Fluorenyl-(9)]-benzonitril*, $C_{20}H_{13}N$, F. 115—116° (Bzn.), aus 12,3 g **II**, CuCN, Pyridin u. Acetonitril bei 240° im Rohr, Zers. mit verd. HCl u. Extrahieren mit Bzl. u. Chromatographieren der benzol. Lsg. an Al_2O_3 als schwachviolett fluorescierende Zone; Prismen; 7,5 g. — *o-[Fluorenyl-(9)]-benzamid*, $C_{20}H_{15}ON$, F. 142—143° (Bzn. + Bzl.), neben Vorst. als starkviolett fluorescierendes Nebenprod.; 0,2 g. — *o-[Fluorenyl-(9)]-benzoesäure* (**III**), $C_{20}H_{14}O_2$, F. 241—242° (Essigsäure), mit NaOH in sd. wasserhaltigem Äthylenglykol; 88%. In konz. H_2SO_4 Rotfärbung. — *1-[p-Anisoyl]-fluoren*, $C_{21}H_{16}O_2$, F. 104—105° (A.), aus Fluoren-1-carbonsäurechlorid u. Anisol in Ggw. von $AlCl_3$ bei Zimmertemp.; Prismen. — *1-Benzoylfluoren*, $C_{20}H_{14}O$, F. 90—91° (Methanol), aus Fluoren-1-carbonsäurechlorid u. Diphenylcadmium (erhalten aus Phenyl–MgBr u. $CdCl_2$ in Ae.) in sd. Bzl. (4 Std.) u. Zers. mit verd. Mineralsäure; Tafeln. — *2.3-Benzofluoranthen* (**V**), $C_{20}H_{12}$, F. 145—146° (wss. Methanol), a) aus **III**, Essigsäureanhydrid u. $ZnCl_2$ in sd. Eisessig (2 Std.), Verdünnen mit W. u. Behandeln des ausgefallenen rohen Acetats mit verkupfertem Zn-Staub u. Natronlauge in sd. Toluol; durch Chromatographie u. Entw. mit Bzl. gelbes Band; b) aus Vorst. durch Pyrolyse bei 420° (15 Min.) u. Trennen der rohen Mischung über das Pikrat, c) aus der Dihydroverb. **IV** vom F. 139—140° (Nebenprod. von **V** nach (a) mit Chloranil in sd. Xylol; Orangegelbe Tafeln oder Prismen. *Pikrat*, $C_{26}H_{15}O_7N_3$, F. 215° (Bzl.), cremefarbene Prismen. *Maleinsäureanhydridaddukt* **VI**, $C_{24}H_{14}O_3$, F. 220—235° (Zers.), Prismen. — *1.9-[o-Phenylen]-anthron-(10)* [*1.4-Dihydro-4-keto-2.3-benzofluoranthen*] (?), $C_{20}H_{12}O$, F. 280—282° (Zers., Xylol), aus **III** u. PCl_5 in Bzl. u. Zugabe von $SnCl_4$ in Bzl.; orangefarbene Prismen. — *1.2-Benzacenaphthenchinon-(7.8)*, F. 268—270° (Chlorbenzol), cremefarbene Prismen. Farbe in konz. H_2SO_4 grün. — *Anthracen-1.9-dicarbonsäureanhydrid*, $C_{16}H_{18}O_3$, F. 285 bis 286°, aus Vorst. durch Kristallisieren aus gealtertem Tetralin; orangefarbene Prismen. Farbe in konz. H_2SO_4 rot. — *7.8-Dimethyl-1.2-benzacenaphthendiol-(7.8)*, $C_{18}H_{16}O_2$, F. 230 bis 231° (A.), aus vorvorst. u. Methyl–MgJ in sd. Ae.; gelbe Nadeln mit blauer Fluorescenz. — *1.9-Diacetylanthracen*, $C_{18}H_{14}O_2$, F. 156—157° (wss. Aceton), aus Vorst. in B

Pb-Tetraacetat; gelbe Nadeln. — PECHMANN-*Farbstoff*, $C_{20}H_{12}O_4$, entstand bei dem Vers., vorvorst. Verb. mit **VII** in sd. Essigsäureanhydrid (30 Min.) umzusetzen; cremefarbene Prismen. (J. chem. Soc. [London] **1951**. 2941—43. Nov. Edinburgh, Univ.) H. GOLD. 2950

Wilson Baker, J. F. W. McOmie und **W. K. Warburton,** *Acht- und mehrgliedrige Ringverbindungen.* 9. Mitt. *Verbesserte Synthese von Coronen.* (8. vgl. C. **1953.** 3392; vgl. auch 5. Mitt., C. **1952. 4133.**) Durch eine verbesserte achtstufige Synth. konnte *Coronen* jetzt aus Toluol in einer Gesamtausbeute von 2,5% dargestellt werden (vgl. auch NEWMAN, J. Amer. chem. Soc. **62.** [1940.] 1683). Die Verbesserung besteht in der Verwendung der WURTZ-FITTIG-Rk. für die Darst. von *Di-[naphthylen-(2.7)-dimethylen]* aus 2.7-Bis-[brommethyl]-naphthalin (I) mittels Phenyllithium, durch die eine Ausbeute von 20% erzielt wurde. I entstand in einer dreistufigen Synth. durch Ringschluß von α-Methyl-γ-[p-tolyl]-buttersäure, CLEMMENSEN-MARTIN-Red. des gebildeten *2.7-Dimethyltetralons* u. anschließende Seitenkettenbromierung mit N-Bromsuccinimid. — Das aus *Di-m-xylylen* (**II**) durch Isomerisieren mit $AlCl_3$ erhältliche *asymm.-1.2.2a.3.4.5-Hexahydropyren* ist mit symm.-3.4.5.8.9.10-Hexahydropyren vom gleichen F. nicht identisch.

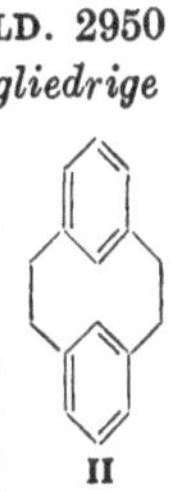

II

Versuche: *Methylbernsteinsäure*, aus Methacrylsäuremethylester u. NaCN nach BROWN (Org. Synthese **26.** 54); 61%. *Anhydrid*, $Kp._{30}$ 127—130°, mit Acetylchlorid; 83%. — *α-Methyl-γ-[p-tolyl]-buttersäure*, $Kp._{0,8}$ 143—144,5°, F. 54—56°, aus vorst. Anhydrid, Toluol u. $AlCl_3$ in Nitrobenzol u. Red. der in 80—83%ig. Ausbeute entstandenen *Ketosäure* nach CLEMMENSON-MARTIN; 95%. — *2.7-Dimethyltetralon*, $Kp._{0,3}$ 93—95°, aus Vorst. u. FSO_3H in CS_2; 97%. *2.4-Dinitrophenylhydrazon*, F. 251°. — *2.7-Dimethyltetralin* $Kp._1$ 80—84°; 85%. — *2.7-Dimethylnaphthalin*, F. 95,5—96°, durch Dampfphasendehydrierung von Vorst. bei 440°/30 mm über Pd—Pt/Kohle; 86%. — *Di-[naphthylen-(2.7)-dimethylen]*, F. 235—236,5° (Bzl.), aus I u. einer äther. Lsg. von Phenyllithium in Bzl. (erhalten aus Li u. Brombenzol) unter N_2 bei 60° (1/2 Std.) u. Sublimieren des Verdampfungsrückstandes der benzol. Lsg. im Vakuum als Fraktion vom $Kp._{0,5}$ 220°; Nadeln oder hexagonale Tafeln; 20%. (J. chem. Soc. [London] **1952.** 2991—93. Aug. Bristol, Univ.) H. GOLD. 2950

Stanislav Landa, Šlechtislav Kriebel und **Eduard Knobloch,** *Über Adamantan und seine Derivate.* 1. Mitt. Vff. haben aus nativem Adamantan (I) *Bromadamantan* (**II**), *Jodadamantan* (**III**) u. *Oxyadamantan* (**IV**) dargestellt. Die vollkommene Symmetrie von I wird durch ein sehr einfaches Infrarotspektr. mit charakterist. Absorption bei 1452 cm^{-1} u. 1350—720 cm^{-1} erwiesen. Die durch Substitution gestörte Symmetrie bei **II, III** u. **IV** wird durch ein komplizierteres Spektr. bewiesen. Weitere Details über Spektren vgl. Original.

Versuche: *Adamantan* (I), F. 269° (Ae. u. PAe.), aus Hodonίner Erdöl (paraffinfrei) durch Dest. mit überhitztem Dampf, Redest. mit gesätt. Dampf u. sorgfältige Dest. über eine Kolonne mit 54 theoret. Böden; aus den Fraktionen vom $Kp._{726}$ 96,27—98,47° krist. I von selbst, aus den Fraktionen vom $Kp._{726}$ 95,26—96,27° u. 98,48—100,47° wurde es erst durch Ausfrieren gewonnen; 0,021% (Ausbeute, auf das Erdöl bezogen). — *Monobromadamantan* (**II**), $C_{10}H_{15}Br$, F. 119,5—120° (Methanol oder Aceton), aus I u. Br_2 durch 2std. Erhitzen im Rohr in kochendem Wasserbad u. nach üblicher Aufarbeitung Sublimation bei 70°/20 mm; 58,41%. — *Monojodadamantan* (**III**), $C_{10}H_{15}J$, F. 151—152,5° (Methanol), aus 1,8 g I u. J_2 durch 2std. Erhitzen im Rohr auf 150° u. Sublimation bei 100°/20 mm; 1,5 g roh. — *Oxyadamantan* (**IV**), $C_{10}H_{15}OH$, F. 288,5—290° (Methanol), durch 2std. Erhitzen von II mit verd. Methanol (1:1) in Ggw. von $CaCO_3$ auf 115—120° im Rohr u. Dest. des Filtrates mit W.; 45,9%; nach Campher riechende, leicht sublimierende Kristalle; entsteht auch durch Einw. von AgCN auf **III** in verd. Methanol statt des erwarteten Nitrils. (Chem. Listy **48.** 61—64. Jan. 1954. Praha, Vys. škola chem., Kat. paliv, topení a vody. [Orig.: tschech.]) K. HEJNO/Prag. 2950

D. A. Barr und **R. N. Haszeldine,** *Perfluoralkylderivate des Stickstoffs.* 1. Mitt. *Perfluor-2-methyl-1.2-oxazetidin und Perfluor-(alkylenalkylamine).* Für die Darst. von *Trifluornitrosomethan* (CF_3NO) aus CF_3J u. NO wurde eine App. konstruiert, mit der in einem Ansatz bis zu 0,25 Mol drucklos gewonnen werden können. CF_3NO setzt sich mit $CF_2{=}CF_2$ zu *Perfluor-[2-methyl-1.2-oxazetidin]* (I) u. einem öligen *Polymeren* $[-N(CF_3)-O-CF_2-CF_2]_n$ — mit einem Mol.-Gew. von >7000 um. Das Polymere ist in Ae., CCl_4, Chlf., Aceton, Bzl., A., PAe., Trifluoressigsäure, Heptafluorbuttersäuremethylester u. Benzotrifluorid unlösl., aber in Perfluormethylcyclohexan löslich. Es wird von heißer konz. H_2SO_4 u. von heißer konz. KOH nicht angegriffen. — Die Pyrolyse von I bei 550° in Abwesenheit von Luft bei geringem Druck führt zu äquimol. Mengen von *Perfluor-[methylenmethylamin]* (II, $CF_3-N{=}CF_2$) u. Carbonylfluorid (COF_2). Dieselben Prodd. entstehen auch aus dem Polymeren bei 400°. Das Ultrarotspektr. von II zeigt eine starke, der N=C-

Valenzschwingung zuzuordnende Bande bei 5,53 μ, es wird von W. schnell u. quantitativ zu CO_2, NH_4F u. HF hydrolysiert. Verss., das noch unbekannte Trifluormethylamin (CF_3—NH_2) aus II mit H_2O-Unterschuß darzustellen, schlugen fehl. Mit Methanol setzt sich II in *Dimethyläther*, *Dimethylcarbonat* u. *NH_4F* um.

Versuche: *Perfluor-[2-methyl-1.2-oxazetidin]* (I), C_3ONF_7, Kp. —6,8°; aus 1,19 g CF_3NO u. 0,60 g CF_2=CF_2 im Quarzeinschmelzrohr in 14 Std. bei Raumtemp.; 62% (Ausbeute) neben 38% polymerem Öl, 69% nichtumgesetztem CF_3NO u. 37% nichtumgesetztem CF_2=CF_2. Bei tieferen Tempp. bildet sich mehr Polymeres. — *Perfluor-[methylenmethylamin]* (II), C_2NF_5, Kp. —33,7°; durch Durchleiten von 0,320 g I durch ein auf 550° geheiztes Quarzrohr bei einem Druck von 5 mm; 0,217 g neben 0,108 g COF_2. (J. chem. Soc. [London] **1955**. 1881—89. Juni. Cambridge, Univ., Chem. Labor.) E. FORCHE. 3040

Yehuda Hirshberg, David Lavie und **Ernst D. Bergmann,** *Die Einwirkung von Alkohol auf Phthalsäureanhydrid.* Während das Spektr. von Phthalsäureanhydrid (I) in Dioxan konstant ist, findet in A. eine langsame Änderung statt. Auf Grund der Ähnlichkeit zum Spektr. von 3-Methoxyphthalid in A. u. Dioxan wird angenommen, daß I ein Hemiketal an einer CO-Gruppe bildet u. langsam zum *Monoäthylester* isomerisiert. Metahemipinsäureanhydrid (4.5-Dimethoxyphthalsäureanhydrid) bildet in A. augenblicklich den *Monoäthylester*, Hemipinsäureanhydrid zeigt etwa das gleiche Verh. wie I. Gleiches gilt von Naphthalindicarbonsäure-(1.2)-anhydrid, dessen Spektr. in A. mit dem von *3-Methoxynaphthalid* ähnlich ist. Letztere Verb. entsteht aus 2-Methylnaphthalincarbonsäure-(1)-methylester durch Bromierung der CH_3-Gruppe mit N-Bromsuccinimid (II), Umwandlung in *Naphthalid*, erneute Bromierung mit II u. Rk. mit CH_3OH (UV-Spektren s. Original).

Versuche: *3-Bromphthalid*, F. 81°, durch Bromieren von Phthalid nach RACINE [1887] bei 140° oder durch 2std. Kochen mit II in CCl_4; Blättchen aus Methylcyclohexan. — *3-Methoxyphthalid*, F. 44°, Kp.$_{20}$ 149—151°, durch 6std. Kochen vorst. Verb. mit Methanol, Abdampfen u. Vakuumdest.; 79% (Ausbeute). — *2-Methylnaphthalincarbonsäure-(1)*, F. 126—127°, aus der GRIGNARD-Verb. von 1-Brom-2-methoxylnaphthalin in Bzl. + Ae. u. Trockeneis, Zers. mit HCl + Eis; aus der organ. Schicht durch Ansäuern; Prismen aus Eisessig; 36%. — *Säurechlorid*, Kp.$_{27}$ 178—181°. *Methylester*, Kp.$_6$ 149 bis 155°. — *2-Brommethylnaphthalin-1-carbonsäuremethylester*, Zers. bei 150° (CH_3Br-Entw.), durch 4std. Kochen vorst. Esters mit II in CCl_4 + wenig Benzoylperoxyd, Abfiltrieren u. Eindampfen. — *2-Oxymethylnaphthalincarbonsäure-(1)-lacton* (*Naphthalid*), $C_{12}H_8O_2$, F. 157°, durch Pyrolyse vorst. Verb. bei 150°; Blättchen aus Eisessig. — *3-Bromnaphthalid*, $C_{12}H_7O_2Br$, F. 140°, aus 1,8 g vorst. Verb. + II wie vorst. durch 4std. Kochen; Nadeln aus PAe.-Bzl.; 2,7 g. — *3-Methoxynaphthalid* (*3-Methoxy-6.7-benzophthalid*), $C_{13}H_{10}O_3$, F. 79—80°, durch 3std. Kochen vorst. Verb. in Methanol; 100%. — *3.4-Dimethoxybenzoesäure*, F. 181° (Isopropanol), durch Oxydation von Veratrumaldehyd mit $KMnO_4$. *Methylester*, F. 62° (Methylcyclohexan). (J. chem. Soc. [London] **1951**. 1030—34. April. Rehovoth, Israel, D. Sieff Res. Inst., Weizmann Inst. of Sci.) H. LEHWALD. 3061

Charles D. Hurd und **Hugh J. Anderson,** *Dampfphasenhalogenierung von Thiophen und 2-Methylthiophen.* Thiophen wurde in der Dampfphase (N_2 als Trägergas) bei Tempp. bis zu 750° bromiert. Bis 500° entstand *2-Bromthiophen* (I), mit steigender Temp. wurde daneben die 3-Bromverb. (II) gebildet u. bei 750° entstand reines II in 16%ig. Ausbeute. II entsteht nicht durch therm. Umlagerung aus I. Ebenso wurde die Chlorierung bei Tempp. bis zu 600° durchgeführt: bei 250—450° wurde bis zu 19,5% (350°) *2-Chlorthiophen* erhalten, bei 550° enthielt das Prod. $^1/_4$, bei 600° $^3/_4$ *3-Chlorthiophen*. 2-Methylthiophen wurde bei 200, 400 u. 600° bromiert; bei 200° trat keine Rk. ein, bei 400 u. 600° entstand unter starker Verkohlung als einziges Prod. *2-Brommethylthiophen*, Kernbromierung trat nicht ein. — Tabellen der Reaktionsprodd. u. Ausbeuten bei verschied. Tempp. u. Kontaktzeiten. (J. Amer. chem. Soc. **75**. 3517—20. 20/7. 1953. Evanston, Ill., Northwest. Univ., Chem. Labor.) H. GOEBEL. 3071

Milan Zaoral, *Kristallines Carbobenzoxy-L-prolin.* Vf. hat Carbobenzoxy-L-prolin, welches bisher als Öl beschrieben wurde, in krist. Form erhalten. — *Carbobenzoxy-L-prolin*, $C_{13}H_{15}O_4N$, F. 76—77°; $[\alpha]_D^{22}$ —43,5 ± 0,5° (c = **3,3**; absol. A.); aus L-Prolin (5,0 g) in n-NaOH (44 ml) u. Carbobenzoxychlorid (8,14 g); das Prod. wurde mit Bzl. einige Male abgedampft u. mit trockenem Ae. übergossen; große Prismen aus Äthylacetat-PAe. (Ausbeute 74%); gibt durch Hydrierung (Pd/Kohle) *L-Prolin*; $[\alpha]_D^{22}$ —81,1° (c = 2,7; W.). (Chem. Listy **48**. 1583. Okt. 1954. Praha, Českoslov. akad. věd., Chemický Ústav, odd. organ. Synthesy. [Orig.: tschech.]) V. HOLEYŠOVSKÝ/Prag. 3081

Viktor Ettel, Miroslav Semonský, Jiří Kuňák und **Antonín Černý,** *Tuberkulostatische Stoffe.* 1. Mitt. *Einige 2.6-substituierte Benzthiazole.* Vff. haben 48 *2-substituierte* u. *2.6-disubstituierte Benzthiazole* dargestellt u. deren tuberkulostat. Aktivität geprüft.

Das *2-[ω-Carboxyamylmercapto]-6-nitrobenzthiazol* besitzt die größte Aktivität. 10 γ/Liter *in vitro* wirken noch stark wuchshemmend auf Mycobact. tub. H 37 Rv. Fast dieselbe Aktivität besitzen *2-n-Butylmercapto-*, *2-n-Hexylmercapto-*, *2-[ω-Carboxymethylmercapto]-* u. *2-[ω-Carbäthoxyallylmercapto]-6-nitrobenzthiazol*. Alle übrigen Verbb. sind weniger akt. bis inaktiv. *In vivo* sind alle Verbb. ohne prakt. Wirksamkeit.

Versuche: 6-Nitrobenzthiazole: *2-Butoxy-* (I), $C_{11}H_{12}O_3N_2S$, F. 58 bis 59°, gelbe Stäbchen aus Methanol, aus 2-Chlor-6-nitrobenzthiazol (II) u. Na-Butylat; 71% (Ausbeute). — *2-Isoamyloxy-*, $C_{12}H_{14}O_3N_2S$, F. 58—59°, gelbe Platten aus A., aus II u. Na-Isoamylat; 75%. — *2-Cyclohexyloxy-* (IV), $C_{13}H_{14}O_3N_2S$, F. 99,5—100,5°, gelbe Stäbchen aus wss. A., aus II u. Na-Cyclohexylat; 95%. — *2-Carboxymethyloxy-*, *Na-Salz*, $C_9H_5O_5N_2SNa$, F. 335—340°, gelbe Mikrokriställchen aus wss. A., freie Säure unbeständig; 86%. — *2-Butoxy-6-aminobenzthiazol* (III)-*Hydrochlorid*, $C_{11}H_{15}ON_2ClS$, F. 265 bis 268° (unscharf; Zers.), Plättchen aus A., aus I, Eisenspänen u. 20%ig. wss. Essigsäure in Alkohol. Das *Hydrochlorid* wird aus der äther. Lsg. der Base mit HCl-Gas ausgefällt; 73%. *N-D-Galaktosyl-(1)-deriv.*, $C_{17}H_{24}O_6N_2S$, F. 96—97°, braune Platten aus Methanol, aus III u. D-Galaktose in absol. Methanol mit einer Spur Salicylsäure unter N_2 u. 4std. Kochen. *Saures N-Succinylderiv.*, $C_{15}H_{18}O_4N_2S$, F. 164—165°, Prismen aus Methanol, aus III u. Bernsteinsäureanhydrid in absol. A.; 90%. *N-Benzalderiv.*, $C_{18}H_{18}ON_2S$, F. 77°, gelbe Prismen aus A., aus III u. Benzaldehyd in A.; 70%. *N-Guanylderiv.*, *Pikrat*, $C_{18}H_{19}O_8N_7S$, F. 208—209°, gelbe Mikrokriställchen aus wss. A., aus III-Hydrochlorid u. Cyanamid in A., 4std. Kochen, dann als *Pikrat* fällen; 68%. — *2-Cyclohexyloxy-6-aminobenzthiazolhydrochlorid*, $C_{13}H_{17}ON_2ClS$, F. ca. 295° (Zers.), Stäbchen aus A., aus IV, Fe u. wss. Essigsäure in A.; 75%. *Pikrat*, F. 221—224° (Zers.), gelbe Nädelchen aus wss. Alkohol. *Saures N-Succinylderiv.*, $C_{17}H_{20}O_4N_2S$, F. 160—161°, Prismen aus Methanol, aus vorst. Base u. *Bernsteinsäureanhydrid*; 90%. — *2-Propylmercapto-6-nitrobenzthiazol*, $C_{10}H_{10}O_2N_2S_2$, F. 91,5—92,5°, gelbe Prismen aus Methanol, aus Propylmercaptan, NaOH u. II in wss. Aceton; 97%. — *2-Butylmercapto-*, $C_{11}H_{12}O_2N_2S_2$, F. 63,5—64,5°, gelbe Platten aus A., analog aus Butylmercaptan u. II; 95%. — *2-Butansulfonyl-*, $C_{11}H_{12}O_4N_2S_2$, F. 151°, gelbe Platten aus A., aus vorst. Verb. u. $KMnO_4$ in Eisessig; 68%. — *2-Isoamylmercapto-*, $C_{12}H_{14}O_2N_2S_2$, F. 56—56,5°, gelbe Nädelchen aus Methanol, aus Isoamylmercaptan, NaOH u. II; 98%. — *2-Hexylmercapto-*, $C_{13}H_{16}O_2N_2S_2$, F. 53—54°, gelbe Platten aus wss. Methanol, aus 2-Mercapto-6-nitrobenzthiazol (V), Hexylchlorid u. wss.-alkoh. NaOH; 86%. — *2-Benzylmercapto-*, $C_{14}H_{10}O_2N_2S_2$, F. 116—117°, gelbe Nädelchen aus Methanol, aus Benzylmercaptan, NaOH u. II; 98%. — *2-[β-Oxyäthylmercapto]-*, $C_9H_8O_3N_2S_2$, F. 113—114°, gelbe Prismen aus Methanol, aus V, Äthylenchlorhydrin u. wss.-alkoh. NaOH; 98%. — *2-Carboxymethylmercapto-*, $C_9H_6O_4N_2S_2$, F. 213—214°, gelbe Platten aus Essigsäure, aus Na-Chloracetat, V u. wss.-alkoh. NaOH; 88%. — *2-[β-Carboxyäthylmercapto]-*, $C_{10}H_8O_4N_2S_2$, F. 169—171°, gelbe Nädelchen aus wss. Methanol, aus Na-β-Brompropionat, V u. wss.-alkoh. NaOH; 95%. — *2-[1-Carboxyheptadecylmercapto]-*, $C_{25}H_{38}O_4N_2S_2$, F. 76—78°, gelbe Mikrokriställchen aus Methanol, aus Na-α-Bromstearat, V u. wss.-alkoh. NaOH; 98%. — *2-[ω-Carboxyamylmercapto]-*, $C_{13}H_{14}O_4N_2S_2$, F. 130—131°, gelbe Platten aus wss. Methanol, aus V, Na-ω-Bromcapronat u. wss.-alkoh. NaOH; 97%. — *2-[ω-Carboxyamylsulfonyl]-*, $C_{13}H_{14}O_6N_2S_2$, F. 178—179°, gelbe Plättchen aus Essigsäure, aus vorst. Verb. u. 30%ig. H_2O_2 in Eisessig bei 80—85° (35 Min.); 81%. — *2-[ω-Carbäthoxyallylmercapto]-*, $C_{13}H_{12}O_4N_2S_2$, F. 112,5—113,5°, bräunliche Nädelchen aus A., aus V, ω-Bromcrotonsäureäthylester u. NaOH in wss. A.; 65%. — *2-Butylmercaptobenzthiazol*, $C_{11}H_{13}NS_2$, Kp.$_{12}$ 167—168°, n_D^{28} 1,6226, aus 2-Chlorbenzthiazol u. Na-Butylat; 77%. — *2-Carboxymethylmercaptobenzthiazol*, $C_9H_7O_2NS_2$, F. 153—154°, Plättchen aus wss. Methanol, aus 2-Mercaptobenzthiazol, Na-Chloracetat u. wss.-alkoh. NaOH; 96%. — *2-[ω-Carboxyamylmercapto]-benzthiazol*, $C_{13}H_{15}O_2NS_2$, F. 71—72°, Plättchen aus wss. Methanol, aus *2-Mercaptobenzthiazol* u. Na-ω-Bromcapronat; 90%. — 6-Aminobenzthiazole: *2-Butylmercapto-* (VI), *Hydrochlorid*, $C_{11}H_{15}N_2ClS_2$, F. ca. 220° (Zers.), perlmutterglänzende Plättchen aus A., aus 2-Butylmercapto-6-nitrobenzthiazol, Fe u. wss. Essigsäure in A.; 70%. — *Pikrat*, $C_{17}H_{17}O_7N_5S_2$, F. 136—138°, gelbe Nädelchen aus wss. Alkohol. *Saures N-Succinylderiv.*, $C_{15}H_{18}O_3N_2S_2$, F. 161,5—162,5°, Nädelchen aus Methanol, aus VI u. Bernsteinsäureanhydrid in A.; 83%. *N-D-Galaktosyl-(1)-deriv.*, $C_{17}H_{24}O_5N_2S_2$, F. 113—114°, braune Platten aus A., aus VI, D-Galaktose u. einer Spur Salicylsäure in absol. A.; 71%. *N-[2-Desoxy-D-glucosil-(1)]-deriv.*, $C_{17}H_{24}O_4N_2S_2$, F. 160—162°, amorph, aus VI u. 2-Desoxy-D-glucose; 87%. *N-Benzalderiv.*, $C_{18}H_{18}N_2S_2$, F. 62,5—63°, gelbe Stäbchen aus A., aus VI u. Benzaldehyd in A.; 90%. *N-Cinnamylidenderiv.*, $C_{20}H_{20}N_2S_2$, F. 79—79,5°, gelbgrüne Plättchen aus A., aus VI u. Zimtaldehyd; 73%. *N-[5-Nitrofurfuryliden]-deriv.*, $C_{16}H_{15}O_3N_3S_2$, F. 158—159°, gelbe Plättchen aus A., aus VI u. 5-Nitrofurfurol; 86%. *N-Sulfomethylderiv.*, *Na-Salz*, $C_{12}H_{15}O_3N_2S_3Na \cdot 0,5\,H_2O$, F. 225—228°, amorph, aus VI u. Na-Oxymethansulfonat in wss. A.; 87%. — *2-Isoamylmercapto-, Hydrochlorid,* $C_{12}H_{17}N_2ClS_2$, F. 195—196°, Plättchen aus A., aus 2-Isoamylmercapto-6-nitrobenzthiazol, Fe u. 20%ig, wss. Essigsäure in A.; 79%. — *2-Hexylmercapto-, Hydrochlorid,* $C_{13}H_{19}N_2ClS_2$, F. 205 bis 210° (Zers.), Platten aus A., aus 2-Hexylmercapto-6-nitrobenzthiazol analog; 100%. — *2-Benzylmercapto-, Hydrochlorid,* $C_{14}H_{13}N_2ClS_2$, F. 280—285° (Zers.), Plättchen aus A., aus 2-Benzylmercapto-6-nitrobenzthiazol; 100%. — *2-[β-Oxyäthylmercapto]-, Hydrochlorid,* $C_9H_{11}ON_2ClS_2$, F. 245—250° (Zers.), hellgelbe Kriställchen aus A., aus 2-[β-Oxyäthylmercapto]-6-nitrobenzthiazol. — *2-[β-Carboxyäthylmercapto]-,* $C_{10}H_{10}O_2N_2S_2$, F. 153 bis 154°, gelbe Stäbchen aus wss. Methanol, aus der zugehörigen Nitroverbindung; 42%. — *2-[ω-Carboxyamylmercapto]-,* $C_{13}H_{16}O_2N_2S_2$, F. 137—138°, bräunliche Platten aus wss. Methanol; 85%. — *2-Butylmercaptobenzthiazol-6-sulfonsäuremethylester,* $C_{12}H_{15}\cdot O_3NS_3$, F. 70—71°, Stäbchen aus Methanol, aus 2-Butylmercaptobenzthiazol u. Chlorsulfonsäure u. nachfolgendes Kochen mit Methanol; 53%. — *2-[ω-Carboxyamylmercapto]-benzthiazol-6-sulfonsäure,* $C_{13}H_{15}O_5NS_3$, F. 271—272°, Nädelchen aus verd. HCl, aus 2-[ω-Carboxyamylmercapto]-benzthiazol u. Chlorsulfonsäure u. Hydrolyse. — *2-[p-Acetamidophenylsulfonyl]-benzthiazol,* $C_{15}H_{12}O_3N_2S_2$, F. 244—245°, Platten aus Methanol, aus 2-Chlorbenzthiazol u. Na-p-Acetamidobenzolsulfinat; 77%. — *2-[p-Nitrophenylmercapto]-6-nitrobenzthiazol,* $C_{13}H_7O_4N_3S_2$, F. 176—177°, gelbe Mikrokriställchen aus A.-Aceton, aus **II**, p-Nitrothiophenol u. Na-Äthylat in A. unter N_2; 90%. — *2-[p-Nitrophenylsulfonyl]-6-nitrobenzthiazol,* $C_{13}H_7O_6N_3S_2$, F. 262—264°, gelbe Nädelchen aus Chlorbenzol, aus vorst. Verb. u. 7,5%ig. wss. $KMnO_4$ in Eisessig; 90%. — *2-[p-Nitrophenylsulfinyl]-6-nitrobenzthiazol,* $C_{13}H_7O_5N_3S_2$, F. 231—232°, Stäbchen aus Chlorbenzol, aus 2-[p-Nitrophenylmercapto]-6-nitrobenzthiazol u. 30%ig. H_2O_2 in Eisessig; 90%. — *2-[p-Aminophenylmercapto]-6-aminobenzthiazoldihydrochlorid,* $C_{13}H_{13}N_3Cl_2S_2$, F. 261—263° (Zers.; aus alkoh. HCl), aus 2-[p-Nitrophenylmercapto]-6-nitrobenzthiazol, Fe u. wss. Essigsäure in Alkohol. (Chem. Listy **46**. 749—55. Dez. 1952. Praha, Výzkum. Ústav pro farmacii a biochem. [Orig.: tschech.]) J. PLEŠEK/Prag. 3142

Viktor Ettel, Miroslav Semonský, Jiří Kuňák und **Antonín Černý,** *Tuberkulostatische Stoffe.* 2. Mitt. *Einige 2.6-substituierte Benzselenazole.* (1. vgl. vorst. Ref.) Vff. haben einige *2.6-substituierte Benzselenazole* dargestellt u. ihre tuberkulostat. Aktivität mit der Aktivität der entsprechenden 2.6-substituierten Benzthiazole (l. c.) verglichen. Die größte Wirksamkeit *in vitro* zeigte der *γ-[6-Nitrobenzselenazolyl-(2)-mercapto]-crotonsäureäthylester,* der noch bei 6,25 γ/l cm³ auf das Mycobact. tub. H 37 Rv stark wuchshemmend wirkt. Fast die gleiche Aktivität zeigen noch *2-n-Hexylmercapto-* u. *2-n-Butylmercapto-6-nitrobenzselenazol.* Alle übrigen Verbb. sind weniger akt. bis inaktiv. *In vivo* sind alle diese Verbb. ganz unwirksam. *2-Mercaptobenzselenazol* (I) wurde nach HASAN u. HUNTER (J. chem. Soc. [London] **1935.** 1762) dargestellt. Die Abänderung ihrer Vorschrift gibt 83% Ausbeute statt 27%. I wird zu *2-Mercapto-6-nitrobenzselenazol* (II) nitriert. *2-Alkylmercapto-6-nitrobenzselenazole* wurden aus II u. Alkylhalogeniden dargestellt.

Versuche: *2-Mercaptobenzselenazol* (I), F. 157°, 10 g Bis-[o-nitrophenyl]-diselenid werden mit der Lsg. von 115 g krist. Na_2S in 175 cm³ W. vermischt u. dazu 50 cm³ CS_2 zugefügt; bei 50—60° wird 1 Std. H_2S durchgeleitet, dann ohne H_2S u. ohne Rühren 1 Std. auf 60—70° erwärmt u. das Prod. im Eisschrank zur Kristallisation gebracht; durch Einleiten von H_2S in die Mutterlaugen bei n. Temp. wird die Ausbeute erhöht; (8,84 g) 83% (Ausbeute). — *2-Mercapto-6-nitrobenzselenazol* (II), $C_7H_4O_2N_2SSe$, F. 238—240° (Zers.), gelbe Nädelchen aus Eisessig, aus 5 g I in 13,5 cm³ konz. H_2SO_4 u. Nitriersäure aus 2,5 cm³ 94%ig. HNO_3 u. 3 cm³ konz. H_2SO_4 unterhalb 0°; auf Eis gießen, in 100 cm³ ca. 14%ig. wss. NH_4OH lösen, 2—3 g Na_2SO_3 zugeben u. das Filtrat mit verd. H_2SO_4 ansäuern; 90%. — 2-Alkylmercapto-6-nitrobenzselenazole: 2,6 g II in 15 cm³ A. werden mit der Lsg. von 0,4 g NaOH in 3 cm³ W. vermischt, 0,01 Mol Alkylhalogenid bzw. 0,01 Mol an Na-Salz der Halogencarbonsäure zugesetzt u. 5—10 Std. (5 Std. bei Bromiden, 10 Std. bei Chloriden) bzw. 5 Std. gekocht. — *2-Propylmercapto-,* $C_{10}H_{10}O_2N_2SSe$, F. 114—115°, aus II u. Propylbromid; gelbe Plättchen aus Methanol; 60%. — *2-Butylmercapto-,* $C_{11}H_{12}O_2N_2SSe$, F. 85—86°, aus II u. Butylbromid; gelbe Prismen aus Methanol; 83%. — *2-Hexylmercapto-,* $C_{13}H_{16}O_2N_2SSe$, F. 76—77°, aus II u. Hexylchlorid; gelbe Nädelchen aus Methanol; 93%. — *2-Carboxymethylmercapto-,* $C_9H_6O_4N_2SSe$, F. 212—214°, aus II u. Na-Chloracetat; gelbe Plättchen aus Essigsäure; 83%. — *2-[β-Carboxyäthyl]-mercapto-, Na-Salz,* $C_{10}H_7O_4N_2SSeNa$, aus II u. Na-β-Brompropionat; gelbe Stäbchen aus wss. A.; 89%. — *2-[α-Carboxy-n-heptadecyl]-mercapto-, Na-Salz,* $C_{25}H_{37}O_4N_2SSeNa$, F. 200—206°, aus Na-α-Bromstearat u. **II**; gelbe Mikrokriställchen aus A.; 72%. — *2-[γ-Carbäthoxyallyl]-mercapto-,* $C_{13}H_{12}O_4N_2SSe$, F. 151,5—152,5°, aus II u. γ-Bromcrotonsäureäthylester; orangebraune Nädelchen aus A.; 80%. — *2-Carboxymethylmercaptobenzselenazol,* $C_9H_7O_2NSSe$, F. 135—136°, aus I

u. Na-Chloracetat; Platten aus wss. Methanol; 93%. — *2-Butylmercapto-6-aminobenzselenazolhydrochlorid*, $C_{11}H_{14}N_2SSeCl$, F. 227—228° (Zers.), aus 2-Butylmercapto-6-nitrobenzselenazol, Fe u. wss.-alkoh. Essigsäure; gelbliche Platten aus A.; 100%. (Chem. Listy **46.** 756—58. Dez. 1952. [Orig.: tschech.]) J. Plešek/Prag. 3142

Miroslav Semonský und **Viktor Zikán**, *Tuberkulostatische Stoffe*. 3. Mitt. *Kondensationsprodukte der Mucochlorsäure mit einigen Aminen.* (2. vgl. vorst. Ref.) Vff. haben die Mucochlorsäure (I) mit einigen tuberkulostat.-akt. Aminen kondensiert, um längerwirkende Präpp. vom Typus R—NH—CH=CCl—CH=N—R [*R* = *3-Oxy-4-carboxyphenyl* (II), *R* = *2-Butylmercaptobenzthiazolyl-(6)* (III)] zu gewinnen. **II** ist *in vitro* noch bei 125 γ/l cm³ mäßig wirksam, **III** um eine Zehnerpotenz weniger wirksam, *in vivo* sind beide Verbb. unwirksam.

Versuche: *3-[3-Oxy-4-carboxyphenylamino]-1-[3-oxy-4-carboxyphenylimino]-2-chlorpropen-(2)* (II)-*Hydrochlorid*, $C_{17}H_{14}O_6N_2Cl_2$, F. 193—194°, orangefarbige Mikrokriställchen, aus p-Aminosalicylsäure u. I in A., 20 Min. bei 65—70°; 99% (Ausbeute). — *3-[2-Butylmercaptobenzthiazolyl-(6)-amino]-1-[2-butylmercaptobenzthiazolyl-(6)-imino]-2-chlorpropen-(2)* (III)-*Hydrochlorid*, $C_{25}H_{28}N_4S_4Cl_2$, F. 200—201°, rotbraune Säulen aus A., aus 2-Butylmercapto-6-aminobenzthiazol u. I analog; 89%. (Chem. Listy **47.** 279—81. Febr. 1953. [Orig.: tschech.]) J. Plešek/Prag. 3142

I. I. Lewkojew, N. N. Sweschnikow, N. Ss. Barwyn und **M. P. Paschin**, *Über einige Benzothiazolderivate*. 3. Mitt. *2.5.6- und 2.6.7-Trimethylbenzothiazol.* (2. vgl. Журнал Общей Химии [J. allg. Chem.] **16** (**78**). [1946.] 1071.) Bei der Oxydation von 4-Thioacetylamino-1.2-dimethylbenzol (I) mit $K_3Fe(CN)_6$ entstehen *2.5.6-* (**II**) u. *2.6.7-Trimethylbenzothiazol* (**III**). **II** wird zum Vgl. auf folgendem Wege erhalten: 4-Nitro-5-amino-1.2-dimethylbenzol wird in *4-Nitro-5-rhodan-1.2-dimethylbenzol* übergeführt, hieraus *2.2'-Dinitro-4.5.4'.5'-tetramethyldiphenyldisulfid* (**IV**) hergestellt u. dieses zu *2-Amino-4.5-dimethylthiophenol* (**V**) red.; durch Behandeln mit $(CH_3CO)_2O$ entsteht hieraus **II**. Bei der Oxydation von 3.4-Dimethylphenylthioharnstoff mit Br_2 werden *2-Amino-5.6-* (**VI**) u. *2-Amino-6.7-dimethylbenzothiazol* (**VII**) erhalten. Wird **VI** mit KOH erhitzt, so erfolgt Hydrolyse unter Bldg. des *K-Salzes* von **V**, das mit $(CH_3CO)_2O$ ebenfalls **II** liefert; aus **VII** entsteht analog das *K-Salz* von *2-Amino-5.6-dimethylthiophenol* (**VIII**) u. hieraus **III**.

Versuche: *4-Thioacetylamino-1.2-dimethylbenzol* (I), $C_{10}H_{13}NS$, F. 106—107°, aus 4-Acetylamino-1.2-dimethylbenzol u. P_2S_5, 1 Std. bei 75°; aus A. Prismen; 49% (Ausbeute). — *3.4-Dimethylphenylthioharnstoff*, $C_9H_{12}N_2S$, F. 181—182° (A.), aus 1.2.4-Xylidinhydrochlorid u. KSCN in W., die Lsg. wird bei 102° (Badtemp.) verdampft u. der Rückstand 2 Std. auf 102—105° erhitzt; Nadeln; 86,7%. — *2-Amino-5.6-dimethylbenzothiazol* (**VI**), $C_9H_{10}N_2S$, F. 185—186°, aus 54 g vorst. Verb. u. 48 g Br_2 in Chlf.; Nadeln; 35,55 g neben 1,2 g **VII**; Trennung beider durch fraktionierte Kristallisation aus CH_3OH, dann Alkohol. *Hydrochlorid*, aus W. Nadeln. *Hydrobromid*, aus W. Blättchen. *Sulfat*, Nadeln. — *2-Amino-6.7-dimethylbenzothiazol* (**VII**), $C_9H_{10}N_2S$, F. 198 bis 199°; bräunliche Prismen. *Hydrochlorid*, Prismen. *Sulfat*, Kristalle. — *4-Nitro-5-amino-1.2-dimethylbenzol*, F. 138—140°, durch Nitrieren von 4-Acetylamino-1.2-dimethylbenzol in H_2SO_4 (D. 1,76) mit tropfenweise bei 15—17° zugesetzter HNO_3 (D. 1,46) u. Verseifen des Nitrierungsprod. mit verd. NaOH bei 80—90°; aus A. orangerote Prismen; 39,7%. — *4-Nitro-5-rhodan-1.2-dimethylbenzol*, $C_9H_8O_2N_2S$, F. 141—142°, man diazotiert vorst. Verb. mit $NaNO_2$ in verd. H_2SO_4 u. setzt KSCN-Lsg. hinzu; aus A. gelbe, rechteckige Prismen; 95,6%. — *2.2'-Dinitro-4.5.4'.5'-tetramethyldiphenyldisulfid* (**IV**), $C_{16}H_{16}O_4N_2S_2$, F. 213—214° (Bzl.), durch 4std. Kochen vorst. Verb. mit Na_2SO_3 in W.; gelbe Nadeln; 93,5%. — *2.5.6-Trimethylbenzothiazol* (**II**), $C_{10}H_{11}NS$, F. 85—86°, a) aus 17,9 g **I** u. 66 g $K_3Fe(CN)_6$ in sehr verd. NaOH bei 6—8°, das Reaktionsprod. wird im Vakuum fraktioniert u. die Fraktion vom $Kp._7$ 130—143° (9,6 g) aus Bzn. (Kp. 60—80°) krist.; 1,85 g **II**; die Kristallisationsmutterlauge enthält ein Gemisch von **II** u. **III**, das mittels der Pikrate nur unvollkommen getrennt werden kann; b) man trägt ein Gemisch von **IV** u. Zn-Staub bei 80—90° in Eisessig ein, erhitzt auf 100°, nach Zusatz von $(CH_3CO)_2O$ auf 140—145° (Badtemp.) u. dest. aus alkal. Medium mit Wasserdampf; 83,5%; c) ein Gemisch von 14,24 g **VI** u. 40 g KOH + 25 ml W. wird 15—18 Std. bis zum Aufhören der NH_3-Entw. auf 130—135° erhitzt, das sich nach Erkalten ausscheidende *K-Salz* von **V** mit 50 ml $(CH_3CO)_2O$ 3 Std. auf 180—190° (Badtemp.) erhitzt u. nach weiterem Zusatz von etwas $(CH_3CO)_2O$ 1 Std. gekocht; 11—12 g. **II** krist. aus Bzn. in Nadeln. *Pikrat*, F. 194—195° (A.); gelbe Nadeln. *Jodmethylat*, $C_{11}H_{14}NJS$, F. 254—256° (A.); Prismen. *Jodäthylat*, $C_{12}H_{16}NJS$, F. 218—219° (A.); Prismen. — *2.6.7-Trimethylbenzothiazol* (**III**), $C_{10}H_{11}NS$, F. 40—41°, $Kp._{25}$ 142—147°, aus **VII** wird durch 35—40std. Erhitzen mit starker KOH (5 g in 4 ml W.) auf 135—140° (Badtemp.) das *K-Salz* von **VIII** hergestellt, das mit $(CH_3CO)_2O$ analog Vorst. bei 150—170° (Badtemp.) usw. behandelt wird; aus

Bzn. Prismen; 35%. *Pikrat*, F. 157—158° (A.); gelbe Nadeln. *Jodmethylat*, $C_{11}H_{14}NJS$, F. 205—206° (A.); Prismen. *Jodäthylat*, $C_{12}H_{16}NJS$, F. 207° (A.); Prismen. (Журнал Общей Химии [J. allg. Chem.] **22** (**84**). 516—21. März 1952. Allunions Wiss. Kinophoto-Forschungsinst.) U. Wörffel. 3142

David W. Clayton, William E. Elstow, Ranajit Ghosh und **Bertie C. Platt**, *Untersuchungen über natürliche Gerbstoffe.* 1. Mitt. *Saure Kondensationsreaktionen zwischen Phenolen und α.β-ungesättigten Carbonylverbindungen.* Zahlreiche Verss. zur Darst. der für die Unters. der Catechin-Tannin-Umwandlung benötigten substituierten Flavane durch Kondensation von Phenolen mit α.β-ungesätt. Carbonylverbb. blieben erfolglos. Die Kondensation von 2.4-Dimethylphenol mit Acrolein (I) liefert nicht 2-[2.4-Dimethylphenoxy]-3.5.7-trimethylcumaran, wie von Adler u. Tingstam (Arkiv Kemi, Min., Geol. Ser. B **16**. [1943.] Nr. 18) angegeben, sondern *2-[2,4-Dimethylphenoxy]-6.8-dimethylchroman.* Analog werden aus 3.4-Dimethylphenol u. I bzw. Crotonaldehyd (II) *2-[3.4-Dimethylphenoxy]-6.5(7)-dimethyl-* bzw. *-4.6.5(7)-trimethylchroman* erhalten. Das aus Resorcin (III) u. Benzylidenaceton (IV) in methanol. HCl bei 65° nach D.R.P. 357 755 angeblich erhaltene 7-Oxy-4-methyl-2-phenylchromen-(3) wird als *7-Oxy-2-methyl-4-phenylchromen-(2)* erkannt. Bei der Durchführung dieser Rk. in methanol. bzw. alkoh. HCl bei 40—45° wird das entsprechende *2-Methoxy-* bzw. *2-Äthoxychroman* erhalten. Letzteres wird zum Strukturbeweis über den 7-Methyläther durch Ringspaltung mit CH_3MgJ zu *2-Äthoxy-4-[2-oxy-4-methoxyphenyl]-2-methyl-4-phenylbutan,* Entmethylierung, Ringschluß u. Acetylierung in *7-Acetoxy-2.2-dimethyl-4-phenylchroman* übergeführt, das auch aus β-Phenylumbelliferon (V; 4-Phenyl-7-oxycumarin) durch Red. zum *Dihydroderiv.*, Acetylierung, Rk. mit CH_3MgJ u. Reacetylierung bzw. durch Acetylierung, Rk. mit CH_3MgJ, Hydrierung u. Reacetylierung erhalten werden kann. Ferner wird III mit II bzw. I in alkoh. HCl zu *2-Äthoxy-7-oxy-4-methyl-* bzw. *2-Äthoxy-7-oxychroman* kondensiert. Bei der Besprechung einer Anzahl analoger Kondensationen wird gefunden, daß in allen Fällen sechs- u. nicht fünfgliedrige Heterocyclen gebildet werden; ob dabei die phenol. OH-Gruppe mit der CO- oder der olefin. Doppelbindung reagiert, hängt von der Natur u. Stellung der Substituenten beider Reaktionspartner ab.

Versuche: *2-[2.4-Dimethylphenoxy]-6.8-dimethylchroman*, $C_{19}H_{22}O_2$, F. 88°, aus 2.4-Dimethylphenol u. I nach Adler u. Tingstam (l. c.); 34% (Ausbeute). — *2-[3.4-Dimethylphenoxy]-6.5*(oder *7*)*-dimethylchroman*, $C_{19}H_{22}O_2$, F. 116° (A.), $Kp._1$ 92 bis 120°, aus I u. 3.4-Dimethylphenol in Eisessig/HCl u. konz. HCl. — *2-[3.4-Dimethylphenoxy]-4.6.5* (oder *7*)*-trimethylchroman*, $C_{20}H_{24}O_2$, F. 155°, $Kp._{0,003}$ 140° (Bad), analog vorst. Verb. aus II u. Chromatographie in Bzl. an Al_2O_3. — *2-Äthoxy-7-oxy-2-methyl-4-phenylchroman*, $C_{18}H_{20}O_3$, F. 167°, aus III u. IV in A. u. alkoh. HCl (3½ Std. bei 45°); aus wss. A. Nadeln; 45%. *Acetat*, $C_{20}H_{22}O_4$, F. 101—102°, aus A. Nadeln. *Methyläther*, $C_{19}H_{22}O_3$, F. 82°, aus A. Nadeln. — *2-Äthoxy-4-[2-oxy-4-methoxyphenyl]-2-methyl-4-phenylbutan*, $C_{20}H_{26}O_3$, $Kp._{0,035}$ 146° (Bad), aus vorst. Methyläther u. CH_3MgJ in Ae.; gelbes Öl; 88%. *Acetat*, $C_{22}H_{28}O_4$, $Kp._{0,04}$ 144° (Bad), gelbes Öl. — *7-Oxy-2.2-dimethyl-4-phenylchroman*, $Kp._{0,002}$ 130° (Bad), $Kp._{0,03}$ 160° (Bad), a) aus 1,1 g vorst. Verb. in Essigsäure u. 46—48%ig. HBr (1 Std. kochen); 0,35 g; b) aus 5 g VII u. CH_3MgJ in Ae.; 5 g; c) aus VI in Essigsäure u. H_2 über Adams-PtO_2; 41%. *Acetat*, $C_{19}H_{20}O_3$, F. 127—128° (aus A. Würfel). — *3.4-Dihydro-7-oxy-4-phenylcumarin*, F. 140°, aus V u. 2%ig. Na-Amalgam; 99%. *Acetat* (VII), $C_{17}H_{14}O_4$, F. 89—91°, aus Methanol Rhomben. — *7-Oxy-2.2-dimethyl-4-phenylchromen* (VI) $C_{17}H_{16}O_2$, F. 122,5°, aus V-Acetat u. CH_3MgJ in Ae.; aus Ae.-PAe. Tafeln; 58%. *Acetat*, $C_{19}H_{18}O_3$, F. 91°, aus A. Tafeln. — *7-Oxy-2-methoxy-2-methyl-4-phenylchroman*, $Kp._{0,09}$ 140—145° (Bad), aus 3,9 g III u. 5 g IV in Methanol u. methanol. HCl bei 40° (4½ Std.); blaßgelbes Öl. *Acetat*, $C_{19}H_{20}O_4$, F. 115—116°, Nadeln aus wss. Methanol. — *7-Oxy-2-methyl-4-phenylchromen-(2)*, $C_{16}H_{14}O_2$, $Kp._{0,02}$ 140—142° (Bad), analog vorst. Verb., aber 5 Std. bei 65°. — *2-Äthoxy-7-oxychroman*, $C_{11}H_{14}O_3$, $Kp._{0,002}$ 98° (Bad), aus I u. III in A. u. alkoh. HCl (4 Std. bei 35—40°). *7-Acetat*, $C_{13}H_{16}O_4$, $Kp._{0,004}$ 93° (Bad). *3.5-Dinitrobenzoat*, $C_{18}H_{16}O_8N_2$, F. 113,5, aus A. blaßgelbe Nadeln. — *2-Äthoxy-7-oxy-4-methylchroman*, $C_{12}H_{16}O_3$, $Kp._{0,003}$ 102° (Bad), aus II u. III analog vorst. Verb. (2½ Std.); 27%. *3.5-Dinitrobenzoat*, $C_{19}H_{18}O_8N_2$, F. 108°, aus A. schwachgelbe Nadeln. (J. chem. Soc. [London] **1953**. 581—86. Febr. Egham, Surrey, Brit. Leather Man. Res. Assoc.) R. Häussler. 3211

J. Maas, G. B. R. de Graaff und **H. J. den Hertog**, *Die Einwirkung von Diazoessigester auf Pyridon-(2). Eine neue Synthese von 2-Pyridoxyessigsäure.* Bei der Rk. von Pyridon-(2) (I) mit Diazoessigsäureäthylester (II) entsteht als Hauptprod. *2-Pyridoxyessigsäureäthylester*, daneben wenig *Pyridon-(2)-yl-(1)-essigsäureäthylester.*

Versuche (FF. korr.): *2-Pyridoxyessigsäure* (III), $C_7H_7O_3N$, F. 111,5—112,5°, aus dem Äthylester u. sd. wss. alkoh. NaOH; Nadeln aus Bzl.; 85—90% (Ausbeute).

Äthylester, $C_9H_{11}O_3N$, Kp.$_4$ 96—97°, a) aus I u. II bei 140°, dann 1½ Std. bei 160°; n_D^{20} 1,4970; 55—60% (Ausbeute, bezogen auf verbrauchtes I), daneben 8—9% nachst. Esters; b) nach HILL u. MCGRAW (C. **1949**. E. 862); 15—20%. *Amid* (**IV**), $C_7H_8O_2N_2$, F. 63—64° (Ae./PAe.), aus dem Äthylester u. konz. NH_4OH; 80—85%. — *Pyridon-(2)-yl-(1)-essigsäure, Äthylester*, Kp.$_4$ 142—147° (unrein). *Amid* (**V**), $C_7H_8O_2N_2$, F. 233—234°, aus dem Ester u. konz. NH_4OH; 80—85%. — Die UV-Absorptionsspektren von **III**, **IV** u. **V** sowie von 2-Methoxypyridin u. N-Methylpyridon-(2) sind angegeben. (Recueil Trav. chim. Pays-Bas **74**. 175—80. März 1955. Wageningen, Agricult. Univ., Labor. of Organ. Chem.) H. GOEBEL. 3231

Miroslav Semonský und **Antonín Černý**, *Tuberkulostatische Stoffe*. 4. Mitt. *Einige Derivate der Bernsteinsäure*. (3. vgl. C. **1956**. 1017.) Es wurden einige Derivv. der Bernsteinsäure vom Typus $RCO(CH_2)_2COR'$ mit *R = Piperidino, R' = OCH_3* (I) u. *R' = NH_2* sowie mit *R = Äthylenimino, R' = OCH_3*, synthetisiert u. *in vitro* auf tuberkulostat. Aktivität geprüft. Alle diese Verbb. sind vollkommen unwirksam.

Versuche: *N-[ω-Carbomethoxypropionyl]-piperidin* (I), $C_{10}H_{17}O_3N$, Kp.$_1$ 133 bis 134°, n_D^{19} 1,4818, aus Bernsteinsäuremethylesterchlorid (**II**) u. *Piperidin* in Ae. bei 0—5°; 81% (Ausbeute). — *N-[ω-Carboxyamidopropionyl]-piperidin*, $C_9H_{16}O_2N_2$, F. 104 bis 105°, Nädelchen aus A.–Ae., leicht lösl. in W., aus I u. 25%ig. wss. NH_4OH, 5 Tage bei gewöhnlicher Temp.; 77%, oder aus *N*-[ω-Carbäthoxypropionyl]-piperidin u. 25%ig. wss. NH_4OH, 4 Tage bei gewöhnlicher Temp.; 97%. — *N-[ω-Carbomethoxypropionyl]-äthylenimin*, $C_7H_{11}O_3N$, Kp.$_{0,8}$ 84—85°, n_D^{19} 1,4712, in W. lösl. Öl, wird bei Luftzutritt gelb u. polymerisiert; aus **II** u. Äthylenimin analog; 62,5%. (Chem. Listy **47**. 281—82. Febr. 1953. Praha, Výzkum Ústav pro farmacii a biochem. [Orig.: tschech.].) J. PLEŠEK/Prag. 3231

Henry E. Reich und **Robert Levine**, *Die Pyridyläthylierung von Verbindungen mit aktivem Wasserstoff*. 3. Mitt. *Die Reaktion von 2-Vinylpyridin mit sekundären Aminen*. (2. vgl. C. **1954**. 5068.) 2-Vinylpyridin (I) reagiert mit sek. Aminen zu *2-[β-Dialkylaminoäthyl]-pyridinen*, deren Struktur zum Teil durch unabhängige Synth. durch MANNICH-Rk. oder durch Darst. aus den N.N-Dialkylcarbaminsäurechloriden u. α-Picolyl-Li (**VI**) mit nachfolgender Red. bewiesen wurde. Die Rk. wurde entweder ohne Katalysator oder in Ggw. von Säuren durchgeführt; sie gelang nicht mit den ster. gehinderten Aminen Diisopropylamin, Di-sek.-butylamin u. Dicyclohexylamin; die schwach bas. Amine Pyrrol (**II**), 2.5-Dimethylpyrrol (**III**) u. Diphenylamin konnten mit **I** unter sauren Bedingungen nicht umgesetzt werden, doch gelang die Rk. mit **II** u. **III** mit metall. Na als Katalysator.

Versuche: *N-[β-Pyridyl-(2)-äthyl]-morpholin*, $C_{11}H_{16}ON_2$, Kp.$_{0,5}$ 105—106°, a) durch 8std. Kochen von äquimol. Mengen I u. Morpholin (**V**); 50% (Ausbeute); b) ebenso in Ggw. von 1 Mol CH_3COOH; 91%; c) aus α-Picolin (**IV**), CH_2O u. **V**; 4% (daneben 70% *Dimorpholinomethan*, Kp.$_{10}$ 116—122°). *Monopikrat*, $C_{17}H_{19}O_8N_5$, F. 145 bis 146° (A.). *Dipikrat*, $C_{23}H_{22}O_{15}N_8$, F. 184,5—185,8° (A.). — *2-[β-(N-Methylanilino)-äthyl]-pyridin*, $C_{14}H_{16}N_2$, Kp.$_{1,1}$ 141—142,5°, a) durch 8std. Kochen von äquimol. Mengen N-Methylanilin, I u. Essigsäure in CH_3OH, 9std. Stehen, Eindampfen, Gießen auf Eis, Alkalisieren mit 10%ig. NaOH u. Ae.-Extraktion; 77%; b) durch Umsetzung von N-Methyl-N-phenylcarbamylchlorid mit **VI** zu *N-Methyl-N-phenylpyridyl-(2)-acetamid* ($C_{14}H_{14}ON_2$; 43%) u. dessen Red. mit $LiAlH_4$; 40%. *Monopikrat*, $C_{20}H_{19}O_7N_5$, F. 167—167,9° (A.). — *N-[β-Pyridyl-(2)-äthyl]-pyrrol*, $C_{11}H_{12}N_2$, Kp.$_{10}$ 148—150°, durch 2std. Kochen von I u. **II** mit metall. Na, Zufügen von A., Gießen auf Eis u. W. u. Ae.-Extraktion; 89%. *Monopikrat*, $C_{17}H_{15}O_7N_5$, F. 129,5—130,4° (A.). — *2-[β-Dimethylaminoäthyl]-pyridin*, $C_9H_{14}N_2$, Kp.$_{17}$ 101—103°, a) aus I u. $(CH_3)_2NH\cdot HCl$ im Verhältnis 1 : 2; 84%; b) aus **IV**, CH_2O u. $(CH_3)_2NH$; 6%; c) durch Umsetzung von N.N-Dimethylcarbamylchlorid mit **VI** zu *N.N-Dimethylpyridyl-(2)-acetamid* (8%) u. dessen Red. mit $LiAlH_4$; 43%. — *2-[β-Diäthylaminoäthyl]-pyridin*, $C_{11}H_{18}N_2$, Kp.$_2$ 82—83°, Kp.$_{1,4}$ 78 bis 80°, a) aus $(C_2H_5)_2NH$, I u. CH_3COOH im Verhältnis 2 : 1 : 2; 53%; b) wie a) aber Molverhältnis 1 : 1 : 1; 39%; c) durch 15 Min. Kochen von $(C_2H_5)_2NH\cdot HCl$, Paraformaldehyd u. **IV**, Gießen auf Eis, Alkalisieren mit 10%ig. NaOH u. Ae.-Extraktion; 23%; d) durch Umsetzung von N.N-Diäthylcarbamylchlorid mit **VI** zu *N.N-Diäthylpyridyl-(2)-acetamid* (46%) u. dessen Red. mit $LiAlH_4$; 56%. *Dipikrat*, $C_{23}H_{24}O_{14}N_8$, F. 164—165°. — *2-[β-Di-n-butylaminoäthyl]-pyridin*, $C_{15}H_{26}N_2$, Kp.$_{1,8}$ 120—121°, Kp.$_{3,4}$ 138°, a) aus Dibutylamin, I u. CH_3COOH im Verhältnis 1 : 1 : 1 oder 1 : 1 : 0,2; 47%; b) durch Umsetzung von N.N-Di-n-butylcarbamylchlorid mit **VI** in Ae. bei 5°, Gießen auf Eis nach 1std. Rühren, Ae.-Extraktion des gebildeten *N.N-Di-n-butylpyridyl-(2)-acetamids* ($C_{15}H_{24}ON_2$, Kp.$_{1,8}$ 156—158°; 68%) u. dessen Red. mit $LiAlH_4$ in Ae.; 45%; c) aus **IV** CH_2O u. $(n\text{-}C_4H_9)_2NH$; 13%. *Monopikrat*, $C_{21}H_{29}O_7N_5$, F. 134—134,4°. — *2-[β-Di-n-pro-*

pylaminoäthyl]-pyridin, $C_{13}H_{22}N_2$, Kp.$_{16}$ 140—141°, a) aus Di-n-propylamin, I u. CH_3·COOH im Verhältnis 1 : 1 : 1; 21%; b) aus (n-$C_3H_7)_2$NH, IV u. CH_2O; 16%. *Monopikrat*, $C_{19}H_{25}O_7N_5$, F. 151—153°. — *2-[β-Diisobutylaminoäthyl]-pyridin*, $C_{15}H_{26}N_2$, Kp.$_{12}$ 144 bis 145°, a) aus Diisobutylamin, I u. CH_3COOH im Verhältnis 1 : 1 : 1; 42%; b) aus Diisobutylamin, CH_2O u. IV; 19%. *Monopikrat*, $C_{21}H_{29}O_7N_5$, F. 154—155°. — *2-[β-Piperidinoäthyl]-pyridin*, Kp.$_{3,7}$ 116—118°. a) aus äquimol. Mengen I u. Piperidin mit 1 bzw. 0,2 Mol Essigsäure; 85 bzw. 84%; b) durch MANNICH-Rk.; 11%. *Dipikrat*, F. 158,6 bis 159,5°. — *2-[β-Pyrrolidinoäthyl]-pyridin*, $C_{11}H_{16}N_2$, Kp.$_{2,2}$ 96—97°, aus I u. Pyrrolidin a) in Ggw. von Essigsäure im Verhältnis 1 : 1 : 1; 83%; b) ohne Katalysator im Verhältnis 1 : 2; 57%. *Pikrat*, $C_{17}H_{19}O_7N_5$, F. 157—158°. — *N-[β-Pyridyl-(2)-äthyl]-2.5-dimethylpyrrol*, $C_{13}H_{16}N_2$, Kp.$_1$ 124—125°, aus 2 Mol III u. 1 Mol I in Ggw. von 0,1 Mol Na; 53%. *Pikrat*, $C_{19}H_{19}O_7N_5$, F. 163,5—165°. (J. Amer. chem. Soc. **77**. 4913—15. 20/9. 1955. Pittsburgh, Pa., Univ., Dep. of Chem.) I. SPAETH. 3231

R. G. W. Hollingshead, *Darstellung von 8-Oxy-2-veratrylchinolin-4-carbonsäure [2-(3'.4'-Dimethoxyphenyl)-oxin-4-carbonsäure]*. Um die Selektivität des *Oxins* gegen Metalle durch Einführung von Substituenten zu erhöhen, wurde die *8-Oxy-2-veratrylchinolin-4-carbonsäure*, $C_{18}H_{15}O_5N$, F. 237—238°, dargestellt: 5 g o-Aminophenol wurden in A. mit 3 g Brenztraubensäure u. 5 g Veratrumaldehyd 4 Std. gekocht, nach mehreren Std. wurde das Lösungsm. abgedampft, in wenig A. aufgenommen, mit W. ausgefällt u. aus A. krist.; Ausbeute 1,5 g. (Res. Corresp., Suppl. zu: Research **8**. Nr. 3. S 11 bis 12. März 1955. Poole, Dorset, Brit. Drug Houses Ltd., Labor. Chem. Group.) H. R. SCHÜTTE. 3231

R. Ss. Liwschitz, R. P. Jewstignejewa, M. Ss. Bainowa und **N. A. Preobrashenski**, *Untersuchung in der Reihe der Isochinolinverbindungen*. 4. Mitt. *Synthese von 1-[β-(β'-Pyridyl)-äthyl]-6.7-dimethoxy-1.2.3.4-tetrahydroisochinolin*. (3. vgl. C. **1952**. 7974; 5. vgl. C. **1953**. 5506.) Als Zwischenprod. für die Synth. von Analogen des Emetins wird *1-[β-(β'-Pyridyl)-äthyl]-6.7-dimethoxy-1.2.3.4-tetrahydroisochinolin* (I) auf folgendem Wege dargestellt: Aus β-[β'-Pyridyl]-propionsäureäthylester (II) wird durch Kondensation mit β-[3.4-Dimethoxyphenyl]-äthylamin *β-[β'-Pyridyl]-propionsäure-β''-[3.4-dimethoxyphenyl]-äthylamid* gewonnen, das durch Behandeln mit $POCl_3$ in *1-[β-(β'-Pyridyl)-äthyl]-6.7-dimethoxy-3.4-dihydroisochinolin* übergeführt wurde. Hieraus wird I durch Red. mit Zn/H_2SO_4 erhalten. Zur Darst. von II wird Nicotinaldehyd mit Malonsäure kondensiert u. die erhaltene *β-[β'-Pyridyl]-acrylsäure* durch Red. mit HJ u. Veresterung in II übergeführt.

V e r s u c h e: *Nicotinsäurehydrazid*, F. 158—159°, aus Nicotinsäuremethylester u. Hydrazinhydrat; 98—99% (Ausbeute). — *Nicotinsäurebenzolsulfohydrazid*, F. 185 bis 186° (A.), aus vorst. Hydrazid mit Benzolsulfochlorid; 96,5%. — *Nicotinaldehyd*, Kp.$_{12}$ 85—90°, durch Erhitzen vorst. Verb. mit Soda in Äthylenglykol auf 160°; 28 bis 30%. — *β-[β'-Pyridyl]-acrylsäure*, F. 232—233° (A.), durch Kondensation von Nicotinaldehyd mit Malonsäure; 67—70%. — *β-[β'-Pyridyl]-propionsäure*, $C_8H_9O_2N$, F. 157 bis 158° (A.), durch 14—15std. Kochen von 8 g vorst. Verb. mit 40 ml Eisessig, 80 ml HJ (D. 1,71) u. 3 g rotem P u. Behandeln des *Hydrojodids* ($C_8H_{10}O_2NJ$, F. 163—164° aus A.) mit NaH_2PO_4; 90%. *Äthylester* (II), $C_{10}H_{13}O_2N$, Kp.$_7$ 129—130°, aus dem Hydrojodid durch Kochen mit A./HCl; D^{20}_{20} 1,071; n_D^{20} 1,4983; 75,7%. II-*Hydrochlorid*, $C_{10}H_{14}O_2NCl$, F. 95—96° (A. + Ae.), stark hygroskopisch. II-*Pikrat*, $C_{16}H_{16}O_9N_4$, F. 81—82°. — *β-[β'-Pyridyl]-propionsäure-β''-[3.4-dimethoxyphenyl]-äthylamid*, $C_{18}H_{22}$·O_3N_2, F. 103°, aus 3 g II durch 3std. Erhitzen mit 3 g β-[3.4-Dimethoxyphenyl]-äthylamin u. einigen Tropfen Pyridin auf 180° u. Stehen über Nacht; aus W. Nadeln; 80,7%. — *1-[β-(β'-Pyridyl)-äthyl]-6.7-dimethoxy-3.4-dihydroisochinolin*, $C_{18}H_{20}O_2N_2$, F. 88—89° (PAe.), durch $2^1/_2$std. Erhitzen von 2 g vorst. Verb. mit 12 ml $POCl_3$ auf dem sd. Wasserbad u. Gießen auf Eis; 1,6 g. *Dihydrochlorid*, $C_{18}H_{20}O_2N_2 \cdot 2\,HCl$, F. 198—200°, aus A. Nadeln. — *1-[β-(β'-Pyridyl)-äthyl]-6.7-dimethoxy-1.2.3.4-tetrahydroisochinolin* (I)-*hydrochlorid*, $C_{18}H_{23}O_2N_2Cl$, F. 241—243° (A.), durch Red. vorst. Verb. mit Zn/H_2SO_4 u. Überführen des nichtkrist. I in das Hydrochlorid; 70%. (Журнал Общей Химии [J. allg. Chem.] **21 (83)**. 1360—64. Juli 1951. Moskau, Lomonossow-Inst. für feinchem. Technol.) G. FROEHLICH. 3231

A. Holland und **R. Slack**, *5-Brompyrimidincarbonsäure-(2)*. Es wird eine Synth. von *5-Brompyrimidincarbonsäure-(2)* (I) beschrieben. *5-Brom-2-tribrommethylpyrimidin*, $C_5H_2N_2Br_4$, F. 131—132° (aus 2-Methylpyrimidin u. Br_2 in CH_3COOH/$NaOOCCH_3$), gibt mit $AgNO_3$ in verd. CH_3COOH I (*Hemihydrat*, $C_5H_3O_2Br \cdot \frac{1}{2}\,H_2O$, F. 191—192°). I liefert bei der Decarboxylierung *5-Brompyrimidin*, F. 57—76°, bei der katalyt. Debromierung *Pyrimidincarbonsäure-(2)*, $C_5H_4O_2N_2$, F. 199°. (Chem. and Ind. **1954**. 1203. 25/9. Dagenham/Essex, May & Baker Ltd., Res. Labors.) H. GOEBEL. 3272

A. I. Kisber und **A. Ss. Glagolewa,** *Zur Einführung der Carboxylgruppe in aromatische Amine.* (Vgl. C. **1955.** 10253.) *Alkalisalze* einiger *Arylcarbaminsäuren* werden beim Erhitzen von *N*-Acylarylaminen mit K_2CO_3 bei n. Druck erhalten, auch ohne daß CO_2 zugegen ist. *2.4-Dioxotetrahydrochinazoline* entstehen beim Erhitzen der K-Salze aromat. o-Aminocarbonsäuren im geschlossenen Rohr. Wird anthranilsaures K mit Arylaminen erhitzt, so bilden sich *Derivv.* von *3-Phenyl-2.4-dioxotetrahydrochinazolin,* z. B. mit m-Chloranilin *3-m-Chlorphenyl-2.4-dioxotetrahydrochinazolin.* Das Reaktionsschema der Bldg. von Chinazolinderivv wird besprochen.

Versuche: *3-m-Tolyl-2.4-dioxo-7-methyltetrahydrochinazolin,* $C_{16}H_{14}O_2N_2$, F 294 bis 295°; aus 150 g symm. 3.3'-Dimethyldiphenylharnstoff bei 6 std. Erhitzen mit 100 g K_2CO_3 unter 38—40 at CO_2-Druck auf 220—230°; aus Eisessig Tafeln; 20 g (Ausbeute). Hieraus beim Erhitzen mit 10%ig. KOH *2-Amino-4-methylbenzoesäure,* F. 176—177°. — *3-m-Chlorphenyl-2.4-dioxo-7-chlortetrahydrochinazolin,* F. 311—312°; aus symm. 3.3'-Dichlordiphenylharnstoff u. K_2CO_3 (240—245°, 49—50 at CO_2, 14 Std.); aus A. + $CH_3 \cdot CO_2H$ Tafeln; 3 g aus 140 g. Hieraus durch alkal. Hydrolyse *2-Amino-4-chlorbenzoesäure,* F. 234—235°. — *3-m-Chlorphenyl-2.4-dioxotetrahydrochinazolin,* $C_{14}H_9O_2N_2Cl$, F. 260,5 bis 261,5°; 120 g anthranilsaures K u. 170 g m-Chloranilin werden 6 Std. auf 220—230°/30 at CO_2 erhitzt; aus 50%ig. CH_3CO_2H schmale, verflochtene Tafeln; 6 g; das Prod. ist von einer Verunreinigung durch 3-Phenyl-2.4-dioxotetrahydrochinazolin durch Umkristallieren nicht zu befreien. Durch Hydrolyse entstehen *Anthranilsäure* u. *m-Chloranilin.* — *3-m-Tolyl-2.4-dioxotetrahydrochinazolin,* $C_{15}H_{12}O_2N_2$, F. 252—252,6°; aus anthranilsaurem K (100 g) u. m-Toluidin; spindelförmige Kristalle; ca. 7,5 g. — *3-p-Tolyl-2.4-dioxotetrahydrochinazolin,* $C_{15}H_{12}O_2N_2$, doppelter F. 249—250° u. 259—260°; aus anthranilsaurem K (100 g) u. p-Toluidin; aus Eisessig Nadeln; 12,2 g neben *symm. 4.4'-Dimethyldiphenylharnstoff,* F. 262°. — *3-Phenyl-2.4-dioxotetrahydrochinazolin,* F. 276 bis 277°; 15 g anthranilsaures K werden 8 Std. im Rohr auf 230—240° erhitzt; 1 g. — *3-p-Tolyl-2.4-dioxo-6-methyltetrahydrochinazolin,* F. 285—286°; 10 g 2-amino-5-methylbenzoesaures K werden 8 Std. im Rohr auf 220—230° erhitzt; 0,6 g. — *3-Chlorphenylcarbaminsaures K*; 15 g symm. 3.3'-Dichlordiphenylharnstoff, 30 ml m-Chloranilin u. 11 g K_2CO_3 werden im CO_2-Strom 10 Std. auf 185—190° erhitzt; man filtriert den Nd. ab u. reinigt ihn durch Waschen mit Pyridin u. Ae.; ca. 50%. — Die Herstellungsweise der l. c. beschriebenen Chinazolinderivv. wird ausführlich mitgeteilt. Das aus N-Acetyl-1-naphthylamin entstehende Chinazolinderiv. ist nicht, wie dort angegeben, 3-[Naphthyl-(1)]-2.4-dioxotetrahydro-5.6-, sondern *3-[Naphthyl-(1)]-2.4-dioxotetrahydro-7.8-benzochinazolin.* (Журнал Общей Химии [J. allg. Chem.] **23** (**85**). 1028—34. Juni 1953.)

R. Knobloch. 3272

Wilson Baker, A. S. El-Nawawy und **W. D. Ollis,** *Acht- und mehrgliedrige Ringverbindungen.* 10. Mitt. *Di-, Tri- und Tetrathiosalicylide.* (9. vgl. C. **1956.** 1013.) Die Dehydratisierung der Thiosalicylsäure (I) liefert ebenso wie die Salicylsäure selbst (vgl. C. **1953.** 3391 u. früher) Anhydroverbindungen. Als Dehydratisierungsprodd. wurden *Di-* (**II**), *Tri-* (**III**) u. *Tetra[thiosalicylid]* (**IV**) gefunden. Während bei der Vakuumdest. von S-Acetylthiosalicylsäure nur **II** neben *Diphenyldisulfid, 4.5; 4'.5'-Dibenzothiopheno-[2'.3':3.2]-thiophen* (**V**), Spuren von *Thioxanthon-(9)* u. **IV** gebildet wird, entstehen 14 bis 32% **II**, 0—15% **III** u. 0—20% **IV** bei der Umsetzung von **I** mit P_2O_5 in Toluol oder Xylol; die Bldg. von **III** u. **IV** ist bei höheren Tempp. begünstigt. $POCl_3$ oder Trifluoressigsäureanhydrid sind unter diesen Bedingungen wesentlich weniger wirksam. **II** (μ = 6,39 D) besitzt *cis*-Konfiguration; die Konfiguration von **III** ($\mu = 1,54 \pm 0,02$ D) entspricht der des Trisalicylids **II**, **III** u. **IV** sind gegen Säuren beständig, werden aber durch 5%ig. alkoh. NaOH hydrolysiert; **II** u. **III** bilden mit Benzylamin in sd. Bzl. *N-Benzylthiosalicylamid* (**VI**), während mit sd. Benzylamin *N.S-Dibenzylthiosalicylamid* (**VII**) entsteht. Die

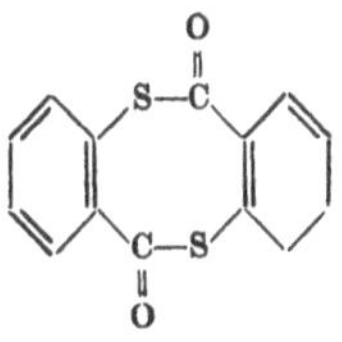

II

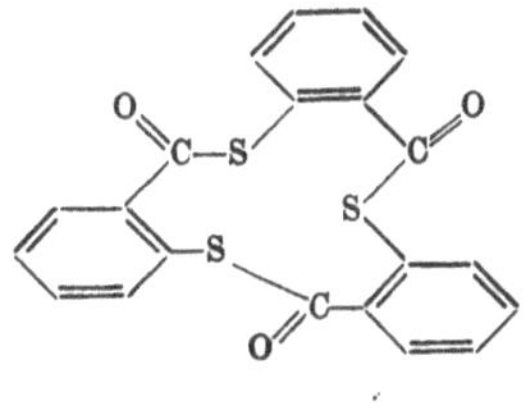

III

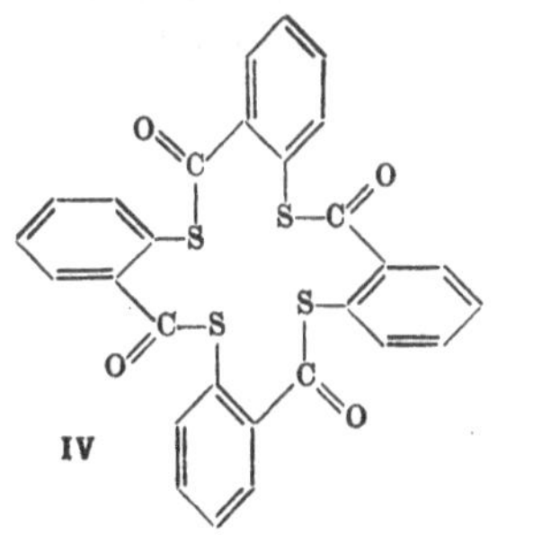

IV

Konst. von **V**, das neben **II** auch bei der Einw. von P_2O_5 auf **I** in Tetralin gebildet wird, erklärt die Bldg. von Tetraphenylcyclobutan beim Entschwefeln von RANEY-Ni.

Versuche: *cis-Di-[thiosalicylid]* (**II**), $C_{14}H_8O_2S_2$, F. 176—177° (Chlf.), a) aus 15 g **I** u. P_2O_5 in sd. Toluol ($5^1/_2$ Std.), Digerieren des Rückstands mit Chlf., Verdampfen der vereinigten Toluol- u. Chloroformlsg. u. fraktionierte Kristallisation aus Bzl., neben **III** u. **IV**; 14%, b) analog in sd. Xylol (4 Std.) neben **III** u. **IV**; 32%, c) mit $POCl_3$ in sd. Xylol (8 Std.) in geringer Menge, neben **III** u. **V**, d) mit Trifluoressigsäure ($1^1/_2$ Std.), neben **III** u. **IV** u. viel unveränderter **I**, e) durch therm. Zers. von S-Acetylthiosalicylsäure ($Kp._{22-26}$ 130°), bei 160—170°, aus dem gelben Sublimat, das im wesentlichen *Diphenyldisulfid* (F. 60—61°) neben *Thioxanthon-(9)* (F. 202—203°), **V** u. **IV** enthält. — Analog b) *Trisalicylid*, F. 200°; 2%. *Tetrasalicylid*, F. 298—300°; 20%. *Hexasalicylid*, F. 375°; 11%. *Tri-p-kresotid*, F. 245°. *Tetra-p-kresotid*, F. 347° (Zers.), nach b) aus p-Kresotinsäure. — *Tri-[thiosalicylid]* (**III**), $C_{21}H_{12}O_3S_3$, F. 257—258° (Chlf. oder Dioxan), aus Bzl. lange Prismen mit Kristallbenzol als Nebenprod. von **II**. — *Tetra-[thiosalicylid]* (**IV**), $C_{28}H_{16}O_4S_4$, F. 288—290° (Chlf. + Dioxan), als Nebenprod. von **II** u. **III** aus dem festen Reaktionsprod. nach a); 20%, nach b)—d) in geringer Menge. — *4.5;4'.5'-Dibenzothiopheno-[2'.3':3.2]-thiophen* (**V**), $C_{14}H_8S_2$, F. 209—210° (Eisessig), aus **I** mit überschüssigem P_2O_5 in sd. Xylol (24 Std.) oder sd. Tetralin (3 Std.) neben **II**; dünne Täfelchen. — *N-Benzylthiosalicylamid* (**VI**), $C_{14}H_{13}ONS$, F. 204—206° (wss. A.), aus **II** oder **III** mit Benzylamin in sd. Bzl. unter N_2 (7 Std.) u. Eindampfen; Nadeln; 79%. — *N-Benzylbenzamid*, F. 103—104° (wss. A.), aus Vorst. mit RANEY-Ni in sd. A. (4 Std.); Nadeln. — *N.S-Dibenzylthiosalicylamid* (**VII**), $C_{21}H_{19}ONS$, F. 97° (Ae.), a) aus **II**, **III** oder **IV** in sd. Benzylamin in Ggw. einer Spur NH_4Cl (3 Std.); 91, 90 bzw. 79%, b) aus **VI**, Benzylchlorid u. K_2CO_3 in sd. Aceton ($2^3/_4$ Std.), c) aus **VI** in sd. Benzylamin (15 Std.), d) aus **I** in sd. Benzylamin (+ NH_4Cl, 5 Std.) neben **VI**. — *N-Benzylamid*, F. 103—104° (wss. Methanol), aus **VII** u. RANEY-Ni in sd. A. (5 Std.) u. Eindampfen des Filtrats. Daneben wenig *Dibenzyl*. — *S-Benzylthiosalicylsäure*, $C_{14}H_{12}O_2S$, F. 189° (A.), sublimiert bei 150°/13 mm, aus **VII** u. sd. 10%ig. alkoh. NaOH (16 Std.); 99%. — *Dibenzyl*, F. 50—51°, aus **V** u. RANEY-Ni in sd. Methanol (3 Std.); 66%. — *1.2.3.4-Tetraphenylcyclobutan*, $C_{28}H_{24}$, F. 162—163° (wss. Methanol), aus **V** u. frischem RANEY-Ni in sd. A. ($3^1/_2$ Std.); 55%. Mit zunehmendem Alter des RANEY-Ni nimmt die Ausbeute an Dibenzyl zu. (J. chem. Soc. [London] **1952**. 3163—67. Aug.) H. GOLD. 3390

M. Viscontini, D. Hoch, M. Marti und **P. Karrer**, *Struktur des Iso-3-carbonsäureamid-N¹-D-ribosidopyridiniumchlorids*. (Vgl. C. **1955**. 1050.) Mit Hilfe der neuen Mikrometh. (Helv. chim. Acta [1955.] 642) zur Best. der Ringstruktur des Zuckerrestes bei Nucleosiden wird gefunden, daß *Iso-[N¹-(D-ribosido)-3-aminoformylpyridiniumchlorid]* (**I**) die Struktur eines α-Ribofuranosidonicotinsäureamids besitzt. **I** wird mit Perjodsäure oxydiert u. anschließend mit Na-Borhydrid reduz., nach dem Neutralisieren mit HCl zeigt die chromatograph. Unters. die Ggw. von *Glycerin* u. wenig *Äthylenglykol*. Die opt. Drehung des bei der Perjodatoxydation von **I** entstehenden *Dialdehyds* beträgt $[\alpha]_D^{20}$ —69°. Der bei der Perjodatoxydation von N^1-[β-Glucosido]-3-aminoformylpyridiniumsalz entstehende *Dialdehyd* hat $[\alpha]_D^{20}$ +67°, weshalb beide Oxydationsprodd. nicht ident. sind. (Helv. chim. Acta **38**. 646—48. 2/5. 1955. Zürich, Univ., Chem. Inst.) H. ROSSOW. 3400

N. B. Chapman und **W. E. Laird**, *Kinetik der Reaktionen von O-Acylglykosylbromiden mit Aminen in Aceton*. (Vorl. Mitt.) Die Umsetzung verschied. O-Acylglykoside (alle in der pyranoiden Struktur) mit einigen Aminen in Aceton wurde polarimetr. (Best. der Geschwindigkeit der Umwandlung des Tetra-O-acetylglykosylbromides) u. konduktometr. (Messung der Geschwindigkeit der Bldg. von Aminhydrobromid) verfolgt. Die Substitution am $C_{(1)}$ ist im allg. von einer Eliminierung unter Bldg. eines Glykoseens-(1.2) (**A**) begleitet, deren Ausmaß noch nicht genau bekannt ist. Aus Analogiegründen ist es unwahrscheinlich, daß unter den Versuchsbedingungen Desacetylierung der Glykoseene u. N-Glykoside in merklichem Umfang stattfindet, u. auch die befriedigende Übereinstimmung der nach den beiden Methoden gewonnenen Geschwindigkeitskonstanten spricht dafür, daß nur die beiden erwähnten Rkk. von Bedeutung sind. Mit den stark nucleophilen sek. Aminen *Piperidin*, *Di-n-butylamin* u. *Diäthylamin* reagieren *Tetra-O-acetylglucosyl-* (**I**), *Tetra-O-acetylgalaktosyl-* u. *Tri-O-acetylxylosylbromid* in reinem Aceton nach 2. Ordnung, *Tetra-O-acetylmannosylbromid* (**II**) dagegen in geringem Ausmaß auch monomolekular. Die Rk. von **II** mit den schwach nucleophilen Reagentien *Monomethylanilin*, *Pyridin* u. *β-Picolin* ist monomol., die von **I** mit diesen Aminen gehorcht einem gemischten Mechanismus. Für die Stabilität des nach S_N1 entstehenden Carbeniumions ist offenbar die relative Anordnung der benachbarten Acetylgruppe bedeu-

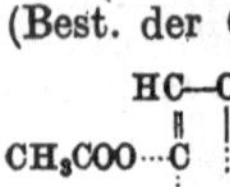

A

tungsvoll. — Geschwindigkeitskonstanten für Tempp. zwischen 1,8 u. 43,0° werden angegeben. (Chem. and Ind. 1954. 20—21. Southampton, Univ., Dep. of Chem.) G. LOHAUS. 3400

Olav Braenden und **Ole Gisvold,** *Stickstofftetroxyduntersuchungen.* 1. Mitt. *Die einleitende Oxydation von L-Sorbose.* Die Oxydation von L-Sorbose mit N_2O_4 in wasserfreiem Medium lieferte ein Gemisch von *Zuckersäuren*, von denen *2-Ketogulonsäure* (I) als *Ca-Salz* identifiziert u. zu *L-Ascorbinsäure* lactonisiert wurde. Analog verläuft die Oxydation von Methyl-L-sorbopyranosid u. von Saccharose.

Versuche: *2-Keto-L-gulonsäure* (I), *Ca-Salz*, $Ca(C_6H_9O_7)_2$, aus 9 g Sorbose, Drierit, Filter-Cel u. 23,4 g N_2O_4 in CCl_4; Fällung mit $CaCO_3$ gibt 8,3 g Ca-Salze mit 58,0% I-Geh., die 2.6-Dichlorphenolindophenol stark reduzieren. *Chininsalz*, F. 155 bis 157°, nadelförmige Kristalle. — *L-Ascorbinsäure*, $C_6H_8O_6$, F. 188—189°. Vorst. Ca-Salz wird mit Oxalsäure in freie I übergeführt, eingedampft u. mit Aceton behandelt. — Die Oxydation von 9 g Methyl-L-sorbopyranosid analog I lieferte 8,2 g *Ca-Salze* mit 55,4% I. — Analoge Oxydation von Saccharose lieferte ein stark reduzierendes saures Material. (J. Amer. pharmac. Assoc., sci. Edit. 41. 382—85. Juli 1952. Minneapolis, Minn., Univ., Coll. of Pharm.) D. AMELUNG. 3400

Poul Nedenskov und **Niels Clauson-Kaas,** *Vereinfachte Darstellung von 6-Oxytropinon.* Es wird eine verbesserte Synth. von *6-Oxytropinon* (I) aus 2.5-Dimethoxy-2.5-dihydrofuran (II) (vgl. SHEEHAN u. BLOOM, C. 1953. 4045) durch saure Hydrolyse u. anschließende Rk. mit CH_3NH_2 u. Acetondicarbonsäure beschrieben. Wahrscheinlich bildet der durch Hydrolyse von II gebildete *Maleindialdehyd* unter Addition von W. *Oxysuccindialdehyd*, der mit CH_3NH_2 u. Acetondicarbonsäure I liefert.

Versuche: *6-Oxytropinon* (I), $C_8H_{13}O_2N$, F. 121—122°, aus II in 3nHCl (18 Std. stehen), Neutralisieren der gelblichbraunen Lsg. mit 6nNaOH u. Zufügen zu Acetondicarbonsäure, $CH_3NH_2 \cdot HCl$ u. CH_3COONa in W. (2 Tage stehen); p_H 4,3 → 4,9; Reinigung über das *Pikrat*, F. 199—200° (Zers.; A.). (Acta chem. scand. 8. 1295. 1954. Copenhagen, Denmark, Sadolin & Holmblad AIS, Centrallabor.) R. LORENZ. 3500

Bernhard Witkop und **James B. Patrick,** *Natriumborhydridreduktion von quaternären Schiffschen Basen und Alkaloiden.* $NaBH_4$ red. quaternäre cycl. SCHIFFsche Basen u. Alkaloide mit einer nichtaromat. $-C=\overset{+}{N}<$-Bindung zu *N*-Methyldihydroderivv., wie *N-Methyldihydropeganin* **(I)**, *N-Methyltetrahydroyobyrin* (II) u. *Hydrocotarnin.* C-Curarin-I-chlorid (III) bildet die „*dimere Ätherbase*".

Versuche (FF. korr.): *Peganinmethojodid*, F. 191—191,5°, aus Peganin, CH_3J u. CH_3OH (1½ Std. kochen); Nadelbüschel aus CH_3OH; 69,5% (Ausbeute, roh); daneben wenig *Peganinhydrojodid*, F. 183—213,5° (Zers.), bräunliche Würfel. — *N-Methyldihydropeganin* (I), aus vorst. Verb. in CH_3OH u. $NaBH_4$; Öl. *Pikrat*, *Hydrochlorid* u. *Perchlorat* harzig. *O-Benzoylverb.*, Öl. (*Hydrochlorid* u. *Oxalat* harzig, aus letzterem einige Kristalle, F. 163°). — *N-Methyltetrahydroyobyrinmethojodid*, $C_{21}H_{25}N_2J$, F. 180—181°, aus Dihydroyobyrinmethojodid analog I u. Umsetzung des nach Chromatographie an Florisil erhaltenen II (gelbes Öl. *Hydrochlorid* u. *Hydrojodid* krist., aber unbeständig) in Ae. mit CH_3J; gelbliche Nadeln. — *Hydrocotarninhydrobromid*, $C_{12}H_{15}O_3N \cdot HBr$, F. 229—230° (Ae.), aus Cotarninchlorid analog I (0°) u Chromatographie an Al_2O_3. — *Verb.* $C_{14}H_{18}ON_2 \cdot H_2O$, F. 176—178°, aus Harmalinmethochlorid analog I (2mal). — „*Dimere Ätherbase*", $C_{40}H_{42}ON_4$, F. 148°, aus III analog I. — Die Infrarotbanden aller Verbb. sind angegeben. (J. Amer. chem. Soc. 75. 4474—76. 20/9. 1953. Bethesda, Md., Nat. Inst. of Health.) K. LEHMSTEDT. 3500

Heisaburo Kondo, Hideyo Kataoka und **Kanji Nakagawa,** *Synthese des Cepharanthins.* 5. Mitt. (4. vgl. C. 1952. 3010.) 6-Methoxydiphenyläther-3.4'-diessigsäure (I) u. Homopiperonylamin (II) lassen sich besser über das *Säurechlorid* (Ia) nach SCHOTTEN-BAUMANN in das entsprechende *Diamid* überführen als durch Erhitzen von I u. II in Tetralin. Durch $POCl_3$ wurde das Amid zum *Bis-dihydroisochinolinderiv.* (III) cyclisiert, dessen *Metholjodid* zum entsprechenden *N-Methyltetrahydroisochinolin* red. wurde. Dessen *Hydrochlorid* besitzt ca. die 4fache antibakterielle Aktivität von natürlichem *Cepharanthin* (IV). In gleicher Weise wurde 5.6-Methylendioxy-2'-methoxy-3.4'-bis-[β-aminoäthyl]-diphenyläther (V) mit **Ia** zu dem entsprechenden *Diamid* (**VIa** oder **VIb**) umgesetzt. Dieses gab nach Ringschluß zum III analogen *Deriv.* (VII), Überführung in dessen *Methojodid* bzw. *Methochlorid* u. Red. die *Verb.* **VIIIa** oder **VIIIb**, die vermutlich rac. **IV** ist. Eine Identifizierung konnte wegen der geringen Ausbeute nicht vorgenommen werden, zumal die Struktur von **IV** (entsprechend **VIIIa** oder **VIIIb**) noch nicht festliegt.

Versuche: *6-Methoxydiphenyläther-3.4'diessigsäuredihomopiperonylamid*, $C_{35}H_{34} \cdot O_8N_2$, F. 106—107°, a) aus I u. II in Tetralin bei 230—240°; aus Aceton Tafeln; 41%

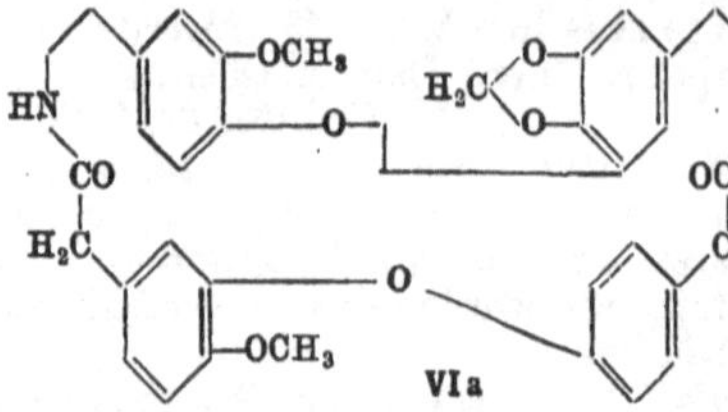
VIa

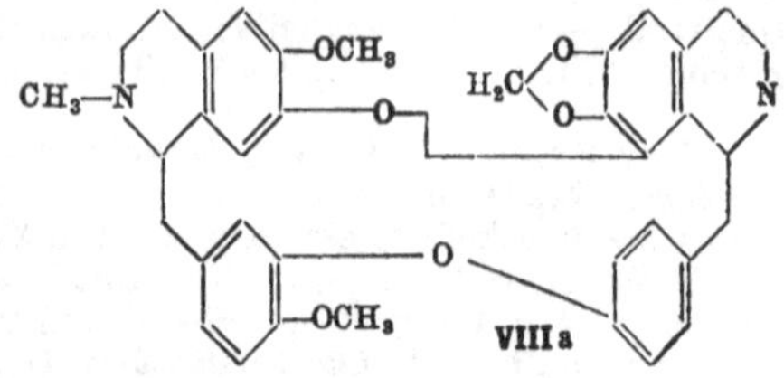
VIIIa

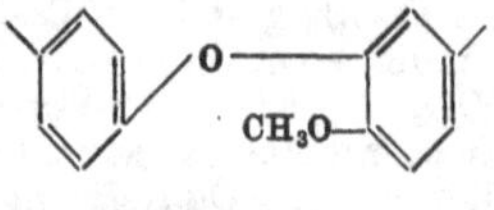
VIb bzw. VIIIb

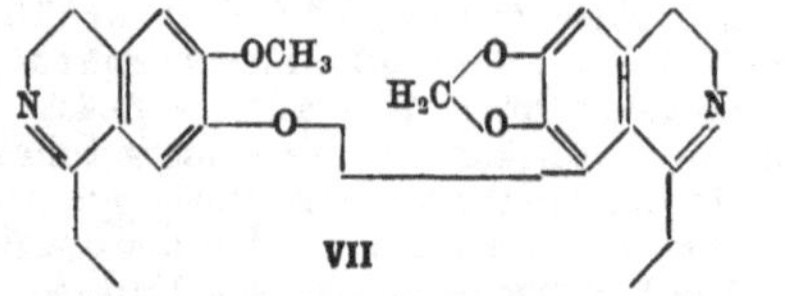
VII

(Ausbeute); b) aus **I** wird mit $SOCl_2$ bei 20° das *Säurechlorid* (**Ia**) bereitet u. in Chlf. mit **II** u. 5%ig. KOH behandelt; 52%. — *6-Methoxy-3.4'-bis-[6.7-methylendioxy-3.4-dihydroisochinolinyl-(1)-methyl]-diphenyläther* (**III**) gelbliches Pulver, durch 3std. Kochen vorst. Verb. mit $POCl_3$ in HCl_3. *Pikrat*, F. 105—110° (Zers.), orangegelbes Pulver. *Styphnat*, F. 138—140° (Zers.), orangegelbes Pulver. *Bis-methojodid*, F. 180—182° (Zers.), gelbes Pulver. — *6-Methoxy-3.4'-bis-[6.7-methylendioxy-2-methyl-1.2.3.4-tetrahydroisochinolinyl-(1)-methyl]-diphenyläther*, $C_{37}H_{38}O_6N_2$, gelbliches Pulver, aus vorst Methojodid u. Zn/Essigsäure. *Pikrat*, F. 135—140°, orangegelbes Pulver. *Styphnat*, F. 161—162° (Zers.), gelbes Pulver. *Bis-methojodid*, $C_{39}H_{44}O_6N_2J_2$, F. 202°, gelbes Pulver. — In analoger Reaktionsfolge aus **V**: *Diamid* **VIa** oder **VIb**, $C_{35}H_{34}O_8N_2$, F. 202—203° → *Dihydroisochinolin* **VII** (*Hydrochlorid*, F. 270° [Zers.; wss. CH_3OH]) → *Methojodid*, F. 260° (Zers.; wss. CH_3OH), rotbraunes Pulver → *Methochlorid*, rotbrauner Sirup (*Chloroplatinat*, F. 282° [Zers.], orangegelbes Pulver; *Chloroaurat*, F. 165° [Zers.], orangerotes Pulver) → *N-Methyltetrahydroisochinolin*. **VIIIa** oder **VIIIb** (*rac. Cepharanthin* [rac. **IV**]?), Pulver. (Annu. Rep. ITSUU Lab. 1952. Nr. 3. 49—54. Mai. [Orig.: engl.]) K. NEZEL. 3500

L. W. Wolkowa, O. N. Tolkatschew und **N. A. Preobrashenski**, *Synthese von Bisbenzyltetrahydroisochinolinäthern.* Es wurden synthet. Verss. bei den Curarealkaloiden durchgeführt. Die Kondensation von 3-Methoxy-4-[benzyloxy]-phenyläthylamin ($Kp._2$ 182—184°) mit 4-Methoxyphenylessigsäuremethylester ($Kp._{11}$ 138—139°) führt zu dem *β-[3-Methoxy-4-benzyloxylphenyl]-äthylamid* (F. 114—115°) der *4-Methoxyphenylessigsäure*. Dieses wird durch $POCl_3$ zu *1-[4'-Methoxybenzyl]-6-methoxy-7-benzyloxy-3.4-dihydroisochinolin* [*Hydrochlorid*, F. 200—201° (Zers.)] cyclisiert. Das *Jodmethylat* (F. 167 bis 167,5°) dieser Base wird in das *Chlormethylat* übergeführt, das beim Hydrieren (Pt) in *N-Methyl-1-[4'-methoxybenzyl]-6-methoxy-7-benzyloxy-1.2.3.4-tetrahydroisochinolinhydrochlorid* übergeht. Hieraus beim Hydrieren (Pd-Schwarz) unter Abspaltung der 7-Benzylgruppe *N-Methyl-1-[4'-methoxybenzyl]-6-methoxy-7-oxy-1.2.3.4-tetrahydroisochinolinhydrochlorid* [F. 160—169° (Zers.)]. Die freie Base wird mit 3-Brom-4-methoxyphenylessigsäuremethylester ($Kp._6$ 163 bis 164°) kondensiert, wobei *N-Methyl-1-[4'-methoxybenzyl]-6-methoxy-7-[2''-methoxy-5''-(carbomethoxymethyl)-phenoxy]-1.2.3.4-tetrahydroisochinolin* (*Hydrochlorid*, F. 138—142°) entsteht, das mit 3.4-Dimethoxyphenyläthylamin ($Kp._3$ 119 bis 120°) kondensiert wird. Das Kondensationsprod., *N-Methyl-1-[4'-methoxybenzyl]-6-methoxy-7-{2''-methoxy-5''-[N'''-(3'''.4'''-dimethoxyphenyläthyl)-carbamidomethyl]-phenoxy}-1.2.3.4-tetrahydroisochinolin*, wird durch $POCl_3$ zu *N-Methyl-1-[4'-methoxybenzyl]-6-methoxy-7-{-2''-methoxy-5''-[6'''.7'''-dimethoxy-3'''.4'''-dihydroisochinolyl-(1''')-methyl]-phenoxy}-1.2.3.4-tetrahydroisochinolin* (*Dihydrochlorid*, F. 86—92°) cyclisiert. Hieraus durch Hydrieren (Pt) u. Methylieren mit HCHO + HCO_2H *N-Methyl-1-[4'-methoxybenzyl]-6-methoxy-7-{2''-methoxy-5''-[6'''.7'''-dimethoxy-N'''-methyl-1'''.2'''.3'''.4'''-tetrahydroisochinolyl-(1''')-methyl]-phenoxy}-1.2.3.4-tetrahydroisochinolin* (**I**) (*Dihydrochlorid*, F. 96—99°). Dieses wird durch Behandeln mit CH_3J

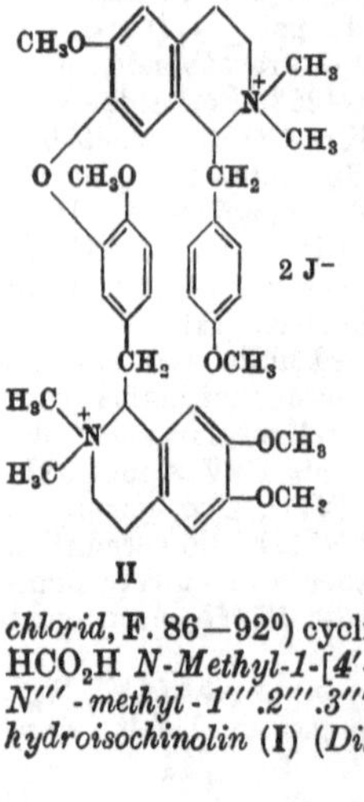
II

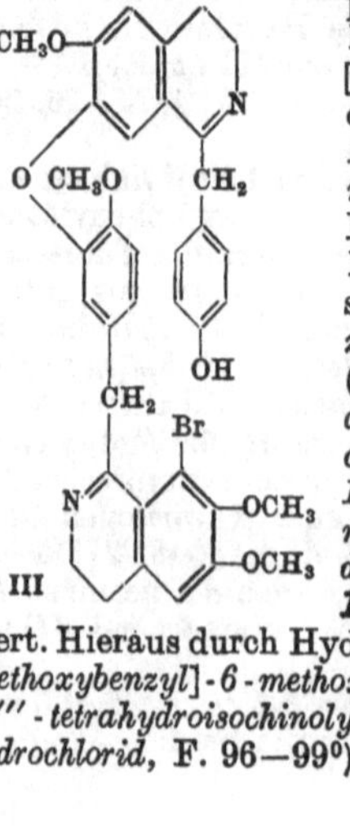
III

in das *Dijodmethylat* (II) (F. 79—80°) übergeführt, dessen Konst. derjenigen eines Dimethyläthers von Cuarin nahekommt (in diesem ist der eingestrichene Benzolring in 4'- Stellung mit dem dreigestrichenen Isochinolinring in 8'''-Stellung durch eine O-Brücke verbunden). I wird als Gemisch (F. 84—97°) von 2 Diastereoisomeren gewonnen (C_1 u. C_1''' sind asymm.), aus dem sich das vorherrschend vorhandene vom F. 96—99° isolieren läßt; dieses wurde zur Herst. des Dijodmethylats benutzt. Auf ähnlichem Wege wird der Dimethyläther von Tubocuarindijodid snythesisiert. Ausgangsverb. ist das β-[3-Methoxy-4-oxyphenyl]-äthylamid (F. 111—113°) der 4-Benzyloxyphenylessigsäure; hieraus das *β-{3-Methoxy-4-[2'-methoxy-5'-(carbomethoxymethyl)-phenoxy]-phenyl}-äthylamid* (F. 82—85°) dieser Säure. Wird dieses mit β-[3-Methoxy-4-oxy-5-bromphenyl]-äthylamin (F. 172—173,5°) kondensiert, so entsteht das *β-{{3-Methoxy-4-{2'-methoxy-5'-[β-(3''-methoxy-4''-oxy-5''-bromphenyl)-äthylcarbamidomethyl]-phenoxy}-phenyl}}-äthylamid* (F. 94 bis 97°) der gleichen Säure. Der 4''-Methyläther hiervon schm. bei 70—80°. Aus diesem durch 2fachen Ringschluß *1-[4'-Benzyloxybenzyl]-6-methoxy-7-{2''-methoxy-5''-[6'''.7'''-dimethoxy-8'''-brom-3'''.4'''-dihydroisochinolyl-(1''')-methyl]-phenoxy}-3.4-dihydroisochinolin* (*Dihydrochlorid*, F. 193—195°). Die entsprechende *4'-Oxyverb.* (III) liefert beim Abspalten von HBr den *Dimethyläther* (F. 96—101°) von *1.2.1'''.2'''-Tetradehydro-N.N'''-desmethylchondodendrin.* Das *Dijodmethylat* (F. 110—115°) wird in das *Dichlormethylat* (F. 88—90°) umgewandelt, aus dem beim Hydrieren (Pt oder Ni) *Chondodendrindimethylätherdihydrochlorid* entsteht. Hieraus mit CH_3J ein Gemisch der Diastereoisomeren von Tubocurarindijodiddimethyläther, die sich trennen lassen (F. 131—135° u. 223—228°). Beschreibung der Verss. fehlt. (Доклады Академии Наук СССР [Ber. Akad. Wiss. UdSSR] **102.** 521—24. 21/5. 1955. Moskau, Lomonossow-Inst. für feinchem. Technol.)
R. KNOBLOCH. 3500

N. F. Prosskurnina und **A. P. Jakowlewa,** *Über die Alkaloide von Galanthus Woronowi.* 3. Mitt. *Die Konstitution von Galanthamin.* (2. vgl. C. **1955.** 8628.) Für Galanthamin (I) wird die Konst. eines *1-Äthyl-3-oxy-4.5-epoxy-6-methoxy-10-methylhexahydrophenanthridins* vorgeschlagen, in der einer der Ringe eine Doppelbindung in nicht ermittelter Lage enthält. Für das Vorliegen eines Phenanthridinderiv. spricht, daß außer I Galanthin u. Lycorin, beides Phenanthridinderivv., in der Pflanze vorhanden sind u. daß die UV-Absorptionsspektren von I u. Galanthin fast völlig zusammenfallen. Die Lage der O-Brücke u. die Stellung der Substituenten werden als wahrscheinlich angesehen. Beim Kochen mit konz. HBr entsteht eine Verb., wohl *1-Äthyl-5.6-dioxy-10-methyl-9.10-dihydrophenanthridin* (II); diese ist opt.-inakt. u. hat 2 phenol. OH-Gruppen. CH_2N_2 führt in II-*Dimethyläther* über; Nebenprod. ist hier eine nicht näher untersuchte *Verb.* $C_{17}H_{19}O_2N$. Das Jodmethylat von II-Dimethyläther wird in wss. Lsg. mit Na-Amalgam behandelt, wobei eine als *1.2-Dimethoxy-5-methyl-1'-dimethylamino-2'-äthyldiphenyl* angesehene Verb. resultiert. Diese gibt bei der Oxydation eine *Galanthaminsäure* genannte Verb., für die die Konst. von *1.2-Dimethoxydiphenyldicarbonsäure-(5.2')* angenommen wird.

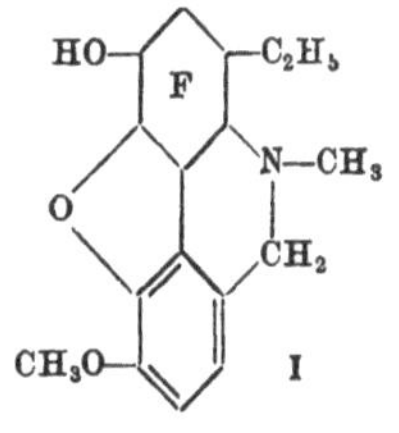

I

Versuche: *1-Äthyl-5.6-dioxy-10-methyl-9.10-dihydrophenanthridin* (II), $C_{16}H_{17}O_2N$, F. 202—203°; durch 4std. Kochen von 12 g I mit 120 ml 46%ig. HBr unter Durchleiten von CO_2; Isolierung als *Hydrobromid*; aus Ae. Kristalle; 7 g (Ausbeute). *Hydrobromid*, F. 228—230° (A.); Tafeln. *Hydrojodid*, F. 245,5—246,5° (W.); Tafeln. *Dimethyläther*, durch Methylieren von II in A. + Ae., 8—10 Std. bei Zimmertemp.; ziemlich bewegliches Öl; die als Nebenprod. in geringer Menge entstehende *Verb.* $C_{17}H_{19}O_2N$ bleibt beim Behandeln des Reaktionsprod. mit A. schwerlösl. zurück. *Hydrochlorid* des *Dimethyläthers*, F. 217—218° (verd. HCl). *Hydrobromid* des *Dimethyläthers*, $C_{18}H_{21}O_2N \cdot HBr \cdot 1/2\, H_2O$, F. 228—230°; aus W. Kristalle. *Jodmethylat* des *Dimethyläthers*, F. 144 bis 150° (W.). — *Verb.* $C_{17}H_{19}O_2N$, F. 205—206°; aus A. Kristalle. *Hydrobromid*, F. 235 bis 236° (A.) — *2.3-Dimethoxy-6-methyl-2'-dimethylamino-3'-äthyldiphenyl* (?); 1,6 g II-Dimethylätherjodmethylat werden in warmem W. mit 5,26 g 5%ig. Na-Amalgam behandelt, anschließend 20 Min. Erhitzen auf dem Wasserbad; ziemlich bewegliches Öl; 1,13 g. *Hydrobromid*, $C_{19}H_{25}O_2N \cdot HBr$, F. 173—175°; aus W. Kristalle. — *Galanthaminsäure* [*2.3-Dimethoxydiphenyldicarbonsäure-(6.3')* (?)], $C_{16}H_{14}O_6$, F. 200—203°; 1 g vorst. Verb. werden mit $KMnO_4$ in Aceton bis zur bleibenden Färbung oxydiert; aus W. Kristalle; 0,15 g. (Журнал Общей Химии [J. allg. Chem.] **25** (**87**). 1035—39. Mai 1955. Allunions Wiss. Chem.-Pharmaz. Ordshonikidse-Forschungsinst.) R. KNOBLOCH. 3500

Dov Elad und **David Ginsburg,** *Synthesen in der Morphinreihe.* 5. Mitt. *Modellversuche für die Einführung von Sauerstoff an* $C_{(6)}$. (4. vgl. C. **1954.** 10487.) Die Einführung der O-Funktion an $C_{(6)}$ des Morphins wird in Modellverbb. an Derivv. von 2-Phenylcyclohexanon (I), wie 2-[2-Carboxyäthyl]-2-phenylcyclohexanon (V) u. trans-1.2.3.4.9.10-11.12-Oktahydro-4-oxophenanthren (II) untersucht. Sie gelingt am besten über die *α-Oximinoketone*. Verss., trans-3-Oxo-2-phenylcyclohexylessigsäuremethylester (III) u. II durch Halogenierung, Enthalogenierung u. Hydrierung in die cis-Verbb. überzuführen, mißlangen.

Versuche: *2-Phenylcyclohexen-(2)-on*, $Kp._3$ 135—140°, F. 97° (Heptan), aus 8,7 g I u. SeO_2 in absol. A. (6 Std. kochen); 2,2 g (Ausbeute). — *δ-Benzoylvaleriansäure, Oxim* (IV), $C_{12}H_{15}O_3N$, F. 119—120° (verd. A.), aus I u. C_2H_5ONa in absol. A. u. n-Amylnitrit (48 Std. im Eisschrank); 67%. *Freie Säure*, F. 78—79° (verd. A.). *Semicarbazon*, F. 186—187° (verd. A.). — *2-[2-Carboxyäthyl]-6-oximino-2-phenylcyclohexanon*, $C_{15}H_{17}$·O_4N, F. 174° (Zers.; verd. A.), aus V analog IV; cremefarbene Kristalle mit $FeCl_3$ in A. grün. — *2-[2-Carboxyäthyl]-6-oxo-2-phenylcyclohexanon*, $C_{15}H_{16}O_4$, aus vorst. Verb., 40%ig. HCHO u. 2nHCl (10 Min. auf dem Dampfbad; Öl; mit $FeCl_3$ in A. tiefbraun; besser mit $NaNO_2$ in 50%ig. A. u. konz. H_2SO_4 unter Kühlung, dann 36 Std. bei 35—40°; halbfest). — *6-Brom-2-[2-carboxyäthyl]-2-phenylcyclohexanon*, $C_{15}H_{17}O_3Br$, F. 151—152° (verd. CH_3OH oder Heptan), aus V in sd. CCl_4 u. Br_2 in CCl_4. *Methylester*, aus V-Methylester u. N-Bromsuccinimid in CCl_4 in Ggw. von Benzoylperoxyd (12 Std. kochen); Öl. — *6-Brom-2-[2-cyanäthyl]-2-phenylcyclohexanon*, $C_{15}H_{16}ONBr$, F. 116—117° (Heptan), aus der Cyanäthylverb. analog vorst. Verb. (unter Kühlung); nach 15 Std. in sd. CH_3COOH/HCl (1 : 1) unter CO_2 → vorst. Säure. — *2-Chlor-3-oxo-2-phenylcyclohexylessigsäure-methylester*, $C_{15}H_{17}O_3Cl$, F. 111—112° (Ae.), aus 2,6 g III in CCl_4 u. SO_2Cl_2 in CCl_4 (2 Std. kochen); 2,5 g; gibt mit 2.6-Lutidin ein chlorfreies *Öl* [*2.4-Dinitrophenylhydrazon*, F. 112—113° (A.)], daraus in A. mit 10%ig. Pd-Kohle (60 lbs./sq.in. H_2) III, F. 81° (Methylcyclohexan). — *2-Brom-3-oxo-2-phenylcyclohexylessigsäuremethylester*, $C_{15}H_{13}O_3$·Br, F. 131—132° (Hexan), a) aus 5,7 g III u. Br_2 in CCl_4 bei 0—5°; 6,2 g; b) aus 5,15 g III, N-Bromsuccinimid u. CCl_4 30 Min. kochen, dann in Ggw. von Benzoylperoxyd weitere 45 Min.); 5,2 g; gibt durch Dehydrobromierung u. Hydrierung wieder III. — *3-Phenylcyclohexen-(2)-on-2.4-dinitrophenylhydrazon*, F. 224—226° (A.), aus 2,2 g 3-Phenylcyclohexanon u. N-Bromsuccinimid in sd. CCl_4 (2 Std.), anschließend mit 2.6-Lutidin 2 Std. kochen u. in A. mit 2.4-Dinitrophenylhydrazin fällen; tiefrot; 0,8 g. — *12-Brom-1.2.3.4.9.10.11.12-oktahydro-4-oxophenanthren*, $C_{14}H_{15}OBr$, aus II u. Br_2 in CCl_4 unter Kühlung; Öl; bei einem Vers. daneben wenig *3.12-Dibromverb.* $C_{14}H_{14}OBr_2$, F. 118—120°. Gibt mit sd. Lutidin oder direkt mit Dinitrophenylhydrazin *1.2.3.4.9.10-Hexahydro-4-oxophenanthren, 2.4-Dinitrophenylhydrazon*, $C_{20}H_{18}O_4N_4$, F. 230—232° (A.–Chlf.; enthält noch ein Isomeres). Gibt mit CH_3COOK/CH_3COOH (5 Std. im Rohr bei 200—210°) *1.4.9.10.11.12-Hexahydro-4-oxophenanthren, 2.4-Dinitrophenylhydrazon*, $C_{20}H_{18}O_4N_4$, F. 269—270° (A.–Chlf.), daneben vorst. Isomeres. — Die Hydrierung (60 lbs./sq.in. über Pd-Kohle) einer der beiden vorst. Hexahydroderivv. liefert nach Behandlung mit Dinitrophenylhydrazin zwei *2.4-Dinitrophenylhydrazone von* II, *β-Form*, $C_{20}H_{20}O_4N_4$, F. 217—218°, hellorangefarbene Rosetten, u. schwerlösl. *α-Form*, F. 196°, gelbe prismat. Nadeln aus A.–Chlf. (ident. mit der Verb. von GINSBURG u. PAPPO, C. **1952**. **4933**; in A.–H_2SO_4 (1 : 1) über Nacht → Gemisch von α- u. β-Form. — *γ-[1.2.3.4-Tetrahydro-1-oxonaphthyl-(2)-buttersäure, Oxim*, $C_{14}H_{17}O_2N$, F. 128—129° (verd. A.), aus II analog IV (auch mit n-Butylnitrit). *Freie Säure*, F. 64—65° (Heptan). *Methylester*, Öl (*2.4-Dinitrophynylhydrazon*, F. 158—160° [A.]). — *γ-[Naphthyl-(2)]-buttersäure*, F. 103—104° (Heptan), aus vorst. Methylester in CH_3OH u. $NaBH_4$, anschließend mit 10%ig. Pd-Kohle in p-Cymol (4 Std. unter N_2 kochen) u. mit sd. 30%ig. methanol. KOH verseifen. — *cis-12-[2-Carboxyäthyl]-1.2.3.4.9.10.11.12-oktahydro-3-oximino-4-oxophenathren*, C_{17}·$H_{19}O_4N$, F. 204° (Zers.), aus IV; 90%. — *cis-12-[2-Carboxyäthyl]-1.2.3.4.9.10.11.12-oktahydro-3.4-dioxophenanthren*, $C_{17}H_{18}O_4$, F. 140—143° (Heptan), aus vorst. Verb., 40%ig. CH_2O u. 2n HCl auf dem Dampfbad; 35%; mit $FeCl_3$ in A. dunkelbraun. (J. chem. Soc. [London] **1953**. 2664—70. Sept. Rehovot, Israel, Weizmann Inst. of Sci., Daniel Sieff Res. Inst.) K. LEHMSTEDT. 3500

K. G. Das und **P. P. Pillay**, *Chonemorphin, das Hauptalkaloid in der Wurzelrinde von Chonemorpha macrophylla G. Don.* 1. Mitt. Aus der lufttrockenen Wurzelrinde von *Chonemorpha macrophylla G. Don* (Apocyanaceae; Tamil: *Perum-Kurumba*, Malay.: *Appooppan-thadi*) werden außer 3,3% amorphen neutralen Prodd. 3,03% Basen, hauptsächlich *Chonemorphin* (I), 1% saures Harz u. 0,2% Unverseifbares + Fettsubstanzen isoliert. Das gesätt. quaternäre I besitzt eine C–CH_3-, eine NCH_3- u. keine COOH-Gruppe. Mehrere *Salze* von I werden beschrieben. Mit $AgNO_3$ wird eine stabile unsalzartige *Komplexverb.* gebildet.

Versuche: *Chonemorphin* (I), $C_{11}H_{23}O_3N$, F. 414—416°, durch 5—7malige Perkolation mit Ae.–A.–NH_4OH; aus A. oder W. lange flache Tafeln von stark bitterem Geschmack; $[\alpha]_D^{30}$ +19,4° (4,3% in W.); mit H_2SO_4 schwachviolette, mit ERDMANNs Reagens schwache Braunfärbung; Löslichkeit bei 30° in W. 4,3%, in A. 6,7%, in Methanol 26,7%, wenig lösl. in Chlf., unlösl. in Aceton, Äthylacetat, Bzl. oder PAe.; entwickelt NH_3 aus NH_4-Salzlsg., absorbiert CO_2 aus der Luft; sublimiert im Vakuum unter schwacher Zers.; 1,5—2,5% (Ausbeute). *Chloroplatinat*, $(C_{11}H_{22}O_2NCl)_2PtCl_4$, schm. nicht, dunkelt bei 315°, verkohlt bei 365°, unlösl., fahlgelbes amorphes Pulver. *Chloroaurat*, $C_{11}H_{22}O_2NCl \cdot AuCl_3$, F. 216°, aus A. glänzendgelbe Nadeln. *Chlorid*. $C_{11}H_{22}O_2NCl \cdot H_2O$, F. 418°, aus W. dünne, verlängerte sechsseitige Tafeln bzw. breite Stäbe. *Bromid*, $C_{11}H_{22}O_2NBr$, F. 422°. *Jodid*, F. 312°, sternförmige Aggregate dünner Platten. *Sulfat*, $(C_{11}H_{22}O_2N)_2SO_4 \cdot H_2O$. *Nitrat*, F. 275° (Zers.), Flitter. *Tartrat*, F. 282° (Zers.). *Pikrat*, F. 424°, aus A. gelbe Platten. *Ag-Komplex*, durch Zugabe von wss. $AgNO_3$ zu wss. I; weiß, unlösl., hitzebeständig, sublimiert unverändert bei Rotglut. (J. sci. ind. Res. [New Delhi] **13 B.** 602—05. Sept. 1954. Ernakulam, Maharaja's Coll.) ANTJE SCHMIDT. 3500

D. Chakravarti, R. N. Chakravarti und **S. C. Chakravarti**, *Alkaloide von Glycosmis arborea. 1. Mitt. Isolierung von Arborin und Arborinin: Die Struktur von Arborin.* (Vgl. J. Inst. Chem. India **24** [1952.] 96.) Von den aus den reifen Blättern von *Glycosmis arborea Correa* isolierten Naturstoffen *Arborin* (I) u. *Arborinin* (II) wurde I als *2-Benzyl-1-methylchinazolon-(4)* erkannt: I ist opt.-inakt. u. enthält eine $NHCH_3$-Gruppe. Es ist eine schwache tert. Base, die ein *Monopikrat* u. ein *Monohydrochlorid* liefert, das bei 140° im Vakuum HCl abspaltet. Durch Se wird I zersetzt. Bei Dest. über Natronkalk entstehen *NH_3*, *Toluol* u. *Methylanilin* (I enthält also 2 Benzolringe). I ist stabil gegenüber H_2O (bis 180°), sd. konz. HCl u. 50%ig. H_2SO_4, wird aber durch sd. 20%ig. wss. oder alkoh. KOH u. $Ba(OH)_2$ in *N-Methylanthranilsäure* (III), *Phenylessigsäure*, NH_3 u. *Arboricin* (IV) zers. (I enthält also $o\text{-}CH_3NC_6H_4C{<}$- u. $C_6H_5CH_2{<}$-Gruppierungen). Durch Hydrierung entsteht ein *Dihydroderiv.* (V), das gegenüber Alkali stabil ist, beim Kochen mit verd. HCl aber *Phenylacetaldehyd* u. wenig III u. dessen *Amid* ergibt. Zur Synth. von I wurde Phenylacetylchlorid mit o-[Methylamino]-benzamid (III-Amid) in Pyridin zu *o-[N-Methyl-N-phenylacetylamino]-benzamid* kondensiert u. bei 170—190° oxydiert. V ist *2.3-Dihydroarbonin* u. IV *1.2-Dihydro-4-oxy-1-methyl-2-oxo-3-phenylchinolin* (oder das Diketotautomere). Die Struktur von IV wurde durch Synth. aus Phenylmalonester u. N-Methylanilin sichergestellt. — II ist opt.-inakt., enthält eine CH_3O- u. eine NCH_3-Gruppe.

V e r s u c h e : *Arborinin* (II), $C_{16}H_{15}O_4N$, F. 175—176° (absol. A.), durch Extraktion von 1 kg Blättern (lufttrocken) von Glycosmis arborea mit 90%ig. A., Ausziehen des bei Vakuumabdampfen erhaltenen Rückstandes mit 2%ig. HCl (Extrakt **A**) u. Ausäthern von **A**; ferner aus dem Rückstand der HCl-Extraktion durch Behandeln mit A. u. 8std. Extrahieren mit PAe., dann 16 Std. mit Ae. u. Aufarbeiten des äther. Auszuges durch Chromatographie an Al_2O_3 aus Chlf.; gelbe Nadeln; 0,12% (Ausbeute); $FeCl_3$-Rk. in A. grün. — *Arborin* (*2-Benzyl-1-methylchinazolon-(4)*; I), $C_{16}H_{14}ON_2$, F. 155—156°, aus **A** durch Aufarbeiten (l. c.); Platten aus absol. A.; 5 g *Hydrochlorid*, $C_{16}H_{14}ON_2 \cdot HCl \cdot 2\,H_2O$, schm. teilweise bei 106—108°, nach Wiederfestwerden bei 215°. *Pikrat*, $C_{16}H_{14}ON_2 \cdot C_6H_3O_7N_3$, F. 172—173°, aus A. gelbe Nadeln. 5 g I ergeben bei der Dest. über NaOH bei 180—190° u. Ausäthern des Destillats als neutralen Bestandteil 0,4 g *Toluol* (nachgewiesen durch $KMnO_4$-Oxydation zu *Benzoesäure*) u. *Methylanilin* (Kp. 190—191°; 1 g). — *Verb.* von F. 220—235° (A.) aus 1 g I + 3 g Se-Pulver durch 4std. Erhitzen aus 300—320°. — *o-[Methylamino]-benzamid*, $C_8H_{10}ON_2$, F. 160° (wss. A.), aus 5 g I durch 5std. Kochen mit 10%ig. alkoh. KOH (NH_3-Entw.), Abdampfen u. Zufügen von W.; Nadeln; 0,6 g. Aus der wss. Lsg. durch Ausäthern, Ausziehen der Lsg. mit Säure u. Alkalisieren weitere 0,05 g. Aus der ausgeätherten wss. Lsg. durch Ansäuern mit konz. HCl *Arboricin* (*1.2-Dihydro-4-oxy-1-methyl-2-oxo-3-phenylchinolin*; IV), $C_{16}H_{13}O_2N$, F. 221—222°. Aus dem wss. Filtrat *N-Methylanthranilsäure* (III), $C_8H_9O_2N$, F. 179—180°; Nadeln aus verd. A.; 0,5 g. Aus der Mutterlauge hiervon durch Ausäthern *Phenylessigsäure*, $C_8H_8O_2$, F. 76° (W.). — *2.3-Dihydroarborin* (V), $C_{16}H_{16}ON_2$, F. 199—200°, a) aus 1,131 g I durch Hydrieren in absol. A. über ADAMS-Katalysator; Platten aus Chlf. u. A.; 1,012 g; b) durch 24std. Erwärmen von I mit Zn + 10%ig. HCl auf 45—50°; 0,5 g ergeben bei der Dest. mit ca. 15%ig. HCl aus dem Destillat durch Extrahieren mit Ae. *Phenylacetaldehyd* (*Semicarbazon*, F. 155—156°, Prismen; *2.4-Dinitrophenylhydrazon*, F. 121°), aus dem Destillationsrückstand durch Ausäthern, Alkalisieren u. Ausäthern 40 mg III-Amid u. aus der ausgeätherten Lsg. durch schwaches Ansäuern 50 mg III. — *o-[N-Methyl-N-phenylacetamido]-benzamid*, $C_{16}H_{16}O_2N_2$, F. 159—168°, aus 1 g III-Amid in wasserfreiem Pyridin + Phenylacetylchlorid bei 0°, Behandeln mit Eis, Stehen, Ansäuern u. Ausziehen des harzigen Nd. mit Chlf.; Prismen aus Bzl.; 0,25 g ergeben bei ½ std. Erhitzen auf 170—190°, Aufnehmen in sd. absol. A. u. Verdünnen mit Bzl. 0,2 g I. IV entsteht auch aus 4 g Methylanilin + 10 g Phenylmalonsäurediäthylester in

1½ St. bei 200—220°; 1,5 g. (J. chem. Soc. [London] **1953**. 3337—40. Nov. Calcutta, Bethune Coll., u. School of Tropical Med.) H. LEHWALD. 3500

G. Karmakar und **L. Zechmeister,** *Über einige Dehydrierungsprodukte des α-Carotins, β-Carotins und Kryptoxanthins.* Aus α-Carotin, $C_{40}H_{56}$, werden durch Behandlung mit N-Bromsuccinimid in sd. CCl_4, anschließende 2malige Chromatographie aus Hexan an $CaCO_3$-Celite u. Entw. mit 8%ig. Aceton-Hexan außer dem behandelten *all-trans-Bis-dehydro-β-carotin* (**IV**; $C_{40}H_{52}$, F. 199—201°, dunkelpurpurfarbene viereckige Tafeln; 0,75% [Ausbeute]) u. *all-trans-Anhydroeschscholtzxanthin* (**V**; F. 211°, dunkelpurpurfarbene Kristalle; 0,19%) sowie deren *cis-Isomeren* noch ein *Dehydrocarotin III* (**III**; $C_{40}H_{54}$, F. 191—192,5°, dunkelrote rhomb. Tafeln aus Bzl.-CH_3OH; 0,14%) u. ein *Dehydrocarotin I* (**I**; *all-trans-3.4-Dehydro-α-carotin,* $C_{40}H_{54}$, F. 188—190°, bräunliche Tafeln aus Bzl.-CH_3OH; 2,7%) erhalten. Ähnliche Ergebnisse werden mit N-Bromacetamid u. N-Bromphthalimid erreicht. **I** besitzt ca. 15% der Wirksamkeit von β-Carotin als Provitamin A;es liefert bei der Stereoisomerisierung in Ggw. von J_2 unter Belichtung die cis-Isomeren (im $CaCO_3$-Celite-Chromatogramm von unten nach oben) *Neo U, Neo V* (unverändertes **I**), *Neo A* u. *Neo B,* die alle in die all-trans-Verb. zurückverwandelt werden können. Nach Behandlung mit BF_3-Ätherat in Chlf. liefert **I** bei der Chromatographie außer zahlreichen gelben Zonen ein hellorangefarbenes *Hauptprod.* $C_{40}H_{56}$, F. 171—172° (Bzl.-CH_3OH). Analog werden aus β-Carotin mit N-Bromsuccinimid in sd. CCl_4 2% *Dehydro-β-carotin,* 1,5% **IV**, 0,67 **V** u. deren cis-Formen sowie 0,24% **III** u. 1,4% *Dehydrocarotin II* (**II**; $C_{40}H_{54}$, F. 186—187,5°, tieforangerote hexagonale Tafeln) erhalten; dabei wurde eine krist. Probe von *Neo-dehydro-β-carotin A,* F. 159—161°, isoliert. all-trans-**II** liefert bei der Stereoisomerisierung (wie von **I**) die cis-Formen *Neo U, Neo A* u. *Neo B*; mit BF_3-Ätherat eine *Verb. vom F. 163,5—164,5°* (Bzl.-CH_3OH). Desoxylutein I, $C_{40}H_{56}O$, liefert BF_3-Ätherat unter den für **I** beschriebenen Bedingungen 2 Hauptprodd. (UV-Spektren). Aus Kryptoxanthin, $C_{40}H_{56}O$, werden mit N-Bromsuccinimid 0,73% **IV**, 0,93% **V** u. 0,4% **III** sowie eine neue tiefrote Verb. erhalten. — Die UV-Extinktionskurven aller Prodd. sind angegeben. (J. Amer. chem. Soc. **77**. 55—60. 5/1. 1955. Pasadena, Calif., Inst. of Technol., Gates and Crellin Labors. of Chem.) K. DELLIAN. 3550

B. N. Rutowski und **L. A. Alferowa,** *Gewinnung und Untersuchung von Nopen.* „Nopol" = 6.6.Dimethyl-2-[β-oxyäthyl]-bicyclo-[1.1.3]-hepten-(2)(I) läßt sich in dampfförmiger Phase im Strömungssyst. an Al_2O_3, Bimsstein oder KOH/Bimsstein nicht dehydratisieren. Die beste Ausbeute an *„Nopen" = 6.6-Dimethyl-2-vinylbicyclo-[1.1.3]-hepten-(2)* (**II**) wird in fl. Phase in Ggw. von KOH erhalten (42,7%). Die Dehydration mit $KHSO_4$ oder nach der Xanthogenatmeth. verläuft schlechter. Durch Oxydation mittels Benzoylhydroperoxyd lassen sich die 2 Doppelbindungen in **II** nachweisen; ihre Konjugation folgt aus der Bldg. eines Addukts mit Maleinsäureanhydrid u. aus der Exaltation der Mol.-Refr., da bei der Oxydation mit $KMnO_4$ *Pinsäure* entsteht, ist der 4gliedrige Ring erhalten geblieben, so daß bei der Dehydratation keine Veränderungen des Ringsyst. eintreten.

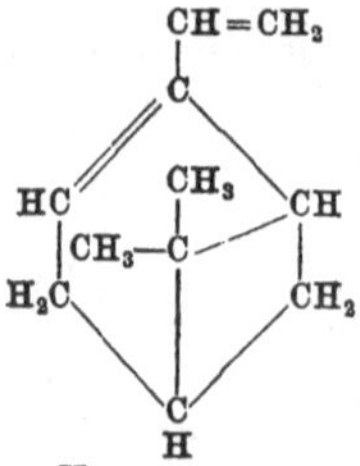

II

V e r s u c h e: Bei Zugabe von 213,6 g **I** (Geh. 82,6%) mit der Geschwindigkeit 11 g/Std. zu 14 g auf 190—200° erhitztem KOH bei 30 mm Druck wurden im Destillat 136,9 g KW-stoffe erhalten, die, unter Zusatz von 0,1% Hydrochinon fraktioniert, 44,6 g einer hauptsächlich aus **II** bestehenden Fraktion vom Kp.$_{16}$ 69—71° geben, außerdem 10,4 g Vorlauf, 42,2 g höhersd., nicht untersuchte Prodd. u. einen harzigen Rückstand. — *Nopen* (**II**), $C_{11}H_{16}$, Kp.$_{16}$ 71°; D.$^{20}{}_4$ 0,8874, n_D^{20} 1,5053; $[\alpha]_D^{20}$ 15,24°. *Addukt* mit *Maleinsäureanhydrid,* aus den Komponenten bei 100°; feste M.; hieraus beim Kochen mit W. die *Dicarbonsäure* $C_{15}H_{20}O_4$, F. 168—169°; aus Bzl. Kristalle. Bei der Oxydation von **II** mit $KMnO_4$ in Aceton werden *Pinsäure,* $C_9H_{14}O_4$, Kp.$_4$ 184—186° u. als Zwischenprod. der Oxydation eine *Verb.* $C_9H_{14}O_2$, Kp.$_{16}$ 135—140°; D.$^{20}{}_4$ 1,0727; n_D^{20} 1,5011 erhalten. *Nopylxanthogensäuremethylester,* $C_{13}H_{20}OS_2$, dickes Öl. (Журнал Прикладной Химии [J. angew. Chem.] **24**. 532—41. Mai 1951. Wiss. Zentralforschungsinst. für Forstchem.) R. KNOBLOCH. 3600

Cécile Collin-Asselineau, *Über die Cyclisierung des β-Oxyfarnesylessigsäureäthylesters.* 2. Mitt. *Struktur eines Oxylactons* $C_{17}H_{28}O_3$, *F. 116°.* 16. Mitt. *über die Chemie der grauen Ambra.* (1. bzw. 15. vgl. C. **1953**. 3248.) Aus dem durch Behandlung von β-Oxyfarnesylessigsäureäthylester mit HCOOH bei 80° u. Verseifung erhaltenen Lactongemisch wurde ein *Oxylacton* $C_{17}H_{28}O_3$ (**I**), F. 116°, (15% Ausbeute), abgetrennt. **I** zeigt im Infrarotspektr. je eine Bande für die δ-Lactongruppierung (5,84 μ), für die OH-Gruppe (2,87 μ) u. für eine trisubstituierte Doppelbindung (12,42 μ). Die Doppelbindung wurde ferner durch Perbenzoesäureoxydation zur *Verb.* $C_{17}H_{28}O_4$ (Kp.$_{0,1}$ 180°) u. durch katalyt. Hydrierung zum *gesätt. Oxylacton* $C_{17}H_{30}O_3$ (**II**; Kp.$_{0,1}$ 150°, D.$^{22}_4$ 1,032, n_D^{22} 1,4937) nachgewiesen, die OH-Gruppe durch Dehydratation zur *Verb.* $C_{17}H_{28}O_2$ (Kp.$_{0,1}$ 120°). Die $KMnO_4$-Oxydation von **I** in neutraler Lsg. lieferte eine *Lactonsäure* mit einer $COCH_3$-Gruppe, aber ohne das charakterist. UV-Spektr. von *β*-Ketoestern. **II**-Acetat ($C_{19}H_{32}O_4$, Kp.$_{0,1}$ 150°) gab bei der Pyrolyse ein Gemisch **III** ($C_{17}H_{28}O_2$, Kp.$_{0,1}$ 160°,

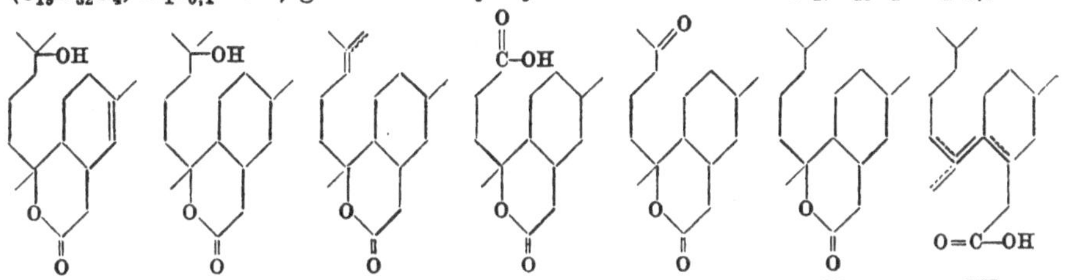

I II III IV V VI VII

D.$^{22}_4$ 0,993, n_D^{22} 1,4953) u. daraus durch CrO_3-Oxydation eine *Säure* **IV** (*Methylester*, $C_{15}H_{24}O_4$, Kp.$_{0,1}$ 160°) u. ein *Methylketon* **V** ($C_{16}H_{26}O_3$, Kp.$_{0,1}$ 150°; *Semicarbazon*, $C_{17}H_{29}O_3N_3$, F. 162°). Die katalyt. Hydrierung von **III** ergab das *gesätt. Lacton* **VI** ($C_{17}H_{30}O_2$, Kp.$_{0,1}$ 160°, D.$^{22}_4$ 0,978, n_D^{22} 1,4832), dessen Behandlung mit methanol H_2SO_4 mit nachfolgender Verseifung ein Gemisch *ungesätt. Säuren* **VII** lieferte, aus dessen CrO_3-Oxydationsprodd. *6-Methylheptanon-(2)* (*Semicarbazon*, $C_9H_{19}ON_3$, F. 156°) isoliert wurde. Auf Grund dieser Rkk. nimmt Vf. die angebenen Strukturen an. — (Die Kpp. sind Luftbadtempp.) (C. R. hebd. Séances Acad. Sci. **237**. 1535—37. 9/12. 1953.)

I. SPAETH. 3600

E. H. Mosbach, W. Meyer und **F. E. Kendall,** *Darstellung und $NaBH_4$-Reduktion von 7-Ketocholansäure.* Durch Oxydation von Cholsäuremethylester-7-acetat (**I**) wird *7α-Acetoxy-3.12-diketocholansäuremethylester* dargestellt, der nach WOLFF-KISHNER/HUANG-MINLON zu *7α-Oxycholansäure* (**II**) red. wird. Dessen *Methylester* gibt bei der CrO_3-Oxydation den *Methylester* der *7-Ketocholansäure*, die mit $NaBH_4$ **II** u. nur wenig *7β-Oxycholansäure* liefert.

Versuche (opt. Drehungen in Chlf.): *7α-Acetoxy-3.12-diketocholansäuremethylester*, $C_{27}H_{40}O_6$, F. 164—165°, aus **I** u. CrO_3 in Eisessig (½ Std. auf dem Dampfbad); Nadeln aus verd. Methanol, $[\alpha]_D^{26}$ $+61,5 \pm 1,0°$; 67,8% (Ausbeute). — *7α-Oxycholansäure* (**II**), $C_{24}H_{40}O_3$, F. 96—99°, aus vorst. Verb. in Diäthylenglykol, KOH u. 85%ig. Hadrazinhydrat; starke Prismen aus Eisessig, deren Geh. an Essigsäure durch langes Trocknen bei 60°/2 mm nicht entfernbar war; $[\alpha]_D^{22}$ $+7 \pm 4°$, 69,2%. *Formiat*, $C_{25}H_{40}O_4$, F. 148—149°, Nadeln aus wss. Methanol, $[\alpha]_D^{25}$ $+2 \pm 1°$. — *7-Ketocholansäure*, $C_{24}H_{38}O_3$, F. 150—151°, aus dem Methylester u. sd. methanol. KOH; Nadeln aus wss. Methanol, $[\alpha]_D^{27}$ $-58,0 \pm 1,9°$; 65,2%. *Methylester*, $C_{25}H_{40}O_3$, F. 93—94°, aus **II**-*Methylester* (Öl) in Eisessig u. $Na_2Cr_2O_7$ in W.; aus wss. CH_3OH Nadeln, $[\alpha]_D^{27}$ $-56,5 \pm 1,7°$; 64,2%. Aus der Säure wurden nach Red. mit $NaBH_4$ in CH_3OH u. Verteilungschromatographie 75% **II** u. 7% (wahrscheinlich) *7β-Oxycholansäure* erhalten. (J. Amer. chem. Soc. **76**. 5799—5801. 20/11. 1954. Welfare Island, N. Y., Columbia Univ. Res. Serv., Goldwater Mem. Hosp.)

REINHARD KOCH. 3700

N. J. Antia, Y. Mazur, R. R. Wilson und **F. S. Spring,** *Steroide.* 11. Mitt. *Isolierung von Cholegenin und Isocholegenin aus Ochsengalle.* (10. vgl. MACLEAN u. SPRING, C. **1955**. 3629.) Die aus Ochsengalle erhaltene nicht verseifbare neutrale Fraktion enthielt neben viel Cholesterin (**I**) *Pregnan-3α.20β-diol* (**II**) u. 2 neue Steroidalkohole *Cholegenin* (**III**) u. *Isocholegenin* (**IV**). Durch Einw. von Mineralsäure wird **III** in **IV** umgelagert.

Versuche ($[\alpha] = [\alpha]_D^{15}$ in Chlf.): Aus 40 Gallonen Ochsengalle wurden nach Rühren mit $Ba(OH_2)\cdot 8\,H_2O$-Lsg., Extraktion mit Chlf., Eindampfen u. Extrahieren mit Ae. 148 g eines braunen Pulvers gewonnen, das, wiederholt mit heißem PAe. extrahiert, 73 g **I** lieferte. Von den in PAe. unlösl. Anteil (10 g) wurden 5 g 24 Std. in Bzl. mit Essigsäureanhydrid–Pyridin stehengelassen u. nach 2std. Kochen an Al_2O_3 chromatographiert. Die mit PAe.–Bzl. (19 : 1, 9 : 1 u. 4 : 1) eluierten Fraktionen gaben **I**-Acetat, die mit PAe.–Bzl. (1 : 1, 1 : 4) u. Bzl. eluierten Anteile 0,59 g *Cholegenindiacetat* (**IIIa**), $C_{31}H_{48}O_6$, F. 174—175° (aus Ae.–Methanol Nadeln), $[\alpha]$ $-21°$, $-19°$ (c = 0,6, 0,7). Elution mit Bzl.–Ae. (4 : 1, 1 : 1) führte zu 0,98 g *Cholegeninmonoacetat* (**IIIb**), $C_{29}H_{46}O_5$, F. 192—193° (Ae.–PAe.), $[\alpha]$ $-8°$, $-7°$ (c = 0,8). — *Cholegenin* (**III**), $C_{27}H_{44}O_4$, F. 193° (Ae.–PAe.), aus **IIIa** durch 2std. Erhitzen mit 3%ig. methanol. KOH. — Der durch Extraktion mit sd. Ae. des oben erhaltenen braunen Pulvers (148 g) erhaltene Anteil wurde mit 5%ig. methanol. KOH verseift. Die nicht verseifbare Fraktion (130 g) wurde mit sd. PAe. extrahiert, der unlösl. Rückstand (A), 8,3 g, wurde abgesaugt, das Filtrat eingeengt u. der Rückstand aus Aceton umkrist.: 21 g I. Der durch Einengen der Mutterlauge erhaltene Nd. gab aus Methanol weitere 4,7 g I. Der nach Abdampfen des Methanols anfallende amorphe Rückstand (1,98 g) wurde aus Bzl. an Al_2O_3 chromatographiert, wobei die ersten mit Bzl.-Ae. eluierten Fraktionen I gaben. Die 3. Fraktion lieferte II u. IV; weitere Elution mit Bzl.-Ae. (3 : 1 u. 1 : 1) gab 314 mg III. II wurde nach Acetylieren als *Pregnan-3α.20β-dioldiacetat*, $C_{25}H_{40}O_4$, F. 113° (Methanol), [α] +65° (c = 0,8), identifiziert, u. chromatograph. von *Isocholegenindiacetat*, $C_{31}H_{48}O_6$, F. 232—233° (aus Ae.-Methanol Nadeln), [α] —38° (c = 0,8), u. *Isocholegeninmonoacetat* (IVa), $C_{29}H_{46}O_5$, F. 187° (aus Ae.-PAe. Prismen), [α] —42° (c = 0,9), getrennt. IVa wurde durch 2std. Kochen mit 3%ig. methanol. KOH zu *Isocholegenin* (IV), $C_{27}H_{44}O_4$, F. 256—257° (Zers.), verseift; aus Essigester Nadeln, [α] —65°, —67° (c = 0,5, 0,6). — III wurde sowohl durch 5std. Kochen in A. mit konz. HCl_3 als auch durch Einleiten von HCl in seine Lsg. in Chlf. in IV umgewandelt. — Der in PAe. unlösl. Rückstand A wurde aus Bzl. an Al_2O_3 chromatographiert, wobei die erste mit PAe.-Bzl. (1 : 2) eluierte Fraktion 6 g I, die zweite 181 mg IV u. die mit Ae. eluierte u. acetylierte nach erneuter Chromatographie 1,3 g IIIa u. 140 mg IIIb lieferte. (J. chem. Soc. [London] **1954**. 1218—22. April. Glasgow, Royal Techn. Coll.) G. SCHORRE. 3700

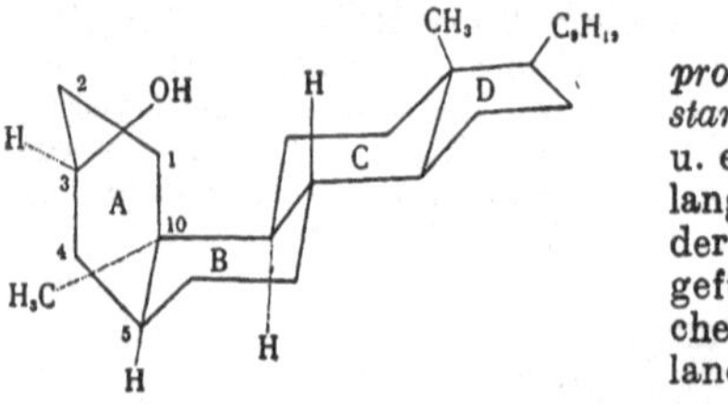

A. R. H. Cole, *Infrarotspektren von Naturprodukten.* 1. Mitt. *Die Stereochemie von Lumistanol.* Auf Grund infrarotspektrogr. Erfahrungen u. einer eingehenden stereochem. Betrachtung gelangt der Vf. mit Hilfe der bisherigen Kenntnisse der Stereoidchemie eindeutig zu der nebenst. aufgeführten Stereoformel für *Lumistan-3β-ol.* (J. chem. Soc. [London] **1952**. 4969—72. Dez. Nedlands, Western-Australia, Univ.) H. RÖPKE. 3700

William H. Edgerton, V. Harold Maddox und **John Controulis,** *Struktur von Chloramphenicolpalmitat.* Die Struktur des handelsüblichen *Chloramphenicol(Chloromycetin)-palmitats* als *D-threo-2-Dichloracetamido-1-[p-nitrophenyl]-3-O-palmitoylpropandiol-(1.3)* (D-I) wird bewiesen durch Oxydation von I u. Synth. des isomeren *1-Esters* (III). — Oxydation von I mit CrO_3 in Eisessig ergibt bei 50° *Palmitinsäure* u. ein opt.-inakt., ungesätt. Keton, das ident. ist mit der von OSUGI (J. Pharm. Soc. Japan **72**. [1952.] 458) durch Dehydratisierung von α-Dichloracetamido-β-oxy-p-nitropropiophenon erhaltenen Verbindung. Hier wird die Konst. $p\text{-}O_2N \cdot C_6H_4 \cdot CO C(NHCOCHCl_2):CH_2$ (II) zugeordnet. Beweise: a) UV-Spektr. (λ_{max} 266 mμ), b) keine meßbare opt. Aktivität (Verlust der Asymmetriezentren), c) Addition von Br_2 in CCl_4, d) Hydrolyse mit alkoh. HCl ergibt *p-Nitrophenylpropandion-(1.2)*. Die Konst. von II beweist, daß in I die prim. alkoh. Gruppe verestert ist, III wurde aus DL-threo-2-Amino-1-[p-nitrophenyl]-propandiol-(1.3) (IV) dargestellt. Die versuchte Monoacylierung unter n. Bedingungen führte zu erheblichen Mengen *O³.N-Dipalmitat.* Das *N-Palmitat* wird mit ½ Mol Säurechlorid erhalten. Es läßt sich zum *O¹-Ester* umlagern, wobei die 2-Acylamino- u. 1-Oxygruppen intermediär wahrscheinlich einen 5gliedrigen Ring ausbilden. Die Acylierung von *DL-threo-2-Amino-1-[p-nitrophenyl]-1-O-palmitoylpropandiol-(1.3)-hydrochlorid* (DL-V) gelang nur mit Dichloressigsäureanhydrid in absol. Bzl.; mit Dichloressigsäuremethylester trat Umlagerung O¹ → N ein. Bei der Acylierung von D-V zu D-III mit Dichloracetylchlorid in Dimethylformamid wird wahrscheinlich zunächst am O³ substituiert. Bei Neutralisation wandert der Dichloracetylrest von O³ zum N, u. zwar schneller als die Palmitoylgruppe.

V e r s u c h e : *α-Dichloracetamido-p-nitroacrylophenon* (II), $C_{11}H_8O_4N_2Cl_2$, F. 116,5 bis 117,5°, gelbe Blättchen aus PAe.-Essigester (1 : 1), aus I durch Oxydation mit CrO_3 in Eisessig (16 Std. bei 55°); 68,8% (Ausbeute). — *2.4-Dinitrophenylhydrazon,* $C_{17}H_{12}O_7 \cdot N_6Cl_2$, F. 236—238°. Daneben entstehen *Palmitinsäure,* F. 58—60° (Ae.) [*Amid,* F. 102 bis 104°], u. wenig *p-Nitrobenzoesäure.* — *1-[p-Nitrophenyl]-propandion-(1.2),* F. 85—87°, aus II durch 4std. Kochen mit A. u. HCl. — *DL-threo-2-Dichloracetamido-1-[p-nitrophenyl]-3-O-palmitoylpropandiol-(1.3)* (DL-I), $C_{27}H_{42}O_6N_2Cl_2$, F. 90—91° (A.), aus DL-threo-2-Dichloracetamido-1-[p-nitrophenyl]-propandiol-(1.3) in Pyridin u. Dimethylformamid mit Palmitoylchlorid (4 Std.); 65%. — *DL-threo-1-[p-Nitrophenyl]-2-palmitamidopropandiol-(1.3),* $C_{25}H_{42}O_5N_2$, F. 77—78° (A. oder Essigester), aus IV mit Palmitoylchlorid in Dimethylformamid (4 Std.); 65%. — *D(—)-threo-1-[p-Nitrophenyl]-2-palmitamidopropandiol-(1.3),* F. 91°; $[\alpha]_D^{26}$ —24° (2% in Äthylacetat); 55%. — *DL-threo-2-Amino-1-[p-nitrophenyl]-1-O-palmitoylpropandiol-(1.3)-hydrochlorid* (DL-V), $C_{25}H_{42}O_5N_2 \cdot$ HCl, F. 148—149° (A. oder Essigester), aus vorst. Verb. (DL-Form) mit HCl in absol.

Ae.; 75%. — D(—)-V, F. 167—168°; $[\alpha]_D^{26}$ —24,1° (1,33% in A.); 60%. — *DL-threo-2-Amino-1-[p-nitrophenyl]-1-O-palmitoylpropandiol-(1.3)*, $C_{25}H_{42}O_5N_2$, F. 92—93° (Essigester), aus V mit konz. $NaHCO_3$-Lsg. u. Ae.; 41%. — *DL-threo-2-Dichloracetamido-1-[p-nitrophenyl]-1-O-palmitoylpropandiol-(1.3)* (DL-III), $C_{27}H_{42}O_6N_2Cl_2$, F. 88—89° (A.), Misch-F. mit DL-I 80—82°, aus *DL*-V in absol. Bzl. mit Dichloressigsäureanhydrid durch 16std. Kochen; 19%. — D(—)-III, $C_{27}H_{42}O_6N_2Cl_2$, F. 105—106° (Xylol), $[\alpha]_D^{26}$ —39,5° (2% in Äthylacetat). Durch Acylierung von D(—)-V in absol. Dimethylformamid mit Dichloracetylchlorid; 18%. (J. Amer. chem. Soc. **77.** 27—29. 5/1. 1955. Detroit, Mich., Parke, Davis & Co., Prod. Development Labors.) G. SEELIGER. 3900

Christoph Grundmann und **Ehrenfried Kober,** *Eine verbesserte Synthese von Protoanemonin. Protoanemonin* (V), ein im äther. Öl einiger Ranunculaceen vorkommender antibiot. wirksamer Stoff, ist von SHAW (C. **1948.** I. 106) aus *β*-Acetylacrylsäure synthetisiert worden. In höherer Ausbeute kann V aus *Lävulinsäure* (I) dargestellt werden: Umwandlung von I in *α-Angelicalacton* (II) nach HELBERGER u. Mitarbeitern (Liebigs Ann. Chemie **561.** [1949] 215), Bromierung zu *β.γ-Dibrom-γ-valerolacton* (III) u. HBr-Abspaltung mit einer tert. Base. Die letzte Umsetzung erfolgt in 2 Stufen; bei Raumtemp. tritt 1 Mol HBr unter Bldg. von IV aus (dessen Konst. durch die leichte Hydrolyse zu *β-Acetylacrylsäure* bewiesen ist), das zweite Mol HBr läßt sich erst bei Vakuumdest. mit der tert. Base abspalten. Die III entsprechende *Dichlorverb.* ist schwer darzustellen, da bei der Rk. nur II mit Cl_2 gleichzeitig Substitution eintritt; aus dem Dichlorlacton konnte mit tert. Aminen nur das IV entsprechende *ungesätt. Monochlorlacton* erhalten werden, das bei höherer Temp. nur ein V-Polymeres liefert. Bei der HBr-Abspaltung ergab die Anwendung von Chinolin in Bzl. die höchsten Ausbeuten (99%, bezogen auf II).

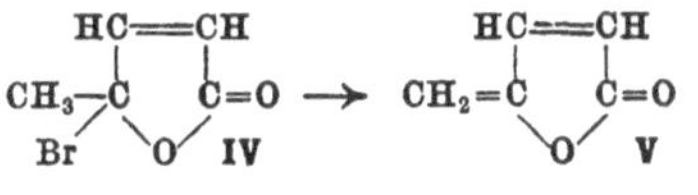

Versuche: *α-Angelicalacton* (II), durch langsame Dehydratisierung von I (l. c.); 90%. — *Protoanemonin* (V), $Kp._8$ 68°, durch tropfenweise Zugabe von Br_2 zu II in CS_2 bei —20°, Eindampfen im Vakuum, Aufnehmen in Bzl. + etwas Hydrochinon, tropfenweise Zugabe von 2 Mol Chinolin bei —20°, mehrstd. Stehen u. Dest.; identifiziert als *Anemonin* (*V-Dimeres*), $C_{10}H_8O_4$, F. 153,5°. (J. Amer. chem. Soc. **77.** 2332 bis 2333. 20/4. 1955. Columbus, O.) K. ZOPFF. 3900

Nils Löfgren, Björn Lüning und **Harry Hedström,** *Isolierung von Nebularin und Bestimmung der Struktur.* Vorl. Mitt. (Vgl. Acta chem. scand. **7.** [1953.] 225.) Die Isolierung von *Nebularin* (I), einem in dem Pilz *Agaricus* (*Clitocybe*) *nebularis Batsch.* vorkommenden, gegen Mycobakterien wirksamen Antibioticum, erfolgte nach wss. Extraktion, Acetonfällung der Proteine, Entfernen von Lipoiden durch Chlf.- u. Ae.-Extraktion sowie Chromatographie an Al_2O_3 durch mehrfaches Ausschütteln der wss. Lsg. mit Chlf.-A. (2:1), wobei die Aminosäuren im W. verbleiben, Eindampfen des Chlf.-A.-Extraktes, Verteilen des Rückstandes zwischen n-Butanol u. W., Extraktion des Butanols mit W., Eindampfen der vereinigten wss. Lsgg., Lösen in n-Propanol, Fällen von Nucleoderivv. mit viel Ae. u. CRAIG-Verteilung des eingedampften Filtrats zwischen n-Butanol u. W.; $C_{10}H_{12}O_4N_4$, F. 181—182° (korr. Äthylmethylketon-CH_3OH), $[\alpha]_D^{20}$ —47,5° (c = 2 in W.); tuberkulostat. Aktivität bei *M. avium*, Stamm BARG, 1:500000 (DORSET-Nährmedium). Bei *S. lutea*, *S. aureus*, *E. coli*, *A. aerogenes*, *P. vulgaris* u. *B. subtilis* war I inaktiv. I hemmt das Zellwachstum von n. Mäuseembryohaut u. Sarkom 180, das Wachstum von Gerstenkeimlingen (1:3000) u. die Zellteilung in *Allium cepa*-Wurzelspitzen. Die Toxizität (weiße Mäuse, subcutan) beträgt (DL_{50}) ca. 100 mg/kg. Bei der Hydrolyse von I entstehen *Purin* (II); *Pikrat*, $C_{11}H_7O_7N_7$, F. 205—208° korr.) u. *D(—)-Ribose* ($[\alpha]_D^{20}$ —19,4±1,5° [c = 2,8 in W.]), die sich auf Grund des UV-Spektr. in 9-Stellung von II befindet. Auf Grund dieser Daten u. der I-Synth. von BROWN u. WELIKY (J. biol. Chemistry **204.** [1953.] 1019) ist I ein *9-[β-D-Ribofuranosyl]-purin.* — Die UV-Spektren von natürlichem u. synthet. I sind angegeben. (Acta chem. scand. **8.** 670—80. 1954. Stockholm, Univ., Inst. of Org. Chem.; Lausanne, Univ., School of Pharm.; Stockholm, Royal Vet. Coll., Dep. of Bacteriol.) K. MAIER. 3900

G. A. Howard und **A. R. Tatchell,** *Die Chemie der Hopfenbestandteile.* 6. Mitt. *Die Struktur des Cohumulons.* (5. vgl. MACWILLIAM, J. Inst. Brewing **59** ([N. S.] **50**). [1953.] 480.) Vff. beweisen, daß *Cohumulon* (I) an Stelle der Isovalerylgruppe des Humulons (II) eine Isobutyrylgruppe enthält. Die Hydrolyse von I mit sd. n-Alkali liefert *Isobutyraldehyd*, *4-Methylpenten-(3)-säure* (*p-Bromphenacylester*, F. u. Misch-F. 91—92°) u. *Cohumulinsäure* (III). Katalyt. Hydrierung von III gibt *Dihydrocohumulinsäure* (V). Die Infrarot- u. UV-Spektren u. chem. Eigg. von I u. III ähneln denen von II u. Humulinsäure (IV) (vgl. HARRIS u. Mitarbeiter; C. **1953.** 2452). In 2 Fällen entstand bei der Hydrierung von III an Stelle von V eine *Verb.* $C_{14}H_{24}O_3$, vermutlich *4-Oxy-5-[3-methyl-*

butyl]-cyclopentandion-(1.3) (?, der Referent.). Ozonisierung von I u. II liefert Acetaldehyd u. Aceton (die Ausbeuten entsprechen der Anwesenheit zweier Isopropylidengruppen), die von III u. IV nur letzteres. Oxydation von V mit Perjodat liefert ein Öl, das sich zu *3-Methylbutanon-(2)*, *6-Methylheptanon-(2)* u. *Isobuttersäure* hydrolysieren läßt, letztere wurde auch mit Hypobromit erhalten. I verbraucht in Ggw. von $PdCl_2$ 3 Mol H_2; die erhaltene Lsg. adsorbiert 1 Mol O_2 u. gibt *Cohumulochinon* (**VI**), das mit o-Phenylendiamin als *Azin* charakterisiert wird. Die Hypobromitoxydation von **VI** gibt *Isocohumulinsäure* (**VII**), die wahrscheinlich zu *3-[3-Methylbutyl]-cyclopentantrion-(1.2.4)* hydrolysiert wird, das auch bei einem ähnlichen Abbau von II entsteht (vgl. l. c.). Auf Grund der genannten Rkk. werden die nachst. Strukturen für **I**, **III**, **V**, **VI** u. **VII** angenommen.

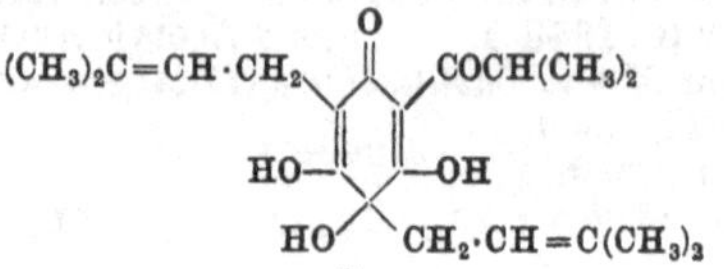

I

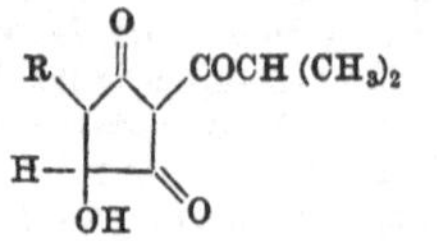

III R = $CH_2 \cdot CH{=}C(CH_3)_2$
V R = $CH_2 \cdot CH_2 \cdot CH(CH_3)_2$

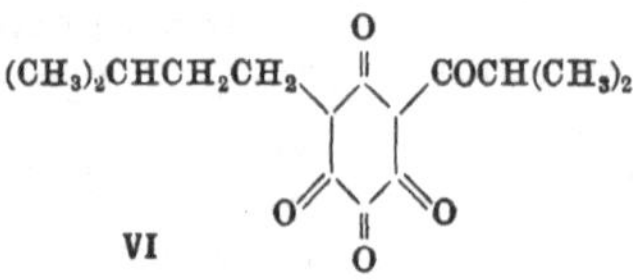

VI

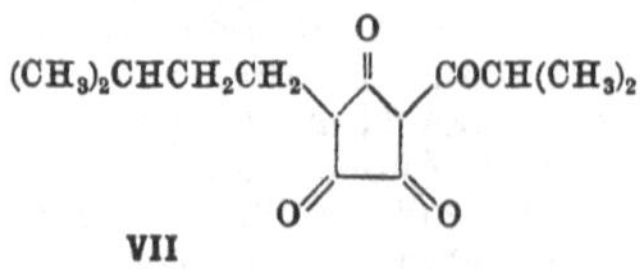

VII

Versuche: *Cohumulon* (**I**), $C_{20}H_{28}O_5$, aus einem **I**–**II**-Gemisch durch Gegenstromverteilung mit Isooctan –0,5 mol. K–Phosphat-Puffer (p_H 7,2) + 15% CH_3OH; $[\alpha]_D$ –195° (CH_3OH). *Pb-Salz*, $C_{20}H_{26}O_5Pb$. — *Cohumulinsäure* (**III**), $C_{14}H_{20}O_4$, F. 79–80° (Cyclohexan), durch Erhitzen von **I** mit n NaOH unter N_2 (1½ Std.), Entfernen der Carbonylverbb. als 2.4-Dinitrophenylhydrazone u. Ansäuern bei 0°; p_K 3,9 in wss. A.; 88% (Ausbeute). — *Dihydrocohumulinsäure* (**V**), $C_{14}H_{22}O_4$, F. 91–92° (CH_3OH), katalyt. Hydrierung von **III** in CH_3OH in Ggw. von ADAMS-Katalysator; prismat. Nadeln; 74%. Oxydation mit KJO_4 in A. (2 Std.), Ansäuern, Hydrolyse des Ätherextraktes mit 2n NaOH (2 Std.), Zufügen von methanol. 2,4-Dinitrophenylhydrazin u. Chromatographieren → *3-Methylbutanon-(2)* — (F. u. Misch-F. 120–122°; 20%), *6-Methylheptanon-(2)-2.4-dinitrophenylhydrazon* (F. u. Misch-F. 82–83°; 34%) u. *Isobuttersäure* [auch durch Hypobromitoxydation von **V**; *p-Bromphenacylester*, F. u. Misch-F. 72–74°; *Anilid*, F. u. Misch-F. 100–101°]. — *Verb.* $C_{14}H_{24}O_3$, F. 162–163° (CH_3OH), wurde mitunter bei der katalyt. Hydrierung von **III** an Stelle von **V** erhalten; p_K 6,0 in wss. A.; Prismen; 46%; red. $KMnO_4$, Br_2 u. Perjodat, beständig gegen FEHLINGsche Lsg., ammoniakal. $AgNO_3$-Lsg. u. n NaOH; bildet kein Oxim u. Semicarbazon. — *Cohumulochinon* (**VI**), $C_{15}H_{20}O_5 \cdot CH_3OH$, F. 72–73° ($CH_3OH$), durch katalyt. Hydrierung von **I** in CH_3OH in Ggw. von $PdCl_2$ (vorher mit RANEY-Ni schütteln, um H_2S zu entfernen) u. Schütteln an der Luft; rote Nadeln; 47%. Mit o-Phenylendiamin → *Azin*, $C_{21}H_{24}O_3N_2$, F. 129–130°. — *Isocohumulinsäure* (**VII**), $C_{14}H_{20}O_4$, F. 118° (CH_3OH), aus **VI** mit Br_2 u. verd. NaOH unter Eiskühlung u. Rühren u. Ansäuern bei 0°; gelbe Nadeln. Alkal. Hydrolyse von 260 mg (20 Min. unter N_2) u. Ansäuern bei 0° → 13 mg einer *Verb. vom* F. 102° (Bzl.), wahrscheinlich *3-[3-Methylbutyl]-cyclopentantrion-(1.2.4)*, klebrige Kristalle. — Die Ozonolyse von **I**, **II**, **III** u. **IV** wird beschrieben. (J. chem. Soc. [London] **1954**. 2400–05. Juli. Nutfield, Surrey, Brewing Inst. Res. Found.) R. PASEDAG. 3950

G. A. Howard, J. R. A. Pollock und **A. R. Tatchell**, *Die Chemie der Hopfenbestandteile*. 7. Mitt. *Colupulon*. (6. vgl. vorst. Ref.) Vff. isolieren aus dem „β-Weichharz" verschied. engl. Hopfenvarietäten als Hauptbestandteil das bisher nicht beschriebene *Colupulon* (**Ia**) u. ordnen ihm auf Grund nachst. Abbau-Rk., die mit denen von Lupulon (**Ib**) verglichen werden, die angegebene Struktur zu. **Ia** ist ident. mit dem synthet. Prod. von RIEDL (Liebigs Ann. Chem. **585**. [1954.] 38). Die Hydrogenolyse des synthet. u. natürlichen **Ia** gibt *4.6-Diisoamyl-2-isobutyrylphloroglucin*, das als *Tribenzoat* charakterisiert wurde u. durch Oxydation in *Tetrahydrocohumulon* übergeführt wird. Letzteres wurde nicht krist. erhalten, liefert aber bei der alkal. Hydrolyse *Dihydrocohumulinsäure*. Aus **Ib** dagegen wird analog das krist. *Tetrahydrohumulon* erhalten. Für die bei der alkal. H_2O_2-Oxydation von natürlichem **Ia** nach HOWARD u. POLLOCK (C. **1953**. 2451 neben *Isobuttersäure* (**III**) unter Ringverengung entstehende *Lupuloxinsäure* (**IIa**) bzw. für das daraus durch Decarboxylierung erhältliche *Lupulenol* (**IIb**) beweisen Vff. die

Struktur. Zwar reduzieren weder **IIb** noch Dihydrohumulinsäure (**IV**) FEHLINGsche-Lsg., aber **IV** u. *Hexahydrolupulenol* (**V**) geben bei der Bi_2O_3-Oxydation die entsprechenden α-Diketone, nämlich *Isohumulinsäure* bzw. *3.3.5-Tris-[3-methylbutyl]-cyclopentantrion-(1.2.4)*. Die *Na-Verb.* des letzteren scheint auf Grund von Löslichkeitsanomalien u. Analysendaten eine Chelatverb. zu sein. Bei der alkal. H_2O_2-Oxydation von synthet. **Ia** u. **Ib** entsteht in beiden Fällen über **IIa** neben **III** bzw. *Isovaleriansäure* **IIb**. Beim Abkühlen

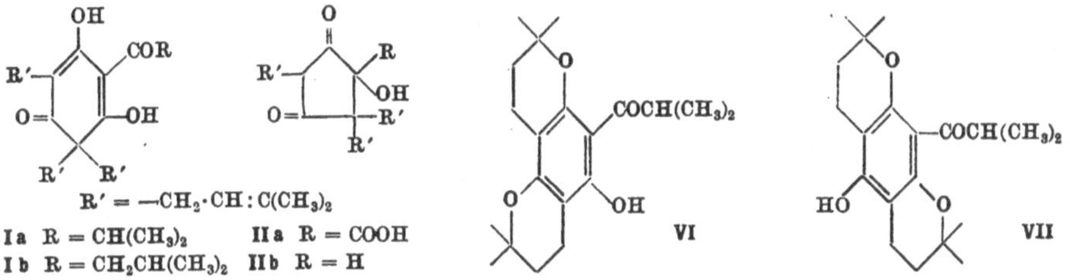

R' = $-CH_2 \cdot CH:C(CH_3)_2$

Ia R = $CH(CH_3)_2$ **IIa** R = COOH

Ib R = $CH_2CH(CH_3)_2$ **IIb** R = H

VI **VII**

von **Ia** in heißem Alkali-H_2O_2 u. nachfolgendem Erhitzen auf 100° entsteht *7-Oxy-2.11-dimethyl-8-[3-methylbuten-(2)-yl]-dodecadien-(2.10)-on-(6)*, das FEHLINGsche-Lsg. red. u. mit $NaJO_4$ zu *5-Methyl-2-[3-methylbuten-(2)-yl]-hexen-(3)-al* (isoliert als *2.4-Dinitrophenylhydrazon*) oxydiert wird. Die durchweg bei 100° ausgeführte hydrolyt. Spaltung von **Ia** liefert **III** u. *2.9-Dimethyldecen-(8)-dion-(3.5)*, isoliert als *Cu-Salz*. Bei den von WALKER durch sauren Abbau von „β-Weichharz" von engl. Hopfen — also offensichtlich von **Ia** — isolierten Verbb. von F. 91° u. 169,5° handelt es sich um *5-Oxy-2.2.8.8-tetramethyl-6-isobutyryl-3.4.9.10-tetrahydrobenzo-[1.2:b; 3.4:b']-dipyran* (**VI**) bzw. *-10-isobutyryl-3.4.6.7-tetrahydrobenzo-[1.2:b; 5.4:b']-dipyran* (**VII**). Diese Strukturen werden durch die UV-Spektren, das Infrarotabsorptionsspektr. von **VI**, dessen Synth. aus Phlorisobutyrophenon u. 1-Brom-3-methylbuten-(2) (**VIII**), positive $FeCl_3$-Rk. von **VI**, Bldg. eines **VI**-*Methylderiv*, eines **VII**-*Monobenzoats* u. *-Monomethyläthers*, sowie Überführung von **VI** in **VII** durch warme konz. H_2SO_4 bewiesen. Während **VII** sich zur *10-Isobutylverb.* reduzieren läßt, die als *Monophenylurethan* u. *Mono-3.5-dinitrobenzoat* charakterisiert wird, ist **VI** infolge seines Chelatcharakters der Red. nicht zugänglich. Der saure Abbau von **Ib** liefert die analogen Benzodipyrane.

Versuche: *Colupulon* (**Ia**), F. 92—93° (PAe. u. CH_3OH), durch Extrahieren von Hopfen mit CH_3OH, Behandeln des Filtrats mit methanol. Pb-Acetat, Verdünnen des Filtrats mit Salzwasser u. PAe.-Extraktion. — *4.6-Diisoamyl-2-isobutyrylphloroglucintribenzoat*, $C_{41}H_{44}O_7$, F. 135—137° (wss. CH_3OH), durch 1std. Hydrieren von **Ia** in CH_3OH in Ggw. von $PdCl_2$, Einengen u. Behandeln mit Benzolchlorid. — *Tetrahydrocohumulon*, durch Behandeln der Lsg. vorst. Phenols mit wss. Pb-Acetat u. Schütteln mit O_2 → *Pb-Salz* (46—80% [Ausbeute], das mit H_2S in CH_3OH zerlegt wurde; gelbes Harz. — *Dihydrocohumulinsäure*, $C_{14}H_{22}O_4$, F. 89° (wss. CH_3OH), durch 3std. Kochen vorst. Verb. mit 2nNaOH, Ansäuern mit HCl, Ausäthern u. Ausziehen mit $NaHCO_3$. Daneben eine *Verb. vom F. 152—153°* (wss. CH_3OH), unlösl. in Cyclohexan. — *Hexahydrolupulenol* (**V**), F. 178—180°, durch Oxydieren von **Ia** mit alkal. H_2O_2, Decarboxylierung u. Hydrierung; 55%. — *3.3.5-Tris-[3-methylbutyl]-cyclopentantrion-(1.2.4)*, $C_{20}H_{34}O_3$, F. 34°, durch 24std. Kochen von **V** mit Bi_2O_3 in Essigsäure, Einengen, Verdünnen mit 2nHCl, Ausäthern u. Dest. bei 120°/10^{-4} mm; 91%. *Cu-Komplex*, F. 114 bis 115°, grün. *Na-Salz*, $C_{40}H_{67}O_6Na$. — *Isohumulinsäure*, F. 143—144° (CH_3OH), analog aus 122 mg **IV**; 50 mg. — *7-Oxy-2.11-dimethyl-8-[3-methylbuten-(2)-yl]-dodecadien-(2.10)-on-(6)*, $C_{19}H_{32}O_2$, Kp.$_{35}$ 178—182°, durch Lösen von 10 g **Ia** in warmer 10%ig. NaOH u. 30%ig. H_2O_2, Abkühlen über Nacht, 3std. Erhitzen auf dem Wasserbad u. Dampfdest.; $D.^{20}_{20}$ 0,8900, n_D^{20} 1,4872; 2,75 g. — *2.9-Dimethyldecen-(8)-dion-(3.5)*, $C_{12}H_{20}O_2$, durch 3std. Kochen von 20 g **Ia** mit H_2O_2/NaOH, Ansäuern mit H_2SO_4, Ausäthern, Entfernen der **III** (Kp. 146—148°; 0,87 g) u. einer Fraktion vom Kp. 150—166°/25 mm (0,73 g) mit $NaHCO_3$ → *Cu-Komplex* ($C_{24}H_{38}O_4Cu$, F. 214° [A.]; 2 g), der in Ae. gelöst mit $2nH_2SO_4$ zers. wird. Mit NaOBr → *Bromoform*. — *5-Methyl-2-[3-methylbuten-(2)-yl]-hexen-(3)-al*, durch 24std. Stehen vorvorst. Verb. in CH_3OH mit wss. $NaJO_4$. *2.4-Dinitrophenylhydrazon*, $C_{18}H_{24}O_4N_4$, F. 89,5°, orangefarbene Nadeln. — *10-Isobutyryl-3.4.6.7-tetrahydro-5-oxy-2.2.8.8-tetramethylbenzo-[1.2:b; 5.4:b']-dipyran* (**VII**), $C_{20}H_{28}O_4$, F. 169,5° (wss. CH_3OH), durch 3½std. Kochen von 10 g **Ia** in CH_3OH mit 12nHCl, Ausäthern, Einengen u. Behandeln mit PAe.; 1,6 g. *Monobenzoat*, $C_{27}H_{32}O_5$, F. 159°. *Methyläther*, $C_{21}H_{30}O_4$, F. 134°. — *6-Isobutyryl-3.4.9.10-tetrahydro-5-oxy-2.2.8.8-tetramethylbenzo-[1.2:b; 3.4:b']-dipyran* (**VI**), $C_{20}H_{28}O_4$, F. 86—88° (wss. CH_3OH), aus vorst.

Filtrat; gelbe Platten; 1,3 g. 5 Min. Erwärmen auf 60° in konz. H_2SO_4 u. Gießen auf Eis → **VII**. *Methyläther*, $C_{21}H_{30}O_4$. — *10-Isobutyl-3.4.6.7-tetrahydro-5-oxy-2.2.8.8-tetramethylbenzo-[1.2:b; 5.4:b']-dipyran*, $C_{20}H_{30}O_3$, F. 88° (wss. CH_3OH), a) durch Hydrieren von 2 g **VII** in CH_3OH in Ggw. von $PdCl_2$; Nadeln; 1,7 g; b) durch 2std. Kochen von 180 mg **VII** in 12nHCl u. A. mit Zn-Amalgam; 50 mg. *Phenylurethan*, $C_{27}H_{35}O_4N$, F. 181 bis 182° (wss. CH_3OH), Prismen. *3.5-Dinitrobenzoat*, $C_{27}H_{32}O_8N_2$, F. 221° (wss. CH_3OH), gelbe Platten. — *Isobuttersäure* (**III**), Kp. 152—156°, durch mehrmaliges Einengen von 10 g **Ia** u. wss. KOH unter N_2, Neutralisieren mit 12nHCl, Ansäuern mit 2nHCl, Sättigen mit NaCl, Ausäthern u. Dest.; 417 mg. *p-Bromphencylester*, F. 75—77°. — *Verb. vom Kp. 156—160° (α-Methylbuttersäure?)*, neben **III**; n_D^{20} 1,4038; 389 mg. *p-Bromphenacylester*, $C_{13}H_{15}O_3Br$, F. 54—55°. — *2.10-Dimethyl-5-[3-methylbuten-(2)-yl]-undecadien-(2.9)-on-(6)*, $Kp._{15}$ 160—185°, durch 5maliges Einengen von 20 g **Ia** mit 2nKOH u. W.; $D._4^{20}$ 0,861, n_D^{20} 1,4819; 1,148 g. — *6-Methylhepten-(5)-on-(2)*, $Kp._{28}$ 170—172°, neben vorst. Verb.; 0,4 g. *2.4-Dinitrophenylhydrazon*, F. 78°. — Aus vorst. Rückstand wurden isoliert: **III**, eine *Säure vom Kp. 160—164°* u. eine *Säure vom* $Kp._{45}$ *124—132° (3-Methylpentansäure?*; *p-Bromphenacylester*, $C_{14}H_{17}O_3Br$, F. 40°). — *Phlorisobutyrophenon*, F. 138—140°, durch 30 Min. Rühren von wasserfreiem Phloroglucin, $AlCl_3$ u. CS_2, Zugeben von Nitrobenzol, 30 Min. Kochen u. Rühren, Zugeben von Isobutyrylchlorid in Nitrobenzol zur sd. Lsg. in 30 Min., 1std. Kochen u. Rühren, Gießen in W., Zugeben von Na-K-Tartrat, Neutralisieren u. Wasserdampfdest.; 44%. Gibt nach RIEDL (l. c.) 14% **Ia**. Durch Zugeben von **VIII** → 6,4% **VI**. *Hydrat*, F. 78—82° (W.). — *Phlorisovalerophenon*, F. 145°, mit Isovalerylchlorid. Gibt 29% *Lupulon* (**Ib**; F. 89—90°). — *4.6-Diisoamyl-2-isovalerylphloroglucintribenzoat*, F. 164—166°, durch Hydrieren von **Ib** in CH_3OH in Ggw. von $PdCl_2$ u. Benzoylieren. — *Tetrahydrohumulon*, F. 82—84° (wss. Essigsäure), durch Behandeln vorst. Phenols mit Pb-Acetat u. Schütteln mit O_2 → *Pb-Salz* (59%), das mit methanol. H_2S zers. wird. — *Lupulenol* (**IIb**, F. 118—119°, a) aus **Ia** mit $NaOH/H_2O_2$ u. Decarboxylieren des nichtflüchtigen sauren Prod. (**IIa**) durch 5 Min. Kochen in Toluol; 33%, daneben **III**; b) analog aus 5 g **Ib**; 1,61 g, daneben *Isovaleriansäure* (Kp. 172°; 730 mg; *Anilid*, F. 113—114°; *p-Bromphenacylester*, F. 66—67°). Hydrierung von **IIb** in CH_3OH in Ggw. von ADAMS-Katalysator → **V**. — *3.4.6.7-Tetrahydro-5-oxy-2.2.8.8-tetramethyl-10-[β-methylbutyryl]-benzo-[1.2:b; 5.4:b']-dipyran*, $C_{21}H_{30}O_4$, F. 102—104° (wss. CH_3OH), aus 1,9 g **Ib**; Platten; 0,67 g. — *3.4.9.10-Tetrahydro-5-oxy-2.2.8.8-tetramethyl-6-[β-methylbutyryl]-benzo-[1.2:b; 3.4:b']-dipyran*, $C_{21}H_{30}O_4$, $Kp._{10^{-3}}$ 155—160°. (J. chem. Soc. [London] **1955**. 174—81. Jan. Nutfield, Surrey, Brewing Inst. Res. Foundat.) R. PASEDAG. 3950

Mitsuo Masumura und **F. Shigeo Okumura**, *Identität von Hibalacton und Savinin*. Das aus den jungen Blättern von Chamaecyparis obtusa (Cupressiacenae) isolierbare *Hibalacton*, $C_{20}H_{16}O_6$, F. 146—146,5°, $[\alpha]_D^{23}$ —87° (Chlf.), hat die Konst. **I**. Bei der oxydativen Aufspaltung mit $KMnO_4$ oder O_3 entstehen *Piperonylsäure*, *Piperonal* u. *Oxalsäure*. Die Hydrierung mit RANEY-Ni oder Na-Amalgam ergibt (+)-*Isohinokinin* neben geringeren Mengen (—)-*Hinokinin*. Das von SCHRECKER u. HARTWELL (J. Amer. chem. Soc. **76**. [1954.] 4896) aus den Nadeln von Juniperus sabina isolierte *Savinin*, F. 146,2—147,3°, $[\alpha]_D^{22}$ —88° (Chlf.), ist mit **I** ident., wie aus dem Misch-F., dem Vgl. der Infrarotspektren u. den gleichen Eigg. der Dihydroderivv. hervorgeht. — **I**-*Dibromid*, F. 181—182°, $[\alpha]_D^{28,5}$ —108° (Bzl.). *Tetrabromid*, F. 238—239°. *Dinitroderiv.*, F. 247—248°; $[\alpha]_D^{28,5}$ +157° (Pyridin). *Mononitroderiv.*, F. 164—165°; $[\alpha]_D^{29}$ +143° (Bzl.). *Dihydroderiv.*, F. 116—117°; $[\alpha]_D^{19}$ +106° (Aceton). *Isodihydroderiv.*, F. 63—64°; $[\alpha]_D^{19}$ —33° (Chlf.). (J. Amer. chem. Soc. **77**. 1906. 5/4. 1955. Josanjima, Tokushima, Japan, Univ. of Tokushima, Fac. of Engng., Dep. of Appl. Chem.; u. Madison, Wis., Univ., Dep. of Biochem.) K. ZOPFF. 3950

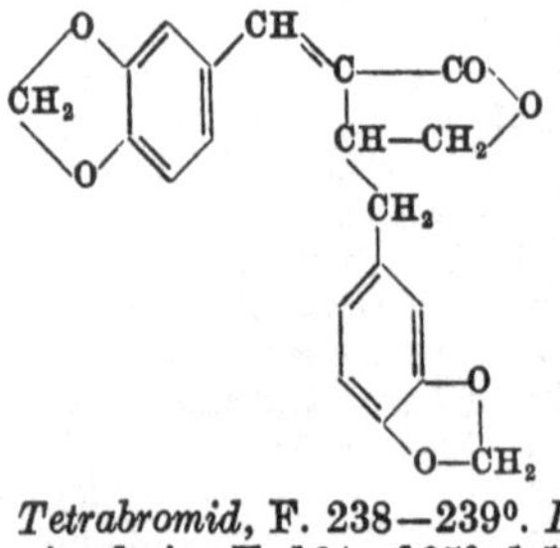

Helmer Kofod und **Chr. Jørgensen**, *Brompodophyllotoxin*. Im Gegensatz zu früheren Angaben (vgl. HARTWELL u. DETTY (C. **1951**. I. 1314) fanden Vff., daß eine Lsg. von *Podophyllotoxin* (**I**) in Chlf. beim Schütteln mit einer angesäuerten wss. Bromid-Bromat-Lsg. 2 Äquivalente Br verbraucht, u. isolierten in guter Ausbeute ein dimorphes *Monobrompodophyllotoxin* (**II**), $C_{22}H_{21}O_8Br$, F. 155 bzw. 182—183° (Nadeln aus Bzl.). **II** gibt keine AgBr-Fällung mit alkoh. $AgNO_3$ u. wird beim Kochen mit alkoh. NaOH nicht hydrolysiert. **II** ist nicht ident. mit dem durch Ersatz der OH-Gruppe an $C_{(1)}$ gegen Br mittels PBr_3 erhaltenen **I**-Bromid von HARTWELL u. SCHRECKER (C. **1952**. 1832). Die Unversehrtheit der OH-Gruppe in **II** wird durch die katalyt. Hydrierung über RANEY-Ni unter gleichzeitiger Epimerisierung zu *Pikropodophyllin* (**III**) bewiesen.

Wahrscheinlich ist das Br-Atom in eine der beiden freien Stellungen des Ringes A von I eingetreten. III verbraucht unter ähnlichen Bedingungen ebenfalls 2 Äquivalente Br, während α- u. *β-Peltatin* ca. 4 Äquivalente Br verbrauchen. (Acta chem. scand. **8.** 1294—95. 1954. Copenhagen, Danmarks farmaceut. Højsk., Org.-kem. Labor.) R. LORENZ. 3950

Helmer Kofod und **Chr. Jørgensen,** *Dehydropodophyllotoxin, eine neue, aus Podophyllum peltatum L. isolierte Verbindung.* Im Verlauf von systemat. Unterss. des aus *Podophyllum peltatum L.* isolierten *Podophyllins* durch Chromatographie unter Verwendung von Formamid als stationäre Phase fanden Vff. intensiv blau fluorescierende Benzoleluate zwischen den Podophyllotoxin- u. α-Peltatinfraktionen. Papierchromatographie dieser u. anderer Fraktionen ergab 5—6 verschied. Flecken, die durch blaue Fluorescenz im UV-Licht nachgewiesen wurden. Die Substanz, die dem größten Fleck entspricht, wurde in Nadeln aus A. isoliert; $C_{22}H_{18}O_8$, F. 272—274°. Aus Podophyllin kann ca. 0,1% dieser Verb., für die Vff. die Struktur *1-Oxy-4-[3.4.5-trimethoxyphenyl]-6.7-methylendioxy-2-oxymethylnaphthoesäure-(3)-lacton* vorschlagen, gewonnen werden. Die Annahme dieser Struktur wird begründet u. die Bezeichnung *Dehydropodophyllotoxin* vorgeschlagen, da durch Dehydrierung von Podophyllotoxin mit Pb-Tetraacetat eine (papierchromatograph.) ident. Verb. erhalten wird. (Acta chem. scand. **8.** 1296—97. 1954. København, Danmarks farmaceut. Højsk., Org.-kem. Labor.) R. LORENZ. 3950

D. Makromolekulare Chemie.

Stuart A. Rice, *Teilchenstreufaktoren in polydispersen Systemen.* Da bei Makromoll., die über Wasserstoffbrücken zu größeren Komplexen miteinander verknüpft sind, ein Zusammenhang zwischen der Zahl der Wasserstoffbrücken u. der Beweglichkeit u. Größe der Komplexe besteht, ist trotz gleichen Mol.-Gew. für die Einzelmoll. eine Verteilung der Komplexgrößen zu erwarten. Die Durchrechnung ergibt, daß diese Verteilung durch die Lichtzerstreuung nicht experimentell zu bestimmen ist, da die Polydispersität des Mol.-Gew. u. die Steifheit der Moll. den gleichen Effekt wie die Größenverteilung ergeben. (J. Polymer Sci. **16.** 94—96. März 1955. Cambridge, Mass., Harvard Univ., Dep. of Chem.) O. FUCHS. 4000

Kurt Rossmann, *Absorptionsspektrum von Polyäthylen im nahen Infrarot.* Das Infrarotspektr. von *Polyäthylen* (I), das bei einer Schichtdicke von 0,6 mm von 2—15 μ aufgenommen wurde, deutet darauf hin, daß während des Polymerisationsprozesses etwas Sauerstoff in das I eingeführt wird u. daß I noch C=C-Bindungen enthält. (J. chem. Physics **23.** 1355—56. Juli 1955. Columbus, O., Univ., Dep. of Phys. and Astron.) U. JOHN. 4010

Shigezō Nohara und **Shigeo Ōuchi,** *Untersuchungen über die viscoelastischen Eigenschaften von Hochpolymeren.* 2. Mitt. *Dynamisch-mechanisches Verhalten in der Nähe des Übergangspunktes von plastifiziertem Polyvinylchlorid.* (1. vgl. C. **1956.** 1038.) Nach der für vulkanisierten Kautschuk l. c. benutzten Vibrationsmeth. wird bei *Polyvinylchlorid* (Polymerisationsgrad 1250, 1590 bzw. 1770) mit 25, 42 bzw. 50% Weichmacher (I) (Dioctylphthalat + 1% Stearinsäure + 3% bas. Pb-Carbonat) die Abhängigkeit der dynam. Viscosität (dyn/cm^{-2}) von der Schwingungszahl u. der Temp. sowie von dem I-Geh. in der Nähe des Übergangspunktes untersucht u. in 13 Diagrammen dargestellt u. erörtert. (Chem. High Polymers [Tokyo] **10.** 286—93. 1953. Osaka, Ind. Forschungsinst. [Orig.: japan.]) L. SCHULER. 4010

Shigezō Nohara und **Shigeo Ōuchi,** *Untersuchungen über die viscoelastischen Eigenschaften von Hochpolymeren.* 3. Mitt. *Über mechanische Modelle für weichgemachtes Polyvinylchlorid in der Nähe der Übergangstemperatur.* (2. vgl. vorst. Ref.) Unter vereinfachenden Voraussetzungen werden gesetzmäßige Beziehungen zwischen den bestimmenden Faktoren u. den viscoelast. Erscheinungen an 2 Modellen aus der Dynamik abgeleitet u. so die durch Schwingungen hervorgerufenen Eigg., bes. bei Polyvinylchlorid, modellmäßig dargestellt u. diskutiert. (Chem. High Polymers [Tokyo] **10.** 326—32. 1953. [Orig.: japan.]) L. SCHULER. 4010

Keinosuke Yoshida, *Übersicht über die Stabilisatoren für Polyvinylchlorid.* Überblick über die Zersetzungsarten u. Stabilisatoren des *Vinylchlorids*, gegliedert nach 10 verschied. Arten der stabilisierenden Wrkg. u. Anwendungsgebiete. Tabellen über ca. 60 einzelne u. auch kombinierte Stabilisatoren mit 22 Literaturangaben. (J. Soc. org. synth. Chem., Japan **11.** 29—38. Jan. 1953. Osaka, TH. [Orig.: japan.]) L. SCHULER. 4010

Jerry Donohue, *Schraubenförmige Konfigurationen der Polypeptidkette mit Wasserstoffbrücken.* Zunächst gibt Vf. eine krit. Übersicht über die verschied. bisher vorgeschlagenen schraubenförmigen Strukturen von Polypeptiden. Unter Verwendung der von BRAGG, KENDREW u. PERUTZ (Proc. Roy. Soc. [London], Ser. A 203. [1951.] 321) vorgeschlagenen Charakterisierung der Schraubenstrukturen durch die Angabe von 2 Zahlen (S_R, wo S = Schraubensymmetrie, R = Zahl der Atome in dem durch die Wasserstoffbrücken gebildeten Ring) werden ausführlicher folgende Systeme diskutiert: $2,2_7$, $3,0_{10}$, $3,6_{13}$, $4,3_{14}$, $4,4_{16}$ u. $5,1_{17}$ (zum Teil Angabe der Atomkoordinaten u. Winkel, Winkeldeformation, Abweichung der Grundeinheiten von der ebenen Struktur, Orientierung um die C—N- u. die C—C'-Bindungen, Abstände innerhalb der Wasserstoffbrücken, energet. Beziehungen). Die Strukturstabilität nimmt in der Reihenfolge $3,6_{13}$, $4,4_{16}$, $2,2_7$, $3,0_{10}$, $5,1_{17}$ ab. (Proc. nat. Acad. Sci. USA **39.** 470—78. Juni 1953. Cambridge, Cavendish Labor., Med. Res. Council Unit. Study of Mol.-Structure of Biol. Syst.)

O. FUCHS. 4010

Brian G. Overell und **Vladimir Petrow,** *Polymere einiger basischer und saurer α-Aminosäuren.* Es wird die Darst. von *Poly-L-glutaminsäure* (I) u. *Poly-L-tyrosin* (II), deren Copolymeren sowie solchen von I u. II mit *Poly-L-lysin* beschrieben. I wird aus seinem Poly-γ-benzylester durch Abspaltung der Benzylgruppe mittels HBr–Eisessig erhalten. Eine Spaltung der Polypeptidkette tritt hierbei nicht auf. Verss. mit HCl ergaben eine unvollständige Verseifung. Die Darst. von II erfolgte aus seiner O-Carbobenzoxyverbindung. Obwohl diese in Eisessig unlösl. ist, gelang die Abspaltung mit HBr bei 50°. Die Einw. von HCl auf II in Phenol gab kein befriedigendes Ergebnis. Auch aus dem O-Acetylderiv. wurde II erhalten, das sich aus der Lsg. in HBr/Eisessig nach 5 Std. ausschied. Die Copolymeren, die aus L-Glutaminsäure-γ-benzylester-, O-Acetyl- bzw. O-Carbobenzoxy-L-tyrosin- u. ε-Carbobenzoxy-L-lysineinheiten aufgebaut waren, ließen sich nach der gleichen Meth. in die copolymeren Polypeptide überführen. Die in der Bezeichnung des Copolymeren vor den Komponenten stehenden Zahlen geben das mol. Verhältnis dieser Komponenten im Polymeren an. — Der Vers. der Darst. von *Poly-L-histidin* mißlang, da das 1'-Benzyl-L-histidin mit $COCl_2$ nicht reagierte u. sein N^{α}-Carbobenzoxyderiv. mit PCl_5 ein instabiles Prod. lieferte.

V e r s u c h e: *O-Carbobenzoxy-L-tyrosin*, $C_{17}H_{17}O_5N$, F. 215° (Zers.; aus W.), durch Acetylierung des Cu-Komplexsalzes (aus L-Tyrosin in n-NaOH u. $CuSO_4 \cdot 5H_2O$ in W.) mit Chlorkohlensäurebenzylester in wss. Alkali bei 0°. — *O-Carbobenzoxy-N-carboxy-L-tyrosinanhydrid*, F. 106° (Zers.), aus vorst. Verb. u. $COCl_2$ in Dioxan. — *O-Acetyl-N-carboxy-L-tyrosinanhydrid*, F. 119—121° (Zers.; aus Essigester/PAe.), aus O-Acetyl-N-carbobenzoxy-L-tyrosin u. $SOCl_2$ in Acetanhydrid u. Erwärmen auf 40—50°; 79% (Ausbeute). — *Polymerisation der N-Carbonsäureanhydride*; a) 1 Mol Anhydrid in 3,6 ml Dioxan u. 0,033 Äquivalente NH_3 werden 16 Std. bei Raumtemp. gerührt, dann wird 1 Äquivalent 0,16n HCl zugefügt u. weitere 6 Std. gerührt; b) durch Kochen in wassergesätt. Bzl.; c) in Pyridin bei Raumtemp. für 6 Tage. — *Poly-[L-glutaminsäure-γ-benzylester]$_{50}$-amid* (III), $(C_{12}H_{13}O_3N)_{50} \cdot NH_3$, nach a); 100%. — *Poly-[L-glutaminsäure-γ-benzylester]$_{35}$-amid*, $(C_{12}H_{13}O_3N)_{35} \cdot NH_3$, nach a); 65%. — *Poly-[O-carbobenzoxy-L-tyrosin]$_{104}$* (IV), $(C_{17}H_{15}O_4N)_{104} \cdot H_2O$, nach b); 92%. — *Poly-[O-acetyl-L-tyrosin]$_{79}$* (V), $(C_{11}H_{11}O_3 \cdot N)_{79} \cdot H_2O$, nach b); 94%. — *Poly-[O-acetyl-L-tyrosin]$_{32}$-amid* (VI), $(C_{11}H_{11}O_3N)_{32} \cdot NH_3$, nach a); 57%. — *Poly-[O-acetyl-L-tyrosin]$_{19}$·H_2O* (VII), $(C_{11}H_{11}O_3N)_{19} \cdot H_2O$, nach a); 58%. — *Poly-[1-(ε-carbobenzoxy-L-lysin) : 1-(L-glutaminsäure-γ-benzylester)]$_{30}$-amid*, $(C_{14}H_{18}O_3N_2 \cdot C_{12}H_{13}O_3N)_{15} \cdot NH_3$, nach a); 89%. — *Poly-[1-(ε-carbobenzoxy-L-lysin): 1-(O-acetyl-L-tyrosin)]$_{30}$-amid*, $(C_{14}H_{18}O_3N_2 \cdot C_{11}H_{11}O_3N)_{15} \cdot NH_3$, nach a); 97%. — *Poly-[3-L-glutaminsäure-γ-benzylester) : 1-(O-acetyl-L-tyrosin)]$_{49}$-amid*, $(C_{12}H_{13}O_3N)_{37} \cdot (C_{11}H_{11} \cdot O_3N)_{12} \cdot NH_3$, nach a); 96%. — *Poly-[1-(ε-carbobenzoxy-L-lysin): 1-[L-glutaminsäure-γ-benzylester)*: 1-*(O-acetyl-L-tyrosin)]$_{30}$-amid*, $(C_{14}H_{18}O_3N_2 \cdot C_{12}H_{13}O_3N \cdot C_{11}H_{11}O_3N)_{10} \cdot NH_3$, nach a); 89%. — *Abspaltung der schützenden Gruppen*: Die vorst. Polymeren werden in 5 Teilen Eisessig auf 50° erwärmt, dann nach Abkühlung 25 Teile 50%ig. HBr/Eisessig zugesetzt u. mehrere Std. stehengelassen. Die Ausscheidung des Polypeptids wird durch Ae. vervollständigt. — *Poly-[L-glutaminsäure]$_{50}$-amid*, $(C_5H_7O_3N)_{50} \cdot NH_3$, $[\alpha]^{25}$ —83,3° (c = 1,018 in 2%ig. wss. $KHCO_3$), aus III u. Umfällen aus wss. $KHCO_3$/HCl; 54%. — *Poly-[L-glutaminsäure]$_{35}$-amid*, $(C_5H_7O_3N)_{35} \cdot NH_3$, $[\alpha]_D^{18}$ —90,5° (c = 1,026 in 2%ig. wss. $KHCO_3$); 54%. — *Poly-[L-tyrosin]$_{104}$*, $(C_9H_9O_2N)_{104} \cdot H_2O$, $[\alpha]_D^{26}$ +40,9° (c = 1,056 in 1n NaOH), aus **IV**, Reinigung durch Lösen in 1n NaOH, Ansäuern u. Dialysieren; 42%. — *Poly-[L-tyrosin]$_{79}$*, $(C_9H_9O_2N)_{79} \cdot H_2O$, $[\alpha]_D^{25}$ +32,2 (c = 1,014 in 1n NaOH), aus **V**; 44%. — *Poly-[L-tyrosin]$_{32}$-amid*, $(C_9H_9O_2N)_{32} \cdot NH_3$, $[\alpha]_D^{26}$ +33,9° (c = 1,02 in 1n NaOH), aus **VI**; 50%. — *Poly-[L-tyrosin]$_{19}$*, $(C_9H_9O_2N)_{19} \cdot H_2O$, $[\alpha]_D^{26}$ +17,8° (c = 1,01 in 1n NaOH), aus **VII**; 68%. — *Poly-[1-(L-lysinhydrobromid)*: 1-*(L-glutaminsäure)]$_{30}$-amid*, $(C_6H_{13}ON_2Br \cdot C_5H_7O_3N)_{15} \cdot NH_4Br$, $[\alpha]_D^{15}$ —37,9° (c = 1,012 in W.), Reinigung durch Fällen mit A. aus W.; 73%. — *Poly-[1-(L-lysinhydrobromid) : 1-(L-tyrosin)]$_{30}$-amid*, $(C_6H_{13}ON_2Br \cdot C_9H_9O_2N)_{15} \cdot NH_4Br$, $[\alpha]_D^{23}$ —19,5° (c = 1,046 in W.); 60%. — *Poly-[3-(L-glutaminsäure): 1-(L-tyrosin)]$_{49}$-amid*, $(C_9H_9O_2N)_{12} \cdot (C_5H_7O_3N)_{37} \cdot NH_3$, $[\alpha]_D^{25}$

$-40,6^0$ (c = 1,014 in 2%ig. wss. $KHCO_3$), Umfällen aus $KHCO_3$/HCl; 47%. — *Poly-[1-(L-lysin): 1-(L-glutaminsäure): 1-(L-tyrosin)]$_{30}$-amid*, teilweise *Hydrobromid*, (C_6H_{13}·ON_2·$C_5H_7O_3N$·$C_9H_9O_2N)_{10}$·NH_3·$Br_{2,3}$, $[\alpha]_D^{20}$ $-35,7^0$ (c = 1,016 in 1nNaOH), Umfällen aus 1nNaOH/HBr; p_H 5; 50%. — *1'-Benzyl-N^α-carbobenzoxy-L-histidin*, $C_{21}H_{21}O_4N_3$, F. 216° (Zers.; aus Pyridin), durch Acylierung von 1-Benzyl-L-histidin mit Chlorkohlensäurebenzylester in 1nNaOH bei 0°; 66%. (J. chem. Soc. [London] **1955**. 232—36. Jan. London, British Drug Houses Ltd., Chem. Res. Labors.) J. GNICHTEL. 4010

Shinichi Kawai, Kazumasa Yoneshige, Shoshichi Oguchi, Masae Okajima und **Jiro Adachi,** *Synthese von Kunstharzen für Hochfrequenzisolation.* 1. Mitt. *Polymerisationen von 3.6-Divinylcarbazolderivaten.* Durch Darst. von Carbazolderivv. mit mehr als einer Vinylgruppe u. damit ermöglichter 3dimensionaler Vernetzung wurde der Vers. unternommen, Isoliermassen mit höherem Erweichungspunkt, als dem der bisher benutzten, zu erhalten. Auf seine elektr. Eigg. mit $\varepsilon = 2,9$, tg $\delta = 20 \cdot 10^{-4}$ ($\lambda = 1,8$ m) wurde das polymere *9-Äthyl-3.6-divinylcarbazol* (III; ohne Weichmacher) geprüft.

Versuche: *9-Äthyl-3.6-diacetylcarbazol* (I), $C_{18}H_{17}O_2N$, F. 183,5°, Prismen aus Eisessig; aus 3.6-Diacetylcarbazol in absol. alkoh. KOH u. nachfolgendes 7std. Rückflußkochen mit überschüssigem JC_2H_5. — *9-Äthyl-3.6-bis-[1-oxyäthyl]-carbazol* (II), aus I nach MEERWEIN-PONNDORF mit Al-Isopropylat in $(CH_3)_2CHOH$ durch 5std. Kochen, Neutralisieren mit verd. H_2SO_4 u. Ae.-Extraktion; zähes Öl. Benzoylierungsverss. u. Phenylisocyanat wirkten nur wasserentziehend. — *9-Äthyl-3.6-divinylcarbazol* (III), $Kp._{0,0015}$ 240—247°, aus II durch Entwässern im Hochvakuum u. anschließende Dest.; ca. 50% (Ausbeute); erweist sich durch Br-Addition u. katalyt. Hydrierung als maximal 82%ig.; in Äthylacetat sehr leicht, in Xylol ziemlich lösl.; Rückstand niederpolymer. *Polymeres* III: 1,5 g III werden bei 7 mm Hg unter CO_2 eingeschmolzen u. 17 Std. auf 150° erhitzt; stark lichtbrechendes, blaßgelbes Harz; leichte Löslichkeit in Aceton wird als niedriger Polymerisationsgrad gedeutet. — Dehydratisierende Polymerisation von II durch Erhitzen auf 184° (4 Std.), 180—200° (1 Std.) u. 150° (9 Std.) im CO_2-Strom bei ca. 12 mm, Zerkleinern des Harzes u. nochmaliges Erhitzen auf 150° (6 Std.) u. 210 bis 230° (18 Std.), Extraktion des Prod. mit Aceton u. mit 22 verschied. Lösungsmitteln; über 410° starke Dunkelfärbung u. teilweises Erweichen (ohne Weichmacher zu braunen Platten geformt u. geprüft); hart, aber nicht spröde. — *9-Allyl-3.6-diacetylcarbazol*, $C_{19}H_{17}O_2N$, F. 168—168,5°, analog I; 85%; Prismen aus Eisessig. — *9-Allyl-3.6-bis-[1-oxyäthyl]-carbazol*, aus vorst. Verb. nach MEERWEIN-PONNDORF; in den meisten organ. Lösungsmitteln löslich. Die dehydratisierende Polymerisation wird durch Sekundär-Rkk. der Allylgruppe gestört u. liefert kein geeignetes Produkt. — *9-Benzyl-3.6-diacetylcarbazol*, $C_{23}H_{19}O_2N$, F. 242,5—243°, Prismen aus Eisessig., analog I; 69%. — *9-Benzyl-3.6-bis-[1-oxyäthyl]-carbazol*, aus vorst. Verb. nach MEERWEIN-PONNDORF, fl.; 87%. — *Polymeres 9-Benzyl-3.6-divinylcarbazol*, aus vorst. Verb. durch dehydratisierende Polymerisation; über 370° schwarz, ohne erkennbares Schmelzen. (J. chem. Soc. Japan, pure Chem. Sect. [Nippon Kagaku Zassi] **73**. 103—05. Febr. 1952. [Orig.: japan.]) L. SCHULER. 4010

Shinichi Kawai, Kazumasa Yoneshige, Shoshichi Oguchi, Masae Okajima und **Jiro Adachi,** *Synthese von Kunstharzen für Hochfrequenzisolation.* 2. Mitt. *Polymerisation von ω.ω'-Bis-[vinylphenyl]-n-pentan und dessen Copolymerisation mit Styrol.* (1. vgl. vorst. Ref.) Durch Mischpolymerisation von *ω.ω'-Bis-[4-vinylphenyl]-pentan* {aus ω.ω'-Diphenylpentan (I) über *ω.ω'-Bis-[4-acetylphenyl]-pentan* u. *ω.ω'-Bis-[4-(1-oxyäthyl)-phenyl]-pentan*} mit *Styrol* (10^{-3} bis 10^{-5}:1) in 30—84 Std. bei 123—125° werden farblose, durchsichtig bleibende (6 Jahre) *Isolierharze* von hohem Erweichungspunkt mit $\varepsilon = 2,15$—$2,83$ u. tg δ = 15 bis $20 \cdot 10^{-4}$ für Wellenlängen von 66 cm erhalten.

Versuche: *ω.ω'-Bis-[4-acetylphenyl]-n-pentan*, $C_{21}H_{24}O_2$. F. 45—46°, aus 46 g I, 170 g $AlCl_3$ in 200 cm³ CS_2 (5 Std.) u. Dest. bis 260° (5,5 mm); aus A. u. CH_3OH Plättchen; 32% (Ausbeute); 2 g geben durch Oxydation mit NaBr 1,1 g *Terephthalsäure*. — *ω.ω'-Bis-[4-(1-oxyäthyl)-phenyl]-n-pentan*, $C_{21}H_{28}O_2$, F. 72—73,5°; durch Red. von 20 g vorst. Verb. mit 7 g mit etwas $HgCl_2$ aktiviertem Al u. insgesamt 300 cm³ $(CH_3)_2CHOH$ nach MEERWEIN-PONNDORF (25 Std.); aus Toluol Nädelchen. — *ω.ω'-Bis-[4-vinylphenyl]-n-pentan*, $C_{21}H_{24}$, F, 37,5—38,5°; aus 400 mg vorst. Verb. u. 300 mg $KHSO_4$ durch Erhitzen auf 200—250° bei 10^{-4}—10^{-5} mm u. Dest.; 57%; aus CH_3OH Plättchen. — Die Polymerisation erfolgte durch langsames Erhitzen auf 80—90°, dann 30 Std. bei 120°; Prod. nicht analysenrein, F. >350°, orange bis braun; ε = 80 bei 20 cm Wellenlänge; tg δ = 80. (J. chem. Soc. Japan, pure Chem. Sect. [Nippon Kagaku Zassi] **73**. 105—07. Febr. 1952. [Orig.: japan.]) L. SCHULER. 4010

Shinichi Kawai und **Isao Suzuki,** *Synthese von Kunstharzen für Hochfrequenzisolation.* 3. Mitt. *Synthese von 2-Allyl-4-vinylanisol und seine Polymerisation.* (2. vgl.

vorst. Ref.) Durch Kombination einer Vinyl- u. einer Allylgruppe im gleichen Mol. wurde ein Harz von hohem Erweichungspunkt gewonnen, dessen elektr. Eigg. nicht geprüft werden konnten. Beginnende Dunkelbraunfärbung bei 360°, Verflüssigung nahe 540°.

Versuche: *p-Acetylphenylallyläther* (*4-Allyloxyacetophenon*), F. 20°, Kp.$_7$ 137°, aus 10 g 4-Oxyacetophenon u. 8,9 g Allylbromid in 19 g Aceton u. $MgCO_3$ (8 Std. am Rückfluß); 85% (Ausbeute). — *4-Acetyl-2-allylphenol* (*4-Oxy-3-allylacetophenon*), $C_{11}H_{12}O_2$, F. 119°; aus 4 g vorst. Verb. durch Erhitzen auf 235°, wobei die Temp. weiter auf 260° steigt, u. Reinigung durch Ausschütteln der NaOH-Lsg. mit Ae.; aus heißem W. Säulen; 75%. — *4-Acetyl-2-allylanisol* (*4-Methoxy-3-allylacetophenon*), $C_{12}H_{14}O_2$, Kp.$_7$ 142°, aus 30 g vorst. Verb. in 50 cm³ CH_3OH u. Zugabe von 21 cm³ $(CH_3)_2SO_4$ u. 21 cm³ konz. wss. KOH (2 Std.), 1 Std. nachrühren u. 2 Std. auf dem Dampfbad erhitzen; 67%. *Semicarbazon*, $C_{13}H_{17}O_2N_3$, F. 178° (A.). — [*3-Allyl-4-methoxyphenyl*]-*methylcarbinol* (I), $C_{12}H_{16}O_2$, Kp.$_3$ 115—120°; aus 10 g vorst. Verb. in 40 cm³ $(CH_3)_2 \cdot CHOH$ u. 2 g mit $HgCl_2$ aktiviertem Al nach Meerwein-Ponndorf in 4 Std. (vgl. Lund, C. 1937. II. 1781); 50%. — *2-Allyl-4-vinylanisol* u. dessen *Polymerisat*, $(C_{12}H_{14}O)_n$, aus I durch Wasserabspaltung u. anschließend einsetzender Polymerisation in einem Ölbad von 230 ± 2° im H_2-Strom bei 12 mm bis zum vollständigen Umsatz (ca. 50 Std.). Das entstandene braune Harz wird pulverisiert u. 17 Std. mit Ae. u. 9 Std. mit sd. Aceton extrahiert. (J. chem. Soc. Japan, pure Chem. Sect. [Nippon Kagaku Zassi] **73**. 180—81. März 1952. Tokyo. [Orig.: japan.]) L. Schuler. 4010

Shigezō Nohara, *Untersuchungen über die viscoelastischen Eigenschaften von Hochpolymeren.* 1. Mitt. *Eigenschaften von vulkanisiertem Kautschuk bei Schwingungen im Niederfrequenzbereich.* Zur Prüfung der dynam.-mechan. Eigg. von ungestrecktem vulkanisiertem *Kautschuk* wurden Messungen nach Nolles Vibrationsmeth. mittels transversaler Wellen bei Frequenzen zwischen 20 u. 200 u. Tempp. zwischen 20 u. 70° durchgeführt u. die Beziehungen zwischen Frequenz, S-Geh., Relaxationszeit u. Dämpfung aufgezeigt. (J. Soc. Rubber Ind. Japan [Nippon Gomu Kyokai Shi] **26**. 205—10. 1953. Osaka, Ind. Res. Inst.) E. Herr. 4030

Yutaka Miyahara und **Hajime Shiio**, *Adiabatische Kompressibilität von Stärkesolen.* Obwohl sich durch Ultraschallmethoden die Kompressibilität u. das gebundene W. verschied. *Stärke- u. Dextrinöle* nur ungenau bestimmen ließen, stimmen die aus den Versuchswerten berechneten Voll. von 0,15—0,23 cm³ W./g Stärke gut mit den theoret. berechneten überein. (J. chem. Soc. Japan, pure Chem. Sect. [Nippon Kagaku Zassi] **73**. 1—2. Jan. 1952. [Orig.: japan.]) L. Schuler. 4050

S. A. Barker, E. J. Bourne, G. T. Bruce, W. B. Neely und **M. Stacey**, *Immunopolysaccharide.* 2. Mitt. *Die Struktur eines Dextrans von Betacoccus arabinosaceus.* (1. vgl. C. **1955**. 1537.) Mittels *Betacoccus arabinosaceus* (Birminghamstamm) in einem Medium von 200 g Hefeextrakt, 5 g $NaNH_4HPO_4$, 1 g KH_2PO_4, 0,5 g $MgSO_4 \cdot 7H_2O$ u. 100 g Saccharose/Liter bei 25° erzeugtes, nach Sevag enteiweißtes u. durch Dialyse von Oligosacchariden gereinigtes *Dextran* (I), $[\alpha]_D^{21}$ +202° (c = 0,82 in n-NaOH), wurde 5 Std. mit 1,4n H_2SO_4 bei 100° hydrolysiert u. lieferte dabei vor allem *Glucose* u. ca. 0,1—0,2% *Fructose* (?) sowie Spuren von *Oxymethylfurfurol*. Die Umwandlung des I in Glucose betrug nach Titration 96%; Ausbeute an *α-D-Glucose* [F. u. Misch-F. 143—145°; $[\alpha]_D^{15}$ +110° (3 Min.) → +53,7° (Gleichgewicht; c = 0,40; W.)] 30%. — Durch 3malige Methylierung von 10,52 g I mit Na u. CH_3J in fl. NH_3 bei —55° entstanden 8,17 g *Trimethyldextran* (II), $(C_9H_{16}O_5)_n$; $[\alpha]_D^{21}$ +214° (c = 0,24; Chlf.). — 3,00 g II wurden 8 Std. bei 100° mit 8%ig. methanol. HCl u. nach Entfernung des Methanols 6 Std. mit 4%ig. HCl behandelt. Die Lsg. lieferte nach Entsalzung, Eindampfen u. Chromatographie an Silicagel: Aus der 1. Fraktion (0,396 g). *2.3.4.6-Tetra*-[*O*-methyl]-*α-D-glucose* (III), $C_{10}H_{20}O_6$, F. u. Misch-F. 82—84° (Ae.); $[\alpha]_D^{15}$ +95,3° (4 Min.) → +83,0° (17 Std.; konstant; c = 0,40; W.); 0,088 g; ferner durch 2std. Kochen des Muttersirups mit Anilin in A. *N-Phenyl-2.3.4.6-tetra-*[*O-methyl*]-*D-glucosylamin*, F. 135—136°; 0,040 g. Aus der 2. Fraktion (0,100 g) mit Anilin/A. in 4 Std. *N-Phenyl-2.3.4-tri-*[*O-methyl*]-*D-glucosylamin*, F. u. Misch-F. 147—148° (PAe.); 0,030 g (roh). Aus der 3. Fraktion (0,065 g) wenig *2.4-Di-*[*O-methyl*]-*β-D-glucose* (V), F. u. Misch-F. 125—128° (Essigester), u. durch 48std. Behandlung der Mutterlauge mit Anilin/A. bei 20° *N-Phenyl-2.4-di-*[*O-methyl*]-*D-glucosylamin*, $C_{14}H_{21}O_5N$, F. u. Misch-F. 197—199° (Ae./PAe.); 0,029 g. — Das Hydrolysat von II gab bei der Papierchromatographie (saures Anilinphthalat als Sprühreagens) die Flecke für **III**, *2.3.4-Tri-*[*O-methyl*]-*α-D-glucose* (**IV**) u. **V** (R_G = 0 64; rot) u. bestand aus 17 Teilen **III**, 57 **IV** u. 26 **V** (Hypojoditmeth. vgl. C. **1955**. 2917). Bei der Elektrophorese (Boratpuffer, p_H 10) hatte **V** M_G = 0,05. Demnach besitzt **I** eine mittlere Kettenlänge von 6 Glucoseeinheiten (von den Verzweigungsstellen an). — 2,46 g **I** wurden 5½ Std. mit n H_2SO_4 bei 85° hydrolysiert. Das saure Hydrolysat ($[\alpha]_D^{19}$ +133°) lieferte bei der

Fraktionierung an Holzkohle u. Elution mit W. 0,802 g eines Gemisches von *Glucose* (*Penta-[O-acetyl]-β-D-glucopyranose*, F. u. Misch-F. 128—129°; 0,237 g aus 0,310 g) u. <5% *Fructose*; bei Elution mit 5%ig. A. 0,234 g *Isomaltose*; $[\alpha]_D^{19}$ +119° (Gleichgewicht; c = 1,2; W.) [*β-Isomaltoseoktaacetat*, $C_{28}H_{38}O_{19}$, F. u. Misch-F. 144—145°, mit Acetanhydrid/Na-Acetat in 1 Std. bei 100—110°; $[\alpha]_D^{20}$ +99,6° (c = 0,38; Chlf.); 0,090 g aus 0,075 g]; mit 5%ig. A. ferner 0,017 g eines Gemisches von *Isomaltose*, *Nigerose* (Benzylaminderiv.) u. Trisaccharid; mit 10%ig. A. 0,187 g *Isomaltotriose* (gab mit n-H_2SO_4 bei 90° *Isomaltose* u. *Glucose*), ferner Tetrasaccharid, Pentasaccharid u. (zum Teil mit 35%ig. A.) höhere Saccharide. Die Isomaltotriose wurde von einer kleinen Menge Trisaccharid begleitet, dessen R_F-Wert auf eine 1.6- u. eine 1.3-Bindung hinwies. — I verbrauchte in 93½ Std. 1,67 Mol JO_4^-/Mol bei 29°, was ebenfalls obiger Kettenlänge entspricht; es wurden — vielleicht u. a. infolge von Spuren von Lävan u. Eiweiß — nur 0,74 Mol Ameisensäure gebildet. 0,0615 g I gaben nach Oxydation mit $NaJO_4$, Neutralisation, Entsalzung u. Hydrolyse (9 Std. bei 100° mit 1,4n H_2SO_4) 0,048 g Sirup, der papierchromatograph. neben einer beweglicheren, sich mit saurem Anilinphthalat rotfärbenden Komponente 9,8 mg *Glucose* lieferte. Dies entspricht einer Kettenlänge von 7 Einheiten u. beweist ebenfalls das Vorhandensein von 1.3-Bindungen an den Verzweigungsstellen. Das Infrarotspektr. des I weist Maxima auf, die α-1.6- u. α-1.3-Bindungen entsprechen. — Es wird die Möglichkeit erörtert, daß der Birminghamstamm die Fähigkeit, 1.3-verzweigtes I zu bilden, erst im Laufe der Zeit durch Mutation erworben hat. (J. chem. Soc. [London] **1954**. 2395—99. Juli. Edgbaston, Birmingham, Univ., Chem. Dep.) W. WILLENBERG. 4050

K. Butler, P. F. Lloyd und **M. Stacey**, *Immunopolysaccharide*. 3. Mitt. *Die Dimethyläther der L-Rhamnopyranose*. (2. vgl. vorst. Ref.) Die aus dem Pneumococcus Typ II durch Hydrolyse des spezif. Polysaccharids gewonnene *Di-O-methyl-L-rhamnopyranose* unterscheidet sich von *2.3-* (I) u. *3.4-Di-O-methyl-L-rhamnopyranose* (II) in ihren chem. u. chromatograph. Eigg., ihre Struktur als *2.4-Di-O-methyl-L-rhamnose* (III) wird durch Synth. von III aus Methyl-4-O-methyl-L-rhamnopyranosid über die *2.3-Bis-[O-trifluoracetyl]*-Verb. u. deren kontrollierte Methanolyse bewiesen.

Versuche: *2.3-Di-O-methyl-N-phenyl-L-rhamnosylamin*, $C_{14}H_{21}O_4N$, F. 136 bis 137°, $[\alpha]_D^{20}$ +147,8° → +42,8° (70 Std., c = 0,4 in A.), aus etwas unreinem I (hergestellt nach BROWN, HOUGH u. JONES, C. **1951**. I. 1004) nach PERCIVAL (C. **1950**. II. 1689). — *2.3-Di-O-methyl-L-rhamnose* (I), Sirup, $[\alpha]_D^{21}$ +44,3° (c = 0,8 in W.), aus vorst. Verb., W. u. Benzaldehyd unter Einleiten von CO_2, 1½ Std. Erhitzen auf 90°, Abkühlen, Extrahieren mit Ae. u. Eindampfen der wss. Lsg.; R_G = 0,83; Rotfärbung mit Anilintrichloracetat, kein Perjodatverbrauch. *2.4-Dinitrophenylhydrazon*, $C_{14}H_{20}O_8N_4$, F. 168° (Zers.), $[\alpha]_D^{23}$ +45,4° (c = 0,6 in Dioxan), aus I u. 2.4-Dinitrophenylhydrazin in 50%ig. Essigsäure durch 45 Min. Erhitzen auf 90—95°. — *3.4-Di-O-methyl-L-rhamnose* (II), F. 91—92° (Nadeln), $[\alpha]_D^{20}$ +18,0°, R_G = 0,88, Grünbraunfärbung, Perjodatverbrauch 0,4 Mol/Mol, nach HAWORTH u. HIRST (J. chem. Soc. [London] **1929**. 1125). *2.4-Dinitrophenylhydrazon*, F. 170° (Zers.), $[\alpha]_D^{23}$ +75,6° (c = 1,0 in Dioxan), aus II wie vorst. durch 65 Min. Erhitzen auf 50°. — *2.4-Di-O-methyl-L-rhamnose* (III), F. 91 bis 93°, $[\alpha]_D^{20}$ +10,6° (in W.), R_G = 0,87, Braunfärbung, kein Perjodatverbrauch, aus Pneumococcus Typ II. *2.4-Dinitrophenylhydrazon*, $C_{14}H_{20}O_8N_4$, F. 164—165° (Zers.), $[\alpha]_D^{23}$ +39,0° (c = 1,0 in Dioxan), wie oben durch 12 Min. Erhitzen auf 95°. *2.4-Di-O-methyl-N-phenyl-L-rhamnosylamin*, $C_{14}H_{21}O_4N$, F. 141—142,5° (PAe.), $[\alpha]_D^{18}$ +136° → +4° (24 Std.; c = 0,5 in A.). — *Methyl-4-O-methyl-α-L-rhamnopyranosid*, $C_8H_{16}O_5$, F. 60—61° (Nadeln aus Ae.), $[\alpha]_D^{16}$ −87,3° (c = 1,1 in CH_3OH), aus 6,4 g der 2.3-Isopropylidenverb. durch 1 std. Erhitzen in trockenem CH_3OH mit 1% HCl; 2,5 g (Ausbeute). — *Methyl-4-O-methyl-2.3-bis-[O-trifluoracetyl]-α-L-rhamnopyranosid*, $C_{12}H_{14}O_7F_6$, F. 98,5 bis 99° (Prismen aus PAe.), $[\alpha]_D^{16}$ −51,6° (c = 2,0 in Chlf.), aus 1,01 g vorst. Verb. u. einer Mischung aus Trifluoressigsäureanhydrid u. Na-Trifluoracetat; nach 1 Std. bei Raumtemp. 50 Min. am Rückfluß erhitzen u. im Vakuum mit CCl_4 abdest.; 1,5464 g. — *Methyl-3-O-acetyl-4-O-methyl-α-L-rhamnopyranosid*, $C_{10}H_{18}O_6$, $[\alpha]_D^{21}$ −55,4° (c = 1,0 in Chlf.), aus 0,7 g vorst. Verb. in Pyridin durch 2tägiges Stehen mit Essigsäureanhydrid, Abdestillieren, Lösen des Sirups in CH_3OH/CCl_4 (3:1), Stehenlassen bis zur konst. Drehung u. eindampfen; 0,54 g. — *Methyl-3-O-acetyl-2.4-di-O-methyl-α-L-rhamnopyranosid*, $C_{11}H_{20}O_6$, $[\alpha]_D^{22}$ −51,1° (c = 0,8 in Chlf.), aus vorst. Verb. durch 2malige 16std. Behandlung mit CH_3J u. Ag_2O bei 45°. — *Methyl-2.4-di-O-methyl-α-L-rhamnopyranosid*, $C_9H_{18}O_5$, $[\alpha]_D^{22}$ −68° (c = 4,1 in CH_3OH), aus vorst. Verb. durch Lösen in CH_3OH, Zufügen von wenig Na u. 18std. Stehen; 0,205 g. Hieraus durch 140 Min. Erhitzen mit 0,5n HCl u. chromatograph. Fraktionierung III, dessen *N-Phenylaminderiv.* mit dem aus dem Pneumococcuspolysaccharid gewonnenen ident. ist. (J. chem. Soc. [London] **1955**. 1531—36. Mai.) H. ROSSOW. 4050

K. Butler und **M. Stacey,** *Immunopolysaccharide.* 4. Mitt. *Strukturuntersuchungen an dem für Typ II Pneumococcus spezifischen Polysaccharid.* (3. vgl. vorst. Ref.) Die saure Hydrolyse des methylierten Polysaccharids aus dem Pneumococcus Tyo II führt zu *2.4-Di-O-methyl-L-rhamnopyranose* (7 Teile), *2.3-Di-O-methyl-D-glucose* (1 Teil), *2.3-Di-O-methyl-D-glucuronsäure* (2 Teile) u. *2.3.4-Tri-O-methyl-D-glucuronsäure* (1 Teil). Daraus ergibt sich für das Polysaccharid eine stark verzweigte Kettenstruktur, in der die Glucoseeinheiten die Verzweigungspunkte bilden, während sich die Rhamnoseeinheiten in der Hauptkette befinden. Die glykosid. gebundenen Glucuronsäuren bilden die Endgruppen der Kette. Die serolog. Eigg. werden im Hinblick auf diese Struktur diskutiert.

Versuche: Das Polysaccharid ($[\alpha]_D^{18}$ $+50^0$, c = 1,0 in W.), gewonnen nach Heidlberger u. Mitarbeitern (J. exp. Medicine **64.** [1936.] 559) wird durch fraktionierte Fällung mit Cetyltrimethylammoniumbromid von Desoxyribonucleinsäure befreit; die weitere Fraktionierung durch Zugabe von A. zu einer wss. Lsg. (p_H 3,8) ergibt eine Hauptfraktion von $[\alpha]_D^{18}$ $+60^0$, die mit Dimethylsulfat u. 30%ig. wss. NaOH bei 35—42° bis zu einem OCH_3-Geh. von 42% ($[\alpha]_D^{18}$ $+38^0$, c = 1,0 in CH_3OH) methyliert wird. Die Methanolyse erfolgt mit 4%ig. methanol. HCl bei 100° in geschlossenem Rohr (n_D^{19} 1,4650), die Hydrolyse des Gemisches mit nH_2SO_4 bei 90° (10½ Std.). Das Hydrolysat wird mit Amberlite IR-100 (H) u. IR-A 400 in eine neutrale u. eine saure Fraktion zerlegt. Die neutrale Fraktion wird nach Hough u. Mitarbeitern (C. **1950.** II. 1383) getrennt in *2.4-Dimethyl-L-rhamnose,* $C_8H_{16}O_5$, F. 91—93° (Ae./PAe.), identifiziert als *2.4-Di-O-methyl-N-phenyl-L-rhamnopyranosylamin* [$C_{14}H_{21}O_4N$, F. 141—142,5°, $[\alpha]_D^{18}$ $+136^0 \rightarrow +4^0$ (24 Std., c = 0,5 in A.)], u. in *2.3-Di-O-methyl-D-glucopyranose,* die durch vollständige Methylierung, Hydrolyse u. Umsetzung mit Anilin in das *2.3.4.6-Tetra-O-methyl-D-glucosylanilin* (F. 134°) umgewandelt wird. — Die saure Fraktion wird nach dem Neutralisieren u. Eindampfen mit 2% methanol. HCl erhitzt, der Nd. nach 12 Std. abfiltriert, die Lsg. neutralisiert u. eingedampft, ein Teil des Rückstandes (braunes Glas, $C_{10}H_{18}O_7$) wird 36 Std. bei 0° mit methanol. NH_3 behandelt: *Amid des Methyl-2.3.4-tri-O-methylglucopyruronosids,* F. 183°. Aus einem anderen Teil wird durch 5std. Kochen mit $2nH_2SO_4$, Neutralisieren mit $Ba(OH)_2$ u. Oxydation der Ba-Salze *2.3.4-Tri-O-methylglucarolacton,* F. 107°, u. durch Umwandlung des Rückstandes in das Amid *2.3-Di-O-methyl-D-glucarodiamid,* F. 156°, gewonnen. (J. chem. Soc. [London] **1955.** 1537—41. Mai.) H. Rossow. 4050

S. A. Barker, E. J. Bourne, A. E. James, W. B. Neely und **M. Stacey,** *Immunopolysaccharide.* 5. Mitt. *Die Struktur eines modifizierten Betacoccus arabinosaceus.* (4. vgl. vorst. Ref.) Wenn *Betacoccus arabinosaceus* (Birminghamstamm; **B**) in einem Mg-armen Medium gezüchtet wird, so hat das aus ihm gewonnene Polyglucosan eine modifizierte Struktur. Es konnte als α-1.6-gebundenes *Dextran* (I) mit einer Kettenlänge von 40 bis 50 Einheiten u. wenigen Verzweigungen mit 1.3-gebundenen Glucoseeinheiten identifiziert werden.

Versuche: **B** wurde in einem Hefe/Saccharose/Phosphat-Medium gezüchtet (2 Tage), die viscose M. bei p_H 7 u. 160° in Ggw. von Na_2SO_3 u. $CaCO_3$ abgebaut, bis das nach dem Filtrieren durch Ausfällen mit Aceton gewonnene *Dextran* (I), $[\alpha]_D^{19}$ $+194^0$ (c = 0,1 in NaOH), ein Mol.-Gew. von 200000 zeigt (viscosimetr. Best.). Die saure Hydrolyse von I (5 Std. mit $1{,}4nH_2SO_4$, 100°) führt zu *α-D-Glucose* (F. u. Misch-F. 142 bis 144°). Die Methylierung von I in 30%ig. NaOH mit Dimethylsulfat bei 40—50° (15mal) u. die Hydrolyse von *methyliertem* I (45,2% OCH_3) ergibt *2.3.4-Trimethylglucose* (identifiziert als *2.3.4-Tri-O-methyl-N-phenyl-D-glucosylamin,* F. u. Misch-F. 147 bis 149°), geringe, etwa gleiche Mengen von *2.3.4.6-Tetramethylglucose,* F. u. Misch-F. 85 bis 88° (identifiziert als *2.3.4.6-Tetra-O-methyl-N-phenyl-D-glucosylamin,* F. u. Misch-F. 133—135°), u. *2.4-Di-O-methylglucose,* die chromatograph. u. ionophoret. identifiziert wurde. — Bei der partiellen Hydrolyse von I konnten außer *α-D-Glucose, Isomaltose* (identifiziert als *β-Isomaltoseoktaacetat,* F. u. Misch-F. 140—143°), *Isomaltotriose* {$[\alpha]_D^{19}$ $+145^0$ (c = 0,24 in W.)} u. Spuren von *Nigerose* nachgewiesen werden. — Bei der Perjodatoxydation von I werden pro Mol Anhydroglucose 1,96 Mol $NaJO_4$ verbraucht u. 0,94 Mol HCOOH gebildet. (J. chem. Soc. [London] **1955.** 2096—99. Juli.)

H. Rossow. 4050

Samuel Krimm, *Frequenzverschiebung der CO-Valenzschwingungsbande in Polypeptiden und Proteinen.* Vf. führt die Verschiebung der ν_{CO} in Polypeptiden u. Proteinen auf den CO···HN-Winkel zurück. Je mehr die CO···HN-Wasserstoffbindung colinear ist, um so niedriger liegt die ν_{CO}. Folgende Beispiele werden für diese Beziehung angeführt: *Seide* (CO···HN-Winkel 180°, ν_{CO} 1640 cm^{-1}); *Nylon* (160°, 1650 cm^{-1}); *Acetanilid* (145°, 1660 cm^{-1}); *Harnstoff* (180°, 1680 cm^{-1}; CO- u. NH-Bindung parallel, H nicht auf der O···N-Linie); *Diketopiperazin* (120°, 1705 cm^{-1}). Die Ergebnisse der

Messungen an einfachen Amiden stimmen ebenfalls mit dieser Theorie überein. (J. chem. Physics **23.** 1371—72. Juli 1955. Ann Arbor, Mich., Univ., Harrison M. Randall Labor. of Phys.) U. JOHN. 4070

Jen Tsi Yang und **Joseph F. Foster,** *Intrinsicviscosität und optische Rotation von Proteinen in sauren Medien.* In Fortführung der C. **1955.** 2920 von Vff. beschriebenen Verss. wurde die Abhängigkeit der reduzierten Viscosität η_{spez}/c u. der spezif. Drehung [$-\alpha$] von der Konz. c u. von dem in () angegebenen p_H-Bereich von den wss. Lsgg. folgender Proteine bestimmt: Menschliches *γ-Globulin* (**I**; 2—7), *Pepsin* (**II**; 2,3—4,6), *Trypsin* (**III**; 3,0), *Trypsinogen* (**IV**; 2,3 u. 2,8), *Chymotrypsin* (**V**; 2,5 u. 5 7), *Chymotrypsinogen* (**VI**) 2,4 u. 5,8), *Ribonuclease* (**VII**; 2,5 u. 3,8), *Lysozym* (**VIII**; 2,3 u. 7,5), *β-Lactoglobulin* (**IX**; 1,7 u. 2,6) u. *Zn-Insulin* (**X**; 2,3 u. 2,8). Während η_{spez}/c von **I** oberhalb p_H 4,6 unabhängig von c ist, steigt sie bei tieferem p_H mit wachsendem c an. [$-\alpha$] ist unabhängig von c. Die Intrinsicviscosität [η] von **I** geht bei steigendem p_H durch ein bei ca. p_H 2,5 liegendes Maximum; auch der auf $c = 0$ extrapolierte [$-\alpha$]-Wert geht durch ein Maximum (bei ca. p_H 2). **I** erleidet also ähnlich wie Rinderplasmaalbumin in saurem Medium eine Strukturveränderung (vgl. l. c.); auf die Bedeutung der Erscheinung für die Immunochemie wird hingewiesen. Bei **II—X** sind η_{spez}/c u. [$-\alpha$] prakt. unabhängig von c. Innerhalb der Meßgenauigkeit besteht kein p_H-Einfl. auf η_{spez}/c bei **IV, V, VI, VII, VIII, IX** u. **X**, entsprechend auf [$-\alpha$] bei **II, IV, VII, VIII** u. **X**. Bei **II** fällt η_{spez}/c u. bei **V** u. **VI** steigt [$-\alpha$] mit wachsendem p_H. Das Fehlen einer Strukturänderung der Enzyme in saurem Medium steht nicht im Widerspruch zu der allg. Ansicht, daß die Wrkg. bes. auf der Leichtigkeit einer Änderung ihrer Struktur beruhe. (J. Amer. chem. Soc. **77.** 2374—78. 5/5. 1955. Ames, Io., State Coll., Dep. of Chem.) O. FUCHS. 4070

Yutaka Miyahara und **Hajime Shiio,** *Adiabatische Kompressibilität von Gelatinesol.* Die adiabat. Kompressibilität von *Gelatinesolen* bei verschied. p_H wurde durch Messung der Ultraschallgeschwindigkeit mittels eines US-Interferometers bestimmt. Ausführliche Erörterung der mechan. Eigg. der Gelatine. (J. chem. Soc. Japan, pure Chem. Sect. [Nippon Kagaku Zassi] **73.** 265—66. April 1952. Nagoya, Univ. [Orig.: japan.]) L. SCHULER. 4070

E. Biologische Chemie. Physiologie. Medizin.

E_1. Allgemeine Biologie und Biochemie.

Nobuyoshi Iguchi, *Untersuchungen über Aspergillen.* 9. Mitt. *Untersuchung der morphologischen Veränderungen induzierter Mutanten.* (8. vgl. J. agric. chem. Soc. Japan [Nippon Nôgeikagaku Kaishi] **27.** [1953.] 541.) Morpholog. Unters. von 202 durch UV- u. Röntgenbestrahlung sowie *Stickstofflost* induzierten Mutanten. (J. agric. chem. Soc. Japan [Nippon Nôgeikagaku Kaishi] **29.** 67—73. Jan. 1955. Noda Industrial and Scient. Res. Labor. [Orig.: japan.; Auszug: engl.]) K. MAIER. 4130

Nobuyoshi Iguchi, *Untersuchungen über Aspergillen.* 10. Mitt. *Änderung der Enzymaktivitäten und Induzierung einer Mutante mit höherer proteolytischer Aktivität bei Aspergillus sojae durch induzierte Mutationen.* (9. vgl. vorst. Ref.) Unters. von 202 induzierten Mutanten von *Asp. sojae* auf proteolyt., verflüssigende u. verzuckernde Wirksamkeit ergab bei >70% derselben verminderte Enzymaktivitäten u. einige Mutanten mit erhöhter Wirksamkeit. Aus einem n. Stamm wurde eine Mutante (*X-816*) isoliert, die extrem hohe Enzymaktivitäten aufwies. Zwischen Kolonietypus u. Enzymaktivität war keine Beziehung feststellbar. UV-Bestrahlung des Stammes *X-816*, der die höchste proteolyt. Wirksamkeit besaß, steigerte diese nicht weiter. (J. agric. chem. Soc. Japan [Nippon Nôgeikagaku Kaishi] **29.** 73—78. Jan. 1955. Noda Industrial and Scient. Res. Labor. [Orig.: japan.; Auszug: engl.]) K. MAIER. 4130

W. A. Scholochow und **B. W. Kedrowski,** *Untersuchungen der Fähigkeit einiger basischer Farbstoffe zur Reaktion mit Anaboliten bei der Vitalfärbung.* Verss. mit Kaulquappen von Rana temporaria ergaben, daß die Farbstoffe *Methylenblau, Bismarckbraun, Toluidinblau, Nilblausulfat, Kresylblau, Rhodamin* u. *Pyronin* bei der Vitalfärbung nicht die Eigg. besitzen, die *Anabolite* (die Verbb. der Ribosenucleinsäuren) des Zellprotoplasmas aus dem diffusen Zustand in den granulären zu entmischen (die mit A. zur II-Eosin gefärbten histol. Schnitte waren diffus blau gefärbt). Nur *Neutralrot* (**I**) reagiert intravital mit den Anaboliten auf diese Weise, u. zwar bereits in der Verdünnung 1:200000. Dies erklärt sich höchstwahrscheinlich durch Besonderheiten der chem. Struktur von **I** (2 N in p-Stellung im Ring), die auf eine nahe Verwandtschaft mit dem Piperazinkern hinweisen. **I** nimmt demnach in der Zelle den Platz ein, welcher im n. Stoffwechsel dem Eiweißmol. zukommt. Das bei der Rk. von **I** mit der Nucleinsäure entstehende unlösl. Prod. sondert sich als körperfremder Stoff in Form von Granula ab. (Доклады Академии Наук СССР [Ber. Akad. Wiss. UdSSR] [N. S.] 99. 1095—98. 21/12. 1954. Ssewertzow-Inst. für Morphol. der Tiere der Akad. der Wiss. der UdSSR.) E. RENTZ. 4150

N. Fautrez-Firlefyn und **J. Fautrez,** *Intranucleare Proteine der Oocyten von Artemia salina L.* In den Oocyten von *Artemia* wurden durch MILLON-Rk. zwei Proteine erkannt, von denen das eine Histon ist u. das andere ein Nichthiston. Dieses kann bei Fixierung mit Essigsäure verlorengehen; es zeigt eine starke Affinität zu sauren Farbstoffen. Es wird angenommen, daß diese Fraktion — neben dem Histon — im Nucleolus vorkommt (gegebenenfalls dort gebildet wird) sowie im „Nucleoplasma". Beziehungen zur cytoplasmat. Aktivität werden vermutet. (Nature [London] **172.** 163—64. 25/7. 1953. Ghent, Univ., Belgian Centre of Res. for Normal and pathologic. Growth, Dep. of Anatomy.) W. D. WEINMANN. 4150

M. Bustraan, J. C. Goedheer und **J. B. Thomas,** *Über das Elektronenstreuungsvermögen der Proteinstrukturen in den Spinatchloroplasten.* Mit Hilfe des Elektronenmikroskopes wurden die relativen Elektronenstreuungskonstanten der Chromidien u. Interchromidien des Chloroplasteneiweißes des Spinats untersucht. Es ergab sich, daß die Meth. nach MARTON u. SCHIFF (J. appl. Phys. **12.** [1941.] 759) an WO_3-Kristallen u. Quarzhäutchen angewandt werden kann. Die Elektronenstreuungskonstante der Chromidien ist das 1,34fache der Interchromidien, wenn die Lipoide durch Aceton extrahiert werden. Nach Lipaseeinw. beträgt dieser Faktor 1,56. Die Ergebnisse deuten auf einen Strukturunterschied zwischen Chromidien u. Interchromidien hin. (Biochim. biophysica Acta [Amsterdam] **9.** 499—505. Nov. 1952. Utrecht, Univ., Phys. Inst., u. Utrecht/Delft, Biophys. Res. Group.) K. F. MÜLLER. 4150

Walter C. Schneider, A. J. Dalton, Edward L. Kuff und **Marie Felix,** *Isolierung und biochemische Funktion der Golgi-Substanz.* Die GOLGI-Substanz der Epithelzellen von Mäusenebenhoden wurden nach einer modifizierten Meth. von BRAKKE (C. **1951.** II. 3467) isoliert; in der Ultrazentrifuge zeigte sich eine deutlich gelbe Bande, die von zwei anderen Banden getrennt werden konnte. Die Substanz zeigte die gleichen opt. Eigg. der GOLGI-Substanz in der unverletzten Zelle (bzgl. Phasenkontrast- u. Dunkelfeldunterss.) u. färbte sich auch nicht mit Methylenblau oder Neutralrot; freie Lipoide konnten nicht gefunden werden. Entsprechend den mehrfachen histochem. Befunden wurde eine sehr hohe *alkal. Phosphatase*-Aktivität festgestellt. (Nature [London] **172.** 161—62. 25/7. 1953. Bethesda, Md., Nat. Cancer Inst.; Nat. Inst., of Health; Public Health Serv.; Feder. Security Agency.) W. D. WEINMANN. 4150

P. Cantelmo und **F. D. Onofrio,** *Freisetzung von Nucleotiden aus normalen und spindelförmigen Formen von Escherichia coli durch Wärme.* (Vgl. auch CAVALLO, C. **1953.** 1665.) Vff. setzten n. u. durch Urethanzusatz spindelförmig gewachsenen Colikulturen 10 Min. lang Tempp. zwischen 50 u. 80° aus u. stellten durch Messung der UV-Absorption zwischen 225 u. 280 mμ fest, daß die spindelförmigen unter diesen Bedingungen wesentlich mehr *Nucleotide* (I) freisetzen als die n. Colibakterien. Das Verh. ist möglicherweise auf labilere Bindung der I in der Spindelform zurückzuführen. (Riv. Ist. sieroterap. ital. **30.** 100—04. März/April 1955; Napoli, Ost. sieroterapico ital., Univ., Ist di Patolog. gen.) H. IPPEN. 4150

K. Lang, G. Siebert und **G. Rossmüller,** *Stoffwechsel von ^{32}P-Phosphatiden in isolierten Zellkernen.* Incubation isolierter Zellkerne aus Schweinenieren mit einem ^{32}P-Phosphatidgemisch aus Hefe zeigte deutlich, daß keine Phosphatübertragung von den Phosphatiden auf die Nucleinsäuren — vermutlich auch auf keine anderen P-haltigen Verbb. — erfolgt. (Naturwissenschaften **40.** 293—94. Mai 1953. Mainz, Univ., Inst. für physiol. Chemie.) W. D. WEINMANN. 4150

Hartmut Hoffmann-Berling, *Die Bedeutung des Adenosintriphosphats für die Zell- und Kernteilungsbewegungen in der Anaphase.* In glycerinextrahierten Modellen aus dem frisch explantierten Augenlid 8tägiger Hühnerembryonen während der verkürzten mittleren Stadien der Fibroblastenmitose können unter Standardbedingungen durch Ggw. von $2{,}5 \cdot 10^{-3}$mol. *ATP* je nach Versuchsbedingungen Zellstreckungen oder Zellkontraktionen beobachtet werden. Die Kontraktion erfolgt nur durch *ATP*, während die Streckung auch durch 10^{-2}mol. Pyrophosphat oder $2 \cdot 10^{-2}$mol. Triphosphat in Verb. mit 0,8mol. Harnstoff stattfinden kann. Durch Äthylendiamintetraacetat entferntes Mg beeinflußte Streckung u. Stemmbewegung nicht. Durch $5—10 \cdot 10^{-3}$mol. Salyrgan wird Kontraktion verhindert u. Streckung vermindert. Durch $2 \cdot 10^{-5}$mol. Germanin wird bei niederem *ATP*-Geh. u. fehlendem Harnstoff die Streckung u. Stemmbewegung gefördert. $2—5 \cdot 10^{-5}$ g/ml Protamin fördern die Kontraktion u. hemmen Streckung u. Stemmbewegung. (Biochim. biophysica Acta [Amsterdam] **15.** 226—36. Okt. 1954. Heidelberg, Inst. für Virusforschung.) K. GENEST. 4150

Mary A. Russell und **Francis J. Michelini,** *Beziehungen zwischen mitotischer Aktivität und den Wirkungen von Röntgenstrahlen oder Stickstofflost, ermittelt am Wachstum von Maiskeimlingen.* Vff. verglichen Wurzelspitzen der Maiskeimlinge von n. Mitoseindex (Meristemzellen nach 15 oder 16 Std. Keimung) mit solchen von niedrigerem Mitoseindex (nach 19 Std. Einw. von 10^{-5} Mol *3.5-Dinitro-o-kresol*-Lsg., 20°, Gruppe a) u. solchen ohne Zellteilungen (nach 11 oder 12 Std. Keimung, Gruppe b) u. fanden, daß die Wirkungen der Röntgenstrahlen (a: 1750 r; b: 4000 r) durch Zellteilungen begünstigt wurden, daß die Wirkungen von *Methyl-bis-[β-chloräthyl]-aminhydrochlorid*-Lsg. (a: $2{,}6 \cdot 10^{-6}$ Mol, 20 Min. Einw.; b: $5{,}2 \cdot 10^{-5}$ Mol, 30 Min. Einw., p_H 5,7 u. 6,6; 28—30°) durch Zellteilungen kaum beeinflußt wurden. Das Ergebnis wird durch Wachstumskurven der Hauptwurzeln belegt. (Cancer Res. **11.** 687—93. Sept. 1951. Newark, Del., Univ. of Delaware, Dep. of Biol. Sci.) E. LUDOLPHY. 4150

Paul Angel, *Versuch zur Klassifikation von teratogenen chemischen Substanzen.* Vf. teilt die teratogenen Substanzen nach ihrer Wrkg. in 2 Gruppen ein. Vertreter der ersten sind *p-Aminobenzolsulfonamid* (*F 1162*) u. *Eserin*, welche, in Hühnerembryonen injiziert, dieselben Mißbildungen (Achondroplasie, Brachymelie) zur Folge haben wie bestimmte Mangelernährung der Legehennen. Vertreter der zweiten Gruppe sind *Colchicin, Trypaflavin, Methylarsinate* u. *Kakodylate*, welche Entw. der ersten Anlagen verlangsamen bzw. unterdrücken u. so zu Atrophien, Mißbldg. bzw. Ausfall bestimmter Anlagen führen (Ektomelien, Hemimelien, Symmelien u. dgl.). (C. R. hebd. Séances Acad. Sci. **235.** 764—66. 13/10. 1952.) H. LAMP. 4150

P. G. Seeger, *Zur Virusätiologie maligner Tumoren.* Hypothese über die cancerogene Entartung, bedingt durch exogenen oder endogenen Einfl., der Mikrosomen, die in Symbiose mit dem Kern eine Zelle bilden, welche nicht als letzte Einheit des Lebens aufzufassen ist. Eine Entgleisung der mikrosomalen Tätigkeit im Sinne einer Entdifferenzierung würde als Atavismus zu deuten sein u. zu einer Störung des physiol. Zellgeschehens führen, welches sich in einer Zellproliferation auswirkt. (Dtsch. Gesundheitswes. **6.** 669—72. 14/6. 1951. Finkenkrug/Spandau.) B. HOHENADEL. 4160

Peyton Rous, John G. Kidd und **William E. Smith,** *Untersuchungen über die Ursache der von virusinduzierten Papillomen herstammenden Kaninchencarcinome.* 2. Mitt. *Verlust der Fähigkeit des Vx 2-Carcinoms, das Wirtstier gegen das Papillomvirus zu immunisieren.* (1. vgl. SMITH u. Mitarbeiter, C. **1952.** 7678.) Vff. untersuchen die Fähigkeit eines anaplast. epidermalen Carcinoms (Vx2), das sich aus einem Kaninchen-Viruspapillom (Shope) entwickelt hatte, sein Wirtstier (Kaninchen) gegen dieses Virus zu immunisieren. Bei fortlaufender Transplantation bleibt diese Fähigkeit wenigstens bis zur 22. Generation ($3^1/_2$ Jahre) erhalten. In der 46. Generation ($4^1/_2$ Jahre) sind die entsprechenden Carcinomträger jedoch gegen das Virus ebenso empfindlich wie n. Kaninchen. Die serolog. Unterss. entsprechen diesen Befunden. Der Verlust der Fähigkeit zu immunisieren ist nicht mit wahrnehmbaren Veränderungen des Vx2-Carcinoms verbunden. Erfolgt gleichzeitig mit der Transplantation von Carcinomzellen der 48. Generation eine Virusinfektion, so sind bei weiterer Transplantation die nachfolgenden Generationen wieder zum Teil immun. (J. exp. Medicine **96.** 159—74. 1/8. 1952. New York, N. Y., Cornell Univ., Med. Coll. Dep. of Pathol., u. Rockefeller Inst. for Med. Res.) R. REISS. 4160

Simon Iversen und **Niels Arley,** *Über den Mechanismus der experimentellen Carcinogenese.* Besprechung der Diskrepanzen zwischen der Auffassung der Carcinogenese als einen 1-Stufen-Prozeß u. biol. Betrachtungen. Entw. einer Hypothese, nach der die Carcinogenese einen 2-Stufen-Vorgang darstellt. Diese Hypothese stützt sich auf biol. Resultate, die im einzelnen diskutiert werden, u. auf eine ausführlich entwickelte mathemat. Theorie. (Acta pathol. microbiol. scand. **27.** 773—803. 1950. Copenhagen, Univ., Inst. of Pathol.-Anatomy, Fibiger Labor., u. Inst. of theor. Physics.) R. REISS. 4160

J. Engelbreth-Holm und **Simon Iversen,** *Über den Mechanismus der experimentellen Carcinogenese.* 2. Mitt. *Die Wirkung verschiedener Konzentrationen von 9.10-Dimethyl-1.2-benzanthracen auf die Hautcarcinogenese bei Mäusen.* (1. vgl. vorst. Ref.) Bei Verss. mit Inzuchtmäusen des St/EH-Stammes, die mit 0,05 cm³ verschied. Konzz. (0,1—1,5%) von *9.10-Dimethyl-1.2-benzanthracen* (I) in Bzl. gepinselt wurden, zeigte sich, daß die Entwicklungszeit (Induktion) der ersten Papillome von der Konz. unabhängig ist, während das Auftreten (incidence) der Papillome sich proportional der verwendeten Konz. verhält. Es bestand kein Unterschied im Auftreten oder dem Beginn der Papillome bei ♀ u. ♂. Die Zeit des Verschwindens des I von der Haut wurde berechnet. Die Ergebnisse stimmen mit der Theorie von IVERSEN u. ARLEY (vgl. vorst. Ref.) bzgl. des Mechanismus der exp. Carcinogenese überein. (Acta pathol. microbiol. scand. **29.** 77—83. 1951. Copenhagen, Univ., Inst. of Patholog.-Anatomy, Fibiger Labor.) B. HOHENADEL. 4160

Niels Arley und **Simon Iversen,** *Über den Mechanismus der experimentellen Carcinogenese. 3. Mitt. Fortentwicklung der Treffer-Theorie der Krebserzeugung.* (2. vgl. vorst. Ref.) In einer früheren Arbeit (vgl. vorvorst. Ref.) hatten Vff. eine TREFFER-Theorie der Krebserzeugung auf der Annahme entwickelt, daß das cancerogene Agens zu einer Rk. eines vitalen Zellbestandteils („Cancer Control Center") führt. Dieser Vorgang wird als bimol. irreversible Rk. rechner. behandelt u. theoret. untersucht. Die vorliegende Arbeit führt zusätzliche Glieder in die Gleichung ein, um konkurrierende Vorgänge, wie z. B. das Auftreten letaler Effekte, zu berücksichtigen u. damit eine bessere Näherung an die experimentelle Erfahrung zu erzielen. Dabei sind die Dimensionen nicht immer angegeben, so daß sich schwer übersehen läßt, welcher Art die maßgeblichen Einflußgrößen am Ende sind. (Acta pathol. microbiol. scand. **30.** 21—53. 1952.)
H. DRUCKREY. 4160

Simon Iversen und **J. M. Edelstein,** *Über den Mechanismus der experimentellen Carcinogenese. 4. Mitt. Der früheste mitotische Effekt von 9.10-Dimethyl-1.2-benzanthracen und 1.2.5.6-Dibenzanthracen auf die epidermalen Zellen des Mäuseohrs.* (3. vgl. vorst. Ref.) Mäuse verschied. Geschlechts wurden mit einer 0,5%ig. Chloroformlsg. von *9.10-Dimethyl-1.2-benzanthracen* (I) bzw. *1.2.5.6-Dibenzanthracen* (II) je einmal an den konvexen Seiten der Ohren behandelt. Die KW-stoffe bewirken zuerst eine Abnahme, dann einen Anstieg der mitot. Aktivität. Die Wrkg. von I ist etwas größer als die von II. Verss. mit Benzollsgg. der KW-stoffe (rechtes Ohr) zeigen ähnliche Ergebnisse. Die mitot. Aktivität ist bei den Männchen größer als bei den Weibchen. Die Zahl der Mitosen folgt der POISSON-Verteilung. (Acta pathol. microbiol. scand. **30.** 213—22. 1952. Copenhagen, Univ., Inst. of Pathol.-Anatomy, Fibiger Labor.) R. REISS. 4160

Simon Iversen und **Niels Arley,** *Über den Mechanismus der experimentellen Carcinogenese. 5. Mitt. Anwendung der Treffer-Theorie auf virusinduzierte Tumoren.* (4. vgl. vorst. Ref.) Die von Vff. aufgestellte mathemat. Treffertheorie zur Erklärung der Krebsentstehung (Rk. des sogenannten Krebskontrollzentrums im Zellkern mit dem durch Zellmembran, Cytoplasma u. Kernmembran in den Kern eingedrungenen Cancerogen) wird auf virusinduzierte Tumoren angewendet. Vgl. der Resultate der Theorie mit den Ergebnissen biol. Verss. (Shope-Papillomvirus an Kaninchenhaut). (Acta pathol. microbiol. scand. **31.** 27—45. 1952. Copenhagen, Univ., Inst. of Pathol.-Anatomy, Fibiger Labor. u. Inst. for theoret. Physics.) R. REISS. 4160

R. N. Etingof und **A. I. Baljassnaja,** *Die Umwandlung der Inosinsäure durch ascitische Krebszellen.* Die Incubation von ascit. Krebszellen mit *Inosinsäure* (I) führt zu einer Intensivierung der Färbung mit p-Oxydiphenyl (Mehrgeh. an Milchsäure gegenüber der Kontrolle), die bei der Incubation mit Adenylsäure (II) u. Hypoxanthin nicht beobachtet wird. Die Phosphoglycerinsäure nimmt hierbei etwas zu; die *Ribose* nimmt ab. Die Ribose wird von I demnach bei der Incubation der ascit. Zellen bis zur Milchsäure abgebaut. Die Glykolyse der ascit. Krebszellen wird durch I u. II gehemmt. (Биохимия [Biochemie] **18.** Nr. 5. 538—43. Sept./Okt. 1953. Moskau, 1. Med.-Inst., Lehrstuhl für Biochemie.) O. LEBTAG. 4160

M. L. Hesselbach, *Über die Mitwirkung von zwei Fermentsystemen bei der Melaninbildung in vitro von melanotischen und amelanotischen Tumoren der Mäuse.* Vf. untersuchte in vitro die Ursachen der *Melanin*-Bldg. aus Dioxyphenylalanin. In Melanomen ermöglicht sowohl *Phenolase* als auch das *Cytochrom-Syst.* (I) diese Umwandlung, während in amelanot. Melanomen, nichtmelanomatösen Tumoren u. in n. Geweben nur das I wirksam ist. Durch partielle Inhibition (Phenolase mit α-Naphthylthioharnstoff; I mit 70%ig. A.) kann der Nachw. erbracht werden, daß die Mitochondrien (durch Abzentrifugieren isoliert) die Träger dieser beiden Fermentsysteme sind. (J. nat. Cancer Inst. **12.** 337—60. Okt. 1951. Bethesda, Md., Nat. Cancer Inst.) R. REISS. 4160

A. M. Kusin, K. Ss. Scharouchowa und **I. A. Tschudinowa,** *Die Wirkung von Geschwulstextrakten auf die Katalase und das Coenzym A der Leber normaler Mäuse.* Aus dem Gewebe von Rattensarkom 45, Brown-Pearce-Sarkom des Kaninchens sowie Magen- u. Gebärmutterkrebs des Menschen wurden Stoffe isoliert, welche bei intraperitonealer Injektion bei Mäusen die Aktivität der *Katalase* (I) um 50%, die des *Coenzyms A* (II) um 40% senkten. Die die Aktivität von I u. II hemmenden Stoffe gehen durch eine Kollodiummembran u. sind demnach niedrigmolekular. Sie werden von anion. Harzaustauschern adsorbiert u. sind wahrscheinlich bas. Natur. Die in der Literatur vertretene Ansicht, daß der aus Geschwulsten erhaltene Faktor nur auf Fermente mit einem Porphyrinring in der prosthet. Gruppe durch Bindung an deren Fe wirkt, ist durch diese Ergebnisse als unhaltbar erwiesen. (Биохимия [Biochemie] **20.** 126—28. Jan./Febr. 1955. Moskau, Inst. für exp. Pathol. u. Therapie des Krebses der Akad. der med. Wiss. der UdSSR.) O. LEBTAG. 4160

Leslie R. Bennett, Frank E. Connon und **Melvin D. Schoenberg,** *Wirkung von durch Ultrazentrifugieren erhaltenen Fraktionen des Dünndarmgewebes auf transplantiertes Lymphosarkom.* Dünndarmgewebe von Ratten oder Mäusen wurde mit der Ultrazentrifuge in 3 Fraktionen aufgeteilt (Fraktion 1: 10—20 Min. bei 4000 g; Fraktion 2: 45 bis 60 Min. bei 90000 g; Fraktion 3: Rest). In NaCl-Lsg. suspendierte Lymphosarkomzellen wurden bei 5° 10—20 Min. mit je einem gleichen Vol. der einzelnen Gewebsfraktions-Suspensionen incubiert u. subcutan injiziert (CBA-Mäuse). Die durchschnittliche Lebenserwartung liegt ohne Behandlung bei 17—27 Tagen, gerechnet vom Tage der Impfung an. Nach Injektion von Dünndarmfraktionen erreichte eine relativ große Tierzahl eine Überlebenszeit von mehr als 180 Tagen ohne Entw. von Tumoren. Am wirksamsten war Fraktion 2, bei der mehr als 90% aller Tiere überlebten. Gewebsfraktionen aus Leber, Milz u. Muskel von Mäusen sowie Dünndarmfraktionen von Kaninchen waren völlig unwirksam. (Proc. Soc. exp. Biol. Med. **78.** 790—91. Dez. 1951. Los Angeles, Calif., Univ., School of Med.) R. REISS. 4160

L. W. Law, *Wirkung tiefer Temperaturen auf Mammacarcinome mit und ohne den Milchfaktor des Mammatumors.* Überimpfung von Mammatumoren auf Mäuse verschied. Stämme. Von 4 verschied. Mammatumoren sind 2 nach 24std. Einfrieren auf —79° nicht mehr transplantabel. Von den beiden anderen ist der Tumor L 1221, der einen Milchfaktor enthält, nach dem Einfrieren nur noch subcutan, nicht aber intraperitoneal übertragbar, während der Tumor MT-8 unabhängig von der Art der Impfung (subcutan oder intraperitoneal) in hohen Maße an der Impfstelle angeht. Die Dauer des Einfrierens (1—72 Std.) ist bei Übertragung des Tumors MT-8 auf C 3H-Mäuse ohne Einfl. auf die Tumorquote; bei L 2121 führt 24std. Einfrieren zu einer Erhöhung der Zahl der Tumoren. (Cancer Res. **11.** 795—800. Okt. 1951. Bethesda, Md., Nat. Cancer Inst.) R. REISS. 4160

H. Wilmanns, *Gezielte, organspezifische Chemotherapie beim Prostatacarcinom.* Vf. empfiehlt zur Behandlung des Prostatacarcinoms intravenöse Verabreichung von *Diäthyldioxystilbendiphosphat* (I; *ST 52-ASTA*) in Tagesdosen von anfänglich 500 mg u. nach 5—10 Tagen 250 mg. I ist ein wasserlösl. pharmakolog. indifferentes Präp., das erst im Organismus u. bes. im carcinomatösen Prostatagewebe mit seiner hohen phosphatat. Aktivität in das wirksame Diäthyldioxystilben überführt wird. Dieses besitzt neben seiner östrogenen eine unabhängige spezif. cytostat. Aktivität, die bei der durch die Verabreichungsform ermöglichten hohen Dosierung eine wesentlich höhere Wirksamkeit erreicht, als sie bei oraler oder intramuskulärer Applikation oder Implantation erreicht wird. Bei bereits metastasierenden Prostatacarcinomen kann der Behandlungserfolg durch Normalisierung der in diesen Fällen meist stark erhöhten alkal. u. sauren Serumphosphatasen verfolgt werden. (Die Medizinische **1954.** 17—23. 2/1. Brackwede, Westf., Asta-Werke A. G.) F. KRUSEN. 4160

W. I. Gelstein und **F. D. Maschbitz,** *Untersuchung der blastomogenen Eigenschaften einiger Cholestadiene.* In Verss. an 234 weißen Mäusen mit $\Delta^{2,4}$-, $\Delta^{4,6}$-, $\Delta^{3,5}$-, $\Delta^{4,6}$-$\Delta^{2,4}$-*Di-3-methyl-*$\Delta^{3,5}$- u. *-3-äthyl-*$\Delta^{3,5}$*-cholestadien,* welche einmal in Dosen von 20 oder 10 mg subcutan injiziert wurden (als Suspension in physiol. NaCl-Lsg. oder in Olivenöl gelöst), zeigten sich am Orte der Injektion keine Tumoren. Bei 50 von 130 Mäusen, welche nach 8 Monaten am Leben geblieben waren, kam es jedoch zu Neubildungen in Form von Lungenadenomen, Leukosen u. Hepatomen. Dabei war $\Delta^{2,4}$-Cholestadien blastomogen am wirksamsten. (Бюллетень Экспериментальной Биологии и Медицины [Bull. exp. Biol. Med.] **39.** Nr. 3. 66—69. März 1955. Onkol. Inst. der Akad. der Med. Wiss. der UdSSR, Labor. für exp. Onkologie.) E. RENTZ. 4160

Eberhard G. Trams und **Calvin T. Klopp,** *Untersuchungen über die Wirkungen von intraarteriell verabreichtem Stickstofflost und Chlortetracyclin auf zwei transplantable Rattentumoren.* Durch intraarterielle Injektion bei Ratten (Verf. angegeben) wird die therapeut. Wirksamkeit (im Vgl. zur intraperitonealen Verabreichung) von *Stickstofflost* (I) u. *Chlortetracyclin* (II) auf das transplantable Carcinom der HARDERschen Drüse u. das Adenocarcinom der Ovarien verbessert. I u. II, allein u. gemeinsam, führen zu einer Regression des Tumorwachstums. Lediglich hohe Dosen II (60 mg pro kg) förderten bei einem Teil der Tiere eine weitere Reifung der ovariellen Tumoren. Histolog. Veränderungen in verschied. Organen der Ratte nach hohen Dosen II werden beschrieben. (Antibiotics and Chemotherapy 5. 67—77. Febr. 1955. Washington, D. C., George Washington Univ., Cancer Clinic.) F. LEUSCHNER. 4160

Edith Paterson, *Die Chemotherapie bösartiger Krankheiten.* Vf. bespricht Meth. u. Erfolge der Behandlung der chron. Leukämien mit *Myleran* (*1.4-Dimethansulfonyloxybutan*), *Urethan* (*Äthylcarbamat*), *Triäthylenmelamin* u. *Stickstofflost.* Bei akuter Leukämie werden neben *ACTH* u. *Cortison* Antimetaboliten, wie *Aminopterin* (*4-Aminopteroylglutaminsäure* (*Aminomethopterin* (LEDERLE LABORS.) u. *6-Mercaptopurin,* vorgeschlagen. Bei Polycythämia vera wird ein Vers. mit *Daraprim* (*2.4-Diamino-5-[4-chlorphenyl]-6-äthylpyrimidin*) empfohlen u. bei HODKINscher Krankheit *Triäthylenmelamin* u. *Stickstofflost*. Bei multiplen Myelomen u. bei Miscellentumoren lassen sich mit Chemotherapie bestenfalls palliative Wirkungen erreichen. — 17 Literaturangaben. (Practitioner **174**. 279—88. März 1955. Manchester, England, Christie Hosp. and Holt Radium Inst.) G. WELTZIEN. 4160

N. M. Ssorokin, *Zur Frage der Anwendung von Embichin zu Heilzwecken. Embichin* (I; Zus. nicht angegeben) wurde 17 Patienten mit Lymphogranulomatose intravenös verabreicht. Bei den leukäm. Formen der Erkrankung führte die Behandlung mit I zu einer Zunahme des Hämoglobins um 10%, während die Zahl der Leukocyten deutlich abnahm. 2 Patienten wurden klin. geheilt, 10 wesentlich gebessert. Bei 5 Patienten kam es zu einer Verschlechterung. (Клиническая Медицина [Klin. Med.] **32** (**53**). Nr. 6. 75—77. Juni 1954. Stalino, Onkol. Bezirks-Dispensair, Chir. Abt.) E. RENTZ. 4160

A. W. Koslowa, *Die Behandlung capillärer Angiome mit radioaktivem Phosphor.* Nach Beobachtungen an 150 Patienten mit capillaren Angiomen können die Flecken durch Anwendung von radioakt. *P* (I) zum Verschwinden oder deutlichen Abblassen gebracht werden. I ist nicht in Pulverform, sondern als Lsg. zu benutzen. Die Gesamtdosis soll 3000 r mit einer Strahlungsintensität von 200—300 r/Std. bei einer täglichen Dosis von 300—400 r nicht überschreiten. Die Behandlung mit I hat vor den natürlichen radioakt. Substanzen den Vorteil, daß man nur die oberflächlichen Hautschichten bestrahlen kann, ohne das darunter liegende gesunde Gewebe zu schädigen. (Вестник Рентгенологии и Радиологии [Nachr. Röntgenol. Radiol.] **1954**. Nr. 3. 21—26. Mai/Juni.) E. RENTZ. 4160

Horace Goldie, Harold D. West, Barbara R. Jeffries und **Charles H. Butler,** *Der Einfluß von intrapleural injiziertem kolloidalem ^{198}Au auf Wachstum und Implantation von freien Tumorzellen im Pleuraexsudat.* Mäuse, denen Suspensionen von freien Tumorzellen (S-37, S-180 in CWF-Mäusen, Melanome in dba) intrapleural inokuliert worden waren, wurden 4—5 Tage später mit intrapleuralen Injektionen von koll. ^{198}Au (0,2 mC) behandelt. Nach 3—4 Tagen wurden Proben des Pleuraexsudates auf ihre Zellzus. untersucht. Es ergab sich, daß bei den Kontrolltieren das Pleuraexsudat zahlreiche Tumorzellen mit Mitosen enthielt; die Zellen zeigten bei intrapleuraler oder intraperitonealer Übertragung auf n. Mäuse starkes Wachstum. Bei den mit ^{198}Au behandelten Mäusen fanden sich spärliche Tumorzellen von außergewöhnlicher Form mit seltenen u. abnormalen Mitosen; sie hatten im Transplantationsvers. keine Wachstumsfähigkeit. Das Exsudat der behandelten Tiere enthielt zahlreiche mit koll. Au beladene Makrophagen. Das radioakt. Metall speicherte sich stark in Makrophagen u. im lymphat. Gewebe der Brusthöhle, bes. im Mediastinum; daneben erreichte es aber auch in beträchtlichen Mengen Leber u. Milz. Durch Verwendung kleiner Dosen von ^{198}Au bei intrapleuraler Injektion konnte das Verhältnis T/A (Index der ^{198}Au-Verteilung zwischen Thorax- u. Abdominalgeweben) vergrößert werden. Es wird gefolgert, daß die Hemmung der Tumorzellimplantation durch Strahlenschädigung der implantierten Tumorzellen (direkter Effekt) u. des Tumorbettes erfolgt (indirekter Effekt auf das Tumorwachstum). (Proc. Soc. exp. Biol. Med. **80**. 327—31. Juni 1952. Nashville, Tenn., Meharry Med. Coll., Cancer Res. Labor.) R. RUPPERT. 4160

S. H. Wollman, R. O. Scow und **H. P. Morris,** *Radiojodspeicherfähigkeit transplantabler Schilddrüsentumoren bei C3H-Mäusen.* (Vgl. C. **1956**. 749.) Transplantable Tumoren aus der Schilddrüse von Mäusen wurden bei ♂ C3H-Mäusen im Oberschenkel inokuliert. Später erhielten die Tiere intraperitoneale Injektionen von 10 μC ^{131}J/ml Wasser. Mit einem GEIGER-Zähler wurden 1—3 Std. nach der Injektion Blutproben u. Schnitte aus der Schilddrüse u. dem implantierten Tumor auf ihren ^{131}J-Geh. untersucht. Quantitativ bestimmt wurde das Verhältnis der ^{131}J-Konz. im Gewebe der beiden Präpp. zu derjenigen im Blutserum, u. zwar sowohl wenn die organ. Bindung des ^{131}J möglich ist als auch nach Blockierung dieser Möglichkeit durch Gaben von Propylthiouracil (I). Bei den Messungen werden abhängige (a.) u. unabhängige (ua.) Tumoren unterschieden, je nachdem, ob deren Wachstum von der Fütterung der Wirtstiere mit Thiouracil abhängt oder nicht. Es wird festgestellt: Die Fähigkeit, Radiojod zu speichern, ist bei allen Tumoren schwächer ausgebildet als bei der Thyreoidea. Bei ua. Tumoren besteht nahezu keine Speicherfähigkeit. Fütterung der Tiere mit I steigert die Speicherung in der Schilddrüse, läßt dagegen die in den ua. Tumoren unbeeinflußt. Ektomie der Hypophyse führt zu einer Verringerung der Speicherfähigkeit in den a. Tumoren. (J. nat. Cancer Inst. **14**. 593—603. Dez. 1953. Bethesda, Md., Nat. Cancer Inst. u. Nat. Inst. of Arthritis and Metabolic Diseases.) W. REUSSE. 4160

Douglas A. Kohl, *Ein Mehrfachzählersystem für die Encephalometrie mit Isotopen.* Vf. beschreibt eine Meßanordnung zur encephalometr. Diagnose von Hirntumoren mittels 18 Zählrohren, die in einem Gestell derart fixiert sind, daß ihre Achsen sich in einem Punkt treffen. Die Lokalisierung der Geschwülste oder sonstiger Anomalien erfolgt durch Injektion von ^{131}J. (Nucleonics **11.** Nr. 7. 16—19. Juli 1953. Minneapolis, Minn., Univ. of Minnesota, Med. School.) W. REUSSE. 4160

Ronald W. Raven und **V. B. Levison,** *Strahlungscarcinom am Pharynx.* Eine Patientin, die therapeut. Röntgenstrahlungen anläßlich einer Thyreotoxikose erhalten hatte, zeigte nach ca. 23 Jahren ein strahleninduziertes Carcinom am Pharynx, das trotz chirurg. Maßnahmen zum Exitus führte. Die Bestrahlungsdosis lag wahrscheinlich bei ca. 10000 γ (120 kV, 2,5 mA, Filter: 4 mm Al, FHA 23 cm). An Hand anderer ähnlicher in der Literatur mitgeteilter Fälle wird das Problem des strahleninduzierten Tumors allg. behandelt. (Lancet **267.** 683—84. 2/10. 1954. London, Roy. Cancer Hosp., u. Cambridge, Addenbrooke's Hosp., Radiotherapy Dep.) W. REUSSE. 4160

Doris M. McEwen, *Krebsartige Reaktion bei Pflanzen.* Bakterienfreies Tumorgewebe aus Gallen von Helianthus annuus, das in gesunde Stengelsegmente von Helianthussämlingen eingepflanzt wurde, bewirkte, daß die Wirtspflanzen verschied. Grade einer Reiz-Rk. (Schwellungen, Callus u. Wucherungen) zeigten. Nach Entfernung der Einpflanzung hörten die Wucherungen auf. Die Wirtspflanzen zeigten nur eine frühere Nekrose als die Kontrollpflanzen. In einigen Fällen, in denen die Einpflanzung nach 2 Tagen abstarb, wurden Tumore erzeugt, die die Eigg. von autonomem Gallentumorgewebe hatten, u. die durch verschied. Substanzen, wie Auxin, die von der Einpflanzung her diffundiert sind, bewirkt wurden. (Nature [London] **169.** 839. 17/5. 1952. London, Can., Univ. of Western Ontario, Dep. of Biochem.) G. REICHARDT. 4160

E$_2$. Enzymologie. Gärung.

A. Nyberg, J. Schuberth und **L. Ånggård,** *Über die intracelluläre Verteilung von Katalase und Alkoholdehydrogenase in Pferde-, Meerschweinchen- und Rattenlebergeweben.* Die Unters. der Lebergewebe erfolgte durch fraktioniertes Zentrifugieren in 0,25 mol. Saccharose bei 0—4°. Vff. fanden in der Meerschweinchenleber ca. 70% des Gesamt-*Katalase* (**I**)-Geh. in der Mikrosomen u. Grundsubstanz enthaltenden Fraktion (Fr.) wurde *Alkohol-Dehydrogenase* (**II**) in nicht meßbaren Mengen gefunden. Bei den Pferdeleberpräpp. enthielt die „Restfraktion" ca. 80% **I**, während **II** in der Grundsubstanz lokalisiert war. In den Rattenleberpräpp. war **I** zu 50% in der Mitochondrien- u. zu 30% in der „Restfraktion" enthalten; **II** war nur in sehr geringer Konz. enthalten, davon der größte Teil in der „Restfraktion". (Acta chem. scand. **7.** 1170—71. 1953. Stockholm, Med. Nobel Inst., Biochem. Dep.) G. BRATFISCH. 4210

A. R. Fahmy und **E. O'F. Walsh,** *Die Wirkung von Nicotin auf das Pyruvatoxydasesystem im Gehirn.* Es wurde die Hemmwrkg. von 0,0075 mol. u. 0,03 mol. neutraler *Nicotin* (**I**)-Lsg. auf den Citronensäure (**II**)-Cyclus von in 0,02 mol. KREBS-Phosphatlsg. unter Kühlung homogenisierter Gehirnteile von Ratten u. Tauben, in einer Konz. von 100 mg Gewebe/ml, geprüft. Die Best. der O_2-Aufnahme erfolgte nach WARBURG-Technik (37° u. p_H 7,4). Die Oxydation der Brenztraubensäure (**III**) wurde stärker als die von Glucose gehemmt. **I** verhinderte hauptsächlich die oxydative Decarboxylierung des Pyruvats u. die Synth. der **II** aus **III**. Die übrigen Oxydationen des **II**-Cyclus wurden wesentlich weniger gehemmt. Vitamin-B_1-Zusatz vermochte die Wrkg. des **I** nicht zu verhindern. (Biochem. J. **58.** 231—36. Okt. 1954. London, Royal Free Hosp., School of Med., Dep. of Physiol.) H. TÄNZLER. 4210

Kurt Wallenfels und **Erich Bernt,** *Über den Verlauf der enzymatischen Spaltung von Lactose mit β-Galaktosidase von Schimmelpilzen, Helix pomatia, Escherichia coli und Kälberdarm. β-Galaktosidase* (**I**) aus Schimmelpilzen (**Ia**) wirkt zugleich abbauend u. transglykosidierend, wobei aus Lactose einerseits Glucose u. (weniger) *Galaktose* (**II**), andererseits die von Lactose verschied. Disaccharide Lactobiose u. Galaktobiose sowie *Lactotriose* (**III**) entstehen. **III** bildet ganz am Anfang der enzymat. Rk. das Hauptprodukt. Das Maximum der Synthesewrkg. von **Ia** liegt bei ca. 40—50%ig. Hydrolyse des Substrates zu Monosacchariden, später überwiegen letztere. Durch Fällung von **Ia** (aus *Aspergillus alleaceus*) mit A., Aceton, $(NH_4)_2SO_4$ oder durch Entsalzung wurden u. a. einige unwirksame Präpp. gewonnen, aber keine, die entweder nur abbauend oder nur transglykosidierend wirkten. Die **Ia**-Wrkg. wird durch äquimol. Mengen an *Thioäpfelsäure* verhindert. Ferner hemmt *Hg-Acetat,* nicht aber p-Chlormercuribenzoat, Salyrgan, Jodacetat u. Na_3AsO_3. Demnach dürfte **Ia** kein SH-Enzym sein. Fructose hemmt **Ia** nur geringfügig, Glucose u. **II** hemmen teils, teils dienen sie zur Synth. von Oligosacchariden. Die Hemmung tritt vor allem im späteren Verlauf des Prozesses ein. Bei p_H 3,5 wurden (vom p_H-Bereich 3,5—7,5) die höchsten **Ia**-Aktivitäten gemessen, doch wird **Ia** bei p_H 3,5 schnell inaktiv. — **I** aus dem Darmsaft von *Helix pomatia* (**Ib**) vermag im Gegensatz zu **Ia** die von ihr gebildeten Disaccharide nicht wieder abzubauen, so daß sich diese anreichern. Außer den von **Ia** synthetisierten Stoffen bildet **Ib** noch in geringer Menge ein der Lactobiose II ähnliches reduzierendes Disaccharid, das bei der Papierchromatographie schneller als Lactose wandert. — I aus *Escherichia coli* (**Ic**) bildet Glucose u. II in äquimol. Menge; **Ic** hat im Gegensatz zu **Ia** u. **Ib** zu Glucose die höchste Affinität, doch werden die anfangs erzeugten Oligosaccharide (es entsteht vor allem, zumal in Ggw. von Glucose, III) leicht wieder abgebaut. **Ic** vermag aber merkwürdigerweise nicht von **Ia** synthetisierte III abzubauen, obwohl diese von III aus **Ic** papierchromatograph. nicht zu unterscheiden ist. II hemmt **Ic** nicht. — I aus Kälberdarm (**Id**) bildet vorwiegend mit Glucose Übertragungsprodd., unter denen das reduzierende, aus Glucose u. II bestehende Disaccharid *Lactobiose II* (IV) vorherrscht. Die synthetisierende Wrkg. ist aber geringer als die der anderen I. Hemmung wird durch Glucose u. vor allem II hervorgerufen. — Der Mechanismus der I-Wrkg. wird als zweistufiger, aus einer reversiblen Spaltungs-Rk. u. einer offenbar irreversiblen Übertragungs-Rk. bestehender Prozeß dargestellt.

Versuche: Incubation von 4%ig. Lactoselsgg. mit 0,4%ig. I-Präpp. bis zu 8 Std.; Unters. papierchromatograph. mit n-Butanol/Pyridin/W. (6:4:3). Ergebnisse tabellarisch. — **Ia** durch 2std. Extraktion des Nährbodens einer Kultur eines Aspergillus der Flavusgruppe mit W. bei 0°, Pressen in Ggw. von Quarzsand, Wiederholung von Extraktion u. Pressen, Zentrifugieren, Entsalzen mit Ionenaustauschern, Umlösen des dabei ausgefallenen Nd. mit physiol. NaCl-Lsg. u. Lyophylisierung; 10fache Anreicherung wurde erreicht. — Ferner Beschreibung der fraktionierten Fällung von **Ia** mit A. bzw. Aceton. — **Id** durch 2tägige Autolyse der Schleimhaut von Kälberdarm unter Toluol bei Zimmertemp., Filtration der mit W. u. Kieselgur versetzten Lsg., Zugabe von Na_2HPO_4 u. Lactose, fraktionierte Fällung mit $(NH_4)_2SO_4$, Dialyse u. Lyophylisierung. — *Lactobiose II* (IV), durch 2std. Incubation von 1 g Lactose u. 2,5 g Glucose in 25 ml W. mit 100 mg **Id**, Aufkochen, Filtrieren, Abtrennung der Monosaccharide (durch Chromatographie an Kohle/Kieselgur) u. Papierchromatographie des mit 30%ig. A. erhaltenen Eluates (450 mg aufgetragen, 42 mg IV erhalten, $R_{Glucose}$ 0,63). Nach 1std. Hydrolyse von IV mit 2nHCl bei 100° wurde im Hydrolysat papierchromatograph. das Verhältnis von Glucose:II zu 1:0,98 bestimmt. 1 Mol IV red. 0,99 Mol NaJO. — Isomeres der Lactose durch 6std. Incubation von 10 g Lactose in 250 ml W. mit 500 mg **Ib**, Enteiweißung mit A./Chlf. u. zweimalige Papierchromatographie, $R_{Glucose}$ 0,47; ca. 60 mg. — Die wie vorst. hydrolysierte Lactobiose gab bei Papierchromatographie Glucose u. II im Verhältnis 1:1. (Liebigs Ann. Chem. **584**. 63—85. 1953. Mannheim-Waldhof, biochem. Labor., Tutzing der C. F. Boehringer & Söhne G. m. b. H.) W. WILLENBERG. 4210

L. E. Mortenson und **P. W. Wilson**, *Die Umwandlung von Ribose-5-phosphat durch Acetobacter vinelandii. Acetobacter vinelandii* O-Zellen enthalten freies *Ribose-5-phosphat* (I) u. *Sedoheptulose-7-phosphat* (II) im Verhältnis von ca. 1:3. Zellfreie Extrakte führen I in II u. *Glycerinaldehyd-3-phosphat* (III) über. Bei der weiteren Umwandlung unterliegt III anscheinend einer Dismutation zu *3-Phosphoglycerinsäure* u. *α-Glycerophosphat*, während II wahrscheinlich teilweise *Fructose-6-phosphat* (IV) u. *Tetrosephosphat* gibt. IV wird in *Glucose-6-phosphat* (V) übergeführt, V zu *6-Phosphogluconat* oxydiert, das zu III u. *Pyruvat* gespalten wird. Im Incubationsgemisch entsteht etwas Hexose. (J. biol. Chemistry **213**. 713—21. April 1955. Madison, Univ. of Wisconsin, Dep. of Bacteriol.)
K. MAIER. 4210

H. L. Kornberg und **E. Racker**, *Enzymatische Reaktionen des Erythrose-4-phosphates*. Nach der Rk. (1): Fructose-6-phosphat (I) + Glycerinaldehyd → Ribulose (II) + Erythrose-4-phosphat (III) gebildetes III wurde als Ba-Salz isoliert. III u. synthet. D-III zeigten gleiches Verh. bei Papierchromatographie u. folgenden Rkk.: (2) I + III → Heptulose-7-phosphat (IV) + Triosephosphat (V), (3) II-5-phosphat + III → I + V, (4) Oxypyruvat + III → I (+ CO_2), (5) IV + III → I + Ribose-5-phosphat, (6) III + DPN$^+$ → Phosphoerythronsäure (?) + DPNH + H$^+$. Die Rkk. (1), (3), (4) u. (5) wurden durch kristalline *Transketolase* (vgl. C. **1954**. 8132), (2) durch hochgereinigte *Transaldolase* u. (6) durch kristalline *Glycerinaldehyd-3-phosphatdehydrogenase* katalysiert. Die Identität des enzymat. gebildeten III mit einem D-III-Vergleichspräp. wird ferner durch einen colorimetr. Nachw. (DISCHE [1955], persönliche Mitt.) u. gleiches papierchromatograph. Verh. einer nach Behandeln des III mit saurer Prostataphosphatase erhaltenen Verb. bestätigt. Auf die Bedeutung des D-III im Stoffwechsel wird hingewiesen. (Biochem. J. **61**. III. Sept. 1955. New York, Publ. Health Res. Inst. of City of New York, Inc.)
G. BRESSAU. 4210

J. Jacquet und **Odette Saingt**, *Die Phosphomonoesterasen der Kuhmilch*. In Kuhmilch wurde das Vork. einer *alkal. Phosphomonoesterase* (I) mit einem p_H-Optimum bei 9,4, einer *sauren* I mit p_H-Optimum 3,5—4,0, sowie bisweilen einer weiteren sauren I mit

p_H-Optimum bei 5,5—5,8 nachgewiesen. Während der Titer der sauren I selten 100 E. übersteigt (1 E. = Freisetzung von 1 mg P aus Kalium-β-glycerophosphat oder Dinatriumphenylphosphat in 24 Std. bei 37°), liegt er bei der alkal. I zwischen 200 u. 700. Die Werte sind von Tier zu Tier u. in Abhängigkeit von der Jahreszeit unterschiedlich; sie schwanken jedoch nicht in der Milch der verschied. Zitzen desselben Euters. Die Milch tuberkulöser Rinder besitzt erhöhten alkal. I-Titer (1000—1500 E.).Da die alkal. I im Gegensatz zur sauren I zwischen 50 u. 70° zunehmend inaktiviert wird, ist ihr Nachw. eine brauchbare Meth. zur Kontrolle der Pasteurisierung. (C. R. Séances Soc. Biol. Filiales **146**. 1515—18. Okt. 1952. Caen, Fac. des Sciences, Centre d'Études laitières u. Labor. dép. et régional de Biol. et Hyg.) E. SPEYER. 4210

F. Hansen und **S. Rössiger,** *Phosphataseaktivität und Rachitis bei Keuchhusten.* Durch Best. der *alkal. Phosphatase* (I) nach JENNER u. KAY wurde bei 31 Patienten der Einfl. des Keuchhustens auf die Rachitis untersucht. Die Aktivität der I nimmt bis zur 4. bis 5. Krankheitswoche ab, um danach vorübergehend auf übernormale Werte anzusteigen. Die Ursache wird in der gleichzeitig gehemmten Proliferation des Knochenmarks gesehen, die nach Überwindung der Erkrankung gesteigert ist. Die schlechte Heilungstendenz der Rachitis bei Keuchhusten kann also durch die vorübergehende Minderung der Phosphataseaktivität erklärt werden. (Z. Kinderheilkunde **75**. 565—70. **1954**. Düsseldorf, Med. Akademie, Kinderklinik.) K. PFEIFER. 4210

Ettore Bozzetti, *Über die histochemische Darstellung der Phosphatasen im zentralen und peripheren Nervensystem unter normalen Bedingungen und nach Resektion des Nervus ischiadicus.* Unter genauer Angabe der Fixations- u. Färbemeth. werden die verschied. Teile des Zentralnervensyst. in bezug auf ihre Anfärbung nach der GOMORI-Meth. beschrieben. Im Gegensatz zu anderen Geweben zeigt das Nervengewebe eine verschieden starke Affinität zu den Reagentien, weshalb es auch nicht möglich ist, die *alkal.* u. *saure Phosphatase* genau zu lokalisieren. Auch läßt sich nicht sagen, ob es sich jeweils um Schwankungen der Phosphataseaktivität handelt oder um anderweitige Bestandteile. (Arch. Scienze med. **98** (**79**). 255—88. Okt. 1954. Pavia, Univ., Ist. di Patologia Gen.) P. G. SCHEURLEN. 4210

Warren R. Lang, A. E. Rakoff und **Mona Gross,** *Alkalische Phosphatase in der Vaginalbiopsie.* Die *alkal. Phosphatase* (I) wurde vorwiegend in den unteren Schichten der Vaginalschleimhaut, u. zwar bes. während der sekretor. Phase des Cyclus, gefunden. Die Konz. des Fermentes war während der Schwangerschaft am größten u. während der Menopause am geringsten. Die genaue Funktion der I in der Vaginalmucosa ist zur Zeit noch unbekannt. (Amer. J. Obstetr. Gynecol. **68**. 815—18. Sept. 1954. Philadelphia, Pa., Jefferson Med. Coll. and Hospital, Dep. of Obstetrics and Gynecol.) H. GOHR. 4210

Willie W. Smith, William Anderson jr. und **Gilbert Ashwell,** *Milz-Adenosintriphosphataseaktivität bei bestrahlten, mit Milzhomogenat behandelten Mäusen.* 296 ca. 11 Wochen alte LAf_1-Mäuse wurden mit 650 r (vgl. Proc. Soc. Exp. Biol. Med. **80**. [1952.] 407) bestrahlt u. anschließend zum Herabsetzen der Sterblichkeitsrate mit täglich 2,5 mg Streptomycinsulfat/Maus subcutan injiziert. 151 dieser Mäuse bekamen einige Std. nach der Bestrahlung eine intravenöse Injektion von Milzhomogenat, welche der Milz einer 2—3 Wochen alten Spenders entsprach. Die Änderungen der ATPase (vgl. l. c.), des Milzgewichtes u. der Leukocyten werden in beiden Gruppen untersucht. Während die Leukocytenwerte der behandelten Tiere schon nach einigen Tagen merklich über denen der Kontrolltiere lagen, nahm die anfänglich bei beiden Gruppen erhöhte ATPase-Aktivität bei den behandelten Tieren viel schneller ab. Die Gesamt-Milz-ATPase-Aktivität der letzten schwankte nur wenig, war bei den Kontrollen jedoch 3 Wochen lang unter den n. Werten, um in der 4. Woche über die n. Werte zu steigen. (Amer. J. Physiol. **178**. 471—73. Sept. 1954. Bethesda, Md., Nat. Inst. of Arthritis and Metabolic Diseases.) K. GENEST. 4210

Standish C. Hartman, Bruce Levenberg und **John M. Buchanan,** *Die Beteiligung von ATP, 5-Phosphoribosylpyrophosphat und L-Azaserin an der enzymatischen Bildung von Glycinamidribotidzwischenstufen bei der Inosinsäure-Biosynthese.* Bei der Neusynth. von Purinen in den lösl. Enzymfraktionen der Taubenleber entstehen in Ggw. von *L-Azaserin* (V) in relativ großer Menge 2 Glycin (III)-Umwandlungsprodd., *Glycinamidribotid* (I) u. [*α-N-Formyl*]-*glycinamidribotid* (II), die beide durch *¹⁴C*-III markierbar sind, während *¹⁴C-Formiat* nur in II erscheint. Radioakt. Bicarbonat markiert weder I noch II. I u. II verhalten sich an Ionenaustauschern als typ. Mononucleotide u. können an Dowex-1 gereinigt

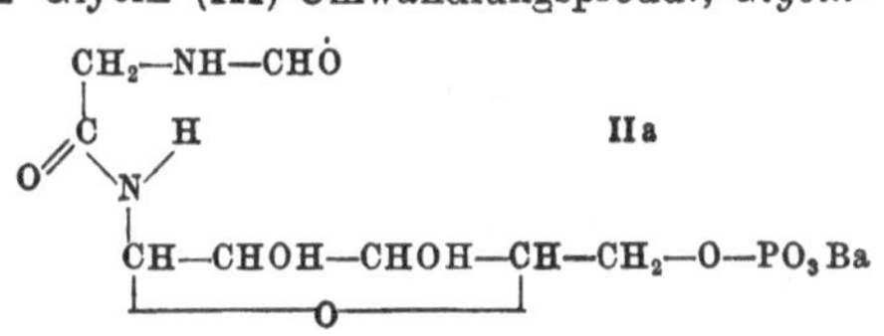

IIa

werden. II gibt ein *Ba-Salz*, dem wahrscheinlich die Konst. IIa zukommt (PAULYscher Diazotest negativ, Stabilität der Phosphatgruppe gegenüber saurer Hydrolyse ident. mit derjenigen von Adenosin-5'-phosphat, Ninhydrin-Rk. negativ, doppelte Beweglichkeit von II im Vgl. mit I bei der Papierelektrophorese, Fehlen einer titrierbaren Gruppe im pK_2-Bereich von III oder III-Amid, Ggw. einer elektrometr. titrierbaren Gruppe in IIa zwischen p_H 3,5 u. 10,5). I u. II sind in Enzymsystemen der Taubenleber, die Purine aufbauen, sehr wirksame Vorstufen der *Inosinsäure* (IV). V hemmt die IV-Synth., wobei die Blockierung durch höhere Konzz. *L-Glutamin* (VI) aufhebbar ist. Die V-Hemmung setzt anscheinend bei einer Stufe nach der II-Bldg. ein. Die Quelle des Amid-N von I u. II ist wahrscheinlich der Amid-N von VI. Als Donator der Ribose-5-phosphat-Hälfte von I dient *5'-Phosphoribosylpyrophosphat*, wobei maximale I-Bldg. nur bei gleichzeitiger Ggw. von *Adenosintriphosphat* stattfindet. (J. Amer. chem. Soc. **77**. 501—03. 20/1. 1955. Cambridge, Massachusetts Inst. of Technol., Dep. of Biol., Div. of Biochem.)

K. MAIER. 4210

L. A. Mounter und **Alfred Chanutin**, *Dialkylfluorphosphatase der Niere. 2. Mitt. Untersuchungen über Aktivierung und Hemmung durch Metalle.* (1. vgl. C. **1954**. 1749.) Nach dem Massenwirkungsgesetz besitzt *Dialkylfluorphosphatase* (I) theoret. die größte Aktivität, wenn I als Metallkomplex vorliegt. Die Komplexbildungskonstanten wurden für den Fall berechnet, daß zwei Metallionen verschied. Aktivität Metallkomplexe in der gleichen Lsg. bilden. Die Gleichung läßt erkennen, daß nicht katalyt. wirkende Metalle mit Affinität zum Enzym wirksame Inhibitoren sind. Die bei Verss. mit $MnCl_2$ u. $CoSO_4$ erhaltenen Werte für die Komplexbildungskonstanten stimmen mit den berechneten gut überein. Dasselbe gilt für die Enzym–Metall–Cofaktor-Komplexbildungskonstanten mit *Histidin* u. *2.2'-Dipyridyl*. Gleichzeitiger Zusatz von Mn^{2+} u. Co^{2+} ergibt eine Aktivität der Mischung, die wenig größer als die bei alleinigem Co^{2+}-Zusatz ist. Die hemmende Wrkg. von Hg^{2+}, Zn^{2+}, Cu^{2+}, Ni^{2+} u. Fe^{2+} wurde quantitativ untersucht. Bei der Prüfung mit Chelatringe bildenden Stoffen (Äthylendiamintetraessigsäure [Sequestrene], Malonsäure, 8-Oxychinolin, Prolin, o-Phenylendiamin u. a.) wurde festgestellt, daß nur ein Teil des Mn^{2+} aus dem stabilen Enzym–Mn^{2+}–Histidin-Komplex durch Sequestrene entfernt wird. Durch weiteren Zusatz von Mn^{2+} wird eine Reaktivierung der I in den Fällen erreicht, wo der Chelatkomplex nicht selbst als Inhibitor wirkt. (J. biol. Chemistry **204**. 837—46. Okt. 1953. Charlottesville, Va., Univ. of Virginia, School of Med., Dep. of Biochem.)

G. FAUST. 4210

Muriel Findley, W. L. Magee und **R. J. Rossiter**, *Der Einbau von radioaktivem Phosphat in die Fette und Pentosenucleinsäuren von Katzengehirnschnitten. Die Wirkung anorganischer Ionen.* Gehirnschnitte von Katzen wurden 4 Std. bei 37,2° in WARBURG-Gefäße gelegt, die eine Atmosphäre von 95% O_2 u. 5% CO_2 sowie KREBS-RINGER-Bicarbonat, Glucose u. $^{32}PO_4$ enthielten, dann homogenisiert, der säurelösl. P (er enthielt die Hauptmenge des ^{32}P) entfernt, der Fettphosphor (I) u. die Pentosenucleinsäuren (II) extrahiert u. gereinigt. Das Protein enthielt den organ. Rest-P (III) u. Phosphoprotein-P (IV). Die Best. der spezif. Aktivitäten der Fraktionen ergab: Steigerung der K^+, Senkung der Ca^{2+}. Zufügen von NH_4^+ zur KREBS-RINGER-Lsg. erniedrigte die $^{32}PO_4$-Aufnahme in I, II u. III. I, II u. IV nahmen weniger P in Ggw. von *l*-Glutamat, oder *l*-Glutamin, sowohl mit als auch ohne Glucose, auf. Vff. diskutieren die Ursachen dieser Ergebnisse. (Biochem. J. 58. 236—43. Okt. 1954. London, Can., Univ. of Western Ontario, Dep. of Biochem.)

H. TÄNZLER. 4210

Priscilla Hele und **G. Popják**, *Fettsäuresynthese in löslichen Enzympräparaten.* Bei der Fettsäure (I)-Synth. (Verfolgung durch Messen der opt. Dichte bei 340 mμ) aus *Acetat* (II) durch gereinigte Kaninchenbrustdrüsenpräpp. kann α-Oxoglutarat als Elektronendonator vollständig durch *red. Diphosphopyridinnucleotid* (*DPNH*), dagegen nicht durch red. Cytochrom c + DPN ersetzt werden. Das Reaktionsgemisch [z. B. 0,4 μMol DPNH, 2 μMol *Coenzym A* (CoA), 30 μMol *Cystein* (III), 30 μMol *ATP*, 20 μMol $MgCl_2$, 100 μMol „Tris"-Puffer (p_H 9,4) u. 10 mg Protein (IV); Gesamtvol. 3 ml, p_H 8] wurden 5 Min. incubiert (38°) u. die Synth. durch Zusatz von 10—60 μMol II ausgelöst. Im linear zur Zeit verlaufenden Anfangsstadium der Rk. beträgt das Verhältnis DPNH/verwertetes II ca. 6, wird aber mit fortschreitender Rk. kleiner. Wenn die Hälfte der DPNH-Menge verbraucht ist, hört die Synth. auf (unabhängig von DPNH-Anfangskonz. u. Enzymmenge); durch Zugabe hoher DPN-Mengen kann sie aufrechterhalten werden. Ebenso setzt die Synth. bei DPNH-Zugabe sofort wieder ein. Die Reaktionsgeschwindigkeit ist von den Konzz. an ATP, CoA, II, III, DPNH u. IV abhängig; bei Fehlen einer der ersten 4 Verbb. wird prakt. kein DPNH verbraucht. (Biochem. J. **60**. XXXII. Aug. 1955. London, Hammersmith Hospital, M. R. C. Experiment. Radiopathol. Res. Unit.)

G. BRESSAU. 4210

L. Di Fazio und **P. Lado,** *Die Lipasen von Ricinus communis in ruhenden und keimenden Samen.* 1. Mitt. Vff. haben aus trockenen u. gekeimten Ricinussamen nach Entfernen der Schalen u. Homogenisieren mit W. Lipaseemulsionen erhalten u. in Olivenöl auf die p_H-Werte 4,7 u. 6,8 gebracht. Sie ließen die so erhaltenen *Lipasen* auf keimende Samen einwirken, bestimmten die Länge der Keime u. aus dem Säuregeh. gleichzeitig den Verlauf der Hydrolyse, die bei p_H 4,7 erst langsam u. vom 3. Tage ab stark abnahm, bei p_H 6,8 dagegen bis zum 3. Tage schwach anstieg u. nach kurzem Absinken vom 5. Tage ab wieder zunahm. Bei p_H 6 verlieren die Lipasen aus trockenem Samen, bei p_H 8 aus gekeimtem ihre Aktivität. (Tumori **40.** 638—42. Nov./Dez. 1954. Mailand, Nat. Inst. z. Stud. u. z. Heilung v. Tumoren, Exper. biol. Abt.) E. DEHN. 4210

L. Di Fazio und **P. Lado,** *Die Lipasen von Ricinus communis in ruhenden und keimenden Samen bei Gegenwart von 3.4-Benzpyren.* 2. Mitt. (1. vgl. vorst. Ref.) Die aus trockenen u. gekeimten Ricinussamen hergestellten *Lipasen* wurden mit u. ohne *3.4-Benzopyren* unter verschied. Bedingungen der Konz. u. Zeit hydrolysiert, wobei nur eine schwache Abnahme der enzymat. Aktivität durch den krebserzeugenden KW-stoff festgestellt wurde. (Tumori **40.** 643—46. Nov./Dez. 1954.) E. DEHN. 4210

M. Osman Saka und **Ümran Sipahioğlu,** *Lipolytische Aktivität des Lebergewebes der Ratten bei einer Mangeldiät an essentiellen Fettsäuren.* Aus Unterss. über die *lipolyt. Aktivität* des Lebergewebes von Ratten, die mit einer an essentiellen Fettsäuren mangelnden Diät gefüttert wurden, geht hervor, daß die lipolyt. Aktivität abhängig ist vom Geh. der Fettsäuren der Nahrung, namentlich der hoch ungesätt. Fettsäuren mit mehr als einer Doppelbindung. Mit Rücksicht darauf ist die Arachidonsäure weit wirksamer auf die Reaktivierung der hepat. Lipase als andere ungesätt. Fettsäuren, wie Linol- u. Linolensäure. (Amer. J. Physiol. **174.** 49—50. Juli 1953. Istanbul, Turkey, Univ., Dep. of Physio-Pathol.) H. BENISCHKE. 4210

Jane Burch, *Reinigung und Eigenschaften von Esterase der Pferdeleber.* Eine App. zur potentiometr. Messung der Wrkg. der Esterase (I) auf Buttersäureester wird ausführlich beschrieben. — Es gelang eine Reinigung der I auf 140fache Aktivität/mg N (gegenüber dem als Ausgangsmaterial dienenden Acetonpulver); während der letzten 4 Reinigungsstufen blieb das Verhältnis der Spaltbarkeit von 3 verschied. Estern konstant. — I wird gehemmt durch *Fluorescein, Eosin, Rhodamin B, o-5-Acridylbenzoesäure, Pyronin, N-Methylacridinchlorid.* — *DL-β-Butyrolacton* wird gespalten, wobei beide opt. Komponenten angegriffen werden. (Biochem. J. **58.** 415—26. Nov. 1954. Leeds, Univ., Dep. of Biochem.) A. HESSE. 4210

Bernard D. Davis, *Zwischenstufen der Biosynthese der Aminosäuren.* Übersicht. Kriterien n. biosynthet. „*Zwischenstufen*" der Aminosäuren (I); *Glutaminsäure* (II), N-Assimilation u. Transaminierung; II-Gruppe (Glutamin, Prolin, Oxyprolin, Arginin); C_4-Gruppe (Asparaginsäure, Asparagin, Threonin, Methionin); kurzkettige I (Alanin, Serin, Glycin, Cystin); Isoleucin, Valin, Leucin; aromat. I (Tyrosin, Phenylalanin, Tryptophan); Lysin u. Histidin. — 347 Literaturangaben. (Advances Enzymol. **16.** 247—312. 1955. New York.) K. MAIER. 4210

N. A. Pawlowa, *Die Biosynthese von Glykokoll aus Glyoxylsäure und Aminosäuren.* Verss. an überlebenden Schnitten der Rattenleber (WARBURG-App.) ergaben, daß als Quelle für die Aminogruppe bei der Bldg. von *Glykokoll* (I) aus der *Glyoxylsäure* (II) die folgenden Aminoverbb. dienen können: *Alanin, Methionin, Leucin, Asparaginsäure, Glutaminsäure, Asparagin, Glutamin, Ornithin, Arginin, Histidin, Tyrosin* u. *Phenylalanin.* Dabei entsteht I aus den Amiden der Dicarbonsäuren rascher als aus den Dicarbonsäuren selbst. Durch anorgan. Ammoniumsalze wird II nicht aminiert. Die Tatsache, daß die I-Bldg. bei der Umaminierung von II mit vielen Aminosäuren erfolgt, läßt vermuten, daß I im Aminosäureumsatz des tier. Organismus eine direkte Rolle spielt. (Доклады Академии Наук СССР [Ber. Akad. Wiss. UdSSR] **100.** 947—49. 11/2. 1955. Moskau, 1. Med. Inst.) E. RENTZ. 4210

Evelyn L. Oginsky und **Robert F. Gehrig,** *Das Arginin-Dihydrolase-System des Streptococcus faecalis.* 3. Mitt. *Der Abbau des Citrullins.* (2. vgl. C. **1953.** 8627.) Der im *Streptococcus faecalis* enthaltene Fermentkomplex, der *Citrullin* zu *Ornithin* unter Bldg. von NH_3 u. CO_2 abbaut, wird weiter untersucht. Es scheint, daß zwei Systeme am Abbau beteiligt sind, eins, das zunächst die Bldg. eines energiereichen Phosphorsäureesters (oder Arsensäureesters) des Citrullins bewirkt, das unempfindlich gegen Dialyse ist u. durch *Fluorid* u. das *Hg-Salz der p-Chlorbenzoesäure* gehemmt wird, u. ein anderes, das die Übertragung von Phosphat auf *AMP* (*Adenosinmonophosphorsäure*) bewirkt. Dieses kann durch Dialyse inaktiviert werden u. benötigt Mg^{2+} oder Mn^{2+} zur Reaktion. Ist statt $H_3PO_4H_3AsO_4$ im Syst., so sind weder Mg^{2+} (Mn^{2+}) noch AMP erforderlich. Die intermediär auftretenden Ester konnten nicht isoliert werden. Möglichkeiten für den Reaktionsmechanismus werden diskutiert. (J. biol. Chemistry **204**. 721—29. Okt. 1953. Rahway N. J., Merck Inst. for Therapeut. Res.) U. BAUMANN. 4210

Frank C. Happold und **A. Struyvenberg,** *Die Aktivierung des Tryptophanaseapoenzyms durch Kalium-, Ammonium- und Rubidiumionen. Apotryptophanase* (I) wird durch NH_4^+, K^+ u. Rb^+ in Ggw. von *Pyridoxalphosphat* (II) aktiviert, u. zwar bei Konzz. von 0,001—0,07 molar. Die Dissoziation von II aus dem mit I gebildeten Komplex erfolgt langsam bei Dialyse gegen 0,25 mol. KCl, schnell bei Dialyse gegen dest. W. oder 0,25mol. NaCl. — I wird durch KCl oder $(NH_4)_2SO_4$ stabilisiert. Offenbar spielen K^+, NH_4^+ u. Rb^+ eine wichtige Rolle in der Struktur des Holoenzyms. (Biochem. J. **58**. 379—82. Nov. 1954. Leeds, Univ., Dep. of Biochem.) A. HESSE. 4210

Stanley Mandeles und **Konrad Bloch,** *Enzymatische Synthese von γ-Glutamylcystein.* (Vgl. C. **1955**. 5570.) Es wird über die partielle Reinigung eines Enzyms aus Schweineleber berichtet, das die Synth. von *γ-Glutamylcystein* (I) aus Glutaminsäure u. Cystein katalysiert. Die Bldg. von I ist abhängig von der Ggw. von ATP u. Mg^{2+}. Bei der Rk. wird aus ATP in stöchiometr. Verhältnis Orthophosphat frei. (J. biol. Chemistry **214**. 639—46. Juni 1955. Chicago, Ill., Univ. of Chicago, Dep. of Biochem.) H. GOEBEL. 4210

Felix Wróblewski und **John S. LaDue,** *Serum-Glutamin-Oxalessigsäure-Transaminase als Zeichen der Schädigung und Erkrankung der Leber.* An über 100 Patienten mit Lebererkrankungen verschiedenster Ätiologie wurden die Veränderungen des Geh. an *Glutamin-Oxalessigsäure-Transaminase* (I) im Serum verfolgt. CCl_4-Leberschädigungen ergeben einen erhöhten Geh. an I, der erst vor bzw. mit klin. Besserung abfällt; gleiches gilt bei Hepatitis, bösartigen Lebergeschwulsten u. Cholangitis. Bei Lebercirrhosen schwankt der Geh. an I, steigt aber bei Aktivierung der Erkrankung. (J. Lab. clin. Med. **44**. 958—59. Dez. 1954.) R. LAFFERENZ. 4210

Alton Meister, *Transaminierung.* Übersicht. Terminologie, Methoden, α-Ketosäuren; Transaminierungs-Rkk. (α-Ketoglutarat-Aminosäure-Rkk., Glutamin- u. Asparagin-α-Ketosäure-Rkk., Rkk. zwischen Amino- u. Ketomonocarbonsäuren sowie zwischen ω-Aminogruppen u. Aldehyden, Existenz spezieller Enzyme, Verteilung der Transaminasen); Mechanismus (Unterss. über SCHIFFsche Basenbldg., Vitamin B_6 [I] u. Transaminierung, Darst. u. Charakterisierung von Pyridoxal- u. Pyridoxaminphosphat [II, III], enzymat. Unterss. an II u. III, Transaminierung u. Decarboxylierung, I-Analoge, kinet. Unterss., nichtenzymat. Transaminierung); Rolle der Transaminierung beim Aminosäurestoffwechsel. — 261 Literaturangaben. (Advances Enzymol. **16**. 185—246. 1955. Bethesda, Md.) K. MAIER. 4210

E. F. Caldwell und **E. W. McHenry,** *Untersuchungen über Vitamin B_6 und die Transaminierung in Rattenleber.* Es wurde die Aktivität zweier *Transaminasen* (I) (als Beispiel dienten die Rkk.: Asparaginat + α-Ketoglutarat → Glutaminat + Oxalacetat [a] bzw. Alanin + α-Ketoglutarat → Glutaminat + Oxalacetat [b]) an den Lebern von Ratten untersucht, die mit wechselnden Mengen *Casein* u. mit oder ohne *Vitamin B_6* (II) ernährt wurden (vgl. CALDWELL u. MCHENRY, Arch. Biochem. and Biophys. **44**. [1953.] 396). — Bei Tieren im Hungerzustand war die Aktivität der I allg. erhöht, wenn genügend II gefüttert wurde, andernfalls sank sie bei beiden I ab. Der Enzymspiegel lag bei den männlichen Tieren höher als bei den weiblichen. Mangel an Eiweiß u. II in der Nahrung verursachte merkliche Abnahme beider I. Bei Tieren, die nach einer Eiweißmangelperiode wieder mit Casein gefüttert worden waren, zeigte sich die Aktivität des zur Rk. b gehörigen Enzyms erniedrigt, nicht aber die des zu a gehörigen. — Bei Ratten mit II-Mangel scheint eine Abnahme der Ia-Aktivität in der Leber einer Erhöhung der Harnstoffbldg. parallel zu gehen. — Auch über den Einfl. von *Aneurin*-Mangel wird berichtet. (Arch. Biochem. Biophysics **45**. 97—104. Juli 1953. Toronto, Can., Univ. of Toronto, School of Hyg., Dep. of Public Health Nutrit.) W. SPITALER. 4210

F. Kögl und **J. de Flines** (unter techn. Mitarbeit von **D. H. W. den Boer** und **C. A. Salemink**), *Über das Verhalten einiger α.α'-Iminosäuren als Substratkomponenten in biologischen Systemen. Untersuchungen in Beziehung zu Eiweißproblemen.* 2. Mitt. (1. vgl. C. **1956**. **994**.) Zur Prüfung der Frage, ob *α.α'-Iminosäuren* im Sinne der Hypothese von KARRER u. Mitarbeitern (Helv. chim. Acta **34**. [1951.] 82) als Zwischenprodd. bei der enzymat. Transaminierung eine Rolle spielen, wurde ein mit ^{14}C, D u. ^{15}N markiertes Präp. von *L-α-L-α'-Iminopropionsäureglutarsäure* (I; vgl. 1. Mitt., l. c.) neben α-Ketoglutarsäure u. Alanin einem Homogenat von Rattenmuskel zugefügt. Die nach der enzymat. Umsetzung isolierte L-Glutaminsäure (II) war nicht radioakt., was im Prinzip gegen die obige Hypothese spricht, zeigte jedoch eine geringfügige Erhöhung der n. ^{15}N-Konz.; ein Erklärungsvers. hierfür wird diskutiert. Ferner wurde untersucht, ob die verschied. Stereoisomeren von *α.α'-Iminopropionsäurebernsteinsäure* u. von I imstande sind, Alanin

u. Asparaginsäure bzw. II als Substratkomponenten bei *Leuconostoc dextranicum*, *Leuconostoc mesenteroides P 60* oder *Lactobacillus arabinosus* zu ersetzen. Dies war nicht der Fall. (Recueil Trav. chim. Pays-Bas **72**. 1020—26. Nov. 1953. Utrecht, Rijksuniv., Org. chem. Labors.) H. WINTER. 4210

E_3. Mikrobiologie. Bakteriologie. Immunologie.

Walter Biechteler, *Beitrag zur Wirkungsweise des Wismutsulfitagars nach Wilson-Blair.* Paratyphus-B- u. Enteritisbakterien rufen auf synthet. WILSON-BLAIR-Agar (I) mit *Cystin* (II) als einziger organ. S-Quelle eine kräftige Red. hervor. II ist weitgehend durch *Glutathion* ersetzbar. Die Reduktionswrkg. von Salmonellakeimen auf I ist anscheinend nicht an die Ggw. freier Aminosäuren gebunden. Sie ist, wenn auch in etwas schwächerem Grade, auch mit Pepton, das nur durch pept. Verdauung hergestellt wurde, erzielbar. (Zbl. Bakteriol., Parasitenkunde, Infektionskrankh. Hyg., I. Abt., Orig. **160**. 521—25. März 1954. Regensburg, Staatl. Bakteriol. Untersuchung.) K. MAIER. 4310

A. A. Imschenetzki und **Je. L. Ruban,** *Zellfreie Nitrifizierung.* 1. Mitt. *Züchtung von Nitrosomonaskulturen und Herstellung von Zellautolysaten.* Zur Erhaltung eines akt. Filtrates, das keine Zellen enthält, ist eine große Biomasse von Nitrosomonas notwendig. Dies kann nicht durch Züchtung in Schalen mit Gel erreicht werden, sondern nur durch eine submerse Züchtung bei Belüftung. Auf diese Weise kann in 10—12 Tagen eine Biomasse erzielt werden, die für die Herst. eines Autolysates ausreicht. Vff. beschreiben eingehend ein Verf., nach welchem ein Zellautolysat erhalten wird, das frei von Zellen der heterotrophen Bakterien u. Nitrosomonas ist. (Микробиология [Mikrobiologie] **23**. 271—74. Mai/Juni 1954. Moskau, Mikrobiol. Inst. der Akad. der Wiss. der UdSSR.) O. LEBTAG. 4320

A. A. Imschenetzki und **Je. L. Ruban,** *Zellfreie Nitrifizierung.* 2. Mitt. *Oxydation. von Ammoniak durch Autolysate der Zellen von Nitrosomonas.* (1. vgl. vorst. Ref.) Die aus Zellen von *Nitrosomonas* gewonnenen Autolysatfiltrate enthalten NH_3 (I) u. *Nitrite* (II). In 5 Tagen sinkt der I-Geh. in den Filtraten auf $^1/_4$ herab; in einigen Fällen verschwindet er fast völlig. Bei Zusatz von $(NH_4)_2SO_4$ zu den Autolysatfiltraten nimmt I innerhalb von 5 Tagen ab. Unter dem Einfl. der im Autolysat enthaltenen Fermente wird I oxydiert, wobei II zunimmt. In den Filtraten der Autolysate von heterotrophen Mikroorganismen (*Saccharomyces cerevisiae, Pseudomonas sp., Mycobacterium rubrum*) nimmt I nicht ab, sondern zu. Der Geh. an Gesamt-N bleibt in den Autolysatfiltraten von Nitrosomonas u. von Heterotrophen während der Vers. unverändert. Der II-Geh. der Autolysate der Heterotrophen ist immer geringer als bei Nitrosomonas. Im Verlaufe von 5 Tagen nimmt er im Autolysat des letzteren um etwa das 2,5fache zu. Die Oxydation von I verläuft in mindestens 2 Phasen: Bldg. eines Zwischenprod. u. Oxydation zu II. (Микробиология [Mikrobiologie] **23**. 393—99. Juli/Aug. 1954. Moskau, Inst. für Mikrobiol. der Akad. der Wiss. der UdSSR.) O. LEBTAG. 4320

Hideo Katagiri und **Yoshio Ichikawa,** *Untersuchungen über Propioni bacterium.* 1. Mitt. (4. vgl. C. **1955**. 6052.) Mehrere Stämme wurden isoliert u. auf Hefeextrakt-haltigen Nährböden gezüchtet. Die auf Zusatz von Milchsäure produzierten Mengen an Propion- u. Essigsäure werden bestimmt. (Bull. Inst. chem. Res., Kyoto Univ. [Kagaku Kenkyusho Hokoku] **24**. 78—79. März 1951.) P. LOCH. 4320

B. B. Stowe, *Indolessigsäurebildung durch Bakterien.* Durch papierchromatograph. Unters. der äther. Extrakte aus in fl. Nährmedium mit 0,1% Tryptophanzusatz gewachsenen *Escherichia coli K_4, Pseudomonas fluorescens A 3/9* u. *Agrobacterium tumefaciens NCIB 8150* wurde nachgewiesen, daß diese Bakterien große Mengen an Indolessigsäure(I) bilden. Zellfreie, bes. aufgearbeitete Präpp. von allen 3 Organismen zeigen hohe *Tryptophantransaminase*-Aktivität, die zu einzelnen α-Ketosäuren in Abhängigkeit steht u. durch Pyridoxalphosphat gesteigert wird. Die Bldg. von *Indolbrenztraubensäure* (II) u.der entsprechenden Aminosäure kann chromatograph. nachgewiesen werden. Reine, in gleicher Weise chromatographierte II zerfällt langsam in I u. nichtidentifizierte Prodd., krist. in Enolform u. wandelt sich in Lsg. innerhalb von 20 Min. (p_H 8; 25°) weitgehend in die Ketoform um, wobei das endgültige Gleichgewicht nicht vor 4 Std. erreicht wird. Ebenso wird die quantitative Indolbest. nach EHRLICH (vgl. SPIES u. CHAMBERS, C. **1949**. I. 1150) durch II gestört. Infolge dieser Schwierigkeiten war eine genaue Best. der Enzymbeteiligung an der oxydativen Decarboxylierung der II nicht durchführbar. (Biochem. J. **61**. IX—X. Sept. 1955.) G. BRESSAU. 4320

Lillian A. Russell, Arthur M. Buswell, Francis J. Fry und **Robert McL. Whitney,** *Baktericide Wirkungen von Ultraschall. Instrumentierung und Techniken für quantitative Untersuchungen.* Beschreibung einer für Forschungszwecke entwickelten App. u. der

Meßanordnung für quantitative Messungen bei der Beschallung von Bakterien, Testorganismus E. coli. Die für die Reproduzierbarkeit der Ergebnisse in einem Schallfeld mit gleichmäßiger Energieverteilung wesentlichen Maßnahmen u. Faktoren werden diskutiert. Als Materialien für die Schallkammer wurden untersucht: verschied. *Nylon* (I)-Sorten (I-*FM 6503*, -*F 73003* u. -*FM 10001*), *Alathanpolyäthylen*, *Plax* (*Polyäthylen*), *Plastisol 751–4913*, *Neoprene 601B–654* (II), *Vinylite VB 1925*, *Cry-o-rap*, *Visqueen*, *Visking-Visten* u. eine *Gummilatexverb.* (III), nur 2 der I-Sorten, II u. III waren hitzebeständig, aber alle Materialien waren schalldurchlässig bis zu Dicken von 5 mil ($^1/_{1000}$in.). (Ind. Engng. Chem. **46**. 1751—56. Sept. 1954. Urbano, Ill., Illinois State Water Survey u. Univ. of Illinois.) H. DOSSMANN. 4330

Dexter S. Goldman, *Über den Reaktionsmechanismus des Isonicotinsäurehydrazids.* Durch Incubation von *Isonicotinsäurehydrazid* (I; 10 Millimol) mit Diphosphopyridinnucleotid (II; 100 μMol) u. 180 mg Diphosphopyridinnucleotidase in 0,015mol. Phosphatpuffer (p_H 7,4; 4 Std.; 38°) wurde das Isonicotinsäurehydrazid-Analoge des Diphosphopyridinnucleotids hergestellt. Dieses weist folgende Extinktionskoeff. ($\varepsilon \cdot 10^6$ cm^2·Mol^{-1}) bei 260 mμ: 27,8 (p_H 2); 25,9 (p_H 7,2); 25,0 (p_H 9,5); 25,1 (p_H 12) u. bei 360 mμ: 0,6 (p_H 2); 4,0 (p_H 7,2); 5,8 (p_H 9,5); 6,4 (p_H 12) auf u. ähnelt damit dem I. Im Gegensatz zu II wird es durch Bisulfit nicht red. u. bildet mit Cyanid keinen Komplex. Es ist auch nicht als Elektronenacceptor bei enzymat. Rkk. mit Alkoholdehydrogenase, α-Ketoglutarsäuredehydrogenase, Äpfelsäuredehydrogenase, Isocitronensäuredehydrogenase u. „Äpfelenzym" wirksam. Andererseits hemmt es nicht die Red. von II oder Triphosphopyridinnucleotid in entsprechenden Enzymsystemen. Vf. glaubt daher, daß die $C_{(4)}$-Stellung des Pyridinringes als Protonempfänger für II wesentlich ist. Diese ist aber im I-Analogen nicht zugänglich. Es besteht somit auch die Möglichkeit, daß die tuberkulostat. Wirksamkeit von I auf der intracellulären Bldg. eines inakt. II-Analogen beruht. (J. Amer. chem. Soc. **76**. 2841—42. 20/5. 1954. Madison, Wis., Veterans Admin. Hospital, Res. Div.) P. LOCH. 4330

Franz-Josef Pothmann, *Bakteriologische Studien über die Resistenz des Mycobacterium tuberculosis gegen Streptomycin und andere Tuberkulostatica.* Umfassende Arbeit über Auftreten u. Häufigkeit therapieresistenter *Tuberkelbakterien* (I), Methoden zur Resistenzbest. gegen Streptomycin u. andere Tuberkulostatica, Therapie mit Kombinationspräpp. u. Resensibilisierungsverss. resistenter I mit 724 Literaturangaben. Auch bei Kombinationstherapie kann latente Resistenz entstanden sein, die in vitro erst im Einzeltest sichtbar wird. Die Abhängigkeit des additiven bzw. synergist. Kombinationseffektes von bereits vorliegender Einzel- bzw. Mehrfachresistenz wird an Beispielen aufgezeigt; Resensibilisierungsverss. im Sinne gerichteter Mutationen mißlang in allen Fällen. Für die Ursachen der Resistenz müssen in erster Linie unabhängige u. spontane genet. Veränderungen verantwortlich gemacht werden. (Ergebn. Hyg., Bakteriol., Immunitätsforsch. exp. Therap. **29**. 248—393. 1955. Düsseldorf, Med. Akad., Inst. für Hygiene u. Mikrobiol.) H. GOEBEL. 4340

Samuel S. Wright, Kenneth Gale Potee und **Maxwell Finland** (unter Mitarbeit von **Clare Wilcox** und **Ann Najarian**), *Empfindlichkeit von Pseudomonas gegen zehn Antibiotica in vitro. Einige Eigenschaften kürzlich isolierter Stämme.* Vff. untersuchten 110 *Pseudomonas*-Stämme, die aus Patienten isoliert worden waren, auf ihre kulturellen u. biochem. Charakteristica. Jeder Stamm wurde auf seine in vitro-Empfindlichkeit gegen *Polymyxin*, *Streptomycin* (IV), *Chloramphenicol* (VII), *Chlortetracyclin* (III), *Oxytetracyclin* (I), *Tetracyclin* (II), *Neomycin* (V), *Erythromycin* (VI), *Penicillin* (IX) u. *Bacitracin* (VIII) getestet. Auf Gewichtsbasis war *Polymyxin B* am wirksamsten; alle Stämme wurden durch 6,3 μg/cm^3 oder weniger gehemmt; an nächster Stelle steht I, das etwas aktiver als II u. beträchtlich wirksamer als III war. Ein Teil der Stämme zeigte mäßige Empfindlichkeit gegen IV u. V. Typische Pseudomonas aeruginosa-Stämme waren mäßig oder hochempfindlich gegen VI u. VII; gegen VIII u. IX bestand durchweg auch in höchster Konz. Resistenz. Gegen III, IV, II u. V wurde gegenüber 1949 ein deutlicher Resistenzanstieg beobachtet; die Resistenzsteigerung gegen II u. V dürfte auf einer Kreuzresistenz mit III u. IV beruhen. Diskussion der Klassifizierung der Pseudomonas-Stämme. (Amer. J. clin. Pathol. **24**. 1121—32. Okt. 1954. Boston, Mass., Harvard Med. School, Dep. of Med. u. Thorndike Mem. Labor., Sec. and Fourth Med. Serv.) H. GOEBEL. 4340

P. Benigno, T. Berti und **L. Cima**, *Wirkung von Erythromycin allein und in Verbindung mit Oxytetracyclin und Penicillin auf Staphylococcus aureus.* Die Wrkg. von *Erythromycin* (I), *Oxytetracyclin* (II) u. *Penicillin* (III) auf wachsende Kulturen von Staphylococcus aureus wurde verglichen durch Unters. ihrer Wrkg. auf Wachstum (Protoplasmasynth.), Vermehrungsfähigkeit, Atmungsaktivität u. P-Aufnahme. I u. II setzen in jeder Wachstumsphase den Stoffwechsel herab, vermindern das Wachstum, hemmen die Teilung u. setzen die Zahl der lebensfähigen Organismen herab, während die P-Aufnahme nicht beeinflußt wird. III wirkt auf sich vermehrende Zellen u. bewirkt Zelltod u. Lysis. Die Ähnlichkeit zwischen I u. II wird dadurch verstärkt, daß I + II-Kombinationen additive Wrkg. besitzen, I u. II hindern die Zellteilung u. können dadurch antagonist. zur bakteriellen u. lyt. Aktivität von III wirken. (Antibiotics and Chemotherapy **4.** 1143—51. Nov. 1954. Padua, Italien, Ist. di Farmacologia dell'Univ. di Padova, Centro di Chemioterapia del C.N.R.) H. GOEBEL. 4340

Norman F. Knowlden und **Elizabeth Broomfield,** *Die Wirkung von Neomycin auf Brucella bronchiseptica bei der Prüfung von Polymyxin B.* Beschreibung einer statist. Unters. der Wrkg. von *Neomycin* beim *Polymyxin B*-Plattentest. Das Verf. erlaubt die mathemat. Berechnung der maximalen synergist. oder antagonist. Wrkg. von Kombinationen beider Präpp.; Diskussion einer klin. Anwendung der Methode. (Antibiotics and Chemotherapy **4.** 1167—73. Nov. 1954. Tuckahoe, N. Y., Borroughs Wellcome & Co. (USA), Inc., Control Labors.) H. GOEBEL. 4340

William Dvonch, Odette L. Shotwell, Robert G. Benedict, Thomas G. Pridham und **Lloyd A. Lindenfelser,** *Weitere Untersuchungen über Cinnamycin, ein Polypeptidantibioticum.* Es wird über die Reinigung von *Cinnamycin* (I), einem Polypeptidantibioticum aus *Streptomyces cinnamoneus,* seine Toxizität u. die Identifizierung seiner Aminosäurebestandteile berichtet. Charakterisierung von St. cinnamoneus. I wurde durch Gegenstromverteilung (53 Überführungen) gereinigt; das Präp. zeigte eine einzige akt. Bande bei der Verteilung. Im Hydrolysat konnten papierchromatograph. folgende 8 Aminosäuren nachgewiesen werden: *Asparaginsäure, Asparagin, Glutaminsäure, Prolin, Phenylalanin, Valin, Mesolanthionin* u. das *β-Methyllanthionin,* das auch aus *Subtilin* isoliert wurde; L-Cystathionin oder seine opt. Isomere wurden nicht gefunden. (Antibiotics and Chemotherapy **4.** 1135—42. Nov. 1954. Peoria, Ill., Northern Utilization Res. Branch, Ferment. Stat.) H. GOEBEL. 4340

R. G. Janke, *Studien über die Antibioticawirkung bei Sproßpilzen.* Die erfahrungsgemäße Begünstigung der Sproßpilzentw. durch *Penicillin-* bzw. *Aureomycin-* oder *Terramycin*-Behandlung kann auf Grund von Verss. mit *Candida albicans* u. *Torulopsis* sp., abgesehen von einer indirekten Förderung durch die Unterdrückung antagonist. Bakterien, auch auf eine unmittelbare Stimulierung des Sprossungsvorganges durch die Antibiotica zurückgeführt werden. (Zbl. Bakteriol., Parasitenkunde, Infektionskrankh. Hyg., I. Abt., Orig. **160.** 628—36. März 1954. Wien, Univ., Klinik für Geschlechts- u. Hautkrankheiten.) K. MAIER. 4340

R. G. Benedict, T. G. Pridham, L. A. Lindenfelser, H. H. Hall und **R. W. Jackson,** *Weitere Untersuchungen über die Auswertung von Kohlenhydratverwertungsresten als Hilfsmittel zur Differenzierung von Streptomycesspecies.* 147 Streptomycesstämme (75 Species) wurden auf die Fähigkeit, in Ggw. von 24 *C*-Verbb. auf dem synthet., C-freien Agarnährmedium von PRIDHAM u. GOTTLIEB wachsen zu können, geprüft. In der Zuckeralkoholreihe ermöglichte *Erythrit* nur in 9 von 137 Fällen, *Dulcit* nur in 1 von 41 Fällen Wachstum. Auf *D-Sorbit* wuchsen die meisten Species schlecht, auf *Adonit, D-Mannit* u. *i-Inosit* zum Teil gut. *D-Xylose* u. L-Arabinose gaben gute Resultate. In Ggw. von *L-Sorbose* erfolgte keine Entw., dagegen waren *L-Rhamnose, D-Fructose, K-5-Ketogluconat* u. *Ca-2-Ketogluconat* vielfach als C-Quelle geeignet. *Maltose* ist für Differenzierungszwecke ungeeignet, da diese von nahezu allen Stämmen gut verwertet wurde, während *Trehalose, Melibiose, Saccharose* u. *Lactose* hierfür verwendbar sind. *Äsculin* ermöglichte spärliches Wachstum von 51 Stämmen. Hochgereinigtes Dextran aus *Leuconostoc mesenteroides* eignete sich bei 58 von 147 Stämmen als C-Quelle. *Na-Acetat* u. *Na-Succinat* wurden fast von allen geprüften Stämmen gut verwertet. Für *Streptomyces aureofaciens, S. violaceoniger, S. coelicolor, S. griseus, S. lavendulae, S. fradiae, S. purpurascens, S. microflavus* u. *S. willmorei* wird das Verh. gegenüber den getesteten C-Quellen angegeben. (Appl. Microbiol. **3.** 1—6. Jan. 1955. Peoria, Ill., Northern Regional Res. Labor.) K. MAIER. 4350

Abram B. Stavitsky (unter techn. Mitarbeit von **C. C. Jarchow**), *Mikromethoden bei Arbeiten mit Proteinen und Antikörpern.* 1. Mitt. *Das Verfahren und die allgemeine Anwendung der Hämagglutination und der Hämagglutinationshemmungsreaktion mit roten, mit Tanninsäure und Proteinen behandelten Blutkörperchen.* Die 3 Phasen des Verf. (Behandlung mit Tanninsäure, Sensibilisierung mit Antigenen, Agglutination durch antikörperhaltiges Serum) werden eingehend geschildert, auf Fehlerquellen hingewiesen, die Grenzen der Nachweisbarkeit von Antigenen an Beispielen (Rinderalbumin, Eieralbumin, Diphtherietoxin) aufgezeigt. (J. Immunology **72.** 360—67. Mai 1954. Cleveland, O., Western Res. Univ., School of Med., Dept. of Microbiol.) E. FISCHOEDER. 4370

Abram B. Stavitsky, *Mikromethoden bei Arbeiten mit Proteinen und Antikörpern.* 2. Mitt. *Spezielle Anwendungsgebiete der Hämagglutination und der Hämagglutinationshemmungsreaktion mit roten, mit Tanninsäure und Proteinen behandelten Blutkörperchen.* (1. vgl. vorst. Ref.) Die wesentlichsten Anwendungsgebiete der Hämagglutination und Prüfungen von Antigenen u. Antikörpern auf ihre Reinheit u. Konz. durch wenig avide u. schwache Antikörper werden nachgewiesen. Es bestehen Unterschiede in der Empfindlichkeit der Meth. beim Nachw. auch nahe verwandter Proteine bzw. ihrer Antikörper, wie z. B. zwischen Eieralbumin u. Conalbumin. Die Hämagglutination eignet sich nicht zur Wertbest. eines Diphtherieserums vom Menschen oder Meerschweinchen, da die Seren auch andere als antitox. Antikörper gegen Diphtherieantigene enthalten u. deswegen von der biol. Prüfung abweichende Ergebnisse liefern können. (J. Immunology **72.** 368—75. Mai 1954. Cleveland, O., Western Res. Univ., School of Med., Dep. of Microbiol.) E. FISCHOEDER. 4370

J. R. Marrack und **Eva S. Orlans,** *Die Wirkung einer Acetylierung von Aminogruppen auf die Antigen–Antikörperreaktionen.* Die Mehrzahl der Aminogruppen verschied. Proteinantigene (Ag.), wie Albumine, Globuline, Diphtherietoxin, Lysozym u. der entsprechenden Antikörper (A.K.) wurde mit $(CH_3CO)_2O$ acetyliert. Acetylierte Ag. präcipitieren mit den homologen A.K. verzögert u. nicht vollständig. Acetylierte A.K. reagieren mit unbehandelten Ag. wesentlich schwächer, in einem Gemisch mit unbehandelten A.K. wirken sie wie inkomplette A.K. Eine Bindung acetylierter Ag. u. acetylierter A.K. tritt immer ein, sie präcipitieren aber nicht, weil diese Proteinmoll. entfaltet sind u. die negative Ladung zunimmt. (Brit. J. exp. Pathol. **35.** 389—401. Aug. 1954. London, Hosp. Med. Coll., Dep. of Chem. Pathol., u. Cambridge, Univ., Dep. of Pathol.) E. FISCHOEDER. 4370

Maria Bednara, *Die Beeinflussung des Virus fixe durch Hyaluronidase.* Zusatz von *Hunde*-Speichel oder Testes-*Hyaluronidase* (I) erhöht die Haftfestigkeit von Virus fixe bei Meerschweinchen u. Maus, unter gleichzeitig teils verkürzter Incubationszeit u. erschwertem Krankheitsverlauf. — Zusatz von I zu Impfstoffgemischen begünstigte teilweise deren Wirkung. (Z. Hyg. Infektionskrankh. **138.** 467—74. 1954. Bayer. Landesimpfanstalt.) H. GIBIAN. 4374

Wirt H. Wills, *Die Ausnutzung von Kohlenstoff- und Stickstoffverbindungen durch Phytophthora parasitica Dastur var. Nicotianae (Breda de Haan) tucker.* In einem Nährmedium, das $NaNO_3$ als N-Quelle enthielt, zeigten sich *Dextrin, Stärke, Saccharose, Maltose* u. *Cellobiose* in angegebener Reihenfolge als die besten C-Quellen. Organ. Säuren wurden nicht ausgenutzt. *Glycerin* wurde als einziger Alkohol verwertet; *Mannit, Dulcit, Sorbit* u. *Adonit* inhibierten das Wachstum der Pilze. Von 15 biol. wichtigen Aminosäuren wurde *Asparagin* am besten ausgenutzt. In einem Medium mit *Saccharose* als C-Quelle erwiesen sich *Ornithin, Histidin, Threonin, Serin, Prolin, Arginin* u. *Glutaminsäure* als gute N-Quellen. Anorgan. N wurde nur schwach verwertet. Als bestes Medium für experimentelle Unterss. an P. parasitica wird eine Lsg. aus lösl. Stärke u. Glutaminsäure empfohlen. (J. Elisha Mitchell sci. Soc. **70.** 231—35. Dez. 1954. Durham, N. C., Duke Univ., Dep. of Botan.) G. WELTZIEN. 4380

Calvin N. Wolf, Paul H. Schuldt und **M. M. Baldwin,** *symm.-Triazinderivate, eine neue Klasse von Fungiciden.* Eine Reihe von *2.4-Dichlor-6-arylamino-symm.-triazinen* (I) u. *2.4-Dichlor-6-aryloxy-symm.-triazinen* (II) besitzt hohe fungitox. Wirksamkeit, wie Teste an *Alternaria oleracea* MIL. (A) u. *Sclerotinia fructicola* WINT. (B) ergaben. Ersatz von mehr als 1 Cl des Cyanurchlorids (III) durch die Aryloxygruppe verringert die fungitox. Wirkung. Die meisten Aryloxyderivv. besaßen eine geringe Phytotoxizität (Bohnen, Mais, Tomatenpflanzen). I-Verbb. besaßen gegen Bohnen, Mais u. Tomatenpflanzen keine oder unbedeutende Toxizität u. waren gegenüber beiden Testorganismen sehr stark wirksam. Mit der

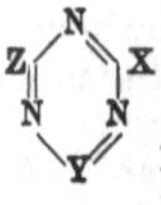
II

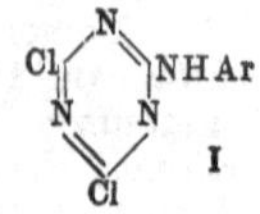
I

aktivsten Verb., *2.4-Dichlor-6-[o-chloranilino]-symm.-triazin,* laufen zur Zeit Feldverss. zur Prüfung als Blattfungicid. Die Darst. der Triazinderivv. erfolgte durch Umsetzung von II mit Arylaminen oder Phenolen, wobei die Halogenatome stufenweise ersetzbar sind. Untersuchte Verb.: I, Aryl = *Phenyl,* DL_{50} mg%) bei **A** 0,002, **B** 0,4; *p-Tolyl,* 0,005, 0,9; *p-Nitrophenyl,* 0,004, > 100; *p-Azobenzol,* > 100, > 100; *α Naphthyl,* 0,02, 0,2; *β-Naphthyl,* 0,02, 6; *o-Diphenyl,* 0,1, > 100; *p-Diphenyl,* 20, >100; *o-Chlorphenyl,* 0,04, 0,15; *m-Chlorphenyl,* 0,01, 0,5; *p-Chlorphenyl,* 0,002, 0,8; *2,5-Dichlorphenyl,* 0,02, 0,2; *o-Bromphenyl,* 0,001, 015; *m-Bromphenyl,* 0,001, 0,5; *p-Bromphenyl,* 0,002, 0,6; **II** X = *Cl,* Y = *Cl,* Z = Phenoxy, **A** 0,7, **B** 0,85; *Cl, Cl, β-Naphthoxy,* 0,03, 0,07; *Cl, Cl, o-Chlorphenoxy,* 0,3, 0,1; *Cl, Cl, p-Chlorphenoxy,* 0,0005, 0,05; *Cl, Cl, 2.4-Dichlorphenoxy,* (**IV**). 0,5, 0,2; *Cl,* **IV, IV,** 25, 14; **IV, IV, IV,** >100, >100; *Cl, Cl, 2.4.5-Tri-*

chlorphenoxy, 0,07, 0,15; *Cl, Cl, 2.3.4.6-Tetrachlorphenoxy*, 0,3, 0,6; *Cl, Cl, Pentachlorphenoxy*, >100, >100. (Science [Washington] **121**. 61—62. 14/1. 1955. Detroit, Mich., Ethyl Corp., Res. Labor.; Yonkers, N. Y., Boyce Thompson Inst.; Columbus, O., Battelle Memorial Inst.) K. MAIER. 4380

Harry Seneca, *Fungicide Eigenschaften von Antihistaminicis.* Im Hinblick auf die Veröffentlichungen von REISS u. CAROLINE (vgl. vorst. Ref.) u. von CARSON u. CAMPBELL (C. **1951**. II. 3043) weist Vf. auf eigene Arbeiten über die fungicide Wrkg. von *Antihistaminicis* (I) hin, die ähnliche Ergebnisse wie die der genannten Vff. hatten, deren Publikation infolge Ablehnung durch die Redaktion einer bakteriol. wie pharmakol. Zeitschrift unterblieb. *Trimetonmaleat, Chlortrimeton, Thephorin* (II), *Antistin, Benedryl* (III), *Histadyl, Neoantergan* u. *Pyribenzamin* zeigten gegenüber den als Testobjekten verwendeten pathogenen Pilzen *B. dermatitidis, Coccidiodis immitis, Trichophyton rubrum, Candida albicans* u. *Cryptococcus neoformans* fungicide Eigg., wobei II u. III am wirksamsten waren. Vf. nimmt an, daß alle I auf die Pilze Hemmwrkg. ausüben. (Science [Washington] **115**. 48—49. 11/1. 1952. Columbia Univ., Coll. of Physic. and Surg.) K. MAIER. 4380

Frederick Reiss und **Leona Caroline,** *Der Stoffwechsel von Blastomyces dermatitidis, Antagonisten der Wachstumshemmung durch Trimeton–Maleat.* 28 Albinomäuse wurden intraperitoneal mit einer starken Suspension von 2 Wochen auf Blutagar gezüchteten *Blastomyces dermatitidis* (I) in 4% Maltose u. 1% Peptonwasser infiziert. 2mal 20 mg/kg *Trimeton–Maleat* (II; *Maleinsäure-1-phenyl-α-pyridyl-3-dimethylaminopropylester*; SCHERING CORP.) wurden täglich subcutan injiziert. Diese Verss. zeigten keine therapeut. u. keine prophylakt. Wrkg. von II. Zur Aufklärung des Hemmungsmechanismus des II wurden einer Kultur von I, in 0,03mol. II, 4% Glucose u. 1% Neopeptonagar 1. 200 bis 600 mg/ml Neopepton Difco (III), 2. eine entsprechende Menge Asche von III (IV), 3. *Histamindihydrochlorid* (V), 4. *l-Histidinmonohydrochlorid* (VI) zugesetzt. IV hob die Hemmung durch II mit zunehmender Konz. steigend auf. Der Mineralstoffanteil des III ist also der Hemmungsantagonist von II. Der Mol.-Konz. entsprechende u. doppelte Mengen der Kationen Mg^{2+}, Na^+, K^+, Ca^{2+}, Ba^{2+}, Sr^{2+} u. Fe^{3+} zeigten eine nachweisbare Umkehr der Hemmung durch II. Li^+ u. Ni^{3+} wirkten nicht in diesem Sinne. Die zuerst genannten Kationen mögen vielleicht in den durch II gehemmten Enzymsystemen von I eine Rolle spielen. V u./oder VI (0,5—3 Moläquivalente von II) heben die Hemmung des I-Wachstums durch II nicht auf. (Science [Washington] **114**. 15—17. 6/7. 1951. New York, N. Y., Univ., Post-Grad. Med. School, Dep. of Dermatol. and Syphilol. and Bellevue Hosp.) H. CARLS. 4380

E_4. Pflanzenchemie. Pflanzenphysiologie. Pflanzenpathologie.

Simon Freed, Kenneth M. Sancier und **Alfred H. Sporer,** *Über eine Chlorophyllsubstanz, die bei Vergleich mit Chlorophyll b ein sehr ähnliches Spektrum zeigt.* Bei Erhitzen von *Chlorophyll b* (I) mit oder ohne Lösungsm. in Abwesenheit von O_2 u. W. wird chromatograph. neben *Chlorophyll b'* (II) eine weitere Chlorophyllsubstanz (III) festgestellt, deren Eigg. hinsichtlich Spektr., Fluorescenz u. Lsg. fast mit denen von I ident. sind. III reagiert im Vgl. mit I aber nicht im MOLISCH-Phasentest. Vff. sind der Ansicht, daß I, II u. III mit den drei möglichen oft diskutierten Tautomeren ident. sind. Es sind Anzeichen vorhanden, daß in der Chlorophyll a-Reihe analoge Verbb. existieren. Die bisher unbekannte Verb. III wird *Chlorophyll b''* genannt, analog dazu *Chlorophyll a''*. — Wellenlängen in Å der Absorptionsmaxima der Lsgg. von Chlorophyllsubstanzen bei 300° K, Lösungsm.: 10% n-Propyläther (IV) in Methylcyclohexan u. bei 75° K: 10% IV in 1:1 Propan/Propen — *Chlorophyll b:* 75° K —4765; 6436 — 300° K 4512; 6411 — *Chlorophyll b':* 4756; 6447—4535; 6427 — *Chlorophyll b'':* 4736; 6443 — 4506; 6411. (J. Amer. chem. Soc. **76**. 6006—08. 5/12. 1954. Upton, N. Y., Brookhaven Nat. Labor., Chem. Dep.) G. BRATFISCH. 4420

Roberta M. Ma und **P. S. Schaffer,** *β-Sitosteryl-D-glucosid und β-Sitosterin aus handelsüblichem getrockneter Grapefruitpulpe.* Durch methanol. Extraktion konnte aus Grapefruitpulpe neben viel *β-Sitosterin* (I) eine geringe Menge *β-Sitosteryl-D-glucosid* (II) isoliert werden. Der Extrakt wurde im Vakuum konz., der Nd. durch Zentrifugieren abgetrennt u. mit PAe. gewaschen. Der Nd. enthält das meiste II. Nach Zufügen von je 1 Vol. W. u. PAe. zum überstehenden Methanol bilden sich zwei Schichten aus, an deren Grenzfläche eine feste Substanz ausgeschieden wird, die hauptsächlich aus II besteht. Sie wurde mit obigem Nd. vereinigt u. mit Aceton versetzt (zur Entfernung von Limonin u. I). Der Rückstand wurde mit 0,1nNaOH behandelt zur Entfernung von Hesperidin. Das in Alkali unlösl. II wurde aus heißem 95%ig. A. krist. erhalten. 8,65 g (0,0058%) Ausbeute. — I u. II besitzen geringe fungicide Wirksamkeit gegenüber Fusarium oxysporum f. lycopersici u. anderen Pilzen.

Versuche: *β-Sitosterin* (I), $C_{29}H_{50}O$, F. 134—134,5°, 1. durch Hydrolyse von II mit einer Mischung von 4nHCl, Amylalkohol u. 95%ig. A., 2. aus Pulpe durch obiges Isolierungsverf.; aus heißem 85%ig. A.; $[\alpha]_D^{24}$ —37,1 ± 1,5° in Chlf.; der Zucker im Hydrolysat konnte als Glucose identifiziert werden. *Acetat*, $C_{31}H_{52}O_2$, F. 124—124,5°, aus heißem 95%ig. A.; $[\alpha]_D^{23}$ —40,2 ± 3° in Chloroform. *Benzoat*, $C_{36}H_{54}O_2$, F. 144 bis 144,5°; aus heißem 95%ig. A.; $[\alpha]_D^{23}$ —14,7 ± 3° in Chloroform. Infrarotmessungen an I (vgl. Original). — *β-Sitosteryl-D-glucosid* (II), $C_{35}H_{60}O_6$, F. 290—291° (im Vakuum); unlösl. in W., Alkali, Säuren u. den meisten organ. Lösungsmitteln, wenig lösl. in Methanol u. A., lösl. in Pyrimidin; $[\alpha]_D^{21}$ —46,9 ± 1,5° in frisch dest. Pyridin. *Tetraacetat*, $C_{43}H_{68}O_{10}$, F. 165—165,5°; aus heißem 95%ig. A.; $[\alpha]_D^{21}$ —36,8 ± 2° in Pyridin. *Tetrabenzoat*, $C_{63}H_{76}O_{10}$, F. 190—190,3°; aus heißem 95%ig. A.; $[\alpha]_D^{20}$ +16,1 ± 2° in Chloroform. Infrarotmessungen an II (vgl. Original). (Arch. Biochem. Biophysics **47.** 419—23. Dez. 1953. Philadelphia Pa., Eastern Region. Res. Labor.) H. KOBLITZ. 4420

Edward A. Wilder und **Eugene D. Kitzke**, *Wachsbestandteile der „saw palmetto", Serenoa repens (Bartr.) Small.* Die sonnengetrockneten Zwergpalmenblätter wurden zuerst durch Abbürsten vom sich abblätternden Wachs befreit u. dann mit Heptan extrahiert. Zwischen beiden so gewonnenen Wachsarten bestand kein Unterschied: SZ. 16,3, VZ. 101,5, F. 81,2°, JZ. 9,8. Das Wachs ist hart, braun u. etwas harzartig im Äußern. Ausfälltemp. 98°. Es enthält ca. 13% harzartige Stoffe, von denen 6,5 % weich u. klebrig sind (durch Auslaugen mit kaltem Aceton zu beseitigen) u. 6,5% hart (unlösl. in kochendem Propanol). (Science [Washington] **120.** 108—09. 16/7. 1954. Recine, Wisc., S. C. Jobason & Son, Inc., Basic Res. Dep.) H. PATZSCH. 4420

Otto Härtel und **Ernst Papesch**, *Über die Wachsausscheidungen von Coniferen.* Mit Hilfe der durch Abkochung von Coniferennadeln entstehenden Trübung durch Schmelzen u. Emulsion des anhaftenden Wachses führen Vff. photometr. einen „Trübungstest" zur quantitativen Erfassung der Wachsmenge durch. Eine Trübung von 50% entspricht 4,7 mg Wachs je g Frischnadelgewicht. Der Wachsgeh. steigt mit dem Alter der Nadeln, ist abhängig von der Insertionshöhe der Äste, Exposition u. Jahreszeit. Schon geringe Mengen SO_2 aus Industrieabgasen steigern die Wachsabscheidung. Diese Tatsache kann für Rauchschädendiagnostik verwertet werden. (Ber. dtsch. bot. Ges. **68.** 133—41. 1955. Graz, Univ., Pflanzenphysiol. Inst.) H.-W. GRAMM. 4450

Victor Caumartin, *Bildung der Phosphorsäureverbindungen in der Karyopse einer Sommerweizensorte während der Keimung in Kulturboden.* Es wurden die Karyopsen im Ruhezustand u. in 3 Stadien der Keimung bis zur Bewurzelung auf die Phosphorsäureverbb. im Embryo, Kleberschicht, sonstigem Eiweiß u. Pericarp untersucht. Die Karyopsen enthalten nur Spuren von Eiweiß (I)-P-Verbb., dagegen viel Lipoid (II)- u. Kohlenhydrat (III)-phosphate. An Einzelwerten (als P_2O_5 in % der Trockensubstanz) wurden im Ruhezustand gefunden: In der Kleberschicht 1,02 an II u. 1,69 an III gebunden; im Embryo entsprechend 0,86 u. 0,009, außerdem 0,01 an I gebunden; im Pericarp 0,09 an II gebunden; im restlichen Eiweiß keine P-Reserven. Nach Beginn der Keimung ergeben sich folgende Verschiebungen (einschließlich P-Aufnahme aus dem Boden): Pericarp: Anstieg auf 5,53 I-, 1 II- u. 7,18 III-gebunden; beim Erscheinen der Koleoptilen ist dieser Gesamtwert von 13,71 auf 8,87 zurückgegangen; Embryo: 2,33 I-, 2,40 II- u. 1,40 III-gebunden; Kleberschicht: Absinken des Gesamtwertes von 2,71 auf 0,01; im restlichen Eiweiß Anstieg von 0,0 auf 0,32 u. Wiederabsinken auf 0,0, offenbar im Zusammenhang mit dem Stärkeabbau; Koleoptilen wiesen 9,12, junge Wurzeln 11,05% auf, Pericarp u. Embryo synthetisieren bes. Phospholipoide; die Werte für II-gebundenes P_2O_5 steigen hier im weiteren Verlauf der Keimung auf 4,99 bzw. 5,85%. Das Pericarp dient während der Keimung als „provisor. Wurzel" mit intensivem, komplettem P-Stoffwechsel. Vf. regt an, das Getreide vor der Aussaat einer Behandlung mit lösl. Phosphaten zu unterziehen. (C. R. hebd. Séances Acad. Sci. **237.** 743—45. 5/10. 1953.) W. SCHUPHAN. 4455

Albert W. Frenkel, *Wasserstofffreisetzung durch die Flagellatengrünalge Chlamydomonas moewusii.* In ausführlichen Verss. konnte Vf. zeigen, daß Chlamydomonas moewusii, in gleicher Weise wie von GAFFRON u. RUBIN (J. gen. Physiol. **26.** [1942.] 219) an Scenedesmus beobachtet, H_2 entwickelt. Unter anaeroben Bedingungen u. in Dunkelheit werden H_2 u. CO_2 im Verhältnis von H_2/CO_2 = 0,5 gebildet. Bei steigender Lichteinw. wird zunächst die H_2-Entw. bis zu einem Verhältnis H_2/CO_2 = 1,7 gesteigert, dann zunehmend gehemmt. Die H_2-Entw. wird durch eine H_2-Atmosphäre gehemmt, durch N_2 u. NH_4Cl dagegen nicht beeinflußt. (Arch. Biochem. Biophysics **38.** 219—30. Juli 1952. Minneapolis, Minn., Univ. of Minnesota, Dep. of Botany.) F. KRUSEN. 4460

P. A. Kolessnikow, *Oxydation von Glyoxal in Extrakten aus grünen Blättern.* In einer früheren Arbeit (vgl. C. **1951.** I. 2308) hatte Vf. nachgewiesen, daß unter bestimmten Verhältnissen in den grünen Blättern *Glyoxalsäure* (I) angereichert wird, als deren Vorläufer die *Glykolsäure* (II) anzusehen ist. In Verss. mit Blättern von Gerste u. Kok-Saghyz wurde nun gezeigt, daß in den Blattextrakten eine Oxydation von *Glyoxal* (III) erfolgt. Papierchromatograph. konnte nachgewiesen werden, daß weder in den Suspensionen der Blätter noch in den angewandten III-Lsgg. eine Dismutation von III zu II stattfindet. Die III-Oxydation erfolgt auch nicht über cycl. Verbindungen. Die III-Oxydation in den Blattextrakten erfolgt unter Mitwrkg. der Aldehydoxydase, die mit der II-Oxydase Ähnlichkeit hat. Im Blattextrakt der Gerste wird III durch p-Benzochinon zu I oxydiert. Bei Luftzutritt verläuft diese Rk. unter Red. des Chinons gleichzeitig u. unabhängig von der Dunkelred. des Chinons. Die Ergebnisse sprechen für eine Beteiligung von II am Stoffwechsel der grünen Pflanzen. (Доклады Академии Наук СССР [Ber. Akad. Wiss. UdSSR] [N. S.] **90.** 221—24. 11/5. 1953. Bach-Inst. für Biochem. der Akad. der Wiss. der UdSSR.) O. LEBTAG. 4460

R. G. S. Bidwell, G. Krotkov und **G. B. Reed,** *Synthese von radioaktivem Glutamin aus* $^{14}CO_2$ *in Schweizer Artischockenblättern und seine Isolierung durch Papierchromatographie.* Die Blattstiele abgetrennter Blätter der Runkelrübe, der Schweizer Artischocke u. des Tabaks wurden am Licht in 0,1mol. NH_4NO_3-Lsg. eingetaucht u. die gebildete *Glutamin* (I)-Menge nach verschied. Zeiten in Teilen der Blätter bestimmt. Es fand eine erhebliche Zunahme an I statt. Nach 5 Tagen wurden in den Blättern der Schweizer Artischocke 5% I, bezogen auf Frischgewicht, festgestellt, während die Zunahme anderer Aminosäuren nur gering war. Es wird daraus geschlossen, daß I direkt oder indirekt bei der Photosynth. aus CO_2 entsteht. Bei Begasung mit $^{14}CO_2$ wurden unter den gegebenen Bedingungen 28% des ^{14}C in das I-Mol. eingebaut. Die Isolierung des akt. I gelang besser auf chromatograph. als auf chem. Wege. So konnten 71,6% des verfügbaren I in 99%ig. Reinheit gewonnen werden. (Arch. Biochem. Biophysics **48.** 72—83. Jan. 1954. Kingston, Ontario, Can., Queen's Univ., Dep. of Biol. and Bact.) H. KATHEN. 4460

R. F. Dawson, David R. Christman und **R. Christian Anderson,** *Alkaloid-Biogenese.* 4. Mitt. *Das Unvermögen der* $^{14}C_{(COOH)}$*-Nicotinsäure und seines Äthylesters zur Biosynthese von Nicotin.* (3. vgl. C. **1952.** 2861.) Aus Tabakwurzelkulturen unter Zusatz von $^{14}C_{(COOH)}$-Nicotinsäure (I) u. seines Äthylesters (II) wurde Nicotin (III) als Dipikrat (F. ca. 224°) isoliert u. durch trockene Zers. in $BaCO_3$ übergeführt, welches prakt. keine Radioaktivität zeigte. Aus dem nach der Extraktion der Alkaloide verbliebenen wss. Rückstand der Wurzeln wurde I isoliert. Dies beweist, daß I tatsächlich aufgenommen worden ist. Ebenso wurde I aus den Versuchsreihen mit II nach der Extraktion des III u. folgende Hydrolyse erhalten.

V e r s u c h e: $^{14}C_{(COOH)}$*-Nicotinsäure* (I), Darst. aus 3-Brompyridin, n-Butyl-Li u $^{14}CO_2$, Sublimation im Hochvakuum; Radioaktivität 3,59 μC/mg C. — *Äthylester* (II) aus einer Mischung von 1,921 g Nicotinsäure u. 0,058 g I in Ae. durch langsames Zufügen einer Lsg. von CH_2N_2 in Ae. bis zum Aufhören der N_2-Entw., Abtreiben des Ae. u. Dest. unter 0,1 mm, 90% (Ausbeute); Radioaktivität ca. 0,1 μC/mg C. (J. Amer. chem. Soc. **75.** 5114—16. 20/10. 1953. Upton, Long Island, N. Y., Brookhaven Nat. Labor., Chem. Dep.) E. HANSCHKE. 4460

Luigi Marimpietri, *Die heutigen Ansichten über das erste Produkt der Photosynthese mit Chlorophyll.* Überblick über die neuere Entw. der Kenntnisse von der Photosynth. mit Chlorphyll mit schemat. Darst. der von CALVIN u. von KREBS angegebenen Cyclen. (Chimica [Milano] [N. S.] **8** (29). 92—96. April 1953. Ann. Staz. chim. agrar. sperim. Roma [3] **1952.** Pubbl. Nr. 72.) R. K. MÜLLER. 4460

Karl Paech u. **Michael Tracey,** Hrsg. Moderne Methoden der Pflanzenanalyse. Bd. 3. Berlin, Göttingen, Heidelberg: Springer. 1955. (XII + 761 S. m. 77 Abb.) 8°. DM 138,—.

E_5. Tierchemie. Tierphysiologie. Tierpathologie.

Hiroshi Wako, *Isolierung und Identifizierung von Methylglyoxal (Brenztraubensäurealdehyd) aus menschlicher Milch.* 1. u. 2. Mitt. Es wurde bisher angenommen, daß athiaminot. menschliche Milch *Brenztraubensäure* (I) enthält u. deshalb giftig ist, *Methylglyoxal* (II) wurde bisher in Frauenmilch nicht nachgewiesen. Es gelingt Vf., in ARKAWA-negativer Frauenmilch neben dem *2.4-Dinitrophenylhydrazon* des *Acetaldehyds*, $C_8H_8N_4O_4$, F. 157°, II als II-*bis-2.4-dinitrophenylhydrazon,* $C_{15}H_{12}N_8O_8$, F. 297°, bzw. als II-*bis-p-nitrophenylhydrazon,* F. 277°, neben dem p-Nitrophenylhydrazon des Acetaldehyds eindeutig nachzuweisen, während I weder isoliert noch identifiziert werden konnte. (Tohoku J. exp. Med. **57.** 181—90. 25/2. 1953. Sendai, Tohoku Univ., Fac. of Med., Dep. of Pediatrics. [Orig.: engl.]) H. P. FIEDLER. 4520

Hiroshi Wako, *Isolierung und Identifizierung von Methylglyoxal (Brenztraubensäurealdehyd) aus menschlicher Milch.* 3. Mitt. *Identifizierung des Acetaldehyds und des*

Methylglyoxals durch Papierchromatographie. (1. u. 2. vgl. vorst. Ref.) Unter Verwendung von mit W. gesätt. Xylol u. Essigsäure (4:1) als Lösungsm. für p-Nitrophenylhydrazone bzw. von mit W. gesätt. n-Butanol für 2.4-Dinitrophenylhydrazone gelingt es mit Hilfe der Papierchromatographie in menschlicher Milch Methylglyoxal u. Acetaldehyd nachzuweisen, während Brenztraubensäure auch auf diesem Wege nicht nachgewiesen werden kann. Die R_F-Werte der einzelnen Verbb. werden angegeben. (Tohoku J. exp. Med. **57.** 191—97. 25/2. 1953. [Orig.: engl.]) H.-P. FIEDLER. 4520

L. F. Cavazos und **R. M. Melampy**, *Eine vergleichende Untersuchung der mit Perjodat reagierenden Kohlenhydrate in den Testes von Wirbeltieren.* Vff. untersuchen die morpholog. Verteilung von *Glykogen* (I) in testiculären Geweben von Stier, Widder, Eber, roten Hampshire- u. weißen Leghornhähnen, Horneidechsen (Phognosoma cornutum), Grasfröschen (Rana pipiens) u. Blaukiemenfischen (Leponus macrochirus) mit Hilfe der SCHIFF-Meth., bei der Substanzen mit 1.2-Glykolbindungen durch Einw. von Perjodat zu Polyaldehyden oxydiert u. durch ihre Farb-Rk. mit fuchsinschwefliger Säure nachgewiesen werden. I wird an den Wänden der Arteriolen u. Venulen u. im Interstitium der Stierhoden, in der Tunica albuginea, den LEYDIG-, SERTOLI- u. Keimzellen der Eidechse u. des Frosches u. in der Bindegewebsscheide der Fischtestes identifiziert. Eine positive SCHIFF-Rk. wird auch in den interstitiellen Zellen, den Wänden der Blutgefäße, der Basalmembran der seminiferen Tubuli u. dem Cytoplasma der SERTOLI- u. Keimzellen aller Tierarten mit Ausnahme des Fisches festgestellt. Bei diesem kommt I im interlobulären Bindegewebe vor. Bei Stier, Widder, Eber, Hahn u. Eidechse lassen sich mit Hilfe der SCHIFF-Meth. die 4 Phasen der Spermatogenese verfolgen, die mit der Bldg. des Achrosoms beginnt. Eine solche läßt sich dagegen bei Fröschen oder Fischen nicht beobachten. (Amer. J. Anatomy **95.** 467—95. Nov. 1954. Ames, Io., Iowa State Coll., Iowa Agricult. Exp. Stat.) P. FAHRNLAENDER. 4520

K. I. Tscherenowa, *Zur Frage des Glykogengehalts im Epithel der Mundhöhlenschleimhaut.* Das Epithel der gesunden Mundschleimhaut enthält bedeutende Mengen *Glykogen* (I) in Form feiner Körnchen, bes. in der 4.—5. Reihe des Stratum spinosum, während es sich in der 8.—9. Reihe u. später in Form von Halbmonden in der Zellbasis findet. Verhornte Zellen enthalten gelöstes u. diffus sich färbendes I. Bei geringeren katarrhal. Entzündungen mit kleinzelliger Infiltration finden sich bedeutende I-Mengen, bes. in den oberen Schichten des Epithels. Bei starken entzündlichen Prozessen mit vacuolärer Degeneration ist kein oder nur wenig I zu finden. In der Basalschicht ist I weder unter n. Verhältnissen, noch bei entzündlichen Zuständen enthalten. (Стоматология [Stomatologie] **1955.** Nr. 3. 19—20. Mai/Juni. Molotow, Med. Stomatol. Inst., Lehrstuhl für chir. Stomatol.) E. RENTZ. 4520

T. T. Beresow, *Derzeitige Ansichten über die Prozesse der Harnstoffbildung im tierischen Organismus.* Vf. kommt an Hand der Literatur (über 90 Literaturangaben) zur Erkenntnis, daß als Quelle des einen N-Atoms im *Harnstoff* (I)-Mol. NH_3 anzusehen ist, welches bei der Synth. von *Citrullin* (II) aus Ornithin in den Cyclus der I-Bldg. eintritt, während als Quelle des 2. N-Atoms die Aminogruppe der *l*-Asparaginsäure zu gelten hat, auf deren Kosten die Umwandlung von II in Arginin erfolgt. (Успехи Современной Биологии [Fortschr. gegenwärt. Biol.] **39.** 257—75. Mai/Juni 1955.) E. RENTZ. 4520

Th. Spreter von Kreudenstein, *Dentinstoffwechselstudien.* 1. Mitt. *Über den Dentinliquor.* Im Dentin vitaler Zähne läßt sich ein fl. Kanälcheninhalt nachweisen, der sogenannte *Dentinliquor* (I), der jedoch nicht spontan aus den traumat. geöffneten Kanälchen austritt, sondern erst nach plötzlichem Temperaturwechsel sichtbar wird. Papierchromatograph. wurden in I regelmäßig *Alanin, Asparaginsäure, Valin, Serin, Threonin, Glutaminsäure, Leucin* u. *Phenylalanin* festgestellt. Der Gesamteiweißgeh. von I liegt bei höchstens 3%, so daß I nicht mit dem Blutplasma ident. sein kann; dagegen entspricht der Eiweißgeh. annähernd dem der Zwischengewebsflüssigkeit. (Dtsch. zahnärztl. Z. **10.** Nr. 6. 473—76. 15/3. 1955. Kiel, Univ., Zahnärztl. Inst. u. Klinik für Zahn-, Mund- u. Kieferkrankheiten, Abt. für Zahnerhalt. u. Inst. für Physiol. Chem. u. Physikochem.) G. KLESSE. 4520

Johannes Stüben, *Dentinstoffwechselstudien.* 2. Mitt. *Polarometrische Bestimmung des Sauerstoffverbrauches im überlebenden Dentin.* (1. vgl. vorst. Ref.) Polarometr. wurde der O_2-Verbrauch des überlebenden Dentins von extrahierten Zähnen in cm^3 O_2 pro mg Trockengewicht u. Std. (Q_{O_2}) gemessen. Der Q_{O_2}-Wert beträgt im Mittel $-0{,}0013$ ($\pm 0{,}0004$). Ein O_2-Verbrauch des Dentins von vitalen Zähnen ist noch bis zu 5 Std. nach der Extraktion nachweisbar, dagegen konnte kein O_2-Verbrauch devitaler Zähne festgestellt werden. (Dtsch. zahnärztl. Z. **10.** 949—52. 1/7. 1955. Kiel, Univ., Zahnärztl. Inst. u. Klinik für Zahn-, Mund- u. Kieferkrankheiten, Abt. für Zahnerhalt. u. Hygiene-Inst.) G. KLESSE. 4520

H. D. Landahl, *Eine Annäherungsmethode zur Bestimmung der Diffusions- und Permeabilitätskoeffizienten in Nervensträngen.* (Bull. math. Biophysics **16.** 171—79. Juni 1954. Chicago, Ill., Univ., Committee on Mathemat. Biol.) G. BRATFISCH. 4550

Paul H. Maurer, *Dextran, ein Antigen beim Menschen.* An Versuchspersonen wurde festgestellt, daß *Dextran* (I) verschied. Herkunft bei Injektion von 1 mg Antigencharakter hat. Gleichzeitig mit der Erhöhung des fällbaren N im Serum traten meist Haut-Rkk. auf. Die Ggw. von Antikörpern von Pneumokokken–Polysacchariden, die mit I bei Kaninchen u. Pferden Kreuz-Rkk. geben, scheint wenig mit der menschlichen Rk. gegenüber I zu tun zu haben. Die sich nach der Immunisierung mit I bildenden, für I spezif. Antikörper wurden noch nach einem Jahr nachgewiesen. (Proc. Soc. exp. Biol. Med. **83.** 879—84. Aug./Sept. 1953. Pittsburgh, Pa., Univ., School. of Med., Dep. of Pathol.) W. WILLENBERG. 4551

H. Merkel und **W. Dontenwill,** *Die Wirkung chronischer parenteraler Eiweißzufuhr auf Blut und blutbildendes Gewebe.* Weiße Mäuse erhielten über 196 Tage subcutan *Nutrose*-Injektionen. Die Lymphocytenzahlen des Blutes dieser Tiere waren immer erhöht, doppelkernige Lymphocyten u. Teilungsformen waren selten, Segmentkernige waren vermindert u. Plasmazellen wurden nicht gefunden. Milz u. Lymphknoten zeigten nach dem Vers. keine Schädigung. Nach diesen Befunden wird die chron. Zufuhr artfremden Eiweißes ausgeglichen. (Frankfurter Z. Pathol. **65.** 323—29. 1954. Kiel, Univ., Pathol. Inst.) K. HEYNS. 4551

Fritz Hahn, *Zur Anaphylatoxinfrage.* Oxalatplasma gesunder Meerschweinchen enthält durchschnittlich 0,077 γ/cm³ *Histamin* (I), im Vetren (Heparin)-Plasma liegen die Werte höher. Im Gesamtblut beträgt der Mittelwert 0,32 γ/cm³, da die zelligen Blutelemente, bes. die Leukocyten, Hauptträger des Blut-I sind. Nach Injektion von Meerschweinchenserum nimmt der I-Geh. im Gesamtblut infolge sinkender Leukocytenzahl im strömenden Blut ab. Nach Injektion von Anaphylatoxin (II), das aus Meerschweinchenserum durch Inulinbehandlung gewonnen wurde, erfolgt, sofern ein tödlicher Schock eintritt, eine I-Zunahme bis 1,20 γ/cm³, die auf eine I-Ausschüttung aus dem Gewebe zurückgeführt wird; denn die morpholog. Veränderungen im Blut verlaufen nicht parallel mit der Schwere des Schocks. Überleben die Tiere die II-Injektion, so sind die I-Werte erniedrigt (0,07—0,26 γ). — *Dextran,* das für Ratten tox. ist, erzeugt in Rattenserum ein für Meerschweinchen bes. wirksames II. (Naturwissenschaften **41.** 465—69. 2. Okt.-H. 1954. Düsseldorf, Pharm. Inst., Univ.) E. FISCHOEDER. 4551

Otto M. Lilien, *Spezifische Schilddrüsenantikörper.* Kaninchen wurden mit NaCl-Extrakten aus Rattenschilddrüsen (RS) immunisiert. Das gewonnene Serum gab bei der Komplementbindungs-Rk. nur spezif. Rkk. mit RS. 40 Ratten wurden in Abständen von 3 Tagen mit 5 mal 1 cm³ des Kaninchenserums geimpft. Nach 2 oder 4 Wochen erhielten die Ratten 4 mC ^{131}J u. wurden 4 Std. später getötet. Die RS-Gewichte waren red., die Follikelepithelien bes. an den Zellkernen schwer verändert, aber der ^{131}J-Gesamtgeh. der RS entsprach dem bei mit Normalkaninchenserum behandelten Kontrolltieren. (C. R. Séances Soc. Biol. Filiales **148.** 1572—73. Okt. 1954. New York, Columbia Univ., Francis Delafield Hosp., Dep. of Surg., Columbian presbyterian med. Center.) E. FISCHOEDER. 4551

A. Bernelli-Zazzera und **M. Bassi,** *Untersuchungen über die vacuoläre Degeneration. Der Einfluß der Sauerstoffspannung, des osmotischen Drucks und der Dissoziation der Oxydation auf die Leberzellen in vitro.* Unter den Bedingungen der Hypoxie (3% O_2, 97% N_2) zeigten Leberschnitte von Ratten eine deutliche Abnahme des O_2-Quotienten; der Wassergeh. nahm dabei zu, wie aus der Best. des „Saccharose (I)-Raums (Menge der durch das Trockengewebe gebundenen I) hervorgeht. Im hypotonen Milieu gehaltene Leberzellen nehmen erwartungsgemäß W. auf, während der O_2-Verbrauch unbeeinflußt bleibt. Gleichzeitige Hypoxie steigert die Wasseraufnahme. *2.3-Dinitrophenol* steigert die Wasseraufnahme nur in Konzz., die den O_2-Verbrauch nicht gleichzeitig senken. Vff. schließen aus diesen Unterss. nicht ohne weiteres auf den Vorgang der Vacuolenbldg. in vivo, da histolog. Kontrollen der Gewebsschnitte keine der aus der Pathologie bekannten vacuolären Degeneration vergleichbare Bilder zeigten u. der Wassergeh. der Leber in vivo nicht das hier gefundene Maß erreicht. (Sperimentale **104.** 223—31. 15/10. 1954. Milano, Univ., Ist. Patol. Gen.) P. G. SCHEURLEN. 4552

Enrico Clerici, *Leberglykogen und vacuoläre Degeneration.* 1. Mitt. *Schicksal des Glykogens im Verlauf der experimentellen Vacuolenbildung.* 2. Mitt. *Depolymerisation des Glykogens als Faktor der Vacuolenbildung.* Ratten wurden 110—130 Min. in einer O_2-armen Atmosphäre gehalten (3% O_2). Dadurch konnte eine vacuoläre Degeneration der Leberzellen erreicht werden. Blutchem. Unterss. zeigten, daß im Verlauf dieser Hypoxämie der Brenztraubensäure- u. Milchsäurespiegel im Blut keine Änderungen erfährt, während, wie zu erwarten, der Blutzucker eindeutig zunimmt. Auch die Alkalireserve bleibt unbeeinflußt. Um einen möglichen ursächlichen Zusammenhang zwischen der Depolymerisation des *Glykogens* (I) u. der Vacuolenbldg. in der Leber zu prüfen, führte Vf. bei Ratten eine partielle Hepatektomie durch. Bereits 110 Min. nach Hepatektomie sank I in der Leber beträchtlich ab, ohne daß gleichsinnig starke u. einheitliche vacuoläre Degenerationen auftraten. Auch nach Adrenalininjektion fanden sich keine Beziehungen zwischen dem Blutzuckerverh. u. der Vacuolenbldg.; diese trat am ehesten bei den Tieren mit starkem Lungenödem auf, woraus geschlossen wird, daß die Vacuolenbldg. eher Stauungsfolge als Folge des I-Abbaus ist. (Sperimentale **104.** 213—22. 15/10. 1954. Milano, Univ., Ist. Patol. Gen.) P. G. SCHEURLEN. 4552

Günther Wilke, *Zur Pathogenese der Hirnschwellung.* Hirngewebe entfaltet auf eindiffundiertes monomeres *Acrylamid* eine polymerisationsfördernde Wrkg. unter Erhöhung der elast. Festigkeit des Gewebes. Vf. führt diese Wrkg. auf Ggw. eines speziellen Redoxsyst. zurück u. vergleicht diesen Vorgang mit der pathol. Hirnschwellung. Als polymerisierbare Substanzen kommen hier ungesätt. Intermediärprodd. des Fett- u. Proteinstoffwechsels in Frage, bei denen unter einem erhöhten Reduktionspotential Polymerisation stattfinden kann. (Naturwissenschaften **38.** 532. Nov. 1951. Gießen, Max-Planck-Inst. für Hirnforschung, Neuropathol. Abt.) P. LOCH. 4552

Joseph J. Martin, Henry D. Isenberg, Vivian Schatz, Gilbert S. Trelawny und **Albert Schatz,** *Chelation oder Metallbindung als neuer Weg zum Problem der Zahncaries.* Natürlich vorkommende Chelationsmittel wirken entkalkend auf menschliche Zähne. Chelationsvorgänge können zur Erklärung der Ätiologie u. Histopathologie der Zahncaries herangezogen werden. Alle für die Ernährung wichtigen Spurenmetalle (Ca, Mg, Fe, Zn, Co, Cu, Mn usw.) gehen leicht Komplexverbb. ein. Die biochem. wichtigsten Nichtmetalle (N, S, O, P) beteiligen sich ebenfalls an Chelatsystemen. Bei der Auffassung der Caries als Chelationsvorgang kann es dahingestellt bleiben, ob die einleitende Rk. eine Acidolyse oder eine Proteolyse ist. (Euclides [Madrid] **14.** 311—17. Aug. 1954. Bucks County, Pa., Nat. Agricult. Coll., Farm. School P. O., Res. Labor.) R. K. MÜLLER. 4552

L. A. Arutjunjan, *Der Einfluß von Fleisch verschiedenen Reifegrades auf die sekretorische und motorische Funktion des Magens.* Nach PAWLOW-Operation am Hund wurde festgestellt, daß die Latenzzeit der Magensekretion verkürzt u. die sekretionsanregende Wrkg. verstärkt wird, je höher der Reifegrad (1—7 Tage) des verfütterten Fleisches ist. Dabei steigen Säuregrad u. Geh. an freier HCl an, jedoch sinkt die enzymat. Verdauungsstärke. (Вопросы Питания [Fragen d. Ernähr.] **13.** Nr. 2. 20—25. März/April 1954. Erewan, Zootechn. u. Veterinärinst., Lehrstuhl für veterinär-sanit. Expertise.) B. KRAFT. 4555

Gy. Fekete und **A. Prókai,** *Wirkung des Vitamins B_1 auf die durch chronische Adrenalinbehandlung hervorgerufenen Veränderungen.* Die bei männlichen Ratten durch *Adrenalin* (I)-Behandlung auftretenden Veränderungen — allg. Entw., Nahrungsaufnahme, Veränderungen der inneren Organe — werden beschrieben. Es wird festgestellt, daß diese sich von den durch *Cortison* hervorgerufenen unterscheiden. Die Wrkg. des *Vitamins B_1*, das die I-Wrkg. zu hemmen vermag, scheint auf einer in vivo-Beeinflussung der Struktur des ACTH zu beruhen. (Acta physiol. Acad. Sci. hung. **6.** 41—46. 1954. Szeged, Med. Univ., Inst. of Pathophysiol.) H. P. FIEDLER. 4558

T. J. Robinson, *Die Notwendigkeit von Progesteron- und Östrogengaben für das Einsetzen des wiederkehrenden Östrus in ovariektomierten Mutterschafen.* Bei wiederholten intramuskulären Injektionen hoher Dosen *Östradiolbenzoat* (I) von 2 bzw. 5 mg in Abständen von 7—14 Tagen zeigen ovariektomierte Merinomutterschafe zum größten Teil ein anomales Paarungsverhalten. Durch 75 mg *Progesteron* (II) in 6 Injektionen (2/die) von je 12,5 mg wird dieser Zustand behoben. Nach darauffolgender Östrogen (III)-Injektion 2 Tage später lassen sich alle Tiere decken. Zur Festsetzung genauer Beziehungen zwischen Dosishöhe u. Rk. wird die III-Dosis successive von 5 mg auf 8 μg red. u. dann auf 20 μg erhöht, wobei jede Dosis 3mal in aufeinanderfolgenden Injektionen in 14tägigen Intervallen verabreicht wird. Keine dieser Dosierungen löst wiederkehrenden Östrus aus, wenn nicht zuvor II verabfolgt wird. In diesem Fall sind 40 μg I von maximaler Wrkg., 20 μg sehr niedrig, 8 μg unwirksam. II-Vorbehandlung rückt die Zeit des Östrusbeginns um 12—24 Std. vor. Hysterektomie hat keinen Einfl. auf die beobachteten Erscheinungen. (Endocrinology **55.** 403—08. Okt. 1954. Melbourne, Australien, School of Agric.) ANTJE SCHMIDT. 4559

J. Drescher und **H. H. Stange,** *Die Bedeutung des Sterinspiegels für die Gonadotropinwirkung.* An 170 infantilen Albinomäusen wurde die Korrelation der Sterinverbb.

Östradiolbenzoat u. *Progesteron* zu dem Gesamtkomplex des hypophysären *Gonadotropins* (I) untersucht. In niederen Sterindosen ist eine erhebliche Steigerung der I-Wrkg. nachzuweisen, es bestehen bei den beiden Verbb. quantitative Unterschiede. (Arch. Gynäkol. **185.** 44—49. 1954. Kiel, Univ., Frauenklinik.) WOLFGANG ALBRECHT. 4559

A. Tigyl, K. Lissák und **J. Derjanetz,** *Wirkung der Steroidhormone auf die durch Vagotomie induzierte pulmonale Neurodystrophie.* Die bei Ratten durch bilaterale cervicale Vagotomie hervorgerufene pulmonale Infiltration wird durch *Progesteron* u. *Luteocyclin* weitgehend, durch *Testosteron* u. *Folliculin* dagegen nicht verhindert. *Desoxycorticosteron* hatte nur eine geringe Wrkg., verlängerte aber die Lebensdauer der Tiere. *Cortison* verschärfte die Infiltration. (Acta physiol. Acad. Sci. hung. **6.** 33—40. 1954. Pécs, Med. Univ., Inst. of Physiol.) H. P. FIEDLER. 4559

W. Krais, H. Lehr und **W. Riess,** *Die Beeinflussung des Vaginalcyclus der weißen Ratte durch Megaphen. Megaphen* bewirkt bei Albinoratten bei einer Dosierung von 10 mg/kg Körpergewicht über 21 Tage im Vaginalabstrich eine Hemmung der Ovarialfunktion. Nach Absetzen des Mittels kommt der Cyclus im allg. wieder in Gang, teilweise bleiben Störungen in Form eines Daueröstrus bestehen. (Arch. Gynäkol. **185.** 40—43. 1954. Tübingen, Univ., Frauenklinik.) WOLFGANG ALBRECHT. 4559

Jeremiah Stamler, Ruth Pick und **Louis N. Katz,** *Östrogene Prophylaxe der Cholesterinatherogenese der Coronarien bei Hühnern nach Gaben von Adrenocorticoiden oder ACTH.* Die Verhinderung der experimentellen Cholesterinatherogenese der Coronargefäße (Hühner) durch Östrogene wird durch Desoxycorticosteronacetat, Hydrocortison, Cortison oder ACTH nicht abgeschwächt. (Circulation [New York] **10.** 247—50. Aug. 1954. Chicago, Ill., Hosp. Michael Reese, Inst. Med. Res., Cardiovascular Dep.) H. JORDAN. 4559

Jeremiah Stamler, Ruth Pick und **Louis N. Katz,** *Hemmung der Cholesterinatherogenese der Coronargefäße bei legenden Hennen.* Reife, legende Hennen verhalten sich sehr resistent gegen die experimentelle Cholesterinatherogenese der Coronargefäße (intakte Tiere oder auch solche mit unterbundenem Ovidukt), was als Folge eines endogenen östrogenen Hemmeffektes (vgl. vorst. Ref.) gedeutet wird. (Circulation [New York **10.** 251—54. Aug. 1954. Chicago, Ill., Hosp. Michael Reese, Inst. Med. Res., Cardiovascul. Dep.) H. JORDAN. 4559

M. Perrault und **J. B. Bouvier,** *Abhandlung über ein schwaches Östrogen von langer Wirkung, das L. N. 107, ein Nebenprodukt der Triphenyläthylenserie.* Im *L. N. 107* (*α-Brom-α.β-diphenyl-β-p-äthylphenyläthylen*) wurde ein Stoff gefunden, der bei guter Hypophysenbremswrkg. nur einen geringen *Östrogen*-Effekt (1000mal geringer als *Hexöstrol*) zeigt. Es zeichnet sich durch eine lange Wirkungsdauer (Speicherung in den Fettgeweben) u. eine geringe Toxizität aus. Vff. verwendeten es bes. in Kombination mit *Frenantol* (*p-Oxypropiophenon*) mit gutem Erfolg. (Therapiewoche **5.** 365—66. Mai 1955. Paris, Méd. de l'Hôp. Lariboisière, Hôp. Cochin.) D. NEUBERT. 4559

Russell J. Barrnett, *Histochemische Darstellung von Disulfidgruppen in der Neurohypophyse unter normalen und experimentellen Bedingungen.* Bei der histochem. Best. von proteingebundenen *Disulfid*-Gruppen in tier. Hirngeweben nach der spezif. Meth. von BARNETT u. SELIGMAN werden in den Trichtergängen der Neurohypophyse n. Ratten, im Trichterstiel u. in den Nervenfasern u. supraopt. Neuronen des Hypothalamus von Hunden u. Ratten disulfidpositive, kolloidähnliche Strukturen nachgewiesen, die auch eine für neurosekretor. Material spezif. Färbbarkeit mit *Chromalaun-Hämatoxylin* besitzen. In vitro-Verss. an Neurohypophysenextrakten ergeben, daß bei Anwendung der histochem. Meth. Spuren von *Pitressin* u. größere Mengen von *Pituitrin* unlösl. bleiben u. Disulfid-Rkk. zeigen. Nach mehrtägigem Trinkwasserentzug enthält die Drüse der Versuchstiere kaum noch disulfidhaltiges Material, das sich bei Wasserverabreichung darin wieder sammelt. Bei Stress, wie er durch subcutane Injektion von 0,5 cm^3 10%ig. *Formalins* in Schulterblattnähe erzeugt wird, entleert sich die Drüse, wobei danach Ansammlungen neurosekretor. Substanz um u. auch innerhalb weitläufig verbreiteter Hirncapillaren aufgefunden werden. Nach Diskussion der Beziehung zwischen histochem. gefärbter Substanz u. neurohypophysären Hormonen wird die Hypothese aufgestellt, daß die Wanderung neurosekretor. Materials aus den hypothalam. Neuronen zur Neurohypophyse in Wechselbeziehung zu Differenzierungen in den Blutgefäßen innerhalb u. außerhalb der Blut–Hirn-Schranke steht. (Endocrinology **55.** 484—501. Okt. 1954. Boston, Harvard Med. School.) ANTJE SCHMIDT. 4560

Adrienne A. Batts, Leslie L. Bennett, Joseph Garcia und **Jerome Stein,** *Die Wirkung des Wachstumshormons auf den Muskelkaliumgehalt und die extracelluläre Flüssigkeit.* Auf Grund der Fähigkeit des *Wachstumshormons* (I), *K*, *Na* u. *Cl* zurückzuhalten, wird die Verteilung beider Alkalien in Muskelgeweben u. Körper-Fll. sowie das Vol. von Plasma u. extracellulärer Fl. (durch Best. des Thiocyanatraums) in n., hypophysektomierten u. mit I behandelten, hypophysektomierten männlichen Long-Evans-Ratten gemessen. In 7 Serien von je 13—22 Tieren erzeugt Hypophysektomie keine Veränderung des Thiocyanatraums von 34,2% des Körpergewichts, der sich jedoch bei 2—10tägiger Behandlung von täglich 1 mg I auf 42,5% erhöht. In 4 Serien von je 8—19 Tieren steigert I bei gleicher Dosierung das Plasmavol. um 0,3—0,5% des Körpergewichts, während sich Plasma-Na u. -K nicht ändern. Die K-Konz. der Muskeln wird in hypophysektomierten Tieren herabgesetzt, doch bei 10tägigen Gaben von 1 mg I auf den Normalwert zurückgeführt. Der Na- u. K-Geh. bleibt unverändert. Ähnliche Verss. mit ACTH, Pitressin, Thyroxin u. Testosteronpropionat zeigen keine der bei I beobachteten Wirkungen. Kastrierung beeinflußt die Rkk. von I nicht. Eine verminderte Futteraufnahme bei n. Tieren hat keine Red. des Muskel-K wie in hypophysektomierten Ratten zur Folge. Aus den Ergebnissen wird geschlossen, daß I an der Aufrechterhaltung des K-Geh. im Muskel beteiligt ist u. eine Expansion der außercellulären Fl. verursacht, die das zuvor beobachtete Zurückhalten von Na u. Cl erklärbar macht. (Endocrinology **55**. 456—65. Okt. 1954. Berkeley, Calif., Univ., Inst. of Exp. Biol.) ANTJE SCHMIDT. 4560

Carl A. Gemzell, Frank Heijkenskjöld und **Lars Ström,** *Eine Methode zur Bestimmung der Wachstumshormonaktivität im menschlichen Plasma.* Bei dem Vers., eine *Wachstumshormon*-Wrkg. des Serums nachzuweisen, gelang es nur bei Ferkeln u. Kälbern sowie im menschlichen Nabelschnurblut u. bei Patienten mit Akromegalie u. Gigantismus eine Aktivität zu erhalten, während das bei n. menschlichem Serum nicht zu erreichen war. Als Test dienten Veränderungen der Tibia-Epiphyse hypophysektomierter, junger Ratten. Die Identität des Wuchsstoffes mit dem *Hypophysen-Somatotropin* konnte nicht bewiesen werden. Der Test erfaßte ca. 25% des vorhandenen Wachstumshormons. (J. clin. Endocrinol. Metabolism **15**. 537—46. Mai 1955. Stockholm, Karolinska Sjukhuset and Konung Gustaf V Forskningsinst., Dep. of Obstetr. and Gyn. and Dep. of Pediatr.) D. NEUBERT. 4560

James O. Davis, David S. Howell und **Robert E. Hyatt,** *Über die Wirkung chronischer Pitressinverabreichung auf die elektrolytische Ausscheidung in normalen Hunden und Hunden mit experimenteller Bauchfellwassersucht.* Es wird *Pitressin* (I) in Mengen von täglich zweimal 1—2,5 E. I-Stannat in Öl an 1. zwei n. Hunde, 2. an zwei Hunde mit experimenteller Bauchfellwassersucht u. 3. an zwei adrenalektomierte Hunde mit experimenteller Bauchfellwassersucht verabreicht. Die Beibehaltung von W. u. eine Körpergewichtszunahme sowie die nachst. genannten Veränderungen treten nur ein, wenn neben beliebiger Trinkwasseraufnahme zusätzlich W. durch eine Magenröhre verabfolgt wird. Auffällig ist der Abfall des Plasma-Na bei allen Tieren. Nach 3—5tägiger Flüssigkeitsverhaltung steigt die Wasserausscheidung an u. weitere Volumenausdehnung von Plasma u. außercellulärer Fl. findet nach mehreren Tagen nicht mehr statt. Die n. Hunde zeigen Natriuresis u. Kaliuresis, während in den Tieren der Gruppe 2 die urinäre u. fekale Ausscheidung von Na niedrig bleibt oder weiter absinkt, die fekale K-Menge dagegen ansteigt. In Gruppe 3 ist die Na–K-Ausscheidung unverändert bei Aufrechterhaltung von täglich 1 mg *DCA*. Es wird angenommen, daß die Veränderungen in der Na–K-Exkretion der Gruppe 2 auf ein Anwachsen der Salz zurückhaltenden Wirksamkeit der Nebennierenrinde beruht. Bei Trinkwasseraufnahme ad libitum bleibt die Elektrolytausscheidung bei beiden n. Hunden unverändert; demnach besitzt I keine direkte Wrkg. auf den renaltubulären Transport von Elektrolyten. (Endocrinology **55**. 409—16. Okt. 1954. Bethesda, Md., Dep. of Health, Educat. and Welfare.) ANTJE SCHMIDT. 4560

Marg. Holzbauer und **R. Rigler,** *Inaktivierung der Chromatophorenausbreitungsaktivität von Hypophysenextrakten durch Ascorbinsäure.* Die Aktivität des Melanophorenhormons *Intermedin* (I) in Hypophysenextrakten wird durch *Ascorbinsäure* (II) stark vermindert. So verliert eine Lsg. von 0,5 μg VOEGTLIN-Standardpulver in 10 cm^3 RINGER-Lsg. in Ggw. von II (10 mg/100 cm^3) innerhalb von 1 Std. 90% seiner Melanophorenaktivität. Ähnliche Aktivitätsverminderung durch II zeigen *ACTH*-SCHERING u. *Corticotrophin B* (MERCK). Der Luftsauerstoff ist hieran nicht beteiligt. Ist neben II noch Cystein oder Thioharnstoff oder 8-Oxychinolin in der Lsg. vorhanden, so ist nach 2 Std. die Aktivität um 40% vermindert u. erfährt in den nächsten 16 Std. keine Änderung mehr. *Dehydroascorbinsäure* u. *1-Gulonsäure* wirken gleichfalls aktivitätsmindernd, aber schwächer als II. (Nature [London] **174**. 877. 6/11. 1954. Graz, Univ., Physiol. Inst.)
R. LAFFERENZ. 4560

Jaime Paris, Mark Upson jr., Randall G. Sprague, Robert M. Salassa und **A. Albert,** *Corticotrope Aktivität des menschlichen Blutes.* Die verschied. Methoden zur Best. der *Corticotropin*-Aktivität im menschlichen Blut werden beschrieben u. analysiert. Nur

2 Methoden sind miteinander vergleichbar, die von SAYERS angegebene mit unbehandeltem Plasma oder Serum u. die Meth. der Extraktherst. mittels Oxycellulose. Vff. finden Corticotropin in meßbaren Mengen im Blut unbehandelter ADDISON-Patienten u. beim adrenogenitalen Syndrom. Nicht nachweisbar ist es bei CUSHING-Kranken u. bei Normalen. (J. clin. Endocrinol. Metabolism **14.** 597—607. Juni 1954. Rochester, Minn., Mayo Clinic and Mayo Found.) H. J. SCHÜMANN. 4560

J. L. Gabrilove und **L. J. Soffer,** *Wirkung des Thyreotropins auf die Nebennierenrindenfunktion.* Die Applikation von *thyreotropem Hypophysenhormon* (I) führt beim Menschen mit intakter Schilddrüse neben einer Erhöhung des Grundumsatzes u. des an Proteine gebundenen *J* im Serum zu einer vermehrten Ausschüttung von *Aldehydcorticoiden* im Urin. Die Exkretion von neutralen *17-Ketosteroiden* wird nicht verändert. Alle diese Rkk. treten bei hypothyreot. Patienten nicht auf. Kranke mit einem SHEEHAN-Syndrom kommen unter I in eine akute Nebennierenrindeninsuffizienz, die eine sofortige Substitutionstherapie notwendig macht. (J. clin. Endocrinol. Metabolism **15.** 585—91. Mai 1955. New York, N. Y., Endocrine Clin., Dep. of Med., u. Mount Sinai Hosp., Chem. Labor.) D. NEUBERT. 4560

I. A. Macchi und **O. Hechter,** *Über die ACTH-Wirkung auf durchflossene Rindernebennieren: Corticosteroide Biosynthese in isolierten, mit ACTH maximal stimulierten Drüsen.* Es wird gezeigt, daß die Erzeugung von *Corticosteroiden* (I) in isolierten Nebennieren der Kuh, die von homologem Citrat-Blut durchflossen werden, dem ACTH zugesetzt worden ist, um das 10—19fache ansteigt. Die Höhe der Ausbeute an I in Abwesenheit u. Ggw. von ACTH hängt von der Meth. ab, mit der die Drüsen für den Durchfluß präpariert werden. Die über die adrenale Vene durchflossenen Drüsen bilden 7mal mehr I pro Zeiteinheit pro g Drüse in Ggw. von ACTH als die arteriell durchflossenen Präpp., u. die 4fache Menge in Abwesenheit von ACTH, wahrscheinlich auf Grund der beim venösen Durchfluß erzielten, wirksameren Durchblutung des Gewebes. Verss. mit Plasma oder Blutplasmagemischen als Durchflußmedien zeigen, daß in Ggw. von Erythrocyten die ACTH-Stimulierung größer ist. Erhöhung des Drüsengewichtes oder der Durchflußgeschwindigkeit des Blutes haben keinen Einfl. auf das Ausmaß der corticosteroiden Biosynth. in diesen mit ACTH stimulierten Kuhdrüsen. Ochsendrüsen reagieren wenig auf ACTH, die Werte für Bullendrüsen liegen in der Mitte der für Kuh- u. Ochsendrüsen erhaltenen Resultate. (Endocrinology **55.** 387—402. Okt. 1954. Boston, Mass., Univ., Dep. of Biol. and Physiol., u. Shrewsbury, Mass., Worcester Found. for Exp. Biol.) ANTJE SCHMIDT. 4561

Günther Lehmann und **Hansjörg Kinzius,** *Adrenalinogenspiegel und Rindenhormon (Versuche an Torpedo).* Bei *Torpedo ocellata* u. *T. marmorata* führt die Entfernung des funktionell der Nebennierenrinde entsprechenden Interrenalorgans zu einem Absinken des *Adrenalinogen*-Spiegels im Blut, der durch Gaben von Rindenhormon (*Cortidyn* bzw. *Desoxycorticosteronacetat*) wieder normalisiert wird. Danach ist zur n. Funktion des Nebennierenmarks Rindenhormon erforderlich. (Pflügers Arch. ges. Physiol. Menschen Tiere **254.** 257—61. 1951. Dortmund, Max-Planck-Inst. für Arbeitsphysiol., u. Neapel, Zool. Inst.) H.-J. KOCH/Berlin. 4561

Frederic A. Giere, *Weitere Untersuchungen über die Wirkungen adrenal medullärer Hormone auf die renale Ausscheidung von Wasser und Elektrolyten in der gesunden Ratte.* Gesunde Sprague-Dawley-Ratten werden subcutan mit wss. Lsgg. der Medullahormone behandelt. Aus den Daten der erhaltenen Kurven, die das Verhältnis der jeweiligen Hormondosis zur beobachteten Rk. darstellen, geht hervor, daß die Hormone qualitativ ähnlich, quantitativ verschieden in der Erhöhung der Wasser-, Na- u. Chloridausscheidung sowie der Zurückhaltung von K während der Wasserdiurese wirken. *Norepinephrin* (I) zeigt sich dabei als 4—16mal wirksamer als *Epinephrin* (II). Die bei Wasserbelastung injizierten Hormondosierungen von 100 μg II bzw. 20 oder 100 μg I pro 100 g Körpergewicht sind auch bei Tieren mit red. Wasserzufuhr wirksam u. steigern ihren Urinfluß. Intravenöse Verabreichung von 10 μg I verursacht Diurese u. Chlorurese, ändert die Na- u. K-Konz. im Urin jedoch kaum. Siebentägige Injektionen von täglich 50 μg I pro 100 g Körpergewicht erzeugen in gesunden Tieren bei Futter- u. Wasseraufnahme ad libitum keine Veränderungen in den aufgenommenen Wasser- bzw. abgegebenen Urinmengen, steigern aber die urinäre Na- u. Chloridkonz. unter Verminderung des K-Gehaltes. (Endocrinology **55.** 448—55. Okt. 1954. Albuquerque, Univ., Dep. of Biol.) ANTJE SCHMIDT. 4561

G. Sala und **J. A. Luetscher jr.,** *Die Wirkungen von Natrium zurückhaltendem Corticoid, Elektrocortin, Desoxycorticosteron und Cortison auf die renale Funktion und Ausscheidung von Natrium und Wasser in adrenalektomierten Ratten.* Adrenalektomierte Ratten zeigen nur schwache Diurese u. verminderten *Kreatinin* (I)- u. gesteigerten *Na*-

Geh. im Urin bei red. Serumnatriumkonzentration. 100 μg *Cortison* erhöhen die I-Ausscheidung u. Diurese, ändern den hohen urinären Na-Geh. jedoch nicht. 10 μg *Desoxycorticosteronacetat* steigern die I-Ausbeute u. reduzieren den Na-Verlust bei fallendem Urinvolumen. 0,4 μg Na zurückhaltendes Hormon, welches aus dem Urin eines Kindes mit nephrot. Symptomen gewonnen wurde, u. die entsprechende Menge von 0,2 μg Elektrocortin aus der Nebennierenrinde verringern die urinäre Na-Konz. ohne Einfl. auf die Diurese u. den I-Gehalt. Beide Hormone scheinen hauptsächlich die Rückresorption von Na durch die Nierentubuli zu bewirken. (Endocrinology **55**. 516—18. Okt. 1954. San Francisco, Calif., Univ., School of Med.) ANTJE SCHMIDT. 4561

H. J. Schatzmann, *Die Wirkung von Desoxycorticosteron auf den aktiven Kationenaustausch an Rattenblutzellen.* Kalt aufbewahrte Blutzellen von Ratten (8—10 Tage bei 4°), die Na-reicher u. K-ärmer sind (vgl. HARRIS, J. biol. Chemistry **141**. [1941.] 579), werden im Serum bei 37° unter Zusatz von 500 mg% Glucose incubiert. Durch flammenphotometr. Best. der Na- u. K-Konz. im Hämolysat läßt sich das Wiedereintreten des akt. Ionentransportes verfolgen. Der Quotient aus K^+- u. Na^+-Konz. in der Zelle betrug im Mittel aus 5 Verss. 1,022/Stunde. Vor Beginn der Wärmeperiode 1 mg/cm³ *Desoxycorticosteron* (DOC) zugefügt, verlangsamt diesen Ionenaustausch um $^3/_5$ der Geschwindigkeit (Q = 0,616/Std.). Bei Blut von adrenalektomierten Ratten konnte ein Unterschied der DOC-Wrkg. gegenüber n. nicht statist. gesichert werden. An menschlichen Blutzellen konnte bisher eine in vitro-Wrkg. von DOC nicht festgestellt werden. — Diskussion. (Experientia [Basel] **10**. 189—90. 15/4. 1954. Bern, Univ., Pharmakol. Inst.)
H. GEHM. 4561

Lytt I. Gardner, Helen Berman und **Helen Wendler Deane,** *Stoffwechselkonkurrenz zwischen Desoxycorticosteronacetat und Strophanthin G bei der Ratte.* Es wird die Möglichkeit einer Wechselwrkg. zwischen *DCA* (I) u. *Strophanthin G* (II) mit besonderem Hinblick auf Organgewichte, Gewebeelektrolytkonzz. u. adrenaler Histologie an männlichen Albinoratten der Sprague-Dawley-Art durch tägliche subcutane Injektionen wss. Suspensionen von I, II oder I + II gemeinsam über einen Zeitraum von 30 Tagen untersucht. Gegenüber den Kontrolltieren sind Herz- u. Nierengewichte bei Behandlung mit I mit u. ohne II gesteigert, das durchschnittliche Nebennierengewicht bei Injektion von II allein oder in Verbindung mit I erhöht, die Serumchlorwerte in allen Versuchsgruppen niedriger. I-Therapie allein verursacht einen merklichen Abfall der K-Konz. u. Anstieg der Na-Konz. in Skelett- u. Herzmuskel sowie Erschöpfung u. Atrophie der adrenalen Glomeruli, während II diesen Bereich u. seinen Lipoidgeh. vergrößert u. erhebliches Sinken der Mg-Konz. u. mäßiges Abfallen der K-Konz. in Skelett- u. Herzmuskel zur Folge hat. Verabreichung von I + II zeigt ähnliche Veränderungen wie mit II allein, wobei teilweise eine Hemmung der verschied. I-Wirkungen in Ggw. von II sichtbar wird. Auf Grund der Ergebnisse wird ein Stoffwechselantagonismus zwischen I u. II bei der Ratte angenommen. (Endocrinology **55**. 417—25. Okt. 1954. Boston, Mass., Harvard Med. School and Burnham Mem. Hosp. for Children.) ANTJE SCHMIDT. 4561

H. O. Burdick, Joan A. Baird und **Ruth T. Rogers,** *Weitere Untersuchungen über die Wirkung von Desoxycorticosteronacetat bei beginnender Schwangerschaft.* An Albinomäusen wird bei 4—6tägiger subcutaner Injektion von täglich 1—2 mg *Desoxycorticosteronacetat* (I) in Sesamöl, die ein oder mehrere Tage nach der Paarung beginnt, keine Störung des Schwangerschaftsverlaufs hervorgerufen. Werden die Injektionen vor dem 8. Tag der Schwangerschaft eingestellt, kommt es zu Fehlgeburten u. Schädigungen des Uterus u. des embryonalen Gewebes. Das häufige Auftreten von vaginalem Blut als sicheres Zeichen beendeter Schwangerschaft 42—60 Std. nach der letzten Injektion wird nicht direkt durch I verursacht, da nichtschwangere Tiere nach Verabreichung von I diese Blutungen nicht zeigen. Das Hormon hat keinen schädigenden Einfl. auf die Schwangerschaftsgelbkörper, die erst beim Absterben des Embryos degenerieren. Es bleibt unbestimmt, ob die Schwangerschaft aufhört, weil I die luteale Funktion herabsetzt oder die Embryonen von einem höheren Titer dieses progesteronähnlichen Hormons abhängig werden. Die Ovarien bleiben durch die Injektionen unbeeinträchtigt; Ovulation findet in mehreren Tieren 4—7 Tage nach der letzten Injektion statt. (Endocrinology **55**. 369—76. Okt. 1954. Alfred, N. Y., Univ., Dep. of Biol.) ANTJE SCHMIDT. 4561

S. A. Butenko, *Die Rolle der Hormone der Nebennierenrinde bei Leukose.* Entfernung beider Nebennieren verursacht bei weißen Mäusen ein starkes Anwachsen der Zahl der Leukocyten u. Lymphocyten u. eine Verminderung der segmentkernigen Neutrophilen u. Eosinophilen. Gaben eines aus Nebennierenrinde nach KOMISSARENKO gewonnenen Präp. (*Corticotonin*) an Mäuse ohne Nebenniere bewirkte eine Senkung der Leukocytenzahl, hauptsächlich auf Kosten der Lymphocyten, u. eine Erhöhung der Zahl der segmentkernigen Neutrophilen, was auf die Rolle der Hormone der Nebennierenrinde bei der Pathogenese leukot. Prozesse hinweist. (Медичний Журнал (Киев) [Mediz. J. (Kiew)] **24.** Nr. 3. 69—72. 1954. Kiew, Inst. für Ärztefortbldg., Lehrstuhl für patholog. Physiol.) M. ULMANN. 4561

Harold C. Heim, Richard A. Deitrich und **John G. McDonald,** *Die Wirkung von Hydrocortison auf die Sauerstoffaufnahme entzündeten Gewebes.* Bei Ratten wurden durch Injektion von Crotonöl experimentell Entzündungserscheinungen hervorgerufen u. Q_{O_2} des entzündeten Gewebes nach Homogenisierung in kaltem 0,1 mol. Phosphatpuffer im WARBURG-App. bestimmt. Zusatz von *K-Adenylat* zu den Homogenisaten steigerte Q_{O_2} (70%). Nach Injektion von *Hydrocortison* (I) in die durch Crotonöl erzeugten, von Granulationsgewebe umgebenen „Taschen" war Q_{O_2} erhöht. Bei Ersatz von I durch *Desoxycorticosteron, Progesteron* oder *Cholesterin* trat dieser Effekt nicht auf. Die mit I erzielten Wirkungen wurden nur bei Homogenisaten aus Gewebe vorher I-injizierter Tiere beobachtet. I-Zusatz in vitro blieb ohne Effekt. (J. Pharmacol. exp. Therapeut. **114.** 51—53. Mai 1955. Boulder, Col., Univ. of Colorado, Coll. of Pharmacy; Denver, Col., Univ. of Colorado, Med. Center, Dep. of Med.) K. MAIER. 4561

Jeremiah Stamler, Ruth Pick und **Louis N. Katz,** *Der Einfluß von Cortison, Hydrocortison und Corticotropin auf die Lipämie, Glykämie und Atherogenese von cholesterinernährten Hühnern.* An intakten, alloxanbehandelten oder pankreatektomierten Jungtieren konnte gezeigt werden, daß *Hydrocortison* (*Compound F*) in mittleren Dosen eine der Nebennierenrinden (NNR)-Überfunktion entsprechende Beeinflussung des Kohlenhydrat-, Fett-, Protein- u. Elektrolytstoffwechsels verursacht. Trotz des bestehenden Steroiddiabetes, mit Erhöhung der hypercholesterinäm. Hyperlipämie, konnte keine Häufung oder Intensivierung der Aorten- oder Coronaratherogenese beobachtet werden. ACTH zeitigte ähnliche Wirkungen. *Cortison* war relativ unwirksam, steigerte aber den Blutdruck u. begünstigte die Atherogenese. (Circulation [New York] **10.** 237—46. Aug. 1954. Chicago, Ill., Hosp. Michael Reese, Inst. Med. Res., Cardiovascular Dep.) H. JORDAN. 4561

Hermann Königsbauer, *Über die Wirkung von Corton auf die experimentelle Torulose und Chromoblastomykose.* Der Einfl. von *Corton* (I; MERCK) auf den Verlauf der experimentellen Torulose (*Torulopsis neoformans*) u. Chromoblastomykose (*Hormodendron pedrosoi* BRUMPT) wurde an 32 Ratten untersucht. Hohe I-Gaben steigerten bei der Torulose Schnelligkeit der Ausbreitung u. Intensität des Organbefalls, während bei der Chromoblastomykose außer Hemmung der Bindegewebsproliferation u. Absinken der Leukocyten- u. Lymphocytenzahl im entzündlichen Granulationsgewebe keine Infektionsaktivierung nachweisbar war. Die bei der Chromoblastomykose unter I beobachtete Involution des lymphat. App. der Milz unterblieb bei der Torulose. (Zbl. Bakteriol., Parasitenkunde, Infektionskrankh. Hyg., I. Abt., Orig. **160.** 637—43. März 1954. Knittelfeld, Österreich, Privatlabor. für Mikrobiol.) K. MAIER. 4561

F. T. G. Prunty, *Steroide vom Nebennierenrindentyp einschließlich Aldosteron.* Besprechung der natürlichen Steroide *Hydrocortison* (I), *Cortison* (II), *Aldosteron* sowie der synthet. Substanzen *Desoxycorticosteronacetat = Deoxycortone, Desoxycorticosterontrimethylacetat, 9-α-Fluorhydrocortison,* der I- u. II-Abkömmlinge *Metacortandracin* u. *Metacortandrolone* sowie ihrer Indikationen u. Verabreichungsart bei der Therapie zur Normalisierung des Kohlenhydrat- u. Elektrolytstoffwechsels. (Practitioner **175.** 89—95. Juli 1955. London, St. Thomas's Hosp.) H. DOSSMANN. 4561

Robert Gaunt, A. A. Renzi und **J. J. Chart,** *Aldosteron — ein Überblick.* Überblick über die Geschichte der Entdeckung, die Identifizierung, physiol.-pharmakol. Eigg., das Vork. u. die klin. Verwendbarkeit von *Aldosteron* (*11β.21-Dioxy-3.20-diketo-4-pregnen-18-al* oder *18-Aldehyd von Corticosteron*). — 126 Literaturangaben. (J. clin. Endocrinol. Metabolism **15.** 621—46. Mai 1955. Summit, N. J., Ciba Pharmaceut. Products, Res. Dep.) D. NEUBERT. 4561

E. Klein, *Jodstoffwechselstudien bei Hyperthyreosen ohne Hyperthyroxinämie.* Mit der chem. Blutjodfraktionierung, die zur Klärung der Jodstoffwechsellage geeignet ist, wurde bei 7 Patienten mit Schilddrüsenüberfunktion weder eine Erhöhung des Thyroxinjods noch relativ solches vermehrt in der Albuminfraktion gefunden. Die diesen auffälligen Befunden möglicherweise zugrunde liegenden Vorgänge werden ausführlich erörtert. Es wird zusammenfassend festgestellt, daß Hyperthyreosen mit einem abnormen Jodstoffwechselbefund dieser Art offenbar durch eine periphere Komponente beherrscht werden, die der Behandlung mit ^{131}J weniger Erfolg ermöglichen als einer genügend langen antithyreoidalen Therapie. (Helv. med. Acta **21.** 408—12. Okt. 1954. Stuttgart-Bad Cannstatt, Krankenhaus, Innere Klinik.) J. SCHWAIBOLD. 4562

George A. Bishopric, Norman H. Garrett und **William M. Nicholson,** *Die Aufnahme von radioaktivem Jod durch die Schilddrüse und das Verhalten nach Gabe einer jodarmen Diät.*

Patienten, die länger als 3 Monate eine Reisdiät eingehalten hatten, zeigten eine erhöhte Aufnahme von radioakt. ^{131}J durch die Schilddrüse. Vff. führen dieses auf einen Jodmangel zurück. Zu einer kompensator. Vergrößerung des Organs kam es nicht; irgendwelche anderen Mangelsymptome wurden nicht beobachtet. (J. clin. Endocrinol. Metabolism **15.** 592—97. Mai 1955. Durham, N. C., Duke Univ., School of Med., Dep. of Med., u. Duke Hosp.) D. NEUBERT. 4562

Werner Stump, *Ergebnisse des Radiojodtestes* (*^{131}Jodid*) *bei endemischer Struma.* Aus den Unterss. des Vf. geht hervor, daß der 24 Std.-Test mit ^{131}J zur Diagnose des Funktionszustandes der Schilddrüse (blande, basedowifizierte u. hypothyreot. Struma, Jodverwertungsstörungen u. Jodhunger) in endem. Kropfgebieten u. zur Kontrolle der therapeut. Thyreoidinwrkg. nur dann zu brauchbaren Ergebnissen führt, wenn neben der Schilddrüsenclearance nach BERSON u. der Nierenclearance die Jodspeicherungskurve über 2—5 Tage verfolgt wird. Jodverwertungsstörungen können durch eine die Jodaufnahme hemmende Thiocyanatinjektion noch 24 Std. nach Testbeginn erkannt werden. Äußerst geringe Mengen *Thyreoidin* (100—150 γ J/Tag) sind therapeut. ausreichend. (Verh. dtsch. Ges. inn. Med. **59.** 323—25. 1953. Freiburg/Br., Univ., Med. Poliklinik.) V. SACHS. 4562

Hans Werner Pabst, *Diagnostische Anwendungsmöglichkeiten von radioaktivem Jod in der inneren Medizin.* Vorschlag zur Verbesserung des mit dem Grundumsatz nicht immer übereinstimmenden 24 Std.-Testes (quantitative Best. der in 24 Std. von der Schilddrüse aufgenommenen Menge einer 50 μC ^{131}*J*-Testdosis) zur Diagnose der Thyreotoxikosen u. Hyperthyreosen durch Beobachtung der Speicherungskurventypen (Maximum nach 3, 6, 9, 24 u. 48 Std.) u. gleichzeitiger Serumradiojodbest.; Forderung einheitlicher Meßtechnik (Zählrohrabstand 20 cm vom Organ). — Bericht über diagnost. Verss. zur Prüfung der Gliedmaßendurchblutung durch Messung der Impulse beim Abtransport einer intramuskulär injizierten Radiojodmenge (5 μC in 0,5 ml physiol. NaCl-Lsg.) während 20 Min. nach der Injektion. Definition des Durchblutungsfunktionsindex Z als Quotient aus Anfangs (I_1)- u. Endwert (I_2) der Strahlung (mittlerer Normalwert: 4,9; Normgrenzwert: 3), Möglichkeit der Objektivierung des durchblutungsmindernden Einfl. von *Arterenol* (1 : 5000 bis 1 : 2 Mill. verd.) u. des fördernden Einfl. von *Priscol, Regitin* (0,1 mg/kg Körpergewicht), *Padutin* u. des wechselnden Einfl. von *Dioxypropyltheophyllin.* (Verh. dtsch. Ges. inn. Med. **59.** 313—19. 1953. München, Univ., I. Med. Klinik, Isotopenlabor.) V. SACHS. 4562

Johannes Meissner, Joachim Kracht und **Werner Diller,** *Nachweis der Schreckthyreotoxikose des Wildkaninchens mit radioaktivem Jod.* Unmittelbar nach dem Fang (Schreck- u. Angstphase) erhielten Wildkaninchen (WK) 77 μC ^{131}J subcutan, gleichzeitig wurden Hauskaninchen (HK) analog behandelt. Bei HK betrug die ^{131}J-Aufnahme der Schilddrüse 56%, bei WK 26% der applizierten Menge. Bei einem neuen Schreck (Hundehetze) wurde ^{131}J u. Koll. ausgeschüttet. Über einen Zeitraum von einer Woche ist die ^{131}J-Ausscheidung mit dem Urin bei WK bedeutend geringer als bei HK. Es wurden die ^{131}J-Konzz. im Blut, in mesenterialen Lymphknoten u. in der Hypophyse gemessen, die beim WK höher als beim HK lagen. Der pathogene Schreck befällt nur die Schilddrüse unter Einbeziehung der Hypophyse als Erfolgsorgan, ohne die Nebennieren in Mitleidenschaft zu ziehen. Diese Alarm-Rk. wird der adrenocorticotropen von SELYL u. der pluriglandulären von UOTILA u. PEKKARINNEN zur Seite gestellt. (Naunyn-Schmiedebergs Arch. exp. Pathol. Pharmakol. **216.** 424—39. 1952. Borstel, Tuberkuloseforschungsinst., Inst. für exp. Biol. u. Med.) P. LOCH. 4562

Rosalind Pitt-Rivers, John B. Stanbury und **Betty Rapp,** *Umwandlung von Thyroxin in 3.5.3'-Trijodthyronin in vivo.* Nach oraler Gabe von radioakt. ^{131}J-*Thyroxin* (I) konnten im Blut von 6 athyreot. Patienten geringe Mengen von *3.5.3'-Trijodthyronin* (II) gefunden werden. Die Trennung von I u. II erfolgte papierchromatograph. (Lösungsm.: *Butanol-Ammoniak* oder *Butanol-Dioxan-Ammoniak*). (J. clin. Endocrinol. Metabolism **15.** 616—20. Mai 1955. Boston, Mass., Harvard Med. School, Dep. of Med.; Massachusetts General Hosp., Med. Serv.) D. NEUBERT. 4562

Norbert Freinkel und **Sidney H. Ingbar,** *Einfluß von Stoffwechselgiften auf den Jodtransport von Schafs-Schilddrüsenschnitten.* Es wurde die Anhäufung von anorgan. ^{131}J in Schilddrüsenschnitten von Schafen im WARBURG-App. bei Anwesenheit von *Tapazole* (*1-Methyl-2-mercaptoimidazol*) zur Verhinderung der J-Aufnahme in organ. Verbb. u. der O_2-Verbrauch der Gewebe gemessen. Zur Aufrechterhaltung des Konzentrationsgefälles sind energiereiche Phosphatbindungen u. damit eine aerobe Atmung der Zellen notwendig. Durch Stoffwechselgifte kann der Prozeß gehemmt werden. Dieses gelingt a) durch allg. Gifte des aeroben Stoffwechsels: *N_2, HCN, Azid, Sulfid, Arsenit, Phlorrhizin, Malonat, n-Phenylendiamin, Fluoroacetat,* b) durch Sulfhydrylgruppengifte:

Jodacetat, BAL (2.3-Dimercaptopropanol), Cu-Salze, Meralluride (N-[β-Hydroxymercuri-γ-methoxy]-propyl-N'-succinylharnstoff), Mercaptomerin (N-[γ-Carboxymethylmercapto-mercuri-β-methoxy]-propylcamphoramsäure, Dinatriumsalz), c) durch Gifte der oxydativen Phosphorylierung: *2.4-Dinitrophenol, 2.4-Dinitro-6-phenylphenol, 2.4-Dinitro-6-cyclohexylphenol, 2.6-Dinitro-4-chlorphenol, 2.4-Dichlorphenol, 4-Nitrophenol, 2.4.6-Trinitrophenol, 2-Amino-4-nitrophenol, 2-Nitrophenol, 3-Nitrophenol, Resorcin, 2.4-Dinitrobenzoat.* Spezif. Hemmstoffe der *Carboanhydratase* u. der *alkal. Phosphatase* (*Diamox, 2-Acetylamino-1.3.4-thiadiazol-5-sulfonamid* bzw. *L-Histidin, Be*) verändern die Jodspeicherung nicht. (J. clin. Endocrinol. Metabolism **15.** 598—615. Mai 1955. Boston, Mass., Thorndike Mem. Labor., 2. and 4. Med. Serv. (Harvard); Boston, City Hosp.; Harvard Med. School, Dep. of Med.) D. NEUBERT. 4562

G. Benassi, *Einfluß des Schilddrüsenhormons auf die Verteilung der Mucopolysaccharide bei der Kaulquappe von Rana esculenta.* 200 Kaulquappen von Rana esculenta, die 0,5—4 μg *Thyroxin*/ml W. in einem Gesamtvol. von 250—1000 ml W. 4—6 Tage lang erhielten, zeigten eine Beschleunigung der Metamorphose, blieben hinter den Kontrollen im Wachstum zurück u. hatten eine hohe Sterblichkeit. Das Mesenchym der hormonbehandelten Tiere war weniger succulent, die Zellen dichter gedrängt, die als Hyaluronsäure identifizierbare metachromat. Substanz spärlich. Die im Knorpel vorhandenen, mit Glykogen nicht identifizierbaren Polysaccharide zeigten bei Färbung nach HOTCHKISS keine großen Differenzen gegenüber den Kontrollen. Das metachromat. Material des Darmgewebes war verringert. Vf. erörtert die möglichen Ursachen dieser Vorgänge. (Boll. Soc. ital. Biol. sperim. **29.** **1044**—**47.** Mai **1953.** Ferrara, Univ., Ist. di Patol. Gen.) H. KIRMSE. 4562

Richard Goldsmith und **John B. Stanbury,** *Die Toleranz von Patienten mitMyxödem gegenüber Schilddrüsenhormon.* Vff. gaben myxödematösen Patienten täglich kleine Dosen von *Schilddrüsenhormon* (getrocknete Schilddrüsensubstanz) u. fanden eine größere Stoffwechselwrkg., als sie sie bei euthyreot. Menschen mit der gleichen Dosis erzielen konnten. (J. clin. Endocrinol. Metabolism **15.** 568—75. Mai 1955. Boston, Mass., Harvard Med. School, Dep. of Med.; Massachusetts General Hosp., Med. Serv.; Cincinnati, O., Cincinnati General Hosp.) D. NEUBERT. 4562

J. D. Romani, *Wirkung der ganglioplegischen Substanz C. 9295 auf die postagressive Schilddrüsenreaktion.* Im Tiervers. hatte die Verabreichung von *C. 9295* (*N.N.N'.N'.3-Pentamethyl-N.N'-diäthyl-3-azapentan-1.5-diammoniumdibromid*) vor einer akuten Schädigung durch Formol oder ausgedehntere Hautverbrennungen weder Einfl. auf den Charakter (frühzeitige Absonderung von Thyroxin) noch auf die Intensität der nachfolgenden Hyperfunktion der Schilddrüse, woraus gefolgert wird, daß das vegetative Nervensyst. bei diesem nichtspezif. Phänomen der postagressiven Schilddrüsenaktivierung nur eine sek. Rolle spielt. (C. R. Séances Soc. Biol. Filiales **147.** 36—39. Jan. 1953.) G. SCHULZE. 4562

E. J. Ryan und **S. Kirkwood,** *Erklärung der Wirkung von Gaben getrockneter Schilddrüse auf das Auftreten von Zahncaries bei der Ratte.* Aus klin. u. experimentellen Unterss. geht hervor, daß eine Hyperfunktion der Speicheldrüse bei Hyperthyreoidismus u. eine Hypofunktion der Speicheldrüse bei Hypothyreoidismus auftritt. Die anticariogene Wrkg. von Gaben von getrockneter Schilddrüse (vgl. MUHLER u. SHAFER, C. **1955.** 5826) scheint die Folge des verstärkten Speichelflusses u./oder des erhöhten J-Geh. des Speichels zu sein. Antithyreoidea haben dagegen eine cariogene Wirkung. Die Bedeutung dieser Befunde wird im Hinblick auf die Cariesprophylaxe diskutiert. — 12 Literaturhinweise. (Science [Washington] **121.** **175**—**76.** 4/2. 1955. Evanston, Ill., u. Hamilton, Ontario, Can., McMaster Univ.) G. KLESSE. 4562

J. Di Mattéo und **M. Arthuis,** *Behandlung der Hypothyroidie bei Arteriosklerotikern mit jodiertem Protein.* Vff. beschreiben 6 Fälle von Schilddrüseninsuffizienz, zum Teil mit schwerem Myxödem, bei älteren, arterioskierot. Personen, die durch täglich 2—6 Tabletten *jodiertes Protein* (an 3—5 Tagen in der Woche verabreicht) in wenigen Tagen wesentlich gebessert u. bei längerer Medikation normalisiert werden konnten. Bei längerem Aussetzen der Therapie traten Rückfälle auf, die durch gleiche Behandlung erneut beherrscht werden konnten. Unverträglichkeitserscheinungen zeigten sich nicht. Erhaltungsdosen selbst bei schwerem Myxödem liegen nach Ansicht der Vff. bei 2 Tabletten täglich, was ca. 0,50 mg jodiertem Protein oder etwas mehr Thyroxin entspricht. (Thérapie **9.** 463—67. 1954. Paris, Hôp. Lariboisière.) F. KRUSEN. 4562

H. Albers, *Eine Wirkung des Nebenschilddrüsenhormons auf das Serumcalcium Eklamptischer.* Das *Serum-Ca* ist bei Eklamptischen u. Präeklamptischen erniedrigt. Diese Erniedrigung betrifft bes. den kolloidalgebundenen Ca-Anteil, der ultrafiltrierbare Anteil nimmt zu. Durch *Nebenschilddrüsenhormon* kann diese Ca-Destruktion vorübergehend ausgeglichen werden. Bei Schwangeren ist es möglich, diese Ca-Destruktion durch Hypophysenvorderlappenextrakt auszulösen u. durch Nebenschilddrüsenhormon wieder zu beseitigen. (Arch. Gynäkol. **185.** 78—84. 1954. Sanderbusch, Oldenburg, Landeskrankenhaus, Frauenklinik.) WOLFGANG ALBRECHT. 4563

Ruth D. Peterson, Clarissa H. Beatty, Rose Mary Bocek und **Edward S. West,** *Vergleich der energiereichen Phosphatfraktionen in Muskelpräparaten von normalen, alloxandiabetischen und depankreatisierten Ratten.* Vff. untersuchen die Phosphatfraktionen [*anorgan. P* (**Ia**), *Adenosindi-* u. *-triphosphat* (**Ib**), *Kreatinphosphat* (**Ic**) u. gesamtes *säurelösl. Phosphat* (**Id**)] in Muskelpräpp. an n. (a), diabet. (b) (9 mg/100 g krist. *Alloxanmonohydrat*) u. pankreasexstirpierten (c) Ratten. Es werden keine wesentlichen Unterschiede zwischen den Phosphatfraktionen bei a-, b- u. c-Tieren festgestellt mit Ausnahme von **Ic**, dessen Konz. bei c-Ratten niedriger gefunden wird als bei a- u. b-Tieren. Eine Injektion von 20 E. *Insulin* (**II**) ruft nur ein stärkeres Absinken der **Ic**-Fraktion bei den c-Tieren hervor, während **Ia, Ib** u. **Id** in allen 3 Versuchsserien nicht beeinflußt werden. Die Ergebnisse lassen darauf schließen, daß ein von **II** verschied. endokriner Faktor im Pankreas vorkommt, der den **Ic**-Geh. im Skelettmuskel reguliert. (Amer. J. Physiol. **179.** 499—501. Dez. 1954. Portland, Ore., Univ. of Oregon, Med. School, Dep. of Biochem.) P. FAHRNLAENDER. 4564

Marcel Sendrail und **André Bazex,** *Therapeutische Prüfung eines lipotropen Faktors aus Pankreas.* Bericht über therapeut. Verss. mit *Lipormone* (lipotrop wirkende, hormonähnliche Substanz aus Pankreas) in 78 Fällen verschied. Krankheiten des Lipidstoffwechsels. Es wurden täglich 0,4—0,8 g verabreicht, schwerwiegende Zwischenfälle traten nicht auf. Behandelt wurden Leber-Milz-Syndrome, Xanthomatosen, Atherome u. Arteriosklerosen u. Psoriasis. In 26 Fällen wurden gute, in 30 teilweise oder zweifelhafte u. in 22 keine Erfolge erzielt. In einigen Fällen wurde eine deutliche Abnahme von Cholesterin- u. Gesamtlipidgeh. des Blutes festgestellt. (Thérapie **9.** 424—33. 1954. Toulouse, Fac. de Méd., Labor. de Pathol. gén. et de Méd. exp.) F. KRUSEN. 4564

A. Bendandi und **G. C. Manfredi,** *Veränderungen des Gehaltes an Sulfhydrylgruppen in der Leber im Verlaufe einer lipotropen Therapie.* Bei Ratten wurde Lebersteatosis durch unvollständige Hepatektomie, durch Intoxikation mit CCl_4 (subcutan) u. durch Verfütterung einer fettreichen/proteinarmen Kost erzeugt. Nach Gaben von *Methionin* (**I**), *Cholin* (**II**), *Inosit* (**III**) u. einem *lipotropen Pankreaspräp.* (**IV**) wurde der Geh. an Gesamtfett (**V**) u. an SH-Gruppen (**VI**) ermittelt. Der nach partieller Hepatektomie ansteigende **V**-Geh. wird durch **I** u. **IV** deutlich beeinflußt, während **II** u. **III** der Steatosis kaum entgegenwirken. Der bei diätet. u. tox. Steatosis bemerkenswert verminderte **VI**-Geh. normalisiert sich nach **I**-Gaben; die Wrkg. von **II, III** u. **IV** ist weniger ausgeprägt. Hepatektomie verursacht eine Zunahme des **VI**-Geh., die durch Verabfolgung lipotroper Faktoren nicht beeinflußt wird. (Arch. int. Pharmacodynam. Thérap. **98.** 152—60. 1/6. 1954. Modena, Univ., Ist. di Clin. med. e Terap. med.) R. WOLLER. 4564

A. Jullien, J. Ripplinger und **J. Mercier,** *Der quantitative Einfluß der Veränderung des Verhältnisses von Na/K auf die Produktion und Freisetzung von einer dem Acetylcholin äquivalenten Substanz im isolierten Herzen von Helix pomatia.* Das ganze isolierte Herz von Helix pomatia wird mit isoton. Lsg. mit einem Geh. an Eserin von 1 : 200000 bei gleichbleibendem Geh. von Na u. einem zwischen reichem, n. physiol. geringem u. gar keinem wechselnden Geh. von K durchspült. Unter allen Bedingungen wird etwa die gleiche Menge eines dem Acetylcholin äquivalenten Stoffes produziert u. größtenteils an die Bade-Fl. abgegeben. (C. R. Séances Soc. Biol. Filiales **147.** 1810—13. Nov. 1953. Besançon, Fac. des Sci., Labor. de Zool.) G. WELTZIEN. 4569

R. A. Gibbons und **W. T. J. Morgan,** *Immunchemische Forschungen.* 14. Mitt. *Isolierung und Eigenschaften von Substanzen menschlichen Ursprungs mit Blutgruppen-B-Spezifität.* Aus Ovarialcysten wurde B-Substanz durch Phenol- u. Acetonbehandlung gewonnen u. mit A. in einem mehrstufigen Arbeitsgang gereinigt. Sie enthält weniger *Hexosamin* (20—22%) als andere Blutgruppensubstanzen, in wss. Lsg. ist sie viscoser, serolog. verhält sie sich nicht einheitlich. (Biochem. J. **57.** 283—95. Juni 1954. London, Lister Inst. of Prevent. Med.) E. FISCHOEDER. 4572

A. Kind, *Eisenresorptionsversuch und Eisenbindungskapazität im Serum bei der Diagnose des Eisenmangels.* Zur Nachprüfung des diagnost. Wertes der zwei Untersuchungsmethoden zur Feststellung des *Fe*-Mangels (Fe-Belastungsvers., Fe-Bindungskapazität) wurden Verss. bei 10 n. Personen durchgeführt, deren Ergebnisse mit den im Schrifttum angegebenen übereinstimmen (Serum-Fe 105 γ%, Serum-Fe nach Belastung 150 γ%, gesamte Fe-Bindungskapazität 335 γ%). Bei 28 Fällen mit sicherer Fe-Mangelanämie erfolgte nur bei 5 Patienten kein Anstieg des Serum-Fe, wahrscheinlich wegen Resorptionsstörung. Die Fe-Bindungskapazität war in 17 Fällen stark, in 11 nur leicht erhöht. Bei 19 Fällen mit larviertem, nicht anäm. Fe-Mangel wurden ähnliche Verhältnisse vorgefunden. Bei 30 Fällen mit verschied. Anämien zeigte der größere Teil einen negativen Resorptionsvers. u. eine niedrige Fe-Bindungskapazität. Insgesamt wurde bei den klin., mit einiger Sicherheit beurteilbaren Fällen der Fe-Mangel durch den Resorptionsvers. zu 80% richtig angegeben, durch die Fe-Bindungskapazität zu 95%. Dem Resorptionsvers. wird klin. der Vorzug gegeben. (Helv. med. Acta **21.** 402—07. Okt. 1954. Winterthur, Kantonsspital, Med. Klinik.) J. SCHWAIBOLD. 4574

Jack H. Stopak, *Die Wirkung von Ferritin auf die Sterblichkeit von dem Tourniquet-Schock ausgesetzten Mäusen.* In Verss. mit Mäusen wurde nachgeprüft, ob *Ferritin* (I) eine wesentliche Rolle bei der Herbeiführung von Irreversibilität von Schockzuständen spielt. Bei intravenösen Gaben von I bis 100 γ I-N/20 g Maus trat keine deutliche Wrkg. auf die Sterblichkeit nach Schockerzeugung (durch Gummibinden an den Hinterbeinen) ein. Bei Gaben von 1000 γ I-N traten bei den Versuchstieren tox. Erscheinungen auf, deren Zusammenhang mit der Sterblichkeit bei Schockzuständen aber als fraglich angesehen wird. (Amer. J. Physiol. **175.** 99—102. Okt. 1953. Bethesda, Md., Nat. Inst. of Arthritis and Metabol. Diseases, Sect. of Pharmacol. and Toxicol.) J. SCHWAIBOLD. 4574

B. Jasinski und **F. Wuhrmann,** *Untersuchungen über die Bluteiweiße und das Serumeisen mit Hilfe des radioaktiven* ^{59}*Fe.* Zur Klärung der unterschiedlich beantworteten Frage des Eisentransportes u. der Eisenbindung an die Blutproteine untersuchten Vff. papierelektrophoret. mit anschließender Radioautographie in vitro menschliche Seren, denen $^{59}FeCl_3$ (3—9 γ = 0,05—0,015 μC-^{59}Fe/ml Serum) zugesetzt wurde, u. Tierseren (Kaninchen: Blutentnahme 10 Min. nach 300 γ ^{59}Fe intravenös; Ratte: Ausblutung 2½ Std. nach 50 γ ^{59}Fe peroral; Meerschweinchen: Blutentnahme ca. 10 Min. nach 50 γ ^{59}Fe intravenös). Dabei zeigte sich, daß Fe streng selektiv an die β_1-Globuline gebunden ist u. bei Fe-Überschuß auch an andere Globuline, nie aber an Albumine angelagert werden kann. Bei dysproteinäm. Krankheiten (hämolyt. Anämie, Lebercirrhose) konnte autoradiograph. kein eisenbindendes β_1-Globulin festgestellt werden. (Verh. dtsch. Ges. inn. Med. **59.** 326—28. 1953. Winterthur, Kantonsspit., Med. Klinik.) V. SACHS. 4574

A. Niklas und **W. Maurer,** *Messung der Neubildungs- und Abbaugeschwindigkeit einzelner Serumeiweißfraktionen nach Gabe von* ^{35}*S-Methionin.* (Vgl. auch C. **1953.** 242.) Vers. über den Serumeiweißumsatz durch Verfütterung ^{35}*S-l-Methionins* in Spurendosen u. Aktivitätsmessung laufend entnommener Serumeiweißproben sowie papierelektrophoret. Fraktionierung u. Aktivitätsmessung der Fraktionen in laufenden Abständen, schließlich Fraktionsmessungen in bestimmten Abständen nach 30%ig. Blutverlust bei Ratten zeigten, daß die biol. Halbwertzeit (HZ) des Serumeiweißes beim Menschen ca. 30, beim Kaninchen ca. 10 u. bei der Ratte ca. 3,5 Tage beträgt, daß sie mit größerem Körpergewicht zunimmt u. der 3. Wurzel des Körpergewichts proportional ist. Bei den Fraktionsmessungen wurden die Albumine in doppelt so langer Zeit abgebaut wie die Globuline, bei denen Unterfraktionen mit verschied. biol. HZ vermutet werden können. Nach Blutverlust konnte bei Ratten keine Änderung des Serumeiweißumsatzes beobachtet werden. (Verh. dtsch. Ges. inn. Med. **59.** 319—23. 1953. Köln, Univ., Med. Klinik.) V. SACHS. 4574

E. M. Crook und **M. K. El-Marsafy,** *Assoziation von Carotin mit Serumproteinen.* Die nach elektrophoret. Auftrennung durchgeführte Best. des Carotins (I; nach BESSEY u. Mitarbeitern, C. **1946.** I. 1733) ergab im menschlichen Serum folgende Verteilung auf die Fraktionen: *β-Globulin* (II) 50%, Albumin 20%, α_2-II 10%, α_1-II 7%. γ-II bindet kein I. Die Berechnung der Bindungskapazität ergab die Reihenfolge: β-II > α_2-II > α_1-II > Albumin > γ-II. — Die Existenz von 2 Komponenten in der β-II-Fraktion wird wegen der Unterschiede in der I-Bindung vermutet. (Biochem. J. **57.** VIII. Juni 1954. London, Univ. Coll., Dep. of Biochem.) U. FREIMUTH. 4574

Lena A. Lewis und **Irvine H. Page,** *Serumproteine und Lipoproteine bei multipler Myelomatose.* Unterss. mittels der Ultrazentrifuge zeigten bei Patienten mit multipler Myelomatose n. Werte für γ_1-Globulin (S > 70, 40—70) u. α_2-Lipoprotein (S 20—25). Erniedrigt waren β_1-Lipoprotein (S 25—40) u. α_1-Lipoproteine (S 1—10). Auch für Cholesterin wurden niedrigere Werte gefunden. Nach der elektrophoret. Unters. waren Serumkomponenten mit Wanderungsgeschwindigkeiten, die denen von β_1-, γ_1- u. γ_2-Globulin entsprachen, erhöht. (Amer. J. Med. **17.** 670—73. Nov. 1954. Cleveland, O., Clin. Found., Res. Div., u. Frank E. Bunts Educ. Inst.) G. WELTZIEN. 4574

Bernard A. Sachs, Paxton Cady und **George Ross,** *Eine anomale lipidähnliche Substanz und Kohlenwasserstoffe in den Seren von Kranken mit multiplen Myelomen.* Bei 5 Kranken mit γ-Myelom (Papierelektrophorese) zeigte sich im γ-Globulin ein anomales Lipidband, in einem mit β-Myelom u. einem mit geringeren Abweichungen fand sich ein Band zwischen β- u. γ-Globulin. KW-stoffe, abnorm in Stellung u. Größe, wurden zusammen mit anomalen Proteinen gefunden. Im Zusammenhang damit fand sich eine chem. nachgewiesene Erhöhung der Gesamtpolysaccharide oder Glucosamine. (Amer. J. Med. **17.** 662—69. Nov. 1954. New York, Montefiore Hosp.) G. WELTZIEN. 4574

Sidney P. Gottfried, Nathan H. Friedman, Irving B. Akerson, Russell H. Pope und **Salvatore Di Mauro,** *Das Verhältnis der in organischen Säuren löslichen Phosphatfraktion, der Citronensäure, Protein- und Lipoidfraktionen im Blut bei atherosklerotischen Herzerkrankungen und bei der Lipämie.* Die in organ. Säuren lösl. Blutphosphatfraktionen u. die Serumcitronensäure wurden bei 39 Atherosklerotikern bestimmt. Es fanden sich keine Differenzen gegenüber n. Vergleichspersonen, desgleichen keine bei den Serumproteinfraktionen. Hingegen waren in 60% der untersuchten Kranken die Serumlipoide, das Gesamtfett u. das Gesamtcholesterin erhöht. Bei 17 Kranken mit Lipämie waren die Albumine niedriger, die Gesamtglobuline u. die α-Globulinfraktion erhöht; die Citronensäurewerte waren im Mittel gegen die Kontrolle erhöht. Leberfunktionsstörungen oder (1 Fall) glomerulärer Filtrationsverlust der Albumine sind wohl dafür verantwortlich. (Circulation [New York] **10.** 271—76. Aug. 1954. Bridgeport, Conn., Hosp. Bridgeport, Med. Servic. and Labor.) H. JORDAN. 4574

Maurice M. Best, Charles H. Duncan, Edward J. van Loon und **Joan D. Wathen,** *Erniedrigung des Serumcholesterinspiegels durch Zufuhr eines pflanzlichen Sterins. β-Sitosterin,* der Hauptbestandteil des Baumwoll- u. Weizenkeimöls, besitzt einen signifikanten senkenden Effekt auf das *Serumtotalcholesterin* u. damit dessen Verhältnis zu den Phospholipoiden (9 Patienten, durchschnittliche Behandlungsdauer 22 Wochen). Auch die „atherogenen" Lipoproteinklassen (Ultrazentrifuge) wurden red. (3 Patienten). Die Diät war uneingeschränkt. Nebeneffekte wurden nicht bemerkt. (Circulation [New York] **10.** 201—06. Aug. 1954. Louisville, Ky., Univ., School of Med., Inst. for Med. Res. and Res. Labor., Veterans Administ. Hosp.) H. JORDAN. 4574

Alfred Soffer und **Martin Murray,** *Langfristige Beobachtungen des cardiovasculären Status bei essentieller Hyperlipämie.* Verlaufsbeobachtungen der essentiellen Hyperlipämie zeigen, daß dieses Krankheitsbild häufig zu einer frühzeitigen Atherosklerose führt. Verss. mit intravenösen Heparingaben ließen rapide, aber vorübergehende Senkungen der Totallipoidwerte erkennen, die hauptsächlich das Neutralfett betreffen. Bei n. Kontrollen fehlte dieser Heparineffekt. Die Phospholipoide oder das Cholesterinester–Cholesterin-Verhältnis unterlag keiner beständigen Änderung. (Circulation [New York] **10.** 255—64. Aug. 1954. Rochester, N. Y., Hosp. Genesee, Labor.) H. JORDAN. 4574

Joseph Seifter und **David H. Baeder,** *Lipämieklärung durch Hyaluronidase, Hyaluronat und Desoxycorticosteron und ihre Hemmung durch Cortison, Stress und Nephrose.* Nach intravenöser (a), subcutaner (b), oraler (c) oder intramuskulärer (d) Gabe von *Heparin* (**I**; a, c), *Hyaluronidase* (**II**; b), *Hyaluronsäure* (**III**; a), partiell depolymerisierter **III** (a, b, c) u. von *Desoxycorticosteronacetat* (**IV**; d) tritt im Rattenplasma ein Lipämieklärfaktor auf, nachgewiesen an lipäm. Hundeplasma. Auch direkte Anwendung bei lipäm. Hunden von **III** (a) u. partiell depolymerisierter **III** (a u. c) war wirksam, nicht jedoch die von *Alginat* (a). Incubation des akt. Rattenplasmas mit mittel- u. höherwertigen **II**-Präpp. bewirkt zunehmende Inaktivierung, so daß der Klärfaktor vermutlich ein Mucopolysaccharid enthält, das allerdings nicht, wie bisher angenommen, **I** zu sein braucht. Vorbehandlung von Ratten mit *Cortison* oder Kälteeinw. führt zum Auftreten eines thermostabilen (60°/Std.) Inhibitors für den von anderen Ratten durch **I**, depolymerisierte **III** u. **IV** gewonnenen Klärfaktor. Auch bei experimenteller Nephrose tritt dieser Inhibitor im Rattenplasma auf, das gleichzeitig stark lipäm. wird. Es wird auf mögliche Zusammenhänge zwischen dem Lipämieklärungsinhibitor u. einerseits dem allg. Adaptionssyndrom, andererseits der patholog. Lipämie hingewiesen. (Proc. Soc. exp. Biol. Med. **86.** 709—13. Aug./Sept. 1954. Philadelphia, Pa., Wyeth Inst. of Applied Biochem.) H. GIBIAN. 4574

A. Buonsanto, G. Laurentici und **L. Del Gatto,** *Postoperative Veränderungen des endogenen Blutalkohols.* Vff. stellten in 15 Fällen ein Ansteigen der *Blutalkohol* (**I**)-Werte nach operativen Eingriffen u. eine Rückkehr zu Ausgangswerten 16 Std. bis 5 Tage nach der Operation fest. Die **I**-Erhöhung ist bei Lumbal- bzw. Lokalanästhesie weniger ausgeprägt als bei Totalnarkose. (Boll. Soc. ital. Biol. sperim. **29.** 1104—08. Mai 1953. Bari, Univ., Ist. Patol. Chir.) H. KIRMSE. 4574

Paul M. Aggeler, Theodore H. Spaet und **Byron E. Emery,** *Reinigung des Plasma–Thromboplastin-Faktors B (Plasma–Thromboplastin-Komponente) und seine Identifizierung als ein β_2-Globulin.* Zur einheitlichen Nomenklatur eines Blutgerinnungsfaktors, der notwendig für die Bldg. von *Thromboplastin* ist, der mit *Plasma–Thromboplastin-Kompo-*

nente (PTC), Christmas-Faktor oder auch *antihämophiler Faktor B* bezeichnet wird, schlagen Vff. *Plasma–Thromboplastin-Faktor B* (I; *PTF-B*) vor, im Gegensatz hierzu soll der antihämophile Faktor mit *Plasma–Thromboplastin-Faktor A* (*PTF-A*) bezeichnet werden. Vff. beschreiben eine neue Reinigung von I aus der COHNschen Serumfraktion IV durch Adsorption an $BaSO_4$ (100 mg/ccm³ Lsg.); Vorelution mit 0,1mol. Na-Oxalat u. 0,006mol. Na-Citrat. I wird dann mit 0,34mol. Na-Citrat eluiert. Mittels Papierelektrophorese (WHATMAN 3 MM), Veronalpuffer p_H 8,6 u. μ 0,05, 500 V konnten Vff. in I-Lsgg. α-, β- u. Spuren γ-Globulin nachweisen. Die I-Aktivität wurde in der β_2-Fraktion gefunden, geringe I-Aktivität in der β_1- u. α_2-Fraktion sind der Diffusion zuzuschreiben. (Science [Washington] **119**. 806—07. 4/6. 1954. San Francisco, Calif., Univ. of California, Dep. of Med., School of Med. and Med. Service, Veterans Administr. Hosp.; Stanford Univ., Dep. of Med., School of Med.; Berkeley, Calif., Cutter Labors.)
G. BRATFISCH. 4574

Joseph H. Bragdon und **Richard J. Havel,** *In vivo-Wirkung von Antiheparinagentien auf Serumlipide und Lipoproteine.* Die intravenöse Injektion von *Protaminsulfat* (I) bewirkt bei hungernden Ratten ein Ansteigen der *Serumlipide* (II) u. *-lipoproteine* (III). Wenn I gleichzeitig mit III injiziert wird, verzögert es den Transport von III im Blut. Bei einem 6 mg-Spiegel von I allein verursachte dieser einen Schock u. eine verminderte Wrkg. auf die II, was durch III verhindert bzw. auf die Wrkg. von 1 mg I red. wurde. Toluidinblau (5 mg) hatte denselben, wenn auch geringeren Effekt wie I. Es wird angenommen, daß die Antiheparinaktivitäten dieser Substanzen die Ursache sind u. daß Heparin u./oder Heparinoide eine physiol. Rolle beim Transport der Blutlipide spielen. (Amer. J. Physiol. **177**. 128—33. April 1954. Bethesda, Md., Nat. Heart Inst., Labor. of Metabolism, Nat. Inst. of Health.) H. BENISCHKE. 4574

F. Moya und **M. M. Hoffman,** *Hyperglykämische und glykogenolytische Wirksamkeit von Präparaten aus menschlichem Urin.* Es wird die hyperglykäm. Wrkg. eines rohen Konzentrats bzw. einer in A. unlösl. Fraktion des Urins n. Männer u. Frauen durch Verabreichung an männliche weiße New Zealand-Kaninchen festgestellt. Die Dosis von 20 bis 40 mg Konzentrat pro kg Körpergewicht erzeugt einen Anstieg der Blutglucosekonz. von 70 mg pro 100 cm³, für 0,5—1,0 mg alkoh. Urinfällung pro kg Körpergewicht beträgt dieser 30—40 mg%. Bei Bebrütung in vitro von Lebergewebsschnitten der Tiere in Ggw. beider wird eine erhöhte Abgabe von Glucose in das Incubationsmedium beobachtet. Im Gegensatz zum Pankreasglukagon (I) wirkt der Urinfaktor stark reduzierend auf den Glykogengeh. in Lebergewebssuspensionen. Aus den Befunden wird entnommen, daß ein anderer Faktor als das I in den Urinpräpp. glykogenolyt. wirksam ist. Harnsäure, Wachstumshormon, Pitressin, Adenosin-5-phosphorsäure u. Ca^{2+} rufen keine Glykogenolyse in Kaninchenlebersuspensionen hervor. (Endocrinology **55**. 439—47. Okt. 1954. Halifax, N. S., Univ., Dep. of Med.; Victoria General Hosp.)
ANTJE SCHMIDT. 4577

Michael W. Shutkin und **Donald Caine,** *Der klinische Wert von Bilirubinbestimmungen bei der routinemäßigen Harnanalyse mit einer bewährten Methode.* Eine „*Bilazo*"-Tablette (*p-Nitrobenzoldiazonium-p-toluolsulfonat*) wird mit 5 Tropfen Urin benetzt u. danach 2 Tropfen W. zugesetzt. Die nach 30 Sek. auftretende Blau- oder Violettfärbung zeigt *Bilirubin* an. Die Menge ist der Farbintensität u. der Größe des Farbfleckes auf der Unterlage proportional. Der diagnost. Wert der Bilirubinbest. für verschied. Krankheitsbilder wird erläutert. (Amer. J. Gastroenterol. **23**. 235. März 1955. Milwaukee, Wis.)
P. LOCH. 4577

F. Challenger und **J. M. Walshe,** *Methylmercaptan im Zusammenhang mit Foetor hepaticus.* Im Urin einer an starkem Foetor hepaticus leidenden Frau wird mit den üblichen Methoden *Methylmercaptan* (I) nachgewiesen. Die chromatograph. Prüfung des Blutplasmas zeigte eine ausgeprägte Erhöhung des *Methionin* (II)-Geh.; auf diesen wird die Verschlechterung des Allgemeinzustandes zurückgeführt. I soll sich aus II bilden. (Biochem. J. **58**. XXVIII—XXIX. Nov. 1954; **59**. 372—75. März 1955. Leeds, Univ., Dep. of Colour Chem., u. London, Univ. Coll. Hosp., Med. School, Med. Unit.)
H. GEHM. 4577

R. Amprino, *Verteilung von ^{35}S-Natriumsulfat in Hühnerembryonen (frühes Stadium).* Die Verteilung von $Na_2{}^{35}SO_4$ (I) in Embryonen ist, verglichen mit ihrem Alter, nicht einheitlich. Nach 4 Tagen ist sie gleichmäßiger als nach 5 u. 6. Vf. gibt 2 Faktoren an: 1. sinkende Aufnahme von ^{35}S durch Gewebe in dieser Entwicklungsstufe; 2. auffallender Anstieg in der ^{35}S-Fixierung anderer Gewebe, bes. Versorgungsgewebe. Es wird das Verhältnis der I-Aufnahme verschied. Gewebe bestimmt. Die Bindungsart von I an Embryonalgewebe konnte nicht ermittelt werden. Die Unterss. erfolgten an 10 μ dicken Schnitten des mit $Na_2{}^{35}SO_4$ behandelten Gewebes mittels der Kontrastautoradiographie, wobei behandeltes Gewebe des Zentralnervensyst. (geringe I-Aufnahme) zum Vgl. diente. (Experientia [Basel] **11.** 19—21. 15/1. 1955. Turin, Univ., Anatom. Inst.) J. MILLER. 4583

J. Duckworth, *Tierernährung.* Fortschrittsbericht 1954 über Erfahrungen mit stoffwechselsteigernden natürlichen u. synthet. *Hormonen* u. *As-Verbb.* bei Rindern, Schafen, Schweinen u. Geflügel zur Erhöhung des Fleisch- bzw. Milchertrages. — 70 Literaturangaben. (Rep. Progr. appl. Chem. **39.** 675—89. 1954. Aberdeen, Scotl., Rowett Res. Inst.) EBERHARD MÜLLER. 4585

Ss. M. Bessonow, *Die Pektinstoffe und ihre Bedeutung in der Ernährung.* Auf Grund der Literatur bespricht Vf. den Aufbau der Pektinstoffe, ihren Geh. in den Lebensmitteln, ihren Abbau u. ihre Bedeutung in der Ernährung. — 53 Literaturangaben. (Вопросы Питания [Fragen d. Ernähr.] **18.** Nr. 2. 30—41. März/April 1954. Moskau, Ernährungsinst., Abt. Nahrungsmitteltechnol.) B. KRAFT. 4585

J. Kühnau, *Probleme der Eiweißernährung.* Es wird ein zusammenfassendes Ref. über Fragen der Eiweißernährung bei Mensch u. Tier gegeben, wobei bes. auf die Rolle der essentiellen Aminosäuren (AS) eingegangen wird. Es gilt für die Wrkg. des Proteins das „Alles-oder-Nichts-Gesetz", das heißt, daß die AS des Nahrungseiweißes nur verwertet werden, wenn sie vollständig vorhanden sind. Der Aufbau des Eiweißes erfolgt im Körper mit Hilfe einer Eiweißmatritze, deren Muster durch gleichzeitigen Einbau der notwendigen AS immer wieder reproduziert wird. Es ist nicht nur die absol. Höhe der AS-Zufuhr von Bedeutung, sondern auch das gegenseitige Verhältnis wie die gleichzeitige Verabreichung. (Landwirtsch. Forsch., Sonderh. Nr. **5.** 29—33. 1954. Hamburg, Univ., Physiol.-Chem. Inst.) K. NEHRING. 4585

O. B. Kusowlewa, *Über Veränderungen im Gehalt an freien Aminosäuren in der Leber weißer Ratten, die auf eine Mangeldiät in bezug auf Eiweißstoffe gesetzt waren.* In Verss. an weißen Ratten, deren Nahrung 3—15 Tage lang nur 3% Casein enthielt, entsprach die N-Menge der freien Aminosäuren in der Leber etwa der Norm (63,2—99,7, im Mittel 78,9 mg%) oder war sogar etwas niedriger. Erst nach mehr als 3 Wochen langer eiweißarmer Diät nahm der Aminosäure-N in der Leber etwas zu. Ob ein Teil des Proteins aus der Leber in das Blut übergeht oder zu Aminosäuren aufgespalten wird, um der Proteinsynth. in anderen Organen zu dienen, bleibt noch zu klären. (Вопросы Питания [Fragen d. Ernähr.] **14.** Nr. 1. 30—34. Jan./Febr. 1955. Moskau, Inst. für biol. u. med. Chem. der Akad. der Med. Wiss. der UdSSR, Labor für Gewerbechemie.) E. RENTZ. 4585

Peter D. Klein und **Ralph M. Johnson,** *Untersuchung über das Auftreten eines Mangels an ungesättigten Fettsäuren in subcellularen Partikeln von Rattenlebern.* (Vgl. C. **1954.** 11228.) Werden Ratten einer fettfreien Diät unterworfen, so verschwinden aus cytoplasmat. Fraktionen 2-, 4- u. 5fach ungesätt. Fettsäuren mit hoher Anfangsgeschwindigkeit, die nach 6 Wochen beträchtlich nachläßt. Die 3fach ungesätt. Säuren dagegen erreichen Spiegel, die 4—6mal so hoch sind wie unter n. Bedingungen sowohl in der mikrosomalen als auch in der mitochondrialen u. der am wenigsten sedimentablen Fraktion. Die größten Verluste wurden in der ersten Fraktion gefunden u. die geringsten in der zweiten. (Arch. Biochem. Biophysics **48.** 380—85. Febr. 1954. Detroit, Mich., Wayne Univ., Coll. of Med., Dep. of Physiol. Chem. and Detroit Inst. of Cancer Res.) H. BENISCHKE. 4585

E. Crasemann, *Neuere Ergebnisse von Respirationsversuchen.* Die Ergebnisse der mit verschied. Tierarten durchgeführten Respirationsverss. lassen erkennen, daß erhebliche Unterschiede im Fettbildungsvermögen bestehen, die ihre Ursache in verschieden ablaufenden Prozessen im Verdauungsapp. haben. Gegenüber den bei der Verwertung der reinen Nährstoffe erhaltenen Werten ergibt sich bei den Futterstoffen vielfach ein Produktionswert, der deutlich niedriger ist als der nach dem Geh. an verdaulichen Nährstoffen errechnete Wert; es tritt eine Wertigkeitsminderung in Erscheinung, die parallel dem Rohfasergeh. geht. In Verss. an Kaninchen konnte jedoch bei Verfütterung von Strohmehl keine Minderung der Nettoenergie festgestellt werden. (Landwirtsch. Forsch., Sonderh. Nr. **5.** 13—28. 1954. Zürich, ETH, Inst. für Haustierernährung.) K. NEHRING. 4585

A. H. Douthwaite, *Vitamine bei Gesundheit und Krankheit.* Besprechung der Rolle der verschied. *Vitamine* (I) im Stoffwechsel, des I-Bedarfs gesunder Personen u. der I-Therapie bei durch I-Defizite bedingten Krankheiten. (Practitioner **175.** 16—24. Juli 1955. London, Guy's Hosp.) H. DOSSMANN. 4587

L. Nürnberger, *Vitaminmangelerscheinungen bei Stillenden.* Besprechung der am häufigsten auftretenden *Vitamin* (I)-Mängel in der Frauenmilch, ihrer Symptome u. der geeigneten Therapie mit solchen Präpp., die die fehlenden I enthalten. Besprochen werden: *Vitamin A (Axerophthol), Vitamin B_1 (Aneurin), Vitamin B_2 (Lyctoflavin, Riboflavin), Nicotinsäure, Nicotinamid, Pantothensäure, Vitamin C* u. *D.* Über Mangelerscheinungen von *Vitamin B_6, Folsäure, Inosit, Vitamin E, H* u. *K* ist nichts bekannt. (Med. Klin. **50.** 972—76. 10/6. 1955. Köln-Lindenthal.) H. DOSSMANN. 4587

R. F. Krause und **Lear T. Powell**, *Die in vitro-Hydrolyse und Veresterung von Vitamin A.* Leberhomogenate u. ihre Kern- u. Mitochondrienfraktionen sowie die (übrigbleibende) „Fraktion X" können natürliche u. Palmitinsäureester von *Vitamin A* (I) nicht hydrolysieren, wenn das Auftreten von I-Alkohol als Basis genommen wird; dagegen werden offenbar in allen Fällen geringe Mengen I abgebaut. Bei der Hydrolyse von I-*Acetat* zeigen alle genannten Fraktionen etwa gleich starke Aktivität. Homogenate von Eingeweiden u. Nieren können I verestern, Leberhomogenate bzw. deren einzelne Zellkomponenten dagegen nicht. (Arch. Biochem. Biophysics **44.** 57—62. Mai 1953. Morgantown, W. Va., West Virginia Univ., School of Med., Dep. of Biochem.) H.-J. KOCH/Berlin. 4587

G. W. Troitzki und **L. Ss. Tarassowa**, *Über die Natur der Blutproteinkomplexe mit Carotin, Vitamin A, Vitamin D_2 und Cholesterin.* Verss. über eine die Koagulation verhindernde Wrkg. von *Proteinen* (I) im Falle einer koll. Lsg. von *Carotin* (**II**) gegenüber Elektrolytlsgg. ergaben, daß bei Anwendung einer 0,05%ig. Lsg. von *γ-Globulin* 3,7 mg von letzterem notwendig sind, statt, wie erwartet wurde, 1,07 mg, um 1 mg **II** zu stabilisieren. Der stabile **II**–**I**-Komplex enthält 78,8% **I** u. 21,2% **II**. Es ist dieses ein Verhältnis, wie man es auch bei den Lipoproteiden des Blutes findet. Verss. mit Solen von *Vitamin D_2* (**III**) u. *Cholesterin* (**IV**) wiesen auf die Unbeständigkeit letzterer Sole hin. Für Sole von **III** besitzen die **I** des Blutserums von Kaninchen eine stark stabilisierende Wrkg., nicht dagegen für **IV**-Sole. Eine ganze Reihe von Beobachtungen sprechen dafür, daß die Komplexe zwischen **I** u. **II**, **III** u. *Vitamin A* adsorptiver Natur sind. Man hat anzunehmen, daß sich um das im Zentrum liegende große Lipoidteilchen eine Hülle von **I**-Moll. adsorptiv anlagert. Von Vff. wird verschied. Beweismaterial beigebracht dafür, daß entsprechend zusammengesetzte Adsorptionskomplexe auch im menschlichen u. tier. Blut vorliegen. Im Falle von **IV** liegen weniger einfache Verhältnisse vor als bei den untersuchten Vitaminen, doch dürfte der **I**–**IV**-Komplex auch entsprechend den Lipoproteinen gebaut sein. (Биохимия [Biochemie] **20.** 19—30. Jan./Febr. 1955. Simferopol, Med. Inst., Lehrstuhl für biol. Chem.) M. ULMANN. 4587

W. G. Hoekstra, R. E. Hall und **P. H. Phillips**, *Untersuchung über die Beziehung zwischen Vitamin A und der Entwicklung der Hyperkeratose (X-Disease) bei Kälbern.* Es konnte nachgewiesen werden, daß bei vorliegenden Symptomen von Hyperkeratose bei Kälbern auch ein *Vitamin-A* (I)-Mangel im Blut besteht. Besprochen wird der Einfl. des Futters auf die Entstehung der Krankheit u. ihre Behandlung mit **I**. Zusatz von $6 \cdot 10^6$—$7{,}5 \cdot 10^6$ E. **I** über 9—12 Tage zum Futter bedingte signifikante **I**-Zunahme im Plasma u. erhöhte Lebensfähigkeit, aber keine Heilung bei fortgeschrittenen Fällen. Die Rolle von **I** im Zusammenhang mit den die Hyperkeratose bedingenden Faktoren wird diskutiert. (Amer. J. veterin. Res. **15.** 41—46. Jan. 1954. Madison, Wis., Univ. of Wisconsin, Dep. of Biochem., u. Wisconsin State Dep. of Agricult., Div. of Livestock Sanitat.) H. DOSSMANN. 4587

W. G. Hoekstra, R. J. Dicke und **P. H. Phillips**, *Erzeugung von Hyperkeratose bei Kälbern mit lokal verabreichten Insekticidenträgern auf Ölbasis.* (Vgl. vorst. Ref.) Bei Kälbern wurde durch lokal verabreichte Insekticide in einer Petroleumfraktion mit Robbentran (mineral seal oil) Hyperkeratose hervorgerufen. Der Einfl. der Insektengifte *Lindane, Methoxychlor, Thiocyanatverbb.* war auszuschließen. Die *Vitamin-A*-Konzz. im Blut sanken nicht auf die tox. Werte ab, wie sie bei oraler Verabreichung chlorierter Naphthaline oder tox. Futters beobachtet wurden. (Amer. J. veterin. Res. **15.** 47—50. Jan. 1954. Madison, Wis., Univ. of Wisconsin, Dep. of Biochem. and Entomol.) H. DOSSMANN. 4587

M. L. Orabona, *Vergleich der Wirkung von Aneurin und Cocarboxylase bei Beri-Beri auf Grund einer Störung des Vitamingleichgewichts.* Bei *Aneurin* (I)-frei ernährten Tauben beobachtete Vf., daß durch Zusatz von täglich 15 mg *Nicotinsäure* (**II**) oder 10 mg *Folsäure* (**III**) eine schwere Beri-Beri auftritt, die in den meisten Fällen zum Tode der Tiere führte. Gleichzeitig verabreichtes **I** behob diese Veränderungen kaum, während *Cocarboxylase* (**IV**) zu einer Besserung führte. Es wird hieraus geschlossen, daß **II** u. **III** zu einer Störung der Phosphorylierung des **I** zu **IV** führen. (Int. Z. Vitaminforsch. **25.** 170—75. 1954. Bari, Univ., Ist. Clin. Med.) P. G. SCHEURLEN. 4587

G. Rindi, G. Ferrari und **V. Perri**, *Beziehungen zwischen dem Brenztraubensäurespiegel im Blut, dem Aneuringehalt des Gewebes und der Nebennierenhypertrophie bei der B_1-Avitaminose der Ratte.* Bei der n. Ratte fanden Vff. einen *Brenztraubensäure* (I)-Spie-

gel im Blut von 1,49 mg%. Der *Aneurin* (II)-Geh. des Gehirns betrug 3,3 µg/g, der der Leber 6,41 µg/g u. der der Muskulatur 1,42 µg/g. Wurden die Tiere B_1-avitaminot. ernährt, so trat eine stetige Abnahme des II-Geh. in Leber, Muskulatur u. Gehirn ein, die in 25 Tagen bis zu 20—40% des Ausgangswertes ging. In der gleichen Zeit stieg I im Blut auf ca. 260% des n. Wertes an. Das Körpergewicht zeigte nur eine vorübergehende geringe Zunahme, das Gewicht der Nebennieren stieg auf ca. 150% an. Die Zunahme des I setzte gewöhnlich erst nach ca. 18 Tagen ein, zu einem Zeitpunkt, wo II im Gewebe schon stark abgenommen hatte. Es ist wahrscheinlich, daß die II-Zunahme eher mit der Gewichtszunahme der Nebennieren korreliert ist, als mit dem II-Geh. der Gewebe. (Int. Z. Vitaminforsch. **25**. 210—24. 1954. Pavia, Univ., Ist. Fisiol. Umana.)
P. G. Scheurlen. 4587

Yoko Takeuchi, Kyuichiro Okuda, Shohei Hayakawa und **Shunzi Mizuhara,** *Das aktive Zentrum des Thiamins.* Die Prüfung einiger *Thioacetale* u. *Thiolverbb.* auf Katalysatorwrkg. bei der Acyloinkondensation ergab, daß Cystein, Thioglykolsäure (I), I-Brenztraubensäure (II)-Additionsverb., Thiophenol (III), II–III-Additionsverb. u. O.S.-Diacetylthiamin hierbei unwirksam sind. NaCN katalysiert dagegen die Acetoinbldg. aus Pyruvat u. Acetaldehyd, war jedoch weniger wirksam als Thiamin. (J. Biochemistry [Tokyo] **42**. 93—97. Jan. 1955. Okayama, Univ., Med. School, Dep. of Biochem. [Orig.: engl.])
K. Maier. 4587

Luigi L. Barbieri und **M. Antonietta Brunelli,** *Beitrag zum Studium der Zuckerstoffwechselveränderungen nach Riboflavin und seinem Monophosphorsäureester.* Vff. fanden nach Injektion von 20 mg *Riboflavin* (I) bzw. 20 mg *Riboflavinmonophosphorsäureester* (II) bei gesunden Versuchspersonen keine Änderung des Blutzucker (III)-spiegels. Der Brenztraubensäure (IV)-spiegel nahm vorübergehend zu, während die Milchsäure (V) abnahm. Die Veränderungen waren bei Gaben von I u. II gleich stark. Bei herzkranken Patienten sah man nach I teilweise eine Zunahme von III, während nach II die Rk. der Norm entsprach. Bei den gleichen Patienten verhielten sich IV u. V nach Injektion von II wie bei n. Personen, während die Rkk. auf I wechselnd ausfielen. Aus diesen Unterss. wird geschlossen, daß bei Herzkranken die Phosphorylierung des I gestört ist. (Int. Z. Vitaminforsch. **25**. 157—69. 1954. Bologna, Univ., Ist. Clin. Med.)
P. G. Scheurlen. 4587

F. Rubino und **O. Giacalone,** *Einfluß der Pantothensäure auf rekonstruktive Prozesse bei der Wiederauffütterung nach Fasten.* Bei Wiederauffütterung nach Fasten glichen Ratten, die *Pantothensäure* erhalten hatten, den Gewichtsverlust rascher aus als die Kontrolltiere. (Boll. Soc. ital. Biol. sperim. **29**. 978—80. Mai 1953. Palermo, Univ. Ist. di Fisiol. Umana dell'Univ.)
G. Kirmse. 4587

W. W. Filippow, *Methode zur Bestimmung von Biotin mit Hefe.* Bestimmte, aus Hefe isolierte Stämme von Saccharomyces cerevisiae lassen sich als Testorganismus bei der Best. von *Biotin* (I) verwenden. Man findet ein besseres Wachstum bei Verwendung zur I-Best., wenn sie vorher auf I-armen Böden gezüchtet worden waren; auch die beim Vers. verwandte Menge ist von Einfl. auf die Vermehrungsfähigkeit. Das auf I zu untersuchende Material wird mehrfach im Autoklaven bei 115° mit H_2SO_4 behandelt u. der Extrakt mit $Ba(OH)_2$ neutralisiert. Je nach der zu erwartenden I-Menge werden 0,003 bis 1,0 ml Hydrolysat nach Auffüllung auf 5 ml mit 0,01 mg Hefekultur in 5 ml versetzt u. bei gleichzeitigem Lauf einer Vergleichsreihe mit bestimmten I-Mengen 18—24 Std. im Thermostaten belassen. Best. des Hefewachstums colorimetrisch. Durch die mikrobiol. Best. wird die Summe von d-I, I-Proteinkomplex u. I-Derivv. erfaßt. (Биохимия [Biochemie] **20**. 82—87. Jan./Febr. 1955. Chabarowsk, Pädagog. Inst., Lehrstuhl für Botanik.)
M. Ulmann. 4587

Prema Fatterpaker, Urmila Marfatia und **A. Sreenivasan,** *Einfluß von Folsäure und Vitamin B_{12} auf die Bildung von Kreatin in vitro und in vivo.* Bei *Folsäure* (I)- u. *Vitamin-B_{12}* (II)-frei ernährten Ratten, die zur Beschleunigung des Mangelzustands mit *l*-Thyroxin behandelt wurden, wird die Bldg. (Lebergeh.) u. Ausscheidung von *Kreatin* (III) sowohl durch I- als auch durch II-Mangel stark herabgesetzt. Vermutlich wird die III-Bldg. prim. durch I beeinflußt, während II bei niedrigem I-Spiegel eine dessen Ausnutzung steigernde Wrkg. hat. Die Synth. von III aus Glykocyamin u. Methionin durch Leberhomogenate in vitro wird durch I u. II nicht beeinflußt. (Nature [London] **167**. 1067—68. 30/6. 1951. Matunga, Bombay, Univ. of Bombay, Dep. of Chem. Technol.)
H.-J. Koch/Berlin. 4587

P. D. Bedford, *Diuretische Wirkung von Vitamin B_{12}.* Die von Bernard u. Weitzner (Lancet **1949**. 717) angeblich bei 12 von 16 Patienten mit n. Blutbild gefundene diuret. Wrkg. von *Vitamin B_{12}* konnte bei 37 Patienten mit n. Blutbild bei Testung gegenüber einem Hg-Diureticum (Mersalyl) nicht bestätigt werden. (Lancet **260**. 1232—33. 2/6. 1951. Oxford, Cowley Road Hosp.) H.-J. Koch/Berlin. 4587

C. L. Davis und **John R. Gorham**, *Die Pathologie experimenteller und natürlicher Fälle von Fettgewebsentzündungen bei Schweinen.* Bei übermäßiger Verfütterung von Fisch- u. Fischprodd. mit Geh. an stark *ungesätt. Fettsäuren* tritt bei Schweinen Fettgewebsentzündung mit gelber Verfärbung des Gewebes auf, die bei einer Versuchsgruppe durch geeignete Zusätze von *Vitamin E* zum Fischfutter zu beeinflussen war. (Amer. J. veterin. Res. **15**. 55—59. Jan. 1954. Denver, Col., u. Pullmann, Wash., Agric. Res. Admin. U. S. D. A., Bur. of Animal Ind.) H. DOSSMANN. 4587

E. Wertheimer, Victoria Bentor und **M. Wurzel**, *In vitro-Beweis für Stoffwechselveränderungen während der Wärmeregulierung bei Ratten.* Vff. untersuchen *Glykogen* (I)-Synth., *Glucose* (II)-Verbrauch u. Glykogenolyse von isolierten Diaphragmen aus Ratten, die unter gleichartigen Ernährungsbedingungen einer Temp. von $+6^0$ (a) u. $+30^0$ (b) ausgesetzt worden sind. Bei den in vitro-Verss. werden die Diaphragmenpräpp. entweder in Rattenserum oder in KREBS-RINGER-Phosphatlsg. (p_H 7,4), die 100 Teile 0,9%ig. NaCl, 4 Teile 1,15%ig. KCl, 3 Teile 1,22%ig. $CaCl_2$, 1 Teil 3,8%ig. $MgSO_4$, 40 ml 0,25mol. Na_2HPO_4 u. 0,2% II enthält, unter aeroben Bedingungen incubiert. Es wird beobachtet, daß I-Synth. aus II u. II-Verbrauch in den Diaphragmen von a-Tieren erhöht sind. Auch die Glykogenolyse in II-freiem Serum ist gesteigert. Dagegen sind O_2-Verbrauch u. die Verwertung von *Acetessigsäure* (III) in Diaphragmen von a- u. b-Tieren gleich. Wird KREBS-RINGER-Lsg. durch Rattenserum als Substrat ersetzt, werden keine oder nur geringe Unterschiede im II-Verbrauch u. der I-Synth. zwischen Präpp. aus a- u. b-Tieren festgestellt. Der Stoffwechseleffekt ist nicht mit dem Ausmaß der Temperaturunterschiede, denen die Tiere ausgesetzt gewesen sind, proportional, er läßt sich auch beobachten, wenn sie bei 15—20° gehalten werden u. tritt in Präpp. aus bei 37° temperierten Tieren stärker in Erscheinung als bei denen aus b-Tieren (Rattenserum als Substrat). Auch Diaphragmen von Ratten, bei denen durch *Amphetoninsulfat*-Injektion künstlich Fieber hervorgerufen worden ist, zeigen verstärkte Glykogenolyse. In einem weiteren Vers. wird gezeigt, daß I-Synth. u. II-Verbrauch im Abdominalmuskel von Mäusen, die bei tiefen Tempp. gehalten wurden, ebenfalls gesteigert sind. Aus den Verss. geht hervor, daß unter bestimmten Bedingungen Substanzen im Serum entstehen können, die eine Veränderung des cellulären Stoffwechsels verursachen. (Biochem. J. **56**. 297—302. Febr. 1954. Jerusalem, Hebrew Univ., Labor. of pathol. Physiol.) P. FAHRNLAENDER. 4596

Max Kleiber, Arthur L. Black, Mary A. Brown, Jack Luick, Claude F. Baxter und **Bert M. Tolbert**, *Butyrat als Vorstufe der Milchbestandteile in der lebenden Milchkuh.* *$^{14}C_{(1)}$-Na-Butyrat* (I), aus Propylmagnesiumjodid + $^{14}CO_2$ bei -20^0, u. *$^{14}C_{(2)}$-Na-Butyrat* (II), aus $^{14}C_{(1)}$-Propyljodid + KCN u. anschließender Verseifung, wurden Milchkühen injiziert. ^{14}C aus I erschien maximal nach 10 Min. u. aus II nach 30 Min. im ausgeatmeten CO_2. Butyrat beteiligt sich, im Gegensatz zu Acetat, hauptsächlich an der Synth. von Lactose u. Casein, weniger an der des Milchfettes, wahrscheinlich über C_2-Bruchstücke. (J. biol. Chemistry **210**. 239—47. Sept. 1954. Davis u. Berkeley, Calif., Univ. of California, Coll. of Agric. and the Radiat. Labor.) H. TÄNZLER. 4596

Samuel P. Bessman und **Alice N. Bessman**, *Die cerebrale und periphere Aufnahme von Ammoniak bei Lebererkrankungen mit einer Hypothese über den Mechanismus des Koma hepaticum.* Bei Lebererkrankungen u. bes. im Koma hepaticum ist der NH_3 (I)-Geh. im Blut deutlich erhöht u. etwa der Tiefe des Koma proportional. Übersteigt die I-Menge ein bestimmtes Maß, so nimmt das Gehirn I auf, die Höhe des Verbrauches hängt von der arteriellen I-Konz. ab. Ähnlich verhalten sich die Muskeln. Vff. nehmen an, daß es zu einer Bindung von I, z. B. durch Aminierung von *α-Ketoglutarsäure* zu *Glutaminsäure* kommt. Die Bedeutung der Anhäufung von I für das Koma u. therapeut. Konsequenzen werden diskutiert. (J. clin. Invest. **34**. 622—28. April 1955. Washington, Res. Found. of Children's Hosp.) D. NEUBERT. 4597

L. Brat und **H. Goldhammer**, *Experimentelle Untersuchung und klinische Ergebnisse der p-Aminohippursäure-Kreatininclearance.* Es kann experimentell nicht nachgewiesen werden, daß *p-Aminohippursäure* die störende Kreatininsekretion der Tubuli blockiert. Trotzdem wird an der Kreatininclearance als Routinemeth. für die Klinik festgehalten wegen der leichten Durchführbarkeit u. guten Verträglichkeit für die Patienten, u. weil sie die getrennte Beurteilung der Glomerulus- u. Tubulusfunktion zuläßt. (Z. Urol. **47**. 193—209. 1954. Oldenburg, Peter-Friedrich-Ludwigs-Hosp.) G. WELTZIEN. 4597

John R. Squire and others, Dextran; its properties and use in medicine. Springfield, Ill.: C. C. Thomas. 1955. (100 S. m. Abb.) O. $ 3,—.

R. H. Williams, Textbook of endocrinology. 2nd rev. edn. London: W. B. Saunders. 1955. (776 S. m. Abb.) 8°. 91 s.

E_6. Pharmakologie. Therapie. Toxikologie. Hygiene.

W. Minder, *Radioisotope als Heilmittel.* Vortrag. Einführung in die Entw. der Radioisotopentherapie als „intracellulärer Strahlentherapie". Besprochen werden Radio-Au, -J, -P. Erklärung des Wirkungsprinzips am Beispiel der Beeinflussung des Aufbaues der Nucleinsäuren durch Radio-P. (Schweiz. Apotheker-Ztg. **93.** 204—16. 12/3. 1955. Bern, Radium-Inst.) H. BASFELD. 4601

H. W. Paschen und **W. Teigler**, *Ein neuartiger Radiumträger zur Behandlung präklimakterischer und klimakterischer Blutungen.* Zur Strahlenbehandlung der Uterusschleimhaut bei patholog. Blutungen mit β-Strahlen haben Vff. eine Monelkapsel von 0,2 mm Wandstärke entwickelt, in die bis zu 60 mg Ra eingebracht werden können. Die α-Strahlen werden in der Monelwand absorbiert, die γ-Strahlen bewirken eine wesentlich geringere Wrkg. als die β-Strahlen. (Zbl. Gynäkol. **76.** 2034—38. 1954. Düsseldorf, Med. Akad., Frauenklin.) W. REUSSE. 4601

S. Phyllis Stearner, Emily J. B. Christian und **Austin M. Brues**, *Die Schutzwirkung von vermindertem Sauerstoffdruck und Epinephrin gegen die durch Röntgenstrahlen bewirkte Mortalität beim Küken.* Weiße ♂ Küken, 3—4 Tage alt, wurden totalbestrahlt, u. zwar mit 600—2000 r (43 oder 6 r/Min.). Bestrahlungsdaten: 200 kV, 15 mA, Filter 0,5 mm Cu + 3,0 mm Bakelit, FOA 16 oder 46 inch. Während der Bestrahlung wurden die Tiere teils bei vermindertem O_2-Druck gehalten (7% O_2 + 93% N_2 oder 10% O_2 + 90% N_2), teils erhielten sie intramuskuläre Injektionen einer Suspension von *Epinephrin* (I) in Erdnußöl 5 Min. vor u./oder 5 Min. nach der Bestrahlung. Die Beobachtung der Mortalität ergab, daß die Überlebensquote nach 2 Tagen wie auch bei längeren Perioden (bis zu 20 Tagen) erhöht wird, u. zwar durch I-Anwendung weniger als durch die Verringerung des O_2-Drucks. Beide Maßnahmen gleichzeitig angewendet, wirken synergistisch. Der Blutdruck wird gegenüber dem bei n. bestrahlten Tieren durchweg erhöht. Vgl. der Befunde unmittelbar (2 Tage) nach Bestrahlung u. solcher nach Verlauf längerer Zeiten läßt erkennen, daß vorwiegend die kurzfristig nach der Bestrahlung auftretenden Strahlenschäden beeinflußt werden. (Amer. J. Physiol. **176.** 455—60. März 1954. Lemont, Ill., Argonne Nat. Labor., Div. of Biol. and med. Res.) W. REUSSE. 4601

Hagen Tronnier, *Beitrag zur Strahlenschutzwirkung von Pasten.* Zinkpaste zeigt bei dermatolog. Bestrahlungen mit Grenzstrahlen so beträchtliche Röntgenabsorption, daß sie zur Abdeckung gesunder Hautpartien gegenüber dem Bestrahlungsfeld verwendet werden kann. Ähnliche Eigg. zeigt *Plastorad*, eine plast. Abdeckmasse der Fa. C. HOERNECKE, Löchgau/Württemberg. Die Absorptionsmessungen wurden mit Ionisationskammer u. Röntgenfilmschwärzung durchgeführt. Die erforderlichen Schichtdicken beider Substanzen betragen einige mm. (Z. Haut- u. Geschlechtskrankh. **17.** 65—67. 1/8. 1954. Göttingen, Univ., Hautklin.) W. REUSSE. 4601

Arnold S. Relman, Arlene M. Roy und **William B. Schwartz**, *Die acidotische Wirkung des Rubidium auf normale Ratten und solche, die sich in einer Kaliummangelalkalose befinden.* Es wird die Wrkg. der in chem. u. physiol. Hinsicht sehr ähnlichen Alkalimetalle *K* u. *Rb* auf das Säure–Basen-Gleichgewicht untersucht. Eine Verminderung der extracellulären *Bicarbonat*-Konz. kann bei Ratten, die sich bei *K*-armer Diät in einer Alkalose befinden, mit *RbCl* genau so erfolgen wie mit *KCl*. Bei mehr chron. Zufuhr ergeben sich Unterschiede, da *Rb* in einem viel stärkeren Maße zur Acidose führt als *K*. (J. clin. Invest. **34.** 538—44. April 1955. Boston, Mass., Evans Mem. Hosp. and Boston Univ., School of Med. and from New Engl. Center Hosp., and Tufts Coll. Med. School.) D. NEUBERT. 4606

Max Heinrich jr. und **F. E. Kelsey**, *Untersuchungen zum Selenstoffwechsel: Die Verteilung des Selens in den Geweben der Maus.* Mäuse scheiden innerhalb 48 Std. eine subcutan gegebene, subletale Einzeldosis *^{75}Se-Na-Selenit* (I) zu 83,5% wieder aus (Urin 65,5%, Faeces 10,5%, Atemluft 7,5%). Das Lebergewebe reichert Se stärker als die übrigen Gewebe an. 1 Std. nach der Injektion befindet sich fast die Hälfte des resorbierten Se in der Leber. Nach I-Zufuhr befinden sich in Leber, Niere, Lunge, Herz, Milz, Verdauungstrakt, Blut, Faeces, Harn u. restlichem Körper flüchtige Se-Verbindungen. (J. Pharmacol. exp. Therapeut. **114.** 28—32. Mai 1955. Univ. of South Dakota, School of Med., Dep. of Physiol. and Pharmacol.) K. MAIER. 4606

James K. Alexander, John R. West, John A. Wood und **Dickinson W. Richards**, *Analyse der Reaktion der Atmung auf Kohlendioxydeinatmung bei verschiedenen klinischen Zuständen von Hyperkapnie, Anoxie und Störungen des Säure–Basen-Gleichgewichtes.* Die Empfindlichkeit des Regulationsmechanismus der Atmung nach CO_2-H-Ion-Reizen wurde bei n. Menschen u. bei Patienten mit pulmonalen Erkrankungen bestimmt. Beim chron. Lungenemphysem u. cor pulmonale war die Ansprechbarkeit auf CO_2 deutlich herabgesetzt. Das Blut soll eine erhöhte Pufferkapazität aufweisen. (J. clin. Invest. **34.**

511—32. April 1955. New York, N. Y., Columbia Univ., Coll. of Physic. and Surg., Dep. of Med., and Cardio-pulmonary Labor. of Presbyterian Hosp.) D. NEUBERT. 4606

James K. Alexander, Harold F. Spalter und **John R. West,** *Veränderung der Atmungsreaktion auf Kohlendioxyd durch Salicylat.* Vff. untersuchten den Einfl. von *Salicylat* (I) auf die Atmung. Sie fanden nach oraler Gabe von 1,8—2,4 g *Acetylsalicylsäure* (II) (als „*Bufferin*": II mit *Al-Glycinat* u. *Mg-Carbonat*; BRISTOL MYERS CO.) eine Steigerung der Empfindlichkeit der nervösen Atemregulation nach CO_2 um 80—300%. Diese Sensibilisierung gegenüber n. chem. Reizen wird als eine Ursache der durch II hervorgerufenen Hyperventilation betrachtet. (J. clin. Invest. **34.** 533—37. April 1955. New York, N. Y., Columbia Univ., Dep. of Med., Coll. of Phys. and Surg., and Cardio-pulmonary Labor. of Presbyterian Hosp.) D. NEUBERT. 4607

T. Franklin Williams, Walter Hollander jr., Maurice B. Strauss, Elsie C. Rossmeisl und **Regina McLean,** *Mechanismus der vermehrten Natriumausscheidung durch die Nieren nach Infusion von Mannit beim Menschen.* Intravenöse Gaben von *Mannit* (I) (isoton. oder leicht hypoton.) führen zu einer deutlichen Erhöhung der *Na-* u. *Cl*-Ausscheidung im Urin. Vff. diskutieren den Mechanismus dieser Wrkg. u. kommen zu dem Schluß, daß das I nicht zu einer Erhöhung der Glomerulusfiltration führt, sondern die Wrkg. direkt am Tubulusapp. eintritt. (J. clin. Invest. **34.** 595—601. April 1955. Boston, Mass., Med. Serv. and Res. Labor. Boston Veterans Administr. Hosp., Dep. of Med., Boston Univ., School of Med., and Dep. of Med., Tufts Coll. Med. School.) D. NEUBERT. 4607

S. Wawzonek, I. V. Ponseti, R. S. Shepard und **L. G. Wiedenmann,** *Durch Aminonitrile hervorgerufenen Schädigunge der Epiphysenplatte, degenerative Arthritis und intramurales Aneurysma der Aorta.* Verfüttern von 0,1—1,0% *β-Aminopropionitril* (I) an abgesetzte Ratten rief eine ausgedehnte Schädigung der Epiphysenplatten, Knochenneubldg. des Periosts, degenerative Arthritis u. intramurales Aortenaneurysma hervor. Erstere war histolog. mit der bei Ratten nach Verfütterung von 50% *Lathyrus oderatus*-Samen beobachteten identisch. Bei *Xenopus*-Larven rief I in einer Konz. von 1/2000000 Dislokationen der Hinterbeingelenke u. Lockerung der Septa der Metameren der Dorsalmuskulatur hervor. Aus keimenden Erbsensamen wurde *β-[γ-L-Glutamylamino]-propionitril* isoliert, das bei Verfütterung (1%) Skelettschädigungen hervorruft. Von anderen geprüften Nitrilen bewirkten *Bis-[β-cyanäthyl]-amin* (0,4%) u. bes. stark *Aminoacetonitril* (0,2%) Skelettveränderungen, α-Aminopropionitril (0,2—1,0%) u. *γ-Aminobutyronitril* (0,2%) dagegen nicht. *Acrylnitril* u. *Cyanidion,* die aus I durch Zers. entstehen können, beeinflußten das Skelett nicht. (Science [Washington] **121.** 63—65. 14/1. 1955. Iowa City, State Univ., Dep. of Chem. and Orthopedics.) K. MAIER. 4607

H. G. Bray, Sybil P. James und **W. V. Thorpe,** *Stoffwechsel der Trichlornitrobenzole beim Kaninchen.* Von den 6 isomeren, an Kaninchen verabreichten Trichlornitrobenzolen (I) wurden mit Sicherheit *2.3.4-*, *2.3.5-*, *2.4.5-* u. *3.4.5*-I in die betreffenden *Dichlornitromercaptursäuren* umgewandelt u. als solche aus dem Urin isoliert. Ein beträchtlicher %-Satz aller I wird in Form der Trichloraniline, phenol. Stoffwechselprodd. werden als Glucuronide u. Sulfate ausgeschieden. Die Gesamtmenge der genannten Stoffwechselprodd. im Urin (mit Ausnahme des 2.4.6-I [65%]) beträgt 75%. Aus dem Urin 2.4.5-I-behandelter Tiere wurde ein Azoxybenzol isoliert. (Biochem. J. **61.** V. Sept. 1955. Birmingham, Univ., Med. School, Physiol. Dep.) G. BRESSAU. 4607

A. M. El Masry, J. N. Smith und **R. T. Williams,** *Die α-, ω- und (ω-1)-Oxydation des n-Propyl- und n-Butylbenzols bei Kaninchen. Bestimmung der Hippursäure.* Bei Verfütterung von n-Propyl- (I) u. n-Butylbenzol (II) an Kaninchen werden I u. II nicht nur in α- u. ω-, sondern auch in (ω-1)-Stellung oxydiert. I ergab hierbei Hippursäure (III; 15% der I-Dosis), (—)-*Äthylphenylcarbinylglucuronid* (*Triacetylmethylester,* F. 124°, $[\alpha]_D$ —82° in Chlf.) u. etwas *Benzylmethylcarbinol* (*2.4-Dinitrophenylhydrazon des Ketons,* F. 153°), aber keine *Phenacetursäure* (IV). II gab IV (10—15%), *Methylphenethylcarbinol* (*2.4-Dinitrophenylhydrazon des Ketons,* F. 128°) u. *Propylphenylcarbinol* (*2.4-Dinitrophenylhydrazon des Ketons,* F. 194°). — Zur Best. der III (250 γ/ml) in 1 ml Urin wurde angesäuert (p_H 2), mit 5 ml Äthylacetat extrahiert, 1 ml Extrakt bei 110° eingedampft, der Rückstand in 2 ml Essigsäureanhydrid (V) gelöst u. mit 1 ml einer 20%ig. p-Dimethylaminobenzaldehydlsg. in V auf 120° erhitzt (vgl. GAFFNEY u. Mitarbeiter; C. **1954.** 10310). Nach Zugabe von 2 ml Äthylacetat wurde bei 460 mμ colorimetriert; hierbei stört Ggw. von IV prakt. nicht. — Papierchromatographie (Bzl.: Essigsäure: W. = 1:1:2): R_F 0,18 für III u. 0,28 für IV. (Biochem. J. **61.** I—II. Sept. 1955. London, St. Mary's Hosp. Med. School, Dep. of Biochem.) G. BRESSAU. 4607

W. M. McIsaac und **R. T. Williams,** *Der Stoffwechsel des Salicylsäurehydrazids und der Salicylhydroxamsäure beim Kaninchen. Benzoesäurehydrazid* (I) u. *Benzhydroxam-*

säure werden in vivo weitgehend hydrolysiert u. als Hippursäure ausgeschieden. I erwies sich in Dosen über 100 mg/kg als tox.; Salicylsäurehydrazid (II) u. Salicylhydroxamsäure (III) wurden dagegen gut vertragen (500 mg/kg) u. nicht vollständig zu Salicylsäure hydrolysiert (El Masry u. Mitarbeiter, nicht veröffentlicht). — Hauptstoffwechselprod. des II war das *phenol. Glucuronid* (ph. G.) (F. 204—205°; $[\alpha]_D^{20}$ —65°; 55% der II-Dosis). Neben geringen Salicyl- u. Gentisinsäuremengen wurde auch unverändertes II ausgeschieden; II-Sulfat u. Anzeichen für eine Acetilierung wurden nicht gefunden. Die Menge des ph. G. des N-Acetyl-II betrug 70%; das *N-Acetylglucuronid* (F. 208—210°; $[\alpha]_D^{20}$ —63°) wurde quantitativ aus dem Urin isoliert. III bildete ebenfalls ein ph. G. (49%; SO_4-Ester 16%) u. wurde als nichtkristalliner Gummi isoliert, der einen glasigen *Trimethylacetylester* (F. 70—76°; $[\alpha]_D^{20}$ —27° im Chlf.) bildete. *3-Brom*-III gab 60% ph. G. (F. 217—218°; $[\alpha]_D^{20}$ —75° in 0,1 nNaOH) u. 20% SO_4-Ester. (Biochem. J. **61**. II. Sept. 1955. London, St. Mary's Hosp., Dep. of Biochem.) G. Bressau. 4607

Takesi Kimura, *Die Wirkungen verschiedener Präparate auf Hell- und Dunkelvariationen des Ruhepotentials der Krötennetzhaut.* Die Veränderungen blieben unbeeinflußt durch *NaCl*, *$CaCl_2$* u. *$MgCl_2$*, wurden zum Negativen verschoben durch *KCl*, erhöht durch *Strychnin*, *Acetylcholin* u. *Atropin*, während *Adrenalin* u. *Nicotin* das Potential verstärkten. Zentrale Anaesthetica (*Chlf.* u. *Ae.*) vergrößerten die Änderungen in der ersten Phase der Anaesthesie, red. sie in der zweiten u. verhinderten sie schließlich. *A.* entsprach in seiner Wrkg. den Narkoticis in der ersten Phase. *Cocain* verhinderte die Variationen, *Saccharose* u. *Glucose* verschoben sie zum Positiven, *Brenztraubensäure* blieb ohne Wrkg., *Monojodessigsäure* hemmte sie, *Azid* senkte das Ruhepotential. (Fukuoka Acta med. [Fukuoka-Igaku-Zassi] **45**. 1—11. April 1954. Kyushu, Univ., Fac. of Med., Dep. of Physiol. [Orig.: japan., Auszug: engl.]) D. Zemke. 4607

H. Poppe, H. Weidemann, K. Hinrichs und **H. Steyer**, *Affinität von Thiosemicarbazonderivaten und deren Spaltprodukten zur Nebenniere.* Präpp. von *4-Äthylsulfonbenzaldehydthiosemicarbazon* (*Polyteben*), in welchem einerseits das S-Atom der Sulfongruppe durch ^{35}S (I) u. andererseits das S-Atom der Thiosemicarbazongruppe durch S^{35} (II) markiert war, wurden an Ratten u. Meerschweinchen getrennt verabreicht u. nach verschied. Zeiten die Organverteilung von I u. II durch Best. der Strahlungsaktivität der veraschten Organe bestimmt. Die Differenzen der Organaktivitäten bewiesen, daß eine Aufspaltung des Mol. erfolgt, u. ihre Größen ergaben ein Maß für die relative Verteilung der Spaltprodukte. Während Niere u. Milz als einzige Organe eine bevorzugte Anreicherung der Sulfonkomponente I aufwiesen, zeigte die Nebenniere eine geradezu spezif. Speicherung der Carbazonkomponente II. Hieraus ist zu folgern, daß für die Nebennierenwrkg. von Polyteben der Carbazonrest entscheidend ist. (Naunyn-Schmiedebergs Arch. exp. Pathol. Pharmakol. **224**. 145—48. 1955. Göttingen, Chirurg.-Univ.-Klinik.) R. Lafferenz. 4607

Pierre Koetschet, *Die Frage der spezifischen Eigenschaften von Chlorpromazin.* Übersicht. Behandelt werden *3-Chlor-10-[γ-dimethylamino-n-propyl]-phenothiazin*, *Phenothiazin*, *10-[β-Dimethylaminoäthyl]-*, *10-[β-Methyl-β-dimethylaminoäthyl]-*, *10-[β-Diäthylaminoäthyl]-*, *10-[β-Methyl-β-diäthylaminoäthyl]-* u. *10-[γ-Dimethylamino-n-propyl]-phenothiazin.* — 23 Literaturangaben. (Int. Rec. Med. **168**. 295—300. Mai 1955. Paris, Rhône-Poulenc Res. Labors.) P. Loch. 4607

John H. Moyer, *Die Pharmakologie des Chlorpromazins.* Unbeachtet des Verabfolgungsweges verursacht *Chlorpromazin* (I) eine Erniedrigung des Blutdruckes, wobei die adrenerg. Blockierung unvollständig ist. Es ist ohne Einfl. auf die glomeruläre Filtrationsgeschwindigkeit u. den renalen Plasmafluß. Die Gehirndurchblutung wird verringert, aber die O_2-Versorgung durch eine erhöhte Differenz des arteriellen u. venösen O_2-Geh. aufrechterhalten. Eine zentrale Wrkg. von I kommt in seiner narkot. Wirksamkeit u. der Eig., andere Anästhetica u. Sedativa zu potenzieren, sowie auch in seinen Nebenwirkungen zum Ausdruck. Die Atmung wird durch I angeregt. Es beeinträchtigt die Leberfunktion nur in seltenen Fällen. Dagegen dämpft es die gastrointestinale Motilität. Nur bei Überdosierung (1 g/Tag) wurde Agranulocytose beobachtet. Bei Allergikern treten tox. Hauterscheinungen auf. (Int. Rec. Med. **168**. 301—11. Mai 1955. Houston, Tex., Baylor Univ., Coll. of Med.) P. Loch. 4607

John H. Moyer, *Chlorpromazin in der inneren Medizin.* (Int. Rec. Med. **168**. 312—17. Mai 1955. Houston, Tex., Baylor Univ., Coll. of Med.) P. Loch. 4607

Alex J. Steigman und **Carlos Vallbona**, *Erfahrungen mit Chlorpromazin in der Kinderheilkunde.* (Int. Rec. Med. **168**. 351—57. Mai 1955. Louisville, Ky., Univ. of Louisville, School of Med. u. Childrens Hosp. u. Louisville Gen. Hosp.) P. Loch. 4607

B. Broussolle, *Chlorpromazin in der Psychiatrie.* (Int. Rec. Med. **168**. 327—32. Mai 1955. Lyon, Vinatier Psych. Hosp.) P. Loch. 4607

Joseph F. Fazekas, James Shea und **Edward Rea,** *Die Behandlung akuter und postalkoholischer Zustände mit Chlorpromazin.* (Int. Rec. Med. **168.** 333—39. Mai 1955. Washington, D. C., George Washington Univ., Med. Div. u. Georgetown.) P. LOCH. 4607

J. Célice, *Die Wirkung des Chlorpromazins auf gewisse Hyperthermien zentraler Genese.* Vf. empfiehlt intravenöse *Chlorpromazin*-Gaben (*Largactil*) in einer Dosierung von 50 mg bei zentraler Hyperthermie im Gefolge von Alkoholintoxikationen, Apoplexien, CO-Komata u. epilept. Anfällen. Die Applikation der Medikamente soll in diesen Fällen oft lebensrettend sein. (Therapiewoche **5.** 368—69. Mai 1955. Paris.) D. NEUBERT. 4607

A. Comamala, *Über die hypothermisierende Wirkung von Chlorpromazin.* Die temperatursenkende Wrkg. von 10 mg/kg *Chlorpromazin* intramuskulär ist bei der Ratte bei 20° dieselbe wie bei 6°. (Thérapie **9.** 456—58. 1954. Barcelona, Fac. de Méd., Chaire de Pharmacol.) F. KRUSEN. 4607

Jean Delay und **Pierre Deniker,** *Neuroleptische Wirkungen von Chlorpromazin in der therapeutischen Neuropsychiatrie.* (Int. Rec. Med. **168.** 318—26. Mai 1955. Paris.) P. LOCH. 4607

J. Lomas, R. H. Boardman und **Morris Markowe,** *Komplikationen der Chlorpromazintherapie bei 800 Nervenklinikpatienten.* Besprechung der Nebenwirkungen u. tox. Manifestationen sowie der dadurch bedingten Kontraindikationen bei *Chlorpromazin* (**I**)-Therapie, die in 7,4% der Fälle auftraten; sie standen zur Behandlungsdauer in Beziehung, aber nicht zur Dosierung, Verabreichungsart oder der totalen **I**-Dosis. (Lancet **268.** 1144—47. 4/6. 1955. London, Springfield Hosp.) H. DOSSMANN. 4607

Cl. Pellet, *Vorsichtsmaßnahmen bei der Verwendung von Chlorpromazin (pharmakologische Ergänzungen).* Vf. weist auf die Wirkungen des *RP 4560* auf das Myocard (Tachycardie, EKG.-Veränderungen), auf die pharmakodynam. Modifikationen der Wirkungen von Analgeticis u. Analepticis sowie auf die leichten Leberschädigungen, Gefahr der Agranulocytosen u. allerg. Dermatitiden hin, die eine vorsichtige Verwendung von *RP 4560* ratsam erscheinen lassen. (J. Méd. Bordeaux Sud-Ouest **132.** 609—10. Juni 1955.) K. BÖHM. 4607

S. M. Hess und **O. G. Fitzhugh,** *Resorption und Ausscheidung verschiedener Triphenylmethanfarbstoffe bei Ratten und Hunden.* Oral gegebenes *FD & C-Blau Nr. 1*, *FD & C-Grün Nr. 1* u. *3* sowie *FD & C-Violett Nr. 1* wird von Ratten fast vollständig wieder in den Faeces ausgeschieden, während im Urin kein Farbstoff nachweisbar ist. In der Hundegalle waren nach mäßigen oralen Gaben geringe Farbstoffmengen enthalten. Die Menge der aus dem Verdauungstrakt resorbierten Farbstoffe betrug bei einer oralen Dosis von 200 mg ca. 10 mg. (J. Pharmacol. exp. Therapeut. **114.** 38—42. Mai 1955. U. S. Publ. Health Serv., Dep. of Health, Educat. and Welfare, Food and Drug Administrat., Div. of Pharmacol.) K. MAIER. 4607

Cornelia Hoch-Ligeti, *Die Wirkung längerer Verfütterung von Methylcholanthren an eiweißarm ernährte Ratten.* Längere Verfütterung (bis 83 Wochen) von 0,01% *Methylcholanthren* (**I**) an Ratten auf eiweißarmer Diät bewirkte stärkere Cirrhose der Lebern, als sie bei den Kontrollen auftrat. Männliche Tiere waren der Schädigung stärker unterworfen als weibliche. Bei den Kontrollen u. den mit **I** gefütterten Tieren entwickelten sich im Magen Geschwüre, Hyperplasie u. Papillome, wobei die Erscheinungen bei der 2. Gruppe wiederum ausgeprägter waren. (Cancer Res. **14.** 749—52. Nov. 1954. Charlottesville, Va., Univ. of Virginia, Med. School, Dep. of Pathol.) K. MAIER. 4607

B. Birkenfeld, *Erfahrungen mit der Echinacintherapie beim Sudeckschen Syndrom.* Behandlung von 56 Fällen mit SUDECKschem Syndrom mit *Echinacin*, einem Frischpflanzenextrakt aus Echinacea purpurea, ergab bei den meisten Fällen nach einmaliger Injektion schnelle Besserung der klin. Symptome. (Therap. d. Gegenwart **93.** 425—27. Nov. 1954. Bottrop, Knappschaftskrankenhaus.) H. DOSSMANN. 4608

Masaru Osawa, *Grundlagen der Therapie. Die klinische Anwendung der Organhydrolysate.* Aus Magenschleimhaut-, Pankreas-, Nieren- u. Lungengewebe konnten durch Hydrolyse organspezif. Stoffe gewonnen werden, die pharmakol. u. klin. sehr wirkungsvoll waren. (Therapiewoche **5.** 372—77. Mai 1955. Tokio, Japan, Osawa-Inst. für Exp. Therapie.) D. NEUBERT. 4609

Leonard Laskowski, Mearl F. Stanton und **Henry Pinkerton,** *Chemotherapeutische Untersuchungen über Alloxan, Dehydroascorbinsäure und verwandte Verbindungen bei muriner Hämobartonellose.* Vff. untersuchten an latent infizierten splenektomierten Ratten die chemotherapeut. Wirkungen von *Alloxan* (**I**), *Barbitursäure* (**II**), *Uracil* (**III**) u. *Dehydroascorbinsäure* (**IV**) auf die Hämobartonellose. Die Wrkg. von **I** auf die Bartonellose scheint von der Ggw. der 3 benachbarten C=O-Gruppen abzuhängen, da **II** u. **III** unwirksam sind. **IV**, die ebenfalls diese 3 Gruppen enthält, ist wirksam, aber nur in tox. Dosen. Von den SH-Inhibitoren sind Brombenzol u. Naphthalin teilweise, p-Chloromercuribenzoesäure in tox. Dosen wirksam, Furacin, Röntgenstrahlen sowie Cortison u. ACTH unwirksam. Die therapeut. Wrkg. von I wird durch BAL u. Borsäure aufgehoben, nicht aber durch Cystein u. Glutathion. Die therapeut. Wrkg. von Aureomycin wird durch BAL nicht beeinflußt. Demnach scheinen einige, aber nicht alle SH-Gruppen-Inhibitoren eine bartonellostat. Wrkg. zu haben, die aber nicht so groß ist wie die von I u. von organ. As-Verbindungen. I ist teilweise wirksam gegen Trypanosoma rhodesiense, unwirksam gegen Tollwut, St. Louis-Encephalitis, murinen Typhus, Tularämie u. Sarkom 37. (J. infect. Diseases **95.** 182—90. Sept./Okt. 1954. St. Louis, Mo., Univ., School of Med., Dep. of Bact. and Pathol.) K. BÖHM. 4610

Josef Klosa, *Über die Wirkung der Diphemin-Asaletten, eines neuartigen Mittels, gegen Schnupfen.* Mit *Diphemin-Asaletten* (ASAL, Berlin), enthaltend pro Tablette je 0,25 mg *benzilsaures* u. *chlorwasserstoffsaures Salz des α.α-Diphenyl-α-oxyessigsäure-[β-dimethylaminoäthyl]-esters,* wurden in allen Stadien des Schnupfens beste Erfolge erzielt. (Therap. d. Gegenwart **93.** 430—32. Nov. 1954. Berlin.) H. DOSSMANN. 4610

K. H. Römer, *Chinolinabkömmlinge in der Mund- und Kieferchirurgie.* Nach Besprechung der Pharmakologie u. der Anwendungsbereiche verschied. oxychinolinhaltiger Präpp., die bereits seit längerer Zeit bekannt sind (u. a. Chinosol, Loretin, Vioform, Yatren, Dijodoquin, Chloroquine, Amodiaquine), wird auf *Paradental F* (I) hingewiesen, das *8-Oxychinolinfluorid* als wirksame Substanz neben Thymol, Phenylsalicylat u. äther. Ölen in alkoh. Lsg. enthält. I hat sich wegen seiner bakteriostat. Wrkg., auch gegenüber Penicillin- u. Aureomycin-resistenten Keimen, bei allen postoperativen u. sonstigen Infektionen des Mund- u. Kiefergebietes ausgezeichnet bewährt. (Zahnärztl. Welt **10.** 321 bis 323. 25/6. 1955. Gotha.) G. KLESSE. 4610

N. Quattrin, G. Jacono und **A. Brancaccio,** *Über den Stoffwechsel des Sulfisoxazols.* Vff. zeigten, daß *Sulfisoxazol* (= *Gantrisin* = *2-[p-Sulfanilsäureamido]-3.4-dimethylisoxazol,* ROCHE; I) entgegen früheren Ansichten schnell u. in hohem Maße in freiem Zustand in die roten Zellen, weniger stark in die übrigen Blutzellen eindringt, sich schnell im Körper verteilt, die inneren Organe permeiert u. die Placentaschranke durchbricht. Es ist wahrscheinlich, daß I vorzugsweise in die extracellulären Fll. gelangt u. eine labile Bindung an das Zellgewebe hat, wodurch es schnell u. vollständig durch den Urin ausgeschieden wird. (Riv. Ist. sieroterap. ital. **29.** 403—28. Sept./Okt. 1954. Neapel, Univ., Ist. di Semeiot. Med.) G. WELTZIEN. 4610

H. Wolf, *Klinische Erfahrungen mit der neuen Sulfonamidkombination Sulfazinol.* Erprobung von *Sulfazinol* (DR. A. WANDER, AG., Bern), einem Gemisch aus gleichen Teilen *Sulfadiazin, Sulfamethazin* u. *Sulfacetamid,* an 60 Fällen mit verschied. Infektionen bei Verabreichung von 25—30 g innerhalb von 5 Tagen ergab bei guter Verträglichkeit meist gute Heilerfolge. (Therap. d. Gegenwart **93.** 423—25. Nov. 1954. Graz, Univ., Chirurg. Klinik.) H. DOSSMANN. 4610

J. H. Hale, B. D. Molesworth, D. A. Russell und **L. H. Lee,** *Isonicotinsäurehydrazid bei der Leprabehandlung.* Bericht über Erfahrungen bei 8monatiger *INH* (I)-Behandlung von 83 Kranken mit verschied. Lepraformen. Gebessert 26, davon 18 atyp. Fälle, unverändert 37, Verschlechterung in 20 Fällen. Die Ergebnisse mit Sulfonen werden mit I allein nicht erreicht. (Int. J. Leprosy **22.** 297—302. Juli/Sept. 1954. Singapore, Univ. of Malaya, Dep. of Bacteriol., u. Selangor, Malaya Sungei Buloh Settlement.) H. DOSSMANN. 4610

Seiichi Sano, *Experimentelle und klinische Untersuchung über den Einfluß antituberkulöser Mittel (besonders Isonicotinsäurehydrazid) auf die Leber.* An 53 Kaninchen u. 17 Patienten mit Lungentuberkulose wurde der Einfl. von *INH* (I), *4-Acetylamino-2-äthoxybenzaldehydthiosemicarbazon* (II) u. *PAS* auf die Leber nach dem Urobilinogen-, Hippursäure-, Bromsulfalein-, Lävulose-, Takata- u. $CoCl_2$-Test geprüft. Mehr als 100 mg I/kg/Tag rufen bei Kaninchen schwere Leberschäden hervor, 50 mg bewirken leichte Funktionsstörungen, 20 mg/kg werden ohne Schäden ertragen. Bei 4 Patienten rief I in einer Dosierung von 3—5 mg/kg/Tag über 16—24 Wochen nur leichte, vorübergehende Störungen hervor. Bei Kaninchen gute Verträglichkeit ohne nachweisbare Leberschäden von II, 200 mg/kg/Tag, u. *PAS,* 4 g/Tag, über 10 Tage. (Fukuoka Acta med. [Fukuoka-Igaku-Zassi] **45.** 41—55. Jan. 1954. Fukuoka, Japan, Kyushu Univ., School of Med., 2nd Clinic of Med. [Orig.: japan., Auszug: engl.]) H. DOSSMANN. 4610

Dalloz-Bourguignon, *Die Behandlung der akuten Nasen–Rachen-Affektionen mit injizierbarem Didromycin-Bipenicillin.* Gegenüber der üblichen kombinierten Sulfamid–Wismut-Therapie erwiesen sich bei akuten hochfieberhaften Nasen–Rachen-Affektionen (erythematöse Angina, Mandelabszesse) täglich 500000 E. *Didromycin-Bipenicillin* intramuskulär als bedeutend wirksamer. Bei 25 Fällen sank das Fieber sehr rasch, u. völlige Wiederherst. erfolgte nach 2 Injektionen. — Kasuistik von 2 Fällen. (Thérapie **9.** 434—37. 1954. France, Serv. de Santé de l'Air.) F. KRUSEN. 4611

F. Kral, R. A. Huebner und **H. N. Blumner,** *Blutspiegel bei Schafen und Schweinen mit parenteralem Dibenzyläthylendiamindipenicillin G.* Verabreichung einer Injektion von $3 \cdot 10^5$ E. *Dibenzyläthylendiamindipenicillin G* (I) bewirkte meßbare I-Blutspiegelwerte bei Schafen über 5—7, bei Schweinen über 4—7 Tage. I zeigte sich in beiden Fällen in bezug auf die Spiegeldauer dem *Procainpenicillin* überlegen. (Amer. J. veterin. Res. **15.** 67—70. Jan. 1954. Philadelphia, Pa., Univ. of Pennsylvania, Vet. Hosp. u. Wyeth Labors.) H. DOSSMANN. 4611

Fr. Berghöfer, *Tardocillin. Klinische Beobachtungen mit einem oral wirksamen Penicillin.* (Therap. d. Gegenwart **93.** 434—35. Okt. 1954. Bad Pyrmont, Bathildis-Krankenhaus.) H. DOSSMANN. 4611

Hans-Wolfgang Kayser, *Der diaplacentare Übertritt von radioaktivem Penicillin.* Nach intramuskulärer Injektion von radioakt. *Penicillin-G-N-äthylpiperidin* (500000 E.) wurden Serum- u. Urinkonz. biol. u. radiolog. untersucht. Mit radiolog. Methoden wurde in Serum u. Urin etwa die doppelte Menge *Penicillin* (I) gefunden wie biol.; die Streubreite der biol. Meth. beträgt $\pm 66\%$, der radiolog. Meth. $\pm 11\%$. Die kindliche I-Konz. betrug 50% der mütterlichen, die Placenta wies denselben I-Geh. auf wie das kindliche Serum. Nach 4 Std. ist bei dem hier verwandten I-Präp. kein therapeut. wirksamer I-Spiegel beim Kind mehr vorhanden. (Arch. Gynäkol. **185.** 140—49. 1954. Kiel, Univ.-Frauenklinik.) WOLFGANG ALBRECHT. 4611

J. Meyer-Rohn, *Experimentelle Untersuchungen mit der Kombination Omnadin-Penicillin.* Mit der Kombination Omnadin u. Penicillin (*Omnacillin*; FARBWERKE HOECHST A. G., Frankfurt/M.-Höchst) konnte an menschlichen Leukocyten eine gesteigerte Phagocytose beobachtet werden. Ähnliche Verss. mit der ARONSON-Sepsis bei weißen Mäusen zeigten dagegen keine Verbesserung der Penicillinerfolge. (Arzneimittel-Forsch. **4.** 335—38. Mai 1954. Hamburg, Univ., Hautklinik.) F. LEUSCHNER. 4611

E. Ruschmann, *Tierexperimentelle Untersuchungen zur Frage der Penicillintoxizität.* 3. Mitt. *Serologische und biochemische Untersuchungen der Meerschweinchenpathogenen Colistämme.* (2. vgl. C. **1955.** 2947.) Eingehende Besprechung serolog. u. biochem. Unterss. an definierten echten Colibakterienstämmen nach Isolierung von an Enteritis nach *Penicillin* (I)-Verabreichung gestorbener Meerschweinchen. Unterss. mit Kaninchenimmunserum an 72 Colistämmen ergaben uneinheitliche Resultate; es war nicht nachzuweisen, daß ein bestimmter pathogener B. coli-Stamm als Ursache für die Meerschweinchenenteritis in Frage kommt. Danach muß beim Meerschweinchen der Tod durch Enteritis nach I-Injektion auf das durch I hervorgerufene Überwuchern der darmfremden lactosepositiven Coliflora über die n. Darmflora zurückgeführt werden. (Z. Hyg. Infektionskrankh. **140.** 333—49. 1954. Leipzig, Univ., Hygiene-Inst.) H. DOSSMANN. 4611

W. J. Kaipainen und **S. Faine,** *Toxizität von Erythromycin.* Vff. beobachteten, daß junge Meerschweinchen nach oralen oder intraperitonealen (i.p.) Gaben von *Erythromycin* (I) nach 2 oder 3 Tagen erkrankten u. am 6.—8. Tage unter Abmagerung u. Diarrhöen starben. Die Toxizität von I ist unabhängig vom Alter (Gewicht) der Tiere oder dem Typ des Präp., aber sie steht in Beziehung zur Dosierung u. der Darreichungsart. 625 mg/kg I intraperitoneal gegeben, töten Meerschweinchen innerhalb von 3 bis 6 Stunden. Hamster, die 30—200 mg/kg I i.p. als Einzel- oder in mehreren Gaben erhielten, starben ungefähr am 13. Tag. Diese verzögerte Toxizität von I wird von anderen Autoren (vgl. ANDERSON u. HARRIS, J. Amer. pharmac. Assoc. **41.** [1952.] 555) nicht erwähnt. Die orale DL_{50} wird dort für Meerschweinchen mit $413{,}4 \pm 51{,}7$ mg/kg angegeben. (Nature [London] **174.** 969—70. 20/11. 1954. Oxford, Univ. u. Sir William Dunn School of Pathol.) K. BÖHM. 4611

A. I. Schmulewitsch, *Biomycin und Morphiplasmin bei Theileriose der Rinder.* 15 Kälber, die mit Theileria annulata infiziert waren, wurden mit *Biomycinhydrochlorid* (800000 E. 3mal täglich 4 Tage lang mit 8std. Intervallen in wss. Suspension per os) in Kombination mit *Morphiplasmin* (I), einer 1%ig. Morphinhydrochloridlsg., in 5%ig. wss. Lsg. von Pyroplasmin (4—5 Tage lang 2mal täglich zu 2 ml/100 kg subcutan) behandelt. 3 Kälber, die allein mit I behandelt wurden, verendeten; die übrigen Tiere wurden geheilt. (Ветеринария [Tierheilkunde] **32.** Nr. 6. 50. Juni 1955.) E. RENTZ. 4611

M. Creyx, J. Leng-Levy, J. David-Chausse, A. Serres und **G. Laborie,** *Ein Fall von aplastischer Myelose nach Chloramphenicol.* Vff. berichten über einen Fall aplast. Myelose nach *Chloramphenicol* u. geben eine Übersicht über die Literatur zu diesem Thema. (J. Méd. Bordeaux Sud-Ouest **132.** 585—88. Juni 1955.) K. BÖHM. 4611

Chr. Hackmann, *Untersuchungen über den Einfluß des Sanamycins (Actinomycin C) auf tierische Organe: Milz, Thymus, Lymphknoten, Nebennieren und Keimdrüsen.*

Actinomycin C (I) bewirkt bei Ratten in Dosen von 5, 20, 50 u. 100 γ täglich über 6 bis 7 Tage intraperitoneal eine Verminderung des Gewichts von Thymus u. Lymphknoten, welche bei Dosen von 20, 50 u. 100 γ/kg Körpergewicht signifikant ist. Das Gewicht der Nebennieren erschien zum Teil signifikant erhöht, während das Gewicht von Hoden u. Ovarien keine Beeinflussung des Gewichts aufwies. Die Milzverkleinerung nach I ist bei der Ratte nicht so ausgesprochen wie bei der Maus. Endlich stellen die Epithelien der Schleimhäute des Verdauungstraktes einen wichtigen Angriffsort dar. Die eventuellen klin. Möglichkeiten werden angedeutet. (Z. Krebsforsch. **60**. 250—55. 1954. Wuppertal-Elberfeld, Inst. für exp. Pathol. der Farbenfabriken „Bayer".)
WOLFGANG ALBRECHT. 4611

Howard E. Lind und **E. M. Swanton**, *Die Wirkung längeren Gebrauchs einer Tyrothricinzahnpaste auf die Tyrothricinresistenz der Mundbakterien und ihre Kreuzresistenz gegen andere Antibiotica.* Bei Verwendung von *Tyrothricin*-Zahnpaste über 2 Jahre konnte keine Resistenzsteigerung bei Streptokokken, Pneumokokken, Mikrokokken, Neisseria u. Corynebakterien beobachtet werden. Erhöhte Kreuzresistenz gegen Penicillin, Streptomycin, Chlor- u. Oxytetracyclin oder Chloramphenicol trat nicht auf. (Antibiotics and Chemotherapy **4**. 1161—66. Nov. 1954. Brookline, Mass., Brooks Hosp., Sias Res. Labors.) H. GOEBEL. 4611

R. Tiffeneau, *Antiacetylcholinwirkung eines Khellinderivates auf die sensiblen Nerven. Bedeutung dieser Wirkung für die Pathologie der Atmungsorgane.* An Hand einiger Beobachtungen u. experimenteller Unterss. zeigt Vf., daß *Amikhellin* (I) in gleicher Weise wie die Ganglienblocker Penta- u. Hexamethonium auf den durch Inhalation eines *Acetylcholin* (II)-Aerosols hervorgerufenen Hustenreiz hemmend wirkt. Die direkte II-Wrkg. auf die Atmung wird dagegen von I nicht beeinflußt, hier zeigt Atropin eine totalinhibitor. Wirkung. Die Bedeutung dieser Feststellungen für die Pathologie der Atmungsorgane (Asthma, Husten, Dyspnoe) wird diskutiert. (Thérapie **9**. 471—80. 1954. Paris, Fac. de Méd., Labor. des Travaux pratiques de pharmacol.) F. KRUSEN. 4620

A. Enders und **Ulrich Schmidt**, *Ein Acylcholin mit Lactonstruktur.* Auf der Suche nach langwirksamen acetylcholinähnlichen Verbb., wurde das *Perchlorat des γ-Lactons* der *δ-Trimethylamino-γ-oxyvaleriansäure* (I) am Blutdruckvers. (Hund u. Katze, isoliertes Froschherz u. isolierter Kaninchendarm) untersucht. I zeigte die nicotinartige Wrkg. des Acetylcholins, die Muscarinwrkg. war nur abgeschwächt vorhanden. (Arzneimittel-Forsch. **4**. 331—33. Mai 1954. Freiburg/Br., Univ., Pharmakol. Inst.)
A. LEUSCHNER. 4620

P. Picard, *Behandlung der Neurosen mit einem Vitamin-Glucose-Insulin-Magnesium-Komplex.* Intravenöse Injektionen eines Komplexes aus Vitaminen der B-Gruppe, Glucose, Insulin u. Mg-Sulfat („*Pyrochoc*") schaffen durch Beruhigung der nervösen Übererregbarkeit u. Neurotonie bes. günstige Voraussetzungen für eine hauptsächlich psychosomat. Therapie von Neurosen u. neuropath. Störungen, während chron. Psychosen durch diese Injektionen nur wenig beeinflußt werden. In $^2/_3$ der behandelten Neurosefälle konnte Heilung erzielt werden (20 Fälle, von denen 3 beschrieben werden). (Thérapie **9**. 445—49. 1954. Toulon, Hôp. Marit. de Ste Anne, Serv. de Neuro-Psych.)
F. KRUSEN. 4620

J. B. Lloyd, *Chemische Konstitution und Nomenklatur der Lokalanästhetica.* Übersicht. (Brit. J. Anaesthesia **27**. 286—90. Juni 1955. Manchester, Royal Infirmary.)
K. MAIER. 4627

Ronald Woolmer, *Analgetica.* Übersicht. — 39 Literaturangaben. (Brit. J. Anaesthesia **27**. 276—85. Juni 1955. Bristol, Univ.) K. MAIER. 4627

Terttu Arajärvi, *Äthernarkose. Beeinflussung der intravasculären Anhäufung der Erythrocyten bei Kindern.* Bei Neugeborenen, bei denen die Mutter, u. bei Kindern bis zu 11 Jahren, die *Ae.* zur Narkose erhielten, zeigte sich eine Anhäufung der Erythrocyten. Nach *Cyclopropan* wurde dies nicht beobachtet. (Ann. Med. exp. Biol. fenn. **32**. 160 bis 166. 1954. Helsinki, Univ., Childrens Clinic.) E. CARSTENS. 4627

R. Charonnat und **P. Lechat**, *Über den physiologischen Antagonismus Procain-Glucose.* Das Verschwinden der lokalanästhet. Wrkg. des *Procains* (*Novocain*; I) in Ggw. von *Glucose* (II) auf der Kaninchenhornhaut wird mit der Entstehung einer inakt. Verb. aus den beiden Moll. erklärt. Hierbei kommt ein Mol II auf zwei Mol I. Die Inaktivierung läßt sich durch Zugabe einer äquimol. Lsg. von *NaCl* verhindern. (Therapiewoche **5**. 361—63. Mai 1955. Paris.) D. NEUBERT. 4627

Chen-Yü Sung und **Aldo P. Truant**, *Das physiologische Verhalten von Lidocain in einigen Punkten und sein Verhältnis zu Procain.* Die Resorption von *Lidocain* (I) wird durch Adrenalin verzögert. Eine Std. nach der Injektion von I wurde die höchste Konz. in der Niere gefunden. Lunge, Herz, Gehirn u. Fettgewebe hatten vergleichbare, während

Blut u. Leber nur geringe Mengen aufwiesen. 30 Min. nach der Injektion konnten 33—36% im Gewebe wiedergefunden werden (Procain 18—20%). Die Ausscheidung von I betrug beim Menschen 3—11%. I wird in der Leber abgebaut, wahrscheinlich zu einem Phenol, da die phenol. Substanzen im Harn eine Zunahme zeigten. (J. Pharmacol. exp. Therapeut. **112.** 432—43. Dez. 1954. Boston, Mass., Tufts Coll. Med. School, Dep. of Pharmacol.) E. CARSTENS. 4627

Hans Braun, *Untersuchungen über den thyreostatischen Effekt von Thioluminal an Kaulquappen.* Vf. behandelte Kaulquappen der Gattung Rana esculenta mit *Thioluminal* (*Thiophenyläthylbarbitursäure*; I) u. fand, daß gegenüber den Kontrollen das Längenwachstum der behandelten Tiere deutlich verzögert wurde u. auch die Metamorphose stark verzögert war. Zwischen den einzelnen Dosierungsreihen (5, 10, 15 u. 25 mg I) bestanden keine wesentlichen Unterschiede. Eine direkte Zellschädigung durch I ist nicht anzunehmen. (Med. Mschr. **9.** 367—69. Juni 1955. München.) K. BÖHM. 4627

R. Hoigné, A. Loeliger, L. Morandi und **P. Flückiger,** *Thrombocytopenische Purpura bei drei Fällen von medikamentöser Allergie.* Beschreibung von 3 Fällen medikamentöser Allergie mit Thrombopenie, bei denen die Allergene (*Pyramidon, Luminal* u. *Salicylat-Codein*) durch Verfolgung der in vitro stattfindenden Thrombocytenagglutination nach Allergeneinw. nachgewiesen wurden. Eine Thrombocytolyse wurde dabei nicht festgestellt. (Bull. schweiz. Akad. med. Wiss. **10.** 438—45 Dez. 1954. Zürich, Univ., Med. Klinik.) F. KRUSEN. 4627

J. Cheymol, P. Chabrier, F. Bourillet und **C. Levassort,** *Anticurarewirkung einiger Thiohydantoine.* Vff. untersuchten an Kaninchen den Einfl. von *Dimethyldithiohydantoin* (I), *Dimethyl-2-thiohydantoin, Dimethyl-4-thiohydantoin, Dimethylhydantoin, Isobutyrylthioharnstoff, Methyläthyldithiohydantoin* (II), *Diäthyldithiohydantoin* (III), *Diphenyldithiohydantoin* (IV), *Diphenyl-2-thiohydantoin* (V), *Diphenylhydantoin* (VI) u. *Cyclohexyldithiohydantoin* auf die Wrkg. der Curarimimetica *d-Tubocurarin* (VII) u. *336 H. C.* (**VIII**) sowie der Acetylcholinomimetica *Dekamethonium* (**IX**) u. *606 H. C.* (**X**). **I** u. **II** wirken gegen **VII** u. **VIII** antagonist., bei **IX** u. **X** verlängern sie die Wrkg.; **III, IV, V** u. **VI** verlängern die lähmende Wrkg. von **VIII** u. **VII**. (J. de Physiol. **46.** 294—97. 1954. Paris, Fac. de Méd., Labor. de Pharmacol.) K. BÖHM. 4628

H. Fabritius, *Die pharmakodynamische Wirkung der in Belladonna-Präparaten enthaltenen Alkaloide auf die Pupille der Kaninchen.* (Vgl. C. **1955.** 5843.) (Pharmazie **10.** 300—02. Mai 1955. Helsinki, Univ., Pharmakol. Inst.) F. LEUSCHNER. 4628

J. Delay, G. Teulié, R. Marty, M. Guibert und **J. Perse,** *Die Behandlung der Epilepsie mit Primidone [5-Phenyl-5-äthylhexahydropyrimidindion-(4.6)].* Vff. behandelten 50 Fälle von schwerer Epilepsie, die monate- oder jahrelang hauptsächlich Barbiturate oder Hydantoine erhalten hatten, mit *Mysoline N. D.* [I; *5-Phenyl-5-äthylhexahydropyrimidindion-(4.6)*; *Primidone*], u. zwar die ersten 3 Tage sämtliche gewohnten Medikamente + 0,50 g I, die folgenden 3 Tage nur die Hälfte der gewohnten Medikamente + 1 g I, vom 7. Tage ab ausschließlich I in Mengen von täglich 0,75—1,75 g individuell abgestimmt. Die Ergebnisse nach längerer Beobachtung zeigen, daß I auf die motor. Anfallserscheinungen der Epilepsie mindestens die gleiche Wrkg. hat wie Barbiturate u. Hydantoine u. in einigen Fällen guten Einfl. auf die charakterlichen Veränderungen nimmt. Seine hypnot. Wrkg. scheint geringer zu sein als die von Barbituraten, seine Verträglichkeit ist gut. In elektroencephalograph. Unterss. zeichneten sich die klin. Besserungen deutlich ab. — 22 Literaturangaben. (Thérapie **9.** 411—23. 1954.) F. KRUSEN. 4628

E. Pichler, *Kopfschmerzbehandlung mit Cafergot.* Vf. berichtet über die Behandlung von Migränekranken im Anfall mit *Cafergot* (Kombination von 1 mg *Ergotamintartrat* + 100 mg *Coffein*; I, SANDOZ). Die Wrkg. war bei 55% sehr gut, bei 34% gut, bei 11% nicht ausreichend. I ist auch beim vasomotor. Kopfschmerz symptomat. gut wirksam. Bei cervicaler Migräne, beim neuralg. u. psychogenen u. beim posttraumat. Kopfschmerz ist I prakt. unwirksam. (Wiener klin. Wschr. **67** ([N. F.] 10). 462—67. 24/6. 1955. Graz, Nervenambulatorium der Steiermärk. Gebietskrankenkasse.) K. BÖHM. 4628

E. Schmid, M. v. Bubnoff, U. Wagenmann und **R. Taugner,** *Zur Kreislaufwirkung der Magnesiumsalze.* Am nichtnarkotisierten Carotisschlingenhund wird die Kreislaufwrkg. von intravenösem $MgSO_4$ (I) mit den SCHRÖDERschen Methoden untersucht u. Blutdruck, Arteriolen-, Capillar- oder Venendruck der Vorderpfote u. Atemfrequenz registriert sowie Kreislaufanalysen nach WEZLER u. BÖGER durchgeführt. Im Gegensatz zu den Verhältnissen am narkotisierten Tier ergibt sich am wachen Hund eine dosisabhängige Tachycardie mit geringgradigem Blutdruckabfall. Höhere meist erbrechenerregende Dosen führen sogar zum Blutdruckanstieg. Die Durchblutung der Extremitäten wird durch I in 10—20% der narkot. Dosen deutlich vermehrt. Mg-Ascorbat wirkte in äquivalenter Dosierung wie I. (Naunyn-Schmiedebergs Arch. exp. Pathol. Pharmakol. **224.** 426—33. 1955. Heidelberg, Univ., Pharmakol. Inst.) R. LAFFERENZ. 4630

Jean Cottet und **André Mathivat,** *Wirkt die Phenyläthylessigsäure antiarteriosklerotisch? Phenyläthylacetamid* (*Hypostérol*) wirkt gegen die biochem. Störungen, die die Arteriosklerose charakterisieren u. trägt durch Senkung der Cholesterin- u. Lipoidämie in einer Dosierung von 6—10 Tabletten je 0,40 g über 6—12 Wochen ohne ernsthafte Nebenwirkungen zu ihrer Normalisierung bei. (Presse méd. **63.** 1005—07. 2/7. 1955. Paris, Hôp. Saint Antoine et Hôp. Boucicaut.) H. DOSSMANN. 4630

John H. Moyer, George Morris und **Harvey Snyder** (unter techn. Mitarbeit von **C. Polk Smith**), *Ein Vergleich der cerebralen Hämodynamik unter Aramin- und Noradrenalineinfluß bei normo- und hypotensiven Personen.* Mit Anstieg des Blutdruckes nach intravenöser Zufuhr von *Aramin* (I) oder *Noradrenalin* (II) beim Normotoniker sinkt der cerebrale Blutdurchfluß (Stickoxydulmeth.) ab. Dasselbe geschieht bei experimenteller Hypertension durch Ganglienblocker von Hypertonikern. Werden hypotensive Kranke aber mit I oder II normalisiert, so steigt die Hirndurchblutung an. Entsprechend ändert sich der cerebrale O_2-Verbrauch. (Circulation [New York] **10.** 265—70. Aug. 1954. Houston, Tex., Hosp. Jefferson Davis, Card. Clin. and Dep. of Pharmacol. and Univ., Coll. of Med., Surgery.) H. JORDAN. 4630

U. Wagenmann, E. Schmid und **R. Taugner,** *Vergleichende Untersuchungen über die Kreislauf- und Atmungswirkung der Adenosinkörper am wachen Hund. Adenosin* (I), *Muskeladenylsäure* (II) u. *Adenosintriphosphat* (III) wirken am nichtnarkotisierten Carotisschlingenhund prinzipiell gleichartig. Im Unterschied zu den Ergebnissen am narkotisierten Tier wird ausschließlich atmungserregende Wrkg. gefunden; als weitere Effekte treten im Dosierungsbereich zwischen 100—600 γ/kg Blutdruckabfall, verkleinerte Amplitude u. Tachycardie, deutliche Verminderung des peripheren Gefäßwiderstandes u. Vermehrung des Minutenvol. auf, wie Kreislaufanalysen nach WEZLER u. BÖGER ergeben. Die mol. Wirkungsstärken von I, II, u. III verhalten sich an Atmung u. Kreislauf wie 1 : 1,3 : 2,5. Die Wrkg. von I wird durch gleichzeitig injiziertes Pyrophosphat nicht verstärkt. (Naunyn-Schmiedebergs Arch. exp. Pathol. Pharmakol. **224.** 416—25. 1955. Heidelberg, Univ., Pharmakol. Inst.) R. LAFFERENZ. 4630

Hans Hellmig, *Die Wirkung des Roßkastanienextraktes auf den Gefäßtonus. Venostasin* (KLINGE, München), ein Roßkastanienextrakt, führt zu einer vermehrten Durchblutung u. zur Erhöhung der Hauttemp. als Folge eines sympathicushemmenden vasoakt. Effektes, der sowohl zentral als auch peripher verankert ist (Haut- u. Elektrodermatometrie). (Die Medizinische **1955.** 541—43. 9/4. Braunschweig, Städt. Krankenanstalten II, Inn. Klinik.) H. JORDAN. 4630

Hans Riggert und **Max Schwab,** *Der Einfluß von Digitoxin auf die Atmung des herzgesunden Menschen.* (Z. ges. exp. Med. **125.** 80—92. Berichtigung: 625. 1955. Göttingen, Med.-Univ.-Klinik.) E. CARSTENS. 4630

Stewart C. Harvey und **George R. Pieper,** *Intracelluläre Verteilung von ^{14}C-Digitoxin im Herzen.* Zur Unters. der intracellulären Verteilung der Herzglykoside wurden isolierte Meerschweinchenherzen in KREBS-RINGER-Bicarbonatlsg. (mit Glucose, 0,049 mol.) 2 Std. mit *^{14}C-Digitoxin* (I) in n. Medium (Verdünnung 1 : 6000000) durchströmt u. das Gewebe nach Homogenisierung bei 4° fraktioniert zentrifugiert: **A.** Kernfraktion (verunreinigt durch Zelltrümmer, 427·g), **B.** amorphe Zellfragmente (1710·g), **C.** Mitochondrien (14000·g), **D.** wss. Fraktion (Überstand von **C**). **D** enthielt die meiste Radioaktivität. Bei 37° befand sich die Aktivität vorwiegend im intravasculären Raum. Wurde aus dem Gefäßraum die radioakt. Lsg. ausgewaschen, dann enthielten **B** u. **A** die höchste Aktivitätsmenge. Die höchste Aktivitätskonz. fand sich in **B**, die niedrigste in **D**. Jede Veränderung des Ca- oder K-Geh. der Durchströmungs-Fl. wirkten in Richtung auf eine Verminderung der Aktivität der Partikelfraktionen zugunsten der wss. Fraktionen. Ca-Überfluß verringerte, Ca- u. K-Mangel steigerten die I-Wirksamkeit, wenn die Amplitude, weniger der Rhythmus als abhängige Größe herangezogen wurde. Bei 34 u. 40° war die Aktivitätsaufnahme größer als bei 37°, wobei **D** die größte prozentuale Zunahme u. **B** die größte Konz. aufweisen. Bei 34 u. 40° war die I-Wirksamkeit höher als bei 37°. Bei 37° ist die I (Radioaktivität)-Raumerfüllung nur geringfügig größer als der Intravascularraum u. wesentlich kleiner als der „Chloridraum", das heißt, es verbleibt nur sehr wenig I in der interstitiellen u. Cytoplasmaflüssigkeit. Veränderungen in der Kationenzus. der Durchströmungs-Fl. der Temp. steigern die Radioaktivitätsmenge dieser Flüssigkeitsbereiche. Vff. diskutieren daher eine transcapillare Regulierung der I-Aufnahme. (J. Pharmacol. exp. Therapeut. **114.** 14—27. Mai 1955. Salt Lake City, Ut., Univ. of Utah, Coll. of Med., Dep. of Pharmacol.) K. MAIER. 4630

R. I. Scharlai und **I. F. Ssemenko,** *Die Wirkung von Convallosid bei Kranken mit Herzgefäßschäden. Convallosid,* ein sowjet. krist. Glykosid aus den Samen von Convallaria majalis, ist ein weißes Pulver von bitterem Geschmack, gut lösl. in W. u. A., F. 202°. Das Präp. wurde bei 30 Kranken geprüft u. war bei intravenöser Zufuhr am wirksamsten bei Herzdekompensation 1. u. 2. Grades — bei akuter Dekompensation nach 6—7tägiger Strophanthinbehandlung. Kumulative u. tox. Wirkungen waren unbedeutend. (Терапевтический Архив [Therap. Arch.] **27.** Nr. 4. 51—55. 1955. Charkow, Med. Inst., Therap. Klin.) K. RINTELEN. 4630

S. W. Hoobler, T. G. Kabza und **R. W. Corley,** *Die Wirkung von Protoveratrin auf das Herzschlagvolumen und auf einige regionale Zirkulationen beim Menschen. Protoveratrin* wurde Hypertoniekranken intravenös injiziert. Es kam meist zu einem Blutdruckabfall u. einer Bradycardie, die durch *Atropin* aufgehoben werden konnte, sowie zu einer Verminderung des Herzschlagvol. u. der Herzleistung. Die Nierendurchblutung wurde im Gegensatz zu der der Extremitäten nicht verändert, die Menge des Glomerulusfiltrats u. die Urinausscheidung nahm jedoch ab. (J. clin. Invest. **34.** 559—64. April 1955. Ann Arbor, Mich., Univ. of Michigan, Med. School, Dep. of Internal Med.) D. NEUBERT. 4630

William P. Blackmore, *Die antidiuretische Wirkung von Protoveratrin und deren Mechanismus bei Hunden.* Nach Verabreichung von Veratrumalkaloiden tritt bei Tieren u. Personen als einer der charakterist. Rkk. eine beträchtliche Abnahme des Urinvol. auf. Nichtnarkotisierte n. u. Diabetes insipidus-Hunde erhielten 3 γ *Protoveratrin* (I)/kg. Während die n. Tiere ansprachen, wurde bei den Diabetes insipidus- (hervorgerufen durch Neurohypophysektomie) Hunden keine Veränderung der Urinmenge beobachtet. I stimuliert demnach beim Hund die Abgabe *antidiuret. Hormons* (J. Pharmacol. exp. Therapeut. **114.** 87—89. Mai 1955. Dallas, Univ. of Texas, Southwestern Med. School, Dep. of Pharmacol.) K. MAIER. 4630

N. K. Chakravarty, K. L. Mukherjee und **G. Werner,** *Die Wirkung von Theophyllin und verwandter Stoffe auf die Aktivität der Nierentubuli. Aminophyllin* u. *Theophyllin* zeigten bei Rhesusaffen in Dial-Narkose keine Veränderung des Verhältnisses von Harnproduktion zur Harnkonz., was charakterist. für die osmot. Diurese ist. 30% des Chlorids, das im Glomerulusfiltrat enthalten war, erschienen im Urin, was zeigt, daß die Rückresorption im proximalen Teil der Tubuli verändert wird. *Mepyramin-8-bromtheophyllin* war wirkungslos. (Arch. int. Pharmacodynam. Thérap. **99.** 442—50. 1/10. 1954. Kalkutta, Ind., School of Trop. Med., Dep. of Pharmacol.) E. CARSTENS. 4634

E. Rissel, H. Schnack und **F. Wewalka,** *Untersuchungen über die Entwässerung mit Diamox bei Lebercirrhosen.* Carboanhydrase steuert im distalen Nierentubulus die Sekretion von H^+ u. die Rückresorption von HCO_3^-. Die Rückresorption von Na^+ wird vermindert, wenn die H^+-Sekretion vermindert wird. Daher führt Hemmung des Enzyms zu gesteigerter Na^+-Ausscheidung. *Diamox* (*Acetylamino-1.3.4-thiodiazol-5-sulfonamid*; LEDERLE) ist ein Carboanhydrasehemmer. Es führte in 8 von 13 Fällen chron. Lebererkrankungen zu guter Diurese (Gewichtsabnahme 5—15 kg). Es wurden täglich 250 mg gegeben. Nach jeweils 3tägiger Behandlungsdauer wurden Pausen eingelegt. Nebenwirkungen wurden nicht beobachtet. (Schweiz. med. Wschr. **85.** 698—702. 16/7. 1955. Wien, Univ., I. med. Klin.) P. LOCH. 4634

Kimmo K. Mustakallio und **Antti Telkkä,** *Die Wirkung von Quecksilberdiureticis auf die Rattenniere.* An der Niere von Ratten, die *Novurit* (*Mercurophyllin*; MEDICA) erhielten (10—50 mg Hg/kg), wurde histochem. der Geh. an SH-Gruppen (I) geprüft. Die Aktivität der *Bernsteinsäuredehydrogenase* (II) wurde mit Tetrazoliumsalzen ermittelt. Während I keine signifikanten Veränderungen zeigte, war die Aktivität von II, bes. in der HENLEschen Schleife, herabgesetzt. Dieses Ergebnis soll nicht gegen die Tatsache sprechen, daß Hg mit I des Enzyms reagiert, da die SH-Gruppen des Eiweißes nur zu einem ganz geringen Teil darin enthalten sind. Die HENLEsche Schleife weist einen geringen Geh. an I auf. (Ann. Med. exp. Biol. fenn. **32.** 123—33. 1954. Helsinki, Univ., Dep. of Anatomy.) E. CARSTENS. 4634

A. K. Halama, *Choleretische Wirkung von substituierten Carbonsäuren.* Vf. untersuchte in akuten Gallenfistelverss. an Kaninchen die Wrkg. von *β-[1-Methoxynaphthyl-(4)]-propionsäure* (I; „Choleretícum-Holzinger“, DH 88; DR. HOLZINGER, Wien). I hat keine so hohe initiale choleret. Wrkg. wie Dehydrocholsäure. Es führt aber zu lang dauernder erhöhter Gallenproduktion. Die DL_{50} von I für die Maus betrug $0,99 \pm 0,05$ g/kg. (Wiener med. Wschr. **105.** 545—47. 9/7. 1955. Wien, Labor. der Fa. Dr. L. Holzinger.) K. BÖHM. 4640

A. M. Nogaller, Ju. Ss. Wischnewskaja, L. A. Makarowa, N. M. Prokoptschuk, N. A. Gjandshetzjan und **W. A. Panowa,** *Erfahrungen über die Behandlung von Pa-*

ienten mit chronischer Cholecystitis in Kurorten mit einer Diät, die mit Magnesiumsalzen, Vitaminen und pflanzlicher Cellulose angereichert ist. An Hand von Verss. an 200 Patienten mit chron. Cholecystitis wird im Rahmen der üblichen komplexen Kurortbehandlung eine Diät empfohlen, die bes. reich an Mg-Salzen, Vitamin C, den Vitaminen der B-Gruppe, pflanzlicher Cellulose u. alkalibildenden Stoffen ist. Diese sogenannte „*Mg-Diät*" (I) enthält 3—4mal mehr Mg als die sonst übliche Diät. I ist bes. wirksam bei Dyskinesien der Gallenwege in Verbindung mit Erscheinungen einer allg. Neurose, da sie die vegetativen u. corticalen Rkk. normalisiert, die Hypercholesterinsäure herabsetzt, die Gallensekretion fördert u. die Darmtätigkeit reguliert. Bei chron. infektiösen u. parasitären Cholecystitiden sowie bei Gastrotiden u. Durchfällen ist I nicht anzuwenden. (Вопросы Питания [Fragen d. Ernähr.] **14.** Nr. 1. 17—23. Jan./Febr. 1955. Essentuki, Balneol. Inst., Klin. Abt.) E. RENTZ. 4640

Marvin D. Armstrong und **Frank H. Tyler,** *Beobachtungen an der Phenylketonurie.* 1. Mitt. *Verminderte Phenylalaninzufuhr bei der Phenylketonurie.* Bei der Phenylketonurie, einer auf einer Stoffwechselanomalie der Leber beruhenden vererbbaren Krankheit, soll das vermehrte Auftreten von *Phenylalanin* (I), *Phenylbrenztraubensäure, Phenylessigsäure* u. *Phenylacetylglutamin* zu einer Schädigung des Gehirns führen. Vff. behandelten 5 Kinder mit einer „synthet. Diät", deren Proteinkomponente aus einer Mischung reiner Aminosäuren bestand, die frei von I war. Sie konnten unter dieser Therapie einen Rückgang des I-Geh. im Serum auf n. Werte u. ein Ausbleiben der Harnausscheidung dieser Verb. erreichen, zu einer völligen Normalisierung kam es jedoch nicht. Durch rechtzeitige Anwendung der Diät hoffen Vff., das Auftreten der irreversiblen Hirnschädigung verhindern zu können. (J. clin. Invest. **34.** 565—80. April 1955. Salt Lake City, Ut., Univ. of Utah, Coll. of Med., Labor. for the Study of Heredit. and Metab. Disorders, and the Dep. of Biochem. and Med.) D. NEUBERT. 4640

Jacob A. Riese, *Die Behandlung des peptischen Geschwürs mit einem neuen Anticholinergicum, JB 323 (Piptal).* Durch Behandlung von 37 Fällen mit gastroduodenalen Geschwüren u. hypertroph. Gastritis mit *JB 323* (*N-Äthylpiperidyl-(3)-benzilatmethobromid; Piptal,* LAKESIDE LABROS, INC.) konnten in 35 Fällen die Spasmen gelöst u. der Schmerz beseitigt werden. In einigen Fällen wurde die Sekretion von Magensäure vermindert. (Amer. J. Gastroenterol. **23.** 223—27. März 1955. Jersey City, N. J., Jersey City Med. Center.) P. LOCH. 4645

Otto Münchow, *Der Einfluß von Pharmacis auf Sekretionsleistung und Ulcusentwicklung des Magens der Shay-Ratte.* Es wird die Schutzwrkg. von *Atropin* (I), *1-N-Scopolaminbutylbromid* (II, *Buscopan,* C. H. BOEHRINGER SOHN, Ingelheim/Rh.) u. *N-Diäthylaminoäthylphenothiazin* (III, *Casantin,* CASSELLA FARBWERKE MAINKUR AKT.-GES., Frankfurt/M.) gegen die Entstehung experimentell hervorgerufener Ulcera im Rattenmagen untersucht. Die Ulcera wurden nach der Meth. von SHAY hervorgerufen. Außer den Ulcerationen wurden Menge u. p_H des Magensaftes bestimmt. I erwies sich als am stärksten sekretionshemmend u. ulcusverhindernd. II war gleichfalls wirksam, III lediglich in tox. Bereichen. Alle Substanzen hemmten die Entstehung der Ulcera stärker als die Sekretion. Auf jahreszeitliche Schwankungen der Ulcusdisposition wird hingewiesen. (Arzneimittel-Forsch. **4.** 341—44. Mai 1954. Mainz, Univ., Pharmakol. Inst.) F. LEUSCHNER. 4645

N. V. Bhaduri, A. B. Chowdhury und **P. K. Sanyal,** *Untersuchung der anthelmintischen Wirkung des Öls aus der Schale von Anacardium occidentale.* Bericht über die Eignung des aus der Schale der Elefantenlaus gewonnenen Öls zur Bekämpfung verschied. Wurmarten beim Menschen. Therapie 1—2 Kuren mit je 5—6 g für Erwachsene. Das Mittel ist nicht tox., gut verträglich mit milder abführender Wirkung. Bester Effekt gegenüber Ascaris lumbricoides, kein Erfolg bei Infektionen von Taenia saginata u. Trichuris trichiura. (Indian med. Gaz. **89.** 474—76. Aug. 1954. Calcutta, School of Trop. Med. u. Provincial Drug Control Labor., West Bengal.) H. DOSSMANN. 4649

Fritz Bramstedt, Adolf Kröncke und **Rudolf Naujoks,** *Über die Brauchbarkeit des Sauerstoffaufnahmetestes zur Prüfung von Zahnpasten. Bemerkungen zu H. Eggers-Lura: „Die Zahnpasta vom biologischen Standpunkt".* (Vgl. EGGERS-LURA, C. **1955.** 5844.) Nach Unterss. der Vff. ist die verminderte O_2-Aufnahme des Speichels von cariesanfälligen Personen die Folge eines Mangels an bestimmten Faktoren des Intermediärstoffwechsels (ATP, ADP, DPN, anorgan. Phosphat), also ein Symptom, aber nicht die Ursache der Caries. Die Schlußfolgerungen von EGGERS-LURA (vgl. l. c.) bzgl. der Zahnpastenwrkg. sind nach Vff. demnach nicht vertretbar. — Schlußwort von **H. Eggers-Lura.** (Dtsch. zahnärztl. Z. **10.** 568—69. 1/4. 1955. Hamburg, Univ., Klin. u. Poliklin. für Zahn-, Mund- u. Kieferkrankheiten, u. Physiol.-chem. Inst., bzw. Holbaek, Dänemark, St. Elisabeths Hosp.) G. KLESSE. 4655

Pierre Delthil, *Wirkungen der β-Lactose auf den Prurigo- strophulus des Kindes.* Der bes. bei Kleinkindern häufig auftretende Prurigo strophulus ist nach Unterss. des Vf. in den meisten Fällen auf Veränderungen von Darm-p_H u. -flora, hervorgerufen durch *Saccharose* (I), zurückzuführen; diese Veränderungen stören die Resorption der Eiweißsubstanzen. Vf. konnte in über 20 Fällen mit folgender Behandlung Heilung erzielen: 2 Wochen lang n. Diät unter völliger Vermeidung von I; gleichzeitig wird *β-Lactose* (II; rein oder mit 20% Dextrin) in Menge von 5—6% der Gesamtkost verabreicht. Nach Verschwinden des Ausschlages wird in den folgenden 2 Wochen eine Gegenprobe gemacht, indem II wieder durch die gleiche Menge I ersetzt wird. Meist tritt erneut Prurigo strophulus in abgeschwächter Form auf. Dann wird versucht, ein gut verträgliches Gleichgewicht zwischen I u. II zu finden, da I nicht völlig entbehrt werden kann. Vf. hatte gute Erfolge, wenn die Kost 3—5% II u. 2—3% I enthielt. Verabfolgung von Vitaminen des B-Komplexes unterstützt die Therapie. (Thérapie **9.** 459—62. **1954.** Paris, Hôp. St. Louis, Centre de Méd. infant.) F. KRUSEN. 4661

G. Ehrmann und **A. Wiedmann,** *Netzmittel bei Hautpilzerkrankungen.* Vff. konnten die Wirksamkeit von fettinkorporierten Fungiciden bei Hautpilzerkrankungen durch vorherige Bäder in 0,5%ig. Lsg. von *Presto* (= *Alkylarylsulfonat* + Na_2CO_3; ÖSTERREICHISCHE UNILEVER AG.) mit erhöhtem Sodazusatz bei einer Erfolgsquote von 63% erheblich erhöhen. Fadenpilze sprechen auf die Behandlung besser an als Sporenpilze. Verss. an Mensch u. Tier ergaben, daß die Netzmittel zu einer Abgabe des Quellungswassers der obersten Epidermislage führen, das hauteigene Fett entfernen u. die Hornschicht auflockern, wodurch das Eindringen der fettinkorporierten Stoffe begünstigt wird. Das fette Vehikel dringt nicht in gleicher Weise ein. Seife hat hier nicht die Eigg. wie Netzmittel. (Dermatol. Wschr. **130.** 1327—34. **1954.** Wien, Univ., Klin. für Geschlechts- u. Hautkrankheiten.) F. GÜNTHER. 4661

Bleckmann und **Salus,** *Erfahrungen mit Preludin in der Behandlung der Adipositas und Enuresis im Kindesalter.* Vff. berichten über ermutigende Ergebnisse bei der Behandlung der Adipositas u. Enuresis im Kindesalter mit *Preludin* (C. H. BOEHRINGER SOHN, Ingelheim/Rh.). Die medikamentöse Behandlung kann nur eine ergänzende sein, die Klärung des psych. Bildes ist zu beachten. (Med. Mschr. **9.** 382—84. Juni **1955.** Essen, Städt. Krankenanstalten, Kinderklin.) K. BÖHM. 4670

Roberto Castelluccio, *Das rechtsdrehende Benzedrin bei der Behandlung der Fettleibigkeit — ein neuer appetitmindernder Faktor ohne Nebenwirkungen. Benzedrin* (*Amphetamin*; I) wird gegen Fettleibigkeit angewandt, da es Anorexie erzeugt; wegen seiner zentralerregenden Eigg. ist seine Dosierung jedoch beschränkt. Diese Eigg. finden sich überwiegend im *l*-I, während umgekehrt die appetitherabsetzende Wrkg. des *d*-I doppelt so groß wie die des rac.-I ist; dementsprechend werden 30 mg d-I ohne zentralerregende Symptome oder sonstige tox. Erscheinungen vertragen u. setzen beim Menschen die freiwillige aufgenommene Calorienmenge beträchtlich herab, während Dosen von 10 bis 50 mg beim Hund schon völlige Appetitlosigkeit u. freiwilliges Hungern hervorrufen. Die Appetitlosigkeit ist zentralbedingt u. verschwindet nach Absetzen des Mittels. Zweckmäßig werden 3mal täglich 2,5—5 mg $^1/_2$—1 Std. vor den Mahlzeiten genommen. (Semana méd. **57.** Nr. 13. 485—87. 30/3. 1950.) W. KIMPEL. 4670

Raoul Lecoq, *Einige Beobachtungen über Nicotinentgiftung.* Vf. berichtet über stationäre Behandlung von 10 Fällen von Tabakabusus, zum Teil mit Alkoholabusus. Zur Entwöhnung wurden intramuskulär *Curéthyl* u. intravenös *Anico* (alkoh. Extrakt aus Tabak) in abnehmenden Dosen verabreicht. Es wurde in allen Fällen schnelle Entwöhnung, Entgiftung u. Normalisierung des Gesundheitszustandes erzielt. Auf die Notwendigkeit psychotherapeut. Beeinflussung zur Erhaltung des Behandlungserfolges wird hingewiesen. (Thérapie **9.** 450—55. **1954.** St. Germain-en-Laye, Hôp.) F. KRUSEN. 4670

E. Jokivartio, *Eine Untersuchung der Wirkung von Tetraäthylthiuramdisulfid (Antabus) auf den Milchsäurestoffwechsel des menschlichen Organismus.* (Ann. Med. exp. Biol. fenn. **28.** 96—97. 1950. Helsinki. — C. **1953.** 8658.) K. MAIER. 4670

K. Fellinger und **J. Schmid,** *Die lokale Behandlung der rheumatischen Erkrankungen.* Allg. Ausführungen über die Behandlung mit *Novocain, Symprocain,* ^{131}J, ^{198}Au u. *Cortison.* Vff. weisen der Relation von Gluco- u. Mineralocorticoiden eine besondere Rolle zu. (Wiener Z. inn. Med. Grenzgebiete **33.** 351—63. Sept. **1952.** Wien, Univ., II. Med. Klinik.) P. LOCH. 4670

Joe B. Nash, Bernice M. Doucet, Paul L. Ewing und **G. A. Emerson,** *Wirkungen von Cyanidantidotis und Hunger auf die akute letale Toxizität des Malodinitrils bei Mäusen.* Die intraperitoneale DL_{50} für *Malodinitril* (I) beträgt bei weißen Mäusen 12,75 mg/kg u. wird durch intramuskuläre Injektion von 1 g $Na_2S_2O_3 \cdot 5H_2O$ (II) pro kg 5 Min. vor der Applikation von I auf etwa das 8fache, durch höhere II-Dosen nicht wesentlich stärker erhöht, durch 50 mg/kg $NaNO_2$ (III) nur verdoppelt; II + III sind nicht wirksamer als II allein. Andere Antidota, wie Dimercaptopropanol, Glutathion, Methionin, Methylenblau, Formaldehydsulfoxylat u. Dextrose sind prakt. wirkungslos. Durch Fasten über 10 Std. wird die DL_{50} nicht merklich, über 24 Std. stark erniedrigt. (Arch. int. Pharmacodynam. Thérap. **84.** 385—92. 1950. Galveston, Tex., Univ., Dep. of Pharmacol. and Toxicol.) W. Kimpel. 4675

Harriet L. Hardy, *Epidemiologie, klinisches Bild und Behandlung der Berylliumvergiftung.* Übersichtsarbeit. BeF_2, $Be(OH)_2$, $BeCl_2$, $BeSO_3$, $MnZnBeSiO_{41}$, BeO(BE) sind die bisher bekannten Verbb., bei deren Ver- u. Bearbeitung Berylliumvergiftungen auftreten können. Als MAK (= maximale Arbeitsplatzkonz.)-Wert werden für eine einmalige Einw. 25 γ/m^3 u. für dauernde Exposition 2 γ/m^3 angegeben. Neben Reizerscheinungen an Haut u. Schleimhäuten kommt es bei Einw. von Be auf den Organismus zu Bronchitis u. Pneumonitis mit den sich daraus entwickelnden Komplikationen. Zur Behandlung der Berylliose werden *Corticotropin* u. *Cortison* empfohlen. (A. M. A. Arch. ind. Health **11.** 273—79. April 1955. Boston, Mass., Gen. Hosp., Occupational Med. Clin.) H. Zeller. 4681

Manuel C. Blanco, *Mykotische Bronchopneumopathien (Pseudotuberkulose) bei den Arbeitern der Textilindustrie. Ihre Bedeutung in der Arbeitsmedizin.* Die Affektionen der Atemwege bei Textilarbeitern sind neben allerg. häufig auch mykot. Ursprungs. Zur Therapie dieser arbeitsmedizin. wichtigen Erkrankungen kommt neben *Penicillin* bei bakteriellem Ursprung, symptomat. Behandlung mit Desensibilisierungsmitteln u. Tonicis u. Stimulantien in Frage. (Prensa méd. argent. **37.** 1239—49. 9/6. 1950.) W. Kimpel. 4681

Karl Stauffer, Klinische homöopathische Arzneimittellehre. Bearb. v. **Martin Schlegel.** 4. Aufl. Regensburg: Sonntag. 1955. (XVIII + 698 S.) 8°. DM 45,—.

F. Pharmazie. Desinfektion.

St. Ilijewa, *Versuch einer Kultivierung von Valeriana im Bezirk Samokow.* Die Gegend von Samokow eignet sich für die Kultivierung von Valeriana. Die bis 2,20 m hohe Pflanze hat ein gutes Wurzelsyst. u. enthält 0,20—0,90% äther. Öle. Die Samen haben eine Keimfähigkeit von ca. 100%, nach 2 Jahren nur 51, nach 4 Jahren nur 6%. (Фармация (София) [Pharmazie (Sofia)] **1955.** Nr. 3. 32—35. Mai/Juni.) O. Pollak v. Emhofen. 4782

A. Silber und **W. Bischoff,** *Die Alkaloidführung von Wildgrasmutterkorn.* Der Alkaloidgeh. von auf verschied. Wildgräsern gewachsenem Mutterkorn wird bestimmt. Die Schwankungen sind in Abhängigkeit vom Standort auch bei derselben Grasart sehr hoch. Wenn auch alkaloidfreie Typen vorkommen, so ist im Durchschnitt der Geh. höher als beim Roggenmutterkorn, wasserlösl. Alkaloide fehlen oft. — 10 Literaturangaben. (Arch. Pharmaz. Ber. dtsch. pharmaz. Ges. **288/60.** Nr. 3. Mitt. dtsch. pharmaz. Ges. **25.** 124—29. 1955. Gatersleben, Dtsch. Akad. der Wiss., Inst. für Kulturpflanzenforsch.) Ph. Fresenius. 4782

Hans-Botho Schröter, *Über den Nachweis von Nicotin in der Composite Zinnia elegans und über die Bedeutung dieses Alkaloids für die interfamiliäre Pfropfung Zinnia auf Nicotiana.* Die gute Verträglichkeit der interfamiliären Propfung von Zinnia elegans auf Nicotiana tabacum wird darauf zurückgeführt, daß Zinnia selbst in relativ großem Umfang die gleichen Alkaloide bildet, die aus Tabakwurzeln emporsteigen. Der Nachw. von Nicotin in Zinnia wird papierchromatograph. nach der Rundfiltertechnik geführt. Bei zwei in wesentlich geringerer Menge vorhandenen Nebenalkaloiden handelt es sich vermutlich um Nornicotin u. Anabasin. — 10 Literaturangaben. (Arch. Pharmaz. Ber. dtsch. pharmaz. Ges. **288/60.** Nr. 3. Mitt. dtsch. pharmaz. Ges. **25.** 141—45. 1955. Gatersleben, Dtsch. Akad. der Wiss., Inst. für Kulturpflanzenforsch.) Ph. Fresenius. 4782

W. Iwanow und **M. Tomowa,** *Untersuchungen über Siler trilobum Crantz.* 1. Mitt. *Isolierung einer hypotensiven Substanz aus der Wurzel.* Neben ca. 9% Polysacchariden u. 0,80% Sterinen, F. 54—60°, enthalten die Wurzeln von Siler ca. 0,10% eines von den Vff. *Silerin,* $C_{21}H_{28}O_7$, F. 188—190° (Chlf. u. PAe.), Mol.-Gew. 385 (Unstimmigkeit zwischen Mol.-Gew. u. Bruttoformel; die Redaktion), genannten Stoffes. Silerin enthält einen Lactonring u. ist vermutlich ein Cumarinderiv., das in seinen Eigg. dem Bergapten am nächsten kommt. 0,0002 g Silerin wirken bei Katzen klar hypotensiv. (Фармация (София) [Pharmazie (Sofia)] **1955.** Nr. 3. 12—17. Mai/Juni. Wiss. Forschungsinst. für Apothekenwesen.) O. Pollak v. Emhofen. 4782

Iolanda R. da Silva Jardim, *Die Kolloidmühle und ihre neuerliche Anwendung in der galenischen Pharmazie. Zubereitung von Tinkturen aus alkaloidhaltigen Pflanzen.* Durch Verwendung einer Kolloidmühle bei der Herst. von Tinkturen kann der %-Geh. an wirksamer Substanz erhöht werden. (Rev. Farmác. Odontologia **20.** 472—75. Okt. 1953. Univ. do Brasil, Fac. Nacional de Farmacia.) Heinrich Hermann. 4790

M. Melichar, V. Rusek und **J. Solich,** *Wirbelextraktion, ein Verfahren zur Herstellung gewisser Galenica.* Zur Herst. von Drogenextrakten wird, unter Zugrundelegung der Diffusions- u. Extraktionsgesetze, ein neuartiges, als Wirbelextraktion bezeichnetes Verf. vorgeschlagen. Diffusions- u. Auflösungsgeschwindigkeit werden durch intensives Durchwirbeln von Extraktionsgut u. Extraktionsmittel unter gleichzeitiger Zerkleinerung u. Zerteilung mit einem „*Turmix*"-Schneid- u. Mischapp. (8000—13000 U/Min.) erhöht. Bedeutung u. Einfl. von Extraktionsdauer, Diffusion, Lsg., Diffusionsoberfläche, Wirbeln, Schneiden u. Temp. wurden untersucht. Durch Anwendung der Wirbelextraktion wird der eigentliche Extraktionsprozeß auf 7—10 Min. unter Erhaltung bzw. Verbesserung der vorgeschriebenen Werte an Trockensubstanz, D., Refraktion u. Alkaloidgeh. verkürzt. Die Arbeitsbedingungen wurden an alkoh. Extraktionen von Rad. Gentianae, Rad. Calami, Fol. Belladonnae u. Cort. Chinae entwickelt. (Československ. Farmac. **2.** 338—44. 1953. Brno [Brünn], Farm. fak., Úst. galen. farm.) K. Steiner. 4790

O. Chevitarese und **Rhodio Fanaya de Paiva,** *Über Silberamalgame.* Vff. haben 7 verschied. Silberamalgame durch Belastung in zylindr. Gefäßen mit Gewichten auf ihre Härte geprüft u. festgestellt, daß letztere im Maße des zugesetzten Hg abnimmt. Ein für orthodont. Zwecke ideales Amalgam soll 52% Hg, 33% Ag, 12,5% Sn, 2% Cu u. 0,5% Zn enthalten. (Rev. Farmác. Odontologia **20.** 503—06. Nov. 1953. Rio de Janeiro, Fac. de Farmacia e Odontologia, Catedra de Matarlugia e Quimia Aplacadas.) Heinrich Hermann. 4798

W. Oelssner, *Die Zersetzung von Procain und Chlorprocain in wässerigen Lösungen.* Aus Verss. von Terp (Acta pharmacol. toxicol. [København] **5.** [1949.] 353) über die wss. Hydrolyse von *Procain* (I) u. eigenen Ergebnissen mit *Chlorprocain* (II) werden Formeln entwickelt, mit denen bei bekannten p_H-Werten u. Tempp. der Zersetzungsgrad wss. Lsgg. berechnet werden kann. Die Unterschiede zwischen I u. II werden besprochen u. einige Fehlermöglichkeiten an Hand experimenteller Ergebnisse anderer Autoren erörtert. (Arch. Pharmaz. Ber. dtsch. pharmaz. Ges. **288/60.** 186—94. 1955. Leipzig, Univ., Pharmakol. Inst.) M. Negwer. 4806

Ib Refn, *Heparin und seine biologische Wirkung.* Inhaltsgleich mit der C. **1955.** 11044 referierten Arbeit. (Farmac. Revy **54.** 51—55. 27/1. 1955.) R. K. Müller. 4806

Yoshiro Abe, *Konzentration von Vitamin A nach dem selektiven Lösungsverfahren.* 1. Mitt. *Behandlung von Dorschlebertran mit Furfurol-Methanol.* Durch Extrahieren des Dorschleberöls mit der gleichen Menge *Furfurol* (II) u. Abscheiden eines konz. Öls durch Zumischen der dem II gleichen Menge 80%ig. Methanols wird der Geh. an *Vitamin A* (I) auf das 5fache angereichert. Nach 3maliger Extraktion mit der gleichen Menge II enthält das Konzentrat 8,25% des Öls u. 42,90% des I. Erhöhung der Temp. steigert die Ausbeute. Da das zurückgewonnene II gefärbt ist, ist auch das angereicherte Öl gefärbt, bes. stark nach 3maliger Rückgewinnung, was aber ohne Einfl. auf die Ausbeute an I ist. Die Eigg. u. Haltbarkeit des ursprünglichen, des konz. u. des verbleibenden Öls werden verglichen. (J. chem. Soc. Japan, ind. Chem. Sect. [Kōgyō Kagaku Zassi] **54.** 229—31. März 1951. Kei-dai, TH, [Orig.: japan.]) L. Schuler. 4808

Amaro Henrique de Sousa, *Über Veränderungen pharmazeutischer Vitamin-C-Präparate durch CO_2-Abgabe.* Ascorbinsäure wird bei längerem Liegen unter Abgabe von 2 H zu Dehydroascorbinsäure zersetzt, aus der weiter CO_2 abgespalten wird. Die Untersuchungsmeth. ist nicht angegeben. (Rev. Farmác. Odontologia **20.** 510—11. Nov. 1953. Rio de Janeiro, Labor. Biorgan.) Heinrich Hermann. 4808

Z. Putnyn, *Chemische Charakteristik der Fett-Lipoid-Fraktion des Protein-Vitamin-Präparates Nr. 22.* Die Fett-Lipoid-Fraktionen des *Protein-Vitamin-Präp. Nr. 22* zeigten eine besondere chem. Zusammensetzung. Es liegen in ihr wesentliche Mengen an ungesätt. u. an niedermol. gesätt. Fettsäuren vor. Der Geh. an Glyceriden der Linolsäure beträgt 20—36%, an nicht verseifbaren Stoffen, der verhältnismäßig hoch ist, 5%. (Известия Академии Наук Латвийской ССР [Nachr. Akad. Wiss. LettSSR] **1954.** Nr. 9. 119—22.) M. Ulmann. 4808

Kakuma Nagasawa, Tokujirô Naemura, Gôichi Nakayama und **Hiroshi Satô,** *Standardisierung des Hypophysenhinterlappenhormons.* 1. Mitt. *Ergebnisse der Nationalen Prüfstelle für Injektionslösungen von Hypophysenhinterlappenhormon.* 48 in Japan hergestellte Injektionslsgg. wurden geprüft. Bei 7 im Januar 1949 hergestellten entsprachen ca. 86%, bei 41 vom Januar 1951 ca. 98% den Bestimmungen. Die Ergebnisse der Meerschweinchenmeth. u. der Hühnchenmeth. stimmten überein. Mit ersterer konnten Wirkungsunterschiede zwischen 0,012 u. 0,013 Einheiten (100:108) noch festgestellt werden. — 5 Ergogramme. (Bull. nat. hyg. Lab. **70.** 1—4. Juni 1952. [Orig.: japan.]) L. SCHULER. 4808

Kakuma Nagasawa und **Einosuke Koshimura** *Untersuchungen über gonadotrope Hormone.* 1. Mitt. *Ihre Standardisierung nach der Rattenovargewichtsmethode.* 1. Teil. 5 Handelspräpp. mit gonadotropem Hormon aus menschlichem Schwangerenharn, Placenta u. aus der Hypophyse von Haustieren wurden nach der Chorion-Gonadotropin (I)-Meth. der Brit. Pharmakopöe VII mit dem internationalen Standard von I verglichen. Bei 4 Proben war die Wrkg. für Heilzwecke zu schwach. — Hypophysenvorderlappen vom Wal u. Rind zeigten gute Aktivität, die vom Bonitofisch war 12—50% der vom Rind. (Bull. nat. hyg. Lab. **70.** 9—11. Juni 1952. [Orig.: japan.]) L. SCHULER. 4808

A. Koluschewa und **A. Morosowa,** *Untersuchung der Ursachen des Feuchtwerdens von Arzneimittelgemischen in Pulverform mit Pyramidon- und Aspiringehalt.* In Ggw. von schwach alkal. Stoffen wird infolge Hydrolyse von *Aspirin* (I) zu Essig- u. Salicylsäure das Pyramidon (II)-I-Pulver feucht. Die Gelbfärbung von II beruht auf der Bldg. dieser Säuren, doch hat dies keinen Einfl. auf die Eigenschaften. Trocken aufbewahrt, verändern sich diese Pulver auch nach 8 Monaten ($<25^0$) nicht. Analog verhalten sich Pulver, die noch eine 3. Komponente enthalten (Codein, Coffein, Phenacetin). Sie zeigen nach 4 Monaten keine Veränderung. Bei Tempp. über 25° werden die Pulver bald unbrauchbar. (Фармация (София) [Pharmazie (Sofia)] **1955.** Nr. 3. 20—26. Mai/Juni.) O. POLLAK v. EMHOFEN. 4814

M. Seelemann und **K. Börger,** *Zur Frage der Wirksamkeit des Desinfektionsmittels „Coniferol". Coniferol* (KADE, Aulendorf), das aus flüchtigen äther. Ölen besteht, tötet mit seinen flüchtigen Bestandteilen verschied. Keimarten ab. Als Aerosol zur Raumdesinfektion war es wirkungslos. (Tierärztl. Umschau **9.** 83—86. März 1954. Kiel, Inst. für Milchhygiene.) G. GERBER. 4832

M. Rolle und **H. Mayer,** *Untersuchungen über das Coniferol V als Desinfektionsmittel.* Das *Coniferol V,* eine Verbesserung des Coniferols, wirkt etwa gleich wie 3%ig. Formalin als Desinfektionsmittel auf feuchten u. trockenen Oberflächen beim Besprayen. Es enthält stark baktericide wasserlösl. Substanzen. Seine flüchtigen Öle sind wegen schneller Verdunstung wenig wirksam. Toxizität gering. (Tierärztl. Umschau **9.** 86—89. März 1954. Kiel, Inst. für Milchhygiene.) G. GERBER. 4832

Ruth Krasemann, *Das neue Heiztischmikroskop der Fa. Leitz, Modell Weygand 1954, und seine Verwendung zu pharmakognostischen Untersuchungen.* Beschreibung der App. mit 5 Abbildungen. Eine mit der App. durchgeführte Kombination von Mikrosublimation mit -schmelzpunktbest. ist für pharmakognost. Unterss. wertvoll. So gibt Vf. eine tabellar. Übersicht über die Drogen, die charakterist. Sublimate liefern u. auf diese Weise zu identifizieren sind. (Arch. Pharmaz. Ber. dtsch. pharmaz. Ges. **287/59.** Nr. 8. Mitt. dtsch. pharmaz. Ges. **24.** 121—25. 1954. Braunschweig, TH, Pharmakognost. Inst.) M. NEGWER. 4880

Yohei Hashimoto, *Anwendung der Papierchromatographie in der Pharmazie.* Bei der Papierchromatographie bas. Substanzen (Alkaloide, Chinin, Eserin, Scopolamin, Berberin, Antihistaminica, Vitamin B_1 u. B_6) hat Vf. zur Entw. ein Gemisch von Butanol u. Essigsäure u. zur Lokalisierung DRAGENDORFFsches Reagens mit gutem Erfolg verwendet, jedoch bei Alkaloiden mit der Papierelektrophorese bessere Resultate erzielt. Chromatograph. Nachw. von Rutin in Pflanzenextrakten u. von Sulfonamiden im Harn bei Lokalisierung mit EHRLICHs Reagens. (Rev. brasil. Farmácia **35.** Nr. 8. 297—303. Aug. 1954. Rio de Janeiro, Inst. de Quím. Agríc.) HEINRICH HERMANN. 4880

A. P. Arsamasszew, *Untersuchung über die mögliche Anwendung des Kationiten SDW-3 für die Analyse einiger pharmazeutischer Präparate.* Mit Hilfe des sowjet. Kationenaustauschers SDW-3 ließen sich Ca-Gluconat, Ca-Glycerophosphat u. Ca-Lactat bestimmen. Die Best. läßt sich innerhalb von 20—25 Min. ausführen. (Аптечное Дело [Apothekenwesen] **4.** Nr. 3. 36—39. Mai/Juni 1955. Moskau, Pharmaz. Inst. des Gesundheitsmin., Lehrstuhl für pharmaz. Chem.) K. RINTELEN. 4880

W. Presting und **R. Boenke,** *Bewertung pharmazeutischer Vaselinen nach ihrem Gehalt an n-Paraffinen sowie Iso-und Ringparaffinen.* Die Vaselinen werden nach Herkunft, Gewinnung u. technolog. Eigg. klassifiziert in a) Natur-, b) Gatsch-, c) Kunst-, d) synthet. Vaselinen mit folgenden Eigg.: a) gelb, transparent, zügig, wenig n- (I), viel Iso- u. Ringparaffine (II); b) wenig transparent, Mittelqualität; c) pharmazeut. wenig geeignet; d) weißpigmentartig, wenig zügig. Zur Best. des in 1. Linie werterniedrigenden I-Anteils werden verschied. Verff. angegeben; die besten Resultate gibt die von HESSLER (C. **1955.** 1882) verbesserte Meth. zur spezif. Isolierung von I ($> C_6$; bis zum

Mol.-Durchmesser von 5 Å) als Harnstoffeinschlußverbb., u. von **II** (Mol.-Querschnitt um 5,8 × 6,8 Å) als Thioharnstoffanaloga, wobei **I** u. **II** durch Erwärmen mit W. zurückerhalten werden. Nach der beschriebenen Meth. lassen sich **I** in Gemischen höherer KW-stoffe mit einer Genauigkeit von ±3% u. auch **II** in Vaselinen bestimmen. Wiederholung erhöht die Genauigkeit. So lassen sich schlechtere Vaselinen durch Abtrennung von **I** bis zu einem **II**-Geh. von 90% verbessern. Mikrophotos (polarisiertes Licht) zeigen die strukturelle Verbesserung. (Pharmazie **9.** 562—66. Juli **1954.** Leipzig, Inst. für organ.-chem. Ind.; Halle/S., Abt. für Wachse u. Schmierstoffe.)
W. SCHULENBURG. 4880

A. A. Colon und **H. A. Frediani,** *Die Bestimmung von Alkohol in Äther durch Infrarotabsorption. Alkohol* läßt sich in Äther durch Messung der Infrarotabsorption bei 2,38 μ mit einer relativen Genauigkeit von ±2% einfach u. schnell bestimmen. Für den nach FISCHER bestimmten Wassergeh. muß eine entsprechende Korrektur angebracht werden. (J. Amer. pharmac. Assoc., sci. Edit. **40.** 607—08. Dez. **1951.** Rahway, N. J., Merck & Co.)
K. F. MÜLLER. 4880

František Buben, *Beitrag zur volumetrischen Titration der Sulfonamide und ihrer Derivate.* Zur Best. von *Sulfonamiden* (**I**) neben ihren Succinoyl- bzw. Acetyl- u. Phthalylderivv. (u. einigen ähnlichen Verbb.) wurde die Diazotierung benutzt, deren Endpunkt elektrometr. durch einen ca. 1 Min. andauernden Ausschlag eines Galvanometers festgelegt ist. Die p_H-Bedingungen bei der argentometr. Titration der **I** wurden untersucht u. festgestellt, daß bei geeigneter Einstellung der Acidität durch Acetatpufferlsgg. einige **I** quantitativ fällbar, andere dagegen nicht fällbar sind. Diese Tatsache wurde zur analyt. Best. von *Sulfathiazol* (**II**) neben *Sulfanilamid* (**III**), *Sulfanilacetamid* (**IV**) u. *Sulfaguanidin* (**V**) zur Best. von *Succinoylsulfathiazol* (**VI**) neben *Succinoylsulfanilamid* (**VII**) zur Best. von *Sulfapyridin* (**VIII**) neben **IV** u. **V** u. von Sulfapyrimidin (**IX**) oder Sulfadimethylpyrimidin (**X**) neben **IV** u. **V** verwertet, von denen **II**, **VI** bei Abwesenheit von Pufferlsgg., **VIII**, **IX**, **X** bei Ggw. von Pufferlsgg. quantitativ gefällt werden, **IV** u. **V** dagegen nicht gefällt werden. — Die etwa einem Verbrauch von 10 cm³ n/10 $AgNO_3$ entsprechende Menge **I** wird in A. gelöst, mit 20 cm³ n/10 $AgNO_3$ versetzt, auf 100 cm³ aufgefüllt u. durchgemischt, abfiltriert, 50 cm³ Filtrat mit HNO_3 angesäuert u. mit n/10 NH_4SCN an der Ag-Elektrode elektrometr. zurücktitriert. — 39 Literaturzitate. (Českoslov. Farmac. **2.** 295—99. **1953.** Praha, Výzk. úst. pro farmac. a biochem.)
K. STEINER. 4880

U. Bogs und **J. Meinhard,** *Zur colorimetrischen Wertbestimmung von Thymian und seinen galenischen Zubereitungen.* Die Wertbest. von Thymiandroge u. Ol. thymi erfolgt photometr. bei 470 mμ durch Best. des Thymolgeh. nach Kupplung mit diazotierter Sulfanilsäure. Die Lsgg. befolgen das BEERsche Gesetz. Die Ablesung erfolgt 1 Min. nach Mischung der Reagenten. Zur Unters. der Droge wird diese aus saurer Lsg. mit Wasserdampf dest. u. das Dest. in vorgelegter NaOH aufgefangen. Die Genauigkeit im Bereich von 2—4 mg% Thymol verträgt ±1,2%. (Arch. Pharmaz. Ber. dtsch. pharmaz. Ges. **288/60.** Nr. 3. Mitt. dtsch. pharmaz. Ges. **25.** 134—39. **1955.** Halle-Wittenberg, Univ., Pharmazeut. Inst.)
PH. FRESENIUS. 4880

Herbert Jäger, *Quantitative Bestimmung von Allicin in frischem Knoblauch.* Der Gesamt-S-Geh. u. der Geh. an Allicin (**I**) dienen zur Qualitätsbeurteilung von Knoblauch. Zur Gesamt-S-Best. wird die Droge mit HNO_3 (D. 1,4) oxydiert, um flüchtigen S in Sulfonsäuren überzuführen. Es folgt eine Soda–Salpeter-Schmelze u. dann SO_4''-Best. nach bekannten Verfahren. **I** wird nach enzymat. Spaltung des Alliins durch 1 std. Stehenlassen der wss. Anreibung der Droge bei 30—35° u. Enteiweißung mit Trichloressigsäure durch colorimetr. Messung der bei der Spaltung gebildeten Brenztraubensäure (**II**) nach Überführung in ihr 2.4-Dinitrophenylhydrazon (**III**) bestimmt, wobei 1 Mol **II** 0,5 Mol **I** entspricht. Die Trennung von **III** von mitgebildeten Zuckerhydrazonen erfolgt auf Grund der **III**-Löslichkeit in NH_3. Die Absorption wird nach 40 Min. im LANGE-Colorimeter mit Blaufilter gegen 2 n NH_3 gemessen. (Arch. Pharmaz. Ber. dtsch. pharmaz. Ges. **288/60.** Nr. 3. Mitt. dtsch. pharmaz. Ges. **25.** 145—48. **1955.** Bonn, Univ., Pharmazeut. Inst.)
PH. FRESENIUS. 4880

J. Naghski, C. S. Fenske jr. und **J. F. Couch,** *Die Anwendung der Papierchromatographie zur quantitativen Bestimmung von Quercetin in Rutin. Quercetin* (**I**) wandert bei der Papierchromatographie wesentlich schneller als *Rutin* (**II**), *Flavonol A* u. *Flavonol B.* Zur quantitativen Abtrennung des **I** arbeitet man mit WHATMAN-Papier Nr. 1, bringt die in CH_3OH oder Isopropanol gelöste Probe auf den Papierstreifen u. entwickelt absteigend mit wassergesätt. Ae. oder dem Lösungsmittelgemisch Essigester–Bzl.–W. (35:15:50). R_F-Werte: **I** 0,90 bzw. 0,75; **II** 0,05 bzw. 0,0. Im Eluat wird **I** nach Rk. mit

$AlCl_3$ nach der modifizierten Meth. von PORTER, DICKEL u. COUCH (Arch. Biochemistry 21. [1949.] 273) spektrophotometr. bei der Wellenlänge 440 mμ bestimmt. (J. Amer. pharmac. Assoc., sci. Edit. 40. 613—16. Dez. 1951. Philadelphia, Pa., Eastern Reg. Res. Labor.) K. F. MÜLLER. 4880

O. Hrdý, Z. Jung und **A. Šlouf,** *Die Bestimmung von Digitoxin neben anderen Glucosiden und Geninen in Digitalis purpurea.* Bei Überprüfung der Reinheit krist. Glykoside wurde deren Uneinheitlichkeit festgestellt. Durch Chromatographie an einer Al_2O_3-Säule lassen sich krist. Digitoxin (I) u. Gitoxin (II) herstellen, deren Reinheit durch Papierchromatographie bestätigt wurde. Eine chromatograph., quantitative Trennung von I u. II von genuinen Glykosiden (III) u. Aglykonen durch Auswaschen mit Chlf-A.-Gemisch wurde entwickelt. Durch eine Chlf.-A.-Mischung (1:9) werden Genine, durch eine Mischung 1:1 I + II ausgewaschen, während auf der Al_2O_3-Säule III zurückbleiben. Eine Trennung von I u. II gelingt nicht. Zur Best. von I neben II ermittelt man den Geh. von II nach der Meth. JENSEN (C. 1954. 6286) fluorimetr. u. Berechnung von I nach den verschied. Überführungsfaktoren von I u. II bei der Rk. von BALJET. Für I wurde der Faktor $f_D = 252$, für II $f_G = 455$ (PULFRICHsches Stufenphotometer, Filter S 50, Schichtdicke 1 cm) bestimmt. Die Überführungsfaktoren beziehen sich auf μg. Zur Best. von I dient die Formel $D_z = 252 \cdot (k - G\% \cdot V'/45500)$, worin k = Extinktion in 1 cm-Schicht, G% = II-Geh. in %, V' = Gewichtsmenge ist. — 60 Literaturangaben. (Českoslov. Farmac. 2. 407—13. 1953. Praha, Státn. úst. pro kontr. léčiv.) K. STEINER. 4880

R. Portillo, P. Sanz-Pedrero und **F. Bas-Huelves,** *Polarographische Bestimmung von Alkaloiden.* 1. Mitt. *Über das polarographische Verhalten des Atropins.* Unter Verwendung eines Polarographen vom Typ PO 3 mit graph. Registrierung haben Vff. das Verh. von Atropin untersucht u. Lsgg. von Atropinsulfat von $^1/_{1000}$ u. $^1/_{10000}$ Mol verwendet. Ein Kathodenstrom tritt bei p_H 6,0 auf u. nimmt bei steigendem p_H bis ca. 8,5 zu, um dann wieder abzunehmen. Die maximale Stromstärke an der Kalomelelektrode betrug 1,95 V. Bei optimalem p_H vom 8,2 läßt sich ein Strom registrieren, wenn die Lsg. wenigstens $2 \cdot 10^{-4}$ Mol pro Liter enthält. Verwendete Konz. u. Mol pro Liter stehen in einem Abhängigkeitsverhältnis, das durch eine Exponentialfunktion ausgedrückt wird. Konz. = 0 71 + 1,44 log h (h = Amplitude der Welle). Über Lsgg. von CO^{2+} in ammoniakal. Medium verhält sich Atropin wie eine capillarakt. Substanz; es vermindert den Wert der Stromstärke, die CO^{2+} hervorruft, auf 1,27 V. Die Verminderung ist am stärksten bei Konz. des Atropinsulfats zwischen $1,0 \cdot 10^{-7}$ u. $5,7 \cdot 10^{-7}$ Mol pro Liter. Diese Verhältnisse lassen sich durch eine lineare Funktion ausdrücken. (An. Real Acad. Farmac. 21. 37—42. 1955. Madrid, Facultad de Farmácia, Labor. de Técnica Fisica, Secciòn de Química Biológica.) HEINRICH HERMANN. 4880

D. J. Duff, *Andere Cinchonaalkaloide in Chininhydrochlorid.* Da die in der Brit. Pharmakopöe von 1953 beschriebene Prüfung des Chininhydrochlorids (I) auf „andere *Cinchona*-Alkaloide“ unzuverlässig u. mühevoll ist, schlägt Vf. ein Verf. vor, bei dem das zu untersuchende I in W. gelöst, mit wasserfreiem Na_2SO_4 (0,21 g je g I) in Chininsulfat verwandelt, abfiltriert u. das Filtrat bei 15° mit 10%ig. NH_4OH versetzt wird. Durch Auftreten einer Trübung lassen sich Bruchteile eines % anwesender anderer Cinchonaalkaloide (wie z. B. Cinchonidinsulfat, Cinchoninsulfat) erkennen. (Pharmac. J. 174 ([4] 120). 410. 21/5. 1955.) W. SPITALER. 4880

Nils Åke Diding, *Biochemische Mutanten von Mikroorganismen in der Vitaminbestimmung. Bestimmung von Vitamin B_6.* Es wird eine mikrobiol. Meth. zur Best. *Vitamin B_6* (I)-wirksamer Verbb. unter Verwendung einer biochem. Escherichia coli-Mutante, die kein I synthetisiert, beschrieben. Sie dient zur *Pyridoxin*-Best. in pharmazeut. Vitaminpräparaten. Der Einfl. anderer Faktoren, bes. von B-Vitaminen auf solche Bestimmungen wird diskutiert. (Svensk farmac. Tidskr. 59. 321—27. 10/5. 1955. Stockholm, Apotekens kontrollabor.) K. MAIER. 4880

H. Thies und **H. Schäfer,** *Zur Gehaltsbestimmung von Histamindihydrochlorid. Ein Beitrag zur Ergänzung des DAB 6. Histamindihydrochlorid* läßt sich durch acidimetr. Titration der leicht abspaltbaren Imid-HCl bequem quantitativ bestimmen. Phenolphthalein ist als Indicator ungeeignet. Mit Kresolrot erhält man bei Verwendung von Vergleichslsgg. für den Indicatorumschlag einen mittleren Fehler von weniger als ±0,2%. (Pharmaz. Ztg. verein. Apotheker-Ztg. 91/100. 561—62. 26/5. 1955. München, Univ., Inst. für Pharmazie u. Lebensmittelchem.) PH. FRESENIUS. 4880

Masato Asahina und **Jun Serizawa,** *Verbesserung der Bestimmung der stärkehydrolysierenden Kraft von Diastase nach dem japanischen Arzneibuch.* Die vorgeschlagene verbesserte Meth. unterscheidet sich von der gegenwärtigen offizinellen, im japan. Arzneibuch vorgeschriebenen, abgesehen von kleineren Verbesserungen, in 2 Punkten: 1. Benutzung von 1%ig. Stärkelsg., statt 5%ig., was die Herst. erleichtert u. den Fehler verringert; 2. als Reaktionsendprod. wird die Stufe von ca. 50% Hydrolyse, statt 90%, zugrunde gelegt, da die Best. in einem größeren Bereich besser ausführbar ist. (Bull. nat. hyg. Lab. Tokyo **70**. 23—26. Juni 1952. [Orig.: japan.]) L. SCHULER. 4880

Farbenfabriken Bayer, Leverkusen, *Wasserabweisendmachen von Materialoberflächen,* wie Metall, Keramik oder Glas, bes. von Glasbehältern oder Ampullen für pharmazeut. Präpp., bes. Penicillin, durch Behandeln mit wss. Siliconölemulsionen u. darauffolgendem Erwärmen. — Z. B. stellt man eine Emulsion aus 40 (Teilen) Methylpolysiloxan (Viscosität: 50 cst. bei 20°) in 100 W. mit 1 Polyglykololeyläther her u. verd. mit W. bis zu einem Geh. von 0,5% Silicon, taucht das zu hydrophobierende Glas, das darauf für ½ Std. auf 300° erhitzt wird. (**E. P. 720 778** vom 3/3. 1953, ausg. 29/12. 1954. D. Prior. 4/3. 1952.) W. GRÄGER. 4759

Jean Charles Seailles, Frankreich, *Magnesia in Pastenform.* Frisch gefälltes $Mg(OH)_2$ wird so weit entwässert, daß es von salbenartiger Konsistenz ist. Zur Erhaltung der Konsistenz kann Glycerin zugesetzt werden. Ein Zusatz von H_3PO_4 erleichtert die Herst. der Suspension in Wasser. Die Paste kann in *Pharmazie* u. *Kosmetik* Verwendung finden. (**F. P. 1 005 454** vom 23/7. 1947, ausg. 10/4. 1952.) O. SCHÖNAUER. 4787

Monsanto Chemical Co., übert. von: **Major G. Seelig,** St. Louis, **Charles A. Thomas,** Ladue, und **Paul Logue,** Webster Groves, Mo., V. St. A., *Gleitendmachen von chirurgischen Gummihandschuhen* durch Überziehen mit einer Schicht von feinverteiltem, in W. unlösl. Na-Metaphosphat. Die Gleitfähigkeit bleibt nach der Sterilisation erhalten. (**A. P. 2 621 333** vom 27/6. 1947, ausg. 16/12. 1952.) K. HEINZE. 4787

N. V. Kunstzijdespinnerij Nyma (Erfinder: **Hendrik Waning),** Nimwegen, Holland, *Herstellung von Carboxycellulose* durch Oxydation von Cellulose mit HNO_2 enthaltender HNO_3 (I). Man oxydiert bei 10—40° mit Mischungen aus 3—25 (Vol.-%) konz. H_2SO_4 u. 97—75 I (50—70%ig.), die ca. 1% Alkalinitrit enthalten. — Verwendung zur Herst. von *Verbänden.* (**D. B. P. 926 548** Kl. 12o vom 9/9. 1952, ausg. 21/4. 1955. Anmeldung bekanntgemacht 23/9. 1954. **E. P. 709 684** vom 29/8. 1952, ausg. 2/6. 1954. Beide Holl. Prior. 21/9. 1951.) K. FABEL. 4795

Hugh P. Owens, Detroit, und **Emil Grady,** Wayne, Mich., V. St. A., *Legierung für zahnärztliche Zwecke,* z. B. Brücken u. dgl., bestehend aus 0,25—0,75 (%) C, 1—2 Mn, 1—2 Si, 20—30 Cr, 14—35 Co, 5—12 Ni, 1—5 Zr, 0,15—10 Ti, 2,50—3,00 W oder Mo, Rest Fe. (**A. P. 2 617 725** vom 7/10. 1950, ausg. 11/11. 1952.) E. PETERSEN. 4799

Roche Products Ltd., Welwyn Garden City, Hertfordshire, England, *Bis-(trialkylammonium)-thiaalkansalze* der Formel I, worin R_1, R_2, R_3 u. R_4 Alkalireste oder je 2 den Rest eines Heteroringes, A u. B. Alkylengruppen u. X ein 1wertiges Anion bedeuten, wirken *hemmend* auf die *neurohormonale Leitung.* — *1.11-Bis-(dimethylamino)-5-thiaundecan.* Aus 4-Dimethylaminobutan-1-thiol, $Na \cdot OC_2H_5$ u. 6-Chlorhexyldimethylamin. $Kp_{0,2}$ 100—105°, *Dijodmethylat,* F. 183—185°. — Analog: *1.6-Bis-(dimethylamino)-3-thiahexan,* $Kp._{0,2}$ 57°; *Dijodmethylat,* F. 236,5—237,5°. — *1.5-Bis-(dimethylamino)-2-methyl-3-thiapentan,* $Kp._{0,2}$ 63°; *Dijodmethylat,* F. 254°. (**E. P. 698 701** vom 30/3. 1951, ausg. 21/10. 1953.) G. LANGER. 4807

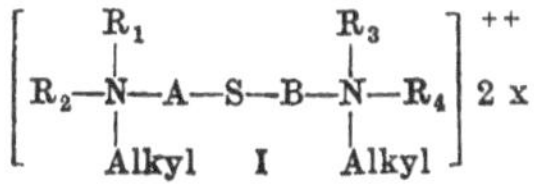

I

American Cyanamid Co., New York, N. Y., übert. von: **John Frank Lontz,** Wilmington, Del., V. St. A., *Tetrahydronaphtholalkaminderivate* der Formel I (n = 1—4, R_1 u. R_2 = H, Alkyl mit 2—4 C-Atomen, die zusammen mit dem N einen heterocycl. Ring bilden können). Man bromiert z. B. Tetrahydronaphthalin (II) in gesätt. Ring zum 1.2-Dibromid, hydrolysiert unter milden Bedingungen das α-Br u. setzt das gebildete Bromhydrin mit dem entsprechenden Diamin um. — Aus 2 Mol II u. 4 Mol Br_2 → Dibromid; Prismen, F. 70°; daraus in Aceton mit wss. $MgCO_3$ bei 60° → Bromhydrin, Ausbeute 90%, daraus mit Äthylendiamin in trockenem Bzl. bei 120—125° → *1-Oxy-2-(β-aminoäthylamino)-1.2.3.4-tetrahydronaphthalin,* schwachgelbes Öl, $Kp._8$ 206—208°, Ausbeute 75%. *Hydrochlorid.* — *1-Oxy-2-(β-diäthylaminoäthylamino)-1.2.3.4-tetrahydronaphthalin,* $Kp._8$ 168—169°. — *1-Oxy-2-(β-piperidinoäthylamino)-1.2.3.4-tetrahydronaphthalin,* $Kp._{7,5}$ 235—240°. *Hydrochlorid,* F. 213—214°. — *1-Oxy-2-(γ-piperidinopropylamino)-1.2.3.4.-tetrahydronaphthalin,* $Kp._5$ 205—207°. *Hydrochlorid.* — *1-Oxy-2-(β-di-n-butylaminoäthylamino)-1.2.3.4-tetrahydronaphthalin,* $Kp._8$ 175—176°. *Hydrochlorid.* Sämtliche Hydrochloride sind hygroskopisch. — *Blutdruckerniedrigungsmittel.* (**A. P. 2 654 757** vom 10/9. 1951, ausg. 6/10. 1953.) G. KRAUSS. 4807

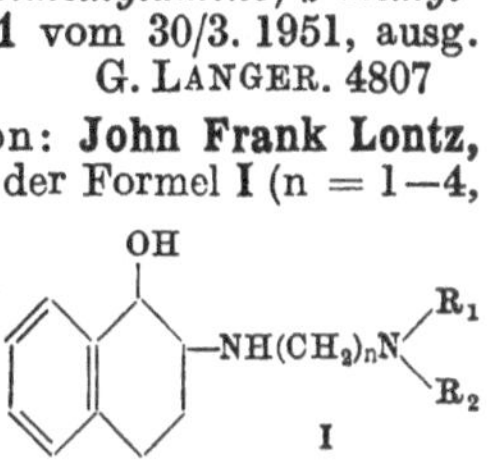

I

Sterling Drug, Inc., New York, N. Y., übert. von: **Frederick F. Blicke**, Ann Arbor, Mich., V. St. A., *Herstellung von Hydrohalogeniden von N-Heteroaminoalkyl-α-(α-naphthyl)-α-oxycarbonylacetaten und N-Heteroaminoalkyl-α-(α-naphthyl)-acetaten* durch Rk. einer Verb. der Formel (a)(b)N—C_nH_{2n}—X mit einer Verb. der Formel I, worin X ein Halogen ist, wenn Y = OH ist, oder X = OH ist, wenn Y ein Halogen ist. R ist H oder ein Oxycarbonylrest. a u. b sind Glieder eines heterocycl. Ringes, u. n ist eine ganze Zahl. — Durch Behandlung des Hydrohalogenids mit einem alkal. Mittel entsteht der entsprechende freie bas. Alkylester. — Vgl. E. PP. 646 701; C. **1953**. 6306, 647 846; C. **1953**. 6938, Can. P. 481 118; C. **1954**. 3335. (**Can. P. 489 881** vom 5/3. 1945, ausg. 20/1. 1953. A. Prior. 26/2. 1944.) M. F. MÜLLER. 4807

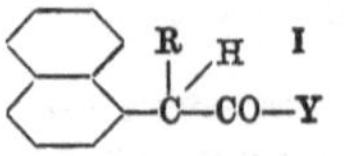

Sterling Drug, Inc., New York, N. Y., übert. von: **Frederick F. Blicke**, Ann Arbor, Mich., V. St. A., *Herstellung von Oxyhalogeniden von N-Heteroaminoalkyl-α-(p-xenyl)-α-oxycarbonylacetaten und N-Heteroaminoalkyl-α-(p-xenyl)-acetaten* durch Rk. einer Verb. (a)(b)N—C_nH_{2n}—X mit einer Verb. der Formel I. Vgl. vorst. Ref. — Es wird z. B. ein ω-N-Heteroaminoalkylhalogenid umgesetzt mit α-(p-Xenyl)-α-oxycarbonylessigsäure oder α-(p-Xenyl)-essigsäure. (**Can. P. 489 880** vom 22/2. 1945, ausg. 20/1. 1953. A. Prior. 26/2. 1944.) M. F. MÜLLER. 4807

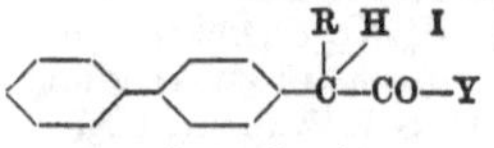

G. D. Searle & Co., Chicago, Ill., übert. von: **Neal L. McNiven**, Shrewsbury, Mass., V. St. A., *14-Oxyequilenin* bzw. dessen Derivv. erhält man durch Oxydation von Equileninderivv., gegebenenfalls nach Schutz vorhandener Oxygruppen durch Verätherung oder Veresterung, z. B. mit CrO_3 in wss. Essigsäure, tert. -Butylchromat, Chromylchlorid in CCl_4 oder $KMnO_4$ in wss. Essigsäure. — D-Equileninacetat + CrO_3 + wss. Essigsäure, nach Chromatographie an Silicagel → *14-Oxyequileninacetat*, F. 178—179,5°; $[\alpha]_D^{23}$ +105°, u. *Oxy-11-ketoequileninacetat*, F. 235—237°; $[\alpha]_D^{24}$ +228°. — *DL-14-Oxyequileninmethyläther*, F. 164—165,5°. — *Heilmittel* mit digitalisartiger Wirkung. (**A. P. 2 688 030** vom 11/5. 1953, ausg. 31/8. 1954.) U. SIEVERS. 4807

F. Hoffmann-La Roche & Co. Akt.-Ges., Basel, Schweiz, *Herstellung von Malonsäurederivaten*. Man setzt eine Alkalimetallverb. der allg. Zus. I (R^1 = Alkyl mit nicht >3 C, R^2 = niedermol. Alkyl) mit einem Acetylessigsäurehalogenid zu einer Verb. II u. diese durch Rk. mit einem Alkalialkoholat in einem inerten Lösungsm. nicht über Raumtemp. zu III um. Durch Cyclisierung u. Hydrolyse dieser Verbb. erhält man Cumarinderivv der Zus. **IV**. — Man suspendiert z. B. 2,3 (Gewichtsteile) Na in 80 Voll. absol. Bzl., gibt innerhalb 3 Std. bei 18—25° 26,6 1^1-Phenyläthylmalonsäurediäthylester u. nach Auflösung des Na bei 15—25° innerhalb 1 Std. 20 Acetylsalicylsäurechlorid zu, kocht noch 1 Std. unter Rückfluß, gießt Reaktionsprod. in Eiswasser, extrahiert die Benzollsg. mit W., kocht im Vakuum u. erhält *1-(o-Acetoxybenzoyl)-1-(1¹-phenyläthyl)-malonsäurediäthylester*, Kp.$_{0,03}$ 185 bis 190°. — Man löst 19,5 dieser Verb. in einem Gemisch von 130 Voll. A. u. 650 0,3nH_2SO_4 u. kocht 72 Std. unter Rückfluß, dest. A. ab, macht mit NaOH phenolphthaleinalkal., extrahiert neutrale Verbb. mit Bzl. u. erhält durch Ansäuern der alkal. Lsg. mit verd. H_2SO_4 *3-(1¹-Phenyläthyl)-4-oxycumarin*, F. 211° (aus wss. CH_3OH). — Ferner werden als Zwischen- bzw. Endprodd. genannt: *1-(o-Acetoxybenzoyl)-1-(1¹-phenylpropyl)-malonsäurediäthylester*, Kp.$_{0,03}$ 195—198°. — *3-Carbäthoxy-3-(1¹-phenylpropyl)-4-oxodihydrocumarin*, F. 108—109° (Butyläther). — *3-(1¹-Phenylpropyl)-4-oxycumarin*, F. 178—179° (80%ig. A.). — *1-(o-Acetoxybenzoyl)-1-(1¹-phenylbutyl)-malonsäurediäthylester*, Kp.$_{0,03}$ 203—206°. — *3-(1¹-Phenylbutyl)-4-oxycumarin*, F. 201—202° (A.). Die Verbb. *verhindern* die *Blutkoagulation*. (**Ind. P. 49 298** vom 2/4. 1953, ausg. 16/3. 1954.) O. MÜLLER-MEININGEN. 4807

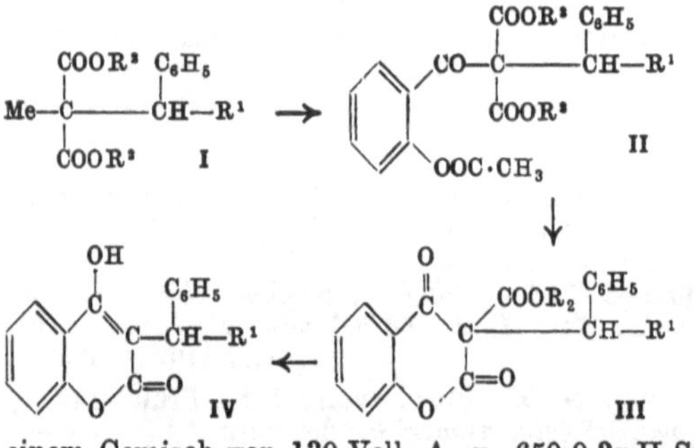

Ciba Akt.-Ges. (Erfinder: **Robert Neher**), Basel, Schweiz, *Oxychinolinester*. Man setzt 8-Oxychinoline (I), bes. Halogen-I, Phenolate von I oder unsubstituiertes I mit Undecylensäure oder deren funktionellen Derivv. um u. führt erforderlichenfalls die erhaltenen bas. Ester in ihre Salze über. — *8-Oxychinolinundecylensäureester*, Kp.$_{0,05}$ 174—180°; Hydrochlorid, F. 102—104°. — *5-Chlor-8-oxychinolinundecylensäureester*, Kp.$_{0,3}$ 190—200°, F. 41—42°. — *5.7-Dichlor-8-oxychinolinundecylensäureester*, Kp.$_{0,15}$

202—208°. — *5-Chlor-7-jod-8-oxychinolinundecylensäureester*, Methansulfonat, F. 61—63°. — *8-Oxychinaldinundecylensäureester*, Kp.$_{0,2}$ 194—196°. — *Fungicide, Bakterizide, Amöbicide.* (**D. B. P. 891 257** Kl. 12p vom 11/5. 1951, ausg. 28/9. 1953. Schwz. Prior. 16/5. 1950.) U. SIEVERS. 4807

Winthrop-Stearns, Inc., New York, übert. von: **Harry Klingel** und **William C. MacLennan,** Rensselaer, N. Y., V. St. A., *Herstellung eines löslichen p-Aminobenzolsulfonamidmaltosids* durch Rk. von gleichen Molmengen p-Aminobenzolsulfonamid u. Maltose in methylalkoh. Lösung. Man setzt geringe Mengen NH_4Cl als Katalysator zu. Das Maltosid ist in kaltem W. löslich. (**Can. P. 486 447** vom 15/4. 1939, ausg. 9/9. 1952. A. Prior. 6/8. 1938.) M. F. MÜLLER. 4807

Eastman Kodak Co. (Erfinder: **Kenneth Claude Devereux Hickman** und **Leonard Weisler**), Rochester, N. Y., V. St. A., *Herstellung von vitamin-E-wirksamen Stoffen.* In den Chromanring von Tocopherolen (außer α- u. γ-Tocopherolen) oder Tocopherolestern (außer α-Estern) wird eine Alkyl-, Aryl- oder Aralkylgruppe eingeführt, z. B. durch Behandlung mit CH_2O in Ggw. von HCl u. anschließende Reduktion. Bes. wird eine CH_3-Gruppe in die 7-Stellung des β-Tocopherols oder in die 5- u. 7-Stellung des δ-Tocopherols oder deren Ester eingeführt. Man erhält so *α-Tocopherol.* In der Praxis verwendet man Tocopherolkonzentrate, z. B. aus Sojaöl. Nach D. B. P. 911 732 wird in die 5-Stellung des Chromanringes von γ-Tocopherol eine Alkyl-, Aryl- oder Aralkylgruppe eingeführt, z. B. durch Behandlung mit CH_2O in Ggw. von HCl u. anschließende Reduktion. (**D. B. PP. 909 095** Kl. 12q vom 30/9. 1950, ausg. 12/4. 1954. Anmeldung bekanntgemacht 20/8. 1953. A. Prior. 19/7. 1946, **911 732** (Zusatz-Pat.] Kl. 12q vom 30/9. 1950, ausg. 17/5. 1954. Anmeldung bekanntgemacht 15/5. 1952. A. Prior. 23/4. 1945. **E. P. 639 011** vom 11/7. 1947, ausg. 21/6. 1950. A. Prior. 19/7. 1946.) K. FABEL. 4809

Eastman Kodak Co., übert. von: **Leonard Weisler,** Rochester, N. Y., V. St. A., *Herstellung von vitamin-E-wirksamen Stoffen.* Abänderung des Verf. der D. B. P. 909 095 u. 911 732 (vgl. vorst. Ref.) Man führt in β-, γ- oder δ-Tocopherol durch Behandlung mit Aldehyden (CH_2O) in Ggw. von Alkali Oxyalkylgruppen (—CH_2OH) ein, die dann zu Alkylgruppen (—CH_3) red. werden. Beispiel: Herst. von *5-Oxymethyl-γ-tocopherol* u. Red. mit Zn + HCl zu *α-Tocopherol.* (**A. P. 2 640 058** vom 8/10. 1949, ausg. 26/5. 1953.) K. FABEL. 4809

N. V. Organon, Oss, Holland, *5.8-Dimethoxy-2-tetralon* (**I**). Zu D. B. P. 825 259; C. **1952.** 7095 ist nachzutragen: p-Benzochinon wird mit 2-Methoxybudatien-(1.3) in PAe. bei 50—65° zu 1.4-Diketo-6-methoxy-1.4.5.8.9.10-hexahydronaphthalin, F. 88—89°, kondensiert, anschließend dieses in Ggw. von Na-Alkoholat mit Dimethylsulfat zu 1.4.6-Trimethoxy-5.8-dihydronaphthalin, Kp.$_{0,05}$ 127—130°, F. 80—82°, methyliert, das mit 2nHCl in I übergeführt wird. Zwischenprod. zur Synth. von Steroiden. (**Schwz. PP. 278 588** u. **278 589** vom 22/9. 1949, ausg. 16/2. 1952. Holl. Prior. 2/10. 1948.) G. KRAUSS. 4809

National Research Development Corp., London, England (Erfinder: **Robert Kenneth Callow, Philip Calvert Spensley** und **John Warcup Cornforth**), *Hecogenin aus pflanzlichem Material.* Man extrahiert z. B. 1 kg getrocknete Sisalrückstände mit Methanol, engt den Extrakt auf ca. 1 l ein, gibt 200 ml konz. HCl hinzu u. erhitzt 3 Std. unter Rückfluß u. Entfernung des restlichen Methanols. Der erhaltene feste Rückstand wird in 250 ml heißem A. gelöst, ein gleiches Vol. 2mol. alkoh. NaOH zugegeben, 2 Std. unter Rückfluß erhitzt, der A. verdampft u. der Rückstand mit 50 g Tierkohle behandelt. Aus dieser gewinnt man durch SOXHLET-Extraktion insgesamt 1 g Hecogenin, F. 253 bis 254°. — *Zwischenprod.* für die Herst. von *Steroidhormonen.* (**E. P. 702 072** vom 2/4. 1951, ausg. 6/1. 1954.) U. SIEVERS. 4809

Pittsburgh Plate Glass Co., Allegheny County, Pa., übert. von: **Alfred R. Bader,** Milwaukee, Wis., V. St. A., *Oxalsäureester von Sterinen* erhält man durch Umesterung OH-gruppenhaltiger Sterine mit einem niedrigen Oxalsäurediester bei $<180°$. Die Veresterung der Sterine kann auf diese Weise sehr schonend durchgeführt werden. — Man erwärmt z. B. Cholesterin 33 Std. auf dem Dampfbad mit Oxalsäurediäthylester: *Monocholesteryloxalsäuremonoäthylester*, F. 94,5—95,5°; $[\alpha]_D^{25}$ —33°. — *Oxalsäuredicholesterylester*, F. 220—222°. — Analog können Sitosterin oder das Unverseifbare von Tallöl (hauptsächlich β-Sitosterin) verestert werden. — Zwischenprodd. für die *Herst. von Steroidhormonen.* (**A. P. 2 693 478** vom 30/11. 1951, ausg. 2/11. 1954.) U. SIEVENS. 4809

Wisconsin Alumni Research Foundation, übert. von: **William S. Johnson,** Madison, Wis., und **Daniel L. Turner,** Philadelphia, Pa., V. St. A., *1-Alkyl-2-carboalkoxy-4-keto-7-[XO]-1.2.3.4-tetrahydrophenanthrene* (**I**) (X = niedermol. Alkyl, Aralkyl

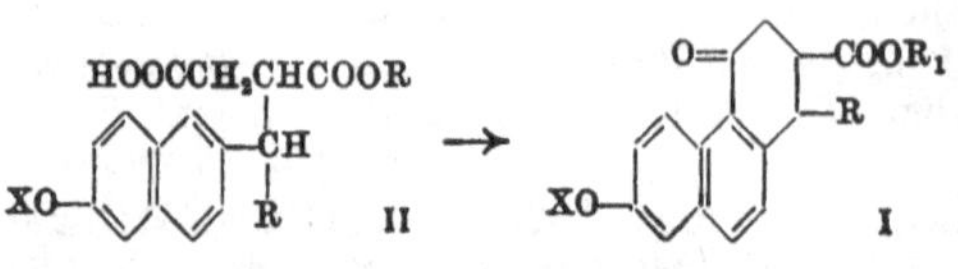

oder Aryl, R = Alkyl mit 1—4 C-Atomen, R_1 = Alkyl oder H) erhält man durch Ringschluß aus dem Säurehalogenid von β-(Carbalkoxy)-γ-(6-[XO]-2-naphthyl)-γ-alkylbuttersäure (II) in Ggw. eines Friedel-Crafts-Katalysators ($AlCl_3$, $ZnCl_2$, BF_3, HF) in der Kälte. — Aus 3-Carbomethoxy-4-(6-methoxy-2-naphthyl)-capronsäure, F. 142—145°, u. $SOCl_2$ in Ae. u. einer Spur Pyridin → Säurechlorid, daraus in Bzl. mit wasserfreiem $SnCl_4$ → *1-Äthyl-4-keto-7-methoxy-1.2.3.4-tetrahydrophenanthren-2-carbonsäuremethylester*, F. 128—130°; Ausbeute 67,5%. Das Säurehalogenid kann auch mit PCl_5 oder PBr_3 hergestellt werden. — 3-Carbomethoxy-4-(6-methoxy-2-naphthyl)-valeriansäure, F. 118—121°, → *1-Methyl-4-keto-7-methoxy-1.2.3.4-tetrahydrophenanthren-2-carbonsäuremethylester*, schwach gelbe hexagonale Platten, F. 110—111°. — Zwischenprodukte für *Synth. von Bisdehydrodoisynolsäure.* (**A. P. 2 658 910** vom 15/12. 1950, ausg. 10/11. 1953.) G. Krauss. 4809

Erich Mosettig, Washington, D. C., **Yoshio Sato,** Takoma Park, Md., V. St. A., und **Alfred Katz,** Basel, Schweiz, *16-Allopregnen-3β-ol-20-on*, F. 207—208°, *Acetat*, F. 166—168°, erhält man durch Erhitzen von Tomatidin (I) mit z. B. Acetanhydrid auf 160—165°, Oxydation der erhaltenen triacylierten *Verb.* $C_{33}H_{51}O_5N$, F. 105—107°; $[\alpha]_D^{20}$ —11,6° ± 1°, mit CrO_3, Essigsäure bei n. Temp. u. Hydrolyse mit 2%ig. alkoh. KOH. — *Zwischenprod.* für die Herst. von *Steroidhormonen.* (**A. P. 2 684 365** vom 7/2. 1952, ausg. 20/7. 1954.) U. Sievers. 4809

Wisconsin Alumni Research Foundation, übert. von: **William S. Johnson,** Madison, Wis., und **Robert George Christiansen,** Rensselaer, N. Y., V. St. A., *Totale Oestronsynthese* erfolgt nach dem umseitig stehenden Reaktionsschema, wobei die in den einzelnen Stufen erhältlichen Verbb. zum Teil nicht gereinigt oder isoliert zu werden brauchen. 5-(p-Anisyl)-6.7-dicarboxyheptansäuretrimethylester (I), hergestellt nach J. Amer. chem. Soc. **72.** [1950.] 2395, gibt mit NaOH in trockenem Bzl. u. wenig wasserfreiem Methanol unter Erhitzen u. unter N_2 6-p-Anisyl-3-carbomethoxy-2-ketocyclohexan-1-essigsäuremethylester (**II**), der ohne Isolierung mit CH_3J 6-(p-Anisyl)-3-carbomethoxy-2-keto-3-methylcyclohexan-1-essigsäuremethylester (**III**), $C_{19}H_{24}O_6$, liefert, aus PAe. oder Methanol Prismen, F. 95—95,5°; daraus entsteht mit Bromessigsäuremethylester nach Reformatski 6-p-Anisyl-3-carbomethoxy-2-carbomethoxymethyl-2-oxy-3-methylcyclohexan-1-essigsäurelacton (**IV**), $C_{21}H_{26}O_7$; α-Deriv., F. 112,5—113°; β-Deriv., F. 135,9 bis 136,4°, u. 6-(p-Anisyl)-3-carbomethoxy-2-oxy-3-methylcyclohexan-1.2-diessigsäuredimethylester (**V**), $C_{22}H_{30}O_8$, F. 101,2—101,9°, der sich durch Erhitzen mit HCOOH (98—100%ig.) in das β-Lacton **IV** überführen läßt. Durch Hydrolyse des α- oder β-Lactons mit methanol. NaOH erhält man 5-(p-Anisyl)-2-carbomethoxy-6-carboxymethyl-2-methylcyclohexyliden-1-essigsäuremethylester (**VI**), $C_{21}H_{26}O_7$, F. 121,1—121,9°. Methylester, $C_{22}H_{28}O_7$, aus PAe. Prismen, F. 75,2—75,8°. **VI** gibt beim Ringschluß in CH_2Cl_2 mit $SOCl_2$ in Ggw. von etwas Pyridin u. anschließendem Behandeln mit $AlCl_3$ 2-Carbomethoxy-9-keto-7-methoxy-2-methyl-1.2.3.4.4a.9.10.10a-oktahydrophenanthryliden-1-essigsäuremethylester (**VII**), $C_{21}H_{24}O_6$, schwachgelbe Prismen, F. 147,8—148,4°. Aus **VI** bei der katalyt. Hydrierung mit H_2 in Ggw. von 30%ig. Pd–$SrCO_3$ oder -Kohle → 6-(p-Anisyl)-3-carbomethoxy-2-carbomethoxymethyl-3-methylcyclohexan-1-essigsäure, $C_{21}H_{28}O_7$ (**X**); α-Deriv., F. 173,8—174,3°; Methylester, F. 115,1—115,5°; β-**X**, F. 126 bis 126,4°. Das Säurechlorid von α-X gibt mit $AlCl_3$ in Methylenchlorid oder in Bzl. oder mit wasserfreiem HF Dimethyl-9-ketomarrianolatmethyläther (**XI**), $C_{21}H_{26}O_6$; α-Deriv., F. 153,6—154° bzw. polymorphes Deriv., F. 145,4—145,8°. Aus **VII** entsteht mit H_2 in Ggw. von 30%ig. Pd–$SrCO_3$ Dimethyl-9-oxymarrianolatmethyläther (**XII**), $C_{21}H_{28}O_6$, F. 111,9—114,8°. Die Red. kann auch nach Meerwein-Ponndorff-Verley erfolgen, wobei nur die 9-Ketogruppe zur Carbinolgruppe red. wird. Bei der Red. von **VII** mit H_2 u. Pd-Kohle entsteht in Ggw. von 60%ig. Perchlorsäure u. Eisessig 7-Methoxy-2-carbomethoxy-2-methyl-1.2.3.4.4a.9.10.10a-oktahydrophenanthryliden-1-essigsäuremethylester (**VIII**), $C_{21}H_{26}O_5$, F. 112—112,2°. Aus β-**X** entsteht bei der Cyclisierung des Säurechlorids β-Dimethyl-9-ketomarrianolatmethyläther (**XI**), F. 104,2—104,6°. **XI** kann mit H_2 in Eisessig in Ggw. von Pd-Kohle u. 60%ig. $HClO_4$ in den Dimethylmarrianolatmethyläther (**IX**), $C_{21}H_{28}O_5$, übergeführt werden, der auch aus **VIII** mit H_2 in Ggw. von Pd–$SrCO_3$ erhältlich ist; α-**IX**, F. 89,5—90°; β-**IX**, F. 99,6—99,9°. **IX** gibt bei der Verseifung mit NaOH in Methanol 2-Carbomethoxy-7-methoxy-2-methyl-1.2.3.4.4a.9.10.10a-oktahydrophenanthren-1-essigsäure (**XIII**), $C_{20}H_{26}O_5$, α-Deriv., F. 167—167,8°; β-Deriv., F. 174,8—175,6°; daraus über das Säurechlorid mit Diazomethan über das Diazoketon → Homomarrianolsäuremethyläther (**XIV**), α-Deriv., F. 233,9—234,6°; β-Deriv., F. 224,2 bis 225,8°. Durch Ringschluß von dl-**XIV**, F. 214,4—220,5°, entsteht in Ggw. von Pb-Carbonat

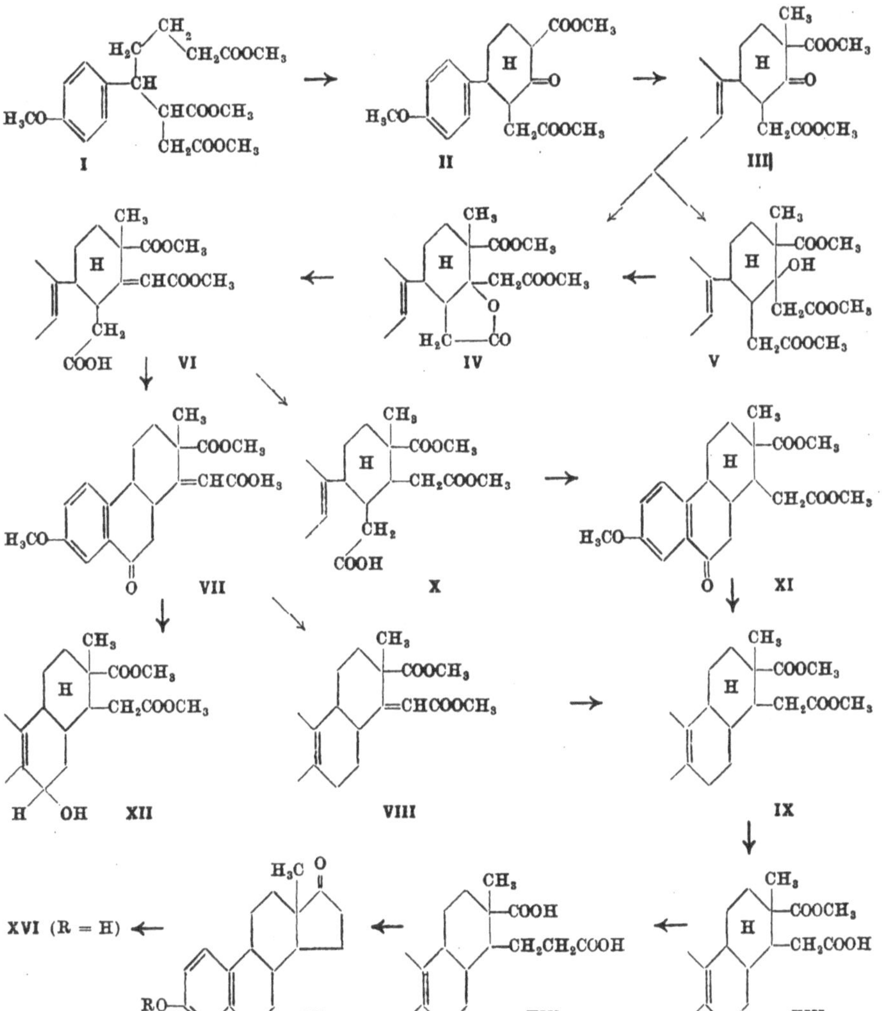

bei 0,05 mm u. 300° *dl-Oestronmethyläther* (**XV**); α-Deriv., F. 120,6—121,6°; β-Deriv., F. 143,2—144,2°; daraus durch Verseifung mit Pyridinhydrochlorid nach C. **1951**. I. 2734 → *Oestron* (**XVI**), α-Deriv., F. 215,8—216,8°; β-Deriv., F. 252,8—254,7°. (**A. P. 2 663 716** vom 28/7. 1952, ausg. 22/12. 1953.) G. KRAUSS. 4809

Organon Laboratories Ltd., London (Erfinder: **Colin Leslie Hewett**), England, *Testosteron-β-phenylpropionat*, F. 116—117°, erhält man durch Rk. von Testosteron mit einem Halogenid oder dem Anhydrid der β-Phenylpropionsäure in Ggw. von z. B. Pyridin. — *Androgen wirksame Verb.* mit verstärkter u. verlängerter Wirkung. (**E. P. 719 402** vom 21/1. 1952, ausg. 1/12. 1954.) U. SIEVERS. 4809

Hoffmann-La Roche, Inc., Nutley, übert. von: **Wilhelm Wenner**, Montclair, N. J., V. St. A., *6.7-Dihydro-5H-dibenz-*[c,e]*-azepine* der nebenst. Formel (R = H, Alkyl, Alkenyl, Aryl, Cycloalkyl, Aralkyl, Oxyalkyl, Dialkylaminoalkyl) erhält man durch Kondensation von o.o'-Bis-(brommethyl)-biphenyl (**I**) mit NH_3 oder den R entsprechenden Aminen. Die Prodd. lassen sich in Salze (mit HCl, HBr, H_2SO_4, H_3PO_4, Essig-, Wein-, Malein-, Oxalsäure) oder mit Quaternierungsmitteln (CH_3Br, -J, Methylsulfat, Benzylchlorid, p-Toluolsulfonsäure) in die quaternären Salze überführen. — I gibt mit Methylamin in Bzl. bei 50° *6-Methyl-6.7-dihydro-5H-dibenz-*[c.e]*-azepin*; *Oxalat*, $C_{15}H_{15}N \cdot C_2H_2O_4$, F. 175°. *Phosphat*, F. 187°. *Jodmethylat*, F. 287 bis

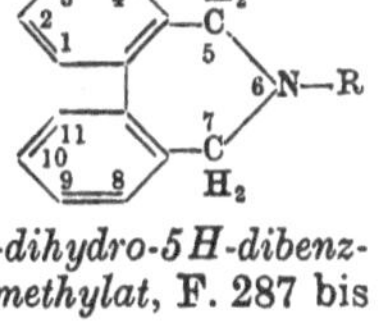

288°. *Brommethylat*, F. 260—262°. — *6-Äthyl-6.7-dihydro-5H-dibenz-[c.e]-azepin, Hydrobromid*, F. 203—204°. — *6-n-Propyl-6.7-dihydro-***da** (**da** = *5H-dibenz-[c.e]-azepin*), *Hydrobromid*, F. 204—205°. — *6-Isopropyl-6.7-dihydro-***da***-hydrobromid*, F. 238—240°. — *6-Allyl-6.7-dihydro-***da**, $Kp._{12}$ 176—179°; *Phosphat*, F. 210°. *Jodmethylat*, F. 182—184°. — *6-n-Butyl-6.7-dihydro-***da***-hydrobromid*, F. 163—164°. — *6-Cyclohexyl-6.7-dihydro-***da***-hydrobromid*, F. 264°. — *6-Benzyl-6.7-dihydro-***da***-hydrochlorid*, F. 205°. — *Jodmethylat*, F. 188—190°. — 6-(*β-Phenyläthyl*)*-6.7-dihydro-***da**, $Kp._{0,1}$ 250—255°. *Hydrochlorid*, F. 221°. — *6-Phenyl-6.7-dihydro-***da***-hydrobromid*, F. 230—232°. — *6-(β-Oxyäthyl)-6.7-dihydro-***da***-phosphat*, F. 179—181°. — *6-(β-Diäthylaminoäthyl)-6.7-dihydro-***da***-phosphat*, $C_{20}H_{26}N_2 \cdot 2\,H_3PO_4$, F. 233—234°. — *6.7-Dihydro-***da***-hydrochlorid*, F. 284—286°. — *Adrenolyt. wirksame Heilmittel*. (**A. P. 2 619 484** vom 21/4. 1950, ausg. 25/11. 1952.)

G. KRAUSS. 4809

Otto Zajicek, Wien, Österreich, *Herstellung einer transcutan einverleibbaren Salbe*, dad. gek., daß hormonartige, fermentartige u. lipoidartige Stoffe aus frischen Blutdrüsen (z. B. Hirnanhangdrüsen) zu einer salbenartigen Hormon–Ferment–Lipoid-Mischung verarbeitet werden. Hierbei dienen die Lipoide als Salbengrundlage. Bei Verwendung lipoidärmerer Drüsen (z. B. Thyroidea) vermischt man diese mit lipoidreicheren Drüsen (z. B. Ovarien). (**Oe. P. 181 925** vom 20/10. 1947, ausg. 10/5. 1955.)

T. OPPERMANN. 4809

Wellcome Foundation Ltd., London, England (Erfinder: **Frederick Charles Copp**), *Bisquaternäre Ketonammoniumverbindungen* der allg. Formel I, worin R eine n-Propyl- oder Allylgruppe u. X ein Anion bedeuten, zeigen *Anticholinesterasewirkung*. — *1.5-Bis-(4-allyldimethylammoniumphenyl)-pentan-3-ondijodid*. Beim Kochen von 1.5-Bis-(4-dimethylaminophenyl)-pentan-3-on mit Allyljodid in Aceton. F. 179—180,5°. *Dibromid*, F. 198—199°. *Dichlorid*, zerfließlich. — Analog: *1.5-Bis-(4-dimethylpropylammoniumphenyl)-pentan-3-ondijodid*, F. 180°. *Dibromid*, F. 187—189°. (**E. P. 718 194** vom 11/10. 1951, ausg. 10/11. 1954.)

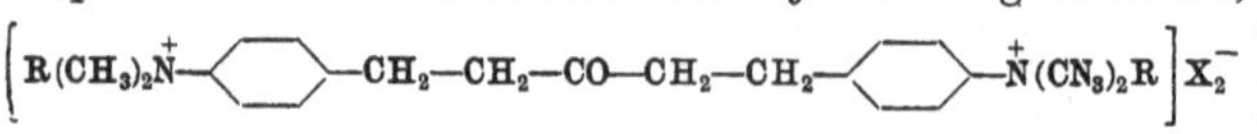

G. LANGER. 4809

Aktiebolaget Ferrosan, Malmö, übert. von: **Ladislaus Arthur Hahn**, Malmö, Schweden, und **Janos Fekete**, Lorena, Brasilien, *Herstellung von Verbindungen, die die Wirkung von Hyaluronidase hemmen*. Man kondensiert 2 (Mol) einer Oxybenzolcarbon- oder -sulfonsäure, die zahlreiche weitere Substituenten tragen kann, mit 1 CH_2O, z. B. Gentisinsäure, 2.3-Dioxy, 2.6-Dioxy, 3.4-Dioxy-, 3.5-Dioxybenzoesäure, 2.5-Dioxybenzolsulfonsäure, 2.4.5.6-Tetraoxybenzoesäure, u. erhält so z. B. *Methylendigentisinsäure* (Zers. bei 260°). (**A. P. 2 682 557** vom 9/9. 1952, ausg. 29/6. 1954. **E. P. 698 191** vom 5/12. 1950, ausg. 7/10. 1953. Beide Schwed. Prior. 9/12. 1949. **Belg. P. 506 674** vom 25/10. 1951, ausg. 13/3. 1953.)

K. FABEL. 4809

A/B Ferrosan, Malmö, Schweden, *Herstellung von Hyaluronidase hemmenden Diphenylmethanderivaten*. Durch Formaldehydkondensation von verschied. substituierten Oxybenzoesäuren erhält man Verbb., welche die Hyaluronidase hemmen, z. B. 1—3fach substituierte 2-Oxybenzoesäure, 3-Oxybenzoesäure, 2.3-Dioxybenzoesäure, 2.2'.5.5'-Tetraoxy-3.3'-dicarboxydiphenylmethan, 3.3'.4.4'-Tetraoxy-6.6'-dicarboxydiphenylmethan, 2.2'.5.5'-Tetraoxy-3.3'-disulfodiphenylmethan, 2.2'-Dioxy-3.3'-dicarboxy-5.5'-diäthyldiphenylmethan. —Vgl. vorst. Ref. (**N. P. 82 885** vom 8/12. 1950, ausg. 14/12. 1953. Schwed. Prior. 9/12. 1949.)

K. H. KÄHLER. 4809

Farmaceutici Italia Soc. An., Mailand, Italien, *Überführung von threo-Phenylaminoalkoholen in 2-Oxazoline*. Man läßt auf die N-Acyl- oder N.O-Diacylderivv. der Aminoalkohole bei ca. 35—40° ein Chlorierungsmittel, bes. $SOCl_2$, einwirken u. cyclisiert die gebildeten α-Chloramine mittels Alkali bei 90—105°. — threo-*l*-Phenyl-2-amino-1.3-propandiol-N.O-dibenzoat → *2.5-Diphenyl-4-benzoyloxymethyl-2-oxazolin*, F. 98°. — *2.5-Diphenyl-4-carboxy-2-oxazolin*, F. 215—218°. — *d-trans-2-Phenyl-4-oxymethyl-5-p-nitrophenyl-2-oxazolin*, F. 161°, nach dem Verfestigen F. 220°. — *d-trans-2-Phenyl-4-benzoyloxymethyl-5-p-nitrophenyl-2-oxazolin*, F. 155—156°. — *Zwischenprodd.* zur Herst. *pharmazeut.* Proddukte. (**Belg. P. 504 827** vom 24/7. 1951, ausg. 5/12. 1952. It. Prior 4/8. 1950.)

A. BRÖSAMLE. 4811

Farmaceutici Italia Soc. An., Mailand, Italien, *Selektive Herstellung von Mono- und Diacylderivaten von 1-p-Nitrophenyl-2-amino-1.3-propandiol*. *1-p-Nitrophenyl-2-amino-1.3-propandiole* (I) oder ihre Hydrochloride werden mit dem Chlorid einer organ. Säure, gelöst in der gleichen Säure, versetzt, man sättigt mit HCl u. stellt dann auf ein $p_H > 7$ ein, wobei die entstandenen O.O-diacylierten Hydrochloride in die N.O[3]-diacylierten Derivv. umgelagert werden, oder wobei unter gleichzeitiger Ver-

seifung der O-Acylgruppe N-Monoacylderivv. erhalten werden. — Zwischenprodd. für *Chloramphenicol*. — *threo-1-p-Nitrophenyl-1.3-diacetoxy-2-aminopropan*. Man behandelt threo-I in Eisessig mit HCl u. Acetylchlorid. *Hydrochlorid*, F. 159—161°. Gibt beim Verseifen mit $NaHCO_3$ in W. *threo-1-p-Nitrophenyl-2-acetylamino-3-acetoxypropan-1-ol*, F. 162—163°. — *erythro*-I liefert analog *erythro-1-p-Nitrophenyl-1.3-diacetoxy-2-aminopropanhydrochlorid*, F. 166—169°. Dieses gibt beim Verseifen mit 0,5nNaOH in Aceton *erythro-1-p-Nitrophenyl-2-acetylamino-1.3-propandiol*, F. 192°. — Analog erhält man: *L-(+)-threo-1-p-Nitrophenyl-1.3-diacetoxy-2-aminopropanhydrochlorid*, F. 170—172°, $[\alpha]_D$ +6,5° (c = 4,18 in Methanol); → *L-(—)-threo-1-p-Nitrophenyl-2-acetylamino-3-acetoxypropan-1-ol*, F. 134—136°, $[\alpha]_D$ —19,7° (c = 3,86 in Methanol). — *D-(+)-threo-1-p-Nitrophenyl-2-dichloracetylamino-1.3-propandiol*, F. 149—150°, $[\alpha]_D$ +19° (c = 5 in A.) (**E. P. 715 128** vom 3/9. 1951, ausg. 8/9. 1954. It. Prior. 30/5. 1951.)
G. LANGER. 4811

Lepetit (S.p. A.), Mailand, Italien, *l-pseudo-1-p-Nitrophenyl-2-dichloracetamido-1.3-propandiol*. Aus *l*-pseudo-1-p-Nitrophenyl-2-amino-1.3-propandiol u. Dichloressigsäure, F. 151—152°; $[\alpha]_D^{20}$ —24,8° (in Essigester). (**E. P. 699 575** vom 6/6. 1950, ausg. 11/11. 1953.) G. LANGER. 4811

Lepetit (S.p.A.), Mailand, Italien, *1-p-Nitrophenyl-2-dichloracetamido-1.3-propandiol* (I) erhält man auf 3 Wegen. a) Man kocht 2-Dichlormethyl-4-(α-oxy-p-nitrobenzal)-oxazol-5-on (II) mit W. oder wss. Alkohol, formyliert das erhaltene α-Dichloracetamido-p-nitroacetophenon u. red. schließlich das hierbei gebildete p-Nitro-α-dichloracetamido-β-oxy-propiophenon zu I; b) man erhitzt II mit A. unter Rückfluß u. red. den gebildeten α-Dichloracetamino-β-keto-β-p-nitrophenylpropionsäureäthalester mit $LiAlH_4$ zu I; c) man red. II mit $LiAlH_4$ in Ae. oder Dioxan u. behandelt das Reaktionsprod. dann mit überschüssigem Wasser. — Analog werden dargestellt: *1-Phenyl-2-benzoylamido-1.3-propandiol*; *1-(3'-Brom-4'-methoxyphenyl)-2-acetamido-1.3-propandiol*; *1-p-Tolyl-2-dichloracetamido-1.3-propandiol*, F. 106—107°. — *Antibiot*. wirksame Substanzen bzw. Zwischenprodd. zur Herst. solcher. (**E. P. 723 714** vom 29/10. 1952, ausg. 9/2. 1955. It. Prior. 31/10. 1951.) A. BRÖSAMLE. 4811

Soc. des Usines Chimiques Rhône-Poulenc (Erfinder: **Robert M. Jacob**), Frankreich, *Herstellung von racemischem oder optisch aktivem threo-1-(4'-Nitrophenyl)-2-aminopropandiol-(1.3)* (I) aus dem racem. oder opt.-akt. threo-1-(4'-Nitrophenyl)-1-chlor-2-acylamino-3-acyloxypropan durch Kochen mit verd. HCl in einem organ. Lösungsm. wie Dioxan. Nach dem Beispiel erhält man das *l*-threo-I-Hydrochlorid, F. 208°, ebenso das dl-threo-I-Hydrochlorid, F. 175—176°. (**F. P. 1 035 578** vom 3/1. 1951, ausg. 26/8. 1953.) M. F. MÜLLER. 4811

Parke, Davis & Co., Detroit, Mich., V. St. A., *Herstellung von Aminodiolen* der allg. Formel I, worin R = H oder ein Acylrest ist. R_1 u. R_2 sind H, Halogen, niedere Alkyl- oder Alkoxreste. — Man geht aus von einer Aminooxyverb. $(R_1(R_2)—C_6H_3—CH(OH)—CH(NH_2)—R$, worin R eine Oxymethylgruppe oder eine veresterte COOH-Gruppe darstellt, u. setzt diese um mit einer Iminoätherverb. $NH{=}CR_3—OR_4$, worin R_3 u. R_4 dasselbe oder verschied. Radikale sind u. ein niederes Alkyl-, ein halogeniertes niederes Alkyl- Phenyl-, substituiertes Phenyl-, Phenalkyl- oder dgl. Radikal oder ein Salz desselben darstellen. Man erhält ein Δ^2-Oxazolin der allg. Formel II. Für den Fall, daß R' eine veresterte Carboxylgruppe ist, wird diese COOH-Gruppe zu einer Oxymethylgruppe reduziert. Die Oxygruppe des 4-Oxymethyl-Δ^2-oxazolins wird acyliert, um ein 4-Acyloxymethyl-Δ^2-oxazolin (III) zu erhalten. Der Phenylring der Verb. III (worin R gleich CH_2O–Acyl ist) wird nitriert unter Bldg. der 5-Nitrophenylverb. von III. Durch Hydrolyse des 4-Acyloxymethyl-5-nitrophenyl-Δ^2-oxazolins wird die Verb. I erhalten. — 20,9 g Äthyl-dl-ψ-phenylserinat u. 11,3 g Acetiminoäthylätherhydrochlorid werden in 50 cm³ $CHCl_3$ ½ Std. bei 25° geschüttelt. Vom unlösl. NH_4Cl wird das Reaktionsgemisch abfiltriert, u. aus dem Filtrat erhält man nach dem Abdestillieren des $CHCl_3$ das *(dl)-ψ-2-Methyl-5-phenyl-4-carbäthoxy-Δ^2-oxazolin*, $Kp._{0,05}$ 108°. — Davon werden 11,7 g in 500 cm³ Ae. gelöst u. in eine Lsg. von 1,0 g LiAl-Hydrid in 1250 cm³ Ae. innerhalb 3 Std. eingetragen. Es wird danach ½ Std. gerührt u. das überschüssige Hydrid durch Zusatz von kaltem W. zersetzt. Das Reaktionsgemisch wird zur Trockne eingedampft u. mit kaltem A. extrahiert. Dabei wird das *(dl)-ψ-2-Methyl-5-phenyl-4-oxymethyl-Δ^2-oxazolin* (IV), F. 114°, aufgenommen. — An Stelle bis zur Trockne einzudampfen, kann der Ae. abdest. werden u. das Oxazolin aus der verbleibenden wss. Lsg. mit Äthylacetat extrahiert werden. — Die Verb. IV kann auch aus (dl)-ψ-1-Phenyl-2-aminopropan-1.3-diol u. Acetiminoäthyl-

$$(R_1)(R_2)(NO_2)—C_6H_2—CH(OH)—CH(NH—R)—CH_2\cdot OH \quad \text{I}$$

II

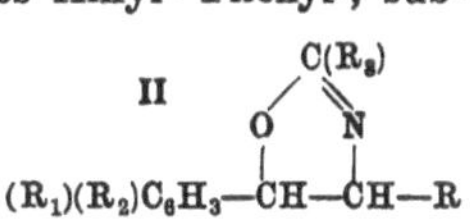

ätherhydrochlorid erhalten werden. — Ein Gemisch aus 15 g **IV**, 120 cm³ trocknem Pyridin u. 20 cm³ Essigsäureanhydrid wird über Nacht bei Zimmertemp. stehengelassen. Es entsteht dabei die entsprechende 4-Acetoxymethylverbindung. Diese Verb. wird mit 100%ig. HNO_3 bei 0—5° nitriert. Es entsteht *(dl)-ψ-2-Methyl-5-p-nitrophenyl-4-acetoxymethyl-Δ²-oxazolin*, $Kp._{0,02}$ 153—155°. — Durch Verseifung mit n-NaOH in Acetonlsg. gewinnt man das *(dl)-ψ-2-Methyl-5-p-nitrophenyl-4-oxymethyl-Δ²-oxazolin* (**V**), F. 157—158°. — Davon werden 6 g mit 50 cm³ verd. HCl 15 Min. bei Zimmertemp. geschüttelt. Beim Eindampfen unter Vakuum erhält man das *salzsaure Salz* des *(dl)-ψ-1-p-Nitrophenyl-1-acetoxy-2-aminopropan-3-ols*, F. 164—165°. Das Salz wird mit NH_3-Lsg. zers., u. man erhält dabei das freie *(dl)-ψ-1-p-Nitrophenyl-2-acetaminopropan-1.3-diol* (**VI**), F. 166,5—167,5°. — Die gleiche Verb. **VI** erhält man, wenn man die Verb. **V** mit W. 1 Std. lang kocht. Sie kann auch erhalten werden, wenn die 4-Acetoxymethylverb. der sauren Hydrolyse unterworfen wird. — 4,4 g **V** werden mit 5 n HCl erhitzt. Nach dem Abkühlen wird mit 20%ig. NaOH alkal. gemacht. Es fällt die freie Base *(dl)-ψ-1-p-Nitrophenyl-2-aminopropan-1.3-diol*, F. 140,5°, aus. Das gleiche Prod. kann erhalten werden, wenn an Stelle von **V** die entsprechende 4-Acetoxymethylverb. oder das (dl)-ψ-1-p-Nitrophenyl-2-acetaminopropan-1.3-diol verwendet wird. — Verwendet man bei der Rk. an Stelle des einfachen Acetiminoäthylätherhydrochlorids die Dichloracetiminoverb., so gelangt man zu dem *(l)-ψ-1-p-Nitrophenyl-2-dichloracetiminopropan-1.3-diol*, F. 150—151°, welches als *Chlorcamphenicol* bekannt ist. — Das gleiche Prod. erhält man auch, wenn man (l)-ψ-2-Dichlormethyl-5-p-nitrophenyl-4-oxymethyl-Δ²-oxazolin (**VII**) mit W. 1 Std. erhitzt. Diese Verb. **VII** (5 g) wird mit 5 n HCl ½ Std. auf dem Dampfbad erhitzt, u. nach dem Abkühlen wird mit wss. NaOH alkal. gemacht. Es scheidet sich dabei das *(l)-ψ-1-p-Nitrophenyl-2-aminopropan-1.3-diol*, F. 162°, ab. — Bei der Verwendung von Benziminoäthylätherhydrochlorid entsteht mit Methyl-(dl)-ψ-phenylserinathydrochlorid das *(dl)-ψ-2.5-Diphenyl-4-carbäthoxy-Δ²-oxazolin*, welches über die 4-Oxymethyl- bzw. 4-Acetoxymethylverb. mit 100%ig. HNO_3 in das *(dl)-ψ-2-m-Nitrophenyl-4-acetoxymethyl-5-p-nitrophenyl-Δ²-oxazolin* übergeht. Diese Verb. wird verseift, u. es bildet sich dabei das *(dl)-ψ-2-m-Nitrophenyl-4-oxymethyl-5-p-nitrophenyl-Δ²-oxazolin*, F. 212°. Beim Stehen mit 3 n HCl in alkoh. Lsg. bildet sich daraus das das *(dl)-ψ-1-p-Nitrophenyl-2-m-nitrobenzaminopropan-1.3-diol*. — Aus (dl)-ψ-2-m-Nitrophenyl-4-acetoxymethyl-5-p-nitrophenyl-Δ²-oxazolin entsteht beim Erhitzen mit 6 n HCl das *(dl)-ψ-1-p-Nitrophenyl-2-aminopropan-1.3-diol*, F. 140°. — In gleicher Weise, wie vorher beschrieben, erhält man aus dem Äthyl-(l)-ψ-phenylserinat u. Acetiminoäthylätherhydrochlorid das *(l)-ψ-2-Methyl-5-phenyl-4-carbäthoxy-Δ²-oxazolin*. Diese Verb. wird mit Li–Al-Hydrid in äther. Lsg. umgesetzt. Es entsteht das *(l)-ψ-2-Methyl-5-phenyl-4-oxymethyl-Δ²-oxazolin*, welches mit Essigsäureanhydrid in Pyridinlsg. in die entsprechende 4-Acetoxymethylverb. übergeht. Durch Oxydation mit HNO_3 (100%ig.) entsteht daraus das *(l)-ψ-2-Methyl-5-p-nitrophenyl-4-acetoxymethyl-Δ²-pyrazolin*. Dieses wird mit 2 n NaOH verseift. Die erhaltene 5-p-Nitrophenyl-4-oxymethylverb. wird mit 2%ig. HCl 15 Min. geschüttelt u. die Lsg. danach nach Zusatz von W. mit NH_3 alkal. gemacht. Es scheidet sich das *(l)-ψ-1-p-Nitrophenyl-2-acetaminopropan-1.3-diol* ab, F. 125—126°. — Die erhaltenen Aminodiolverbb. besitzen *antibiot. Eigg.* oder sind bei der Herst. von anderen organ. Verbb. mit solchen Eigg. von großem Wert. Vgl. hierzu die Oe. PP. 172 053; C. **1954**. 842, 173 443; C. **1953**. 7875, 173 444; C. **1953**. 7875, 173 445; C. **1953**. 7876, 176 843; C. **1954**. 5129, 175 255; C. **1954**. 5128, 176 555; C. **1954**. 5128, 176 840; C. **1954**. 5128, 178 900; C. **1954**. 9584. (**Oe. P. 180 928** vom 22/5. 1950, ausg. 25/1. 1955.)

M. F. Müller. 4811

Parke, Davis & Co., übert. von: **George W. Moersch**, Detroit, und **Loren M. Long**, Grosse Pointe Woods, Mich., V. St. A., *1-p-Nitrophenyl-2-acylaminopropan-1.3-diole* der Formel **I** entstehen durch Red. von α-Acylamido-p-nitropropiophenonen der Formel **II**, worin Acyl einen niederen Carbonsäureacylrest u. R = H oder einen Carbonsäureacylrest bedeuten, mit KBH_4 oder $NaBH_4$ u. Verseifung des Reaktionsproduktes.

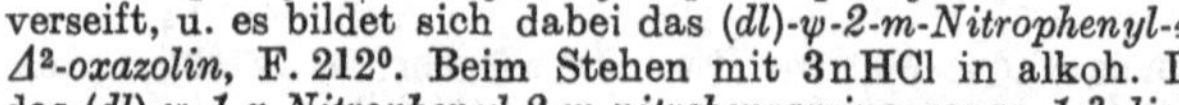

I II

— *1-p-Nitrophenyl-2-acetaminopropan-1.3-diol*. Durch Red. von α-Acetamino-β-oxy-p-nitropropiophenon mit $NaBH_4$ in absol. A. in 2 diastereoisomeren Formen: *dl-reg.*-**I**, F. 195—196°; *dl-pseudo*-**I**, F. 165°. — Analog: *dl-pseudo-1-p-Nitrophenyl-2-dichloracetaminopropan-1.3-diol*, F. 151°; *dl-reg.-1-p-Nitrophenyl-2-dichloracetaminopropan-1.3-diol*, F. 173°. — *dl-pseudo-1-p-Nitrophenyl-2-benzaminopropan-1.3-diol*, F. 158—159°; *dl-reg.-1-p-Nitrophenyl-2-benzaminopropan-1.3-diol*, F. 211 bis 212°. — *dl-pseudo-1-p-Nitrophenyl-2-methoxyacetaminopropan-1.3-diol*, F. 141—142°; *dl-reg.-1-p-Nitrophenyl-2-methoxyacetaminopropan-1.3-diol*. — *dl-pseudo-* u. *dl-reg.-1-p-*

Nitrophenyl-2-phenylacetaminopropan-1.3-diol. — *Antibiotica* u. *Zwischenprodd. für Antibiotica.* (**A. P. 2 681 364** vom 27/10. 1951, ausg. 15/6. 1954.) G. LANGER. 4811

Parke, Davis & Co., Detroit, übert. von: **Loren M. Long,** Grosse Pointe Woods, Mich., V. St. A., *1-(Nitrophenyl)-2-acylaminopropan-1.3-diole* entstehen durch Red. von p-Nitro-α-acylamino-β-oxypropiophenonen mit einem oxydierbaren Al-Alkoxyd in einem wasserfreien organ. Lösungsm. in Ggw. eines Al-Halogenids. — *Antibiotica* u. *Zwischenprodd.* für *Antibiotica.* — *DL-threo-1-p-Nitrophenyl-2-dichloracetaminopropan-1.3-diol.* Man kocht dl-p-Nitro-α-dichloracetamino-β-oxypropiophenon mit Al-Isopropylat, wasserfreiem $AlCl_3$ u. Isopropanol 3 Std., versetzt mit W., kocht u. arbeitet auf. F. 152°. — Analog: *DL-threo-1-p-Nitrophenyl-2-acetaminopropan-1.3-diol,* F. 164 bis 166°. (**A. P. 2 687 434** vom 26/1. 1953, ausg. 24/8. 1954.) G. LANGER. 4811

Parke, Davis & Co., Detroit, Mich., V. St. A., *Herstellung von 1-Phenyl-2-dichloracetamidopropan-1.3-diolen* der allg. Zus. I (R = H, Halogen, NO_2, niedermol. Alkoxy oder Phenyl) erfolgt durch Rk. von Dichloracetonitril (II) mit einem entsprechenden Aminodiol in wss. Medium bei einer Temp. < 100° u. Teilhydrolyse des erhaltenen Zwischenprodukts. — Man rührt z. B. ein Gemisch aus 2,12 (g) d-(—)-threo-1-p-Nitrophenyl-2-aminopropan-1.3-diol (III), 1 II u. 25 cm³ CH_3OH-W. (1 : 1) bei Raumtemp. 5 Tage u. erhält durch Filtrieren u. Konzentrieren des Filtrats u. Umkrist. des Rohprod. aus CH_3OH-Äthylenchlorid 1,4 (33%) der *2-Dichloracetamidoverbb. von* III (F. 149—150°) u. als Nebenprod. 0,3 *d-(—)-threo-2-Dichlormethyl-4-oxymethyl-5-p-nitrophenyl-Δ²-oxazolin*; *dl-threo-2-Dichloracetamido*-Verb. von III, F. 150° (CH_3OH oder W.); *dl-erythro*-Verb., F. 172—173°; *dl-erythro-1-Phenyl-2-dichloracetamidopropan-1.3-diol,* F. 158—159°; *dl-threo-1.4'-Biphenylyl*-Verb., F. 149—150°. — *Therapeutica* u. Zwischenprodd. für solche. (**Ind. P. 47 718** vom 21/7. 1952, ausg. 11/3. 1954.) O. MÜLLER-MEININGEN. 4811

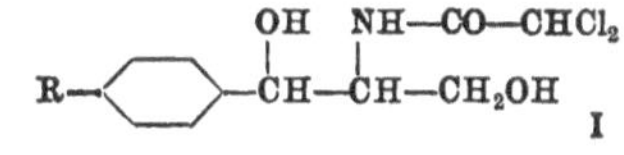
I

Parke, Davis & Co., Detroit, Mich., V. St. A., *Herstellung von N-Acylamidodiolen* der Zus. I erfolgt durch Rk. von 1-p-Nitrophenyl-2-amino-1.3-propandiol (II) mit Dichloracetamid (III) oder einer 2-N-Acylverb. desselben bei < 100°. Man erhitzt z. B. eine Lsg. von 2,5 g N-Dichloracetyl-III u. 2,1 g d-(—)-threo-II in 20 cm³ CH_3OH 5 Min auf 65°, konz. die Lsg. im Luftstrom auf 10 cm³, verd. mit warmem W. auf 40 cm³, kühlt u. erhält die entsprechende *Dichloracetamidoverb.* (= *Chloramphenicol*), F. 150—151°. — *dl-Verb.*, F. 150° (Essigester–PAe.). — *l-(+)-Verb.*, F. 150—151°. — *dl-erythro-Verb.*, F. 169—170°. — *Antibiotica* oder deren Zwischenprodukte. (**Ind. P. 47 923** vom 21/8. 1952, ausg. 2/3. 1954.) O. MÜLLER-MEININGEN. 4811

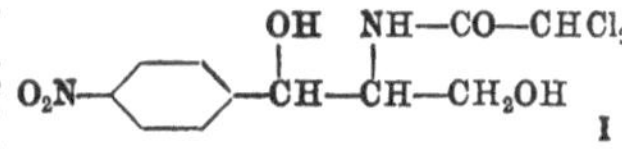
I

Parke, Davis & Co., Detroit, Mich., V. St. A., *ψ-1-p-Nitrophenyl-2-acylamidopropan-1.3-diole* der allg. Zus. II erhält man durch saure oder alkal. Verseifung von nitrophenylsubstituierten cycl. Verbb. der Zus. I (R = H, Halogen, niedermol. Alkyl oder Alkoxy, Y = —SO— oder —CO—) in einem aus W. u. einem mit W. mischbaren organ. Lösungsm. bestehenden Medium. Man löst z. B. 2 g des cycl. Sulfits von *(dl)-ψ-1-p-Nitrophenyl-2-dichloracetamidopropan-1.3-diol* (III) in 50 cm³ warmem A., setzt 5 cm³ konz. HCl zu, kocht 2—3 Min. unter Rückfluß, neutralisiert mit 10%ig. NaOH, dampft A. ab, extrahiert die wss. Lsg. mit Essigester (**IV**) u. erhält aus dem Extrakt III, F. 150 bis 151°. — *l-Verb.*, F. 150—151°, $[\alpha]_D^{25}$ —25,5° (**IV**); *chlorfreie dl-Verb.*, F. 166—167° (PAe.-**IV**). — *Antibiotica* oder deren Zwischenprodukte. (**Ind. P. 48 354** vom 1/11. 1952, ausg. 18/2. 1954.) O. MÜLLER-MEININGEN. 4811

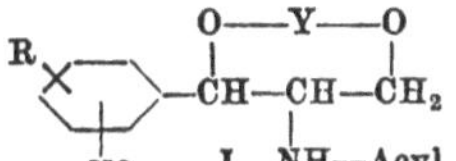
I

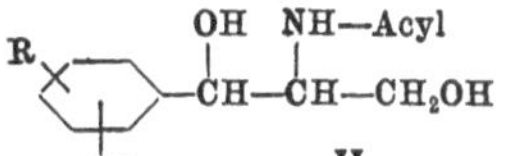
II

Parke, Davis & Co., Detroit, Mich., V. St. A., *Cyclische Nitrophenylderivate* erhält man durch Nitrieren von Verbb. der allg. Zus. I (R = H, niedermol. Alkyl oder Alkoxy, Y = —SO— oder —CO—) mit rauchender 100%ig. HNO_3 (II) oder Nitriersäure bei < 10°. 10 g cycl. Sulfit des (dl)-ψ-1-Phenyl-2-dichloracetamidopropan-1.3-diols (III) gibt man allmählich unter Rühren zu 50 cm³ mit festem CO_2 auf —30° gekühlter II, gießt das Reaktionsprod. auf Eis u. erhält als Nd. das *cycl. Sulfit* des *p-Nitrophenylderiv.* von III, F. 175—176° (A.). — *Cycl. Carbonat* dieser Verb., F. 180—185° (CH_3OH u. Ae.). *Cycl. Sulfit* der *(l)-ψ-1-p-Nitrophenyl-Verb.*, F. 171—172° (A.). *Zwischenprod.* zur Herst. von *Antibiotica.* (**Ind. P. 48 355** vom 1/11. 1952, ausg. 23/2. 1954.) O. MÜLLER-MEININGEN. 4811

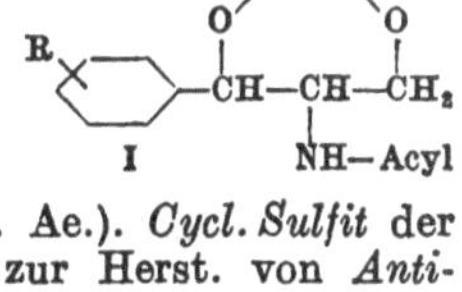
I

Parke, Davis & Co., Detroit, Mich., V. St. A., *ψ-1-Nitrophenyl-2-aminopropan-1.3-diol* (I)-*Derivate* erhält man durch Hydrolyse der entsprechenden cycl. Carbonate oder Sulfite mit verd. Mineralsäure. Man gibt z. B. 4 g des cycl. Sulfits von (dl)-ψ-(1-p-Nitrophenyl)-dichloracetamidopropan-1.3-diol zum Gemisch aus 150 cm^3 A. u. 150 cm^3 5%ig. HCl, kocht 2 Std. unter Rückfluß, dampft im Vakuum zur Trockne, nimmt das erhaltene Hydrochlorid mit W. auf, macht mit NaOH alkal., krist. den Nd. aus W. um u. erhält (dl)-I, F. 140,5°; (*l*)-*Verb.*, F. 162—163°; $[\alpha]_D^{25}$ —23° (CH_3OH). — Zwischenprodd. zur *Herst. von Antibiotica.* (**Ind. P. 48 356** vom 1/11. 1952, ausg. 19/2. 1954.) O. MÜLLER-MEININGEN. 4811

Parke, Davis & Co., Detroit, Mich., V. St. A., *Herstellung von 1-Phenyl-2-dichloracetamidopropan-1.3-diol* (I). Dichloracetonitril wird < 100° mit einer Aminodiolverb. der Formel (p)-R—C_6H_4—CH(OH)—CH(NH_2)—CH_2OH umgesetzt, wobei R = H, Halogen, NO_2, einen niedermol. Alkoxy- oder Phenylsubstituenten bedeutet. Nach erfolgter Hydrolyse des entstehenden Zwischenprod. bei 20—65° während mindestens 4 Tagen entsteht I. — *Therapeuticum* u. Zwischenprod. für andere therapeut. Verbindungen. (**N. P. 82 004** vom 15/8. 1952, ausg. 6/7. 1953. A. Prior. 1/3. 1952.) K. H. KÄHLER. 4811

Parke, Davis & Co., Detroit, Mich., V. St. A., *Herstellung von d-threo-1-p-Nitrophenyl-2-dichloracetamido-1.3-propandiol* (I). *l*-threo-β-p-Nitrophenylserinalkylester wird durch Einw. von Dichloressigsäureanhydrid oder -chlorid in *l*-threo-N-Dichloracetamido-β-p-nitrophenylserinalkylester übergeführt, welcher danach durch Lithiumborhydrid zu I red. wird. (**Dän. P. 76 674** vom 9/10. 1951, ausg. 16/10. 1953. Schwz. Prior. 27/10. 1950.) K. H. KÄHLER. 4811

Österreichische Stickstoffwerke Akt.-Ges., Linz (Erfinder: **Karl Eiter,** Wien), Österreich, *Herstellung von Aminoalkoholen mit Chloromycetinwirkung.* Man unterwirft die durch Kondensation von aromat. Aldehyden mit in der Aminogruppe acylierten Aminoacetaldehyddialkylacetalen erhältlichen Verbb. einer Behandlung mit eine Red. bzw. eine asymm. Red. bewirkenden Mikroorganismen, bes. Hefen. — Z. B. sterilisiert man eine Lsg. von 60 g Rohrzucker in 500 cm^3 W. u. läßt sie bei 28° mit 30 g obergäriger Hefe der Gattung Saccharomyces cerevisiae mit bloß reduzierender Wrkg. angehen. Dann versetzt man die Gär-Fl. mit 0,5 g α-Dichloracetamido-p-nitrozimtaldehyd u. läßt sie gären. Die Aufarbeitung des Gärprod. ergibt *dl-Desoxychloromycetin,* F. 153 bis 158°. Auf ähnliche Weise erhält man bei Verwendung eines Saccharomyces cerevisiae-Stammes, der eine asymm. Red. bewirkt, *l-Desoxychloromycetin,* F. 149°. (**Oe. P. 181 926** vom 29/3. 1952, ausg. 10/5. 1955.) T. OPPERMANN. 4811

Chas. Pfizer & Co., Inc., Brooklyn, N. Y., V. St. A., *Antibakterielle Präparate* erhält man durch Zusammenmischen von 250 mg Streptomycin, 20 mg Polymyxin u. 5000 E. Bacitracin. Tabletten oder Kapseln. Red. Intestinalflora. (**Belg. P. 498 597** vom 10/10. 1950, ausg. 1/2. 1951. A. Prior. 11/10. 1949.) H. SCHINDLER. 4811

Eugène Gilbert Voiret, Frankreich, *Konservierung von biologischen Präparaten* (*Sera, Vaccine*). Die in Ampullen gefüllten Präpp. werden durch Verdunsten des in ihnen enthaltenen W. im Vakuum in einer gegen Wärme isolierten Zelle auf eine Temp. abgekühlt, die ihre Koagulation bewirkt. (**F. P. 1 024 646** vom 16/9. 1950, ausg. 3/4. 1953.) T. OPPERMANN. 4813

Floyd H. Eggert, Kenosha, Wis., V. St. A., *Gewinnung antigenreicher Bakterientoxine und Toxoide* in konz. Form aus rohen wss. bakteriellen Antigenlsgg. durch Zusatz eines Alkalibenzoats bei fast neutraler Rk., weiteren Zusatz einer Mineralsäure bis p_H 4,0—5,2 u. Abtrennen des Nd. der Benzoesäure mit dem adsorbierten Antigen. Dann wird der Nd. in einem inerten organ. Lösungsm. gelöst u. durch Zusatz eines Elektrolyten das freie Antigen gewonnen. Beispiele für Diphtherie-, Tetanus-, Scharlach- u. Keuchhustentoxine bzw. -toxoide. (**A. P. 2 635 984** vom 31/1. 1948, ausg. 21/4. 1953.) H. SCHINDLER. 4813

American Cyanamid Co., New York, N. Y., übert. von: **Carl J. De Boer,** Peith Amboy, N. J., V. St. A., *Diagnosticum für Syphilis.* Antigen enthaltendes fetthaltiges Gewebe wird gefroren u. in der Kälte im Vakuum getrocknet. Nach Extraktion mit Dichloräthylen wird dieses Lösungsm. im Vakuum entfernt. Dann wird das Gewebe mit W. extrahiert u. der Extrakt durch Zentrifugieren gewonnen. Dieser enthält das Virus- oder Rickettsiaantigen u. wird noch inaktiviert. (**A. P. 2 598 659** vom 20/4. 1949, ausg. 3/6. 1952.) H. SCHINDLER. 4813

Paul Fugazzotto, Indianapolis, Ind., V. St. A., *Diagnostisches Antigen für serologische Tests auf Syphilis,* bestehend aus Extrakten von getrockneter Hefe mit 95%ig. A. (wasserunlösl. Lipoiden) mit einem Cholesterinzusatz. Beispiele für Standardisierung u. Gebrauch. (**A. P. 2638435** vom 17/11. 1948, ausg. 12/5. 1953.) H. SCHINDLER. 4813

Ortho Pharmaceutical Corp., übert. von: **Heron O. Singher**, Redhook, N. Y., und **Charles R. Harmison**, Somerville, N. J., V. St. A., *Gewinnung der AB-Blutfaktoren* (I) aus der Magenschleimhaut von Pferden durch Extraktion (II) mit wss. Lsg. von aliphat. Aminosäuren oder Dipeptiden, wie Glycin (III), Alanin, Glutaminsäure, Asparaginsäure, nach vorheriger Enzymbehandlung. — Z. B. wird gemahlene II zunächst bei p_H 1—2 mit Pepsin u. dann bei p_H 7,5—9 mit Trypsin behandelt u. durch Zentrifugieren geklärt. Durch Zugabe von Aceton (IV) werden die rohen I gefällt. Der Nd. wird mit einer Lsg. von 1—9 g III in 1 Liter W. extrahiert. Der Extrakt wird mit organ. Lösungsmitteln, z. B. Amylalkohol u. Chlf., behandelt, der wss. Rückstand gegen dest. W. dialysiert. Wiederholung der Reinigung durch Fällen mit IV u. Extraktion mit III. Schließlich Gefriertrocknung. — *Zur Verhinderung von Rhesusfaktor-Rkk.* bei Bluttransfusionen u. Geburten. (**A. P. 2 576 151** vom 13/9. 1947, ausg. 27/11. 1951.) K. HEINZE. 4813

Wallace & Tiernan Co., Inc., New Jersey, übert. von: **Laszlo Reiner**, Bloomfield, N. J., V. St. A., *Antimykotikum*, enthaltend 0,5—5 (%) Salicylanilid u. 4—10 Zn-Undecylenat in einer Salbengrundlage aus Polyäthylenglykol von verschied. Mol.-Gew. u. einer kleinen Menge Polyoxyalkylsorbitmonooleat oder Polyäthylenglykolmonostearat. (**A. P. 2 680 088** vom 12/3. 1949, ausg. 1/6. 1954.) K. HEINZE. 4815

Persil-Fabrikken A/S, Oslo, Norwegen, *Verbesserte Desinfektionsmittel* (I). Zu I mit reduzierender Wrkg. in alkal. Milieu, z. B. Chloramin, werden saure organ. oder anorgan. Verbb. zugesetzt, die in Lsg. ein saures Puffersyst. bilden. — Beispiel: 50 (%) Chloramin, 45 Na_2SO_4, 3 $NaHSO_4$, 4 $Na_3HP_2O_7$ oder 50 Chloramin, 48—49,5 Na_2SO_4, 0,5—2 prim. oder sek. Ca-Citrat. (**N. P. 82 589** vom 1/2. 1952, ausg. 12/10. 1953.) K. H. KÄHLER. 4833

Permachem Corp. (Erfinder: **Walter M. Fuchs**), New York, N. Y., V. St. A., *Silberhaltige keimtötende Mittel*, bes. zur Behandlung lebender Gewebe, bestehend aus dem Reaktionsprod. einer Mischung eines Silbersalzes mit einem Monoalkylolamin (1-Oxy-2-aminoäthan), die 5 Min. bei 10—50° gehalten wird. — Vgl. auch E. P. 696 912; C. **1954**. 4675. (**D. B. P. 894 896** Kl. 30i vom 19/1. 1951, ausg. 29/10. 1953. Anmeldung bekanntgemacht 5/2. 1953.) O. STEIL. 4833

Evan Jones und **William Jones**, Frodsham, England, *Mittel zum Desinfizieren und Desodorieren*, gek. durch einen Geh. an einer wss. Lsg. von CH_2O u. einer Lsg. oder Emulsion von Octyltrimethylammoniumbromid (I). — Beispiel: 10 (%) 40%ig. Formalinlsg., 5 10%ig. Boraxlsg., 1,75 einer Emulsion, bestehend aus 14 Terpineol-Dipenten-Gemisch, 43 einer 75%ig. alkoh. Lsg. einer $12^1/_2$%ig. wss. Emulsion von I u. 43 Methylalkohol; außerdem enthält das Mittel 83,25 Wasser. Es eignet sich gut zum Desinfizieren u. Desodorieren von *Räumen*. (**E. P. 700 115** vom 16/3. 1951, ausg. 25/11. 1953.) E. PETERSEN. 4833

G. Analyse. Laboratorium.

William A. Bonner, *Ein transportabler Semimikroozonisator*. Durch H_2SO_4 getrockneter O_2 wird in ein 600 mm langes BERTHELOT-Rohr (10 kV Sekundärspannung) geleitet u. das gebildete O_3 durch eine die zu onzonisierende Substanz enthaltende Waschflasche u. von dort zur Zers. in Natronkalk geführt. (J. chem. Educat. **30**. 452—53. Sept. 1953. Stanford, Calif., Univ.) H.-G. MOSLÉ. 5006

B. I. Piliptschuk, *Platinwiderstandsthermometer im Temperaturgebiet von 0 bis 1063°C*. Es wird eine Tabelle für das Verhältnis der Widerstandsdifferenzen $v_t = (R_t - R_1)/(R_2 - R_1)$ (R_1 u. R_2 = Widerstände des Pt-Thermometers bei den Tempp. t_1 u. t_2, R_t = Widerstand bei einer zwischen t_1 u. t_2 liegenden Temp. t) mitgeteilt, wobei t_1 = 0°C, t_2 = 1063,0°C gewählt wird, da v_t bei 0° gleich Null, bei 1063° gleich 1 ist. Bei Benutzung dieser Tabelle zur Eichung betragen die Interpolationsfehler höchstens 0,1°. Die individuellen Abweichungen der v_t-Werte eines beliebigen Thermometers von den gemittelten Tabellenwerten können in Form von Funktionen der Temp. u. des „Parameters der Pt-Qualität" $w_{1063,0}$ ($w_t = R_t/R_0$) dargestellt werden. (Доклады Академии Наук СССР [Ber. Akad. Wiss. UdSSR] [N. S.] **97**. 243—46. 11/7. 1954. Allunions wiss. Mendelejew-Forsch.-Inst. für Meteorologie.) R. K. MÜLLER. 5016

Luis Werner Levy, *Rückflußkochen und Destillieren*. Zwischen Kolben u. Kühler wird ein *Tygon*-Rohr eingesetzt. (Chemist-Analyst **42**. 76. Sept. 1953. Quito, Ecuador, Centro Quimico.) H.-G. MOSLÉ. 5038

J. Carlebach, *Eine Apparatur zur Testung der Umschaltvorrichtung von Thermostaten*. Die Temperaturkonstanz eines Thermostaten ist im großen Maße von der Güte der Umschaltvorr. abhängig. Vf. beschreibt eine App., mit der die Qualität derartiger

Umschaltvorrichtungen (250 Schaltvorgänge/Std. u. mehr) geprüft werden kann. (J. sci. Instruments 30. 26. Jan. 1953. Standards Inst. of Israel.) H. Röpke. 5046

T. G. Platschenow, *Konstruktion von Porometern zur Untersuchung der Struktur von porigen Körpern nach der Methode des Einpressens von Quecksilber.* Beschreibung eines Geräts zur exakten Messung der Porenvolumina starrer Körper nach dem Prinzip der Hohlraumausfüllung durch unter hohen Drucken eingepreßtes Hg. Voraussetzung der Durchführbarkeit ist die Nichtbenetzbarkeit der Probekörper durch das Hg. Das Gerät besteht aus einem Dilatometer in Gestalt einer geeichten Glascapillare mit eingespanntem Pt-Draht (0,08 mm Durchmesser), dessen Enden am Dilatometerkopf zwecks Anschluß an ein Ohm-Meter angeklemmt werden. Zum Einbringen des Hg in das Dilatometer dient eine mit einer Ölpumpe betriebene Füllvorrichtung. Das Gerät dient zur Prüfung von Körpern mit unteren effektiven Porenradien von 100, 40 u. 15 Å mit Arbeitsdrücken bis zu 1000, bzw. 2000 bzw. 5000 kg/cm². (Журнал Прикладной Химии [J. angew. Chem.] 28. 245—53. März 1955. Leningrad, Technol. Lenssowjet-Inst.) M. Noetzel. 5048

Paul Raffinot, *Das Laboratoriumsmikrocyclon.* Das ca. 125 mm hohe Gerät hat oben einen Innendurchmesser von 30 mm, von der Mitte ab läuft der Durchmesser als 20°-Trichter bis zu einer auswechselbaren Ausflußdüse von 1,5; 2,0; 2,5 oder 3,0 mm; die von 11 mm auf 5 mm sich verengende tangentiale Zuflußdüse umspült einen Stutzen von 6 mm Durchmesser, der konzentr. zum Hauptgefäß in einen abgeteilten oberen Raum mit seitlichem Überlauf führt. Der aus einem bis zu 10 m höherstehenden Gefäß mit trichterförmigem Boden u. angesetztem Schlauch mit Quetschhahn kommende „Schlamm" soll auf 10% feste Bestandteile verd. sein. Die Ausflußdüse ist so zu wählen, daß das Verdichtete ca. 50% feste Teilchen enthält u. aus dem Überlauf schlammiges W. fließt. (Rev. Ind. minérale 34. 1016—24. 1033—36. 1/12. 1953. Paris, Labor. de la Soc. Minérais et Métaux.) H. Pauli. 5048

A. Marín Górriz und **F. Montull Masip,** *Über die Anwendung ultrahoher Frequenzen auf chemische Prozesse.* Nach einem Überblick über 17 Arbeiten der Literatur zur Anwendung ultrahoher Frequenzen (300—400 MHz) in der analyt. Chemie, bei der Best. organ. Substanzen u. bei der Unters. chem. Prozesse wird eine App. beschrieben, bestehend aus 2 Zwillingsoscillatoren (∼380 MHz), einem Mischer u. einem Frequenzmesser. In einem Diagramm werden Probemessungen mit Titration von HCl mit NaOH, NaCl mit $AgNO_3$ u. H_2O_2 mit $KMnO_4$ dargestellt, die Knickpunkte u. Richtungsumkehr bei den theoret. zu erwartenden Punkten zeigen. (An. Real Soc. españ. Física Quím., Ser. B 50. 909—10. Nov. 1954.) R. K. Müller. 5052

Alexander P. Marion, *Ein Verteilungssystem für 1000 Hertz.* Beschreibung einer Kombination von Oscillator, Verstärker, Stromzuführung zu den Arbeitsplätzen u. Abnahmeschwingkreis (30 V) für elektr. Messungen. (J. chem. Educat. 30. 608. Dez. 1953. Flushing, N. Y., Queens Coll.) K. Blumrich. 5054

Paul S. Farrington und **Robert L. Pecsok,** *Ein billiges, transportables Elektrolysiergerät.* (J. chem. Educat. 30. 461—63. Sept. 1953. Los Angeles, Calif., Univ. of California.) H.-G. Moslé. 5054

Louis-René Rey, *Prinzip einer neuen Mikroskopzentrifuge.* Beschreibung einer neuen Mikroskopzentrifuge. (Bull. Microscopie appl. [2] 4. 34—37. März/April 1954. École Normale Supérieure, Labor. de Physiol. u. Fac. des Sci., Labor de Biol. cellulaire.) Ph. Fresenius. 5056

John G. Surak und **Donald P. Schlueter,** *Chromatographie als Fach in der qualitativen Analyse.* Die Anwendung der Papierchromatographie im Trennungsgang wird besprochen. (J. chem. Educat. 30. 457—59. Sept. 1953. Milwaukee, Wis., Marquette Univ.) H.-G. Moslé. 5062

M. T. Beck, *Angaben zur anorganischen Papierchromatographie.* Infolge der Molekülspezifität der papierchromatograph. Trennmeth. sind die R_f-Werte der Kationen von der Art der anwesenden Anionen, die der Anionen von den Kationen abhängig. Bei Kationentrennungen umgeht man diese Schwierigkeit durch Zusatz eines komplexbildenden Anions. Z. B. wird bei Ggw. von SCN^- der Einfl. verschied. Anionen wie Cl^-, NO_3^-, SO_4^{2-} auf die Trennung von Fe, Co, V u. Cu ausgeschaltet. Bei Anionentrennungen muß ein vollständiger Kationenaustausch vorhergehen. Die relative Lage der R_f-Werte verschied. Ionen wird durch Unterschiede in den Moleküldimensionen erklärt. Z. B. ist $Co(SCN)_2$ im Gegensatz zu $Fe(SCN)_3$ in organ. Lösungsmitteln assoziiert; R_f-Werte in Ae.: 0,07 u. 0,97. In Pyridin ist die Association infolge Bldg. von Pyridinkomplexen geringer; R_f-Werte: 0,46 u. 1,00. Auch die R_f-Werte der Halogenidionen in Aceton + 20% W. sowie Pyridin + 10% W. von Burstall (C. 1951. I. 627) lassen sich ähnlich interpretieren: Die Solvathülle der Ionen nimmt in der Richtung von F^- bis J^- ab, in der gleichen Richtung nehmen die R_F-Werte zu. (Acta chim. Acad. Sci. hung. **3.**187—89. 1953. Szeged, Univ., Inst. of Inorgan. and Analyt. Chem.) F. Umland. 5062

A. M. Moore und **Joyce B. Boylen,** *Eine einfache Methode für Übertragungen in der Papierchromatographie.* Um Substanzen von einem Chromatogramm auf ein 2. zu übertragen, wird das erste absteigend eluiert. Eine am unteren Ende des 1. Streifens angeschnittene Spitze berührt das 2. Papier, das zwischen 2 zentral durchlochten Platten liegt. Sowie die Flüssigkeitsfront das 2. Chromatogramm erreicht, richtet man einen warmen Luftstrom auf dessen Unterseite, wodurch die Elutions-Fl. verdampft wird. Die für die vollständige Elution erforderliche Zeit wird an einem anderen Streifen mit Hilfe geeigneter Farbmarken empir. festgestellt. (Science [Washington] **118.** 19—20. 3/7. 1953. Chalk River, Ontario, Atomic Energy of Canada Ltd., Biol. Div.) H. Endrass. 5062

Herman A. Liebhafsky und **Heinz G. Pfeifer,** *Das Beersche Gesetz in der analytischen Chemie.* Ableitung u. Anwendung. (J. chem. Educat. **30.** 450—52. Sept. 1953. Schenectady, N. Y., General Electric Comp.) H.-G. Moslé. 5063

I. Ss. Abramsson und **Ss. L. Mandelschtam,** *Einige Fragen zu photoelektrischen Methoden der Spektralanalyse.* Die notwendige Steigerung der Genauigkeit photoelektr. Methoden hängt von 4 Hauptfaktoren ab, die einer krit. Prüfung unterzogen werden. Behandelt werden: 1. die das Spektr. anregenden Quellen: Zur Vermeidung der Mängel der reinen Funken- oder Bogenschaltungen wird ein Generator empfohlen, der einen Bogen mit Unterbrechungen liefert, darunter als neue Bestandteile: ein goniometr. Phasendreher sowie die Zündung des Trigatrons mittels Terrasse (Cascade) mit induktiver Belastung (an Stelle des früher verwendeten Tyratrons). 2. Spektralapp.: Beugungsgitter sind den Prismen vorzuziehen; die Spaltbeleuchtung erfolgt mit einem Fünflinsenapparat. 3. Photoelektr. Empfänger: Von den 3 Typen: Photonenzähler, Photomultiplikatoren u. Photozellen (-elementen) dürften die letztgenannten trotz gewisser Mängel die aussichtsreichsten sein. 4. Registrierschema des Photostroms: Hier wird ein Schema mit „dynam. Kondensator" empfohlen, das auf der parametr. Modulation (Mandelstam-Papaleski) fußt. (Известия Академии Наук СССР, Серия Физическая [Nachr. Akad. Wiss. UdSSR, physik. Ser.] **18.** 635—43. Nov./Dez. 1954. Physikal. Lebedew-Inst. der Akad. der Wiss. der UdSSR; Komiss. für Spektroskopie bei der Akad. der Wiss. der UdSSR.) A. v. Wilpert. 5063

J. Junkes und **E. W. Salpeter,** *Über eine ungewöhnliche Verdopplung von Spektrallinien.* Bei der Aufnahme von mit einem Hochfrequenzbogen angeregten Spektren mit der Zeiss-Autokollimationskamera wurde eine Verdoppelung der Linien beobachtet, wobei der Komponentenabstand mit zunehmenden Refraktionsindices u. abnehmender Wellenlänge zunahm. Der Effekt wird auf mechan. Schwingungen der Prismen, die von dem mit Hochfrequenz schwingenden Gehäuse der Lichtquelle infolge direkter mechan. Verb. auf diese übertragen werden, zurückgeführt. (Naturwissenschaften **41.** 160. April 1954. Castel Gandolfo, Astrophys. Labor. der Vatikan. Sternwarte.) G. Heinsohn. 5063

J. Junkes und **E. W. Salpeter,** *Ungewöhnliche Verdopplung von Spektrallinien.* Inhaltlich ident. mit der vorst. referierten Arbeit. (Nature [London] **174.** 138. 17/7. 1954.) G. Heinsohn. 5063

I. W. Peissachsson, *Berechnung des verzerrenden Einflusses des optischen Monochromatorsystems auf die beobachtete Kontur der Spektrallinie.* Es wird gezeigt, daß man ohne komplizierte Berechnungen den wahren Umriss einer Spektrallinie f(x) mit prakt. ausreichender Genauigkeit finden kann, wenn man den analyt. Ausdruck des beobachteten Umrisses der Linie F(x) kennt u. seine geradzahligen Ableitungen (gegebenenfalls graph.) berechnet, was keine Schwierigkeiten bereitet. (Известия Академии Наук СССР, Серия Физическая [Nachr. Akad. Wiss. UdSSR, physik. Ser.] **18.** 680. Nov./Dez. 1954. Leningrad, Shdanow-Univ.) A. v. Wilpert. 5063

F. M. Gerassimow, *Spektrale Kennzahlen der sowjetischen Beugungsgitter.* Die sowjet. Beugungsgitter, sowohl flache wie konkave, enthalten 200, 300, 600, 1200 Striche je mm; Strichfläche 50×50 u. 150×150 mm; Reflexionskoeff. für Spektren I—III. Ordnung 45—70 im Mittel, maximal 55—80. Ein Gitter mit 300 Teilungen je mm trennt die Hg-Linie 4358 Å (bei 0,01 Å Komponentendifferenz). Die besten Gitter haben eine Trennfähigkeit bis 400000. (Известия Академии Наук СССР, Серия Физическая [Nachr. Akad. Wiss. UdSSR, physik. Ser.] **18.** 662—63. Nov./Dez. 1954.) A. v. Wilpert. 5063

N. H. E. Ahlers, *Raman-Spektroskopie.* Das Wesen der Raman-Spektroskopie, ihre Vorteile gegenüber der Ultrarotspektroskopie u. die benötigte App. werden besprochen. — 19 Literaturangaben. (Perfum. essent. Oil Rec. **45.** 387—88. Nov. 1954. Cambridge, Unicam Instruments Ltd.) Ph. Fresenius. 5063

M. P. Lissitza und **A. A. Schischlowski,** *Berechnung und Untersuchung eines Polarisators für das infrarote Spektralgebiet.* Für die Abhängigkeit des Polarisationsgrades P eines durch einen Se-Film bzw. 4 Se-Schichten gleicher Dicke durchgegangenen Lichtbündels vom Einfallwinkel werden Gleichungen abgeleitet, die durch den Vers. völlig bestätigt werden. In weiteren Verss. wird die Zahl der Se-Schichten variiert. Ferner wird der Einfl. der Interferenz auf P untersucht u. in Gleichungen ausgewertet. (Известия Академии Наук СССР, Серия Физическая [Nachr. Akad. Wiss. UdSSR, physik. Ser.] **17.** 660—68. Sept./Okt. 1953. Kiew, Schewtschenko-Univ.) R. K. MÜLLER. 5063

W. I. Malyschew, M. N. Markow und **A. A. Schubin,** *Über ein Zweistrahl-Infrarot-Spektrophotometer.* (Vgl. C. **1953.** 2651.) Bei dem beschriebenen Gerät wird eine modulierte Spannung von der Frequenz 4000 Hz zuerst mit einem Dreikaskadenverstärker (Koeff. 10^5) verstärkt, dann mittels eines Diodendetektors auf die Arbeitsfrequenz von 9 Hz heruntermoduliert. Dabei läßt sich eine Verstärkung von 10^{10} (bei stabilen Verhältnissen erreichen. Die Verstärkungsanlage wird vom Netz gespeist; dabei wird von Ferroresonanz- u. Elektronenstabilisatoren Gebrauch gemacht. Die Intensität des gestreuten Lichts im längerwelligen Gebiet wird zweckmäßig mit MgO-Filtern herabgemindert. (Известия Академии Наук СССР, Серия Физическая [Nachr. Akad. Wiss. UdSSR, physik. Ser.] **17.** 654—59. Sept./Okt. 1953. Physikal. Lebedew-Inst. der Akad. der Wiss. der UdSSR.) R. K. MÜLLER. 5063

F. W. Schroer und **C. F. Bentley,** *Abänderung des Beckman-Model 10300-Flammenphotometers.* Vff. kombinieren den neuen BECKMAN-O_2-Acetylen-Brenner mit dem Flammenphotometer BECKMAN-Model 10300. (Chemist-Analyst **42.** 75—76. Sept. 1953. Edmonton, Alberta, Canada, Univ., Dominion Dep. of Agricult. u. Dep. of Soils.) H.-G. MOSLÉ. 5063

Tahei Asada, *Untersuchungen über chemische Reaktionen mittels Hochfrequenztitration.* 1. Mitt. Titration etwas über den Resonanzpunkt hinaus gibt größere Empfindlichkeit u. eine bessere lineare Beziehung mit der Zunahme der Konzentration. Als Typ für die Neutralisation von starken Basen u. Säuren wurde die Rk. zwischen den Ionen von HCl u. NaOH gewählt. Änderungen von Temp. u. Wassergeh. beeinflussen das Verf. nicht. Unter gewissen Bedingungen, bei denen Potential, Frequenz, Resonanz u. Widerstand konstant gehalten werden, liefert die Titrierlsg. eine konstante Titrationskurve bzgl. Art u. Konz. der Lsg., ohne Rücksicht auf Ggw. der Ionen, solange während der Titration keine chem. Rk. stattfindet. (J. electrochem. Soc. Japan **21.** 158—63. April 1953. Kobe, Comm. Coll. [Orig.: japan.; Auszug: engl.]) L. SCHULER. 5066

Sidney Katz und **John T. Barr,** *Gastitrationen.* Vff. beschreiben eine App., in der Titrationen von Gasen mit Gasen ausgeführt werden können, wobei durch Druckmessungen bei konstantem Vol. u. konstanter Temp. Titer u. Endpunkt bestimmt werden. Die Genauigkeit solcher Titrationen beträgt weniger als 3%. Das Verf. ist für Gas-Rkk. anwendbar, bei denen eine Volumenänderung stattfindet. Es wird die Rk. von *NH_3* mit *HCl,* von *Cl_2, ClF, ClF_3* u. *F_2* mit verschied. gasförmigen *KW-stoffen* (*Paraffinen* u. *Olefinen*) untersucht u. die Brauchbarkeit der Meth. zur quantitativen Best. von Halogenen bzw. KW-stoffen in Gasgemischen geprüft. Die Versuchsergebnisse sind in Titrationskurven dargestellt, die die Abhängigkeit des Druckes im Reaktionsgefäß während u. nach der Rk. von der Menge des zugefügten Gases (Abnahme des Druckes im Vorratsgefäß) zeigen. Die typ. Kurve ist eine V-Kurve. Bei der Rk. $NH_3 + HCl \rightarrow NH_4Cl$ entsteht als einziges Prod. festes NH_4Cl. Der Druck im Titrationsendpunkt entspricht dem Dampfdruck des gebildeten NH_4Cl u. der Titer des zugefügten Gases der zur Erreichung des Endpunktes erforderlichen Menge. Die Endpunktsbest. erfolgt zweckmäßig so, daß NH_3 zu dem im Reaktionsgefäß (5 Liter) befindlichen HCl (0—50 mm) gegeben wird, bis die Druckabnahme in eine -zunahme umschlägt. Bei der Titration von KW-stoffen mit Halogenen wird in der Weise verfahren, daß das zugefügte Gas (KW-stoff oder Halogen) in mehreren kleinen Anteilen bis zur beträchtlichen Überschreitung des Endpunktes zum Probegas (5—25 mm) zugegeben wird u. der nach Einstellung des Gleichgewichtes ermittelte Druck in Abhängigkeit von der Menge des zugefügten Gases aufgetragen wird. Der Endpunkt wird dann graph. bestimmt. Bei der Rk. von F_2 mit Alkan (untersucht wurden alle Alkane von CH_4 bis n-Pentan) entsteht stets ein Gemisch von CF_4 u. C_2F_6, außerdem noch in geringem Maße C u. C_3H_8. Die Bldg. von CF_4 verläuft nach der Gleichung $C_nH_{2n+2} + (3n+1)F_2 \rightarrow nCF_4 + (2n+2)HF$. Es tritt also keine Volumenänderung ein. Um diese herbeizuführen, wird HF aus dem Gleichgewicht durch Zusatz von NaF entfernt. Bei Ggw. von NaF ist die Titrationskurve eine V-Kurve. Die experimentellen R_p-Werte liegen sowohl für die Titration von F_2 mit Alkan als auch für die Titration von Alkan mit F_2 zwischen denen für den vollständigen Umsatz zu CF_4 u. C_2F_6 berechneten Werten. Von den Rkk. der Olefine wurden vor allem die von *C_2H_4* mit Cl_2, ClF, ClF_3 u. F_2 untersucht. Die erhaltenen Titrationskurven werden eingehend diskutiert. Es zeigte sich, daß in den meisten Fällen mehrere Rkk. nebeneinander verlaufen. Unter denselben Bedingungen sind im allg. die Konstanten gut reproduzierbar.

Die Verwendung dieser experimentellen Konstanten für analyt. Zwecke wurde geprüft, u. zwar durch Best. von Gemischen von Cl_2–F_2, ClF–F_2, ClF_3–F_2 mit C_2H_4, von CH_4–C_2H_6-Gemischen mit F_2, von Olefinen in KW-stoffgemischen mit Cl_2 u. von F_2 mit C_2H_4. Im allg. ergeben die Gastitrationen keine besseren Analysendaten als die üblichen Methoden, jedoch sind sie oft, wo eine Genauigkeit von 3% ausreicht, schneller auszuführen als andere Verfahren. (Analytic. Chem. **25.** 619—24. April 1953. Oak Ridge, Tenn., Carbide and Carbon Chem. Co.) HILDEGARD SCHULZ. 5066

T. B. Smith, *Einige Aspekte der absorptiometrischen Analyse.* (Vgl. C. **1954.** 2014.) Übersicht über die Grundlagen des Verf., die Best. u. Berechnung des p_H, die Meth. von LOTHIAN u. den vernachlässigbaren Einfl. der Aktivität. (Ind. y Quím. **16.** 164—65. Mai 1954.) R. K. MÜLLER. 5066

S. Ishizaka, *Über p_H-Messung.* 1. Mitt. Vortrag über die Definition des p_H, die Pufferung, die p_H-Bestimmungsverff. u. deren Vergleich. (J. electrochem. Soc. Japan **21.** 184—89. April 1953. Tokyo, Ind. Res. Inst. [Orig.: japan.]) L. SCHULER. 5066

D. D. Tunnicliff und **Henry Stone,** *Calorimetrische Reinheitsbestimmung. Beschreibung und Arbeitsweise eines kleinen adiabatischen Calorimeters.* Ein adiabat. Calorimeter dient zur Reinheitsbest. von Vergleichssubstanzen für die spektroskop. Untersuchungen. Die Best. basiert auf der Messung der F.-Depression. Sie erfordert jedoch keine vorherige Best. der Schmelzwärme u. des F. der reinen Substanz. Diese Größen werden während des Verf. bestimmt. Es finden 2 auswechselbare Calorimeter von 0,5 u. 5 ml Verwendung. Die App. mit der elektr. Einrichtung wird beschrieben. (Analytic. Chem. **27.** 73—80. Jan. 1955. Emeryville, Calif., Shell Developm. Co.) PH. FRESENIUS. 5084

Heinrich Feichtinger, *Genaue Mikroschnellanalyse von Gasen.* Es wird ein Mikrogasanalysengerät beschrieben, das es gestattet, Gasanalysen von Gasgemischen, wie sie z. B. bei der Vakuum-Heißextraktion von Metallen auftreten, schnell, einfach u. genau durchzuführen, wobei Gasmengen von 0,1—1 cm^3 zur Durchführung genauer Analysen ausreichen. (Arch. Eisenhüttenwes. **26.** 127—30. März 1955. Balzers, Liechtenstein.) H. HOCHSTEIN. 5086

A. E. Martin, *Einsatzmöglichkeiten des akustischen Gasanalysengerätes.* Prinzip, Form u. Anwendungsmöglichkeiten eines akust. Gasanalysengerätes werden kurz beschrieben. (Ind. Chemist **31.** 60—62. Febr. 1955.) W. LUCHSINGER. 5086

W. E. Hoare, *Ein Registriervolumeter für Entwicklung kleiner Gasmengen.* Es wird eine Vorr. beschrieben, mit der kleine entstehende Gasmengen, z. B. H_2, bei Korrosionsverss. von 0,012 ml an gemessen u. registriert werden. Das Reaktionsgefäß ist mit einem 2,5 mm weiten, 2—3° geneigten Meßrohr verbunden, in dem die Bewegung eines Hg-Fadens infolge der Gasentw. mit Hilfe von 3 Stromkreisen schreibend verfolgt wird. (J. sci. Instruments **32.** 1—2. Jan. 1955. Greenford, Middlesex, F.I.M., Tin Res. Inst.) W. LUCHSINGER. 5086

Leslie A. Chambers, *Filterstoffe für Luftproben.* Berichtet wird über die physikal. Grundlagen der Filtration, die Auswahl geeigneter Filterstoffe u. Filterstofftypen, wie Cellulosefilter, anorgan. Fasermaterial, Mischfaserstoffe, körnige Filterstoffe u. Trockengele. (Amer. ind. Hyg. Assoc. Quart. **15.** 290—96. Dez. 1954. Cincinnati, U. S. Public Health Service, Robert A. Taft Sanit. Engng. Center.) W. LUCHSINGER. 5088

B. M. Masslennikow und **F. A. Kawitzkaja,** *Ein automatischer Gasanalysator für Schwefelwasserstoff.* Die H_2S-Konz. in *Luft* läßt sich im Bereich 0,0003—0,05 Vol.-% (letale Konz. 0,1%) photocolorimetr. bestimmen, indem man die Luft über ein Indicatorpapierband leitet, das nach Vorbehandlung mit 0,5%ig. wss. Lauge mit einer Lsg. von 20 (%) Pb-Acetat, 12 Glycerin, 0,2 Essigsäure u. 67,8 W. getränkt ist, mit dest. W. gewaschen u. getrocknet wird. Das Band läuft durch den App., an einer Lampe vorbei u. durch ein Syst. von Photoelement, Photorelais u. variablem Widerstand. Der App. kann als Warngerät verwendet werden. (Химическая Промышленность [Chem. Ind.] **1954.** Nr. 8. 37—39. Dez. Staatl. Inst. für bergchem. Rohstoffe.) R. K. MÜLLER. 5088

H. J. Paulus, E. P. Floyd und **D. H. Byers,** *Bestimmung von Schwefeldioxyd in Luftproben. Vergleich einer colorimetrischen und einer polarographischen Methode.* Aus Luftproben wird SO_2 in einer 0,05n NaOH-Lsg. mit 2% Glycerin gesammelt. Die colorimetr. Best., die auf der Farbänderung einer Fuchsin–Formaldehyd-Lsg. durch SO_2 beruht u. die mit einem BECKMAN-Spektrophotometer Modell DU bei 570 mμ oder einem photoelektr. KLETT-SUMMERSON-Colorimeter mit einem KS 56-Filter (Bereich 540—590 mμ) ausgeführt wird, wird verglichen mit einer polarograph. Best. mit einem SARGENT-Registrierpolarographen Modell XXI in einer Acetat-Pufferlösung. Die polarograph. Ergebnisse liegen stets 2—7% tiefer als die colorimetrischen. Der Grund dafür wird in dem tautomeren Verh. der H_2SO_3 vermutet. (Amer. ind. Hyg. Assoc. Quart. **15.** 277—82.

Dez. 1954. Cincinnati, O., Dep. of Health, Educat. and Welfare, U.S. Public. Health Service, Occupat. Health Field Headquarters.) W. LUCHSINGER. 5088

Jere Mead, *Ein empfindliches Lochblende-CO_2-Analysengerät, geeignet zum Gebrauch für Studenten.* Die CO_2-haltige Luft wird mit einer Pumpe bei einer konstanten Geschwindigkeit von 100 ml/Min. durch ein CO_2-Absorptionsrohr (Askarit 8—10 Maschen) gesaugt, das von 2 Lochblenden begrenzt ist, von denen die Eintrittsblende eine Öffnung von 0,254 mm Durchmesser u. die Austrittsblende eine Öffnung von 0,0762 mm Durchmesser haben. Der Druckunterschied vor u. hinter der Eintrittsblende wird mit einem Öl-Schrägrohrmanometer gemessen, dessen Stand nach Eichung ein Maß für den CO_2-Geh. ist. Die Genaugikeit der CO_2-Messung bei Ausatemluft wird auf $\pm 0,05\%$ geschätzt. (Science [Washington] **121.** 103—04. 21/1. 1955. Boston, Mass., Harvard School of Public Health.) W. LUCHSINGER. 5088

a) Elemente und anorganische Verbindungen.

H. Barnes, *Die Analyse von Meerwasser. Eine Übersicht.* Zusammenfassende Übersicht mit 159 Literaturangaben. (Analyst **80.** 573—92. Aug. 1955. Isle of Cumbrae, Scotland, Milport, Marine Stat.) E. KLEVER. 5100

Jaroslav Čihalík und **Drahomíř Vavrejnová,** *Anwendung von Jodmonochlorid in der analytischen Chemie.* 1. Mitt. *Bestimmung von Jodiden, Thiosulfaten, Sulfiten und Ferrocyaniden.* In sehr verd., neutralen oder schwach sauren Lsgg. (maximal 0,05 n HCl) kann man mit *Jodmonochlorid* (I) als Maßlsg. die Jodide ($4 \cdot 10^{-4}$ mol. Lsg.) u. Ferrocyanide (0,001—0,005 mol. Lsg.) nach den Gleichungen: $[JCl_2]^- + J^- = J_2 + 2\,Cl^-$; $2\,[Fe(CN)_6]^{4-} + 2\,J^+ = 2\,[Fe(CN)_6]^{3-} + J_2$ potentiometr. bestimmen. Hunderfache Menge von Chloriden u. zehnfache von Bromiden stören nicht. Sulfite können nur so bestimmt werden, daß man zur Lsg. von I die Sulfitlsg. zufließen ließ u. den Überschuß von I mit As^{3+} potentiometr. titriert. Bei Best. von Thiosulfaten titriert man Jod, das aus bekannter Menge von I u. KJ freigesetzt wird. Die Maßlsg. von I (aus 11,068 g KJ, 7,134 g KJO_3, 200 cm^3 HCl konz., W. zu 1 Liter) ist mehr als ein Jahr haltbar. (Chem. Listy **49.** 693—99. Mai 1955. Collect. czechoslov. chem. Commun. **20.** 1059—67. 1955. Praha, Karlova univ., mat.-fys. fak., katedra analyt. chemie. [Orig.: tschech.]) J. HORÁČEK/Prag. 5106

Z. G. Szabó, L. G. Bartha und **J. Simon-Fiala,** *Stannometrische Bestimmung des Nitrations.* Die auf der Red. von Nitraten mit $Fe(OH)_2$ in Ggw. von Ag u. Rücktitration des Fe^{2+}-Salzüberschusses mit $KMnO_4$ beruhende Best. des NO_3^--Ions wurde so modifiziert, daß die bei der Red. gebildete Fe^{3+}-Menge direkt mit der $SnCl_2$-Lsg. titriert wird. Die Endpunktsanzeige erfolgt entweder potentiometr. oder mit einer doppelten Farbindication, indem zunächst bei Ggw. von KSCN auf strohgelb, dann nach Zugabe von Na_2HPO_4 u. $(NH_4)_2MoO_4$ bis auf reinblau titriert wird. (Acta chim. Acad. Sci. hung. **3.** 231—36. 1953. Szeged, Univ., Inst. für Analyt. u. Anorgan. Chem.) F. UMLAND. G 243

O. Hauser, *Die Sulfatbestimmung mit Bariumchromat.* Die SO_4^{2-}-Best. mit $BaCrO_4$-Lsg. wird an Hand der Literatur besprochen. In neutraler Lsg. wird SO_4^{2-} in der Siedehitze mit schwach HCl-saurer $BaCrO_4$-Lsg. gefällt u. 1 Min. gekocht. Nach dem Abkühlen wird zur Lsg. NH_4OH bis zum schwachen Überschuß gegeben, das überschüssige NH_3 verkocht u. der $BaSO_4$- + $BaCrO_4$-Nd. abfiltriert. Das Filter wird mit KJ u. 5 ml konz. HCl/100 ml Lsg. versetzt u. J_2 mit n/10 $Na_2S_2O_3$-Lsg. titriert. (Mitt. chem. Forsch.-Inst. Wirtsch. Österreichs **9.** 1—2. Febr. 1955. Wien, Donau-Chemie A.G.) H.-G. MOSLÉ. G 253

Ralph A. Johnson und **Burton R. Andersen,** *Ultraviolettspektrophotometrie von Tellursolen.* Zu einer Lsg. von 0,1—0,7 mg Te(IV) u. 1—8 mVal HCl in einem 125 ml-ERLENMEYER gibt man 3 ml 4%ig. Gummi arabicum-Lsg., füllt mit W. auf 35 ml auf, erhitzt zum Sieden u. fügt unter gutem Rühren 5 ml 3 mol. unterphosphorige Säure hinzu, rührt noch einige Sek. weiter, hält ca. 15 Min. dicht am Sieden, kühlt 15 Min. in Leitungswasser, verd. auf genau 50 ml u. bestimmt die Absorption bei 240—290 mμ. (Analytic. Chem. **27.** 120—22. Jan. 1955. Urbana, Ill., Univ. of Illinois.) A.-M. FRETZDORFF. G 255

Richard B. Corey und **M. L. Jackson,** *Silicatanalyse nach einem schnellen halbmikrochemischen Verfahren.* Vff. beschreiben eine Halbmikrometh. zur Best. der folgenden Elemente in silicat. Material: Si, Al, Fe, Ti, Ca, Mg, Na u. K. Für jede Analyse werden 2 Substanzproben von je 0,1 g benutzt, von denen die erste zur Best. von Ca, Fe, Ti, Na u. K mit HF abgeraucht, die zweite zur Best. von Si, Al u. Mg mit Na_2CO_3 geschmolzen wird. Zur Ausführung der ersten Best. wird die Substanz mit HF unter Zusatz von $HClO_4$ u. H_2SO_4 bis zur Trockne eingedampft, der Rückstand in HCl gelöst u. auf 100 ml aufgefüllt. In 3 verschied. Teilen dieser Lsg. wird 1. Ca, 2. Fe u. Ti, 3. Na u. K bestimmt. Ca wird mit NH_4OH von Fe, Ti u. Al getrennt. Die Ca-haltige Lsg. wird mit

HNO_3 zur Trockne eingedampft, der Rückstand in HCl gelöst u. die Lsg. mit KOH alkal. gemacht. Ca wird dann mit 0,01 n Dinatriumdihydrogenäthylendiamintetraacetat (I)-Lsg. nach SCHWARZENBACH u. BIEDERMANN (C. **1949.** I. 917) titriert. Fe u. Ti werden nach der Meth. von YOE u. JONES (Ind. Engng. Chem. anylyt. Edit. **16.** [1944.] 111) u. YOE u. ARMSTRONG (C. **1947.** 1486) mit Tiron colorimetr. bestimmt. Die Best. von Na u. K erfolgt im Flammenphotometer. Die Na_2CO_3-Schmelze wird mit $HClO_4$ abgedampft, SiO_2 durch Zentrifugieren abgetrennt u. in NaOH gelöst u. Si mit NH_4-Molybdat colorimetr. bestimmt. In der Zentrifugatlsg. werden Al, Fe u. Ti mit NH_4OH gefällt, das in der Lsg. enthaltene Ca u. Mg zusammen durch Titration mit I bestimmt u. der Mg-Geh. als Differenz zur ersten Ca-Best. ermittelt. Der Hydroxyd-Nd. wird in HCl gelöst, Fe u. Ti werden mit konz. NaOH gefällt u. das in der Lsg. befindliche Al wird mit Aluminon nach SMITH, SAGER u. SIEWERS (C. **1950.** II. 2229) colorimetr. bestimmt. Die relativen Fehler bei den einzelnen Bestimmungen sind annähernd: Si $\pm 1\%$, Al $\pm 3\%$, Fe $\pm 1\%$, Ti $\pm 1\%$, Ca $\pm 1\%$, Mg $\pm 3\%$, Na $\pm 2\%$, K $\pm 2\%$. Die Genauigkeit der Meth. gegenüber der üblichen gravimetr. Meth. wurde an 2 Standardproben (plast. Ton u. tonhaltigem Kalkstein) geprüft, wobei sich eine gute Übereinstimmung ergab. Das Verf. wurde angewandt zur Unters. von *Böden, Tonen,* trop. Böden mit einem Geh. bis zu 70% Fe_2O_3 u. 35% TiO_2 u. einer Anzahl relativ reiner *Mineralien* bei verschiedenster chem. Zusammensetzung. (Analytic. Chem. **25.** 624—28. April 1953. Madison, Wis., Univ.)
HILDEGARD SCHULZ. G 261

Arnaldo Liberti und **Giuliana Collotti,** *Quantitative Analyse mit Hilfe der Röntgenstrahlenbeugung. Bestimmung der verschiedenen Formen der Kieselsäure.* Vff. beschreiben eine quantitative röntgenograph. Meth. zur Analyse von Quarz–Tridymit- u. Quarz–Cristobalit-Gemischen mit Hilfe eines GEIGER-Zählers; als Standardsubstanz wird den Gemischen CaF_2 zugemischt. Cristobalit u. Tridymit können auf diese Weise nebeneinander nicht bestimmt werden, da ihre beiden stärksten Reflexe nahezu bei dem gleichen 2ϑ-Wert liegen. Auf analoge Weise können die verschied. Formen der SiO_2 einzeln in Mineralien u. Gesteinen bestimmt werden. Die Genauigkeit beträgt ca. 5%. (Ann. Chimica **44.** 454—63. Juli/Aug. 1954. Roma, Univ., Ist. di Chim. generale ed inorganica e Centro di Studi e Ricerche chim. dell'I. N. A. I. L.) C. GOTTFRIED. G 261

N. Konopik und **J. Zwiauer,** *Zur Reduktion von As(V) und Sb(V) mit S oder S-haltigen Verbindungen.* (*Kurze Mitt.*) As(V) u. Sb(V), z. B. $Na_2HAsO_4 \cdot 7\,H_2O$, Sb_2O_5 u. Sb_2O_4, lassen sich durch Abrauchen mit der, auf As (Sb) bezogen, fünffachen Menge S u. konz. H_2SO_4 quantitativ zu As(III) bzw. Sb(III) red., die mit $KMnO_4$ titriert werden. — Genaue Analysenvorschriften. (S.-B. österr. Akad. Wiss., math.-naturwiss. Kl., Abt. IIb **161.** 1493—97. Mh. Chem. **83.** 1493—97. 1952. Wien, Univ., I. Chem. Labor.)
MARIA SCHENK. G 266

H. Dresia, *Untersuchungen zur Kaliumbestimmung in Lösungen mit dem Geiger-Müller-Zählrohr.* Vf. untersuchte die K-Best. durch Messung des ^{40}K-Zerfalles. Als Zählrohr wurde ein Becherflüssigkeitszählrohr verwendet. Die Zus. der Lsg. hat keinen Einfl. auf die Messung, solange die Elektronendichte der Lsg. keine nennenswerten Unterschiede zeigt. Fehlermöglichkeiten infolge von radioakt. Verunreinigungen, wie Th u. U, werden diskutiert. Die Massenempfindlichkeit des Zählrohres wurde berechnet u. mit dem Experiment verglichen. Die untere Grenze der K-Best. in Lsgg. liegt bei 20 mg K. Kaliummengen bis zu 30 mg lassen sich in 30 Min. mit einer Genauigkeit von 2—3% bestimmen. Bei größeren Mengen werden die Fehler kleiner. (Z. analyt. Chem. **144.** 81—90. 1955. Aachen, TH, Chem.-Techn. Inst.) K.-G. HACKSTEIN. G 275

M. Theis, *Ein neuer empfindlicher Nachweis des Berylliums. Chromazurol S* (ein Fuchsonderiv.) bildet im schwach sauren Gebiet mit Be einen violetten Farblack. Bei dem in Frage kommenden p_H-Bereich von 5,5—6,5 bilden nur Fe(III), Cu, Al, Zr u. Pb blaue oder violette Farblacke. Fe(III) wird durch Weinsäure, Zr durch NaF u. Cu durch Komplexon maskiert. Al gibt wie Be einen violetten Farblack. Durch Auftreten eines blauen Randes neben der violetten Fl. läßt sich aber noch 1 μg Be in 0,8 ml Lsg. erkennen. Alkalien u. Erdalkalien stören nicht. (Z. analyt. Chem. **144.** 192—93. 1955. Graz, Univ., Inst. für anorg. u. analyt. Chemie.) K.-G. HACKSTEIN. G 281

Pui-Hang Tam, Tien-Hui Shen und **Shu-Chuan Liang (P'ei-hing T'an, T'ien-hui Schen** und **Schu-k'üan Liang),** *Zur Bestimmung des Magnesiums mittels Titangelbs.* Der Einfl. von *Ca^{2+}, Ba^{2+}* u. *Molybdationen* (I) auf die Best. des Mg mit Titangelb (II) (1 ml 0,5%ig. II-Lsg., auf 50 ml verd.) wurde untersucht. Das BEERsche Gesetz gilt ohne die Zusätze bis zu ca. 4 mg Mg/Liter, in Ggw. von 200 mg Ca/Liter, welche die Farbe verstärken, nur bis zu ca. 2,4 mg Mg/Liter. Ba^{2+} können in 100—180 mg/Liter die Ca^{2+} ersetzen, über 250 mg/Liter flocken sie das II aus. In Ggw. von 200 mg Ca/Liter bleibt die durch 2 mg Mg/Liter verursachte Farbstärke durch Zusatz von Ba^{2+} bis zu 600 mg/Liter, von I bis zu 1300 mg/Liter unverändert; größere Ba^{2+}-Konzz. verstärken, größere

I-Konzz. verringern sie (infolge Ausfällung von Ca-Molybdat durch Verkleinerung der Ca^{2+}-Konzentration). (Acta chim. sinica **19.** 89—92. April 1953. Acad. Sinica, Physikal.-chem. Forschungsinst. [Orig.: chines.; Auszug: deutsch]). W. METZENER. G 282

M. Vender, *Bestimmung von K^+, Na^+, Ca^{2+} und Mg^{2+} durch Kombination von Papierchromatographie und Polarographie.* Die Probe (z. B. Melasse), in welcher die Alkalien bestimmt werden sollen, wird mit H_2SO_4 verbrannt, dann in Chloride übergeführt u. mit Hilfe einer Methanol–Äthanol (1:1)-Mischung auf Papier chromatographiert. Im Eluat werden die Chloride polarograph. bestimmt. (Chem. Listy **49.** 771—72. Mai 1955. Praha, Výzk. ústav cukrovar. [Orig.: tschech.]) P. ZUMAN/Prag. G 282

G. Luft, *Über die gravimetrisch-volumetrische Bestimmung von Spuren Calcium in Al–Si-Legierungen in der Nähe des Eutektikums.* Inhaltsgleich mit der C. **1954.** 6294 referierten Arbeit. (Ist. Sperim. Metalli leggeri, Mem. Rapp. [5] **1952.** Nr. 104. 1—15.) R. K. MÜLLER. G 283

Shun-ichiro Iijima und **Jinzo Hashimoto,** *Elektrophotometrische Bestimmung von Zink mit Diäthylanilin.* 2. Mitt. (1. vgl. J. chem. Soc. Japan, pure Chem. Sect. [Nippon Kagaku Zassi] **72.** [1951.] 1043.) Zur *Zn*-haltigen Lsg. (55 cm^3 mit 1—75 γ Zn/cm^3) werden 1,5 cm^3 Mischung aus 1 cm^3 $K_3Fe(CN)_6$-Lsg. (2 g in 40 cm^3 W.) u. 0,5 cm^3 Diäthylanilin gegeben u. die rote Färbung elektrophotometr. ausgewertet. Bei p_H 5,5—6,8 ist die Färbung 6—30 Min. beständig. 1—75 γ Zn/cm^3 sind bestimmbar. Co, Ni, Mn, Pb, Cd u. Cu stören. Chromateinfl. kann mit Rotfilter eliminiert werden. 2 Skizzen. (J. chem. Soc. Japan, pure Chem. Sect. [Nippon Kagaku Zassi] **73.** 900—02. Dez. 1952. Tokyo, Educat. Univ. [Orig.: japan.]) L. SCHULER. G 288

G. T. Galfajan, *Anwendung elektrolytischer Reduktionsmethoden in der analytischen Chemie.* 10. Mitt. *Volumetrische Titanbestimmung.* Trennung von Ti, Fe u. Cu. Die 10%ig. schwefelsaure Lsg. der 3 Elemente wird mit 10%ig. H_2SO_4 auf 100—150 ml verd. u. unter Hindurchleiten von CO_2 im Sonderapp. elektr. reduziert (3 V, 1,2 A). Hierbei scheidet sich Cu elektrolyt. auf der WINKLER-Pt-Elektrode aus, Ti^{4+} wird zu Ti^{3+}, Fe_2^+ zu Fe^{2+} red., u. zwar in 20—30 Min., jedoch erst, wenn sich Cu auf dem Pt niedergeschlagen hat; bei Abwesenheit von Cu müssen zwecks Vollständigkeit der Ti-Red. 1—2 Tropfen 5%ig. $CuSO_4$-Lsg. zugegeben werden. Cu wird aus der Gewichtsdifferenz, die Summe Fe + Ti durch anschließende Titration mit 0,05 n $KMnO_4$-Lsg. ermittelt. Zur Best. des Ti wird die Red. wiederholt u. anschließend Ti mit $FeCl_3$ in Ggw. von KCNS als Indicator titriert, der Geh. an Fe ergibt sich aus der Differenz der Titrationen. Bei potentiometr. Titrationen entfällt die Notwendigkeit der wiederholten Red., da die potentiometr. Titration mit $KMnO_4$ 2 Potentialsprünge aufweist: im Äquivalenzpunkt für Ti u. nach Oxydation des Fe. (Известия Академии Наук Армянской ССР, Серия Физико-Математических, Естественных и Технических Наук [Nachr. Akad. Wiss. ArmenSSR, Ser. physik.-math., naturwiss. techn. Wiss.] **7.** Nr. 2. 51—58. März/April 1954. Erewan, Polytechn. Marx-Inst.) A. v. WILPERT. G 321

Leroy E. Swim und **Guy William Leonard jr.,** *Spektrophotometrische Bestimmung von Zirkonium.* Zr wird spektrophotometr. durch Differenzabsorptionsmessung bei 276 mμ einer Lsg. von K-Biphthalat in 0,15 n HCl nach Abzentrifugieren des Zr-Phthalat-Nd., nach Fällung u. Erhitzen im sd. Wasserbad bestimmt. Die Zr-Werte werden einer Eichkurve entnommen. (Trans. Kansas Acad. Sci. **58.** 121—24. 1955. Manhattan, Kansas State Coll.) PH. FRESENIUS. G 322

A. Purushottam und **BH. S. V. Raghava Rao,** *Tannin als Reagens auf Zirkonium.* Zr läßt sich mit Tannin (I) von U, Mn, Be, Fe^{3+}, Al, Ni u. Ceriterden in einer einzigen Fällung quantitativ trennen, die Fällung erfolgt aus Lsgg. von höchstens 0,15 n HCl. Bei Ggw. von Cr u. V ist eine Umfällung aus 0,1 n HCl notwendig, zur Trennung des Zr von Sn u. Ti ist I ungeeignet. — Vgl. auch C. **1952.** 576. (Recueil Trav. chim. Pays-Bas **70.** 555—58. Juli 1951. Waltair, S. India, Andhra Univ., Chem. Lab.) PH. FRESENIUS. G 322

Enrico Crepaz und **Lino Marchesini,** *Über die Anwendung der m-Nitrobenzoesäure und ihrer Salze als analytische Reagentien.* 2. Mitt. *Thoriumbestimmung.* (1. vgl. C. **1956.** 814.) Da die Fällung von Th^{4+} mit m-Nitrobenzoesäure sehr p_H-empfindlich ist (Nd. bei $p_H < 2,4$ nicht quantitativ, bei $p_H < 1,9$ kein Nd.), wird empfohlen, zur Fällung Lsgg. des Na- oder des NH_4-Salzes zu verwenden. Die auf 150 cm^3 verd. Probelsg. wird mit 35 cm^3 2,5%ig. Reagenslsg. auf 80° erhitzt, 1 Std. stehengelassen u. durch Papier filtriert, der Nd. zuerst mit 0,01%ig. Reagenslsg., dann mit dest. W. gewaschen, feucht im Pt-Tiegel verbrannt u. als ThO_2 gewogen. Die Zus. des bei p_H 1,9—2,4 gefällten Nd. entspricht $Th(C_6H_4NO_2COO)_4$; bei $p_H > 2,4$ entstehen bas. Salze variabler Zus., bei $p_H > 3,5$ wird gleichzeitig $Th(OH)_4$ gefällt. (Atti Ist. Veneto Sci., Lettere Arti, Cl. Sci. mat. natur. **110.** 91—98. 1952. Padova, Univ.) R. K. MÜLLER. G 324

Marguerite Perey und **Jean-Pierre Adloff**, *Papierchromatographische Trennung von AcB—AcC''*. Vff. beschreiben eine neue Meth. zur Trennung von AcB u. AcC''. Eine Suspension von Ac-führendem $La_2(CO_3)_3$ in $(NH_4)_2CO_3$-Lsg. wird zentrifugiert. In der Lsg. befinden sich die lösl. Carbonate von AcC'' u. AcK sowie etwas AcX u. AcB. Durch kräftiges Kochen wird $(NH_4)_2CO_3$ rasch zerstört, die Lsg. mit Essigsäure auf p_H 2—3 eingestellt, ein Tropfen verd. Pb-Salzlsg. zugefügt u. dieses als Sulfid gefällt. Der PbS-Nd. enthält nach sorgfältigem Waschen AcB u. AcC''. Man löst in verd. warmer HCl, verdampft zur Trockene u. nimmt mit einem Tropfen W. auf, chromatographiert auf Papier vor einem Geiger-Müller-Zählrohr. Je 15 Sek. lang wird in Abständen von 15 Sek. gemessen. Die Aktivitätskurve zeigt zwischen 5 u. 6 cm, gemessen vom Auftragspunkt der Niederschlagslsg., ein Maximum für AcC''. AcB verbleibt vollständig innerhalb der ersten 4 cm u. ist nach einigen Std. zerfallen. Die verbleibende Restaktivität stammt von AcX-Spuren. Im Bereich von AcC'' fällt die Aktivität mit der Periode von **4,76** Min. u. hinterläßt keine Restaktivität. Dies beweist die Reinheit des Produktes. Im Verlauf der Verss. konnten Vff. feststellen, daß AcC'' viel leichter lösl. ist als AcB, die Lsgg. enthalten mindestens 10mal soviel AcC'' als AcB. AcC'' wird aus dem Papier durch einfaches Tauchen in W. extrahiert. Das Verf. kann in gleicher Weise auch auf die quantitative Trennung von Pb–Tl angewandt werden. (C. R. hebd. Séances Acad. Sci. **236**. **1664**—**66**. 27/4. 1953.) H. ENDRASS. G 341

Jorma Kinnunen und **Bengt Merikanto**, *Bestimmung von Eisen in metallurgischen Produkten in Gegenwart von Kupfer*. Fe kann neben Cu titrimetr. bestimmt werden, indem die HCl–H_2SO_4-saure Lsg. zur Red. des Fe^{3+} 3—4 Min. mit 20 ml Zn-Amalgam (10 g Zn + 40 ml Hg) im Scheidetrichter geschüttelt wird. Das Amalgam wird mit CCl_4 abgetrennt. Nach Zusatz von 3 Tropfen Ferroinlsg. (2 g o-Phenanthrolinhydrochlorid + 856 mg $FeSO_4 \cdot 7\,H_2O$ in 123 ml W.) kann mit 0,1 n $Ce(SO_4)_2$-Lsg. unter Durchleiten von CO_2 titriert werden. (Chemist-Analyst **42**. **62**—**63**. Sept. 1953. Pori, Finnland, Outokumpu Oy, Metalworks.) H.-G. MOSLÉ. G 354

P. F. Wyatt, *Trennung und Bestimmung kleiner Metallmengen mit Diäthylammoniumdiäthyldithiocarbamat*. 1. Mitt. *Die Bestimmung kleiner Mengen Kupfer, Mangan und Eisen nebeneinander in organischen Verbindungen. Fe* wird als *Cupferronkomplex* in saurer Lsg. von Cu u. Mn getrennt; *Cu* wird als *Diäthyldithiocarbamatkomplex* in mineralsaurer Lsg. von Mn getrennt, das letzte bildet in acetatgepufferter Lsg. einen purpurbraunen Diäthyldithiocarbamatkomplex. Dieser u. die entsprechenden Komplexe des Cu u. Fe lassen sich mit $CHCl_3$ extrahieren u. colorimetr. bestimmen. Die Trennungen sind quantitativ u. ergaben im Bereich von 20—1000 γ Fe, 5—70 γ Cu u. 10—200 γ Mn gute Resultate. Reagentien: 5%ig. wss. *Cupferron* (**I**)-*Lsg.*, *Diäthylammoniumdiäthyldithiocarbamat* (**II**)-*Lsg.*, aus 2 g **II** in 200 ml doppelt dest. $CHCl_3$ (lichtempfindlich); Fe^{3+}-Eichlsg. (**III**) aus $(NH_4)_2SO_4 \cdot FeSO_4 \cdot 6\,H_2O$ mit Br_2, Geh. 100 γ Fe/ml; Cu-Eichlsg. aus $CuSO_4 \cdot 5\,H_2O$, Geh. 10 γ Cu/ml; Mn^{2+}-Eichlsg. aus $KMnO_4$ durch Red. mit SO_2, Geh. 10 γ Mn/ml. — 2—5 g Substanz werden mit H_2SO_4/HNO_3 zersetzt, die Lsg. mit wenig $HClO_4$ geklärt u. zweimal mit 5—10 ml W. bis zur Entw. von SO_3 eingedampft. Dann wird mit 10 ml W. u. 10 ml verd. HCl (1:1) 3—5 Min. gekocht, filtriert u. im Scheidetrichter mit W. auf 30—35 ml verdünnt. In einigen Fällen ist Veraschen im Pt-Tiegel bei 500 ∓ 50^0 vorzuziehen. — Best. des *Fe*: Zu vorst. Lsg. werden 1 ml **I**-Lsg. u. 5 ml $CHCl_3$ gegeben, 30 Sek. durchgeschüttelt, die $CHCl_3$-Schicht in einen 25 ml-Meßkolben abgelassen, mit wenig $CHCl_3$ nachgewaschen, weitere 0,5 ml **I** zugegeben u. 2—3mal mit je 5 ml $CHCl_3$ extrahiert. Die vereinigten Extrakte werden mit $CHCl_3$ bis zur Marke aufgefüllt u. im Dunkeln aufbewahrt. Vf. bestimmte die opt. Dichte des Extraktes mittels eines SPEKKER-Absorptiometers. Zur Auswertung dient eine entsprechende Eichkurve. Vf. empfiehlt, um Störungen durch überschüssiges Cupferron zu vermeiden, das $CHCl_3$ des Extraktes nach Zugabe von 2 ml H_2SO_4 (1:1) abzudampfen, den Rückstand mit kleinen Anteilen HNO_3 u. zuletzt ca. 0,5 ml $HClO_4$ zu zers. u. Fe z. B. nach der Thioglycolat- oder o-Phenanthrolinmeth. zu bestimmen. — Best. des Fe mit **II**: Der Cupferronkomplex wird zerstört, 5 ml W. werden zugegeben, bis zur Entw. von SO_3 eingedampft, 15 ml W. zugegeben, 1 Min. gekocht u. auf 25 ml aufgefüllt. Davon wird ein aliquoter Teil (bis zu 250 γ Fe) in einem graduierten Scheidetrichter mit 20 ml 4 mol. Na-Acetatlsg. u. 10 ml **II**-Lsg. versetzt, 1 Min. geschüttelt u. die $CHCl_3$-Schicht in einen 25 ml-Meßkolben übergeführt. Es wird noch zweimal mit je 5 ml **II**-Lsg. 30 Sek. ausgeschüttelt, die vereinigten Extrakte werden mit $CHCl_3$ aufgefüllt, 15 Min. ins Dunkle gestellt u. innerhalb der nächsten Std. wie oben gemessen. Bei Ggw. von $>$500 γ Fe ist weitere Extraktion mit je 0,5 ml **I**-Lsg. u. 5 ml $CHCl_3$ nötig, bis der letzte Extrakt frei von der Farbe des Fe-Komplexes ist. Ein Überschuß an **I** ist zu vermeiden. — Trennung u. Best. des *Cu*: Der wss. Anteil von der Fe-Best. wird mit 1 ml $HClO_4$ abgeraucht, einige Tropfen HNO_3 werden unter Kochen zugefügt, bis die Lsg. farblos ist, 5 ml W. zugefügt u. bis zur Entw. von SO_3 eingedampft. Nach Zugabe von 15 ml W. wird eine Min. gekocht, abgekühlt u. 1 ml 5%ig. $Na_2S_2O_5$-Lsg. zugefügt, in einen 50 ml-Scheidetrichter überführt u. mit dem Spülwasser auf 25 ml aufgefüllt. Dazu werden 10 ml II-Lsg. gegeben, 40 Sek. geschüttelt u. mit der klaren $CHCl_3$-Schicht (gegebenenfalls filtrieren) eine 1 cm-Zelle gefüllt. Die bedeckte Zelle wird 15 Min. im Dunkeln aufbewahrt. Die wss. Schicht wird mit $CHCl_3$ gewaschen, bis dieses farblos bleibt, u. zur Mn-Best. auf 25—30 ml eingedampft. Die Best. des Cu u. der Eichkurve erfolgt mit den gleichen Geräten analog dem Fe. Bei Ggw. von Bi werden die vereinigten $CHCl_3$-Extrakte 15 Sek. mit 2 ml 10%ig. KCN-Lsg. geschüttelt, 8 ml W. zugegeben, die $CHCl_3$-Schicht verworfen, mit wenig $CHCl_3$ gewaschen u. die vereinigten wss. Extrakte mit 2 ml H_2SO_4 (1:1) auf die Hälfte eingedampft. Dann wird auf 25 ml verd., mit 10 ml II-Lsg. extrahiert u. wie oben verfahren. — Best. von *Mn*: Die eingedampfte Lsg. wird mit NH_4OH gegen Lackmus gerade alkal., dann mit verd. HCl (1:1) eben sauer gemacht, 0,5 ml HCl (1:1) u. 0,5 ml 5%ig. $Na_2S_2O_5$-Lsg. zugegeben, mit 10 ml 4 mol. Na-Acetatlsg. versetzt u. auf 50—60 ml verdünnt. Dann werden unter Schütteln (30 Sek.) je 10 ml $CHCl_3$ u. 5 ml II-Lsg. zugegeben, zwischen jeder Extraktion ohne Schütteln mit wenig $CHCl_3$ gewaschen, Extrakte u. Waschchloroform in 25 ml-Meßkolben mit $CHCl_3$ aufgefüllt u. filtriert. Der verschlossene Kolben bleibt 5 Min. im Dunkeln, dann wird in einer 4 cm-Zelle analog wie beim Fe gemessen. Da Ni u. Co mit II farbige Komplexe geben, wird bei Ggw. der letzten vorst. Meth. nur zur Abtrennung des Mn benutzt u. nach der Perjodatmeth. bestimmt. Dazu werden die vereinigten Extrakte mit 2 ml H_2SO_4 (1:1). bis zur SO_3-Entw. eingedampft, die Komplexe mit HNO_3 zers., 10 ml W. zugegeben, nochmals abgeraucht, mit 20 ml W. verd. u. mit 2 ml verd. H_3PO_4 (1:1) u. ca. 0,2 g KJO_4 1 Min. schwach gekocht. Nach Verdünnen auf 25 ml wurde in einer 4 cm-Zelle mit Ilford Nr. 604-Grünfilter u. H 503-Wärmefilter gemessen u. mit einer entsprechenden Eichkurve verglichen. (Analyst **78.** 656—61. Nov. 1953. Manchester, Hexagon House, Blackley, Imperial Chemical Industries Ltd., Dyestuffs Div.) H. HOFMANN. G 354

—, *Kohlenstoffbestimmung in Metallen. Eine neue konduktometrische Methode.* Zur C-Best. in C-armen *Stählen* (unter 0,03%) wird ein konduktometr. Verf. vorgeschlagen. 1—2 g Einwaage werden, wie üblich, im O_2-Strom bei 1100—1300° verbrannt. Das Gas wird durch granuliertes MnO_2 zur Entfernung von SO_2 u. in eine beschriebene Perspex-Leitfähigkeitszelle geleitet. Durch Einbau von Spiralen wird dort für eine vollständige Absorption des CO_2 in Sodalsg. gesorgt. Diese Meth. ist auch für Stähle mit höherem C-Geh. u. *Roheisen* anwendbar. (Chem. Age **71.** 1305—06. 18/12. 1954.) H.-G. MOSLÉ. G 354

Marcel-D.-E. Jonckers, *Die analytische Chemie im Dienste der Metallurgie.* Übersicht über die Aufgaben eines analyt. Labor. in einem metallurg. Betrieb. (Ing. Chimiste [Bruxelles] **35.** 135—60. Sept. 1953. Marchienne-au-Pont, Soc. An. Forges de la Providence, Labor.) W. WESLY. 5280

William J. McMahon und **Laurence S. Foster,** *Die Vakuumschmelzmethode zur Bestimmung winziger Gasmengen in Metallen.* Prinzip, App. u. Ausführung der Best. von gelöstem u. gebundenem *H, O* u. *N*, die beim Schmelzen von Metallen in Graphittiegeln im Hochvakuum (Heizung durch Hochfrequenzinduktion auf 1600—2400°, Kühlen der Glashülle des Ofens durch Luftstrom) als H_2, CO bzw. N_2 entweichen. Sie werden abgepumpt, in einem MCLEOD-Manometer gemessen u. über erhitztes CuO geleitet. Entstandenes W. u. CO_2 werden mit $Mg(ClO_4)_2$ bzw. durch Kühlen mit fl. N_2 weggenommen. Der verbleibende N_2 u. dann das wieder vergaste CO_2 werden manometr. gemessen u. der H aus der Differenz zum Gesamtvol. errechnet. — Mehrere Bestimmungen hintereinander durch Einführen weiterer Proben. — Abänderungen für manche Metalle (Mn, Ti, Al) u. Überwinden sonstiger Schwierigkeiten. — Bisher beste Genauigkeit von $\pm 0,001$%. Vgl. der Ergebnisse. (J. chem. Educat. **30.** 609—13. Dez. 1953. Watertown, Mass., Watertown Arsenal Labor.) K. BLUMRICH. 5280

Paul Raffinot, *Erkennung gekörnter Mineralien durch Oberflächenfärbung.* Bei der Trennung von zerkleinerten Mineralien kann der Wirkungsgrad eines mechan. Verf. oft durch selektive Oberflächenfärbung erkannt werden. Über die Anwendbarkeit, die Vorbereitung u. die Färbung wird an Hand von Beispielen berichtet. (Rev. Ind. minérale **34.** 1025—30 u. 1037—38. 1/12. 1953. Paris, Lab. de la Société Minerais et Métaux.) H. PAULI. 5290

b) Organische Verbindungen.

Alexis Konovalov, *Einige Bemerkungen zur Mikrobestimmung von organischem Stickstoff.* 2. Mitt. *Vergleichende Untersuchung der Dumas-Pregl- und Kjeldahl-Methoden.* (1. vgl. C. **1953.** 1220.) Die beiden klass. Methoden der N-Best. nach DUMAS u. KJELDAHL werden an einer großen Anzahl von Beispielen miteinander verglichen. Ausführliche Beschreibung der angewendeten KJELDAHL-Meth. mit Zeichnungen der Apparaturen, Synth. der zur Red. von Nitro-, Nitroso- u. Azogruppen notwendigen HJ (57% ig.), genaue Beschreibung der Analysentechnik u. Titration des überdest. NH_3 mit einem Indicator nach TASHIRO (Methylenblau + Methylrot: sauer = rotviolett, neutral = farblos, alkal. = grünlich). 46 Substanzen (276 Analysen) werden danach analysiert (Einwaagen 2—8 mg). Bei N-haltigen Substanzen, die außerdem noch Br u. J enthalten, sowie bei Polymeren ergeben sich nach dem DUMASschen Verf. niedrigere Resultate als die rechner. ermittelten; bei diesen wendet man vorteilhafter die KJELDAHL-Meth. an. Der Grund dafür liegt in einer noch nicht geklärten unvollständigen Zersetzung. (Ind. chim. belge **18.** 329—39. April 1953. Louvain, Univ., Lab. de Chimie Générale, Dép. des Microanalyses.) E. JÄGER. 5352

Luisa Nebbia und **Basilio Pagani,** *Die chromatographische Bestimmung von Acetylen und Diacetylen in Gegenwart monosubstituierter Acetylene. Acetylen* (I) u. *Diacetylen* (II) lassen sich in Gemischen mit Homologen als Cuproverbb. abtrennen, wenn sie auf Al_2O_3-Säulen, die Cu_2Cl_2 enthalten, chromatographiert werden. Die rosarote I-Verb. u. die rotorangefarbene II-Verb. (geht in kurzer Zeit in schwärzliches Rot über) sind schwerer lösl. als die der monosubstituierten *Methyl-, Äthyl-* u. *Vinylacetylene*; sie bleiben deshalb mehr im oberen Teil der Säule. Vff. packten die Säule mit einem Gemisch von 96 Teilen Al_2O_3 (sauer) u. 4 Teilen Cu_2Cl_2 u. ließen die zu analysierende Lsg. unter Zugabe von 2%ig. NH_4OH auftropfen. Mit der gleichen Fl. wurde eluiert. Es ließen sich noch 0,1 bis 0,5 mg C_2H_2 nachweisen. (Chim. e Ind. [Milano] **37.** 200—01. März 1955. Novara, Italia, „Montecatini"-Ist. di Ric. „G. Donegani"). H. ENDRASS. G 530

R. Zahradník, *Reduktion des Phenylisothiocyanats auf der Quecksilbertropfelektrode.* Phenylisothiocyanat wird in sauren Lsgg. in zwei, in alkal. in einer Stufe reduziert. Das Halbstufenpotential der diffusionsbedingten Stufe bei $p_H > 6$ beträgt $E_{1/2} = -1{,}04$ Volt. (Chem. Listy **49.** 764—65. Mai 1955. Praha, Ústav hygieny práce a chorob z povolání. [Orig.: tschech.]) P. ZUMAN/Prag. G 600

Gyula Almássy und **István Dezsö,** *Mikronachweis und colorimetrische Mikrobestimmung von Oxalation mit Hilfe einer aktivierten Reaktion.* Von den durch Oxalation beschleunigten Farb-Rkk., welche bei der Oxydation organ. Verbb. mit Chromat oder Vanadat entstehen, ist die Rk. von Vanadat mit Anilin die empfindlichste. Es kann in 1 ml Lsg. mit p_H 1—2 noch 1 γ Oxalat erfaßt werden, wenn man mit einigen Tropfen Anilinhydrochloridlsg. u. 0,1n $NaVO_3$-Lsg. reagieren läßt. Je nach der Konz. wird die Lsg. sofort oder nach einigen Min. blaugrün, die Blindprobe bleibt grünlichgelb. Farblose Ionen stören nicht, auch farbige nicht unterhalb 1 mg. F^- u. PO_4^{3-} verzögern die Reaktion. Zur quantitativen Best. verwenden Vff. die durch Oxalat aktivierte Rk. zwischen Cr^{VI} u. Mn^{II}; da jedoch weder die Abnahme der Extinktion der sehr verd. Bichromatlsg. noch die grüne Farbe des gebildeten Cr^{3+} direkt meßbar sind, wird die Farbe durch die Rk. mit Diphenylcarbazid verstärkt gemessen. Vielfache Mengen von Fremdionen stören nicht. In 1 ml Lsg. kann 0,5 γ Oxalat bestimmt werden. (Magyar Kémiai Folyóirat [Ung. Z. Chem.] **61.** 107—09. April 1955. Debrecen, Medizin. Univ.) J. PLANK. G 820

Paul Fleury, Roland Perlès und **Léa Le Dizet,** *Bestimmung der Ameisensäure und der Glykolsäure, die im Verlauf der Perjodsäureoxydation organischer Verbindungen gebildet werden.* Es wird eine Meth. beschrieben, durch die *HCOOH* (I) u. *Glykolsäure* (II) in einer HJO_3 (III), HJO_4 (IV) u. CH_2O enthaltenden Lsg. bestimmt werden können. In beiden Fällen wird CH_2O durch $(NH_4)_2SO_4$ gebunden u. die organ. Säure durch Ae. extrahiert. I wird mit $HgCl_2$ umgesetzt; das der I entsprechende gebildete Hg_2Cl_2 wird jodometr. bestimmt. II wird nach Rk. mit Chromotropsäure photometr. bestimmt. Ausführung: Best. der I: Die 0,5—3 mg I enthaltende Lsg. wird durch 10 Min. Schütteln mit überschüssigem krist. Barythydrat von III u. IV befreit. Ein aliquoter Teil der zentrifugierten Lsg. wird mit $^1/_4$ seines Vol. 5n H_2SO_4 versetzt; das $BaSO_4$ wird abzentrifugiert. Die Lsg. (5—20 ml) wird ca. 2 Std. mit Ae. im Perforator (Typ FAYOLLE u. LORMAND), in dessen alkoholfreien Ae. enthaltendem Rezipienten man 1 ml mol./4-Sodalsg. gibt, extrahiert. In Ggw. von CH_2O wird die Lsg. vor der Extraktion, die hier 4 Std. dauert, mit dem gleichen Vol. gesätt. $(NH_4)_2SO_4$-Lsg. versetzt. Die Sodalsg. wird kurz auf dem Wasserbad erwärmt, nach Zusatz von 0,5 ml n H_2SO_4 in ein Zentrifugenröhrchen (15—20 ml) gespült u. mit 5 ml Hg-Reagens (20 g $HgCl_2$ + 30 g Na-Acetat·3 H_2O + 8 g NaCl + 100 ml W.) u. 1 ml 10%ig. $BaSO_4$-Suspension 20 Min. auf dem Wasserbad erwärmt. Nach Abkühlen u. Zentrifugieren wird die überstehende Fl. abgesaugt. Der Nd. wird 2mal mit W. gewaschen u. mit 2—4 ml titrierter Jodatlsg. (1,783 g KJO_3 u. 50 ml konz. H_2SO_4 in 1 Liter wss. Lsg.) u. 4—5 Tropfen 20%ig. KJ-Lsg. versetzt. Das frei gewordene J wird mit n/100 $Na_2S_2O_3$-Lsg. titriert. 1 ml n/100 $Na_2S_2O_3$-Lsg. entspricht 0,23 mg I. — Best. von II: Die Probe, die ca. 0,5—5 ml mol./10 II entspricht, wird zunächst wie oben behandelt; die II wird jedoch durch 1 ml n NaOH gebunden (Extraktionsdauer 8 Std.); die alkal. Lsg. wird dann mit 1 ml n H_2SO_4 versetzt. 0,5 ml der wss. II-Lsg. (mit 1 mg II/ml), 0,5 ml 5%ig. wss. Chromotropsäurelsg. u. 5 ml konz. H_2SO_4 werden 20 Min. auf dem Wasserbad erwärmt. Nach Verdünnung mit 2n H_2·SO_4 auf 25 ml wird bei 520 mμ die Absorption gemessen. (Ann. pharmac. franç. **11.** 581 bis 588. Sept./Okt. 1953. Paris, Fac. de Pharm., Labor. de Chim. biol., u. Centre nat. de la Rech. sci.) K. F. MÜLLER. G 850

Wolfgang Dihlmann, *Über den papierchromatographischen Nachweis flüchtiger aliphatischer Amine.* (Vgl. C. **1955.** 10103.) Zum papierchromatograph. Nachw. von *Methylamin* (I), *Dimethylamin* (II), *Trimethylamin* (III), *Äthylamin* (IV), *Diäthylamin* (V), *Triäthylamin* (VI), *n-Propylamin* (VII), *Isopropylamin* (VIII), *Dipropylamin* (IX), *n-Butylamin* (X), *Isobutylamin* (XI), *Di-n-butylamin* (XII), *Diisobutylamin* (XIII), *Isoamylamin* (XIV), *Isohexylamin* (XV) u. *Allylamin* (XVI) benutzte Vf. als Lösungsmittelgemisch n-Butanol–Eisessig–W. (4:1:5). Die Anfärbung erfolgte mit 0,2% *Ninhydrin* (XVII) oder 1% *Na-β-Naphthochinonsulfonat* (XVIII) in 5%ig. Sodalösung. Tert. Amine, die weder mit **XVII** noch mit **XVIII** reagieren, werden bei Raumtemp. im Exsiccator J_2-Dämpfen ausgesetzt. Mit **XVII** lassen sich **II, V, IX, XII, XIII** nachweisen u. mit **XVIII: I, II, IV, VII, IX, X, XI, XIV, XV** u. **XVI.** Mit **XVIII** lassen sich farbmäßig gesätt. (taubenblau) u. ungesätt. Amine (gelbgrün) unterscheiden; Empfindlichkeit der Färbung mit **XVIII** ca. 5 γ. Zum Nachw. im *Harn* wurden 50 ml im Vakuum bei 20—25° nach Sodazusatz dest. u. die freigesetzten Amine in 5 ml eisgekühlter Essigsäure aufgefangen. Diese Essigsäure wird im Vakuum bei 20—25° auf 0,5 ml eingeengt u. davon eine oder mehrere Proben für die Papierchromatographie aufgesetzt. (Biochem. Z. **325.** 295—98. 1954. Jena, Friedrich-Schiller Univ., Physiol.-Chem. Inst.) K. NEHRING. G 910

Rosarina Carpignano und **Giovanni Musso,** *Über die quantitative Bestimmung von Hexamethylendiamin. Hexamethylendiamin* (I) kann gravimetr. als I·2 $HAuCl_4$ oder noch besser als Chloroplatinat I·H_2PtCl_6 (F. 222—224°, Zers.) bestimmt werden: 0,1 bis 0,2 g I löst man in 5 cm³ A., setzt 2,5 cm³ konz. HCl u. in 20%ig. Überschuß 10%ig. wss. H_2PtCl_6-Lsg. zu, läßt 4 Std. stehen, filtriert durch einen Tiegel, wäscht mit 50%ig. A., bis das Filtrat mit KOH u. HCHO keine Trübung mehr gibt, trocknet bei 100° u. wägt; Berechnung mit At.-Gew. des Pt = **196,46.** — Für die photocolorimetr. Best. des I eignet sich die Rk. von LEGAL-CAMBI (vgl. z. B. C. **1931.** I. 2328): eine Lsg. von 1 g I in 100 cm³ dest. W. wird auf die gewünschte Verdünnung eingestellt u. photocolorimetr. (530 u. 550 mμ) mit einer Lsg. von 0,5% Nitroprussid-Na (II) u. 1 cm³ Aceton (III) in 100 cm³ W. verglichen, nachdem 10 cm³ Lsg. mit 0,5 cm³ **III** u. 0,5 cm³ 0,5%ig. **II**-Lsg. versetzt wurden. Diese Meth. ist auch bes. geeignet für die Analyse von techn. **I.** (Ann. Chimica **44.** 821—26. Okt. 1954. Torino, Univ., Ist. di Chim. organ. ind.) R. K. MÜLLER. G 910

Jaroslav Franc, *Quantitative Bestimmung von o-, m-, p-Kresol und Phenol in technischem Trikresol durch chromatographische Trennung an Silicagel.* Techn. Trikresol (4 mg) wird an einer Säule von Silicagel (1,6·70 cm) im Lösungsmittelsyst. Cyclohexan–W. nach ZAHNER u. SWANN (vgl. C. **1952.** **3545**) chromatographiert. Nacheinander ausfließende Fraktionen: 1. *Xylenole* (I), *Äthylphenole* (II), 2. *o-Kresol*, 3. *m-Kresol–p-Kresol* (III), 4. reines, phenolfreies Lösungsm., 5. *Phenol*, werden nach Zugabe von Borat-puffer von p_H 9,4—9,6 mit 2.6-Dibromchinonchlorimin (GIBBS-Reagens) bei gewöhnlicher Temp. behandelt. Alle Bestandteile mit Ausnahme von **III** u. einige von **I** geben beständige blaue bis violette Färbung, welche unter Verwendung eines Orangefilters beim Absorptionsmaximum von 600—620 mμ colorimetr. bestimmt wird. Die Meth. ist in den Konzentrationsgrenzen von 0—1 mg/500 ml u. in Anwesenheit von weniger als 4% **I** u. **II** noch anwendbar. Die Menge von **III** ergibt sich aus der Differenz gegen 100%. Die Meth. ersetzt die bisherige infrarotspektrophotometr. Best. u. eignet sich für Serienanalysen. (Chem. Listy **48.** 1526—31. Dez. 1954. [Orig.: tschech.] Collect. czechoslov. chem. Commun. **20.** 298—304. April 1955 [Orig.: deutsch]. Pardubice-Rybitví, Výzkum. ústav organ. syntes.) J. VANĚČEK/Prag. G 1060

José Sevilla, *Betrachtungen zur Anwendung der Vanadatreaktion bei Verbindungen mit o-Diphenolgruppen.* 2. Mitt. (Vgl. SEVILLA u. DI MENZA, Rev. Asoc. bioquím. argent. **14.** [1947.] 17—23.) Nach der früheren Unters. des Vf. liefert *NH_4-Metavanadat* (I) mit o-Diphenolverbb. in der Kälte eine rötlich-violette, vorübergehende Färbung, beruhend auf starker Red. der Vanadinverb. — Zur Ausführung der Rk. löst man — gegebenenfalls nach Hydrolyse veresterter Gruppen — 0,01—0,02 g der Verb. in 3 bis 4 Tropfen 50%ig. H_2SO_4 u. erwärmt im Glycerinbad 2—3 Min. auf 150—190°. Nach Erkalten löst man in 10 cm³ dest. W., gibt 0,01—0,02 g I zu u. schüttelt. — Beispiele: *Äsculin, Coniferin, Quercitrin* (Hydrolyse muß mit konz. H_2SO_4 in 3 Min. bei 170° erfolgen), *Arbutin, Aloin.* — *Tebenin,* das aus Tebain bei Einw. von HCl entsteht, gibt die Farb-Rk. nicht.

(Rev. Asoc. bioquîm. argent. **17.** 3—8. Jan./Febr. 1952. Buenos Aires, Cátedra de Quím. Analít. Funcional de Medicamentos orgán.) J. ALTPETER. G 1060

E. Asmus und **H. Garschagen,** *Über die photometrische Bestimmung von Pyridin in Wasser und Ammoniaklösungen.* Zur Best. von Pyridin in wss. u. ammoniakal. Lsgg. wird eine auf der ZINCKE-KÖNIGschen Rk. [1904] basierende, empir., photometr. Meth. beschrieben. Statt mit prim. aromat. Amin wird die Rk. durch Verwendung von Barbitursäure in 1%ig. KCN-Lsg. u. wss. Chloraminlsg. empfindlicher. Das sich aus Chloramin u. KCN bildende Chlorcyan erzeugt zunächst eine gelbe Färbung, die im Laufe von 30 Min. in die rotviolette Färbung des Glutacondialdehyddibarbiturats übergeht. Die Messung des Absorptionsmaximums erfolgt unter Verwendung einer Hg-Lampe mit Filter 570, einem LEITZ- oder ZEISS-Photometer, u. unter Anwendung von Eichkurven. Empfindlichkeit 0,25 μg Pyridin (bzw. 0,05 mg/Liter). (Z. analyt. Chem. **139.** 81—89. 1953. Marburg, Univ., Chem. Inst.) K.-H. KÜSSNER. G 3231

Giuseppe Pruner, *Cerimetrische Bestimmung von Isonicotinsäurehydrazid und vorläufige Untersuchungen über den Reaktionsverlauf. Isonicotinsäurehydrazid* (I) läßt sich durch Oxydation mit $K_3Fe(CN)_6$ (II) u. Titration des entstehenden $K_4Fe(CN)_6$ mit n/200 $Ce(SO_4)_2$-Lsg. mit einem Fehler von $\pm$ 0,5% (bei 0,05—1 mg) bestimmen. Dabei entsteht als Oxydationsprod. aus **I** *1.2-Diisonicotinylhydrazin* (F. 263°) oder eins seiner 2 Salze mit $Fe(CN)_6^{4-}$, die als orangegelbe bzw. rubinrote Kristalle erhalten werden. Für die Oxydations-Rk. werden stets 3,5 Äquivalente **II** verbraucht. (Rend. Ist. super. Sanità **17.** 434—38. 1954. Roma, Ist. super. Sanità, Labor. biol.) R. K. MÜLLER. G 3231

J. Brückner, *Bestimmung von Monosacchariden mit Hilfe der Orcin-Schwefelsäure-Reaktion.* Vf. beschreibt eine Meth. zur Best. von *Monosacchariden* (**I**) (*D-Glucose* [**Ia**], *D-Mannose, D-Fructose* (**Ib**), *D-Galaktose* (**Ic**), *L-Sorbose, L-Rhamnose, D-Ribose. D-Xylose, D-Lyxose, D-Arabinose* u. *D-Xylulose*], die auf ihrer Farb-Rk. mit *Orcin* (**II**)–H_2SO_4-Reagens beruht. Zur Ausführung werden 0,01%ig. **I**-Lsgg. nach Zusatz eines gleichen Vol. 4%ig. wss. **II**-Lsg. innerhalb $1^1/_2$ Min. mit dem 8fachen Vol. konz. H_2SO_4 (D. 1,84) versetzt, wobei eine Erwärmung des Gemisches durch Kühlung zu vermeiden ist. Anschließend wird 50 Sek. auf 100° erhitzt, 3 Min. abgekühlt u. die Farbintensität auf spektrophotometr. Wege bestimmt. Sie zeigt eine Abhängigkeit von der H_2SO_4-Konz., indem sie von 21 n bis 32,4 n Säure ansteigt. Als Optimalkonz. wird 31,2nH_2SO_4 angewandt. Ferner ist das Auftreten der Rk. von der Erhitzungstemp. abhängig. Unterhalb 74° wird keine Farb-Rk. beobachtet. Eine Erhitzungsdauer von 30 Sek. ist zwar für die Bldg. der gelbbraunen Farbtönung bei Ggw. von **Ib** ausreichend; mit **Ia** u. **Ic** entstehen jedoch erst nach 50 Sek. blau- oder kirschrote Färbungen. Die Absorptionsspektren der verschied. **I** zeigen untereinander Unterschiede, die das Vorliegen einer Aldo- oder Ketohexose bzw. Pentose erkennen lassen. Aus den Quotienten der bei 2 verschied. Wellenlängen (zwischen 415—600 mμ) gemessenen Extinktionskoeffizienten lassen sich die **I**-Konzz. in einem beliebigen Kohlenhydratgemisch ermitteln. (Biochem. J. **60.** 200—05. Juni 1955. Dunedin, New Zealand, Univ. of Otago, Med. School, Chem. Sect. of the Dep. of Pathol.) P. FAHRNLAENDER. G 3400

G. Y. Kennedy, *Verteilungschromatographie von Porphyrinen. Ein neuer Apparat* Beschreibung eines App., der die gleichzeitige Analyse von 12 Proben unter ident. Bedingungen erlaubt. Er basiert auf dem Verf. von NICHOLAS u. RIMINGTON [Scand. J. Clin. a. Lab. Investig. **1.** [1949.] 12 u. arbeitet mit sehr langen Papierstreifen. Einzelheiten im Original. (Scand. J. clin. Lab. Invest. **5.** 281—84. 1953. Sheffield, Univ., Field Labor., Cancer Res. Lab.) W. SCHELER. G 3550

K. G. Paul, *Trennung von Porphyrinen mittels der Gegenstromverteilung.* Mittels Gegenstromverteilung gelingt die Anreicherung der einzelnen Komponenten eines *Proto-, Meso-* u. *Hämatoporphyrin*-Gemisches. Die vollständige Trennung erfolgt jedoch durch die Papierchromatographie besser. Der Verteilungskoeff. im Syst. Ae./0,12 mol. HCl beträgt für das *Protoporphyrin* 17,86, *Mesoporphyrin* 1,396 u. das *Hämatoporphyrin* 0,0186. (Scand. J. clin. Lab. Invest. **5.** 212—17. 1953. Stockholm, Med. Nobelinst., Biokem. avdelningen.) W. SCHELER. G 3550

Willard S. Ruliffson, Helga M. Lang und **J. P. Hummel,** *Radiochemische Bestimmung von Ketosteroiden.* Die Darst. von *1-Hydrazinoformylmethyl-3-^{131}jodpyridiniumbromid* (I, „*Jod-P Reagens*") wird beschrieben u. die R_F-Werte folgender Ketosteroide nach Rk. mit diesem radioakt. GIRARDs Reagens T bei aufsteigender Papierchromatographie mit 84%ig. Butanol–W. werden angegeben. **I** bildet Hydrazonderivv. mit $\alpha.\beta$-ungesätt. $C_{(3)}$-Carbonyl, mit $C_{(17)}$ u. $C_{(20)}$-Carbonyl, jedoch nicht mit $C_{(11)}$-Carbonyl. Die R_f-Werte von Verbb. mit 2 reaktiven CO-Gruppen sind bedeutend niedriger als mit nur einer: *Östron,* 0,48, *Δ^4-Androsten-3-on* 0,79, *Androstan-3-on* kein Fleck,

Testosteron 0,56, *Dehydroepiandrosteron* 0,59, *Epiandrosteron* 0,59, *Androsteron* 0,57, *Androstan*-3.17-dion 0,50, *Δ^4-Androsten-3.17-dion* 0,51 bzw. 0,21 (für beide reakt. Gruppen), *Δ^5-Pregnen-3β-ol-20-on* 0,67, *Pregnan-3β-ol-20-on* 0,71, *Allopregnan-3β-ol-20-onacetat* 0,70, *Pregnan-3α.20α-diol-11-on* kein Fleck, *Pregnan-3α-ol-11.20-dionacetat* 0,57, *Pregnan-3.20-dion* 0,64, *Allopregnan-3.20-dion* 0,55, *Progesteron* 0,32, *Desoxycorticosteron* 0,49 bzw. 0,18 (für beide reakt. Gruppen). Der R_F-Wert von I selbst ist 0,15, der einer von I schwer abtrennbaren Verunreinigung 0,25.

Versuche: *3-^{131}Jodpyridin*, aus 3-Jodpyridin, KJ, J_2 u. $Na^{131}J$ in 90%ig. A.–Eisessig bei p_H 5 (51% Austausch), nach 64std. Stehen Fällung mit 50%ig. NaOH. — *1-Carbäthoxymethyl-3-^{131}jodpyridiniumbromid*, $C_9H_{11}O_2NBrJ$, F. 185—188° (Zers.; aus 95%ig. A.), aus vorst. Verb. in absol. A. u. Äthylbromacetat (4 Std. am Rückfluß); 76% (Ausbeute). — *1-Hydrazinoformylmethyl-3-^{131}jodpyridiniumbromid*, $C_7H_9ON_3BrJ$, F. 196—198° (Zers.), aus vorst. Verb. in Methanol u. 85%ig. Hydrazinhydrat in absol. methanol. Lsg. 12 Std. bei —20°; Aktivität 6,2 μC/mg; 55% (Gesamtausbeute). (J. biol. Chemistry **201.** 839—46. April 1953. Iowa City, Io., State Univ. of Iowa, Coll. of Med., Collaborative Steroid Project.) H.-J. Koch/Berlin. G 3750

Betty L. Rubin, Ralph I. Dorfman und **Gregory Pincus,** *Eine Methode für die quantitative Analyse von 17-Ketosteroidgemischen.* Es wird eine quantitative Meth. zur Best. von *17-Ketosteroid*-Gemischen durch Papierchromatographie mit Heptan–Phenylcellosolve bzw. Heptan–Propylenglykol u. anschließende quantitative Best. nach Zimmermann beschrieben. Die Best. der $\Delta^{9,11}$-ungesätt. 17-Ketosteroide wird ermöglicht durch Oxydation der Zonen des *Androsterons* (I) bzw. *Ätiocholan-3α-ol-17-ons* (II) mit Benzopersäure u. erneute Chromatographie. Auf diese Weise wurden in der α-keton. Fraktion (nach saurer Hydrolyse Trennung mit Girards Reagens) aus menschlichem Urin folgende Verbb. bestimmt: *3β-Chlor-Δ^5-androsten-17-on*, ein unbekanntes Steroid, I, II, *11-Ketoandrosteron*, *Ätiocholan-3α-ol-11.17-dion*, *$\Delta^{9,11}$-Androsten-3α-ol-17-on*, *$\Delta^{9,11}$-Ätiocholan-3α-ol-17-on* u. ein nicht identifizierter polarer Rückstand. (J. biol. Chemistry **203.** 629—45. Aug. 1953. Shrewsbury, Mass., Worcester Found. for Exp. Biol. u. Nat. Inst. of Mental Health Cooperative Res. Stat. at the Worcester Found.) H.-J. Koch/Berlin. G 3750

d) Medizinische und toxikologische Analyse.

H. Lehmann und **Hedy L. Kay,** *Eine mögliche Fehlerquelle bei der photoelektrischen Bestimmung des Hämoglobins.* Bei der Best. des *Hämoglobins* (I) mit einem photoelektr. Colorimeter wird durch Verwendung von Filtern mit großer Halbwertsbreite eine gekrümmte Eichkurve erhalten, Nichtbeachtung der Krümmung liefert bei höheren I-Konzz. falsche I-Werte. (Biochem. J. **59.** IV. Jan. 1955. London, St. Bartholomew's Hosp., Dep. of Pathol.) W. Scheler. 5727

K. J. Karrman und **Sven Borgström,** *Eine exakte Mikromethode zur Bestimmung von Magnesium in biologischem Material, besonders in Blutserum.* Zur exakten Best. von Blutserum-Mg wird 0,15—1 cm³ Serum (ca. 3—20 γ Mg) im Pt-Tiegel verascht, der Rückstand nach Lösen in HCl u. Zusatz von NH_3 u. Na-Oxalatlsg. 2 Std. im Wasserbad erwärmt u. das Filtrat mit *Komplexon III*, *Äthylendiamintetraessigsäure*, titriert (Indicator: Eriochromschwarz T). Abweichung bei 11 Bestimmungen 1,2%. Die Meth. eignet sich auf Grund orientierender Verss. auch zur Mg-Best. in pflanzlichem Material. (Svensk kem. Tidskr. **67.** 18—23. 1955. Lund, Univ., Dep. of Analyt. Chem.) K. Maier. 5728

Arthur E. Teeri, *Colorimetrische Halbmikrobestimmung von Calcium in Blutserum.* 0,5—1,0 ml klares Serum wird in einem graduierten 15 ml-Zentrifugenrohr mit 1 ml dest. W. u. 0,5 ml gesätt. NH_4-Oxalatlsg. gemischt u. über Nacht bei Raumtemp. stehengelassen oder 15 Min. bei 60° gehalten. Der Nd. wird abzentrifugiert, die überstehende Fl. durch 5 Min. langes Auslaufenlassen weitgehend entfernt, mit 2—3 ml W. gewaschen u. mit 5 ml W. aufgerührt. Dann setzt man 2 ml 0,1%ig. wss. Chloranilsäurelsg. zu, mischt u. läßt mindestens 3 Std. bei n. Temp. stehen. Man füllt auf, zentrifugiert u. mißt die opt. D. der überstehenden Fl. bei 540 mμ. Auswertung mittels Standardkurve aus einer bekannten Ca–Oxalat-Suspension. (Chemist-Analyst **43.** 43—44. Juni 1954. Durham, N. H., Univ., Dep. of Agric. and biol. Chem.) F. Krusen. 5728

A. Scanu und **S. Schiano,** *Über eine neue Methodik der kontinuierlichen Kaltextraktion der Serumlipoide mit Äther. Anwendung auf die Untersuchung der Lipoproteinkomplexe.* 1. Mitt. *Normale menschliche Sera.* Für die Unters. der Serumproteine wird eine App. empfohlen, bei der auf einen Rundkolben ein Auffanggefäß für den Ablauf eines Rückflußkühlers aufgesetzt ist, aus dem das Kondensat über einen Liebig-Kühler in das Extraktionsgefäß u. durch Überlauf aus diesem wieder in den Kolben zurückfließt. Die Extraktion kann unter 0^0 (z. B. bei -3^0) durchgeführt werden. Die Unters. an 20 Seren umfaßt nach 2, 6 oder 14 Std. Extraktion Papierelektrophorese (mit Färbung durch Bromphenolblau u. Sudan IV), Best. der Protidämie, der mit $Na_2S_2O_3$ ausgesalzten Proteinfraktionen, der Menge an freiem, verestertem u. gesamtem Cholesterin, der gesamten Phospholipidämie, der Cholin- u. Nichtcholinfraktion, des p_H u. der Viscosität. Die α-Lipoproteine lassen sich leichter extrahieren als die β-Lipoproteine; parallel geht ein stärkerer Rückgang der Phospholipidämie im Vgl. mit der Cholesterinämie. Es wird angenommen, daß zwischen dem Grad der Extrahierbarkeit u. dem Stoffwechsel- u. Funktionsverh. der Lipoproteine eine Beziehung besteht. (Riv. Ist. sieroterap. ital. **29.** 276—302. Mai/Juni 1954. Napoli, Univ., Ist. di Patol. spec. med. e Metodol. clin.) R. K. MÜLLER. 5728

R. Polimeni und **P. Turitto,** *Vergleichende Bestimmung der Protidämiefraktionen mit Elektrophorese und mit den Salzungsmethoden. Bedeutung der Differenzen.* Die elektrophoret. erhaltenen Werte bei der Unters. der Serumproteinfraktionen u. die Werte aus der Aussalzmeth. mit Na_2SO_4 u. $(NH_4)_2SO_4$ werden an n. u. patholog. Fällen statist. ausgewertet. Dabei ergeben sich sowohl zwischen Werten von gesunden u. kranken Individuen als auch zwischen solchen aus verschied. Krankheitsfällen (Infektionskrankheiten, Lebercirrhose, Nephrose) charakterist. Unterschiede, die eine gleichzeitige Anwendung der beiden Methoden u. ihren Vgl. für die Erforschung der Proteinsubstanz brauchbar erscheinen lassen. (Riv. Ist. sieroterap. ital. **29.** 225—42. Mai/Juni 1954. Roma, Univ., Ist. di Patol. med. e Metodol. clin.) R. K. MÜLLER. 5728

Keler-Bačoka Mira und **Mikac-Dević Dušanka,** *Ein Sublimattest zur Bestimmung der γ-Globulinfraktionen im Serum.* Es wird eine photometr. Meth. zur Best. der γ-Globulin-(I)-fraktion im Serum beschrieben. Durch Sublimat wird die I-Fraktion an ihrem isoelektr. Punkt (p_H 7,2) in einer gepufferten Lsg. ausgefällt u. die Trübung gemessen. (Acta med. scand. **149.** 237—42. 1954. Zagreb, Med. Fac.) F. LEUSCHNER. 5728

Claude Ghiglione und **Mireille Bozzi-Tichadou,** *Über die Mikrobestimmung von Cystein in Proteinen.* Die Hydrolyse der Proteine erfolgt mit einem Gemisch aus 5n HCl u. 90%ig. Ameisensäure (1:1), 18 Std. am Rückflußkühler. Nach mehrfachem Vertreiben der Säure im Vakuum wird das Hydrolysat (p_H 6) auf ein bekanntes Vol. aufgefüllt u. ein aliquoter Anteil zur Abtrennung des *Cysteins* (I) mit 8 ml Cd-Reagens (13 g krist. $CdSO_4$ u. 60,5 ml n H_2SO_4 mit W. auf 1 Liter aufgefüllt) in ein Zentrifugenglas gegeben. Dann wird eine n Na_2CO_3-Lsg. zugegeben, bis ein leichter Nd. auftritt u. danach noch 1 ml 1,1 n Na_2CO_3-Lösung. Der Nd. wird abzentrifugiert, mehrfach mit W. gewaschen u. in 1,4 ml n Oxalsäurelsg. aufgenommen. Nach 5 Min. wird der Rückstand abzentrifugiert, mehrfach mit 0,025 n Oxalsäurelsg. gewaschen u. der Überstand mit Waschlsg. in einen Mikro-KJELDAHL-Kolben übergeführt. In den Kolben werden 0,2 ml Cd-Reagens u. 1 ml 40%ig. Na_2CO_3-Lsg. gegeben u. zur Zerstörung des I erhitzt. Das gebildete CdS wird jodometr. bestimmt u. aus dem S-Geh. der I-Geh. errechnet. Beleganalysen an Gelatine mit verschied. I-Zusatz, *Pferdeglobin* (0,81—0,83%), *Edestin* (0,95%), *Haar* (17,80—17,90%), menschlichem *Blutserum* (332—340 mg I/1000 ml bei 11,1 g Protein-N/Liter), *Thymushiston* (0,34—0,35%) u. Glutathion (38,3—38,8% I) werden angeführt; Genauigkeit ±2%. (Bull. Soc. Chim. biol. **36.** 659—66. 1954. Marseille, Fac. de Méd. et de Pharm., Labor. de Chim.) K. NEHRING. 5728

R. Castagnou, *Über die Kompliziertheit der toxikologischen Untersuchung.* An Hand eines Falles von post mortem nachgewiesener akuter *As*-Vergiftung berichtet Vf. über die Schwierigkeit der Differenzierung von akuter, chron., Heilmittel- u. post mortem-Intoxikation. (J. Méd. Bordeaux Sud-Ouest **128.** 638—44. Juni 1951. Bordeaux, Fac. de Méd. et de Pharm., Labor. de Toxicol. et Hyg. appl.) F. KRUSEN. 5762

Alcides Caldas, *Nachweis von Bleispuren bei forensisch-chemischen Untersuchungen.* Spuren von Pb können wie folgt nachgewiesen werden. Das zu untersuchende Material wird mit einem Tropfen Pufferlsg. aus 1,5 g Weinsäure + 1,9 g Na-Bitartrat in 100 ml W. (p_H 2,79) u. dann mit einem Tropfen Reagenslsg. aus 2 mg Na-Rhodizonat in 1 ml W. versetzt. Die Reagenslsg. ist nicht haltbar. Pb gibt sich durch einen scharlachroten Fleck zu erkennen. Ebenfalls kann mit Pufferlsg. getränktes Filterpapier gegen das Material gepreßt u. dann nach dem Abheben 1 Tropfen der Reagenslsg. zugegeben werden. Bei diesem p_H-Wert stören nur Ag (schwarzer Fleck), Hg (I) (braunrot), Ba (rotbraun) u. Sn(II) (violett). (Chemist-Analyst **42.** 64. Sept. 1953. Rio de Janeiro, Univ. do Brasil, Escola Nacional de Química.) H.-G. MOSLÉ. 5762

W. N. Alexejew, Quantitative Analyse (Lehrbuch für höhere Lehranstalten nichtchemischer Fachrichtung). Gosschimisdat. 1954. (474 S.). 10 Rbl. 30 Kop. [russ.]

H. Angewandte Chemie.

I. Allgemeine chemische Technologie.

K. Renner, *Über die zweckmäßige Verwendung der Aluminiumwerkstoffe in der chemischen und der Nahrungsmittelindustrie.* Besprochen werden: chem. Beständigkeit, physikal. u. Festigkeitseigg. von Al u. Al-Legierungen, sowie deren Verwendung bei der Herst. von Behältern, Rohrleitungen, Milchkannen u. Kochkesseln. (Chem. Techn. **5.** 521—25. Sept. 1953. Bitterfeld.) K. STEINER. 5804

A. Klinkenberg, *Wärmeübertragung in Querfluß-Wärmeaustauschern und Strombetten mit Füllkörpern. Bewertung von Gleichungen für die Durchdringung von Wärme oder Lösungen.* Es wird eine krit. Übersicht über die verschied. Rechnungsmethoden für die Wärme- u. Massenübertragung bei doppeltem u. Querstrom in Wärmeaustauschern gegeben: z. B. Meth. mit BESSELschen Funktionen oder mit korrespondierenden Gleichungen mit endlichen Differenzen oder mit asymptot. Näherungsmethoden. (Ind. Engng. Chem. **46.** 2285—89. Nov. 1954. Den Haag, N. V. De Bataafsche Petroleum Maatsch.) H. MIETHING. 5816

Roger Lumbroso, *Die Bestimmung des freien Raumes einer Säule von Ionenaustauscherharz und die Änderung der Austauschkapazität in Abhängigkeit vom p_H-Wert.* Vf. beschreibt eine Meth., die es gestattet, die unmittelbare Best. des unbesetzten Raumes in einer mit Harzkörnern gefüllten Säule durchzuführen. Dabei ist die Gesamtzahl der durch das Harz adsorbierten Milliäquivalente an Na-Ionen bekannt, u. das Gewicht des trockenen Harzes sowie die Austauschkapazitäten werden bestimmt. Graph. Darstellungen zeigen an einem Phenolsulfosäureharz die Austauschkapazitäten als Funktion des p_H-Wertes, die Änderung des freien Vol. als Funktion des p_H-Wertes u. die Kapazität als Funktion des Quellvolumens. Aus graph. Darstellungen der Kapazitäten als Funktion des p_H-Wertes, ausgeführt an Harzen auf Resorcin-, Brenzcatechin- u. Hydrochinonbasis, ist zu ersehen, daß die Werte für die Kapazitäten der verschied. Substanzen bis zum p_H 6 nicht nennenswert voneinander abweichen. Bei einer gleichen Darstellungsweise von Harzen auf Phenol-p- u. -o-sulfosäurebasis, Amberlit IR 100 u. Dowex 50 tritt ein Minimum der Kapazitäten bei p_H 3,5 auf. Die gleiche Erscheinung ist näherungsweise zu beobachten, wenn die Leitfähigkeit einer Lsg. von p-Oxybenzolsulfosäure in Abhängigkeit vom p_H dargestellt wird. (Bull. Soc. chim. France, Mém. [5] **1954.** 1002 bis 1005. Juli/Aug. Bellevue, Labor. de Chimie Macromoléculaire du C. N. R. S.) H. PITTACK. 5826

R. von der Heide, *Die Klarfiltration.* (Vgl. C. **1954.** 4228.) Besprochen werden die Anschwemmfilter, Versuchs- u. Laborfilter, sowie Filterzusatzgeräte unter Angabe der Herstellerfirmen u. des Verwendungszwecks. (Chemiker-Ztg. **77.** 181—84. 20/3. 1953. Rüdesheim, Chem.-Bakteriol. Labor.) K. PISTOR. 5830

D. L. Munden, *Filtration und Reinigung großer Luftmengen.* Vf. beschreibt Aufbau u. Arbeitsweise zweier Typen elektrostat. Staubabscheider der STURTEVANT ENGNG. CO. LTD., die in ihrer Wirksamkeit den gebräuchlichen Staubfiltern (Textilgewebe, Glasfasern u. Viscosefilter) weit überlegen sind. (J. appl. Chem. **2.** 65—68. Febr. 1952. Nottingham, Beeston Works, Boots Pure Drug Co., Ltd.) GERH. GÜNTHER. 5830

T. Brehmer und **P. Ruuskanen,** *Über die thermodynamischen Eigenschaften bei einigen in der Absorptionstechnik angewandten Lösungsmitteln.* Im Syst. SO_2-*Dimethylanilin* (I) ändert sich der Charakter der Druckfunktion u. der integralen Lösungswärme W_L^i beim Molverhältnis I/SO_2 (n/n') $\sim$ 1,2, die Leitfähigkeit bei n/n' $\sim$ 0,9. Bei Extrapolation von W_L^i auf n/n' $\rightarrow$ 0 ergeben sich 6000—5500 cal, also angenähert die Kondensationsenthalpie von SO_2. Dies ist im Syst. SO_2-Diäthylanilin nicht der Fall; dieses Syst. ist wahrscheinlich für Kühlzwecke ungeeignet. Der Vgl. mit dem Syst. NH_3–H_2O im Hinblick auf die Verwendung als Absorptionsfl. in Kältemaschinen ergibt für SO_2-I 4mal größeren Umlauf der Absorptionsfl., aber nur halben Druck u. halben Wärmeverbrauch beim Auskochen. (Finska Kemistsamfundets Medd. **60.** 20—34. 1951. Helsingfors, TH.) R. K. MÜLLER. 5848

H.-J. Schulte-Vieting, *Der Wärme- und Stoffaustausch zwischen Dampfblase und Flüssigkeit in Sauerstoff–Stickstoff-Gemischen.* Im Hinblick auf Gaswaschung u. Rektifikation untersuchte Vf. mittels einer einfachen App., deren Aufbau u. Handhabung beschrieben werden, den Wärme- u. Stoffaustausch zwischen Dampfblase u. Fl. in O_2/N_2-Gemischen. Form u. Bewegung der Blasen konnten beobachtet werden. Im Gegensatz zu Rektifizierkolonnen konnten mit der angegebenen App. Gas- u. Flüssigkeitskonz., die Flüssigkeitstemp. u. die Höhe der von den Blasen zu durchlaufenden Flüssigkeitssäule schnell u. unabhängig voneinander variiert werden. Vf. macht Angaben über die Abhängigkeit des Verstärkungsverhältnisses von den einzelnen untersuchten Größen sowie über die Wärme- u. Stoffübergangszahlen. Die Zustände in der Grenzfläche zwischen Fl. u. Dampfblase werden diskutiert. (Chemie-Ing.-Techn. **27.** 507—12. Aug./Sept. 1955. Frankfurt/M.) I. KARUTZ. 5864

J. F. Mellaerts, *Die Hochfrequenztrocknung chemischer Produkte.* Die Hochfrequenztrocknung von chem. Prodd. hängt von deren physiko-chem. Eigg. ab. Um eine Substanz durch Hochfrequenz erhitzen zu können, muß sie aus Dipolmoll. u. freien Ionen bestehen oder solche enthalten. Vf. behandelt als Beispiel die Trocknung von NH_4Cl, Seignettesalz, NH_4VO_3, $Na_2SO_4 \cdot 10\,H_2O$, Ammoniumcitrat u. Borax. Temperaturverlauf u. Wassergeh. werden in Abhängigkeit von der Trocknungszeit graph. dargestellt. Wo die Hochfrequenztrocknung vorteilhaft angewendet werden kann, stellt sie nicht nur ein schnelles, sondern auch ein wirtschaftliches Verf. dar. (Agricultura [Louvain] [2] **2.** 126—44. Dez. 1954.) D. BREDTSCHNEIDER. 5874

T. I. Jurshenko und **W. A. Putschin,** *Eine dilatometrische Methode zur Untersuchung der Polymerisation in Emulsionen.* Das benutzte Dilatometer ist gek. durch einen im Inneren am Boden befestigten horizontal drehbaren Magneten, der durch Drehung eines außerhalb des Dilatometers befindlichen Magneten in Drehung versetzt wird u. als Rührer wirkt. Die Polymerisation beginnt in dem Moment, wo der Rührer in Bewegung gesetzt wird u. Mischung der im App. befindlichen Fll. hervorruft, deren Kontraktion an der mit W. gefüllten Capillare abgelesen wird. (Заводская Лаборатория [Betriebs-Lab.] **21.** 205—07. 1955. Lemberg, Polytechn. Inst.) J. v. SCHROEDER. 5886

A. Siedhianho, *Echotest und Porotest. Neue Wege und Möglichkeiten in der zerstörungsfreien Werkstoffprüfung mit Ultraschall.* Beschreibung des Echotest-(Echo-Impulsverf.) u. Porotest-(Mehrfachresonanzverf.) Gerätes, das zur Messung der Porosität (Sinterungsgrad) von Porzellanisolatoren, pulvermetallurg. Körpern u. von (interkristallinen) Korrosionen an den Innenwandungen von Dampfkesseln u. Autoklaven dient. (Berg- u. hüttenmänn. Mh. montan. Hochschule Leoben **98.** 162—65. Juli/Aug. 1953. Wien, Labor. Strauß G. m. b. H.) W. WESLY. 5888

Schüchtermann & Kremer-Baum Akt.-Ges. für Aufbereitung (Erfinder: **Franz Müller**), Dortmund, *Trommeldrehfilter mit einer Blaszone im Bereich der Abnahmeorgane für den Filterkuchen,* dad. gek., daß der Blaszone eine Gruppe von sich gegenseitig abwechselnden Über- u. Unterdruckzonen vorgeschaltet ist, die an einem am inneren Umfang der durchbrochenen Trommel dicht anliegenden Gleitstück angeordnet sein können. — Zeichnung. (**D. B. P. 931 349** Kl. 12d vom 17/7. 1951, ausg. 8/8. 1955. Anmeldung bekanntgemacht 14/2. 1952.) K. DEMMLER. 5831

Union Oil Co. of California, Los Angeles, übert. von: **Clyde H. O. Berg,** Long Beach, Calif., V. St. A., *Regenerieren von im Kreislauf geführten granulierten Adsorbentien.* Man regeneriert Adsorbentien, die mehrere Stoffe von verschied. Adsorbierbarkeit adsorbiert haben, indem man ihnen zunächst durch indirektes Erhitzen u. Durchleiten von Gas den größten Teil der adsorbierten Stoffe entzieht, sie in einer 2. Stufe unter gleichzeitigem Durchleiten eines zweiten Gasstromes auf höhere Temp., aber unter die Zersetzungstemp. der adsorbierten Stoffe erhitzt u. schließlich die nicht desorbierbaren adsorbierten Stoffe durch weiteres Erhitzen therm. zers. u. durch einen dritten Gasstrom abtreibt. Die regenerierten Adsorbentien werden abgekühlt u. kehren in die Adsorptionszone zurück. — Zeichnung. (**A. P. 2 692 656** vom 11/8. 1950, ausg. 26/10. 1954.) C. LÜTTGEN. 5849

J. R. Geigy Akt.-Ges., Basel, Schweiz, *Aufteilung eines Flüssigkeitsstromes,* z.B. zur Einstellung des Rücklaufverhältnisses bei der Rektifikation. Der Flüssigkeitsstrom wird um eine senkrechte Achse gleichmäßig auf einer horizontalen Kreislinie geführt. Auf der Kreislinie wird mittels fester u. beweglicher Schranken ein Winkel abgegrenzt, der dem gewünschten Teilstrom entspricht. — Abbildungen. (**Schwz. P. 269 175** vom 6/8. 1948, ausg. 2/10. 1950.) O. STEIL. 5865

Norman Swindin, Uxbridge, Middlesex, England, *Eindicken und/oder Waschen von Feststoffe enthaltenden Flüssigkeiten.* Das Gemisch wird kontinuierlich etwa in die Mitte eines trichterförmigen Gefäßes eingeleitet. Die festen Teilchen werden mittels eines Mischluftthebers vom Boden abgezogen. Die gereinigte Fl. fließt über einen Überlauf ab. — (Abbildungen. (**E. P. 678 621** vom 18/1. 1950, ausg. 3/9. 1952.) O. STEIL. 5865

Phillips Petroleum Co., Del., übert. von: **Samuel C. Carney,** Bartlesville, Okla., V. St. A., *Trennung von binären Gemischen durch Kristallisation.* Es wird ein Verdünnungsmittel zugegeben, das den Gefrierpunkt der einzelnen Verbb. verschieden stark erniedrigt. Das tern. Gemisch (**I**) (z. B. m-Xylol, p-Xylol u. n-Heptan) wird in einer Trennzone auf eine Temp. oberhalb des eutekt. Punktes abgekühlt, wodurch ein Teil des **I** erstarrt. Das Festprod. wird von den noch fl. Anteilen abgetrennt u. gewaschen. — Zeichnungen. (**A. P. 2 622 115** vom 23/5. 1949, ausg. 16/12. 1952.) E. KAHLES. 5869

Raybestos-Manhattan, Inc., Passaic, N. J., übert. von: **Clyde S. Batchelor,** Upper Stepney, und **Henry J. Cofek,** Bridgeport, Conn., V. St. A., *Wärmehärtung von Bremsmaterial* für Kupplungen u. Bremsbelag. Um ein ungleichmäßiges Durchhärten von solchen Massen aus Asbest, Kautschuk u. trocknenden Ölen oder letzteren allein oder ölmodifizierten Phenolharzen u. Lösungsmitteln, z. B. Mineralöl (Kp. 143—190°), KW-stoffgemischen, Lackbenzin u. dgl., zu verhindern, erwärmt man sie langsam, u. zwar in 2 Std. auf 150°, in weiteren 2½ Std. auf 177°; man kann aber auch in den 232° heißen Ofen geben, damit rasch alles Lösungsm. verdampft. Dann kühlt man diesen auf 150° ab u. heizt ihn innerhalb von 5 Std. wieder auf 193° auf. (**A. P. 2 641 801** vom 8/2. 1949, ausg. 16/6. 1953.) G. SALZMANN. 5893

Raybestos-Manhattan, Inc., Passaic, N. J., V. St. A. (Erfinder: **Izador Jacob Novak** und **Henry John Cofek**), *Bremsbelag,* bestehend aus 50—75 (%) kurzfaserigem Asbest, 15—30 Bindemittel, bes. abgebautem Kautschuk mit 3—15 Vulkanisiermitteln, bis 35 Füllstoffen, bes. Hartholzpech, Talkum, Graphit, Messingspäne, PbO, Glimmer u. Harz, u. 5—15 Lösungsmittel. (**E. P. 712 074** vom 9/7. 1952, ausg. 14/7. 1954.) W. OVERBECK. 5893

R. M. Hollingshead Corp., Camden, N. J., V. St. A., *Behandeln von Tallöl mit Alkylenoxyden,* bes. Äthylen- u. Propylenoxyd, in einer Menge von 14—18 (Mol) je 1 Tallöl in einer 1. Stufe bei 350—450° F u. 2000—2400 lbs./sq.in. sowie in einer 2. Stufe bei 550—650° F u. 2800—3200 lbs./sq.in. Vor der Rk. befreit man das Tallöl von beigemengten Sterinen u. anderem Unverseifbaren durch Erhitzen mit Maleinsäureanhydrid (1:100 Tallöl) auf 260° F. Herst. von ***hydraul. Flüssigkeiten.*** (**E. P. 721 778** vom 21/5. 1952, ausg. 12/1. 1955.) O. MÜLLER-MEININGEN. 5893

III. Elektrotechnik.

Siemens & Halske Akt.-Ges., Berlin und München (Erfinder: **Willi Mertens** und **Rolf v. Have,** Berlin), *Isolierstoff.* Zur Verringerung u. Beseitigung des Wassergeh. u. zur Verringerung der Hygroskopizität dient eine Behandlung mit den Alkylsilanestern von einwertigen Ätheralkoholen, z. B. Äthylenglykolmonomethyl- oder -monoäthyläther, von der Zus. $R_nSi(OR_1OR_2)_{4-n}$. (**D. B. P. 931 057** Kl. 21c vom 13/2. 1951, ausg. 1/8. 1955. Anmeldung bekanntgemacht 27/3. 1952.) H. KESSEL. 5957

Siemens-Schuckertwerke Akt.-Ges., Berlin und Erlangen (Erfinder: **Karl Knoll,** Feucht bei Nürnberg), *Elektrische Isolation* für niedrige Spannungen u. hohe Tempp. besteht aus MnO_2 (I), bes. krist. I, in einer Schichtdicke von 1 μ. (**D. B. P. 927 752** Kl. 21c vom 12/6. 1953, ausg. 16/5. 1955. Anmeldung bekanntgemacht 28/10. 1954.) H. KESSEL. 5957

Siemens-Schuckertwerke Akt.-Ges., Berlin und Erlangen (Erfinder: **Harry Heering,** Berlin), Kabel, bes. *Starkstromkabel.* Zwischen dem Kabel u. dem aus Polyäthylen oder einer ruß- oder graphithaltigen Polyisobutylenmischung bestehenden nicht metall. Schutzmantel liegt eine Trennschicht in Gestalt einer lückenlosen Hülle aus einer M. auf der Basis von *Polyvinylalkohol.* (**D. B. P. 928 305** Kl. 21c vom 29/4. 1952, ausg. 31/5. 1955. Anmeldung bekanntgemacht 6/5. 1954.) H. KESSEL. 5957

Siemens-Schuckertwerke Akt.-Ges., Berlin und Erlangen (Erfinder: **Harry Heering,** Berlin), *Kabel mit Aluminiumschutzmantel.* Unmittelbar nach dem Austritt des Kabels aus der Mantelpresse wird auf den Mantel eine mechan. widerstandsfähige Umhüllung aufgebracht, prakt. ein polymerisations- oder kondensationsfähiger Klebstoff in niedermol. Form, der nach dem Aufbringen einer oder mehrerer Kunststoffolien polymerisiert oder kondensiert wird. Beispiel: 10(%) Mischpolymerisat aus 60 Hexamethylendiaminadipinsäuresalz u. 40 Caprolactam, 2—5 Resorcin u. ein Lösungsmittelgemisch aus ca. 30 A., ca. 30 Bzl., ca. 30 Methylenchlorid u. ca. 10 Wasser. (**D. B. PP. 929 311** Kl. 21c vom 27/11. 1940, ausg. 23/6. 1955. Anmeldung bekanntgemacht 22/1. 1953, u. **931 179** [Zusatz-Pat.] Kl. 21c vom 2/11. 1951, ausg. 1/8. 1955. Anmeldung bekanntgemacht 9/4. 1953.) H. KESSEL. 5957

Allgemeine Elektricitäts-Gesellschaft, Berlin (Erfinder: **Frank M. Clark,** Schenectady, N. Y., und **Walter M. Kutz,** Pittsburgh, Pa., V. St. A.), *Flüssiger elektrischer Isolierstoff, besonders für Kondensatoren, Kabel oder Transformatoren,* enthält 10—40 Gew.-% Benzoltetrahalogenverbb., z. B. 1.2.3.4-Tetrachlorbenzol, Rest halogenierte cycl. organ. Verbb., die teilweise oder ganz durch halogenierte aliphat. Verbb. ersetzt sein können. (**D. B. P. 928 961** Kl. 21c vom 31/8. 1939, ausg. 16/6. 1955. Anmeldung bekanntgemacht 3/4. 1941. A. Prior. 3/9. 1938.) H. KESSEL. 5957

Dr. Kurt Herberts & Co. vorm. Otto Louis Herberts, Wuppertal-Barmen (Erfinder: **Ernst Küther,** Limburg/Lahn), *Isolierlack.* Ein Gemisch von modifizierten Harnstoffharzen, bes. mit einem $p_H < 7$, u. Kresol-CH_2O-Harzen (I), wie o—I, wird prakt. unter Verwendung OH-haltiger, über 150° sd. Lösungsm. aufgetragen u. bei mehr als 150°

getrocknet. (**D. B. P. 931 666** Kl. 21c vom 26/2. 1941, ausg. 16/8. 1955. Anmeldung bekanntgemacht 9/8. 1951.) H. KESSEL. 5957

Phillips Petroleum Co., übert. von: **Willie W. Crouch**, Bartlesville, Okla., und **Ted F. Crosnoe**, Borger, Tex., V. St. A., *Umsetzungsprodukte aus Polymerisaten.* Fl. Blockpolymerisate oder -copolymerisate von konjugierten Dienen mit einer SAYBOLT-Viscosität von 100—5000 bei 38° werden mit 5—50% (auf Polymerisat) einer Verb. der Formel $CH_2=CR'-A-CR''=CH_2$ bei 5—205° gehärtet. A ist unsubstituiertes oder substituiertes Arylen, z. B. Phenylen, Methylphenylen, Naphthylen, Diphenylen oder Pyridylen, oder S oder O. R' bzw. R'' sind H, Methyl oder Äthyl. Genannt sind Divinylbenzol, Di-(α-methylvinyl)-benzol, Divinylpyridin, Divinylnaphthalin, Divinylsulfid u. Divinyläther. Verwendung bes. für *elektr. Isolierungen.* (**A. P. 2 688 009** vom 2/1. 1951, ausg. 31/8. 1954.) W. OVERBECK. 5957

Deutsche Edelstahlwerke Akt.-Ges., Krefeld (Erfinder: **Franz Skaupy**, Berlin), *Dauermagnet.* Zur Herst. wird ein Pulver aus Teilchen, die aus mindestens 2 konzentr. Schichten von verschied. Metallen mit sehr verschied. Ausdehnungskoeff. bestehen, gesintert; z. B. Kern aus Ni–Fe mit ca. 36% Ni, Hülle aus Al oder Cu, oder umgekehrt. (**D. B. P. 932 444** Kl. 21g vom 10/3. 1943, ausg. 1/9. 1955. Anmeldung bekanntgemacht 10/3. 1955.) H. KESSEL. 5959

Henry L. Crowley & Co., Inc., West Orange, übert. von: **Henry L. Crowley**, South Orange, N. J., V. St. A., *Magnetkernpulver.* Zur Herst. wird ein Gemisch aus Fe- u. mindestens einem weiteren Metalloxyd vorgebrannt u. fein pulverisiert. Ein Auszug hieraus, der ca. 40—50 (Gew.-%) mit 5—10 μ, ca. 35—20 mit $< 5\,\mu$ u. 40—25 mit $> 10\,\mu$ Korndurchmesser enthält, wird in mehreren Stufen zwischen 800 u. 1500° fertiggebrannt. (**A. P. 2 705 701** vom 28/11. 1952, ausg. 5/4. 1955.) H. KESSEL. 5959

Henry L. Crowley & Co., Inc., West Orange, übert. von: **Henry L. Crowley**, South Orange, N. J., V. St. A., *Magnetkernpulver.* Zur Herst. wird ein Gemisch aus mindestens 50 Gew.-% Fe- u. mindestens 2 weiteren Metalloxyden im Vakuum entgast, bei einem Druck von ca. 400 at prakt. bis zur Porenfreiheit verdichtet, bei 1000—1450° gebrannt u. dann so fein gemahlen, daß mindestens 75 Gew.-% der Teilchen einen Korndurchmesser von 2—10 μ aufweisen. (**A. P. 2 703 787** vom 18/11. 1952, ausg. 8/3. 1955.) H. KESSEL. 5959

Oldham & Son Ltd., Denton, England, und **Frank Booth**, *Akkumulatorenbatterie*, die im trockenen, geladenen Zustand gelagert werden kann. Die freien Räume zwischen den Elektroden u. Separatoren jeder Zelle werden mit gekörntem Silicagel ausgefüllt u. mit Glaswolle abgedeckt. Über den Zellen befinden sich 2 gemeinsame Kanäle, die mit jeder Zelle durch eine Öffnung verbunden sind, von denen der eine zum Füllen u. der andere zum Entlüften dient, u. die bis zur Inbetriebsetzung der Batterie gegen die Außenluft verschlossen gehalten werden. (**E. P. 703 482** vom 15/12. 1950, ausg. 3/2. 1954.) F. LAASS. 5971

Joseph Lucas (Industries) Ltd., Birmingham, England (Erfinder: **Robert Thomas Foster**), *Leistungserhöhung von Akkumulatoren* durch Erwärmen mit Wechselstrom. Die negativen Endpole zweier Batterien werden verbunden u. in die positiven Pole wird ein Wechselstrom geschickt, dessen Spannung niedriger sein muß als die einer einzigen Batterie. Die Erwärmung erfolgt in sehr kurzer Zeit, ohne daß die Elektroden angegriffen werden. (**E. P. 707 485** vom 7/1. 1952, ausg. 21/4. 1954.) F. LAASS. 5971

Wilhelm Georg Schmidt, Stockholm, Schweden, *Herstellung von bipolaren Akkumulatorenplatten.* Eine beiderseitig mit rippenartigen Erhöhungen in Gitterform versehene Pb-Platte wird mit der entsprechenden akt. M. versehen. Um den Rand der Platte wird beiderseits mit Hilfe des Spritzgusses ein wulstartiger Isolierrand gelegt, dessen Dicke so gehalten ist, daß nach dem Zusammenbau der Platten genügend große Räume für den Elektrolyten gebildet werden. (**E. P. 725 359** vom 10/4. 1953, ausg. 2/3. 1955.) F. LAASS. 5971

Sonotone Corp., Elmford, übert. von: **Heiman W. Koren**, Bronxville, **George Baumstark**, Tarrytown, N. Y., und **Henry B. Nichols**, Amherst, Mass., V. St. A., *Herstellung von Akkumulatoren mit Sintergerüstelektroden.* Auf dünnes Ni-Blech oder -Drahtgewebe von ca. 0,1—0,2 mm Dicke wird Ni-Pulver in NH_3- oder H_2-Atmosphäre bei ca. 800—1000° in 10—12 Min. aufgesintert. Die Porosität der Platten beträgt ca. 82—86% u. die Dicke ca. 0,6 mm. Nach dem Imprägnieren mit akt. Ni- u. Cd-Masse werden zur Versteifung die Ränder der Platten auf die halbe Dicke zusammengepreßt u. mit einem Kunststoffanstrich versehen. Als Separatoren dienen Folien aus regenerierter Cellulose, partiell verseiftem Celluloseacetat oder dgl., die auf beiden Seiten mit einem Gewebe aus Nylon, Polystyrol oder Polyvinylchlorid versehen sind. (**A. PP. 2 675 418** vom 21/3. 1952, ausg. 13/4. 1954, u. **2 696 515** vom 21/3. 1952, ausg. 7/12. 1954.) F. LAASS. 5971

Max Richtsteiger, Hamburg, *Hochleistungs-Lichtbogenelektrode.* Der Mantel besteht aus dem hochfeuerfesten, schwer verdampfenden Oxyd, Nitrid, Halogenid oder Silicat eines Alkali-, Erdalkali- oder Erdmetalls oder eines Metalls der Seltenen Erden allein oder in ihren Gemengen, ohne Kohle oder mit höchstens 10% Kohle. Der Docht besteht aus Leuchtstoffen oder bogenbildenden Substanzen u. kann noch im Mantel enthaltene Stoffe aufweisen, bes. Ce, Zr, La, Th oder Y. Zur Erhöhung der Kaltleitfähigkeit dient z. B. Ti-Nitrid oder Magnetit. Der Docht ist prakt. mit einem elektr. leitenden, schlecht wärmeleitenden Überzug versehen, z. B. Carborund, Graphit, Schamotte oder Zr-Carbid. Zur weiteren Steigerung der Intensität dienen prakt. Beimischungen von Stoffen, die bei hohen Tempp. in höherwertige Verbb. übergehen, z. B. die in ihre Peroxyde übergehenden La-, Th- oder Zr-Oxyde. (**D. B. P. 931 423** Kl. 21f vom 31/7. 1953, ausg. 8/8. 1955. Anmeldung bekanntgemacht 23/12. 1954.) H. KESSEL. 5973

Eitel-McCullough, Inc., San Bruno, übert. von: **Paul D. Williams,** Palo Alto, Calif., V. St. A., *Oxydkathode.* Zur Herst. wird ein W-Körper mit Th-Hydrid bedeckt u. in O_2-haltiger Atmosphäre von geringem Druck in Ggw. von C erhitzt. (**A. P. 2 693 431** vom 27/1. 1948, ausg. 2/11. 1954.) H. KESSEL. 5975

Telefunken G. m. b. H., Berlin (Erfinder: **Walter Schaffernicht,** Ulm), *Kathodenstrahlröhre* mit Kunststoffkolben. Die aus Kunststoff bestehenden Kolbenteile sind auf der Innenseite mit einem Werkstoff ausgelegt, dessen Dampfdruck niedriger ist als der des Kunststoffs, z. B. mit Metall, SiO_2, Glas oder Siliconen. (**D. B. P. 931 613** Kl. 21g vom 4/4. 1951, ausg. 11/8. 1955. Anmeldung bekanntgemacht 27/3. 1952.) H. KESSEL. 5975

Siemens-Schuckertwerke Akt.-Ges., Berlin und Erlangen (Erfinder: **Albert Lotz,** Berlin), *Selengleichrichter.* Bei der Herst. wird die auf eine Fe-Platte aufgebrachte Se-Schicht während der ca. 2—24 Std. dauernden Umwandlung in die leitende krist. Modifikation bei höherer Temp., z. B. bei ca. 200°, mit S-Dämpfen, prakt. mit S-Dämpfe enthaltender Luft, behandelt. (**D. R. P. 754 795** Kl. 21g vom 20/10. 1936, ausg. 13/10. 1952.) H. KESSEL. 5977

Siemens-Schuckertwerke Akt.-Ges., Berlin und Erlangen (Erfinder: **Georg Hoppe,** Hof/Saale), *Selengleichrichter.* Die Se-Schicht wird erst nach ihrer Umwandlung in die leitende Modifikation mit S-Dämpfen ca. $^3/_4$ Std. bei 160—170° oder (zur weiteren Erhöhung des Sperrwiderstands) nur 1—1½ Min. bei n. Temp. behandelt. (**D. B. P. 916 085** Kl. 21g vom 2/11. 1937, ausg. 2/8. 1954. Anmeldung bekanntgemacht 24/12. 1953.) H. KESSEL. 5977

Siemens-Schuckertwerke Akt.-Ges., Berlin und Erlangen (Erfinder: **Georg Hoppe,** Hof/Saale), *Selengleichrichter.* Bei der Herst. wird die auf eine metall. Trägerelektrode aufgebrachte Se-Schicht nach Umwandlung in die krist. Modifikation u. Abkühlung auf n. Temp. 1—1½ Min. S-Dämpfen ausgesetzt, prakt. unter Anwendung eines S-Dampf-Druckluftstrahles. Die elektr. Formierung wird so geleitet, daß die zur Bldg. der Sperrschicht erforderliche Reaktionstemp. sichergestellt ist. (**D. B. P. 927 404** Kl. 21g vom 30/11. 1940, ausg. 9/5. 1955. Anmeldung bekanntgemacht 28/1. 1954.) H. KESSEL. 5977

Siemens & Halske Akt.-Ges., Berlin und München (Erfinder: **Wilhelm Lehfeldt,** Marquardstein), *Trockengleichrichter.* Die Sperrschicht besteht aus einem Oxyd oder einer anderen hochisolierenden Verb. des Trägerelektrodenmetalls (Al, Mg, Ce, Nb oder Schwermetall). Die aus Se, S, Te oder einem Gemenge hiervon bestehende Halbleiterschicht wird auf die Sperrschicht in geschmolzenem oder wenigstens thermoplast. Zustand aufgebracht. (**D. B. P. 862 198** Kl. 21g vom 30/1. 1937, ausg. 8/1. 1953. Anmeldung bekanntgemacht 8/5. 1952.) H. KESSEL. 5977

NSF Nürnberger Schraubenfabrik und Elektrowerk G. m. b. H., Nürnberg (Erfinder: **Hans Spieß,** Reckenberg bei Pommelsbrunn), *Selengleichrichter.* Durch Aufspritzen von Metall auf eine Graphitschicht, z. B. die ebene Fläche eines Graphitblocks, wird eine metall. Trägerschicht mit einem daran fest haftenden Graphitüberzug gewonnen. Auf diesen wird eine dünne Se-Schicht aufgebracht, die dann formiert u. mit einer Sperrelektrode versehen wird. (**D. R. P. 756 746** Kl. 21g vom 12/10. 1940, ausg. 2/11. 1953.) H. KESSEL. 5977

NSF Nürnberger Schraubenfabrik und Elektrowerk G. m. b. H., Nürnberg (Erfinder: **Hans Spieß,** Reckenberg bei Pommelsbrunn), *Selengleichrichter.* Se wird auf eine polierte metall. Trägerschicht aufgebracht u. mit ca. 1000 at bei höchstens 85° gegen eine dünne, auf einer 2. polierten Metallfläche ausgebreitete Graphitschicht gepreßt. Auf die am Se anhaftende Graphitschicht, die von der 2. Metallfläche abgelöst wird, wird dann eine Trägermetallschicht aufgespritzt. Dann wird das Ganze vom 1. Metallteil abgehoben, und auf die freiliegende Se-Schicht wird, prakt. nach erneuter therm. Formierung, die

Gegenelektrode aufgebracht. (**D. R. P. 756 747** Kl. 21g vom 19/10. 1940, ausg. 16/11. 1953.) H. KESSEL. 5977

NSF Nürnberger Schraubenfabrik und Elektrowerk G. m. b. H., Nürnberg (Erfinder: **Hans Spieß**, Reckenberg bei Pommelsbrunn), *Selengleichrichter*. Die Gleichrichterelemente werden nach der Umwandlung des Se in die leitende krist. Form u. vor dem Aufbringen der Sperrelektrode in eine höchstens 5%ig. Cl-, Br- oder J-Lsg. getaucht, dann auf ca. 200° so lange erwärmt, bis das Lösungsm., die Halogene u. deren Reaktionsprodd. verdampft sind, darauf in eine ca. 1%ig. methyl- oder äthylalkoh. Lsg. von K_2Se oder Na_2Se getaucht u. erneut auf ca. 200° erwärmt. Dann wird die Sperrelektrode aufgebracht. (**D. R. P. 765 253** Kl. 21g vom 24/12. 1940, ausg. 8/6. 1953.) H. KESSEL. 5977

International Standard Electric Corp., New York, N. Y., V. St. A. (Erfinder: **Simon Ernst Mayer** und **Ronald Alfred Hill**, London, England), *Trockengleichrichter*. Als Halbleiter dient ein zu einem festen Körper verarbeitetes halbleitendes Metalloxyd, z. B. ZnO, TiO_2 oder NiO, in innigem Kontakt mit einem metall. leitenden Oxyd, z. B. PbO_2 oder Tl_2O_3, als Gegenelektrode. Die Halbleiterplatte kann bis 10% $Pb(BO_2)_2$ enthalten u. wird prakt. durch Sintern (zuerst in reduzierender oder neutraler, dann in oxydierender Atmosphäre) hergestellt. (**D. B. P. 868 198** Kl. 21g vom 1/4. 1951, ausg. 23/2. 1953. Anmeldung bekanntgemacht 26/6. 1952.) H. KESSEL. 5977

LICENTIA Patent-Verwaltungs-G. m. b. H., Hamburg (Erfinder: **Walter Kreft**, Belecke/Möhne), *Trockengleichrichter*. Die in der Gegenelektrode u. zwischen ihr u. der Halbleiterschicht vorhandenen Poren sind mit einer Mischung aus Butylacetat u. Orthobutanol, bes. im Verhältnis 2:1, ausgefüllt. (**D. B. P. 928 664** Kl. 21g vom 29/3. 1951, ausg. 6/6. 1955. Anmeldung bekanntgemacht 19/6. 1952.) H. KESSEL. 5977

Sylvania Electric Products, Inc., Salem, übert. von: **Benjamin P. Hecht**, Dorchester, und **Fred Koury**, Somerville, Mass., V. St. A., *Selengleichrichter*. Zur Herst. wird eine metall. Trägerplatte mit einer glasigen Se-Schicht bedeckt, diese durch Erhitzen in die krist. Modifikation umgewandelt u. dann 1½ Min. mit nascierendem O_3 bei einer Konz. von ca. 0,1 mg/Liter behandelt. (**A. P. 2 669 767** vom 30/12. 1947, ausg. 23/2. 1954.) H. KESSEL. 5977

Matériel Téléphonique Soc. An. (Erfinder: **Georges Ubelmann**), Frankreich, *Selengleichrichter*. Die Sperrschicht besteht aus einer dünnen Schicht eines NH_4-Salzes, bes. aus NH_4Cl, die durch Eintrocknen einer wss. Salzlsg. oder durch Aufsublimieren gewonnen werden kann. (**F. P. 960 767** vom 6/3. 1944, ausg. 25/4. 1950.) H. KESSEL. 5977

Tony Falco, Frankreich, *Selengleichrichter*. Das Se enthält ca. 0,02—0,2% Cyan- oder Cyanurchlorid. Die Sperrschicht besteht aus einem Siliconkunstharz. (**F. P. 982 173** vom 15/1. 1949, ausg. 7/6. 1951.) H. KESSEL. 5977

Standard Telephones & Cables Ltd., London, England, *Selengleichrichter*. Zur Herst. wird eine Trägerfläche aus Ni mit einer Se-Schicht bestäubt u. auf 400—500° erhitzt. Ein etwaiger Se-Überschuß wird durch Zentrifugieren entfernt. Die dabei gebildete NiSe-Schicht wird mit einer 2. amorphen Se-Schicht bedeckt, die dann in die krist. leitende Modifikation umgewandelt u. mit Sperrschicht u. Gegenelektrode versehen wird. (**E. P. 713 929** vom 10/10. 1952, ausg. 18/8. 1954. A. Prior. 14/12. 1951.) H. KESSEL. 5977

Imperial Chemical Industries Ltd., Millbank, London (Erfinder: **Alfred John Rudge** und **William Norman Howell**, Runcorn, Cheshire, England), *Stromzuführung zu Graphit- oder Kohleanoden für Fluorzellen*. Das obere Ende der Anode wird mit einem gegen F_2 u. HF inerten Metall (bes. Cu oder Ni) bis zu einer Schichtdicke von ca. 4 mm besprüht. Die (nicht aus Fe, sondern z. B. aus Ni oder Cu bestehende) Stromzuführung wird fest auf diese Schicht gedrückt, wonach eine 2. Schicht aufgesprüht wird, die die 1. Schicht fest mit der Zuführung verbindet. (**E. P. 685 461** vom 21/11. 1949, ausg. 7/1. 1953.) R. SCHREINER. 5977

Sidney H. Liebson, Washington, D. C., V. St. A., *Geiger-Müller-Zähler*. Die Gasfüllung besteht aus J_2 u. einigen % eines Edelgases (hoher Selbstlöscheffekt) oder aus einem spektroskop. reinen Edelgas u. bis 2% J_2 (niedere Betriebsspannung bei hinreichender Selbstlöschung). (**A. P. 2 586 836** vom 30/4. 1948, ausg. 26/2. 1952.) H. KESSEL. 5979

Siemens & Halske Akt.-Ges., Berlin und München (Erfinder: **Heinz Poetsch**, Berlin), *Selbstheilender Elektrolytkondensator*. Mindestens eine der Elektroden besteht aus blattgeschlagenem Ventilmetall, z. B. Blatt-Al, bes. in einer Stärke von $< 1,5\,\mu$, das auf eine Isolierstoffunterlage aufgebracht ist. (**D. R. P. 756 098** Kl. 21g vom 21/10. 1941, ausg. 21/12. 1953.) H. KESSEL. 5983

Siemens & Halske Akt.-Ges., Berlin und München (Erfinder: **Christian Wachenhausen**, Berlin), *Kondensator* mit einer auf einem Ventilmetall, z. B. Al, als einer Elektrode aufgewachsenen Sperrschicht u. einer nichtflüssigen, möglichst feuchtigkeitsfreien Gegenelektrode aus einer Metallverb., z. B. Ni_2O_3 oder CuO. Diese enthält O_2, der wenigstens zum Teil unter dem Einfl. des durch den Kondensator fließenden Stromes frei wird. Sie leitet nach der O_2-Abgabe den elektr. Strom schlechter, oder sie wird in eine nichtleitende Verb. übergeführt u. greift weder das Ventilmetall noch die Sperrschicht an. (**D. R. P. 759 747** Kl. 21g vom 23/6. 1939, ausg. 7/12. 1953.) H. KESSEL. 5983

Siemens & Halske Akt.-Ges., Berlin und München (Erfinder: **Norbert Müllbauer**, Berlin), *Überziehen von Trägerstoffen mit möglichst gleichmäßigen dünnen Schichten organischer Stoffe*, bes. für *elektr. Kondensatoren*, z. B. mit auf der Schicht aufgedampften Metallbelegungen, dad. gek., daß die schichtbildenden Stoffe, gegebenenfalls unter vermindertem Druck, erhitzt u. verdampft werden u. der entstehende Dampf auf dem Trägerkörper niedergeschlagen wird. (**D. B. P. 886 441** Kl. 8 l vom 4/7. 1941, ausg. 13/8. 1953.) H. v. SCHILLER. 5983

Siemens & Halske Akt.-Ges., Berlin und München (Erfinder: **Werner Herrmann**, Berlin), *Elektrolytkondensator*. Die Kathode besteht aus Zn oder einer Al–Zn-Legierung. Der Betriebselektrolyt enthält Citronensäure u. stellt prakt. eine Pufferlsg. dar. (**D. B. P. 931 121** Kl. 21g vom 22/1. 1941, ausg. 1/8. 1955. Anmeldung bekanntgemacht 30/12. 1954.) H. KESSEL. 5983

Sprague Electric Co. of Wisconsin, Inc., übert. von: **George M. Ehlers**, Milwaukee, Wis., V. St. A., *Hochspannungskondensator*. Ein zylindr. keram. Körper mit beiderseitigen scheibenförmigen Elektroden trägt einen dünnen Siliconkunstharzüberzug u. ist als Ganzes in eine elast., mit Rillen versehene Gummihülle eingeschlossen. (**A. P. 2 706 742** vom 14/10. 1950, ausg. 19/4. 1955.) H. KESSEL. 5983

Paul Ludwig Günther (Erfinder: **Paul Ludwig Günther**, München, und **W. Rebentisch**, Jena), *Germaniumschichten*, bes. für *Detektoren*, erhält man durch Red. von $GeCl_4$ (I) mit H_2, prakt. bei 800—950°. I-Konz., H_2-Strömung u. Temp. werden so geregelt, daß die Bldg. von $GeCl_2$ vermieden wird. (**D. B. P. 927 642** Kl. 21g vom 5/12. 1944, ausg. 12/5. 1955. Anmeldung bekanntgemacht 4/12. 1952.) H. KESSEL. 5983

Farbenfabriken Bayer, Deutschland, *Depolarisator*. Ein bes. wirksamer Depolarisator wird durch natürliches oder synthet. α-MnO_2 gebildet, wenn es alkalifrei gemacht ist. Bei der Zers. von organ. Stoffen durch Permanganat entstandener alkalihaltiger amorpher MnO_2-Schlamm wird durch Behandlung in der Wärme mit 50—100%ig. H_2SO_4 oder HNO_3 in alkalifreies α-MnO_2 umgewandelt. — Es werden z. B. 50 (Gewichtsteile) des bei der Herst. von Saccharin anfallenden Schlammes bei 70—120° ½—1 Std. lang mit 250—500 92%ig. H_2SO_4 bis zum Ende der Gasentw. verrührt, abfiltriert, mit W. gewaschen u. bei 150° getrocknet. Das Röntgenbild zeigt α-MnO_2. — 2 weitere Beispiele, die sich auf die Anwendung von 50%ig. H_2SO_4 u. von HNO_3 beziehen. (**F. P. 1 030 972** vom 13/1. 1951, ausg. 18/6. 1953. D. Prior. 16/1. 1950.) B. SCHMIDT. 5993

IV. Wasser. Abwasser.

Cecil W. Chambers, Paul W. Kabler, Alton R. Bryant, Leslie A. Chambers und **Morris B. Ettinger**, *Bakterieide Wirksamkeit quaternärer Ammoniumverbindungen in verschiedenen Wässern*. Zu 99 cm^3-Proben aus Brunnen-, Leitungs- u. dest. W. mit mineral. Zusätzen, durch Kochen, Enthärten, Aufbereiten mit Phosphaten u. a. vorbehandelt, wurde 1 cm^3 einer Aufschwemmung von *Escherichia coli* zugefügt, so daß eine Bakterienkonz. von 100000000/cm^3 entstand. Nach $^1/_4$, 1, 5, 10, 20 u. 30 Min. wurden aliquote Teile in Tween 80-Asolectin-Neutralisator übergeführt u. aus diesem doppelte Agar-Platten beimpft. Den Wasserproben waren 50 bzw. 200 mg/Liter Alkyldimethylbenzyl-, p-Diisobutylphenoxyäthoxyäthyldimethylbenzyl- u. zum Teil Alkyltolylmethyltrimethylammoniumchlorid zugesetzt u. ihre Wrkg. am Prozentsatz der überlebenden, Kolonien bildenden Bakterien festgestellt. Die in 6 Tabellen aufgeführten Ergebnisse zeigen, daß die Wrkg. der quatern. NH_4-Verbb. durch Ca- u. Mg-$(HCO_3)_2$, $-SO_4$ u. $-Cl_2$ stark, durch $Fe(HCO_3)_2$ weniger u. durch Na- u. K-HCO_3 kaum eingeschränkt wird. Entfernung der Erdalkalien durch CaO oder Zeolith hob diese störende Einw. größtenteils auf, Kochen der Alkalisalze brachte keine Änderung, Behandlung mit $Na_4P_2O_7$ u. äthylendiamintetraessigsaurem Na verminderten die störenden Einfll. so erheblich, daß sie für prakt. Verwendung aussichtsreich erscheinen. (Publ. Health Rep. **70**. 545—53. Juni 1955 Cincinnati, O., Robert A. Taft Sanit. Engng. Center, Water Supply u. Poll. Contr. Res.) H. MÜHLMEISTER. 6014

Harman F. Smith, *Wasserbrunnen mit Kiespackung.* Bei gebohrten Brunnen mit Kiespackung außerhalb des Siebes hat einheitliche Körnung vor abgestufter den Vorteil, daß sie sich während Einbringen u. Lagerung nicht entmischt u. das W. besser durchläßt. Kiespackung empfiehlt sich bei einem Boden, der eine Korngröße < 2,5 mm hat bei einem Gleichheitskoeff. < 2,0. Mit 5 Körnungen von 4—8 mm bis 0,25—0,50 mm wurden Pumpverss. durchgeführt, die zeigten, daß die Korngröße der Packung zu der des Bodens im Verhältnis 5:4 stehen muß, um einen hohen Wirkungsgrad des Brunnens zu erzielen. (State Illinois, Divis. State geol. Surv., Circ. **1954.** Nr. **44.** 1—4. Illinois State Water Surv. Div.) H. MÜHLMEISTER. 6016

A. E. Griffin, *Fluorierung.* Übersicht über die Erfahrungen bei den 1945—1951 in USA bzw. Canada eingerichteten 172 bzw. 1 Fluorierungsanlagen. Von ihnen wurden 91 mit NaF, 66 mit Na_2SiF_6, 15 mit H_2SiF_6 u. 1 mit HF betrieben; sie arbeiten teils mit gelöster, teils mit trockener Zuführung. (J. Pennsylvania Water Works Operator's Assoc. **24.** 85—90. 1952. Newark, N. J., Wallace & Tiernan Co., Inc.)
H. MÜHLMEISTER. 6018

Erich Herrmann, *Erfahrungen mit Hochleistungs-Ionenaustauschern.* Die Enthärtung u. Entsalzung n. *Wässer* durch Ionenaustauscher auf Kunstharzbasis wird hinsichtlich verschied. verfahrenstechn. Probleme unter Anführung einiger Beispiele diskutiert (Diagramme u. Skizzen). Im Hinblick auf Wirtschaftlichkeit ist eine Verbesserung der Anwendungstechnik notwendig. Dabei laufen die Bestrebungen mehr u. mehr in Richtung einer kontinuierlichen Wasserenthärtung. Es wird gezeigt, daß moderne Ionenaustauscher bei sorgfältiger Behandlung mit einem Minimum an Betriebsmitteln, bes. an Regeneriermitteln, auskommen. Vf. geht auf einige Methoden zur Einsparung von Regeneriermitteln ein, durch die gute Erfolge erzielt wurden. (Chemie-Ing.-Techn. **27.** 573—78. Okt. 1955. Frankfurt/M.) H. HOFMANN. 6020

Kulcsar-Mescery, *Wasseraufbereitung durch Ozonisierung.* Vorteile der Ozonisierung, Beschreibung von 5 industriellen u. gemeindlichen Wasserversorgungsanlagen, die nach dem Syst. BLATTER ozonisierten. Das in einer Elektrodenröhre (Rohr aus nichtleitendem techn. Glas, Außenelektrode Metallbelag, Innenelektrode Keramikzylinder) durch stille Entladung bei 10000 Volt u. 80 Watt/Std. in durch Wasserringpumpe angesaugter Luft gebildete O_3 tritt durch Filterkerzen in 5—6 m hohe Wassersäule in Begasungskammer ein. Bei 10—20 Min. Kontaktzeit im Gegenstrom können mit einer Röhre 3—10 m^3W./Std. entkeimt werden, vorherige Lufttrocknung erhöht die Wrkg., Wartung ist nicht erforderlich. (Gas, Wasser, Wärme [Wien] **9.** 193—95. Aug. 1955. Linz.) H. MÜHLMEISTER. 6026

C. W. Drane, *Fragen der Wasserbehandlung in der Gasindustrie.* Allg. Betrachtungen über Wasserenthärtung u. Kesselsteinverhütung sowie Auswahl der für Speisewasser von Dampf- u. Abhitzekesseln geeigneten Verfahren. (Gas Wld. **141.** 1558—59. 11/6. 1955. Woodword Works of A. V. Roe & Co. Ltd.) H. MÜHLMEISTER. 6030

Rudolf Pytlík und **Zdeněk Švec,** *Reinigung und Verwertung der Abwässer von Molkereien in Klärteichen.* Die beste u. wirksamste Einrichtung zur Reinigung von Molkereiabwässern u. zugleich die wirtschaftlichste sind nach Unterss. der Vff. *Karpfenteiche* als *Kläranlage.* Auf je 10000 Liter täglich verarbeitete Milch sind 6 ha eines solchen von 1 m Tiefe erforderlich. Schränkt man die Molkenmenge, die zum Abwasser gelangt, auf 10% ein, dann genügen 3,5 ha. Teiche für Molkereien sollen als Seitenteiche angelegt werden, so daß der Bach am Abfluß vorbeifließt. Flora u. Fauna entwickeln sich ungestörter, wenn kein Durchfluß stattfindet. Der Fischzüchter kann beliebig mit dem W. verfahren. Das durch Verdunsten u. Versickern verlorengehende W. wird vom Abwassergraben aus ersetzt. Die Abwässer müssen auf kürzestem Wege u. möglichst frisch dem Teich zugeführt werden. Zur mechan. Vorreinigung genügt ein Sieb, das täglich gereinigt wird. Erfolgt die Abwässerzufuhr nur an einer Stelle, muß der Fischzüchter die Möglichkeit haben, mit Fischwasser die Abfallstoffe über den Teich zu verteilen. Auch Belüftung ist empfehlenswert, wenn die örtlichen Bedingungen sie erlauben. Es ist notwendig, die Teiche zu kalken, u. zwar mit 1000 kg CaO/ha in der Zeit von Oktober bis März, so, daß bis Dezember vor dem Einfrieren der Hauptanteil, Anfang März, nach dem Auftauen, der Rest gegeben wird. Weitere 1000 kg/ha dosiert man, von Mai bis September, mit 200 kg/Monat. Im April u. November wird nicht gekalkt. Falls die Teiche nicht sofort aufgefüllt werden, verwendet man 1500 kg CaO, von denen 800—1000 kg vor dem Einfrieren, die restlichen 500 kg mit 100 kg/Monat von Mai bis September verbraucht werden. Die Teiche bleiben im Winter ohne Fische. (Sborník českoslov. Akad. zemědělských Věd, Rada B **27.** 177—98. Mai 1954. Vodňany, Výzk. úst. rybárský u. Praha [Prag] Výzk. úst. potravinářské technol.) H. FREYTAG. 6040

C. Lumb, *Versuche über die Wirkung synthetischer Waschmittel auf die biologische Oxydation des Abwassers.* Synthet. Waschmittel vom Typ Alkylarylsulfonate (I) oder Polyglykoläther alkylierter Phenole (II) beeinflussen schon in geringer Konz. die Leistung von Sickerfilter u. Faulschlammsystem. Nach längerer Betriebsdauer mit I findet man eine Inaktivierung des Schlammes. Die krit. Konz. liegt bei 10 mg/Liter Waschmittel. Die Waschmittel selber werden von den Organismen nicht abgebaut, denn die aus der Anlage abfließenden Wassermengen schäumen noch sehr stark. (J. Proc. Inst. Sewage Purificat. **1953.** 269—77.) G. KISTNER. 6044

George J. Schroepfer, W. J. Fullen, A. S. Johnson, N. R. Ziemke und **J. J. Anderson,** *Das anaerobe Kontaktverfahren in seiner Anwendung bei Schlachthofabwässern.* Bericht über Einrichtung u. 4jährigen Betrieb einer Versuchsanlage aus Vorratstank (11 m^3), Faulraum (30 m^3) mit Wärmeaustauscher für den Zufluß, Vakuumbehälter (0,37 m^3) für dessen Entleerung u. Entgasung, Klärbecken (2,7 m^3). 11 den Prozeß beeinflussende Faktoren wurden in Versuchsreihen eingehend untersucht, Ergebnisse in 18 Tabellen u. Diagrammen. Es gelang, das Verf. so zu entwickeln, daß 95% des BSB_5 u. 90% der Schwebestoffe bei 3,25 kg BSB-Last/m^3/Tag abgebaut wurden, wobei die Konz. der Schwebestoffe im Faulraum bei 15 g/Liter gehalten werden konnte dank des innigen durch Mischen erzeugten Kontaktes u. vorteilhafter Wärmehaltung bis 35°. Dieser Kontakt ist für das Verf. wesentlich, ebenso die Entgasung u. dadurch erleichterte Klärung durch Vakuum über 500 Torr; einem Zufluß mit 12—17 g Schwebestoffen/Liter steht eine Abflut mit 20—100 mg gegenüber. Sonst ähnelt das Verf. dem mit aerobem Belebtschlamm üblichen; bei geringeren Anlage- u. etwas höheren Betriebskosten ergeben sich Gesamtkosten von ca. 70—80% der von Tropfkörpern gleicher Leistung. (Sewage ind. Wastes **27.** 460—86. April 1955. Minnesota, Univ., Sanit. and Civil Engng., Austin, Minn., Geo A. Hormel & Co., Chicago, Ill., Amer. Meat Inst.) H. MÜHLMEISTER. 6044

C. B. Townend, *Nutzung und Beseitigung von Abwasserschlamm.* Überblick über alle Bedingungen u. Möglichkeiten der Schlammbehandlung u. -beseitigung mit der Forderung, den als Dünger geeigneten als solchen zu nutzen u. durch Trocknen oder Kompostieren dazu herzurichten. (Roy. Sanit. Inst. J. **75.** 75—98. Febr. 1955. Middlesex County Council, Main Drainage Dep.) H. MÜHLMEISTER. 6048

Leland Bradney und **R. E. Bragstad,** *Verdichtung von Belebtschlamm durch Schleudern.* In Sioux Falls wird der Belebtschlamm aus 30000 m^3 häuslichen u. 15000 m^3 industriellem Abwasser/Tag mit 0,5—0,8% Feststoff (Trockengeh.) durch DE LAVAL AC-VO-Scheibenzentrifuge von 11,35 m^3/Std. in 15% Konzentrat mit 5% Feststoff u. 85% Ablauf mit 250 mg/Liter getrennt, letzterer geht zur Vorklärung zurück. Eine höhere Verdichtung bis 6—7% wäre möglich, scheitert aber an der Unmöglichkeit, den Brei durch Kreiselpumpen zu fördern. Vor der Schleuder ist Durchgang durch Schüttelsiebe u. Druckfilter nötig, um Verstopfen der Zentrifugen durch grobe Teile vorzubeugen. Das Konzentrat wird den Faulräumen zugeführt, die höhere Konz. bewirkt deren erhöhte Leistung, leichtere Wärmehaltung u. bessere Gasausbeute. (Sewage ind. Wastes **27.** 404—14. April 1955. Sioux Falls, S. Dak.) H. MÜHLMEISTER. 6048

A. B. Wheatland und **R. Lloyd,** *Respirometer zur Bestimmung des Sauerstoffbedarfs von verunreinigtem Wasser und Abwasser.* Beschreibung eines Respirometers aus einem durch Hg-Manometer mit einem Ausgleichskolben verbundenen 1 Literkolben zur Aufnahme der Probe, die durch Magnetrührer gerührt wird. CO_2 wird durch K_2CO_3 in porösem keram. Körper gebunden. Beide Kolben befinden sich in einem Thermostaten. Der verbrauchte O_2 wird durch das Manometer angezeigt, durch gemessenen O_2 aus einer Pipette ersetzt u. so bestimmt. Für die Eichung u. Benutzung werden eingehende Berechnungen u. Anweisungen gegeben u. Ergebnisse an einer Kurve aufgezeigt. (Lab. Pract. **4.** 6—10. Jan. 1955. Stevenage, Herts., Water Poll. Res. Labor.) H. MÜHLMEISTER. 6056

M. R. Buydens, *Verhalten von Fluorverbindungen im Wasser.* Zur Aufklärung der Wrkg. des F bei der Verhütung der Zahncaries bzw. beim Auftreten der Fluorose des Zahnschmelzes wurden Löslichkeit (I) u. Dissoziation (II) von Fluoriden, ihre Rk. mit $Al(OH)_3$ (als Mittel zur Entfluorierung zu F-reicher Wässer). reinem $Ca_3(PO_4)_2$ u. Knochenmehl in dest. u. Leitungswasser mittlerer Härte untersucht u. eingehend beschrieben. Die F-Best. wurde spektrophotometr. mit Alizarin-$Zr(NO_3)_4$ vorgenommen, nach Dest. von 50 cm^3 W. mit H_2SO_4 bei 140—145°. Es lösen sich in dest. W. 42,4 (g) NaF, 6,52 Na_2SiF_6, 0,016 CaF_2, 0,076 MgF_2; in Trinkwasser beeinflussen die sonstigen Ionen I u. II erheblich u. bewirken zum Teil Trübungen, die Alkalifluoride sind wesentlich stärker dissoziiert als die der Erdalkalien. Der aus F u. $Ca_3(PO_4)_2$ gebildete Fluorapatit spielt wegen seiner geringen Säurelöslichkeit ebenso wie das Verhältnis $Ca_3(PO_4)_2$: $CaCO_3$ u. der Carbonatapatit eine wichtige Rolle bei der Schutzwrkg. u. bei der Erklärung der Tatsache, daß ein Zahn n. Zus. zur Gesunderhaltung kein zusätzliches F benötigt u. ein vollentwickelter, an $CaCO_3$ reicher Zahn durch direkte Berührung weniger F bindet als ein junger. Mehrwalige kurze Einw. von F auf entwickelte Zähne hatte gute Erfolge, die Reaktionsfähigkeit der dabei benutzten NaF-Lsgg., deren höchstzulässige Konz. noch festzustellen ist, muß dabei beachtet werden. Die Erfolge der Trinkwasserfluorierung in USA sollten auch zu prakt. Verss. in Belgien ermutigen. (Bull. Acad. roy. Méd. Belgique [6] **19.** 217—42. 1954. Bruxelles.) H. MÜHLMEISTER. 6060

V. Anorganische Industrie.

E. Ja. Paryliss und **M. Ss. Schewtschuk,** *Die Reinigung der Schwefelsäure von Stickoxyden.* Da die niedrigeren N-Oxyde in H_2SO_4 schwerer lösl. sind als die höheren, ist es zweckmäßig, die das SO_3 begleitenden N-Oxyde (aus der elektr. Reinigung oder Verunreinigungen des Erzes von der Flotation) mit Hydrazinsulfat zu reduzieren, das in den Absorber von Zeit zu Zeit in Pulverform (4 g auf 1 t Säure) eingeführt wird; die Rk. ist gewöhnlich in 2 Std. beendet, wie durch Analyse auf den Geh. an reduzierenden Verbb. geprüft werden kann. Die Qualität der Säure wird durch den Zusatz nicht beeinträchtigt. (Химическая Промышленность [Chem. Ind.] **1954.** Nr. 4. 52. Juni. Krassnouralsk, Chem. Fabrik.) R. K. MÜLLER. H 253

Ja. B. Bljumberg, *Über die Gewinnung von Natriumsulfat aus Meerwasser.* In einer Tabelle wird die Konz. der einzelnen Salze im W. der verschied. russ. Binnenseen u. Küstengewässer zusammengestellt. Die Möglichkeiten der Gewinnung von $Na_2SO_4 \cdot 10H_2O$ (Mirabilit, I) aus den großen Binnenseen werden verglichen. Aussichtsreich erscheint die Gewinnung von I aus konz. Schwarzmeerwasser bzw. Ssiwaschwasser durch Abkühlung auf -10^0, die mit der Gewinnung von Mg-Salzen, wie $MgCl_2 \cdot 6H_2O$ (Bischofit), verbunden werden kann. (Химическая Промышленность [Chem. Ind.] **1954.** Nr. 4. 17—21. Juni.) R. K. MÜLLER. H 274

I. M. Wessler, *Rationelle Ausnutzung der Abgänge der Kalksteinverarbeitung.* Nach dem bisherigen technolog. Verf. erhält man nur 63,3% an Kalkstein (Fraktion 80 bis 130 mm), der für die Zuckerindustrie verwendbar ist, während 36,7% (Fraktion $<$ 80 mm) als Abgänge betrachtet werden. Es wird empfohlen, die Fraktionen von 50—80 mm auf Branntkalk zu verarbeiten. Feinere Fraktionen sollen gemahlen u. als Düngemittel verwertet, die feinsten Fraktionen den Asphalt-, Beton- u. Schieferwerken zugeleitet werden. Man kann auch die für das Kalkbrennen nicht verwertbaren Anteile der Fraktion 50—80 mm metallurg. u. Maschinenbauwerken als Flußmittel zuführen. (Сахарная Промышленность [Zucker-Ind.] **29.** Nr. 3. 30. 1955. Ukrain. Trust „Sachkamen".) A. ECKE. 6148

United States of America, übert. von: **Eger V. Murphree,** Summit, N. J., V. St. A., *Herstellen von schwerem Wasser.* Dampf wird mit feinverteilten Metallteilchen, z. B. Fe, bei 350—900^0 u. 5—1000 at u. mehr, zu D_2-haltigem H_2 u. Metalloxyd umgesetzt. Der abgetrennte H_2 wird unter den gleichen Druckverhältnissen u. bei Tempp. zwischen 20 u. 100^0 mit W. in Kontakt gebracht, wobei das D_2 einen Teil des mol. gebundenen H_2 ersetzt. Der an D_2 verarmte H_2 wird zur Red. der Metalloxydteilchen bei 650—900^0 verwendet, die in den Kreisprozeß zurückgeführt werden. — Verfahrensschema. (**A. P. 2 689 782** vom 27/2. 1942, ausg. 21/9. 1954.) K. DEMMLER. H 240

E. I. du Pont de Nemours & Co., Wilmington, Del., übert. von: **Jerome W. Sprauer,** Niagara Falls, N. Y., V. St. A., *Kreisverfahren zur Herstellung von Wasserstoffperoxyd* durch Red. von gelöstem 2-tert.-Butylanthrachinon u. Oxydation der Lsg. zwecks Rückbldg. von 2-tert.-Butylanthrachinon, indem die Red. unter einem 0,9 atü nicht überschreitenden H_2-Druck vorgenommen wird u. die Menge an absorbiertem H_2 nicht mehr als 70% der zur Umsetzung des gesamten Anthrachinons theoret. erforderlichen Menge beträgt. (**A. P. 2 673 140** vom 29/11. 1951, ausg. 23/3. 1954.) K. DEMMLER. H 241

Shell Development Co., Emeryville, übert. von: **Arthur K. Dunlop,** Berkeley, **Donald R. Douslin** und **Gino J. Pierotti,** El Cerrito, Calif., V. St. A., *Reinigen von Wasserstoffperoxyd.* Durch Zusatz einer wss. Suspension von CaO zu einer unreinen, 0,5 bis 25 gewichtsprozentigen wss. H_2O_2-Lsg., die ca. 0,05—10 Gew.-% Phosphat-Ion, bezogen auf H_2O_2, enthält, wird CaO_2 gebildet; es wird von der Mutterlauge abgetrennt, erneut in W. aufgeschlämmt u. bei ca. 30—80^0 mit CO_2 zu $CaCO_3$ u. H_2O_2-Lsg. umgesetzt, die nach Filtration noch durch ein Ionenaustauschharz vollkommen gereinigt werden kann. Mittels der ersten Verfahrensschritte kann auch reines CaO_2 hergestellt werden. — Verfahrensschema. (**A. P. 2 695 217** vom 22/5. 1952, ausg. 23/11. 1954.) K. DEMMLER. H 241

National Research Development Corp., übert. von: **Kenneth A. Cooper,** und **Thomas C. H. Hill,** London, England, *Stabilisieren von konzentriertem flüssigem Wasserstoffperoxyd,* indem ein p_H zwischen 3 u. 7 eingestellt wird u. ca. 20—81 mg eines ionisierbaren Salzes (Nitrat oder Sulfat des Zn oder Cd) je Liter H_2O_2-Lsg zugesetzt werden. (**A. P. 2 680 674** vom 15/9. 1949, ausg. 8/6. 1954.) K. DEMMLER. H 241

Johan Ernst Nyrop, Hellerup, Dänemark, *Durchführung chemischer Reaktionen durch elektrische Entladungen.* Zur Erhöhung der Ausbeute wird eine intermittierende Entladung (durch Gleichstrom- oder kurze Hochfrequenzimpulse mit einer Zeitdauer $< 10^{-3}$ Sek.) zwischen einer ringförmigen u. einer kreisförmigen, sich drehenden Elektrode erzeugt. Bei einer Umfangsgeschwindigkeit von 50 m/Sek werden 550 g *Salpetersäure* je kWh erhalten. (**E. P. 642 335** vom 12/11. 1946, ausg. 30/8. 1950. Dän. Prior. 18/10. 1945.) O. STEIL. H 243

Pennsylvania Salt Mfg. Co., Philadelphia, übert. von: **William F. Mitchell,** Drexel Park, und **John A. Grant-MacKay,** Ambler, Pa., V. St. A., *Herstellen von im wesentlichen SiF_4-freiem Fluorwasserstoff.* Durch Einw. von mol. Mengen von CaF_2 u. H_2SO_4 zusammen mit 1—2 Mol SO_3 auf jedes Mol H_2SO_4 wird ein Gasgemisch von $HFSO_3$ u. SiF_4 erhalten; die daraus durch Kühlen auf Tempp. zwischen 5 u. 150° abgetrennte $HFSO_3$ wird stufenweise unter Zusatz von zur vollständigen Hydrolyse nicht ausreichenden Wassermengen zu H_2SO_4 u. wasserfreiem HF hydrolysiert, während das nicht kondensierte Gasgemisch mit H_2SO_4 gewaschen u. die H_2SO_4 in den Prozeß zurückgeführt wird. — Schema. (**A. P. 2 702 233** vom 13/8. 1949, ausg. 15/2. 1955.) K. DEMMLER. H 246

Allied Chemical & Dye Corp., New York, übert. von: **Howard Albany Bewick,** Syracuse, N. Y., V. St. A., *Entfernen von Stickstofftrichlorid* aus *Chlor,* indem das getrocknete Cl_2 bei Tempp. $< 100°$ durch ein Bett von feinverteiltem, porösem Adsorptionsmaterial (akt. Al_2O_3, Bauxit, Kieselgel, Kieselgur, akt. Kohle u. a.) geleitet wird, das mit Metallchloriden, wie $CuCl_2$, $NiCl_2$, $CoCl_2$, $FeCl_3$, $CrCl_3$ u. $SrCl_2$, überzogen ist. (**A. P. 2 692 818** vom 18/7. 1950, ausg. 26/10. 1954.) K. DEMMLER. H 247

Rohm & Haas Co., Philadelphia, Pa., übert. von: **Francis X. McGarvey,** Haddon Heights, N. J., V. St. A., *Reinigung von Chlorwasserstofflösungen,* zwecks Entfernung von gelösten, Fe-haltigen Verunreinigungen mit einem stark bas. Anionenaustauschharz, das quaternäre NH_4Cl-Gruppen als polare Bestandteile enthält; das Harz wird durch Waschen mit W. in einer Menge von $> 90\%$ des Harzvol. regeneriert. (**A. P. 2 695 875** vom 5/10. 1951, ausg. 30/11. 1954.) K. DEMMLER. H 247

Buffalo Electro-Chemical Co., Inc., Tonawanda, übert. von: **Frank P. Greenspan,** Buffalo, und **Donald G. MacKellar,** Kenmore, N. Y., V. St. A., *Stabilisieren wässriger Lösungen von anorgan. Persäuren,* bes. von H_2SO_5, durch Zusatz von wenigstens 5 (Teilen) Dipicolinsäure auf 1000000 Lsg.; z. B. werden einer 10—43%ig. H_2SO_5-Lsg. 250—750 Teile Dipicolinsäure zugegeben. (**A. P. 2 663 621** vom 7/2. 1952, ausg. 22/12. 1953.) K. DEMMLER. H 253

Metal Hydrides, Inc., Beverly, übert. von: **Robert W. Bragdon,** Marblehead, Mass., V. St. A., *Herstellung und Stabilisierung von Alkali- und Erdalkali-Aluminiumhydriden.* Alkali- oder Erdalkalihydride werden in einer Lsg. von Diäthyläther mit einem Al-Halogenid umgesetzt; z. B. $4\,LiH + AlCl_3 \rightarrow LiAlH_4 + 3\,LiCl$. Die erhaltenen Al-Hydride werden mittels eines tert. Amins, z. B. Trimethyl- oder Triäthylamin, stabilisiert, wobei Mengen von ca. 1—6 Gew.-% angewendet werden. (**A. P. 2 680 059** vom 3/8. 1951, ausg. 1/6. 1954.) K. DEMMLER. H 272

Metal Hydrides, Inc., übert. von: **Peter P. Alexander,** Beverly, Mass., V. St. A., *Herstellen von Calciumhydrid,* indem wasserfreies $CaCl_2$ u. Na-Metall in einer Reaktionszone mit H_2 auf eine Temp. erhitzt werden, die zwischen der Dissoziationstemp. des NaH u. einer Temp. liegt, die das Schmelzen der Chloridmischung während der Rk. verursacht, z. B. 400—500°. (**A. P. 2 702 234** vom 2/10. 1953, ausg. 15/2. 1955.) K. DEMMLER. H 283

Carl N. Andersen, Briarcliff Manor, N. Y., V. St. A., *Lösliche Aryl-Hg-Verbindungen* erhält man durch Kondensation eines Aryl–Hg-Acetats, -Hydroxyds, -Lactats, -Nitrats oder -Chlorids mit einem aliphat. Amin mit 2—4 C-Atomen oder Diamin u. einem Säureamid. — Aus Phenyl–Hg-Acetat, Äthylendiamin, Acetamid, Propylenglykol u. W. entsteht nach schwachem Erwärmen eine klare beständige Lösung. Weitere Ausgangsstoffe sind: Diphenyl–, Tolyl–, Xylyl–, Naphthyl–, Anthranyl– u. Phenanthranyl–Hg-Verbb.; Isopropyl-, Triisopropylamin, 1.2- u. 1.3-Diaminopropan, 1.4-Diaminobutan u. Formamid. *Antiseptica* u. *Germicide,* bes. zum Behandeln von Papierbrei, Textilien u. bestimmten Kautschukarten. (**A. P. 2 619 446** vom 23/11. 1949, ausg. 25/11. 1952.) G. KRAUSS. H 290

Forsvarets Forskningsinstitut, Oslo (Erfinder: **Ole Georg Gjörtun,** Dellström, und **Ivan Thoralf Rosenqvist,** Bergen), Norwegen, *Aufbereitung von Mineralien*. bes. von solchen, die neben geringeren Gehh. an schwermetallhaltigen Mineralien magnet. Charakters hauptsächlich *$CaCO_3$* u. *Apatit* enthalten. Die Ausgangsstoffe werden nach Erhitzen (Calcinierung bei ca. 900°) einer schnellen Abkühlung unterworfen. Das erhaltene Prod. wird nach Ablöschen mit W. von dem gebildeten $Ca(OH)_2$-Schlamm befreit u. das restliche Prod. durch Magnetscheidung in eine unmagnet., Apatit enthaltende Fraktion u. in eine magnet. Fraktion aus *Schwermetallen* zerlegt. Letztere Fraktion kann in einer Nachaufbereitung in Magnetit u. schwächer magnet. Bestandteile, wie *Glimmer* u. *Nb*-haltige Mineralbestandteile, getrennt werden. — Vgl. auch N. P. 82479; C. **1955.** 10852. (**D. B. P. 864681** Kl. 1b vom 5/12. 1950, ausg. **26**/1. 1953. N. Prior. 22/12. 1949.) W. Hauswald. 6149

VI. Silicatchemie. Baustoffe.

W. E. S. Turner, *Analyse antiker Gläser.* Vf. zeigt die Schwierigkeiten auf, die sich für die Analysen antiker Gläser ergeben, andererseits die Wichtigkeit der Erfassung aller Bestandteile, auch wenn sie nur in kleinsten Mengen vorhanden sind, weil sie oft Hinweise für histor. Zusammenhänge geben, die aus der Verwendung gleicher Rohmaterialien usw. abzuleiten sind. Von großer Bedeutung ist bes. auch die Wasseraufnahme des Glases sowie die Verwitterungserscheinungen. In zwei Tabellen gibt Vf. ein Beispiel für die Zus. eines babylon. Glases u. die Bestandteile, nach denen bei der Analyse zu suchen ist. (Glass Ind. **36.** 362—89. Juli 1955.) L. Kühnert. 6168

I. B. Schlain, *Über die Erhöhung der Homogenität des Rohstoffes für die Glasschmelze.* Da die Rohstoffe für die Glasschmelzen je nach der Herkunft verschied. sind, schlägt Vf. vor, die jeweiligen Zufuhren im Lager horizontal auszubreiten, wobei dann die verschied. Schichten übereinander zu liegen kommen. Die Entnahme für die Schmelzen hat dann durch den gesamten Querschnitt zu erfolgen, so daß alle Schichten zur Schmelze verwendet werden. (Стекло и Керамика [Glas u. Keram.] **10.** Nr. 5. 7—9. Mai 1953.) J. v. Schroeder. 6170

N. W. Ssolomin, N. M. Galdina, A. A. Galstjan, M. B. Ssulchanow und **G. A. Karnauschenko,** *Eigenschaften und Verwendungsfähigkeiten einer verbesserten elektrogeschmolzenen feuerfesten Zirkon–Mullitmasse.* Betriebsmäßige Vgll. von Öfen für die Glasschmelze, welche aus verbesserten elektrogeschmolzenen ZrO_2–Mullit-Steinen (I) u. aus gewöhnlichen I hergestellt waren, ergaben eine um 20—30% größere Festigkeit der verbesserten I. Diese werden von der Schmelze gleichmäßiger angegriffen. Die Charge für die Herst. von verbesserten I besteht aus Bauxit, techn. Tonerde u. Kaolin sowie Zusätzen an ZrO_2. (Стекло и Керамика [Glas u. Keram.] **10.** Nr. 3. 28—33. März 1953.) J. v. Schroeder. 6172

—, *Wärmestrahlung von schwerschmelzenden Materialien und ihre Bedeutung für Glasschmelzöfen.* Vf. erläutert die Bedeutung der „Strahlung des schwarzen Körpers" u. des „Teilstrahlungsvermögens" sowie die Totalemission u. die Emission bei bestimmter Wellenlänge für die opt. Pyrometrie u. gibt Zahlen für verschied. hochschmelzende Ofenbaumaterialien bei verschied. Tempp. für beide Arten der Emission. Er zeigt, daß auf Grund dieser Zahlen festzustellen ist, daß unter Umständen Boden, Wände u. Decke eines Ofens bei gleicher wahrer Temp. verschied. Ablesungen bei der opt. Messung ergeben. Die Strahlung von Glasschmelzen im Zusammenhang mit der Infrarotabsorption u. der chem. Zus. werden ebenfalls diskutiert. (Glass Ind. **36.** 193—228. April 1955.) L. Kühnert. 6174

B. L. Steierman, J. C. C. Wu und **J. M. McCormick,** *Über die Absorption von Ultraschall in Glas bei hohen Temperaturen.* Es wird versucht, Glasschmelzen durch Ultraschallbehandlung zu entgasen. Vff. stellen Verss. über die Absorption der Ultraschallenergie in Glas bei niederen u. hohen Tempp. an. Es wird zunächst die Versuchsanordnung beschrieben, bei der Ultraschall von 250, 400 u. 1000 kHz durch Einkristallsaphirstab über einen Bariumtitanatübertrager auf eine Glasschmelze in Pt-Tiegel einwirkt. Es wird festgestellt, daß die Absorption bis 400° langsam, aber stetig, bis 800° stärker anwächst u. dann bis 1600° wieder langsamer weiterwächst, bei 800° ist die Intensität nach dem Durchlaufen einer Strecke von 1 cm im Glas nur noch 1/500 der Ausgangsenergie. Eine Erklärung für diese Erscheinungen kann zunächst nicht gegeben werden. (J. Amer. ceram. Soc. **38.** 211—13. 1/6. 1955. Toledo., O.. Owens-Illinois Glass Comp., General Res. Div.) L. Kühnert. 6174

M. L. Prod'homme, *Die Raman-Diffusion in den Silicatgläsern.* (Vgl. C. **1956.** 830. Es wird über Spektren berichtet, aus denen hervorgeht, daß es möglich ist, durch die Auswertung der Ramanbanden, die in den Silicatgläsern beobachtet worden sind, den Einfl. bestimmter Oxyde auf die Koordination der Kieselsäure zu verfolgen. Gewisse Frequenzen gewinnen eine merkwürdige Bedeutung in dem Maße wie die Gasdichte zunimmt. Vf. hat auch eine Beziehung zwischem dem Verhältnis der Anzahl der Sauerstoffatome zur Anzahl der des Siliciums u. der Intensität dieser Frequenzen beobachtet. Weiterhin werden die Spektren verglichen, die die Wrkg. zeigen, die eine therm. Behandlung auf die Ramanbanden ausüben kann. Die beobachtete Beziehung zwischen der Koeffizientschwankung $\Delta n = n_{\text{ausgeglüht}} - n_{\text{gehärtet}}$ u. der Verlängerung der Banden dürfte auf die Anhäufung von Zufälligkeiten in der Struktur zurückzuführen sein, sobald die Härtung energischer erfolgt. (J. Physique Radium **16**. 16 S. März 1955. Paris, Inst. d'Optique.) K. PISTOR. 6200

N. M. Rudenko, *Die Anreicherung von Kaolin mit Hilfe von Zentrifugenverdichtern (Hydrocyclonen).* Mit Hilfe der Zentrifuge läßt sich der Rohkaolin durch 4maliges Zentrifugieren vom Sand befreien, wenn der Rohmasse Wasserglas (3,34 Liter auf 1 m^3 W.) zugesetzt wird. (Стекло и Керамика [Glas u. Keram.] **10**. Nr. 5. 17—20. Mai 1953.) J. V. SCHROEDER. 6208

Cesare Alimenti, *Die Verwendung von Methan bei intermittierend betriebenen Brennöfen für künstlerische Majoliken.* Es wird gezeigt, daß CH_4 (Erdgas) in Majolikabrennöfen mit Vorteil verwendet werden kann. Ein mit CH_4 beheizter Ofen wird beschrieben. (Metano [Padova] **9**. 84—88. Febr. 1955.) R. K. MÜLLER. 6216

W. Hagen, *Über die Struktur und ihre Beseitigung.* Seit der Einführung maschineller Herstellungsmethoden treten in der keram. Industrie Strukturen auf, die die Qualität der Erzeugnisse wesentlich mindern. Nach einem Überblick über die bisher eingeschlagenen Wege wird über eine neue Meth. zur Beseitigung der Strukturen in keram. Massesträngen berichtet. Auf Grund zahlreicher Unterss. wurde das Schwinggitter als Anbaugerät für Schneckenpressen entwickelt, mit dem es gelingt, unter Ausnutzung des Thixotropieeffektes, die Strukturen zu beseitigen, Massestränge mit größerem Durchmesser als dem Schneckendurchmesser der Presse zu ziehen u. die Leistung der Presse zu erhöhen. Aufbau u. Wirkungsweise des Schwinggitters werden beschrieben u. die Ergebnisse von Unterss. der mit dem Schwinggitter gezogenen Massestränge u. Isolatoren gezeigt. (Ber. dtsch. keram. Ges. e. V. **32**. 114—19. April 1955.) K. PISTOR. 6216

R. L. Coble und **W. D. Kingery,** *Wirkung der Porosität auf thermischen Bruch.* In gesinterter Tonerde mit 4—50% Porosität wurde zerstampftes Naphthalin in einen Gußstreifen eingebettet. Der therm. Druckwiderstand wurde bestimmt aus der Temperaturdifferenz in radialer Richtung, die erforderlich war, um Hohlzylinder unter stetigen Bedingungen zu zerbrechen. Der therm. Druckwiderstand vermindert sich mit zunehmender Porosität. Der Widerstand R gegenüber therm. Drucken beträgt bei 50% Porosität ungefähr $^1/_3$ gegenüber dem für keine Porosität. Der Widerstand R' gegenüber therm. Druck, der durch den höchstmöglichen Hitzefluß bestimmt wurde, vermindert sich schneller als R, weil zunehmende Porosität die therm. Leitfähigkeit vermindert. Der Widerstand gegenüber therm. Bruch mit einem konstanten Betrag von Oberflächentemperaturerhöhung ist direkt proportional R, während das therm. Diffusionsvermögen durch die Porosität nicht beeinflußt wird. (J. Amer. ceram. Soc. **28**. 33—37. 1/1. 1955. Cambridge, Mass., Massachusetts Inst. of Technol., Ceramic Div., Dep. of Metallurgi.) R. WALCKER. 6216

János Sövegjártó, *Festigkeit und Korrosion feuerfester Ziegel bei hoher Temperatur.* Übersichtsarbeit. (Épitöanyag [Baumaterial] **6**. 55—63. Febr. 1954.) J. PLANK. 6218

E. Biagiotti und **G. Grungo,** *Antologie der feuerfesten Steine.* 2. Mitt. (2. Teil.) *Silicasteine in den Gewölben elektrischer Öfen.* (1. Teil vgl. C. **1955**. **11272**.) Ergänzend werden 4 italien. Steine besprochen, die in bezug auf ihre Struktur u. ihr Verh. eine gewisse Ähnlichkeit mit den zuvor besprochenen Steinen aufweisen. Es kann allg. gesagt werden, daß, abgesehen von der granulometr. Zus. des Ausgangsmaterials, die Güte des Steines maßgeblich durch den ersten Brand bestimmt wird, da auf Grund der eingefrorenen Transformationsungleichgewichte der Stein im eingebauten Ofenfutter arbeitet. In 2 näher untersuchten Fällen werden an gebrauchten Steinen 3 Schichten unterschiedlicher petrographischer u. granulometrischer Zus. ermittelt. Ergänzendes Bild- u. Diagrammaterial. (Ceramica [Milano] [N. S.] **10**. Nr. 4. 61—69. April 1955. Corsico, Lab. Centrale Materiali Refrattari S. p. A.) W. ANIKA. 6218

B. G. Skramtajew, *Fragen der Technologie von schnellhärtendem und hochwiderstandsfähigem Beton bei der Herstellung von Stahlbetonfertigteilen.* Bei Zementen mit hohem Geh. an Tricalciumaluminat (8—15%) erhöht die Zugabe von 8% (vom Zement) Gips die Bindegeschwindigkeit, wobei nach 24 Std. eine 2—4fache Festigkeit gegenüber dem Zement ohne Gipszusatz erreicht wird. Auch Zusatz von 4% Gips u. 2% $CaCl_2$ wirkt ähnlich. Behandlung der Fertigteile mit Dampf von 80° oder Erwärmen mit elektr. Strom erhöht ebenfalls die Festigkeit bei größerer Bindegeschwindigkeit. (Бетон и Железобетон [Beton u. Eisenbeton] **1955**. 24—28. April.) J. v. SCHROEDER. 6224

F. N. Sparkes, *Die Kontrolle der Betongüte. Eine Betrachtung des gegenwärtigen Standes.* Überblick über die prakt. Erfordernisse, Beschreibung der üblichen bzw. geforderten Kontrollmethoden, bes. auf Großbaustellen, Forderungen für zukünftige prakt. u. theoret. Verbesserungen, Angaben über die mathemat. Erfassung der Streuwerte. (Cement, Lime Gravel **29**. 351—57. Jan. 1955. London, Road Res. Labor., Dep. of Scientific and Industr. Res.) W. GELMROTH. 6224

L. I. Panfilowa und **G. A. Koslowa,** *Der Einfluß von Calciumchlorid auf die Korrosion von Stahlarmierungen in Beton.* Zusatz von 3% $CaCl_2$ (I) zum Zement bewirkt Korrosion des Stahles. 2% I bewirkt nach 3 Monaten geringe Korrosion, die sich nach weiteren 3 Monaten nicht ändert. Bei „kalten" Zementen wurde starke Korrosion durch I beobachtet. 2—3maliger Schutzauftrag von Wasserglas auf den Stahl verhindert jede Korrosion. (Бетон и Железобетон [Beton u. Eisenbeton] **1955**. 33—34. April.) J. v. SCHROEDER. 6224

K. Alberti, *Über die Raumbeständigkeit von Baukalken.* Nach kurzer Erörterung der Einflüsse auf die Raumbeständigkeit der Baukalke werden die einzelnen Verff. [abgekürzte Darrprobe nach *DIN* 1060 (I), Kuchen-Darre Schnellprobe (II), HEINTZELsche Kugelprobe (III), Kohlensäureprobe (IV), LE CHATELIER-Ringprobe (V) u. Zeitprüfung nach *DIN* 1060 (VI)] zu ihrer Prüfung beschrieben. Vf. führt Verss. zur Ermittlung der Empfindlichkeit der einzelnen Verff. u. gesondert mit **V**, die meßbare u. objektive Werte liefert, unter Variierung der Versuchsbedingungen, durch. Nach einer krit. Betrachtung der einzelnen Prüfmethoden auf Grund der Ergebnisse kommt Vf. zu dem Schluß, daß Meth. **I—IV** für die Praxis ungeeignet sind u. lediglich **V** u. das sogenannte Braunschweiger Verf. den Anforderungen entsprechen u. daß die Prüfungen mit gemagertem plast. Kalkmörtel ohne Druckverdichtung erfolgen sollen. (Zement-Kalk-Gips **5/41**. 364—70. Nov. 1952.) H. DICKHAUT. 6226

L. A. Plotnikow, *Keramische Platten für Fußböden aus Lehm bei Moskau.* Es werden Verff. angegeben, um aus dem nichtgeeigneten Lehm bei Moskau brauchbare gefärbte u. ungefärbte Platten herzustellen. Die techn. Daten für die aus diesem Material bei 1120° u. 1170° gebrannten Prodd. werden gebracht. (Стекло и Керамика [Glas u. Keram.] **10**. Nr. 5. 13—17. Mai 1953.) J. v. SCHROEDER. 6228

M. Servigne, *Über die Zusammensetzung der Entphosphorungsschlacken.* Die Unters. zahlreicher bei der Entphosphorung anfallender Schlacken zeigt die Anwesenheit von ca. 18 (%) P; 0,01 V; 0,001 Ti; Spuren Cr; < 3 Na, Al u. Mn. Die Schlacken weisen keine nennenswerte Radioaktivität auf. (C. R. hebd. Séances Acad. Agric. France **1954**. 195—96. März. Inst. national agronomique.) W. WESLY. 6234

Walter Nielsch, *Komplexometrische Calciumbestimmung.* Es wird zunächst die Grundlage der Calciumbest. mit dem Na-Salz der Äthylendiamintetraessigsäure (Idranal III von RIEDEL-DE HAEN) dargestellt, sodann ausführlich die Best. des Ca im Flußspat bei Anwesenheit verschied. störender Metallionen erläutert. Als Indicator wird Murexid verwendet, die Störionen werden mit Triäthanolamin, Natronlauge u. Kaliumcyanid unwirksam gemacht. Benötigte Reagentien u. Geräte werden angegeben, für Aufschluß des Flußspates u. Durchführung der Analyse werden genaue Arbeitsvorschriften gegeben. Es wird bes. darauf hingewiesen, daß das Verf. außer für die Glasindustrie auch für viele andere analyt. Zwecke brauchbar ist. (Glas-Email-Keramo-Techn. **6**. 73—76. März 1955.) L. KÜHNERT. 6242

Johnson, Matthey & Co. Ltd., London, England, *Golddekormasse.* Goldpulver wird mit einem Flußmittel aus Blei- oder Blei–Alkali–Bor-Silicat, Bi_2O_3 oder BiOCl, einem organ. Plastifizierungsmittel (I) u. einem in diesem nichtlösl. beim Erwärmen fl. festem Körper, wie Anthracen, gemischt u. die M. im Umdruckverf. oder zum direkten Dekorieren silicat. Körper, wie Glas oder Porzellan, benutzt u. eingebrannt. Das organ. I besteht etwa aus 56 (%) Amyllactat, 26 Äthyllactat, 8 Nitrocellulose, 8 Methylabietat u. 8 Ricinusöl. Der sich verflüchtigende feste Stoff wird zugesetzt, um das Verhältnis von festen u. fl. Bestandteilen in der Dekormasse zu regeln u. dadurch die Druckfähigkeit zu verbessern. (**E. P. 641 525** vom 9/6. 1948, ausg. 16/8. 1950.) F. REINHART. 6189

Farbwerke Hoechst Akt.-Ges., vormals Meister Lucius & Brüning, Frankfurt/M.-Höchst (Erfinder: **Karl Daimler,** Ehlhalten, Taunus), *Entschalungsmittel für metallische Betonschalungen.* Dieses besteht aus einer konz. wss. Lsg. von $ZnCO_3$, $NaNO_2$ u. NH_3. Die Lsg., welche vor dem Gebrauch mit W. verd. wird, kann außerdem noch

Netzmittel enthalten. (**D. B. P. 930 980** Kl. 80b vom 27/9. 1953, ausg. 28/7. 1955. Anmeldung bekanntgemacht 16/12. 1954.) Hans Hoffmann. 6225

Woermann G. m. b. H., Salzkotten/Westf., *Ablöschen von Kalk.* Zwecks Verbesserung der Ausbeute u. gleichmäßiger Löschung aller Teilchen wird dem Ablöschwasser für Kalk eine Harzseife, z. B. 3‰ einer Seife des amerikan. Naturharzes „Vinsol Resin", zugesetzt. (**D. B. P. 919 095** Kl. 80b vom 9/11. 1951, ausg. 8/8. 1955. Anmeldung bekanntgemacht 28/1. 1954.) Hans Hoffmann. 6227

Oesterreichisch-Amerikanische Magnesit Akt.-Ges. (Erfinder: **Ferdinand Consolati** und **Norbert Skalla**), Radenthein, Österreich, *Vermauerung feuerfester Steine, besonders von Magnesitsteinen und Chrommagnesitsteinen,* bei der Zustellung von Industrieöfen erfolgt unter Zwischenschaltung von festen, plattenförmigen Einlagen aus trockenem, erhärtetem, feuerfestem Mörtel. Zweckmäßig ist dieser Mörtel mit einem Träger, bes. aus verbrennlichen Stoffen, wie Pappe, verbunden. — Abbildungen. (**Oe. P. 180 579** vom 16/3. 1953, ausg. 27/12. 1954.) H. Hochstein. 6229

Heinrich Koppers G. m. b. H. (Erfinder: **Elisabeth Lux**), Essen, *Feuerfester Isolierstein.* Ein bei Tempp. bis zu 1250° verwendbarerer Isolierstein gegen Wärmefluß besteht aus einem keram. verfestigten Gemisch aus etwa gleichen Teilen expandiertem Vermiculit u. einem tonhaltigen Bindemittel, z. B. magerem Ton. (**D. B. P. 927 260** Kl. 80b vom 16/3. 1950, ausg. 2/5. 1955. Anmeldung bekanntgemacht 19/7. 1951.) Hans Hoffmann. 6229

VII. Agrikulturchemie. Schädlingsbekämpfung.

Ss. I. Wolfkowitsch, W. W. Illarionow und **R. Je. Remen,** *Untersuchung des Prozesses der hydrothermischen Verarbeitung des Apatits.* Das tern. Syst. $CaO-P_2O_5-SiO_2$ wird im Schnitt der F.-Kurven zwischen $2CaO \cdot SiO_2$ bis α-$Ca_3(PO_4)_2$ u. im Gleichgewichtsdiagramm mit Angabe der bei den verschied. Tempp. stabilen Phasen dargestellt. Experimentell wird die entfluorierende Wrkg. von SiO_2 (**I**) u. von Wasserdampf (**II**) untersucht. F-Apatit (**III**) wird durch **II** unter isomorphem Ersatz des F^- durch OH^- in Hydroxylapatit (**IV**) übergeführt, der dann mit oder ohne Ggw. von **II** in α-Tri- u. Tetracalciumphosphate zerfällt. **I** reagiert mit **IV** unter Bldg. von isomorphem u. citronensäurelösl. Tricalciumphosphat. Bei Zusätzen von 0,25—10% **I** werden 85—92% des F entfernt. Auch ohne Ggw. von **II** wirkt **I** auf **III** entfluorierend, aber weniger intensiv als **II**. Die Wrkg. der Al-Silicate, wie Nephelin (**V**), Kaolin, Ton usw., ähnelt der von **I**; wegen des niedrigen F. von **V** u. der Bldg. eines leichtschmelzenden Eutektikums empfiehlt sich ein Zusatz von 2—2,5% **V** zusammen mit **I** oder **I**-Al_2O_3-Gemisch. Bei 1400° kann mit 2% **I**-Zusatz ein hoch-%ig. *P-Düngemittel* mit bis 34—38% citronensäurelösl. P_2O_5 u. $< 0,1\%$ F gewonnen werden, aus synthet. **IV** ein Prod. mit bis 40%. (Химическая Промышленность [Chem. Ind.] **1954**. Nr. 4. 11—17. Juni. Wiss.-Forsch.-Inst. für Düngemittel u. Insektofungicide.) R. K. Müller. 6282

M. W. Kalabuchow, *Die Verarbeitung von Torf für Düngemittel in den Kolchosen.* Torfmoor wurde auf eine Tiefe von 30 cm gepflügt, doppelt geeggt u. erhielt 3% Kalk u. 1,0% Superphosphat vom Gewicht der Rohtorfmasse. Danach verteilte man auf seiner Oberfläche Fäkalien u. eggte den Torf auf eine Tiefe von 15—16 cm. Die so hergestellte Torfmasse diente als Dünger. (Торфяная Промышленность [Torf-Ind.] **32**. Nr. 5. 18—19. 1955. Zentrale Torf-Versuchsstation.) M. Gordienko. 6294

N. P. Karpinski und **A. P. Golubewa,** *Abhängigkeit des p_H-Wertes von Salzauszügen aus Böden von der Salzkonzentration in der Lösung und dem Säuregrad der festen Phase des Bodens.* Zur Klärung der Frage, ob bei Unterss. der Acidität der Böden durch Salzlsgg. variable Konzz. der Lsgg. die p_H Zahlen spezif. beeinflussen, wurde bei Podsolböden mit geringer Austauschacidität (0,2—0,3 Milliäquivalent) durch Ausschütteln mit $CaCl_2$ bei Konzz. zwischen 1,0 u. 0,0023 g Äquivalent/Liter ermittelt, daß das Verhältnis von p_H zu p_{Ca} geradlinig verläuft u. der Gleichung: $p_H = p_{H_0} + 0,5\, p_{Ca}$ ($p_{H_0} = p_H$ bei $Ca^{\cdot\cdot}$-Aktivität 1) entspricht, die bereits von Trofimow ermittelt wurde; während bei Böden mit hoher Austauschacidität (3—7 Milliäquivalent) dieses Verhältnis nur bei geringer $NaCl_2$-Konz. der Lsg. annähernd der betreffenden Gleichung entsprach, bei hohen Konzz. dagegen stark variierte, was offenbar durch Veränderung der Acidität des Bodens durch hohe Salzkonzz. hervorgerufen wurde. — Bei Verss. mit 0,002n$CaCl_2$ (**I**) u. 1nKCl (**II**)-Lsgg. bei lehmigen Böden mit verschied. Acidität, lagen bei 75—85% der Proben die p_H-Zahlen bei **I** um 0,5—0,9 höher als bei **II**. — Vf. folgert, daß zum Vgl. des Aciditätsgrades verschied. Böden die gleiche Konz. der Lsg. zu verwenden ist. (Почвоведение [Bodenkunde] **1955**. Nr. 5. 1—18. Mai. Allunions Inst. für Düngung, Agrotechnik u. Agrobodenkunde.) E. Linter. 6304

F. E. Allison, Janet H. Doetsch und **E. M. Roller,** *Ammonium-Fixierung und -Verfügbarkeit in tonigem Harpster-Lehm.* Unterss. an Proben von 3 verschied. tonigen Lehmböden der HARPSTER-Reihen zeigen, daß sie in feuchtem Zustand ca. 1 Milliäquivalent NH_4^+ je 100 g u. nach Trocknung bei 100° die ca. 6fache Menge so zu fixieren vermögen, daß sie nicht leicht mit nKCl-Lsg. extrahierbar ist. Bei Düngung mit bis 2 Milliäquivalent/100 g wird mindestens die Hälfte davon festgelegt, mit steigenden Gaben nimmt die fixierte Menge rasch prozentual ab. — Vom fixierten NH_4^+ werden durch Bakterien während 6—16 Wochen bis 10% in Nitrate umgewandelt, wobei Temp. u. Feuchtigkeitsgeh. nur geringen Einfl. haben. Zusätzliche NH_4^+-Gaben zu unbehandelten Böden werden infolge Fixierung durch Bodenmineralien nur zu 60—80% nitrifiziert. Nach Unterdrückung der Festlegung durch vorherige Sättigung der Böden mit K- oder NH_4^+-Salzen steigt die Nitrifizierung auf 80—100%. Diskussion über die prakt. Auswirkungen der Versuchsergebnisse. (Soil Sci. **72.** 187—200. Sept. 1951. U. S. Dep. of Agric.) F. RANG. 6304

H. F. Birch, *Das Verhältnis zwischen Phosphatreaktion und Basensättigung in sauren Böden.* Ausführliche Fassung der im C. **1952.** 3723 referierten Arbeit. (J. agric. Sci. **42.** 276—85. Juli 1952. Kikuyu, Kenya, East African Agric. and Forestry Res. Organ.) F. RANG. 6304

K. G. Mijesserow, *Zur Frage der Natur der Bodensäure.* Sowohl die Austausch- als auch die hydrolyt. Acidität des Bodens wird durch H^+- u. Al^{3+}-Ionen verursacht, die sich durch verschied. Beweglichkeit auszeichnen. Über ihren Anteil an der Acidität des Bodens kann seine Zus. Klarheit verschaffen. Al-Silicate adsorbieren Al^{3+}-Ionen intensiver als H^+-Ionen, Silicatgele dagegen adsorbieren H^+-Ionen stärker. Silicatgele u. Al-Silicate reagieren mit $BaCO_3$ u. adsorbieren Ba^{2+}-Ionen, die dann durch Kationen der neutralen Salze ersetzt werden können. Hieraus folgt, daß die SiO_2-Mineralien auch an der Erhöhung der Austauschadsorption der sauren Böden bei ihrer Kalkung beteiligt sind. (Почвоведение [Bodenkunde] **1955.** Nr. 3. 17—24. März. Erdölinst. der Akad. der Wiss. der UdSSR.) M. GORDIENKO. 6304

D. G. Aldrich jr., A. P. Vanselow und **G. R. Bradford,** *Lithiumschäden an Citrusbäumen, festgestellt bei Kulturen im Gebiete von Santa Barbara an Hand künstlich erzeugter Symptome.* Inhaltlich ident. mit der C. **1951.** II 1953 referierten Arbeit. (Calif. Agric. 5. Nr. 10. 6. Okt. 1951. Riverside, Calif.) C. GRIMME. 6304

G. W. Winsor und **M. I. E. Long,** *Die Eigenschaften einiger Harnstoff-Formaldehyd-Substanzen in Beziehung zu ihrer Anwendungsmöglichkeit als Stickstoffdünger.* Zur Prüfung der Verwendung von synthet. Prodd. aus Formaldehyd u. Harnstoff als Ersatz für natürliche organ. Dünger (Horn-, Hufmehl) wurden folgende Unterss. angestellt: Die Rk. zwischen Harnstoff u. Formaldehyd ist komplexer Natur u. abhängig vom molaren Verhältnis beider Komponenten, dem p_H, der Temp. u. der Reaktionszeit. Außerdem wirken sich die Löslichkeit der Komponenten bei der Isolierung u. die Art der Trocknung aus. Um einen Faktor auszuschalten, wurden sämtliche Synthesen bei einem p_H von 3,5 durchgeführt. Die Prodd. wurden nach drei verschied. Verff. gewonnen, wobei das Verhältnis Harnstoff/Formaldehyd jeweils von 1,0—3,0 variiert wurde. Bei der Prüfung der Zers. im Boden konnte keiner der synthet. Dünger die Erwartungen eines langsam wirkenden organ. Stickstoffdüngers voll erfüllen. Die Herstellungsmeth. bei Zimmertemp. ohne Rühren ergab die besten Resultate des ausnutzbaren Stickstoffs. Das Material gibt N erst nach längerer Zeit, dann aber in einer kurzen Zeitspanne ab. Nur die wasserlösl. Komponenten sind in den bei höheren Tempp. gewonnenen Substanzen ausnutzbar. (Exp. Res. Stat., Cheshunt, Herts, annu. Rep. **37.** 56—67. 1951. Cheshunt.) W. KNÖPKE. 6304

Richard A. Break, *Brombeer-Düngung.* Verss. mit Brombeeren zeigten, daß N-Düngung von ausschlaggebender Bedeutung für Fruchtgröße u. Erntemenge ist. Angaben über Saftzus. in Abhängigkeit von der N-P-K-Düngung. (Calif. Agric. 5. Nr. 11. 5. Nov. 1951. Fresno County California.) C. GRIMME. 6304

M. A. Ambarzumjan, *Einfluß der Mineraldüngung auf die Intensität der Ausbildung von Blütenknospen und die Frostfestigkeit der Aprikosen unter Bewässerungsbedingungen des Gebietes von Oktemberjansk.* Gaben von Mineraldüngung (N, P u. K) im Stadium der Entw. der vegetativen Knospen förderten die Ausbldg. der Blütenknospen (stärkste Zunahme von 43% bei je 140 kg N u. P je 1 ha). Gleichzeitig bewirkte die Mineraldüngung auch eine bedeutende Erhöhung der Frostfestigkeit der Aprikosen (Verminderung der Frostschäden an Blütenknospen bis zu 58%). (Известия Академии Наук Армянской ССР, Биологические и Сельскохозяйственные Науки [Nachr. Akad. Wiss. ArmenSSR, biol. landwirtsch. Wiss.] **8.** Nr. 5. 17—24. Mai 1955.) M. GORDIENKO. 6304

E. R. Parker und **W. W. Jones,** *Orangenertrag und Fruchtgröße.* Langjährige Verss. zeitigten beste Erfolge mit Stalldung sowie Bedeckung durch Luzerne, Getreide- oder Limabohnenstroh neben erhöhten N-Gaben. (Calif. Agric. **5.** Nr. 11. 4; 14. Nov. 1951. Riverside, California.) C. GRIMME. 6304

F. G. Viets jr., L. C. Boawn und **C. L. Crawford,** *Zinkgehalt und Zinkmangelerscheinungen von 26 Kulturpflanzen, die auf einem Zinkmangelboden angebaut wurden.* Zn-Mangelsymptome zeigten Ricinusbohnen, Ackerbohnen, Limabohnen, Zuckermais, Feldmais, Sudangras, Hopfen, Sojabohnen, Flachs u. Tomaten. Keine Mangelerscheinungen waren zu beobachten bei Weizen, Hafer, Gerste, Pfefferminze, Kartoffeln, Möhren, Zwiebeln, Zuckerrüben, Rotklee, Luzerne, Spargel, Senf, Erbsen u. Körnerhirse. Gelegentlich zeigte allerdings Körnerhirse Mangelerscheinungen, ebenso reagierte Luzerne auf Blattdüngung mit $ZnSO_4$. Düngung mit 23 lbs. Zn/acre als $ZnSO_4$ verminderte bzw. verhütete die Mangelerscheinungen. 2 unempfindliche Pflanzen (Gerste u. Hafer) und 2 stark empfindliche (Sojabohne u. Bohne) wurden in Gefäßen mit u. ohne Zn-Düngung herangezogen. Die Bohnen nahmen beträchtlich weniger Zn u. P aus dem Boden auf, als die anderen Pflanzen. Die Aufnahme von Zn aus der Düngung war für alle Pflanzen die gleiche. (Soil Sci. **78.** 305—16. Okt. 1954. U. S. Dep. of Agriculture and Washington Agricult., Exp. Station.) A. JACOB. 6304

J. N. Davies und **O. Owen,** *Dampfsterilisationsuntersuchungen.* In einem Gewächshaus wurden zwei Parzellen durch Einleiten von Dampf sterilisiert. Eine Parzelle blieb vollkommen unberührt, während der andere Boden wöchentlich bis zu einer Tiefe von ca. 30 cm umgegraben wurde. Bewässerung u. Pflanzung fanden nicht statt. Laufend erfolgte dann eine Kontrolle des NH_3- u. Nitrat-Stickstoffs. Bei dem bearbeiteten Boden zeigte sich eine wesentliche Beschleunigung des Einsetzens der *Nitrifizierung* gegenüber dem ruhenden Boden. Der Grund dürfte bessere Lüftung u. das schnellere Eindringen der an der Oberfläche einsetzenden Infektion durch Bakterien in das Innere des Bodens durch den Grabprozeß sein. Nach hohen Anfangswerten sank der NH_3-Geh. schnell auf das n. Maß ab. Bei dem unberührten Boden blieb der NH_3-Geh. über lange Zeit verhältnismäßig hoch. Die Ergebnisse sind graph. dargestellt. (Exp. Res. Stat., Cheshunt, Herts, annu. Rep. **37.** 67—78. 1951. Cheshunt.) W. KNÖPKE. 6306

Virgil H. Freed, *Herbicider Mechanismus. Wirkungsweise von Herbiciden auf anderer Basis als der von Aryloxyalkylsäuren.* Überblick über die Wirkungsweise folgender herbicider Substanzen: Natriumchlorat, Arsenverbb., Phenole, Mineralöle, CMU (3-[p-Chlorphenyl]-1.1-dimethylharnstoff), Carbamate u. Aryloxyalkanolderivate. — 50 Literaturangaben. (J. agric. Food Chem. **1.** 47—51. 1/4. 1953. Davis, Calif., Univ., Botany Dep.) W. KNÖPKE. 6312

A. S. Crafts, *Herbicide. Ihre Absorption und Weiterleitung.* Vf. gibt einen Überblick über die Zus. der Pflanzengewebe u. diskutiert die Möglichkeiten des Eindringens der Herbicide. Bei Verss. mit radioakt. 2.4-D an Bohnen zeigte sich, daß eine schnelle Aufnahme des Wirkstoffes u. eine Wanderung zu den Gefäßbündeln stattfindet. Die Weiterleitungsgeschwindigkeit liegt bei Werten bis zu 100 cm/Std., wobei eine Krümmung des Epikotyls junger Bohnen eintritt. Die Radioaktivität bleibt bis zu 72 Std. im Hypokotyl, Epikotyl u. in der Terminalknospe erhalten. Beim Auftragen von 2,4-D-Flecken auf die Blätter war die Weiterleitung durch die Mittelrippe bes. stark. (J. agric. Food Chem. **1.** 51—55. 1/4. 1953. Davis, Calif., Univ. of California, Botany Dep.) W. KNÖPKE. 6312

Keith C. Barrons, *Anwendung von Herbiciden. Einige Überlegungen zur Wahl der Methoden.* Vf. diskutiert die Probleme, die bei der prakt. Anwendung der Unkrautbekämpfungsmittel durch die verschied. Faktoren, wie Alter u. Ernährungszustand der Pflanzen, Bodenbeschaffenheit, Klima, physikal. Eigg., Toxizität der Mittel usw., auftreten können. Im einzelnen wird die Anwendung folgender Wirkstoffe besprochen: 2.4-D u. 2.4.5-T, Natriumtrichloracetat (TCA), Dinitro-o-sek.-butylphenol u. Pentachlorphenol sowie Methylbromid. (J. agric. Food Chem. **1.** 45—47. 1/4. 1953. Midland, Mich., Dow Chemical Co.) W. KNÖPKE. 6312

E. W. Chipman, *Chemische Unkrautbekämpfung in Gemüsebeständen.* Übersichtsvortrag. Anwendung u. Dosierung von Kalkstickstoff, *Aero Cyanat, 2.4-Dichlorphenoxyessigsäure* (2.4-D), *Stoddart Solvent* (Naphthaprod.), Dinitroverbb., *Na-Pentachlorphenolat* (PCP), *Na-Trichloracetat* (TCA), *Methoxon* (2-Methyl-4-chlorphenoxyessigsäure, MCP), *Crag-Herbicid 1* (Na-2.4-Dichlorphenoxyäthylsulfat), H_2SO_4, Na-Isopropylxanthat u. NaCl bei Spargel, Rüben, Karotten, Pastinak, Mais, Zwiebeln, Erbsen, Bohnen u. Kartoffeln. (Annu. Rep., Nova Scotia Fruit Growers' Assoc. **88.** 73—77. Dez. 1951. Truro, N. S., Nova Scotia Agricult. Coll.) F. RANG. 6312

L. A. Riehl, E. T. Bartholomew und **L. P. LaDue,** *Wirkungen von naphthenischen und paraffinischen Erdölfraktionen mit engem Siedebereich auf Blattfall und Fruchtsaft-*

qualität von Citrus. Citronen- u. Orangenbäume wurden mit wss. Spraygemischen mit engsd. Petroleumfraktionen (I) vom Naphthentyp (9 Fraktionen, Mol.-Gew. 220 bis 352; **Ia**) bzw. Paraffintyp (6 Fraktionen, Mol.-Gew. 245—329; **Ib**) in Konz. von 1,2 bzw. 4 quarts/100 gall. gespritzt. Durch Anwendung der I wurde der Geh. der Orangen an lösl. Bestandteilen bzw. der Citronen an Säuren nicht erhöht. — Zwischen dem Mol.-Gew.-Gefälle der I im Bereich von 200—350 u. dem Einfl. des Öls auf den Geh. an lösl. Bestandteilen bzw. Säuren wurde keine Beziehung festgestellt. — Die Unterschiede im Blattfall von mit **Ia** bzw. **Ib** behandelten Bäumen waren nur gering. — Obgleich eine Erhöhung des Mol.-Gew. von I im genannten Bereich erhöhten Blattfall bewirken kann, war dieser bei mit I gespritzten Bäumen nicht stärker als nach Spritzen mit den üblichen kaliforn. Sprayölen. — 13 Literaturangaben. (J. econ. Entomol. **47.** 107—13. Febr. 1954. Riverside, Calif., Univ. of California, Citrus Exp. Stat.)
F. RANG. 6312

L. C. Smith, *Apfelschorfforschungen 1951—1954.* Da die Entladung der Ascosporen von Venturia inequalis in den Monaten September—November am stärksten ist, muß der Sprayschutz von Apfelbäumen auf diese Monate ausgedehnt werden. Hierfür eignet sich bes. *Thiram* (*TMTD*) in Mengen von 1,5 lb. des 80%ig. Pulvers mit Zusatz von 1,5 gall. Weißöl/100 gall. oder *PMF* („*Phenylmercurifixtan*"; 8 oz./100 gallons). (J. Dep. Agric. South Australia **58.** 32—36. Aug. 1954.) F. RANG. 6312

A. R. Kittleson, *Fungicide. Herstellung und einige Eigenschaften von N-Trichlormethylthiotetrahydrophthalimid.* Vf. beschreibt Synth. dieser Verb. (gebräuchlicher Name *Captan*) nach A. P. 2 553 771; C. **1952.** 7245 aus Na-Δ_4-Tetrahydrophthalimid u. Perchlormethylmercaptan in wss. Lösung. Folgende Verbb. von I hatten ebenfalls eine gute fungicide Wrkg. (R_1 = N-Trichlormethylthiorest): *R_1-tetrahydrophthalimid, R_1-phthalimid, R_1-3.6-endomethylentetrahydrophthalimid, R_1-4-nitrophthalimid, R_1-succinimid, R_1-5.5-dimethyl-, R_1-1-nitro-5.5-dimethyl-, R_1-1-acetyl-5.5-dimethyl-* u. *R_1-5-methyl-5-isobutylhydantoin, R_1-5.5-dimethyl-R_2* (R_2 = Oxazolidindion-(2.4)-Rest), *R_1-5-methyl-5-äthyl-R_2, R_1-5-methyl-5-cyclopropyl-R_2, R_1-5-methyl-5-isobutyl-R_2, R_1-5.5-pentamethylen-2.4-R_2, R_1-5-methyl-5-phenyl-R_2, R_1-N-butylbenzol-* u. *R_1-N-phenylbenzolsulfonamid, R_1-o-benzoesäuresulfimid.* Die Werte lagen beim Test mit Alternaria solani u. Sclerotinia fructicola bei den Imiden u. 2.4-Oxazolidindionen bes. günstig. Da alle diese Substanzen die $>NSCCl_3$-Gruppe gemeinsam haben, kann sie wohl als der wesentliche Bestandteil für die fungicide Aktivität angesehen werden. (J. agric. Food Chem. **1.** 677—79. 5/8. 1953. Linden, N. J., Standard Oil Developm. Co., Esso Labor., Chem. Div.)
W. KNÖPKE. 6312

Edgar Selz, *Bekämpfungsmittel-Typen. Probleme bei flüssigen Konzentraten.* Unters. des Einfl. aliphat. u. aromat. Lösungsmittel, verschied. Emulgatoren u. der im Verdünnungswasser enthaltenen Salze auf die Wirksamkeit moderner Insekticide u. Herbicide. (J. agric. Food Chem. **1.** 381—86. 27/5. 1953. Chicago, Ill., Emulsol Corp.)
E. SPEYER. 6312

Walter Ebeling und **Roy J. Pence,** *Schädlingsbekämpfungsmittel-Typen. Einfluß des Anwendungstyps auf die Wirksamkeit.* Die sehr gründliche Arbeit vergleicht die Wirksamkeit verschied. Milbenvertilgungsmittel gegen *Tetranychus bimaculatus* HARVEY in Abhängigkeit von der Anwendungsform. Mit Ausnahme von Parathion (I) sind Emulsionstypen erfolgreicher als Suspensionen, obwohl letztere im Freiland längere Dauerwrkg. zeigen. Die Erfolgsrate hängt von der Anwendung wie folgt ab: direkte Begiftung $<$ indirekte Begiftung $<$ direkte + indirekte Begiftung. I wird bes. gut in der Subcuticula der Blätter gespeichert u. tötet nach Begiftung der Blattoberseite auch die an der Unterseite saugenden Milben. (J. agric. Food Chem. **1.** 386—97. 27/5. 1953. Los Angeles, Calif., Univ. of California.) E. SPEYER. 6312

George E. Gould und **L. L. McCrosky,** *Bekämpfung von Epitrix cucumeris* (*Harr.*) *mit neueren Insekticiden.* Durch Spritzen mit *DDT*-Emulsion (2 lbs./acre akt. Bestandteil) konnte Epitrix cucumeris bei Kartoffeln befriedigend, durch Anwendung von *Heptachlor-* oder *Dieldrin*-Emulsion (0,75 lbs./acre akt. Bestandteil) sehr gut bekämpft werden. (J. econ. Entomol. **47.** 190. Febr. 1954. Lafayette, Ind., Purdue Univ., u. North Judson, Ind., Richard Gums Farms.) F. RANG. 6312

D. F. Rudnew und **A. Ss. Degtjarewa,** *Die Bekämpfung des Zuckerrüben-Rüsselkäfers.* Feldverss. ergaben, daß das Beregnen mit 10%ig. Mineralölemulsion von *DDT* (I; 50 Liter/ha), 20%ig. I (25 Liter/ha) oder 10%ig. DDT-Lsg. in Dieselöl (20 Liter/ha) zu einer 90,7—96,3%ig. Vernichtung des Schädlings führt, während durch 20%ig. $BaCl_2$ u. 7%ig. Suspension von Na_2SiF_6 51,9—90,3% vernichtet werden. (Земледелие [Ackerbau] **3.** Nr. 4. 117. April 1955.) O. LEBTAG. 6312

W. Pali, *Anwendung von 2.4-Dichlorphenoxyessigsäure zur Bekämpfung des Zuckerrübenblattflohes.* Auf Grund von Feldverss. wird empfohlen, zur Bekämpfung des Zuckerrübenblattflohes die in der Nähe der Zuckerrübenfelder gelegenen Brachfelder (hier überwintert der Schädling u. legt seine Eier) zum Zeitpunkt der stärksten Eiablage (etwa Ende Mai) mit 3 kg/ha *2.4-Dichlorphenoxyessigsäure* zu spritzen (600 Liter/ha). Dadurch werden 90% des Schädlings vernichtet. (Земледелие [Ackerbau] **3.** Nr. 4. 118–19. April 1955.) O. LEBTAG. 6312

M. M. Barnes, C. Gammon und **D. W. Robinson,** *Insekticidstaub zur Bekämpfung von Harrisina brillians (B. & MzD.) in Californien.* Bei 3jährigen Freilandverss. zur Bekämpfung von Harrisina brillians an Weinreben u. wilden Reben wurden durch Stäuben mit 5 bzw. 10%ig. *DDT* (I) befriedigende Ergebnisse erzielt. Anwendung von 50%ig. *Kryolith* (II) erzielte eine sehr hohe Endmortalität der Schädlinge bei guter Rückstandswrkg. u. geringer Schädigung ihrer natürlichen Feinde. Ausgewachsene Larven sind gegen I empfindlicher als gegen II. Auch *Methoxychlor* u. *TDE* wirkten günstig; Parathion u. Ditolyltrichloräthan waren wirkungslos. (J. econ. Entomol. **47.** 54–57. Febr. 1954. Riverside, Calif., Univ. of California, Citrus Exp. Stat., u. California State Dep. of Agric., Bur. of Entomol.) F. RANG. 6312

—, *Die Motte Ochrogaster contraria.* Die Bekämpfung der Raupen des Acacia pendula befallenden Schädlings kann durch Spritzen mit *Bleiarsenat* (0,5 lb./40 gal. W.) oder 0,1%ig. *DDT*-Emulsion erfolgen. Ersteres ist jedoch wegen langdauernder Giftspeicherung in den Blättern unzweckmäßig. Blattverfütterung darf frühestens 4 Wochen nach DDT-Behandlung erfolgen. (Agric. Gaz. New South Wales **62.** 597–99. 1/11. 1951. Sydney, Dep. of Agric.) F. RANG. 6312

James M. Rea, A. L. Hamner und **Ross E. Hutchins,** *Wirkungen von Aldrin, BHC-DDT, Dieldrin und Toxaphen auf den Baumwollkapselkäfer.* Gegen den Schädling Anthonomous grandis Boh. an in Gefäßkulturen gewachsenen Baumwollpflanzen waren *Toxaphen* (I) u. *Dieldrin* (II) erheblich wirksamer als *Aldrin* (III) oder ein Gemisch von 3% BHC u. 5% DDT (als Staub oder Spray). DDT-Staub wirkte auf den Schädling toxischer als DDT-Spray. III, II u. I neigen dazu, in Staubform ebenfalls wirksamer zu sein als in Sprayform. — Der Einfl. künstlicher Beregnung auf die Wirksamkeit der geprüften Insekticide wurde untersucht. Ohne Beregnung zeigte sich I als das wirksamste Mittel. Nach Beregnung (0,5 inch.) nahm die Wirksamkeit aller Insekticide ab, mit Ausnahme von II-Spray. II u. I waren in diesem Fall gleich wirksam. (J. econ. Entomol. **47.** 48–53. Febr. 1954. Mississippi State Coll., Agric. Exp. Stat. u. Dep. of Zool. and Entomol.) F. RANG. 6312

—, *Dindymus versicolor.* Die Bekämpfung des viele Kulturpflanzen befallenden Käfers erfolgt im allg. durch Spritzen mit 0,1%ig. *DDT*-Emulsion in möglichst frühzeitigem Wachstumsstadium zur Vermeidung phytotox. Schäden. Bei DDT-empfindlichen Pflanzen werden die Schädlinge mit *Derris*-Staub, 2,5%ig. *Nicotinstaub* oder Gemisch von Tabakstaub u. gelöschtem Kalk (1:1) zeitweilig abgewehrt. (Agric. Gaz. New South Wales **62.** 599–60. 1/11. 1951. Sydney, Dep. of Agric.) F. RANG. 6312

Walter E. Fleming und **Warren W. Maines,** *Beständigkeit von Chlordan in Böden des mit Popillia japonica (Newm.) befallenen Gebietes.* Durch Bioverss. mit Larven von Popillia japonica u. chem. Analysen von 83 Mineralböden wurde festgestellt, daß die *Chlordan* (I)-Rückstände im Boden nach Gaben von 10 lbs./acre nach 3 Jahren im Mittel 12%, nach 4 Jahren 5% betrugen. Mit zunehmendem Anteil an organ. Substanz wurden geringere I-Rückstände gefunden. Mit Ausnahme von N bestand keine Wechselbeziehung zwischen dem I-Rückstand u. anderen Elementen im Boden. (J. econ. Entomol. **47.** 165–69. Febr. 1954. USDA, Agric. Res. Serv., Entomol. Res. Branch.) F. RANG. 6312

Gaines W. Eddy, W. S. McGregor, D. E. Hopkins und **J. M. Dreiss,** *Wirkungen einiger Insekticide auf Blut und Kot von mit gewissen chlorierten Kohlenwasserstoffinsekticiden gefütterten Rindern.* Dem Futter von Hereford-Rindern wurden folgende Insekticide in Acetonlsg. zugesetzt: 10 u. 100 p.p.m. *Lindan* (I) für die Dauer von 84 Tagen, 25 p.p.m. *Dieldrin* (II), *Aldrin* (III) bzw. *Chlordan* (IV) für 56 Tage sowie 100 p.p.m. *Toxaphen* (V) bzw. *BHC* (VI; 12% γ) für 112 Tage. Die behandelten Rinder wurden den Testinsekten ausgesetzt, die Larven auf dem Kot gezüchtet u. die tox. Wrkg. der von den Rindern aufgenommene Präpp. wurde festgestellt. — 100 p.p.m. I wirkten auf Siphona irritans L. (**a**) während der gesamten Fütterungsperiode u. einer weiteren Dauer von mindestens 21 Tagen letal, 10 p.p.m. I waren dagegen wirkungslos. I in Konz. von 100 p.p.m. war auch für Stomoxys calcitrans (L.) (**b**), Aedes aegypti (L.), II sowie III für Larven von **a**, **b** u. Musca domestica tox., während IV, V u. VI unwirksam waren. Der Befall der Rinder mit Hypoderma lineatum (De Vill.) konnte durch I, II, III u. IV nicht verhindert werden. — 7 Literaturangaben. (J. econ. Entomol. **47.** 35—38. Febr. 1954. USDA, Agr. Res. Serv., Entomol. Res. Branch, u. Animal and Poultry Husbandry Branch.) F. RANG. 6312

I. C. Chopra, K. L. Handa und **Vidyasagar Prabhakar,** *Herstellung von konzentrierten Pyrethrumextrakten.* Zur Herst. eines Pyrethrum (I)-Blütenextraktes mit möglichst hohem Geh. an *Pyrethrinen* (II) bei niedrigem Geh. an insekticid unwirksamen Substanzen wurden pulverisierte, 0,91% II enthaltende I-Blüten mit „solvent oil" (Petroleumfraktion mit Kp. 60—145°) extrahiert, das Lösungsm. abgedampft u. die Extraktion so oft wiederholt, bis sich im Extrakt keine harzigen Substanzen mehr absetzten. Die erhaltene gelbe, leicht bewegliche Fl. enthält 15—20% II u. vermischt sich leicht mit Kerosinöl. 2%ig. I-Extrakte sind haltbarer als 15—10%ige. — Eine aus I-Extrakt zubereitete, nicht fettige 0,2%ig. *Pyrethrinsalbe* schützt Hautflächen 4—5 Std. lang gegen Moskitostiche. (J. sci. ind. Res. [New Delhi] **13A.** 326—27. Juli 1954. Jammu, Drug Res. Labor.) F. RANG. 6312

P. Balarama Menon, C. M. Sen Gupta und **B. C. Basu,** *Prüfung verschiedener Markeninsekticide.* Auf ihre Wirksamkeit gegen verschied. Arthropodenspecies (Viehzecken u. Läuse, Moskitos, Fliegen) wurden 10 ind. Markeninsekticide geprüft: *Anofilum, Brizk* [0,5% Gammexan (I) + Pyrethrum (II)], *Gamatox Paste Dip* (I-Präp.), *Kildem* (DDT + II), *Neocid-Geigy* (DDT-Präp.), *No. 1050-Geigy* (50%ig. DDT-Suspensionspulver), *Pip* (II-Präp.), *Pyrentol D 20, Pyrocolloid* (koll. II-Präpp.) u. *Pyrodust 1500* (II-Präp.). (Indian J. veterin. Sci. animal Husbandry **21.** 215—27. Dez. 1951. Izatnagar, Uttar Pradesh, Indian Veter. Res. Inst.) F. RANG. 6312

J. E. Casida, R. K. Chapman, M. A. Stahmann und **T. C. Allen,** *Umwandlung von Schradan durch Pflanzen und Insekten in ein toxisches Phosphoramidoxyd.* Durch enzymat. Oxydation in der Pflanze wird *Schradan* (I; Oktamethylpyrophosphoramid) prim. in das tox. „*Monophosphoramidoxyd*" (II) übergeführt. — Drei Methoden zur Analyse des II wurden beschrieben, die auf enzymat. Hemmung von Cholinesterase (ChE.) bzw. Chymotrypsin oder auf colorimetr. Best. des bei der Hydrolyse von II abgespaltenen HCHO beruhen. — Die Möglichkeit einer Gesundheitsgefährdung durch II ist im Vgl. zu I verhältnismäßig gering. Das prim. Prod. II ist am stärksten tox., jedoch unbeständig u. leicht zersetzlich. Seine Ggw. hängt unmittelbar von einem Reservevorrat an I ab. Im Säugetierkörper wird I in das gleiche Prod. schnell umgewandelt, das bei Pflanzen in niedrigen Konzz. langsam gebildet wird. — Insekten verwandeln I ebenso wie Pflanzen u. Säugetiere über II als Zwischenstufe. Die selektive Toxizität von I für gewisse Insekten beruht u. a. auf ihrem verschied. I-Umwandlungsvermögen, I umzuwandeln, u. auf Unterschieden in der Empfindlichkeit der Insekten-ChE. gegen II. — 33 Literaturangaben. (J. econ. Entomol. **47.** 64—71. Febr. 1954. Madison, Wis., Univ. of Wisconsin, Dep. of Entomol. u. Dep. of Biochem.) F. RANG. 6312

Arden O. Lea jr. und **Herbert T. Dalmat,** *Untersuchungen über die Auslese von zur Bekämpfung von Schwarzfliegenlarven in Guatemala geeigneten Chemikalien.* Eine Meth. zur Auslese von gegen Simuliumlarven (Überträger von Onchocerca volvulus auf den Menschen) im Labor. wirksamen Chemikalien (Konz. 10 bzw. 1 p.p.m.) wird beschrieben. Larvicid stark wirksam sind *EPN, Methylparathion, Parathion, Metacide* u. *Sulfotepp*; schwächer wirksam: *Malathion, Heptachlor, Chlordan, Aldrin, Dieldrin, DDT* u. *TEPP*, am schwächsten wirksam: *Lindan, Toxaphen, Methoxychlor, TDE, Schradan, CS-674A* u. *CS-708.* — Bei Freilandverss. auf Strömen wirkten schon geringere Konzz. u. Einwirkungszeiten als im Laboratorium. (J. econ. Entomol. **47.** 135—41. Febr. 1954. Bethesda, Md., U. S. Dep. of Health, Educat. and Welfare, Publ. Health Serv., Nat. Inst. of Health, Nat. Microbiol. Inst.) F. RANG. 6312

Robert A. Hoffman, Theodore L. Hopkins und **Arthur W. Lindquist,** *Teste mit Pyrethrum–Synergetica in Kombination mit einigen Phosphorverbindungen gegen DDT-resistente Fliegen.* Die organ. P-Verbb. (I): *Malathion, EPN, Methylparathion, Bayer compound 21/199* (3-Chlor-4-methylumbelliferon-O.O-diäthylthiophosphat), die analoge O.O-Dimethylverb. BAYER *compound 21/200, Potasan* (4-Methylumbelliferon-O.O-diäthylthiophosphat) u. *Diazinon* [O.O-Diäthyl-O-(2-isopropyl-4-methyl-6-pyrimidyl)-ester der Thiophosphorsäure] in Kombination mit Synergetica (II) wurden auf ihre tox. Wrkg. gegen DDT-resistente Hausfliegen (Musca domestica L., Orlando-Stamm) geprüft. Hierbei ergab sich, daß die pyrethrumsynergisierenden Verbb.: Piperonylbutoxyd, Sulfoxide, Chrysanthemumcarbonsäure, α-Propylpiperonylester u. 5-Butyl-5-äthyl-2-[3.4-methylendioxyphenyl]-m-dioxan auch die Wirksamkeit von gewissen I fördern. Hierbei scheint die chem. Struktur der P-Verbb. eine Rolle zu spielen. Die insekticide Aktivität u. Wirkungsdauer nahm mit steigenden II-Mengen in der I-II-Kombination zu. — 7 Literaturangaben. (J. econ. Entomol. **47.** 72—76. Febr. 1954. Bur. of Entomol. and Plant Quarantine, Agr. Res. Adm.) F. RANG. 6312

J. H. Fales, O. F. Bodenstein und **R. H. Nelson,** *Die synergistische Wirkung von Sulfoxide bei Insekticidsprays und -aerosolen.* Gegen Musca domestica waren *Sulfoxide* (I)–*Pyrethrin* (II)-Sprays wirksamer als I-*Allethrin* (III)-Sprays. In Sprays mit Geh. an III u. *DDT* wirkten I u. *Piperonylbutoxyd* (V) gleich stark, in Aerosolen mit Geh. an II u. DDT dagegen I stärker synergist. als V. — Gegen Culex pipiens L. waren II-Sprays mit I-Geh. weniger, gegen Anopheles quadrimaculatus (Say) gleich wirksam wie II-Sprays mit V-Gehalt. — Die Wirksamkeit eines II- u. DDT-haltigen Aerosols gegen Periplaneta americana (L.) wurde durch Zusatz von I erhöht. — 7 Literaturangaben. (J. econ. Entomol. **47.** 27—29. Febr. 1954. USDA, Agr. Res. Serv., Entomol. Res. Branch.) F. RANG. 6312

H. Gysin, *Über einige neue Insekticide.* (Vgl. C. **1955.** 11277.) Vf. gibt einen Überblick über die Entw. neuerer Insekticide, wie *OMPA* (Oktamethylphosphoramid), *E 605, Systox, Diazinon* u. *Pirazinon* u. beschreibt dann Verss. zur Herst. neuer Insekticide. Ferner wird die Giftigkeit dieser Prodd. sowie von *Malathion, Chlorthion, Pyrazoxon* u. *Isolan* (ein Pyrazolyldimethylcarbamat) besprochen. Zusammenhänge zwischen Konst. u. Wirksamkeit werden kurz behandelt. Die Esterasenhemmwerte allein geben kein Bild über insekticide oder toxikolog. Eigenschaften. Die Cholinesteraseinhibitoren *Eserin* bzw. *Prostigmin* sind insekticid prakt. unwirksam. (Chimia [Zürich] **8.** 221—28. 15/10. 1954. Basel, J. R. Geigy Akt.-Ges.) J. MATTNER. 6312

M. D. Price, *Die neuen insekticiden Kunstharze.* Wrkg. u. Anwendungsweise von mit einzelnen Insekticiden (I) bzw. I-Gemischen präparierten Harnstoff–Formaldehydharzen werden beschrieben. Diese Präpp., als Lacke aufgespritzt, besitzen im Vgl. zu n. I verstärkte Kontakt- u. bis zu 4 Jahren dauernde Rückstandswirkung. (Food **23.** 332—33. Sept. 1954. Insecta Labors Ltd.) F. RANG. 6312

N. W. Waschtschinskaja, *Die Abgänge der chemischen Industrie der Armenischen SSR als Larvicide.* Die Bekämpfung der Fliegen muß im Larvenstadium vorgenommen werden. Als tox. für Larven erwiesen sich „fl. Kesselrückstand" (I) sowie „Lackgemisch" (II) (beides Abfälle einer chem. Fabrik) in Mengen von 2 g je 100 g Substrat. Bei dieser Dosis bewirkte I eine 100%ig., II eine 92%ig. Vernichtung der Larven. Da II sich rascher als I verflüchtigt, wird seine Wrkg. durch die Verdunstungsverhältnisse in der Atmosphäre wesentlich beeinflußt. (Известия Академии Наук Армянской ССР, Биологические и Сельскохозяйственные Науки [Nachr. Akad. Wiss. ArmenSSR, biol. landwirtsch. Wiss.] **8.** Nr. 5. 75—81. Mai 1955.) M. GORDIENKO. 6312

W. E. Bleidner, H. M. Baker, Michael Levitsky und **W. K. Lowen,** *Herbicidrückstände. Bestimmung von 3-[p-Chlorphenyl]-1.1-dimethylharnstoff im Boden und Pflanzengewebe.* Vff. beschreiben eine universell anwendbare Meth. zur quantitativen Best. von *3-[p-Chlorphenyl]-1.1-dimethylharnstoff* (I)-Resten in Böden u. Pflanzengeweben: Die Probe wird mit NaOH-Lsg. aufgeschlossen u. I unter Bldg. von *p-Chloranilin* (II) hydrolysiert. II wird durch kombinierte kontinuierliche Wasserdampfdest. u. Extraktion oder (bei Bodenproben $>$50 g) durch Extraktion fl.–fl. automat. gewonnen u. angereichert, darauf mit verd. Säure extrahiert u. nach Diazotierung u. Kupplung mit N-[1-naphthyl]-äthylendiamindihydrochlorid colorimetr. bestimmt. Die Meth. ist anwendbar auf Spuren von I in allen untersuchten Böden u. in vielen Kulturpflanzen. Empfindlichkeitsgrenze ca. 10^{-7}% bei raffiniertem Rohrzucker bzw. 10^{-6}% in fast allen Pflanzengeweben u. Böden. (J. agric. Food Chem. **2.** 476—79. 28/4. 1954. Wilmington, Del., E. I. du Pont de Nemours & Co., Inc., Exp. Stat., Grasselli Chem. Dep.) W. JANICKE. 6328

F. A. Gunther, M. J. Kolbezen und **R. C. Blinn,** *Vorläufiger Bericht über den colorimetrischen Nachweis von Dieldrin.* Das in seinen analyt. Möglichkeiten noch weiter entwicklungsfähige Verf. beruht auf einer nach Erhitzen von *Dieldrin* (I) mit p-Nitrophenol auftretenden Farb-Rk., die mit dem Spektrophotometer analysiert wird. Die bei I-Mengen von 4—50 γ auftretende rötlichbraune Färbung richtet sich nach dem Gesetz von BEER (λ_{max} bei 405 mμ; bei I-Mengen von 50γ bis 20 mg hellrote Färbung mit λ_{max} 520 mμ). Die mit Aldrin, Endrin u. Isodrin nicht eintretende, offensichtlich stereospezif. Rk. wird durch Substanzen, wie Aceton, Sauerstoff u. W., gehemmt u. gibt bisher nicht immer zuverlässige Ergebnisse. Ihre chem. Natur ist noch nicht bekannt. Die Herst. der erforderlichen Reagentien u. der Arbeitsgang der Meth. wird mitgeteilt. (J. econ. Entomol. **47.** 185—86. Febr. 1954. Riverside, Calif., Univ. of California, Citrus Exp. Stat.) F. RANG. 6328

A. C. Miller, Arnold Mallis und **W. C. Easterlin,** *Ein Testverfahren zur Bewertung von flüssigen Sprays gegen Küchenschaben.* Die insekticide Wirksamkeit von *Gulfspray Naphtha* (I; Insekticid-Basis-Öl; D. 0,78; Kp. 380—480° F) u. *Official Test Insekticide* (*OTI*; ca. 100 mg Pyrethrine/100 ml I) gegen Periplaneta americana L. (a), Blatta orientalis L. (b) u. Blattella germanica L. (c) wurde nach einem beschriebenen Testverf.

untersucht. — Gegen I war c am empfindlichsten. OTI wirkte gegen a u. c annähernd gleich, gegen b erheblich weniger stark letal. — 10 Literaturangaben. (J. econ. Entomol. **47.** 23—26. Febr. 1954. Pittsburgh, Pa., Gulf Res. and Developm. Co.) F. RANG. 6328

American Cyanamid Co., New York, übert. von: **Brian L. Hutchings,** Pearl River, und **Samuel Gordon,** Orangeburg, N. Y., V. St. A., *Herstellung von halogenierten Phthaliden* der allg. Formel I (R = H oder niederes Alkyl, Hal = Halogen). Man oxydiert die entsprechenden Verbb., die am C-Atom 3 statt der OH-Gruppe ein H tragen, in einem inerten Lösungsm. bei p_H 6—10, z. B. mit $KMnO_4$. Auf diese Weise wird *3-Oxy-3-methyl-4-chlor-7-methoxyphthalid* hergestellt, das sich in *3-Oxy-3-methyl-4-chlor-7-oxyphthalid* überführen läßt oder in der OH-Gruppe veräthert werden kann (*Methyläther, Äthyläther*). — *Zwischenprodd. mit antisept.* u. *fungiciden Eigenschaften.* (**A. P. 2704288** vom 3/5. 1952, ausg. 15/3. 1955.) K. FABEL. 6313

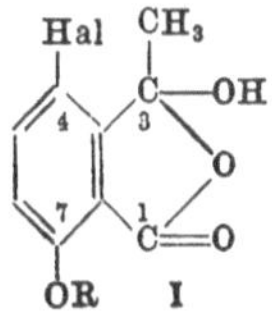

I

American Cyanamid Co., New York, N. Y., übert. von: **James H. Boothe,** Montvale, N. J., und **Samuel Kushner,** Nanuet, N. Y., V. St. A., *Herstellung von Phthaliden* der allg. Formel I (R = H oder niederes Alkyl, R_1 = OH, Alkoxy oder Halogen). Man erhitzt Verbb. der allg. Formel II mit W. auf oberhalb 40° in Ggw. eines alkal. oder mineralsauren Hydrolysiermittels (NaOH, HCl). — Z. B. erhält man aus 2-Cyan-3-methoxyacetophenon mit NaOH *3-Oxy-3-methyl-7-methoxyphthalid,* das in die anderen Derivv. übergeführt werden kann. — Zwischenprodd. für *Fungicide.* (**A. P. 2 704 290** vom 3/5. 1952, ausg. 15/3. 1955.) K. FABEL. 6313

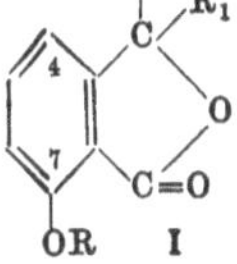

I

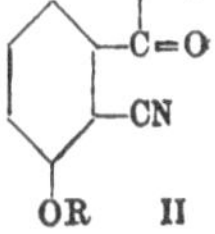

II

Rumianca Società per Azioni, Turin, Italien (Erfinder: **Giuseppe Agnini** und **Liborio Casale**), *1.2.4.6.6-Pentachlorcyclohexa-1.4-dien-3-on* (I), C_6HOCl_5, F. 112—113°, erhält man durch Chlorierung von Phenol oder seinen chlorierten Derivv., wie 2.4-Dichlorphenol, in CCl_4 in Ggw. von wenig $AlCl_3$; Ausbeute 75%. Es ist *antisept., fungicid* u. *insekticid* wirksam. (**E. P. 721 929** vom 11/9. 1952, ausg. 12/1. 1955.) G. KRAUSS. 6313

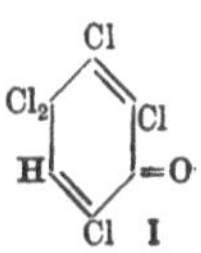

I

E. I. du Pont de Nemours & Co., übert. von: **Walter W. Gilbert,** Wilmington, und **Theodore Le Sueur Cairns,** Newark, Del., V. St. A., *Polycyclische tertiäre Amine* der allg. Formel $C_{3(n+1)}H_{3(2n-1)}N$ (n = ganze Zahl) erhält man durch Kondensation von Cycloalkanonen mit 5—7 Ring-C-Atomen u. wenigstens einer Methylengruppe in α-Stellung zur CO-Gruppe, mit NH_3 unterhalb 200°, bes. 50—150°, u. 100—20000 lbs./sq.in. in Abwesenheit eines Katalysators. — Aus Cyclohexanon u. fl. NH_3 bei 100° unter Selbstdruck nach 10½ Std. *2-Cyclohexylidencyclohexanon,* $C_{12}H_{18}O$, $Kp._{0,5}$ 88°; n_D^{25} 1,5060, u. $C_{18}H_{27}N$, $Kp._{0,2-0,35}$ 140—163°; n_D^{25} 1,5620. 10,5%ig. Umwandlung. — Cyclopentanon → *2-Cyclopentylidencyclopentanon,* $Kp._{0,4}$ 74°; n_D^{25} 1,5257; + $C_{15}H_{21}N$, $Kp._{0,25-0,4}$ 111—138°; n_D^{25} 1,5466. — 4-Methylcyclohexanon → *2-(4-Methylcyclohexyliden)-4-methylcyclohexanon,* $C_{14}H_{22}O$, $Kp._{0,35-0,55}$ 97—115°; n_D^{25} 1,4949; + $C_{21}H_{33}N$, $Kp._{0,25-0,5}$ 142—157°; n_D^{25} 1,5325. — 3-Methylcyclohexanon → *2-(3-Methylcyclohexyliden)-3-(u. 5-)methylcyclohexanon,* $C_{14}H_{22}O$, $Kp._1$ 102—104°; n_D^{25} 1,4993; + $C_{21}H_{33}N$, $Kp._{0,6}$ 150 bis 154°; n_D^{25} 1,5356. — $C_{18}H_{27}N$ gibt mit H_2PtCl_6 → $(C_{18}H_{27}N)_2 \cdot H_2PtCl_6$, F. 135—140°; bei der Hydrierung mit Eisessig mit Pt-Kohle → $C_{18}H_{31}N \cdot HCl$, sublimiert bei 320°; *freie Base,* $C_{18}H_{31}N$, $Kp._{0,6}$ 136°; n_D^{25} 1,5290; $D.^{25}_4$ 1,0095. *Chloroplatinat,* $(C_{18}H_{31}N)_2 \cdot H_2PtCl_6$, F. 248—254° (Zers.). *Toluolsulfonat,* $C_{25}H_{37}O_2NS \cdot H_2O$, Nadeln, F. 235—236°, unlösl. in 5%ig. NaOH. — Die Amine sind *fungicid wirksam,* bes. gegen *Tomatenmehltau* u. *Bohnenrost.* Die red. Amine sind *Fungicide* u. *Insekticide.* — Tabellen. (**A. P. 2 692 268** vom 21/11. 1952, ausg. 19/10. 1954.) G. KRAUSS. 6313

E. I. du Pont de Nemours & Co., Wilmington, übert. von: **Bruce E. Englund,** Marshallton, Del., V. St. A., *Cycloaliphatische Hypohalogenite* der Formel I *und die daraus durch Umlagerung erhältlichen ω-Halogenketone* der Formel II (X = Halogen, wie Cl, Br; R = organ. Rest mit höchstens 6 C-Atomen je tert. Hypohalogenitgruppe, der auch mit dem Ring cycl. verknüpft sein kann; R' = zweiwertiger organ. Rest mit 3—7 aliphat. C-Atomen, die auch durch O, N oder S unterbrochen sein können). Tert. cycl. Alkohole werden in Ggw. von wss. Alkalien, Alkalicarbonaten, Erdalkalihydroxyden oder -carbonaten halogeniert oder in einem nichtwss. Lösungsm. (Ae., Chlf., CCl_4) mit Cl_2O oder mit einer nichtwss. HOCl-Lsg. behandelt. Die Umlagerung erfolgt durch Erhitzen auf 30—150° oder durch Bestrahlung mit UV- oder Sonnenlicht, bes. in Ggw. eines Lösungsm. (Chlf., CCl_4, Methylenchlorid, Chlorbenzol, Bzl., Toluol, Xylole). — Aus 1-Methylcyclopentanol in Ggw. von

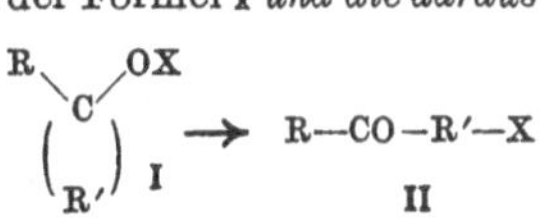

I II

wss. NaOH mit Cl_2 unter Kühlen mit Eiswasser → *1-Methylcyclopentylhypochlorit*, gelbes Öl; daraus durch Erhitzen auf 35—40° u. 80 mm Hg nach 10 Min. → *6-Chlorhexan-2-on*, Kp.$_{16}$ 85—86°. — *1-Methylcyclobutylhypochlorit*. — *1-Äthyl-4-methylcyclopentylhypobromit*. — *1-Phenyl-3-äthylcyclohexylhypochlorit*. — *1-Propylcycloheptylhypochlorit*. — *1-Phenyl-3-[p-chlorphenyl]-cyclohexylhypochlorit*. — *1.4-Dimethyl-4-piperidylhypochlorit*. — Hypochlorid des *3-Äthyltetrahydrothiophen-1-dioxydhypochlorit*. — Hypochlorid des *3-Methyltetrahydrofuranhypochlorit*. — *9-Dekahydronaphthylhypochlorit*. — *1.2-Äthylen-bis-(1-cyclopentylhypochlorit)*. — *5-Brompentan-2-on*, aus 1-Methylcyclobutylhypobromit. — 1-Phenyl-5-methylcyclooctylhypochlorit → *7-Chlor-4-methyl-n-heptylketon*. — 9-Dekahydronaphthylhypochlorit → *2-(4-Chlorbutyl)-cyclohexanon* u. *6-Chlorcyclododecanon*. — Methylen-bis-(1-cyclopentylhypochlorit) → *1.11-Dichlor-5.7-undecandion*. — Zwischenprodd.; *Pesticide* u. *Fungicide*. (**A. P. 2 675 402** vom 30/7. 1951, ausg. 13/4. 1954.)

G. KRAUSS. 6313

Farbenfabriken Bayer Akt.-Ges., Leverkusen (Erfinder: **Gerhard Schrader**, Opladen), *Thiophosphorsäureester* erhält man durch Kondensation von Carbonsäure-β-oxyäthylamiden mit O.O-Dialkylthiophosphorsäurechloriden bei erhöhter Temp. in Ggw. eines säurebindenden Mittels, erforderlichen falls in Ggw. eines Lösungsmittels. — β-Oxäthylphthalimid u. O.O-Diäthylthiophosphorsäuremonochlorid (I) bei 55° → **II**, dickes, braungelbes, nicht destillierbares u. nicht kristallisierendes Öl; Ausbeute 75%. — o-Benzoesäure-β-oxäthylsulfinid + **I** → **III**, F. 27°. — Methansulfonsäure-β-oxäthylamid + **I** → **IV**, helles, auch im Hochvakuum nicht destillierbares Öl. — Benzolsulfonsäure-β-oxäthylamid, F. 66°, Kp.$_4$ 220°, + **I** → **V** im Hochvakuum nicht destillierbares Öl. — Oxalsäuredi-(bis-β-oxäthyl)-amid, F. 167°, + **I** → **VI**, viscoses, nicht destillierbares Öl. — *Insekticide* (mit geringer tox. Wrkg. gegenüber Warmblütern), bes. gegen *Insekteneier*, *Blattläuse* u. *Mückenlarven*, u. *Fungicide*. (**D. B. P. 927 092** Kl. 12o vom 8/1. 1953, ausg. 28/4. 1955. Anmeldung bekanntgemacht 7/10. 1954.)

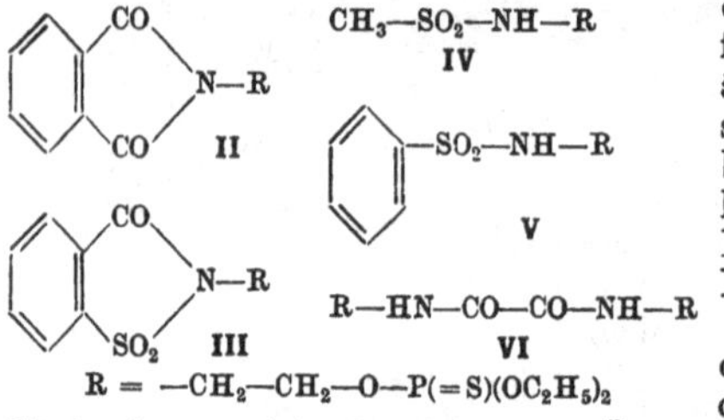

R = $-CH_2-CH_2-O-P(=S)(OC_2H_5)_2$

G. KRAUSS. 6313

Victor Chemical Works, übert. von: **Arthur Dock Fon Toy**, Park Forest, Ill., V. St. A., *Tetraalkyldithionopyrophosphatester* gemäß der Gleichung $2\,(RO)_2P(=S)-Cl + H_2O + C_5H_5N \rightarrow (RO)_2P(=S)-O-P(=S)(OR)_2 + 2\,C_5H_5N\cdot HCl$ (R = Alkyl mit 2 oder mehr C-Atomen) erhält man durch Rk. eines Dialkylchlorthionophosphats der Formel $(RO)_2P(=S)Cl$ mit W. in Ggw. eines tert. Amins (Triäthylamin, α-Picolin) bei 0—80°. — Aus Diäthylchlorthionophosphat, $(C_2H_5O)_2{=}PSCl$, u. W. in Ggw. von Pyridin bei 32—35° → *Tetraäthyldithionopyrophosphat*, Kp.$_{0,5-1}$ 122°; n_D^{25} 1,4753; Ausbeute 81,5%. — Diisopropylthionochlorphosphat → *Tetraisopropyldithionopyrophosphat*; n_D 1,4620; $D.^{25}_4$ 1,093. — *Tetra-n-propyldithionopyrophosphat*. — *Tetra-n-butyldithionopyrophosphat*. — Gegen *Warmblüter* nicht tox. *Insekticide*; vgl. Tabellen. (**A. P. 2 663 722** vom 24/3. 1950, ausg. 22/12. 1953.)

G. KRAUSS. 6313

Dow Chemical Co., übert. von: **Henry Tolkmith**, Midland, Mich., V. St. A., *Propinylphosphatverbindungen* mit der allg. Formel **I**, in der X für O oder S, Y für 2.4.5-Trichlorphenyl- oder 2.4.5-Trichlorphenoxyäthylrest u. Z für Propinyl- oder Äthylrest stehen, werden erhalten, indem man Dichlorphosphate der allg. Formel **II** mit Propargylalkohol oder nacheinander mit A. u. Propargylalkohol bei 20—35° umsetzt. — Beispiele: *O.O-Dipropinyl-O-2.4.5-trichlorphenylphosphat*; D. 1,4058; n_D^{20} 1,5370; *O.O-Dipropinyl-O-2.4.5-trichlorphenoxyäthylphosphat*; D. 1,4144; n_D^{20} 1,5145; *O-Propinyl-O-äthyl-O-2.4.5-trichlorphenylthiophosphat*; D. 1,3754; n_D^{20} 1,5585. — *Schädlingsbekämpfungsmittel*. (**A. P. 2 693 483** vom 6/3. 1952, ausg. 2/11. 1954.)

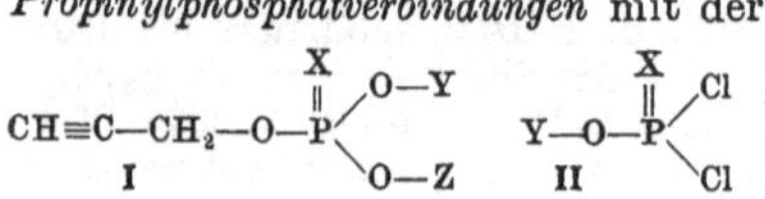

W. GRÄGER. 6313

Hercules Powder Co., Wilmington, Del., übert. von: **Warren L. Walton**, Schenectady, N. Y., V. St. A., *Polychlorterpen–Polyhalogenmethan-Addukte* mit 54—75% Cl_2 erhält man durch Chlorieren von cycl. Terpen–Polyhalogenmethan-Addukten in Ggw. eines Lösungsm. in An- oder Abwesenheit eines Chlorierungskatalysators (Licht, Peroxyde u. freie Radikale liefernde Stoffe, wie Pb-Alkyle) bei 50—150°. — Aus β-Pinen–CCl_4-Addukt, F. 44—45°, Cl-Geh. 49,2%; in CCl_4 mit Cl_2 bei 70° → *Polychlor-β-pinen-CCl_4-Addukt*, viscose, braune Fl., Cl-Gehh. vgl. Tabelle. — *Polychlordipenten–CCl_4-Addukt*, Cl-Geh. vgl. Tabelle. — *Polychlor-β-pinen–$CHBr_3$-Addukte*, Cl-Gehh. 55 u. 60%, Br-Gehh. 21 u. 18,5%. Weitere Ausgangsstoffe sind die Addukte aus: Terpinolen, α-, β- u. γ-Terpinen, α- u. β-Phellandren, Terpineol, Limonen, p-Menthene, α-Pinen,

Camphen, Bornylen, Fenchen u. Methylenchlorid, -bromid, Chlf., $CHBr_3$, CHJ_3, CCl_4, CBr_4, CJ_4, Bromtrichlormethan. — *Insekticide* (Hausfliegentest). (**A. P. 2 657 167** vom 13/10. 1950, ausg. 27/10. 1953.) G. KRAUSS. 6313

VIII. Metallurgie. Metallographie. Metallverarbeitung.

L. N. Kuschakowski und **S. F. Stefanowskaja,** *Die sanitäre Bewertung des Klärteiches zur Reinigung von Abwässern eines Hüttenwerkes.* In Hüttenwerken sind Klärteiche sehr geeignet zur Befreiung der Abwässer von Mineralmassen u. Erdöl, jedoch erfolgt die Verschlammung der Teiche so rasch, daß die Ablagerungen mindestens 2mal jährlich entfernt werden müssen. Wegen des hohen Fe-Geh. (ca. 36%) des Bodensatzes sollte an eine Ausnützung desselben gedacht werden. (Гигиена и Санитария [Hyg. u. Sanitätswes.] **1954.** Nr. 1. 51—52. Jan. Dnepropetrowsk, Med. Inst., Lehrstuhl für kommunale Hyg.) E. RENTZ. 6350

B. P. Martinez, *Gegenwärtige Praxis in der Verminderung der Wasserverschmutzung.* Bericht über innerbetriebliche Maßnahmen bzgl. Einschränkung des Wasserverbrauchs, Klärung des Abwassers u. weitgehende Rücknahme des geklärten Abwassers zur Verminderung der u. a. durch die Abwässer des dortigen Stahlwerks verursachten starken Vorfluterverschmutzung. (Iron Steel Engr. **30.** Nr. 3. 75—79. März 1953. Sparrows Point, Md., Bethlehem Steel Co.) W. NIEMITZ. 6350

T. J. W. Jorden, *Einführung zu einigen metallurgischen Fragen mit besonderer Berücksichtigung des Kokses.* Übersicht über Lage, Mächtigkeit u. Ausbeutung der Eisenerz- u. Kohlenlagervorkk. u. Lage u. Produktionszahlen der Eisen- u. Stahlindustrien in der Welt. (South African ind. Chemist **8.** 207—11. Sept. 1954. Pretoria, Iscor.) W. WESLY. 6360

D. B. Grove, R. B. Brackin und **J. H. Polhemus,** *Ergebnisvergleich mit Bleiglanz und Ferrosilicium in Mascot.* Techn. Daten über Apparate u. Arbeitsweise der Anlage in Mascot u. wirtschaftlicher Vgl. der Betriebsergebnisse mit Bleiglanz bis 1947 u. mit Ferrosilicium ab 1950. — Diskussion. (Mining Engng. **3.** 691—98. Aug. 986—87. Nov. 1951. Mascot, Tenn., Amer. Zinc Co.) H. ECKHARD. 6360

Maurice Rey, *Flotation oxydischer Blei-, Kupfer- und Zinkerze.* (Vgl. C. **1955.** 3235.) Beschreibung der bei der Flotation der genannten Erze hauptsächlich durch die Beimengungen auftretenden Schwierigkeiten u. der Möglichkeiten zu deren Überwindung nach Angaben aus 26 Literaturstellen. (Bull. Instn. Mining Metallurgy Nr. **574.** Trans. **63.** 541—48. Sept. 1954; Diskussion: Nr. **578.** Trans. **64.** Nr. 4. 169—76. Jan. 1955; Nr. **579.** Trans. **64.** Nr. 5. 256. Paris, École nat. sup. des Mines.) H. ECKHARD. 6362

M. Balicki, E. G. Kendall und **W. H. Orthman,** *Ein aufgehängter Graphit-Spiral-Ofen.* Beschreibung des Aufbaues u. der Leistung eines Graphit-Spiral-Ofens mit entlasteter (aufgehängter) Spirale. Besondere Kennzeichen sind: große Anheizgeschwindigkeit, Höchsttemp. ca. 3550° F während 2 Std. Temperaturkonstanz bei dieser Temp. mit ±25° F. Leistungsaufnahme ca. 6,1 kW. Widerstand zwischen den Anschlüssen 0,3 Ohm bei Raumtemp., Spannungen 0—40 V, Stromstärke maximal 250 A. Nach 30 Std. über 2000° F keine Oxydation der Spirale. (Metal Progr. **60.** 72—74. Aug. 1951. Brooklyn, N. Y., Polytechn. Inst. of Brooklyn.) O. WERNER. 6370

—, *Hochofenuntersuchungen in Rußland.* Niedergang der Beschickung im Schacht, Zus., Temp. u. Druck des Gases in Schacht u. Rast. Red. während des Niederganges, Schlackenbldg., Vorgänge in der Formenebene. (Iron Coal Trades Rev. **169.** 1265—70. 26/11. 1954.) K. STEIN. 6372

H. S. Hall, *Wirkung sekundärer Wärmespeicher bei Herdöfen.* Die Leistungen der Öfen werden erhöht, u. der Brennstoffverbrauch sinkt. — Diskussion. (Iron Steel Engr. **31.** Nr. 11. 112—26. Nov. 1954.) W. HAUG. 6372

Howard Reiss, *Mathematische Methoden für Zonenschmelzvorgänge.* (J. Metals **6.** Sect. 2. 1053—59. Sept. 1954. Murray Hill, N. J., Bell Telephone Labors.) H. HOCHSTEIN. 6380

E. Spire, *Gasmetallurgie und „Gasal"-Verfahren.* Überblick über die histor. Entw. der Gasmetallurgie, der Wissenschaft von der Anwendung von Gasen bei der Herst. von Metallen u. über die gegenwärtigen Anwendungen zur Entgasung durch Einblasen eines Inertgases, zur chem. Behandlung durch ein reaktives Gas u. zur wirksamen Durchmischung des fl. Metalls. Bei dem GASAL-Verf. wird ein Gas durch einen porösen keram. Pfropfen in das fl. Metall eingeblasen. (Rev. univ. Mines, Métallurg., Trav. publ., Sci. Arts appl. Ind. [9] **11 (98).** 111—20. März 1955.) D. BREDTSCHNEIDER. 6380

L. E. Djingheuzian, *Standardisierung der Siebprüfung.* Vorschlag der Mines Branch mit genauen Einzelheiten zur Standardisierung der Siebanalysenverff. mit den

48-, 65-, 100-, 150-, 200-, 270- u. 325-Maschensieben des U. S. Bur. of Standards. (Trans. Canad. Inst. Mining Metallurgy Mining Soc. Nova Scotia **56.** 293—95. 1953. Ottawa.) H. ECKHARD. 6382

A. I. Krynitsky und **F. W. Raring,** *Siebanalysen von Silica-Sanden.* Siebanalysen von zahlreichen Silica-Sanden, die mit Rotations- u. Vibrationsschüttelsieben ausgeführt werden, führen prakt. zu den gleichen Ergebnissen. (Trans. Amer. Foundrymen's Assoc. **59.** 117—20. 1951. Washington, D. C., Nat. Bur. of Stand.) W. WESLY. 6382

Bradley H. Booth, *Sandüberwachung führt zu Gußstücken von guter Beschaffenheit.* Übersicht über Zweck, Arten, Prüfung u. Verwendung des Sandes in der Gießerei. (Trans. Amer. Foundrymen's Soc. **58.** 52—62. 1950. Milwaukee, Wis., Carpenter Brothers, Inc.) W. WESLY. 6382

M. A. Matwejew und **K. M. Tkatschenko,** *Mineralische Bindemittel für Gießformen.* Zur Erzielung kürzerer Trocknungszeiten wird in Sandgemischen für Gießformen als Bindemittel Aluminiumsulfat verwendet. Hierfür dienten die als Ablagerungen der Astrachan-Seen natürlich vorkommenden Salze *Epssomit* u. *Astrachanit.* Es werden Gießformgemische empfohlen, die aus 50 (%) Ljuberetzkij-Sand, 44 Altsand, 3 Ton u. 3 Astrachanit bzw. Epssomit bestehen u. die als Feuchtigkeit noch 8% W. enthalten. Die Formen wurden entweder bei 120—150° oder 220—250° getrocknet. Für Trocknungszeiten von 15, 30 u. 60 Min. werden die für die Gemische erreichten Festigkeiten u. Gasdurchlässigkeit angegeben. (Литейное Производство [Giessereiwesen] **1953.** Nr. 5. 21—22. Mai.) H. HOCHSTEIN. 6382

Vittorio Licini, *Feuerfeste Stoffe für Gießpfannen.* Überblick über die Anforderungen u. die Vorteile der Anwendung feuerfester Steine zur Auskleidung von Gießpfannen. (Metallurgia ital. **46.** Nr. 3. Atti Notizie 9. 87. März 1954.) R. K. MÜLLER. 6382

Th. E. Suess, *Die Sauerstoffanreicherung der Gebläseluft bietet ein einfaches Mittel zur Erhöhung der Kupolofenausbeute.* Die Zufuhr von O_2 zur Gebläseluft der Kupolöfen kann sowohl in Gießereien mit ununterbrochenem Betrieb als auch in solchen Fällen empfohlen werden, in denen das erzeugte Metall infolge irgendwelcher Störungen bzgl. Temp. u. Zus. von den Regelwerten abweicht. Die richtige Anwendung der O_2-Zufuhr gestattet es, den ersten Abstich zur Herst. von Werkstücken zu verwenden u. auf diese Weise den Koksbedarf auf ein Mindestmaß zu beschränken. (Fonderie belge **1954.** 80—82. Mai. Kochel.) W. WESLY. 6382

J. B. Caine, *Steigerguß. Ein Fortschrittsbericht für 1948—1951.* (Trans. Amer. Foundrymen's Soc. **60.** 16—22. 1952. Wyoming, Ohio.) W. WESLY. 6382

N. Petrow, *Zusammenhang zwischen den Festigkeitseigenschaften von Metallen in Gußstücken und ihrer Makrostruktur.* Es wird nachgewiesen, daß die Festigkeitswerte σ_B über den Querschnitt eines Gußstückes prakt. unverändert bleiben. Mit einer Veränderung des Gefüge- u. des physikal.-chem. Zustandes des Metalles in der Achsenzone des Gußstückes werden die plast. Eigg. stark verringert. Die Schlagzähigkeit ist in den Zonen mit einer nicht orientierten Kristallisation größer als in Zonen mit Stengelkristallisation. Eine metall. Gießform schafft die Voraussetzungen für die Entstehung eines dichteren feinkristallinen Metalles. Die Festigkeitseigg. des Metalles in der Zone, die in der Nähe einer Metallform liegt, sind um ca. 8—10% höher als die einer Zone, die an eine Sandform angrenzt. — Schrifttumsangaben. (Известия Академии Наук Латвийской ССР [Nachr. Akad. Wiss. LettSSR] **1954.** Nr. 10. 101—12.) H. HOCHSTEIN. 6382

W. K. Smith, C. C. Woolsey jr. und **W. O. Wetmore,** *Einfluß der Erhitzungsgeschwindigkeit auf die Warmfestigkeitseigenschaften von Metallen.* Ermittelt wird der Dehnverlauf, die Streckgrenze u. Zugfestigkeit von verschied. *Al*-Legierungen sowie von dem *Stahl AISI C 1020* mit ca. 0,2 (%) C u. vom Stahl *SAE 4130* mit ca. 0,3 C, 0,9 Cr u. 0,2 Mo an Proben, die mit verschied., während eines Vers. gleichbleibender Geschwindigkeit erhitzt wurden u. dabei unter gleichbleibender Beanspruchung standen. Es wird ein Vgl. der ermittelten Werte mit denen der üblichen Warmstreckgrenze u. -zugfestigkeit gezogen. Unter anderem ergab sich, daß auch die Al-Legierungen bei höheren Beanspruchungen unter sehr hohen Erhitzungsgeschwindigkeiten verwendet werden können, als dies die Kurzzeit-Hochtemp.-Prüfungen anzeigen. — Schrifttumsangaben. (Trans. Amer. Soc. Metals **44.** 689—704. 1952. China Lake, Calif., U. S. Naval Ordnance Test Stat.) H. HOCHSTEIN. 6388

W. G. Ljutzau, *Über die Entstehung von Warmrissen.* Auf Grund von Verss. u. theoret. Überlegungen wird gezeigt, daß die Neigung zur Warmrißbldg. sich in linearer Abhängigkeit von der Größe des wirksamen Kristallisationsintervalls befindet. Die Warmrisse bilden sich vorzugsweise in diesem Bereich. Die Menge an Eutektikum, die für eine Aufhebung sich während der Kristallisation bildender Risse notwendig ist, ist in den verschied. Metallsystemen verschieden groß. Für einen Vgl. der Warmbrüchigkeit verschied. Legierungen sind entsprechende Zustandsdiagramme zu verwenden. (Литейное Производство [Giessereiwesen] **1954**. Nr. 2. 16—18. März/April.) H. HOCHSTEIN. 6388

J. D. Lubahn, *Kennzeichen der mechanischen Alterung.* Durch Verss. an reinem *Cu* u. an der *Al*-Legierung *61 S* sowie durch Schrifttumsauswertung von Messungen an unlegiertem *Stahl* wird nachgewiesen, daß die nachfolgend aufgeführten vier Kennzeichen der mechan. Alterung immer zusammen u. für jeden Werkstoff in einem bestimmten engen Temperaturbereich anzutreffen sind u., zwar 1. das Verschwinden der Streckgrenze nach Verformung u. ihr Wiedererscheinen nach einer Lagerung; 2. die Zunahme der Härte u. der Streckgrenze nach Verformung u. Erhitzen auf verschied. Tempp.; 3. das Verschleppen der ausgeprägten Streckgrenze über einen größeren Spannungs–Dehnungs-Bereich bei hohen Tempp. u. 4. das Auftreten sehr geringer Geschwindigkeitsempfindlichkeit (Spannung zur Erzeugung einer bestimmten Dehngeschwindigkeitsänderung). (Trans. Amer. Soc. Metals **44**. 643—66. 1952. Schenectady, N. Y., General Electric Co.) H. HOCHSTEIN. 6388

B. O. Smith, *Meßgeräte in der Eisen- und Stahlindustrie. Neue Geräte in Industrie und Forschung.* Von den industriellen Instrumenten werden das photoelektr. Staubüberwachungsgerät, der Dickenmesser, der Bandbreitemesser u. der Mehrfachschreiber beschrieben. Von den Instrumenten in den Forschungen werden das Ofenperiskop, der Profilograph, das Draht–Temp.-Meßgerät u. das magnet. Permeameter erwähnt. (Metal Treatment Drop Forging **21**. 499—502. Nov. 1954.) A. SCHAAL. 6390

Rudolf Merz und **Borut Marinček,** *Zur Oxydhautbildung verschiedener Roh- und Gußeisenschmelzen.* Untersucht werden die Einflüsse, welche die Bldg. einer Oxydhaut auf den Roh- u. Gußeisenschmelzen hervorrufen. Die Temp., bei der die Oxydhaut beim Erhitzen der Schmelze verschwindet u. beim Abkühlen entsteht, wurde als die Temp. der Oxydhautbldg. bezeichnet. Der Entstehung der Oxydhaut wirken entgegen: Temperaturerhöhung, niedriger *S*-Geh., hoher *Mn*-Geh., hoher *C*-Geh., niedriger *Si*-Geh. u. niedriger *P*-Gehalt. Hierzu treten noch weitere Einflußgrößen, bes. die Bedingungen. unter denen das Eisen erschmolzen wird; diese müssen noch weiter untersucht werden, Es werden die Folgerungen für den Konverterbetrieb (Zündtemp.) u. für die Gießerei erörtert. (Stahl u. Eisen **75**. 196—99. 24/2. 1955. Zürich, ETH.) B. HABBEL. 6400

J. E. Stukel und **J. Cocubinsky,** *Verteilung von Mangan zwischen Schlacke und Metall unter reduzierenden Bedingungen.* (J. Metals **6**. Trans. AIME **200**. 353—56. März 1954. Youngstown, O., Youngstown Sheet and Tube Co.; Carteret, N. J., Foster-Wheller Corp. — C. 1955. 4441.) H. HOCHSTEIN. 6400

Nicholas J. Grant, John W. Dowding und **Robert J. Murphy,** *Mangan als Maßstab für die Entschwefelungswirkung der Hochofenschlacke.* Untersucht werden die Entschwefelungs-Rkk. in Abhängigkeit von der Zeit u. Temp. sowie dem Basengrad der Schlacke. Die im Hochofen u. im Labor. erhaltenen Ergebnisse werden miteinander verglichen. Aus den Versuchsergebnissen wurde die Umkehr von S aus der Schlacke in das Eisen infolge von O_2-Zusätzen durch MnO_2 oder Fe_3O_4 bestätigt. Die Mn-Red. ist ein besserer Maßstab der Entschwefelungswrkg. des Hochofens, als es eine n. Messung der Schlackenbasizität ist. Der Hochofen entschwefelt infolge seines Oxydationspotentials im Syst. nicht bis zu seinem größten Vermögen. Dieses Oxydationspotential rührt prim. von der Ggw. beträchtlicher MnO-Gehh. in der Schlacke her. Die Temp. begünstigt die Entschwefelung. — Schrifttumsangaben. (J. Metals **5**. Nr. 11. Sect. 1. Trans. AIME **197**. 1451—54. Nov. 1953. Cambridge, Mass., MIT; Latrobe, Pa., Latrobe Steel Co.; Auquisne, Pa., U. S. Steel Corp.) H. HOCHSTEIN. 6400

A. Hohmann, *Neuzeitliche Entschwefelungsverfahren.* Erörterung der Verff. mit Na_2CO_3 u. mit CaC_2 oder *CaO*. Durch *Mg* u. *Ce* tritt bei Gußeisen eine wesentliche Entschwefelung nicht ein. Die feststellbare Entschwefelung ist nur scheinbar, da die sich infolge Mg- oder Ce-Zusatz bildenden S-Verbb. mit den bekannten Verff. nicht erfaßt werden u. bis zu Tempp. von 1375° widerstandsfähig sind. Bei noch höheren Tempp. jedoch zerfallen die S-Verbb. wieder, u. die S-Zunahme ist mit den bekannten Mitteln wieder feststellbar. (Giessereipraxis **72**. 86. 10/3. 1954.) H. HOCHSTEIN. 6402

Hedde d'Entremont, *Faktoren, die die Güte des Gußeisens bedingen.* Vf. erörtert den Einfl. der Zus. des Eisens u. der Gefügeausbildung auf die mechan. Eigg., wobei auch Legierungen mit *Ni*, *Cr*, *Mo* oder mehreren dieser Elemente untersucht werden. Die Wrkg. des S-Geh. u. seine Entfernung wird bes. eingehend behandelt. — 10 Literaturangaben. (Métallurgie Construct. mécan. **84**. 553—59. Aug. 623. 625. 627. 629. Sept. 1952.) W. HAUG. 6402

B. W. Stark und **N. K. Nekrassow,** *Der Einfluß der Oxydierbarkeit von Gußeisen auf den Effekt der Modifizierung.* An Gußeisen mit ca. 3,25 (%) *C* u. 1,2—1,23 *Si* oder 2,25 C u. 1,14—1,22 Si oder 3,25—3,31 C u. 1,15—1,24 Si wird die Abhängigkeit des

Feingefüges mit oder ohne Modifizierung von einer voraufgegangenen Oxydation u. Desoxydation der Schmelze untersucht. Hierbei zeigt sich u. a., daß die Modifizierung des niedriggekohlten Gußeisens mit niedrigem Si-Geh., die zu einer Vergröberung der Graphitlamellen u. zum Verschwinden des punktförmigen u. zwischendendrit. orientierten Graphits führt, eine Erhöhung der Festigkeitseigg. bewirkt. Die Modifizierung des hochgekohlten Gußeisens mit Graphitlamellen von beträchtlicher Größe führt im Gegensatz dazu zu einer Verringerung der Festigkeitseigenschaften. Es ist offensichtlich, daß eine voraufgehende Oxydation u. Desoxydation der Schmelze auch verschieden auf die mechan. Eigg. des Gußeisens bei seiner unterschiedlichen chem. Zus. wirken kann. Der Graphitisierungsgrad des Gußeisens wird bei der Modifizierung erhöht, oder die Menge der Anteile an punktförmigem Graphit wird verringert, u. die Graphitlamellen werden vergröbert. — Schrifttumsangaben. (Литейное Производство [Giessereiwesen] **1954.** Nr. 9. 18—20. Dez.) H. HOCHSTEIN. 6402

W. H. Moore, *Die Bearbeitbarkeit von Gußeisen.* Die Bearbeitbarkeit von Gußeisen hängt im wesentlichen von der Mikrostruktur des Materials ab. Der Hersteller kann durch laufende Kontrolle der Mikrostruktur eine Gleichmäßigkeit des Materials erreichen. Zahlreiche Mikroaufnahmen erläutern diese Möglichkeiten. (Western Machinery Steel Wld. **44.** Nr. 8. 99—105. Aug. 1953. Meehanite Metal Corp.) H.-J. HEINRICHS. 6402

E. A. Hohmann, *Meehanite-Gußeisen.* Überblick über Zus., Gefüge u. erreichbare Festigkeitseigenschaften. (Giessereipraxis **71.** 293—94. 10/9. 1953.) H. HOCHSTEIN. 6402

E. A. Hohmann, *Lagerwerkstoff Gußeisen.* Als geeignete Zus. wird angegeben: 3,4 (%) *C*, 2,25 *Si*, 0,4 *Mn*, 0,5 *P* u. nur sehr wenig *S*. Si fördert die Graphitbldg., während Mn ihr entgegenwirkt. P macht den Lagerwerkstoff härter u. spröder. Durch Zusatz von Elementen, die im fl. Eisen unlösl. Sulfide bilden, oder durch Auflösen von S in einer Schlacke wird niedrigster S-Geh. angestrebt. Bei Graugußlagern ist trockene Reibung zu vermeiden. Bei Verwendung von Gußeisen als Gleitlagerwerkstoff soll sein Gefüge möglichst aus Perlit bestehen. Entsprechend der Beanspruchung kann auch ein Gefüge aus Ferrit, Perlit u. Graphitlamellen gewählt werden. (Giessereipraxis **71.** 388. 10/11. 1953.) H. HOCHSTEIN. 6402

K. Dick, *Über die Gattierungsberechnung.* Allg. Richtlinien für die Gattierung von *Gußeisen* bei seiner Herst. im Kupolofen. Der Einfl. der Eisenbegleiter *C*, *Si*, *Mn*, *P* u. *S* wird besprochen, u. die Wrkg. der Legierungszusätze *Ni*, *Cr* u. *Mo* auf die Güteeigg. von Gußeisen wird erörtert. (Giessereipraxis **71.** 320—21. 25/9. 1953.) H. HOCHSTEIN. 6404

L. Gillemot, *Untersuchung über die Bildung des kugelförmigen (nodularen) Graphits.* Ziel der Verss. mit im Hochfrequenzofen erschmolzenen Gußeisenproben mit 4,47 bzw. 3,6% *C* u. wechselndem Geh. an *Ce* u. *Si* war festzustellen, unter welchen Voraussetzungen sich kugelförmiger Graphit als Funktion der Ce- u. Si-Gehh. bildet. An Hand eines in Auswertung metallograph. Unterss. aufgestellten Zustandsdiagramms (Ce–Si, bei gleichem C-Geh.) wird gezeigt, daß sich kugelförmiger Graphit nur innerhalb bestimmter Zusammensetzungsgrenzen bildet; außerhalb derselben entspricht die Mikrostruktur derjenigen des gewöhnlichen Graugusses. Es gibt gewisse Zuss., in deren Grundstruktur neben Zementit sich auch kugelförmiger Graphit befindet. Die Temperzeit derartig zusammengesetzten Gußeisens kann infolge schnellen Zementitzerfalles stark abgekürzt werden. Es wurden Zuss. gefunden, bei denen der Zementit schon in nur wenigen Min. Glühzeit zers. werden konnte. Die Versuchsergebnisse werden dahin gedeutet, daß sich kugelförmiger Graphit im Verlauf der Abkühlung des Gusses aus sich schnell zersetzenden Carbiden bildet. — Die im Zerreißvers. u. bei der Härteprüfung erzielten Festigkeitswerte werden in Diagrammen ausgewertet; es wird hervorgehoben, daß die Festigkeitseigg. nicht unmittelbar von der Zus. des Gusses, sondern von dem durch dieselbe bestimmten Gefügezustand abhängen. (Acta techn. Acad. Sci. hung. **2.** 79—96. 1951.) V. EHMCKE. 6404

K. P. Bunin und **Ju. N. Taran,** *Über die Bildung von Graphit in mit Magnesium behandeltem Gußeisen.* Für mit Mg behandeltes Gußeisen ist es kennzeichnend, daß beim Wachsen der Graphiteinschlüsse im vielkristallinen Austenit eine Beschleunigung der Abführung der Eisenatome an den Korngrenzen gewöhnlich nicht stattfindet u. daher die Einschlüsse nicht eine verästelte Form aufweisen, die für n. Temperrohguß typ. ist. Mg als oberflächenakt. Element konz. sich an den Korngrenzen u. hemmt auf diese Weise eine Grenzverschiebung der Eisenatome. Diese nutzbringende Eig. von Mg zeigt sich auch bei der Erstarrung von grauem Gußeisen u. beim Glühen von weißem Gußeisen. Es wird nachgewiesen, daß die Form der Graphiteinschlüsse u. der Hohlräume, die sich im Gußeisen infolge der allmählichen Abführung der Eisenatome aus Gebieten der metall. Grundmasse bilden, gleichförmig sind. Hieraus wird gefolgert, daß die Form der Graphiteinschlüsse auch durch solche in der metall. Grundmasse vor sich gehenden Vorgänge bestimmt wird, welche die Abführung der Eisenatome im Austenit von der Oberfläche der Graphiteinschlüsse gewährleisten. — Schrifttumsangaben. (Доклады Академии Наук СССР [Ber. Akad. Wiss. UdSSR] [N. S.] **94.** 1061—63. 21/2. 1954. Baikow-Inst. für Metallurgie der Akad. der Wiss. der UdSSR.) H. HOCHSTEIN. 6404

Albert L. DeSy, *Vermeidung der zweiten Impfung beim neuen „Nodular"-Eisen-Verfahren.* Vf. beschreibt eine Anzahl von Legierungen des Ca–Mg- u. Ca–Li-Typs, durch deren einzelne wie kombinierte Anwendung es möglich ist, die 2. Impfung zu vermeiden u. direkt die „Nodular"-Struktur zu erreichen. Zahlreiche Schliffaufnahmen unterstützen seine Auffassung. (Amer. Foundryman **19.** 41—45. Febr. 1951. Gent, Univ.) H.-J. HEINRICHS. 6404

K. P. Bunin, Ja. W. Gretschny und **N. M. Daniltschenko,** *Die Rolle der Oberfläche bei der Graphitisierung von weißem Gußeisen.* Theoret. Betrachtungen über die beim Graphitisierungsprozeß sich abspielenden Diffusionsvorgänge. (Литейное Производство [Giessereiwesen] **1955.** Nr. 5. 12—15. Mai.) V. EHMCKE. 6404

Kurt Grütter und **Borut Marinček,** *Einfluß der Oberflächenspannung auf die Ausbildung des Graphits im Gußeisen.* An n. Gußeisen aus dem Kupolofen u. an diesem Eisen nach einer Mg-Behandlung u. nach zusätzlicher Impfung mit Ferrosilicium wurde die Oberflächenspannung bei Tempp. von ca. 1400° gemessen u. in Beziehung gesetzt zu der Ausbildungsform des Graphits. Die Unterss. zeigen, daß einer bestimmten Oberflächenspannung ein ganz bestimmtes Graphitgefüge entspricht. Bei einer Oberflächenspannung von 1300—1400 dyn/cm sind Graphitkugeln vorhanden. Im Bereich von 1100—1300 dyn/cm ist eutekt. Graphit neben Graphitrosetten vorherrschend. Bei Werten von nur 800—1100 dyn/cm liegt im Gußeisen lamellarer Graphit vor. Das Verschwinden der Graphitkugeln einer Schmelze von Gußeisen mit Kugelgraphit bei längerem Abstehenlassen in der Pfanne wird auf eine Rückschwefelung u. Oxydation u. das dadurch bedingte Sinken der Oberflächenspannung zurückgeführt. An die Stelle von Kugeln treten dann eutekt. Graphit u. Rosettengraphit. Bei noch längerem Abstehen sind nur noch Lamellen vorhanden. (Arch. Eisenhüttenwes. **25.** 447—53. Sept./Okt. 1954.) Zürich, ETH.) H. HOCHSTEIN. 6404

W. R. Clough und **M. E. Shank,** *Abnahme der Dichte während der Verformung von Gußeisen mit Kugelgraphit.* An Gußeisen mit Kugelgraphit u. mit 3,4 (%) *C*, 3 *Si*, 0,4 *P* u. 0—1,6 *Ni* wird im Gußzustand die Änderung der D. durch Zug- u. Druckbeanspruchung gemessen. Hierbei zeigte sich bei Zugbeanspruchung eine Abnahme der D. von 0,2—2,78% in Abhängigkeit von der zunehmenden Dehnung, während beim Druckvers. die Abnahme der D. 0,55 u. 0,18% betrug. — Schrifttumsangaben. (J. Metals **6.** Sect. 2. 1093—94. Sept. 1954. Cambridge, Mass., Massachusetts Inst. of Technol.) H. HOCHSTEIN. 6404

I. W. Kudrjawzew und **N. B. Baranowa,** *Die Festigkeit von Gußeisen mit Kugelgraphit.* Zusammenstellung der Festigkeitseigg. von verschied. Gußeisensorten mit Kugelgraphitausbildung im Guß- u. wärmebehandelten Zustand bei stat. u. Wechselbeanspruchungen sowie bei Schlagbeanspruchungen bei Zimmer- u. erhöhter Temp., in Luft sowie in korrosiven Mitteln. (Литейное Производство [Giessereiwesen] **1954.** Nr. 9. 6—10. Dez.) H. HOCHSTEIN. 6404

Hans Kosmider, Herbert Neuhaus und **Arthur Weyel,** *Verblasen von Stahleisen mit sauerstoffangereichertem Wind im bodenblasenden Konverter.* Stahleisen mit hohem P- u. wechselndem Si-Geh. wird mit an O_2 angereichertem Wind im Großkonverter u. mit O_2 u. Wasserdampf im Kleinkonverter gefrischt. Hierbei sollte festgestellt werden, inwieweit bei Verwendung von an O_2 angereichertem Wind u. Einhaltung bestimmter Bedingungen eine Vorverlegung der Entphosphorung möglich ist. Bei den mit Erz u. Flußspat behandelten Schmelzen konnte in den meisten Fällen vor Beendigung der Entkohlung eine weitgehende Entphosphorung erzielt werden, bei der eine Nachblasezeit nicht mehr erforderlich war. Der Verlauf der Bad- u. Schlacken-Rkk. wurde durch laufende Schöpfproben an Kleinkonverterschmelzen untersucht. — Diskussion. (Stahl u. Eisen **74.** 1473—85. 4/11. 1954. Hagen-Haspe, Klöckner-Hüttenwerk Haspe Akt.-Ges.) H. HOCHSTEIN. 6408

Hans Kosmider und **Hermann Schenck,** *Neue Erkenntnisse und Beiträge zur Metallurgie des Thomas-Verfahrens.* An Klein- u. Großkonverterschmelzen mit verschied. Frischgasgemischen wird die N_2-Bewegung untersucht. Es wurden die Verkürzung der Blasezeit u. der mögliche Kühlmittelzusatz in Abhängigkeit von der O_2-Anreicherung ermittelt. Auf Grund besonderer Untersuchungsverff. wurde festgestellt, daß eine Aufstickung stets dann zu erwarten ist, wenn im Bad O_2-Mangel herrscht, das heißt, wenn eine Badred. vorliegt. Während der Entphosphorung ist die Stickstoffbewegung von der durchgeblasenen N_2-Menge, gleichen N_2-Teildruck vorausgesetzt, abhängig. Die P-, Mn- u. Fe-Verschlackung sowie die Entschwefelung wurden geprüft u. hierbei u. a. festgestellt, daß die aus Vorproben sich ergebenden Werte mit der errechneten Gesetzmäßigkeit gut übereinstimmen. Im Gegensatz zum bas. Herdfrischverf. sind niedrige P-Gehh. mit niedrigen Mn-Gehh. u. mit großer Mn-Verschlackung verbunden. (Stahl u. Eisen **74.** 1281—92. 23/9. 1954. Hagen-Haspe u. Aachen.) H. HOCHSTEIN. 6408

Å. Josefsson, *Perlitfreier Thomasstahl, seine Herstellung und seine Eigenschaften.* Inhaltlich ident. mit der C. **1955.** 4199 referierten Arbeit. (Jernkontorets Ann. **138.** 225—50. 1954.) R. K. MÜLLER. 6408

Sten Forslund, *Bestimmung von Gießgeschwindigkeit und Gießmethode für Stahl durch die Schichtmethode.* Bei der Schichtmeth. werden aus der Kurve der Formvoll. in aufeinanderfolgenden waagerechten Schichten (Schichtvolumenkurve) u. aus der Entleerungsgeschwindigkeit die optimalen Steiggeschwindigkeiten für die verschied. Schichten berechnet u. daraus u. aus der Gußqualität die krit. Steiggeschwindigkeit u. die zweckmäßigste Gießgeschwindigkeit für vergleichbare Gußstücke ermittelt. (Gjuteriet **44.** 129—38. Aug. 1954. Avesta.) R. K. MÜLLER. 6408

Yoshitaka Nakagawa und **Masao Soga,** *Untersuchung über die Praxis des Barrengusses.* 2. Mitt. *Unterschied zwischen saurem und basischem Martin-Stahl bezüglich des Ursprungs von Sandrissen.* (1. vgl. Tetsu to Hagane [J. Iron Steel Inst. Japan] **38.** [1952.] Nr. 5.) *Bas. erschmolzener Stahl* (b.S.) bildet mehr Desoxydationsprodd. als *sauer erschmolzener Stahl* (s.S.) bei der Gußbarrenherstellung. Die Korrosion der feuerfesten Materialien durch b.S. u. die Oxydation von b.S. durch Luft während des Gusses ist stärker als bei s.S. Aufnahmen u. Diagramme über die analyt. Zus. vor, während u. nach dem Guß. (Tetsu to Hagane [J. Iron Steel Inst. Japan] **39.** 111—18. Febr. 1953. [Orig.: japan.; Auszug: engl.]) L. SCHULER. 6408

Shizuya Maekawa, Yoshitaka Nakagawa und **Masao Soga,** *Untersuchung über die Praxis des Barrengusses.* 3. Mitt. *Wechsel der nichtmetallischen Einschlüsse in der Gießpfanne bei sauren und basischen Martin-Ofenstählen.* (2. vgl. vorst. Ref.) Im 1. Zeitabschnitt des Barrengießens nehmen im *bas. erschmolzenen Stahl* (b.S.) die Sandeinschlüsse zu, die mkr. nichtmetall. ab, im *sauer erschmolzenen Stahl* (s.S.) nehmen beide, im Vgl. zum Schmelzfluß vor dem Anzapfen, ab. Im mittleren Zeitabschnitt halten im b.S. u. s.S. die mkr. nichtmetall. Einschlüsse ihren niedrigen Wert, im b.S. zeigt aber der Sand hohe Werte im Gegensatz zum s.S. Im Endabschnitt nehmen beim s.S. beide Einschlüsse zu, beim b.S. bleibt es wie im mittleren Abschnitt. Beim b.S. zeigten sich starke Variationen der Einschlüsse im Gegensatz zum s.S. (Tetsu to Hagane [J. Iron Steel Inst. Japan] **39.** 493—500. Mai 1953. [Orig.: japan.; Auszug: engl.]) L. SCHULER. 6408

A. W. J. van den Bergh, *Die Beziehung zwischen der Mikrostruktur und den Ergebnissen der Wärmebehandlung oder der Bearbeitbarkeit von Stählen mit 0,5—1% C.* Der Einfl. der Mikrostruktur, bes. der Kugel- oder lamellar-perlit. Form auf die Ergebnisse der (Oberflächen-) Härtung von legierten oder unlegierten Stählen oder aufgekohlten Teilen wird in Abbildungen wiedergegeben. Eine der Ursachen ist das Verbleiben kleiner Carbidkügelchen, die die martensit. Umwandlung begünstigen u. so Martensit von „niedriger Tetragonalität" oder von kub. Martensit erzeugen. Die entstehenden Komponenten der Mikrostruktur zeigen gute Verschleißfestigkeit, verringern die Verformung u. verhindern das Auftreten von Haarrissen. (Metalen **7.** 421—25. 15/12. 1952. Kromhout Motorenfabriek, Labor. voor Materiaalonderzoek.) W. WESLY. 6408

Lawrence H. van Vlack, *Zusammenhang der Bearbeitbarkeit von aufgeschwefeltem Bessemer-Stahl mit der Art der nichtmetallischen Einschlüsse.* Bestimmt wird eine Bearbeitungskennzahl an BESSEMER-Stählen mit 0,05—0,07(%) C, 0,007—0,044 Si, 0,91—0,99 Mn, 0,09—0,10 P, 0,18—0,20 S u. 0,01—0,028 O_2 sowie mit 0,07—0,10 C, 0,004—0,029 Si, 0,74—0,96 Mn, 0,26—0,39 S u. 0,0093—0,048 O_2 in Abhängigkeit vom Si- u. S-Geh. sowie von der Anzahl, Form u. Größe der nichtmetall. Einschlüsse. Es wird nachgewiesen, daß die Form u. Größe der Einschlüsse u. damit auch die Bearbeitbarkeit vom Si- u. S-Geh., von der voraufgegangenen mechan. Verformung sowie vom O_2-Geh. der Sulfidphase abhängig ist. — Schrifttumsangaben. Diskussion. (Trans. Amer. Soc. Metals **45.** 741—57. 1953. Pittsburgh, United States Steel Co.) H. HOCHSTEIN. 6408

Norman P. Goss, *Der Einfluß der Walztemperatur auf die Walztextur von Bändern aus weichem, unlegiertem Stahl.* Durchgeführt werden Intensitätsmessungen an Röntgenrückstrahlaufnahmen von 2,87 mm dicken, mit Anfangswalztempp. zwischen 0 u. 427° gewalzten Bändern aus Stahl mit 0,10 (%) C, 0,005 Si, 0,35 Mn, 0,009 P, 0,033 S u. 0,11 Cu. Das Auftreten einer neuen Textur (1 1 0) [0 0 1] wurde bei ca. 370° gefunden.

Bei einer Zwischentemp. scheint die Textur die einer willkürlichen Orientierung zu sein. — Schrifttumsangaben. Diskussion. (Trans. Amer. Soc. Metals **45.** 333—43. 1953. Youngstown, O., Cold Metal Products Co.) H. HOCHSTEIN. 6408

M. Casadio, *Über die Bestimmung der TTT-Kurven.* 2. Mitt. (1. vgl. C. **1954.** 4931.) Beginn u. Ende der isothermen Umwandlung des Austenits lassen sich beim Erhitzen einer Probe in einem Salzbad („Tempering salt 310 A" HOLDEN) unter Regelung der Erhitzungsgeschwindigkeit durch Best. der ROCKWELL-Härte feststellen. Die in dieser Weise aufgenommenen S-Kurven werden mit den dilatometr. bestimmten verglichen. (Metallurgia ital. **45.** 163—65. Mai 1953. Aosta, Soc. Naz. Cogne.) R. K. MÜLLER. 6408

Philip Stark und **B. S. Lement,** *Der Einfluß des Anlassens auf die Härte von Restaustenit.* Durchgeführt werden Mikrohärte- u. mkr. Verss. an einer sehr reinen Fe–C-Legierung mit 1,7% C über den Härteanstieg von Restaustenit beim Anlassen. Hierbei wird der Einfl. der Bldg. von Oberflächenmartensit nachgewiesen. — Schrifttumsangaben. (J. Metals **6.** Sect. 2. 1074—75. Sept. 1954. Cambridge, Mass., Massachusetts Inst. of Technol.) H. HOCHSTEIN. 6408

Wolfgang Wepner, *Der gegenwärtige Stand der Forschung über die Alterung weicher Stähle.* An Hand eines ausführlichen Schrifttums wird ein Überblick des Einfl. der Abschreckalterung u. der Reckalterung auf die Streckgrenze, Zugfestigkeit, Bruchdehnung, Brucheinschnürung, Härte, Kerbschlagzähigkeit, mechan. Dämpfung, elektr. Leitfähigkeit, Koerzitivkraft, Remanenz u. Maximalpermeabilität sowie auf eine gleichzeitige Änderung mehrerer Eigg. gegeben. Ferner werden Versuchsergebnisse über Diffusion u. Löslichkeit mitgeteilt. Die Theorien der Alterung, u. zwar die Ausscheidungs- u. Versetzungstheorie zur Streckgrenze werden erörtert. Auf Grund der Schrifttumsauswertung wird gefolgert, daß die Änderungen der Dämpfung u. des elektr. Widerstandes bei abgeschreckten Stahlproben in unmittelbarem Zusammenhang mit dem Betrag der Ausscheidung gelöster Atome stehen. Bei Proben, die nach dem Abschrecken kalt verformt wurden, gibt die Änderung der beiden Eigg. ein Maß für die in die Versetzung eingewanderte Anzahl gelöster Atome. Die Erscheinungen an der Streckgrenze u. der ausgeprägten Streckgrenze lassen sich nach der Versetzungstheorie durch die Bldg. von „Wolken" gelöster Atome um die Versetzungen u. deren gegenseitige Wechselwrkg. deuten. Die Änderungen der Zugfestigkeit, Härte, Bruchdehnung, Einschnürung u. der magnet. Eigg. werden zu dem Verteilungsgrad u. der Teilchengröße der sich bildenden Ausscheidungen in Verbindung gebracht, wobei für die mechan. Eigg. ein anderer Verteilungsgrad wirksam ist als für die magnetischen. Zu den Begleitelementen des Fe, die durch ihre Ausscheidung u. Wolkenbldg. um Versetzungen die Alterung verursachen, gehören C u. N_2. Ein großer Teil der übrigen Legierungselemente, darunter die Metalle, verursachen von sich aus keine Alterung; sie verändern aber zum Teil durch ihre vom Fe abweichenden Verwandtschaften den Einfl. derjenigen Elemente, die die Alterung verursachen. — 123 Schrifttumsangaben. (Arch. Eisenhüttenwes. **26.** 71—98. Febr. 1955. Düsseldorf, Max-Planck-Inst. für Eisenforsch.) H. HOCHSTEIN. 6408

C. E. Sims, *Wasserstoffausscheidung beim Altern.* Eine Extrapolation der H-Gehaltsabnahme u. Dehnbarkeitszunahme während 1310tägiger Lagerung bei Raumtemp. im Zentrum von Gußstahlproben ergab, daß nach ca. 2200 Tagen der H-Geh. den Minimalwert von rund 0,00005 Gew.-% u. die Dehnbarkeit den vollen Wert erreicht haben müßte. Die Daten waren jedoch nicht ausreichend zur Ableitung des Diffusionskoeffizienten. (J. Metals **188.** Trans. AIME 1321. Nov. 1950. Columbus, O., Battelle Mem. Inst.) H. ECKHARD. 6408

F. van Wijk, *Der Einfluß der Dehnung bei der künstlichen Alterung von Stahl.* Verss. über den Einfl. der Dehnung bei der künstlichen Alterung von Stahl mit 0,1 (%) C, 0,45 *Mn,* 0,07 *Si,* 0,03 *S,* 0,03 *P,* ca. 0,1 *Al* (Behandlung im Salzbad), gemessen durch die Verminderung des bei Tempp. zwischen —40 u. +20° ermittelten CHARPY-Kerbschlagwertes zeigen, daß dieser Einfl. bis zu 3% Dehnung der Dehnung proportional ist. (Metalen **8.** 1—4. 15/1. 1953. Metaalinst. T. N. O.) W. WESLY. 6408

H. Buchholtz, *Die Schweißbarkeit und Schweißsicherheit der Großbaustähle.* Es wird das Verh. der Großbaustähle bei mehrachsiger Beanspruchung erörtert u. gezeigt, wie die Stähle auf Zähigkeit bzw. Sprödbruch durch Kerbschlagbiegeverss. geprüft werden. Bei der Besprechung des Einfl. der chem. Zus. wird bes. auf die Trennbruchsicherheit hingewiesen, die ein Problem der P- u. N_2-Gehh. u. der Desoxydation ist. Hierbei wird der Einfl. von Al u. Si auf die Alterungskerbschlagzähigkeit erörtert. Es wird eine Tabelle mit der Zus. u. den gewährleisteten Festigkeitseigg. geschweißter hochfester Baustähle mitgeteilt u. erörtert, wie die Prüfung größerer geschweißter Querschnitte mit der Kerbzugbiege- u. Aufschweißbiegeprobe durchgeführt wird. (Schweißen u. Schneiden **5.** Nr. 12. [Sonderh.] 98(S)—105(S). Dez. 1953. Düsseldorf, Mannesmann-Forschungsinst.) H. HOCHSTEIN. 6408

W. Grosse, *Die Gewährleistung der Schmelzschweißbarkeit, eine Forderung der Stahlverarbeiter.* Neben anderen Einflüssen auf die Schweißsicherheit, wie Eigenspannungen, Temp., Schweißart u. dgl., werden die Faktoren erörtert, die das Formänderungsvermögen eines Stahles beeinflussen u. daher das verschiedenartige Verh. der weichen Stähle bei der Bruchbldg. bedingen. Hierzu gehören die chem. Zus. des Werkstoffes, Unvollkommenheiten im atomaren bzw. im Gefügeaufbau, die hervorgerufen werden durch Feinausscheidungen in den Kristalliten oder durch Grobausscheidungen an den Korngrenzen u. in den Grenzflächen, ferner die Korngröße des Werkstoffes, Verfestigungen infolge Kaltverformungen sowie die starken Verunreinigungen (nichtmetall. Einschlüsse), die zur Herabminderung der Kohäsionsfestigkeit u. damit zu frühzeitig ausgelösten Trennbrüchen Anlaß geben. (Schweißen u. Schneiden **5.** Nr. 12 [Sonderh.] 36 S—46 S. Dez. 1953. Peine.) H. HOCHSTEIN. 6408

Hans Biegler, *Gestaltfestigkeit und Werkstoffprüfungen an zwei geschweißten zylindrischen Druckgefäßen aus alterungsempfindlichen Blechen.* Aus zwei C-armen, alterungsempfindlichen Blechen wurden Druckgefäße in Schweißkonstruktion hergestellt u. verschied. Wärmebehandlung unterworfen. Das Verh. dieser Behälter unter Wasserdruck wurde festgestellt u. mit der Berechnung auf Zulässigkeit, den rechner. Grenzdrücken sowie den Werkstoffeigg. verglichen u. ausgewertet. Für die Werkstoffbeurteilung wurde auch eine neuentwickelte technolog. Biegeprobe zum Erkennen der Trennbruchneigung mit herangezogen. (Technik **6.** 155—62. April 1951. Leuna, Leunawerke Walter Ulbricht.) B. HABBEL. 6408

Hans Bühler, *Zur Frage der Eigenspannungen in statisch beanspruchten Stäben.* Unterss. an stat. auf Zug u. auf Druck beanspruchten Stäben von 12 u. 50 mm Durchmesser aus *Stählen* guter Verformungsfähigkeit ergaben, daß Eigenspannungszustände, die bei der üblichen Wärmebehandlung von Baustählen zurückbleiben können, durch stat. Zug- u. Druckbeanspruchungen im plast. Bereich weitgehend abgebaut werden. Eigenspannungen, die nach einer Wärmebehandlung von Baustählen in diesen zurückbleiben, stellen bei genügender Verformungsfähigkeit dieser Stähle keine Beeinträchtigung der Tragfähigkeit bei stat. Beanspruchung dar. Stat. Zugbeanspruchungen, die auf spannungsfreie Stäbe aus metall. Werkstoffen guter Verformungsfähigkeit aufgebracht werden, verursachen auch im plast. Bereich bis zur Streck- oder 0,2-Dehngrenze keine Eigenspannungen von besonderer Größenordnung. — 18 Schrifttumsstellen. (Arch. Eisenhüttenwes. **26.** 51—54. Jan. 1955. Saarbrücken, Inst. für Metallforsch.) H. HOCHSTEIN. 6408

H. Müller, *Die Zusammenhänge zwischen der Baustoffdämpfung und einigen mechanischen Werkstoffeigenschaften von unlegierten Stählen.* Durch Vergleichskurven u. Formeln wird gezeigt, daß zwischen der Dämpfung u. den wichtigsten Festigkeits- u. Elastizitätseigg. von C-Stählen bestimmte Zusammenhänge bestehen. (Technik **6.** 411—14. Sept. 1951. Berlin.) B. HABBEL. 6408

M. M. Kantor und **N. M. Sserpik,** *Einfluß der Perlitform und des Korndurchmessers von Ferrit auf die Eigenschaften des Gußstahles.* Wärmebehandlungsverss. mit einem C-Stahl (0,27 % C) u. einem Mn-Stahl (0,27 % C, 1,1 % Mn) im gegossenen Zustand führen zur Feststellung, daß die günstigsten mechan. Eigg. bei Vorliegen eines feinkörnigen globularen Perlitgefüges erreicht wurden. Im Vgl. zur Struktur von lamellarem Perlit liegen hierbei die Werte für Streckgrenze u. Festigkeit nur unerheblich niedriger, die für Dehnung u. Einschnürung jedoch bedeutend höher. (Литейное Производство [Giessereiwesen] **1955.** Nr. 5. 19—21. Mai.) V. EHMCKE. 6410

A. A. Lunew, *Gegossene kupferhaltige Antifriktionsstähle.* Vf. untersuchte (Korrosionsbeständigkeit, Widerstand gegen Reibung u. Verschleiß, Laufeigg., Schmierfähigkeit) die Verwendbarkeit von Legierungen auf Basis Fe–Cu mit u. ohne Al- u. Pb-Zusatz als Lagermetall im Austausch gegen Bronze- u. Messinglegierungen. Als geeignet zur Erprobung im großen Maßstab wird eine Legierung folgender Zus. (in %) empfohlen: 31—33 Cu, 2—3 Al, 2—3 Pb, $0,1 \geq C$, Si u. Mn je $\leq 0,6$; S u. P je $\leq 0,05$; 0,3 Cr, $0,5 \geq Ni$, Rest Fe. Als aussichtsreich wird ferner eine Fe–Cu–Al-Legierung mit 31—33 % Cu, bis 0,8 % Al, bei $C \leq 0,1$; Si u. Mn je $\leq 0,6$; $S \leq 0,6$; $S \leq 0,01$; $P \leq 0,05$; $Cr \leq 0,05$, angesehen. Diese hat die Eig., daß durch Cu-Ausscheidung beim Glühen das Gußstück mit einem Oberflächenfilm von Cu überzogen wird, wodurch eine erhöhte Aufnahmefähigkeit für das Schmieröl u. ein guter Verschleißwiderstand, auch ohne Schmierung, gegeben ist. (Литейное Производство [Giessereiwesen] **1955.** Nr. 5. 15—18. Mai.) V. EHMCKE. 6410

R. H. Henke, *Zieheigenschaften von rostfreiem Stahl.* Die Zieheigg. mehrerer rostfreier Cr–Ni-Stähle u. die die Eigg. beeinflussenden Faktoren werden zusammengestellt. (Steel **127.** Nr. 10. 88—90. 96. 98. 4/9. 1950. Brackenridge, Pa., Allegheny Ludlum Steel Corp., Sales Developm. and Engng. Dep.) W. WESLY. 6410

H. J. Chamberland, *Schneiden von Nickellegierungen mit der Reibsäge.* Laboratoriumsverss. zeigen, daß Ni-Legierungen (*Monel, Inconel, Hastelloy* u. *Illium*) mit der Schnellauf-Bandsägemaschine zerschnitten werden können. (Steel **127.** Nr. 10. 91—92. 4/9. 1950. Des Plaines, Ill., Do All Co.) W. WESLY. 6434

E. Fujita, *Kritische Punkte in der (japanischen) Magnesiumerzeugung.* Lage der *Mg*-Industrie in Japan, deren gegenwärtig befriedigendste Herstellungsverff. u. ungelöste Fragen der Red. (Brikettierung u. Vakuumofenformen). (Kinzoku [Metals] **23.** 509—12. Juli 1953. Tokyo, Ind. Forschungsinst. [Orig.: japan.]) L. SCHULER. 6444

A. J. Bell, *Magnesium bei der Herstellung ferngelenkter Geschosse.* Überblick über die Anwendung von Mg-Legierungen für diesen Zweck. (Light Metal Age **11.** Nr. 11/12. 25—27. Dez. 1954. Silver Spring, Md., Johns Hopkins Univ., Appl. Phys. Labor.) H. SPINDLER. 6444

Floyd A. Lewis, *Warmbehandlung von Aluminium.* Darst. der zweckmäßigsten Wärmebehandlung (Anwärmen, Anlassen, Lösungsglühen, Altern) von Al-Knet- u. Al-Gußlegierungen sowie die dabei zu verwendenden Öfen. (Materials and Methods **36.** Nr. 3. 99—103. Sept. 1952. Aluminium Assoc.) T. OPPERMANN. 6446

L. O. Montgomery, *Titan. Empfehlungen zur Bearbeitung.* In mehreren Tafeln werden Werte angegeben, die beim Drehen, Walzen, Bohren, Gewindeschneiden, Schleifen, Aufweiten u. Sägen von Ti u. Ti-Legierungen eingehalten werden sollen. (Western Machinery Steel Wld. **45.** Nr. 8. 81—83. Aug. 1954. Mallory-Sharon Titanium Corp.) W. WESLY. 6448

Ralph L. Haver und **David S. Adams,** *Neue Bearbeitungsmethoden für Titan.* An Beispielen wird das Nieten, Bohren, Ziehen, Schleifen, Schneiden, Formen u. Schweißen von Ti eingehend beschrieben. (Welding Metal Fabricat. **22.** 368—73. Okt. 1954. Ryan Aeronautical Co.) W. HAUG. 6448

A. F. Cadenhead, *Überblick über die seltenen Metalle. Indium — seine Eigenschaften und Anwendung.* (Canad. Metals **17.** Nr. 7. 16—18. Juni 1954.) W. WESLY. 6448

S. L. Hoyt, *Sprödbruchuntersuchungen in den Vereinigten Staaten.* Überblick. u. Vgl. mit Unterss. in anderen Ländern. (J. West Scotland Iron Steel Inst. **60.** 145—61. 398. 399. 1952/53. Columbus, O., Battelle Mem. Inst.) W. HAUG. 6480

P. Matton-Sjöberg, *Der Vorgang des Bruches bei Schlagversuchen.* Es wurden eine Reihe von Verss. mit Flußstahl gemacht, unter Benutzung des n. CHARPY-Keillochs u. der SCHNADT K_0-Schlagversuche. Beschreibung der Meth. u. Angabe der Analysen der Proben. Erörterung des Bruchvorgangs von Werkstücken mit unterschiedlichem metallurg. Gefüge. (J. West Scotland Iron Steel Inst. **60.** 180—223. 1952/53. Domnarvet, Schweden, Domnarfvets Jernverk.) W. HAUG. 6480

I. M. MacKenzie, *Kerbzähigkeit von Flußstahlschiffsblechen.* Statist. Unterss. über Stahlbleche, die auf 2 Walzenstraßen hergestellt wurden. Best. der Wrkg. der Blechdicke u. verschied. Herst. auf die CHARPY-Spitzkerb-Umwandlungswärme u. ferner Ermittlung der allg. Höhe der Kerbzähigkeit an verschied. Spezialflußstahlqualitäten. Die Blechdicke betrug 0,365—1,5 in. Vf. empfiehlt die Erhöhung der Kerbzähigkeit dicker Flußstahlbleche. (J. West Scotland Iron Steel Inst. **60.** 224—58. 1952/53. Colvilles Ltd.) W. HAUG. 6480

T. S. Robertson und **D. le M. Hunt,** *Die Ausbreitung des Sprödbruches.* Die zur Ausbreitung von Brüchen erforderliche Kraft wurde gemessen mit dem Ergebnis, daß bei einer gegebenen Temp. die Kraft zur Ausbreitung in einem gegebenen Material konstant ist, unabhängig von der Länge des Risses. (J. West Scotland Iron Steel Inst. **60.** 259—75. 1952/53. R. Naval Sci. Serv.) W. HAUG. 6480

Ir. W. Soete, *Biegefestigkeit und Sprödbruch.* Bei Unters. von Kerbbiegeproben stellte Vf. das Vorhandensein von Längsrissen fest, die den plötzlichen Wechsel an Dehnfähigkeit bei der Umwandlungswärme erklären können. Hiernach kann die Übergangstemp. durch Best. der Veränderung der Querbiegefestigkeit mit der Temp. bestimmt werden. (J. West Scotland Iron Steel Inst. **60.** 276—93. 1952/53. Gent, Univ.) W. HAUG. 6480

A. A. Wells, *Einfluß des Schweißens auf Kerb-Sprödbruch.* Krit. Übersicht über Unterss. der Bedingungen, unter denen Sprödbruch entstehen u. sich während oder nach einer Schweißung fortpflanzen kann. Kalthärtung ist ein wichtiger Faktor beim Beginn, bes. unter stat. Belastung. Formeln für die Mindestlänge eines Risses, der zur Fortpflanzung des Bruches erforderlich ist u. Abhilfemaßnahmen werden erörtert. (J. West Scotland Iron Steel Inst. **60.** 313—25. 1952/53. Brit. Welding Res. Assoc.) W. HAUG. 6480

—, *Sprödbruch.* Diskussion u. Bibliographie (122 Literaturzitate) zu den 6 vorst. referierten Arbeiten. (J. West Scotland Iron Steel Inst. **60.** 326—406. 1952/53.) M. GEHLEN-KELLER. 6480

Charles B. Johnson und **Stanley A. Brosky,** *Die Radiographie als Hilfsmittel der Gießereipraxis.* Übersicht über die Anwendung radiograph. Verff. zur Werkstoffprüfung in der Gießereitechnik. — Diskussion. (Trans. Amer. Foundrymen's Assoc. **59.** 151—58. 1951. Pittsburgh, Pa., Rockwell Mfg. Co., u. Pittsburgh Testing Labor., Dep. Head of Metals.) W. WESLY. 6484

A. H. Allen, *Verbesserung der Schmiedebearbeitung durch isothermisches Härten.* Ringgetriebe (Ringe für Zahnkränze) u. andere Kraftwagenteile werden nach dem Schmieden bei 1175—1230° ca. 25—35 Min. der Einw. eines 677° heißen Salzbades von $BaCl_2$, NaCl u. KCl ausgesetzt, wodurch das Strahlputzen überflüssig wird u. die Lebensdauer der Fräswerkzeuge bis zu 75% verlängert wird. (Steel **127.** Nr. 2. 84—85. 10/7. 1950. Canton, O., Ford Motor Co.) W. WESLY. 6490

G. Moresse, *Grundlagen der elektrischen Widerstandsschweißung.* Theoret. Grundlagen, Aufbau u. Wirkungsweise von automat. Schweißgeräten, bes. deren elektr. Schaltung. (Électronique Nr. **100.** 53—57. März; Nr. **101.** 15—20. April 1955.) D. BREDTSCHNEIDER. 6506

J. J. Hirschfield, D. T. O'Connor, J. J. Pierce und **D. Polansky,** *Die Entwicklung von Röntgenstrahlennormen für Schutzgasschweißen an Aluminium.* Für Schutzgasschweißen an Al werden auf der Grundlage von Biege- u. Spannungsverss. Röntgenstrahlennormen aufgestellt, mit deren Hilfe fehlerhafte Schweißen verworfen werden können. (ASTM Bull. **1952.** Nr. 182. 81—91. Mai. White Oak, Md., U. S. Naval Ordnance Labor.) W. WESLY. 6506

J. W. Shedden, *Richtlinien bei der Lichtbogenschweißung von Werkstoffen auf Kupfer- und Nickelgrundlage und aus Gußeisen.* Zu Reparaturen an Gußeisen können Bronzeelektroden benutzt werden, geeigneter aber sind Elektroden mit Drähten aus reinem Ni, Ni–Cu oder einer Ni–Fe-Legierung im Kern. Verschied. Formen von desoxydiertem Cu können mit Elektroden, die einen Bronzedraht als Kern besitzen, geschweißt werden. Das Schweißen von *Al-Bronze* macht keine besonderen Schwierigkeiten. Auch das Schweißen von reinem *Ni, Monel* u. anderen Legierungen mit hohem Ni-Geh. kann nach dem Metallichtbogenverf. ausgeführt werden. (Welding Metal Fabricat. **22.** 381. Okt. 1954.) W. HAUG. 6506

E. N. Gregory, *Neuere Entwicklungen auf dem Gebiete der Schweißauftragungen von Hartmetallegierungen.* Überblick. (Welding Metal Fabricat. **22.** 272—73. Juli 1954.) H. HOCHSTEIN. 6506

Malcolm W. Riley, *Anwendung des elektrolytischen Polierens.* Überblick über die besonderen Eigenheiten der Meth. u. deren Anwendbarkeit auf Metalle. (Materials and Methods **39.** Nr. 6. 104—106. Juni 1954.) H. SPINDLER. 6514

W. J. Childs, J. E. Cline, W. M. Kisner und **John Wulff,** *Plattierung mit Molybdän durch Reduktion des Pentachloriddampfes.* Es wird über die Herst. von Mo-Überzügen auf Ni u. Cu–Ni-Legierungen mit wenigstens 5% Ni durch Red. von $MoCl_5$-Dampf mit H_2 im Temperaturbereich von 800—1100° bei einem Druck von 20 mm Hg u. weniger berichtet. Wesentlich für die Haftfestigkeit des Überzuges ist die geeignete Diffusionstemp., die für Ni bei 950° liegt. Je nach den Arbeitsbedingungen können feinkörnige, grobkörnige u. laminare Aufwachsstrukturen entstehen. Die besten physikal. Eigg. zeigen die grobkörnigen Strukturen. Die Haftfestigkeit der Überzüge ist für Ni u. Cu–Ni-Legierungen mit wenigstens 5% Ni am besten, für reines Cu u. für Stahl gering. Als Grund für die geringe Haftfestigkeit des Mo auf Stahl wird die Entstehung der spröden ε-Phase Mo_2Fe_3 angenommen. Elektrolyt. niedergeschlagene Ni-Schichten auf Stahl verbessern die Haftfestigkeit des Mo auch auf Stahl. Die Plattierungsgeschwindigkeit beträgt bei 5 mm Hg-Gesamtdruck u. 900° ca. 0,5 mm Mo pro Stunde. Bei Arbeiten unter Atmosphärendruck muß der $MoCl_5$-Druck unter 1,5 mm gehalten werden, da andernfalls das Metall sich pulverförmig abscheidet. Die zu plattierende Probe wurde durch Hochfrequenz geheizt. Die in der Diffusionsschicht gemessene KNOOP-Härte betrug ca. 1100 nach 11 std. Diffusionsglühen bei 1175°. (Trans. Amer. Soc. Metals **43.** 105—21. 1951.) O. WERNER. 6516

N. Thon, Ling Yang und **Stella Yang,** *Porosität elektrolytisch abgeschiedener Metalle.* 11. Mitt. *Analyse der Korrosionsprodukte als eine Methode zur Messung der Änderung der Porosität während der Korrosion.* (10. vgl. Plating **38.** [1951.] 1055.) Die Korrosion eines Metalls steht in direktem Zusammenhang mit der Porosität eines schützenden Überzuges. Durch Best. der gebildeten Korrosionsprodd. in Abhängigkeit von der Zeit müssen sich Schlüsse auf die Änderungen der Porosität des Metallüberzuges ziehen lassen.

Eine Ermittlung der gebildeten Mengen Korrosionsprodd. kann jedoch nicht auf chem. Wege erfolgen ohne den Korrosionsvorgang zu stören. Vff. haben daher eine chem. mit einer mechan. Meth. kombiniert. Die Korrosionsproben werden in das W. mit einem Gummiwischer abgerieben u. die Lsg. dann analysiert. Mit dieser Meth. wurde die Korrosion von vernickeltem Fe in verschied. Medien (heißes W., 1 %ig. NaCl, SO_2), die Wrkg. einer Cu-Zwischenschicht sowie eines dünnen Cr-Filmes auf dem Ni untersucht. Die erhaltenen Ergebnisse zeigen die grundsätzliche Eignung dieser Meth. für die Unters. der Korrosionseigg. von Metallüberzügen. (Plating **40.** 1011—15. Sept. 1953. Princeton, N. Y., Univ., Frick Chem. Labor.) H.-U. WOELK. 6540

N. Thon, Ling Yang und **Stella Yang,** *Porosität elektrolytisch abgeschiedener Metalle.* 12. Mitt. *Messung der Oberflächenrauheit und ihrer Änderungen.* (11. vgl. vorst. Ref.) Vff. erläutern die Anwendung der BET-Meth. u. zeigen, daß der Rauheitsfaktor, der für die Unterscheidung von Oberflächen- u. lokaler Tiefenkorrosion von Bedeutung ist, einer aus der WATTSschen Bad abgeschiedenen Ni-Schicht in HCl-Atmosphäre innerhalb 60 Std. auf das Doppelte ansteigt; vgl. BRUNAUER u. Mitarbeiter (J. Amer. chem. Soc. **60.** [1938.] 309). (Plating **40.** 1135—37. Okt. 1953.) H.-U. WOELK. 6540

T. K. Ross, *Die Korrosion von Zinn in Lösungen von Natriumalkylsulfaten.* 0,15 mm dicke, gewalzte Sn-Streifen werden im Standvers. der Einw. wss. Lsgg. von geradkettigen Natriumalkylsulfaten (I; $C_8H_{17}SO_4Na$, $C_{10}H_{21}SO_4Na$, $C_{12}H_{25}SO_4Na$, $C_{14}H_{29}SO_4Na$), wobei auch die Substitutionsstelle variiert wurde, unterworfen. Der Angriff ist stets ausgeprägt punktförmig u. abhängig von Kettenlänge u. Substitutionsstellung. Bei gleicher Substitution nimmt der Angriff mit steigender Kettenlänge zu u. ist in 2-Stellung am größten. Die stärkste Korrosion tritt in 0,01 mol.-Lsg. auf. Verss. mit isolierten Oberflächenschichten zeigten, daß bei Ggw. von I diese Schichten fehlerhaft werden (manometr. Meth.), ebenso zeigten elektrochem. Potentialmessungen einen Abfall des Potentials von Sn-Oberflächen bei Zusatz von I, was ebenfalls auf Zerstörung dieser Schicht deutet. Es wird angenommen, daß die Adsorption von I die Adhäsionskräfte an den Flächen anfänglicher Schichtrisse herabsetzt u. damit zu einem Zusammenbrechen der Schicht an diesen Stellen führt, was einen örtlichen Angriff zur Folge hat. Bei geringer Konz. an I (0,001 mol.) ist die Adsorption gering u. damit auch der Angriff, bei höheren Konzz. (0,1 u. 0,2 mol.) tritt adsorptive Inhibition ein. — 22 Literaturangaben. (J. appl. Chem. **5.** 10—18. Jan. 1955. Birmingham, Univ., Dep. of Chem. Engng.) H. SPINDLER. 6540

S. C. Britton und **D. G. Michael,** *Die Korrosion des Zinns durch wässerige Ammoniaklösungen.* Zinn (Sn $>$99,8%) wird von wss. NH_3-Lsgg. angegriffen, wenn der oxyd. Oberflächenfilm entfernt wurde. Der Korrosionsbeginn wird verzögert durch niedrige Temp. der angreifenden Lsg., fehlerfreien Oxydfilm u. durch hohen NH_3-Geh. der angreifenden Lösung. Die krit. Temperatur- u. Konzentrationswerte sind abhängig von der Oberflächenbeschaffenheit; oberhalb 25° korrodiert jede Sn-Oberfläche in Lsgg. mit 0,2—70 g/Liter NH_3, u. zwar steigt in diesem Bereich die Korrosion mit der NH_3-Konz. an. Oberhalb dieser Konz. tritt keine Korrosion auf. Die Korrosionsgeschwindigkeit völlig eingetauchter Proben nimmt mit der Zeit etwas ab (gewalztes Sn in 1n NH_4OH bei 30° nach 4 Tagen 30—35, nach 7 Tagen 20 mg/sq.dm-Tag). Verzinnungsschichten korrodieren unter diesen Bedingungen schneller (Schicht von 0,00009 in. in 3—4 Tagen entfernt). In NH_4OH ist Sn gegen Stahl anod; bei hohem Oberflächenverhältnis Stahl/Sn bleibt es unangegriffen. Zusätze von 0,1—10 g/Liter Na_2CrO_4 (Verstärkung der Oxydschicht) oder 1 g/Liter Hydrazinsulfat (O_2-Entfernung) verhindern die Korrosion völlig; ebenso Na-Sulfit in Konzz. höher als 10 g/Liter in 1n NH_4OH. (J. appl. Chem. **5.** 1—9. Jan. 1955. Greenford, Middlesex, Tin Res. Inst.) H. SPINDLER. 6540

Barton L. Cross und **Norman Hackerman,** *Messung der Inhibitorwirkung durch die Pearson-Null-Brücke.* PEARSON entwickelte eine Meßbrücke, welche die Widerstandsänderungen von Deckschichten beim Korrosionsvorgang festzustellen gestattet. Von einer größeren Anzahl von Inhibitoren für Stahl in wss. Na_2SO_4-Lsg. wurden anod. u. kathod. Polarisationskurven sowie Deckschichtwiderstandskurven aufgenommen. (Corrosion [Houston] **10.** Topic of the Month 407—12. Nov. 1954.) F. TÖDT. 6540

A.-M. Schou und **U. F. K. Schou,** Nybro, Schweden, *Gußformmasse für Al- und andere Leichtmetallegierungen,* bestehend aus 69 (Teilen) gebranntem, pulverisiertem *Gips,* ca. 25 pulverisiertem *Quarz,* ca. 1 *Kohlenhydrat* (Kartoffelstärke), ca. 1 *Asbestfaser,* ca. 3,5 pulverisiertem spätkambr. *Alaunschiefer* u. ca. 2,5 *Borax*-Gips-Mischung (1:2). (**Schwed. P. 140 606** vom 15/4. 1948, ausg. 2/6. 1953.) K. H. KÄHLER. 6383

Bergische Stahl-Industrie, Remscheid, und **Indugas Industrie & Gasofen-Bauges. m. b. H.,** Essen (Erfinder: **Fritz Schulte,** Remscheid, und **Werner Heiligenstädt,** Essen),

Glühfrischen von Temperrohguß. In Abänderung des Glühfrischverf. nach D. B. P. 861 704 verbleibt nach D. B. P. 871 456 das im Temperraum befindliche Glühfrischgas im wesentlichen im Temperraum, ohne durch äußere Mittel in Umlauf gesetzt zu werden. Das Auffrischmittel wird in solcher Menge u. mit solcher Geschwindigkeit zugesetzt, daß im Temperraum stets ein genügender Frischgrad des Gases aufrechterhalten bleibt u. das Auffrischmittel mit dem Glühfrischgas vor dem Auftreffen auf den Guß entsprechend umgesetzt wird. Bei Auffrischen des umlaufenden Gases dagegen wird nach D. B. P. 871 457 bei Beginn des Temperns fester C in den Temperraum eingebracht u. dieser zusätzliche C zugleich mit dem C des Temperrohgusses von der zur Bldg. des Glühfrischgases dienenden Luft vergast. (**D. B. PP. 871 456** Kl. 18c vom 31/7. 1940, ausg. 23/3. 1953, u. **871 457** Kl. 18c vom 27/3. 1941, ausg. 23/3. 1953. **Zusätze zu D. B. P. 861 704; C. 1955. 7309.**) H. HOCHSTEIN. 6407

Imperial Chemical Industries Ltd., übert. von: **Robert E. Mitchell** und **Harold Bradley,** London, England, *Bariumhaltige Legierungen.* Diese enthalten 35—45 (%) *Ba*, 40—55 *Cu* u. 10—15 *Zn*. (**Can. P. 486 734** vom 6/1. 1950, ausg. 23/9. 1952.) W. WITTHOLZ. 6433

Westinghouse Electric International Co., New York, N. Y., V. St. A., *Elektrolytische Abscheidung von Nickel oder/und Kobalt.* Der Elektrolyt enthält im Liter 62,5 bis 375 (g) *Ni*- oder/u. *Co-Salz* (bes. Sulfat oder Chlorid), 0,03—0,6 *Cd*, 6,2—62 B_2O_3; p_H 2—5,8. Die Anode besteht aus Ni oder/u. Co mit einem Cd-Geh. von 0,01—0,5%. Die Kathode ist der zu plattierende Metallgegenstand. Nach einer Abscheidezeit von höchstens 2 (vorzugsweise 0,5) Sek. wird umgepolt u. während einer kurzen Zeit, die $^1/_{25}$—$^1/_2$ der Abscheidezeit beträgt, wieder gelöst. Danach wird wieder umgepolt. In dauerndem Wechsel von längeren Abscheide- u. kürzeren Löseperioden wird so lange elektrolysiert, bis die Plattierung die gewünschte Dicke erreicht hat. Die Stromstärken der Abscheide- u. der Löseperioden werden so aufeinander abgestimmt, daß während der Löseperiode ca. 4% der während der Abscheideperiode geflossenen Coulombs fließen. — Abb. einer Vorr. u. Stromstärke-Zeit-Diagramm. (**E. P. 687 275** vom 20/9. 1949, ausg. 11/2. 1953. A. Prior. 12/10. 1948.) R. SCHREINER. 6433

VEB Elektrochemisches Kombinat Bitterfeld, Bitterfeld (Erfinder: **Oscar Meyer,** Bitterfeld), *Gewinnung von Ausgangsstoffen für die Manganmetallgewinnung.* Aus der mineralsauren, bes. salpetersauren, Aufschlußlsg. des Rohstoffs, in der auf 1 Mol P_2O_5 >1 g-Atom Fe vorhanden sein muß, werden Fe u. P durch alkal. Stoffe, wie Alkalilauge u. Kalkmilch, unter Abstumpfung des p_H auf ca. 6 als Eisenphosphat abgeschieden u. aus der Lauge Mn mit Alkali- oder Erdalkaliverbb. als $Mn(OH)_2$ ausgefällt. Nach dem Trocknen u. Glühen ist es für die aluminotherm. oder silicotherm. Mn-Gewinnung bes. geeignet. (**D. P. [DDR] 4 633** Kl. 40a vom 28/2. 1943, ausg. 19/11. 1953 [Wirtschaftspatent].) H. HOLM. 6437

Fulmer Research Institute Ltd., übert. von: **Philipp Gross** und **David Leon Levi,** England, *Herstellung von reinem Titan.* Bei der Herst. von reinem Ti oder einer Ti-Legierung mit einem flüchtigen Metall, wie *Zn*, *Cd* oder *Pb*, aus einem Ti-haltigen Werkstoff wird letzterer bei erhöhter Temp. u. vorzugsweise Unterdruck mit Dämpfen eines Halogenids, wie Chloriden, Bromiden oder Jodiden, des flüchtigen Metalls zur Rk. gebracht. Hierbei entstehen Dämpfe desjenigen Metalls, dessen Halogenid verwendet wurde, sowie stabiles Ti-Halogenid. Durch Zufuhr eines Überschusses an flüchtigem Metall, dessen Halogenid benutzt wurde, zu einer Kondensationszone wird eine vollständige Umwandlung von Ti-Halogenid in das Halogenid des flüchtigen Metalls u. die Bldg. einer Ti-Legierung mit dem flüchtigen Metall erzielt. Darauf wird der unerwünschte Überschuß an flüchtigem Metall aus der Legierung durch Verdampfung entführt. (**F. P. 1 065 717** vom 30/8. 1952, ausg. 28/5. 1954. E. Prior. 5/9. 1951.) H. HOCHSTEIN. 6449

Henry Kent, V. St. A., *Herstellung und Zusammensetzung von Leichtmetallegierungen aus Cer und mindestens einem Metall mit höherer Dichte und hohem Schmelzpunkt.* Ce wird zunächst unter einem Flußmittel eingeschmolzen, darauf das Metall, z. B. mindestens eins der Metalle *Mn*, *Ni* u. *W*, mit erhöhter D. u. höherem F. im geschmolzenem Ce-Bad bei einer Temp., die unterhalb des F. des zugesetzten Metalls liegt, z. B. bei 650—850° infolge der Einw. von Ce auf dasselbe eingeschmolzen u. darauf die Legierung abgegossen. Nach der Auflösung von Mn, Ni oder W können außerdem noch *Zr* u. *Be* zugesetzt werden. Eine bevorzugte Zus. der so hergestellten Leichtmetallegierung ist: 77—89 (%) Ce, 8—20 Mn, 2—5 Ni u. 0,2—0,5 W. (**F. P. 1 024 002** vom 21/8. 1950, ausg. 26/3. 1953. A. Prior. 20/9. 1949.) H. HOCHSTEIN. 6449

W. C. Heraeus G. m. b. H., Hanau/M., *Spinndüse zum Spinnen von Reyon- oder Cellulosewolle* besteht aus *Ta*, dessen Oberfläche *TaC* enthält. Zur Herst. wird Ta ca. 60 Min. bei 1000° in einer CO-Atmosphäre bei einem Druck von 0,01 mm Hg erhitzt. Solche Düsen sind sehr haltbar. (**E. P. 702 936** vom 30/5. 1951, ausg. 27/1. 1954. D. Prior. 30/12. 1948.) F. MARKHOFF. 6449

United States of America, übert. von: **Hermann I. Schlesinger,** Chicago, Ill., und **Herbert C. Brown,** Detroit, Mich., V. St. A., *Reinigung von Uran.* Man scheidet z. B. UCl_4 aus einer wss. Lsg. durch Zugabe von $CF_3COCH_2COOC_2H_5$ ab, wobei sich ein Komplex, vermutlich der Formel $U(CF_3COCHCOOC_2H_5)_4$, vom F. 61° bildet. (**A. P. 2 614 113** vom 5/6. 1946, ausg. 14/10. 1952.) A. BRÖSAMLE. 6449

Imperial Chemical Industries Ltd., übert. von: **Robert Le Grice Burnett,** Overton, England, *Raffination von Calcium,* das Alkalimetall als Verunreinigung enthält. Das zu reinigende Metall wird am Boden eines in einem Salzbad angeordneten Destillationsgefäßes eingebracht u. verdampft. Das Destillationsgefäß ist von einem abnehmbaren Deckel u. an diesem angeordneten zylinderförmigen, mit Kühlrippen u. einer oberen u. einer unteren Kondensationsfläche versehenen Ansatzstück abgeschlossen. Die Verdampfung wird in Ggw. eines inerten Gases bei Unterdruck durchgeführt. An der unteren Kondensationsfläche, die einen ringförmigen Spalt an der Innenwand des Destillationsgefäßes freiläßt, wird das Ca, an der oberen aus den durch diesen Spalt hindurchtretenden Alkalidämpfe das Alkalimetall kondensiert. — Zeichnungen. (**A. P. 2 650 085** vom 29/7. 1946, ausg. 25/8. 1953. E. Prior. 24/8. 1945.) G. APEL. 6449

Aktiebolaget Pulverkemi, Stockholm, Schweden (Erfinder: **J. F. Heuberger**), *Herstellung von kohlenstoffhaltigem Stahl oder Legierungen auf pulvermetallurgischem Wege.* Gekörntes Eisen mit zu hohem C-Geh. wird zu feinem Pulver zermahlen u. in einer reduzierenden H_2-Atmosphäre partiell in so kurzer Zeit entkohlt, daß nur die äußere Schicht der Partikel weicher wird, während der noch C-haltige Kern seine Härte beibehält. Hierauf wird das Pulver zur gewünschten Form gepreßt u. gesintert; die hergestellten Formstücke werden einem Härtungsprozeß mittels Wärmebehandlung unterworfen, wobei sich der Kohlenstoff gleichmäßig über die gesamte M. verteilt (Diffusionsglühprozeß). (**Schwed. P. 141 017** vom 20/5. 1946, ausg. 30/6. 1953.) K. H. KÄHLER. 6475

I. G. Farbenindustrie Akt.-Ges., Frankfurt/M. (Erfinder: **Georg Trageser,** Ludwigshafen/Rh.), *Herstellung manganhaltiger Metalle oder Legierungen,* bes. unter Verwendung von Metallen der Eisengruppe als Hauptbestandteil, durch Sintern der pulverförmigen Metalle dad. gek., daß Mn als Carbid eingeführt wird. Zwecks Entkohlung wird das Pulvergemisch in einer H_2-Atmosphäre gesintert. (**D. R. P. 757 875** Kl. 40b vom 29/10. 1939, ausg. 10/1. 1955.) H. HOCHSTEIN. 6475

Glacier Metal Co. Ltd., England, *Gleitlager mit Polytetrafluoräthylen* (**I**) *enthaltender Metallfritte oder -legierung.* Die Lager besitzen Schalen oder Futter, welche aus einer porösen Fritte oder Legierung (z. B. einer *Cu–Sn-Bronze* mit 10% Sn) bestehen, deren Poren mit **I** ausgefüllt sind. Außerdem sind in die mit **I** versehene Lauffläche Vertiefungen eingearbeitet, welche vorzugsweise MoS_2 enthalten. Als Träger für die Lagerfutter dient vorzugsweise Stahl. An Stelle von MoS_2 kann man außerdem *Graphit, Campher, Bornitrid,* WS_2, PbJ_2, *PbS*, Ag_2SO_4, SnS_2, *CdS* oder *α-Mercaptopalmitinsäure* verwenden. (**F. P. 1 064 860** vom 16/10. 1952, ausg. 18/5. 1954. E. Priorr. 19/10. 1951 u. 24/9. 1952.) T. OPPERMANN. 6475

Soc. le Carbone-Lorraine, Paris, *Herstellung von festen Lösungen von schwer schmelzbaren Carbiden* der Metalle der 4., 5. u. 6. Gruppe des Period. Systems. Ein Gemisch der Oxyde dieser Metalle mit C oder ein Gemisch der Halogenide oder Doppelhalogenide, z. B. $TiNa_2F_6$, TaK_2F_7, wird mit einem Metall, z. B. Na, Mg, Ca, oder mit einem Hydrid, z. B. Na-, Ca-, Mg-Hydrid, reduziert. Die gebildeten Metalle werden mit C bei 1500—2000° in die Carbide übergeführt, wobei eine Diffusion des einen Carbids in das andere erfolgt. — 4 Beispiele. (**Schwz. P. 272 827** vom 22/12. 1947, ausg. 2/4. 1951. F. Prior. 16/7. 1941.) T. OPPERMANN. 6477

Sintercast Corp. of America, V. St. A., *Herstellung von Körpern gleichmäßig hoher Dichte und Temperaturbeständigkeit.* Feingepulvertes TiC, dem feingepulverter C in solcher Menge zugegeben ist, daß er das noch im TiC enthaltene freie Ti abbindet, wird in Schutzgasatmosphäre erhitzt. Das so erhaltene Prod. wird fein gepulvert u. unter Zusatz des Pulvers eines Metalles, das den freien C aufzunehmen vermag, erneut einer Wärmebehandlung unterzogen. — Beispiel: *TiC*-Pulver mit 75,96 (%) Ti, 18 Gesamt-C u. 2,53 freiem C wird in einer trocknen H_2-Atmosphäre auf 2300° erhitzt. Das zusammengebackene Prod. wird gemahlen u. 90% des Prod. mit 10 $Ni(CO)_4$-Pulver in einer Kugelmühle 24 Std. gemahlen. 14,25 g der Mischung werden bei 1650° in Stabform gepreßt u. während 1 Std. bei 1500° in trocknem H_2 gesintert, um die Verunreinigungen zu beseitigen. Der so erhaltene Körper wird bei 1530° 20 Min. mit 13,80 g einer Ni–Cr-Legierung getränkt. Die D. des Stabes beträgt 6,40 g/cm³, das Gewicht 28,05 g. (**F. P. 1 056 791** vom 10/9. 1951, ausg. 2/3. 1954. A. Prior. 12/9. 1950.) F. VIER. 6477

Baker & Co., Inc., Newark, N. J., V. St. A. (Erfinder: **Max Joseph Stumbock** und **Washington Irving**), *Bimetall für die Schmuckwarenindustrie* aus einer Plattierschicht aus einer 10—18karätigen *Au*-Legierung auf einem Grundmetall aus *Stahl* mit 10 bis 27 (%) *Cr* u. 0—2,5 *Ni*, deren Anlaßtemp. niedriger ist als der F. der Au-Legierung. Als Zwischenschicht kann Ni, Co oder Pd auf den Stahl dünn aufgelötet werden. Die Au-Legierung wird auf die Zwischenschicht aufgeschweißt. Dann wird das Bimetall unter häufigem Zwischenglühen bei 1200—1600° F (649—871° C) ausgewalzt. (**E. P. 719 803** vom 3/3. 1952, ausg. 8/12. 1954.) F. VIER. 6479

De Havilland Aircraft Co. Ltd., Hatfield, übert. von: **Kenneth William Clarke**, Edgware, England, *Feststellung von Oberflächenrissen in Gußstücken.* Das Gußstück wird in eine unter Beigabe eines Emulgierungsmittels hergestellte W.-Öl-Emulsion getaucht, anschließend mit W. abgespült, getrocknet u. mit einem feinen Pulver bestäubt, dem ein öllösl., wasserunlösl. Farbstoff zugesetzt ist. Nach einiger Zeit werden die Risse durch das aus ihnen herauskriechende Öl im Pulver sichtbar. Ein geeignetes Öl besteht aus: 40 Teilen *Paraffin* (Kp. 150—220°), 4,8 Teilen *Ölsäure*, 4 Teilen *Methylcyclohexanol* u. 0,2 Teilen *Triäthanolamin*, ferner einem Zusatz von 1,8 Teilen *KOH*. (**A. P. 2 676 487** vom 3/8. 1950, ausg. 27/4. 1954. E. Prior. 18/8. 1949. **E. P. 688 212** vom 18/8. 1949, ausg. 4/3. 1953.) W. v. HUHN. 6481

Pyrene Co. Ltd., Brentford, Middlesex, England, *Ziehen von Stahl.* Das Ziehen von warmgewalztem Stahl wird erleichtert, wenn die Gegenstände nach dem Entzundern leicht gezogen u. dann mit einer *Phosphat-*, *Oxalat-*, *Oxyd-* oder *Sulfid*-Schicht überzogen werden. (**E. P. 723 858** vom 22/12. 1952, ausg. 9/2. 1955. D. Prior. 20/12. 1951.) F. MARKHOFF. 6491

Albert Erdmann & Co., Berlin-Neukölln (Erfinder: **Elli Boelke** geb. **Bertram**, Berlin-Tempelhof, und **Albert Erdmann**, Berlin-Weißensee), *Erwärmungssalzbad für kohlenstoffhaltige, legierte Stähle,* wie Schnelldreh- u. Werkzeugstähle, bei dem einem inerten Grundsalz Metalloxyde u. Stoffe, die die Lsg. der Metalloxyde begünstigen — wie *Borverbb.*, bes. *Borax*, *Fluorverbb.* oder *Pyrophosphate* — beigefügt sind, ist durch geringe Zusätze O_2-bindender *Sulfite* gekennzeichnet. Zweckmäßig sind in Abhängigkeit vom Anteil an Metalloxyden u. oxydlösenden Stoffen 0,01—10% der Gesamtmenge O_2-bindende Sulfite, wie $BaSO_3$, Na_2SO_3, zugesetzt. (**D. B. P. 931 772** Kl. 18c vom 14/12. 1952, ausg. 16/8. 1955. Anmeldung bekanntgemacht 5/1. 1955.) H. HOCHSTEIN. 6493

Armco International Corp., Middletown, O., V. St. A. (Erfinder: **Robert L. Davidson**, Middletown, und **Carl C. Mahlie**, Hammond), *Erhöhung der Kaltbildsamkeit bei niedrigen Kernverlusten von Si-Stahlblechen durch eine Glühbehandlung.* Das Glühen der Bleche findet in einer abgeschlossenen Atmosphäre eines nicht reaktionsfähigen Gases statt, das prakt. frei ist von Feuchtigkeit, H_2 u. O_2 in jeder Form, wobei das verwendete neutrale Gas über Reinigungsmittel streicht u. dabei prakt. jede während der Berührung mit den Blechen irgendwie aufgenommene Feuchtigkeit, H_2 oder O_2 verliert u. dann gereinigt weiter umläuft. (**D. B. P. 931 411** Kl. 18c vom 9/10. 1940, ausg. 8/8. 1955. Anmeldung bekanntgemacht 24/12. 1952.) H. HOCHSTEIN. 6493

Dortmund-Hörder Hüttenunion Akt.-Ges., Dortmund, *Verringerung des Stickstoffgehaltes von Stählen.* Der feste N_2 enthaltende Stahl mit höchstens 1% C wird bei einer Temp. von mindestens 1350° so lange geglüht, bis die Abnahme des N_2-Geh. stattfindet. Zweckmäßig liegt die Wärmebehandlungstemp. kurz unterhalb der Erstarrungstemp. des Stahles. Die Glühung findet vorzugsweise in einer Schutzgasatmosphäre statt. (**E. P. 728 911** vom 9/5. 1952, ausg. 27/4. 1955. D. Prior. 25/6. 1951.) H. HOCHSTEIN. 6493

Heinrich Wüster, Imst, Tirol, Österreich, *Herstellung von Metallsägeblättern,* welche nur im Bereich der Zähne u. des Blattrückens hart, in der Blattmittelzone jedoch verhältnismäßig weich sind, wobei zunächst das ganze Sägeblatt gehärtet u. hierauf die Mittelzone durch örtlich begrenzte Wärmebehandlung angelassen wird, erfolgt so, daß die Wärmebehandlung der Mittelzone auf elektr. Wege, u. zwar durch Widerstandsheizung oder Hochfrequenzheizung vorgenommen wird. — Abbildungen. (**Oe. P. 180 945** vom 21/10. 1952, ausg. 25/1. 1955.) H. HOCHSTEIN. 6493

United States Steel Corp., übert. von: **Andrew F. Kritscher**, Mount Lebanon Township, V. St. A., *Wärmebehandlung von Stahlknüppeln zum Schmieden oder Fließpressen.* An den Kopf der Knüppel werden Aufhängehaken angeschweißt, an denen hängend die Knüppel kontinuierlich so durch einen Durchlaufofen geführt werden, daß sie auf der ganzen Oberfläche gleichmäßig auf die Schmiedetemp. von über 200° F erhitzt werden, wobei die Erhitzungsgeschwindigkeit so gewählt ist, daß die Schmiedetemp. früher erreicht wird als die Festigkeit der Befestigung auf einen Wert unterhalb des Knüppelgewichts abfällt. — Abbildungen. (**A. P. 2 696 378** vom 13/8. 1951, ausg. 7/12. 1954.) H. Hochstein. 6493

Westfälische Union Akt.-Ges. für Eisen- und Drahtindustrie, Hamm/Westf. (Erfinder: **Werner Holtmann,** Düsseldorf), *Wärmebehandlung von Draht,* bei der der Draht im Durchlaufofen bis oberhalb des Ac_3-Punktes erwärmt, dann durch einen Druckluftstrom beschleunigt abgekühlt wird, ist dad. gek., daß der Draht nur bis in das Gebiet erhöhter Austenitbeständigkeit beschleunigt abgekühlt u. vor Beginn der Umwandlung im Austenitzustand in einen Halteofen übergeführt wird, in dem dann eine Zwischenstufenumwandlung bei der für die gewünschten Eigg. erforderlichen Temp. unter Umgehung der Martensitumwandlung stattfindet. (**D. B. P. 929 428** Kl. 18c vom 29/2. 1944, ausg. 27/6. 1955. Anmeldung bekanntgemacht 18/12. 1952.) H. Hochstein. 6493

Svenska Aktiebolaget Gasaccumulator, Schweden, *Herstellen von Metallüberzügen auf metallischen und nichtmetallischen Oberflächen.* Die zu überziehenden Gegenstände werden in eine Lsg. mit einem p_H von 1—5 behandelt, die 1—10 (%) *$SnCl_2$* enthält, u. dann mit einer Lsg. von *$PdCl_2$* oder *$PdCl_4$* mit einem p_H von 2,5. Danach wird der Gegenstand in eine Lsg. getaucht, die ein Salz des gewünschten Überzugsmetalls gelöst enthält. Dieser Lsg. kann ein Reduktionsmittel zugesetzt sein, z. B. *Pyrogallol* oder *NaH_2PO_2*. Die Bldg. einer *Pd*-Zwischenschicht ermöglicht die Herstellung eines festhaftenden Überzuges. Mit dem Verf. können Überzüge der Metalle der *Pt*-Gruppe, der *Fe*-Gruppe u. der Metalle *Cr, Al, Mg* u. *Mn* hergestellt werden, z. B. auf Glas. — Vgl. auch Schwz. P. 291 828; C. **1954.** 10 339. (**F. P. 1 031 632** vom 9/11. 1950, ausg. 25/6. 1953. Schwed. Prior. 10/11. 1949.) F. Vier. 6517

United Kingdom of Great Britain & Northern Ireland, übert. von: **Oliver Flint,** London, England, *Herstellung eines Borüberzugs auf elektrisch leitende Oberflächen* auf elektrolyt. Wege, wobei die Kathode in eine 2—20%ig. Suspension von feinverteiltem Bor in einem Lösungsm., z. B. *Methanol,* eintaucht, welches 0,5—10,0% eines *Celluloseesters* oder *-äthers,* z. B. *Kollodium,* u. 1% *Gerbsäure* enthält. Vgl. E. P. 646 599; C. **1953.** 6576. (**Can. P. 491 369** vom 15/11. 1949, ausg. 17/3. 1953. E. Prior. 29/11.1948.) M. F. Müller. 6529

Glenn L. Martin Co., Middle River, Md., V. St. A., *Eloxieren von Aluminium* u. seinen Legierungen. An das in dauernd bewegter 15%ig. H_2SO_4 von 0° liegende, gereinigte Al wird als Anode eine Spannung von 20 A je 0,09 m^2 gelegt u. die Elektrolyse, beginnend mit einer Stromstärke von 26 V, während 90 Min. durchgeführt. Die je nach der Behandlungsdauer entsprechend dicke (0,0025—0,0150 cm) harte u. kratzfeste Oxydschicht kann gefärbt werden, ist korrosionsfest, wärmeisolierend u. nicht stromleitend. Das oxydierte Al kann an Stelle von Stahl für gebogene Teile, Stützen, Prothesen (Beinschienen), Drehscheiben bzw. Luftschrauben, komplizierte Konstruktuionselemente (Röhren), Flugzeugteile u. dgl. verwendet werden. (**E. P. 701 390** vom 19/1. 1951, ausg. 23/12.1953. A. Prior. 22/4. 1950.) G. Salzmann. 6531

Metallgesellschaft Akt.-Ges., Frankfurt/M. (Erfinder: **L. Schuster** und **R. Krause**), *Herstellung von Phosphatüberzügen auf Metallen.* Metalle, bes. Eisen u. Stahl, werden mit Phosphatlsg. behandelt, die so wenig Cu oder edlere Metalle enthalten, daß der Überzug nicht mehr als 25% dieser Metalle enthält. Die Behandlung erfolgt oberhalb 50°, z. B. bei 98°, u. einem p_H-Wert von mindestens 0,5. Der Säuregeh. soll gering sein, z. B. verwendet man Zn-Phosphatlsgg. mit mindestens 10 g P_2O_5 je Liter, die außerdem Nitrationen u. Chlorationen enthalten. (**Schwed. P. 139 015** vom 11/3. 1942, ausg. 3/2. 1953. D. Prior. 11/3. 1941.) Jürgen Schmidt. 6533

IX. Organische Industrie.

Liviu Marcu, *Die Umsetzung von Kohlenwasserstoffen mit Sauerstoff, Wasserdampf und Kohlensäure hinsichtlich der industriellen Wasserstoffgewinnung.* Übersichtsbericht. Besprochen werden: H_2-Verbrauch u. H_2-Quellen unter den KW-stoffhaltigen Industriegasen; theoret. Deutung des Reaktionsverlaufs; techn. Anwendung der Konversion: Gasreinigung, Teilverbennung, Umsetzung mit Wasserdampf ohne u. mit Katalysatoren, mit CO_2 u. mit CO_2 + Wasserdampf sowie von CO mit Wasserdampf; Reinigung der Synthesegase u. des H_2. — 102 Literaturzitate. (Chim. et Ind. **70.** 397—405. Sept. 677—93. Okt. 1953.) K. Steiner. H 500

E. Bartholomé, *Probleme großtechnischer Anlagen zur Erzeugung von Acetylen nach dem Sauerstoffverfahren.* Beschreibung der Entwicklungsarbeiten für betriebssichere großtechn. Brenner bis 2000 mm^3/Std. CH_4-Durchsatz, mit Vermeidung einer vorzeitigen Flammenbldg. im Mischraum u. des techn. Verf. zur Acetylenanreicherung auf ca. 99 Vol.-% durch selektives Auswaschen der verschied. Komponenten nebst Verbrauchszahlenangaben für KW-stoff, O_2, Lösungsm., Dampf u. Strom. (Chemie-Ing.-Techn. **26.** 253—58. Mai 1954. Ludwigshafen/Rh., BASF, Ammoniaklabor.) H. ECKHARD. H 530

Elbert C. Weaver, *Glycerin.* Ein Verf. zur techn. Darst. von Glycerin aus Propylen durch Chlorierung u. nachfolgende Behandlung mit NaOH wird beschrieben. (J. chem. Educat. **29.** 524—25. Okt. 1952. Andover, Mass., Phillips Acad.) W. WESLY. H 580

E. L. Metcalf, *Darstellung aromatischer Verbindungen aus aliphatischen Erdölen.* Die katalyt. Überführung von aliphat. Erdölkomponenten in aromat. KW-stoffe erstreckt sich auf die Dehydrierung von C_6-Naphthenen u. Isomerisation der Alkylcyclopentane sowie einiger n. u. verzweigter Paraffine. Von den techn. angewandten Verff. werden behandelt: 1. *Hydroforming* (M. W. KELLOGG CO.), das als Katalysator Mo-Oxyd auf Al-Oxyd bei Reaktionstempp. von 900—1000° F u. Drucken von 200 bis 300 lbs./sq.in. anwendet; 2. *Thermofor-Reforming* (SOCONY VACUUM OIL CO.) mit Cr—Al-Oxyd-Katalysator; 3. *Platforming* (UNIVERSAL OIL PRODUCTS CO.) mit Pt-Katalysator u. 4. *Houdriforming* (HOUDRY PROCESS CORP.) mit einem zweifachen Katalysator. (Paint, Oil chem. Rev. **115.** Nr. 10. 12—14. 8/5. 1952. R. J. Brown Co.) B. SCHEIFELE. H 1010

Shell Development Co., San Francisco, Calif., V. St. A., übert. von: **Philip James Garner,** Hooton, **Philip Alan Winsor,** Great Sutton, und **Ernest Colin Lumb,** London, England, *Trennen polarer, besonders in Wasser unlöslicher, organischer Verbindungen oder deren Mischungen von Kohlenwasserstoffen* erfolgt durch Extraktion mittels einer wss. Lsg. eines Salzes nichtaromat. Alkansulfonsäuren (I) mit geradkettiger, verzweigter oder geschlossener Kette. Der hydrotrop. Effekt von I kann durch Zugabe anorgan. Salze, z. B. NaCl, Na_2SO_4, gesteigert werden. Als Ausgangsprodd. kommen bes. die Reaktionsmischungen, erhalten nach der Synth. von FISCHER-TROPSCH, der Oxosynth. oder der Oxydation von KW-stoffen, in Betracht. Sie enthalten Alkohole, Aldehyde, Säuren, Ester, Ketone, Äther. Bes. geeignet sind die niedrigmol. I, deren Alkylgruppe 3 bis 8 C-Atome enthalten, z. B. Kalium-n-butansulfonat. Die Konz. der wss. Lsg. an I soll zwischen 30 u. 80 Gew.-% betragen. (**A. P. 2 687 439** vom 2/2. 1950, ausg. 24/8. 1954. E. Prior. 15/2. 1949.) G. KÖNIG. H 500

Badische Anilin- & Soda-Fabrik Akt.-Ges., Ludwigshafen/Rh. (Erfinder: **Hans Klein,** Mannheim, und **Adolf Steinhofer,** Ludwigshafen/Rh.), *Herstellung gasförmiger ungesättigter Kohlenwasserstoffe, insbesondere von Äthylen,* aus gas- oder dampfförmigen gesätt. KW-stoffen durch Erhitzen unter Zuführung von O_2, dad. gek., daß die gesätt. KW-stoffe vor der O_2-Zuführung mit ca. 5—50, bes. 10—35, Vol.-% H_2 vermischt werden. Ausbeute wird bes. bei der Verarbeitung von höheren KW-stoffen als Äthan verbessert. (**D. B. P. 929 968** Kl. 12o vom 4/3. 1954, ausg. 7/7. 1955. Anmeldung bekanntgemacht 5/1. 1955.) W. GRÄGER. H 520

Phillips Petroleum Co., übert. von: **Karl H. Hachmuth,** Bartlesville, Okla., V. St. A., *Umwandlung von Kohlenwasserstoffen.* Wärmeträger (pebbles) werden in einer Erhitzungszone bei 1200—3400° F durch direkten Wärmeaustausch mit einem im Gegenstrom nach oben fließenden Heizgas auf 1200—2000° F erhitzt u. anschließend vom Boden der Erhitzungszone in den oberen Teil der Reaktionszone eingeleitet. Die zu spaltenden KW-stoffe werden an verschied. Stellen in die Reaktionszone eingeführt, wobei die KW-stoffe mit der höheren Zersetzungstemp. (Äthan) etwa in der Mitte u. die KW-stoffe mit der niedrigeren Zersetzungstemp. (Propan) an einer tieferen Stelle eingeleitet werden. Der Temperaturunterschied zwischen beiden Einleitungsstellen beträgt ca. 100—250° F. Die Reaktionsprodd. (*Äthylen*) werden oben abgezogen u. die Wärmeträger in die Erhitzungszone zurückgeführt. — Zeichnungen. (**A. P. 2 692 903** vom 2/1. 1951, ausg. 26/10. 1954.) E. KAHLES. H 520

Minnesota Mining & Mfg. Co., St. Paul, Minn., V. St. A., *Herstellung von Perfluorbuten,* C_4F_8, in $>$50%ig. Ausbeute, dad. gek., daß Oktafluorcyclohexan durch ein auf 600—900° gehaltenes Rohr (bes. 700—725° heißes Kohlerohr von ½″ Durchmesser u. 14″ Länge mit einem Durchsatz von 7,4 g in 15 Min.) geleitet wird: 90% Umsatz bei 70% Ausbeute. (**E. P. 720 091** vom 10/5. 1951, ausg. 15/12. 1954. A. Prior. 20/5. 1950.) W. HEROLD. H 520

Texas Co., New York, N. Y., übert. von: **William F. Glassmire,** Groves, und **James H. Phillips,** Port Arthur, Tex., V. St. A., *Höhersiedende Olefinpolymere* erhält man durch Behandeln von Olefinpolymeren (Kp. von Gasolin) mit konz. $H_2SO_4 < 70°$ F in Ggw. einer kleinen Menge eines Isoparaffins, z. B. im Verhältnis 1 : 0,2—0,5, bezogen auf Olefinpolymere, dessen Kp. $<$ als der des Ausgangsolefins ist. Ergebnisse u. Eigg. von *Propylenpolymere* u. *Isobutylentrimeren* vgl. Tabelle. — *Schmierölzusatzstoffe* u. *Zwischenprodd.* zur Herst. von *Reinigungsmitteln.* (**A. P. 2 670 392** vom 19/4. 1950, ausg. 23/2. 1954.) G. KRAUSS. H 520

Imperial Chemical Industries Ltd., England, *Herstellung von Alkoholen* mit 2—4 C-Atomen durch katalyt. Hydratisierung der entsprechenden Olefine. Man leitet Olefin u. W. über den W_2O_5-Katalysator bei 100—500 at u. 250—290°, wenn das Olefin Propylen ist, bei 250—350° bei Äthylen, 160—220° bei Isobutylen, 230—270° bei Buten-(1) oder -(2) mit 0,25—1 kg Olefin pro Std. u. dm^3 Katalysator u. einem W.-Olefin-Mol-Verhältnis 1/1 bis 20/1. (**F. P. 1 031 153** vom 18/1. 1951, ausg. 22/6. 1953. E. Prior. 19/1. 1950.) M. PANKOW. H 560

British Oxygen Co. Ltd. (Erfinder: **Samuel Aaron Miller** und **Geoffrey Albert Weeks**), London, England, *Herstellung von Vinyläthern*, die unter 200° bei n. Druck sd., durch Rk. eines entsprechenden Alkohols (Cetostearyl- oder Cetylalkohols) mit C_2H_2 bei n. Druck u. bei 130—230° (180°) in Ggw. eines Alkalialkoholats des gleichen Alkohols. Die niedrigersd. Vinyläther werden entfernt. Bei Beendigung der Rk. hat das Prod. eine intensiv schwarze Farbe. (**E. P. 717 051** vom 18/12. 1951, ausg. 20/10. 1954.) W. GRÄGER. H 560

Standard Oil Development Co., V. St. A. (Erfinder: **Robert W. Krebs**), *Herstellung von organischen sauerstoffhaltigen Verbindungen.* Man carbonyliert Olefine u. Diolefine (z. B. Propylen, Penten, Butadien, Pentadien) bei ca. 105,4—316,3 at u. ca. 121—232° in Ggw. eines Co-Katalysators. Die hierbei gebildeten Aldehyde red. man in Ggw. eines Mo-Sulfidkatalysators (Trägersubstanz akt. Kohle) bei 204—260° u. ca. 175,7—316,3 at zu *Octylalkohol.* — Vorrichtung. (**F. P. 1 048 905** vom 7/11. 1951, ausg. 24/12. 1953. A. Prior. 31/3. 1951.) T. OPPERMANN. H 560

Rohm & Haas Co., übert. von: **Richard S. Urban**, Philadelphia, Pa., V. St. A., *Mischung isomerer Dimethoxydecadiene* der Formel $CH_3O—C_{10}H_{16}—OCH_3$, z. B. aus $CH_3OCH_2CH_2CH{=}CH—CH_2CH_2CH{=}CHCH_2CH_2OCH_3$; $CH_3OCH_2CH_2CH{=}CHCH_2CH(—CH{=}CH_2)—CH_2CH_2OCH_3$ u. $CH_3OCH_2CH_2CH(—CH{=}CH_2)—CH(—CH{=}CH_2)—CH_2—CH_2OCH_3$ einschließlich der möglichen cis- u. trans-Isomeren, erhält man durch Behandlung einer Mischung aus isomeren Methoxycyclochlorpentenen $CH_3O—C_5H_8—Cl$ (hergestellt aus Butadien u. Methylchlormethyläther in Ggw. von $ZnCl_2$ bei 12—20° nach A. P. 2 075 312; C. **1937.** I. 5110) in Acetonitril oder Dimethylformamid mit wenigstens ½ Mol feinverteiltem Fe, z. B. mit H_2 red. Fe, oder Ni, die durch ein USA-Standard-Sieb Nr. 140 gehen, bei 10° bis zur Siedetemperatur. Nach dem anderen Verf. kann man ein anderes Metall oder dessen Salz, das in der elektrochem. Spannungsreihe unterhalb des Fe steht (Cd, Co, Ni, Sn, Pb, Pd, Cu, Hg, Ag, Au, Pt) diesem als Aktivierungsmittel, bes. 1—15%, bezogen auf Fe, zusetzen. $Kp._2$ der isomeren Mischung 92—96°; Ausbeute 64%. Vgl. E. P. 711 663; C. **1955.** 2297. (**A. PP. 2 658 082** vom 8/6. 1951, ausg. 3/11. 1953, u. **2 658 922** vom 10/10. 1951, ausg. 10/11. 1953.) G. KRAUSS. H 570

Distillers Co. Ltd. (Erfinder: **Frederick James Bellringer** und **Thomas Bewley**), Edinburgh, England, *1.1.3-Trialkoxyalkane* erhält man bei der Rk. von α.β-olefin. Bindung enthaltenden Aldehyden mit einem aliphat. oder araliphat. Alkohol in Ggw. eines sauren Katalysators bei gleichzeitigem Entfernen des Reaktionswassers mittels eines Schleppers, dessen Kp. niedriger liegt als der des Aldehyds. — Crotonaldehyd wird mit techn. A. in Ggw. von CH_2Cl_2 u. konz. HCl auf 53° erhitzt. Man stellt mit C_2H_5ONa auf alkal. Rk. ein, dest. CH_2Cl_2 ab u. erhält bei der Dest. im Vakuum *1.1.3-Triäthoxybutan*, $Kp._5$ 66°, n_D^{20} 1,4063. Es werden ferner hergestellt: *1.1.3-Tri-n-butoxybutan*, $C_{16}H_{34}O_3$, $Kp._3$ 134°, n_D^{20} 1,4250, $D.^{20}_4$ 0,8654; *Tri-n-propoxybutan*, $Kp._3$ 88°, $D.^{20}_4$ 0,8573; *1.1.3-Trimethoxybutan*; *1.1.3-Triäthoxy-2-methylpropan*, $Kp._6$ 68°, n_D^{20} 1,4113. Man erhält noch *Methacroleindiäthylacetal*, $Kp._6$ 28°, n_D^{20} 1,4108; *1.1.3-Tri-n-butoxypropan*, $Kp._4$ 123°, n_D^{20} 1,4244; *1.1.3-Tri-n-propoxypropan*, $Kp._3$ 109°, n_D^{20} 1,4175; *1.1.3-Triisopropoxypropan*, $Kp._{11}$ 89°, n_D^{20} 1,4096; *1.1.3-Tribenzyloxypropan*, $Kp._{0,5}$ 180°, n_D^{20} 1,5580; Acrolein u. Äthylenglykol → 2-(5'-Oxy-3'-oxapentyl)-1.3-dioxolan, $Kp._{13}$ 141°, n_D^{20} 1,4533; *2-(6'-Oxy-3'-oxahexyl)-1.3-dioxan* (**A**), $Kp._{10}$ 153°, n_D^{20} 1,4598; *2-Isopropenyl-1.3-dioxolan*,

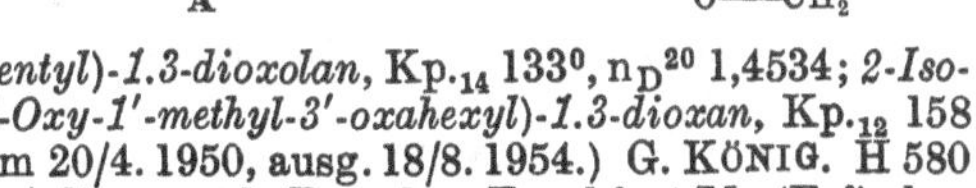

A

$Kp._{62}$ 630°; *2-(5'-Oxy-1'-methyl-3'-oxapentyl)-1.3-dioxolan*, $Kp._{14}$ 133°, n_D^{20} 1,4534; *2-Isopropenyl-1.3-dioxan*, $Kp._{100}$ 100°; *2-(6'-Oxy-1'-methyl-3'-oxahexyl)-1.3-dioxan*, $Kp._{12}$ 158 bis 159°, n_D^{20} 1,4589. (**E.P. 713833** vom 20/4. 1950, ausg. 18/8. 1954.) G. KÖNIG. H 580

Deutsche Gold- & Silberscheideanstalt vormals Roessler, Frankfurt/M. (Erfinder: **Heinrich Brendlein**, Wolfgang), *Herstellung von Pentaerythrit* (**I**) durch alkal. Kondensation von CH_2O u. Acetaldehyd, wobei die Kondensationslsg. einer Druckbehandlung bei erhöhten Tempp. unterworfen werden, nach D. B. P. 919 889, dad. gek., daß die den gebildeten I enthaltenden Lsgg. in Ggw. von reduzierbaren Verbb., bes. Oxyden von Schwermetallen mit spezif. Gew. von mindestens 7 g/cm^3 in einer Druckapp. auf mindestens 150°, bes. 200—250°, erhitzt werden, worauf der Nd. von den Lsgg. abgetrennt u. diese in bekannter Weise auf I aufgearbeitet wird. Die Druckbehandlung wird vorteilhaft in Ggw. von Metallverbb., die in zweiwertiger Form auftreten u. die Umwandlung des Formiats in das Carbonat quantitativ bewirken, z. B. CuO, HgO, CdO u. ZnO, vorgenommen. Die red. Metallverb. wird nach Abtrennen des $CaCO_3$ aufoxydiert u. in den Prozeß zurückgeleitet. Die Mutterlauge des Roh-I wird gegebenenfalls mit frischer Kondensationslsg. rückgeleitet. Die Metallverbb. sollen vorteilhaft in ca. 50—150% der dem gebildeten Formiat äquivalenten Menge zugesetzt werden. (**D. B. P. 930 204** Kl. 12o vom 10/2. 1952, ausg. 11/7. 1955. Anmeldung bekanntgemacht 20/1. 1955. **Zusatz zu D. B. P. 919 889; C. 1955. 3730.**) G. König. H 580

Petrolite Corp., übert. von: **Melvin De Groote,** University City, Mo., V. St. A., *Oxypropylester von Sulfocarbonsäuren* der allg. Zus. I u. II (—CO—R—CO— = Malein-, Aconit-, Fumar- oder Citraconsäurereste, n = C_{12}—C_{80}, R' = KW-stoffrest mit weniger als 8 C) erhält man durch Rk. von 2 (Mol) eines in W. unlösl., in Erdöl lösl. Polypropylenglykoläthers eines Alkohols mit weniger als 8 C (Mol.-Gew. ca. 750—3000) mit 1 Malein-, Fumar- oder Citracon- oder Aconitsäure u. Rk. des erhaltenen Teilesters mit Alkalibisulfit. Verwendung als Additive u. Promotoren für Emulsionen, als Demulgatoren für Erdölemulsionen vom Typ W.-in-Öl, Schmierölzusätze. (**A. PP. 2 679 526, 2 679 527** u. **2 679 529** vom 29/1. 1951, ausg. 25/5. 1954.) O. Müller-Meiningen. H 600

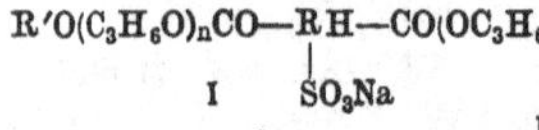
I

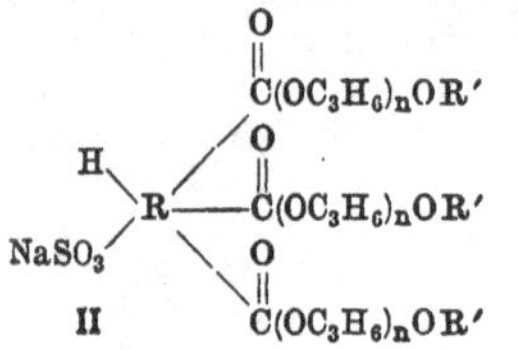
II

General Mills, Inc., Del., übert. von: **Owen A. Moe** und **Donald T. Warner,** Minneapolis, Minn., V. St. A., *Ketoaldehyde* der allg. Formel: $RCH_2COC(R_1)(COOR_2)CHR_3 \cdot CHR_4CHO$, erhält man bei der Rk. von Ketonen der allg. Formel $RCH_2COC(R_1)HCOOR_2$ mit $\alpha.\beta$-ungesätt. Aldehyden der Formel $R_3CH{=}(R_4)CHO$, in Ggw. eines Lösungsm. u. katalyt. Mengen eines alkal. reagierenden Stoffes u. bei niedrigen Reaktionstemperaturen. In den Formeln stehen R, R_1, R_2, R_3, R_4 für H oder niedrigmol. Alkyl. — Acetessigsäure + Acrolein in Ggw. von Na-Alkoholat bei 0—6° → *γ-Acetyl-γ-carbäthoxybutyraldehyd*, $Kp._{0,18}$ 82°, n_D^{25} 1,4426. Wichtig für die *Synth. von Tryptophan* über den *γ-Acetamido-γ-carbäthoxybutyraldehyd*. (**A. P. 2 610 204** vom 25/1. 1947, ausg. 9/9. 1952.) G. König. H 740

Ruhrchemie Akt.-Ges. und **Lurgi Gesellschaft für Wärmetechnik m. b. H.,** Deutschland, *Herstellung von Estern* aus CO u. H_2 bei 10—50, bes. 20—30 kg/cm² Druck, Fe-Katalysator mit mehr als 60, bes. mehr als 80% freiem Fe (bezogen auf Gesamt-Fe) u. 0,5—10, bes. 2,5% Alkali (berechnet als K_2O) als Alkaliverb. einer nichtflüchtigen Säure. Man nimmt ein CO-reiches Gas, das mit ca. 500 Liter pro Std. u. dm³ Katalysator bewegt wird, wobei man vorteilhaft mit in Richtung des Gasstromes steigenden Tempp. arbeitet. Die Reduktionsbehandlung des Katalysators mit H_2 u./oder CO erfolgt bei 250—300°. — Einen Katalysator aus 100 (Teilen) Fe u. 5 Cu (aus den Nitraten mit Alkalicarbonat) imprägniert man mit KH_2PO_4, so daß auf 100 Fe 7,9 K_2O kommen, red. 1 Std. bei 300° mit H_2–N_2 (3 : 1 Vol.)-Mischung u. leitet bei 205° u. 10 kg/cm² 100 Liter/Std./dm³ Katalysator Wassergas durch den Katalysator u. erhält 17% Ester, 23% Alkohole u. 4% andere Verbindungen. Kp. der fl. Prodd. > 320°. (**F. P. 1 019 876** vom 9/6. 1950, ausg. 27/1. 1953. D. Priorr. 11/7. u. 23/7. 1949.) M. Pankow. H 810

Monsanto Chemical Co., St. Louis, Mo., V. St. A., *Herstellung von hydroxylhaltigen Estern* durch Rk. von Teilestern aus Di- oder Polyalkoholen u. Fettsäuren > C_5 mit aliphat. Oxypolycarbonsäuren mit nicht mehr als 3 COOH-Gruppen, z. B. Äpfel- (I) oder Weinsäure. — Man erhitzt z. B. 111 (Gewichtsteile) Ölsäuremonoglykolester (II) u. 22,3 I 12 Std. unter Rückfluß bei Abdest. des Reaktionswassers auf 110—130° unter einem von 50 auf 4 mm fallendem Druck u. erhält I-*bis*-II, VZ. 268 (berechnet 299), NZ. 18. — Schmierstoffe, Emulgatoren, Dispergatoren, Rostentfernungsmittel, Weichmacher für Kunstharze, Natur- u. Synthesekautschuk. Vgl. A. P. 2 531 801; C. **1953.** 9369. Can. P. 491 370; C. **1954.** 10344. (**E. P. 635 708** vom 5/2. 1947, ausg. 12/4. 1950. A. Priorr. 17/4. u. 21/6. 1946.) O. Müller-Meiningen. H 850

Badische Anilin- & Soda-Fabrik Akt.-Ges., Ludwigshafen/Rh. (Erfinder: **Günther Hamprecht,** Limburgerhof/Pfalz, und **Karl Opp,** Heidelberg), *Herstellung von Cyanaten* durch Erhitzen der wasserfreien tert. Salze der Cyanursäure auf 400—600°. (**D. B. P. 933 750** Kl. 12k vom 14/2. 1953, ausg. 6/10. 1955. Anmeldung bekanntgemacht 7/4. 1955.) H. Nebelsiek. H 890

American Cyanamid Co., New York, N. Y., übert. von: **Erwin L. Carpenter,** Stamford, Conn., V. St. A., *Acrylsäurenitril* erhält man durch Wasserabspaltung aus fl. Äthylencyanhydrin bei 170—210° in Ggw. von Na-Formiat als Wasserabspaltungskatalysator u. ca. $^1/_{10}$ bis $^3/_4$ eines festen Stoffes (bezogen auf Na-Formiat) u./oder von Äthylenglykol, wodurch die Lebensdauer von Na-Formiat erhöht wird. Als feste Stoffe sind geeignet: Porzellan, Glas, Sand, SiC, Al, rostfreier Stahl, Kaolin, Bentonit, Ta, W-Carbid, Al-Legierungen (98,8% Al, 1,2% Mn), Ni-Legierungen („Hastelloy B" = 33% Mo, 7% Fe, 60% Ni), festes Polytetrafluoräthylen, bas. Al-Acetat, $MgSO_4$, Na_2SO_4, NaH_2PO_4, NaCl, $MgCl_2$, Al-Sulfat. Ausbeute u. Reaktionsbedingungen vgl. Tabellen. (**A. PP. 2 646 444** vom 7/7. 1951, ausg. 21/7. 1953, **2 690 452** vom 7/7. 1951, ausg. 28/9. 1954. **E. P. 716 155** vom 24/6. 1952, ausg. 29/9. 1954. **Belg. P. 512 623** vom 4/7. 1952, ausg. 19/2. 1954. Beide A. Prior. 7/7. 1951.) G. KRAUSS. H 890

Ruhrchemie Akt.-Ges. (Erfinder: **Heinz Noeske,** Oberhausen, und **Helmut Kolling,** Duisburg), *Katalytische Herstellung von Nitrilen* aus prim. aliphat. Alkoholen (**I**) u. NH_3 (**II**), dad. gek., daß die I mit einem **II**-Überschuß in Gasphase bei 300—470, bes. 360—420°, über Fe- u./oder Fe-Oxydkatalysatoren (**III**) geleitet werden. **III** werden durch Fällung aus Fe-Salzlsgg. oder durch Schmelz- oder Sinterverff. hergestellt. Als Trägerstoffe kommen bes. Kieselgur, Bimsstein, Al_2O_3, Bleicherden u. keram. Massen in Frage; als aktivierende Zusätze 1—5% Alkalioxyd. Die **III** können auch 10—30 (%) Cu oder bis zu 30 SiO_2 enthalten. Man füllt z. B. ein senkrecht stehendes Glasrohr von 23 mm lichter Weite mit 280 cm³ eines Schmelzkatalysators, bestehend aus 100 (Gewichtsteilen) Fe u. 1,5 K_2O, der vorher mit H_2 red. wurde. Hierüber leitet man von oben nach unten je Std. bei 400° ein Gemisch aus 100 cm³ Hexanol u. 100 Liter **II** u. erhält bei einmaligem Durchgang 80% *Capronitril.* Ferner: Butanol $\xrightarrow{400°}$ 84% *Butyronitril.* C_{10}-„Oxo"-Alkohol $\xrightarrow{380°}$ 90% *Caprinsäurenitril.* (**D. B. P. 932 606** Kl. 12o vom 10/7. 1952, ausg. 5/9. 1955. Anmeldung bekanntgemacht 17/3. 1955.) O. MÜLLER-MEININGEN. H 890

Farbwerke Hoechst, vormals Meister Lucius & Brüning, Frankfurt/M.-Höchst (Erfinder: **Karl Horst,** Hofheim, **Carl Platz** und **Christoph Dörfelt,** Frankfurt/M.), *Fettungsmittel* für *Wolle, Leder, Papier* u. dgl., bestehend aus den Reaktionsprodd. aus NH_4OH oder prim. oder sek. Aminogruppen enthaltenden Verbb. u. den Einwirkungsprodd. von Halogen u. SO_2 auf gesätt. aliphat. KW-stoffe oder Halogen-KW-stoffe. Genannt sind z. B. Reaktionsprodd. von Äthylenoxyd auf Isooctylphenol, eine Lsg. von Sulfonsäureäthanolamiden u. Glycerin, Paraffindioxäthylsulfonamid. (**D. B. P. 864 905** Kl. 29b vom 12/3. 1939, ausg. 29/1. 1953.) G. SALZMANN. H 950

Dr. Alexander Wacker Ges. für elektrochemische Industrie G. m. b. H., München, *Stabilisieren der Viscosität von Siliconölen.* Zu D. B. P. 859 672; C. **1953.** 9654 ist nachzutragen: Ein aus Dimethyldiäthoxysilan u. Methyltriäthoxysilan durch Hydrolyse in Ggw. einer geringen Menge HCl gewonnenes Siloxanöl wird 24 Std. bei Raumtemp. oder 3 Std. bei 60° mit 3% einer Bleicherde geschüttelt. (**Oe. P. 174 736** vom 17/1. 1952, ausg. 25/4. 1953. D. Prior. 12/5. 1951.) M. F. MÜLLER. H 980

Monsanto Chemical Co., St. Louis, Mo., übert. von: **William T. Dye jr.,** Dayton, O., V. St. A., *Addukte von Hexaalkylphosphorigsäuretriamiden und Hexachlorbutadien* erhält man durch Mischen der Komponenten, gegebenenfalls unter Erwärmen u. Verwendung eines Lösungsmittels. Die Alkylreste von der Hexaalkylphosphorigsäuretriamide enthalten 1—4 C-Atome. Die Prodd. sind wasserlösl., ölig bis halbfest u. dienen als Insekticide, Rodenticide u. als Zwischenprodd. für Farbstoffe. (**A. P. 2 703 813** vom 19/3. 1952, ausg. 8/3. 1955.) J. MÜHLEISEN. H 980

Pennsylvania Salt Mfg. Co., Philadelphia, Pa., übert. von: **Ralph E. Plump,** Pittsfield, Mass., V. St. A., *Gemischte aromatische Äther* erhält man bei der Rk. von Alkali- u. Erdalkali- sowie Mg-Salzen aromat. Oxyverbb. mit Halogencarbonsäuren in einem wss. Medium, welches mit einem anorgan. Salz gesätt. ist, dessen Löslichkeit nicht geringer ist, als die des NaCl. Man erhitzt bis zum Kp., wobei der Äther ausfällt. — 2.4-Dichlorphenol u. NaOH trägt man in eine annähernd gesätt. Lsg. von NaCl ein. Zu dieser gibt man $CH_2ClCOOH$, welche mit 10%ig. NaOH-Lsg. neutralisiert worden ist, erhitzt zum Sieden u. hält die Temp. ca. 1 Std., kühlt auf n. Temp. ab u. filtriert. Man erhält das *Na-Salz der 2.4-Dichlorphenoxyessigsäure.* Aus 2.4.5-Trichlorphenol erhält man das Na-Salz der Trichlorphenoxyessigsäure u. daraus mit wss. HCl die *Trichlorphenoxyessigsäure,* F. 148—150°. — Es werden ferner hergestellt: *p-Kresoxy-*; *β-Naphthoxy-*; *p-tert.-Amylphenoxy-*, *p-Nitrophenoxy-*; *p-Formylphenoxy-*, *Hydrochinon-O.O-di-*; *Phenoxy-*; *o-Kresoxy-*; *m-Kresoxy-*; *o-Formylphenoxy-*; *3-Methyl-4-chlorphenoxy-*, *2-Methyl-4-chlorphenoxy-*, *o-Carboxyphenoxy-*; *2-Methyl-4-fluorphenoxyessigsäure* u. *α-Phenoxycrotonsäure.* (**A. P. 2 659 753** vom 20/5. 1950, ausg. 17/11. 1953.) G. KÖNIG. H 1060

Standard Oil Development Co., Elizabeth, N. J., V. St. A. (Erfinder: **Thomas Garrett Jones**), *Gewinnung von Cyclopentadien* (**I**) *und Methylcyclopentadien* (**II**) aus gecrackten KW-stofffraktionen. Die Gasfraktion mit 1000—1500° F werden abgeschreckt, z. B. auf 350—650° F u. 0—10 lbs./sq.in. Das dadurch gewonnene KW-stoffgemisch mit

C_1—C_9, das nur monomeres I u. II enthält, wird komprimiert u. gekühlt, z. B. auf 135° F u. 40—240 lbs./sq.in., wobei sich C_6-Fraktionen, die auch C_5- u. niedermol. KW-stoffe enthalten, abscheiden, aus denen die niedermol. KW-stoffe abgetrennt werden. In der C_6-Fraktion enthaltene I u. II werden dimerisiert u. die C_{10}- u. C_{12}-Dimeren durch Fraktionieren abgetrennt. Aus den Dimeren werden dann die Monomeren I u. II gewonnen. — Vorr., Zeichnung. (**E. P. 719 673** vom 31/7. 1952, ausg. 8/12. 1954.) G. KRAUSS. H 1810

Badische Anilin- & Soda-Fabrik Akt.-Ges. (Erfinder: **Otto Stichnoth**), Ludwigshafen/Rh., *Cyclohexylidencyclohexanone* erhält man durch Selbstkondensation von Cyclohexanonen in Ggw. bas. wirkender Katalysatoren, wie Cyclohexanonazomethine, die man zweckmäßig im Reaktionsgemisch durch Zugabe eines prim. aliphat. oder cycloaliphat. Amins erzeugt. — 50 (kg) Cyclohexanon (I) u. 6,3 Cyclohexylamin werden erhitzt, wobei die Azomethinbldg. bereits unter 100° beginnt u. das W. azeotrop abdest.; weitere Wasserabspaltung erfolgt bei ca. 150°. Das mit W. überdest. I wird stets zurückgeführt. Nach Erreichen von 200° wird das nicht umgesetzte I abdest., nach Zusatz von W. u. Entfernen des aus Azomethin durch Hydrolyse entstandenen Cyclohexylamins u. I erhält man *Cyclohexylidencyclohexanon*, $Kp._{15}$ 150°, Ausbeute 83%. — trans-β-Ketodekahydronaphthalin → II, $Kp._1$ 230°, Ausbeute 80%. — Zwischenprodd., bes. zur Herst. von *Kunststoffen*. (**D. B. P. 922 167** Kl. 12o vom 12/9. 1952, ausg. 10/1. 1955. Anmeldung bekanntgemacht 3/6. 1954.) G. KRAUSS. H 2360

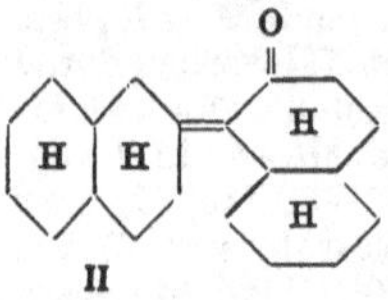

II

Chemiewerk Homburg Akt.-Ges., Frankfurt/M. (Erfinder: **Karl-Heinz Liedtke**, Ludwigsburg), *Gewinnung von reinem Azulen und dessen Derivaten* aus ihren natürlich vorkommenden Gemischen mit pflanzlichen Begleitstoffen oder aus den durch Synth. gewonnenen Reaktionsprodd. durch Bldg. von Anlagerungsverbb. mit Säuren u. Zers. dieser Anlagerungsverbb., dad. gek., daß man zur Abtrennung u./oder Reinigung der Azulene (I) Mono- oder Polysulfonsäuren (Naphthalindisulfonsäure), bes. Sulfosalicylsäuren, als anzulagernde Verbb. verwendet. Man verreibt z. B. den I-haltigen Ausgangsstoff mit der 6—10fachen Menge fester Sulfonsäuren, zerlegt diese durch Behandeln mit W. oder Alkalicarbonat u. trennt die I durch Extraktion mit organ. Lösungsmitteln (PAe., Bzl.) oder durch Wasserdampfdest. ab. Aus den Rückständen werden die Sulfonsäuren zurückgewonnen u. in den Kreislauf zurückgegeben. — Das durch Dehydrierung von I-bildenden Sesquiterpenfraktionen gewonnene rohe 1.4-Dimethyl-7-isopropylazulen (= Guajazulen) wird mit 5-Sulfosalicylsäure · 2 H_2O innig verrieben u. das gebildete helle gelblichgraue oder olivfarbene Pulver mit mindestens über geglühtem Na_2SO_4 getrocknetem PAe. extrahiert. Der Rückstand wird mit W. zers., wobei tiefe violettblaue Färbung auftritt. Das I wird mit PAe. extrahiert, u. nach dessen Verjagen erhält man ein 99,8—100%ig. *Guajazulen*. Weitere Ausgangsstoffe sind: blaues bis dunkelgrünes äther. Kamillenöl u. 77%ig. Chamazulen. Die aus den gereinigten I mit Sulfosalicylsäure hergestellten Anlagerungsverbb. können nach Zusatz von Milchzucker u. anschließender Granulierung zu Tabletten verpreßt werden, die mit gegenüber magensaftresistenten Überzügen versehen werden können. (**D. B. P. 929 251** Kl. 12o vom 20/12. 1952, ausg. 23/6. 1955. Anmeldung bekanntgemacht 2/12. 1954.) G. KRAUSS. H 2650

Chempatents, Inc., New York, N. Y., V. St. A., ***Herstellung eines Silberkatalysators für die Oxydation von Olefinen***, bes. C_2H_4, zu Alkylenoxyden (*Äthylenoxyd*) erfolgt durch Fällen eines Ag-Salzes mit einer starken Base zu Ag_2O u. anschließendes Suspensieren in einer wss. Lsg. eines organ. Alkali- oder Erdalkalisalzes, bes. Ba-Lactat. In die Suspension verrührt man einen Träger, z. B. SiO_2, Carbide, Al_2O_3, filtriert, trocknet die geformte M. u. erhitzt sie auf 300—500°. (**E. P. 711 601** vom 1/5. 1951, ausg. 7/7. 1954. A. Prior. 9/5. 1950.) G. KÖNIG. H 3030

Phrix-Werke Akt.-Ges., Deutschland, *Herstellung von in 2-Stellung ungesättigten ω-Furylfettsäuren* durch Oxydation der entsprechenden Ketone mit Hypochloritlsg. in Ggw. eines Emulgiermittels. — Eine Lsg. von 80 (Teilen) NaOH u. 1 Emulgator (Alkylnaphthalinsulfonsäure) werden bei 60° mit 2000 Hypochlorit u. 135 Volumteilen Furalaceton allmählich versetzt; nach Beendigung der $CHCl_3$-Entw. wird mit HCl bei p_H 3 *2-Furylacrylsäure* gefällt. (**F. P. 1 031 964** vom 1/2. 1951, ausg. 29/6. 1953. D. Prior. 8/3. 1950.) M. PANKOW. H 3061

Monsanto Chemical Co., übert. von: **Quentin E. Thompson**, St. Louis, Mo., V. St. A., *Substituierte Benzoesäuren* der allg. Formel I, ihre Salze u. Ester (R = Alkylrest mit vorzugsweise 1—5 C-Atomen) können durch alkal. Verseifung des entsprechenden Säurenitrils bei 60—150° u. anschließendes Ansäuern mit einer Mineralsäure gewonnen werden oder in bekannter Weise durch Veresterung der Säure mit einem Alkohol. — Es werden die Salze von Alkali-(Na, K, Li) u. Erdalkalimetallen (Mg, Ca), sowie von Cu, Fe, NH_3 u. sub-

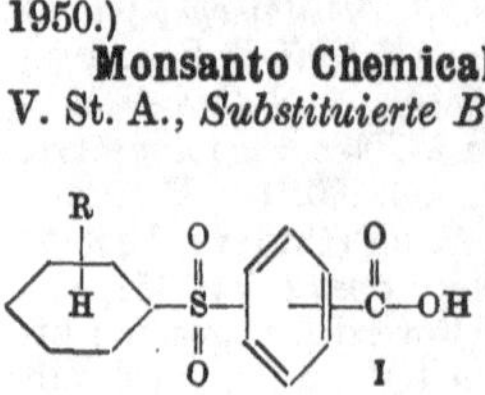

I

stituierten organ. Aminen (CH_3NH_2, Trimethylamin, Triäthylamin, Diäthylamin, Monoäthanolamin, Triäthanolamin, Isopropanolamin, Pyridin, α-Phenyläthylamin, Morpholin, Ephedrin u. Guanidin) hergestellt u. die Ester folgender Alkohole: prim., sek. u. tert. Alkanole, Ätheralkohole (Äthylenglykolmonomethyl- oder -mono-2-äthylhexyläther), aromat. Alkohole (Benzylalkohol, Methylphenylcarbinol), cycloaliphat. Alkohole (Cyclohexanol, Cyclobutylcarbinol), heterocycl. Alkohole (Furfurylalkohol), ungesätt. aliphat. Alkohole (Allyl-, Crotyl-, Propargylalkohol), substituierte Alkohole (Äthylenchlorhydrin, 2-Bromäthanol), mehrwertige Alkohole (Äthylenglykol, Glycerin, Erythrit, Pentaerythrit). — Aus *dl*-1-(p-Cyanphenylsulfonyl)-2-methylpiperidin u. 10%ig. NaOH nach 2½ std. Erhitzen unter Rückfluß u. Ansäuern mit HCl → *dl-p-(2-Methyl-1-piperidylsulfonyl)-benzoesäure,* F. aus Chlf. 202—203°; *d-Isomeres,* F. 191—192°; $[\alpha]_D^{25}$ +36,96° (c = 2, Chlf.); *l-Isomeres,* F. 191—192°; $[\alpha]_D^{25}$ −36,9° (c = 2, Chlf.). — In entsprechender Weise folgende *Benzoesäuren*: *l-p-(3-Methyl-1-piperidylsulfonyl)-.* — *o-(4-Methyl-1-piperidylsulfonyl)-.* — Mit 15%ig. Na_2CO_3- bzw. K_2CO_3-Lsg.: *d-p-(2-Propyl-1-piperidylsulfonyl)-.* — *d-m-(2-Pentyl-1-piperidylsulfonyl)-.* — *d-p-(3-Äthyl-1-piperidylsulfonyl)-, Ca-Salz.* — *o-(4-Propyl-1-piperidylsulfonyl)-, Pyridinsalz.* — *d-p-(2-Methyl-1-piperidylsulfonyl)-benzoesäuremethylester,* F. aus PAe. 102—103°; $[\alpha]_D^{25}$ +34,3° (c = 2, Chlf.). — *l-p-(2-Methyl-1-piperidylsulfonyl)-benzoesäureisopropylester.* — *Bis-[d-m-(3-pentyl-1-piperidylsulfonyl)-benzoesäure]-ester* des *Äthylenglykols.* — Zwischenprodukte. (**A. P. 2 669 568** vom 7/12. 1951, ausg. 16/2. 1954.) R. LINK. H 3231

Badische Anilin- & Soda-Fabrik Akt.-Ges. (Erfinder: **Heinrich Pasedach** und **Matthias Seefelder**), Ludwigshafen/Rh., *Herstellung von 2-Aminopyrimidin oder dessen Derivaten,* dad. gek., daß man Gemische aus Guanidin u. prim. oder sek. Acetylenalkoholen, bei denen die Acetylengruppe unmittelbar an die Carbinolgruppe gebunden ist, in saurem Medium mit Oxydationsmitteln, bes. bei 40—80°, gegebenenfalls unter Zusatz inerter organ. Lösungs- oder Verdünnungsmittel, behandelt. — Aus Guanidincarbonat u. Propargylalkohol in wss. H_2SO_4 in Ggw. von CrO_3 bei 50—60° → *2-Aminopyrimidin,* F. 127°, Ausbeute ca. 30%. — Mit Butin-(1)-ol-(3) → *2-Amino-4-methylpyrimidin,* F. 157°, Ausbeute ca. 25%. — Zwischenprodd., bes. für *Pharmazeutica.* (**D. B. P. 929 550** Kl. 12p vom 15/4. 1953, ausg. 27/6. 1955. Anmeldung bekanntgemacht 25/11. 1954.) G. KRAUSS. H 3272

Alfons Schöberl, Hannover, *Herstellung von 2-Aminopenthiazolin* (**I**) [= *2-Iminopenthiazolidin* (**II**)] oder seinen Salzen erfolgt durch Behandeln von γ-Rhodanpropylamin (**III**) oder seinen Salzen mit schwach alkal. reagierenden Stoffen, wie Alkalicarbonaten oder -cyaniden, bei n. oder erhöhter Temperatur. — Aus **III**-Hydrochlorid u. KCN oder γ-Brompropylaminhydrobromid u. KSCN oder Homocystaminhydrobromid u. KCN in W. → **I**, *Hydrobromid,* aus A., F. 145—146°, Ausbeute fast quantitativ. *Pikrat,* F. 250°; durch Spaltung mit starken Laugen entsteht N-γ-Mercaptopropylharnstoff, $HS\cdot(CH_2)_3\cdot NH\cdot CO\cdot NH_2$. — Zwischenprod. zur Herst. von Arzneimitteln u. Farbstoffen. (**D. B. P. 928 710** Kl. 12p vom 3/4. 1953, ausg. 10/6. 1955. Anmeldung bekanntgemacht 18/11. 1954.) G. KRAUSS. H 3292

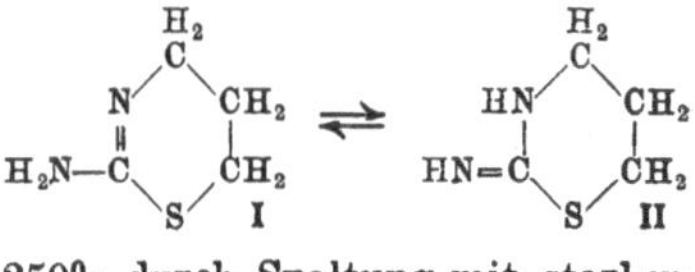

Ciba (Soc. An.), Schweiz (Erfinder: **Johnstone S. Mackay**), *Herstellung von Melamin* aus NH_3 u. CO_2 in Ggw. eines Anhydrids, wie P_2O_5 oder SO_3. Die Rk. erfolgt in einem geschlossenen Reaktionsraum bei 310—400° u. mindestens 12 kg/cm² Druck. Man trennt das Melamin von dem entstehenden NH_4-Salz, indem man es als Dampf abtreibt. (**F. P. 1 017 837** vom 28/3. 1950, ausg. 19/12. 1952. A. Prior. 31/3. 1949.) S. MEIER. H 3313

Badische Anilin- & Soda-Fabrik, Ludwigshafen/Rh. (Erfinder: **Paul Schlack,** Bobingen), *Wiedergewinnung von ε-Caprolactam aus Polyamiden,* die ausschließlich oder überwiegend aus Resten der ε-Aminocapronsäure aufgebaut sind, durch therm. Spaltung in Ggw. von alkal. oder sauren Beschleunigern (z. B. NaOH). Das gebildete Rohlactam wird vor der Rektifikation einer Behandlung mit gegebenenfalls überhitztem Wasserdampf unterworfen u. dann vorteilhaft unter Zusatz von H_3PO_4 destilliert. (**D. B. P. 851 195** Kl. 12p vom 20/10. 1944, ausg. 2/10. 1952.) A. BRÖSAMLE. H 3370

Zellstofffabrik Waldhof (Erfinder: **Heinrich Kirchhoff**), Mannheim-Waldhof, *Nucleosidische Spaltprodukte der Nucleinsäuren* (I). Die I werden unter sterilen Bedingungen mit Hilfe von Mikroorganismen, z. B. Bakterien, bei Tempp. u. einem p_H, welche deren optimalen Arbeitsbedingungen angepaßt sind, bis zu den *Nucleosiden* gespalten. (**D. B. P. 855 984** Kl. 6b vom 4/5. 1950, ausg. 17/11. 1952.) J. KETTNER. H 3450

Sandoz Akt.-Ges. (Erfinder: **Arthur Stoll** und **Jürg Kutschmann**), Basel, Schweiz, *Herstellung von dl-Dihydrolysergsäure,* $C_{16}H_{18}O_2N_2\cdot H_2O$, 300 mg dl-Dihydronorlyserg-

säuremethylester werden im evakuierten Einschmelzrohr innerhalb 30 Min. von 210 auf 230° erhitzt, die erstarrte Schmelze mit verd. NH_3 ausgelaugt, die Lsg. mit Chlf. ausgezogen u. die wss. Lsg. bis zur Kristallisation eingeengt. Ausbeute: 200 mg, Zers.bei ca. 300° (aus W.); *Methylester*, $C_{17}H_{20}O_2N_2$, F. 148—150° (aus Essigester, nach Trocknen bei 75° im Hochvakuum). — *dl-Dihydroisolysergsäure-*(I)*-Methylester*, F. 155—157° (aus CH_3OH). (**D. B. P. 862 898** Kl. 12p vom 23/1. 1951, ausg. 15/1. 1953.)
O. Müller-Meiningen. H 3500

Thüringisches Kunstfaserwerk „Wilhelm Pieck" Schwarza VEB (Erfinder: **Max E. Peukert** und **Victor Denk**), Schwarza, *Beschleunigung des Wachstums pigmentführender Kleinpflanzen, besonders von Algen*, auf Substraten bzw. entsprechenden Nährmedien. Die Ansätze zur Kultivierung der Kleinpflanzen werden einer kurz aufeinanderfolgenden, abwechselnden Belichtung u. Verdunkelung bzw. Beschattung ausgesetzt, wobei gegebenenfalls gleichzeitig bei der Belichtung Wärme u. bes. CO_2, bei der Verdunkelung oder Beschattung bes. O_2 kühlerer Temp. zugeführt wird. — Nach dem Verf. werden z. B. die Algen Chlorella, Scenedesmus u. Chlamydomonas gezüchtet. (**D. P. [DDR] 402** Kl. 16 vom 25/10. 1941, ausg. 11/2. 1953 [Wirtschaftspatent].) M. F. Müller. H 3550

Ruhrchemie Akt.-Ges. (Erfinder: **Karl Büchner**, Duisburg-Hamborn, und **Hermann Stader**, Oberhausen-Holten), *Gesättigte Terpenaldehyde und Terpenalkohole* erhält man aus niedrigsd. diolefin. Terpen-KW-stoffen durch katalyt. Wassergasanlagerung (I) mit gegebenenfalls nachfolgender Hydrierung, wobei die diolefin. Terpene, bes. solche der Formel $C_{10}H_{16}$, vor der I mit den dafür benutzten Katalysatoren längere Zeit, bes. 1 Std., vorbehandelt werden. Die Vorbehandlung u. die I können ohne Abtrennung des Katalysators im gleichen Gefäß u. die Vorbehandlung bei gleicher oder höherer Temp. durchgeführt werden. — Eeine zwischen 153—154° sd. Terpentinölfraktion (JZ. 380) wird in Ggw. eines red. Co-Katalysators im Druckgefäß 1 Std. auf 170° erhitzt; dann leitet man bei 135° unter einem Druck von 150 at Wassergas ein, wobei die Aufnahme nach 40 bis 50 Min. beendet ist. Nach anschließender Hydrierung der *Aldehyde* erhält man durch fraktionierte Dest. neben gesätt. Terpen-KW-stoffen *Terpenalkohole* ($Kp._3$ 105—115°) u. außerdem einen dickfl. Rückstand. Verwendung zur Herst. von Schaum-, Netzmitteln, Weichmachern, Riechstoffen u. kosmet. Präparaten. (**D. B. P. 827 800** Kl. 12o vom 1/9. 1949, ausg. 14/1. 1952.) G. Krauss. H 3600

Centre National de la Recherche Scientifique (Erfinder: **Georges Henri Dupont, Jean Raymond Dulou** und **Vincent Leon**), Paris, Frankreich, *Herstellung stabiler Dehydroabietinsäureester.* Zu F. P. 1 027 528; C. **1955**. 2791 ist nachzutragen: Aleppokolophonium wird mit Methanol oder A. bei 240° in Ggw. von Sn oder durch Behandeln von Na-Abietat mit Methyl- oder Äthylsulfat verestert, u. der Ester mit S anfangs bei 150° u. später bei 200° im Vakuum unter Entfernung des H_2S zu *Dehydroabietinsäuremethyl-* bzw. *-äthylester* in 80—82%ig. Ausbeute dehydriert. — *Plastifizierungsmittel* oder Ausgangsstoff zur Herst. von *Dehydroabietinol*. (**D. B. P. 912 212** Kl. 12o vom 8/11. 1951, ausg. 28/5. 1954. Anmeldung bekanntgemacht 15/10. 1953. F. Prior. 10/11. 1950.)
G. Krauss. H 3950

Badische Anilin- & Soda-Fabrik, Ludwigshafen (Erfinder: **Conrad Schöller**, Mannheim, und **Karl Craemer**, Heidelberg), *Verbesserung der Wasserfestigkeit von filmbildenden wasserlöslichen oder quellbaren organischen Stoffen* oder daraus hergestellten Formkörpern, dad. gek., daß man die Lsgg. oder Dispersionen von Gelatine, Leim, Casein, Stärke, des Polyvinylalkohols, der Polyacrylsäure, Polyamide oder -urethane, gegebenenfalls unter Zusatz geringer Mengen saurer oder säureabspaltender Mittel, mit Verbb. behandelt, die mindestens zweimal die Gruppe $-CH_2(quat)X$ enthalten (X = Säureanion quaternärer Ammoniumverbb.) u. sie dann einige Zeit über 100° erhitzt. (**D. B. P. 860 549** Kl. 39b vom 28/3. 1944, ausg. 22/12. 1952.) G. Salzmann. H 4000

Universal Oil Products Co., übert. von: **Herman Pines** und **Bruno Kvetinskas**, Chicago, Ill., V. St. A., *Umwandlung gasförmiger oder flüssiger Olefinkohlenwasserstoffe*, bes. tert. Struktur, zu gesätt. u. hochpolymeren ungesätt. KW-stoffen, bes. polycycl. Konst., erfolgt in Ggw. von 5—70 Mol.-% SO_2 auf die KW-stoffe bezogen, bei 225—500° u. 15—200 at. (**A. P. 2 616 934** vom 29/12. 1948, ausg. 4/11. 1952.) G. König. H 4010

United States of America, übert. von: **Allene R. Jeanes** und **Carl A. Wilham**, Peoria, Ill., V. St. A., *Dextrantriacetat.* Man löst Dextran in Formamid u. acteyliert mit Acetanhydrid in Ggw. von Pyridin bei 15—30°. (**A. P. 2 587 623** vom 16/1. 1951, ausg. 4/3. 1952.) K. Fabel. H 4050

I. G. Farbenindustrie Akt.-Ges., Frankfurt/M. (Erfinder: **Siegfried Petersen**, Leverkusen), *Herstellung von Polypeptiden.* Man erhitzt Harnstoffe X·CO·Y, deren eine Amidgruppe X als Substituenten einen Rest —R—COOH enthält, während die Amidgruppe Y durch beliebige KW-stoffreste substituiert ist (R = organ. Rest, der unter den Reaktions-

Bedingungen kein reaktionsfähiges H-Atom enthält) unter Abspaltung von CO_2 u. Amin. — Man erhitzt z. B. 50 (Teile) des Reaktionsprod. aus Alanin u. N.N-Diphenylcarbaminsäurechlorid (F. 147—149°) mehrere Std. unter N_2 auf 170°. Die mit A. extrahierte Schmelze läßt sich bei genügend langer Kondensation zu Fäden ausziehen. — Prodd. werden in der pharmazeut., Kunststoff- u. Textilhilfsmittelindustrie verwendet. (**D. R. P. 752 757** Kl. 12p vom 13/7. 1942, ausg. 10/11. 1952.) O. Müller-Meiningen. H 4070

X. Färberei. Organische Farbstoffe.

Manfred Richter, *Die Bedeutung der bedingt-gleichen Farben für die färberische Praxis.* Vf. betont, daß in der Praxis der färber. Betriebe besonderer Wert auf die Bedingungen des Abmusterns gelegt werden muß, da bei der Färbung nach Muster keine physikal. Gleichheit zwischen Vorlage u. Nachfärbung, sondern nur eine Gleichheit für das Auge erzielt wird. Die visuell beurteilte Gleichheit bedingt-gleicher Farben hängt von der Lichtart, mit der die Proben beleuchtet werden, u. von der Farbennormalsichtigkeit des jeweiligen Beobachters ab. Es muß allmählich eine einheitliche Abmusterungslichtart eingeführt werden. Die Existenz der bedingt-gleichen Farben wird mit Hilfe von 7 Abbildungen belegt. (Textil-Rdsch. [St. Gallen] **9.** 141—47. März **1954.** Berlin-Dahlem, Materialprüfungsamt, Farbforsch.-Labor.) H. Zahn. 7000

—, *Neue Farbstoffe, Musterkarten und Textilhilfsmittel.* Prod. der J. R. Geigy AG, Basel: *Cuprophenylbraun 6 GL* zum Färben von Baumwolle u. Viscose in vollen orangebraunen Tönen. Sehr gute Lichtechtheit, Wasser- u. Waschechtheiten. Geeignet zum Färben von Kleider-, Sportblusen-, Regenmantel- u. Dekorationsstoffen, Trikotagen, Nähgarnen, echten Halbwollfärbungen sowie Waschartikeln aller Art, die nicht gechlort u. nicht über 70° gewaschen werden (Zirk. Nr. 1239). — Prodd. der Imperial Chemical Industries Ltd., Manchester: *FD Caledongelb 4G Pulver fein,* ein Küpenfarbstoff, der sich bes. zur Anwendung nach dem Pigmentierverf. eignet. Er weist sehr gute Allgemeinechtheiten auf. — *FD Caledongelb 5GK Pulver fein* färbt in lebhaften grünstichigen Nuancen mit guten Echtheitseigenschaften. — *Thionolhimmelblau 6 BMS,* eine Komponente der wasserlösl. Schwefelfarbstoffe. Bes. bewährt sich das Prod. in der Apparate- u. Stückfärberei von Baumwolle (Zirk. S. C. 743). — *FD Caledonoliv GL Pulver fein* zum Färben für Stücke u. Garne in feldgrauer Nuance. Bleichbehandlungen gegenüber nicht beständig. Gute Lichtechtheit. (SVF Fachorgan Textilveredlung **10.** 270—71. Mai 1955.) P. Eckert. 7018

George W. Spicer, *Untersuchungen über die Verwendung von Diammonphosphat beim Färben von Dacron und Dacron/Wolle-Gemischen.* Die vorliegenden Unterss. haben gezeigt, daß Zusätze an Diammonphosphat (5%) zum Färbebad beim Färben von Dacron bzw. Dacron/Wolle mit *Dowicide A* als Farbträger die folgenden Vorteile mit sich bringen: 1. Verhinderung größerer p_H-Schwankungen während des Färbeprozesses, 2. puffernde Eigg. auf die Wolle bzgl. des Ansteigens des p_H-Wertes auf den optimalen Wert für die Dacronfarbstoffe, 3. hohe Dispergierwrkg. auf die Farbstoffe u. größere Ausgiebigkeit derselben. Weiterhin wird die Verwendung von Diammonphosphat (5%) beim Spülen sowie beim Zweibadprozeß beschrieben. (Amer. Dyestuff Reporter **44.** P 87—88. 31/1. 1955. Dublin, Ga., Textile Anilin & Chemical Comp.) H. G. Fröhlich. 7020

Frant Nosek und Jar. Nosek, *Das Problem der Färbereiabwässer.* Übersichtsbericht. Färben von Baumwolle mit bas., sauren, Oxydations-, Beizen-, Direkt-, Entwicklungs-, Schwefel- u. Küpenfarben. Die Menge der Abwässer schwankt zwischen 50 u. 175 Liter je kg gefärbter Ware. (Voda **33.** 52—54. Febr. 78—79. März 1953.) K. Steiner. 7020

Thomas G. Hawley, *Vereinfachte Teste für Gewebeeigenschaften.* Es wird auf die von der Amer. Assoc. of Textile Chemists and Colorists zusammengestellten einfachen Untersuchungsverff. hingewiesen. Eine dieser ist die Unters. der Wrkg. eines Tropfens Schweiß- oder Waschlsg. auf das Gewebe. Das Gewebe wird mit Filterpapier bedeckt u. darauf 5 Min. lang ein heißes Bügeleisen gestellt. Das Verh. des Tropfens ist charakterist. für die Farbechtheit des Gewebes. Auch die Einw. von Säuredämpfen mit nachfolgender Bügeleisenbehandlung gibt ein aufschlußreiches Bild. (Amer. Dyestuff Reporter **44.** P 114—15. 14/2. 1955. New York, N. Y., United Merchants Labor. Inc.) J. Miller. 7028

XIa. Farben. Anstriche. Lacke. Naturharze.

H. Schroeder, *Die Vorbehandlung von Eisen und Stahl vor dem Anstrich.* Überblick über Entfettungs-, Beiz-, Phosphatier- u. Dekapierverfahren. (Ing. Chimiste [Bruxelles] **34.** 151—59. Dez. 1952. Brüssel, Belgien, S. A. Tecnimetal.) F. Markhoff. 7090

R. C. Thiede, *Korrosion. Verhütung und Kontrolle.* Erfahrungen bei Leitungen u. Ventilen. Verbleiung mit Sb- oder Te-haltigem Blei. Anstrichtechnik bei ungünstigen klimat. Verhältnissen. Reinigung der App. von Schlamm u. Kesselstein. Erfahrungen mit Korrosionsprüfmethoden. (Paint Ind. Mag. 69. Nr. 1. 31—33. Jan. 1954. Graselli, N. J., General Aniline Works, Div. of General Aniline and Film Corp.) F. STEINER. 7090

Stanley Yokell, *Mischen und Rühren in der Lackindustrie.* Misch- u. Rührvorgänge erfolgen beim Pigmentieren, Auflösen von festen Filmbildnern, Verdünnen von Lackpasten, Vermischen u. Abtönen von Farbansätzen. Beschreibung (Abb.) u. Leistung von Mischmaschinen. (Paint Ind. Mag. 67. 20—24. Nov. 12—16. Dez. 1952.) B. SCHEIFELE. 7090

S. Kut, *Die Reaktion zwischen Styrol und trocknenden Ölen. Kritischer Überblick über veröffentlichte Arbeiten.* (Vgl. C. 1952. 7577.) 59 Literaturangaben. (Paint Technol. 17. 149—53. April. 199—201. Mai. 253—56. Juni. 295—98. Juli 1952. London, Univ. u. Lewis Berger Ltd.) B. SCHEIFELE. 7096

C. T. Morley-Smith, *Metallseifen in der Farbenindustrie.* Metallseifen von Harz-(Abietin-), Linol-, Naphthen- u. Tallölfettsäuren werden besprochen u. von synthet. Fettsäuren die Heptancarbonsäure-(3) (I). Die Eigg. von Salzen von I wurden mit entsprechenden Naphthenaten aus 3 verschied. Laborr. verglichen. Da die Löslichkeit u. Stabilität der I-Salze nicht so gut ist, bietet deren Verwendung gegenüber Naphthenaten keine Vorteile. Einige Eigg. saurer u. bas. Al- u. Zn-Seifen werden mitgeteilt. Die Benennung ist oft unkorrekt. Das handelsübliche „Bleistearat" z. B. sollte besser als „Palmitat" bezeichnet werden. (Paint Manufact. 24. 224—26. 243. Juli 1954. Durham, Chemicals Ltd. and Nuodex Ltd.) E. PREU. 7096

A. Kraus, *Beiträge zur Kenntnis der Lösungsmittel für Kollodiumwolle.* 16. Mitt. *Über einige Ketone und Alkohole.* (15. vgl. Lack- u. Farben-Z. 1943. 122.) Vf. berichtet über das lacktechn. Verh. (Unverseifbarkeit, hohes Lösevermögen für Nitrocellulose u. hohes Verschneidevermögen für Benzol-KW-stoffe) von Ketonen (*Aceton, Methyläthylketon, Methylisobutylketon, Mesityloxyd, Diacetonalkohol*) u. Alkoholen (*Isopropylalkohol, sek.-Butylalkohol, tert.-Butylalkohol, Methylisobutylcarbinol*). — 8 Tabellen. (Farbe u. Lack 59. 181—86. Mai 1953. Essen, Wasag-Chemie-A. G.) D. AMELUNG. 7100

Eli Balgley, *TME (Trimethyloläthan), ein neuer Polyalkohol für die Überzugstechnik.* Inhaltlich gleich mit der im C. 1955. 3014 referierten Arbeit. (Paint Ind. Mag. 69. Nr. 6. 19—22. Juni 1954. New York, N. Y., Heyden Chem. Corp.) K. STEINER. 7106

Wayne R. Fuller, *Durchsichtige Schutzüberzüge für Verchromungen auf Kupfer.* Chromüberzüge auf Cu ohne Ni-Zwischenschicht bedürfen eines durchsichtigen Schutzanstriches. Die Anforderungen, die an einen solchen Lack zu stellen sind, werden beschrieben, desgleichen die Aufbringungsart u. Einbrenntemperaturen. (Plating 39. 616 bis 622. Juni 1952.) H.-J. HEINRICHS. 7106

Frank Chatterton, *Spritzlackierung ohne Druckluft.* Der zu verspritzende Lack wird durch eine Heizspirale gepumpt, hierbei auf 65—95° erhitzt u. durch eine Spritzpistole bei mindestens 20 at verspritzt. Durch Verdampfung des fl. Anteils beim Austritt aus der Düse werden die Festteilchen des Lacks fein zerteilt, u. der Anstrich ist von ebener Beschaffenheit. Weitere Vorteile liegen in der Verminderung des Vorbeispritzens u. im guten Durchdringen poröser Oberflächen. (Canad. Paint Varnish Mag. 28. Nr. 5. 21—22. 56—57. Mai 1954.) K. STEINER. 7106

—, *„Flock" und „Flockage".* Unter „Flockage" versteht man das Aufbringen zerschnittener Textilfasern „Flock" (Baumwolle, Rayon, Wolle, Sonisolwolle) auf Flächen, die mit einem geeigneten Bindemittel vorbehandelt wurden, durch Preßluft, auf elektrostat. Wege oder durch Aufklopfen. Vorzüge u. Verwendung der der „Flockage" unterworfenen Flächen, bes. hinsichtlich der Schalldämpfung. (Ind. Vernice 6. 149—51. Juni 1952. Mailand.) K. STEINER. 7106

W. v. Berlepsch-Valendas, *Über Infrarot.* Gasbeheizte Infrarotstrahler sind zum Einbrennen von Lacken ebenso geeignet wie Infrarotlampen, den letzteren in techn. Hinsicht jedoch überlegen. (Peintures, Pigments, Vernis 28. 320. Mai 1952.) B. SCHEIFELE. 7106

R. Donaldson, *Spektralphotometrie fluorescierender Pigmente.* Beschreibung einer Meth. zur Messung der spektralen Reflexion fluorescierender Pigmente für auffallendes, monochromat. Licht im Gebiet von 3000—7000 Å. Die Meßanordnung besteht aus einem Monochromator zur Beleuchtung von Proben bzw. MgO-Standard u. einem Spektralphotometer zur Messung der reflektierten Strahlung. Die Meßergebnisse werden in einer quadrat. Tabelle dargestellt, aus welcher Quantenausbeuten u. spektrale Reflexionskurven für Sonnenlicht oder jede beliebige Lichtquelle bekannter Energieverteilung berechnet werden können. Wiedergabe der Messungen für ein rotes Pigment u. einen opt. Bleichstoff. Die Kurven, welche die Änderung der Dreireizwerte mit der auffallenden Wellenlänge darstellen, reichen für eine Berechnung der Farbe aus. Diese Dreireizkurven

können aus den Reflexionskurven abgeleitet oder direkt gemessen werden. (Brit. J. appl. Physics 5. 210—14. Juni 1954. Teddington, Middlesex, Nat. Phys. Labor.)
H.-J. EICHHOFF. 7152

W. Garmsen, *Über die Prüfung von Lackfarben an keilförmigen Schichten.* Bericht über die Entw. neuer Lackschichtenmeß- u. -prüfgeräte des Vf. u. ihre prakt. Anwendung bei der Herst. u. Verarbeitung von Lacken. — 4 Literaturhinweise, 11 Abbildungen. (Farbe u. Lack 60. 257—61. Juni 1954. Hiltrup, Glasurit-Werke.) A. SANDER. 7158

Titan Co., Inc., V. St. A. (Erfinder: **Roy J. Mundy** und **Augustine N. Dempster**), *Herstellung von Titandioxydpigmenten.* Man läßt bei 900—1200° in der Dampfphase 1 (Teil) $TiCl_4$ mit 1 bis ca. 5 Volumenteilen O_2 reagieren. Man erhält ein sehr feines TiO_2-Pulver von ausgezeichneter Farbe u. hoher Farbkraft. (**F. P. 1 068 517** vom 22/12. 1952, ausg. 25/6. 1954. A. Prior. 21/12. 1951.) T. OPPERMANN. 7093

Olav Notevarp, Arnvid Sverre Roald und **Per Amund Sletnes,** Drontheim, Norwegen, *Trennung von mehrfach ungesättigten Fettsäuren von einfach ungesättigten und gesättigten Fettsäuren.* Die Fette oder Öle werden mit NaOH verseift, die Seife wird zerkleinert u. dann mit einem mit W. mischbaren organ. Lösungsm. (einwertige Alkanole, wasserhaltige aliphat. Ketone) extrahiert, wobei die Na-Seifen der gesätt. u. der Säuren mit einer Doppelbindung ungelöst bleiben, während die Seifen der mehrfach ungesätt. Säuren in Lsg. gehen. — Heringsöl (JZ. 140) wird mit 60%ig. NaOH in 10%ig. Überschuß verseift, die Seifenflocken werden im Gegenstrom mit Methanol extrahiert, wobei je kg Seife 2,5 Liter Methanol verwendet werden. Die JZ. der Extraktfettsäuren ist 300, die der ungelösten ca. 80. Weiter werden die Fettsäuren von Fischleberöl getrennt. — *Trocknende u. halbtrocknende Öle.* (**E. P. 719 513** vom 24/9. 1952, ausg. 1/12. 1954. N. Prior. 25/9. 1951.) G. KRAUSS. 7097

Bobingen Akt.-Ges. für Textil-Faser (Erfinder: **Paul Schlack**), Bobingen, *Herstellung von Polysulfonamiden,* dad. gek., daß man Aminoverbb. mit 2 H tragenden Aminogruppen mit organ. Disulfohalogeniden, bes. $\omega.\omega'$-Verbb., in Amiden oder Sulfonen als Lösungsm. umsetzt. Als Reaktionskomponenten sind in den Beispielen genannt: Hexamethylendiamin (I) u. Propan-1.3-disulfochlorid in N-Methyl-α-pyrrolidon (II); I u. Hexan-1.6-disulfochlorid in II; I u. Cyclohexan-1.4-disulfochlorid in II. *Lackrohstoffe, Kunstfasern.* (**D. B. P. 916 226** Kl. 39c vom 20/11. 1942, ausg. 5/8. 1954. Anmeldung bekanntgemacht 31/12. 1953.) H. SCHINDLER. 7097

Albert Baule, Seine-et-Oise, Frankreich, ***Abbeizmittel,*** bes. für Anstriche auf Al u. seinen Legierungen. Es besteht zu 50 (%) aus einem Steinkohlenteeröl, bes. einem phenolhaltigen Teeröl, zu 20 aus einem benzolfreien Leichtöl (Destillationsnachlauf) u. außerdem aus 26 Methanol u. 4 Essig- oder Ameisensäure. (**F. P. 1 071 719** vom 3/9. 1952, ausg. 3/9. 1954.) T. OPPERMANN. 7101

Standard Oil Co., Chicago, Ill., übert. von: **Edgar A. Dieman,** Crown Point, Ind., V. St. A., *Korrosionsschutzmittel,* bestehend aus einem Öl (Erdöl) mit ca. 0,5—10% einer Alkaliseife (Na- oder Li-Seife) einer bes. öllösl. Sulfonsäure (sulfonierten Petroleums) u. ca. 0,5—25% einer Alkali- u./oder Erdalkaliseife (Na- u./oder Ca- bzw. Ba-Seife) der Säuren des polymeren Prod., das bei der CO-Hydrierung in Ggw. eines alkal. Fe-Katalysators bei 200—350° u. Überdruck erhalten wird u. bes. aus gesätt. u. olefin. KW-stoffen u. O-haltigen organ. Verbb. mit ca. 11—35 C-Atomen besteht u. wenigstens 25% bei 50—100° schm. Verbb. enthält. (**A. P. 2 673 161** vom 27/11. 1951, ausg. 23/3. 1954.)
W. GRÄGER. 7107

Louis Glaser, Seine, Frankreich, ***Herstellung von antikorrosiven Anstrichfarben.*** Die Anstrichfarben enthalten zumindestens ein Metallsalz (z. B. von Al, Fe, Cr, V) einer Fettsäure (z. B. Öl-, Stearin-, Palmitinsäure) u. gleichzeitig einen Metalloxyde enthaltenden Schlamm, wie er bei der Gewinnung obiger Metalle anfällt, oder Montmorillonit, Bentonit oder dergleichen. Man kann auch Füllstoffe, Binde-, Plastifizierungsmittel für Anstrichfarben herstellen, welche die obengenannten fettsauren Salze enthalten. (**F. P. 1 039 380** vom 4/7. 1951, ausg. 6/10. 1953.) T. OPPERMANN. 7107

Shell Development Co., Emeryville, übert. von: **Robert H. Jacob,** San Francisco, **Roy W. H. Tess** und **Theodore F. Bradley,** Orinda, Calif., V. St. A., *Schnell trocknende Zwischenpolymerisate für Firnisse, Filme usw.* Ein konjugiertes Cyclodiolefin wird mit einem, endständige Glyceringruppen enthaltenden Ester aus einer ungesätt. Fettsäure mit 12—22 C-Atomen (JZ. 110—400) u. einem Glycerinpolyäther einer Dioxyarylverb., z. B. Dioxynaphthalin, 1.1-Diphenolmethan, -äthan oder -propan, umgesetzt. — Z. B. wird ein aus Epichlorhydrin u. 2.2-Bis-(4-oxyphenyl)-propan-bis-phenol erhaltener Polyäther (Mol-Gew. ca. 1400 u. Erweichungspunkt 100°) mit Leinölfettsäure verestert. 100 (Teile) Ester u. 69,2 Dicyclopentadien werden im geschlossenen Glasrohr 5 Std. auf

275° erwärmt. Das erhaltene Zwischenpolymerisat trocknet schnell u. hart zu alkalifesten Filmen auf. (**A. P. 2 667 463** vom 6/11. 1951, ausg. 26/1. 1954.) H. MÖLLERING. 7107

Titan Co., Inc., New York, N. Y. (Erfinder: **Daniel Francis Herman,** Newark, N. J.), V. St. A., *Alkoxytitanacylate.* Orthotitansäureester, deren Estergruppen 2—20 C-Atome einwertiger, gesätt., unsubstituierter, aliphat. Alkohole enthalten, werden mit Alkan- oder Alkencarbonsäuren mit 3—36 C-Atomen u. höchstens 2 Carboxylgruppen, vorzugsweise im Vakuum, umgesetzt, wobei die Summe der Alkoxy- u. Säuregruppen je Ti-Atom 4 betragen soll. — Aus Linolsäure u. Butyltitanat durch Dest. bei 70 bzw. 3—5 mm Hg → *Tributoxytitanmonolinoleat,* D.[30] 0,9672; Viscosität 50 cP/30°, bernsteinfarbene Fl., lösl. in Butanol, Dioxan, Bzl., CCl_4, Ae., PAe., wenig lösl. in Methanol; nach Zusatz eines Co-Pb-Trockners erhält man beim Auftragen auf eine Oberfläche einen harten, klaren Film. — *Dibutoxytitanmonomaleinat* gibt mit Styrol in Ggw. von 0,1 % Benzoylperoxyd ein bernsteinfarbenes Mischpolymerisat. — *Tributoxytitanmonomethacrylat* gibt mit Methacrylsäuremethylester in Ggw. von Peroxyd bei 90° ein weiches, gummiartiges, bernsteinfarbenes, gegen Feuchtigkeit beständiges Harz. — *Dibutoxytitandimethacrylat* gibt mit Styrol ein hartes Harz, DE. 3,33, Streuungsfaktor 0,0089. — *Monobutoxytitantrilinoleat,* D.[30] 0,9435. — *Monobutoxytitantrilaurat,* D.[26] 0,9608. — *Diundecyloxytitandipropionat,* D.[22] 0,9869, gibt mit Celluloseacetat in Milchsäureäthylester einen klaren Film, SWARD-ROCKER-Härte 48. — *Dipentoxytitandicrotonat,* D.[25] 1,0892, Viscosität 100 cP/25°, gibt mit W. in Ae. eine polymere M., DE. vgl. Tabelle. — Verwendung zur Herst. von *Anstrichstoffen* u. als *Dielektrika.* (**D. B. P. 881 508** Kl. 12o vom 29/11. 1951, ausg. 29/6. 1953.) G. KRAUSS. 7107

United Lacquer Mfg. Corp., Linden, übert. von: **Melvin Schwefsky,** Union, N. J., V. St. A., *Herstellung mehrfarbiger Anstrichmittel.* Zwei oder mehrere verschiedenfarbige Lacke werden jeder für sich zu 2 (Teilen) mit je 1 einer wss. Celluloseäthersuspension in heißem W. gegebenenfalls unter Zusatz eines Schutzkoll. gemischt u. dann mit 1 W. verdünnt. Die so erhaltenen verschiedenfarbigen Emulsionen werden vor der Verwendung gemischt. Die einzelnen Farbteilchen fließen auf der angestrichenen Fläche nicht ineinander. (**A. P. 2 658 002** vom 2/8. 1950, ausg. 3/11. 1953.) W. GRÄGER. 7107

British Celanese Ltd., London (Erfinder: **Leslie John Moncrieff**), England, *Überziehen von Röhren oder Stäben, auch wechselnden Querschnittes, mit thermoplastischen Schläuchen.* Schläuche aus (flammenfestem) Celluloseacetat, -butyrat oder -butyratpropionat werden z. B. mit einer Lsg. von 23 (Teilen) Aceton, 43 A. u. 34 W. angefeuchtet u. in einer angegebenen Vorr. unter Anlegung eines Luftpolsters über den Rohrteil geschoben, worauf der Luftüberdruck aufgehoben wird u. beim Trocknen Schrumpfung eintritt. Auch Schläuche aus Polyvinyl- oder -acrylverbb. können so aufgezogen werden. (**E. P. 704 867** vom 26/9. 1950, ausg. 3/3. 1954.) H. MÖLLERING. 7107

M. Majelle, Brüssel, Belgien, *Pflegemittel für Möbel und Parkettböden,* bestehend aus 3 (kg) „Supra"-Wachs, 1,5 Candelillawachs u. 0,75 weißem Ceresin (Type 104), welches Gemisch mit einer Mischung aus 3,75 (Liter) (im Winter 0,5) Terpentinöl u. 1,5 (0,5) Bzn. verd. wird. (**Belg. P. 510 964** vom 25/4. 1952, ausg. 6/11. 1953.) W. GRÄGER. 7119

XIb. Plaste (Kunstharze. Plastische Massen).

Enrico Cernia, *Neue Polymerisationstechniken.* (Materie plast. **20.** 41—44. Jan. 1954.) B. SCHEIFELE. 7170

Heinz Peukert, *Festigkeitseigenschaften und Bruchverhalten von warmgerecktem Plexiglas M 33.* Durch Warmrecken wird die innere Struktur des Werkstoffs Plexiglas M 33 weitgehend verändert. Die ursprünglich unregelmäßig gelagerten Molekülketten werden in der Reckrichtung ausgerichtet. Hiermit ist eine Änderung der mechan. Eigg. des Werkstoffs verbunden. Unterss. der mechan. Eigg. von Probestäben mit Reckgraden von 0—180 % bei Raumtemp. lassen einen krit. Reckbereich erkennen, in dem sowohl die Zerreißfestigkeit als auch die Schlagbiegefestigkeit stark ansteigen. Außerdem ergibt sich in diesem krit. Gebiet eine höhere Bruchdehnung. Unterhalb dieses krit. Reckbereichs zeigt Plexiglas den glatten Trennbruch spröder Stoffe, oberhalb gehen dem Bruch Einschnürungen u. größere bleibende Formänderungen voraus; außerdem ergibt sich ein faseriger Schubbruch. (Z. Ver. dtsch. Ing. **95.** 119—22. 11/2. 1953. Aachen.) H. HOCHSTEIN. 7172

Kenneth Rose, *Vakuumverformte Thermoplaste für große, dünnwandige Teile.* Besprechung der Vakuumverformung als Verarbeitungsmeth. für thermoplast. Kunststoffe. Das neue kerbschlagzähe Polystyrol (*Styron 475,* Mischpolymerisat aus Styrol mit wenig

Butadien) ist für großflächige dünnwandige Formteile bes. geeignet. (Materials and Methods **37.** Nr. 5. 94—95. Mai 1953.) R. SCHÄFF. 7172

K. Frey, *Beiträge zur Frage der Bruchfestigkeit kunstharzverklebter Metallverbindungen.* Nach Behandlung der für die Verwendung von Klebverbindungen (zwischen Metallen oder anderen, nicht porösen Werkstoffen) bedeutsamen allg. gültigen Gesichtspunkte wird untersucht, in welcher Art die Bruchlast bei Zug–Scher-Beanspruchung von der geometr. Gestalt der Prüfkörper abhängt. Die Unterss. wurden an einfach-überlappten, mit *Araldit* verklebten Leichtmetallverbb. durchgeführt u. ergaben, daß in diesem Falle für eine optimale Ausnutzung sowohl des Bindemittels wie des Metalls dessen Streckgrenze für die Wahl von Blechstärke u. Überlappungslänge maßgebend ist. (Schweiz. Arch. angew. Wiss. Techn. **19.** 33—39. Febr. 1953. Basel, Ciba-A.-G., Wiss. Labors. der Kunststoffabt.) M. WINIKER. 7176

Henkel & Cie. G. m. b. H., Deutschland, *Weichmachungs-, Quellungs- und Gelierungsmittel* für *Cellulosederivv., Vinylharze, Chlorkautschuk, Acrylharze, Polyisobutylen, Polybutadiene.* Man verwendet hierfür Amide ungesätt. Fettsäuren mit wenigstens 12 C-Atomen, deren Amid-H durch aliphat. Reste ersetzt sind; z. B. Ölsäurediäthylamid ($Kp._2$ 226—230°), Spermaceti-N.N-diäthylamid ($Kp._2$ 226—230°), Ölsäurepiperidid, -morpholid oder -N-äthyl-N-cyclohexylamid. (**F. P. 1 060 365** vom 18/7. 1952, ausg. 1/4. 1954. D. Prior. 24/7. 1951.) M. PANKOW. 7171

Deutsche Gold- & Silberscheideanstalt vormals Roessler, Frankfurt/M., und **Continental Gummi-Werke Akt.-Ges.,** Hannover (Erfinder: **Hans Wagner,** Konstanz, und **Hans Bickel,** Hannover), *Quellungs-, Gelatinierungs- und Weichmachungsmittel* für geblähte hochmol. Massen oder Formkörper aus Polyvinylchlorid u.dgl., bestehend aus den Chlorierungsprodd. der cycl. Acetale von 2- u. mehrwertigen Alkoholen mit Aldehyden. Herst. von Dichtungsmassen, Isoliermassen, Schwimmkörpern, Leichtbaustoffen u. dergleichen. (**D. B. P. 926 326** Kl. 39b vom 5/12. 1944, ausg. 14/4. 1955. Anmeldung bekanntgemacht 13/5. 1953.) G. SALZMANN. 7173

Wacker-Chemie G. m. b. H., München (Erfinder: **Hans Bauer, Joseph Heckmaier** und **Herbert Reinecke,** Burghausen, Obb.), *Herstellung von Polymerisaten und Mischpolymerisaten des Vinylchlorids* (I) durch Polymerisation von I allein oder zusammen mit anderen Monomeren in wss. Suspension mit wasserunlösl. Katalysatoren u. hydrophilen Kolloiden, wie Polyvinylalkohol, als Emulgator, dad. gek., daß das Polymerisat in wss. Suspension mit Aldehyden u./oder Ketonen u. Sauerstoffsäuren bzw. deren Salzen u. Mineralsäuren nachbehandelt wird. Nach den Beispielen werden Acetaldehyd u. Perchlorsäure oder Cyclohexanon, HCl u. Na-Perchlorat verwendet. In Essigester oder Cyclohexan klare Lsgg. für Lacke, Klebstoffe u. Spinnlösungen. (**D. B. P. 929 643** Kl. 39c vom 9/9. 1952, ausg. 30/6. 1955. Anmeldung bekanntgemacht 5/1. 1955.) H. SCHINDLER. 7173

Badische Anilin- & Soda-Fabrik, Ludwigshafen/Rh. (Erfinder: **J. Thewalt),** *In Wasser leicht dispergierbare Thermoplastkomposition,* enthaltend adsorptionsfähiges, feinverteiltes wasserhaltiges Al-Silicat oder -Hydroxyd (I), das mit einem hochpolymeren, polaren organ. Stoff, z. B. Vinylchloridpolymer (II) in wss. Dispersion zusammengebracht wird, wobei II auf I abgeschieden wird. Das Mengenverhältnis von I u. II soll zwischen 1:0,23 u. 1:5 liegen. (**Schwed. P. 141 685** vom 26/5. 1950, ausg. 18/8. 1953. D. Prior. 15/6. 1949.) K. H. KÄHLER. 7173

Farbwerke Hoechst Akt.-Ges., vormals Meister Lucius & Brüning (Erfinder: **Otto Fuchs, Anton Staller** und **Rudolf Schäff**), Frankfurt/M., *Lösungsmittel für Polytrifluorchloräthylen,* bestehend aus 1.1.2.2-Tetrafluor-3.3.4.4-tetrachlorcyclobutan, gegebenenfalls im Gemisch mit Toluol, p-Cymol, o-Dichlorbenzol, 1-Methylpyridin, Hydrochinondimethyläther, 1.2.3-Trifluorpentachlorpropan, Naphthalin oder Tetralin. (**D. B. P. 926 163** Kl. 39b vom 11/6. 1952, ausg. 7/4. 1955. Anmeldung bekanntgemacht 29/7. 1954.) G. SALZMANN. 7173

Heinrich Carlsohn und **Franz Hülsmann,** Wuppertal-Barmen, Deutschland, *Herstellung von Mischpolymerisaten.* Man polymerisiert Mischungen von aromat. Vinylverbb. (I) in Ggw. von Mischpolymerisaten aus I u. mit I mischpolymerisierbaren ungesätt. Verbb., wie trocknenden Ölen, Alkydharzen oder Naturharzen, auch unter erneutem Zusatz der ungesätt. Verbb. u. auch unter weiterer Polymerisation dieses erhaltenen Mischpolymerisats mit I. — 500 (g) Lackleinöl werden mit 500 Styrol (II) mischpolymerisiert u. 1000 des Mischpolymerisats mit 2000 Lackleinöl gemischt u. bei 200° 200 II eingetropft. Klares Mischpolymerisat mit guten lacktechn. Eigenschaften. Oder man tropft 125 II bei 200° in eine Mischung aus 250 eines Mischpolymerisats aus 20% II, 80% Leinölalkyd mit 55% Öl u. 250 eines Mischpolymerisats aus 50% II, 25% dest. Tallöl u. 25% dehydratisiertem Ricinusöl. Verwendung für luft- u. ofentrocknende

Lacke, Einbrennlacke, Druckfarben, Textilveredelung, Papierveredelung. (**Oe. P. 179 094** vom 2/7. 1952, ausg. 10/7. 1954. D. Prior. 2/7. 1951.) M. PANKOW. 7173

Standard Oil Development Co., Elizabeth (Erfinder: **Peter J. Gaylor** und **William H. Smyers**, Westfield), N. J., V. St. A., *Polymerisationsprodukte* erhält man durch Polymerisation von aliphat. *Olefinen* mit >2 C-Atomen im Gemisch mit anderen polymerisierbaren KW-stoffen in Ggw. von anorgan. sauerreagierenden Halogeniden unterhalb 0°. — Z. B. werden *Styrol* u. *Isobutylen* in Ggw. von BF_3 bei —10 oder —45° polymerisiert. Als weitere Ausgangsstoffe sind 2-Methylpenten-(1), Inden, Penten u. Butadien genannt. — Imprägnier-, Überzugs- u. Klebmittel. (**D. B. P. 913 826** Kl. 39c vom 11/11. 1937, ausg. 21/6. 1954. Anmeldung bekanntgemacht 17/9. 1953. A. Priorr. 9/4. u. 17/7. 1937.) H. SCHINDLER. 7173

British Celanese Ltd., London, England (Erfinder: **Philip Richard Hawtin** und **John Alec John**), *Filme* erhält man aus fl. Polymerisaten von Phthalsäure (**I**) mit Äthylenglykol vom Mol.-Gew. 500—1500 u. einer Viscosität von 1—2 cst (in Chloroformlsg. bei 20°), die mit Celluloseestern einer aliphat. Monocarbonsäure C_2—C_4, z. B. Celluloseacetat mit einem CH_3CO-Geh. von 52—56%, versetzt wurden, durch Vergießen ihrer Acetonlösung. Statt I kann auch 1.2.5.6-Tetrahydrophthalsäure verwendet werden. (**E. P. 706 771** vom 5/12. 1950, ausg. 7/4. 1954.) O. MÜLLER-MEININGEN. 7177

Union Oil Co. of California, Los Angeles, übert. von: **Orville L. Polly** und **Orin D. Cunningham**, Long Beach, Calif., V. St. A., *Polymerisation von α-Oxysäuren und Estoliden.* Man erhitzt ein Gemisch aus wenigstens einer wasserunlösl. α-Oxysäure von 5—30 C-Atomen u. aus einem wasserunlösl. Estolid einer α-Oxysäure von 10—60 C-Atomen auf 150—200° in Ggw. einer ungesätt. Verb. der allg. Formel $R_nX(H)_m$, in der R für einen ungesätt. KW-stoffrest mit 3—20 C-Atomen, X für O, S oder N u. n u. m für 1 oder 2 stehen u. deren Summe der Wertigkeit von X entsprechen, bes. Allylalkohol u. Allylamin, Crotylamin oder Tetrahydropyridin, u. einer geringen Menge Styrol, um ein Gelieren der Oxysäuren zu verhindern. (**A. P. 2 681 921** vom **16/12.** 1948, ausg. 22/6. 1954.) W. GRÄGER. 7177

Deutsche Gold- & Silberscheideanstalt vormals Roessler, Frankfurt/M. (Erfinder: **Hans-Joachim Mann**, Offenbach), *Herstellung von 3.3-Di-(chlormethyl)-cyclooxabutan* aus Pentaerythrittrichlorhydrin (I) oder dessen Monoacetat (II). Man behandelt mit einem Überschuß einer wss. Alkalihydroxydlsg. u. arbeitet in Ggw. eines inerten organ. Lösungsm. (Bzl.) bei solchen Tempp., bei denen das W. durch azeotrope Dest. entfernt wird. Bes. verwendet man KOH, u. zwar pro (Mol) I mindestens 1,5 u. pro 1 II mindestens 3. — Ausgangsstoff für die Herst. von *Kunststoffen.* (**D. B. P. 931 226** Kl. 12q vom 28/2. 1954, ausg. 4/8. 1955. Anmeldung bekanntgemacht 3/2. 1955.) K. FABEL. 7177

E. I. du Pont de Nemours & Co., übert. von: **Allan K. Schneider**, Wilmington, Del., V. St. A., *Polymere Lactide* erhält man durch Erhitzen eines über 120° schm. Lactids auf Tempp. zwischen dem F. u. 200° in Ggw. von 0,02—0,1% eines mehrwertigen Metalloxyds oder eines Metallsalzes, das bei der Polymerisation ein solches Oxyd bildet. Bis zu 50% des Lactids können cycl. Ester mit einem 6—8gliedrigen Ring, z. B. Glykolid oder dessen Substitutionsprodd., mitpolymerisiert werden. Verwendung für *Filme, Fasern* u. dergleichen. (**A. P. 2 703 316** vom 5/6. 1951, ausg. 1/3. 1955.) J. MÜHLEISEN. 7177

Farbenfabriken Bayer Akt.-Ges., Leverkusen (Erfinder: **Theodor Lieser**, Darmstadt), *Herstellung von Polyurethanen* aus Diisocyanaten u. mehrwertigen Alkoholen, dad. gek., daß man Acyldiisocyanate in Ggw. von organ. Lösungsmitteln mit mehrwertigen Alkoholen bei n. Temp. umsetzt, wobei niedrigmol. mehrwertige Alkohole als solche, hochmol., als Kohlenhydrate vorliegende, Alkohole in partiell acetylierter oder oxäthylierter Form angewendet werden. Als Ausgangsstoffe sind genannt: Adipyldiisocyanat (**I**) u. Hexamethylenglykol; **I** u. Glycerin; Sebacyldiisocyanat u. Acetylcellulose (**II**); Hexan-1.6-diisocyanat u. **II**; acetylierte Stärke u. Toluylendiisocyanat. Als Lösungsmittel dienen Bzl. u. Dioxan. Mit sauren Farbstoffen anfärbbare Kunststoffe. (**D. B. PP. 930 284** u. **930 285** Kl. 39c vom 11/5. 1938, ausg. 14/7. 1955. Anmeldungen bekanntgemacht 13/1. 1955.) H. SCHINDLER. 7181

XII. Kautschuk. Guttapercha. Balata.

Oskar Reinisch, *Der Weg vom Rohkautschuk bis zum fertigen Reifen.* (Z. österr. Ing.- u. Architekten-Ver. **100.** 128—29. 3/6. 1955.) G. TREWENDT. 7220

T. F. Banigan jr., **J. W. Meeks** und **R. W. Planck**, *Verteilung von Wachsen in Guayule.* Zur Best. der Wachsfraktion wurde zerkleinertes Guayulegewebe (Parthenium argentatum Gray) mit 95%ig. A. extrahiert, der über Nacht aufbewahrte Extrakt filtriert, der hierbei erhaltene Nd. mit 95%ig. A. gewaschen u. getrocknet. F. nach 3maliger Rekristallisation aus Bzn. u. Aceton: 76°, $D.^{76}_4$ 0,80, $D.^{25}_4$ 0,963. Das Wachs kommt fast ausschließlich im Phloem über der Wurzelkrone u. in den akt. wachsenden Strauchteilen vor (Schutz gegen Austrocknung); es ist im harzigen Guayulegummi zu mindestens 0,5% enthalten. In zu verschied. Zeitpunkten geernteten Sträuchern derselben Varietät u. gleichen Alters bleibt der Wachsgeh. ungefähr konstant. (Bot. Gaz. **113.** 231—34. Dez. 1951. Salinas, Calif., U. S. Natural Rubber Res. Stat., u. New Orleans, La., Southern Regional Res. Labor.) F. RANG. 7222

B. Dogadkin und **A. Lukomskaja,** *Struktur und dielektrische Eigenschaften von Ruß-Kautschuk-Mischungen.* Bei Ggw. von Ruß (I) in Kautschuk (Naturkautschuk, Buna) treten 3 Arten dielektr. Verluste auf: Verluste des uneinheitlichen Dielektrikums, solche der Leitfähigkeit u. Strukturverluste. Die Füllung scheint keine Bldg. neuer chem. Bindungen im Polymeren zu verursachen. Die Änderung der Charakteristiken der Dipolorientierung wird durch das Vorhandensein oder Fehlen von I-Kettenstrukturen im Gemisch bestimmt, die die Eigg. des gefüllten Vulkanisats, bes. auch seine mechan. Eigg., beeinflussen. (Доклады Академии Наук СССР [Ber. Akad. Wiss. UdSSR] [N. S.] **88.** 1015—18. 21/2. 1953.) R. K. MÜLLER. 7230

Philip O'Keefe, *Kautschukteile.* Umfassender Überblick über Herst. u. Anwendung (Teste) von Teilen aus Natur- u. synthet. Kautschuk. (Materials and Methods **38.** Nr. 1. 85—100. Juli 1953.) R. SCHÄFF. 7230

S. A. Eller, *Untersuchung von für Sattdampf bestimmten Dampfschläuchen aus Elastomeren bei 200 p.s.i. Druck.* Beschreibung eines Prüfgeräts (1 Skizze, 4 Abbildungen) zur Feststellung der Eignung von Dampfschläuchen für den Schiffsbetrieb. Mit Dampfschläuchen, auf Basis Kautschuk, die mindestens eine Klöppellage Stahldraht enthielten, wurden bei 200 lbs./sq.in (388° F) günstige Prüfergebnisse erzielt. Aus Gründen der Betriebssicherheit wird jedoch empfohlen, in der Praxis 150 lbs./sq.in. (365° F) nicht zu überschreiten. (Rubber Age [New York] **74.** 899—902. März 1954. Brooklyn, N. Y., New York Naval Shipyard, Rubber Developm. Sect., Mat. Labor.)

M. WINIKER. 7248

Goodyear Tire & Rubber Co., übert. von: **Edward Cousins,** Akron, O., V. St. A., *Butylkautschukmischung* mit einem gleichzeitigen Geh. an bes. 0,05—5 (%) einer Aryldinitrosoverb. oder einem Aryldioxim u. 0,1—20,2, bes. 0,25—10, eines organ. Isocyanats mit $\geqq$1 Isocyanatgruppe. (**A. P. 2 690 780** vom 16/6. 1951, ausg. 5/10. 1954.) W. OVERBECK. 7225

Phillips Petroleum Co., übert. von: **John C. Hillyer** und **Lee O. Edmonds,** Bartlesville, Okla, V. St. A., *Herstellen von Oxypolybutadien oder dessen Estern.* Fl. Polybutadien mit Mol.-Gew. $\leqq$5000 u. der SAYBOLT-Viscosität 100—6000 bei 15° wird in Ggw. von HCOOH, Methyl-, Äthyl- oder Propylformiat als Katalysator bei 10—95° 1—60 Std. mit wss. H_2O_2 umgesetzt. Hierbei beträgt das Mol.-Verhältnis der Reaktionskomponenten 10:1 bis 0,1:1, des Katalysators zum H_2O_2 0,2:1 bis 2:1 u. die H_2O_2-Konz. 3—90%. Die Ester erhält man durch Rk. des Oxypolybutadiens mit einer einbas., aliphat. Säure von $\leqq$20 C-Atomen bei 50—200° in Ggw. eines inerten Lösungsm. vom Kp. <200°. (**A. P. 2 692 892** vom 2/1. 1951, ausg. 26/10. 1954.) W. OVERBECK. 7225

Phillips Petroleum Co., übert. von: **James E. Troyan,** Lewiston, N. Y., und **Weldin G. Chapman,** Phillips, Tex., V. St. A., *Tieftemperatur-Emulsionscopolymerisation* von 65—90 (%) Butadien u. 35—10 Styrol. Es wird eine Mischung hergestellt aus den Monomeren, 1,5—2,75 (Teilen auf Monomere) einer wss. Phase, einem Emulgator, 0,05—1,4 eines tert.-Alkylmercaptans mit 12—16 C-Atomen u. einer wss. Aktivatorlsg. aus $FeSO_4$, $Na_4P_2O_7$ (1:1 Mol) u. so viel HCl, daß ein p_H-Wert von 3—8,5 erreicht ist. Die Aktivatorlsg. wird erst 5—90 Min. auf 70—80° erwärmt u. wieder gekühlt, worauf sie in Mengen zugesetzt wird, die 0,01—1 Millimol der Salze auf 100 Gewichtsteile der Monomeren entsprechen. Dann wird Cumolhydroperoxyd in einer das Mol-Äquivalent des $FeSO_4$ übersteigenden Menge zugesetzt u. unter 0° bis zu einem 50—85%ig. Umsatz polymerisiert. (**A. P. 2 684 357** vom 4/1. 1950, ausg. 20/7. 1954.) W. OVERBECK. 7225

Soc. An. des Terres Décolorantes Françaises Franterre, übert. von: **Jean Augustin,** Paris, Frankreich, *Kautschukfüllstoff,* bestehend aus chem. unveränderten Tonen, wie Halloysit, Mikrokaolinit, Allophan u. Attapulgit von <200 $\mu\mu$ (Teilchengröße) u. nur geringen Anteilen von ca. 500 $\mu\mu$. (**A. P. 2 689 841** vom 3/4. 1951, ausg. 21/9. 1954. F. Prior. 12/2. 1946.) W. OVERBECK. 7227

United States Rubber Co., New York, N. Y., übert. von: **Marvin C. Brooks,** Packanack Lake, und **Elbert C. Ladd,** Passaic, N. J., V. St. A., *Füllstoff für Butylkau-*

tschuk, bestehend aus gefälltem SiO_2-Hydrat, gefälltem hydrathaltigem Ca-Silicat oder Kaolin mit einer Teilchengröße $\leqq 10\ \mu$, die mit Cycloalkenylhalogensilan oder Cycloalkenylalkylhalogensilan unter Freiwerden von Halogenwasserstoff behandelt wurden. (**A. P. 2 665 264** vom 13/11. 1951, ausg. 5/1. 1954.) W. OVERBECK. 7227

B. F. Goodrich Co., New York, N. Y., übert. von: **Matthew W. Wilson,** Stow, O., V. St. A., *Verbinden von Kautschuk mit Textilien.* Die Textilien werden mit einer wss. Dispersion aus Kautschuk u. einem schmelzbaren, härtbaren Harz, das in einem mit W. mischbaren flüchtigen organ. Lösungsm. gelöst wurde, vorbehandelt. Das Harz wurde durch Kondensation von äquimol. Mengen Phenol u. Aldehyd hergestellt in Ggw. von 0,05—5 (% auf Phenol) saurem Katalysator u. 30—150 (% auf Harzkomponenten) des Lösungsm., worauf es in der wss. Lsg. einer Base gelöst, mit ($\leqq$ 10%) einer eine Methylengruppe abspaltenden Verb. versetzt u. zu einem Aldehyd–Phenol-Verhältnis >7:1 weiterkondensiert wurde. (**A. P. 2 691 614** vom 3/9. 1953, ausg. 12/10. 1954.) W. OVERBECK. 7227

Sherwin-Williams Co., Cleveland, O., übert. von: **Grady M. O'Neal,** Chicago, Ill., V. St. A., *Blähmittel für die Schwammkautschukherstellung,* bestehend aus Biuret. (**A. P. 2 668 152** vom 27/3. 1951, ausg. 2/2. 1954.) W. OVERBECK. 7227

XIII. Ätherische Öle. Parfümerie. Kosmetik.

R. D. Coveney und **G. B. Pickering,** *Limonen aus Jamaika.* Für das bei der Herst. terpenfreier Orangenöle in Jamaika abfallende d-Limonen wird eine Verwertung gesucht. Die Unters. eines Musters ergab $D.^{20}$ 0,8407, $[\alpha]_D^{20}$ +100,4°, n_D^{20} 1,4715, lösl. bei 15,5° in 6,5 Vol. 90%ig. A., Nichtflüchtiges 0,38%; bei $Kp._{760}$ 174,1—176,6° (korr.) gehen 87 Vol.-% über. (Colonial Plant Animal Products **4.** 319—20. 1954.) H. MÜHLMEISTER. 7262

E. Gorokhoff, *Vor- und Nachteile beim Gebrauch der Aerosole in der Parfumerie.* Aerosole auf Basis von *Freon* u. *Frigen* ersparen A., geben keine Flecken auf der Kleidung, u. das Treibmittel (I) ist unentflammbar. Doch überwiegen die Nachteile: Das Cl des I ist ein Feind der Riechstoffe, die zudem zuerst durch einen süßlichen Geruch übertönt werden. I ist ein wesentlich schlechteres Lösungsm. für die Fixateure u. verschied. Essenzen, so daß auch bei teilweiser Verwendung von A. die Rezepte umgestellt werden müssen, wodurch die Geruchsnoten sich verändern, verschlechtern u. weniger gut fixiert sind. Filtrieren u. Abfüllen bei tiefen Tempp. bieten neben kostspieliger Apparatur weitere Schwierigkeiten. (Ind. Parfumerie **10.** 227—28. Juni 1955. Nyon, Suisse, Th. Mühlethaler S. A.) H. MÜHLMEISTER. 7276

Oldřiška Bauerová, *Industrielle Schutzsalbe gegen ultraviolette Bestrahlung.* Vf. teilt Lichtschutzsalben in 2 Gruppen. 1. Stoffe mit mechan. Effekt, wie ZnO, TiO_2, Bolus rubra u. ähnliche. 2. Stoffe mit physikal.-chem. Wrkg., wie Äsculin, Chinin, Salol, Tannin, Sulfonamide usw. Diese absorbieren die Lichtstrahlen der Welle 2900—3300 Å u. sind nicht toxisch. Vf. untersucht die Lichtschutzwrkg. von Alkalisulfolignin (I) im Vgl. mit p-Dimethylaminoäthylbenzoat (**II**). Testmethode: Die Lichtschutzsalben wurden auf eine Photoplatte gebracht u. diese mit UV-Licht belichtet. Strahlenundurchlässige Substanzen verhindern die Belichtung der Platte. Als Salbengrundlage diente Bentonit mit Glycerinzusatz. I wird als graues Pulver aus der Lsg. durch Fällen mit NH_3 u. Trocknen auf dem Wasserbade bei 60° gewonnen. I absorbiert viel besser das UV-Licht als **II**. I ist unschädlich, indifferent, ändert die Stabilität der Salben nicht u. hinterläßt keine gefärbten Stellen. Schon wirksam sind 2—4%ig. Salben, wobei sich I aus hydrophilen Salbengrundlagen abwaschen läßt. (Chem. Zvesti **8.** 289—93. Mai 1954. Bratislava, Chem. Technol. Inst. org. Stoffe der Akad. der slowak. Wiss.) E. VEVERA. 7284

Jacques Lillon, *Verweilzeit bei kalten und lauwarmen Dauerwellen.* Quaternäre NH_4-Basen des Br-Alkyldimethylbenzylammoniumtyps erleichtern als kation. oberflächenakt. Mittel in Thioglykolatlsg. das Frisieren durch schnelles Erweichen des Haars in 10 Min. ohne Schädigung des Keratins u. machen das Haar geschmeidig u. glänzend. (Ind. Parfumerie 9. **62.** Febr. 1954. Soc. belge d'Étheirologie.) H. MÜHLMEISTER. 7284

Iowa State College Research Foundation, Inc., übert. von: **Grover L. Bridger,** Ames, Io., V. St. A., und **Hson M. Chang,** Kowloon, Hongkong, *Gewinnung von reinem Menthol* (I) aus dieses u. Menthon (II) enthaltenden Minzenölen, die aus *Mentha piperita* u. *Mentha arvensis* erhalten wurden. Das Öl wird im Vakuum unterhalb 50 mm Hg abdest., wobei die niedrigsd. Fraktionen u. das II abgetrennt werden. Der I enthaltende Rückstand wird dann mit Wasserdampf dest. u. das übergegangene I mit heißem W. so oft behandelt, bis der F. dem der V. St. A. Pharmakopoe entspricht. Aus einem chines.

Minzenöl mit 65,2% I, 12,5% II u. 1,8% Methylester gewinnt man ein I mit F. 42,7° in 92%ig. Ausbeute. (**A. P. 2 662 052** vom 24/7. 1951, ausg. 8/12. 1953.) G. KRAUSS. 7263

Kukirol-Fabrik Kurt Krisp K.G., Weinheim, *Farblose bräunende Hautcreme*, gek. durch einen Geh. an Alloxan (I) u. Triketohydrinden (II). — Beispiel: 100 (kg) einer üblichen Cremegrundlage, z. B. aus einem Gemisch höherer Fettalkohole (Cetyl- u. Octadecylalkohol) werden mit einer Lsg. von 4 I u. 400 g II in 10 dest. W. vermischt u. nach Zusatz von 1 Parfümöl homogenisiert. Wird die Creme dünn auf die Haut aufgetragen, so bildet sich nach ca. 30 Min. infolge der Rk. der Zusatzstoffe mit den von der Haut ausgeschiedenen Aminosäuren die gewünschte bräunliche Hautfarbe. (**D. B. P. 928 318** Kl. 30h vom 30/5. 1952, ausg. 31/5. 1955. Anmeldung bekanntgemacht 4/11. 1954.) E. PETERSEN. 7285

Adolf Christian Josef Opfermann, Berglisch-Gladbach, *Haarwasser* aus Lsgg. von Acetinen, bes. Diacetin, in W., Äthyl- bzw. Isopropylalkohol oder einem Gemisch dieser Lösungsmittel u. Riech- u./oder Farbstoffen. — Z. B. gibt man 450 g A., 230 g W. u. 250 g Diacetin zusammen u. setzt 2 cm^3 Parfüm hinzu. (**Oe. P. 182 201** vom 23/6. 1953, ausg. 10/6. 1955. D. Prior. 16/7. 1952.) H. HEYER. 7285

Ashe Laboratories Ltd., England, *Haarwaschmittel, das gleichzeitig färbt und onduliert.* Das Prod. enthält eine in W. lösl. dermatolog. unschädliche Farbe u. ein die Haare erweichendes, reduzierendes Mittel (Mercaptan oder eines der üblichen Sulfite). Die Lsg. hat ein p_H von 7—11. Man nimmt 5 (Gew.-%) Thioglykolsäure, 7 NH_3-Lsg. (D. 0,88), um ein p_H von ca. 9,2 zu erhalten, 0,3 Orange I u. füllt mit W. auf 100 auf. (**F. P. 1067850** vom 30/5. 1952, ausg. 18/6. 1954. E. Prior. 20/7. 1951.) G. WELTZIEN. 7285

Guido Jellinek, Mailand, Italien, *Nagellack- und Nagelemailfilm*, bestehend aus einem dünnen, bereits zugeschnittenen Film, der aus einer oder mehreren elast. u. wasserdichten Schichten aus synthet. Harzen, die vorzugsweise verschied. opt. Eigg. besitzen, zusammengesetzt ist u. der auf den Nagel aufgeklebt wird. (**D. B. P. 928 728** Kl. 30h vom 21/8. 1951, ausg. 10/6. 1955. Anmeldung bekanntgemacht 18/11. 1954. It. Prior. 1/9. 1950.) E. PETERSEN. 7285

Jacques Ch. G. M. Genevaz, Frankreich, *Kosmetischer Zahnlack*, bestehend aus 18 (Gewichtsteilen) Polyvinylacetat, 3 Nitrocellulose, 18 Phenol–Formaldehyd–Abietinsäure-Harz, 40 Aceton, 10 Butylacetat, 1 Butylphthalat, 12 A. u. 1 Ti- oder Zn-Oxyd. (**F. P. 57 442** vom 10/7. 1947, ausg. 28/1. 1953. **Zusatz zu F. P. 946 359. C.; 1949. E. 1877.**) G. WELTZIEN. 7285

XIV. Zucker. Kohlenhydrate. Stärke.

Agostino Aldrovandi, *Die Verringerung von Zuckerverlusten durch Maleinsäurehydrazid.* Prakt. Verss. ergaben, daß in Zuckerrübenkulturen durch *Maleinsäurehydrazid*-Behandlung die durch Cercosporabefall verursachten Verluste u. die dadurch bedingte Herabsetzung der photosynthet. Zuckerbldg. merklich ausgeglichen werden können. Parallel muß die Bekämpfung des Schädlings durch Cu-Spritzungen laufen. — 8 Literaturhinweise. (Ind. saccarif. ital. **47.** 249—56. Juli/Aug. 1954.) C. GRIMME. 7406

P. Honig, *Lehm in der Rohrzuckerindustrie.* Die Anwendung von Lehm in der Rohrzuckerindustrie zur adsorptiven Beseitigung von anorgan. Nichtzuckerstoffen geht schon auf das Jahr 1890 zurück. Neuerdings werden dazu Lehmarten aus Montana u. Bayern sowie Bentonit (I) verwendet. Verss. über die Abhängigkeit der Adsorptionswrkg. von I u. der Art u. Menge der durch I entfernten Nichtzuckerstoffe von der angewandten Menge I fehlen. Jedoch ist festgestellt worden, daß ein Absitzen des Lehmes in Zuckersaft bei p_H 7—8 schwer erreichbar ist. Die Wrkg. von kleinen, im Zuckersaft verbleibenden u. daher im Zucker anwesenden Lehmmengen ist noch unbekannt. (Chronica natur. [Batavia] **106.** 101—04. April 1950. New York, N. Y., Res. of West Indies Sugar Corp.) W. WESLY. 7412

A. Mirčev, *Die Raffinierbarkeit des Rohzuckers in Laboratorium und Praxis.* (Vgl. Listy Cukrovarnické **51.** [1933/34.] 261; **55.** [1936/37.] 44. 205; **58.** [1939/40.] 134; **65.** [1948/49.] 5; **66.** [1949/50.] 53.) Fortsetzungsarbeit. Einfl. von Ausbeute, Farbe u. Einheitlichkeit der Zuckerkristalle auf die Raffinierbarkeit. Vorschlag einer Vorbewertung von Rohzucker auf Grund der Raffinierbarkeit. (Listy Cukrovarnické **66.** 181—83. 16/6. 1950. Výzk. ústav čs. prům. cukrovarn.) K. STEINER. 7416

K. Černý, *Bestimmung einiger organischer Stoffe in Inkrustationen.* 1. Mitt. *Oxalsäure.* (Vgl. folgendes Ref.) Oxalsäure läßt sich von anderen in Inkrusten auftretenden organ. Säuren durch Fällung als Ca-Salz bei p_H 3,5—4 abtrennen. Der Einfl. von Fe^{3+},

Al^{3+}, PO_4^{3-} wird durch Weinsäure oder K–Na-Tartrat ausgeschaltet. (Listy Cukrovarnické 66. 293—98. 1/12. 1950. Výzk. ústav čs. prům. cukrovarn.) K. STEINER. 7488

K. Černý, *Schnellbestimmung der Oxalsäure in Inkrustationen.* Verbesserung der Arbeitsmeth. der vorst. referierten Veröffentlichung. (Listy Cukrovarnické 68. 15—16. 19/1. 1952. Praha, Lihov. ústav u. Výzk. stan. lihov.) K. STEINER. 7488

Rohm & Haas Co., Philadelphia, Pa., V. St. A., übert. von: **Robert Kunin** und **Francis Xavier McGarrey**, *Entfernen von Salzen und anderen polaren Stoffen aus Lösungen mittels Ionenaustauscher.* Durch Überleiten der Lsg. über ein, einen bas. quaternäre Ammoniumgruppen enthaltenden Anionenaustauscher u. einen Kationenaustauscher in der H^+-Form (Sulfonsäureaustauscher) enthaltendes Gemisch werden auch organ. polare Stoffe, wie sie auch im *Zuckersaft* enthalten sind, entfernt. (**E. P. 670 350** vom 27/4. 1949, ausg. 16/4. 1952. A. Prior. 22/5. 1948.) O. STEIL. 7413

Farbenfabriken Bayer Akt.-Ges. (Erfinder: **Erhard Meier**), Leverkusen, *Regenerierung von Hydroxylionenaustauschern in der Zuckerindustrie,* gek. durch die Verwendung von Alkalicarbonaten u. -hydroxyden in beliebiger Reihenfolge, oder im Gemisch miteinander. (**D. B. P. 934 400** Kl. 89c vom 2/2. 1945, ausg. 20/10. 1955. Anmeldung bekanntgemacht 17/7. 1952.) A. GRADL. 7419

Usines de Melle, Frankreich (Erfinder: **Paul Vergnaud** und **Jean Pigeot**), *Verzuckerung stärkehaltiger Pflanzenteile,* dad. gek., daß diese vor der Säurehydrolyse zunächst mit verd. wss. Alkali bei einem p_H-Wert von 10—11 behandelt werden, um die Proteine (I) ganz oder teilweise zu entfernen. I können mit einer Säure aus der Lsg. gefällt werden, oder die Lsg. kann direkt als *Nährlsg. für Hefe* verwendet werden. Die von I befreite u. gewaschene Stärke wird mit 1%ig. Säure in bekannter Weise der Hydrolyse unterworfen. (**F. P. 1 000 486** vom 12/2. 1946, ausg. 12/2. 1952.) W. HEYNE. 7443

Pierre Robert Laguilharre, Seine-et-Oise, Frankreich, *Abkühlen konzentrierter lactosehaltiger Flüssigkeiten,* wie konz. gezuckerter Milch, die auf eine Temp. von 50° erhitzt war. Man kühlt zunächst auf 30° ab, impft mit Lactosekristallen u. kühlt rasch u. unter Rühren auf 15° u. tiefer, wobei sich nur kleine Lactosekristalle bilden. — Zeichnung zweier Vorrichtungen. (**F. P. 1 031 645** vom 18/11. 1950, ausg. 25/6. 1953.) M. PANKOW. 7445

Gösta Larsson, Barum, Bäckashog, Schweden, *Trennung von Graustärke und Fruchtwasser aus Stärke.* Die wss. Suspension von Graustärke (**I**), Fruchtwasser (**II**) u. Stärke (**III**) wird einer Zentrifugalbehandlung unterworfen, dergestalt, daß sie an der Innenwand einer trichterförmigen Vollmantelzentrifuge hochsteigt, dabei in die Schichten III—I—II zerlegt wird u. über Düsen durch W. gewaschen wird, das in Richtung zur Trommelachse sich bewegt. An der Oberkante der Trommel werden die 3 Schichten, getrennt durch einstellbare Trennrohre, abgeleitet. (**D. B. P. 928 160** Kl. 89k vom 26/6. 1953, ausg. 26/5. 1955. Anmeldung bekanntgemacht 14/10. 1954.) A. GRADL. 7449

Petrolite Corp. Ltd., Wilmington, Del., übert. von: **Melvin De Groote**, St. Louis, Mo., V. St. A., *Oxyalkylierungsprodukte von Polyallylsaccharose* erhält man durch Rk. von Polyallylsaccharose bzw. von Mischpolymeren, die noch andere Allylverbb. aufweisen, mit Äthylen-, Propylen-, Butylenoxyd, Glycid, Methylglycid, Methylglycid-, Äthylglycid- oder Propylglycidäther bei erhöhter Temp. u. Überdruck. Die Prodd. sind oberflächenakt. Stoffe u. dienen zum Trennen von Petroleum- oder Ölemulsionen, als Emulgiermittel u. Schmiermittelzusätze. (**A. P. 2 593 276** vom 11/7. 1950, ausg. 15/4. 1952.) J. MÜHLEISEN. 7461

XV. Gärungsindustrie.

J. Eisold, *Der Einfluß enthärteten Wassers auf die Spirituosenqualität.* W. für Spirituosen muß den gemäß Lebensmittelgesetz an Trinkwasser gestellten Anforderungen entsprechen u. darf nicht zu hart sein. Die Härtebildner können bei zunächst klaren Spirituosen Trübungen ergeben. Es empfiehlt sich, Spiritus u. W. in den üblichen Konzz. zu mischen u. durch mehrtägige Aufbewahrung bei Zimmertemp., bei Kellertemp. u. im Eisschrank zu prüfen. Im allg. ist ein W. von 3—4° d.H. für alle Spirituosen, von 5—6° d.H. nur für schwächere brauchbar. Empfohlen wird zur Enthärtung das Basenaustauschverf. mit Permutit oder Wofatit. Bei Eisengehh. von über 0,3 mg/Liter muß eine Enteisenung vorangehen oder das W. dest. werden. Enthärtetes W. darf nicht längere Zeit aufbewahrt werden, da es leicht faulig u. unbrauchbar wird. (Lebensmittel-Ind., Ausg. D 3. 118—19. Nov. 1951. Radebeul.) R. BEYTHIEN. 7536

Jean Michod, *Das Weinsteindepot in den Flaschen.* Die weinsteinhaltigen Kristallausscheidungen im Flaschenwein bestehen meistens aus weinsaurem Kalk. Ca gelangt bei der Filtration aus dem Asbest der Filtrierschichten in den Wein. Eine Filtrierschicht 40×40 cm vermag bis zu 906 mg Ca abzugeben, entsprechend 5,9 g $CaC_4H_4O_6 \cdot 4\,H_2O$. Es wird empfohlen, die Filterschichten oder die Filtermasse zuvor mit Citronensäurelsg. gründlich auszuwaschen. Die Abscheidung von Kaliweinstein wird durch längere Kälteeinw. vor der Abfüllung vermieden. (Landwirtsch. Jb. Schweiz **68** ([N. F.] **3**). 1023—28. 1954.) E. KIELHÖFER. 7554

F. W. Beech und **A. Pollard,** *Probleme der mikrobiologischen Kontrolle bei der Apfelweinbereitung.* Eine schärfere Kontrolle der Hefe- u. Bakterienflora bei der Apfelweinbereitung verbessert die Qualität des Apfelweins u. hilft Verluste vermeiden. Diesbzgl. Ratschläge für die Praxis. (Annu. Rep. agric. horticult. Res. Stat., Long Ashton, Bristol **1953.** 171—77.) E. KIELHÖFER. 7556

L. F. Burroughs und **A. Pollard,** *Die Rolle des Stickstoffes und des Vitamins B_1 bei der Apfelweinbereitung.* Der Gärungsverlauf beim Apfelsaft, der für die Apfelweinbehandlung von sehr großer Wichtigkeit ist, wird weitgehend durch den Geh. des Apfelsaftes an N (3—15 mg in 100 ml) u. Vitamin B_1 bestimmt. Bei zu schneller Gärung wird empfohlen, den größten Teil der Hefe durch Zentrifugieren zu entfernen. Bei zu langsamer Gärung soll Ammoniumsulfat zugesetzt werden, dessen Menge in Vorverss. festzustellen ist. An Vitamin B_1 wird ein Zusatz von 1 g Thiaminhydrochlorid auf 1000 Gallonen empfohlen. Weitere Ratschläge für die Praxis der Apfelweingärung. (Annu. Rep. agric. horticult. Res. Stat., Long Ashton, Bristol **1953.** 184—88.) E. KIELHÖFER. 7556

Edwin C. Griesbach, Oak Park, Ill., V. St. A., *Regulierung der Temperatur beim Züchten von Mikroorganismen.* Die Temp. wird absatzweise in nacheinanderfolgenden kleinen Mengen des mit den zu züchtenden Mikroorganismen angestellten Nährsubstrates im Wärmeaustauscher auf $>90^0$ F erhöht u. diese erwärmten Teile der verbleibenden Hauptmenge des Substrates beigemischt, die währenddessen im Wärmeaustausch auf 70—90° F gehalten wird, unter Aufnahme der zusätzlichen Wärme der kleinen Teilmengen. — Vorrichtung. (**A. P. 2 705 215** vom 8/5. 1951, ausg. 29/3. 1955.) J. KETTNER. 7507

Phrix-Werke Akt.-Ges., Hamburg (Erfinder: **Gerhard Källner,** Hamburg, **Nino Rupp,** Appenweier/Baden, und **Fritz Machu,** Hirschberg/Riesengeb.), *Belüftung von Lösungen für die Gärung bzw. Verhefung* unter gleichzeitiger Vermeidung unerwünschter Schaumbldg., dad. gek., daß durch eine geeignete Rührvorr. ein trichterförmiger, möglichst bis fast auf den Boden reichender Sog in der Würze bewirkt u. durch eine gesonderte Zuführungsvorr. Luft am Rande des Rührgefäßes von oben nach unten eingedrückt wird. (**D. B. P. 911 962** Kl. 6a vom 9/5. 1942, ausg. 24/5. 1954. Anmeldung bekanntgemacht 20/3. 1952.) J. KETTNER. 7507

National Distillers Products Corp., Va., übert. von: **Maurice M. Rosten,** New York, N. Y., V. St. A., *Gewinnung von Keimöl aus Schlempen.* Von der Schlempe werden die Feststoffe abgetrennt u. anschließend die erhaltene dünne Schlempe einer Zentrifugalkraft von wenigstens 400 g bei einer Temp. von wenigstens 150°F unterworfen. Dabei entstehen eine fl., mit fein verteilten, festen Suspensionen angereicherte Phase, eine das Öl enthaltende fl. Phase u. ein Schlemperückstand, die getrennt voneinander aufgefangen werden. (**A. P. 2 615 029** vom 24/2. 1950, ausg. 21/10. 1952.) J. KETTNER. 7511

Paul Germain Devos, Seine, Frankreich, *Unterdrückung des bei der Gärung sich bildenden Schaumes, insbesondere bei der Melassebrennerei.* Der Schaum wird dadurch zerstört, daß man ihn dauernd mit Gär-Fl. berieselt. — Zeichnung. (**F. P. 1 053 952** vom 30/8. 1951, ausg. 8/2. 1954.) T. OPPERMANN. 7511

Albrecht August Wilhelm Paul Haselbach, Saarland (Erfinder: **Waldemar Müller**), *Herstellung eines malzextraktreichen alkoholarmen unter- oder obergärigen Bieres* mit gegebenenfalls Vitaminzusatz, indem man eine Mischung von ausgegorenem Bier mit frisch bereitetem, noch gärendem Bier, bes. bei erhöhter Temp., einer nochmaligen Gärung unterwirft u. die Gärung durch bekannte Methoden bei dem gewünschten Geh. von A., z. B. $<1\%$, unterbricht. Die Zus. der Mischung richtet sich nach dem gewünschten Geh. an CO_2. (**F. P. 1 076 229** vom 20/2. 1953, ausg. 25/10. 1954. D. Prior. 21/2. 1952.) G. WELTZIEN. 7551

Willy Egger, Basel, Schweiz, *Behandlung eiweißhaltiger Flüssigkeiten bei der Bierfabrikation,* dad. gek., daß man die Fl. mit Ultraschall behandelt u. dadurch das Eiweiß teilweise abbaut, z. B. Bierwürze oder Bier. (**Schwz. P. 305 101** vom 25/8. 1951, ausg. 16/4. 1955.) J. KETTNER. 7551

Imperial Chemical Industries Ltd. (Erfinder: **James Blair, Walter Anderson Caldwell** und **Thomas Aucott McLellan**), London, England, *Gewinnung von Glycerin* aus den

Gärungs-Fll. nach der Dest. des Alkohols, z. B. aus der *Schlempe*. Die Fll. werden mit solchen Mengen eines granulierten Materials (Sand, Koks, Fullererde, Kieselgur, wasserfreies Na_2SO_4) gemischt, daß noch ein freifließendes Gemisch entsteht, das bei Unterdruck kurze Zeit auf 180—200° erhitzt wird. Die Glycerin enthaltenden Dämpfe werden kondensiert u. das Kondensat fraktioniert destilliert. — Vorrichtung. (**E. P. 723 230** vom 3/12. 1951, ausg. 2/2. 1955.) W. GRÄGER. 7579

XVI. Nahrungs-, Genuß- und Futtermittel.

—, *Nahrungsmittel.* Fortschrittsbericht 1954 über Milch, Sahne, Butter u. Käse (115 Literaturhinweise), Eier u. Eiprodd. (62 Hinweise), Getreide u. Getreideprodd. (63 Hinweise), Obst- u. Gemüselagerung (62 Hinweise), Präserven u. Konserven (23 Hinweise), Gefrierlebensmittel (45 Hinweise) u. hygien. Nahrungsmittelhandhabung (24 Literaturhinweise). (Rep. Progr. appl. Chem. **39**. 846—85. 1954.) EBERHARD MÜLLER. 7630

D. G. Pirie, *Lebensmittelvergiftung und -verderb.* Fortschrittsbericht 1954. — 72 Literaturhinweise. (Rep. Progr. appl. Chem. **39**. 815—23. 1954. London, J. Lyons & Co. Ltd.) EBERHARD MÜLLER. 7630

H. Groening, *Infrarotstrahlen in der Nahrungsmittelindustrie.* Allg. Ausführungen. (Lebensmittel-Ind., Ausg. A **4**. 335—37. Dez. 1952.) M. WINIKER. 7632

J. Moreno Calvo, *Kriterien der Wirksamkeit der Sterilisierung einer Konserve.* Für die Wärmeübertragung u. die mikrobielle Zers. bei der therm. Sterilisation von Konserven werden mathemat. Gleichungen abgeleitet. (Euclides [Madrid] **14**. 301—10. Aug. 1954. Inst. españ. de Fisiol. y Bioquimica.) R. K. MÜLLER. 7634

Otto F. Theimer, *Aktuelle Probleme in der Lagerungs- und Lüftungstechnik von Getreide.* Getreide mit Wassergeh. von 16—20% ist zum Zwecke der Kühlhaltung u. Konservierung mit Kaltluft zu belüften. Mähdreschergetreide, welches oft über 20% W. enthält, ist vor Einlagerung unbedingt zu trocknen, entweder durch intensive Durchlüftung mit Kaltluft oder, bei ungünstigen klimat. Verhältnissen, mit vorgewärmter Frischluft (40°). Dem natürlichen Trocknungsvorgang auf dem Felde kommt eine Kombination von Kaltlufttrocknung u. Infrarotbestrahlung am nächsten. (Mühle **90**. 398—403. 9/7. 1953. München-Solln.) R. WOLLER. 7664

—, *Untersuchungen über die Bekömmlichkeit von Sauerteigbroten.* Best. u. Besprechung folgender Faktoren, die für die Bekömmlichkeit eines unter Verwendung von Sauerteig oder Trockensauer hergestellten Mischbrotes maßgeblich sind: Unterschiede im Gesamtsäuregeh. bzw. im Geh. an flüchtigen u. nichtflüchtigen Säuren, Unterschiede in der Verdaulichkeit der Eiweißbestandteile u. der Kohlenhydrate, Unterschiede in der Brotstruktur, in Geschmack, Bräunung, Wölbung, Krumenelastizität u. Alter der Brote. (Brot u. Gebäck **9**. 33—41. März 1955.) H. HAEVECKER. 7674

J. Lemmerzahl, *Beobachtungen an Sauerteigen aus Auswuchsmehl.* Bei der Verarbeitung von Auswuchsmehl ist es notwendig, die Enzymtätigkeit schnell zu hemmen. Dies wird erreicht durch festere Sauerstufen, höhere Tempp. oder Zusatz eines Teigsäuerungsmittels, um möglichst schnell im Sauer einen Säuregrad von 7,0 zu erreichen. (Brot u. Gebäck **9**. 41—44. März 1955. Ulm.) H. HAEVECKER. 7674

E. Mitchell Learmonth, *Der Einfluß von Sojamehl auf Brotteig.* 2. Mitt. *Die Hemmung der proteolytischen Enzyme von Malz- und Weizenmehlen.* (1. vgl. C. **1953**. 1099.) In Hafermalz- u. Weizenmehlen sind Enzyme enthalten, die in der proteolyt. Wrkg. dem Papain ähnlich sind. Ihre Aktivität wurde an der Verdauung von Gelatinelsg. beobachtet u. anschließend die durch Zusatz von Sojabohnenmehl erfolgende Hemmung untersucht. Zuletzt wurden die erhaltenen Erkenntnisse auf den Brotteig übertragen. Nach farinograph. Messungen enthielt das Malzmehl nur einen geringen Anteil an proteolyt. Enzymen. Das als Mehlverbesserungsmittel dienende K-Bromat zeigte ebenso wie 10%ig. Sojabohnenextrakt (I) stark hemmende Wirkung. I kompensierte die enzymat. Fähigkeit einer gleichen Menge 30%ig. Malzextrakts. In dem handelsüblichen, mit Bromat versetzten Malzmehl war die Wrkg. der proteolyt. Enzyme unterdrückt. (J. sci. Food Agric. **3**. 54—59. Febr. 1952. London, British Soya Products Ltd.) K. ZOPFF. 7674

Elsie H. Dawson, Gladys L. Gilpin, Mary E. Kirkpatrick und **C. A. Weigel,** *Geruch und Bodenbehandlung. Geruch von Gemüse, das auf mit Hexachlorcyclohexan-Isomeren behandelten Böden gewachsen ist.* Der bes. vom β- u. δ-Isomeren des *Hexachlorcyclohexans* (I) bekannte muffige Geruch teilt sich dem auf behandelten Böden gewachsenen Gemüse (Tomaten, Limabohnen, Kartoffeln, Radieschen u. Karotten) mit. Die Geruchsintensität ist abhängig von der jeweiligen I-Dosis u. schwankt bei den verschied.

Gemüsearten. Die geringste Geruchsbeeinträchtigung zeigen die γ- u. α-Isomeren. (J. agric. Food Chem. 1. 399—403. 27/5. 1953. Beltsville, Md., Bur. of Human Nutrit. and Home Economics, u. U. S. Dep. of Agricult., Bur. of Entomol. and Plant Quarant.) E. SPEYER. 7690

P. W. Osstapenja und **G. Ja. Godess,** *Über den Einfluß verschiedener Anwendungsmengen von Hexachloran auf die organoleptischen Eigenschaften von Gemüse.* Verss. zur Klärung der Frage, ob durch Anwendung von *Hexachloran* (I) während der Vegetationsperiode bei Gemüse die Geschmacks- u. Geruchseigg. leiden, ergaben folgendes: Kohl zeigte weder Geruch noch Geschmack nach I. Mohrrüben u. Rüben, die auf Mineralboden mit 200 kg/ha I bearbeitet waren, zeigten im rohen u. gekochten Zustand I-Geruch u. I-Geschmack. Kartoffeln zeigten sowohl nach Bearbeitung des Bodens mit I vor dem Pflanzen als auch nach Bestäuben während der Vegetationsperiode Geruch u. Geschmack nach I. Auf Mineralboden gewachsenes Gemüse zeigt bei Anwendung gleicher Mengen I stärkeren Geruch u. Geschmack nach I als auf Torfboden gewachsenes. Die anzuwendende Menge von I kann nach Geschmacks- u. Geruchsproben geregelt werden. (Вопросы Питания [Fragen d. Ernähr.] 13. Nr. 2. 46—47. März/April 1954. Minsk, Weißruss. Sanit. Inst.) B. KRAFT. 7690

M. C. Malakar, S. N. Banerjee und **B. C. Guha,** *Untersuchungen über die Wirkung des Eindosens und der Lagerung auf den Nährwert einiger gewöhnlicher Vegetabilien. 1. Mitt. Veränderungen des Ascorbinsäuregehaltes im Kohl.* Etwa 20% *Ascorbinsäure* (I) im Kohl gehen während der Blanchierung verloren. Weitere 8% Verlust treten während der Aufbewahrung des blanchierten Gutes, 1 Std. der Luft ausgesetzt, auf. Blanchiertes Gut verliert prakt. die gleiche I-Menge nach 1 Std., ob es durch Luft oder Wasserbesprühung gekühlt wird. Die höchsten I-Verluste treten während des Autoklavierens auf (ca. 69%). Weitere ca. 25% der verbleibenden I gehen während der 1. Woche der Dosenlagerung bei Zimmertemp. verloren. Nach 6 Monaten wurde keine I in der Dose gefunden. Die I-Verteilung zwischen festem u. fl. Anteil des Doseninhaltes wurde zu 6 : 10 nach 1monatiger Lagerung festgestellt. Etwa 36% der Gesamt-I nach Zugabe von 100 mg I zur Verstärkung des Prod. gingen während der Autoklavierung verloren. Nach 6 Monate Aufbewahrung betrug der Verlust 56%. (Indian J. med. Res. 43. 23—29. Jan. 1955. Calcutta, Univ., Coll. of Sci. and Techn., Indian Coll. of Med. Res., Nutrit. Res. Unit.) H. PATZSCH. 7690

W. Komarowa, *Lagerung von Speck bei niedriger Temperatur.* Gesalzener Speck wird durch Lagerung bei —10 u. —18° nach 6 Monaten organolept. ungenügend u. beim Kochen gelb. Nach 12 Monaten wird er unbrauchbar. Die organolept. Merkmale bei gesalzenem Speck nach 12 Monaten Aufbewahrung bei —10° sind schlechter als bei —18°. Frischer Speck bleibt bei —10 u. —18° 12 Monate gut erhalten. (Мясная Индустрия СССР [Fleisch-Ind. UdSSR] 26. Nr. 2. 16—17. 1955. Allunions-Wiss. Forschungsinst. der Fleischind.) OTTO MAIER. 7750

Golowkin, *Neue Wege des Auftauens von Fleisch in sowjetischen Kühlhäusern.* Inhaltlich ident. mit den C. 1952. 613 u. 2596 referierten Arbeiten. (Lebensmittel-Ind., Ausg. B 3. 149—51. Dez. 1951. Leningrad, Inst. für Kühl- u. Milchind.) A. v. WILPERT. 7750

O. Högl, *Die Zubereitung der Trinkmilch. Die verschiedenen Formen des Genusses.* „Trinkfertige Milch" (nach der schweizer. Gesetzgebung) soll möglichst keimarm sein. Als solche wäre die rohe Vorzugsmilch am meisten zu empfehlen, wenn sie leichter in hygien. einwandfreiem Zustand zu beschaffen wäre. Durch Pasteurisierung wird die Milch in physiol. Hinsicht prakt. nicht nachteilig verändert u. auch durch Aufkochen nicht wesentlich, doch wird der Kochgeschmack oft abgelehnt. Sterilmilch ist geschmacklich u. physiol. wertgemindert, nicht aber uperisierte Milch. Bei der Dampferhitzung scheinen die Nachteile die Vorteile zu überwiegen. Andere Formen der Zubereitung, wie Vitaminisierung u. Homogenisierung, können zur Qualitätserhöhung beitragen. (Schweiz. Milchztg., wiss. Beilage 80. 136. 12/10. 137—41. 26/10. 1954. Bern, Eidg. Gesundheitsamt.) R. WOLLER. 7756

J. A. Cross, *Ein bei der Westerville-Molkerei angewandtes Kaltverdampfungs-Verfahren zur Erzeugung von Trockenmagermilch bei niedriger Temperatur.* Bei der Eindampfung bei hohen Tempp. wird ein Teil des Milcheiweißes so stark denaturiert, daß es für eine weitere Verwendung, z. B. Verkäsung, nicht mehr geeignet ist. Es wird ein Verf. beschrieben, dad. gek., daß die pasteurisierte Milch zunächst im Vakuum bei geringen Tempp. (ca. 30°) eingedampft wird u. erst dann in den Trockner gelangt. Durch einen Gasmotor, dessen Kühlwasser (ca. 74°) zur Pasteurisierung der Rohmagermilch dient, wird ein NH_3-Kompressor betrieben. Die Abwärme (bis zu 42°) dient zur Erwärmung der Milch. Durch Entspannung des kondensierten NH_3 wird der Wasserdampf bei ca. 21° kondensiert, u. über der sd. Milch entsteht ein Vakuum. Die eingedickte

Milch (46% Trockenmasse) wird kontinuierlich abgezogen, 16 Sek. bei ca. 72° pasteurisiert u. dann getrocknet. Das Milchpulver wird sofort gekühlt u. abgepackt. (Milk Products J. 46. Nr. 2. 22—23. Febr. 1955. Chicago, Ill., Mojonnier Bros.) HANS THIELE. 7756

A. C. F. Kruijer, *Sahneeis.* Sahnespeiseeis muß mindestens 12% Milchfett, 10,5% fettfreie Milchtrockenmasse u. 38% Gesamttrockenmasse enthalten. Herstellungstechn. Gesichtspunkte werden mitgeteilt. (Lait 34. 500—13. Sept./Okt. 1954.) R. WOLLER. 7756

Matti Antila, *Über die Körnigkeit von Speiseeis und Maßnahmen zu ihrer Verhütung.* Die bei der Lagerung von Speiseeis auftretende Körnigkeit ist auf Auskristallisieren von Lactose zurückzuführen. Verschied. Maßnahmen zu ihrer Verhütung bzw. Beseitigung werden diskutiert, wobei bes. auf die günstigen Erfahrungen hingewiesen wird, die durch enzymat. Spaltung der Lactose durch Zusatz von Lactase gemacht wurden. (Karjantuote 38. 469—73. 29/7. 1955. Helsinki, Yliopiston Maitotalouslaitos.) S. BECKMANN. 7756

Matti Antila und **Matti Hietaranta,** *Über die Oxydationsfehler der mit AIV-Salz gesalzenen Butter.* In mit AIV-Salz behandelter, gelagerter Butter wurden die konjugiert ungesätt. Fettsäuren (I), die ungesätt. Carbonylverbb. (II), Fe, Cu, JZ., Peroxydzahl, SZ., Salzgeh. u. p_H bestimmt. In der neutralisierten Butter treten Oxydationsfehler relativ selten auf. In gut haltbarer Butter sind Salzgeh. u. p_H höher, Peroxydzahl, Fe- u. Cu-Geh. niedriger als in schlecht haltbarer. In verdorbener Butter ist der Geh. an II relativ hoch. Hoher Cu-Geh. u. bes. ungenügende Neutralisation sind die wichtigsten Ursachen für das Verderben der Butter bei der Lagerung. Der Geh. an I ist bei guter u. schlechter Qualität gleich hoch. Beim Auftreten von öligem Geschmack nach kurzer Lagerung werden reichlich II gefunden, nicht dagegen bei fehlerfreier Butter. Dagegen treten nach mehrmonatiger Lagerung allg. Peroxyde u. II auf, auch ohne einen öligen Geschmack zu verursachen. Auch bei anderen Geschmacksfehlern treten II auf. (Karjantuote 38. 117—23. 25/2. 1955. Helsinki, Yliopiston Maitotalouslaitos.) S. BECKMANN. 7758

Veijo Antila, *Über die Citronensäure der Milch und ihre Bedeutung.* Übersicht über den Einfl. der Citronensäure der Milch auf deren Eigg. u. der durch ihre bakterielle Zers. entstandenen Stoffe auf Geschmack u. Aroma von Käse. — 13 Literaturangaben. (Karjantuote 37. 689—92. 26/11. 1954. Helsinki, Yliopiston Maitotalouslaitos.) S. BECKMANN. 7760

W. R. Alexander, *Qualitätseinteilung von Cheddarkäse.* Mitteilung der Anforderungen, die in Schottland an Cheddarkäse verschied. Qualitätsstufen gestellt werden. (Agric. Progr. 28. 144—50. 1953. Scotland Area, Min. of Food.) R. WOLLER. 7760

Veijo Antila, *Über die Zersetzung des Fetts im Hartkäse.* Auf Grund der bisherigen Untersuchungsergebnisse läßt sich nicht entscheiden, welche Lipasen die geringfügige, den Geschmack günstig beeinflussende Fettzers. in Hartkäse verursachen. Wahrscheinlich sind es sowohl Lipasen der Milch, als auch verschied. Bakterienlipasen. (Karjantuote 38. 501—04. 12/8. 1955.) S. BECKMANN. 7760

Je. Gorisontowa, *Veränderung des Geflügelfettes bei Lagerung.* Beim Frischfett ausgeweideter Hühner betrug die SZ. 0,5—0,6 u. die Peroxydzahl (PZ.) 0. Bei —10° traten in den ersten 3 Monaten keine merklichen Veränderungen ein. Nach 7,5 Monaten betrug die SZ. 1,52—1,68, die PZ. (in % J) 0,1. Nach 9 Monaten wurden im Fett Anzeichen von Verderb festgestellt. Die SZ. betrug 2—2.5, die PZ. 0,12 für Hautfett u. 0,2 für inneres Fett. Bei —20° waren die Veränderungen sehr gering. Nach 8 Monaten war das Fleisch nach den organolept. Merkmalen völlig frisch. Nach 14 Monaten betrug die SZ. 1,5, die PZ. 0,05. Die verschied. Gefrierverff. zeigten keine Unterschiede. Nur das Aussehen war in Schnellgefrierverff. besser. (Мясная Индустрия СССР [Fleisch-Ind. UdSSR] 26. Nr. 2. 13—16. 1955.) OTTO MAIER. 7770

J. Davidson, *Die Chromogenmethode zur Bestimmung der Verdaulichkeit von getrocknetem Gras bei Schafen.* Bei der früher vom Vf. beschriebenen Meth. (C. 1955. 5924) zur Best. der Verdaulichkeit von Heu durch spektrophotometr. Ermittlung der mit den Faeces ausgeschiedenen Chromogene mißt man am zweckmäßigsten die Lsg. der Farbstoffe bei 416 mμ. Da die Zerstörung der Farbstoffe im Verdauungstrakt (Carotinoide 18%, Tetrapyrrole bis 62%, Chlorophyll bis 87%) bei den einzelnen Tieren stark schwankt, sollte dieses Verf. nur nach vergleichenden Unterss. mit den üblichen Methoden angewendet werden. (J. Sci. Food Agric. 5. 209—12. Mai 1954. Bucksburn, Aberdeenshire, Rowett Inst.) F. KRUSEN. 7782

Heinrich Brune, *Aufwertung der Mühlennachprodukte zu hochwertigen Futtermitteln.* Mühlennachprodd. sind auf Grund ihres Protein-, Vitamin- u. Mineralstoffgeh.

(bes. P) wohl wertvolle Futtermittel, bedürfen aber doch im Rahmen einer Gesamtration einer Aufwertung durch Zumischen anderer Futtermittel (z. B. Leguminosen, Hefe, Fischmehl), damit günstige Korrelation der Nähr- u. Wirkstoffe erreicht wird. — 14 Tabellen. (Mühle **90.** 395—97. 9/7. 1953.) R. WOLLER. 7786

W. D. Tschishow, *Komplexe Ausnutzung des Preßkuchens von Fruchtkernen.* Preßkuchen von der Fruchtkernölgewinnung wird unter Zusatz von W. bei 30—40° durch das darin enthaltene Emulsin fermentiert, die gebildeten flüchtigen Prodd. werden abdestilliert. Der Rückstand wird abfiltriert u. getrocknet. Die übergegangenen flüchtigen Prodd. werden mehrmals fraktioniert u. das übergehende *Bittermandelöl* (Benzaldehyd) unter Zusatz von ca. 20—30% W. durch Vakuumdest. von der HCN abgetrennt. Die übergehende HCN wird durch Auffangen in einer $FeSO_4$-haltigen KOH-Lsg. auf Berlinerblau verarbeitet. Die bei der Dest. der flüchtigen Prodd. anfallenden konz. wss. Lsgg. von Bittermandelöl werden mit 50% 96%ig. A. versetzt u. destilliert. Das Destillat enthält im wesentlichen Benzaldehydcyanhydrin u. HCN. Der Rückstand wird fraktioniert u. bei 130° u. 600 mm Hg reines Bittermandelöl aufgefangen. Die etwa noch vorhandene HCN wird in angegebenener Weise chem. entfernt. Der vom Amygdalin befreite Preßkuchen wird als Futtermehl oder Futterpaste verwendet. (Маслобойно-Жировая Промышленность [Öl- u. Fett-Ind.] **20.** Nr. 1. 11—14. 1955. Minist. für Lebensmittelind. der RSFSR.) R. RICHTER. 7786

Erich Tschirch, *Über die Verdaulichkeit entleimter Futter-Knochenmehle.* Vf. überprüft die Verdaulichkeit von *Knochenmehl* in vitro mit einer den physiol. Bedingungen angepaßten Meth. u. findet volle Verdaulichkeit. Er wendet sich gegen eine Bewertung nach der Citratlöslichkeit, die nur in der Düngemittelanalyse Berechtigung hat. (Chemiker-Ztg. **79.** 245—46. 20/4. 1955. Wiesbaden.) P. LOCH. 7786

Raymont Jacquot, Jeanine Raulin, Jean Adrian und **Alain Rerat,** *Zusammensetzung und Nährwert der Hiobstränen (Coix lacryma-Jobi L.).* Die Körner des in Südamerika, bes. in Brasilien, angebauten, aus Indien stammenden *Tränengrases* (Coix lacryma-Jobi L., Gramineae) unterscheiden sich von den anderen Cerealien nur durch einen hohen Proteingehalt (15%). Der Vitamin B-Geh. ist mäßig, die Menge der essentiellen Aminosäuren gering, mit Ausnahme eines sehr hohen Übermaßes an Leucin. Fütterungsverss. mit Ratten zeigten eine sehr schlechte Ausnutzbarkeit der Proteine. Die Körner sind nur ein schlechter Ersatz für Mais. — 30 Literaturangaben. (J. Rech. Centre nat. Rech. sci. **1955.** 147—55. März. Labor. de Biochem. Nutr.) H. PATZSCH. 7786

M. A. Ter-Karapetjan, E. Ch. Asarjan, Sch. A. Awakjan und **G. Ss. Arutjunjan,** *Technologische Schemata zur Hefegewinnung aus Abgängen der Landwirtschaft in kleinen Betrieben.* Rohstoffe zur Gewinnung von Hefen für Futterzwecke erhält man am einfachsten durch Auskochung von Stoffen mit Zuckergehalt. Etwas komplizierter ist die Hydrolyse der Abfälle, die Stärke oder ähnliche Polysaccharide enthalten, mit Säure. Vff. verwenden bes. Rührgeräte (Inokulatoren), welche eine ausreichende Luftzufuhr gewährleisten. Die Vorschläge der Vff. gestatten die Herst. von Futterhefen auch unter einfachen Bedingungen. (Известия Академии Наук Армянской ССР, Биологические и Сельскохозяйственные Науки [Nachr. Akad. Wiss. ArmenSSR, biol. landwirtsch. Wiss. **8.** Nr. 1. 45—55. 1955. Tierzucht-Inst. des Landw.-Minister. der ArmenSSR.) A. ECKE. 7786

R. T. Bohn, *Rückstandzucker im Brot. Neue Methoden zur Bestimmung des Gehalts an Rückstandszucker im Brot.* Zur Best. des Zuckergeh. im Brot erwies sich die biol. Meth. des Vf., das heißt Vergärung mit Spezialhefen, am geeignetsten. Mit Vorteigführung hergestellte Brote enthielten 0,55—2,75% Maltose, der Dextrosegeh. schwankte zwischen weiteren Grenzen, je nach angewandter Zuckermenge. Direktteigführung ergibt höhere Maltosegehalte. (Bakers Digest **27.** Nr. 5. 25—27. 36. Okt. 1953. Bohn Food Research, Inc. Scarsdale, N. Y.) H. HAEVECKER. 7800

A. Rotsch, *Über die Kochsalzbestimmung in Brot und Backwaren.* Vf. empfiehlt gründliche Auslaugung von 5—10 g Gebäck in Reibschale mit 100 ml W., Auffüllen des Extraktes im 200 ml Kolben bis das Vol. 170 ml beträgt. Klärung erfolgt erst mit 10%ig. Tanninlsg., dann mit Bleiessig. Nach Auffüllen auf 200 ml mit gesätt. Na_2SO_4-Lsg. wird filtriert. Die klare Fl. dient sowohl zur NaCl-Best. nach MOHR oder VOTOČERK oder auch zur Zuckerbestimmung. (Brot u. Gebäck **7.** 39—40. März 1953. Detmold, Bundesanstalt für Getreideverarbeitung.) G. HOFER. 7800

Morrison Loewenstein. *Eine verbesserte Cenco-Methode.* Vf. prüfte 680 Milchproben auf ihren Geh. an Trockenmasse mit der MOJONNIER-Meth. (I) u. der CENCO-Meth. (II). I liefert um 0,1% höhere Werte als **II.** Vf. hat II verbessert u. bringt eine sehr genaue Arbeitsvorschrift für die CENCO-Waage, bei der mit einer 250 Watt-Infrarotlampe getrocknet wird, so daß eine Best. ca. 13 Min. dauert. Auch bei gefrorener oder mit Formalin konservierter Milch liefert II einwandfreie Werte. (Milk Plant Monthly **44.** Nr. 3. 25, 26, 28. März 1955.) F. HOPPE. 7856

H. L. Wildasin und **E. O. Anderson,** *Kationische Netzmittel im Babcock-Test.* Vff. geben eine Modifikation des BABCOCK-Tests unter Verwendung oberflächenakt. kation. Agentien an. Die quartären Ammoniumbasen dispergieren Milchproteine in kation. Form, wenn auch die Proteine nicht vollständig hydrolysiert werden. Diese Fähigkeit des Netzmittels u. seine lyophile Eig. ermöglichen die Deemulgierung des Milchfetts in homogenisierter Milch. Der in Milchlaboratorien üblichen App. u. den regulären BABCOCK-Reagentien wurde eine 50%ig. Lsg. von Alkyldimethylbenzylammoniumchlorid („BTC“) in H_2SO_4 zugesetzt u. bei den Ablesungen ein Meniscus-*Entferner* benutzt. Das *Netzmittel* ist in konz. H_2SO_4 mindestens 2 Wochen stabil. Die Resultate dieses Tests hatten eine mittlere Durchschnittsdifferenz von —0,04% Fett, eine Standardabweichung von 0,06% u. einen Standardfehler der mittleren Differenzen von 0,02% Fett im Vgl. mit einem Ätherextraktionsverfahren. Ablesungen nach dieser Meth. wurde bis auf ungefähr 0,1% Fett gemacht. Um zufriedenstellende Resultate zu erhalten, ist bei diesem Test an homogenisierter Milch weniger Geschicklichkeit erforderlich als mit dem BABCOCK-Test an regulärer Milch. (Science [Washington] **116.** 236. 29/8. 1952. Storrs, Conn., Agricultural Exp. Stat., Dep. of Animal Industries.) G. KIRMSE. 7856

K. Niemelä, *Über das Verhältnis des Fettgehalts zum Eiweißgehalt in der finnischen Milch. Über die Faktoren, die die Genauigkeit der Formoltitration beeinflussen.* Zwischen dem Geh. an Fett (I) u. Casein (II) der finn. Milch besteht keine genügende Korrelation, um aus dem I-Geh. der Kesselmilch auf deren II-Geh. zu schließen; nur bei großen Milchpartien (5000—6000 Liter) ist eine derartige Schätzung möglich. Der II-Geh. der Milch kann mit Hilfe der Formoltitration mit einer Genauigkeit von $\pm$5% bestimmt werden. — Die Fehlerquellen der Formoltitration von II werden erörtert. (Karjantuote **37.** 311—18. 28/5. 1954.) S. BECKMANN. 7856

W. Ritter, *Die Phosphataseprobe.* Unter den aufgeführten physikal., chem., enzymat. u. bakteriolog. Methoden zum Nachw. einer vorschriftsmäßigen Milcherhitzung wird die Phosphataseprobe als beste u. sicherste angesprochen. Verschied. qualitative u. quantitative Ausführungsformen derselben werden mitgeteilt u. allgemein zu beachtende Hinweise für die Durchführung dieser Nachweismeth. gegeben. (Schweiz. Milchztg., wiss. Beilage **79.** 17—22. 16/10. 1953. Liebefeld, Eidg. Milchwirtsch. u. Bakteriol. Anstalt.) R. WOLLER. 7856

Giovanni d'Arrigo, *Ermittlung von Spuren von Isovaleriansäure in Butter, welche mit hydriertem Delphinöl verfälscht ist.* Mit *hydriertem Delphinöl* (I) verfälschte Butter weist chem. u. physikal. Charakteristika auf, die denen unverfälschter Butter sehr nahekommen (Ergosterin-Rk., Isoölsäureprobe, REICHERT-MEISSL-Zahl). Der Nachw. von I gelingt über die Isovaleriansäure (II), die in I vorkommt, nicht aber in anderen Fetten. Zur Erfassung von Spuren von II werden die flüchtigen Fettsäuren (III) aus der Butter abgetrennt (Dest. wie bei Best. der REICHERT- MEISSL-Zahl). Die isolierten III werden papierchromatograph. untersucht. Sichtbarmachung der Säureflecken mit Bromphenolblau; Vergleichschromatogramm. — 7 Abb. (Olii minerali, Grassi Saponi, Colori Vernici 32. 2—7. Jan. 1955. Catania, Regione Siciliana, Centro Sperim. per l'Ind. degli Olii, dei Grassi e Saponi.) R. WOLLER. 7858

—, *Zur titrimetrischen Salzbestimmung im Käse.* Für laufende Unterss. wird empfohlen, bei der NaCl-Best. im Käse als Titrationsmittel 0,05n$HgNO_3$ u. als Indicator $Fe(SCN)_3$ zu verwenden. (Molkerei-Ztg. **8.** 1065—66. 2/9. 1954.) F. KRUSEN. 7860

Jaroslav Kdroušek und **Stefan Michalik,** *Untersuchung der Aminosäuren in Käse mit Hilfe der Papierverteilungschromatographie.* Wegen Unzulänglichkeit der bisher verwendeten Methoden wird ein neuer Weg zur Herst. von Extrakten u. Hydrolysaten aus Käse zur weiteren Unters. durch Papierchromatographie beschritten: Nach Trocknung von 5 g Käse bei n. Temp. im Vakuum (24 Std.) wird mit Ae. im SOXHLET extrahiert (24 Std.) u. wasserfrei gemacht. Diese Probe wird mit 100 cm³ W. 15 Min. geschüttelt, 5 Min. auf 55° erhitzt, nach Abkühlen filtriert (SCHLEICHER-SCHÜLL-Papier Nr. 605) u. mit heißem W. durchgewaschen (*freie Aminosäuren*; I). Nach Trocknen des Rückstandes Hydrolyse (*gebundene Aminosäuren*; II). In 25 cm³ des vorigen Filtrates werden die Albumosen u. Peptone mit 75 cm³ A. gefällt (12 Std.) u. nach Abzentrifugieren zur Hydrolyse gebracht. 20 cm³ des Zentrifugats werden bei n. Temp. im Vakuum zur Trockne gedampft in 0,5 cm³ A. (75%ig.) gelöst u. chromatographiert (5 Chromatogramme). — Die Hydrolyse des obigen Rückstandes, der ausgefällten Albumosen u. eines Teiles des Gesamtextraktes erfolgt mit 6nHCl (24 Std.) im Einschmelzrohr. Da hierbei Tryptophan gespalten wird, wird zu dessen Best. noch eine alkal. Hydrolyse mit 5n$Ba(OH)_2$ im Einschmelzrohr (100°, 30 Std.) durchgeführt. — Beschreibung der Chromatographie auf Papier von SCHLEICHER-SCHÜLL Nr. 602 u. WHATMAN Nr. 1 u. 4. — Die Meth. ist zur Best. von I u. II in frischen u. gereiften Käsen geeignet. — An *Roquefort* wird eine qualitative u. quantitative Änderung der I durch Reifung festgestellt.

Bei verschied. Käsen werden charakterist. Abweichungen im I-Geh. gefunden, das heißt, die proteolyt. Prozesse sind nicht nur für die Reifung, sondern für jede Käseart charakteristisch. Das qualitative Bild der an Eiweiß gebundenen II ändert sich während der Reifung nicht. *Roquefort, Emmentaler* u. *Mähr. Laibkäse* enthalten alle nichtersetzbaren Aminosäuren. — Freie Aminosäuren in Roquefortkäse (erste Zahl nach 9 Tagen; zweite Zahl nach 6wöchiger Reifung; Klassifikation: 1 = sehr schwache, 2 = schwache, 3 = mittlere, 4 = starke, 5 = sehr starke Intensität des Fleckes im Chromatogramm): *Asparaginsäure* 2, 3; *Glutaminsäure* 4, 5; *Serin* 3, 4; *Glycin* 3, 4; *Asparagin* 1, —; *Threonin* 2, 4; *α-Alanin* 3, 4; *Glutamin* 3,3; *Tyrosin* 2, —; *Valin* + *Methionin* 3, 5; *Phenylalanin* 1, 3; *Leucin* 4, 5; *Histidin* 2,2; *Lysin* 3, 4; *Arginin* 2, 3; *Prolin* 2, 3; *Sarkosin* —, 1; nicht identifizierbare I: über Prolin —, 1; neben Prolin —, 1; vor Arginin —, 2. In beiden Extrakten wird *Citryllin* gefunden. — 28 Literaturstellen. (Sborník českoslov. Akad. zemědělských Věd., Rada A. 27. 67—78. Jan. 1954. Prag [Praha], Vysoká škola zemědělská, agrobiochem. labor.) E. ROTTER. 7860

J. Hubert Hamence, *Futtermittelanalyse.* Fortschrittsbericht 1954 über Analysenmethoden, bes. zur Best. von Spuren Antibiotica in Viehfutter, von fettlösl. Pigmenten, Chlorophyll, Carotinen, Xanthophyll usw. in Heu, zur Best. von K, Ca, Cu, Mo, Co, NH_4^+-, Amid-, NO_2^-- u. NO_3^--N u. F in Nutzpflanzen. — 14 Literaturhinweise. (Rep. Progr. appl. Chem. 39. 689—91. 1954. London-Eastcheap, Peek House, Analyt. Labor.) EBERHARD MÜLLER. 7866

A/S Nordisk Aluminiumindustri, Oslo, Norwegen, *Verpackungsmaterialien, insbesondere für Nahrungsmittel,* bestehend aus Al-Folie mit 0,3—0,5% Mg u. künstlich oxydierter Oberfläche, die außerdem mit Lackschicht überzogen ist. (**N. P. 80 278** vom 30/6. 1948, ausg. 26/5. 1952.) JÜRGEN SCHMIDT. 7630

British Baking Industries Research Association, übert. von: **John Bridgeford Maxwell Coppock** und **Ruth Bennett,** Charleywood, England, *Backhilfsmittel.* Dem Mehl oder Teig wird 0,0005—0,002% *l*-Ascorbinsäure oder Dehydroascorbinsäure in Kombination mit 0,03—0,15% eines Mürbungsmittels, z. B. Glycerinmonostearat, berechnet auf das Mehlgewicht, bes. nach vorheriger Emulgierung, zugesetzt. (**E. P. 700 869** vom 21/8. 1951, ausg. 9/12. 1953.) W. KRANZ. 7675

Atlas Powder Co., Wilmington, Del., übert. von: **William C. Griffin,** West Chester, Pa., V. St. A., *Mürbungsmittel für Backzwecke,* bes. für Feingebäck mit hohem Zuckergeh., bestehend aus einem Fett, z. B. hydriertem pflanzlichem Öl, u. 0,5—6,0% einer Polyoxyäthylenverb. der allg. Formel $R(OCH_2CH_2)_nOR'$, worin R u. R' Acylreste unverzweigter Monocarbonsäuren mit 12—18 C-Atomen bedeuten u. n die Zahl 15—35. Beispiel: 30-Polyoxyäthylenstearatoleat. (**A. P. 2 662 015** vom 2/4. 1949, ausg. 8/12. 1953.) W. KRANZ. 7675

Borden Co., übert. von: **Hartley W. Howard,** Hastings on Hudson, N. Y., V. St. A., *Kindernährmittel,* bestehend aus vorwiegend Lactose, Fetten u. Proteinen in einem bestimmten Mengenverhältnis zueinander. Beispiel: 33,2 (%) Trockenmagermilch, 38,4 Lactose, 13,2 Palmöl, 6,6 Cocosnußöl, 6,6 Erdnußöl, 1,0 Lecithin, 0,55 $CaCl_2$, 0,22 KOH, 0,15 Methionin, 0,03 Fe_2SO_4, 0,04 Ascorbinsäure, 0,005 Niacin, 0,0003 Thiaminhydrochlorid, 0,0002 Riboflavin, 0,0045 Vitamin A u. D. (**A. P. 2 659 676** vom 10/4. 1951, ausg. 17/11. 1953.) W. KRANZ. 7743

XVII. Fette. Seifen. Wasch- u. Reinigungsmittel. Wachse. Bohnermassen usw

T. A. Venkatasubrahamanian und **S. S. De,** *Verwendung von ionenaustauschenden Harzen zur Beseitigung der freien Fettsäuren in Ölen.* Beim Neutralisieren freier *Fettsäuren* (I) mit Na_2CO_3 oder NaOH leidet die Haltbarkeit der Fette, wahrscheinlich infolge der Zerstörung natürlicher Antioxydantien. 50 ml Öl wurden durch eine 6·1 cm große Säule von *IR 4* filtriert. Beim einmaligen Durchgang wurden ca. 50% von I adsorbiert. Der Geh. an I ist noch nach fünfmaligem Durchgeben höher als nach einmaliger Neutralisation, die Stabilität der Öle, geprüft in O_2, aber schon nach zweimaligem Filtrieren größer. (Sci. and Cult. 17. 180—81. Okt. 1951. Bangalore, Ind. Inst. of Science, Food Technol. Labor.) D. DRESSLER. 7874

W. P. Rshechin, *Untersuchung der Änderung der Eigenschaften von kristallinem Gossypol beim Erhitzen in Luft-, Wasserdampf- und CO_2-Atmosphäre.* Aus mit PAe. entfettetem Baumwollsamenöl mit Ae. in einer Menge von 0,53% gewonnenes, mehrmals mit PAe. umgefälltes krist. *Gossypol* (I), $C_{30}H_{30}O_8$, F. 180°, Mol.-Gew. 508 (theoret. 518), wird mit Luft 2 Std. auf 100—160° bzw. 30—120 Min. auf 130° erhitzt. Dabei verliert I von 110—115° an, mit steigender Temp. u. mit der Zeit zunehmend, die in o-Stellung zur

CHO-Gruppe befindlichen sauren OH-Gruppen u. die COH-Gruppen u. bildet Kondensationsprodd., z. B. (bei 160°) $C_{38,8}H_{39,9}O_{9,7}$. Bei Erhitzen in CO_2-Atmosphäre auf 130° treten diese Veränderungen in geringerem Maße auf, in noch geringerem Umfang bei gleichem Erhitzen mit Wasserdampf. Wenn I in Öl gelöst mit Luft erhitzt wird, nimmt die Zahl der sauren OH-Gruppen u. der COH-Gruppen um so mehr ab, je größer die spezif. Grenzfläche I—Luft ist. (Журнал Прикладной Химии [J. angew. Chem.] **28.** 193—200. Febr. 1955. Allunions-wiss. Forsch.-Inst. für Fette.) R. K. MÜLLER. 7894

Hiroshi Sakurai, *Reiskleieöl.* 10. Mitt. *Abtrennung der Fettsäuren des Reiskleieöls mit Harnstoffaddukten. Trennung von Ölsäure und Linolsäure.* (9. vgl. J. chem. Soc. Japan, ind. Chem. Sect. [Kōgyō Kagaku Zassi] **55.** [1952.] 501.) (J. chem. Soc. Japan, ind. Chem. Sect. [Kōgyō Kagaku Zassi] 56. 118—20. Febr. 1953. Osaka, Univ. [Orig.: japan.]) L. SCHULER. 7894

—, *Das Mazzoni-Verfahren zur Seifenherstellung.* Ausführliche Besprechung des Verfahrens. (Indian Soap J. **19.** 96—101. Okt. 1953.) H. P. FIEDLER. 7910

A. N. Scheiko, L. L. Rasgon und **N. T. Komardin,** *Eine Kochmethode für 60%ige Haushaltsseife ohne Abklärung.* Der Rückstand von der vorherigen Kochung wird mit 25—26%ig. calcinierter Soda (I) versetzt. Die I-Lsg. wird mit mindestens 35% trockenem I versetzt. Die zugesetzte I-Menge entspricht einer Verseifung von 60% Fett-, Harz- u. Naphthensäuren. Die CO_2-Verseifung ist beendet, wenn der Fettsäuregeh. der Seife 67—70%, der Säuregrad der Carbonatmasse 20—25% u. die I-Menge nicht mehr als 0,35% beträgt. Gegen Ende des Kochens muß in der Seife ein konstanter Überschuß an freier Lauge von 0,15—0,2%, ein Fettsäuregeh. von 62—63,5%, ein Geh. von 0,15 bis 0,3% u. ein Salzgeh. von 0,3—0,4% erhalten bleiben. Der Fettsäuregeh. in der Seife wird durch Zusatz der entsprechenden Menge W. oder Kernschnitzel reguliert. Das Versuchskochen einer 60%ig. Haushaltsseife nach obigem Verf. hat gezeigt, daß die Produktion gegenüber dem üblichen Verf. verdoppelt wird. (Маслобойно-Жировая Промышленность [Öl- u. Fett-Ind.] **19.** Nr. 8. 20—22. 1954.) OTTO MAIER. 7910

Koichi Isoda, Hiroshi Kishikawa und **Ryohei Oda,** *Synthesen von nichtionischen oberflächenaktiven Stoffen.* 2. Mitt. (1. vgl. J. chem. Soc. Japan, ind. Chem. Sect. (Kōgyō Kagaku Zassi] **53.** [1950.] 431.) Verschied. oberflächenakt. Äthanolaminderivv. werden hergestellt. Laurinsäuremonoäthanolamid bzw. Laurinsäurediäthanolamid werden mit wechselnden Mengen Äthylenoxyd in Ggw. von Na als Katalysator bei 130—140° kondensiert. Die Oberflächenspannung der wss. Lsgg. der Prodd. beträgt ca. 30—35 dyn/cm in einem Konzentrationsbereich von 5—0,1%. Ferner wird Cocosnußöl mit Triäthanolamin bei 200° mit Na_2CO_3 sicc. als Katalysator umgeestert. Die Oberflächenspannung beträgt hier ca. 32—36 dyn/cm bei einem Konzentrationsbereich von 5—0,1%. (Bull. Inst. chem. Res., Kyoto Univ. [Kagaku Kenkyusho Hokoku] **24.** 86—87. März 1951. Oda Labor. [Orig.: japan.; Auszug: engl.]) GÜNTER LANGE. 7912

H. Manneck, *Waschchemie und Technik.* 1. Mitt. *Die künstlichen Anschmutzungen zur Bewertung von Reinigungsmitteln.* Übersicht über die Zus. verschied. künstlicher Anschmutzungen u. Testgewebe für Labor-Waschversuche. (Seifen-Oele-Fette-Wachse **79.** 594—96. 11/11. 1953.) I. SCHOENMANN. 7912

Karl Schuster, *Über die adsorptionsverdrängende Wirkung kondensierter Phosphate.* Durch Waschverss. zur Minderung der Sorptionskapazität von Textilfasern für (hauptsächlich kationakt.) Waschmittel wurde festgestellt, daß polymere Phosphate im 1. Spülbad etwas günstiger wirken als in der Klarwaschflotte. (Wäscherei-Techn. u. -Chem. **1955.** 634—36. Sept.) I. SCHOENMANN. 7912

—, *Wie unterscheidet man ein „Sulfuröl" von einem Trichloräthylenöl?* Zum Nachw. von Sulfuröl (mit CS_2 extrahiertes Olivenöl) dienen die bekannten Methoden des S-Nachw. mit Ag-Benzoat, Silberdraht, Cu-Xanthat u. Pb-Acetat. Trichloräthylen wird durch Abbrennen einiger cm^3 Öl mit einem stückigen Cu nachgewiesen (grüne Flamme). (Olii minerali, Grassi Saponi, Colori Vernici **27.** 105. Okt. 1950.) C. GRIMME. 7932

Franco Lorenzola, *Eine Apparatur für die Reaktion nach Bellier-Carocci-Buzi.* Zur vereinfachten serienmäßigen Unters. von *Rektifikaten B* u. von *Erdnußöl* wurde eine App. konstruiert (Abb.). Beschreibung der Untersuchungsmethode. (Olii minerali, Grassi Saponi, Colori Vernici **32.** 7. Jan. 1955. Vercelli, Labor. Chimico Provinciale.) R. WOLLER. 7932

Bruno Romani und **Gastone Valentinis,** *Eine neue Vergleichslösung zur Ermittlung von Sesamölbeimischungen.* Dem in den Handel gebrachten Samenöl müssen 5% *Sesamöl* (I) zugesetzt sein, da dieses eine Erkennung auf Grund seiner charakterist. Farb-Rk. mit *Furfurol-HCl* (II) erleichtert. Die bei dieser Rk. auftretende Farbintensität soll

nicht geringer sein als die einer bestimmten Vergleichslsg. [$KMnO_4$ (III)—$K_2Cr_2O_7$—Vaselinöl]. Da die Farbintensität der III-Komponente nicht beständig ist, schlagen Vff. nunmehr vor, III durch Bordeaux R zu ersetzen, wodurch zugleich der Farbton der Vergleichslsg. demjenigen des I—II-Reaktionsprod. besser entspricht. (Olii minerali, Grassi Saponi, Colori Vernici 32. 8. Jan. 1955. Udine, Labor. Chimico Provinciale.)
R. WOLLER. 7932

J. G. Mouson & Co., Das Haus der Postkutsche, Frankfurt/M., *Herstellung neutraler oder schwach saurer Waschmittel.* Man emulgiert wasserlösl., bei n. Temp. feste Polyalkyläther, bes. Polyglykoläther, in geschmolzenem Zustand mit anionakt. synthet. Waschmitteln, kühlt ab u. verformt. (**D. B. P. 931 846** Kl. 23e vom 11/2. 1950, ausg. 18/8. 1955. Anmeldung bekanntgemacht 16/11. 1950.) C. LÜTTGEN. 7913

Chimiotechnic (Union Chimique du Nord et du Rhône), Rhône, Frankreich, *Herstellung von wässerigen oder pastenartigen Lösungen von Arylalkylsulfonaten.* Man neutralisiert die Sulfonsäuren zuerst teilweise mit Triäthanolamin (**I**) u. beendet die Neutralisation mit NaOH oder KOH. Das I dient gleichzeitig als Lösungsm. für die gebildeten Arylalkylsulfonate. — *Waschmittel.* (**F. P. 1 072 818** vom 10/3. 1953, ausg. 16/9. 1954.) T. OPPERMANN. 7913

Chemische Fabrik Budenheim Akt.-Ges. (Erfinder: **Otto Pfrengle**), Budenheim/Rh., *Reinigungsmittel für Haushalt und Werkstatt,* bes. für die Reinigung der Oberflächen von Metallen u. keram. Massen aller Art, dad. gek., daß es Silicophosphorsäure (mit 50% P_2O_5 u. 30—39% SiO_2) enthält. Dem Mittel können noch säurebeständige, waschechte Substanzen, saure oder neutrale Alkaliphosphate, inerte Füllstoffe u./oder zwecks Verhinderung des Säureangriffs auf Metall bekannte Inhibitoren (Thioharnstoff) zugesetzt sein. (**D. B. P. 933 772** Kl. 22g vom 21/2. 1951, ausg. 6/10. 1955. Anmeldung bekanntgemacht 3/7. 1952.) W. GRÄGER. 7917

George L. Sternfield und **Myron W. Block,** Chicago, Ill., V. St. A., *Reinigungsmittel,* bestehend aus einer Schicht eines Gemisches eines harzartigen Bindemittels (Harnstoff- oder Phenol-CH_2O-Harz), eines scheuernd wirkenden Mittels (SiO_2) u. eines synthet. Reinigungsmittels [Na_3PO_4, $Na_2B_4O_7 \cdot 10\ H_2O$, $(NH_4)_3PO_4$, Na_2CO_3], die beidseitig mit einem porösen Faserstoff (Papier, Gewebe) von hoher Netzfähigkeit, der auch noch perforiert sein kann, bedeckt ist, so daß die Abnutzungsgeschwindigkeit reguliert werden kann. (**A. P. 2 665 528** vom 27/1. 1950, ausg. 12/1. 1954.) W. GRÄGER. 7917

Monsanto Chemical Co., St. Louis, übert. von: **Roland Smith Shumard,** Brentwood, Mo., V. St. A., *Antiseptisches Reinigungsmittel,* bestehend aus Seife u. einem Pentahalogenphenol, z. B. Pentachlorphenol oder p-Bromtetrachlorphenol. (**A. P. 2 698 301** vom 19/10. 1950, ausg. 28/12. 1954.) C. LÜTTGEN. 7917

General Aniline & Film Corp., New York, N. Y., übert. von: **Paul W. Kinney,** Phillipsburg, N. Y., V. St. A., *Reinigungsmittel,* bestehend aus einem nichtionogenen oberflächenakt. Mittel mit Polyglykolätherkette u. 5—40% eines wasserlösl. Salzes eines Mischpolymerisats von niederen Alkylvinyläthern u. Maleinsäureanhydrid (I), z. B. Polyglykoläther des Diamylphenols u. Salz des Vinylmethyläther-I-Mischpolymerisats. (**A. P. 2 702 277** vom 20/12. 1950, ausg. 15/2. 1955.) C. LÜTTGEN. 7917

E. I. du Pont de Nemours & Co., Wilmington, übert. von: **Martin E. Cupery,** New Castle County, Del., und **George O. Funderburk,** Upper Penn's Neck, N. J., V. St. A., *Reinigungsmittel,* die schäumende, nicht kationakt. Waschrohstoffe enthalten, werden zur Schaumverbesserung mit mindestens 20% N-Dodecylacetamid versetzt. (**A. P. 2 702 278** vom 2/8. 1951, ausg. 15/2. 1955.) C. LÜTTGEN. 7917

Commercial Solvents Corp., Terre Haute, Ind., übert. von: **Anthony M. Schwartz,** Washington, D. C., V. St. A., *Reinigungsmittel,* enthaltend die Reaktionsprodd. eines aliphat. Esters einer Fettsäure mit einem N-Monoalkylglucamin, die aus äquimol. Mengen bei 140—230° erhalten werden. (**A. P. 2 703 798** vom 25/5. 1950, ausg. 8/3. 1955.) C. LÜTTGEN. 7917

Colgate-Palmolive Co., Jersey City, N. J., übert. von: **James Rutherford Trowbridge II,** New York, N. Y., V. St. A., *Reinigungsmittel,* hauptsächlich bestehend aus waschakt. Sulfaten oder Sulfonaten mit einem Zusatz von Ätheramiden der Formel $RO \cdot C_2H_4CON(R')(R'')$ (R' u. R'' = niedere Alkylgruppe, R'' auch = H, R = höheres Alkyl), z. B. β-n-Dodecoxypropionamid. (**A. P. 2 704 280** vom 29/5. 1951, ausg. 15/3. 1955.) C. LÜTTGEN. 7917.

Colgate-Palmolive Co., Jersey City (Erfinder: **Warren William Sweet,** Pompton Plaine, und **William Jasper Mead,** West Orange), N. J., V. St. A., *Reinigungsmittel,* bes. aus wasserlösl., synth., anionenakt., sulfat. oder sulfonierten Verbb. im Gemisch mit wasserlösl. Polyphosphaten, gek. durch einen Geh. an einer Dibutylthioharnstoffverb., bes. in einer Menge von <ca. 1% des Gesamtfeststoffgehalts. Bes. geeignet sind die symm. Thioharnstoffverbb., die ein Anlaufen von Metallen verhindern. (**D. B. P. 928 543** Kl. 22g vom 10/11. 1951, ausg. 2/6. 1955. Anmeldung bekanntgemacht 19/3. 1953. A. Prior. 14/3. 1951.) W. GRÄGER. 7917

S. C. Johnson & Son, Inc., übert. von: **Edward A. Wilder** und **Enos H. McMullen,** Racine, Wis., V. St. A., *Modifizierern von Zuckerrohrwachs.* Man leitet durch raffiniertes Zuckerrohrwachs, das zu 97% in kochendem Isopropanol lösl. ist, bei 80—150° ein oxydierendes Gas, bis die SZ. auf >20, aber <35 u. die VZ. auf >45 u. <75 gestiegen ist. (**A. P. 2 703 807** vom 25/9. 1951, ausg. 8/3. 1955.) C. LÜTTGEN. 7925

XVIIIa. Holz. Cellulose. Zellstoff. Papier. Papierdruck. Celluloid. Linoleum.

Harold Tarkow und **Alfred J. Stamm,** *Holz — ein Beispiel für ein Kolloidsystem.* Einleitend wird kurz die Morphologie des Holzes u. der einzelnen Zellwand dargestellt, dann werden die Adsorptionsphänomene, Quellungsvorgänge, Quellfestausrüstung u. Substanzbewegung durch Holz von der physikal. Seite her besprochen, wobei auf die noch nicht gelösten Probleme hingewiesen wird. (Colloid. Chem. **7.** 619—640. 1950. Madison, Wis., Forst. Serv., US Dep. of Agriculture, Forst Prod. Labor.) W. WERGIN. 7952

Ole Anker-Rasch und **Joseph L. McCarthy,** *Verhalten von Cellulosen in Natronlaugen.* Gebleichter Laubholzkraftzellstoff (I) mit 93,4% α-Cellulose, Baumwollcellulose (II) mit 99,2% α-Cellulose u. gebleichter Hemlocksulfitzellstoff (III) mit 96,7% α-Cellulose wurden mit Natronlaugen von 1,0—15,6 Gew.-% 3 Std. bei 0—3° behandelt u. dann mit dest. W., 2%ig. Essigsäure u. nochmals W. ausgewaschen u. 36 Std. bei Zimmertemp. im Vakuum über $CaCl_2$ getrocknet. Von diesen Proben wurden Röntgenbilder u. Wasserdampfaufnahmen bei 30% relativer Feuchte bei 23° gemacht. In Übereinstimmung mit dem Befund von RÅNBY ergab sich, daß bei steigender NaOH-Konz. die Kristallinität von Cellulose abnimmt u. die Wasserdampfaufnahme zunimmt. Vf. nimmt an, daß der Übergang von Cellulose I zu Cellulose II leichter bei **III** u. **I** erfolgt als bei **II**, weil der Übergang von Cellulose I in Na-Cellulose I in 2 Stufen erfolgt, wovon die 1. Stufe reversibel ist. **III** enthält Kristallite mit großer wirksamer Oberfläche, die bei **I** geringer u. bei **II** am kleinsten ist. — 4 Figuren u. 11 Schrifttumshinweise. (Norsk Skogind. **8.** 329—33. Okt. 1954. Seattle, USA, Univ. of Washington.) E. BORCHERS. 7954

C. T. Bishop und **G. A. Adams,** *Die Verwendung von flüssigem Ammoniak bei der Fraktionierung der Holocellulose des Weizenstrohs.* Vff. lassen die *Holocellulose* (I) des Weizenstrohs 36 Std. bei Zimmertemp. in fl. NH_3 quellen u. extrahieren sie anschließend mit kaltem W., 0,5%ig. Na_2CO_3, 0,5%ig. KOH- u. 2,2%ig. KOH-Lsg. Es wird festgestellt, daß die Vorbehandlung mit fl. NH_3 eine Steigerung der lösl. Substanzen in kaltem W. von 3% auf 20,2% zur Folge hat. Die erhaltenen Auszüge werden mit HCl neutralisiert, u. anschließend wird eine Fällung von *Hemicellulosen* (II) durch Zusatz von 3 Vol. 95%ig. A. vorgenommen. Vff. geben ein vollständiges Fraktionierungsschema an. In der ursprünglichen **I**, den **II**-Fraktionen u. dem Rückstand werden Asche-, Pentosan-, Uronsäureanhydrid-, Acetyl- u. OCH_3-Geh. bestimmt. Die einzelnen isolierten **II**-Fraktionen zeigen in den alkalilösl. Anteilen steigenden Pentosan- u. fallenden Uronsäureanhydridgeh., dadurch hervorgerufen, daß Uronsäuren wegen ihrer polaren COOH-Gruppen löslicher als die Pentosane sind. Durch saure Hydrolyse in den **II**-Fraktionen wurden in ihnen folgende Zuckerarten festgestellt: *D-Xylose* (62,5—75,0%), F. 145—146°, $[\alpha]_D^{20}$ +19,9°. — *L-Arabinose* (als *Benzoylhydrazon* identifiziert) (9,1 bis 14,2%), F. 184—185°, $[\alpha]_D^{20}$ +23,8°. — *D-Galaktose* (als *Phenylmethylhydrazon*) (1,7 bis 2,8%), F. 185—186°. — *D-Glucose* (als *Phenylosotriazol*) (2,3—5,3%), F. 195—196°, u. *Hexuronsäure.* Das angenäherte mol. Verhältnis dieser Stoffe beträgt 40 : 7 : 1 : 2 : 4. Ferner wird ein gegen Hydrolyse widerstandsfähiger Uronsäurekomplex isoliert, der aus D-Xylose u. *Monomethoxygalacturonsäure* zusammengesetzt ist. (Canad. J. Res., Sect B **28.** 753—61. Dez. 1950. Ottawa, Nat. Res. Lab.) P. FAHRNLAENDER. 7954

W. B. Parker, *Ein Überblick über die Ursachen der Korrosion bei Kochern.* Überblick über die chem., techn. oder sonstigen Gründe, die zu Beschädigungen an Kochern führen. (Tappi **38.** 261—64. Mai 1955. Hartford, Conn., The Hartford Steam Boiler Inspection & Insurance Co.) H.-J. HEINRICHS. 7956

Ernst Back und **Ove T. Carlson,** *Die Zusammensetzung des Harzes in Picea excelsa-Hackschnitzeln und im Holzmehlabfall der Hackschnitzelsortierer. Harz in Parenchymzellen und Harzkanälen.* 1. Mitt. Das Holzmehl enthält die mehrfache Menge an Harz als die Hackschnitzel. Je feiner die Holzmehlfraktion ist, desto höher ist der Harzgeh., der bis zu 16%, zumeist Kanalharz, ansteigen kann. Dieses Harz hat gegenüber dem Gesamtharz einen höheren Geh. an Säuren, bes. Fettsäuren, u. Estern u. einen geringeren Geh. an Unverseifbarem. (Svensk Papperstidn. 58. 415—20. 15/6. 1955. Swedish Forest Prod. Labor., Paper Techn. Dep.) H. BECKER. 7956

Djordje Maširević, *Ausgelaugte Späne von Eichen- und Kastanienholz als Rohstoff für die Zellstoffgewinnung.* Nach Extraktion der Gerbstoffe läßt sich aus Spänen von Eiche u. Kastanie bei Anwendung des Sulfatverf. unter bestimmten Bedingungen ein für die Papierindustrie geeigneter Zellstoff gewinnen. Bei Vorschaltung einer Vorhydrolyse können auch Edelzellstoffe erhalten werden. Anwendung des Sulfitverf. ergab keine zufriedenstellenden Ergebnisse. (Гласник Хемиског Друштва Београд [Ber. chem. Ges. Belgrad] 19. 427—49. 1954. Ljubljana-Vevče, Zentral-Labor. der Zellstoff- u. Papier-Ind.) M. ULMANN. 7956

W. Ss. Ssolomko, *Die Ausnutzung der Abfälle von Holzsägewerken und holzverarbeitenden Betrieben für die Gewinnung von Sulfatzellstoff.* Bei der Holzaufbereitung gingen bisher 30—35%, bei der mechan. Verarbeitung 30—80% verloren. Vf. schlägt die Herst. von Sulfatcellulose vor, da sich hierfür die verschied. Abfälle aller Holzarten eignen. Ungeschältes Holz erfordert höheren Laugenverbrauch. Die bei Sägewerken anfallenden Späne müssen bes. aufbereitet werden: Zerhacken mit Mehrmessermsachinen mit automat. Zufuhr, flache Sortiervorrichtungen. Vor dem Verkochen sind Staubanteile mit einem Ventilator wegzublasen. Für die Herst. bes. reiner Cellulose vibrierende Astfänger verwenden, getrennte Verarbeitung der Abfälle u. 2stufige Feinsortierung bei minimaler Perforation der Siebe vornehmen. Beschreibung der Arbeitsweise zweier Werke. (Бумажная Промышленность [Papier-Ind.] 30. Nr. 5. 27—28. Mai 1955. Solombal, Cellulose-Papier Kombinat.) H. DEMUS. 7960

N. F. Komschilow und **M. N. Letonmjaki**, *Die Gründe des Ausfallens eines Niederschlages in Eindampfapparaten.* Bei den Eindampfprozessen der Schwarzlauge in Sulfatzellstoffabriken fällt häufig ein zu ernsten Unzuträglichkeiten führender Nd. aus, für den nach Unterss. der Vff. in der Hauptsache die Zerstörung eines koll. Syst., dessen Hauptträger *Alkalilignin* ist, verantwortlich zu machen ist. Man findet auf 1 Lignin-Mol. (Mol.-Gew. 700—900) ca. 3 Atome Na, während die größte Menge von vorliegendem Na durch organ. Säuren gebunden ist. Zur Stabilisierung des koll. Lignin–Na-Syst. ist das Vorliegen von 1,14% akt. Alkali bei einer üblichen Sulfatkonz. von 3,5% in der Schwarzlauge erforderlich; bei 0,71% Na, berechnet auf Na_2O im Verhältnis zum absol. trockenen Prod., ist mit dem Ausfallen eines Nd. zu rechnen. (Бумажная Промышленность [Papier-Ind.] 30. Nr. 3. 5—8. März 1955. Karelo-Finn. Zweigstelle der Akad. der Wiss. der UdSSR.) M. ULMANN. 7960

F. P. Komarow, *Über die morphologische Struktur der Fasern.* (Vgl. C. **1955.** 5450.) Auf Grund mkr. Unterss. der einer verschied. Behandlung unterworfenen Sulfitcellulose, wobei festgestellt wurde, daß der Kochprozeß die morpholog. Struktur der Fasern, bes. deren prim. Faserhäutchen, stark verändert, wird die Einführung mkr. Kontrollen empfohlen. Eine Chlorierung des Zellstoffes verändert die morpholog. Struktur der Fasern nicht, wohl aber unter Verwendung von Alkali durchgeführte Veredlungsprozesse, wie auch eine Hypochloritbleiche. Schwache Mahlung führt nur zu einer Faserverkürzung, während stärkere Mahlung ebenfalls Strukturveränderung hervorruft. (Бумажная Промышленность [Papier-Ind.] 30. Nr. 3. 8—11. März 1955. Zentr. Wiss. Forschungsinst. für Papier.) M. ULMANN. 7962

J. R. Simmons, *Die chemische Natur der aus stark gebleichtem Sulfitzellstoff mit verschieden stark konzentrierter Natronlauge extrahierten alkalilöslichen Bestandteile.* Durch 18std. Extraktion mit einer Lsg. von 20—28 g NaOH/100 ml bei 20° werden die Hemicellulosen vollständig, die β-Cellulose aber kaum gelöst; eine Lsg. von 10 g NaOH/100 ml löst vollkommen die β-Cellulose u. das Xylan, das Mannan aber nur teilweise. Vgl. auch C. 1955. 6423. (Proc. techn. Sect., Brit. Paper Board Maker's Assoc. (Inc.) 36. 195—98. Febr. 1955. Albert E. Reed & Co. Ltd.) H. BECKER. 7962

V. F. Felicetta, A. E. Markham und **Joseph L. McCarthy**, *Sulfitablauge.* 5. Mitt. *Gleichgewichtsverteilung von Ammonium und anderen Ionen zwischen Kationenaustauscherharzen mit wässerigen Lösungen.* (4. vgl. C. **1955.** 5930.) Bei Unterss. verschied. Austauscherharze mit NH_4- u. Ca-Sulfitablauge wurde festgestellt, daß sich ihre Gleichgewichtsverteilung genügend genau aus dem Selektivitätskoeff. von BAUMAN u. EICHHORN (C. **1947.** E. 181) errechnen läßt. (Tappi 37. 431—36. Okt. 1954. Seattle, Wash., Univ., u. Bellingham, Wash., Puget Sound Pulp & Timber Co.) H. BECKER. 7962

Anders Björkman, *Untersuchungen über die Hydrierung von Sulfitablauge.* Ligninsulfonsäuren (I) lassen sich auch nach vorheriger Desulfonierung nur mit geringer Ausbeute mit Ni-Katalysatoren hydrieren. Als Pyridinsalze lassen sich die I in Piperidin mit Cr-Thiomolybdat (II) zu hellen hochsiedenden Ölen hydrieren. Am leichtesten werden die I mit A. u. Alkali unter Druck bei 360° zu verschied. nicht näher identifizierten Fraktionen S-haltiger Öle hydriert. Diese lassen sich mit II weiter zu S-freien u. O_2-empfindlichen Ölen hydrieren, die nach ihrer UV-Absorptionskurve ein Dimeres der hydrierten C_9-Lignineinheit enthalten können. (Kungl. Tekn. Högskolans Handl. Nr. **31.** 1—40. 1950.) H. BECKER. 7962

Anders Björkman, *Untersuchungen über die Hydrierung von Sulfitablauge.* Ident. mit der vorst. referierten Arbeit. (Acta polytechn. [Stockholm] Nr. **59.** Chem. includ. Metallurgy Ser. **2.** Nr. 1. 1—40. 1950.) H. BECKER. 7962

C. Deissenberg, S. Sangenis und **J. P. Bourit,** *Vergleichende Untersuchungen der Methoden zur Gewinnung von Holocellulose aus Getreidestroh.* Vergleichsverss. im Laboratoriumsmaßstab zeigen, daß die Isolierung der Halocellulose aus Stroh nach der Chloritmeth. von WISE am besten bei p_H 4,5 u. 55—70° erreicht wird u. daß das Arbeiten mit NaClO der Meth. mit Cl_2-Gas nach VAN BECKUM u. RITTER hinsichtlich der Ausbeute u. der Qualität des Endprod. überlegen ist (genaue Versuchsbeschreibung u. Tabellen). (Chim. et Ind. **72.** 252—260. Aug. 1954.) H. ROSSOW. 7964

—, *Über die Arbeit der Hydrolysefabriken mit reduziertem Hydromodul.* Es wurde festgestellt, daß die wichtigste Maßnahme zur Erhöhung der Spritausbeute in Holzhydrolyseanlagen in den letzten Jahren in einer red. Zugabe von Säure bei der Kochung u. in einer Verringerung der Menge des abgenommenen Hydrolysates bestand (red. Hydromodul). Gleichzeitig mit der Erhöhung der Ausbeute an A. fällt die Ausbeute an Zucker aus dem Holz, so daß eine weitere Reduzierung des Hydromoduls nicht anzustreben ist u. das Arbeitsschema in Richtung höherer Zuckerausbeuten geändert werden muß. (Гидролизная и Лесохимическая Промышленность [Hydrolyt. holzchem. Ind.] **8.** Nr. 2. 18. 1955.) M. ULMANN. 7968

Tore H. Smith, *Fraktionierung von Nitrocellulosen entsprechend ihrem Substitutionsgrad.* Techn. Nitrocellulosen von Baumwollinters (I) u. Holzzellstoffen (II) sowie im Labor dargestellte Nitrocellulosen von I u. II mit 11,5—12,5% N wurden nach einer vom Vf. entwickelten Meth. durch stufenweise Extraktion bei gewöhnlicher Temp. erst mit 95%ig. A., dann mit einer Mischung aus 99% A. + 1% Aceton u. weiter um je 1% Aceton steigend in 12—20 Fraktionen zerlegt. Hierbei wurde der Extrakt vor dem Vertreiben des Lösungsm. stets mit W. verdünnt, um nach dem Trocknen pulverisierbare Substanz zu erhalten. In diesen Fraktionen wurden Viscosität u. N-Geh. bestimmt. In der Viscositätsgleichung von STAUDINGER $[\eta] = K_m \cdot DP$ schwankt K_m mit dem Nitrierungsgrad, wie WANNOW, HUSEMANN u. ZAPF gefunden haben. Zur Nachprüfung stellte Vf. nach LINDSAY u. FRANK polymeranaloge Nitrate her, bei denen das Nitriergemisch mit 85%ig. H_3PO_4 verdünnt wurde. Bei techn. Nitraten fand Vf. folgende Parallelität zwischen N-Geh. u. DP-Grad: 1. Stärkerer hydrolyt. Abbau u. niedrigerer N-Geh. des Faserinnern ergeben sich durch Verdünnung der Nitriersäure bei der Durchtränkung; 2. während des Zentrifugierens erfolgt Abbau u. zugleich Denitrierung der äußeren Faserschicht. — Die Unterschiede der N-Gehaltsverteilung in I u. II führt Vf. teils auf das dichtere Gefüge von II in Pappenform, teils auf den Feinbau u. die verschied. Polymolekularität zurück. — 7 Tabellen u. Diagramme. (Norsk. Skogind. **8.** 402—08. Nov. 1954. Engene, Hurum, Nork Spraengstofindustri A/S.) E. BORCHERS. 7970

A. H. Nadelman, R. Schmut, D. J. Kraske und **R. I. Larson,** *Die Beziehungen zwischen Faserlängenverteilung, Faserlängenindex und den physikalischen Eigenheiten bei Handmustern.* Festlegungen der physikal. Werte u. der Faserlängenverteilung bei Handmustern, die aus Papierzellstoff verschied. Mahlungsgrades geschöpft wurden. (Tappi **38.** 304—08. Mai 1955. Western Michigan College.) H.-J. HEINRICHS. 7976

E. Schönberg, *Ist Strohzellstoff ein Füllstoff?* (Vgl. C. **1956.** 600.) Das Verhältnis Faserlänge/-dicke ist in Stroh- u. Holzzellstoff gleich, die statist. Faserverteilung aber verschieden. Beim Mischen mit Holzzellstoff ist der Strohzellstoff kein Füllmittel, sondern strukturell an der Blattbldg. beteiligt. Der feinere Strohzellstoff erhöht die Anzahl an Faserbindungen, u. dadurch wird das Blatt gleichmäßiger u. fester. Die initiale Naßfestigkeit wird allerdings durch den höheren Geh. an Hemicellulosen verschlechtert. (Proc. techn. Sect., Brit. Paper Board Maker's Assoc. (Inc.) **36.** 59—85. Febr. 1955. Holland, N. V. Maatschappij tot Stromveredeling „Sove".) H. BECKER. 7978

W. F. Reynolds, L. A. Lundberg und **J. C. Barthel,** *Papierleimung unter neutralen und alkalischen Bedingungen.* Mit *Cyron* (I), dem Salz eines hydrophoben polyfunktionellen Amines, kann Papier bei p_H 4—11, am günstigsten unter p_H 8,5, geleimt werden. 0,25—2% I atro Faser geben bei kürzester Kontaktdauer auch bei mit $CaCO_3$ gefülltem Papier eine ausreichende Leimung, die Temp. im Stoffkasten kann dabei bis 55° betragen. Die I-Leimung trocknet auf der üblichen Trockenpartie. Eine zusätzliche

Harzleimung ist unnötig, sie kann teilweise sogar eine Verschlechterung bewirken. Auch für Papierstriche läßt sich I verwenden, wobei es aber nicht mit allen Arten an modifizierter Stärke kombinierbar ist. I-geleimte Papiere haben eine gute Beständigkeit gegen alkal. Lsgg. u. neigen auch weniger zum Verwerfen bei einseitiger Anfeuchtung. (Tappi **37.** 436—39. Okt. 1954. Stamford, Conn., Res. Labor., u. New York, N. Y., American Cyanamid Co., Paper Chem. Dep.) H. BECKER. 7978

George E. Hall jr., Charles D. McIntosh, Lawrence M. Liggett und **Robert W. Hagemeyer,** *Gefällte Calciumcarbonate. Beziehung zwischen Teilchengröße und Papierüberzug.* Bei gefällten Ca-Carbonaten liegt der Bereich der Teilchengröße weiter auseinander als bei anderen Pigmenten, u. zwar zwischen 0,02 u. 10 μ. Es lag daher nahe, gerade für diesen Stoff den Einfl. der Teilchengröße auf den fertigen Papierüberzug zu überprüfen. Dabei ergibt sich, daß eine beste Teilchengröße nicht existiert, sondern jede Anforderung ihre eigene bevorzugt. So erfordert die Opacität eine mittlere, der Glanz eine ganz feine, die Tintenaufnahmefähigkeit eine feine u. die Klebkraft eine wechselnde Teilchengröße. (Tappi **38.** 223—28. April 1955.) H.-J. HEINRICHS. 7978

Charles W. Hock, *Untersuchungen der Harzleimung durch Autoradiographie und Elektronenmikroskopie.* Durch Autoradiographie mit radioakt. Harz wird bewiesen, daß sich der Harz-Nd. gleichmäßig auf sämtliche Zellstoffasern verteilt. Im Elektronenmikroskop erscheint der Nd. nicht als zusammenhängender glatter Film, sondern als kugelförmige Teilchen von 500—1500 Å Durchmesser, die einzeln oder als Agglomerate an der Faseroberfläche haften. (Tappi **37.** 427—30. Okt. 1954. Wilmington, Del., Hercules Powder Co.) H. BECKER. 7978

N. P. Wesselowskaja, *Paraffin-Stearin-Emulsionen auf der Basis von Kaliumstearat.* Für die Herst. von Glanzpapier wird eine Paraffin (I)-Emulsion auf K-Stearatgrundlage verwendet, die aus folgenden Stoffen (in %) erhalten wird: 25,64 I, 7,70 Stearin, 5,14 NH_4OH (25%ig.), 2,57 K_2CO_3, 12,75 Caseinleim (II), 46,20 H_2O. II dient als Stabilisator. Herst. u. Anwendung werden beschrieben. (Бумажная Промышленность [Papier-Ind.] **30.** Nr. 7. 17—18. Juli 1955. Fabrik techn. Papiere „Oktober".) A. ECKE. 7984

R. R. Coupe, *Luftdurchlässigkeit und Bedruckbarkeit.* 4. Mitt. Die Poren der Blattoberfläche beeinflussen die Farbaufnahme u. den Glanz der Druckfarben. Die Messung der Luftdurchlässigkeit kann einen groben Anhalt für die Bedruckbarkeit geben. Im einzelnen ist aber ein großer Unterschied zwischen der Luftdurchlässigkeit u. dem Eindringen von Öl u. Pigment der Druckfarben in die Papierblätter. (Proc. techn. Sect., Brit. Paper Board Makers' Assoc. (Inc.) **36.** 169—78. Febr. 1955. Printing, Packaging and Allied Trades Res. Assoc.) H. BECKER. 7984

Bruno Schulze, Berlin, *Imprägnieren von Holz.* Schutz von Holz gegen Fraß u. Fäulnis mit Fluorsalzen, dad. gek., daß eine wss. Lsg. von sauren Fluoriden (60—90% KHF_2 u. 10—40% NH_4HF_2), gegebenenfalls unter Zusatz von Cr- u. As- Salzen (65 bis 70%) sowie $HgCl_2$ (8—20%), auf das eventuell vorher angefeuchtete Holz aufgebracht u. das Holz feucht gehalten wird, sowie dafür gesorgt wird, daß keine sich aus den Fluoriden bildende Gase entweichen. Der Lsg. können Palmitate oder Stearate, z. B. Al-Palmitat oder Zn-Stearat, als Pastenbildner u. porenfüllende oder filmbildende Stoffe, z. B. auf Silicatbasis aufgebaute oder Kunstharze, zugegeben werden. (**Schwz. P. 306 709** vom 15/6. 1953, ausg. 1/7. 1955.) K. WOLK. 7953

Deutsche Bergin Akt.-Ges. (Erfinder: **Theodor Riehm**), Mannheim, *Holzhydrolyse mit HCl* wird so geführt, daß durch die Batterie eine Flüssigkeitssäule aus prakt. gleichbleibenden Schichten, z. B. von konz. saurer Endlösung, Verzuckerungsschicht, frischer konz. HCl, Waschschicht u. Wasserschicht gedrückt wird. Die Konz. in den einzelnen Schichten wird durch kontinuierliche Zufuhr von Waschwasser u. konz. HCl, u. Abzug von verd. Waschsäure (kontinuierlich) u. Zuckerendlösung (absatzweise) an den jeweils entsprechenden Stellen aufrechterhalten. (**D. B. P. 927 139** Kl. 89i vom 22/3. 1952, ausg. 28/4. 1955. Anmeldung bekanntgemacht 7/10. 1954.) A. GRADL. 7969

Hercules Powder Co., Wilmington, Del., übert. von: **Lee D. Callans,** New York, N. Y., und **Philip A. Pohlke,** Hopewell, Va., V. St. A., *Cellulosederivate.* Von einem Luftstrom angesaugte Baumwollinters durchlaufen einen Öffner u. Reiniger, dessen Hauptstück aus einem Paar Sägezahnwalzen besteht, von dem die Fasern mittels Bürstenwalze nach unten entfernt werden. Nach dem Bäuchen, Bleichen u. Acetylieren erhält man ein bes. reines, staubfreies u. gut filtrierbares Cellulosederivat. — Zeichnung. (**A. P. 2 677 153** vom 14/1. 1947, ausg. 4/5. 1954.) G. SALZMANN. 7971

A. M. Meincke & Son, Inc., Ill., übert. von: **Clifford J. Yarber,** Holyoke, Mass., V. St. A., *Leimen von Papierstoff.* Dem Faserbrei werden nacheinander Harz bis p_H ca. 9,

Alaun bis p_H ca. 5,2—6,5 u. 1—5% kalt quellende, ein saures Medium (NaH_2PO_4) enthaltende Stärke mit p_H 5,2—6,5 zugesetzt. Zuletzt wird (mit Alaun) auf p_H 4,5—5 eingestellt. (**A. P. 2 692 824** vom 28/9. 1949, ausg. 26/10. 1954.) G. VOGEL. 7979

S. D. Warren Co., Boston, Mass., übert. von: **Robert Stewart Ellis,** Westbrook, Maine, V. St. A., *Glanzerzeugung auf Papier durch Schleifen,* dad. gek., daß eine Oberfläche der laufenden Bahn von einer elast. Schleifwalze mit unterschiedlicher Umfangsgeschwindigkeit bearbeitet wird, wobei der Schleifwalze eine wss. schlammige M. zugeführt wird, deren Feststoffe aus 33—95 (%) Schleifpulver u. 5—65 wasserlösl. Polyäthylenglykol (Mol.-Gew. 1000—6000) bestehen. — Beispiel für die Zus. der M.: 57,2 Schleifpulver, 38,1 Polyäthylenglykol (Mol.-Gew. ca. 6000), 4,7 Glycerin u. 150 Wasser. (**A. P. 2 696 151** vom 12/12. 1949, ausg. 7/12. 1954.) G. VOGEL. 7985

Champion Paper & Fibre Co., übert. von: **Thomas L. Ziliox** und **William Palmer Taylor,** Hamilton, Ohio, V. St. A., *Herstellung von veredeltem Papier, insbesondere Druckpapier.* Beim Kalandrieren des einen wasserlösl. Klebstoff in der Überzugsschicht (I) enthaltenden Papieres wird zur Vermeidung des „Schuppens" auf I eine wss. Emulsion (II) aufgetragen, enthaltend $^1/_2$—8% einer öligen Komposition (III), bestehend aus 1 (Gewichtsteil) eines wasserlösl. kation. oberflächenakt. Mittels mit wenigstens einer Alkylgruppe von 8—23 C-Atomen, um ihr hydrophobe, u. einer polaren Gruppe, um ihr hydrophile Eigg. zu verleihen, sowie bis zu 10 einer öligen, mit W. nicht mischbaren Substanz, wobei die III schmierende Eigg. aufweist u. zwischen Zimmertemp. u. 180° F frei fließend ist. Unmittelbar danach wird der Überschuß der II abgestrichen u. die feuchte Oberfläche des Papiers gegen eine metall. Kalanderwalze gepreßt. (**A. P. 2 691 606** vom 7/12. 1951, ausg. 12/10. 1954.) F. ZIERHOLD. 7987

Walther Pickhardt, Gummersbach/Rhld., *Papier, Folie und dergleichen mit Verstärkungsein- oder -auflage* (I). Als I werden auf der Krempel erzeugte, durch Beschlagänderung der Krempel u./oder Abkürzung des Krempel bzw. Droussiervorganges in eine Wirrlage gebrachte u. z. B. durch Schmälzung, Verleimung oder dgl. in ihren Zusammenhalt verfestigte Faservliese verwendet, die in bekannter Weise mittels Klebemitteln, z. B. Harz, Bitumen oder dgl., mit dem Papier verbunden werden. (**D. B. P. 929 890** vom 10/9. 1949, ausg. 4/7. 1955.) F. ZIERHOLD. 7987

William Craig Toland und **Munroe Horace Hamilton,** Chicago, Ill., V. St. A., *Flachdruckplatte.* Als Druckfläche dient eine auf eine biegsame Unterlage aufgebrachte Schicht aus einer Mischung eines in W. quellbaren Koll., wie Gelatine, Polyvinylalkohol, Gummi arabicum oder Irisch Moos, u. einer fein gepulverten, in W. lösl., zweibas., organ. Säure, wie Oxal-, Wein-, Fumar- oder Malonsäure. Durch den Säurezusatz soll die Wasseraufnahmefähigkeit der Druckform verbessert werden. (**E. P. 692 366** vom 19/10. 1950, ausg. 3/6. 1953.) F. LAASS. 7989

Johns-Manville Corp., New York, N. Y., übert. von: **Anthony J. Page** und **David R. P. Haig,** Somerville, N. J., V. St. A., *Feuerwiderstandsfähige Platte,* dad. gek., daß, z. B. 0,5" dicke, Zellstoffpappe mindestens auf einer Seite mit einer Mischung aus ca. 75—95 (%) nichtquellender Tonerde (clay) aus der Gruppe der Kaoline bzw. Glimmer u. ca. 5—25 quellbarer Tonerde in feinster Verteilung aus der Montmorrillonit-Gruppe überzogen wird, so daß mindestens 10 lbs. Ton auf 1000 sq.f. Pappenoberfläche treffen u. die Bindekraft $>$200 lbs./sq.in. beträgt. — Beispiel für die Zus. der M.: 1,5 Stärke, 24 „M & D clay", 24 Tako-Kaolin, 0.3 Dispergiermittel, 0,2 Fungicid u. 50 Wasser. Statt Zellstoff ist auch Holzfaser verwendbar. (**A. P. 2 708 643** vom 1/11. 1952, ausg. 17/5. 1955.) G. VOGEL. 7993

XVIIIb. Textilfasern.

Fred Fortess, *Siliconharze für Textilien.* Nach einer einleitenden Darst. über Struktur u. Aufbau der Silicone wird ihre Anwendung in der Ausrüstung von Textilien besprochen. Zu diesem Zweck müssen letztere zuvor frei von Ölen, Schlichten u. oberflächenakt. Verbb. sein. Als Silicone sind nur diejenigen gut geeignet, die als feindisperse Emulsion vorliegen u. zur Filmbldg. selbst bestens befähigt sind. Unter diesen Bedingungen erhält man elast., geschmeidige, haltbare, hydrophile Siliconfilme auf den Faseroberflächen. Auf diesen typ. Eigg. der Siliconfilme beruhen die guten Eigg., wie Verbesserung des Abriebs, der Reißfestigkeit, der Krumpfbeständigkeit u. der wasserabstoßenden Eigg., der mit Siliconen ausgerüsteten Garne u. Gewebe. (Ind. Engng. Chem. **46.** 2325—31. Nov. 1954. Summit, N. J., Celanese Corp. of America.) H. G. FRÖHLICH. 8032

Luigi Notarbartolo, *Moderne chemische Behandlungsmethoden für Textilien.* (Fibre e Colori **4.** 339—42. Sept. 1954. — C. **1955.** 4238.) R. K. MÜLLER. 8040

Kenneth H. Barnard, *Statische Elektrizität bei Textilien.* Auf die Bedeutung der stat. Elektrizität bei Textilgeweben wird hingewiesen. Die Entw. u. Anwendung von antistat. wirkenden Chemikalien sowie Meßverff. über deren Wrkg. werden beschrieben. Als Antistatica kommen solche Verbb. in Frage, die eine Affinität zur OH-Gruppe der Cellulose haben u. mit W. einen leitenden Oberflächenfilm bilden. Sie wirken nicht bei jedem Gewebe gleich stark, z. B. verhindert ein Alkoholphosphat bei Orlon u. Dacron stat. Aufladung, erzeugt aber bei Baumwolle eine solche. An Hand von Acetat-, Baumwolle-, Nylon- u. Reyongewebe u. einigen Antistatica werden verschied. Meßverff. getestet. (Amer. Dyestuff Reporter **44.** P 111—13. 14/2. 1955. Bound Brock, N. J., American Cyanamid Co.) J. MILLER. 8040

James N. Grant, Lucien H. Greathouse, J. David Reid und **J. W. Weaver,** *Ein Fortschrittsbericht über cyanoäthylierte Baumwolle.* An Hand von 10 Figuren wird ein Überblick über den Mechanismus der Cyanoäthylierungs-Rk. sowie über die Eigg. der cyanoäthylierten Baumwolle (Reißfestigkeit, Dehnung, Abrieb, Grabtest u. färber. Verh.) in Abhängigkeit vom Grad der Cyanoäthylierung gegeben. — 25 Literaturzitate. (Textile Res. J. **25.** 76—83. Jan. 1955. New Orleans, La., Southern Reg. Res. Labor.) H. G. FRÖHLICH. 8044

George H. Lourigan, *Faktoren, die die Fluorescenz von Baumwolle beeinflussen.* Die Unterss. des Vf. haben gezeigt, daß mit steigendem Faserabbau die Fluorescenz der Baumwolle zunimmt. Dieses Ergebnis wird auf die beim Faserabbau entstehenden wasserlösl. Abbauprodd. zurückgeführt. (Amer. Dyestuff Reporter **44.** P 348—49. P 359. 23/5. 1955. Raleigh, N. C., North Carolina State College, School of Textile.) H. G. FRÖHLICH. 8044

Hans Dolmetsch, *Zum Problem der Übertragung von Feinstrukturen nativer Cellulose in das Gefüge der Kunstfaser.* Vf. beschreibt ein allg. Bauprinzip der Naturfasern u. erörtert, ob native Strukturelemente, die bisher vernichtet werden u. in Regeneratfasern nur zufällig auftreten, nicht zugunsten einer besseren Faserqualität erhalten werden können. Strukturelemente: 1. Dicht gepackte Cellulose-Mol.-Ketten vereinigen sich zu Fibrillen in steiler schraubenförmiger Anordnung, wertvolle Träger der Zugfestigkeit. 2. Die verschiedenartigen Druckbeanspruchungen nimmt das versteifend eingelagerte Lignin auf, nach dessen schonender Entfernung die Festigkeit erhalten bleibt. 3. Holzfaserzellen u. Fibrillen verklebende Zellwandstrukturen schützen gegen äußere Einwirkungen u. erschweren z. B. Quellung u. chem. Rkk. des Zellstoffes, weshalb sie entfernt werden (Pentosane, Pektine, Wachse, Eiweißstoffe). 4. Durch verschied. Beanspruchungen geschädigte Fasern zeigen typ. Querrisse, infolge vorgebildeter, flächenhafter empfindlicher „Lockerstellen". — Bisher liefern Aufschlüsse mit Alkali oder mit $NaClO_2$ feste, reaktionsträge Zellstoffe, saurer Aufschluß unter Zerstörung der Längsfibrillen reaktionsfähige. Bei Zerteilung der Naturfasern in Strukturelemente, entweder quer zur Achse oder durch Auflösung in Längsfibrillen erscheint es besser, letztere im Streckspinnverf. zu Fasern hoher Qualität vereinigen zu können. Abbaufreie Auflockerung der Längsstruktur wird durch z. B. Hydrazinsulfat u. Hypodisulfit erzielt. (Holz Roh- u. Werkstoff **13.** 178—85. Mai 1955. Stuttgart-W.) H. DEMUS. 8074

I. H. Welch jr., *Waschbare Reyongewebe.* Es wird ausführlich über das *Avcoset*-Verf. zum dauerhaften Krumpffestmachen von Reyongeweben berichtet. Danach behandelt man z. B. mit einem Bad, das 5% Avcoset WS (Celluloseäther), 10% $CH_2{=}O$ (37%), 2% $NaHSO_4$ u. 5% calciniertes Na_2CO_3 enthält. Um den ursprünglichen Griff der Ware zu erhalten, wird ein Zusatz von *Avcosol 20,* u. zur Verbesserung der Reißfestigkeit *Aquapel S-347* (beide HERCULES POWDER CO.) zur Behandlungsflotte empfohlen. Durch geringe Zusätze an wasserabstoßend machenden Prodd. läßt sich noch eine Verbesserung der Scheuerfestigkeit erzielen, während durch ein nachträgliches Kalandern ein waschbeständiger Glanz erreicht werden kann. (Amer. Dyestuff Reporter **44.** P 216—19. 28/3. 1955. Marcus Hook, Pa., American Viscose Corp.) H. G. FRÖHLICH. 8074

P. B. Stam, *Ein neues Produkt zur Verbesserung der Gebrauchstüchtigkeit von Viscosereyon.* Das als X-2 bezeichnete Prod. wird durch Kondensation von 1 Mol Acrolein mit 4 Mol $CH_2{=}O$ in Ggw. von 1% Na_2CO_3 hergestellt u. weist nebenst. Struktur auf. Die Anwendung dieses Prod. erfolgt in Konzz. zwischen 3 u. 20% unter Zusatz von schwach sauren Katalysatoren, wie $CaCl_2$ oder $MgCl_2$. Infolge der Abwesenheit von N_2 ist es gegen Cl_2 beständig u.

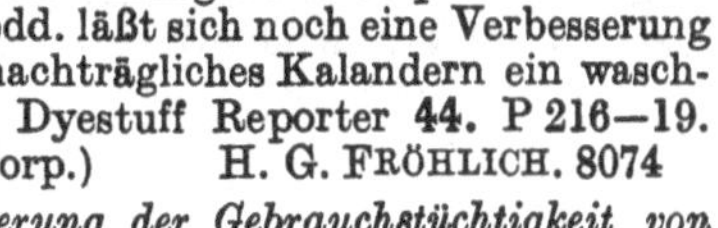

$n = < 5$

eignet sich bes. für Weißwäsche. Die auszurüstende Ware muß allerdings in völlig neutralem Zustand vorliegen. (Amer. Dyestuff Reporter **44.** P 251—52. P 261. 11/4. 1955. Danville, Va., Dans River Mills.) H. G. FRÖHLICH. 8074

W. K. Ponomarew, *Schwamm aus Viscose.* Als Ausgangsmaterial für die Herst. von *Viscoseschwamm* (I) dient Holzzellstoff, den man bis zu 40% mit Flachs- oder Hanffaser u. mit 2% Pigment oder Indanthrenfarbe versetzt. Die Porosität wird durch Zusatz von krist. Glaubersalz erreicht. Die Regenerierung der Cellulose wird durch 5—7std. Behandeln mit Wasserdampf bei 120—130° erreicht. Nach Auswaschen mit W., Behandeln mit Säure u. Hypochlorit u. erneutem Waschen mit W. wird bis zum Wassergeh. von 10—15% getrocknet. Die Wasseraufnahme von I beträgt 1000—1500% des absol. Gewichtes; D = 0,05—0,15 g/cm³. I kann Naturschwamm u. Kork ersetzen u. als Schalldichtungsmaterial angewandt werden. (Текстильная Промышленность [Textil-Ind.] **15.** Nr. 5. 55. Mai 1955.) O. LEBTAG. 8074

A. W. Matukoniss, *Über die Elastizität und Ermüdung von Capron.* Untersucht wurde das elast. Verh. von Capronfäden Nr. 150 (Reißfestigkeit 313 g, Bruchdehnung 21,8%) bei Belastungen in Höhe von 3—80% der Bruchlast während einer Belastungsdauer von 16 Stunden. Bei Belastungen bis zu 70% der Bruchlast erfolgt der Hauptanteil der Dehnung während der ersten 10—15 Sek.; im weiteren wächst die Dehnung mit dem Logarithmus der Zeit. Der Rückgang der Dehnung nach der Lastentfernung (2 Std. Belastung) wurde 8 Std. lang beobachtet; die Relaxation dauert auch nach 16—20 Std. weiter an. Die so erhaltenen Dehnungskurven bei konstanter Belastung ergeben im dreiaxialen Koordinatensyst. eine doppelt gekrümmte Fläche, deren Schnitte parallel zur Zeitachse die Beziehung zwischen Dehnung u. Belastung veranschaulichen. Das elast. Verh. von Capron wurde ferner mit Hilfe eines Pendeldynamometers u. eines FRENZEL-HAHN-Gerätes untersucht, wobei die relative rückfedernde Dehnung $\varepsilon_{el.s}$, die elast. Nachwrkg. $\varepsilon_{el.n}$ u. die elast. reversible Dehnung $\varepsilon_{el.}$ sowie der Elastizitätsgrad ε_{grad} bestimmt wurden. Für Dehnungen zwischen 1 u. 8% wurde ein Elastizitätsgrad von ca. 98% ermittelt, für 16% Dehnung 87,8%. Die Ermüdung von Capronfäden bei wiederholter Belastung wurde beim permanenten Durchlaufen einer endlosen Fadenschlinge von 265 cm durch den FRENZEL-HAHN-App. beobachtet. Zwischen der Gesamtdehnung u. der Zahl der Durchläufe bis zum Bruch besteht eine hyperbol. Beziehung. Unterhalb von 4—5% Dehnung ist diese Zahl prakt. unendlich, so daß dieser Wert als „Dauerdehnungsgrenze" für Capron angesehen werden kann (für Baumwollgarne gibt Vf. 0,75 bis 1,5% an). Bestimmt wurde auch die Restdehnung, die bei einer Gesamtdehnung unterhalb 5% nach einigen Durchläufen sich nur noch wenig ändert (der Faden verhält sich wie ein absol. elast. Körper), während sie bei höherer Dehnung bis zum Bruch weiter wächst. (Текстильная Промышленность [Textil-Ind.] **15.** Nr. 6. 33—37. Juni 1955.) N. STSCHERBINA. 8080

—, *Dacron.* Fäden aus Äthylenglykol u. Terephthalsäure. Kurze Angaben über seine Eigg. u. seine Verwendung. (Riv. Tessile **6.** 93—94. Nov. 1951.) G. SALZMANN. 8080

Masakazu Taniyama, *Herstellung von Polyvinylchloridfasern.* 1. Mitt. *Naßspinnen der Tetrahydrofuranlösung.* Handelsübliches *Polyvinylchlorid* vom Polymerisationsgrad 2070 wurde aus 1,5%ig. Lsg. in *Tetrahydrofuran* (Kp. 64,5—65,5°) in n-Lsgg. von Säuren, Alkalien, Salzen u. Alkoholen usw. versponnen. Durch Herabsetzung der Streckung wurde eine erhöhte Festigkeit erzielt. Es ließ sich durch die üblichen Verff. eine brauchbare Faser erzielen. Weichmacherzusätze sind nicht nötig. Färbung in der Lsg. ist einfach. Der Einfl. verschied. Salze auf die Koagulation ist nicht wesentlich für die Qualität. KCl u. $CaCl_2$ weichen in der Stärke der Fällwrkg. von den meisten übrigen Salzen ab. — Kurvenbild. (Chem. High Polymers [Tokyo] **10.** 126—33. 1953. Toho Reyon Co. [Orig.: japan.]) L. SCHULER. 8080

Masakazu Taniyama und **Tamio Yoshioka,** *Herstellung von Polyvinylchloridfasern.* 2. Mitt. *Eigenschaften der Polyvinylchloridfaser.* (1. vgl. vorst. Ref.) Die Ergebnisse der Prüfung der Festigkeiten (Dehnung, Abrieb, Biegung, YOUNGs Modul) deuten auf eine sehr brauchbare Faser. Die plast. Dehnung ist groß, die elast. klein. 24std. Belichtung setzt die Dehnungsfestigkeit ca. 30—40% herab. Bei 70—80° zeigt sich starke Schrumpfung. Bei konstanter Belastung (0,4 g/den) ist die Streckung zwischen 35 u. 60° direkt proportional der Temp., bei 70° erfolgt Abreißen. Abb. von Quer- u. Längsschnitten. — 5 Kurvenbilder. (Chem. High Polymers [Tokyo] **10.** 133—39. 1953. [Orig.: japan.]) L. SCHULER. 8080

Geoffrey R. Ward, *Die antistatische Wirkung in Abhängigkeit von der Molekularstruktur.* Vf. bespricht an Hand des oxyäthylierten Nonylphenols die antistat. Wrkg. verschied. Präparationen auf Nylon, Orlon, Dacron, Acrilan u. Dynel. In diesem Zusammenhang wird bes. auf die Beständigkeit der Präparation beim Lagern Wert gelegt. So wurde gefunden, daß für eine antistat. Wrkg. ein gewisser Grad an Oxyäthylierung erforderlich ist. Die Lagerbeständigkeit wird ebenfalls mit steigendem Oxyäthylierungsgrad erhöht, wobei allerdings ein bestimmtes Verhältnis zwischen der KW-stoffkette u. dem Oxyäthylierungsgrad erhalten bleiben muß. Die zahlreichen Untersuchungsergebnisse sind

in 12 Figuren veranschaulicht. (Amer. Dyestuff Reporter **44**. P220—P226. 28/3. 1955. Easton, Pa., General Anilin & Film Corp., Central Res. Labor.)
H. G. FRÖHLICH. 8080

Martin Goldstein und **T. H. Davies**, *Glasfäden mit kettenförmig orientierten Molekülen.* Die Theorie des Glasaufbaus läßt es möglich erscheinen, daß die Moll. in Glasfäden kettenförmig angeordnet sind. Aus einer Reihe von Möglichkeiten, die sich theoret. ergeben, wählen Vff. Versuchsbedingungen aus, bei denen ein Glasfaden unter einer Temp. gehalten wird, bei der sich Mol.-Ketten bilden können, u. der dann so abgekühlt wird, daß diese in ihrer orientierten Lage verbleiben. Es wird die Versuchsanordnung kurz angegeben. Nur bei Na-Metaphosphat u. B_2O_3 ließ sich eine Orientierung nachweisen, Na-Metasilicat zeigt unter gleichen Bedingungen keine Orientierungserscheinungen (nachgewiesen durch Röntgenspektroskopaufnahmen). (J. Amer. ceram. Soc. **38**. 223—26. 1/7. 1955. Pittsburgh, Pa., Mellon Inst.)
L. KÜHNERT. 8082

Hans J. Karmaus, *Chemische Zusammensetzungen anorganischer Fasern (Glasfasern, Mineralwolle, Gesteinswolle, Schlackenwolle und dergleichen).* Zusammenstellung über die Zuss. von anorgan. Fasern der Gruppen SiO_2–B_2O_3–R_2O_3–RO–R_2O, SiO_2–B_2O_3–R_2O_3–RO, SiO_2–B_2O_3–R_2O_3–R_2O, SiO_2–B_2O_3–RO–R_2O, SiO_2–B_2O_3–RO u. SiO_2–B_2O_3–R_2O sowie von PbO-haltigen Fasern u. der Ausgangsstoffe für die Herst. anorgan. Fasern. (Glas-Email-Keramo-Techn. **6**. 189—92. Juni 1955.) D. BREDTSCHNEIDER. 8090

Ephraim Freedman und **Dan Chaucer**, *Eine Weiterentwicklung des AATCC-Flammfestprüfers.* Vff. beschreiben an Hand von 2 Abbildungen u. einem ausführlichen Schaltplan ein modifiziertes Prüfgerät für die Testung von flammfest ausgerüsteten Textilien. (Amer. Dyestuff Reporter **44**. P229—P230. 28/3. 1955. New York, N. Y., Bur. of Standards, R. H. Macy & Co.)
H. G. FRÖHLICH. 8096

H. Tipton, *Die dynamischen mechanischen Eigenschaften von Textilfasern und Garnen.* Nach einem Überblick über die bisherigen Arbeiten auf diesem Sektor wird der App. sowie die Ausführung der eigenen Verss. besprochen. Im einzelnen werden hierbei die dynam. Eigg. von 23 Textilgarnen u. ihre Abhängigkeit von der stat. u. dynam. Beanspruchung untersucht. Die zahlreichen u. ausführlichen Unterss. einschließlich der mathemat. Auswertung werden beschrieben u. diskutiert (17 Figuren, 4 Tabellen, 30 Literaturzitate). (J. Textile Inst., Trans. **46**. T322—61. Mai 1955. Manchester, Shirley Inst., Brit. Cotton Ind. Res. Assoc.)
H. G. FRÖHLICH. 8096

Otto Eisenhut, Heidelberg, *Feste, waschbare, gewebeähnliche, verfilzte Stoffe aus Cellulosefasern* (ohne Spinnen u. Weben), dad. gek., daß ein Krempelvlies ganz oder vorwiegend aus Kunstfasern oder eine Aufschlämmung solcher Fasern in W. oder verd. NaOH in dünner Schicht auf einem Laufband liegend durch ein Laugebad von 5—15% NaOH bei —5 bis +15° mit einer Verweilzeit von 1—0,5 Min. geführt wird, worauf Absäuern, Nachwaschen u. Trocknen folgt. Das Vlies wird zwischen zwei feinmaschigen Netzen gelagert, die am Ende des Vorgangs leicht angedrückt werden, um ein Muster zu ergeben. An Stelle des Laufbandes kann auch eine Absaugtrommel treten. Vor, während oder nach der Behandlung kann gefärbt werden. (**D. B. P. 902 427** Kl. 29b vom 13/10. 1948, ausg. 4/4. 1955. Anmeldung bekanntgemacht 30/8. 1951.)
G. SALZMANN. 8023

American Cyanamid Co., New York, N. Y., übert. von: **Jack T. Thurston**, Riverside, Conn., V. St. A., *Sulfobernsteinsäurepolyester von Fettsäuremonoglyceriden* erhält man durch Veresterung einer äquimol. Mischung aus Monoglyceriden einer oder mehrerer Fettsäuren mit 12—18 C-Atomen u. Malein- oder Fumarsäuren unter Erhitzen, bis die SZ. ca. 40 bis ca. 10 beträgt, u. anschließende Sulfonierung mit einem wasserlösl. Bisulfit. — Baumwollsamenölfettsäuremonoglycerid, Äquivalentgewicht ca. 362, wird mit Maleinsäureanhydrid in Ggw. von 2.2'-Methylen-bis-(6-tert.-butyl-p-kresol) 30 Min. unter N_2 auf 95—100° erhitzt, dann 2 Std. u. 10 Min. auf 175—186°, wobei N_2 zur Entfernung des gebildeten W. durchgeblasen wird. Das viscose, gelbe Öl, SZ. 43, wird in A. mit Na_2SO_3 u. Na-Metabisulfit 78 Std. erhitzt. Die entstandene *Polyestersulfonsäure* ist ein dicker, viscoser Sirup, lösl. in W., u. bildet schwach opalescierende Lösungen. Ferner werden umgesetzt: Tallölsäure-, Cocosnußölsäure-, Stearinsäure-, Laurinsäure-, Myristinsäuremonoglycerid. — *Nichtgilbende Textilweichmacher.* (**A. P. 2 637 663** vom 4/10. 1950, ausg. 5/5. 1953.)
G. KRAUSS. 8029

Monsanto Chemical Co., St. Louis, Mo., übert. von: **Carleton L. Kingsford**, Malden, Mass., V. St. A., *Maschen- bzw. rutschfeste Textil-, besonders Wirkwarenausrüstung.* Das mit einer wss. Lsg. eines anorgan. Salzes u. eines kation. Netzmittels angefeuchtete Gut wird bei 75—100° mit einer wss. Lsg. von 0,01—0,2% koll. SiO_2 behandelt. — Nylonstrümpfe werden 60 Min. mit einer 0,02 (%) $BaCl_2$ u. 0,1 Cetyldimethylbenzylammoniumbromid enthaltenden Lsg. behandelt, abgeschleudert u. 60 Min. mit einer 0,11 koll. SiO_2 enthaltenden wss. Fl. behandelt. Anschließend wird gespült u. getrocknet. — Vgl. auch E. P. 681 802; C. **1954.** 1628. (**A. P. 2 693 427** vom 30/7. 1947, ausg. 2/11. 1954.) H. MÖLLERING. 8033

General Aniline & Film Corp., New York, N. Y., übert. von: **James M. Cross**, Belvidere, und **Raymond L. Mayhew**, Phillipsburg, N. J., V. St. A., *Wasserabweisende Textilausrüstung.* Man imprägniert Textilgut mit einem in W. selbstemulgierenden Gemisch, trocknet u. vergütet $^3/_4$—10 Min. bei 120—250°. Das im Verhältnis 1:2 bis 4:1 hergestellte Gemisch besteht aus einem Fettsäure-N-methylolamid u. einer quartären N-Base der Formel R—CH_2—N(tert.)—X, wobei R ein Alkylcarbamid oder Alkoxyrest mit 8—18 C oder z. B. ein höhermol. Alkoxymono- oder -polyoxyäthylätherrest ist. — In 1980 (Teilen) Isopropylalkohol werden aus 1320 Stearylamid erhaltenes Methylolstearylamid (I) u. 660 quartäre Base (aus einem Gemisch von Pyridin u. I durch Einleiten von SO_2 gewonnen) gelöst; die erhaltene Paste ist in W. emulgierbar. (**A. P. 2 692 837** vom 25/2. 1950, ausg. 26/10. 1954.) H. MÖLLERING. 8037

Talbott Development Associates, New York, N. Y., übert. von: **Donald K. Pattilloch**, Richmond, Va., V. St. A., *Fixierung von Additiven an Wolle, Haar, Cellulose, Leder, Filz, Papier, Faserplatten* u. dergleichen. Man behandelt das Gut mit einer in W. unlösl., in W. dispergierbaren hochpolaren kationakt. netzenden Verb., die mindestens 1 hydrophobe Gruppe enthält, bestimmt elektrometr. titrierend die Stärke der positiven Aufladung u. behandelt dann mit einer entsprechenden Menge von Additiven nach, z. B. mit Lsgg. oder Dispersionen von Füll- oder Beschwerungsmitteln, Pigment- oder anderen Farbstoffen, Schlichten, Weichmachern, Firnis (auch aus Alkydharzen, Kunstkautschuk), Chlorparaffin oder -kautschuk, tox. wirkenden Substanzen u. dergleichen. — In 67 Beispielen sind solche Fixierungen belegt. Verwendet wird bes. das als „Victamin C" bekannte Monolaurylaminsalz des Monolaurylamids der Äthylphosphorsäure, das auch in Lsg. von „Victawet 12", einem Dialkylester der H_3PO_4, aufgebracht werden kann. Ein anderes Fixierungsmittel ist *Tetranaphthenoyltriäthylentetramin*, ferner das „Sapamin WL" der CIBA, das zur Fixierung von kautschukartigem Polymerisat aus Butadien u. Acrylnitril an Kraftpapier geeignet ist. (**A. P. 2 694 633** vom 23/2. 1950, ausg. 16/11. 1954.) H. MÖLLERING. 8037

Pacific Mills, übert. von: **William B. Kaupin**, Lawrence, Mass., und **John N. Dalton**, Providence, R. I., V. St. A., *Krumpffreie und weichgriffige Gewebe oder Gewirke aus Wolle.* Aus wss. Lsg. bringt man auf das Gut 5—10% Harzbildner, bes. Methylolmelamin, u. vergütet unterhalb 100° durch Anlegen eines Hochfrequenzfeldes von 5—50 MHz während 0,3—5 Minuten. (**A. P. 2 689 806** vom 3/2. 1953, ausg. 21/9. 1954.) H. MÖLLERING. 8061

Variapat Akt.-Ges., Basel, Schweiz, *Mottenschutzmittel.* Man chloriert den N-3-Trifluormethyl-4-chlor-6-sulfophenyl-N'-2-phenoxy-5-trifluormethylphenylharnstoff u. führt das Chlorierungsprod. in das Na-Salz über. Man kann auch vom N-3-Trifluormethyl-4-chlor-6-sulfophenyl-N'-4-phenoxy-5-chlorphenylharnstoff ausgehen. (**Schwz. PP. 305 312** u. **305 313** vom 29/4. 1950, ausg. 16/4. 1955. **Zusätze zu Schwz. P. 299 708; C. 1955. 2809.**) A. BRÖSAMLE. 8063

Karl Brandt, Berlin, *Herstellung von Amingarn.* Man unterzieht Cellulosefasern bei erhöhter Temp. u. neutraler bis mäßig saurer Rk. in Ggw. von Acylierungsmitteln, die durch Acylierungskatalysatoren verstärkt sein können, u. gegebenenfalls organ. Lösungsmitteln der Einw. von Säureamiden. Man kann auch veresterte u./oder verätherte Cellulose mit Säureimiden umsetzen oder mit Säureimiden behandelte Fasern acylieren oder veräthern. Das behandelte Gut hat der Wolle ähnliche Eigg. u. erhöhte Naßfestigkeit. — *Zellwolle* wird 3 Std. bei 118—120° mit einem Gemisch aus 40 (%) Eisessig, 40 Essigsäureanhydrid u. 20 Biuret behandelt, abgepreßt, mit CH_3OH u. dann mit heißem W. gewaschen. Die Fasern sind affin für saure Wollfarbstoffe u. erhöht naßfest. (**D. B. P. 930 513** Kl. 8k vom 15/8. 1942, ausg. 18/7. 1955. Anmeldung bekanntgemacht 13/1. 1955.) H. MÖLLERING. 8075

Karl Brandt, Berlin-Wilmersdorf, *Herstellung von Amingarn.* Fasern aus Cellulose (-derivv.) werden in Ggw. von Säureanhydriden u. gegebenenfalls organ. Lösungsmitteln bei neutraler bis mäßig saurer Rk. mit Carbonsäureamiden behandelt. Die Prodd. sind mit sauren Wollfarbstoffen färbbar u. erhöht naßfest. — 10 (g) *Zellwolle* werden mit einem Gemisch aus 50 Formamid, 20 Essigsäure u. 20 Essigsäureanhydrid 2 Std. auf 115° erwärmt, abgepreßt, mit CH_3O u. dann heiß mit W. gewaschen. Auch (Diäthyl-) Harnstoff ist verwendbar. (**D. B. P. 930 514** Kl. 8k vom 28/2. 1943, ausg. 18/7. 1955. Anmeldung bekanntgemacht 23/12. 1954.) H. MÖLLERING. 8075

Commonwealth Engineering Co., übert. von: **George L. Deniston**, Dayton, O., V. St. A., *Fäden aus verharztem Dextran.* Eine 60%ig. wss. Dextranlsg. wird mit einer 50%ig. Harnstoff- oder Melaminharzlsg. vermischt u. in Aceton (oder 94%ig. salzsaurem A.) versponnen. Die Fäden laufen über mit Nuten versehene Walzen in ein Wasserbad, durch einen Trockenschrank (150—250°) auf eine Sammelwalze. — Zeichnung. — Versetzt man die Mischung mit einem Glykol als Weichmacher u. NH_4Cl, dann läßt sie sich als Lack auf Metall, Papier oder Gewebe verwenden. Trocknung bei 65—204°. (**A. PP. 2 674 517** vom 8/8. 1951 u. **2 674 584** vom 6/10. 1952, beide ausg. 6/4. 1954.) G. SALZMANN. 8081

E. I. du Pont de Nemours & Co., Wilmington, Del., übert. von: **Paul W. Morgan**, Kenmore, N. Y., V. St. A., *Phosphorhaltige linearpolymere Kondensationsprodukte* mit den Struktureinheiten —X—C(:O)—R″—C(:O)—X—R′—P(:O)(R)(R′)—, —X—C·(:O)—R′—P(:O)(R)—R′—C(:O)—X—R″— u. —X—C(:O)—R′—P(:O)(R)—R′—C·(:O)—X—R′—P(:O)(R)—R′— erhält man beim Erhitzen von bifunktionellen Reaktionsteilnehmern, die lineare Kondensationspolymere ergeben, auf 150—320° u. n., erhöhtem oder erniedrigtem Druck. Mindestens ein Reaktionsteilnehmer soll die Gruppierung —R′—P(:O)(R)—R′— enthalten. Die Rk. kann, sofern das Reaktionsprod. hochmol. ist, auch in Ggw. von Verdünnungsmitteln ausgeführt werden. — Z. B. wird der Dimethylester des Bis-(p-carboxyphenyl)-methylphosphinoxyds mit Äthylenglykol in Ggw. von Zn-Borat umgeestert u. das frei werdende Methanol abdestilliert. Die Polymerisation wird unter N_2 bei 259° u. 0,4 mm Hg innerhalb 20 Std. vollendet. Das Endprod. hat eine wahre Viscosität in m-Kresol von 0,46 u. kann aus dem Schmelzzustand versponnen werden. — In den Struktureinheiten bedeuten R einen einwertigen KW-stoffrest, R′ einen 2wertigen aromat. oder cycloaliphat. KW-stoffrest, R″ einen 2wertigen KW-stoffrest, X kann N oder O sein. (**A. P. 2 646 420** vom 22/7. 1949, ausg. 21/7. 1953.) G. KÖNIG. 8081

Vereinigte Glanzstoff-Fabriken Akt.-Ges., Wuppertal-Elberfeld (Erfinder: **Ernst Pirot**, Erlenbach/M.), *Spinnlösungen aus Polyacrylsäurenitril* bzw. seinen Mischpolymerisaten. Als Lösungsm. dient ein Gemisch aus Dimethylformamid u. einem Diester der allg. Formel $CH_3 \cdot (CH_2)_n \cdot CO \cdot O \cdot R \cdot O \cdot CO \cdot (CH_2)_n \cdot CH_3$, worin R = $-CH_2-$ bzw.
—CH—, n = 0—2 ist. — Beispiel: Methylenglykoldiacetat, -dipropionat oder -dibutyrat.
 |
CH_3

(**D. B. P. 926 567** Kl. 29b vom 19/12. 1952, ausg. 21/4. 1955. Anmeldung bekanntgemacht 23/9. 1954.) G. SALZMANN. 8081

E. I. du Pont de Nemours & Co., Wilmington, übert. von: **Weston Andrew Hare**, Waynesboro, **Joseph Tracy Rivers jr.**, Tonawanda, und **Frank Baldwin Moody**, Kenmore, N. Y., V. St. A., *Veredeln von naßgesponnenen Polyacrylnitrilfäden* zwecks Beseitigung der Porosität. Die gegebenenfalls auch aus Mischpolymerisaten unter Spannung gesponnenen Fäden werden in einem mit Dampf von 2,8 at durchströmten Rohr um das 3,5fache gestreckt u. mit einem auf 100—200° erhitzten, mit W. nicht mischbaren KW-stoff (Xylol, p-Cymol, Äthylbenzol, N-Octan, p-Menthan, Monochlorpentan, -hexan, -heptan, Tetrachloräthan u. dgl.), WOODschem Metall, Hg oder Siliconöl unter Vermeidung von Schrumpfung behandelt. Danach geschnittene Stapel kräuseln in sd. Wasser. — Die angefeuchteten Fäden können auch über eine Anzahl auf 139—210° erhitzte Walzen (gebogene Metallplatte oder Stange; Berührungsdauer 5,6 Sek.) gleiten u. mit einer Geschwindigkeit von 68 m/Min. aufgewickelt werden. (**A. PP. 2 677 590** u. **2 677 591** vom 7/7. 1950, ausg. 4/5. 1954.) G. SALZMANN. 8081

XIX. Brennstoffe. Erdöl. Mineralöle.

A. Whitaker, *Die Feinstruktur der Kohle.* Vf. behandelt die Entw. der Kenntnisse über die Kohlenstruktur u. versucht, für die Zukunft Richtlinien für die Vervollständigung des Bildes der Kohlen zu geben. Besprochen werden chem. u. physikal.-chem. Unterss., Kohlenpetrologie, Röntgenverss., Infrarotabsorptionsspektren u. die magnet. Resonanztechnik. (J. Inst. Fuel **28.** 218—23. 255. Mai 1955.) E. BOYE. 8126

Carl Kröger und **Wilhelm Ruland**, *Über die Kaliumabsorption von Restkohlen.* Um Mengen u. Art der in den Kohlen vorliegenden „graphit.“ Bereiche zu prüfen, wurden Restkohlen der Pyridinextraktion auf das Sorptionsvermögen für K-Dampf untersucht mit anschließender chem. Unters. u. röntgenograph. Ausmessung der Addukte. Vff. beschreiben die Ausgangsstoffe, die zur Messung der K-Absorption dienenden Apparaturen sowie die App. zur Unters. der K-Addukte. Die Ergebnisse sind in zahlreichen Zahlentafeln u. Diagrammen dargestellt. Vff. kommen zu dem Ergebnis, daß sich keine echten Graphit-K-Verbb. bilden, sondern daß jedenfalls eine Oberflächenadsorption des metall. K oder eine Absorption nach Art fl. Lsgg. stattfindet. In den untersuchten Kohlen liegen somit keine Graphitkristallite vor, sondern man kann einen netzwerkartigen Bau von Aromatenlamellen annehmen. (Brennstoff-Chem. **36.** 97—103. 12/4. 1955. Aachen, TH, Inst. für Brennstoffchem.) E. FLACH. 8126

J. Endell, *Tone in Kohlen und Aschen.* Es wird über die in den Kohlen vorhandenen Tone berichtet. Die Tone kommen fein untergemischt oder in Einlagerungen in den Kohlen vor. Bei der Veraschung der Kohlen treten die Zerfallsprodd. der Tone in Rk. mit Kalk, S u. Eisenoxyd. Die Tone vertreiben in Braunkohlenaschen bevorzugt den S als SO_2. Bei Steinkohlenschlacken setzen Tone den F. herauf, bei Braunkohlenschlacken aber zunächst herab. Die Viscosität beider Schlacken wird durch Tone heraufgesetzt. Es werden Folgerungen für Schmelzkammer- u. Zyklonfeuerungen gegeben. (Ber. dtsch. keram. Ges. e. V. **32.** 69—71. März 1955.) K. Pistor. 8126

V. Berti, B. Casu, C. Manci, C. Padovani und **C. Siniramed,** *Untersuchung über die Extraktion bituminöser Kohlen mit Lösungsmitteln.* 2. Mitt. *Untersuchungen über die Zusammensetzung der Extrakte der Kohle von Sulcis.* (1. vgl. Riv. Combustibili **8.** [1954.] 639.) In den Absorptionsspektren der mit Monoäthanolamin gewonnenen Extrakte der untersuchten Kohlen treten die bei der Kohle selbst gefundenen Banden, bes. die den Funktionen OH, NH, CO u. aromat. CH-Bindung zugehörigen, weitgehend auf; die Unterschiede lassen sich auf die verschied. Molekülgröße u. die verschied. Molekülassoziationen zurückführen. Es werden ferner die Spektren der in Ggw. von H_2 gewonnenen Extrakte mit n-Heptan u. mit Tetrahydrofuran untersucht u. beschrieben, wobei im zweiten Falle die Phenolbande 3,05 μ stärker ist u. bei $\sim$5,6 μ eine Bande auftritt, die bei chromatographierten Fraktionen durch die starke Absorption bei 5,8—5,9 μ verdeckt wird. Die starke Absorption mit Maximum bei 6,05 μ wird Schwingungen der C=O-Doppelbindung in CO–NH-Gruppen zugeschrieben. Das Auftreten von Schwingungsbanden der aromat. u. aliphat. CH-Gruppen spricht für die Ggw. teilweise hydrierter, kondensierter aromat. Ringe aliphat. Ketten. (Riv. Combustibili **9.** 5—34. Jan. 1955. Milano, Staz. sperim. per i Combustibili.) R. K. Müller. 8126

Friedrich Wilhelm Mayer, *Die Grundlagen der Trennschärfenermittlung von Aufbereitungsvorgängen mit Hilfe der Trompschen Verteilungszahlen.* Vf. erläutert u. vergleicht in seiner Übersicht die für Aufbereitungsvorgänge an Rohkohlen neuerdings eingeführte u. vielfach diskutierte Meth. von Tromp zur Beurteilung der Aufbereitungsverff. u. zur Best. von Trennschnittkurven aus den Analysen von Schwimm- u. Senkgut. (Glückauf **88.** 4—13. 5/1. 1952.) H. Wingchen. 8134

Erich Rammler, Gottfried Gerlach und **Georg Bilkenroth,** *Über den Einfluß der Brikettdicke (Steinstärke) auf die Festigkeit von Braunkohlenkoks.* Die Unterss. ergaben, daß mit wachsender Brikettdicke die Druckfestigkeit der Briketts u. der daraus erhaltenen Hochtemperaturkokse fällt. Die Versuchsergebnisse beweisen, daß man bei der Verkokung von dicken Briketts zur Erhöhung der Stückgröße u. damit des Stückkoksanfalles einen Verlust an Druckfestigkeit u. Abriebfestigkeit des Kokses in Kauf nehmen muß. Die Verluste können vermieden oder eingeschränkt werden, wenn man höhere Preßdrucke anwendet. (Freiberger Forschungsh., Reihe A, Heft **35.** 93—105. Febr. 1955.) E. Boye. 8136

A. Je. Bressler und **Ju. I. Sakolodkina,** *Untersuchung der in der verkokenden Kohlenschicht auftretenden Risse.* Es wird eine App. zur Best. der Rißbldg. beim Verkokungsvorgang beschrieben. Das Gerät besteht aus einem Behälter zur Aufnahme der zu verkokenden Probe, der außer mit Thermoelementen mit 2 an eine Stromquelle geschalteten Elektroden versehen ist. Die Elektroden sind durch einen dünnen Draht verbunden. Wenn das verkokende Material aus der plast. Form in den festen Zustand übergeht, erfolgt Reißen des Drahtes u. Unterbrechung des Stromflusses, sofern die Koksstruktur Rißbldg. aufweist. Die Anordnung ermöglicht auch eine Best. der Stärke der gebildeten Koksschicht. — Es wurde festgestellt, daß die Verkokungsgeschwindigkeit sowohl auf die Rissigkeit als auch auf die Schichtdicke von Einfl. ist. Je schneller sich der Erhitzungsvorgang vollzieht, um so geringer wird die Schichtdicke. Je größer die Schichtdicke zum Zeitpunkt der Rißbldg., um so geringer das Netzwerk der gebildeten Risse. Die Abhängigkeit der genannten Faktoren voneinander weist auf einen Einfl. der Relaxation hin, die ausschlaggebend für das Auftreten innerer Spannungen ist, die letztlich den Grad der Rißbldg. bestimmen. (Известия Академии Наук СССР, Отделение Технических Наук [Nachr. Akad. Wiss. UdSSR, Abt. techn. Wiss.] **1951.** 1841—48. Dez.) A. Hoyningen-Huene. 8142

Fritz Leithe und **Gerhard Lorenzen,** *Neue Ergebnisse aus der Vergasung ballastreicher Brennstoffe.* Für die Vergasung solcher Brennstoffe kommt ein senkrechter Ofen mit quergeführten Vergasungsmitteln in Frage. Durch diese Maßnahme läuft der Brennstoff in verhältnismäßig dünner Schicht von oben nach unten an einer senkrechten Rostfläche vorbei, die größer ist als der Schachtquerschnitt. Im gleichen Verhältnis vermindert sich die durch die Rostfläche auf die Flächeneinheit in der Zeit einwirkende Menge an Vergasungsmittel. Es ist daher leicht, die Vergasungsmittel auf die einzelnen

Schichten des Schwelens, Vergasens, Verbrennens usw. gleichmäßig zu verteilen, weil sie im Verhältnis zum Durchsatz größer sind, schräg übereinander lagern u. teilweise unmittelbar an der Rostfläche anliegen. Man bekommt keine Überhitzung u. keine Sinterung, denn die Gasmenge läßt sich ohne weiteres steuern u. die Umsetzung in den gewünschten Grenzen halten. Bei Anwendung von Schachtgeneratoren besteht die Gefahr, daß örtliche Überhitzungen eintreten, weil das Vergasungsmittel nicht alle Stellen berührt. Hierdurch kommt die Asche zum Sintern oder Schmelzen, so daß die brennbare Substanz eingeschlossen wird u. die Vergasung nur unvollständig ist. An Hand zahlreicher Bilder u. Fließschemen wird das Querstromverf. auch von der techn. Seite eingehend erläutert. Beim Vergasen von Bergen mit 80% Asche u. 14% C erhielt man beim Vergasen mit Dampf ein Gas mit 1068 kcal/Nm^3, bei Zusatz von O_2 ein solches von 1298kcal/Nm^3. Der Vergasungsgrad betrug dabei 46%. Es ist möglich, ein Synthesegas für die Herst. von NH_3 zu gewinnen. (Glückauf **90.** 839—44. 31/7. 1954. Bochum.)
F. ROSENDAHL. 8148

P. F. Ssabanejew, *Berechnung der Gewinnung von Generatorgas aus der Kohlenstoffbilanz.* Ableitung von Formeln für die Berechnung der Ausbeute an Generatorgas u. den Anfall von Schlacke. Die Berechnung der Gesamtausbeute bei der Vergasung von 1 t Kohle ergab einen Fehler von $\pm 1,8$%. (Известия Академии Наук СССР, Отделение Технических Наук [Nachr. Akad. Wiss. UdSSR, Abt. techn. Wiss.] **1954.** Nr. 11. 124—28. Nov. Rostow/Don.) OTTO MAIER. 8150

Jaromír Jílek, *Einige Ursachen von Teerverlusten der bei Carbonisierung von Braunkohle im Lurgiofen.* Zur Erzielung einer guten Ausbeute bei der Carbonisierung im Lurgiofen darf nur Kohle bestimmter u. nicht zu sehr schwankender Eigg. verwendet werden. Es werden Teerverluste festgestellt, die zu ca. 55% aus unvollkommenem Auswaschen des Leichtöls, zu 22% aus unvollständigem Auscarbonisieren der Kohle, zu 8% aus ungenügender Trennung des Öls vom W. u. in geringerem Maße aus mechan. Verunreinigungen, Verb. mit dem Gas u. anderen Einflüssen herrühren. (Paliva **35.** 2—7. Jan. 1955. Prag, Gasprojekt.) O. POLLAK V. EMHOFEN. 8158

E. Bramslev, *Die Grundlage der trockenen Gasreinigung.* In einer Atmosphäre von gesätt. Wasserdampf wird die von einer Reinigungsmasse absorbierte H_2S-Menge aus der Druckänderung ermittelt. Maßgebend für die Absorptionsgeschwindigkeit ist die Diffusion durch das gebildete Reaktionsprod., sie kann daher aus der durch verschied. Reinigungsmittel absorbierbaren Menge Methylenblau festgestellt werden. Hoher NH_3-Geh. verbessert die Wirksamkeit der Reinigung. Bei Mn-Geh. der Reinigungsmasse liegt ein Optimum der Reaktionsgeschwindigkeit in Abhängigkeit vom Wassergeh. vor, während Mn-freie Massen trocken am wirksamsten sind. Die Wirksamkeitsdauer einer M. kann aus der „Ξ-Funktion" bestimmt werden. Mindestens 4 Wiederbelebungsperioden sind möglich. (Gasteknikeren **41.** 375—84. 21/10. 1952.) R. K. MÜLLER. 8164

N. M. Ssilischtschenskaja, *Eine neue Methode zur Bestimmung der Eigenschaften von Holzteerantioxydans.* Der stabilisierende Effekt bestimmter höhersd. Fraktionen von Holzteeren für Crackbenzine wird vom Vf. in deren Geh. an *vicinalen Polyoxybenzolen* (I) erkannt, deren quantitative Best. durch Ausfällen mit Pb-Acetat, wobei sich unlösl. Pb-Phenolate bilden, leicht gelingt. Im Teer von Laubhölzern findet sich mehr I als im Teer von Nadelhölzern. Teerfraktionen, deren Kp. unter 240° liegt, sind an I ärmer. (Гидролизная и Лесохимическая Промышленность [Hydrolyt. holzchem. Ind.] **8.** Nr. 2. 14—15. 1955. Zentr. Wiss. Holzchem. Forschungsinst.) M. ULMANN. 8178

F. H. Garner und **A. R. Hale,** *Korrosion in der Petroleumindustrie.* Überblick über Korrosionsprobleme der Petroleumindustrie, u. zwar in Destillier- u. Crackanlagen sowie durch Benutzung verschied. Chemikalien zum Raffinieren u. zur Synth. von KW-stoffen. In Destillations- u. Crackanlagen sind elektrolyt. u. Hochtemperaturkorrosion wirksam. Besprochen werden die Werkstoffe für die einzelnen App. u. Korrosionsprobleme durch H_2SO_4, H_3PO_4, HF, $AlCl_3$, Furfurol, Phenol, SO_2. (Petroleum [London] **17.** 407—10. Nov. 440—42. Dez. 1954. **18.** 12—14. Jan. 1955.) H. SPINDLER. 8186

Mihály Freund, *Bearbeitung von Nagylengyel-Erdöl.* Nagylengyel-Erdöl [$D.^{20}$ 0,948; F. -3^0; Viscosität 50^0, $35{,}2^0$ E; feste Asphalte 14,9%; Paraffine (53^0), 3,95%] enthält 3,37% S u. ergibt 60% Asphaltrückstand. Leichte Destillate mit $<0{,}5$% S eignen sich für den Dieselantrieb, schwerere noch für Traktoren. Es wird der Einfl. von S auf die Leistung der Dieselmotoren behandelt. Der Rückstand kann als Heizöl verwendet oder auf Asphalt verarbeitet werden. Es wird die Erzeugung diverser Asphaltarten vorgeschlagen, die dem mexikan. Asphalt gleichkommen, ferner die Herst. von gelöstem Asphalt unter Verwendung leichter Destillate mit schlechten Motoreigenschaften. (Paliva **35.** 12—15. Jan. 1955.) O. POLLAK V. EMHOFEN. 8188

J. W. Whalen, *Ein neues Verfahren zur Messung der magnetischen Susceptibilität zur Bestimmung der Sättigung mit Flüssigkeiten in porösem Material.* Vf. schildert den von ihm entworfenen App. zur Durchführung der Messungen. Für die Durchführung der Bestimmungen ist die Ggw. eines magnet. Spurenelements in einer Höhe von ca. 20 Gew.-% der wss. Phase erforderlich. Vf. gibt die Erkenntnisse von zwei Unterss. an zwei Beispielen bekannt. Die Genauigkeit des Verf. liegt bei 2%. (J. Petroleum Technol. **6.** Petroleum Trans. AIME 111—16. Sept. 1954.) F. Rosendahl. 8190

E. Fiumara, *Trennung von Kohlenwasserstoffen und organischen Flüssigkeiten durch thermische Diffusion.* Das auf Grund von Unterlagen der Standard Oil Co. of Ohio beschriebene Verf. beruht darauf, daß zwischen einer erhitzten u. einer gekühlten Fläche ein Temperaturgradient geschaffen wird, der eine Aufwärtsbewegung auf der heißen u. eine Abwärtsbewegung auf der kalten Seite bewirkt. Es werden Beispiele für die Trennung von bin. u. tern. Systemen dargestellt. Der Einfl. der D. der Komponenten („forgotten effect“) u. die prakt. Anwendung, bes. bei Schmierölen u. anderen Erdölfraktionen, wird erörtert. (Riv. Combustibili **9.** 46—58. Jan. 1955.) R. K. Müller. 8194

—, *Modell IV einer katalytischen Fließ-Crack-Anlage.* Ausführliche Beschreibung einer solchen Anlage. (J. sci. ind. Res. [New Delhi] **13 A.** 131—34. März 1954.) F. Rosendahl. 8196

R. M. Casagrande, W. K. Meerbott, A. F. Sartor und **R. P. Trainer,** *Selektive Behandlung mit Wasserstoff über Wolfram–Nickel–Sulfid-Katalysator. Behandlung von Crackbenzin.* Durch selektive Behandlung mit H_2 über einem Mo–Ni–Sulfid-Katalysator (40% W, 25% Ni) können Crackbenzine desulfuriert u. stabilisiert werden. Unter optimalen Bedingungen wurde eine 50—60%ig. Abnahme des S-Geh., eine 90%ig. Abnahme des Geh. an konjugierten Diolefinen u. eine 10—20%ig. Absättigung der Monoolefine erreicht. 10—15 barrel Bzn. pro lbs. Katalysator können so behandelt werden, bis der Kontakt regeneriert werden muß. Die Isomerisierung der Olefine gleicht das Absinken der Octanzahl durch die Absättigung aus; die Bleiempfindlichkeit steigt durch die Abnahme des S-Gehaltes. Die partielle Absättigung der Diolefine setzt die Stabilität hinauf. (Ind. Engng. Chem. **47.** 744—49. April 1955. Houston, Tex., Shell Oil Co.) H. Bertsch. 8200

G. R. Donaldson, L. F. Pasik und **Vladimir Haensel,** *Dehydrierende Cyclisierung beim Platforming.* Der Einfl. von Druck, Temp. u. Raumgeschwindigkeit auf die Verteilung der Prodd. beim Platformingprozeß wurde an einem Gemisch von n-Paraffinen (C_8—C_{11}), einer hydrierten Fischer-Tropsch-Fraktion, studiert. Die Bldg. von Aromaten durch dehydrierende Cyclisierung wird durch hohe Temp., niedrigen Druck u. niedrige Raumgeschwindigkeit begünstigt. (Ind. Engng. Chem. **47.** 731—35. April 1955. Riverside, Ill., Universal Oil Products Co.) H. Bertsch. 8200

H. Beuther und **R. G. Goldthwait,** *Bortrifluoridbehandlung von Crackbenzin.* Die Behandlung von Crackbenzin mit wasserfreiem BF_3 erhöht die Lagerbeständigkeit u. verbessert die Charakteristik nach dem General Motors-Schlammtest, Meth. B. Das Bzn. wird kontinuierlich mit BF_3 in Kontakt gebracht, der Schlamm absitzen gelassen, mit W. gewaschen, u. zur Entfernung lösl. Polymerer redestilliert. Die Rk. wird bei Raumtemp. 1—10 Min. durchgeführt, die Verluste betragen 5—7%. Katalyt. gecrackte Prodd. werden mit 0,1% BF_3, therm. gecrackte mit 0,05% BF_3 behandelt. Das Verf. ist korrosionsfrei u. wirtschaftlich konkurrenzfähig. Die Verwendung der Rückstände wird besprochen. (Ind. Engng. Chem. **47.** 764—69. April 1955. Pittsburgh, Pa., Gulf Res. and Development Co.) H. Bertsch. 8200

Ju. Ss. Sasslawski, G. I. Schor und **F. B. Lebedewa,** *Untersuchung der Antiverschleißeigenschaften von Schmierölen mittels der Methode der radioaktiven Indicatoren.* An einer Spezialreibmaschine u. an einem Einzylindermotor werden unter Verwendung von ^{60}Co die Schmiereigg. verschied. Schmiermittel (Autol, Schwernaphtha, Spindelöl, Dieselöl) untersucht. (Известия Академии Наук СССР, Отделение Технических Наук [Nachr. Akad. Wiss. UdSSR, Abt. techn. Wiss.] **1953.** 1598—1608. Nov.) Otto Maier. 8220

W. Riedel, *Das Klebevermögen bituminöser Bindemittel.* Unter dem Klebvermögen wird der Widerstand verstanden, den ein Bindemittel den mechan. Ansprüchen des Verkehrs, also den Zug-, Stoß-, Biege- u. Sogkräften, entgegensetzt. Die Zähigkeit eines solchen Bindemittels muß bei hohen Tempp. so gering sein, daß es sich leicht mit den mineral. Bestandteilen vermischen läßt. Das Benetzungsvermögen muß so gut sein, daß bei der Mischungstemp. ein lückenloses Ausbreiten auf dem Gestein stattfindet u. die Kohäsion muß so groß sein, daß bei den höchsten Sommer- u. den tiefsten Wintertempp. die Decke fest im Verband gehalten wird. Keine dieser Eigg. tritt an Bedeutung hinter der anderen zurück. Vf. zeigte in eingehenden Verss., daß alle drei zusammen den Wert des Bindemittels bestimmen. (Bauplan. u. Bautechn. **9.** Nr. 6. Strassentechnik **3.** 49—56. Juni 1955. Dresden, TH, Inst. für Stadtbauwesen u. Straßenbau.) F. ROSENDAHL. 8236

Erich Rammler, Helmut Mettner und **Fritz Baunack,** *Untersuchungen zur Verbesserung der Quellfähigkeitsmessung von Trockenbraunkohle.* Die Unterss. betreffen die Verbesserung der bisher benutzten Apparate zur Best. der Quellfähigkeit. Hierbei aber wird nur die Quellung „erster Art" erfaßt. (Freiberger Forschungsh., Reihe A Heft **32.** 81—102. Febr. 1955.) E. BOYE. 8244

H. Mellors, *Die Feststellung der Gasbeschaffenheit.* Übersicht über die zur Gasunters. dienenden Calorimeter. — 16 Schrifttumhinweise. (Gas Wld. **141.** 842—47. 26/3. Gas J. **282 (107).** 103—06. 13/4. 1955. West Midlands Gas Board, Area Labors.) W. WESLY. 8250

Karel Hradský, *Feststellung kleiner Sauerstoffmengen in Gasen, besonders in sauren Gasen.* Es wird auf die Unzweckmäßigkeit der bisherigen Methoden zur Best. kleiner Sauerstoffmengen in sauren Gasen hingewiesen u. eine quantitative analyt. Meth. für die Betriebskontrollen ausgearbeitet, die sich bes. für saure Gase mit einem hohen CO_2-Geh. oder auch direkt für techn. CO_2 eignet. Die Meth. beruht auf der O_2-Absorption durch eine $CrCl_2$-Lsg. u. Bldg. von $CrCl_3$. In der Lsg. wird die $CrCl_2$-Abnahme nach Durchleiten eines bestimmten Vol. des zu untersuchenden Gases durch jodometr. Best. von $Cr^{\cdot\cdot}$ bestimmt. Die für die O_2-Best. benötigte App. wird beschrieben an Hand von Kontrollanalysen wird die Reproduzierbarkeit der Meth. behandelt. (Paliva **35.** 8—12. Jan. 1955.) O. POLLAK V. EMHOFEN. 8250

Čestmír Deyl, *Eine neue Methode zur Feststellung von reinem Schwefel in Reinigungsmasse bei der Gaserzeugung.* Die Meth. beruht auf der leichten Löslichkeit von S in H_2S, dessen schnelle Verdampfung u. dem Wandern der Polysulfidlsg. im Filtrierpapier. Man wiegt in einen kleinen Tiegel 1 g gepulverte Trockensubstanz ab, gießt einige ml H_2S-Lsg. darüber, rührt u. fügt je nach dem Teergeh. bis zu einer Messerspitze Aktivkohle zu. In dieses Gemisch legt man einen 2 cm breiten Streifen Filtrierpapier, der ca. 2 cm über den Tiegelrand zu beiden Seiten hinausragt, u. drückt mit dem Deckel den Streifen an den Tiegelboden. Man gießt einigemal H_2S-Lsg. nach u. nach ca. 4 Std. ist aller S an den Streifenenden auskristallisiert. Verglichen mit älteren Methoden ist die vorst. schneller u. einfacher, genau u. billig. (Paliva **35.** 7—8. Jan. 1955. Olmütz, Gasanstalt.) O. POLLAK V. EMHOFEN. 8250

—, *Trennung der schwefelhaltigen Verbindungen des Erdöls durch die Adsorptionsmethode auf Silicagel.* Es wird über Unterss. an Mineralölen berichtet, in denen die Abtrennung der S-haltigen Verbb. von den gesätt., ungesätt. (Paraffinen u. Olefinen) u. aromat. KW-stoffen durch Adsorption an Silicagel u. Eluierung mit A. oder Amylalkohol durchgeführt wird. Von den Vff. wurden 2 Säulen verwendet (ein Glasrohr von einheitlich 12 mm Durchmesser; das andere auf 75 cm Länge mit 15 mm Durchmesser u. 10 mm Durchmesser auf 100 cm Länge; Druckfiltration; bei tieferen Tempp. Verwendung von CH_3OH als Kühl-F. im Kühlermantel), die mit akt. Silicagel (3 oder 5 Std. auf 300° erhitzt) gefüllt waren. Das Gel hatte eine durch Siebanalyse festgelegte Korngrößenmischung (50% Originalgel u. 50% feineres [40—20% Durchgang durch 100—200er, 20—10% durch 200—300er u. 40—70% durch 330er Maschensieb]), um die sehr wesentliche einwandfreie Säulenfüllung (ohne Kanalbldg.) u. Adsorptionswrkg. zu erzielen. Von den eluierten Fraktionen (jeweils 1 g) wurde der Brechungsindex bei 20° bestimmt (Diagramme: Filtratgewichte/Brechungsindices). Vff. stellen nach ihren Verss. für die isolierten S-haltigen Verbb. entsprechend der Stärke der Adsorption durch das Gel, die stets die der aromat. Verbb. übertrifft, folgende ansteigende Reihe auf: Aromat. KW-stoffe; Thiophene–Methylthiophen; Alkanthiole–n-Butylmercaptan; Disulfide–3.4-Dithiohexan (Diäthyldisulfid); aromat. Thiole–Thiophenol; Thiocyclohexanon; n-Dipropylsulfid u. Äthyl-n-propylsulfid; Pentamethylensulfid. (Olii minerali, Grassi Saponi, Colori Vernici **27.** 57—59. Mai 1950.) H. WINGCHEN. 8252

—, *Eine neuer Apparat zur Bestimmung der Schmierfähigkeit von Schmierölen.* Es wird über eine engl. Prüfmaschine zur Messung der Schmierfähigkeit von Ölen berichtet. Zwischen eine rotierende, schwingende Prüfscheibe (Stahl, rund, Durchmesser 1 Zoll), die durch einen Motor bewegt wird, u. eine senkrecht stehende Stahlfläche (beide durch Federung aufeinander gepreßt) wird das zu prüfende Öl tropfenweise eingeführt. Die dicke Scheibe u. die Stahlfläche können zur Änderung der Reibung auf verschied. Drücke (0, 10, 20, 30, 60 u. 75 Pfund Belastung) bei verschied. Zeitdauer eingestellt werden (10 oder 5 Min. lang; 700—800 Umdrehungen/Min.). Da der Verlust des Schmiervermögens von der Temp. abhängig ist, wird während des Reibungsvers. die Temp. bei steigenden Belastungen auf plötzlich auftretende Erhöhungen hin beobachtet; die Temperaturmessung erfolgt mit einem Thermoelement. Die Ergebnisse werden diskutiert; bei Ricinusöl höhere Zahlenwerte als bei Mineralöl; ebenso bei Ölen mit P- oder Cl-Zusatzmitteln; gute Reproduzierbarkeit der Resultate. — Diagramme. (Olii minerali, Grassi Saponi, Colori Vernici **27.** 70—72. Juni/Juli 1950.) H. WINGCHEN. 8258

William W. Odell, New York, N. Y., V. St. A., *Chemische Reaktionen zwischen Gasen und feinverteilten festen brennbaren Stoffen,* z. B. die Erzeugung von H_2 u. *CO* enthaltenden Gasgemischen aus Koks u. Wasserdampf bzw. O_2, werden durchgeführt, indem der wenigstens einen reaktionsfähigen Bestandteil enthaltende Gasstrom u. der feinverteilte feste Brennstoff mit solcher Geschwindigkeit durch ein Bett feuerfester Körper geführt werden, daß diese Körper in wirbelnder Bewegung im Bett gehalten werden u. der feste Brennstoff vollständig umgesetzt wird, wobei die Teilchengröße der feuerfesten Körper größer ist als die der Brennstoffteilchen, u. zwar soll sie ca. $^1/_{16}$ bis $^1/_2$ Zoll sein. — Verfahrensschemata. (**A. P. 2 686 113** vom 13/5. 1949, ausg. 10/8. 1954.) K. DEMMLER. 8153

United Gas Improvement Co., Philadelphia, übert. von: **John Hawley Taussig,** Ambler, Pa., V. St. A., *Herstellen eines für die Verteilung in Stadtgassystemen geeigneten brennbaren Gases.* Ein gasförmiger Brennstoff wird verbrannt u. die Wärme der heißen Verbrennungsgase in einem Bett feuerfesten Materials gespeichert, worauf die Gase katalyt. mit Dampf umgesetzt u. schließlich mit Luft unvollständig verbrannt werden; in einem 2. Verfahrensteil werden die durch Rk. eines bei n. Temp. gasförmigen KW-stoffs mit Dampf im feuerfesten Wärmespeicher erzeugten heißen Gase im Katalysatorbett bei solcher Temp. umgesetzt, daß im wesentlichen CO u. H_2 gebildet werden. — Verfahrensschema. (**A. P. 2 665 979** vom 31/10. 1949, ausg. 12/1. 1954.) K. DEMMLER. 8157

Ruhrchemie Akt.-Ges. (Erfinder: **Otto Roelen** und **Franz Hanisch**), Oberhausen, *Entfernung der in Koksofengas und anderen technischen Gasen vorhandenen organischen S-Verbindungen,* bei dem die Gase bei 200—500, bes. 400—450°, über Cu in aufgelockerter Form enthaltende Katalysatoren geleitet werden, dad. gek., daß die Gase zunächst mit den genannten Cu-Katalysatoren u. anschließend bei ca. 200° oder höheren Tempp. mit Reinigungsmitteln behandelt werden, die Oxyde u. Hydroxyde des Fe in innigem Gemisch mit mindestens 10% Alkalicarbonat enthalten. (**D. B. P. 929 265** Kl. 26d vom 5/2. 1942, ausg. 23/6. 1955. Anmeldung bekanntgemacht 11/12. 1952.) K. DEMMLER. 8173

Ruhrchemie Akt.-Ges. (Erfinder: **Otto Roelen, Walter Rottig** und **Franz Hanisch**), Oberhausen, *Entfernung des in Gasen vorhandenen Schwefels* durch Überleiten des Gases bei 100—500° in Ggw. geringer Mengen von O_2 oder O_2-enthaltenden Gasen über eine aus Oxyden u./oder Hydroxyden u./oder Carbonaten der Erdalkalien bestehende M. nach D. B. P. 906 606, dad. gek., daß auch Gase, die H_2S von vornherein enthalten, oder in denen H_2S durch chem. Rkk. ohne Verwendung von Ni-Katalysatoren entstanden ist, in Ggw. von für die Oxydation des S ausreichenden Mengen an O_2 oder O_2-enthaltenden Gasen über die aus Oxyden u./oder Hydroxyden u./oder Carbonaten der Erdalkalien bestehenden Massen geleitet werden. (**D. B. P. 932 032** Kl. 26d vom 23/9. 1952, ausg. 22/8. 1955. Anmeldung bekanntgemacht 24/2. 1955. **Zusatz zu D. B. P. 906 606; C. 1954. 9895.**) K. DEMMLER. 8173

Dr. C. Otto & Co. G. m. b. H. (Erfinder: **Erich Schön**), Bochum, *Aufeinanderfolgendes getrenntes Auswaschen von Schwefelwasserstoff und Ammoniak aus Brenngasen* u. Aufarbeiten dieser Stoffe zu aufgeschwefeltem Starkwasser (Ammonsulfidlauge), dad. gek., daß der Ablauf der NH_3-Wäsche entsäuert, sodann als Wasch-Fl. für die selektive H_2S-Wäsche benutzt u. darauf verdichtet wird. — Zeichnung. (**D. B. P. 931 064** Kl. 26d vom 27/3. 1943, ausg. 1/8. 1955. Anmeldung bekanntgemacht 9/10. 1952.) K. DEMMLER. 8173

Phillips Petroleum Co., Del., übert. von: **Robert A. Findlay,** Bartlesville, Okla., V. St. A., *Extraktion von Öl aus Ölschiefer.* Der Schiefer wird mit dickfl. Öl gemischt. Das Gemisch läßt man im Gegenstrom zu aufwärts strömenden Dämpfen eines dickfl. Öles in eine Fraktionierkolonne fließen. Die dabei entstehenden Dämpfe des Schieferöles werden an verschied. Stellen aus der Kolonne abgezogen, damit zu lange Einw. der heißen Öldämpfe u. unerwünschte Neben-Rkk. vermieden werden. — Zeichnung. (**A. P. 2 685 555** vom 20/12. 1950, ausg. 3/8. 1954.) E. KAHLES. 8181

Petrolite Corp. Ltd., Wilmington, Del., übert. von: **Melvin De Groote,** St. Louis, Mo., V. St. A., *Brechen von Erdölemulsionen* (W-in-Öl-Typ). Man setzt einen Emulsionsbrecher zu, der aus hochmol. Polyoläthern (Mol.-Gew. 2000—30000) besteht, die aus monomeren Verbb. mit hohem H_2-Geh. u. mindestens 4 OH-Gruppen (Dulcit, Sorbit, Pentaerythrit) u. Propylenoxyd hergestellt werden. Diese Verbb. sind in W. u. in Xylol unlösl. u. frei von Resten, die über 8 C-Atome in ununterbrochener Reihenfolge enthalten. Die Menge an zugesetztem Propylenoxyd soll 7—70 je OH-Gruppe u. die

Menge an monomeren Polyoxyverbb. nicht mehr als 12½ Gew.-% sein. (**A. PP. 2 552 528** u. **2 552 529** vom 14/7. 1949, ausg. 15/5. 1951.) E. KAHLES. 8191

Petrolite Corp. Ltd., Wilmington, Del., übert. von: **Melvin De Groote,** University City, und **Bernhard Keiser,** Webster Groves, Mo., V. St. A., *Brechen von Erdölemulsionen* (W.-in-Öl-Typ) durch synthet. hydrophile Oxyalkylierungsprodd. aus Äthylenoxyd, Propylenoxyd u. einem oxyalkylierbaren, schmelzbaren, in organ. Lösungsmitteln lösl. u. wasserunlösl. Phenolaldehydharz, das aus Allylphenolen der Formel I, worin R KW-stoffreste mit mindestens 4 u. höchstens 8 C-Atomen in 2.4.6-Stellung bedeutet, gebildet wird. Die Gewichtsverhältnisse von Harz, Propylen- u. Äthylenoxyd sind so abgestimmt, daß sie innerhalb der durch die Punkte 1, 2, 3 u. 4 gek. trapezoedr. Fläche einer beigefügten Zeichnung liegen. (**A. P. 2 557 081** vom 28/11. 1949, ausg. 19/6. 1951.) E. KAHLES. 8191

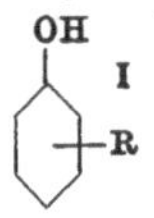

Petrolite Corp. Ltd., Wilmington, Del., übert. von: **Melvin De Groote,** University City, und **Bernhard Keiser,** Webster Groves, Mo., V. St. A., *Brechen von Erdölemulsionen* (W.-in-Öl-Typ) durch ein oxyalkyliertes Phenolharz, das aus Äthylenoxyd, Propylenoxyd u. einem oxyalkylierbaren, schmelzbaren, wasserunlösl., in organ. Lösungsmitteln lösl. Phenolharz hergestellt wurde, z. B. aus Phenolen mit Acetylen. Die Gewichtsverhältnisse von Äthylen-, Propylenoxyd u. Phenolharz liegen innerhalb einer durch Punkte 1, 2, 3 u. 4 gek. trapezoedr. Fläche in einer beigefügten Zeichnung. (**A. P. 2 574 543** vom 28/11. 1949, ausg. 13/11. 1951.) E. KAHLES. 8191

Petrolite Corp. Ltd., Wilmington, Del., übert. von: **Melvin De Groote,** University City, und **Bernhard Keiser,** Webster Groves, Mo., V. St. A., *Brechen von Erdölemulsionen* (I) (W.-in-Öl-Typ). Man verwendet ein Oxyalkylierungsprod., das aus α.β-Allylenoxyden mit höchstens 4 C-Atomen (Äthylen-, Propylen-, Butylenoxyd, Glycid oder Methylglycid) u. einem oxyalkylierbaren, schmelzbaren, wasserunlösl. u. in organ. Lösungsmitteln lösl. Phenolharz hergestellt wurde, z. B. aus Phenolen u. Acetylen-KW-stoff. Nach der Rk. mit α.β-Alkylenoxyd enthält es mehrere Reste der Formel $(R_1O)_n$, worin R_1 einen Äthylen-, Propylen-, Butylen-, Oxypropylen- oder Oxybutylenrest bedeutet u. n 1—20 sein kann, jedoch mindestens 2 Mol α.β-Alkylenoxyd mit je einem Phenol umgesetzt wurden. (**A. P. 2 560 333** vom 12/11. 1948, ausg. 10/7. 1951.) E. KAHLES. 8191

Petrolite Corp., Wilmington, Del., übert. von: **Melvin De Groote,** University City, Mo., V. St. A., *Brechen von Erdölemulsionen* (W.-in-Öl-Typ) mittels Emulsionsbrechern aus sauren Halbestern, die durch Rk. von Polycarbonsäuren (Oxal-, Wein-, Aconit-, Phthal-, Malein-, Adipinsäure) mit hochmol. oxypropylierten Derivv. der in organ. Lösungsm. lösl. Allylstärke (Allyläther von Stärke) u. polymerisierter Allylstärke erhalten wird. 5—50 Gewichtsteile Propylenoxyd je Gewichtsteil Allylstärke. Das Verhältnis von Polycarbonsäure zu Allylstärke beträgt 1 Mol Säure je OH-Gruppe in der Allylstärke. (**A. P. 2 626 909** vom 14/5. 1951, ausg. 27/1. 1953.) E. KAHLES. 8191

Petrolite Corp., Wilmington, Del., übert. von: **Melvin De Groote,** University City, Mo., V. St. A., *Brechen von Erdölemulsionen* (W.-in-Öl-Typ). Der Emulsionsbrecher besteht aus sauren Halbestern, die durch Rk. von Polycarbonsäuren (Wein-, Oxalsäure usw.) mit hochmol., oxypropyliertem, xylollösl. Derivv. (I) der Glucose vom Mol.-Gew. 1500—15000 gewonnen werden, wobei mehr als 12 Gew.-% an H-reichem Ausgangsmaterial im oxypropylierten Endprod. sein sollen u. das Verhältnis von Polycarbonsäure zu I 1 Mol Säure je OH-Gruppe in I beträgt. (**A. P. 2 626 910** vom 14/5. 1951, ausg. 27/1. 1953.) E. KAHLES. 8191

Fram Corp., Providence, übert. von: **Herbert Kamrath,** Barrington, R. I., V. St. A., *Filtrieren von Flüssigkeiten,* bes. von *Schmierölen,* indem die Fl. durch ein in einem Behälter befindliches Mittelrohr eingeführt, über einen das Mittelrohr konzentr. umschließenden Ringkanal u. weitere Kanäle an die Außenseite eines ringförmigen Filterstapels u. von außen nach innen durch diesen geleitet wird, worauf das Filtrat den Filterstapel an seiner oberen Stirnseite verläßt u. aus dem Behälter abgeführt wird. — Vorrichtung. (**D. B. P. 928 404** Kl. 12d vom 20/5. 1953, ausg. 31/5. 1955. Anmeldung bekanntgemacht 4/11. 1954.) K. DEMMLER. 8193

Standard Oil Co., Chicago, Ill., übert. von: **Morton Fainman,** Chicago, Ill, **Norman E. Lemmon,** Hammond, Ind., und **Albert W. Lindert,** Homewood, Ill., V. St. A., *Gewinnung von Naphthensäuren.* Der Naphthenate enthaltende Rückstand eines Destillats von mit Alkali behandeltem Petroleumöl wird bei > 180° F (196° F) mit 65—85% der stöchiometr. Menge einer zur Neutralisation des Rückstandes notwendigen Mineralsäure (H_2SO_4, H_3PO_4), die in einer Konz. von nicht höher als 1 angewendet wird, behandelt, ohne daß dabei eine Emulsionsbldg. eintritt. Anschließend wird die noch zur stöchiometr. Menge fehlende Menge an H_2SO_4 zugegeben u. absitzen gelassen. In der wss. Schicht sind die anorgan. Salze enthalten. — Zeichnungen. (**A. P. 2 692 280** vom 20/12. 1951, ausg. 19/10. 1954.) E. KAHLES. 8193

Edeleanu G. m. b. H., Frankfurt/M. (Erfinder: **Ernst Terres**, Karlsruhe, **Karl Fischer** und **Erwin Widdecke**, Berlin), *Aufarbeitung von Rückstandsölen.* Die Öle werden mit niedrigsd. KW-stoffen, z. B. Propan (II), bei 40° entasphaltiert u. nach Abscheidung des Asphalts wird die **II**-Lsg. bei 50° mit einem Gemisch von **II** (400 Vol.-%, bezogen auf das in der **II**-Lsg. enthaltene Öl) u. Phenol mit 5% Wassergeh. (300 Vol.-%) im Gegenstrom behandelt. Das anfallende Raffinat (**II**-haltig) wird durch Extraktion bei 55° mittels wasserfreien Phenols in Raffinat-KW-stoffe (hochwertige Schmierölanteile) u. Extrakt-KW-stoffe (geringwertige Schmieröle) zerlegt. (**D. B. P. 928 421** Kl. 23b vom 19/5. 1942, ausg. 31/5. 1955. Anmeldung bekanntgemacht 11/11. 1954.) E. KAHLES. 8195

Standard Oil Development Co., Del., übert. von: **Fred B. Fischl**, Springfield, und **Elmer B. Cyphers**, Cranford, N. J., V. St. A., *Stabilisierung phosphorgeschwefelter Kohlenwasserstoffe*, die bei höherer Temp. mit P_2S_5, P_2S_3, P_4S_3, P_4S_7 oder deren Gemischen behandelt worden waren, durch Zusatz einer genügenden Menge (um die Entw. S-haltiger Gase zu unterbinden) eines Esters aus einer aliphat. Carbonsäure (CH_3COOH) mit <6 C-Atomen u. einem 1wertigen, ungesätt. A. mit mindestens 2 u. <10 C-Atomen (Geraniol, Benzylalkohol). (**A. P. 2 694 044** vom 8/12. 1951, ausg. 9/11. 1954.) P. UNGER. 8195

Standard Oil Development Co., Elizabeth, N. J., übert. von: **Jewell S. Palmer**, Baytown, Tex., V. St. A., *Katalytisches Umwandeln bes. Cracken von Kohlenwasserstoffen* in einem vertikalen Kessel mittels einer dichten Schicht von fluidisierten Feststoffteilchen (I). Die I werden von unten ein- u. oben abgeführt. — Vorrichtung, Zeichnungen. (**A. P. 2 631 090** vom 16/8. 1950, ausg. 10/3. 1953.) E. KAHLES. 8197

Standard Oil Co., Cleveland, übert. von: **George L. Lupfer**, Bedford, Ohio, V. St. A., *Raffination und katalytisches Cracken von Kohlenwasserstoffölen.* Die KW-stofföle (I) werden mit einem Lösungsm. (II), z. B. Furfurol (III) oder Methyläthylketon (IV), zur Entfernung von Verunreinigungen versetzt. Nach Abtrennung des Extraktes wird zu **I** frische, nichtregenerierte Bleicherde (**V**) u. **II** zugegeben. Das so erhaltene Gemisch wird erhitzt u. anschließend das **II** u. die darin gelöste Verunreinigung abgetrennt. Zum Restgemisch aus **I** u. **V** wird ein zweites **II**, z. B. **IV** oder **III**, gegeben u. das Gemisch gekühlt, damit sich Wachs (**VI**) aus dem **I** ausscheidet. Nach Entfernung des **II** vom **VI** u. **V** u. Rückgewinnung des **II** vom raffinierten **I** werden die nichtregenerierte **V** u. das **VI** als Katalysator zum katalyt. Cracken von **I** verwendet. — Zeichnung. (**A. P. 2 692 223** vom 21/9. 1949, ausg. 19/10. 1954.) E. KAHLES. 8197

Phillips Petroleum Co., Del., übert. von: **Louis C. Bearer** und **Gooch Hill**, Bartlesville, Okla., V. St. A., *Umwandeln von Kohlenwasserstoffen mit Pebble Heaters.* Die „pebbles" werden in die erste isolierte Kontaktzone (I) eingebracht. Ein Heizgas gibt beim Hindurchleiten im Gegenstrom an die abwärtsfließenden „pebbles" seine Wärme. **I** wird von einem kalten Gasstrom umspült. Die „pebbles" werden von der ersten **I** in eine zweite geleitet u. hierauf das umzusetzende gasförmige Material im Gegenstrom zu den „pebbles" eingeführt u. mit diesen in direkten Wärmeaustausch gebracht, wodurch die Umwandlung der KW-stoffe eintritt. — Vorrichtung, Zeichnungen. (**A. P. 2 621 105** vom 28/10. 1949, ausg. 9/12. 1952.) E. KAHLES. 8197

Phillips Petroleum Co., Del., übert. von: **Charles F. Bethea**, Bartlesville, Okla., V. St. A., *Umwandlung von Kohlenwasserstoffen.* Wärmeträger (pebbles) werden in einer Erhitzungszone im Gegenstrom zu heißen, aufwärts strömenden Gasen bei 1200 bis 3400° F erhitzt. Die Heizgase verlassen die Zone mit einer Temp. von 800—2000° F u. die heißen Wärmeträger fließen vom Boden der Erhitzungszone in den oberen Teil der Reaktionszone, in die an einer tieferen Stelle die zu spaltenden KW-stoffe eingeführt werden. Durch die Spaltung bei 700—1900° F entstehen auch gasförmige Prodd., die zusammen mit 10—50% der zur Verbrennung notwendigen stöchiometr. Menge Luft in der Erhitzungszone verbrannt werden u. so die nötige Wärme für die Erhitzung der Wärmeträger liefern. — Zeichnung. (**A. P. 2 685 560** vom 21/11. 1950, ausg. 3/8. 1954.) E. KAHLES. 8197

Phillips Petroleum Co., Del., übert. von: **Robert A. Findlay**, Bartlesville, Okla., V. St. A., *Cracken von schweren Rückstandsölen.* Die fl. Öle vom Kp. $<500°$ F werden am oberen Ende der Crackzone (I) mit den in einer Erhitzungszone (II) erwärmten „pebbles" (III) bei 1000—1700° F unter Koksabscheidung auf **III** gecrackt. Die Reaktionsprodd. werden unterhalb der Zutrittsstelle der Rückstandsöle in die **I**, etwa in der Mitte des **III**-Bettes aus der **I** abgezogen. In einem tiefer gelegenen Teil der **I** werden die

Rückstandsöle mit einem kalten Gasstrom auf 500—800° F gekühlt. Ein Teil der III wird aus der Kühlzone gleichzeitig mit den aus der I abgezogenen Reaktionsprodd. in die Abschreckzone eingeleitet. Die teerigen Anteile, die dabei auf den III niedergeschlagen werden, liefern zusammen mit dem gleichfalls auf den III festhaftenden Koks durch Verbrennen mit Luft in der II die für diese notwendige Wärme. — Zeichnung. (**A. P. 2 692 225** vom 11/9. 1950, ausg. 19/10. 1954.) E. KAHLES. 8197

Universal Oil Products Co., Chicago., Ill., übert. von: **Julian M. Mavity,** Hinsdale, und **Mitchell S. Bielawsky,** Berwyn, Ill., V. St. A., *Herstellung von Katalysatoren.* Man mischt über 50 Gew.-% Orthophosphorsäure mit einem kieselsäurehaltigen Adsorptionsmittel (Kieselgur) u. mit 0,5—10 Gew.-% einer Manganverb., wie Oxyd, Hydroxyd oder Salz, formt das Gemsich zu Kügelchen u. calciniert diese bei 500—1000° F. Der Katalysator kann zur Umwandlung von KW-stoffen verwendet werden. (**A. P. 2 692 241** vom 12/4. 1949, ausg. 19/10. 1954.) E. KAHLES. 8197

Standard Oil Development Co., Del., übert. von: **James J. Trexel,** Ann Arbor, Mich., V. St. A., *Stabilisatoren für Treibstoffe* aus 80(%) nichtkatalyt. gecrackten u. 20 katalyt. gecrackten Treibölen sind Alkalichromate in ca. 10%ig. wss. Lsg.; Zusatzmenge 0,005—0,5 Gew.-% Salz. (**A. P. 2 684 894** vom 12/12. 1951, ausg. 27/7. 1954.) E. DREWS. 8205

Standard Oil Co., Cleveland, O., übert. von: **Everett C. Hughes,** Shaker Heights, und **Samuel M. Darling,** Lyndhurst, O., V. St. A., *Treibstoff* auf der Basis gecrackter Petroleumdestillate, katalyt. Polymergasoline oder straight-run-Benzine, die verbleit sein können, gek. durch einen Geh. an Verbb. der allg. Formel I. Hierin bedeutet R einen C_{1-10}-Alkylrest, n = 1—3, x = Null bis 1, y = 1—5. — Beispiel: N-Äthoxyäthyl-p-phenylendiamin. Zusatzmenge 0,001—0,1 Gew.-%. (**A. P. 2 684 893** vom 1/10. 1951, ausg. 27/7. 1954.) E. DREWS. 8205

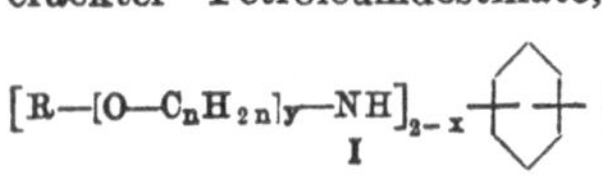
I

Phillips Petroleum Co., Del., übert. von: **Sylvester C. Britton** und **Robert M. Schirmer,** Bartlesville, Okla., V. St. A., *Treibstoff* für Düsentriebwerke, bestehend aus 2—4 (Gew.-%) Acetylen (I), 5—30 eines KW-stoffes vom Kp. —60 bis +100° F, 65—90 wenigstens eines KW-stoffes vom Kp. 100—600° F. — Beispiel: Treibstoff aus 3,8 I, 30 Butan, Rest Kerosen. (**A. P. 2 702 984** vom 25/7. 1950, ausg. 1/3. 1955.) E. DREWS. 8205

Gulf Research & Development Co., Pittsburgh, Pa., übert. von: **Henry A. Ambrose,** Penn Township, und **Oliver L. Brandes,** Gibsonia, Pa., V. St. A., *Stabilisatoren für Treiböle* sind Salze zweiwertiger Metalle, z. B. Erdalkalien, Zn, Cd, Ni u. Co, von hydrierten Harzen. Diese werden z. B. hergestellt durch Erhitzen der Harze im H_2-Strom in Ggw. von Katalysatoren bis zu einem Sättigungsgrad von 40—60% H_2. Zusatzmenge 0,005—1 Gew.-%. Verhinderung der Schlammausscheidung. Prüfergebnisse. (**A. P. 2 692 821** vom 1/6. 1951, ausg. 26/10. 1954.) E. DREWS. 8213

Standard Oil Development Co., New York, N. Y., V. St. A., *Heizölmischung* auf der Grundlage schwefelhaltigen Mineralöls. Zur Verminderung der Korrosion durch Abgase der Heizölverbrennung werden 0,5—8 Gew.-% eines feinverteilten Katalysators, wie er im Schlammöl enthalten ist, das als Rückstand von der Fraktionierung eines nach dem Wirbelschichtverf. arbeitenden katalyt. Crackverf. anfällt, u. Seifen, bes. Naphthenate, Stearate oder Palmitate des Al, Zn oder Sn, einverleibt (**D. B. P. 928 727** Kl. 23b vom 27/8. 1952, ausg. 10/6. 1955. Anmeldung bekanntgemacht 18/11. 1954.) E. KAHLES. 8217

Standard Oil Co., übert. von: **John D. Bartleson,** Cleveland, O., V. St. A., *Heizölmischung.* Zur Verbesserung der Brenneigg. werden dem Heizöl mehr als 0,015 Gew.-%

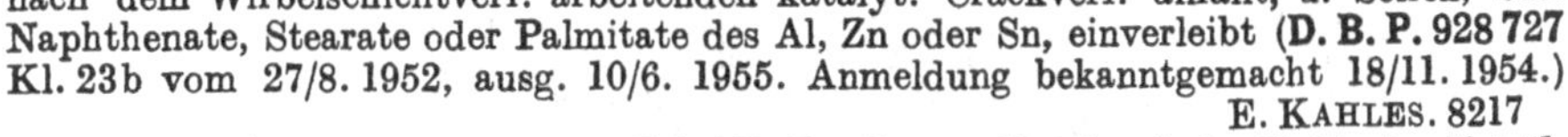
I II III IV V VI

einer organ., metallfreien P-Verb. der allg. Formeln **I, II, III, IV, V** u. **VI** zugesetzt, worin R_1, R_2 u. R_3 ein Alkyl-, Aryl-, Alkaryl-, Aralkylrest oder Reste mit O- oder S-Brükken bedeutet. (**A. P. 2 695 223** vom 17/11. 1949, ausg. 23/11. 1954.) E. KAHLES. 8217

Badische Anilin- & Soda-Fabrik Akt.-Ges. (Erfinder: **Adolf Hrubesch, Walter Franke, Willy Wolf** und **Franz Jantsch),** Ludwigshafen/Rh., *Herstellung von Schmierölverbesserungsmitteln,* dad. gek., daß man die bei der Dest. von Acrylsäureestern anfallenden Rückstandöle einer schwefelnden, gegebenenfalls auch einer halogenierenden Behandlung, u. gewünschtenfalls im letztgenannten Fall einer Behandlung mit Aromaten in Ggw. von FRIEDEL-CRAFTS-Katalysatoren unterwirft. — Beispiel: Zusatz von 872 (Teilen) Prod., erhalten aus 1000 Rückstandöl der Acrylbutylesterdest., 30 $Ba(OH)_2$ u. 70 S bei 150—200°, zu 50000 Schmieröl. (**D. B. P. 932 571** Kl. 23c vom 13/8. 1953, ausg. 5/9. 1955. Anmeldung bekanntgemacht 10/3. 1955.) E. DREWS. 8221

American Cyanamid Co., New York, N. Y., übert. von: **Edwin O. Hook,** New Canaan, und **William D. Thomas jr.,** Cos Cob, Conn., V. St. A., *Schmieröl,* enthaltend 0,01—3 (Gew.-%) eines substituierten oder unsubstituierten Alkyliden-bisphenols, z. B. 2.2'-Methylen-bis-(4-methyl-6-tert.-butylphenol), u. 1—4 eines Ba-, Ca- oder Pb-Petroleumsulfonates. (**A. P. 2 695 273** vom 8/4. 1952, ausg. 23/11. 1954.) E. DREWS. 8221

Böhme Fettchemie G. m. b. H., Düsseldorf (Erfinder: **Karl Burgdorf,** Offenbach), *Feste Schmiermittel,* dad. gek., daß sie Zn-Salze der Vorlauffettsäuren der Paraffinoxydation neben Mineralölen u. gegebenenfalls sonstigen üblichen Schmiermittelbestandteilen enthalten. (**D. B. P. 929 689** Kl. 23c vom 5/11. 1942, ausg. 30/6. 1955. Anmeldung bekanntgemacht 26/3. 1953.) E. DREWS. 8223

Farbenfabriken Bayer Akt.-Ges., Leverkusen (Erfinder: **Friedrich Mott, Johannes Pfirschke** und **Heinrich Morschel**), *Schmieren von Kälteanlagen.* Verwendung von als Schmiermittel auf synthet. Basis bekannten Polyestern, Polyäthern u. Polyätherestern zum Schmieren von mit Difluormonochlormethan betriebenen Kälteanlagen. — Beispiel: Polyester aus 2 (Mol) Butylenglykol-(1.3) u. 1-Äthylenglykol mit je 1 Adipin- u. Bernsteinsäure u. Veresterung der freien OH-Gruppen mit Buttersäure; Polyesteräther nach D. B. P. 883 506; C. **1954.** 7099. (**D. B. P. 930 102** Kl. 23c vom 9/11. 1952, ausg. 11/7. 1955. Anmeldung bekanntgemacht 20/1. 1955.) E. DREWS. 8223

XX. Schieß- und Sprengstoffe. Zündmittel.

Siemens & Halske Akt.-Ges., Berlin und München, *Glimmentladungsröhre für elektrische Zeitschalter für Sprengungen.* Die elektr. Konstanz solcher Entladungsröhren wird gesteigert, wenn die Elektroden von Kernkörpern aus nichtmetall. Werkstoffen getragen werden. Ein Kernkörper kann bestehen aus keram. Massen, Spezialglas, gebrannten oder gesinterten Oxyden von Mg, Th, Zr, Al. Entladungskörper u. Kernkörper können aus gleichen Werkstoffen gefertigt sein. (**D. R. P. 768 116** Kl. 78e vom 23/11. 1934, ausg. 30/6. 1955.) A. GRADL. 8299

Frank Philip Bowden und **James Donald Blackwood,** Cambridge, England, *Schwefelfreie Pulvermischung* mit Eigg., ähnlich denen von S-haltigen Mischungen. Den Schwarzpulverbestandteilen Holzkohle u. Salpeter wird in Mengen bis zu 15% ein Salz einer organ. Säure mit niedrigem Mol.-Gew. zugesetzt. — Beispiel: 63(%) KNO_3, 27 Holzkohle, 10 Na- oder K-Formiat. Die Mischung mit K-Formiat ist weniger hygroskop. als die mit Na-Formiat. (**E. P. 715 827** vom 2/10. 1951, ausg. 22/9. 1954.) A. GRADL. 8301

Frank Philip Bowden und **James Donald Blackwood,** Cambridge, England, *Schwarzpulver mit erhöhter Reaktionsfähigkeit.* Die Reaktionsfähigkeit wird erhöht durch Verwendung einer niedrigschm., z. B. eutekt., Mischung der Nitrate von K, Na u. Li als Salpeterkomponente. — Beispiel: 75(%) einer eutekt. Mischung aus 54 KNO_3, 30 $LiNO_3$ u. 16 $NaNO_3$, 15 Holzkohle, 10 S. — Man kann auch dem Schwarzpulver üblicher Zus. [75(%) KNO_3, 15 Holzkohle, 10 S] ein Metallsalz zusetzen, das mit H_2S zu reagieren vermag. Als Zusätze werden z. B. 5% Pb-Acetat oder 0,5% Fe(III)- oder Fe(II)-Sulfat genannt. (**E. PP. 715 828** u. **715 829** vom 2/10. 1951, ausg. 22/9. 1954.) A. GRADL. 8301

United States of America, übert. von: **Werner E. Bachmann,** Ann Arbor, Mich., V. St. A., *Reinigung von rohem Cyclonit.* Vom Rohprod. wird eine konz. Lsg. in einem organ. Lösungsm. (I) hergestellt, das leichtflüchtig u. nicht sauer ist, z. B. Aceton, Methyläthylketon, Cyclohexanon oder andere Ketone, Nitromethan oder andere fl. Nitroparaffine. Darauf wird so lange Wasserdampf eingeleitet, bis I restlos ausgetrieben u. eine Suspension von Cyclonit in W. entstanden ist, die man in der üblichen Weise trennt. (**A. P. 2 656 355** vom 16/7. 1943, ausg. 20/10. 1953.) A. KALIX. 8305

Soc. Générale d'Explosifs „Cheddites" (Erfinder: **Robert Guy Perez**), Paris, *Erhöhung der Wasserbeständigkeit von Alkali- oder Ammoniumchlorat, -perchlorat oder -nitrat enthaltenden Sprengstoffen,* dad. gek., daß anorgan. oder organ., in W. quellbare Verbb., bes. von hohem Polymerisationsgrad, beigemischt werden, z. B. Polyvinylalkohol u. Derivv., Gelatine, Casein, natürliche oder künstliche Gummis, wie Traganth, Methylcellulose, Stärke, Dextrin, Bentonit, SiO_2- oder Al_2O_3-Gele. Die Komponenten werden gemischt in Formen gepreßt u. getrocknet. Man läßt durch diese Formlinge einen fl. Brennstoff, wie Nitrobenzol, aufsaugen u. erhält einen in W. beständigen Sprengstoff. Die beigemischten Verbb. können durch Einw. von chem. Stoffen unlösl. gemacht werden. (**D. B. P. 932 595** Kl. 78c vom 13/8. 1943, ausg. 5/9. 1955. Anmeldung bekanntgemacht 3/3. 1955.) A. GRADL. 8305

E. I. du Pont de Nemours & Co., Wilmington, Del., übert. von: **Merill E. Swanson**, Woodbury Heights, N. J., V. St. A., *Initialzünder für Bohrlochsprengungen.* Auf dem Boden einer einseitig geschlossenen Metallhülse von ca. 0,3 inch Durchmesser u. 3,3 inch Länge befinden sich 0,75 grains Hg-Fulminat, die mit 250 lbs./sq.in. eingepreßt sind, darauf ein 0,25 inches hoher Metallkegel mit 0,25 inches größtem Durchmesser, darüber 3—4 grains ebenso gepreßtes PbN_3 u. darüber, ebenfalls gepreßt, die Hauptladung von 50 grains Cyclonit. Diese Sprengkapsel ist stark schlagempfindlich, ein 3 lbs. schwerer Bolzen bringt sie bereits bei einem Fall aus 7 cm Höhe zur Entzündung. (**A. P. 2 652 775** vom 6/6. 1951, ausg. 22/9. 1953.) A. KALIX. 8309

E. I. du Pont de Nemours & Co., Wilmington, Del., übert. von: **George Adelbert Noddin**, Paulsboro, und **Paul Allen Ramsdell**, Pitman, N. J., V. St. A., *Elektrischer Zünder*, der gegen Streuströme sicher ist. Die elektr. Zuleitungsdrähte sind durch einen Verschlußstopfen (I) geführt, der aus Material von verschied. Leitfähigkeit besteht. Der innere Teil des I besteht aus leitfähigem Material mit 1,4 $\Omega \cdot cm^3$, die Umhüllung des I aus nichtleitendem Material. Als letzteres wird Natur- oder Synthesekautschuk, als leitendes Material eine gummiartige M. mit mindestens 30% Rußzusatz (elektr. Widerstand nicht $> 3 \cdot 10^4\ \Omega$) verwendet. — Zeichnungen. (**A. P. 2 685 835** vom 29/7. 1952, ausg. 10/8. 1954.) A. GRADL. 8309

Hercules Powder Co., Wilmington, Del., übert. von: **Charles F. Horne**, Kingston, N. Y., V. St. A., *Elektrischer Zünder.* In einer Metallhülse befindet sich die Zündmasse, durch die 2 Bleidrähte hindurchlaufen, die an ihren Enden durch einen Brückendraht verbunden sind. Die freien Enden der Bleidrähte sowie der Brückendraht sind von einer halbleitenden M. umgeben, welche die Metallhülse nicht berührt u. z. B. aus einem Gemisch von 60—70 (%) Al-Pulver u. 40—30 Wachs besteht. — Abbildungen. (**A. P. 2 658 451** vom 6/3. 1953, ausg. 10/11. 1953.) A. KALIX. 8309

Imperial Chemical Industries Ltd., übert. von: **Leon Rubenstein**, Saltcoats, Schottland, *Initialzündmasse.* Ein Gemisch, das ca. 1 (Teil) Pb-Salz von 2.4-Dinitroresorcin (I) u. 2,5 PbN_3 enthält, wird durch gemeinsame Ausfällung der Pb-Salze aus der konz. wss. Lsg. von NaN_3 + Na-I bei 55—75° durch Zugabe einer konz. wss. Lsg. von $Pb(NO_3)_2$ hergestellt, zweckmäßig in Ggw. von 0,01—0,025 (%) Dextrin oder 0,15—0,75 Rochellesalz (bezogen auf die Wassermenge). (**A. P. 2 653 863** vom 16/10. 1951, ausg. 29/9. 1953. E. Prior. 5/12. 1950.) A. KALIX. 8309

Imperial Chemical Industries Ltd., London, England (Erfinder: **James Taylor** und **Stephen Harry Hayes**), *Schutzschicht für Treibladungen und Treibpulver.* Um die Geschwindigkeit des Abbrennens von Treibstoffpatronen, z. B. aus Cordit folgender Zus.: 35,5 (%) Nitroglycerin (I), 51,5 Nitrocellulose (II), 0,25 Petrolatum, 4,75 Diäthyldiphenylharnstoff, 7 Dibutylphthalat u. 1 KNO_3 zu regulieren, werden diese oberflächlich mit einer Schutzschicht versehen. Die Schicht besteht aus die Verbrennung hemmenden thermoplast. Material, das in niederen, aliphat. Alkoholen lösl. ist, hohe Zähigkeit besitzt, undurchlässig für I u. andere explosive Ester u. frei von in I oder II lösl. Weichmachern ist; vorgeschlagen wird hierfür bes. ein N-Alkoxymethylderiv. eines linearen Polyamid-polyhexamethylen-adipamids, bei dem 25—45% des H der NH-Gruppen des linearen Polyamids durch N-Methoxymethylgruppen ersetzt sind. Die Schutzschicht wird in Form einer wss.-alkoh. Lsg. durch Tauchen, Sprühen usw. aufgebracht. Die Schutzschichtkomponente kann auch zur Oberflächenbehandlung von rauchlosen Treibpulvern auf der Basis von II u. fl. Nitroestern verwendet werden, wodurch die Stabilität u. die Brenneigg. des Pulvers günstig beeinflußt werden. (**E. PP. 723 581** u. **723 582** vom 9/7. 1952, ausg. 9/2. 1955.) A. GRADL. 8311

United States of America, übert. von: **John P. Clay** und **Herve B. Elkins**, United States Army, *Mischung zur Erzeugung von künstlichem Nebel.* Die Mischung enthält 50—75(%) roten P, 2—6 eines Füllmittels, wie Natur- oder synthet. Kautschuk, Al-Seifen von hochmol. Fettsäuren, organ. hochpolymere Verbb., bes. Polymere des Isobutylmethacrylats, u. als Rest einen KW-stoff, bes. Gasolin oder Xylol. (**A. P. 2 658 874** vom 7/11. 1944, ausg. 10/11. 1953.) A. KALIX. 8317

XXI. Leder. Gerbstoffe.

F. A. Kincl und **G. V. Potnis**, *Das Kälken von Häuten in Gegenwart von Calciumchlorid.* Verss. zur Herabsetzung des Geh. an lösl. N-haltigen Verbb. beim Kälken von Häuten haben gezeigt, daß hierfür eine 12std. Vorbehandlung bei 25° mittels einer 0,1mol.

H_2SO_4- oder $CaCl_2$-Lsg. geeignet ist. Die an Hautpulver ausgeführten Verss. werden ausführlich beschrieben u. diskutiert. (J. sci. ind. Res. [New Delhi] 13 **B.** 669—70. Sept. 1954. Poona, Nat. Chem. Labor of India.) H. G. FRÖHLICH. 8334

E. Belavsky und **T. Termignoni**, *Die neuen Theorien in der Lederindustrie.* Überblick über die Grundlagen u. Vorteile der Gerbung mit organ. Cr-Salzen. (Rev. Quim. ind. 22. Nr. 256. 18—19. Aug. 1953.) R. K. MÜLLER. 8336

K. Seshachalam Choudary und **R. Selvarangan**, *Untersuchungen bei der ostindischen Gerbung von Häuten.* 2. Mitt. (1. vgl. J. sci. ind. Res. [New Delhi] **11 B.** [1952.] 176.) Es werden die Verwendung von *Myrobalan*-Nüssen in Mischung mit *Avaram*-Rinde (I), von Myrobalanextrakt (II) u. von Extrakten der üblich verwendeten Gerbstoffe (III) zur ostind. Gerbung von Häuten geprüft. Hierbei wurde gefunden, daß die Gerbung unter Verwendung von I u. nachfolgender Behandlung mit II die Lederausbeute erhöht, sowie die Farbe, den Griff u. die Lichtechtheit deutlich verbessert. Die Verwendung der III red. lediglich die Gerbdauer, Die Ausführung der Gerbverss. wird ausführlich beschrieben. (J. sci. ind. Res. [New Delhi] **13B.** 664—68. Sept. 1954. Madras, Central Leather Res. Inst.) H. G. FRÖHLICH. 8336

G. E. Benskin und **A. Cheshire**, *Eine Sohllederschnellgerbung.* Verkürzte Wiedergabe der C. **1955.** 8769 referierten Arbeit. (Leather Trades' Rev. **114.** 563—65. 8/12. 615—17. 626. 15/12. 1954.) H. G. FRÖHLICH. 8336

S. K. Barat, *Teilchengröße der 5 wichtigsten indischen Gerbstoffe. Gelatinezahl.* Die an *Goran*-Rinde, *Babul*-Rinde, *Avaram*-Rinde, *Sonali*-Rinde u. *Myrobalan* erhaltenen Ergebnisse zeigen, daß beim Fällen der Gelatine durch diese Gerbstoffe (Gelatinezahl) der Geh. der Gelatinefällung an Gerbstoff mit der Adstringenz der Gerbstoffe zunimmt. Die hierbei erhaltene Gelatinezahl selbst nimmt in der folgenden Reihenfolge ab. Babul (345), Avaram (287), Myrobalan (281), Goran (259) u. Sonali (219). Weiterhin ermöglicht die Höhe der Gelatinezahl Rückschlüsse auf die Teilchengröße u. somit auch auf das Mol.-Gew. der Gerbstoffe zu ziehen. Dies gestattet auch die Farbe der Gerbstofflsg., die mit steigender Teilchengröße dunkler wird. Die Best. der Gelatinezahl wird ausführlich beschrieben. (J. sci. ind. Res. [New Delhi] **13B.** 354—62. Mai 1954. Madras, Central Leather Res. Inst.) H. G. FRÖHLICH. 8364

Farbenfabriken Bayer Akt.-Ges. (Erfinder: **Heinz Schultheis**, Leverkusen, und **Detlef Delfs**, Opladen), *Herstellung synthetischer Gerbstoffe* nach D. B. P. 927 331. Außer den dort verwendeten o-chlorsubstituierten Phenolen (I) verwendet man noch weitere Phenole, deren Reaktionsfähigkeit mit Aldehyden (CH_2O) gegenüber der des reinen Phenols unter den Bedingungen der Rk. wesentlich verringert ist, z. B. p-Chlorphenol, 1.3-Xylenol-(4), p-Nitrophenol, Salicylsäuremethylester, 3-Chlor-4-nitrophenol oder β-Naphthol. Diese Phenole können in I gelöst werden. Ihre Menge soll nicht mehr als die 3fache äquimol. Menge von I betragen, bes. nicht über diese äquimol. Menge hinaus. (**D. B. P. 930 448** Kl. 12q vom 12/12. 1953, ausg. 18/7. 1955. Anmeldung bekanntgemacht 20/1. 1955. **Zusatz zu D. B. P. 927 331; C. 1955. 8769.**) K. FABEL. 8337

Council of Scientific & Industrial Research, New Delhi, übert. von: **Salimuzzaman Siddiqui** und **Digish Chandra Dhar**, Delhi, Indien, *Überzugsmittel für Leder*, bes. für Chromleder. Das Leder wird mit folgenden 3 Mitteln nacheinander behandelt: 1. 35 Gewichtsteile) Butylacetat (I), 15 Butanol oder Fuselöl (II), 15 Methanol (**III**), 10 Naphtha (**IV**), 10 Terpentin (**V**), 6 Filmabfälle (**VI**), 4 Dibutylphthalat (**VII**) u. 14 Ölharz (**VIII**), das durch Mischpolymerisation aus Bhilawannußschalenextrakt, einem Pflanzenöl u. einem Harz oder Terpentin in Ggw. von HNO_3 bei 40—50° hergestellt ist; 2. 35 **I**, 15 **II**, 15 **III**, 10 **IV**, 35 **V**, 3 **VI**, 7 **VIII**, 5 Bhilawanlack, 2 **VII** u. 5 Ricinusöl; 3. 27 **I**, 23 **II**, 15 **III**, 10 **IV**, 10 Aceton, 4 **VI** u. 2 **VII**. (**A. P. 2 666 717** vom 10/8. 1948, ausg. 19/1. 1954.) W. GRÄGER. 8341

Herausgeber u. verantwortlich für den Inhalt: Prof. Dr. Maximilian Pflücke, Berlin N 4, Schiffbauerdamm 19, Fernsprecher: 425571. Redaktion: Chefredakteure Dr. Eugen Klever und Prof. Dr. Maximilian Pflücke. Verlag: Akademie-Verlag GmbH, Berlin W 8, Mohrenstraße 39 (Fernsprecher 200386, Postscheckkonto Berlin 35021), u. Verlag Chemie, GmbH, Weinheim/Bergstraße (Fernsprecher 2017 u. 2965, Postscheckkonto Frankfurt/M. 145314 u. Berlin-West 7430). Bestell- u. Verlags-Nr.: 1007/127. Das Chemische Zentralblatt erscheint wöchentlich. Preis des Jahrganges einschl. Autoren-, Patent-, Sach- und Formelregister: DM 680,—; einseitig bedruckte Ausgabe: DM 750,—
Abgabe der Zeitschrift nur mit sämtlichen Registern.
Satz u. Druck: VEB Leipziger Druckhaus, Leipzig, III/18/20?. I. 56.
Veröffentlicht unter der Lizenznummer 1212 des Amtes für Literatur und Verlagswesen der Deutschen Demokratischen Republik.
Printed in Germany DDR.

FSC
www.fsc.org
MIX
Papier | Fördert
gute Waldnutzung
FSC® C083411

Kolibri 360 GmbH
Ferdinand-Jühlke-Straße 7
99095 Erfurt, Deutschland
produktsicherheit@kolibri360.de